21世纪中国质量管理最佳实践系列丛书

品质·先锋

中建一局“5.5精品工程生产线”质量管理模式

中国建筑一局（集团）有限公司◎编著

中国标准出版社

北 京

图书在版编目（CIP）数据

品质·先锋：中建一局“5.5精品工程生产线”质量管理模式 / 中国建筑一局（集团）有限公司编著. — 北京：中国标准出版社，2023.10

（21世纪中国质量管理最佳实践系列丛书）

ISBN 978-7-5066-7440-9

Ⅰ. ①品…　Ⅱ. ①中…　Ⅲ. ①建筑工程—工程质量—质量管理—管理模式—中国　Ⅳ. ①TU712.3

中国国家版本馆CIP数据核字（2023）第107972号

中国标准出版社　出版发行

北京市朝阳区和平里西街甲2号（100029）

北京市西城区三里河北街16号（100045）

网址：www.spc.net.cn

总编室：（010）68533533　发行中心：（010）51780238

读者服务部：（010）68523946

北京博海升彩色印刷有限公司印刷

各地新华书店经销

*

开本 710×1000　1/16　印张 22.25　字数 312千字

2023年10月第一版　2023年10月第一次印刷

*

定价 98.00 元

序

建筑是凝固的音乐、立体的画卷。质量是建筑的生命线。建筑质量是生命的保障、安全的堤坝。

中国建筑历史悠久，成果辉煌，在世界建筑中自成体系，具有鲜明特点。先辈们披荆斩棘，在华夏大地上留下的数不尽的鸿篇巨制，昭示着中华民族伟大的创造力与建设力。

作为中国建筑工程领域的先锋，中国建筑一局（集团）有限公司（以下简称“中建一局”）成立于1953年，其发展历程是中国建筑业发展的缩影。从中建一局诞生之日起，历经70年风雨，响应国家号召、走高质量发展道路始终是其主旋律。今天的中建一局深耕国内、国外两个市场，统筹推进投资运营、工程建设、设计科研和新兴业务协同发展，已经成为集设计、投资、建造、运营于一体的高端专业运营商（产品运营商、产业运营商、城市运营商），为客户提供全产业链的高品质产品和超价值服务。

在发展的每一个阶段，中建一局牢牢抓住质量和效益两个关键着力点，不断创新管理、自我变革，从最初的建立质量规范，到开展全面质量管理，再到打造“5.5精品工程生产线”，都站在了我国建筑行业质量管理的前沿，引领了行业发展趋势。2016年，中建一局凭借首创的“5.5精品工程生产线”，荣获中国政府质量领域最高荣誉——中国质量奖，成为中国建设领域荣获该奖的首家企业，以“专业、服务、品格”三重境界代

言“中国品质”。

本书是对中建一局多年来在质量管理领域成果和经验的一次系统总结和展示，除了全面介绍大量先进制度和举措外，还首次披露了许多内部历史资料和感人故事。我相信，本书的出版对我国正在全面迈上高质量发展道路的建筑企业而言，具有十分重要的参考价值和指导作用。

中建一局（集团）有限公司
党委书记、董事长 吴爱国

2023年6月

前言

中国建筑一局（集团）有限公司成立于1953年，是中国第一支建筑“国家队”，被授予“工业建筑的先锋，南征北战的铁军”称号，其发展历程代表了中国建筑业发展的历史缩影。

70年来，中建一局时刻肩负着“共和国长子”的使命与责任，始终胸怀“振兴新中国建筑业”的光荣与梦想，以“铁军”的姿态、凭“先锋”的智慧，行走于祖国各地，用一部部经典作品，一项项国家大奖，一批批先进模范，续写着中国建筑业历史的伟大篇章。

作为“世界500强”企业——中国建筑集团有限公司旗下最具核心竞争力的企业，中建一局以习近平新时代中国特色社会主义思想为指导，全面贯彻党中央和国务院决策部署，全面落实中国建筑集团有限公司“一创五强”战略目标和“1135战略体系”，致力攻坚高质量发展。2016年，中建一局凭借首创的“5.5精品工程生产线”，荣获中国政府质量领域最高荣誉——中国质量奖，成为中国建设领域荣获该奖的首家企业；2017年，中建一局荣获“质量之光”年度魅力品牌第一名；2022年，中建一局荣获俄罗斯建筑领域最高奖项——俄联邦最佳竣工工程奖。

质量是建筑的生命，精品是中建一局的追求。自成立之日起，打造精品工程、拓展幸福空间始终是中建一局坚守的初心。在长期实践中，中建一局不断探索、总结、打磨、创新自身的质量管理方式，从“引进来”，

到“用得好”“再创新”，最终形成了符合行业发展规律、独具鲜明企业特色的质量管理模式——5.5精品工程生产线。该模式以目标管理、循环改进等质量管理理论为基础，把工程建设过程看成生产线，以“5个步骤”为内容、“5个平台”为支撑、“5条底线”为约束，综合运用PDCAS方法论，持续优化项目管理各环节，从而赢得“一局出品，必属精品”的品牌声誉，在企业产品品质、服务品质、管理品质各方面获得了广泛应用。

本书是对“5.5精品工程生产线”质量管理模式的完整解读，也是多年来中建一局质量管理工作的全面总结。全书共7章，第一章主要介绍了中建一局的发展历程，以及每个阶段的战略任务、重大项目、机制沿革。第二章全面回顾了中国建筑行业的基本脉络、质量制度、管理要求。第三章分析了中建一局开展全面质量管理的工作沿革、演进路径和主要措施，在一定程度上可以说是“5.5精品工程生产线”质量管理模式的产生背景。第四章充分阐述“5.5精品工程生产线”质量管理模式的框架结构、核心要素、理念方法以及应用效果。第五章从不同方面介绍了中建一局确保精品建设的主要配套机制、管理手段、技术要求等。第六章在更大范围、更高层面上讲述了中建一局围绕“5.5精品工程生产线”所进行的若干创新，包括科学技术、业务模式、市场营销、治理机制等。第七章介绍了中建一局对卓越质量“三重境界”的理解，以及在新的历史条件下对质量的新认识、新谋划。全书穿插了许多精品工程案例，以帮助读者更好地理解书中的时代背景与理念方法。

期望本书的出版能够帮助各界人士了解、认识中建一局质量管理模

式，从而为推进我国建筑工程领域的高质量发展发挥积极作用。

本书在编写工作中得到了上海市质量协会郭政教授的鼎力支持。经过大家的共同努力，克服了疫情期间的种种困难，终于将本书奉献给广大读者。

感谢业界及学术界的同志们在本书编写过程中给予的指导支持，感谢中国标准出版社编辑人员的辛勤工作。

由于时间仓促，书中错漏之处在所难免，衷心希望读者给予批评指正。

本书编委会

2023年7月

目录

第二章　百年大计　质量第一

第三章　引领质量变革

第六章 不断创新助力质量升级

第七章　质量的未来

附录

01

CHAPTER

第一章
工业建筑的先锋，南征北战的铁军

中建一局的成长历程代表了中国建筑业发展历史的缩影。

中建一局诞生于1953年。一局人艰苦奋斗，将企业命运与国家命运、民族命运紧密相连，传承“为国家担当、为民族争光、为人民造福”的红色基因，逢山开道、遇水架桥，战胜一切挑战，为实现中国“工业梦”奋勇拼搏。

一局人敢于竞争，在房屋建筑、基础设施、环境治理、投资运营领域，从工程总承包商、投资建设商到城市服务运营商，不断创造企业发展的新高度。

一局人勇于拼搏，不断创新超越，致力品牌美誉、发展质量、治理体系、科技创新、人才素质“五个领先”，不断开创企业高质量发展的新局面。

一局人乐于担当，驰援唐山、汶川地震，抗击非典、新冠疫情，服务北京双奥……每一次国家急难险重任务面前，一局人都捍卫了先锋的荣誉。

回眸历史，中建一局一路走来，既是一部艰苦创业的奋斗史，也是一部追求卓越的品质史。一局人用诚实守信鉴证产品的“内涵质量”，让投资者放心、使用者安心、从业者幸福，维护生态环境友好。一局人用全产业链和全生命周期的服务效率、服务质量，与客户共建、共进、共赢。

“代言中国品质、永做时代先锋”，是中建一局超越时空与工程形态始终不渝的坚守。

第一节
逐梦而生

1953—1978年，伴随着中国工业化的快速发展，一局人以国家需要为己任，转战祖国南北，先后承建了第一汽车制造厂、第一重型机器厂、第二重型机器厂、大庆炼油厂、荆门炼油厂和北京燕山石油化工总厂、毛主席纪念堂等一大批国家重点、重要工程，闯出了一条组织大规模工业建设的路子，为建立我国独立完整的工业体系，为国防建设、城乡建设和国民经济的繁荣与发展做出了巨大贡献。

1959年9月，国家建筑工程部（中华人民共和国住房和城乡建设部前身）和全国建筑工会授予中建一局“工业建筑的先锋，南征北战的铁军”称号，这是中建一局作为中国建筑业“先锋”和“铁军”称号的由来。这一时期，中建一局就已经展现了“为国分忧、敢闯敢拼、艰苦奋斗、甘于奉献”的先锋精神。这种精神世代传承，升华为“为国家担当、为人民造福、为民族争光”的“红色基因”，成为滋养中建一局发展壮大的精神源泉。

一、为中国的“汽车梦”奠基

第一汽车制造厂（以下简称“一汽”）是我国“一五”期间由苏联援建的156项重点工程之一，规模大、技术新、结构复杂，不仅在我国建筑史上前所未有，而且筹建初期，连一支现成的足以承担此项工程的施工队伍也没有。国家工业现代化的迫切需要呼唤着第一批国营大型建筑企业的诞生。

1952年11月，当时的机械部部长黄敬电召张哲民由沪去京，任命他担任机械部基建局副局长兼第一汽车制造厂建厂委第一副主任。1953年1月，

652工程公司应运而生（一汽当时代号652厂）。在党中央、毛主席力争三年建成一汽的号召下，全国形成了支援一汽建设的热潮，各种施工力量纷纷加入了一汽建设的行列。1953年8月起，中国人民解放军建筑第五师分批来到长春工地。是年，根据中央指示，一机部和建工部决定把建厂的全部施工队伍统归建工部领导。1954年1月，建工部直属工程公司（以下简称“直属公司”或“公司”）正式宣告成立。由一汽厂长饶斌兼任经理，建工部党组成员、生产局局长刘裕民任第二经理，张哲民任副经理。作为工业建筑的开拓者，年轻的直属公司在一汽工程上经受着严峻的考验。

零经验。按照规划，一汽总建筑面积超过70万平方米，建筑工程共55项，包括铸工、锻工、车伸压制车间等十大车间，其中有的厂房结构跨度12～24米，开间高27米，基础深3～8.2米，柱子重17.7吨，此前谁也没有做过，谁也不知道该如何做。施工队伍手上只有很少几张图纸，不懂得全面平整场地的重要性，只是在局部挖土开工。得知一汽厂房全是预制钢混结构，就凭想象建起了混凝土、钢筋、木工、水管等简易车间。当时不懂初步设计、技术设计、施工图设计三阶段的意义，也不清楚工厂工艺设计与建筑设计的相互关系，只是图纸一到就赶工，没有合理的工期计划安排。

队伍新。公司职工中有转业的部队官兵，有在地方工作过的干部，有长期从事农业生产的普通农民，有新出校门的学生，一些工程技术人员大部分是私营营造厂的从业人员，过去搞民用建筑多，对现代化工业建设则十分陌生。

工期紧。由于原设计任务书的变更大，施工图纸到达较晚，技术资料不全，造成一边集结力量、一边进行准备、一边组织施工的局面。图纸随到随开工，加班加点突击抢工。为保三年建成的目标，1954年十大厂房全面开工，各项工作齐头并进。施工高峰时，每天需数百辆汽车和上千辆马车进行现场运输；工程紧张时，一天要浇灌混凝土1000多立方米。

条件差。为赶工期必须进行大量冬季施工，在–20～–30℃的严寒中，缺少现代化施工设备，许多工作要靠人力实现。即使这样，关键的混凝土温度控制还是难以把握。

困难和矛盾难不住开拓者。这支来自五湖四海、有着不同经历的建设队伍坚持边学习、边实践、边总结、边提高，顽强地与困难和矛盾拼搏。一些参加革命多年的老干部，带头刻苦学习文化技术和建筑安装知识。刘裕民、张哲民等领导经常深入工地，组织干部一起研究问题，探索建筑安装的施工规律。大批刚迈出校门的大中专毕业生，以能参加第一个汽车工业基地建设而感到自豪，满腔热忱投入建设的行列。一批批南方大城市的老技工，为支援一汽建设，毅然告别亲人，来到冰天雪地的东北，热情地给青年工人传授技艺。特别是以中国人民解放军建筑五师为代表的转业军人，过去南征北战立下战功，现在来到汽车厂工地，头顶青天，脚踏荒原，过着最俭朴的生活，干着最艰苦的工作，成为工地上一支最活跃、最过硬的突击队。广大职工通过过渡时期总路线的教育，在艰难困苦中夜以继日地辛勤劳动，毫无怨言。在热电站工程施工中，工人们有时顶着9级大风，坚持在20米高空浇灌混凝土。平时，在-20～-30℃气温下施工也不间断。不少基层干部，经常几天几夜不离岗位。

滴滴汗水换来座座厂房，整个建筑安装速度越干越快。1956年7月13日，即建厂三周年前夕，被毛主席命名为“解放”牌的第一辆汽车试制成功。首批12辆解放牌汽车缓缓驶下装配线，这标志着第一汽车制造厂的三年建厂目标如期实现，也结束了中国不能批量制造汽车的历史，这是中国“汽车梦”的起点。在短短的三年里，保质保量地如期建成在当时具有国际水平的汽车厂，是党中央的领导、全国人民的支援和全体建设者的努力共同创造的一个奇迹（见图1-1）。

三年的建设，不仅拿下了全国瞩目的国家重点工程，同时大大积累了建设经验，培养和锻炼了队伍，开创了中国建筑史的新篇章。一汽是建工部成立以后开工的第一批重点工程项目。建工部党组根据党中央对建设汽

a）典礼现场

b）纪念碑

▲ 图 1-1　中国第一汽车制造厂奠基典礼

车厂要出汽车、出人才、出经验的指示，决定把直属公司建设成为培养我国建筑业干部队伍的实习基地和练兵场。据有关资料统计，仅1954年在公司长期实习的有846人，其中处职以上干部36人。全国15所大学派出毕业生到公司实习的共3000多人，到公司参观的有338个单位，11049人。同时，根据建工部指示，公司对1953—1954年工作进行了全面的总结。从公司经理、党委书记，总工程师、各职能部门和施工单位的负责人到工程技术人员、管理干部，全都集中力量，亲自动手，收集资料，研究探讨，撰写总结材料。1955年初，形成10个专题总结。起初打印了300份，全国各地纷纷来人来函索要，经修改后又铅印1000份，后又改印了合订本。各地派人来实习，带回去大量的丰富的实践经验材料，这对我国大型工业建筑施工与管理都起了重要的推动作用。

二、为中国的“工业梦”筑垒

一汽项目的成功，打响了一局的名声，1955年春夏之交，国家机械部与建工部共同决定把“一重”任务交给一局。在充分汲取建“一汽”经验的基础上，一局人战袍未脱又出征，迎着春风，飞驰富拉尔基，在这里建造了装备中国、立身世界的中国工业之母——中国第一重型机器厂，随后又圆满完成了德阳和江油两大工业区的建设，为我国实现“工业梦”建立独立完成的工业体系做出了贡献。

第一重型机器厂（简称“一重”）是我国“一五”期间兴建的第一座大型的制造大型轧钢、冶炼设备的现代化机器制造厂，是我国的工业之母，施工难度大大超过一汽。主要体现在三大难关，即沉箱、打桩、钢结构三大工程。沉箱工程，地下26.5米，面积800平方米；打桩13400根，其中最深的24米，最重的5吨/根；钢结构制造与安装35800吨，最重的钢柱82吨，行车梁最大跨度24米、高3米、重52吨、安装高度30米。同时该地冬季较长，全年冬季施工期为177天，最低温度为–44℃，通常在–30℃左右。

一局在总结一汽施工经验的基础上，认真抓好施工准备，严格施工程序，实行区域管理，开展以完成国家计划和提高施工技术与管理为目标、以技术革新和劳动竞赛为手段的增产节约运动，调动了广大职工的生产积极性。沉箱工程从开始挖土到封底，只用125天，创造了优质快速施工的范例。当沉箱工程胜利完成时，时任建筑工程部部长的刘秀峰给一局职工来信勉励：“富拉尔基第一重型机器厂的沉箱工程，是我国工业建筑史上最复杂的工程之一。这项工程的胜利完成，给国家今后建设提供了极为宝贵的经验，它标志着我国工业技术发展的一个重要阶段。它不仅为重型机器厂的建设铺平了道路，而且为一局今后承担更为艰巨的工程打下了新的技术基础。这是你们的光荣，这是我国全体建筑工人的光荣！”

一重从1956年7月正式开工兴建，面积比一汽多13%，体积大56%，又有大量长桩，但造价仅为一汽的80%。到1958年9月只用建设一汽厂60%的施工力量，就完成了规模更大、技术更复杂的建筑安装任务，工期提前15个月，建筑工程质量经国家验收为“优”（图1–2为一重的铸造车间），同时还完成了齐齐哈尔车辆厂的扩建等任务。

大西南是我国经济建设的大后方，开发大西南是党中央、毛主席的战

▲ 图 1-2 第一重型机器制造厂铸造车间（1956年）

略决策。1958年8月，直属工程公司改名为建筑工程部第一工程局并被调往西南，参加德阳和江油两大工业区的建设。建设铁军开拔之日，当地百姓写下情谊深厚的诗歌来歌颂一局奉献东北建设的英雄业绩，欢送自己的子弟兵。

横跨五岭三关，踏遍万水千山，

长征衣履虽未着，艰苦不异当年。

枉度江淮暴热，又尝塞上严寒，

千万广厦初升起，大军复指西南。

茫茫草原无边，悬阁楼辟参天，

谁为精工巧画师，建筑工人当先。

相处虽仅三载，革命情谊深远，

愧未尽好东道主，今欲送别无言。

从东北到西南行程4000多千米，一局一万多名职工不顾长途跋涉的艰苦，放下行李就干活，坚持在一片稻田的淤泥地里与当地数万民工并肩战斗。西南建设的重点是第二重型机器制造厂（简称“二重”），它是建国初期首批由我国自行设计、自行组织施工，并由国内提供大部分工艺设备的国家重点建设项目。二重的年设计生产能力为重型机器产品12万吨，机器产品配件1万吨，外售机件11.1万吨。到达西南当年，公司完成施工产值9847万元，竣工面积41.2万平方米，劳动生产率达到7831元/人，降低成本1754万元（超过前五年之和），真正做到了“东北西南万里遥，长途征战不辞劳，踏遍山河留业迹，建设热情比天高。”

广大职工在执行国家建设任务的同时，在自身水平的提高上也做了不懈的努力。为了建立一个成套的建筑生产基地，数百名职工以泉水当汤，以碱盐作菜，在海拔4000多米的崇山峻岭中开山伐木；预应力厂、轻质材料厂、机械厂等强大的生产基地相继建立起来；为了加强技术管理和科学研究工作，新成立了科学研究所；为了培养新生力量，建立了一个正规的建筑工程学校。提高文化是掌握科学技术的基础，80%以上的职工踊跃参加了各种文化学习；为了提高企业管理水平，局里还举办了政治理论、建筑施工和各种业务研究班，迅速向以施工为中心的综合性建筑企业发展并勇往直前。

三、为中国的“石油梦”献力

1959年9月26日，随着松辽盆地沉睡千万年的“黑色黄金”惊天一喷，大庆油田从此诞生。大庆油田让共和国的石油工业挺起了脊梁，让中国彻底甩掉了“贫油”的帽子。从1961年起，中建一局先后参加了大庆炼油厂、荆门炼油厂、北京燕山石化总厂等国家重点工程，为我国实现“石油梦”做出了重大贡献。

大庆炼油厂是20世纪60年代我国第一次自行设计、自行组织施工，规模最大、技术最新的炼油厂，占地160公顷，26套装置，包括成批的塔、成组的炉、成群的罐、遍布全厂的泵及长达几十万米的工艺热力管线。完成这样工程要有成套的吊装设备和过硬的吊装、焊接队伍，以及安装精密设备和自动化仪表的过硬队伍。

为快建厂、多炼油、炼好油，克服国家遭到严重自然灾害的困难，全局广大职工抱着强烈的为国争光、为民争气的信念，抽出三分之一人员，组成六局承担此项工程。面对一个全新的行业，经验不足，工种不全，设备残缺，加上近万名职工和家属在组建不到两个月时间内，经过4000多千米的奔波，由四川一下子涌入了只有十几户人家的寒冷的东北草原小屯，生活、工作中的种种困难接踵而至。

广大职工顶住苏联撕毁合同、突然撤走所有专家的压力，打破世界上的反华势力对中国的石油封锁，抱着强烈的为国争光、为民争气的信念投身大庆建设。没有房住，“一找、二挤、三修建”，一个借来的牛棚，成了局机关办公、开会、吃饭、睡觉的“四用”场所，一个乱坟岗上架木为巢的地窨子，成了90多户家属的住宅；没有运输工具，人抬、肩扛、小车拉，几十千米长的运输一条线照样把事情办妥；没有组织经验，领导干部、管理干部、技术人员投师交友，了解设计意图，熟悉工艺流程，借鉴机械工业建设经验，摸索炼油厂建设规律。草原插旗，坐地办公，指挥部和各种服务到现场，促进各种不利条件向有利条件转化。

短短4年间，一局为大庆炼油厂建成8套炼油装置、40多套辅助工程、100多座油罐和480多千米的工艺管线，而且全部一次投产成功，赢得了同行同业的高度赞誉。图1-3为如今的大庆油田炼油厂。

建设中，一局提出“又好又快，好字当头”的质量方针，要求做到高质量、高水平、高效益。

在组织上，要求从领导干部到工人，层层落实岗位责任制，每个人的行为必须规范化，用严密的组织、严明的纪律、严格的要求、严细的作风统一整个队伍的步调。

▲ 图 1-3　大庆油田炼油厂

在技术上，要求“人人出手过得硬，个个都干放心活”，开展大练基本功，技术大比武。比如电焊工，担任着塔、炉、泵、罐、管的缝合任务，号称“钢铁裁缝”，质量稍不合要求就会造成严重事故。最初，合格电焊工只有7名，经过从难、从严、从实际出发，苦学、苦练，发展到70名，以此为基础最终带出了一支过硬的焊接队伍。不论是平焊、立焊、横焊、仰焊、对口焊、搭接焊，还是焊接高压管道、大型油罐、焦炭塔、分馏塔，都能拿得起、焊得好，质量完全过关。

在施工管理上，要求注重整体规划，分步实施，突出重点，加强施工中人、机、料的集中统一平衡调度，确保工作质量和施工质量。1962年，炼油厂动工，1963年10月就有两套装置投产，之后年年有投产，做到速战速决、干净利落，“开一个，完一个；完一个，好一个”。

严格管理产生良好效益，当时每年生产所得的利润，用于当年基建投资绰绰有余，所有的装置都是验收一次合格，试车投产一次成功，产品质量一次合格，设备能力和生产出的产品一次达到设计要求，12套炼油装置全部被评为大庆的全优工程，其中“延迟焦化”和“铂重整”两套装置被列为全国石油炼制工业五朵金花中的两朵金花。与此同时，广大职工还发扬“南泥湾”精神，开荒种地900余垧（垧：土地面积单位，各地不同。在东北1垧约等于1万平方米或15亩），每年收获粮食60多万千克，既改善了自身生活，又为国家分担了一部分困难。当时职工的精神面貌、施工生产、企业管理、科学技术、生活服务等都登上了一个新的台阶。

1970年春，根据国家“三线建设”要求，建工部决定调一局南下湖北荆门参加“五七”炼油厂（现荆门炼油厂，图1–4）大会战，要求当年搬迁、当年安家、当年投产。一局职工为了战备炼油厂使其早日投产，组织了一个板车运输队，两次从荆门到襄樊(当时不通火车)，把施工急需用的工具、器材抢运回来。在焊接直径6米、高36米多的减压塔时，没有手提砂轮机打坡口，就组织100名职工，用100把锉刀，硬是把600多米长的坡口锉了出来。凭借这种精神，荆门炼油厂常减压装置当年9月25日就简易出油。12月份，催化裂化、延迟焦化装置及部分系统工程相继建成。1971年元旦前后，常减压（图1–4）、催化裂化、延迟焦化3套装置及系统联运投产，生产出合格的汽油、柴油等石油产品。从常减压装置破土动工到生产出合格的产品，只用了8个月的时间。到1972年底，一座年加工能

▲ 图1–4　荆门炼油厂常减压装置

力250万吨燃料润滑油型炼油厂就基本建成了。

荆门炼油厂基本建成之后，1973年下半年，队伍又奉调北上，支援北京燕山石化总厂“四烯”工程的建设。燕山石油化工公司“四烯”工程，即年产30万吨乙烯、18万吨高压聚乙烯、8万吨聚丙烯和4.5万吨丁二烯的工程。工程设备工艺先进，很多都是首次引进。工艺设备2270台，工艺管线300千米，国外设备30000吨，国内钢材15万吨。在工艺上不仅具有高温、深冷和高压、超高压的特点，如乙烯装置裂解炉的最高加热温度为1200℃；乙烯的深冷分离最低温度为-165℃；高压聚乙烯装置的高压部分为320千克/平方厘米，超高压系统为2650千克/平方厘米，而且参与反应的物料和催化剂几乎全是易燃易爆物质。加上工期紧，装置内设备和管道排列的密度大，系统工程零星分散，施工条件差，有的要在边勘察、边设计、边施工的情况下组织平行、交叉、流水作业，这就增加了组织施工的复杂性和困难性，对施工精度和质量要求也很高。

一局集中全部管线施工力量，组织包括土建公司、机械化施工公司和机修厂在内的各单位共同参加施工。对施工中遇到的问题，凡是自己能够解决的，一律自己解决。围绕着“四烯”工程的施工，自力更生地革新制作了管道煨弯机、钢板切割机、远红外加热器，并改革了浮顶油罐施工工艺、钢结构吊装以及厚钢板焊接工艺等。

“前方后方总动员，大干苦干拼命干”这两句具有鲜明时代特征的口号，真实地再现了当年“四烯”会战的情景。在施工过程中，为了争时间、抢工期，很多职工都是冒雨夜战，一直干到凌晨。有的职工吃住都在工地上，放在宿舍里的行李半个月都没有打开过，有的职工连自行车丢在工地上一个多星期都毫无察觉。到1975年，“四烯”及其配套工程陆续建成投产，各项经济指标超额完成，提前21天完成了年度施工计划，建安工作量突破了一亿元大关，超过了历史上的最高水平，实现技术革新243项。1976年5月，30吨乙烯和18吨聚乙烯工程经过三年时间的紧张施工，终于一次试车成功。“四烯”工程是一局进京后的第一个硬仗，广大一局职工在这次考验中以实际行动交了一份合格的答卷，也为扎根北京、服务首都建设打下坚实的基础。图 1–5 为北京燕山石化改扩建四烯工程。

▲ 图 1–5 北京燕山石化改扩建四烯工程

第二节 发展壮大

改革开放以后，中建一局从计划经济向市场经济转轨。1989年，一局率先提出“立足北京、面向全国、开拓海外”的市场经营方针，全方位参与国内国际市场竞争。在行业内，其率先推行项目法施工，构建工程总承包管理机制，确定了从普通民用建筑市场向高端公建领域拓展的经营战略。一局充分发扬“敢打硬仗的拼搏精神、严谨细致的科学精神、开拓创新的争先精神”，相继建成世界最大国际贸易中心——中国国际贸易中心一期、北京燕莎购物中心、北京丽都饭店、皇冠假日酒店、西苑饭店、中苑宾馆、中国人民抗日战争纪念馆等高端公建，在高级民用、大型公建领域确立了高端品牌形象，取得了更广阔的发展空间。1993年，一局通过不断的机制体制改革，成为“一业为主，多元经营”的现代建筑工程企业，设计、科研、施工、物资供应四位一体的工程总承包能力不断增强。

一、生产方式改革

在最早的“一汽”项目中，由于工程大且复杂，在施工中只注意了进度和质量，忽略了节约，一度造成了浪费，一局大力推行经济活动分析制度来加强管理，不断提高施工管理水平和效益。正是“一汽”工程的成功应用，并在后面的“一重”“二重”“四烯”等项目中不断改进提升，使得这项制度逐步在中国建筑业推广开来。一局这种敢为人先、勇于大胆创新的行动贯穿了整个发展历程。从政企不分到政企分开，从传统行政管理到现代企业制度，从粗放到集约，从积极适应国内市场到与国际惯例接轨，一局在企业管理变革中实现了一次又一次质的飞跃。

改革开放初期，我国建筑产业的管理水平与国外同行相比整体还比较落后，原来会战式的粗放的生产管理方式难以适应市场经济的需要，项目管理、资金管理、技术管理、人事管理等各个条线问题频出。一局广大干部职工意识到只有从根本上改革机制体制，改变管理方式，才能在市场经济的浪潮中生存下来并获得发展。

1984年，在一局四级干部大会上，局长与所属各公司经理、厂长签订了经济承包责任状，这是一局实施经济承包责任制的开端。随之，承包制范围从领导班子扩大到全体职工。1986年，国务院发文要求企业全面推行

“厂长经理负责制”。同年10月，一局便开始在全局推行局长负责制和经理厂长负责制。1987年，一局提出在全局范围内建立起纵向到底、横向到边的经济责任制，局长与机关各处室签订了经营管理目标责任状，1992年又出台了《工程项目经理部经济承包责任制暂行规定》。1988年，一局率先在行业内推行项目法施工：裁短管理链条，公司下面直接设立工程项目部，实现了管理层与劳务层的分离，明确了企业法人是利润中心、项目是成本中心的管理定位。

项目法施工是这一时期一局生产方式的重大变革，改变了以往以产量与产值为导向企业发展思路，变为以项目为管理对象，合理部署施工力量，以保证每项工程都能按照合同工期保质保量地全面完成施工任务，即整个企业围绕施工项目运转。

围绕项目法施工，一局大胆尝试冲破了传统行政体制的束缚，弱化了工程处的行政作用，精兵强将上一线，组成项目管理班子。建立了以项目经理为首的项目管理责任制，赋予项目经理充分的权力。在企业内部实施了管理层和作业层的两层分离，形成项目经理部与公司总部分权、承包经营的模式，这种模式在当时极大地解放了施工企业的生产力。

二、经营布局优化

改革开放带来无限机会，而抓住机会则要靠自身的拼搏与努力。当大多同行企业还在对计划经济留恋难舍时，一局人在老一辈创业精神的激励下，积极主动顺应大时代的转折与变革，开始主动到市场找活儿了。1984年，一局成立了专门负责市场开拓的部门——经营开发办公室；1989年，明确提出了“立足北京、面向全国、开拓海外”的市场经营方针，并在业务构成上率先提出双轮驱动战略，一手抓施工生产、一手抓多元经营。

主业布局上，除发扬优势继续承揽大型工业建筑、一般民用建筑及高级公用建筑外，还积极开拓道路桥梁、深基础工程、装饰工程等，同时发展房地产业和多元经营，重点是兴办与主业相关或是主业延伸的项目。经过几年的开拓发展，许多项目开花结果，取得了良好的效益，支撑了一局总量规模的扩张和专业能力的建设。

例如，利建模板公司研制开发成功我国第一个先进的建筑工业化模板体系——利建模板体系，它包括模数化大型组合模板、爬升模板和飞模。利建模板体系和无架液压爬升模板分别荣获建设部和北京市科技进步奖，被列为建设部“八五”期间重点推广应用科学技术成果项目，1992年又获国家科委应用推广三等奖。到1993年，模板生产总产值4388万元，创利润173万元。

再如，一局构件厂以有偿转让的方式，引进奥地利莫立克辛化工企业M系列外加剂中的18项专利，组建了混凝土外加剂厂，经过八年的开发已从当初的8项产品发展到22项，产品行销北京、天津、四川、内蒙古、山东、山西、河南、河北、广东、湖北等10个省市，年产值达241万元，人均产值达5.4万元。

到1993年，中建一局多元经营的企业达83个，从业人员1992人，完成营业额达1.32亿元，实现利润693.7万元。在区域布局上，本着向外拓展的方针，从北疆黑河到海南三亚，东自上海，西到四川，足迹遍布24个省、市和地区，并涉足美国、日本、伊拉克、科威特、新加坡、马来西亚、澳大利亚以及中国港澳等二十几个国家和地区。这种多层次全方位的经营机构和布局，提高了中建一局的市场竞争能力和抗风险能力。

三、科技人才聚合

中建一局是国家建筑工程部直属工程公司和骨干企业，一直承担着国家和地方的重大项目建设。它从组建之日起，就集中了国内大批优秀工程技术人才，通过长期的施工实践使科技水平不断提高。改革开放以来，一局又广泛地开展了国际合作，及时地跟踪学习国际先进建筑技术，取得了一批有重大价值的科研成果。

遵照邓小平同志“科学技术是第一生产力”的指示，中建一局在1990年将科技进步的指标纳入企业承包指标体系，促进企业承包班子对科技进步的重视与支持，加速科技成果向生产力转化。仅1990年由于推广科技成果而开创的经济效益就达861.3万元，科技进步效益率达1.2%，1993年科技进步效益率达1.4%。同时在许多领域和门类中形成了自己独特的建筑行业内领先的配套技术，如超高层钢筋混凝土结构与钢结构施工成套技术；设备、锅炉、容器及石油化工装置安装成套技术；道桥施工成套技术；整体预应力板柱建筑成套技术；高压及超高压管道安装技术；彩色钢筋混凝土装饰挂板加工与施工技术；工业化模板体系及滑模施工技术；大直径钢筋焊接连接和全位置双枪自动焊接技术；建筑节能技术以及具有国内领先的10级超净化系统安装技术等。仅1979—1993年的科研成果就有81项获省(直辖市)部级以上科技进步和发明奖（其中获国家级的7项），40项获国家专利，19项被列为国家建筑业工法。

技术研究与应用离不开高素质的人才，中建一局采取多渠道聚才、多途径育才，把对职工不断进行知识更新和业务技术水平的提高，作为振兴企业的大事来抓。在办好“七・二一”工人大学的基础上，于1981年成立了职工中等专业学校，采取学历教育与短期培训相结合的方式，1983—1993年学历教育毕业生948人，其中相当一部分人已成为中建一局基层管理干部的主体；培训了各生产岗位、各业务部门的骨干8107人。中建一局还先后成立了4所技工学校，培养了木工、电工、钢筋工、抹灰工、管工、钳工、铆工、焊工、装饰工、汽车司机和汽车修理工等共计1382人，增强了企业的实力和后劲。

四、质量效益提升

中建一局是业内最先推行全面质量管理的企业之一，1973年就颁发了《工程质量管理制度》，1979年又颁布了《质量要求和措施》，树立了“百年大计，质量第一”的思想，将全面质量管理与完善正常工作秩序和建立健全行之有效的质量管理制度相结合。

为有效推进全面质量管理的贯彻实施，专门成立全面质量管理推进工作小组，并设专职工作人员负责全局的日常推进工作；各公司、厂都建立了全面质量管理机构，并明确一名领导分管此项工作，同时配备了专职管理人员。

在员工中，一局大力推行质量意识，组织开展QC小组活动，落实全员参与质量管理的要求。仅1981年一年中，局属各单位就举办了26期QC小组学习班和56次学习讲座，注册QC小组16个，取得成果10项。1982年，举行了全局首次QC小组成果发表会，举办了专、兼职干部QC小组活动研讨班，当年全局有99个QC小组注册。1986年，一局组织3206名职工参加全国第一期全面质量管理讲座，有3110人参加了全国统一考试。同年，一局试点推广方针目标管理，通过强化目标管理，把企业发展规划、经理任期目标、上级指令性计划和职工的自身利益有机结合起来，形成具有经营战略思想的目标管理系统。

通过一系列质量提升活动，中建一局着眼于提高企业素质，以贯彻ISO 9000系列国际标准为丰富内涵的质量效益型战略道路愈发明晰，全面提高了现代化管理水平，形成了科学规范的管理体系和制度框架，有力支撑了总体目标实现。

五、品牌价值凸显

这一时期，中建一局坚持以市场为导向，以质量为中心，以效益为目的，以管理为手段，用虚心的态度不断学习，以求实的精神创立名牌，建成了一大批品牌工程。经过全局不懈的探索和努力，北京朝阳体育馆主馆、北京燕莎中心等工程荣获5项鲁班奖和11项国家级科技成果奖，被原国家技术监督局、中国质量管理协会评为全国质量效益型先进企业，荣获国家质量管理奖。

1990年3月30日，中国国际贸易中心举行了开业典礼，国贸中心建筑群的建成是我国建筑历史上浓墨重彩的一笔。7个主要建筑物，占地12公顷，总建筑面积42万平方米，相当于人民大会堂的两倍半，超过了昔日帝苑紫禁城。总投资在4.5亿美元以上，是当时我国一次性投资规模最大、功能最齐全、设备最先进的公共建筑群，位居当时世界贸易中心第三位。

国贸一期工程（图1–6）也是当时国际最先进的建筑技术的集中体现。多种多样的建筑结构形式，数以万计的先进机电设备，数十个控制系统和装置，难以计数的新型、多样施工机械和机具，对国内建筑企业来说不仅没干过、用过，有些甚至连见都没见过。中建一局从全局抽调精锐力量组建了国贸工程项目经理部，响亮地喊出“中建一局是国贸工程的主人，为国家争光，为民族争气”。据不完全统计，在国贸一期施工过程中，经理部共总结推广新技术、新工艺200余项。

经过43个月、1300多个日日夜夜的奋战，一局胜利完成了结构、装修和机电设备安装任务，创造了月平均交工近1万平方米的先进速度，工程质量达到国际、国内的先进技术标准，获得北京市创优质工程领导小组的嘉奖。经17位专家鉴定，中建一局的综合施工技术能力已达到国际先进水平。

除了良好的经济效益，一局更获得巨大的社会效益，打响了在国内外的品牌。耸立在建国门外大北窑的这组巍峨的建筑群，引得路人驻足，引得世人瞩目，其施工者的能力和实力，得到了国内外的广泛好评。国内一些有影响力的新闻单位，对国贸工程做了重点跟踪报道。英国查斯出版公司《亚洲工业》杂志社特意向一局约稿，做专题采访报道。一些在国贸工程中与一局合作的外商，如法国艾萨义（SAE）国际公司、株式会社日建设计、新加坡英迪柯（INDECO）公司等均表示愿与一局继续合作。总包商SAE的负责人，称中建一局是迄今为止“最好的合作伙伴”，表示愿在任何时候、任何地方同一局再次进行合作，并邀请一局组团前往法国交流考察。

▲ 图 1-6　中国国际贸易中心一期工程

第三节
改革提升

1994年，伴随着国家宏观经济体制改革深入推进，中建一局被确定为全国百家现代企业制度改革试点单位，在中国建筑行业率先推行现代企业制度，拉开了新一轮改革发展的大幕。中建一局彰显了"开拓创新、锐意进取、求真务实"的先锋本色，向基础设施、国际市场和房地产开发等领域全面发力，相继在北京、沈阳、深圳和苏州等地承建以城市轨道交通为主的一大批市政基础设施建设工程，一举中标世界最高钢混建筑、欧洲第一高楼——俄罗斯联邦大厦。2005年，中建一局又建成北京京东方5代线超级厂房，结束了没有"中国屏"的历史。如今，中建一局又跨越12省、18座城市建成"中国屏""中国芯"超级厂房44座，被誉为"全球高科技电子厂房首选承包商"。2008年，中建一局又建成以国家游泳中心（水立方）为代表的10座奥运场馆，以高、大、精、尖、特、重的工程作品展现了房建和基础设施专业能力。这一时期在抗击非典、援建汶川和什邡、梦圆奥运等国家最需要的关键时刻，中建一局挺身而出，积极履行央企责任，勇做社会责任先锋。

一、持续深化机制体制改革

现代工业企业集团的各构成单位之间通过上下游纵向一体化联结，互为工序、互为依赖，其凝聚力比较现实和具体。而建筑业企业不同于工业企业，上下左右各单位之间都是从事建筑施工的实体，相似性大、独立性强、相互间依赖性弱，如果没有现代化、科学化的组织方式和机制体制，很难发展起来，形成大型集团。

面对这一行业难题，中建一局坚持按十四届三中全会的《中共中央关于建立社会主义市场经济体制若干问题的决定》、国务院现代企业制度试点工作会议的精神和《中华人民共和国公司法》的规范要求，在保持公有制为主体的地位，发挥国有经济的主导控制作用，确保国有资产的保值增值的同时，坚决改组、改建、改造、改进、改善工作一起抓，从改革入手，立足于企业制度创新，促进企业全面发展，挖掘企业内部潜力，自觉消化不利因素，增强企业实力和活力。

通过建立现代企业制度试点，中建一局用两年时间按《中华人民共和国公司法》进行改制。以清晰产权关系为基础，以完善的企业法人制度为核心，以有限责任制度为主要特征进行局和所属企业的公司制改造，使企业享有法人财产权，以全部法人财产独立享有民事权利，承担民事责任，依法自主经营、自负盈亏、自我发展、自我约束，真正成为法人实体和市场竞争主体。

在理顺产权关系，完成公司制改制的同时，1995年10月，中国建筑一局（集团）有限公司成立，1997年8月挂牌，实现了从计划经济体制下的“工程局”向市场经济体制下的“有限责任公司”的转变。中建一局集团的成立，使得局与所属企业组建起以资产联结为主要纽带，以专业协作和经营分工为联结的四位一体、多业并举、跨地区、跨行业、母子公司体制的现代化企业治理体系，发挥集团整体优势，提高综合功能。

改制改组后的中建一局，依据权力机构、决策机构、执行机构、监督机构相互独立、各司其职、权责明确、相互制约的原则，依《中华人民共和国公司法》的要求，设立由股东会、董事会、监事会和以总经理为首的高级经营管理层组成的内部组织管理机构，并妥善解决了“老三会”与“新三会”的关系。

在制度创新过程中，中建一局高度重视党建引领，明确党组织在企业中处于政治核心地位，董事长兼任党委书记，是各个决策机构的召集人，同时党委副书记也进入董事会，保证重大决策事项党委前置把关。

二、深入推进项目法施工

通过坚持不懈的推行，项目法施工在一局得到了较好的贯彻，企业面貌发生良好变化。施工生产组织方式和运行机制实现了重大创新，以公司为中心的生产组织方式已经逐步过渡为以项目为中心的生产方式，无论是中建一局还是各子公司都已经从生产型企业向经营性企业转变；企业对接市场、适应市场的能力和市场占有率有较大增长，为用户服务、以用户满意为准绳的观念成为人们较为普遍的共识；项目经理部的组织形式和功能地位得到确立和认同，职业化的项目经理队伍开始形成，并且成为建筑施工企业新兴的中坚力量。到1993年，一局按照项目法施工的项目面积已经达到当年施工总面积的79.97%，比5年前的24.14%显著提高。

但同时，一局在生产运作和项目管理中仍然存在不少问题，内部项目管理的发展水平不平衡，相互间的差距很大。有些下属企业的公司本部与项目经理部关系错位，项目经理部权力过大，合同管理、资金管理、采购管理、项目进度管理、质量控制、内部监督等诸多环节不规范，不能适应企业现代化管理要求。

对此，一局系统总结了前期推进的经验，提出优化提升项目法施工的七大原则：（1）充分认识项目法施工是施工组织管理体制的创新；（2）推行项目法施工必须对企业运行机制进行系统的变革，进而强化工程总承包功能；（3）正确处理企业层次与项目层次的权力责任关系；（4）正确处理企业层次与项目层次的功能定位关系；（5）正确处理内部专业公司与项目经理部的关系；（6）正确处理公司与项目经理部调配生产资源方式的变化；（7）正确处理从内部两层分离走向社会两层结合的变化。

在上述原则指导下，结合实践，一局又形成了项目法施工的六项操作标准：（1）实行项目经理负责制，有一个精干高效的项目班子，对工程项目全面全过程负责；（2）实行项目的独立核算和经济承包责任制；（3）生产要素按工程项目的实际需要实行优化配置和动态管理；（4）项目有明确的工期、质量、成本、安全文明四大目标，并建立起实现四大目标的保证体系；（5）有科学、先进、有效、全面的施工组织、技术和管理方案；（6）有强有力的思想政治工作体系，政治、经济、行政三种手段同时运用，三位一体，做到文明建设一起抓。

在这个基础上，一局逐步建立起了一套项目管理的规章制度使以上六条进一步具体化，并逐步向制度化、规范化发展。一局相继制定了项目管理办法，施工总承包管理办法，并建立一整套项目专业管理办法和项目检查评分办法，使项目管理做到有章可循。

三、推动精品工程建设

加入世界贸易组织（WTO）后，中国建筑业全面融入国际市场，充分迎来国际竞争。一局意识到，外国建筑商的进入对国内建筑市场产生了巨大冲击，但同时也是我国建筑企业发展的难得机遇。一局结合建筑业的发展历程，提出建筑企业只有长期、持续稳定地生产出建筑精品工程，树立企业品牌，才能突破藩篱，赢得用户信任，从而在激烈竞争中胜出。

为此，中建一局提出大力实施用户满意战略，推动精品工程建设。对用户，一局提出把用户当作上帝，加强用户服务的组织领导，健全用户服务体系，处处体现为用户服务的意识，不断提升服务质量保证能力；对工程，一局提出全面实施精品工程，要以打造精品工程为目标，以目标管理、过程管控为手段，把工程建设过程看成“生产线”，创新性地提出“精品工程生产线”的理念。

通过精品工程建设，全方位进入高端建筑市场，相继承接了一大批工期要求紧、质量要求高、难度要求大的地标性项目，创造诸多行业第一。如建成当年的世界第一高楼——上海环球金融中心，中国第一高楼——深圳平安国际金融中心，世界钢混结构第一高楼且是欧洲第一高楼——俄罗斯联邦大厦，世界钢板剪力墙结构第一高楼——华北最高的天津津塔；建造了世界最大游泳馆、世界最大膜结构工程、世界第一个多面体空间刚架结构建筑——国家游泳中心（水立方，图1-7），世界最大国际贸易中心、中国第一个城市综合体——中国国际国贸中心一、二、三期，世界最大光电子研发基地——华为武汉研发中心，世界最大石油化工技术科研中心——中石油科研成果转化基地，西半球最大海岛度假村、中国对外承包史上最大的房建项目——巴哈马海岛度假村，亚洲最大单体医疗建筑——北大国际医院，中国最大钢结构和公建单体建筑——中央电视台新址，中国最大超洁净电子厂房——重庆京东方8.5代线厂房，中国钢结构最大跨度体育场——沈阳奥林匹克体育中心，中国最大文化旅游城——成都万达文化旅游城，中国最大装配式工程——沈阳地铁丽水新城。

▲ 图1-7　国家游泳中心（水立方）夜景

同时，在基础设施领域，中建一局也取得了突破性业绩，相继建造了中国第一条PPP建设模式地铁——北京地铁4号线，东北三省第一条地铁、鲁班奖地铁工程——沈阳地铁1号线，第一条贯通北京市区南北的交通大动脉——北京地铁5号线，徐州第一条地铁——徐州地铁1号线，南水北调北京段最长地下输水工程——北京南水北调配套工程，中国建筑第一条穿江隧道——衡阳湘江隧道，中国第一个不停航情况下改造的机场——首都机场2号航站楼，中国最大焦化厂、首都主要能源供给基地——北京焦化厂，中国建筑最大市政工程——唐山滨海大道。

四、大力实施走出去战略

国际化程度是检验一家建筑企业核心竞争力的最好标准之一。随着经济全球化的演进以及国内建筑市场的激烈竞争，推进国际化已经成为建筑企业拓展生存空间和盈利规模的重要内容。

早在20世纪80年代初期，中建一局走出国门开拓伊拉克市场，成为最早扬帆海外的先锋军，后又陆续参与了中东地区多个项目的履约工作，

▲ 图1-8　俄罗斯联邦大厦

逐渐积累海外市场工程经验。

2005年，中建一局在同全球十几家实力雄厚的公司竞标中脱颖而出，成功中标俄联邦大厦双塔中较高的A塔项目（图1-8）。该项目主体建筑高度364米，包括天线总高达430米，为欧洲钢砼结构第一高楼，成为中国建筑在海外承建的标志性建筑之一，中国建筑试水俄罗斯的第一个工程就赢得开门红。2006年，中建一局在俄罗斯莫斯科注册成立俄罗斯分公司，实施了多个重点项目，承接了欧洲第一高楼俄罗斯联邦大厦、圣彼得堡STOCKMANN商业中心项目、莫斯科中共“六大”会址修复工程、莫斯科中国贸易中心多功能综合体（华铭园）项目等具有国际影响力的工程。2010年，中建一局与中建美国公司联合承接了巴哈马大型海岛度假村项目，该项目是迄今为止西半球规模最大的度假村，开创了中国建筑企业在北美融投资带动总承包的先河。

第四节 转型升级

2012年以后，中国经济进入“新常态”。中建一局以转型升级、提质增效为主线，提出“1135战略体系”，规划出中长期企业发展路线图，确立房屋建筑、基础设施、环境治理、投资运营1+3业务板块，持续提升设计施工一体化的工程总承包能力、全产业链的融投资能力和全生命周期的运营管理能力，加速从工程建造商向投资建设商、运营服务商的转型升级。2019年，中建一局召开第五次党代会，聚焦“一创五强”“一最五个领先”目标，确立以客户为中心的“品牌强企”战略，以攻坚高质量发展为主基调，以“155大党建工作格局”、新版“1135战略体系”为行动纲领，致力于成为中国建筑旗下最具核心竞争力的世界一流企业。

一、以战略引领发展

建筑业与其他行业相比，具有显著的特点——古老而传统，但新兴科学技术又不断带来新的冲击；建筑业的兴衰与经济周期紧密联系，但也是我国逆周期政策措施的重要手段；建筑业是劳动密集型行业，但更是资本密集型和管理驱动型的行业。多年来，我国建筑业经历了多轮周期性变化，既有高歌猛进时期，也有低迷衰退时期，近十年来建筑业的产值利润率平均值在3.3%上下波动，利润空间极薄，竞争洗牌压力不断加剧。

面对复杂多变的行业环境，唯有高处布局，明晰战略，才能坚定步伐，稳定发展。作为党领导下的中央企业，中建一局始终坚持落实中建集团各项战略部署，在“创建世界一流示范企业”伟大事业中勇当先锋，坚持党建引领，强化战略执行，永葆组织活力，推进主要指标位居中建系统第一方阵，综合实力跻身最优势工程局前列，品牌竞争力保持行业领先地位，成为中国建筑旗下最具核心竞争力的世界一流企业。

2012年，中建一局首次发布“1135战略体系”，指引企业不断追求高质量发展。1135战略体系的核心构成包括：（1）锁定1个目标——中国建筑旗下最具国际竞争力的核心子企业。（2）实施1个战略——品牌兴企战略。（3）明确3个关键路径——优化产业结构与加强公司化建设，深化和创新三大营销战略，推进以大项目部制为核心的三大建设。（4）抓好5项重点工作——领导班子建设、人才队伍建设、企业文化建设、运营体系建设、监督与评估体系建设。

以什么样的理念推进高质量发展？中建一局提出“三个坚持”的发展理念，即“坚持创新发展”，推进模式创新、科技创新、组织创新、机制创新；“坚持科学发展”，推进绿色发展、可持续发展、专业化和精细化、标准化和信息化；“坚持超越发展”，推进品牌超越、效益超越、效率超越。

什么是“最具竞争力”？中建一局对于建筑企业的核心竞争力给出了“5个领先”全面定义。（1）品牌美誉领先：弘扬中国质量奖精神，产品品质、服务品质、管理品质和发展品质持续优化，品牌认知度、美誉度、偏好度和忠诚度持续增强，打造最受尊重的投资建设第一品牌。深植先锋文化，诚信、发展、盈利的理念深入人心；员工行为规范统一，有强大的执行力；坚持目标引领与底线管理，做到科学管行为、底线管人心、文化管习惯。（2）发展质量领先：持续攻坚八个高质量发展，即牢记初心使命的永续发展、稳中求进的科学发展、结构优化的创新发展、选定领域的领先发展、立足总体的安全发展、知行合一的诚信发展、瘦身健体的全面发展、富有活力的高效发展。（3）治理体系领先：坚持“两个一以贯之”，推进治理体系和治理能力现代化，落实法治央企建设，推进战略体系及决策体系完善，会议机制及工作机制高效，过程管理及评价督导精细；构建系统完备、科学规范、运行有效的制度体系，强制执行的制度“简单、明了、易执行”，推荐指导的制度“丰富、优质、实用”；抓好顶层设计和战略规划，强化战略执行和PDCAS工作机制，知行合一促循环提升。（4）科技创新领先：坚持创新驱动，着眼于核心技术的引领、集成和成果应用；将“服务市场与现场的能力、行业领先的程度”作为科技工作的评价标准，增强“追求技术可能之极限，满足顾客梦想之需求”的技术实现能力、质量保障能力和低成本竞争能力；持续建立在国内外建筑行业中的科技领先优势，通过技术创新提升产品和服务的供给能力。（5）人才素质领先：以“五位一体”能力素养为准则，构建市场化人才发展机制和激励约束机制，建立竞争开放、科学包容的人力资源管理框架，打造覆盖主专业、在行业内有竞争优势的高质量人力资源队伍；坚持考核、培训、职业发展的全员覆盖和薪酬体系、职级体系的全局统一，提升组织运营效率和人均创效水平，激发企业的组织活力和战斗力。

什么是世界一流企业？中建一局的目标是做到“三个领军”，实现“三个领先”，树立“三个典范”。“三个领军”即国际资源配置中占主导地位的领军企业、引领全球行业技术发展的领军企业、全球产业发展中具有话语权和影响力的领军企业；“三个领先”即效率领先、效益领先、品质领先；“三个典范”即践行绿色发展理念的典范、履行社会责任的典范、全球知名品牌形象的典范。

二、以品牌强大企业

加强品牌建设，是建筑央企践行习近平总书记“三个转变”重要论述的使命担当，是奋斗“创建世界一流企业”战略目标的路径选择。2012年以来，中建一局将品牌建设始终摆在企业战略高度，明确企业的核心战略是“以客户为中心的品牌强企”，将“品牌美誉领先”纳入规划考核目标，将品牌建设贯穿企业运行全过程、覆盖企业全员，对内提升品牌战略执行力，对外提升企业竞争力，为“品牌强国”贡献央企力量。

强化以客户为中心的服务理念。为客户服务是企业存在的基础，失去客户将失去一切。通过PDCAS循环的工作机制，中建一局致力于持续提升为客户提供全产业链和全生命周期的服务能力、服务质量和服务效率，让客户满意，为客户创造价值。中建一局将“以客户为中心”的理念细化为关注客户需求、满足客户需求、维护客户关系三大举措。

上中下游联动，共筑品牌产业链。品牌建设贯穿企业管理全过程，中建一局激励企业各系统联动发力，共同推进企业品牌建设。中建一局的市场营销系统位居上游，项目履约系统位居中游，品牌传播系统位居下游，上、中、下游联动发力共筑品牌产业链，即“市场营销拓展品牌、项目履约塑造品牌、品牌传播推广品牌”，以此提升企业品牌战略的执行力和内部协同力。市场营销是品牌建设的源动力和直接受益者，是品牌价值积累的起点。市场营销系统立足“大市场”，承接“大客户”的“大项目”，从而提升企业品牌的知名度。项目履约是塑造品牌的过程，直接关系品牌价值的积累和削减。项目履约系统坚守诚信、成本、质量、安全、工期、环保等各项工程履约底线，为客户提供高品质的产品和服务，以此提升企业品牌的信任度。品牌传播是品牌的舆论推动，品牌传播系统通过生产企业品牌营销产品，传播企业业绩，强化企业舆情引导机制，提升企业的品牌美誉度。

高美誉度传播，提升品牌影响力。中建一局构建“党委全面领导、品牌部门牵头、各部门各系统各子企业共同履责”的“品牌传播金字塔”，推进全员品牌传播。全体员工作为“塔基”，通过“岗位代言”，构建“人人传播、人人维护、人人展现、人人塑造”的品牌建设基础；两级总部和项目部作为“第二层”，负责发掘线索、提供素材、做好协同；局、成员企业的两级专职部门作为“第三层”，履行管理、引导、策划、生产、传播、评估职责；中建一局及成员企业的两级领导班子成员作为“塔尖”，肩负起品牌传播的定调、指挥、督导、发声的责任。“传播金字塔”以全员音量凝聚奋进力量。2018年，以中建一局员工为原型、庆祝改革开放40周年的微电影《最高点的合影》在全国各大影院公映，激发了全员对企业品牌的自豪感和荣誉感，激励了全体员工争作企业“品牌代言人”的积极性。同时，中建一局统筹内宣外宣、线上线下，打造“融媒体中央厨房”，推进自媒体矩阵、融媒体产品、工程产品大数据库、施工现场等全渠道传播。中建一局新媒体多次跻身央企二级排行榜前十、首都国企排行榜首，报纸和网站蝉联全国建筑行业金奖。以项目开放日为渠道的体验式传播，加深了目标受众和社会公众对中建一局的正面品牌联想，坚定了中建一局的品牌自信，也增强了公众对“中国建造”品牌的认同感。

三、以品质创造价值

中建一局将“品质保障、价值创造”作为企业核心价值观，围绕高质量产品建造、全生命周期服务，全面推进履约品质提升，首创工程产品生产线——5.5精品工程生产线。一局作为中国工程建设领域首家企业，于2016年荣获中国政府质量最高荣誉“中国质量奖”，于2017年荣获国家“质量之光”年度魅力品牌第一名。一局在行业内率先推出三条质量标准线（行业领先标准、预警线标准、底线标准），并据此划分“四类项目”（行业领先项目、行业中等项目、预警项目、底线项目），积极推动项目品质“一升一降”“两线合一”，即履约品质行业领先项目占比上升，行业中等标准以下项目占比下降，实现底线标准线和行业中等水平标准线的“两线合一”，使行业中等水平标准线成为项目履约品质管理底线，形成行业领先标准线和行业中等水平标准线的“两线管理”模式。

“5.5精品工程生产线”由5个步骤（确保每一道建造工序都是精品）、5个平台（确保对5个步骤提供资源支撑）、5条底线（确保质量、工期、安全、环保、文明施工）构成，为客户提供标准化、精细化的全生命周期建造服务。“5.5精品工程生产线”推动科技创新。中建一局不断加大技术研发投入，培育企业创新能力，逐步形成超高层建筑建造、大型建筑工程建造、基础设施建造、工艺安装、生态环保与污染防治、既有建筑功能提升改造、建筑设计、智慧建造、绿色建造、装配式建筑十大科技优势。2015年，在中建一局建造的世界最高办公建筑（600米）深圳平安金融中心（图1–9）项目现场，成功完成全球首次C100混凝土一次泵送至1000米高空的试验。清华大学土木工程系教授阎培渝在现场说：“这是全球首次，意味着人类建造千米高楼的梦想可以变成现实了！”

“5.5精品工程生产线”的实施也使得中建一局成为中国建筑工业化的领跑者。中建一局成立建筑工业化工作室，投资建设建筑工业化生产基地

▲ 图 1-9 深圳平安金融中心

（占地6万多平米、年产量10万立方米、拥有3条全自动现代化生产线的工业化预制构件生产基地），形成从设计、生产到装配施工的全产业链优势。截至目前，中建一局有16项建筑工业化领先技术，包括1项国家科技进步奖——整体预应力板柱建筑成套技术，5项国家专利、1项国家级工法和2项国家标准、6项地方标准和规范，1项“中国第一”——中国第一家实践应用SI（承重骨架与内部空间）住宅工业化建造体系。中建一局承建了中国第一个装配式超洁净电子厂房——西安三星半导体厂房，中国最大装配式工程——沈阳地铁丽水新城，北京装配化率最高的工程——长阳半岛1号地产业化住宅，装配式住宅——北京雅世·合金公寓，整体装配式剪刀墙结构建筑——五和万科长阳天地，装配式5A级写字楼——北京顺义天竺万科中心商业办公楼等装配式工程。这些重点精品工程的建设进一步擦亮了“5.5精品工程生产线”的金字招牌。

四、以担当践行责任

中建一局秉承先锋文化，以拓展幸福空间为使命，以“诚信、创新、超越、共赢”为企业精神，全面履行央企政治责任、经济责任和社会责任，满意客户、成就员工、回报股东、造福社会。从创立之日起，一局就以国家需要为前进方向，不计得失、不辞辛劳，始终投身在各类急、危、重、难、险的工作一线。

做好国家使命的担当者。中建一局于1976年积极投身唐山地震救灾，组建救援服务队到唐山陡河电厂工地执行救护任务；于2003年主动承担北京抗击非典的社会责任，七天七夜建成国内一流传染病医院——小汤山医院二部，创造了中国建筑史上的奇迹；于2008年积极投身汶川和什邡震后援建，完成了7000余套安置房和汶川县第一小学、汶川县第二小学、汶川县第一幼儿园等工程建设任务；于2008年积极投身北京奥运场馆建设和赛事服务保障等工作，圆满完成以国家游泳中心为代表的10项奥运场馆及奥运配套工程；于2009年积极服务国庆60周年，出色完成面积最大的临时观礼台搭建；于2014年积极服务国庆65周年，成立中国建筑首个“十典九章文明礼仪志愿服务队”，为参观天安门的数万名中外游客志愿服务。同年，由中建一局承建的国家游泳中心“变身”为美轮美奂的APEC晚宴场地，APEC会议筹备工作领导小组特发感谢信，称赞中建一局完美完成晚宴场地的改造和布置任务。2015年，中建一局先锋志愿服务队志愿服务毛主席纪念堂、中国人民抗日战争纪念馆和“9・3”阅兵，中建一局是唯一一支在“9・3”阅兵天安门服务的央企志愿者队伍，也是志愿者人数最多的队伍，受到“9・3”阅兵志愿者指挥部高度表扬“思想上最重视、战前准备最充分、组织工作最细致、精神状态最振奋、实战表现最完美”。2021年，中建一局圆满完成全球最大沉浸式剧场舞台的搭建，并良好完成全程服务保障任务，受到了各上级单位的表扬。庆祝中国共产党成立

100周年文艺演出《伟大征程》于当年6月28日在国家体育场“鸟巢”成功举行，体现了我们强烈的政治责任感和勇于担当的使命感（图1-10）。

▲ 图1-10 《伟大征程》节目现场

做好生命安全的守护者。中建一局积极践行央企社会责任，突破传统安全教育培训模式，建成中国第一家实景体验式建筑安全教育基地，设置24个三维立体式体验项目，真实模拟了建筑施工现场的各种安全隐患，是建筑业第一所针对预防“六大伤害”的实际演练基地，为推动我国建筑安全教育方式的转变、促进安全生产发挥了重要推动作用。中建一局建立了项目安全体验馆的相关标准，建立了中国第一家项目现场安全体验馆——西安三星项目安全教育体验馆。国务院国资委、住房和城乡建设部等政府、行业主管部门和行业协会领导先后到培训体验基地观摩考察。新华网、工人日报、中国建设报、新浪网、光明网等众多媒体专题报道了培训体验基地。中建一局凭借守护工人生命安全的优异表现，获得“金蜜蜂·员工关爱”奖，是中国建筑行业最早入围榜单的企业。

做好绿色建造的先行者。中建一局践行绿色发展理念和绿色建造方式，以“打赢污染防治攻坚战”为己任，在流域治理、黑臭水体治理、供水工程、污水处理、海绵城市、园林绿化、垃圾处理等环境治理领域累计建设项目120余项，足迹涉及全国24个省、自治区、直辖市，承建的乌梁素海山水林田湖草修复试点工程（图1–11），是全国最大山水林田湖草修复试点工程，名列全国十大修复试点工程第一位；包头水务项目是中国最大水务环境整治工程，最大整治面积达1.1亿平方米，在建设“美丽中国”征途中展现大国央企的担当与能力。中建一局也是中国最早倡导并开展绿色建造的建筑企业，第一个提出“绿色施工”“蓝天行动”理念，制定了全国第一部绿色施工企业标准，并已成为地方标准。一局是中国最早、最多获LEED认证（国际绿色认证、获11个）的企业，获全国绿色示范工程3项、全国绿色建筑创新奖1项，建成了中国第一个获美国“绿色工程”金奖的科技部节能示范楼工程（2004年），获LEEDNC整体金奖的绿色智能大厦——中国石油大厦，获住建部建筑节能示范工程全国绿色建筑创新二等奖、中国第一个被动式超低能耗建筑——秦皇岛在水一方住宅。中建一局在施工过程中按照“四节一环保”要求，打造“花园式”施工现场，研制出获国家实用新型专利的“全自动多功能洗车池”。中建一局段恺劳模创新工作室以绿色建筑和建筑节能为研究方向，截至目前获国家发明专利3项、实用新型专利8项，起草国家标准3部、行业标准9部、北京市地方标准2部，获北京市科技进步奖，被北京市总工会和北京市科学技术委员会命名为“北京市级创新工作室”。

做好行业英才的培育者。中建一局实行“专业化、职业化、国际化”的人才建设策略，致力于打造竞争、开放、科学、包容的人力资源管理平台，吸纳集聚行业英才，建立了覆盖全员的培训和职业生涯规划体系，关注员工的专业能力、职业素养、国际化视野与思维培养及企业先锋文化的传承，将公开、竞争、择优体现在招聘、培养、使用、激励等各个环节。拥有众多名校人才资源，先后与清华大学、东南大学、同济大学、哈尔滨

a）乌兰布和沙漠治理成效

b）乌拉山植被修复成效

▲ 图 1-11 乌梁素海流域山水林田湖草生态保护修复试点工程

工业大学、兰州大学、重庆大学、武汉大学、华中科技大学等20余所国内重点高校建立良好的联系和合作关系，完善产学研战略联盟。中建一局拥有在岗员工近30000人，其中项目管理专业人员超过7000人，技术管理专业人员超过5000人，经过70年的积淀，中建一局在建设投资各专业领域，培育了一批具有行业影响力的专家团队和从事超高层楼宇施工、大跨度洁净工业厂房施工、大型公共建筑施工和基础设施业务的金牌项目团队，拥有2名享受国家特殊津贴人员、25名英国皇家特许建造师、1800余名博士和硕士研究生、10000余名中高级专业技术职称人员、国家一级建造师5252名。

做好诚信经营的表率者。诚信是企业和个人的立业之基，中建一局开展"诚信解码"，从"品格、能力和执行力"3个维度、内外7个角度全方位推进诚信建设，开展诚信建设指标的量化评估。一局出台了《中建一局诚信建设管理规定》和《子企业诚信评估指标体系》，将诚信建设覆盖企业经营管理的全方位、全过程和全体员工，建立起包含3个维度、21项指标的组织诚信和个人诚信的评估指标体系。铁腕打造诚信体系，形成"文化引领、底线管理、评估考核、责任追究、持续改进"的诚信体系建设长效机制，构筑"诚信先锋金字塔"，设定了全方位、成体系的规定动作和底线要求，依据《诚信体系建设管理规定》和《子企业诚信评估指标体系》对子企业进行年度诚信评估，根据得分结果采取强制性排名，建立员工的诚信记录，将诚信确定为选人用人的底线要求，对于诚信评估靠后的子企业，开展针对性的督查和帮扶，建立了经济责任追究机制，实施了通报批评和职业禁入限制。

02

CHAPTER

第二章

百年大计　质量第一

相比产品质量，建筑工程质量要素更加复杂，在悠久的历史中，中国曾建立了当时世界上最为完备的管理制度，留下了璀璨的建筑精品。

与产品质量相比，建筑工程质量要素更加复杂，涉及规划设计、材料使用、人员调配、施工管理、技术应用等，此外，一些间接因素如经济周期、投资方式、招标要求等也会产生不可忽视的影响。因此，建筑工程质量具有长期性、大众性、文化性、隐蔽性等特征，其管理更具复杂性、综合性、协调性和系统性。

中国是一个文明古国，中国建筑拥有悠久的历史传统和光辉的成就。自古以来，先辈在这片广袤的土地上建造了无数的华美建筑，留下了无尽的诗画传说。对于质量，前人建立了当时世界上最完备的管理制度——工官制度。工官制度是中国古代中央集权与官本位体制的产物，对古代建筑的发展有着重要的影响。

中华人民共和国成立后，建筑工程质量保障制度建设不断完善，从最早的工程自检到多方监督，再到全面质量监控体系，出台了大量法律法规和规划纲要。党的十八大以来，各级部门和施工企业认真贯彻执行党中央、国务院的方针政策和决策部署，工程质量管理工作取得显著成效，工程质量总体受控、工程质量水平稳步提升。

第一节
质量——永恒不变的追求

一、中国建筑工程的发展脉络

中国是一个文明古国，中国建筑拥有悠久的历史传统和光辉的成就。从考古遗址发掘的方形或圆形浅穴式房屋发展到现在，已有六七千年的历史。修建在崇山峻岭之上、蜿蜒万里的长城，是人类建筑史上的奇迹；建于隋代的河北赵县安济桥，在科学技术同艺术的完美结合上走在世界前列；高达67.1米的山西应县佛宫寺木塔，是世界现存最高的木结构建筑；北京明、清两代的故宫，则是世界上现存规模最大、建筑精美、保存完整的大规模建筑群……梁思成在《中国建筑之特征》中写道："建筑之规模、形体、工程、艺术之嬗递演变，乃其民族特殊文化兴衰潮汐之映影；一国一族之建筑适反鉴其物质精神、继往开来之面貌。"各式各样技术高超、艺术精湛、风格独特的建筑，在世界建筑史上自成系统、独树一帜，是中华灿烂文化的重要组成部分。

（一）早期的建筑

我国境内已知的最早人类住所是天然岩洞。旧石器时代，天然洞穴是当时用作住所的一种较普遍的方式。大约六七千年前，我国广大地区都已进入氏族社会，具有代表性的房屋遗址主要有两种：一种是在长江流域多水地区由巢居发展而来的干阑式建筑；另一种是在黄河流域由穴居发展而来的木骨泥墙房屋。黄河中游原始社会晚期的文化先后是仰韶文化和龙山文化。仰韶后期的建筑已从半穴居发展到地面建筑，并有了分割成几个房间的房屋。龙山文化的住房遗址出现了双室相连的套间式半穴居，平面呈"吕"字形，遗址中还发现了土坯砖。

中国历史上第一个朝代夏朝建立时，开始有规则地使用土地，天文历法知识也逐渐积累。人们积极地整治河道、防止洪水、挖掘沟池、进行灌溉，以保证生命安全、农业丰收和扩大生产活动的范围。夏朝修建了我国最早的成建制的城市群，并开始有比较严格的分区，尤其是夏后期，出现了宫殿区、祭祀区、墓葬区、手工业作坊、平民居住区等功能性分区，反映出国家建立以后等级制度的初步建立。“坐北朝南，中轴对称”“中央突出，四围向心，严密封闭”“高台建筑，土木结构”“庖厨居东”，这些后世严格采用的形制和结构在夏朝已经有了明显的规制。

商朝进一步发展了建筑的材料和技术。商朝首次出现夯土，也开始有很大的木构架建筑。建造工具也多样化起来，出现了青铜制的斧、凿、钻、铲等。商朝的城市规划达到了较高的水平，出现了宫城、内城、外城的格局，既有大型宫殿建筑，又配备了军事防御设施。

周灭商后，建造了一系列奴隶主实行政治、军事统治的城市。在苛刻的宗法分封制度下，城市规模有着严格的等级制度，诸侯的城市不能超过王都的1/3，中等城市的1/5，小等城市的1/9。这一时期的建筑还追求高大、华丽、宏伟。瓦、砖、斗拱、高台建筑相继出现，其中瓦的发明是西周在建筑上的突出成就，也使得西周的建筑从“茅茨土阶”的简陋阶段进入比较高级的阶段。

春秋时期，各诸侯国出于政治、军事统治和生活享乐的需求，日益追求华丽的宫室，建筑装饰与色彩的发展更为突出。建筑上瓦的使用也更普遍，出现了作为诸侯宫室用的高台建筑，也称为台榭。在山西侯马晋故都，河南洛阳东周故城等地的春秋时期遗址中，发现了大量板瓦、筒瓦以及部分半瓦当和全瓦当。而在凤翔秦雍城遗址的出土中还发现空心砖，说明早在春秋时期就已经开始有了用砖的历史。

（二）封建社会前期的建筑

战国时期，是古代中国发生巨大变动的时期，“礼崩乐坏”“瓦釜雷鸣”，奴隶社会不断瓦解，封建制度逐步确立，礼制的松动在一定程度上解放了生产力。战国时手工业、商业发展，城市繁荣、规模日益扩大，出现了一个城市建设的高潮。建筑技术也有了巨大发展，特别是铁制工具——斧、锯、锥、凿等的应用，促使木架建筑施工质量和技术大幅提高。筒瓦和板瓦在宫殿建筑上广泛使用，并有在瓦上涂上朱色的做法。在这一时期，装修用的砖也出现了。

秦始皇“奋六世之余烈，振长策而御宇内”，结束了东周549年的分裂统一全国。在统一法令、文字、货币和度量衡的同时，修驰道通达全国，筑长城以御匈奴，集全国人力物力与六国技术成就，在咸阳修筑都城、宫殿，高台宫室盛行，阿房宫“五步一楼，十步一阁；廊腰缦回，檐牙高啄”，这些宫室多采用夯土台为中心，周围用空间较小的木架建筑环抱，上下层叠绕，形成一组建筑群。

汉代初建，承秦制而改苛政，与民修养，社会生产力快速发展，促使建筑发生显著进步，形成建筑发展的一个繁荣时期。突出表现是木架建筑渐趋成熟，后世常见的抬梁式和穿斗式两种主要木结构在这个时期已经形成。随着木架建筑的进步，屋顶的形势也多样起来。砖石建筑和拱券结构也有了很大发展，早期在凤翔秦雍城遗址中发现的大块空心砖，大量出现在了河南一带的西汉墓中。西汉时期还创造了楔形和有榫的砖。汉代的都城长安就建造了大规模的宫殿、庙坛、陵墓等，其中条砖、楔形砖的应用十分普遍，有时也会采用企口砖以加强拱的整体性。到汉代末期，佛教传入中国，引起了佛教建筑的普遍发展，祭祀建筑等高台建筑尤为突出，不过其主体仍是采用春秋战国盛行的十字轴线对称组合，尺度巨大，形象突出。

从东汉末年经三国、两晋到南北朝，是我国历史上政治不稳定、战争破坏严重、长期处于分裂状态的一个阶段。在建筑上主要是继承和运用汉代的成就，缺少突出的创造和革新。这个时期最有代表性的建筑类型是佛寺、佛塔和石窟。我国自然山水式风景园林在秦汉时开始兴起，到魏晋南北朝时期有了重大发展。

（三）封建社会中期的建筑

经隋唐而至宋是我国封建社会的鼎盛时期，也是我国古代建筑的成熟时期。无论在城市建设、木架建筑、砖石建筑、建筑装饰、设计和施工技术方面都有巨大发展。

隋朝建筑上的成就主要是兴建都城——大兴城和东部洛阳城，以及大规模的宫殿和苑囿，并开凿南北大运河、修长城等。

唐代为我国封建社会经济文化发展的高潮时期，建筑技术和艺术也有巨大发展和提高。唐代建筑规模宏大、规划严整，首都长安原是隋代规划兴建的，但唐继承后又加扩充，使之成为当时世界最宏大繁荣的城市。建筑设计与施工水平显著提高，木建筑解决了大面积、大体量的技术问题，并已定型化，砖石建筑也有了进一步提高。

五代时期，建筑上主要是继承唐代传统，少有新的创造，仅吴越、南唐石塔和砖木混合结构的塔比唐朝有所发展。

由于两宋手工业和商业的发达，使宋朝建筑水平也达到了新的高度，城市结构和布局起了根本变化，都城汴梁取消了里坊制度和夜禁。木架建筑采用了古典的模数制，政府颁布了建筑预算定额《营造法式》。建筑装修与色彩有了很大提高。砖石建筑的水平达到新的高度，河南开封祐国寺塔是我国现存最早的琉璃塔，福建泉州开元寺东西两座石塔是我国规模最大的石塔。辽代建筑较多地保留了唐代建筑的手法，墓室除方形、六角形、八角形外，还常用圆形平面。辽代山西应县佛宫寺释迦塔是世界上现存最高的古代木结构建筑。金朝建筑既沿袭了辽代传统，又受到宋朝建筑的影响，但建筑装饰与色彩比宋朝更富丽。总体来看，这一时期的北方辽朝统治地区的建筑更多地保留了唐代淳朴雄厚的风格，而南方宋朝统治地区的建筑则开始向轻巧、华丽的方向发展，不同区域开始呈现明显的地方风格。

（四）封建社会后期的建筑

元、明、清是我国封建社会晚期，建筑发展缓慢。元代建筑发展处于凋敝状态，以继承宋、金传统为主，但在规模和质量上都逊于两宋。元代对中国建筑的最重要的贡献是大都的规划和建造。如同隋唐的长安一样，大都在它自己的时代，是世界上规模最大、规划最完善的城市。它在很大程度上体现了《考工记》中所描绘的“王者之都”的理想。

明代建筑规模宏大、气象宏伟，基本达到了中国传统建筑的最高峰，同时也出现许多新的发展。官式建筑的装修、彩画、装饰日趋定型化，民间私人园林发展迅速。新材料广泛应用，砖普遍用于民居砌墙，琉璃面砖、琉璃瓦的质量提高了。木制结构形成定型构架，斗拱的结构作用减小，梁柱构架的整体性加强。

清朝建筑大体沿袭明代，但有以下几方面特征：（1）园林达到了极盛期；（2）藏传佛教建筑兴盛；（3）住宅建筑百花齐放、丰富多彩；（4）简化单体设计，提高了群体与装修设计水平；（5）建筑技艺有所创新。

二、中国建筑工程质量管理的制度化

质量贯穿于人类的所有活动，中华民族追求质量的历史源远流长。从石器加工到金属器具制作，再到精美艺术品创造；从简陋巢穴到华美住宅，再到水利桥梁工程设施，质量的提升彰显了文明的进步。历史上，重要的建筑工程大多为国家重大项目，以举国之力投入，因此也高度重视其质量，形成了许多保障性制度，至今仍有启示意义。

（一）工官制度

重大的建筑工程，如修筑长城、挖掘大运河、治理黄河、新建城池、兴建皇宫陵寝等，都需要大量的人力、财力、资源，稍有不当轻者空耗国力、不能实现工程目标，重者甚至极有可能造成民怨沸腾、改朝换代。因此，从最早期的人类社会开始，就建立了严格的政府质量管控制度，由专人对建筑工程的营造进行具体管理，称之为工官。工官集制定法律、规划设计、征集工匠、采办材料、组织施工等职能于一身，实行高度统一的指挥与领导，保障了大型工程的一体化管理。

远古时期，设立“共工”掌管水土等工程，《周礼注疏》记载“监百工者，唐虞以上曰共工”。尧时，改称司空，职责是“修堤梁、通沟浍，行水潦、安水藏，以时决塞，岁虽凶败水旱，使民有所耘艾。”《尚书》记载舜摄帝位，命“禹作司空”“平水土”，由此看来大禹治水始于舜对其的任命。

西周时期，司空掌管工程建设，《考工记》记载“国有六职，百工与居一焉……审曲面埶，以饬五材，以辨民器，谓之百工”。东汉郑玄对此注解称“百工，司空事官之属……司空掌营城郭、建都邑、立社稷宗庙、造宫室车服器械”。西周时的司马一职，虽是掌管军事的，但其下还设有量人、掌固、司险三职，管理涉及疆域划分、都城宫室建设、城防设施建设、国土交通和据险设防，与工程也有一定关系。

春秋时期，重要的建筑工程都由以司空为主的工官主管，职责包括土地丈量、道路工程、土木建筑等，孔子就曾担任过鲁国的司空。

秦至西汉，由“将作少府”管理土木建筑，东汉以后，“将作少府”改称“将作大匠”，职责不变。《汉书 · 公卿百官表》记载“将作少府，秦官，掌制宫室。有两丞、左右中候。景帝中六年更名将作大匠”。

隋朝做了重要的制度创新，开始在中央设立“三省六部”，其中工部主管制定有关建筑的法令规范，掌管全国建筑工程、农田水利、山泽舟车、仪仗军器，职责远远超出“将作”范畴，此后历朝历代均沿袭此制，没有出现根本性的变化。“将作大匠”改称“将作监”，承担皇室工程和京都官府的建造。

唐朝工部的主要职责是主持制定规划设计的规程、建筑法式和土建工程的规范、定额等，并组织建筑材料的生产和供应，以进行管理工作为主。在地方行政部门内工部也设有专官管理地方的公、私土木建筑工程。将作监“凡两京宫殿、宗庙、城郭、诸台省监寺廨宇、楼台、桥道，谓之内、外作，皆委焉”，是皇家和国家重大工程的主要实施者。“将作监”下设四署，分管土木、土工、舟车、砖石。另设置有掌握绳墨、绘制图样和管理营造的都料匠职，类似今天的建筑工程师。总体来看，工部以行政管理为主，将作监总揽了唐两京的皇家和国家级重要建筑工程的具体设计和施工工作。

宋朝将作监规模更大，下属五案、二十七所、十场库。宋朝知名的建筑学家李诫长期在将作监任职，编修了《营造法式》一书。书中记载，随着当时社会发展的需要，建筑工程的工种越来越细，有13种之多，后来又发展到30多个，以满足不同的技术和质量要求。宋朝规定了建筑必须照图施工，不许擅改，更不许虚报人工，多领材料，工毕虚报节余以骗取奖赏。还规定了建成后需保持七年不坏的质量要求。这表明宋代工官的任务更加具体，对施工管理上有更多的要求，较唐代更为具体和严密。

元朝承袭前制，大体分为行政机构工部和宫廷建筑机构修内司两大系统。工部“掌天下营造百工之政令。凡城池之修浚，土木之缮葺，材物之给受，工匠之程式，铨注局院司匠之官，悉以任之”。除主管全国工程建设法令法规的制定外，也负责一些工艺制作。修内司则“掌修建宫殿及大都造作等事”，是具体从事营建宫殿及首都重要建筑的建设部门。

明朝中央政府管理工程的机构是工部，又在宦官的十二监中专设有内官监，统管宫殿、陵墓等皇家工程。与前代不同，内官监由宦官掌管。包括宫殿、坛庙、陵墓等皇家工程，都城的重大建设和外地王府的建造等均改由宦官主持，工部主要在征发工匠、采伐木材、制作和调拨、储存材料等方面起配合、执行的作用。明中后期宦官擅自兴工、贪污浪费工料，是明代官方工程的重大弊病。修筑长城是明代重大的国家工程之一，由户部、兵部出资，交地方总督、巡抚转拨给各边防段的兵备道，由其负责备料、组织官兵修筑，并抽调所在地方的低级官吏监工，完工后要检查工程是否坚牢，材料有无虚费，分别奖惩。工程由守边部队主持，基本与工部无关。

清朝继承明制，也把国家建筑工程分为内工、外工两部分。内工为皇家工程，包括皇城、内廷、苑囿、陵寝的建造、修缮等，由内务府掌管。外工指政府工程，包括坛庙、城垣、仓库、营房等，也包括一些称为“大工”的外朝重要宫殿建设，如重建太和殿等，由工部掌管。内务府内专设了一个管皇家工程的机构营造司，主管紫禁城宫殿内廷部分和离宫、苑囿、陵寝的修建、修缮，下设负责设计和估工、估料的专门机构样式房、销算房。

（二）质量法度

由于古时重要的建筑工程大多是政府工程，涉及军事边防、农田水利、城市规划、皇室宫殿等，不仅显示政府能力，且一旦出现质量问题，还可能引发一系列的政治、社会问题，因此中国历代对建筑工程质量都进行了明确的规定和严格的奖惩制度。

首先是专人专责，设立工程督造制度。督造一般分为三个层次，第一层次是总督，在工程立项之后，对经费、人工、物材等实施宏观管理，一般由皇帝指派王公大臣或近臣、宦官（太监）担任；第二层次是专督，由工部派遣官员，专门督理某项、某地或某类工程，或与工程相关的某类物材（如大木）事务；第三层次是监修，由工部各司派员，或所在衙门自行调任，针对日常造作事务，对具体工程实施管理，相当于今天的工程项目经理。国家级工程完工以后，朝廷参照工程往例、依职责高低、历时长短分别封赏。一旦工程出现质量问题，也会层层追责，落实惩罚，如明万历二年，昭陵祾恩殿因大雨毁坏，督建工程的太子太保朱衡被按律论罪、免官。

其次是质量担保，设立工程的质保期，一旦出现问题对建造工程的官员和匠人都要进行追溯。《周礼·考工记》记有“物勒工名，以考其诚，工有不当，必行其罪，以究其情”的说法，是目前所知我国最早的质量责任追溯的制度要求。洛阳曾出土唐代东都宫城遗址的带字板瓦，上刻“匠张保贵”四字。张保贵应是当时制作这块板瓦的匠师，在板瓦上刻其姓名，表明他对这批板瓦的质量负责。除了在建筑材料如砖块木构上刻下责任单位责任人的信息，许多建筑落成后还会刻碑记事，上面都会记载建筑工匠，主持官员、赞助经费者等历史信息。一方面是褒扬这些建筑者的功绩，以志纪念；另一方面是一种约束，一旦出现质量问题，这块碑就是耻辱柱。北宋按建筑等级和使用性质区别质保年限，《宋会要》规定普通建筑三到五年，京师官舍七年，京师官舍若七年内损毁，监修官吏和工匠一并劾罪。清代《大清会典》等规定建筑的质保期限一般为三年。

再次是质量惩处，秦代法律对施工质量不合格有明确的处罚，《睡虎地秦墓竹简·徭律》规定“兴徒以为邑中之红（功）者，令（嫴）堵卒岁。未卒堵坏，司空将红（功）及君子主堵者有罪，令其徒复垣之，勿计为（徭）”，意思是政府征发徒众作城邑工程，建造者要对所筑的墙担保一年，如果不足一年墙坏了，必须重新修筑，而且不计入服徭役的时间。《唐律疏议》规定“诸工作有不如法者笞四十。不任用及应更作者并计所不任脏庸，坐赃论减一等。其供奉作者加二等。工匠各以所由为罪，监当官司各减三等”，也即不按规定样式或工法施工均要受不同的处罚。

最后是工程检验。《农政全书》记载了疏浚河道时的检验要求、方法和罚则，每千丈施工段建一个质量档案，定期核查。《河工器具图说》记载了用铁锥检查夯筑质量的方法。

（三）标准规范

在古代，建筑工程是高度复杂的社稷大事，必须强化规划、统一协调才有可能在仅凭人力、畜力以及简单机械的条件下完成。因此，从极早时期开始，人们就开始对建筑进行规范化、定数化和标准化的管理。

《周礼·考工记·匠人》篇中对屋顶、路面坡度，以及沟渠、墙体等营造做法都进行了具体要求，其中一些沿用至汉代，有的甚至在明清时期也几乎保持了相同的规格。

到了汉代，在大型建筑工程开工前，必须要设计图样和配备相应的说明文件，指导百工按图营建。隋唐，建筑业发展迅速，对木结构特别是斗拱的用料、构件等都有了定型化的模数要求。民间出现了非官方的营造手册，被称为木经，由从事房屋建造的工匠在师承与经验基础上总结而成，内容包括房屋各部分的尺寸比例和细部做法等。据北宋沈括的《梦溪笔谈》记载，世存《木经》三卷，传说为五代吴越国的著名工匠喻皓所作。

宋代的建筑工程技术和施工管理方面达到了很高的水平，出现了第一部官方正式颁发的营造手册——《营造法式》。在其序言中，开宗明义指出工程标准化的必要性“斲轮之手，巧或失真；董役之官，才非兼技。不知以材而定分，乃或倍斗而取长。弊积、因循，法疏检察。”意为工匠手艺虽巧但造作难免走样，主管工程的官员不能兼通各个方面的技能，不知道用“材”作为营造的基本尺度。以致各种弊病因循累积，缺乏监督检察之法规。因此，制定详密的建筑标准规范，作为工程施工与管理的指导性文件，以使营造制度在各项工程中得以贯彻施行，最大限度地提高工程管理之功效，成为一种必需。

《营造法式》正文共三十四卷，分为总释、制度、功限、料例、图样五个部分。按照现代工程建设标准的类别划分概念，《营造法式》应属国家标准，内容包括工程建设勘察、设计、施工及验收的质量要求，工程建设通用的术语、代号、度量单位，以及工程建设通用的定额标准（用工、用料）。

至明万历年间，《营造法式》散落不全，正式记载较少。因此明清时期，民间仍存在许多非官方的营造范式，被称为“则例”“算例”或“做法”，例如《营造算例》《瓦作做法》《营津大木做法》等。

随着营造技术、建筑样式以及材料应用的不断发展，社会政治与经济、文化各方面情况的不断变化，即便沿袭传承原有建筑体系的情况下，营造标准规范的更新也势在必行。清代雍正十二年颁行的《工部工程做法》（简称《工程做法》），是我国第二部官方建筑规范。《工程做法》的目的为“详规度、慎钱粮、立清册，便审核”，即加强预算管理和质量检验，使工程营造合乎规度，降低成本、提高质量、增加效率。

（四）文化仪式

对质量的要求除了采用法纪的形式加以约束外，中国更多运用道德教化与文化习俗的方法进行规范。建筑工程质量是政绩观、诚信观、工匠精神的重要组成，并且通过一系列的仪式加以强化。

“桥梁道路，王政之一端”。铺路造桥一贯是中央和各地政府的法定职责，历代帝王均高度重视，以上谕多加训导，对于一些重要的工程，甚至亲自组织修建。如秦始皇亲令建造咸阳渭水桥，唐玄宗令将蒲津竹锁浮桥改为铁索浮桥，宋太祖“降诏褒美”重修天津桥。作为仁政、善政的重要指标，一旦路桥质量有问题，必将受到严格的指责，甚至会被视作天降灾祸，“政德不修”，因此除了一些朝代政纪松弛，积弊丛生外，大多数政府都把质量作为第一要务，务使“造福百代，泽被后世”。

五代之后，佛教盛行。佛教将筑路架桥，兴修寺宇作为济世度人、获取功德的重要途径。例如《华严经》中有“若见桥道，当愿众生，广渡一切，犹如桥梁”的观点。与现代企业追求利润的目标不同，古时并没有获利的经济概念，工程高质量是唯一的要求。

在建设过程中的各种仪式也是重要的质量保障的文化手段。古时建筑的主要工程节点大致包括选址、坎梁、开工、立柱、上梁、启用等，每一步都要进行盛大的仪式，这些仪式一定程度上都带有计量校验与质量检验的功能。如在广西的“上梁”中，要由权威的匠师在梁正中钉入“银圆”，银圆的作用是用来找准和标记中心位置的。这个过程有众多的围观者，客观上起到了激发工匠责任心和群众监督的作用。再如建筑启用时，也都要举行乔迁之礼，广邀各界人士光临参观。不同的人从不同角度对建筑进行评议，也起到了集体监理验收的作用。

第二节 质量管理——建筑工程的生命线

一、质量与质量管理

（一）什么是质量

质量是经济发展的战略问题，质量高低综合反映了一个企业、一个地区乃至一个国家的整体水平，是一个民族素质的集中体现。

质量的概念最初来源于产品，随着全社会对质量认知的不断加深，追求质量的需要不断扩展，而逐渐延伸到服务、工程、过程、体系以及组织、经济、社会发展的水平衡量。

从不同的角度可以给质量进行不同的定义，目前已经基本形成共识的质量定义是由国际标准化组织界定的，质量是指“一组固有特性满足要求的程度”。

“固有”是指在某事或某物中本来就有的，尤其是那种永久的特性。“特性”是指“可区分的特征”，可以是定性的或定量的。特性有多种类别，物理的（如机械的、电的、化学的或生物学的特性）；感官的（如嗅觉、触觉、味觉、视觉、听觉）；行为的（如礼貌、诚实、正直）；人体工效的（如生理的特性或有关人身安全的特性）；功能的（如速度、力度、强度）。

质量特性有以下几种常见的表述：

（1）可信性。用于表述可用性及其影响因素（可靠性、维修性和保障性）的集合术语。

（2）可追溯性。追溯所考虑对象的历史、应用情况或所处场所的能力。

（3）可靠性。产品（包括零件和元器件、整机设备、系统）在规定的条件下，规定的时间内，完成规定功能的能力。可靠性需要满足:①不发生故障;②发生故障后能方便、及时地修复，以保持良好功能状态能力，即要有良好的维修性。

（4）维修性。在规定条件下使用的产品在规定的时间内，按规定的程序和方法进行维修时，保持和恢复到能完成规定功能的能力。

（二）什么是质量管理

国际标准化组织将管理界定为“指挥和控制组织的协调的活动”，因而相应的，质量管理的定义为“在质量方面指挥和控制组织的协调活动”。

在质量方面的指挥和控制活动，通常包括制定质量方针和质量目标，以及质量策划、质量控制、质量保证和质量改进。质量管理及其相关术语涵盖了管理的计划、组织、领导和控制的整个过程。

（1）质量管理是组织围绕着使产品质量能满足不断更新变化的质量要求而开展的策划、实施、控制、检查、监督、审核、改进等所有管理活动的总称。

（2）一个组织想以质量求生存，在激烈的市场竞争中寻求发展，就必须制定正确的质量方针和质量目标，围绕着实现质量方针和质量目标，组织的管理者就需要在不断开发新产品、引进和改造技术设备、不断提高工艺水平和人员能力、对产品实现全过程进行质量控制和质量保证等诸多方面开展管理活动。这些管理活动就需要建立、实施、保持质量管理体系并使之持续改进，从而使组织内与质量有关的活动得以有效运行。

（3）质量管理包括制定质量方针和质量目标、质量策划、质量控制、质量保证和质量改进等活动。

（三）质量管理的发展

质量发展是一场持续不断的革命。即使在原始社会，质量也推动了人类文明的繁荣，3000年前，已经出现了各种质量保证的技术与制度，成为沿用至今的许多基本制度的雏形。在漫长历史中，许多国家都发展出一套适应于本国特点的质量管理的制度体系，其中共性的包括：（1）质量技术开发；（2）质量标准规格；（3）质量监管制度等。

随着工业革命的到来，批量化生产逐渐兴起，人们开始有了标准以及标准化的概念。并且由于商品的大量交换，逐渐开始进行检验与验证方面的工作。按照标准化和互换化的要求，大幅提高了生产效率，降低了缺陷率，且更容易维护保养，因而大规模生产成为可能。

20世纪初期，随着工厂规模和产品产量提升，质量成为竞争力的主要维度，现代质量管理概念被明确提出，并在随后的发展中，经历了“点—线—面—体”的发展轨迹，依次质量检验阶段（20世纪初至20世纪30年代）、统计质量控制阶段（20世纪30年代至60年代）、全面质量管理阶段（20世纪60年代至90年代）、卓越质量管理阶段（20世纪90年代至今）。

（1）质量检验阶段。早期质量管理范围局限在具体的质量检验点上。美国的泰勒提出了科学管理理论，在质量方面，他提倡标准化工作、管理和操作分离、增设专职检验人员。这一时期企业中的质量管理实践主要表现为质检部门与岗位的设置，通过检验来保证产品质量，质量管理作为企业运营职能首次得到体现。质量检验从车间生产工序中分工出来，对提高产品质量有很大的促进作用。但检验毕竟是事后把关，即使残次品被全数验出，但浪费依然产生，并不能大幅降低成本。

（2）统计质量控制阶段。单纯质量检验面临的问题使人们认识到“质量不是检验出来的，而是生产出来的”，从而将质量管理范畴由事后把关向事前和事中控制前移，使质量“检验点”向“生产线”延伸。统计质量控制的重点主要在于确保产品质量符合规范和标准，通过对工序进行分析，及时发现生产过程中的异常情况，采取对策加以消除，使质量保持在稳定状态。统计质量控制是质量管理从避免问题发展到发现问题、快速解决问题，质量职能在企业中得到加强。但过于强调统计方法，有时造成了“质量管理就是数理统计”的误解。忽视组织、计划、资源等更多深层次问题，许多质量问题仅靠统计控制无法解决。

（3）全面质量管理阶段。20世纪60年代后，全球性的市场竞争加剧，质量成为消费者选择的重要依据，各国企业对质量的重视前所未有地得到加强。人们发现，单纯依靠质量检验和统计分析并不能从根本上解决质量问题、提高质量水平。消费者要求的质量除了产品的功能合格外，还包括一系列诸如稳定、安全、可靠、交付、维保等各个方面，即质量应当是全面的。相应的，质量管理也应该是全面的。1961年，美国通用电气公司质量经理费根鲍姆发表《全面质量管理》，强调质量职能是公司全体人员的责任，从市场调查到设计、生产、检验、物流、装配等都必须施行质量管理。日本企业的管理实践极大丰富了全面质量管理的内容，他们实行全员参与的质量管理，提倡群众性质量管理小组活动，归纳、整理、普及了新老七种质量工具方法，使得质量管理不仅局限于特定的人/部门和统计工具。全面质量管理的本质特征是“全员、全过程、全企业”，即全员参与、全过程改进、全企业形成整体的质量体系。

（4）卓越质量管理阶段。卓越质量管理是全面质量管理的进一步延伸，强调以顾客需求为中心，在组织职能的各个领域深入开展系统性的质量提升，从而赢得市场与竞争，获取优势地位，完成从优秀到卓越的进化。质量的概念进一步扩展，不仅局限在产品/服务本身，而是从价值创造的角度审视组织存在的前提与立场，不断创新，关注可持续发展，使得各项关键绩效指标领先同侪。

二、建筑工程质量与管理

（一）建筑工程质量定义

建筑工程质量是指在建筑工程系统过程中所包含的所有结构的实施情况与价值形成的总体状况，也是对建筑工程各相关方需要的满足程度。质量是建筑工程显性条件之外的最重要的系统要求，在行业的一般表现形式上，建筑工程质量往往体现为在国家现行有关法律法规、技术标准、设计文件和合同中，对建筑工程的安全、适用、经济、环保、美观等特性的综合要求。

（二）建筑工程质量特点

建筑工程本身所具有的特点和工程产品的特点决定其质量特点，一般而言，建筑工程质量具有以下特点：

（1）质量影响因素多。质量受多种因素的控制和影响，建筑工程的计划、规划、设计、材料、方案、设备装备、从业人员构成、施工技术实现、现场管理等多种因素都会影响着最终质量。此外，非直接性因素也会对工程质量产生诸多不确定的间接影响，如土地拍卖、居民动迁、招标形式、周边配套、分包层级等。以住宅为例，我国住宅建设过程中特有的商品社会化、融资多样化以及管理多方化的特点，使得工程质量既可能存在来自于消费者的随机性干扰，也有可能有来自于投资者提出的基于市场变化后的不当要求，还有可能存在项目管理方做出的投机行为和错误决策等多种影响，这使得住宅质量在整个项目周期内受到的影响与其他产品或服务有极大差异，带来更大的不确定性。

（2）质量变化波动大。建筑工程的生产周期长、参与单位多、影响因素多，这些因素都使得质量的内外环境处于不停的变动中，使得开展质量控制与保障的难度高。这些因素之间常常还会发生难以预料的耦合性，进一步加大了质量波动的强度。比如在建设周期内遇到经济紧缩或投资方经营困难造成建筑预算难以完全落实，常常会存在降低质量水平以期压缩成本的状况。这些外部性变化不仅对工程质量带来下行压力，而且也会给质量问题的解决增加许多困难。

（3）质量问题隐形化。建筑工程是典型的信息不对称过程，投资方、设计方、施工方、监理方、使用方等各方的信息都存在失真变形的可能，使得质量策划、质量功能确定本身就带有极大的不确定。同时，任何建筑中都存在大量的隐蔽工程，这些隐蔽工程的质量往往难以通过事后检验的方式进行验证，隐蔽工程越多，质量的不确定性也越多。

（三）建筑工程质量问题

经过多年发展，建筑工程行业已经成为我国国民经济的支柱产业。自

2012年至今，建筑业增加值占国内生产总值的比例始终保持在6.85%以上，2021年建筑业增加值达80138亿元，占国内生产总值的7%。建筑技术不断成熟和进步，世界顶尖水准项目批量建成。在超高层建设、高速铁路、公路、桥梁、水利、核电核能、现代通信、应急设施等“高深大难急”工程中，技术水平位居世界前列。此外，在高速、高寒、高原、重载铁路施工和特大桥隧建造中，技术水平迈入世界先进行列，离岸深水港建设关键技术、巨型河口航道整治技术以及大型机场工程等建设技术均达到世界领先水平。从总体来看，中国建筑工程的质量水平稳步提升，有力支撑了整个行业的发展。

但是，我们也要看到，建筑工程市场竞争激烈，准入制度有待完善，企业整体素质有待提升；建设单位投资责任机制不健全，一定程度上阻碍了市场机制的发展；一些建设单位片面追求低造价、短工期，也造成了各种建筑工程质量的问题。按照不同的责任主体和表现方式来看，主要问题有以下几种。

（1）勘探设计问题。有的工程未取得地质勘探报告就仓促开工；有的勘察设计未按相关规定执行，甚至存在着违反强制性标准的现象，如地质勘探的钻孔数量不足、钻孔深度不够，无法真实反映出现场地质情况，导致一系列后续问题的发生；有的图纸设计人员盲目套用图纸，未按地质勘探报告的相关数据对承载力等进行计算；有的工程存在图纸未经审查就用于施工的现象，甚至有的图纸出现重大修改也未按规定程序进行重新审查。

（2）建设施工问题。建筑企业对工程质量控制不严格，有的未按图纸施工，将悬臂梁做成连续梁，破坏整体结构；有的用料不当，如使用过期水泥；有的设备不合格，设备进场后未按要求进行检验、检测，危及人身安全；有的企业质量管理体系不健全，基础管理漏洞频出，如相关负责人职责落实不到位，材料进场及工程隐蔽验收记录等无有效签字，不按规定流程处理质量缺陷的行为等，使工程全过程处于失管失控状态。

（3）监理审查问题。监理单位责任感不强，现场把关不严、工作力度不够，如未按施工组织设计要求配足现场监理人员，监理日志不完善，旁站监理制度未落实到位，对质量问题督促力度不够；图纸审查存在着漏审、错审，尤其是对勘察文件审查不细，导致出现安全隐患，一些图纸审查单位对审查工作中出现的违反工程建设强制性条文的行为未按规定要求上报。

（4）人员素养问题。在行业快速发展阶段，人员需求量大，造成一些专业从业人员理论水平欠缺、实践经验不足、技术力量薄弱，对标准、规范等掌握不准，许多工程实际配备专业人员数量严重不足，存在超范围执业的情况；有的一线操作的专业技术人员缺乏有效的教育培训和基本工程质量常识，职业素养不高；一线操作不按规范进行，如班组长在开工前未能落实图纸交底；有的特殊工种，未按要求搭设脚手架、弱电保护措施，甚至有高空作业人员未按要求系好安全带。

（5）监督执法问题。质量安全监督站执法力量不足，经费不能保障、人员配备不齐；有的质量监督人员自身专业能力不够，甚至难以发现一些非常明显的工程质量问题；有的质量监督人员工作责任心不强，对现场出现的违法违规行为处罚力度不够，督促整改不到位，甚至视而不见。

（四）建筑工程质量管理

建筑工程质量管理是指在确定建筑工程的总体质量目标与实现方案后，对于执行过程、结果进行客观、系统的评价，并采取诸多方法和手段以保证质量水平满足预期目标和各相关方要求。

与产品和服务的质量管理相同，建筑工程的质量管理通常也包括质量策划、质量控制、质量保证和质量改进等内容。

（1）质量策划。质量策划是通过设立质量目标、整合资源和确定过程要求，以确保最终结果满足顾客需要。对于建筑工程，需要进行科学的规划。质量策划的内容主要包含：全面了解各相关方和权益主体的诉求，对质量目标及其分解指标提出了明确、可测量的要求；确定实现目标所需的各项资源，如人力、物料、资金、技术、社会资本等，并保障建设过程中资源保质保量按期到位；明确各相关方责任，确定各自的职责任务，以书面的形式固定下来；对建设的全过程进行分阶段的策划，如设计、采购、施工、安装、维保，通常对于复杂的某一过程还需进行细化展开，如施工还可分为模板工程、混凝土工程、钢筋工程、门窗工程等。

（2）质量控制。质量控制是通过一定的管理、控制手段，保证建筑项目质量能够满足质量策划所设定的目标。质量控制是一个动态的“稳定器”，通过对实际状态的实时评估，消除其与目标之间的差异。因此质量控制需要对建设生命周期涉及的全部环节进行动态实时监控，做到及时发现问题并且予以解决和处理，进而达到控制建筑质量的目的。

（3）质量保证。质量保证是为使顾客确信某一产品、服务、过程或设施的质量所必需的全部有计划有组织的活动。也可以说是为了提供信任表明实体能够满足质量要求，而在质量体系中实施并根据需要进行证实的全部有计划和有系统的活动。建筑工程质量的复杂性、隐蔽性、社会性等决定了其质量保证制度的多样性和严肃性。目前主要的建筑工程质量保证制度有项目责任制度、质保期制度、保证金制度、质量监理制度、强制性检验制度、第三方检验证明制度、质量文件存档制度等。

（4）质量改进。质量改进往往是以一系列具备特定目的的项目形式出现的，它们致力于增强组织满足质量要求的能力，并在若干重要的绩效指标上获得显著的效果，如提高优质品率、减少质量损失、降低顾客投诉等。在我国，建筑工程长期以来被视为劳动密集型行业，究其原因还是在于管理粗放、质量效率低下，在许多环节实际上存在大量可供改进的项目，如建筑本身的绿色、节能、环境友好，施工过程的废水、废渣、噪声处置，建筑启用后的维修维保、数字化管理等。我国许多管理先进的建筑企业，每年的改进项目数可超千项，节约资金多的可超10亿元。

第三节 我国建筑工程质量管理的发展

建筑工程质量是为民固本安生的基础之所在，长期受到党和国家高度重视，我国在建筑质量保障制度建设方面不断完善，企业的质量管理活动不断加强。

一、建立健全法律法规政策体系

我国成立之初，建筑工程质量管理采取的是自我管理、自我约束的企业自检自评的质量检查制度。从1977年开始，国家建设委员会等部门颁发了一系列关于建设程序、安全施工、工程质量的规定，开始了法规化、制度化、规范化的进程。

1984年，水利电力部引进世界银行贷款建设鲁布革水电站项目，并按照国际惯例对引水系统工程实行国际招标与项目管理。鲁布革水电项目全面引入竞争机制，其先进、高效的建设实践对包括项目质量管理模式等在内的建筑工程管理体制产生了重大影响。国家计委决定强化项目建设前期工作，强化项目建设可行性研究工作，建立项目立项咨询评估制度等。同时，提出建立工程质量监督检查专业机构，对项目建设实施施工监理。

1984年，城乡建设环境保护部提出了建设领域系统改革的纲领性文件《发展建筑业纲要》，对工程质量管理方式进行了改革。同年9月，国务院颁发《关于改革建筑业和基本建设管理体制若干问题的暂行规定》。这两个文件是建筑业全面改革的纲领性文件，也为建筑立法工作走向体系化的道路奠定了基础。此后，随着建筑业改革深化，亟需建立较为完善的建筑法体系。从1984年开始，全国各省、市、县陆续建立工程质量监督站，逐步形成了相当规模的监督队伍，代表政府对工程质量实行强制监督管理，从而形成了“施工单位自检、建设单位抽检和政府监督相结合”的质量监控体系。

1993年，《建设工程质量管理办法》发布后，国家对工程质量监督的广度和深度得以扩展。实施“核验制”，对常见质量通病的治理取得了较好效果，群众对工程质量的投诉逐年减少、房屋垮塌事故逐年下降，新世纪以来基本杜绝了房屋垮塌事故。

1997年11月1日，《中华人民共和国建筑法》（以下简称《建筑法》）由第八届全国人大常务委员会通过。2000年1月30日，《建设工程质量管理条例》（以下简称《质量管理条例》）颁布。2000年9月25日，《建设工程勘察设计管理条例》颁布（以下简称《勘察设计条例》）。《建筑法》《质量管理条例》《勘察设计条例》的出台，奠定了我国建筑工程质量管理的法规基础。稍后又陆续发布了《工程建设勘察企业质量管理规范》《工程建设设计企业质量管理规范》《工程建设施工企业质量管理规范》等。这些法律法规的发布及有关部委的配套文件的制定与实施，为我国建设工程项目管理向法制化、科学化、有序化方向、规范项目责任主体的质量行为发展提供了依据。2000年4月7日，建设部颁发了第78号部长令《房屋建筑工程和市政基础设施工程竣工验收备案管理暂行办法》，工程质量监督开始了从“质量等级核验制”向“竣工验收备案制”的机制改革，进一步厘清了监管责任和主体责任。

2014年8月25日，住房和城乡建设部发布了《建筑工程五方责任主体项目负责人质量终身责任追究暂行办法》，规定了工程质量终身负责制的实施模式。该办法要求，建筑工程竣工验收合格后，建设单位应当在建筑物明显部位设置永久性标牌，载明建设、勘察、设计、施工、监理单位名称和项目负责人姓名，可以被称为现代版的“物勒工名”。

2014年9月1日，住房和城乡建设部印发《工程质量治理两年行动方案》（以下简称《方案》）（建市〔2014〕130号）。该《方案》分工作目标、重点工作任务、工作计划、保障措施4部分。重点工作任务是：全面落实五方主体项目负责人质量终身责任；严厉打击建筑施工违反转包违法分包行为；健全工程质量监督、监理机制；大力推动建筑产业现代化；加快建筑市场诚信体系建设；切实提高从业人员素质。

进入“十三五”时期，《中共中央 国务院关于进一步加强城市规划建设管理工作的若干意见》（2016年）、《国务院办公厅关于促进建筑业持续健康发展的意见》（2017年）、《中共中央 国务院关于开展质量提升行动的指导意见》（2017年）陆续颁布，进一步完善了工程质量监督管理体系。

2019年9月，国务院办公厅转发了住建部《关于完善质量保障体系提升建筑工程品质的指导意见》，进一步明晰和强化了建筑工程质量的各方责任，对建设单位首要责任、施工单位主体责任、房屋使用安全主体责任、政府的工程质量监管责任进行了详细界定。在管理体系上进一步改革创新，对工程建设组织模式、招标投标制度、工程担保与保险、工程设计建造管理、推行绿色建造、建筑合理保留利用等都予以了符合当前实际与未来趋势的新要求。同时，该指导意见还就完善工程建设标准体系、加强建材质量管理、提升科技创新能力、强化从业人员管理等质量要素保障给出了具体支撑措施。

二、大力推进建筑工程企业质量管理

建筑工程企业的质量管理在一段时期内以自我约束为主，通过技术开发、工法普及、人员培训、规章编制等方式开展，虽然涌现出一批特色鲜明的质量控制和改进的做法，但整体上没有形成全面的管理体系。从20世纪80年代后期开始，企业质量管理引入我国，建筑业企业的质量管理活动也随之普遍开展。随着活动深入开展，其特点与作用也逐步呈现，具体如下。

（1）引入群众性质量管理活动。早期的群众性质量管理活动多以“鞍钢宪法”中的“两参一改三结合”为主要方法，即管理人员参加劳动，工人参与管理；通过群众运动实施改革；管理人员、技术人员和工人相结合以解决技术和管理问题。到20世纪80年代后期，在形式上更加多样化、活动效果持续提升，形成了广泛的、群体性的质量管理活动。群众性质量管理小组（QC小组）是一种通过全员参加、实施全程控制、实现全面质量的综合性管理，被国际公认是比较有效的质量管理方法。QC小组活动在我国建筑行业获得了迅猛发展，成为取得成效显著的一项质量品牌活动，也成为建筑业持续时间最长、参与人数最多、覆盖范围最广的一项基础性管理活动。

（2）导入并实施质量管理体系。从1988年起，我国将国际标准化组织（ISO）的《质量管理和质量保证标准》等国际标准等效采用为国家标准。到1993年，我国等同采用ISO 9000系列标准，使质量管理标准与国际同轨。在标准版本方面，ISO 9001质量管理体系标准历经了1992年、1994年、2000年、2008年、2015年五次换版，更加严谨、适用和科学，贴合实际需要。2007年，我国根据ISO 9000系列标准，发布了国家标准《工程建设施工企业质量管理规范》（GB/T 50430—2007），它是国际上首次发布的工程建设领域的质量管理标准，是ISO 9001标准在我国建筑业的行业化、专业化和本土化，标志着我国工程建设质量管理标准与国际质量管理惯例直接接轨。同时在原建设部的主导下，施工企业于1993年引入ISO 9000系列标准认证机制，在2009年又把GB/T 50430—2007与认证结合。2010年，住房和城乡建设部、国家认证认可监督管理委员会发布关于在建筑施工领域质量管理体系认证中应用GB/T 50430—2007的公告，要求各认证机构自2010年11月1日起，在中国境内对建筑施工企业实施质量管理体系认证时，应当依据《质量管理体系要求》和GB/T 50430—2007开展认证审核活动。2017年5月，住房和城乡建设部发布了《工程建设施工企业质量管理规范》（GB/T 50430—2017），作为2007年版的修订版，该版本的突出特点是强化了工程项目质量管理的系统性与精准性，提升了企业质量管理标准化的效力。截至目前，全国超过95%的施工企业获得了相应的认证证书，取得了比较明显的质量管理成效。

（3）推进质量管理标准化。2017年，为进一步规范工程参建各方主体的质量行为，加强全面质量管理，强化施工过程质量控制，保证工程实体质量，全面提升工程质量水平，住房和城乡建设部发布了《关于推进工程项目质量管理标准化的意见》，要求依据有关法律法规和工程建设标准，从工程开工到竣工验收备案的全过程，对工程参建各方主体的质量行为和工程实体质量控制实行的规范化管理活动。其核心内容包括质量行为标准化和工程实体质量控制标准化。其中，质量行为标准化又包括人员管理、技术管理、材料管理、分包管理、施工管理、资料管理和验收管理等。工程实体质量控制标准化从建筑材料、构配件和设备进场质量控制、施工工序控制及质量验收控制的全过程，对影响结构安全和主要使用功能的分部、分项工程和关键工序做法以及管理要求等做出相应规定。

（4）导入卓越绩效管理模式。卓越绩效模式源自美国波多里奇奖评审标准，以顾客为导向，追求卓越绩效管理理念，包括领导、战略、顾客和市场、测量分析改进、人力资源、过程管理、经营结果七个方面，目前已经成为国际上广泛认同的组织综合绩效管理的有效方法或工具。我国于2004年9月正式发布了国家标准《卓越绩效评价准则》（GB/T 19580—2004），标志着我国质量管理进入新阶段。建筑行业则是较早导入卓越绩效的行业。

（5）推动中国式建筑工程质量管理创新。当前，建筑工程企业质量管理发展的主要趋势是将国际通用质量管理模式与我国工程质量管理特色有机结合，建立起更加实用、高效、可持续的管理体系。重点方向包括：质量过程管理与施工过程管理紧密结合；系统策划、系统集成、协调一致满足业主和各相关方的要求；质量管理与其他职能活动和业务活动有机融合，共同提高价值创造；以风险思维看待质量管理，质量策划先行，以缺陷预防与风险防范为重点，而非事后更正；提高工程设计与施工的一体化运作效率；关注过程与结果导向的平衡统一；企业质量改进机制落地与质量创新能力的提升；质量管理责任的有效落实；质量文化的持续提升作用。

（6）弘扬精益求精的工匠精神。“工匠精神”是有信仰的踏实和认真，需要人们树立对工作执着热爱的态度，对所做的工作、所生产的产品精益求精、精雕细琢。建筑业是最能体现“工匠精神”的行业，对产品追求完美和极致的“工匠精神”，对于提高工程品质、促进行业健康发展至关重要。1987年4月，中国建筑业联合会发布决定，设立中国建筑工程鲁班奖（以下简称“鲁班奖”）。2008年6月，此奖更名为中国建设工程鲁班奖（国家优质工程）。鲁班奖的创立，为提高中国建筑工程质量树立了高标准，为建设企业诚信经营树立了“中国建造”品牌，为促进提高建筑工程质量建立了激励机制。

03

CHAPTER

第三章

引领质量变革

中建一局是我国建筑行业最早实施全面质量管理的企业之一，在企业发展的各个阶段都采取了相适应的质量管理方法，为企业的稳健发展奠定了坚实的基础。

作为新中国建筑工程行业的先锋，中建一局在发展的每个阶段都严把质量关，始终把质量作为企业可持续发展的生命线。在行业内率先开展了质量制度体系建设、QC小组活动、全面质量管理体系、ISO 9001认证、卓越绩效管理模式等系列工作，牢固树立了“品质保障、价值创造”的核心价值观，形成了“PDCAS”循环改进工作机制，致力于持续提升为客户提供全产业链和全生命周期的服务能力、服务质量和服务效率，让客户满意，为客户创造价值，造就了“中国品质、时代先锋”的质量声誉。

第一节
建章立制，以成其规

一、实事求是，总结经验

作为我国第一支建筑国家队，中建一局是在“一穷二白”的基础上成立的，初期谈不上有什么施工经验，既不懂质量策划，也不了解过程控制，连起码的物料场地准备、合理均衡施工都不甚清楚。当时，负责项目质量的主要是来支援的苏联专家，专家指导只告诉“其然”，但不告诉“其所以然”。因此，到项目结束时，全局上下深感必须要将项目过程中的得失进行总结，这不仅对一局有意义，也对当时全国整个建设战线都有借鉴价值。一局领导亲自带头，要求各处、各工区的主要干部各自动手总结，最后选出24篇文章，形成一册厚厚的《第一汽车制造厂建厂的施工管理经验》，于1956年10月由建筑工程出版社（今中国建筑工业出版社）出版。

《第一汽车制造厂建厂的施工管理经验》深入分析了一汽项目中的各种问题，实事求是，不回避，不推诿。书中第一篇文章是时任经理刘裕民写的《建设第一汽车制造厂的几点体会》，对建厂速度、经济核算、工程质量三个方面的工作问题做了客观的分析。在质量管理上，一汽项目取得成功的关键环节主要包括以下六点。

（1）时时重视质量检查。“施工的开始就是验收的开始，要时时刻刻抓紧工程质量”，开始施工即注意积累施工过程中的各种技术资料——也是积累验收资料，同时也必须注意做好平常在施工过程中的中间验收工作，绝不是到最后验收时来算总账。

（2）时刻重视质量教育。“进行反复不断的、深入的保证质量的思想教育”，在各级领导干部、技术人员及全体职工中，树立牢固的保证工程质量的思想基础，及时防止与纠正任何忽视工程质量的思想倾向。党委及党支部对工程质量的宣贯教育开展了根本性的有力工作。

（3）做好质量技术保证。技术是质量的前提和保障，吃透图纸、吃透技术才能做到心中有数。一是要编制与贯彻操作规程，操作规程是根据设计要求、施工规范、施工条件、专家建议，以及工人先进的操作经验，选择了不同工程的施工方法编制出来的，并在施工过程中不断进行修正补充。操作规程是施工操作与检查施工的依据。二是必须熟悉图纸，研究图纸是掌握施工、保证工程质量的决定一环。一汽项目中建立了由主任工程师负责主持的图纸研究会，以及请苏联专家参加的技术研究会，在实际工作中还建立了其他各种层层交底的制度。三是做好分部工程的施工组织设计，根据图纸和操作规程，来确定施工方法和技术措施，编制周密的施工组织设计，这是保证工程质量、减少施工错误的重要关键。

（4）建立健全质量制度。在一汽项目中，在国内率先制定与贯彻了若干保证工程质量的管理制度，主要有：①材料质量验收制度。水泥，钢材、屋面卷材、各种沥青、骨材等，均需根据苏联设计要求，经鉴定合格后才能使用。②加工预制品的验收制度，即出厂证明制度。钢结构方面有钢材、焊条、焊工的三种证明。③自检、互检与工序交检制度以及分部验收制度。在工区推行基层质量责任制，依靠广大群众保证工程质量行之有效的制度。凡是自检搞得好的地方，工人群众对工程质量的责任感就大大提高。④施工总记录制度。加强对施工过程中各种施工情况及技术操作记载的文件要求，同时作为交工验收工作中一项极重要的、不可缺少的技术资料。

（5）严格进行技术监督。实际工作的经验证明，技术监督制度是加强施工技术管理，预防质量事故的发生，并不断改进与提高工程质量的重要制度，一局建立了专门的技术监督组织和基本制度，并赋予其独特的工作权利，组织一批专门人员，进行工程质量的检查。这也是国内最早有记录的开展专人专检的项目之一。

（6）做好技术资料整理。技术资料不但对于保证当前施工的工程质量有积极作用，而且对于长期地利用与掌握建筑物也有着极其重要的作用。一局较早认识到这一点，在一汽项目中，严格要求执行施工总记录制度，并确定了要交工验收的资料类型，主要包括：①施工总记录；②竣工工程项目一览表；③技术核定单；④专家建议卡片；⑤工程验收卡片；⑥工程验收单；⑦加工预制构件出厂证明；⑧原材料证明；⑨原材料及预制构件的试验及化验证件；⑩建筑物的初步试验记录；⑪委托承包单位进行的个别设备装置试验记录；⑫竣工后建筑物的中心线测定记录；⑬隐蔽工程记录。除此之外，在项目过程中，依据检验反馈、返修要求、竣工试验等，还需提供下列重要的过程文件：①开竣工报告；②未完工程项目一览表；③返修工程项目一览表；④竣工质量鉴定表；⑤补提资料一览表；⑥验收证明书。

二、善于学习，不断改进

中建一局从成立起，担负了共和国许多开创性的工程任务，没有现成的经验可以借鉴，只能逢山开道、遇河架桥，在探索中形成自己的知识和诀窍。

还以一汽项目为例，根据建工部对一汽项目49个主要单位工程的最后验收，结果是16个被评为“优”，33个被评为“良”，可以说总体质量是好的，这在当时没有什么经验的条件下难能可贵。其中很重要的一点就是认真向国内外专家学习，并吸收成为自己的知识。比如苏联专家从施工开始就对工程质量抓得很紧，在一些关键措施上，如冬季施工、雨季施工中的质量保证问题，给予了宝贵指导，最后还亲自参加了验收工作，对保证工程质量都起了决定性作用。1954年暑期，建工部请了清华大学杨曾艺、同济大学黄蕴元等国内著名专家来到项目现场登台执教。尽管当时施工生产任务十分紧张，但学习却很少有人请假。随着学习风气的形成，干部的工作和精神面貌也不断出现新的气象。当时有些级别较高的老干部主动要求去基层工作，以学习更多的实际知识。

从失败的教训中不断改正也是一条重要的经验。一汽项目中对施工准备和工期安排没有进行周密计划，造成了一定的浪费，这个问题随即在“一重”项目中就得到了更正，并根据自身条件进行了创新。

加强施工设计和施工准备。拿到设计单位提交的《初步设计》后，一局就组织专家开始编制《施工组织条件设计》。当时苏联专家建议，工厂分两期建设：第一期建成铸钢、铸铁、中小型金工装配车间和水压机车间的一部分，以及与上述各车间配套的辅助设施和动力工程。第二期建成大型金工装配车间，总工期需要4年。经过详细的策划和论证，《施工组织条件设计》提出一气呵成，三年完成。实际上，按照《施工组织总设计》组织施工的结果，土建施工的实际工期仅27个月，其中还包括后来增加的打基桩13400根这一工序所占用的时间。

为此，一局进行了周密计划，制定了各个关键节点的准备工作一览表（见表3-1），明确要求和进度。

表3-1 重型机器厂首要施工准备工作一览表

序号	准备工作名称	说明	负责单位	完成期限
1	生产基地建设	做好生产前一切准备工作	总承包单位	1956年6月底前
2	金属结构构件加工制作、运输安装	加工准备，绘制钢结构制作详图(KMD)，钢材供应；吊装机械；生产基地建设包括加工厂房及起重设备	承包单位与建设单位共同负责	1956年12月底前
3	卫生技术安装工程施工力量准备和通风设备部件	通风所占比重很大，必须抓紧时间按照技术部门提出的部件和设备进行加工，搞好加工生产基地，估计全部工作量为1730万元	总包单位 二包单位	1956年6月底前

续表

序号	准备工作名称	说明	负责单位	完成期限
4	年产3万立方米预制混凝土构件厂投入生产	决定产品目录，建厂起讫时间及设备安装时间，以便投入生产	总包单位	1956年6月
5	机具集结，驾驶人员培训	土方施工机械、特殊施工机械、预应力施工用具、一般施工机械、附属企业的生产机械设备	总包单位	1956—1957年
6	1956年冬季施工热力供应和1957年冬季施工准备工作	借用正式工程的订货设备，热力管道的设计和敷设	建设单位	1956年6月完成
7	必须争取在1957年二季度前完成室外管网干线的敷设	争取上下水、工业管道图纸及早交付，准备管线的管材	建设单位	1956年6月底
8	平整场地	一次平整，补测主要建筑物座标	承包单位 建设单位	1956年6月底前
9	特种建筑物的技术措施及产品试制工作	18米预应力屋架梁1957年起采用，3米×6米大型屋面板，井式炉施工方法，烟囱施工方法	承包单位	1956年底
10	提前做好工程材料储备工作	地方材料，钢材、管道材料、通风采暖设备、特殊建筑材料	建设单位 总包单位	1956年2季度
11	技术资料的翻译和复制，保证及时供应	国外图纸资料的译制，国内国外设计的配合	建设单位	1956年6月
12	机电设备安装	明确分工范围，准备安装所需机械，建立基地，培训人员	建设单位 机电安装公司	1957年2季度
13	特种吊装机械供应	吊装重达44吨的柱子，39吨的行车梁所需的运输、拼组、安装的特种机械	二包单位 第二机械施工公司	1956年底

续表

序号	准备工作名称	说明	负责单位	完成期限
14	井式炉地质补钻	提出热处理车间井式炉地区的地质资料及标高，–26 ~ –10米地下水流量	建设单位	1956年9月底
15	生产准备工作	建立机构、训练人员，派遣出国实习人员	建设单位	1956年底
16	设备分交和订货	国外设备订购和运输，国内设备的制造	建设单位	1956年底

通过“一重”的建设实践，一局深刻体会到施工准备工作的重要性，并总结了施工准备的三方面内容：一是正式工程开工前的准备。这一阶段的准备，可以追溯到建设项目有了初步设计时期，或者更早一些，即从建设前期就着手进行。准备工作的重点是初步拟定建设总进度，深入调查研究，找出解决矛盾、落实条件、完成任务的途径和方法，有目的地调动各方面的积极性，朝着一个共同的目标努力。二是年度的或季节性的施工准备工作，这是正式工程施工准备工作的补充。三是经常性的施工作业活动的施工准备工作。

“一切经过试验”。世上无难事，只怕有心人。在面临新情况、新技术、新要求、新材料时，如果没有什么经验，就紧紧依靠广大职工的激情、勇气和智慧，依靠严密的试验与检测，吃透技术，掌握参数，形成自己的诀窍。中间过程和中间产品必须要经过鉴定，把好质量关。比如，“一重”项目中采用的新构件有3米 ×6米屋面板、18米跨度的预应力钢筋混凝土屋架以及每块重5 ~ 7吨的工业管道通行地道和不通行地沟预制块等。一局用露天养护坑、钢筋混凝土胎模、混凝土浇灌车生产3米 ×6米大型屋面板。通过试制，摸索出一套完整的生产工艺，创制了混凝土浇灌设备，解决了屋面板与胎模之间的粘结问题。第一次采用块体拼组的18米预应力钢筋混凝土屋架，通过试制，摸索拼缝、张拉、灌浆等工序的操作窍门，解决了保证质量的关键。其他如预制管沟砌块的成型、拼组、防水；大型混凝土砌块的普遍采用；用履带吊附加鹅头架，把36米钢屋架吊装到28.20米标高的尝试；600吨/米大型塔吊的整体位移，以及沉箱工程、打桩工程、江岸水泵站等工程有关施工技术的改进和发展，都是从试制试验中，取得经验和数据，经过鉴定，然后推广使用的，因此都保证了质量。

“一定要把这个最重的设备吊上去！”

在大庆炼油厂的建设中，吊装是一个关键工种，许多大型装备要靠吊装安置到位。K2塔的吊装，是一局自成立后面临的第一个最重、最大的设备吊装任务。过去一局吊装设备最大重量不过40吨，而K2塔的重量却达到138吨，为以往之最的三倍以上。

“一定把这个最重的设备吊上去!”在这个坚定的决心之下，从局长、书记，到各个有关部门和有关单位；从总工程师，到各个参战的技术人员；从吊装队长，到每个吊装工人，所有人都发挥了高度的战斗精神和严格的科学精神，每个环节都不放过，没有放过一个漏洞。真正做到了工作严密、步骤协调、行动一致。

大家下决心进行最严密的检查和科学试验，测试起吊方案。全部20000米长的钢丝绳都做了拉力试验；2400个螺丝，一个一个地做了规格、型号、性能检验；8个滑轮一个一个拆开，一个一个洗净，一个一个检验；2个把杆做了承重试验；11个锚坑做了负荷能力试验；7台卷扬机做了起重能力试验；计算了千百个数据，提出了17个检验报告，彻底弄清了每个部件、每个部位的技术状况，为制定起吊方案提供了科学根据。

有了起吊方案以后，大家下决心苦练硬功。安装队技师宋木金同志，认真地向技术员、向工人进行了技术交底，把一切要求都交代得一清二楚，光大交底就搞了4次，工人讨论就搞了十几次，凡是参战的人员，上自指挥员，下至战斗员，不论年老年轻，都是人人背、天天背、互相问、互相考，日夜苦心钻研。

紧接着，项目部又组织了现场大练兵。练现场指挥，练操作手艺，练协同动作，全部人马的大练兵就搞了4次，7台卷扬机的协同练兵，还专门搞了十来天，每个人都练得驾轻就熟，得心应手。经过这样半年之久的严密细致的准备以后，K2塔的吊装条件完全成熟了。在起吊前夕，指挥宋木金和副指挥史寿康又亲自检查了每个锚坑、每根钢丝绳、每台卷扬机、每个螺丝，并且爬到高达45米的把杆上做了严格的检查。同时，技术小组对全部技术资料，包括千百个数据也重新做了计算和验算，连续做了二十几个小时，通宵达旦，严格要求，直到确保所有计算资料都正确无误，才算放心。

K2塔起吊开始了。在宋木金、史寿康的统一指挥下，每个工人都全神贯注，动作准确，使这个重达100多吨的庞然大物，按照既定部署，徐徐上升，只用了3个多小时，就一举成功，创造了重大设备吊装的新水平。

通过K2塔项目，一局建立起一套科学完整的操作规范，从机具配套、挖掘锚、焊接保温，到卷扬机安放、竖立靶标，再到制定起吊方案、编制技术措施、进行技术交底、建立岗位责任制，以及最终的现场指挥、安装起吊，每一步都要有详细要求和保障措施。

三、完善制度，落实责任

中建一局高度重视通过制度保障工程质量，许多制度创举后来都成为行业标准或被同行广泛采用。

早在1954年建筑工程部直属工程公司期间，中建一局就逐步建立和完善了质量责任制和工程质量技术监督、检查制；先后编制了九十余项施工操作规程。制定推行了图纸会审和技术核定制度，施工技术、质量要求交底制度，原材料、加工预制品质量检验制度，工程质量自检、互检、工序交接检制度和施工总记录制度等。随后，又陆续完善了《保证工程质量纲要》《建筑安装42个分部工程质量评定办法》《建筑安装工程质量试行标准》，对设计规划、施工准备、过程把控、质量检验、质量基准、评价方法等做了详细要求。

1970年，一局制定了《建筑安装工程施工操作要点与质量要求暂行规定》等制度文件，进一步强调严格开展“自检”“互检”“交接检”等措施。1973年，颁发了《工程质量管理制度》《严格材料检验制度》和《隐蔽工程验收制度》。1979年又颁布了《质量要求和措施》，坚持谁施工谁负责质量的原则。

上述制度要求建设项目必须严把质量关，并将工程质量管理分解为图纸会审、技术核定、技术措施、技术交底、材料设备检验、测量放线、现场施工准备7个关口，每关必检，关关交接，不留问题到下一程序，做到各项工程实现一次试运投产成功。

进入20世纪80年代，一局全面开展创全优工程的活动。先后推行《建筑工程质量责任制暂行规定》和《建筑安装分项工程质量检验评定办法》。1986年，一局制定了《工程技术资料管理细则》。1988年，制定《建筑企业工程质量责任制》明确各级人员对质量应负的责任。

到了90年代，一局对项目质量评价和工程验收制定了详细的规程，先后颁布《建筑安装工程质量检验评定规定》《优质工程中报竣验收规定》《隐蔽工程检查验收规定》《结构工程质量验收规定》《严格实行“自检”“互检”“交接检”规定》《严格工程质量事故报告和处理的规定》及《关于改变质量优良工程评定方法》。

在质量的组织保证上，一局也是国内建筑行业最早设立质量部门的企业，并随着企业的发展而不断调整，基本职能始终保持完整。1954年公司成立之初，就设立了技术监督处，下设三个检查科，负责工程质量的检查；1958年8月，调整技术监督处职能，改称质量安全处，下设质量科和安全科；1968年，局机关改组成三部一组建制．质量管理工作归生产部管；1972年9月，恢复各施工生产管理处室。工程质量管理工作划归工程技术处；1978年，局机关恢复质量安全检查处建制。

在一局，质量奖惩历来是公司的重大事件。在质量管理中，强调"好字当头、好中求省、好中求快"，对不符合质量标准的工程，坚决推倒重来，同时层层追责，一查到底。在行业内较早组织开展以工程质量为中心的全优工程竞赛和质量信得过活动。贯彻谁施工谁对工程质量负责的办法，对重点部位进行严格的技术监督和检查，做到班组有自检，自检有记录；工序有交接，交接有资料；分项有验评，验评有数据。实行经济奖惩制度，凡工程质量达到规定优良品标准，按全优工程提奖，未经专职质量检查人员签证，不得计发超额奖金。实行"挂牌"制，坚持"三检"制，建立成品保护制度，提高一次成优率。对不执行三检制的班组，质量检查员有权不在任务单上签字。对造成质量事故的，按"三不放过"（找不到事故的原因不放过、责任者和职工未受到教育不放过，没有制订出整改措施不放过）的原则进行处理。质量和奖金分配挂钩，奖优罚劣。

在二十世纪八九十年代，一局先后开展工程质量"挤水分、上等级、达标准"活动和"四查"活动。"挤水分、上等级、达标准"旨在提高工程质量一次交验合格率，消灭"五漏"（屋面、厕浴间、水暖管道、地下室，外墙）"三堵"（烟道、下水管道，阳台排水管）"一空鼓"（抹灰）的质量通病。"四查"即查质量意识、质量保证体系、工程质量保证资料和工程质量，推广"一案三工序"操作程序（施工方案、上道工序、本道工序、下道工序），减少工程返修率。同时还进行了以质量、人工、材料、成本为主要内容的"四项整顿"，保证工程的使用功能和安全。

今天来看，上述制度和举措已基本成为行业内普遍的做法，但放在它们出台的每一个历史阶段上，都是"开风气之先，谋卓越之业"的创新，体现着一局重视质量、勇于自我革命的气概。

第二节 施行全面质量管理

一、引入全面质量管理

全面质量管理（Total Quality Management，TQC）是指一个组织以质量为中心，以全员参与为基础，通过顾客满意、本组织所有成员和社会受益而达到长期成功的管理途径。

我国最早引入全面质量管理是在20世纪70年代末期，伴随着改革开放的春风进行的。1978年10月22日，邓小平出访日本，深入考察了日本的经济发展和工业生产。在参观完日产汽车后，他意味深长地讲到“我懂得什么是现代化了”。日本企业的质量管理给邓小平留下了深刻印象，他总结访日行程时曾说：“我们必须牢抓管理，仅仅生产产品是不够的，我们需要提高产品质量。”

1978年10月29日，邓小平结束对日本的访问，返回北京。同年10月31日，以袁宝华为团长的国家经委代表团就应邀赴日本考察日本工业企业管理。代表团规格很高，副团长是北京、天津、上海几位管经济的副市长，顾问是社科院副院长邓力群，成员有马洪（社科院工业经济所所长）、孙尚清（社科院经济所研究员）、宋季文（后来曾任中国质量协会会长）、徐良图（经委副主任）等，秘书长是张彦宁（经委综合局局长）。考察期间，正是日本的“质量月”，代表团对中日经济发展的差距有了直观而强烈的感受，其中产品质量和质量管理方面的对比，更是让一行人压力巨大。日本产品一扫“东洋货”质量低劣的形象，畅销国际市场，成为“高质量”的代名词，质量管理在其中扮演了决定性作用。

回国后，代表团向国务院报送了30多页的《日本工业企业管理考察报告》，结合我国当时企业的实际情况提出一系列解放思想、改革束缚生产力发展的管理体制的建议。其中专门提到，日本经济成功的一个重要经验是引进国外先进的管理方法，并注意结合本国国情及文化传统加以消化吸收，创造了一套以提高产品质量和服务质量为中心的、使管理工作全面现代化的、适合国情的独特方法，先进技术和先进管理是日本经济高速增长的两个车轮。

代表团提到的这套先进管理方法就是后来知名的全面质量管理。日本企业汲取了美国质量管理的知识，还把中国“鞍钢宪法”中的“两参一改三结合”拿过去，组织工人参加管理，提出了日本式的“三结合”，最后形成了全员全过程的全面质量管理。

在政府的主导下，我国开始积极引进全面质量管理的方法和技术，通过QC小组活动、全面质量管理知识普及教育和全面质量管理达标检查活动在企业中大力推广。1979年，中建一局开始组织全面质量管理的学习，开展QC小组培训，是建筑工程行业内最早开展全面质量管理的企业。

1980年，国家经济贸易委员会颁发《工业企业全面质量管理暂行办法》（以下简称《办法》）。《办法》中指出，不断提高产品质量，是实现四个现代化的一项基本要求，是调整国民经济的重要内容。全面质量管理的任务是：经常了解国家建设和人民生活的需要，调查国内外同类产品发展情况和市场情况；教育全体职工树立“质量第一”的思想，正确贯彻执行先进合理的技术标准；采用科学方法(包括数理统计方法)，结合专业技术研究，控制影响产品质量的各种因素；进行产品质量的技术经济分析；开展对用户的技术服务；根据使用要求不断改进产品质量，努力生产物美价廉、适销对路、用户满意、在国内外市场上有竞争能力的产品。

《办法》一经颁发，一局就立刻行动起来，组织了学习贯彻。主要工作包括建立一把手抓质量的机制，对业务骨干培训质量知识，推动群众性质量管理活动，开展技能比武、创全优工程等竞赛活动，开展全面质量管理试点，树立质量管理标杆等（见图3–1）。

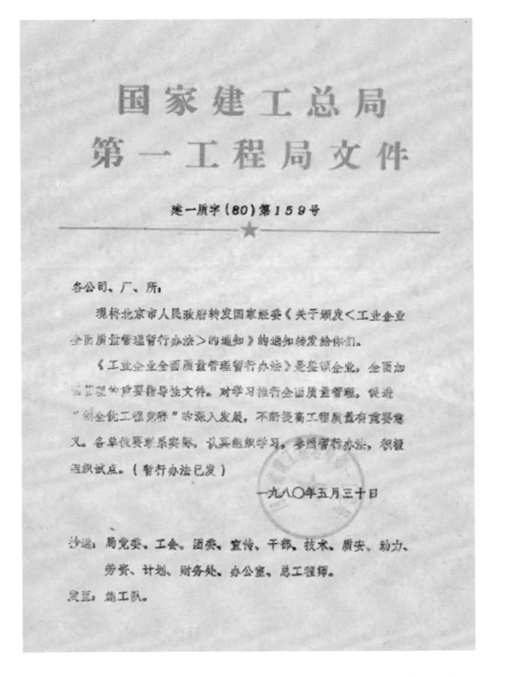

国家建工总局
第一工程局文件

建一质字（80）第159号

各公司、厂、所：

现将北京市人民政府转发国家经委《关于颁发<工业企业全面质量管理暂行办法>的通知》的通知转发给你们。

《工业企业全面质量管理暂行办法》是整顿企业，全面加强管理的重要指导性文件。对学习推行全面质量管理，促进"创全优工程竞赛"的深入发展，不断提高工程质量有重要意义。各单位要联系实际，认真组织学习，参照暂行办法，积极组织试点。（暂行办法已发）

一九八〇年五月三十日

抄送：局党委、工会、团委、宣传、干部、技术、质安、动力、劳资、计划、财务处、办公室、总工程师。

发至：施工队。

▲ 图 3–1 中建一局推行全面质量管理的文件

二、质量是一把手工程

中建一局把全面质量管理作为企业管理提升的头等大事，提出企业的质量意识在于企业领导的认知，质量行为在于企业领导的坚持，必须首先解决领导干部对质量的误解，坚决杜绝“生产任务忙没有精力搞，任务不足没有心思搞”的错误思想，把全面质量管理作为经营战略和企业总体决策的重要内容，作为提高企业竞争能力和应变能力的战略手段。

为此，一局成立推行全面质量管理领导小组，明确由局长任组长，副局长任副组长，党委成员、总工程师和其他高层担任组员，全面质量管理办公室（简称“全质办”）设在质量检查处，并设专人负责具体工作开展。局工会、团委、行办等部门各派一名同志兼职参加全质办工作。在各分子公司，参照局本部应设尽设，组织保障必须到位。不久后，一局进一步升级管理，成立了全面质量管理委员会。主任委员由局长兼任，副主任委员由主管副局长和总工程师兼任，局党委副书记、总经济师、总会计师、局工会主席、团委书记、党办主任、局长办主任、企管办主任、人事部、工程部、技术部经理和各公司（厂）的经理为委员。全面质量管理委员会是全局推进TQC的领导机构，是局长负责协调统筹TQC工作的决策中心，其职责是质量方针的制定和实施，审定局TQC推行工作条例、实施办法，审定局TQC中长期规划与年度实施计划，并负责TQC推行工作的实施组织和协调。全面质量管理委员会每半年召开一次会议，听取工作汇报，进行决策性研究。

质量管理“始于教育，终于教育”，做好培训是当务之急。一局领导带头参加培训，了解全面质量管理的相关知识，并结合业务实际向各级干部员工进行授课。看到公司高层如此重视，全局上下都说“TQC，看来就是‘头’QC，是真正的一把手工程啊。”参加学习培训的热情分外高涨。到1986年，基本上全局的全面质量管理培训率超过95%，各级领导干部达到100%。到1990年，一局又进一步明确，在全体职工中组织全面质量管理“电教统考”取证，要求TQC达标的企业“职工电教统考”取证应不低于80%，领导干部100%取证。

除了培训的广度，高层重视还体现在全面质量管理的开展的深度上。一局提出，质量管理不仅仅解决微观的产品或是工程质量的问题，而是要解决企业发展的大问题。因此，很早就将全面质量管理作为提质增效的有力抓手来推进。在每年发布的一局《全面质量管理推进年度工作安排》中，反复强调全面质量管理要与其他管理实行有机结合，克服并列平推，互相孤立，分散力量，甚至互相抵消的现象，提出“四个结合”：一是全面质量管理与经济承包相结合，使承包责任制建立在科学管理的基础上，克服以包代管和短期行为；二是全面质量管理与项目管理相结合，使项目管理建立在其有整体性功能的“三全”管理基础上，增强系统保证能力和实施的有效性；三是全面质量管理与企业升级相结合，以有效保证“抓管理、上等级”根本宗旨的落实；四是全面质量管理与劳动优化组合相结合，全面质量管理不断提高，深化发展的过程本身要求生产力要素的最佳组合。

三、推行方针目标管理

企业方针是企业生产经营活动的纲领，是全体职工行动的指南。目标则是依据企业方针而确定的一定时期内企业想达到的生产经营的具体目的。一个企业如果没有方针目标，那么这个企业的各项管理将会无所适从。施工企业适应改革形势的发展和建筑市场的竞争，只有制定正确的经营方针，指导企业的各项管理活动，确定企业总目标，引导各项工作的开展，才能搞好企业管理，实现企业总目标。

我国建筑施工单位经历了从国家统筹到市场竞争的巨大转型，从20世纪90年代开始，国家经济体制改革，逐步把建筑施工企业推向市场，促进企业转换经营机制，不断增强自主经营、自负盈亏、自我约束、自我发展能力。但是从企业当时的发展实际来看，整体素质和管理水平不高仍是影响工程质量、施工工期和经济效益的重要原因，威胁着企业的生存和发展。如何才能尽快提高企业管理水平和整体素质呢？中建一局提出按照全面质量管理要求，从实际出发，深入开展方针目标管理，是提高企业管理尤其是集团化管理的必由途径。

1991年初，中建一局三公司开始方针目标管理试点，结合“质量、品种、效益年”活动，制定了“创优质、保工期、增效益、奔升级”的总方针，确立了17项总体目标，把企业的各项管理，集中于统一的意志和具体的目标，公司各科室共制定了199项部门管理目标和608项业务系统考核目标，各二级单位共设立了1082项生产经营目标，这些目标经进一步展开与分解，使企业内各单位、各部门的目标纵横融通，各项管理都紧紧围绕公司的总方针、总目标而计划、组织、指挥、协调、控制、考核，从而形成了实现公司总目标的最大合力。同年，各二级单位的专业管理目标实现率达88%，生产经营目标实现率达95.1%，公司科室目标实现率达99.8%，有效地保证了公司总目标的全部实现。

方针目标管理所强调的激励、协调和奋进的工作重心，目标评价与奖罚办法的应用，使企业的各项管理都纳入到方针目标管理系统中，并在这个系统中充分地体现全面质量管理的“三全”和企业管理的中心环节，使企业的全面质量管理走入正轨，使企业各项管理活动处于控制状态，这样全面质量管理才能向深入发展。一局三公司在1991年把全面质量管理的推行工作纳入管理责任目标体系，并适当加大其在管理责任奖罚中的分量，进行日常考核、奖罚，有效地推动了质量管理小组活动的开展。结合方针目标及其管理点，全公司共组建了113个QC小组，全年共发布公司级QC成果50项，成果的数量、质量、效果都明显超过了往年。

通过方针目标管理，一局全面质量管理工作走在了同行前列，涌现出一批行业标杆。1991年，一局四公司获得建筑工程领域首个国家质量管理奖（见图3-2）。

1992年，在试点基础上，中建一局正式颁发《方针目标管理实施办法》，对开展方针目标管理的现实意义、领导机构、制定原则、制定程序、展开方法、工作实施、考核评价以及管理诊断都做了详细要求。

在组织架构上，要求局、公司到工程处、工程项目经理部，都要学习推行和实施方针目标管理。局、公司两级要依据企业中、长期发展规划，承担的任务和市场竞争的发展，预测、决策制定年度经营管理的总方针、总目标，作为组织职工开展各项活动的目标和行动方向。

在目标展开上，要求按照目标管理整体优化和系统性原则进行目标的纵、横向分解和展开。纵向从局、公司展开落实到工程处和项目经理部；横向把目标按业务系统展开落实到各部门，公司的科室、工程处和项目经理部的股室、职能组。形成目标纵横连锁、责任落实、风险共担、管理有序的目标管理网络系统。

在工作实施上，要求按目标管理项目的主协管关系强化系统协调和信

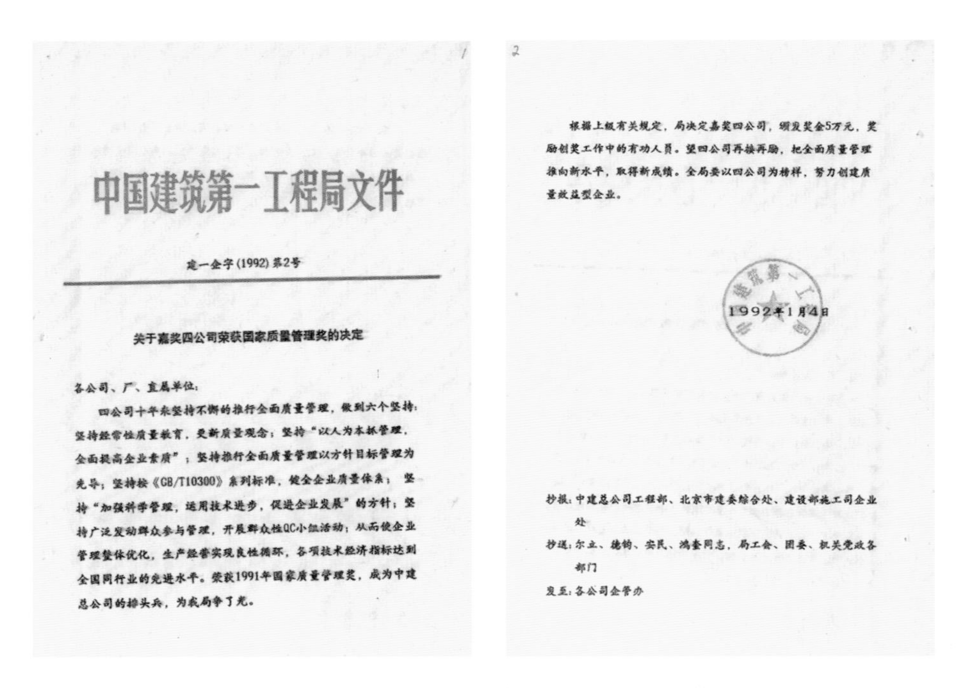

中国建筑第一工程局文件

建一企字（1992）第2号

关于嘉奖四公司荣获国家质量管理奖的决定

各公司、厂、直属单位：

四公司十年来坚持不懈的推行全面质量管理，做到六个坚持：坚持经常性质量教育，更新质量观念；坚持"以人为本抓管理，全面提高企业素质"；坚持推行全面质量管理以方针目标管理为先导；坚持按《GB/T10300》系列标准，健全企业质量体系；坚持"加强科学管理，运用技术进步，促进企业发展"的方针；坚持广泛发动群众参与管理，开展群众性QC小组活动；从而使企业管理整体优化，生产经营实现良性循环，各项技术经济指标达到全国同行业的先进水平。荣获1991年国家质量管理奖，成为中建总公司的排头兵，为我局争了光。

根据上级有关规定，局决定嘉奖四公司，颁发奖金5万元，奖励创奖工作中的有功人员。望四公司再接再励，把全面质量管理推向新水平，取得新成绩。全局要以四公司为榜样，努力创建质量效益型企业。

1992年1月4日

抄报：中建总公司工程部、北京市建委综合处、建设部施工司企业处

抄送：尔立、德钧、安民、鸿奎同志，局工会、团委、机关党政各部门

发至：各公司企管办

▲ 图 3-2　对四公司获国家质量管理奖的嘉奖令

息反馈处理，实行动态管理。局对机关各业务部门实行按季考核、评价制度和目标管理年度诊断制度，不断提高目标管理的水平和实施的有效性。

在考核评价上，要求实施方针目标管理要与实行经济承包责任制紧密结合。局年度方针目标经局党政联席会议审定后，通过签订经济承包合同和经济责任状，把各项管理目标落实到各公司和各职能部门，作为考核年度工作的准则。年度方针目标管理考核的结果，是经济承包和责任状兑现的依据，不仅与承包集体的奖金挂钩，并逐步与企业工资含量挂钩，实行奖优罚劣，克服分配上的平均主义，不断完善激励机制。

方针目标管理激发和调动了一局广大干部职工的积极性，企业总方针目标经过职工的参与，由企业决策层来确定。企业的总方针目标体现了全体职工的愿望并指导全体职工的行动。企业内部各层次、各单位根据企业总方针目标，制定各自的奋斗目标，变"要我干"为"我要干""干出名

堂来”。由于目标是在科学预测的基础上，是由单位和职工个人自己定的，因此具有一定的激励性，增加了职工实现目标的信心和主动性。为完成自身的工作目标，千方百计地克服困难，纠正偏离目标的行为。目标的导向作用，进一步调动了职工的积极性，使其自定的目标的激励性会逐步提高，难度也随之加大，为了实现目标，他们苦练内功，提高技能、增长才干，由此促进了管理水平提高并形成良性循环。在很大程度上，方针目标管理推进了一局机制体制的深层次改革。

四、广泛开展QC小组活动

QC小组是全面质量管理的群众基础、四大支柱之一，开展QC小组活动是提高班组管理素质、提高业务部门管理水平和培养人才、进行智力开发、提高人的素质的重要途径。

中建一局从1981年开始推行QC小组活动，组织全员参加管理，发挥群众智慧，调动群众积极性，不仅夯实了基础工作，也提高了工程质量和企业素质。QC小组活动围绕质量目标的管理点，结合双增双节，加速资金周转，针对质量、工期、成本、文明施工四大控制、班组建设中的薄弱环节、业务系统建设中的关键问题进行选题攻关。通过加强QC活动的重点指导，定期组织活动交流和成果发表，不断提高活动水平。

在活动保障上，一局提出QC小组活动开展情况列入评比表彰先进的条件：凡评比局级先进集体或先进单位、必须有公司级优秀QC成果；推荐、评选局级以上先进或荣誉称号的单位，必须有局级优秀QC成果。各级领导要亲自抓，带头参加QC小组活动，带头发表活动成果，加强对QC小组活动的领导和管理。

建筑工程企业与工业企业相比具有生产流动性、单件性、地区性、周期性、生产组织协作综合性等特点，生产组织规模大且复杂，特别是所有建筑产品生产均是个例，不可复制。即使是选用标准设计、通用构件或配件，由于建筑产品所在地区的自然、技术、经济条件的不同，也使建筑产品的结构或构造、建筑材料、施工组织和施工方法等存在差异使各建筑产品生产具有单件性。因此，一局提出，除了问题解决型和创新型两类基本的QC小组类型外，还可根据企业、项目的方针目标、中心工作和施工生产中的问题，按不同的活动对象组建现场型、攻关型、管理型、服务型和创新型课题小组。

提升“班组素质建设”的QC小组

全员参与是一局TQC的特色，没有哪项管理活动像TQC那样得到了全体上下持久的、一贯的、广泛的坚持。到1990年，全局注册登记的QC小组超过2000个，可以说从上到下，几乎每个部门、每个科室都轰轰烈烈地开展了改进活动。

比如，针对班组人员缺乏实践经验，文化素质、技术素质薄弱的问题，1987年工程处成立“班组素质建设”QC小组，设定活动目标，开展调查摸底，分析薄弱环节，提出方案对策，使得工程处班组素质显著提升。

小组制定了明确的目标：1987年计划创成“六好班组”数占工程处班组总数的50%以上，创成质量信得过班组占工程处班组总数的20%。

1987年初，该QC小组对1986年班组情况，进行了一次调查了解：1986年工程处有班组25个，达到“六好”标准的11个，占班组总数的47%，有“质量信得过”班组1个，占班组总数的4%。多数班组达不到“六好”标准。通过对28个班组进行调查，查出不合格点91点（见表3-2）。

表3-2 班组调查表

序号	分项	调查项目（23项）	
		分项具体内容	不合格点数
A	思想政治工作	1. 政治学习，参加面低于90%	3
		2. 不能每月坚持召开民主生活会	1
		3. 谈心活动不坚持	2
		4. 不能正确处理三者利益关系	3
		5. 班内思想、工作、生活互助差	3
B	产品质量	1. 不能坚持质量三检制度，记录差	
		2. 质量优良率在90%以下	1
		3. 班内未开展TQC活动	4
		4. 服务未达到领导、用户、自己三满意	2
C	完成任务	1. 生产任务完成差，挑肥拣瘦	
		2. 经济承包不好，定额面在90%以下	
		3. 形象进度兑现率在90%以上	
D	安全文明	1. 不能严格执行技术、安全操作规程	
		2. 爱护国家财产，保护成品有差距	1
		3. 料具摆放乱，活完脚下不清	6
		4. 有重伤事故或事故频率在10%以上	
E	精神文明	1. 执行《全国职工守则》和公司制度上有差距	5
		2. 宿舍不清洁，环境不卫生	
		3. 有迟到早退现象，出勤率低于95%	1
F	民主管理	1. 班组三长、五员、班委会作用差	16
		2. 创六好规划不认真修订和落实	9
		3. 班内管理制度不健全，实施不好	16
		4. 基础资料不齐全，填写不及时	18
合计			91

上述问题不解决，势必影响班组素质和职工队伍的战斗力。该小组针对问题制定了季度循环改进方案，稳步改善，及时评估，滚动上升（如图3-3）。

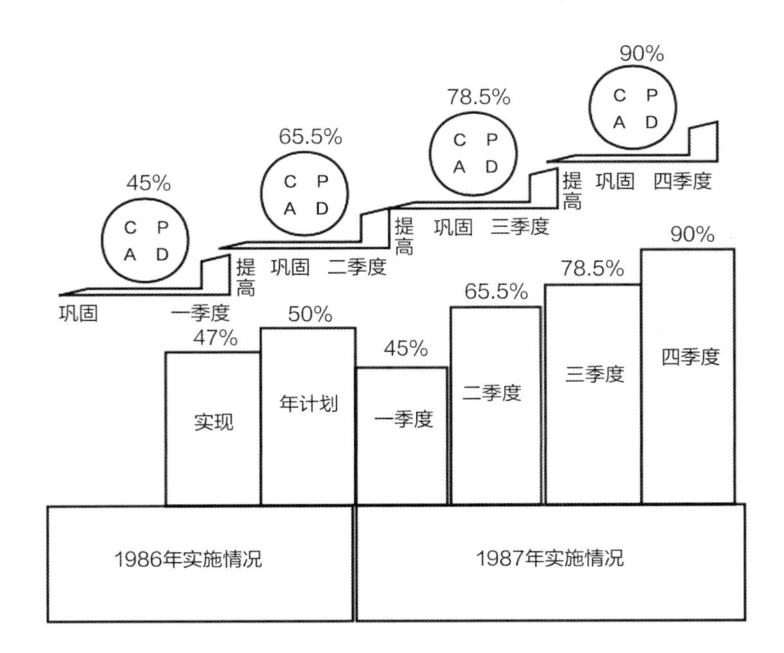

▲ 图 3-3 创“六好”班组PDCA改进循环

一季度重点针对民主管理进行改善，小组制定了“整顿、立规起步”的计划，对班组长、五大员进行了个别调整，配备了年富力强的班组核心，发动群众制定了班规班约，创六好规划，完善了班组工作制度。此外，小组培训了班组长、五大员，设立了班组奖金分配台账、三长、五员贡献卡，充分调动了班组骨干的积极性。为了提高职工对民主管理的认识，利用各种报告会的形式，加强职业道德教育3次，组织了职工守则学习。这些可行的对策，为班组工作奠定了组织基础和思想基础，同时发挥他们在施工生产中的作用。

一季度末经公司班组检查考核和工程处的考核，达到“六好”标准的班组10个占总数的45%，比1986年底有所下降。通过总结，从主观方面找出了4个因素13个问题，主要是班组处于整顿阶段，又值冬季施工，很多班组无工作做任务，考核班组的项目无法实现。

二季度他们就一季度存在的问题，发现影响班组建设的四个因素关键是人的素质和民主管理这两大因素，针对13个问题进行了分析，制定了相应的对策。

在二季度循环中，该QC小组依据对策，着重班组的文化、业务技术培训，组织了木工、钢筋、混凝土、砖工、抹灰、油漆、机械、起重8大工种的文化技术培训，参加人次448人。针对班组家庭不和、生活困难、工作情绪低、接受任务攀比思想严重等问题，他们组织了思想纪律教育2次，参加人数256人，厂史教育1次，参加人数306人。家访23家，解决矛盾15个，深入工人中了解困难职工、救济13人。针对民主管理中班组制度执行差的班组，小组制定了岗位责任制分片包班组，每月检查一次执行情况。同时与工程处行政配合，对工长一级的管理干部召开了如何加强班组建设的讨论会。在经济承包中，把班组建设列入栋号承包的一项，使工长从实际工作中对班组工作提高了认识。同时，对各工种不规范的工具与材料部门配合制定了机具管理制度和检查措施，协助班组建立了民主管理小组，在实际工作中组织开展了岗位技术练兵、技术比武多种形式的劳动竞赛。

通过贯彻上述措施，提高了班组工人的文化技术素质，激发了工人的主人翁责任感。二季度检查，全处28个班组，达到“六好”标准的18个，占班组总数65.5%，比一季度增长20.5%，“质量信得过”班组3个，占班组总数1.5%，完美完成了第二次循环。

QC小组根据一、二季度的二次循环，对前一段时间的工作进行了认真的总结。通过总结，又找出了新的问题，主要是产品质量问题，他们把这个课题作为第三次循环的主题，针对四大因素11个问题制定了相应的对策（见表3-3）。

表3-3 三季度问题分析及对策表

序号	特性	原因	对策	负责人	时间
1	自身建设	奖金多干得好	加强职业道德教育	付来隆	九月份
		思想基础差	加强厂史思想教育	杜拓	九月份
		出勤率低	制定严格的考勤制度	朱孔扬	三季度
2	组织领导	班长辞职多	签订承包合同提高待遇	朱孔扬	九月份
		措施不得力	坚持巡回检查，考核制度	李建明	十月份
3	生产影响	作业点分散	按栋号固定班组	杜拓	九月份
		新工艺活多	加强老师指导	付来隆	九月份
		同工种协作差	创造同工种切磋技术条件	朱孔扬	三季度
4	完成任务	重进度轻质量	加强质量意识教育	李广福	九月份
		急于求成	建立严格的操作制度	李广福	十月份
		三检制不落实	建立质量考核卡	孙占臣	九月份

在三季度循环实施中，QC小组将采取的对策落实到每个人身上，建立了干部分片包班组制度。利用一切可行时间，每月对职工进行一次职业道德教育、理想纪律教育。向班组提出了远学余孝德，近学李兴才、高伟的号召。建立质量管理与经济挂钩的可行措施，与28个班组长签订了产值承包合同，并每月为班长发放10元的班长津贴，充分调动了班长的积极性，对作业点分散、新工艺活多、同工种协作差的问题，小组注意到以前来回调动班组的诟病，决定凡是装修工程所在的班组不动，以保证产品质量、掌握工作性能。对一些年轻班组接触的新工艺活，小组在三季度为班组配备了8名技术顾问做指导老师。同时号召工人学做多面手，加强同工种的协作。此外小组协助各个班组建立了质量考核卡，用经济手段去管

理，纠正了重进度轻质量、急于求成的工作方法，大大提高了产品质量的优良率。三季度通过采取相应的对策28个班组产品质量平均为92.5%，达到“六好”标准的19个班组，占总数的78.5%，至此完成了第三次循环。

在四季度循环过程中，小组总结了一、二、三季度班组建设工作，虽然在“六好”达标上有了明显上升，但还不稳定，已建成的16个班组QC小组活动不经常，还没有真正把TQC知识用实际工作中。针对这种情况，他们把提高班组QC活动作为四季度活动的课题，小组8名同志，每人包2个班组，具体计划为：组织TQC教育，健全各种原始记录，协助他们对实际工作中存在的问题分类分析，制定改进措施和对策，检查效果。实施中QC小组与每个成员签署包班组岗位责任制，凡是在工程处发表成果的班组，获奖者包括班组成员，每人奖励20元，以此调动成员的积极性。四季度经过小组成员的协助和各个班组的努力，在北衬工地举办的第二次TQC成果发布会，有7个班组在会上发表了成果，其中四个班组获奖。这些成果的发表，充分表明TQC新型科学管理方法在班组建设中已经生下了根，同时也取得了收获。

通过四季度循环，发动班组运用QC方法提高工作效率，班组建设从宏观到微观，从粗到细，由浅到深地循环进行，提高了班组“六好”达标面，28个班组中已经有25个班组达到“六好”标准，占班组总数的90%，完成了年初小组的奋斗目标（见表3-4）。

表3-4　班组素质建设成果表

项目	分组	各项制度健全	有创六好规划	政治思想学习	二三季度公司验收	自身建设
班组28个	一线18个	26个班	26个班	94.5%	98%达标	学习文化技术面93%
	二线8个					
	三线2个					
TQC实施情况	劳动竞赛	公司五六工种质量夺冠赛	民主管理	双文明建设	安全生产文明范工	技术培训
	二、三季度组织开展劳动竞赛10次，有1108人参赛，收效率95%	刘俊信班获抹灰第一名，王和平班获抹灰第一名，王汝波班获木工第一名，倪建忠班获木工第二名	制度执行面95%，26个班五大员发挥作用，生活会正常，资料齐全，二、三季度提合理化建议42条，收效2万元	26个班三者利益关系处理良好，班组无违法乱纪现象，团结协作好，主人翁精神强	班组安全会经常召开，安全员发挥作用好，二、三季度不安全频率为0，文明施工达96.5%	工会组织各工种培训班14次，人数448人，从而提高了职工的技术素质

为保持提升效果，小组制定了相关巩固措施：一是对QC小组成员持续加强全面质量管理的教育，提高思想认识，把TQC知识推向深度；二是加强对班组的管理，运用科学方法提高工作效，持续加强对28个班组的技术培训、文化培训、思想培训工作，提高班组素质；三是在现行制度的基础上，班组管理制度持续深化，QC小组责任必须明确，与经济挂钩；四是加强班组的职业道德教育、思想建设、双文明建设，增强职工的主人翁精神。

五、率先开展质量管理体系认证

20世纪80年代后期，建筑市场由卖方市场向买方市场转变，建筑产品和服务在质量方面的竞争日益增强。这种形势引导着企业的质量管理不断变革。一局的质量管理者在全面质量管理的方法基础上提出了“全优”的概念，即“全员优质工作，全过程优质，全部工程优质”。

实现“全优”必须从根本上创新质量管理模式，强调系统思维，加强过程管理。全面质量管理实质上就是用系统的方法去实施对各个部门、各个过程、各种要素的统一管理。系统性是复杂组织的固有特性，是质量涌现生成的前提条件。高质量的获得必须依靠系统内各种主体和要素的配合才能实现。因此引入管理体系成为进一步提高质量管理水平的急需。

随着当时国际经济交流的蓬勃发展，产品和资本的流动日趋国际化，出现了国际间产品质量保证和产品责任界定等问题。各国均有各自一套评价模式，为国际贸易人为设置了多重非关税壁垒，加重了各国负担。为有效地解决这一矛盾，使不同的国家企业之间在技术合作、经济交流和贸易往来上，在质量方面具有共同的语言、统一的认识和共同遵守的规范。1987年，经过十年的努力，国际标准化组织（ISO）组织编制了ISO 9000质量管理体系系列标准，形成了一个国际上统一、科学上系统的质量管理模式。由于契合发展需求，ISO 9000一经颁布便大受欢迎，世界主要国家和经济体便纷纷采纳。很多厂商都得出结论“要想与欧洲统一市场做生意，取得符合国际标准要求的认证是十分必要的。”当时大家都意识到质量管理体系认证已经成为走向国际市场，迎接国际竞争的“通行证”。

我国1988年开始等效采用ISO 9000系列标准，出台了《质量管理和质量保证》（GB/T 10300）系列标准。建设部出台文件，要求各单位均应积极、稳妥、有效地贯彻执行GB/T 10300。一局在《全面质量管理八五规划》中明确提出“建立健全质量保证体系”，要求“要按照不同层次（公司、工程处、施工现场）不同管理对象（工程项目、分项工程、质量职能）建立政治思想、技术质量、材料供应、现场施工、后勤服务等质量保证体系。”

1993年，随着国际化程度不断提高和国际贸易总量的扩大，当时的国家技术监督局批准发布了GB/T 19000系列标准，其等同采用ISO 9000，代替GB/T 10300。

当时，经过十多年坚持不懈地推行全面质量管理，一局初步具备建立体系的基础条件：一局各级领导和全体职工质量意识显著增强，质量文化得到广泛认同；组织机构比较合理，经营管理能力居同行业先进水平；各项经济技术指标在全国建设系统名列前茅；人员素质、技术水平、装备能力均达到当时一流水准；工程和产品质量达到国内一流水平并接近国际先进水平。

因此，1994年，经过周密部署，决定全局上下推行ISO 9000标准，用三年时间，各局属主要单位都要获得第三方认证。阶段目标具体安排为：

1995年底，三、四公司通过第三方认证（1994年底通过内部认证）。

1996年底，安装公司、设计院、职工医院、机械化公司通过第三方认证（1995年底通过内部认证）。

1997年底，二公司、五公司、六公司、科研所、物资公司、装饰公司、局总部通过第三方认证（1996年底通过内部认证）。

1998年底，构件厂通过第三方认证（1997年底通过内部认证）。

为了按时完成上述目标，一局重点做了四项工作。

（1）全员培训标准，强化体系意识。GB/T 19000系列标准虽为推荐性标准，然而一旦为企业选用，就体现了企业全员共同的质量文化，也随之成为企业的强制性标准。因此要普及标准知识，以标准为指引，强化各级领导和全体职工的质量意识。在市场经济条件下，企业要真正意识到贯标认证的重要意义，产生贯标的内生动力，一把手到位抓认证，强化实施贯标认证的力度。一局组织了多次质量体系内部审核员培训班。各单位在此基础上，各自分头举办各类标准学习班。企业各级领导层重点理解贯标的关键环节；专业管理层人员熟悉掌握系列标准的实质内容、操作要点和实施方法；一线职工确保质量体系要素的各项质量活动得以充分落实。

（2）理顺质量体系结构，修订完善体系文件。各级单位以GB/T 19000为指导，完善企业内部质量管理体系，健全质量体系的运行机制，进一步理顺质量体系结构，重视质量职能之间的接口和协调，尤其是新旧模式的冲突。结合本单位的特点及优势，建立有特色的质量管理体系。降低工程成本，提高工程质量，实现质量效益型规划。质量体系文件的持续可行性是认证企业质量体系保持有效运行的先决条件，是企业质量管理和质量保证的依据，是企业质量管理的行动纲领。各级单位要对原有的质量体系文件不断进行修订完善，使之体现行业技术、质量标准和强制性法规要求，做到通俗易懂、简洁明了、可操作性强。每个程序文件的内容既体现建筑工程行业的特殊要求，又符合国际标准的通用要求。

（3）注重工程质量，强化项目管理。工程项目是建筑施工企业认证的载体，是建筑施工企业最终产品装配车间，确保贯标活动的有效性，最终体现在工程实体的质量管理和质量控制。质量目标最终也由工程质量和服务质量来体现，顾客最关心的也是供方的终端产品和优质服务。在实行以工程项目为对象的施工管理基础上，公司业务职能质量管理应向工程项目倾斜，保证各项质量管理活动落实到工程项目上。工程项目经理部认真编制工程项目质量保证计划，对工程项目实施的质量体系要素、管理活动做出适合自己的明确规定。

（4）坚持开展内部审核和管理评审，不断扩大体系运行覆盖面。施工企业流动性强，增大了质量管理上的难度。一局在第三方质量体系审核时，通常以2～3个主要工程来提供证据，接受现场审核和抽检。即使认证通过，大家也必须承认部门与部门、样板工程与一般工程、大工程与小工程，北京工程与外埠工程的质量体系运行情况存在差异。这就需要及时制定内审计划，组织内审员进行大面积深层次的内审，并认真进行管理评审。质量体系认证有别于其他评奖升级的特点之一是获证后每半年或1年复查一次，所以获证单位应认真对待认证后认证机构的审核，保证质量体系全面有效地运行，经得住监督审核，让获证后的监督审核促使一局不停步、不松劲，促进质量改进，提高工程质量。

经过多方面严格的准备，1995年5月，中质协质保中心为一局三公司颁发了质量体系证书，一局三公司作为北京市第一家建筑施工企业率先迈入了国际质量认证企业行列，与先进的质量管理要求成功接轨。紧接着，各主要单位也陆续按照计划完成质量管理体系的建设和第三方认证，使中建一局成为国内最早获得整体认证的建筑企业之一。

第三节
实施用户满意战略

一、从“符合型”质量转变为“适宜型”质量

2001年，中国加入世界贸易组织，面对扑面而来的全球化经济浪潮，国有大中型建筑企业领导人必须创新机制，全方位推动企业能力提升，在激烈而残酷的国内外竞争中谋求生存和发展。

当时中国建筑业的情况是不容乐观的。虽然总量很大，但结构不合理，勘察、设计、施工的生产能力明显过剩，市场供求关系严重失衡，从而导致市场过度竞争，秩序混乱，企业效益低下。1997年中国建筑业总产值相当于美国正常年份建筑业总产值的20%，而劳动生产率在20世纪90年代总体上相当于日本建筑业的1.25%。在国际竞争方面，按照《美国工程新闻记录》的统计，1998年中国最大的30家建筑工程单位的国外总营业额50.3亿美元，而全球最大的3家建筑承包商中任何一家的国外营业额都超过这个数量，如贝壳特尔集团（美国）为60.2亿美元，福陆丹尼尔

（美国）为53.4亿美元，布依格公司（法国）为52.8亿美元。在管理上，总体的水平还比较低，现代化的企业治理还没有建立起来，未能按国际惯例建立以工程技术咨询服务为核心的管理机制，竞争意识淡薄，技术含量较低，技术应用层次不高。在工程质量上也没有树立起过硬的品牌，一些重大的质量事故如四川彩虹桥的垮塌、綦江大桥的垮塌、云南昆禄高速公路的质量问题、宁波招宝山大桥发生主梁断裂等造成了巨大损失，也给国内建筑工程行业蒙上了一层阴影。

此时的一局意识到，入世后外国建筑商的进入对国内建筑市场产生了巨大冲击，但同时也是我国建筑企业发展的难得机遇。在这一特殊时期，一局结合建筑业的发展趋势，意识到企业必须转变观念，从行政依赖变为市场导向，最大限度地为用户创造价值，才能突破藩篱，实现企业的现代化再造。

一局认为，今后衡量企业能否持久生存和可持续发展的标准主要有两条：一是能否最大限度地赢得社会信誉和用户满意，抓住更多机遇，开拓并占有更大的市场份额；二是能否追求用户和企业“双赢”目标的最大化，寻求用户和企业社会效益和成本效益目标的最优化。

为完全体现上述标准，一局主要从两方面做了努力：一是内在因素，努力追求企业的综合实力、管理和服务水平的提高；二是外在体现，把用户当作上帝，处处体现为用户服务的意识，赢得最大的市场份额。一局实施用户满意战略，并不断调整、加强用户服务的组织领导，健全用户服务体系，不断提升了企业在各层面对用户服务的意识和保证能力。

由于建筑产品的特殊性，决定了建筑工程行业的用户服务工作不同于其他行业，建筑企业的用户服务工作不仅局限于售后服务（工程保修服务）阶段，而是贯穿于整个建筑产品生命周期的全过程，包括开发设计、材料设备选型、施工全过程、售后保修服务、物业管理与设备维修等各方面。因此，用户服务的内涵是全面了解和分析业主的需求，掌握为业主服务的内容，制定为业主服务的原则和质量标准，提高为业主服务的效率，达到为业主服务的效果和目的，最终全面实现工程项目管理的综合目标，为业主及企业双方赢得社会效益和成本效益目标的最优化。

一局对质量的要求已由原来的注重技术指标的“符合型”质量转变为用户满意的“适宜型”质量，建筑产品不仅要满足规范和图纸的要求，更要体现业主要求，质量是满足用户需要的程度，用户满意度是衡量质量好坏的最终标准。

二、树立“以用户为中心”的服务理念

为用户服务是企业存在的基础，失去用户就失去一切。中建一局明确了致力于持续提升为用户提供全产业链和全生命周期的服务能力、服务质量和服务效率，让用户满意，为用户创造价值的服务理念，并重点抓好三个方面工作。

一是关注用户需求。用户永远是企业成长之源，用户需求是企业可持续发展的原动力。关注并快速响应用户的现实要求和基本需求，聚焦用户的挑战和压力，提供具有先进性、质量好、服务好、价格低的解决方案。关注用户的长远需求和潜在需求，致力于提供面向未来的用户体验，敢于创造和引导用户需求，与用户共建、共进、共赢。

二是满足用户需求。从客户中来，到客户中去，“端到端”为客户提供产品和服务。中建一局积极进行多方面、多维度的商业模式创新，为客户提供“一揽子”解决方案，提升产品服务供给能力，为客户提供全产业链的高品质产品和全生命周期的超价值服务。提升成本管控能力和对成本的预判能力。建立成本管控研究院帮助客户管控成本。建立以数据分析平台支撑，全区域的专业化的综合成本管控预警机制体系。通过技术创新提升产品和服务的供给能力，增强建筑业的科技应用和技术革新能力，通过高科技和智能设备，提高一局整体施工的技术含量。

三是维护用户关系。用户满意是企业生存的基础，是衡量一切工作的准绳，企业的一切行为都是以用户的满意程度作为评价依据。用户的利益所在，就是企业生存发展最根本的利益所在，成就用户的成功，从而成就企业的成功。定期对企业现有、潜在用户的属性、状况、变化、价值链、契合度进行分析，对目标用户进行争取和维护。提升产品的全生命周期服务能力，工程承接前为用户做好产品策划服务，工程施工中为用户做好提质降本服务，工程交付后为用户做好维修保修、改造升级服务。

三、建立用户服务保障体系

为确保用户服务工作的程序化、规范化，一局建立了用户服务保障体系，其基本准则是服务热情周到、信息交流畅通、反应快速准确、质量保证完善。

（一）用户服务保障体系的四个阶段

用户服务保障体系以建筑产品全生命周期为依据划分为四个主要阶段。

（1）前期策划服务。工程项目的前期策划服务包括很多内容，企业通过前期与业主接触交流，了解到业主的需求（包括潜在的需求），做出积极的响应和配合，得到业主的肯定和认可。比如境外和外地的业主，由于对工程所在地政府有关工程项目开工建设的管理内容和程序或手续不清楚，一局就为业主提供工程前期报建的工作内容和工作程序，积极主动地为业主提供咨询服务，同时通过协助业主与相关行业管理部门进行接触，更快更好地办理好各项手续；为业主提供诸如可行性研究、初步设计和施工图设计的深度、侧重点、要解决的问题和达到的目的等事宜；通过何种方式才能实现业主所需的建筑物的设计风格和使用功能等工程前期策划服务。

（2）过程精品服务。工程实施的过程精品服务更为具体和广泛，在不同项目有不同程度的体现。如对工程项目实施过程的整体策划和建议；在工程进度计划上和业主、设计和相关各方密切配合，使工程在保证工程质量的前提下，按计划有序进行等。总之，在工程施工及管理的全过程中，在保证工程质量的前提下，不断地满足业主对项目明确的和潜在的服务需求，以达到工程预定的工程质量目标，实现对业主的承诺。

（3）售后满意服务。保证建筑安装工程的安全和使用功能，协助业主对建筑物进行全面的维护，在保修期内履行合同义务，并保证工程自身发展而进行功能服务。

（4）后期延伸服务。保修期结束后，对建筑物进行终身服务，协助业主对建筑物进行全面的维护，协助物业部门对设备、设施进行维修、保养，为业主做一些小规模的工程改造工作。

（二）用户服务保障体系的具体措施

对每一阶段，一局都根据用户常见要求和问题，制定了详细的操作措施和规范。

1.施工过程中的服务管理

由项目经理部牵头，根据用户的要求、设计意图完善施工方案、完善设计内容、设备物资选型；对施工中用户提出的要求及时处理；对用户在施工管理过程中提出的意见，项目经理部及时分析、汇总，作为质量改进和改善管理工作的依据；专业分公司和机关各部门为工程项目提供优质服务，上道工序为下道工序创造条件，提供必要的服务。

为了全面进行工程保修服务，满足业主的使用功能和舒适性，确保业主在保修期内能够享受到良好的服务和完善的保修服务，工程竣工时及时向业主提供保修卡和使用说明书，施工过程中必须按不同业主需求同步制作好建筑工程手册。如对住宅工程应提供一套可操作的《用户手册》，手册主要就住户的房屋各部位材料及设备的使用方法、注意事项进行详细的说明，确保住户入住后对住宅有一个初步了解和正确进行2次装修，同时确保业主正确使用有关设备；对厂房工程提供一套《操作与维修手册》，手册主要包括厂房工程的各部位材料及设备的使用方法，注意事项和有关说明，重点说明各系统的运转方式，确保厂房在投产后能够满足业主的设备正常使用。

工程竣工后，专业系统保驾1个月或试运行，必须对用户提供工程使用的培训方可移交。其中重点包括：电梯系统、锅炉系统、消防系统、动力系统、空调系统、给排水系统、弱电系统、自动化系统、照明系统等。

2.保修期内的服务管理

保修的内容按建设部《建设工程质量管理条例》《房屋建筑工程质量保修办法》规定，以及与用户在合同中约定的保修内容执行；凡未按规程、规范和工程合同规定施工而造成的问题，必须无条件进行保修；由于设计、用户使用不当和指定采购材料，或已超出保修期而出现的问题，按用户认可的工程技术修理方案和费用，予以修理；凡因不可抗力，如地震、台风、洪水等原因对工程造成的问题，另作处理；保修工作指派具有相应资质的员工进行，并进行全面交底；保修完成需经用户逐项验收，并签字认可，验收记录由企业主管部门备案；一般工程质量问题当日或2日内到场检查和组织维修；特殊紧急质量问题4小时到场检查并解决。

此外，按不同的服务周期和频率，一局还提供定期服务、季节性服务以及特殊服务等满足业主不同要求。

定期服务主要包括：在工程保修期1个月内对用户进行回访，了解用户对使用功能不完善方面的意见和处理急需解决的质量功能问题；保修期内每周至少1次电话回访，每月至少2次到现场；中间回访，在工程交用半年时进行，了解建筑安装使用功能和安全寿命方面存在的问题和隐患；保修期结束前1个月进行交接回访，了解用户对建筑产品的全面评价及后期出现的质量缺陷，并及时改正，为结算做好准备。

季节性服务主要包括：冬季采暖期服务，在采暖期前，组织有关施工人员对供暖系统或新风系统做1次检查，并经常电话回访，保证及时发现问题，及时解决问题。雨季和汛期服务，在雨季前，组织防水专业人员回访1次并于每次雨后进行现场回访或电话回访。

特殊服务主要包括：针对不同的建筑形式、建筑使用功能有针对性地制定不同的服务措施。

3.保修期外的服务

保修期结束后继续和用户保持联系。定期与用户联络，增进双方感情交流，加深双方相互理解，并经常了解用户意见和反馈信息（电话或亲临）。

在做好售后服务工作的同时积极和用户沟通，争取同用户有继续合作的机会，为企业留住每一位老用户。这样既巩固了现有的市场，也有利于开发新的用户、新的市场。

建立良好的服务意识并用心服务好每一位用户。认真解答业主提出的问题，向业主提供有关工程系统咨询。积极承担业主的工程系统维护工作，积极创造机会参与物业管理工作，包括保洁和日常维护等，同业主形成长期合作关系。

（三）定期开展用户满意度调查

中建一局始终关心用户的使用体验和反馈，要求所有项目必须建立与用户沟通的联络机制，每个项目在履约过程中每季度开展一次客户回访工作，提前了解、及时解决客户潜在需求，并邀请用户填写满意度调查表，实时了解问题、及时解决问题。此外，一局还在局层面定期对所有项目开展匿名调查，总部把调查函和问卷直接寄到了用户手中，包括在履约期和维修期的业主，使得信息反馈更全面、更直接、更透明。结果显示，近年来工程施工满意度稳定在95%以上。

超越用户期望的中国工商银行营业办公楼项目

中国工商银行营业办公楼工程位于北京复兴门内大街北侧，西临长话大楼，东靠民族饭店，大楼的建筑面积96000平方米，地下三层全现浇钢筋混凝土结构，地上十一层为栓焊结合的钢结构，建筑高度为50.7米，是首都的标志性建筑物，数据、通信、视听保安等先进系统及高档装修构成了本工程智能型大楼的特点。

业主对项目提出了"一流的设计、一流的施工、一流的管理"等高标准要求，并委托美国SOM国际设计有限公司承担设计，北京帕克国际工程咨询有限公司承担工程的总监理，北京赛瑞斯有限公司承担钢结构施工监理，由中建一局四公司对工程进行总承包管理。工程于1994年11月18日被批准开工，1997年12月底竣工交付使用。

一局及四公司领导在项目经理部成立伊始，就对项目提出超越预期、科学管理、严谨规范、争创国奖的要求，把该项目建成示范标杆，检验用户服务的成色。

首先是健全完善项目制度。为了使项目所有的管理工作能做到有章可循，减少随意性，项目经理部建立40余项管理制度，如《分包管理规定》针对施工生产的管理需要制定了工期计划编制办法、安全生产管理办法、资料管理办法、技术管理办法、文明施工管理办法等。

制度的建立使各部门人员明确了自己的职责，即使人员调换，但工作内容、岗位职责没有变，使工作能够顺利进行。如针对技术质量工作，项目编制技术资料管理办法、专项施工方案的报批程序及管理办法等，使资料员严格按照办法执行，督促各部门提供各种资料，凡是不能按时提供资料者，按照管理办法进行处罚，通过数次检查，本项目的资料管理均符合公司程序文件要求，为工程竣工验收创造了良好的条件。

一局还根据整体改革需要，在该项目中推进制度变革，率先实行责任工程师制。责任工程师制的精髓就是工作内容单一、责任明确，如方案责任工程师就是唯一可以制定、修改方案的人，其他任何管理人员均不可以修改。经过一段时间的运行，总的情况达到了预期目的。项目经理部先后任命两批责任工程师，基本上都能够胜任工作，对加强企业管理，提高企业管理水平大有益处。

其次是大规模应用创新成果。根据各个阶段的施工要求，结合项目“三边工程”的特点，确定了科技项目共20余项，如“人工挖孔、护坡桩预应力锚杆技术”“大体积混凝土施工技术”“CAD计算机绘图应用”等。以“CAD计算机绘图应用”为例，由于本工程是由美国SOM公司设计的，所以图纸设计深度不能满足施工现场的需要，根据技术部门提出的要求，项目经理果断决定应用计算机CAD技术进行底板施工图设计。在钢结构的施工过程中，CAD的应用达到了空前的水平，项目经理部与中建总公司计算中心共同合作，开发了基于美国钢结构设计规范和钢材标准的绘图软件和图库，完全依靠公司（设计、项目经理部）自己的力量与武汉桥机厂（钢构件制作加工单位）共同承担了全部钢结构施工详图的绘制工作。在近4个月的图纸深化过程中，共计出图近8000张，对保证钢结构工程的顺利完成创造了必要的条件。

当时大部分人员均不会使用计算机，项目经理提出严格的要求，各职能部门必须有2人以上会使用计算机，否则就要扣除该部门的奖金。通过这种强制性的管理手段，大家在计算机培训过程中认真学习，最终大部分人员基本上能够自行操作计算机。通过两年的工作，取得了明显的效益，尤其是如何在施工企业应用计算机成果为建设企业走出一条新的道路，充分体现了“科学技术是第一生产力”在建筑工程领域的应用。

再次是严把质量关，为达到对用户的承诺，在1995年公司通过ISO 9002质量体系认证的基础上，项目经理部建立健全了四级质量保证体系，并对质量目标进行逐层分解；制定质量控制程序；在质量方面严格把关，不合格的材料、构件、设备决不允许用在工程上，不合格的工程一定要彻底返工，决不迁就。比如，在施工过程中，曾发生过数千平米矿棉吊顶板、一批幕墙材料和运至施工现场的一批钢构件（共36件，近100吨）质量不合格，做出了“全部退货，重新加工”的处理。正是由于对质量问题不留情面，从而保证了钢结构工程质量达到优良标准。

最后是强化合同管理。合同是业主和用户要求的集中反映，涉及业主方（包括设计方和监理方）、设备材料供应方、加工制作方、图纸审批方和各施工方，不仅关系到国外、境外公司，还关系到外地企业和本地企业；不仅涉及直接分包方，还涉及业主指定分包方。在整个工程系统运作和实施过程中，均要以合同为依据，约束和控制各方履行其合同责任和义务。在合同管理中，坚持做到“四个确保”。一是高度重视工程招标，确保招标文件的严密性。在工程上，很多施工项目均采用国际招标，公司和项目经理部从工程建设一开始就把工程招标、合约签订和履约过程的管理作为整个工程合同管理的核心；二是确保做好合同签订和合同交底。各专业人员对合同条款认真研究，尤其是工期、质量标准、费用、赔付条款和合同各方的责任和义务，尽可能与国际标准合同文本FIDIC条款接轨。合同一经签订，则向有关管理人员进行全面的合同交底，使履约过程的管理成为全员的管理；三是确保按合同对工期进行严格控制。对工期要提出明确的分阶段目标，除了对工期延误者要明确严格的经济处罚和履约保函额之外，在合同中明确规定，一旦分包方不能满足工期进度等要求，总包方有权解除合同或从工程承包工作量中扣除；四是确保按合同对质量进行严格控制。合同中明确质量标准、检验程序、检验标准和遵从的标准规范，这样有助于保证后续材料设备和现场施工的质量。

中国工商银行营业办公楼（图3-4）工程在工程技术难度上的突破和按照国际惯例进行总承包管理上的成功，引起国内外同行的广泛关注，先后有来自国内和国外的领导、专家300多人次到工地现场参观，国内外专家评价认为，中建一局是国内为数不多的能够全面承担类似高难度工程建设总承包的企业，在工程技术和项目管理上达到国内和国际先进水平。由于该项目出色的管理和绩效结果，除了得到业主方的好评外，还按照预期获得了1999年度的中国建筑工程鲁班奖（国优）。

▲ 图 3-4 中国工商银行营业办公楼

第四节
打造建筑精品

一、树精品意识

“20世纪人类以其独特的方式丰富了建筑的历史，大规模的工业技术和艺术创新造就了丰富的建筑设计作品，在医治战争创伤中，建筑师造福大众，成就卓越，意义深远。”这是1999年国际建协第20届世界建筑师大会通过的《北京宪章》对百年建筑历史的总结。

建筑，不仅是技术意义上的工程和经济意义上的产业，还是社会意义上的良知。因此，好的建筑既是感性的，也是理性的，既是实用的，更是文化的，好建筑是人类文化的杰出代表。

然而，不可否认的是，许多建筑环境难尽如人意，人类对自然以及对文化遗产的破坏已经危及其自身的生存，更有甚者，一些建筑的质量安全严重危害了大众的生命健康与财产安全。

中建一局提出建筑工程质量是企业发展的生命线，质量不能仅仅停留在符合性检查或完成质量保证的阶段，还必须经得起用户的挑剔、经得起时间的检验、经得起社会的评价，做到“一局出品，必属精品”。

精品，简单地说，就是精致的成品。从广义角度讲，建筑精品即通过有效的管理，创造出的完美的建筑物。从狭义的角度讲，建筑精品即以现行有效的规范、标准和工艺设计为依据，通过全员参与的管理方式，对工序全过程进行精心操作、严格控制和周密组织，进而最终达到优良的内在品质和精致的外观效果的建筑物。

精品成于结果，源于过程。只有做好各个阶段的过程管理，设计方案、物资采购、材料质量、施工计划、科技支撑各环节都精益求精，才能最终创造建筑精品。建筑精品是由各分部分项工程质量精细的很多程序组成的，靠全体人员在每个相关过程中开展高质量工作，才能最终实现。建筑精品是一个企业的技术装备水平和管理能力的综合体现，是企业在激烈的市场竞争中树立社会信誉、赢得市场、促进企业发展的必要条件。

早在1995年，中建一局就提出“重过程管理，创建筑精品”的要求，在全体员工中普及精品意识，并以此为基础，建立了完善的质量文化体系。

二、重过程质量

（一）方案设计

施工组织设计、技术方案是指导施工的实施性文件，施工组织设计、技术方案的质量直接决定工程质量。优秀的方案设计符合“精品标准”，兼顾质量、工期和成本，3个目标值最佳结合。同时方案设计具有科学性和可操作性，通过高质量的工艺设计来不断减少人为因素对每个工序质量的影响。工人的责任心、技术素质存在着较大的个体差异，同样的设计和材料，可能出现质量不同的产品，一局凭借不断增强操作工艺的科学性，来降低次品率。

建筑企业的施工组织设计、技术方案对施工的指导性不够，一局就使用图表式的作业指导书。质量计划的针对性在每个工序过程中都体现出质量计划的约束力。什么人、什么时间、做什么事、达到什么标准、形成哪些资料，在质量计划中得到充分体现，覆盖项目管理的各个环节，成为员工行为约束的准则和考核依据。

（二）过程监控

高质量的方案设计、科学的工艺流程是创造精品的基本要求和先决条件，但只有实施从方案设计到工序施工的连续监控，才能将工程施工中可能发生的问题全部在过程中解决，将每一个施工过程都做成精品，也就保证了产品的最终质量是精品。

（三）工序的“售后服务”

工序的“售后服务”就是上道工序为下道工序创造良好的条件，使下道工序能够按照既定的时间和步骤进行。在总承包的项目管理体制下，这种“售后服务”的范围延伸到各分承包商，内容包括连续的分项工程工序交接和大的分部工程的工序交接。这样把项目管理纳入一个有效的良性循环的机制中，创出精品。

（四）员工的工作质量

员工的工作质量纳入整体的项目质量管理中，全体员工统一思想，提高认识，清醒地认识到自己所肩负的责任，以饱满的工作热情、严谨的工作作风、过硬的专业素质去工作，以每位员工工作质量的精细、精品意识观念来保证创造出精品工程。

（五）材料质量管理

采用新技术加强对材料的控制与管理，对材料严格执行认证制度，杜绝在工程上使用不合格材料，消除由于不合格材料带来的质量隐患。

三、全方位体系保证

精品工程是由一系列的精品工序构成的，而不是靠事后的修补创造的。精品建设最可贵之处便在于其范围覆盖建筑施工的全过程，强调过程控制和可追溯性，强调质量记录，这与一局贯彻ISO 9000系列标准的思想是统一的。依据精品工程建设的一大特色便是将工程实体质量控制与ISO 9000质量体系质量运行进行有机结合，在过程质量控制中从严把关，真正做到全过程有人负责、有人监督、有人记录，使ISO 9000过程控制要素落到实处。

在质量管理体系基础上，中建一局按照精品工程建设的要求，对涉及企业运行的方方面面都建立了过程程序，形成了系列化的体系文件手册。这些手册包括《质量保证手册》《项目管理手册》《成本管理手册》《安全管理手册》《财务管理手册》《合约管理手册》《人事管理手册》，通过各大手册的建立，使得精品建设不留死角、全面推进。

（一）成本管理体系

取消按预算定额标准核定制造成本的传统方式，采取标价分离和按社会市场价格核定制造成本的做法，经营和市场风险由企业统一承担，使各项目在同一起跑线上竞争，对各项目进行统一考核管理，为提高工程质量确立了制度保证。建立以总经济师为首、项目经理是项目最终经营效益直接责任者的一条龙成本管理责任保证体系，明确各层次管理职责，形成以项目成本责任制为基础的一级成本核算，确保了项目预算制造成本的实现，提高了项目管理水平。项目经理部根据企业下达或审定的预算制造成本，编制成本实施计划，并定期进行核算与分析，严格控制各种费用的支出，实现了事前控制成本的目的。企业对项目成本管理实施否决制考核，保证经营效益。

（二）技术创新体系

建立统一的技术创新体系，一局总部充分对接市场要求，大力开展技术积累和技术创新，积累成熟的工法和系列施工标准，形成庞大的“标准库”，随时用于指导现场的施工生产，不断引进新技术、新工艺、新工法、新材料，为开拓新的经营领域和科技创效奠定了基础。总部统一负责现场重要施工组织设计或技术措施、方案的统一制定、审批，保证企业的技术优势得到充分应用和发挥，保证了每一个项目都能够体现企业整体技术水平，为业主提供可靠的履约保证。现场实行项目经理领导下的责任工程师负责制，以技术为龙头全面管理现场的技术、质量、工期、成本、安全，从根本上改变工长只管施工进度而与质量、成本等脱节的传统工作方式，提高了工作效率。

（三）合约管理体系

强化总部合约管理功能，建立总部统一的分包招标体系，推进专业切块分包，充分利用社会化分工的优势细化和优化项目成本。提高总部对项目商务管理的集约化水平，严格和细化项目合约变更、洽商、索赔、结算等的报表管理和审批制度，为总部掌握第一手的专业成本、提高制造成本核定管理水平奠定基础。依靠法律手段明确管理责任，防范经营风险。企业制定了标准化的合同管理文本，形成健全职权分明的合同管理组织体系，为项目市场化的生产要素资源配置提供了核心纽带。项目通过合约实现对社会分包的选择与利用，同时也使项目管理逐步摆脱经验管理的低级阶段，一方面依靠富有成效的合同评审明确合同中对业主的责任，另一方面以业主合同作为工作标准，将业主要求分解落实到各分包力量，以合约为依据实施规范管理，实现项目管理从生产性向经营性的转变。

（四）质量保证体系

强化质量管理职能，以ISO 9000质量管理体系为基础，参照国家法律法规要求和权威质量评优标准，建立质量保证体系。进一步完善文件化的质量体系，并使其在企业内部有效运行，以此夯实项目管理和专业管理的基础工作，推进质量管理工作的规范化、程序化。质量管理体系实现由事后检查向事前策划和过程控制的转变，由实体工程质量向全面质量管理的转变，总部对工程质量目标和实施方案统一策划、审批，项目严格实施，总部进行过程控制和考核奖罚、实施质量否决制。以创过程精品为载体，精品意识贯穿于每一位员工的工作追求，贯穿到质量计划、施工方案、技术措施、材料物资、检验与试验等质量活动的全过程，依靠每一道工序的高品质，依靠每一位员工工作的高品质，形成了最可靠的工程品质保证。

（五）用户服务体系

工程质量要从国家和行业标准的符合性向满足用户要求的适宜性转变，充分理解建筑师设计意图进行设计协调管理、依托质量保证能力以及总承包的综合优势，为用户提供超值服务，定期给业主发函，征求业主的意见，了解业主的需求，改进项目经理部工作，使业主在工程施工过程中放心、愉快、满意。其次建立投标前期用户服务程序，在政策咨询、项目论证、融资策划、政府公关等各方面，为业主提供全方位的服务，无论工程是否中标，都定期征求用户意见，真正视用户为上帝，通过不断改进服务质量，为企业争得更多的客户。工程竣工后，企业主管部门负责竣工保修和售后服务工作，将用户对工程质量的反馈信息及时传达到有关业务部门，定期召开回访工程质量专题分析会，坚持不断总结、提高。

（六）人力资源管理体系

改变传统人事管理为人力资源管理，对各类专门人才实行动态组合优化配置，实现项目经理职业化、专业人员定向化、操作工人技能化。重视高素质人才引进、培养和使用，同时高度重视社会人才网络库的建立，重视高素质复合型人才的培养使用，培养造就一批优秀的项目管理人才、专业技术人才和懂外语会微机、精管理经营、通土建安装的复合型人才。大力开展人事制度改革，以双赢原则研究推动员工下岗分流，不断优化人才结构。

（七）市场营销管理体系

改变长期与经营管理脱离、依靠少数人在市场上拼杀的做法，确立了市场营销的观念，用市场的需求指导企业的改革与管理，积极推进全员营销，逐步建立了制度化、规范化的市场营销体系。实施市场经理负责制和特许市场经理制度，选择企业内部具有相应素质和能力的人担任市场经理，实行动态管理目标考核，选择有合作诚意的社会协力伙伴作为特许市场经理，以合约形式优势互补共同开拓市场，并坚持对市场经理和特许市场经理进行培训，从而壮大了企业市场营销队伍的力量。建立和完善市场营销管理制度和工作程序，包括市场营销前期服务工作程序、投标报价工作程序、市场营销目标考核管理办法、市场营销奖励办法等，提高了市场营销工作质量。

（八）全面预算管理体系

按照“企业管理的中心是财务管理，财务管理的中心是资金管理，资金管理的中心是现金流量管理”的三个中心原则，建立全面预算管理体系，使企业和各项目的收益、成本支出、资金需求实现了全面的事前管理和计划管理。突出强化资金管理，实施严格的集中管理体系，资金由总部按照“计划管理、统收统支、先收后支、不收不支”的原则实行统一管理，项目垫资必须由总部严格按照程序进行评审决策，同时执行项目经理资金回收的第一责任，对项目考核实行资金否决制。全面预算管理体系的建立，严格的资金管理，使建筑企业在当时资金拖欠严重的经济环境中，保持了良性的资金循环。

（九）信息化管理体系

建立具有国内领先水平的信息化管理体系。在总部企业财务、质量、安全、物资、人力资源、档案、计划统计等实现全部计算机化。组建企业内部网络，建立企业总部与项目的远程信息交换机制，各项目远程登录企业主服务器，通过信息交换平台进行信息交换，实现了网络管理、资源共享，提高了项目管理的现代化水平和工作效率。

（十）企业文化体系

优秀的企业文化是一个企业最为重要的组织资源之一，是一个企业最具生命力的要素。建筑企业管理创新，不仅是一场以国际先进水平为目标全方位深层次的变革过程，也是一个引进和培养优秀人才的过程。一局逐步形成了具有现代和人文精神的先进的企业文化体系，包括企业文化宗旨、质量方针、市场理念、环境方针以及富于“竞争、创新、科学、团队”的企业精神等。

样板工程是怎样炼成的

宋庆龄先生曾说：“把最宝贵的东西留给儿童。”为中国乃至世界少年儿童打造一项集科教、娱乐、生活等为一体的高品质建筑设施，是她的遗愿。

位于北京八一湖畔的中国少年儿童科技培训基地由中国宋庆龄基金会投资，是全国第一所为少年儿童服务的大型公益项目，国家“十二五”重点公益工程。从中标之日起，中建一局就以造建筑精品、创国优工程的标准来组织施工，确保工程质量，打造出业界的样板工程。

策划先行、目标定位

“从一开始，我们就是奔着高目标去的，要打造出精品工程”，项目总监石琦说，“而打造精品，施工前期策划十分重要。无论是人力调配还是材料配送、施工管理，都需要精心策划安排。”

石琦深知，人才队伍是保障工程品质的重要前提。他多次和公司沟通协商，调集精兵强将组成项目部，其中包括曾带队创下鲁班奖工程的执行经理刘春峰、曾带队创下国优工程的总工程师刘媛媛等青年岗位能手。“有了他们这些有创优经验的精兵强将参与，势必事半功倍。”石琦说。值得一提的是，项目部甚至连劳务队伍都是经过精挑细选的。“我们挑选的这支劳务队伍，工人队伍稳定，素质普遍较高，并曾多次创下优质工程项目。”他自信地说，“国优标准在他们心里早已有数，我们只要将技术交底给他们就行了，他们都知道具体该怎么做。”

在材料配送和施工协调管理上，同样需要提前策划。比如，在混凝土浇筑施工上，为了保质保量完成任务，项目部下足了功夫，做好了充分的准备。因项目部位于北京市西三环，运料车每天6时至22时不允许进京，而混凝土浇筑往往是个连续的施工过程，有时甚至需要连续浇筑三天三夜。因此，每到相应施工节点，项目部至少提前3天拿出方案，合理组织，实现物料运输和浇筑施工协调进行。“唯有这样，才能保证混凝土的质量，尤其是防止开冷缝。”石琦说。

过程精品、执行到位

“我们争先创优，与公司上下的鼎力支持是密不可分的。”石琦说。中建一局和负责施工的二公司领导层、项目部管理决策层和执行层以及劳务队伍操作层紧密联系、层层联动，推动着项目精细化管理。

“这个工程异形结构多，如弧形墙、多梁交汇、变截面，给施工带来诸多困难。”石琦说。针对这种情况，项目部安排技术部就每种结构进行节点设计和深化，并制作节点大样图交底。如此，很好地方便了工人施工，同时也方便了后续的质量部验收工作，从而提高了工作效率，也保证了工程质量。“主楼区430多根圆柱，我们通过开展QC质量小组活动，决定放弃原有用木质模板、钢模板定形的方式，改用工厂加工、现场拼装的维萨圆柱形模板，从而最大限度地减少了蜂窝、麻面，达到很好的观感效果。”刘春峰补充说。

如此众多的异形结构，如何保证每一处细节都标准如一？“秘诀就在于打造可移动样板区。”石琦说，“样板区可循环使用，便于施工标准化、统一化，从而减少质量通病，保障了整个工程的质量。”

“中国建筑，品质重于泰山；过程精品，服务跨越五洲。”这是中国建筑的企业理念。“只有在思想上树立了精品理念，才能用行动打造出精品工程。”石琦说。正是在“过程精品”理念倡导和管理执行下，项目部全体人员紧密配合，层层压实责任，坚持用最严格的标准，最透明的程序进行管控，确保各环节、各流程都做到依法合规、执行到位。

严格的过程管理使得在施工过程中该项目已经通过北京市文明安全样板工地验收、北京市结构长城杯二次验收，平均每天接待观摩团达30余人次，累计观摩人数超过1000余人次。

绿色人文、提升品位

“做样板工程，绿色施工也是必须坚守的理念。”石琦说。项目部积极推广“四新”技术应用，大力推行绿色施工，成效显著。项目顺利通过北京市建筑业绿色施工示范工程验收。

走近工地，可以看到，基坑边和楼层临边防护均采用可循环使用的标准化定型防护产品，安装拆卸方便快捷，并且实现一次投入、多次使用，从而达到降本增效的效果。再比如洒水降尘、节能灯具和太阳能热水器的使用等，无不渗透着绿色理念。

施工中，还有个不得不提的小故事。当时紧邻工地有6棵大银杏树，妨碍塔吊施工。在考虑移植大银杏树可能导致其无法复活后，项目部就建议全部现场保留。而正是这6棵大银杏树，给塔吊司机带来了许多麻烦。项目部只得配备极富经验的指挥人员现场指导塔吊施工，这才保证施工得以顺利进行。

最终的建筑大楼，周边树木苍葱，鸟鸣声声，俨然一件艺术品融入一片绿色之中，成为我国代表性的国际化、现代化、标杆化的少年儿童活动场所，达成了宋庆龄女士的遗愿。2017年，中国少年儿童科技培训基地及其配套工程获得“中国建设工程鲁班奖”，完成了项目成立之初就确立的目标（见图3-5）。

a）中国少年儿童科技培训基地　　　　b）奖状

▲ 图3-5　中国少年儿童科技培训基地项目获“中国建设工程鲁班奖”

04

CHAPTER

第四章

“5.5精品工程生产线”质量管理模式

“5.5精品工程生产线”反映了中建一局重视质量、追求卓越的文化内涵，也是对一局“工业建筑的先锋，南征北战的铁军”使命担当的生动诠释。

质量管理模式是人们在长期实践中形成的体系化的解决关键质量问题的方法论与工具集，它能够帮助使用者分析形势、指明方向、提供方案。

中建一局从诞生之日起，秉承“铁军”称号，沿袭“先锋”文化，把质量摆在企业发展的战略高度认真对待，在不同发展时期探索符合时代精神与自身特色的质量管理方法，在行业中创造了诸多第一。最终形成了“5.5精品工程生产线”质量管理模式。

“5.5精品工程生产线”质量管理模式以目标管理、循环改进等质量管理理论为基础，把工程建设过程看成生产线，以5个步骤为内容、5个平台为支撑、5条底线为约束，综合运用PDCAS方法论，持续优化项目管理各环节，从而赢得“一局出品，必属精品”的品牌声誉，在企业产品品质、服务品质、管理品质各方面获得了广泛应用。

第一节 “5.5精品工程生产线”质量管理模式的提出

一、能否让建筑精品批量化生产？

工业化是现代化的显著标志之一，工业化的基本特点是批量化。通过统一的规格标准，采用流水化设备作业，大幅降低了生产成本，创造了巨大的社会财富。在我国历史上，能工巧匠很多，奇珍异宝很多，但社会总和生产力却没有得到指数级的裂变式发展，究其原因就是始终没有进入批量化的大规模生产阶段，边际生产成本居高不下。

批量化生产的前提是标准化、系列化、规模化。近代批量化生产是从工业制成品开始的，工业企业把研究、设计、制造、销售、使用等各方面的利益诉求统一起来，并结合科学、技术、经验、智慧等，将生产流程进行梳理简化并加以规范，从而更加高效地利用资源和促进技术发展。

建筑产品个性化定制程度远远超过工业产品，高、大、长、广，形态各异，产业链长，上下游企业关联性强，批量化难度极大，但如果能开发出一套系统的管理方法，严格规范各流程环节的操作实施，则能够大幅降低各项成本，潜在效益惊人。

至2000年前后，中建一局在施的工程项目有1000多个，施工面积1亿多平方米，每年新增的项目超过300个，体量极为庞大。建造稳定、均衡、优良的建筑产品是中建一局历来的质量管理宗旨，无论工程在什么地方、规模多大、类型如何，都要坚守“最差也要做到行业中等水平以上”这样的质量底线，如何才能实现？

现实的迫切压力倒逼中建一局必须反思自身的管理系统，“5.5精品工程生产线”就是破题的钥匙。其核心要义是参照产品批量化生产的基本方法，从理念上、制度上、方法上革新质量管理系统，用严格的标准、统一的规范凝聚质量共识，确保质量水准。

二、“5.5精品工程生产线”提出的基础

中建一局成立初期，严格来看当时还谈不上有自身的质量主张，但在“工业建筑的先锋，南征北战的铁军”的企业基因下，早已有了“把事情做好，不负国家所托”的朴素质量意识。直到20世纪80年代，建筑市场由卖方市场逐渐向买方市场转变，建筑产品和服务在质量方面的竞争也随之日益增强。这种形势下企业的质量管理者在全面质量管理基础上提出了“全优”的概念，即“全员优质工作，全过程优质，全部工程优质”。到20世纪90年代，随着ISO 9000质量管理标准导入，“过程”方法得到了极大推广和应用，一局正式提出了“过程精品”的理念和基于以顾客需求为中心的“用我们的智慧和承诺雕塑时代的艺术品”的质量方针。

2000年，建筑业全面进入市场经济，企业的经营面临着越来越复杂的动态竞争环境，企业管理者准确把握建筑施工行业特点，以打造精品工程为目标，以目标管理、过程管控为手段，把工程建设过程看成“生产线”，创新性地提出“精品工程生产线”的概念。

此后，一局积极响应国家战略、紧跟市场需求，建立了“1135战略体系”，实施“品牌兴企”战略，以PDCAS等管理理论丰富完善了质量管控流程。同时，吸纳了项目管理“三大建设”的精髓，以“科技、人力资源、劳务、物资及安全5个平台”为依托对“精品工程生产线”再次进行创新，升华为“5.5精品工程生产线”质量管理模式。

从上述分析可以看出，“5.5精品工程生产线”质量管理模式的提出是一个长期积累的过程，是一局基于自身的发展需求和环境的不断变化而步步升级的结果，其生命力源于实践，其科学性来自过程，其有效性来自企业卓越的实绩。

第二节 “5.5精品工程生产线”质量管理模式概述

一、“5.5精品工程生产线”质量管理模式的整体框架

“5.5精品工程生产线”质量管理模式是中建一局实施以客户为中心的品牌强企战略，以目标管理、循环改进等质量管理理论为基础，把工程建设过程看成生产线，总结并发展出的独具特色的工程质量管理方法。

企业按照法人管项目的原则，将质量管理分解为目标管理→精品策划→过程控制→阶段考核→持续改进等5个步骤，5个步骤以“目标管理理论”为基础，以“过程”方法建立“PDCAS循环”全面质量管理程序（见图4–1）。

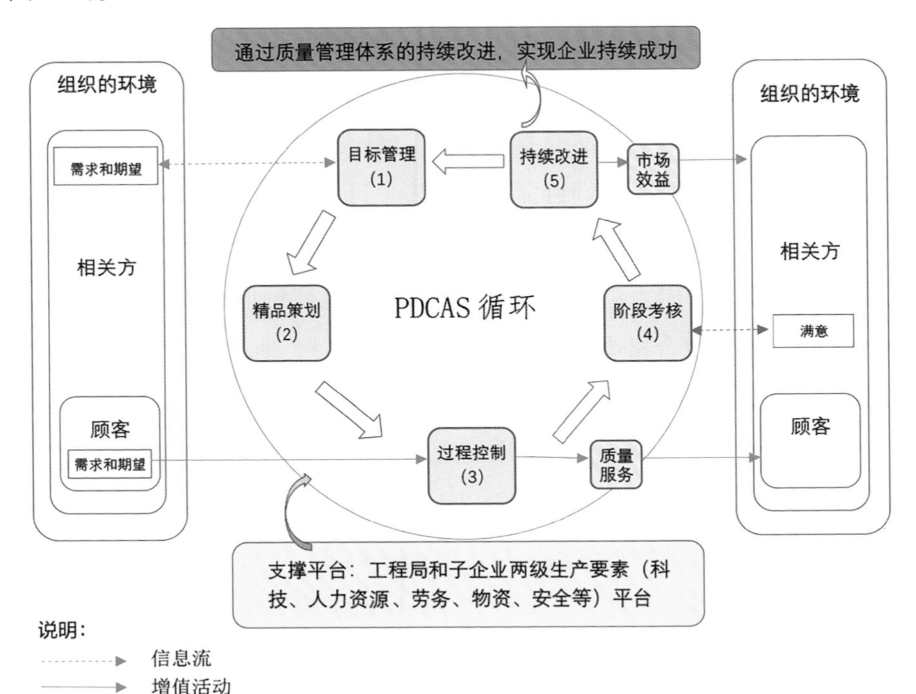

▲ 图4–1 “5.5精品工程生产线”质量管理模式

工程局、子企业两级总部加强科技、人力资源、劳务、物资及安全等生产资源要素平台建设，为工程生产提供全方位的资源要素支撑和保障，确保“精品工程生产线”持续稳定地运行和螺旋式循环上升。

二、五步骤循环改进

（一）目标管理

1.三级质量目标体系

中建一局建立了标准化的局、子企业和项目部三级质量目标体系，确立了“坚持目标引领与底线管理并举，确保工程质量最低达到行业中等以上水平”的长远质量目标，建立以质量验收、质量创优、质量满意度、质量投诉、质量损失、质量事故为核心的一体化年度目标体系。

2.质量目标设定与分解

一局根据长远质量目标、市场需求和持续改进的要求，每年制定质量管理年度工作计划、质量创优滚动计划，明确质量验收目标、创优目标、质量满意度目标、质量投诉目标、质量损失目标、事故目标等，并将这些目标全面分解、落实到相关部门岗位及子企业。具体的年度质量目标项目包括但不限于以下内容：①子企业质量管理考核评价得分率；②工程质量检验批的一次验收合格率；③结构工程质量获得当地结构工程质量奖项；④局竣工工程“精品杯工程”百分率；⑤创建国家级优质工程数量；⑥创建省部级优质工程数量；⑦工程质量管理信息平台上线率；⑧省部级以上QC成果的获奖数量；⑨获得省部级以上质量管理先进单位的数量；⑩工程质量满意度；⑪杜绝质量事故；⑫杜绝政府处罚，杜绝重大质量投诉和反复质量投诉，工程质量投诉完结率。⑬质量成本损失率。一局每半年根据工程实际情况和业主诉求、市场变化等因素，调整三年创优滚动计划，确保创优计划的动态管理。

各子企业根据一局长远质量目标、一局年度质量管理工作计划及客户需求结合本企业的工程实际情况，制定子企业的年度质量管理工作要点和三年创优滚动计划。明确年度质量工作目标和重点，向项目部下达年度质量管理目标责任书。

3.项目质量目标管理

项目部根据子企业的年度质量工作要点、《项目质量管理目标责任书》、子企业的三年创优滚动计划确定工程创优目标，编制质量管理策划书，制定年度质量目标值，包括：①工程质量检验批的一次验收合格率；②结构工程创优目标；③竣工工程创优目标；④QC成果目标；⑤工程满意度目标；⑥杜绝质量事故；⑦质量成本损失率；⑧杜绝政府处罚，重大质量投诉和反复质量投诉八个维度的质量管理目标，全面落实局、公司两级质量管理目标和合同质量要求。

三级质量目标管理流程如图4-2所示。

（二）精品策划

1.总体策划

中建一局根据质量目标要求，识别工程难点、特点、风险和合同要求，按照“优质、安全、绿色、环保、效益和先进”的原则，策划实施路径。按照“局管子企业，子企业管项目”的模式，构建目标一致、协同高效的局、子企业和项目三级质量管理体系，依据工程局和子企业两级大平台搭建项目组织机构，配置人力资源，遴选劳务、物资、设备和机械等资源。为提高项目质量管理的精细化、科学化、标准化的水平，优化设计和施工组织设计文件，形成项目策划和施工管理文件，一局编制了《施工组织设计文件管理办法》《项目质量策划编制指南》《精品工程实施手册》等规范性文件。

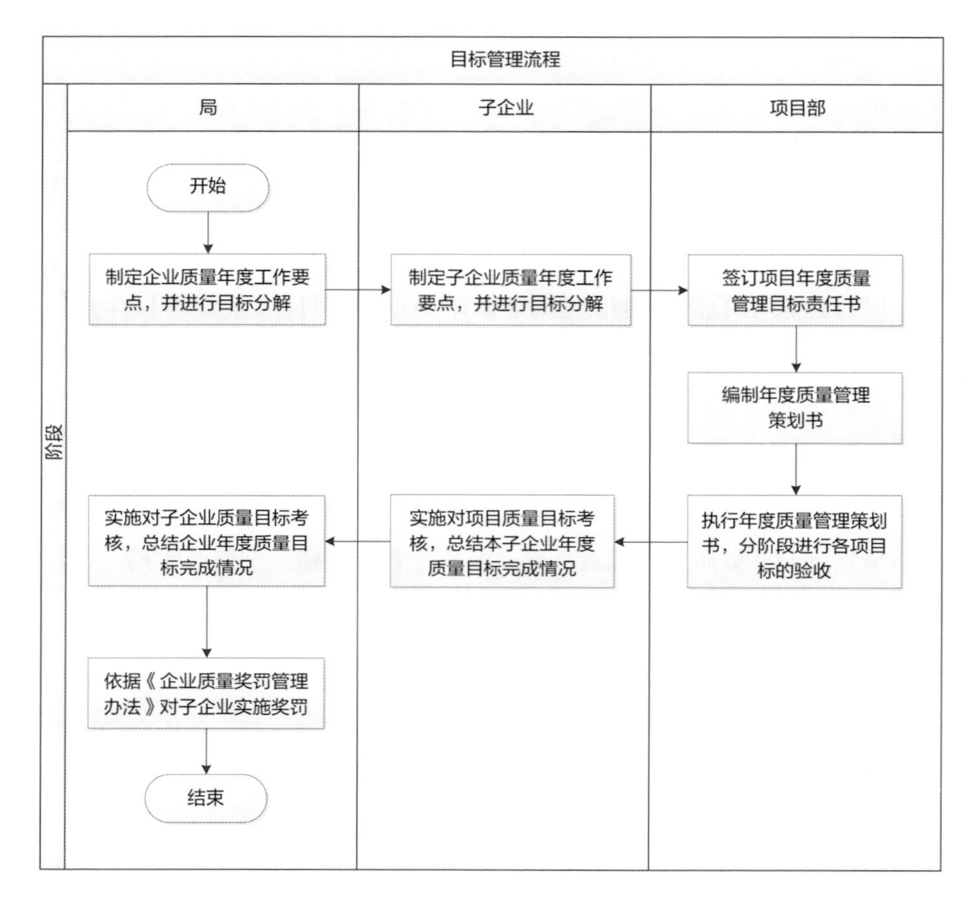

▲ 图 4-2　目标管理流程

2. 项目策划

对具体项目，由项目部按照优质、安全、绿色、节能、环保和先进等原则，策划实施路径，为实现项目目标做好各项资源配备计划、管理计划和施工方法的策划等。

项目质量管理策划主要包括但不限于下列内容：工程质量目标、相关质量责任、相关管理措施及技术措施、相关资源的配置情况、特殊过程关键过程质量控制，质量样板计划，成品保护，质量通病的控制措施及节点详图，同时根据工程创优检查的特点、要求进行专门的策划。

项目的质量管理策划书由项目经理组织并主持编制，项目总工程师、生产经理、质量总监、商务经理等参与编写，有创优要求的项目质量策划书由子企业的总工程师审批，质量、技术、工程、材料等相关部门审核会签。各子企业质量部门建立时间明确、项目齐全的管理台账，台账的内容主要包括项目名称、策划名称、计划编制时间、计划报审时间、实际报审时间、审批结论等。精品策划流程流程如图4–3所示。

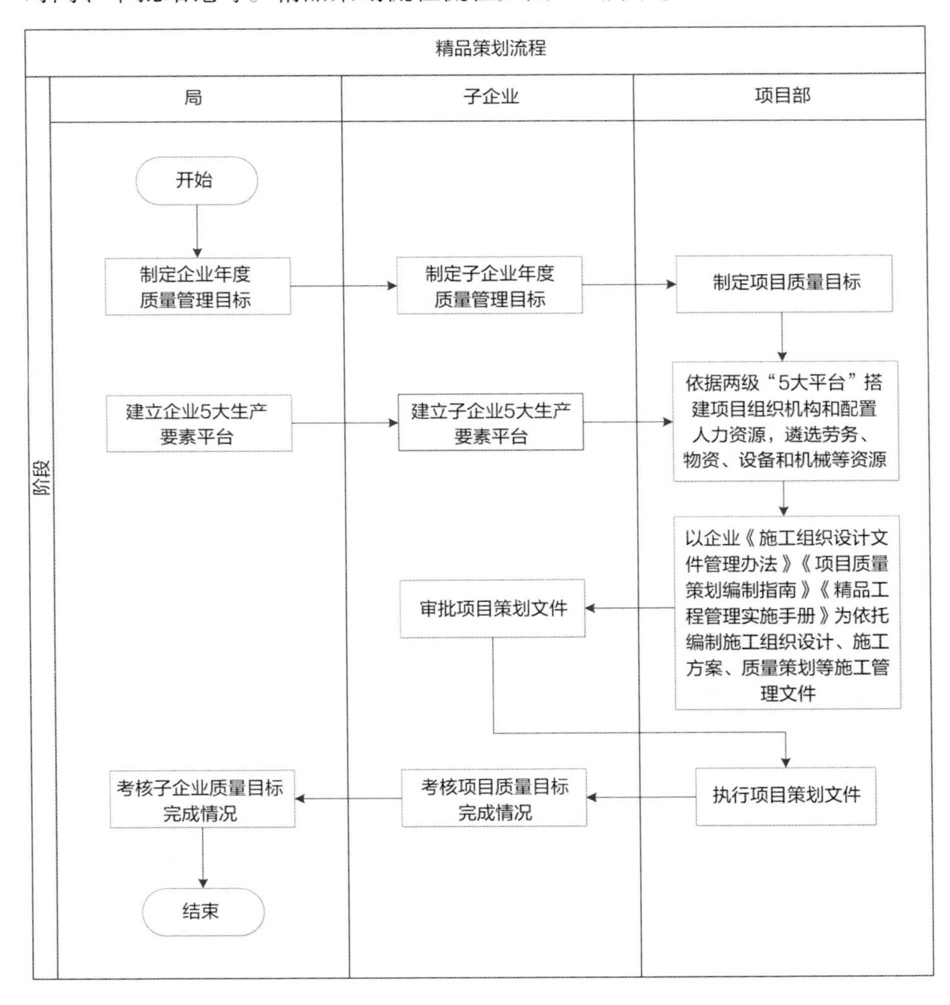

▲ 图4–3　精品策划流程

（三）过程控制

1. 实时监控

中建一局按照PDCAS循环方法，运用五项工程项目质量管理工作制（工程项目样板制、工程项目质量三检制、工程项目实测实量制、工程项目质量例会制、工程项目质量奖罚制，见图4–4）和五个百分之百全过程控制工序质量（见图4–5）。一局、子企业、项目部通过质量信息平台，结合现场检查方式，对质量管理行为和工程实体质量进行实时监控，及时纠偏。

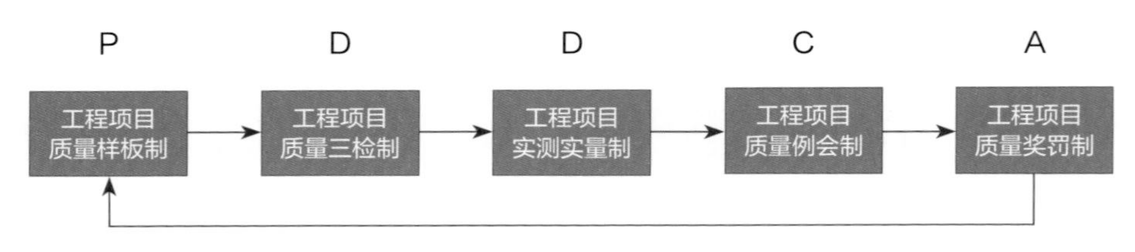

▲ 图 4–4　五项工程项目质量管理工作制

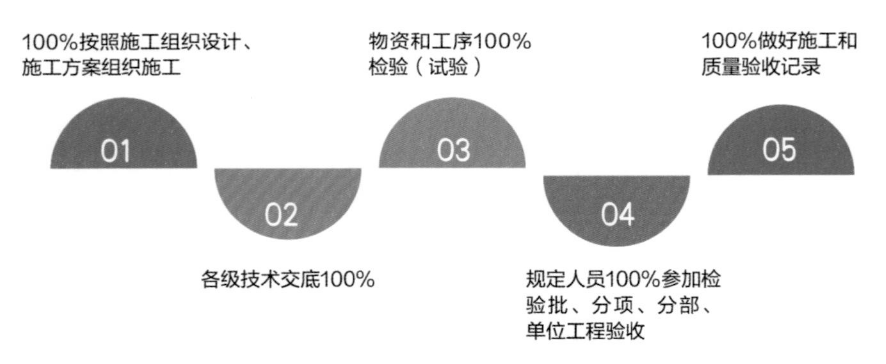

▲ 图 4–5　五个百分之百全过程控制工序质量

2. 质量管理标准化

在过程控制中全面推行质量管理标准化。除发布五项工程项目质量管理工作制外，还发布了系列控制文件《企业提升工程质量水平实施办法》《企业质量管理手册》《企业技术质量专家指导项目工作实施办法》《关于项目经理部设置质量总监岗位的通知》《关于项目质量管理文件盖章的相关规定》《关于工程质量控制及质量信息报送的通知》等，覆盖项目全过程。

各级子企业按照总部要求，编制《质量管理手册》，制定工程项目五项质量工作制实施细则，建立完善的质量管理体系、明确各岗位质量管理职责，规定过程控制和质量检验、验收程序。对项目进行培训、指导、检查和过程监控。各子企业建立工序质量控制制度，并将工序质量与施工项目专业工程师、操作人员和分包方的经济利益挂钩，保证施工质量始终处于受控状态。

各子企业建立材料、成品、半成品及设备进场验收制度，确保原材的合格；各子企业建立计量管理制度，测量、计量、试验、检测等仪器，设备等均按照规定进行定期检验校核，确保计量准确。

项目部按照施工组织设计文件和质量策划开展质量管理活动，实施质量管理的过程控制，避免或减少因返工等造成的效益流失，以工作质量保证工序质量，以工序质量保证检验批质量，以检验批质量保证分项工程质量，以分项工程质量保证分部工程质量，以分部工程质量保证项目的整体质量。

3.质量控制信息化

率先在行业内开展全员、全流程的质量管理协同管理平台，涵盖12项主要内容：①工程质量总体信息；②月度质量信息管理；③周照片资料管理；④月度质量管理工作小结管理；⑤工程实测实量资料管理；⑥项目质量员信息资料管理；⑦工程获奖信息管理；⑧质量验收情况；⑨QC小组活动管理；⑩月度工程质量反馈；⑪用户质量投诉和满意度信息；⑫政府行政处罚信息。

过程控制流程如图4-6所示。

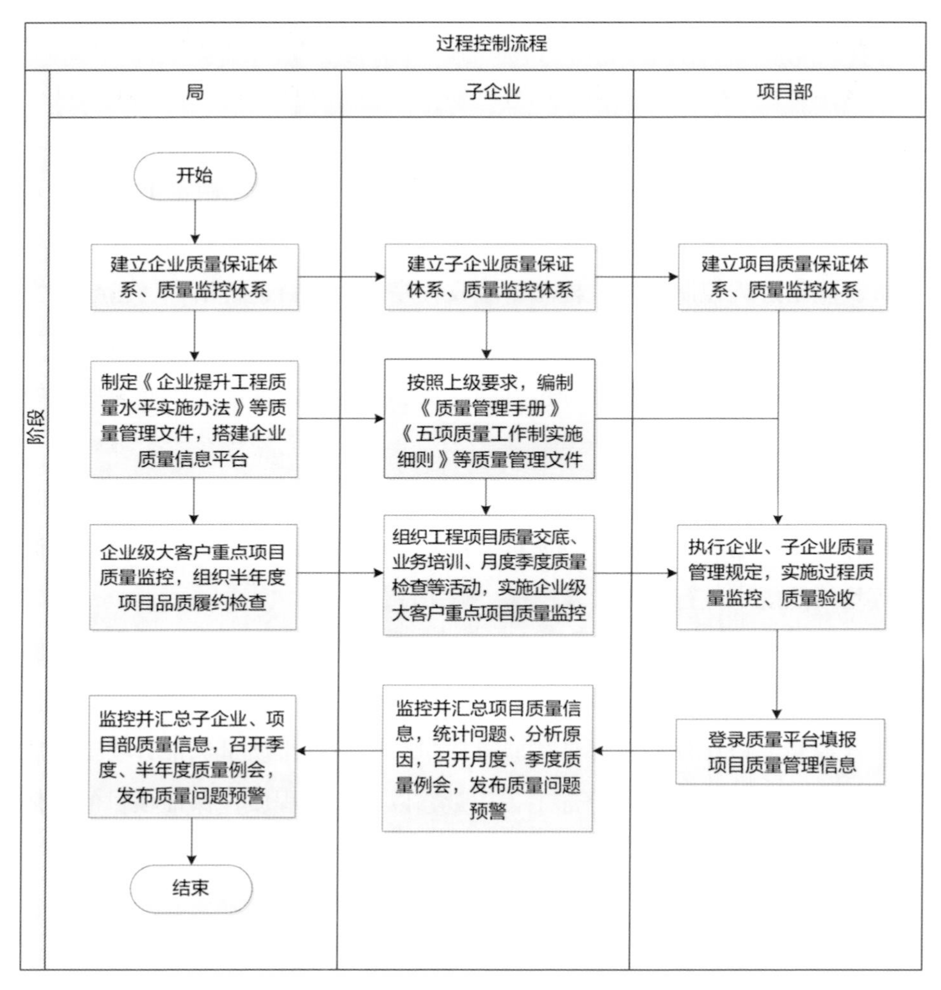

▲ 图 4-6　过程控制流程

（四）阶段考核

1. 一局对子企业的考核

中建一局建立了以子企业质量管理行为和项目管理效果为核心的工程局、子企业二级质量管理考核体系。制定《施工企业质量管理工作考核评价办法》，从质量管理制度、资质机构与人员管理、技术质量管理、质量过程管理、质量管理效果五个维度每年对子企业进行考核评价并根据检查结果进行排名。制定《企业质量管理奖罚办法》，对子企业质量管理行为及工程质量管理效果进行奖罚。对考核中发现的问题及时予以分析、总结、纠偏。

2.子企业对项目部的考核

子企业制定《项目质量管理考核办法》，从质量保证体系及制度、产品实现策划、过程质量控制、工程技术资料、工程实体质量五个维度，以季度为考核周期对项目部的工程质量管理水平进行考核评价。现场季度质量检查考核中发现的严重质量问题应给项目部下达书面《季度检查（不符合项）整改通知单》，项目部在规定整改期限内完成，向子企业报送有项目负责人签字的书面质量整改报告（附照片）。子企业对重大质量问题应进行跟踪整改，现场复核。

子企业每年底根据本年度质量管理的有关记录，必要时调取各级相关记录，对项目部年度质量目标进行考核，作为年终管理评审的输入之一。子企业制定《公司质量管理奖罚办法》对项目部质量管理行为及工程质量管理效果进行奖罚。

3.项目对分包方的考核

项目部与分包签订分包合同时，签署专门的质量管理协议，制定《项目质量奖罚实施细则》，每周对工程实体质量进行联检，对各分包单位分包工程质量管理水平进行考核评价。项目部对工程实体质量进行100%实测实量，在工艺样板展示区或施工主要通道设立实测实量专题展示墙，对各分包单位工程实体尺差控制进行考核评价。项目部每周召开质量管理例会，对联检发现的质量问题（包括各分包单位质量管理行为、工程实体质量和实测实量偏差等）落实质量整改，同时依据《项目质量奖罚实施细则》进行奖罚。

阶段考核流程如图4–7所示。

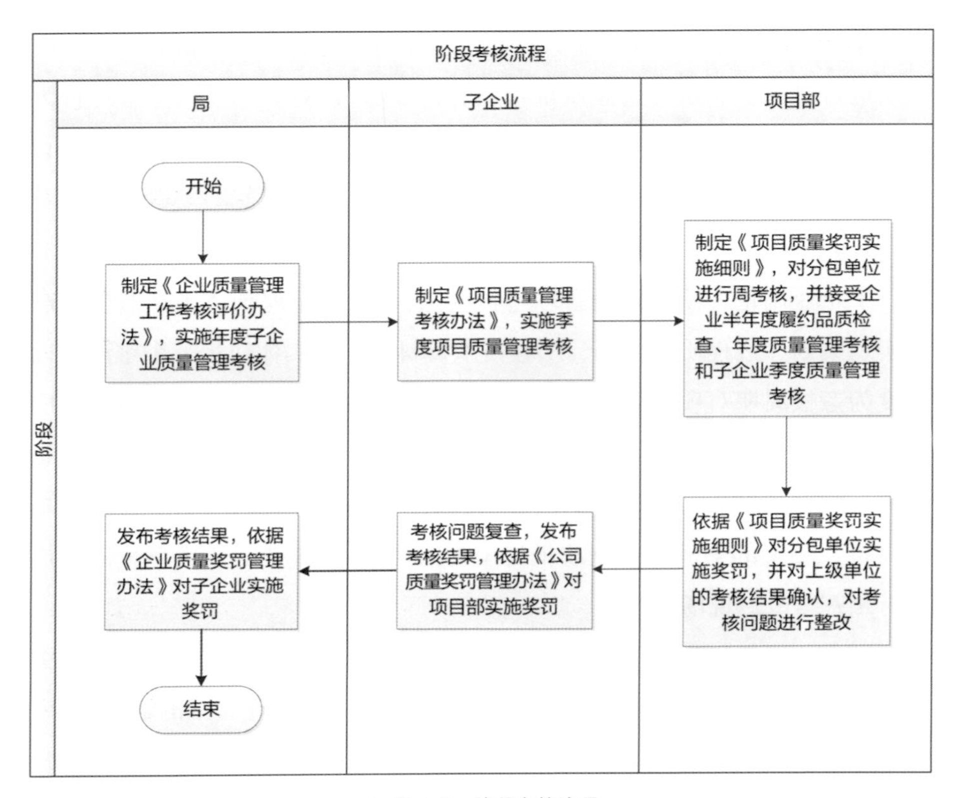

▲ 图 4-7 阶段考核流程

（五）持续改进

1. 工程质量管理的持续改进

项目部收集、统计、分析过程控制质量管理数据，分析系统质量问题，按“五步骤、两要素”原则及时处理并纠正相关质量问题。根据局、子企业的质量分析及预警，结合上一阶段质量管理成果和顾客满意度信息，制定质量管理提升计划，组织培训、预防同类问题再次发生，进入下一个PDCAS循环，实现质量管理螺旋性持续上升。

一局总部和子企业每年召开质量管理评审会，分析质量管理考核结果及质量管理信息，做出工程质量改进、资源调整、制度调整、目标调整等战略管理决策。

2.企业质量管理的持续改进

（1）质量管理信息测量

子企业每季度、局每半年将质量信息按质量问题出现的频次、质量问题所属的分部分项工程、质量问题的性质和严重程度、质量问题所发生的项目进行归集、统计和分类。进行定性和定量的测量，对下列进行检验：①工程质量是否符合合同要求；②是否满足顾客期望；③工程质量是否符合规范要求；④工程质量管理水平是否稳定，总体趋势如何，是否需要采取措施改进；⑤子企业或局质量管理行为是否符合法律、法规的要求。

（2）质量管理信息分析

企业每半年、子企业每季度对阶段考核信息和质量管理平台信息进行分析，发布质量分析报告。对工程质量的系统性问题及影响工程质量的潜在因素，及时发布统计信息和质量管理提升计划，实行预警机制，防患于未然。对当前的现实问题，提出整改措施和预防再发生的措施。

（3）质量管理评审

制定《管理评审程序》，要求每年召开一次质量管理评审会，整理、归纳质量管理考核结果及质量管理信息，对顾客意见、工程实体质量水平、施工进度、资源配置、技术手段、方针目标、政策法规、纠正预防措施实施情况、竞争对手情况、质量管理体系运行情况等进行分析。提出改进目标和要求，做出工程质量改进、资源调整、制度调整、目标调整等战略管理决策。这种持续改进流程如图4-8所示。

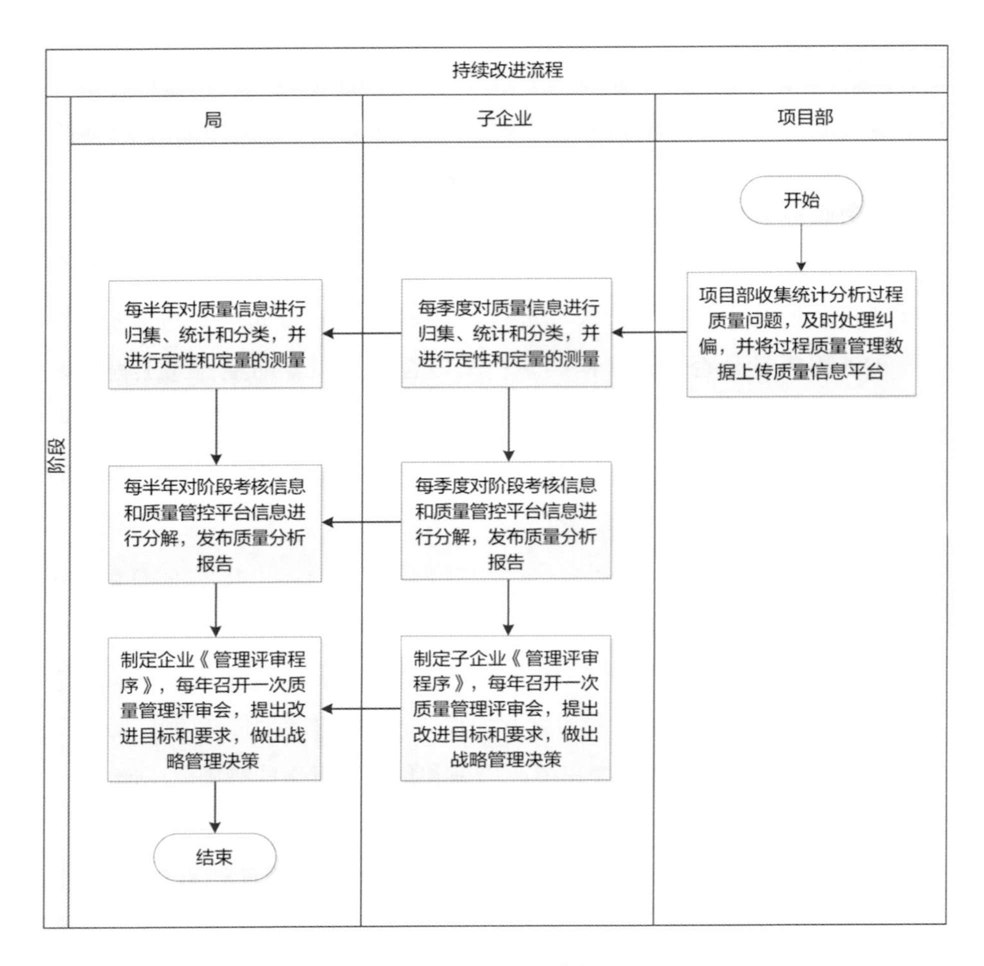

▲ 图 4-8　持续改进流程

三、五平台支撑保障

“5.5精品工程生产线”持续稳定的运行，得益于科技、人力资源、劳务、物资及安全五大平台的支撑和保障。一局制定了《中建一局集团生产资源平台建设管理要求》，对局、子企业及区域生产资源平台建设质量制定了工作要求，建立起了局层面、子企业层面和区域层面三级生产资源管理与服务平台。

（一）科技平台

坚持创新驱动，围绕绿色建造、数字建造、智能建造，聚焦中国建筑中长期重点研发方向以及局战略产业布局，以“服务市场与现场的能力、行业领先程度”为标准，着眼于创新策源转化、绿色建造生态引领、科技人才队伍建设、核心技术攻关、科技成果集成和应用、科技创新生态链打造，构建高水平创新平台体系，建设科技领军人才、专业技术专家和青年科技后备人才梯队，聚焦产业核心技术攻关，培育高价值科技成果，持续建立核心主业全产业链科技领先优势，全面提升产品和服务的技术供给能力，促进产业链与创新链深度融合。

中建一局借助信息技术手段打造科技资源平台（图4–9），全面系统归集分散存储状态的技术资料，以工程项目为单位，将所有的科技资源与其相关的工程项目做关联，实现众多繁杂的科技资源联系到一起，形成一个强大的带有明显建筑业特色的知识库系统。

科技资源平台拥有上百种分类的庞大框架，数十万条资源数据信息，按三大功能板块集成：一是科技资源板块，包括施工组织设计、专项方案、专利、科技成果、工法、论文、示范工程、规范图集、技术汇编、降本增效、科技培训等；二是BIM技术管理板块，专门为技术人员提供BIM的资源，包括BIM族库、BIM指南、BIM方案、BIM模型等；三是在线咨询、科技论坛、技术专家等互动板块。共计拥有24个文献数据库。各文献库数据以工程项目为纽带进行关联，方便检索、下载使用，目前在超高层施工技术、绿色建筑建造技术、地基基础与地下工程施工技术、工艺安装技术、基础设施施工技术、装饰深化设计技术等领域已经成为国内乃至国际上最全面的知识系统之一，并成为中建一局核心竞争优势技术。

平台采用资源共享、自动检索、免费下载、信息共享的运作方式，是综合的、有序的、电子化的全局优秀科技资源的存放库，充分服务于全局广大施工技术人员，为实现完美履约提供技术保障。

系统应用	文件上传	流程审批	在线预览	全文检索	新技术应用	统计分析	消息提醒	PC端/移动端
科技资源库	科技文库				科技推广应用			
	施工组织设计	专项方案	示范工程	科技动态	经济型技术		经济型技术	
	专利	科技成果	规范图集	课题研究报告	地基与基础	主体结构工程	环境保护	节材与材料利用
	工法	论文	科技培训	投标演示	机电工程	市政公用工程	节水与水资源	节能与能源利用
	BIM	质量	安全	……	装饰装修工程	……	节地与土地利用	……
系统管理	组织机构管理			流程管理			系统配置	
	组织机构	岗位	工程项目	流程定义	流程查看	消息队列	资源类型配置	产品线配置
	人员	权限	……	流程审批	待办任务	……	计划任务	数据字典

（注：原图“系统配置”下另有“系统参数”“……”两格。）

▲ 图 4-9　中建一局科技资源平台系统架构图

（二）人力资源平台

以“五位一体”能力素养为准则，持续推进三项制度改革，坚持三个全员覆盖（考核全员覆盖、职业规划全员覆盖、培训全员覆盖）、两个统一（职级体系统一、薪酬体系统一），构建以市场创效为主线、体现品牌保障和价值创造、始终保持活力、精细化分配的激励约束机制，建立竞争、开放、科学、包容的人力资源管理框架，打造覆盖主专业、在行业内有竞争优势的高质量人才队伍，推进完善任期制和契约化管理，实现精准考核和精准激励，提升组织运营效率和人均创效水平，激发企业组织活力和战斗力。

建立人才引进管理平台，以人力资源招聘信息平台为依托，建立局统一人力资源招聘信息库，实现人才的海选和定位筛选，为局人力资源把好入口关，为全局人才的使用提供人力资源来源支持。重点做好全局统一的大中专毕业生招聘信息系统的建设，在大中专毕业生的招聘上实现局品牌的推动。对人力资源招聘信息库进行细分，定期对信息库进行整理和分析，实现信息的定位使用。

建立人力资源激励管理平台，以全局统一职级、薪酬、考核三体系为基础，统一全局激励理念，以“强绩效”为激励中心，体现员工、团队与企业三者业绩的联动，提升局员工整体作战能力。通过职级的定位，打通员工职业发展通道的同时，实现员工的使用、培训管理和薪酬激励的精准定位。通过宽带薪酬理念的落地，岗位工资制的五元结构（五元薪酬结构：基本工资、岗位工资、绩效工资、津补贴、中长期激励构成的岗位绩效工资制。）的统一，凸显薪酬与考核业绩和员工发展的激励导向；根据不同岗位的特性建立多元工资管理制，探讨职业经理人薪酬制度，逐步与市场薪酬水平对接，实现薪酬管理的行业领先。通过考核业绩与员工职级、薪酬定位与调整的强挂钩管理，促进企业的“绩效为先”的管理理念的实现。

建立人力资源培养管理平台，依托培训规划，制定阶段性和专项员工培养计划，实现员工培训的全员覆盖。将员工进行细分，按照岗位、群体特性制定员工专项培养计划，通过岗位历练、导师带徒、岗位培养和培训推动培养计划的落地。建立局网络培训教育平台和内部讲师队伍培养体系，推动知识培训体系的全员覆盖和经验传承。

建立人力资源基础业务平台，将人力资源基础业务进行集中整合，以局人力资源服务中心为载体为局总部和子企业提供优质的基础业务管理，为局统一的人力资源管理体系实现基础业务支持和管理保障。

建立人力资源数据管理平台，将大数据思维与人力资源管理工作有机结合，以人力资源投入产出效率分析为重点，依托人力资源管控月报、工资总额管控、人才盘点、薪酬盘点、人力资源引进数据专项管理等手段，定期将数据分析成果共享，指导局内部企业做好对标管理，实现数据管理对提升人力资源投入产出效率的驱动作用。

建立人力资源信息化管理平台，依托人力资源信息系统（e-HR）建立员工基础和核心信息平台，实现信息数据在企业和员工间的交互使用。通过人力资源信息系统和专项信息系统各个模块的流程管理实现人力资源标准化管理的落地，实现量化的融合。通过人力资源新信息技术的维护、应用和推广，助推人力资源管理的集中高效。

（三）劳务平台

按照法人管项目的原则，局、子企业两级总部建立劳务管理、劳务实名制管理、农民工工资支付管理、劳务维稳应急管理等相关制度；项目部建立项目部、分包单位、班组三级管理体系。以人为本，关爱农民工，把他们培养成有专业技能的产业工人，与分包单位共同为农民工创造良好的工作和生活环境，优化分包队伍的构成和素质，持续提高分包管理能力和水平。

局制定《合格劳务分包队伍准入资格标准》，规定了合格劳务分包企业和劳务分包队伍准入的标准和要求，以及合格劳务分包队伍准入、清出流程。

建立劳务实名制信息化系统——劳务资源平台。劳务资源平台主要分为两大模块：劳务管理模块、生产资源要素模块。劳务管理模块包含基础设置、班组信息、劳务人员、劳务需求、进场管理、退场管理、考勤管理、工资管理、劳务隐患、统计查询。生产资源要素模块包含基础信息维护、资源准入查询及维护、日常处置查询、日常处置统计汇总、考核任务发起、考核评价确认、考核评价查询、考评汇总查询、资源查询、资源综合统计分析。

在劳务资源平台上，汇集了上千家劳务企业和队伍、数万个班组工人的信息。通过信息化手段，强化突出“实名制管理”“劳务企业管理”。通过队伍进退场情况、队伍月结月清情况、队伍工人花名册、工人考情表、工人工资发放表、劳务分包企业、劳务施工队伍、劳务施工班组的合格名录、警示名录、清除名录等夯实劳务管理工作，打造中建一局核心竞争管控优势。

劳务资源平台为局、子企业、项目部及相关行政部门提供实时劳务过程管理数据查验及报表，大幅提高劳务管理水平。同时，也为劳务纠纷或恶意讨薪提供实时、快捷、准确数据依据，强化了劳务风险管控能力。

（四）物资平台

企业战略采购工作平台“双80”覆盖，深入应用中建集团集中采购平台（云筑网）、零星物资采购平台（MRO），打造主营区域的优质分供方资源平台。优化信息平台查询功能、前置资源搜索工作，实现“哪里有项目部，资源平台就支撑到哪里”的功能；持续提升资源平台赛马功能，对采购数据进行可视化对比、分析、预警；完善价格管控平台的工作机制及责任追究机制，通过检查管控痕迹跟进机制的执行落地情况。

以云筑网为核心，致力于打造“互联网+建筑”生态圈，努力开创建筑行业采购交易及管理的全新模式，用采购服务“四化”管理，实现“让建筑更简单”的终极目标。

（1）物资采购专业化。一是按照现行国家标准，创建标准分类并以此来规范商品数据；二是个性化设置采购流程，自动显示对应的标准化模板及清单，或用户可自定义模板及清单，根据自身需要选择平台提供的公开招标、邀请招标、招标采购、区域联采、询价采购等多样式采购策略；三是打造更加符合中建特色的分供商管理体系，分供商评价体系，使得分供商资源更加真实可靠、管理更加专业高效。

（2）物资采购便捷化。一是用户操作更快速、更简洁，应用数据保存无丢失等；二是平台形成从发起招标任务、生成合同、下订单，以及收货、验货、结算到支付的完整供应链闭环，为各子企业的采购闭环管理提供有力工具。

（3）物资采购增值化。新设立云筑金服模块，利用银行整体授信，解决供需双方的资金短缺问题，为供需双方提供高效、增值的平台金融服务；整合云筑B2B商城，中建内部的合格分供方注册成为云筑商城的有效用户后，不仅可以通过平台与中建内部企业合作，也可以在平台上架自己的商品与服务信息，寻求与其他建筑企业的合作机会。

（4）物资采购智能化。构建丰富实用的报表分析系统（BI），对平台积累的全过程交易数据进行多维度、多层次的智能挖掘分析，为子企业的管理层提供充分的科学数据参考，支持决策；经过逐步的积累，将会形成更加科学合理的采购价格指数，引领优化建筑业采购供应链。

（五）安全管理平台

打造“121235安全生产体系”。

秉承1个理念——中国建筑“生命至上，安全运营第一”的安全理念。

聚焦2个目标——底线目标，杜绝较大及以上生产安全事故，减少一般事故，争取零事故；创优目标，在施工程安全文明标准化水平达到行业中等水平以上，省部级以上领先水平在施工程覆盖所有重点经营产出区。

健全1个体系——健全“党政同责、一岗双责、齐抓共管、失职追责”的安全生产责任体系。

提升2项能力——提升安全监督管理和风险防范能力，提升应急管理和事故处置能力。

实现3个标准化——安全管理制度标准化、安全生产防护标准化、安全生产行为标准化。

落实5项重点工作——依法治安、科技兴安、人才促安、安全预防、安全文化。

中建一局通过建立安全生产保证体系，搭建企业安全发展平台。一局建立以企业主要负责人为首的安全生产决策机构、由分管领导负责的各业务系统安全生产责任体系、以安全监督管理部门为主的安全生产监督管理体系；以及工会组织的劳动保护监督体系和党、团组织的思想政治保障体系等五大安全生产保证体系。建立完善以安全生产责任制为核心的安全生产制度保证体系；建立健全局“三级管理、两级控制”的安全生产工作机制；按照“横向到边、纵向到底”的原则，制定了局、子企业、项目部三级安全生产责任，明确安全生产“六个第一责任人”。

建立安全生产宣传教育培训工作体系，提升全员安全素质。一局建立局安全生产宣传教育制度，有计划、有组织、分层级开展安全生产教育培训活动。尤其是针对施工现场作业人员，在开展安全生产法律法规规定的安全生产培训的基础上，不断创新安全生产培训理念、形式和方法。首家引入体验式安全教育培训，并已形成了以体验基地、项目固定式体验馆、移动式体验设施相互补充的体验式安全教育培训体系；在互联网+的大环境下利用多媒体对现场作业人员进行安全培训教育考核，实现作业人员安全管理信息化。

建立安全生产监督检查和隐患排查治理体系，提升项目本质安全。一局建立安全生产监督检查和隐患排查治理制度，实行“分级检查、逐级消项、整改追踪”的工作机制，日常检查、定期检查、专项检查、领导带班检查相结合，开展隐患排查治理工作，保证项目的本质安全。

推进安全生产标准化，提升企业品牌影响力。局制定了安全生产标准化考评实施细则，以标准化考评为抓手提升整体管理水平。在现场实体标准化方面，不断修订完善《中建一局施工现场标准化图册》，以“十项禁令”为底线，以标准化创优为目标，不断提升项目安全生产标准化水平。

推进安全生产信息化建设，积极搭建安全管理服务支持平台。一局强化安全管理信息系统管理功能延伸，完善重大危险源监控和隐患排查治理系统的应用；建立现行安全生产法律法规、标准规范资源库，为施工管理人员学习安全生产知识，履行岗位安全责任提供便利；建立安全管理经验和安全生产标准化成果资源库，实现优秀成果的展示与共享；建立局重要劳动防护用品合格分供方资源库，在当前重要护品质量良莠不齐的市场环境下，为安全生产最后一道屏障把关。

第三节
“5.5精品工程生产线”的方法论——“PDCAS循环”

一、全面创新应用PDCAS管理方法

PDCAS循环是管理学中的一个通用模型，最早由休哈特（Walter A.Shewhart）提出，后来被戴明（Edwards Deming）广泛运用和宣传，所以又称“戴明环”。

中建一局是最早在建筑行业全面推进PDCAS循环的企业之一，按照持续改进要求，从上至下在每个工作场景中开展PDCAS应用，并结合行业特点对PDCAS进行了进一步改进和深化，形成PDCAS循环方法论。

PDCAS认为，全面质量管理活动的全部过程就是质量计划的制定和组织实现的过程，这个过程就是按照PDCAS循环，不停顿地周而复始地运转的。这种方法的要点是：一切工作都应包括五个阶段。

第一阶段是计划（Plan），包括确定方针、目标、质量工作计划等；

第二阶段是执行（Do），就是贯彻执行计划；

第三阶段是检查（Check），即检查计划执行的效果，找出问题；

第四阶段是处理（Action），即推广成功的经验，总结失败的教训并制定纠正措施，对没有解决的问题应找出原因，为下期计划提供资料。

第五阶段是培训（Study），即培训，在管理的各个环节对设定的目标、战略、制度、标准、规范、专业知识能力和管理策划进行培训学习，确保管理体系的有效落地。

在一局，PDCAS循环不仅作为项目质量控制的主要手段，更是企业全面追求高质量发展的基本方法，贯穿企业发展全部活动。一局总部专门印发了《中建一局PDCAS管理方法指引》，将PDCAS管理方法确定为企业的管理规定动作，要求在全局范围内必须执行。在执行过程中，各级单位遇到的疑惑、出现的问题、创新的做法和成功的经验，都要及时向总部反馈，以便实时对PDCAS进行更新、提炼，使得方法本身的再创新就是一个改进循环的标尺。

一局认为，如果把整个企业的工作作为一个大的循环，那么各个部门、小组还有各自小的循环，就像一个行星轮系一样，大环带动小环，一级带一级，有机地构成一个运转的体系，阶梯式上升。每循环一次，就解决一部分问题，取得一部分成果，工作就前进一步，水平就提高一步。到了下一次循环，又有了新的目标和内容。

二、PDCAS循环在精品工程项目中的应用

（一）基本原则

在中建一局承建的所有工程项目中必须推广运用PDCAS循环方法，以质量管理为中心，以全员参与为基础，促进项目科学管理、持续改进和循环提升，确保项目各项管理工作全面提升，助推工程品质全面达到行业中等以上水平，履约品质行业领先项目大幅提升。

在精品工程项目管理中应用PDCAS循环方法，应遵循以下原则：

（1）以顾客为关注焦点：项目管理应严格履行施工合同规定，全面完成合同目标，为顾客提供增值服务，实现顾客价值最大化。

（2）领导作用：项目经理是项目工程质量的第一责任人，负责组织建立项目工程质量体系并保持其有效运行。

（3）全员参与：项目部直接或间接影响工程质量的人力资源、材料物资、施工设备、施工及技术管理、商务合约等机构、岗位及其质量管理职责、制度等构成的项目质量保证体系。

（4）过程方法：项目管理是一个过程，每项生产经营活动都包括PDCAS五阶段的循环方式。

（5）系统管理：项目部建立实现质量目标所必需的、资源与过程结合的、系统的质量管理模式。涵盖了从确定顾客需求、设计优化、施工、检验和试验、竣工验收与交付、质量保修等全过程的策划、实施、监控、纠正与改进活动的要求，形成施工组织设计、质量策划等施工管理文件。

（6）持续改进和基于事实的决策方法：项目部对工程质量、管理质量、顾客满意度、分供方评价等质量信息进行收集、统计、分析，提出改进目标和方案，持续改进服务质量和工程质量。

（7）与供方互利的关系：项目部依据企业分包管理制度和合同要求选择分包方，签订分包合同，对分包实施过程进行控制。

（8）企业资源平台支撑：质量管理PDCAS循环在企业劳务、物资、人力资源、科技和安全5个平台上运行。

（二）P（Plan）——计划

目标管理、精品策划，不仅包括工作计划和活动方案的确定，更重要的是战略、制度、标准、规范、流程的确定。

目标管理是整个质量活动的开始，应分层次进行，第一层次是项目总体质量目标，第二层次是各单位工程质量目标，第三层次是工程各阶段和各分部、分项工程质量目标。项目部根据子企业的年度质量工作要点、《项目部目标责任书》、合同要求确定工程创优目标，编制质量管理策划书，按分部分项工程进行分解。同时项目从8个维度完善质量目标体系：①工程质量检验批的一次验收合格率目标；②结构工程创优目标；③竣工工程创优目标；④QC成果目标；⑤顾客满意度目标；⑥杜绝质量事故；⑦质量成本损失率；⑧杜绝政府处罚、重大质量投诉和反复质量投诉等。

精品策划包含资源与信息输入、施工组织设计、施工管理计划。项目部根据质量目标要求，识别工程难点、特点和合同要求，按照优质、安全、绿色、节能、环保和先进的原则，策划实施路径。依据企业五大平台搭建项目组织机构和配置人力资源、遴选劳务、物资、设备和机械等资源，优化设计和施工组织文件，形成项目策划和施工管理文件。为实现目标做好各项资源配备计划、管理计划和施工方法的策划等。

项目根据工程特点，合理安排施工部署，制定切实可行的施工进度计划，提前做好施工准备与资源配置计划，制定主要施工方案，合理安排施工现场平面布置等。

项目各个部门密切联动，制定进度管理计划、质量管理计划、安全管理计划、环境管理计划、成本管理计划、绿色施工管理计划等，经过公司审批合格后，方可实施。

（三）D（Do）——执行

1.项目物资管理（D1）

项目严格执行国家和各级地方政府明令禁止或限制使用的建筑材料相关规定。对于明令禁止使用的建筑材料，严禁应用于工程之中；对于明令限制使用的建筑材料，在规定的范围停止使用。项目采购物资必须选择合同约定品牌，并满足合同对物资性能指标的约定。合同约定物资性能指标与国家标准相抵触的，项目部与建设单位协商修改，不得使用不合格产品。项目在采购物资设备时原则上在企业《物资采购合格供应商名册》中选取。当项目确因工程需要向“名册”以外的供应商采购时，采购单位必须按规定对物资供应商进行评审，评审符合要求后，方可实施采购。物资进入施工现场必须进行验收，按规定需要进行复试的必须取样复试，严禁将不合格物资应用于工程之中。

工程施工前，项目部编制《物资（设备）进场验收计划》，主要内容包括物资名称、规格型号、验收依据、验收要求、取样送检要求、责任人等。发生材料变更时，项目部及时调整《物资（设备）进场验收计划》。

项目对建筑使用功能有重要影响的工程材料都严格执行样品报审签字制度，项目总工程师组织材料样品评审报审工作。进场物资严格执行样品制度，要求供应商必须提供物资样品，并报请建设、监理、设计单位等签字认可，项目部安排专人对材料样品进行妥善管理。当物资进场与样品不符时，要求拒绝入场。

项目材料验收人员主要按照采购合同约定索取、验证验收材料的质量证明文件、查验质量证明文件与进场材料标识的一致性。材料验收人员按照《物资（设备）进场验收计划》《物资采购合同》、封样样品对进场物资外观质量进行验收。材料验收人员会同劳务分包单位材料员按照合同约定的计量方法对进场材料数量进行严格验收。项目试验工程师按照安排的《物资（设备）进场验收计划》《物资采购合同》，对进场物资相关质量要求进行检测复试，经检测复试合格的物资予以正式验收。

2.项目操作人员管理（D2）

项目强化劳务实名制信息化和“自下而上、按需储备、纳优清劣”的劳务准入制度，确保质量优良。积极探索实施将劳务工人纳入企业体系内管理，建立培育成长机制，促进农民工向稳定的产业工人转化，使劳务公司成为企业稳定的战略合作伙伴，确保各项质量管理制度在建筑施工最末端精准落地，从而实实在在地保证工程质量。

项目严格上岗及培训要求。对于机械设备的一般操作人员，要求必须经过有关部门岗位培训合格后，方可上岗作业；对于特种作业人员，要求必须经法定培训单位的专业培训，取得操作证后，方可上岗作业；对于所有操作人员，要求必须经过施工工艺技术交底和安全技术交底，方可上岗作业，要求上岗前个人安全和劳动防护用品必须佩戴整齐。

项目对分包单位的质量培训进行实行动态管理，针对工程实施的不同阶段，以及在施工过程中出现的质量问题，有重点地对分包单位进行质量意识及操作技能的培训，并加强对分包班组的质量考核，在分包单位中开展质量竞赛评比活动。

3.施工机具管理（D3）

项目机械设备和周转材料的质量都符合国家、行业、企业的产品标准，具备产品合格证，进入施工现场的机械设备和周转材料都通过项目部和相关部门的验收。对大型机械设备出租单位的资质等级和操作人员的上岗证进行审验并备案，不符合的机械设备和操作人员不得进入施工现场。租赁的中小型不带人机械由项目部组织验收，合格后方可交付设备使用单位。分包单位自带的机械设备，必须经项目部验收合格后方可投入使用。

大型机械如塔吊等设备安装前，项目部根据设备出租方提供的数据或基础图进行基础施工，经项目部和安装单位验收合格后，由有资质的设备安装单位出具安装与拆除方案后组织安装。大型机械由设备安装单位完成安装、调试，项目部和出租单位有关人员验收，合格后办理移交使用手续，三方共同填写“设备使用通知书”投入使用。在设备停用时由项目出具“设备停用通知书”，经出租单位签字生效。

4.技术交底（D4）

各项目都建立了规范的三级技术交底制度。即项目总工程师对项目各部门及分包单位进行施工组织设计交底；专业施工方案编制人对项目施工管理人员及施工班组长进行施工方案交底；分项工程作业前，专业工长对施工班组作业人员进行操作交底；要求技术交底必须有针对性和可操作性。

项目分项工程技术交底主要包括五方面内容：（1）施工作业准备（作业时间安排、机具准备、材料准备、劳动力准备和作业条件等）；（2）施工操作工艺（工艺流程、施工操作要点及要求等）；（3）质量标准及验收（主控项目要求、一般项目要求等）；（4）安全生产及环保措施（绿色施工措施、施工安全措施等）；（5）成品保护等。

5.工序质量控制（D5）

施工前，项目总工程师组织编制《特殊过程及关键工序控制计划》，确定特殊过程、关键工序及质量控制计划。工长对过程所用材料、工具、人员、环境、施工方法是否满足过程控制要求进行鉴定，并随时对技术交底的执行情况进行监督管理。施工管理人员记录工序施工情况，施工过程中发现的一般质量问题由质量工程师发出整改通知单，并负责监督消项，施工过程中发现不合格品立即执行《不合格品控制程序》。

项目施工实行样板制，每一分项工程施工前先做出样板，经检查认可后方可组织施工。相关各专业工种间认真执行“三检制”，不同施工单位之间工程交接，进行交接检查，填写《交接检查记录》。移交单位、接收单位和见证单位共同对移交工程进行验收，并进行记录。

对需确认的过程，施工中责任工程师对工艺参数、人员、环境、设备和施工方法进行连续监控，并做好记录，使施工质量符合要求。必要时应对需确认的过程再确认。

6.施工过程中的检验和试验（D6）

（1）单位工程施工前，项目部总工程师组织项目部相关部门编制《工程检验批划分及验收计划》，确定检验批划分及验收计划。

（2）施工过程中检验、报验流程如图4–10所示。

（3）项目执行现行国家建筑工程质量验收规范的规定，按检测规程进行过程检验和试验，并对检验、试验产品做出检验状态标识。经检验、试验合格，各主管人员签字认可后才能转入下道过程，对未经检验、试验或

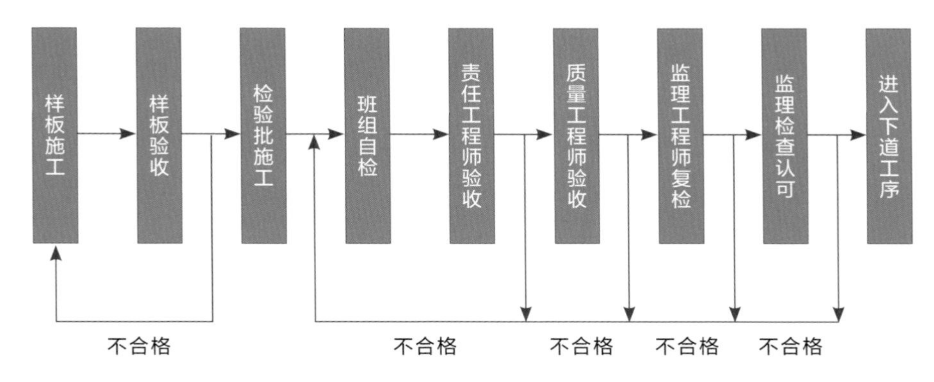

▲ 图 4-10 施工过程中的检验报验流程

检验、试验不合格的过程严禁放行。

（4）项目部对施工全过程进行标识，保证施工过程具有可追溯性。项目标识包括产品标识、检验和试验状态标识，标识采用记录方法，必要时实行在实物上挂牌的方法。主要标识管理如下：

①材料工程师对进场材料、半成品、成品进行标识。

②责任工程师对施工过程进行标识。

③质量工程师负责监督标识的正确性。

④材料标识以产品合格证、出厂检验报告、现场复试报告作为标识。

⑤施工过程以施工日志、施工记录、施工试验报告、质量验收记录、实测实量数据等作为标识。

⑥检验和试验标识包括待检、已检验和试验待判定、合格或不合格等状态。

⑦实测实量采取图章及二维码同时标识。

⑧业主有特殊需要标识和可追溯要求时，项目部根据业主要求制定特殊的标识和可追溯方法。

⑨施工过程出现问题时可按发现问题的工程部位、施工日期、施工队伍逐步查阅施工日志、施工记录、施工试验报告、质量验收记录等，最终完成追溯。

（5）项目对于工序、分项工程在特殊情况下的放行管理如下：

①隐蔽工程不得放行。

②可于事后通过检验和试验确定质量情况，且发现不合格可以返工，对最终质量无影响时可放行。

7.施工过程中的不合格品控制（D7）

（1）在施工过程中，应实时保持对现场各类不合格品（包含物资、工序、结构等）进行查验处置。

项目不合格品控制程序如图4-11所示。

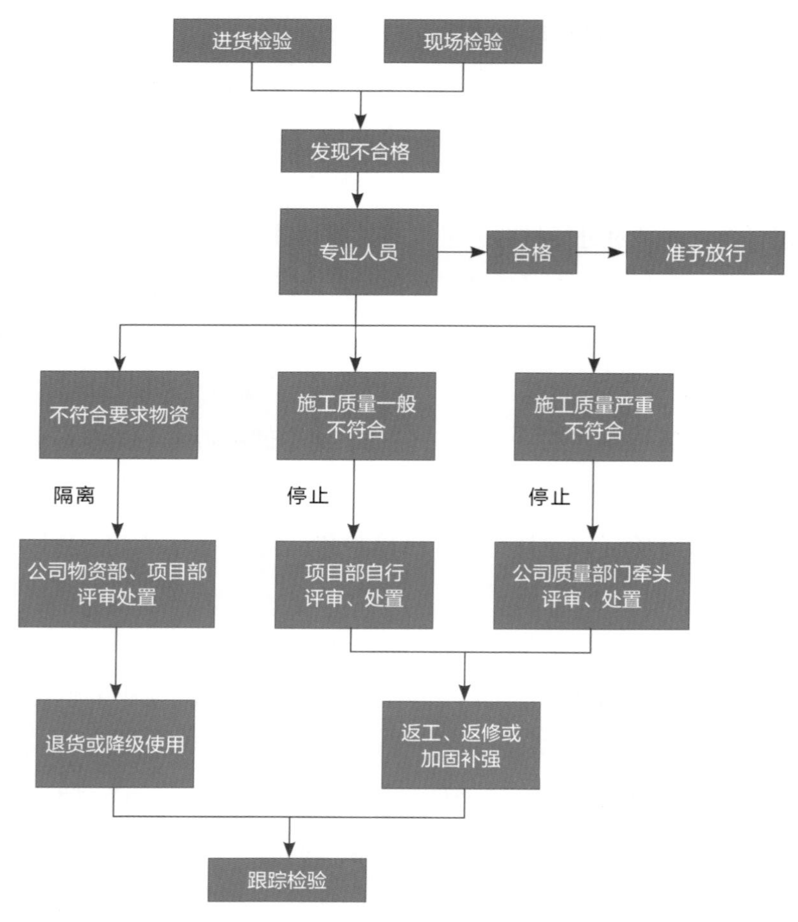

▲ 图4-11 项目不合格品控制程序

（2）项目进场物资不符合要求的处理。

项目物资管理人员对进场物资进行检验，发现并确认不合格后，直接拒收。对复试不合格物资，项目技术部通知项目物资部进行有效隔离，并做出明显标识。填写不合格材料记录，上报公司物资部后，由项目总工程师组织相关部门进行评审，分析不合格原因，做出处置决定。对于不符合要求物资的处置方式包括降级使用、改作他用、退货或换货等。由项目物资部和公司物资部按照处置决定，共同对不合格物资进行处置，并对处置情况进行跟踪、监督，填写记录，对供方进行重新评价。

（3）施工质量不符合要求的处理

项目质量部门对过程工序进行检验，发现并确认不符合要求的工序。对于一般不符合工序，项目总工程师组织项目技术、工程和质量等相关部门进行评审，填写质量整改通知单，下发到相关单位或部门，项目质量部门负责进行跟踪、复查，并做好相关记录。对于严重不符合工序，上报企业质量部门，由企业质量部门组织公司相关部门和项目总工程师、项目质量、技术等相关部门进行评审，分析不合格原因，按《纠正和预防措施程序》进行处置，由项目部负责实施，并做好相关记录。如属分包队伍责任，应对分包队伍进行重新评价。重大返修方案由项目部提出，报企业质量、技术部门审核、企业总工程师批准，经业主（监理）或设计部门认可后方可实施。不能修补的工序必须返工，返工后由质量工程师重新验收、评定并记录。

（4）施工质量不符合要求的检验批质量验收原则

项目经返工或返修的检验批，予以重新进行验收；经有资质的检测机构检测鉴定能够达到设计要求的检验批，予以验收；经有资质的检测机构检测鉴定达不到设计要求、但经原设计单位核算认可能够满足安全和使用功能的检验批，予以验收；经返修或加固处理的分项、分部工程，满足安全及使用功能要求时，可按技术处理方案和协商文件的要求予以验收；经返修或加固处理仍不能满足安全或使用要求的分部工程及单位工程，严禁验收。

8.QC小组活动（D8）

项目部根据项目质量目标和施工管理中存在的问题和难题，以改进质量、缩短工期和降低消耗为目的，积极开展QC小组活动。

9.质量例会、质量奖罚与质量培训（D9）

项目部定期或不定期召开质量例会，工程质量管理的各方人员对施工现场的质量状态在有效的时间内进行沟通，并及时解决施工中的存在问题和隐患，制定切实可行的预防和纠正方案。对违反约定奖罚事项的质量问题或行为启动奖罚程序，并按计划定期组织针对性的培训。项目质量例会主要有周例会、专题会、月例会。

（1）项目质量管理周例会

每周由质量总监主持，项目相关部门及分包队伍现场负责人等人员参加。质量部负责形成例会纪要，会议内容包括以下几个方面：①上周例会议定事项的落实情况；②总结各施工班组本周内质量实施情况，找出不足、分析原因、寻找对策；③针对施工过程中出现的问题，进行专题质量分析讲评，避免问题再次出现；④提出本周质量奖罚事项及奖罚方案；⑤安排布置下周工作，对施工的部位进行重点、难点讲解，提出预控措施和具体工作要求；⑥需要协调的有关事项及解决方案。

（2）质量专题会

项目根据施工需要不定期召开质量专题会。当工程质量出现较大波动、重要质量事件等特殊情况下，由项目经理及时组织相关人员召开会议，分析原因提出处理方法、制定相应措施，质量部负责形成会议纪要。

（3）项目质量管理月度例会

每月由项目经理组织召开项目部月度质量例会，项目部相关管理人员及分包队伍现场负责人参加，必要时邀请监理、业主参加，质量部负责形成项目月度例会纪要，由项目经理签发到各分包单位并存档。会议内容包括：①传达宣贯本月上级有关部门的相关文件及会议精神；②总结前次例会质量问题的解决及落实情况，协调施工中的各环节、各专业、各工序，提出相应的解决控制办法，确定主要责任人，提出解决或整改期限；③分析本阶段质量控制的要点和难点，针对性布置下阶段的质量控制措施和质量控制要点；④协调、总结科技攻关和QC小组活动情况；⑤分析工程质量阶段目标完成情况并制定措施。

（四）C（Check）——检查

1.检验批质量验收（C1）

根据国家标准GB 50300《建筑工程施工质量验收统一标准》的要求，将工程施工分为10个分部（含节能分部）。在验收中根据工程量大小可将分项工程分成一个或若干个检验批来验收。检验批分为主控项目和一般项目，其中主控项目必须全部合格，一般项目的质量经抽样检验，合格率不得低于80%。具体质量验收流程如图4-12所示。

2.分项工程质量验收（C2）

分项工程的划分按主要工种、材料、施工工艺、设备类别等进行划分。分项工程所含的检验批均应符合合格质量的规定，质量验收记录应完整。具体质量验收流程如图4-13所示。

3.分部（子分部）工程质量验收（C3）

分部工程按专业性质、建筑部位确定，当工程较大或较复杂时，可按种类、施工特点、施工程序、专业系统及类别等划分为若干子分部。

分部（子分部）工程所含分项工程的质量均应验收合格，质量控制资料完整，地基与基础、主体结构和设备安装等分部工程有关安全及功能的检验和抽样检测结果应符合有关规定，观感质量验收应符合要求。分部（子分部）工程质量验收流程如图4-14所示。

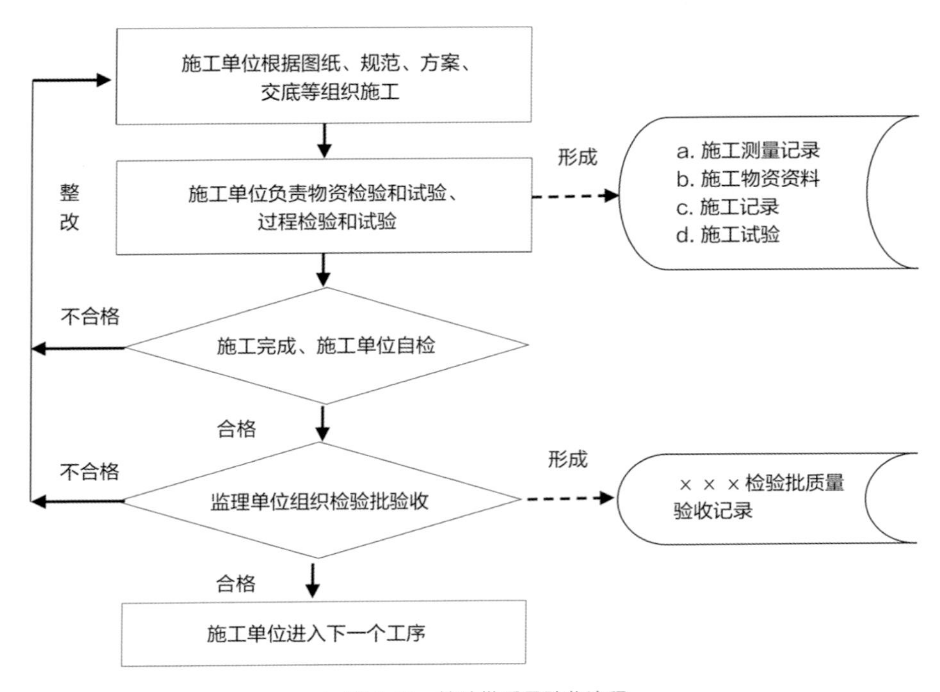

▲ 图 4-12　检验批质量验收流程

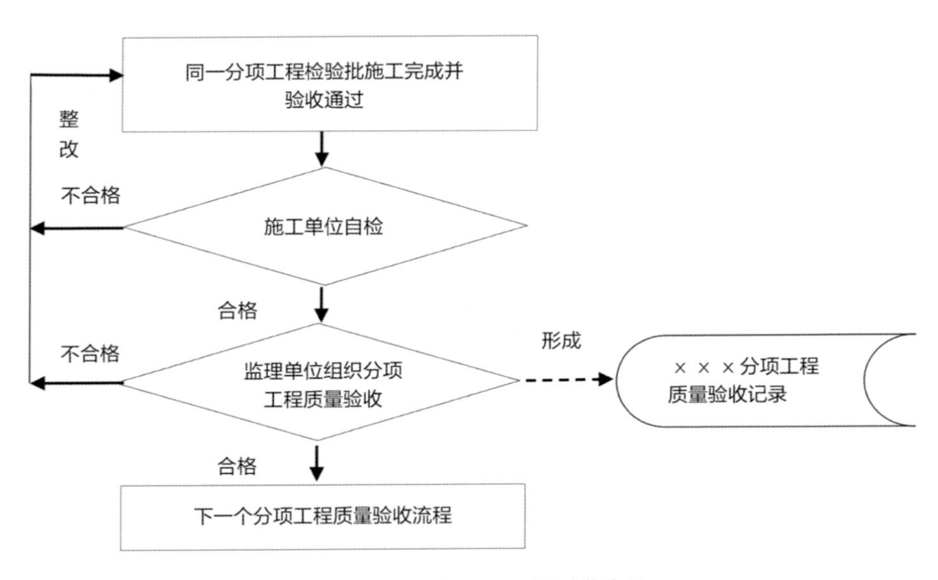

▲ 图 4-13　分项工程质量验收流程

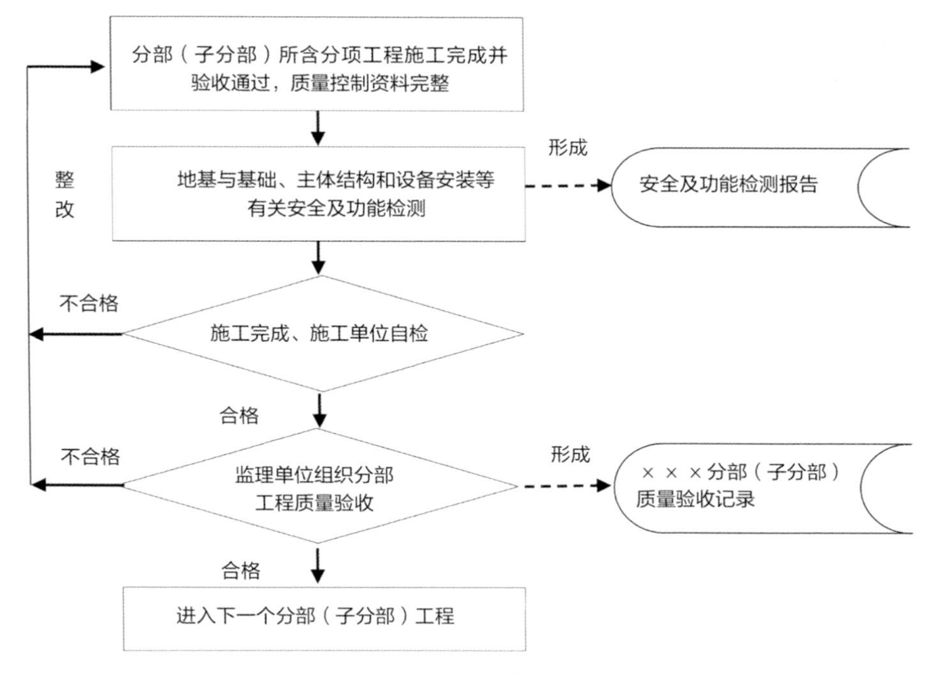

▲ 图4-14 分部（子分部）工程质量验收流程

4. 单位（子单位）工程质量预验收（C4）

对于具备独立施工条件并能形成独立使用功能的建筑物及构筑物作为一个单位工程，建筑规模较大的单位工程，将其能形成独立使用功能的部分化分为一个子单位工程。

（1）预验收条件

在项目预验收之前，单位工程质量验收合格必须符合下列规定：①所含分部工程的质量均验收合格；②质量控制资料完整；③所含分部工程中的有关安全、节能、环境保护和主要使用功能抽样检验结果符合相应规定；④主要使用功能的抽查结果应符合相关专业验收规范的规定；⑤观感质量验收符合要求。

（2）单位工程的预验收

对于单位工程中分包施工的部分，分包单位对所承包的工程项目按

GB 50300规定的程序检查评定，总包单位派人参加。分包工程施工完毕后，应将工程有关资料交总包单位。项目生产经理负责与分承包商办理实物交接检查验收手续。

单位工程完成后，项目依据施工合同和相关质量验收规范、规程、标准及设计图纸等，由项目总工程师组织项目工程部、技术部、质量等有关人员进行单位工程质量验收工作，验收合格后，提前报验公司质量部，由公司总工程师组织公司质量部、公司技术部、机电部、项目经理及项目相关人员参加单位工程竣工验收。外埠项目单位工程的竣工验收工作，由经公司授权的项目部代为行使有关职责，未授权工程仍由公司组织其验收工作。

项目自行验收合格后，填写单位工程预验收报验表，并附相应竣工资料（包括分包单位）报监理单位，申请工程竣工预验收。总监理工程师根据有关规定组织监理工程师与项目相关管理人员共同对工程进行检查验收，验收合格后总监理工程师签署单位工程竣工预验收报验表。

工程竣工预验收合格后，由项目部向建设单位提交工程竣工报告，工程竣工报告应经项目经理和企业法人签字、盖章，总监理工程师签署意见，并签字、盖章。建设单位收到工程竣工报告后，对符合竣工要求的工程，组织勘察、设计、施工、监理等单位和其他有关方面的专家成立验收组，制定验收方案。

5.工程竣工验收（C5）

（1）竣工验收条件

工程竣工验收时，项目具备下列条件：①完成工程设计和合同约定的各项内容；②有完整的技术档案和施工管理资料，其中应包括工程使用的主要建筑材料、建筑构配件和设备的进场试验报告、工程质量检测和功能性试验报告、采购信息备案资料，并取得城建档案馆预验收文件；③单位工程质量竣工预验收合格；④建设单位已按合同约定支付工程款；⑤有施工单位签署的工程质量保修书；⑥取得法律、行政法规规定应当由规划行政部门出具的认可文件或者准许使用文件；⑦工程无障碍设施专项验收合格；⑧对于住宅工程，建设单位组织施工和监理单位进行的质量分户验收合格；⑨对于民用建筑工程，建设单位已组织设计、施工、监理单位对节能工程进行专项验收，并已在市或区县建设主管部门进行民用建筑专项备案；⑩对于商品住宅小区和保障性住房工程，建设单位已按分期建设方案要求，组织勘察、设计、施工、监理等有关单位对市政公用基础设施和公共服务设施验收合格；⑪规划许可中注明规划绿地情况的建设工程，建设单位组织设计、施工、监理等有关单位对附属绿化工程是否符合设计方案验收合格；⑫建设单位已按照国家和本市有关规定，在工程明显位置设置了载明工程名称和建设、勘察、设计、施工、监理等单位名称及项目负责人姓名等内容的永久性标识；⑬建设主管部门及工程质量监督机构责令整改的问题全部整改完毕；⑭法律、法规规定的其他条件。

（2）验收与交付

对于符合竣工验收条件的工程，由建设单位组织工程竣工验收，项目积极按要求派人参加，配合完成相应的验收内容，完成项目评价，签署工程竣工验收记录并加盖公章。

工程竣工验收合格，且消防、人民防空、环境卫生设施、防雷装置等应当按照规定验收合格后，项目配合建设单位进行工程交付使用。

（五）A（Action）——处理

根据检查结果进行总结，对成功经验进行标准化和推广，对遗留问题进行分析和处理。

1. 工程质量满意度管理

（1）项目在履约过程中建立客户沟通机制，依据客户要求，对项目实施过程制定客户服务工作策划，并保障项目各目标的实现。

（2）项目在授权范围内开展客户服务工作，按合同要求，开展项目管理工作，并负责现场安全、质量等问题的整改落实工作。

（3）项目负责与业主直接沟通工作，保证工程款足额及时支付，重大签证、变更及时确认，及时办理结算。

（4）项目按照客户的要求，针对客户投诉问题制定整改方案，落实整改措施，进行销项，并将处理结果上报公司。

（5）项目具体实施履约过程的工程回访工作，填写《客户满意度调查表》，并按照客户意见，制定和落实整改工作。

2. 工程质量投诉的管理

项目从工程质量预控管理、畅通与业主沟通渠道、及时有效处理质量投诉等三个维度加强管理。项目部没有能力消除或不作为有可能引发质量投诉时，项目部必须及时向企业报告。

3. 工程竣工总结

（1）项目部在施工过程管理中及时总结先进、适用的技术质量管理经验，从保证工程质量与安全、提高施工效率、降低工程成本等多个角度，编制工法、论文，申报专利，积极申报科技推广示范工程（绿色示范工程），使改进工作贯穿于施工各个环节。

（2）项目施工完成后，项目总工组织工程技术质量人员进行专题技术、质量总结。对工程施工中的管理制度、四新技术、施工方法、施工工艺在实践的基础上加以提炼，形成技术、管理成果。使科技和管理成果转化为生产力，以持续改进完善带动质量管理整体水平的持续循环提升。所有创优项目在优质工程验收后，收集创优策划、创优汇报、创优总结、工程照片等资料上报公司。

4. 工程回访保修

现场保留的项目部或企业指定的保修服务单位负责工程保修期内的保修工作。项目部对保修的工作内容进行成本、进度、质量、安全、环保等方面的控制。必要时应编制技术方案并进行评审论证，搞好材料或分包的招标。对分包商或供应商等造成的质量问题，通知相关方参加勘验确认保修责任。在保修工程施工时，项目部编制专项现场施工方案，包括人员、材料、设备组织，重点突出现场施工的环保、安全、质量管理措施，避免对工程现行使用造成干扰。

（六）S（Study）——培训

组织开展全面深入的培训，确保“计划”的落地执行和“标准化”的推广应用。中建一局秉承“建楼育人”的理念，打造“骨干人才生产线”，首创“721”的培养方式，按“五类核心人才”建设专家库，在网络平台管理共享。以人才质量来保障工程质量和管理质量。对青年员工按专业类别和入职年限对青年员工开展计划性、阶段性培训，开发了星火训练营、基石训练营和先锋训练营。

合江套湘江隧道

合江套湘江隧道位于湘江、耒水河交汇处，连接石鼓和滨江新区，线路全长2.27千米，隧道全长1.81千米，隧道过江段采用大断面泥水盾构法施工。该隧道是中国建筑首条过江隧道，也是中国城市道路最大“V型”纵坡大断面泥水盾构越江隧道。

根据水上物探勘察工作揭露，隧道过江段工作范围内存在5处大型岩溶异常，岩溶主要分布在里程Kn4+150～Kn4+360范围，岩溶发育深度主要集中在两个标高段范围内，第一标高段10～25米，岩溶发育共4处；第二标高段−10～5米，岩深发育1处。如何在保证隧道的施工质量和安全的基础上节省溶洞注浆量，是摆在面前的一道难题。

1.计划（P）

项目部通过查阅资料，认为可研发一种新的注浆系统，即“研发江底溶洞省料封闭可循环静压注浆系统”，该系统以钢套管作为外部防护，为注浆提供作业条件；同时设置溶洞口封孔装置，形成封闭的溶洞注浆环境，避免污染湘江；再利用“大管套小管”形式的注浆管形成连续稳定的循环注浆系统。在保证注浆质量和环保的前提下，应业主、监理、公司的要求，并结合设计图纸和项目实际，设定目标：（1）注浆料节省率达到8%；（2）处理后的溶洞注浆体7天无侧限强度≥2.5兆帕。

通过调查分析、试验测试等方式对分级方案进行评价和选择，并对结果进行了对比优化，确定最佳方案绘制系统图如图4-15所示：

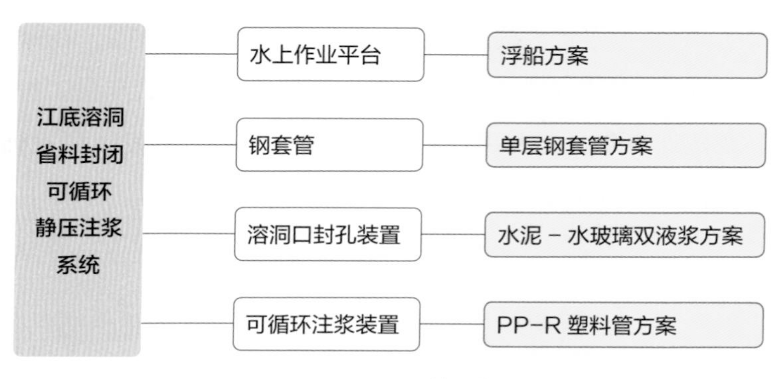

▲ 图 4-15　项目施工方案

2.执行（D）

（1）2021年7月8日，根据注浆作业所需的空间、载荷等进行核算，同时考虑安全性和稳定性，确定现场采用两艘300吨的船舶通过3米宽钢板连接，并分别在每艘船上放置一台冲击回转成孔钻机，两船抛锚固定，以此形成水上作业平台；根据现场实际加载情况与检验验收结果，作业平台有效面积超过450平方米，承载力达到600吨，均满足施工要求。溶洞和注浆的位置图准确，为平台的移船定位提供了可靠参照。

船舶依据位置图和GPS定位装置精确定位，测试了10个点位，定位偏差在0～0.5米，平均值为0.3米，偏差≤±1米，满足目标要求。作业平台上有较完善的作业管理制度，可保证注浆作业稳定进行，安全技术交底

100%。

（2）2021年7月10日，项目选用的ϕ146毫米单层保护钢套管和配套的YGL-C200全液压冲击钻机，通过市场调查、结合公司优质供应商资源库，选择了具有资质、声誉良好的供应商。项目人员连同监理对钢套管进行检查验收并委托送检，现场进场的156根钢套管全部验收合格，强度试验与严密性试验也全部合格。钢套管进场验收合格率为100%；强度及水密性试验合格率为100%。

（3）2021年7月14日，项目对1：1的水泥-水玻璃双液浆进行试验，其胶凝时间为1'24"～1'50"，可满足现场施工要求，且满足＜2分钟的目标要求。实际浆体结石率＞98%，满足≥95%的目标要求。

（4）2021年7月18日，项目人员在现场组装了PP-R塑料管可循环注浆系统，通过现场调查分析、试验测试，发现：注浆装置严密性100%合格，无浆液泄漏；与溶洞内水体、杂质置换率100%；注浆体无侧限抗压强度实测值均合格，平均值3.2兆帕≥2.5兆帕，满足既定目标要求。

（5）2021年7月28日，在整个注浆系统组装完成后，项目邀请业主、监理、公司及项目专业技术人员、作业队伍共同对该江底溶洞省料封闭可循环静压注浆系统进行全面检查验收。在验收合格后，现场对整个注浆系统进行联合运行，安排专人检查记录各类参数，并观察注浆效果。在连续运行2小时后，各类参数均在正常范围内，系统运行稳定，无异常情况发生。

3.检查（C）

注浆料节省目标：根据地质勘探报告，江底溶洞总体积约为4512立方米。项目通过在现场试验后，测算得出传统工艺注浆损耗率为9.87%，即若按传统工艺施工注浆消耗量约为：4512×（1+9.87%）=4957（立方米）。而本注浆系统实际注浆消耗量为4527立方米，节约注浆料共430立方米，注浆料节省率为：（430/4957）×100%=8.67%，节省率＞8%，达成既定目标。

注浆质量目标：在监理见证下，衡阳市检测中心对注浆区域随机钻孔取芯，抽取30个芯样进行无侧限抗压强度试验。检测结果表明：所有芯样实测强度均＞2.5兆帕，且平均强度达3.2兆帕，达成了既定目标。

4.处理（A）

注浆系统研制的成功，可以在施工过程中采用灌注挤压法对溶洞内低密度充填物进行置换，采用两根注浆管和一根封孔管施工，无需同步提升注浆管，加快了施工进度，同时避免了注浆管无法拔出和浆液外漏现象，对水体不产生污染，保护环境。

施工过程中所用到的钢套筒材料为周转性材料，能循环利用，并减少了注浆损耗，降低了工程成本。对溶洞注浆后钻取的芯样进行检测，强度满足设计要求，保证了施工质量，得到了业主、监理及地方政府部门的一致认可。

5.培训（S）

项目将全过程的技术、影像、培训资料进行归纳、整理，总结了一套针对性较强的、措施较完善的施工资料，并在项目和公司领导的支持下，将此次成果编制成《江底溶洞省料封闭可循环静压注浆系统作业指导书》和《江底盾构隧道溶洞的处置方案设计优化与施工》，并组织员工进行学习。本系统的成功开发推动了以市政工程为代表的基础设施行业的发展，适宜在行业内推广，具有广阔的应用前景。

三、PDCAS循环在企业管理中的应用

（一）基本原则

中建一局为促进各项经营管理工作的科学开展、持续改进和循环提升，助推企业战略体系的落地实施，除了在项目工程外，还要求在全局战略管理、科技管理、人力资源管理、信息化管理等企业管理各职能各条线

运用PDCAS循环管理方法。

在企业管理中应用PDCAS循环方法，应遵循以下原则：

1.尊重科学

PDCAS是全面质量管理应遵循的科学方法，是能使任何一项活动有效的一种合乎逻辑的工作程序，使思想方法和工作步骤更加条理化、系统化、图像化和科学化。在推广运用PDCAS管理方法时，遵循其基本原则，包括以顾客为中心；领导作用、全员参与、过程方法、管理的系统方法、持续改进、基于事实的决策方法、互利的供方关系等。

2.契合实际

推广运用PDCAS管理方法，重点解决影响一局发展战略举措落地的三大问题，确保企业管理实现螺旋式循环提升，即认知问题——促进各级管理者做到知行合一和有效驾驭工作；能力问题——促进全体员工的能力提升和两级总部的功能强化；机制问题——促使机制更加完备，体系更加健全，措施更加有效。

3.全面实施

PDCAS循环适用于所有需要持续改进的管理工作，从企业总体战略到项目具体流程，都可以运用PDCAS管理方法。

（二）P（Plan）——计划

对中建一局内部而言，P（Plan）不仅包括工作计划和活动方案的确定，更重要的是战略、制度、标准、规范、流程的确定。

1.做好顶层设计

在计划环节务必做好统筹规划，确定目标愿景和底线要求，设置规定动作和自选动作，明确实施路径和时间安排，涵盖“5W1H”要素内容，确保简洁、高效、易执行。

2. 注重充分论证

在计划环节务必充分论证，尽可能用数据、事例说明，逐个问题、逐个因素地分析，确保抓住主要矛盾和矛盾的主要方面。要求必须组织相关业务系统和单位专题研讨，反复征求基层单位和员工的意见，确保计划或方案既符合管理提升的要求，又契合基层单位的需求。

3. 提升领导能力

计划的关键点在于需要有丰富经验或较强能力的管理者来完成。因而，提升两级班子成员，特别是两级总部部门负责人及项目部责任担当体的认识与创新能力、战略能力、决策能力和驾驭能力，是计划成功的关键。

（三）D（Do）——执行

1. 坚持铁腕执行

务必严格执行既定计划，确保政策落地实施，做到底线坚守不找借口、规定动作不打折扣，力争“不吃夹生饭，不走回头路”。

2. 坚持过程监控

注重监控计划执行的广度和深度，收集执行过程的数据和案例，务必做到横向到边、纵向到底、执行到位。

（四）C（Check）——检查

1. 注重实事求是

检查必须对照计划中规定的目标进行，实事求是地反映执行结果，客观评估结果同目标的符合性、各项措施的有效性以及存在的差距。

2. 注重科学检查

可通过抽查的结果来检验整体的情况，必要时可扩大抽查范围。同时，还要注重收集执行过程中产生的数据和信息，在执行、服务和管理中检查。

3.注重一查到底

每次检查都必须一查到底，触及灵魂深处；都必须形成报告，有表扬、有批评，有奖励、有处罚。

（五）A（Action）——处理

1.做好经验总结

要组织做好总结、分析和评估，把成功的经验和失败的教训都纳入有关制度、标准、规范和流程之中，巩固取得的成果并确保长期坚持。

2.做好问题分析

要根据检查的结果，提出尚未解决的遗留问题，特别要分析因管理改进面临的新问题。

3.做好循环提升

处理A（Action）阶段的一项重点工作，就是形成下一个阶段循环的计划P（Plan）。要按照扬弃、目标引领、底线管理、追求卓越的思路，吸收局内外，甚至国内外的最新成果，形成下一个P（Plan）。

（六）S（Study）——培训

1.重视培训工作

只有培训到位，战略、制度、标准、规范和流程才能得到有效执行，并最终达到认知的一次提升，从而实现新的扬弃和螺旋式上升。

2.创新培训方式

课堂、视频、网络、书本学习等是培训，现场实践、样板观摩、集中研讨、互相点评等也是培训，服务、管理、检查、督导等更是培训，抓典型、抓现行、抓奖惩、抓追究等是最好的培训。十次讲课，不如一次执行。

3.关注重点环节

PDCAS各个环节均需要开展培训，而重点在P—D之间和A—P之间，只有这两个环节的培训做到位，P（Plan）环节确定的计划才能在D（Do）环节落实，A（Action）环节提炼的成果才能被有效复制和推广。

第四节 "5.5精品工程生产线"质量管理模式的效果

（一）精品迭出

"5.5精品工程生产线"质量管理模式是中建一局在结合建筑工程行业特色，在长期实践探索中不断创新的结晶。从20世纪80年代提出"全优"，到90年代初期提出"过程精品"，中后期把工程建设过程看成"生产线"，创造性地提出"精品工程生产线"概念，再到2011年，中建一局建立"1135战略体系"，实施品牌兴企战略，以PDCAS管理理论丰富完善质量管控流程，同时吸纳了项目管理"三大建设"的精髓，升华为"5.5精品工程生产线"质量管理模式，这个过程反映了中建一局重视质量、追求卓越的文化内涵，也是对一局"工业建筑的先锋，南征北战的铁军"使命担当的生动诠释。

在"5.5精品工程生产线"质量管理模式指引下，无论国内项目还是国际工程，无论建造房屋、路桥、机场，还是进行水治理、土壤治理和园林绿化，这条"生产线"都可以为客户提供标准化、精细化的全生命周期建造服务。

世界首个冰水双向转换的"双奥"场馆——国家游泳中心就是"5.5精品工程生产线"的产品。中建一局完成了"水立方"（北京2008奥运会游泳比赛场馆）到“冰立方”（2022年北京冬奥会冰壶比赛场馆）的全生命周期改造（图4–16），创造了世界最大膜结构工程、世界首个多面体空间刚架结构建筑两项世界之最，荣获“国家科技进步奖一等奖”“中国土木工程詹天佑奖”“鲁班奖”。

a）“水立方”

b）“冰立方”

▲ 图4–16 “水立方”变“冰立方”

很多令世界瞩目的超级工程都出自这条“生产线”。以中国国际贸易中心建筑群为代表的首都长安街43项经典名筑、以北京城市副中心和新机场安置房等为代表的疏解非首都功能工程，都是这条生产线的代表作。深圳平安金融中心以600米超高层创造了15项世界和中国建造之最，世界第一次将C100高强混凝土泵送至千米高空，一次完成竣工验收，也出自这条生产线。

这条“生产线”上孵化了诸多中国高科技工业领域的生产线。承建了全球首条10.5代TFT–LCD线、全球TFT–LCD最高世代线、全球最大高科技厂房——合肥京东方（图4–17），国内首条具有自主知识产权的AMOLED生产线——河北固安云谷，全球体量和投资额最大的最高世代线——广州超视堺，全球最高柔性屏世代线项目——绵阳京东方等，共计33座，占国内高科技电子厂房建设的80%，实现了中国AMOLED柔性屏厂房100%全覆盖，被誉为中国高科技电子厂房建设第一品牌，全球高科技电子厂房首选建造商，成为中国唯一一家包揽全部10.5代线厂房、中国唯一一家完成半导体显示全部制程生产线厂房建设、唯一一家承建过半导体行业所有外资品牌生产线的企业。

▲ 图 4-17　合肥京东方10.5代TFT-LCD线

这条生产线赢得了“严苛”的德国标准的认可。2016年1月5日，中国在欧洲最大使领馆——中国驻慕尼黑总领馆（图4-18）项目底板钢筋接受德国标准检验，一次性全部通过验收。工程主验收人雷格称赞“当地好多工地都没有你们绑扎得好。”慕尼黑工业大学专家评价：“中建一局的工程免检。”

▲ 图 4-18　中国驻慕尼黑总领馆

这条生产线赢得了“高冷”的俄罗斯标准的认可！2016年7月4日，中俄两国最高领导人亲自启动、中建一局具体实施的中共“六大”会址常设展览馆（图4–19）建成开馆。这座始建于1827年的俄罗斯古建，曾多次发生火灾，修复前只剩断壁残垣。莫斯科文物局局长阿列克谢·叶梅利亚诺夫说：“像这样复杂的修复工程，需要2～3年才能完成。”中建一局仅用293天完成全部建设任务，创造了俄罗斯古建修复“第一速度”。中共“六大”会址常设展览馆荣获2016年度莫斯科古建修复比赛优秀修复项目奖和优秀组织工作奖、2017年度莫斯科优秀建筑项目竞赛“文化遗产修复及现代化使用”特别奖。

▲ 图4–19　中共“六大”会址常设展览馆

（二）屡获殊荣

“5.5精品工程生产线”企业质量管理模式也得到各界普遍认可，助力中建一局在科技、项目、管理等各领域获得诸多大奖。

截至2022年底，中建一局共获得鲁班奖94项、国家优质工程奖

119项、詹天佑奖18项、国家级科学技术类奖励20项，体现了“5.5精品工程生产线”企业质量管理模式的含金量。

2016年3月，中建一局凭借“5.5精品工程生产线”质量管理模式，荣获第二届中国政府质量最高荣誉——中国质量奖（图4-20），也是中国建筑工程领域的首家获奖企业。这意味“中国建造”品质赢得国家认可，意味中建一局成为“中国建造”标杆企业，成为“中国品质”代言人。

a）奖杯

中国质量奖

证书

为表彰第二届中国质量奖获奖者，特颁发此证书。

获奖内容：“精品工程生产线”质量管理模式

获 奖 者：中国建筑一局（集团）有限公司

第二届中国质量奖评选表彰委员会

（代章）

2016年02月14日

证书号：2016-ZGZLJ-02-Z-Z05

b）证书

▲ 图4-20　中国质量奖奖杯、证书

05

CHAPTER

第五章

确保模式落地的质量制度

质量管理模式不是空泛的概念，不是空洞的说教，其生命力必须建立在明晰的制度、严谨的方法、规范的操作上。

任何模式在落地操作时都需要有确切的制度保障，比如卓越绩效管理模式需要健全的企业文化制度，脱离这些制度，模式就会沦为空谈。

“5.5精品工程生产线”质量管理模式除了其独特的理念、方法外，在一定程度上也是一系列管理制度的集合。这些制度从不同层次、不同角度保障了一局在实施5.5精品工程生产线时能够“不跑偏，不走样”，各级单位在具体开展时能够“不敷衍，不懈怠”。

粗略计算，在一局，与“5.5精品工程生产线”相配套的管理制度超过百余项，涵盖项目管理、人员管理、财务管理、科技管理、品牌管理、物质管理等各个方面，本章选取与精品工程高度相关七项制度进行具体介绍。

第一节 质量诚信建设

诚信是中建一局的立业之基，也是一局每一级组织、每一名员工必须坚守的“最基本底线”。诚信是品格、能力和执行力，体现在对客户需求的全方位满足，对利益相关方的一诺千金，体现在管理者对企业发展战略的明确、对发展路径的清晰、对发展举措的执行以及为员工拓展幸福空间的努力，还体现在员工对每份合约的敬畏与执行、每份数据的真实清晰、每份文件的落地有声、每个制度的坚决执行。

中建一局制定《诚信体系建设管理规定》，明确诚信体系必须覆盖企业经营管理的全方位、全过程和全体员工，成为企业遵循的基本准则。诚信体系，包含组织（或个人）对上级单位、下属单位、企业、员工以及客户、合作方、社会的诚信，其中对上级单位、下属单位、企业、员工的诚信为对内诚信，对客户、合作方、社会的诚信为对外诚信。对每一个相关方的诚信内容，《诚信体系建设管理规定》都给出了具体表述和指标要求。

如对客户的诚信，结合企业文化和“5.5精品工程生产线”要求，被明确为“有效履约，持续提升客户满意度，重点以‘工程品质’兑现诚信。”具体包括：

（1）市场营销中注重客户关系培育、建设、维持与提升。

（2）尊重并坚定履行对客户的每一个承诺，确保工期、质量、安全，以完美的履约持续提升客户满意度。

（3）关注并持续满足客户需求，为客户提供建筑系统化解决方案，构筑与客户长远、共赢的伙伴关系。

一局还制定《子企业诚信评估指标体系》（见表5–1），以制度形式将“诚信”量化为与企业当前实际相结合的具体可行的行为准则，量化“诚信”考核指标，做践行诚信的先锋。诚信评估指标分为三类，即品格类、能力类和执行力类。品格类指标包括数据真实准确、项目效益不回流、报表不造假、工作不敷衍等；能力类指标包括规划指标、预算指标及计划任务的完成情况等；执行力类指标包括企业各项规章制度、管理规定及底线标准的执行情况等。在指标设定上，坚持“倡导什么就评估什么”的原则，做到评估指标的持续优化、目标要求的持续提升，尽力实现“消除品格类，提升能力类，强化执行类”。

在指标设定上，共制定4项品格类、8项能力类、9项执行力类等诚信评估指标，并明确了每项指标的诚信要求、指标计算、评估方式及责任部门。诚信评估结果将与子企业的考核评价、评奖评优、综合授信、资金支持、局资质使用、市场范围扩张等方面挂钩，并作为局对子企业实施差异化管理和差异化授权的重要依据。“诚信”精神在中建一局已不再是抽象的理念，而是企业每一级组织的底线考核标准和必须践行的行为准则。

表5-1 中建一局子企业诚信评估指标体系（部分）

序号	评估指标	诚信要求	指标计算	评估方式	责任部门
1	品格类指标				
1.1	综合分析及评价系统	确保数据报表的真实性和准确性	财务系统、商务系统牵头对子企业综合分析评价系统的建设情况进行评价	采用财务系统和商务系统牵头出具的数据真实准确的评价结果予以扣分	财务管理部，商务管理部
……					
2	能力类指标				
2.1	合同额	完成战略规划分解目标暨年度合同额预算目标	完成率（X）=（年度实际完成额÷年度预算目标）×100%	1.80%≤X<100%，扣5分；2.X<80%，扣10分	市场拓展部
……					

续表

序号	评估指标	诚信要求	指标计算	评估方式	责任部门
3	执行力类指标				
3.1	项目目标责任书签订率	公司按规定与项目部签订项目目标责任书	—	项目目标责任书签订率未达到100%，扣3分	商务管理部

第二节
履约品质提升

“5.5精品工程生产线”的基本逻辑是提高中建一局的整体产出质量，使得一局出品都能尽量达到精品要求，其底线是务必超出行业中等水平标准线。从“十三五”开始，遵循这一思路，中建一局提出大力提升履约品质，提高质量标准，使交付实体质量和建设过程质量达到内外部双重要求。其中，外部要求以客户和地方政府主管部门评价中等以上为基数，内部维度要求履约品质综合评价得分和质量管理单项评价得分均85分以上，且未触碰预警线和底线，内外部要求必须同时达到。

为此，一局颁布了《履约系统品质建设发展规划》《子企业和项目履约品质综合评价管理办法》，明确了履约品质的判断基准、阶段目标、检查方法、实现路径与措施等要求。

一、判断基准

一局将履约品质按三条基准线——行业领先标准、预警线标准和底线标准，将项目品质划分为四类，即行业领先项目、行业中等项目、预警项目和底线项目（见表5–2）。

表5–2　履约品质项目分类表

项目分类	外部评价	内部评价
行业领先项目（内外部两个评价维度必须全部达到）	项目承办市级以上行业内部、一局外部重大观摩活动	1.项目履约品质综合评价得分95分以上（含95分）。 2.观摩考察样板工地验收得分95分以上（含95分）
行业中等水平以上项目（内外部评价维度必须全部达到）	1.客户或第三方评价中等以上。 2.地方政府主管部门评价中等以上	1.项目履约品质评价综合得分85分以上（含85分）。 2.项目履约品质检查质量得分85分以上（含85分）。 3.其他未触碰履约品质预警线和底线
预警项目（触碰内外部评价标准任何之一）	1.客户评价为一般和较满意的项目，即客户满意度得分85～60分（不含85分）。 2.履约品质考核周期内出现客户或第三方排名后1/3的局级大客户项目。 3.因同一事件被客户投诉三次以上的项目。 4.因项目履约管理问题，造成一局被一般客户限制投标的项目。 5.社会、政府评价得分85～60分（不含85分）。 6.因项目履约管理问题，出现其他事件，造成负面影响的项目。 7.安全重大风险隐患项目，即在政府部门和客户检查中，项目部被处以停工或罚款的项目。 8.质量重大风险隐患项目，即：在政府部门、客户检查中，因质量问题被处以停工或罚款的项目	1.项目履约品质综合评价得分低于85分（不含85分）或项目履约品质检查小组后两名。 2.项目履约品质检查质量得分低于85分（不含85分） 3.安全重大风险隐患项目，即局内部检查中，项目部被处以停工或罚款的项目。 4.质量重大风险隐患项目，即：局内部检查中，因质量问题被处以停工或罚款的项目

续表

项目分类	外部评价	内部评价
底线项目（触碰内外部评价标准任何之一）	1.客户评价为不满意的项目，即客户满意度得分低于60分（不含60分）。 2.因项目履约管理问题，造成一局被局级大客户或政府部门限制投标的项目。 3.社会、政府评价得分低于60分（不含60分）。 4.因项目履约管理问题，出现其他事件，造成恶劣负面影响的项目。 5.发生安全责任事故，造成人员或财产损失的项目。 6.发生质量责任事故，造成人员或财产损失的项目	1.项目履约品质综合评价得分低于75分（不含75分）。 2.项目履约品质检查质量得分低于75分（不含75分）

二、阶段目标

（一）两线合一

到2024年，实现底线标准线和行业中等水平标准线的“两线合一”，使行业中等水平标准线成为项目履约品质管理底线，形成行业领先标准线和行业中等水平标准线的“两线管理”模式。

（二）一升一降

到2025年，实现履约品质行业领先项目占比高于16%（一升），行业中等标准以下项目占比低于4%（一降）。

三、检查方法

项目履约品质检查是局项目履约品质提升的重要措施之一，局总部将站在业主的视角，用业主的眼光来审视项目现场管理水平，评判子企业的管控效果，提升企业核心竞争力。

（一）检查内容

项目履约品质检查满分100分，检查内容和权重占比为：质量管理35%、工期管理22.5%、安全及文明施工管理22.5%、环境保护管理10%、CI形象管理10%，每种管理均给出详细具体的检查事项。各项检查内容分为项目日常专项检查和项目履约品质现场检查，其中项目日常专项检查必须有制度支撑，且占比不低于10%。表5-3为质量管理的履约品质检查表。

表5-3　履约品质检查表——质量管理

<table>
<tr><td colspan="2" rowspan="2">质量管理（精品工程生产线）
检查评分表</td><td rowspan="2">共6页　第1页</td><td>考核人</td><td colspan="2"></td></tr>
<tr><td>考核时间</td><td colspan="2"></td></tr>
<tr><td colspan="3">子企业及项目名称：</td><td colspan="3">项目经理：</td></tr>
<tr><td>阶段</td><td>分数</td><td>评分办法</td><td>检查内容</td><td>检查记录</td><td>实际得分</td></tr>
<tr><td>一
目标管理</td><td>3</td><td>1. 工程质量（创优）目标明确　2分
工程质量目标未明确、低于合同质量目标、低于属地结构质量奖、低于局"精品杯质量达标"等底线规定，扣2分。
2. 工程质量（创优）目标分解　1分
工程质量目标未按照GB 50300《建筑工程施工质量验收统一标准》或CJJ 1《城镇道路工程施工与质量验收规范》、JTGF 80/1《公路工程质量检验评定标准》进行分解，扣1分；有分解但不详细扣0.5分</td><td>检查项目目标责任书、施工合同书、工程质量策划书</td><td></td><td></td></tr>
<tr><td>二
精品策划</td><td>6</td><td>1. 工程质量策划书内容及审核、审批　2分
未编制工程质量策划书、工程质量策划书未审批，扣2分；策划书内容（土建、设备、电气、装修等）不齐全的，扣1分；工程质量策划书未明确质量通病防治和质量成本控制措施，扣1分；工程质量策划书未进行动态管理，扣1分</td><td>检查精品工程策划书内容及审核、审批情况</td><td></td><td></td></tr>
</table>

续表

<table>
<tr><td colspan="3" rowspan="2">质量管理（精品工程生产线）
检查评分表</td><td rowspan="2">共6页　第2页</td><td>考核人</td><td colspan="2"></td></tr>
<tr><td>考核时间</td><td colspan="2"></td></tr>
<tr><td colspan="4">子企业及项目名称：</td><td colspan="3">项目经理：</td></tr>
<tr><td colspan="2">阶段</td><td>分数</td><td>评分办法</td><td>检查内容</td><td>检查记录</td><td>实际得分</td></tr>
<tr><td colspan="2">二
精品策划</td><td>6</td><td>2. 质量管理人员配置与能力　2分
根据工程规模，质检人员数量及人员持证数量不符合股份、局和属地规定的，每缺1人扣1分（人员未持证扣1分）；未按股份施工企业管理办法的规定设置质量总监，扣2分。
3. 其他岗位与人员　1分
项目经理与备案不一致，扣1分；项目总工程师、各专业工程师、质量员、试验员、材料员、资料员、测量员等有关人员未到岗或未持证上岗，扣1分；特种作业人员未持证上岗，扣1分。
4. 分包单位资质及人员管理　1分
项目未建立分包单位资质管理和管理人员资格档案，扣1分；项目专业分包和30人以上的劳务分包单位未配备专职质量管理人员且未持证上岗，扣1分</td><td>对比项目规模，检查员工花名册及证件</td><td></td><td></td></tr>
<tr><td>三
过程控制</td><td>（一）质量管理制度执行情况</td><td>6</td><td>1. “三检”制度　1分
无“三检”记录，扣1分；“三检”记录不齐全，扣0.2分；记录内容、签字不齐全，扣0.5分。
2. 样板制度　1分
工程工艺样板、实体样板、首件、试验段（含总结）及记录，每缺1项扣0.5分；样板记录无监理（建设）单位验收签字，扣0.1分。
3. 实测实量制度　1分
未开展实测实量工作，扣1分；无工程实体实测实量标识，扣0.5分；实测实量数据未统计分析，扣0.1分。</td><td>项目质量管理资料、现场实体标识；项目质量管理手机APP上线情况、质量检查间隔时间</td><td></td><td></td></tr>
</table>

续表

<table>
<tr><td colspan="3">质量管理（精品工程生产线）
检查评分表</td><td>共6页　第3页</td><td colspan="2">考核人</td><td></td></tr>
<tr><td colspan="3"></td><td></td><td colspan="2">考核时间</td><td></td></tr>
<tr><td colspan="4">子企业及项目名称：</td><td colspan="3">项目经理：</td></tr>
<tr><td colspan="2">阶段</td><td>分数</td><td>评分办法</td><td>检查内容</td><td>检查记录</td><td>实际得分</td></tr>
<tr><td rowspan="2">三　过程控制</td><td>（一）质量管理制度执行情况</td><td>6</td><td>4. 质量例会制度　1分
无项目质量例会记录或记录内容不真实，扣0.5分；项目（执行）经理每缺席质量例会一次，扣0.1分；质量例会内容不全面，例如无质量通病防治等，扣0.2分。
5. 质量奖罚制度　1分
无项目质量奖罚记录或记录内容不真实，扣0.5分。
6. 中建一局项目质量管理手机APP　1分
未使用项目质量管理手机APP系统，扣1分；检查时间间隔超过1周，每发生1次扣0.1分；每日使用次数不符合要求，每发生1次扣0.1分；问题长时间未进行整改，每发生1次扣0.1分</td><td>项目质量管理资料、现场实体标识；项目质量管理手机APP上线情况、质量检查间隔时间</td><td></td><td></td></tr>
<tr><td>（二）技术质量管理</td><td>8</td><td>1.物资或工序100%检验（试验）　1分
无物资或工序100%检验（试验）计划，扣0.5分。检验计划或检验记录不全，每缺一项扣0.5分。未严格进行物资或工序检验（试验），扣1分。
未进行物资或工序检验（试验），扣1分。
2. 规定人员100%参加检验批、分项、分部、单位工程验收　1分
检验批、分项、分部、单位工程验收记录人员签字不全或代签字，每发现一处扣0.5分。
3. 100%做好施工质量验收记录　1分
检验批、分项、分部、单位工程验收记录不全，每缺一份扣0.5分；未按照预验收制度进行预验收申请，扣1分。</td><td>项目技术、质量的管理、验收资料</td><td></td><td></td></tr>
</table>

续表

<table>
<tr><td colspan="3">质量管理（精品工程生产线）
检查评分表</td><td>共6页　第4页</td><td>考核人</td><td colspan="2"></td></tr>
<tr><td colspan="3"></td><td></td><td>考核时间</td><td colspan="2"></td></tr>
<tr><td colspan="4">子企业及项目名称：</td><td colspan="3">项目经理：</td></tr>
<tr><td colspan="2">阶段</td><td>分数</td><td>评分办法</td><td>检查内容</td><td>检查记录</td><td>实际得分</td></tr>
<tr><td rowspan="2">三　过程控制</td><td>（二）技术质量管理</td><td>8</td><td>4. 施工组织设计及方案质量管控措施内容　1分
施工组织设计及方案无质量管控措施内容，扣1分；施工组织设计及相关方案质量控制措施等不齐全，扣0.5分。
5. 检验试验计划　1分
未编制检验试验计划，扣1分；未及时做好材料取样和送检工作，扣1分；检验试验计划内容不完善，扣0.5分。
6. 技术标准和质量验收规范管理　1分
项目未配置技术标准和质量验收规范，扣1分，管理混乱，扣0.5分。
7. 计量设备仪器管理　1分
项目未建立计量设备仪器台账、无复验计划、无过程检查记录，扣1分，管理混乱，扣0.5分。
8. 技术交底管理　1分
项目未进行技术交底，扣1分；技术交底无针对性和操作性，扣0.5分；交底记录不全、签字不全，扣0.5分</td><td>项目技术、质量的管理、验收资料</td><td></td><td></td></tr>
<tr><td>（三）现场检验试验管理</td><td>3</td><td>1. 现场试验室硬件制作、养护环境　1分
试模、振动台保养不规范的，扣0.5分；养护室无温度、湿度控制仪或未按规定检测的，扣0.5分。
2. 混凝土、砂浆试块的制作养护管理　1分
标养、同条件等各种试块制作不规范、登记、养护和送检管理不规范的，每项扣0.5分。
3. 自建标准试验室管理　1分
母体未授权或未进行验收，扣1分</td><td>现场试验室和现场同条件养护笼自建试验室授权书、验收记录</td><td></td><td></td></tr>
</table>

续表

<table>
<tr><td colspan="3">质量管理（精品工程生产线）
检查评分表</td><td>共6页　第5页</td><td>考核人</td><td colspan="2"></td></tr>
<tr><td colspan="3"></td><td></td><td>考核时间</td><td colspan="2"></td></tr>
<tr><td colspan="4">子企业及项目名称：</td><td colspan="3">项目经理：</td></tr>
<tr><td colspan="2">阶段</td><td>分数</td><td>评分办法</td><td>检查内容</td><td>检查记录</td><td>实际得分</td></tr>
<tr><td rowspan="2">三 过程控制</td><td>（四）工程实体质量</td><td>0</td><td>工程实体质量得分=合格率×50</td><td>检查内容详见附表1～附表7</td><td></td><td></td></tr>
<tr><td>（五）实测实量</td><td>0</td><td>1. 现浇混凝土结构
（1）轴线位置：
基础抽查5个点
独立基础抽查5个点
墙、柱、梁抽查5个点
（2）垂直度抽查10个点
（3）标高抽查10个点
（4）预留洞中心线位置抽查2个点
（5）钢筋保护层厚度抽查梁板10个点
（6）混凝土强度回弹抽查至少1个测区
2. 钢筋安装
（1）绑扎钢筋网抽查5个点
（2）绑扎钢筋骨架抽查5个点
（3）受力钢筋抽查5个点
（4）绑扎箍筋、横向钢筋间距抽查5个点
3. 现浇结构模板安装
截面内部尺寸抽查5个点
4. 填充墙砌体
（1）轴线位移抽查5个点
（2）垂直度抽查5个点
（3）表面平整度抽查5个点</td><td>每项工程实测点合格率分别为90%～94%，扣1分；85%～89%，扣2分；80%～84%，扣3分；75%～79%，扣6分；74%以下的扣10分；每发现一处超过规范允许值2倍以上的成倍超差点扣5分</td><td></td><td></td></tr>
</table>

续表

<table>
<tr><td colspan="3" rowspan="2">质量管理（精品工程生产线）
检查评分表</td><td rowspan="2">共6页　第6页</td><td>考核人</td><td colspan="2"></td></tr>
<tr><td>考核时间</td><td colspan="2"></td></tr>
<tr><td colspan="4">子企业及项目名称：</td><td colspan="3">项目经理：</td></tr>
<tr><td>阶段</td><td>分数</td><td colspan="2">评分办法</td><td>检查内容</td><td>检查记录</td><td>实际得分</td></tr>
<tr><td>四
阶段考核</td><td>2</td><td colspan="2">1. 公司对项目考核评价　1分
公司未对项目进行质量管理考核评价或无考核评价记录，扣1分；考核问题每一项未整改，扣0.5分。
2. 对分包单位的质量考核评价　1分
项目未对分包单位进行质量管理考核评价或无考核评价记录，扣1分；考核结果分包单位未签字确认，扣0.5分</td><td>公司、项目质量考核评价记录</td><td></td><td></td></tr>
<tr><td>五
持续改进</td><td>3</td><td colspan="2">1. 监理通知、政府质量监督部门监督记录质量问题整改　1分
每一份监理通知、监督记录问题未整改或未回复，扣0.5分。
2. 业主内部质量排名　1分
排名在中等以下，扣1分；其中排名在后1/3的，扣1分。
3. 质量成本损失台账　1分
无质量损失台账，扣1分；有质量损失台账但不详细，扣0.5分</td><td>检查监理通知、监督记录、业主内部排名、质量成本损失台账</td><td></td><td></td></tr>
<tr><td>其他检查</td><td>9</td><td colspan="2">1. 岗位质量责任制建立、股份《项目岗位质量责任目标协议书》签订、对责任制落实的考核方法或手段，并有考核记录。
2. 中国建筑一局（集团）有限公司建设工程技术质量红线落实情况；现场是否有违反红线问题。
3. 与分包单位签订专项质量管理协议书，明确质量责任，协议书内容完整、签字及盖章齐全等。
4. 混凝土搅拌站的管理情况。
5. 项目是否配置回弹仪及回弹仪管理情况、是否进行混凝土强度回弹检测等</td><td>检查现场情况以及相关记录</td><td></td><td></td></tr>
<tr><td colspan="2">总分：100</td><td colspan="5">总得分：__________</td></tr>
</table>

（二）检查方式

项目履约品质现场检查采用抽取样本的方式检查。样本项目来源于局施工生产统计报表，各子企业要准确填报项目形象进度，对于所抽选项目因形象进度填报错误无法检查的，每项扣子企业项目履约品质综合评价成绩0.1分。

（三）样本项目选定范围与数量

房建总承包类地上主体结构、二次结构阶段的在施项目，处于停工状态的项目不列入检查范围。

合同额2亿元以上的基础设施类在施项目，处于停工状态的项目不列入检查范围。合同额3000万元以上的装饰装修类和机电安装类在施项目，处于停工状态的项目不列入检查范围。项目履约品质现场检查抽检样本量为局在施项目的20%左右，其中基础设施类项目25个、机电安装类项目20个、装饰装修类项目20个、海外类项目根据实际情况确定，其他为房建项目。

（四）客户评价

客户评价是以项目履约品质现场检查为载体，由客户现场对项目团队履约情况进行评价打分，通过面对面的沟通，查找现场管理与客户心理预期之间的差距，为项目管理持续改进提供方向。

客户评价满分100分，评价内容由客户满意度调查和项目日常客户投诉两部分组成。客户满意度调查如表5-4所示。

表5-4 满意度调查表

<table>
<tr><td colspan="2">工程名称</td><td></td><td>建设单位</td><td></td></tr>
<tr><td colspan="2">通信地址</td><td></td><td>联系电话</td><td></td></tr>
<tr><th>序号</th><th>调查项</th><th>内容</th><th colspan="2">意见或建议</th></tr>
<tr><td>1</td><td>工期管理</td><td>计划的执行情况、纠偏及预控能力等</td><td colspan="2"></td></tr>
<tr><td>2</td><td>质量管理</td><td>检查验收整改情况、重点部位及关键工序的质量把控等</td><td colspan="2"></td></tr>
<tr><td>3</td><td>安全管理</td><td>重大风险的管控情况、隐患整改的处理能力等</td><td colspan="2"></td></tr>
<tr><td>4</td><td>文明施工及环境管理</td><td>施工现场的整体形象</td><td colspan="2"></td></tr>
<tr><td>5</td><td>现场组织与协调管理</td><td>总包管理能力、问题处理能力等</td><td colspan="2"></td></tr>
<tr><td>6</td><td>项目管理团队</td><td>与业主的配合情况、管理能力、工作责任心等</td><td colspan="2"></td></tr>
<tr><td>7</td><td>其他</td><td></td><td colspan="2"></td></tr>
<tr><td colspan="5">项目满意度情况打分（根据考核情况和项目部的表现，在括号内给予相应的分数）：</td></tr>
<tr><td colspan="5">很满意（100～95分）（ ）、满意（94～85分）（ ）、较满意（84～75分）（ ）、一般（74～60分）（ ）、不满意（低于59分）（ ）</td></tr>
</table>

项目日常客户投诉调查如表5-5所示。

表5-5 项目日常客户投诉调查表

<table>
<tr><td colspan="2" rowspan="2">项目客户评价评分表</td><td>项目名称</td><td colspan="2"></td></tr>
<tr><td>项目经理</td><td colspan="2"></td></tr>
<tr><td>序号</td><td colspan="2">评分办法</td><td>评分记录</td><td>得分</td></tr>
<tr><td>1</td><td colspan="2">因自身原因引起一般客户投诉发生一次扣15分，同一自身原因引起重复投诉加倍扣分。在项目考核周期内，对同一投诉事件客户书面回函满意项目履约情况，可抵扣80%的分数</td><td></td><td></td></tr>
<tr><td>2</td><td colspan="2">因自身原因引起的局A类大客户项目投诉，发生一次扣20分，同一自身原因引起重复投诉加倍扣分。对同一投诉事件客户书面回函满意项目履约情况，可抵扣80%的分数</td><td></td><td></td></tr>
<tr><td>3</td><td colspan="2">投诉事件没有妥善处理，影响企业品牌信誉，造成业主终止或阶段性暂停合作的，局A级大客户扣100分，一般客户一次扣30分</td><td></td><td></td></tr>
<tr><td>4</td><td colspan="2">对于投诉事件造成地市级以上区域及局重点城市市场停标的，扣100分</td><td></td><td></td></tr>
<tr><td colspan="2">总分：100</td><td>项目客户满意度调查得分：</td><td colspan="2">项目客户评价得分：</td></tr>
<tr><td colspan="5">注：项目客户评价得分=项目客户满意度调查得分—所有扣分之和。</td></tr>
</table>

（五）社会、政府评价

社会、政府评价是充分发挥地区总部区域管理优势，通过社会、政府评价和处置，降低违法违规事件的发生，提高局区域品牌的影响力，提升区域公招市场的竞争力。

社会、政府评价由减分项（90分）和加分项（10分）组成，满分100分，基准分90分，在履约品质考核周期内，每次直接加减相应分数，加分项上限为10分。加分项包括创优类、品牌推广类和综合管理类。减分项包括政府处罚（履约方面）、负面舆情、维稳管理，其中政府处罚（履约方面）主要包括质量、安全、环保和企业信用分等方面的通报批评、约谈、扣分等。

为鼓励项目及时消除政府处罚，降低影响，减分项评分标准明确对于处置得力的项目给予抵扣相应分数。

（六）评价得分与排名

项目履约品质综合评价得分由项目履约品质检查、客户评价和社会、政府评价按权重计算求和。项目排名按照分组，根据检查评分由高到低顺序排列。

（七）评价结果应用

对项目履约品质综合评价评定为行业领先的项目，在局大项目部评选中给予绩效加分，工程业绩记入项目经理的业绩档案，在项目经理职级升中予以优先考虑。

对项目履约品质综合评价评定为预警项目的，局总部将组织现场复查和专项提升培训，复查和培训通过前，该项目经理不得承接新项目。对于现场复查未通过的项目，处置要求与触碰履约品质底线相同。对于履约品质专项提升培训考试不合格的人员，局总部将要求子企业进行免职处置，项目培训对象为项目经理、总工、生产经理、安全总监等。

对项目履约品质综合评价评定为底线项目的，对子企业和项目进行通报批评。组织召开公司级或局级现场会。局总部将要求子企业对项目经理进行免职，三年内不得担任项目经理职务，并将不良记录录入该项目经理的业绩档案。

四、实现路径

为全面提高履约品质，全力建设精品工程，中建一局制定《履约系统品质建设发展规划》，作为五年期企业战略规划和“5.5精品工程生产线”模式落地的重要支撑。《履约系统品质建设发展规划》中明确提升履约品质的六大路径。

（一）强化“以客户为中心”的服务意识

建立高效的投诉管理机制，提高客户满意度，维护一局的品牌和信誉。对引发投诉的质量、安全、环保和劳务管理问题进行重点剖析和培训，提升项目核心管理人员的业务水平，强化客户服务意识，深入了解客户企业文化，聚焦客户关注点，最终实现“履约一个项目，服务一个客户，形成一方市场”的现场循环市场的目的。

完善客户管理相关配套制度和标准，通过落实《大客户履约保障管理办法》、提高客户评价占比并设置为否决项、开展首次担任项目经理人员的客户服务意识培训等管理动作，实现“以客户为中心”的意识提高与履约系统各项日常管理动作有机结合。

强化竣工交付项目维保管理，依据《竣工项目维保管理办法》，规范工程交付使用后工程维修和保修工作机制，明确工作标准，及时消除竣工交付工程质量缺陷等问题，提高工程维保工作的质量和效率，促进质量保证金的回收管理，提升产品的全生命周期服务能力，提高客户满意度，强化客户关系维护。

（二）强化首次资源配置和精益建造两个专项行动落地

扎实推动项目首次资源配置，重点防范因资源配置不合理导致的重大风险，为精益建造实施提供资源保障。依据局《项目首次资源配置管理办法》和《专项行动实施方案》，推动各子企业制定相关的办法和方案，明确子企业、三级实体化机构和项目部首次资源配置工作职责和主要工作标准，明确实施路径和管理动作，从项目启动源头开始，以项目策划为载体，将企业法人的管理理念传递给项目全员。

持续完善和优化项目首次资源配置的相关制度，规范责任，强化追究，督导子企业通过复盘，综合评判项目资源配置不合理带来的风险，深入理解推行项目首次资源配置的意义，并做好核心资源平台建设。

精益建造管理是提升项目履约管理水平和行业竞争力重要方式，一局围绕“科技建造”“快速建造”“低成本建造”“精品建造”“本质安全建造”“智慧建造”“绿色建造”七方面，打造精益建造体系；通过推行精益建造，持续优化施工组织方式，均衡资源投入，减少资源、时间、空间等方面的浪费，降低项目成本，提升履约品质，从而实现企业核心竞争力的不断提升。

持续进行精益建造理论研究工作，健全工作机制，确定标准，发挥示范项目的引领作用，系统打造企业发展内生动力。新开住宅项目全面推行精益建造管理，通过开展“比武大赛”、标杆项目引领等方式，总结提升固化成果。同时，持续分阶段地对超高层、大厂房等产品线的精益建造管理进行研究，逐步完善精益建造管理体系。

（三）强化履约品质标准化建设

坚持标准化建设，发布《施工现场标准化图册》《营地建造图册》《项目管理实施手册》等标准化管理集成，通过现场应用，取得良好实施效果。

加大对项目的技术革新、管理创新等亮点进行自下而上的归集力度，定期进行更新发布，持续推进履约品质管理制度和管理行为的标准化。

（四）强化履约品质管理措施应用

以强化项目策划管理为抓手，通过构建以客户为核心、以技术为灵魂、以商务管理为重点、以施工组织设计为载体的项目策划体系，实现为客户提供超值服务，体现一局综合实力的项目策划目标；通过为子企业开设项目策划公开课、让项目责任担当体分别进行项目策划答辩的方式，使子企业和项目理清管理思路。

强化重点工程管理制度，加强对国家保障性工程、创高优项目和风险项目的管控，对重点工程实施分级管理，建立协调督导机制，确保重点工程顺利履约。

分供方生产资源平台建设是保障项目履约品质的重要措施，通过完善生产资源库的分类和分级、强化资源管理平台和评价机制，严格生产资源的引进和清除，建立资源丰富、品类齐全、服务便捷的资源库，实现优质生产资源价格和服务质量的真实竞争，为项目履约提供优秀的可使用资源。

（五）强化履约品质评价管理

通过提高外部评价占比、强化实物质量评价应用和避免评价取样时点化措施，完善项目履约品质综合评价管理；完善子企业履约品质综合评价管理，加强考核结果应用，对于履约品质综合评价不合格的单位，履约副总、安全总监、项目管理部和安全管理部负责人等要参加局专项提升培训，对考试不合格的，进行管理处置。

通过增加行业领先项目对子企业的考核，完善观摩考察样板工地创建管理。将高端观摩工地目标完成情况纳入子企业履约品质综合评价，权重占比为10%；各地区标志性工程必须被打造成行业领先项目，每年申报观摩考察样板工地创建计划时，各子企业需要明确当年的标志性工程，局总部和地区总部将重点对标志性工程的履约情况实施监控。

（六）强化履约品质提升培训

培训是提升一局履约品质管理水平和服务意识的重要途径。一是引领培训，通过TOP50杰出项目经理开展进阶培训，拓展其管理思路，强化优秀团队的示范引领作用；二是提升培训，通过子企业季度预警项目的专项培训，前置管理动作，防患于未然；三是警示培训，通过履约品质综合评价不合格子企业和预警项目相关人员的专项提升培训，考核其管理意识和业务能力，根据培训考核结果进行管理处置，实现警示作用；四是业务培训，通过新任职项目经理开展重点业务培训，实现角色的快速转换。

第三节 项目质量管理工作机制

在项目建设过程中，全面推行五项基础质量管理工作机制，确保严格按照法律法规、设计规范、业主要求进行建造。

一、工程项目样板制

为统一质量标准，提高项目工程质量，在施工过程中，对工程重要节点的施工工艺、工艺做法等进行统一规范展示，中建一局制定工程项目样板制，在所有工程项目中推行。样板现场示例如图5-1所示。

（一）样板分类

样板分为施工工艺类、材料设备类、样板间（件）类。

（1）施工工艺类：在施工平面布置时，在醒目位置确定样板展示区，正式施工前，制作以下部位的工艺样板：竖向结构、水平结构、楼梯、二次结构、屋面工程等。

▲ 图 5-1 样板现场示例

（2）材料设备类：保温材料、防水材料、装饰装修材料、机电设备等。

（3）样板间（件）类：卫生间、建筑不同功能类房间、外墙装修等。

（二）样板管理流程

样板管理流程如图 5-2 所示。

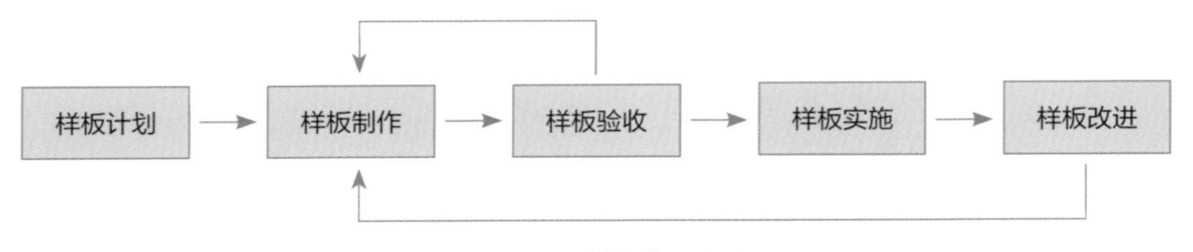

▲ 图 5-2 样本管理流程

（三）样板管理要点

1. 样板计划的制定要点

（1）项目样板计划应根据工程质量目标、设计要求、工程进度计划等由项目总工或项目质量总监组织制定，由项目经理审核并得到监理和业主认可；

（2）项目样板计划中应明确：样板具体项目、样板制作时间和内容、样板制作负责人、验收要求。

2. 样板制作要点

（1）根据样板计划，在规定的时间由具体样板负责人组织制作样板；

（2）样板制作应严格按照施工方案和技术交底进行施工；

（3）需各专业共同配合的样板制作，应由各专业负责人共同协商，形成专业配合的施工操作流程，由相关专业共同遵守。

3. 样板验收要点

（1）各类样板必须由项目总工牵头，组织相关方进行验收；

（2）样板制作符合施工方案和质量验收标准要求后方可通过；

（3）样板验收不符合要求时，应重新对样板进行整改，直至验收通过；

（4）样板验收通过后填写样板间（件）验收记录。

4. 样板实施要点

（1）对操作人员的技术交底必须与样板相结合；

（2）按照样板施工工艺和各专业的施工操作流程进行施工；

（3）检验批验收应以样板为标准。

5. 样板改进要点

（1）按照样板施工工艺和各专业的施工操作流程进行施工；

（2）现场施工和验收出现问题较多时，应对样板重新进行制作，调整施工工艺和各专业的施工操作流程，保障现场施工质量。

二、工程项目质量三检制

为加强一局建设工程的过程质量控制和质量验收管理，提高一次验收合格率，降低质量成本，保证工程质量，制定工程项目质量三检制。

质量三检制是指施工过程中，专业工长组织作业班组对已完工序的自检（以下简称自检）、专职质量检查员对检验批进行质量验收并评定结果（以下简称专检）、不同专业施工单位之间进行的分项工程或分部（子分部）工程交接（以下简称交接检）。质量三检制适用于中建一局所有在施工程项目。

（一）自检

（1）每道工序（或检验批）施工完成后，专业工长组织该工序（或检验批）作业班组进行100%检查，检查项目为质量验收规范规定的主控项目和一般项目，自检过程中应随检查随纠正，并由班组填写自检记录，专业工长签字确认，自检记录详见附表。

（2）自检记录应由各专业工长报专业质量检查员，保存至竣工验收完成，以便于追溯。

（二）专检

（1）工序（或检验批）施工完成，班组自检通过后，项目专业质量检查员对工序（或检验批）进行施工单位内部质量验收。

（2）检验批质量验收按既定的抽样方案由专业质量检查员进行现场检查和实测实量。

（3）检验批质量验收合格应符合质量验收规范的规定，同时专业质量检查员现场检查结果和数据与自检记录中的数据应基本相符，检验批才可被判定为合格。

（4）专业质量检查员填写《检验批质量验收记录》和《现场验收检查原始记录》，专业工长和专业质量检查员签字后，报专业监理工程师进行检验批最终质量验收。

（5）专业监理工程师验收合格后，在《检验批质量验收记录》上填写验收结论并签字，下一工序方可开始施工。

（6）《检验批质量验收记录》和《现场验收检查原始记录》作为竣工资料，由项目资料员统一归集、整理、编目、组卷。

（三）交接检验

（1）同一施工单位的上、下工序间交接检验应由上道工序的工长组织，不做书面交接检验记录。

（2）同一施工单位施工的分项工程之间应由移交方工长组织工序交接检验，并填写交接检验记录。

（3）分包方与总包方之间的交接检验验收工作由项目经理负责组织，交接内容包括工程实体和资料，并做书面交接检验记录。

（4）移交方、接收方共同对移交工程进行验收，并对质量情况、成品保护的注意事项、遗留问题等进行记录。

三、工程项目实测实量制

为规范工程质量实测实量过程的程序和要求，持续改善和提高施工质量，制定工程项目实测实量制，对在施工项目的测量管理进行规范化要求。

（1）项目部应明确实测实量工作责任人和责任部门。

（2）项目质量部门制定实测实量计划，按照班组自检、质量检查员验收两类情况明确实测实量部位、方式方法、频次，由项目经理审批，报送公司质量管理部门备案。

（3）根据实测实量计划对各道工序进行实测实量，做好数据记录，形成分析报告上报公司质量管理部门，同时按月上传局项目质量管理平台。

（4）质检员验收的实测实量数据作为检验批验收记录中允许偏差项目填写的依据，保证填写数据真实性和一致性。

（5）数据用于检验施工工艺制定、落实、执行效果，作为施工工艺调整的依据。对发现问题进行纠正整改，要对数据定期统计分析，制定纠正措施，上报公司质量管理部门。

（6）实测实量的结果在现场要有标识，标识内容包括检查项目、允许值、实测值、检查结果、检查人、检查日期。

（7）项目部必须配备实测实量的工具和仪器，并保证计量器具检定合格。

（8）项目部可根据业主和当地政府要求，增加实测实量的项目、内容、频次。如业主方采用实测实量方法进行质量监督的，项目部应及时与业主沟通，对比分析实测实量数据，为改进工程质量提供依据。

四、工程项目质量例会制

质量例会是重要的项目质量管理手段，通过例会，可使参与工程质量管理的各方人员针对施工现场的质量状态在有效的时间内进行沟通，并及时发现和解决施工中存在的问题和隐患，制定切实可行的预防和纠正方案。为规范工程项目质量例会的形式、内容与要求，中建一局制定了工程项目质量例会制度。

（一）例会类别与内容

1.项目质量管理周例会

每周由项目总工或质量总监主持，项目相关部门及分包队伍现场负责人等人员参加。技术质量部负责形成例会纪要，会议内容包括以下几个方面：

（1）上周例会议定事项的落实情况。

（2）总结各施工班组本周内质量实施情况，找出不足，分析原因、寻找对策；针对施工过程中出现的问题，进行专题质量分析讲评，避免问题再次出现。

（3）提出本周质量奖罚事项及奖罚方案。

（4）安排布置下周工作，对施工的部位进行重点、难点讲解，提出预控措施和具体工作要求。

（5）需要协调的有关事项及解决方案。

2.项目质量管理月度例会

由项目经理组织召开项目部月度质量例会，项目部相关管理人员及分包队伍现场负责人参加，必要时邀请监理、业主参加，技术质量部负责形成项目月度例会纪要，由项目经理签发到各分包单位并存档。会议内容包括：

（1）传达本月上级有关部门的相关文件及会议精神。

（2）总结前次例会质量问题的解决及落实情况。

（3）分析本阶段质量控制的要点和难点，协调施工中的各环节、各专业、各工序，提出相应的解决控制办法，确定主要责任人，提出解决或整改期限。

（4）针对性布置下阶段的质量控制措施和质量控制要点。

（5）协调、总结科技攻关和QC小组活动情况。

（6）分析工程质量阶段目标完成情况并制定措施。

3.质量专题会

质量专题会应根据施工需要不定期召开。当工程质量出现较大波动、重要质量事件等特殊情况下，应及时由项目经理组织相关人员召开会议，分析原因提出处理方法、制定相应措施。技术质量部负责形成会议纪要。

（二）例会的召开

（1）质量例会应该按期召开，如因故推迟，月度质量管理例会不得超过7日，周质量管理例会不得迟于本周召开。

（2）与会人员应按时参加会议，如有特殊情况不能参加，需向会议主持人请假。

（3）技术质量部做好会议签到及会议纪要。

五、工程项目质量奖罚制

为了提高项目管理人员及分包队伍的质量意识，明确项目质量奖罚规定，中建一局制定工程项目质量奖罚制度，适用于一局所有在施工程项目。

（一）奖励范围

（1）与分包合同中有约定的奖励；

（2）对公司规定的工程质量奖项由项目部落实的奖励。

（二）处罚范围

（1）分包未按照施工方案、技术交底施工导致工程质量出现隐患；

（2）分包未有效执行工程质量整改要求；

（3）未编制有效技术文件（技术交底、施工方案等），并保持其有效性；

（4）未按照规定对材料、设备、半成品及工序质量进行检验、试验；

（5）未按照工程项目属地行政主管部门和行业要求，对工程技术资料进行有效管理；

（6）未严格按照规定对工程质量验收；

（7）在上级检查、政府执法检查中受到质量通报批评或质量处罚的，发生新闻媒体负面舆情、业主工程质量投诉。

（三）奖励处罚方式及流程

（1）奖励方式可以是以下一种或几种：通报表彰、现金奖励、定向培训学习或其他奖励方式。

（2）处罚方式可以是以下一种或几种：通报批评、返工整改、现金处罚、调整岗位、载入不良信息记录或其他处罚方式。

（四）奖励处罚流程

由项目质量例会提出奖励处罚方案，项目经理批准实施，实施记录由项目技术质量部门留存。

第四节 过程质量标准化控制

为达到精品工程建设目标要求，并防止出现工程质量低于行业中等水平，对常见质量问题进行有效防范，杜绝随意施工现象，中建一局对各类工程项目和分部分项工程制定了系列化的标准规范、操作手册，包括《提升工程质量水平实施办法》《工程项目质量策划指南》《精品工程实施手册》等。

一、提升工程质量水平实施办法

《提升工程质量水平实施办法》对各级各类企业和项目的质量管理活动实践中出现问题较集中和制约工程质量水平提升的关键点进行了识别，并提出了控制要求。按问题共分为强化施工组织设计、施工技术方案、质量策划方案的编制与管理，强化过程质量控制，强化验收考核三个部分。

其中，强化过程质量控制对钢筋工程、模板工程、混凝土工程、防水工程、设备安装、电气铺装六大领域进行了明确且具体的要求。

二、工程项目质量策划指南

《工程项目质量策划指南》是中建一局在总结多年来为保证项目质量所进行的工程前期质量策划的基础上编制的指南性文件，内容包括建筑结构、建筑装饰装修、建筑屋面、建筑机房、建筑机电设备安装五部分，着重从质量管理要点、抽查要点、质量控制点等方面指出如何控制工程质量。该指南对五大类150余项工程与关键工序给出了明确要求，图5-3是混凝土浇筑与振捣的一般要求中的底板混凝土浇筑布料管架设示意图。

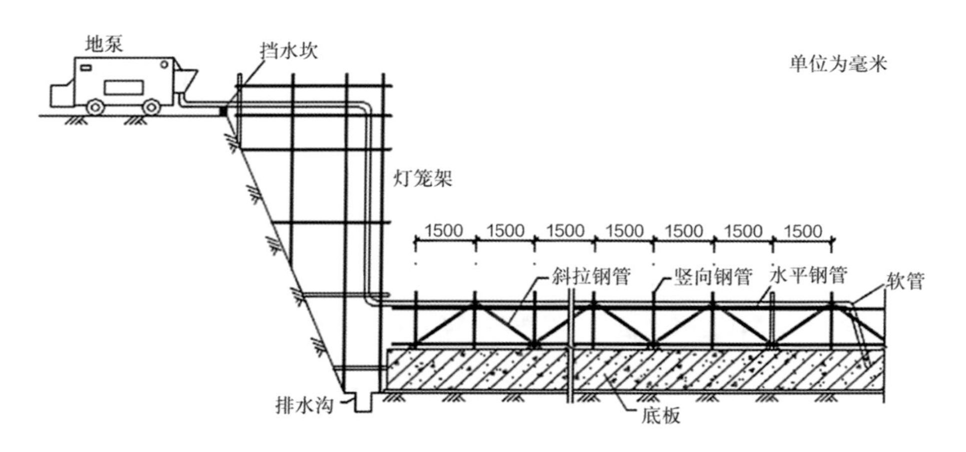

▲ 图5-3　底板混凝土浇筑布料管架设示意图

三、精品工程实施手册

▲ 图 5-4　精品工程实施手册钢筋工程分册

在工程项目质量策划指南基础上，为进一步提高工程施工质量水平，明确施工工序要求，促进对重要、重点工序的掌握，推进工程质量标准化管理，中建一局组织编制了《精品工程实施手册》。目前已有19个分册，包含《项目质量样板标准化管理手册》《地下防水工程分册》《钢筋工程分册》（图5–4）《模板工程分册》《混凝土工程分册》《砌体工程分册》《钢结构工程分册》《屋面工程分册》《装饰装修工程分册》《给水排水与供暖工程分册》《电气工程分册》《通风与空调工程分册》《桩基工程分册》《地面工程分册》《装配式剪力墙结构工程分册》《隧道工程分册》《公路工程分册》《水厂建设工程分册》《精品工程实施标准化图册》。

每一分册再对具体的工程流程、工序环节、施工步骤、做法类型、参考文件、具体要求等进行规范，以图表等可视化、定量化的方式进行呈现，起到“一册在手，得心应手”的效果，如图5–5 ~图5–7所示。19个分册共计收录各类规范性操作要求和图示超过800项。

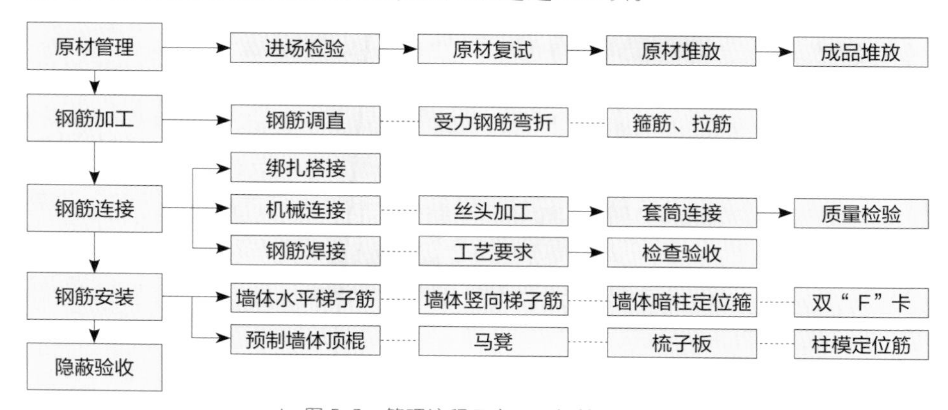

▲ 图 5-5　管理流程示意——钢筋工程管理

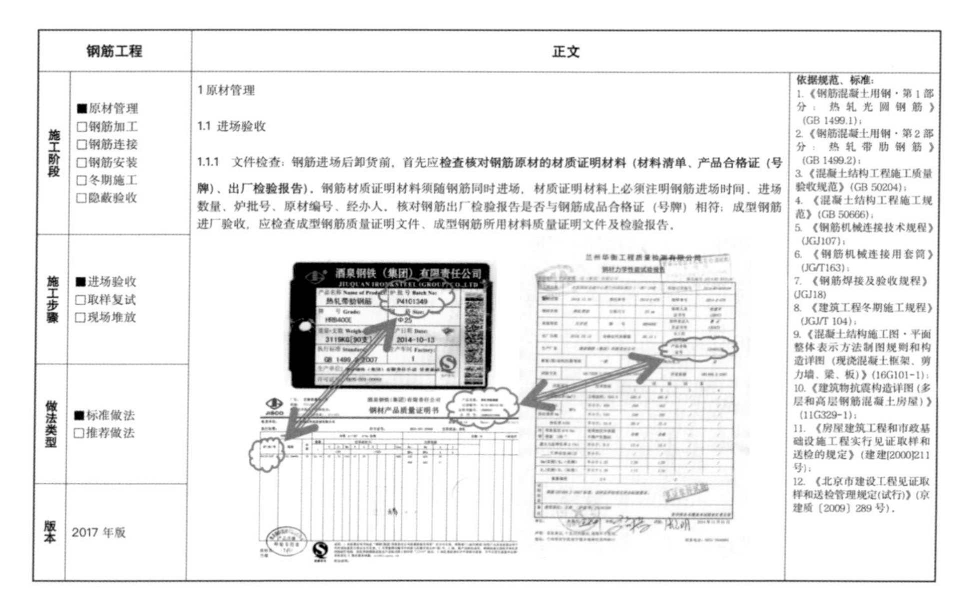

钢筋工程		正文	
施工阶段	■原材管理 □钢筋加工 □钢筋连接 □钢筋安装 □冬期施工 □隐蔽验收	1 原材管理 1.1 进场验收 1.1.1 文件检查：钢筋进场后卸货前，首先应**检查核对钢筋原材的材质证明材料（材料清单、产品合格证（号牌）、出厂检验报告）**。钢筋材质证明材料须随钢筋同时进场，材质证明材料上必须注明钢筋进场时间、进场数量、炉批号、原材编号、经办人，核对钢筋出厂检验报告是否与钢筋成品合格证（号牌）相符；成型钢筋进厂验收，应检查成型钢筋质量证明文件、成型钢筋所用材料质量证明文件及检验报告。	**依据规范、标准：** 1.《钢筋混凝土用钢·第1部分：热轧光圆钢筋》(GB 1499.1)； 2.《钢筋混凝土用钢·第2部分：热轧带肋钢筋》(GB 1499.2)； 3.《混凝土结构工程施工质量验收规范》(GB 50204)； 4.《混凝土结构工程施工规范》(GB 50666)； 5.《钢筋机械连接技术规程》(JGJ107)； 6.《钢筋机械连接用套筒》(JG/T163)； 7.《钢筋焊接及验收规程》(JGJ18) 8.《建筑工程冬期施工规程》(JGJ/T 104)； 9.《混凝土结构施工图·平面整体表示方法制图规则和构造详图（现浇混凝土框架、剪力墙、梁、板）》(16G101-1)； 10.《建筑物抗震构造详图（多层和高层钢筋混凝土房屋）》(11G329-1)； 11.《房屋建筑工程和市政基础设施工程实行见证取样和送检的规定》（建建[2000]211号）； 12.《北京市建设工程见证取样和送检管理规定(试行)》（京建质〔2009〕289号）。
施工步骤	■进场验收 □取样复试 □现场堆放		
做法类型	■标准做法 □推荐做法		
版本	2017 年版		

▲ 图 5-6　精品工程实施手册内容示例——钢筋工程原料进场验收

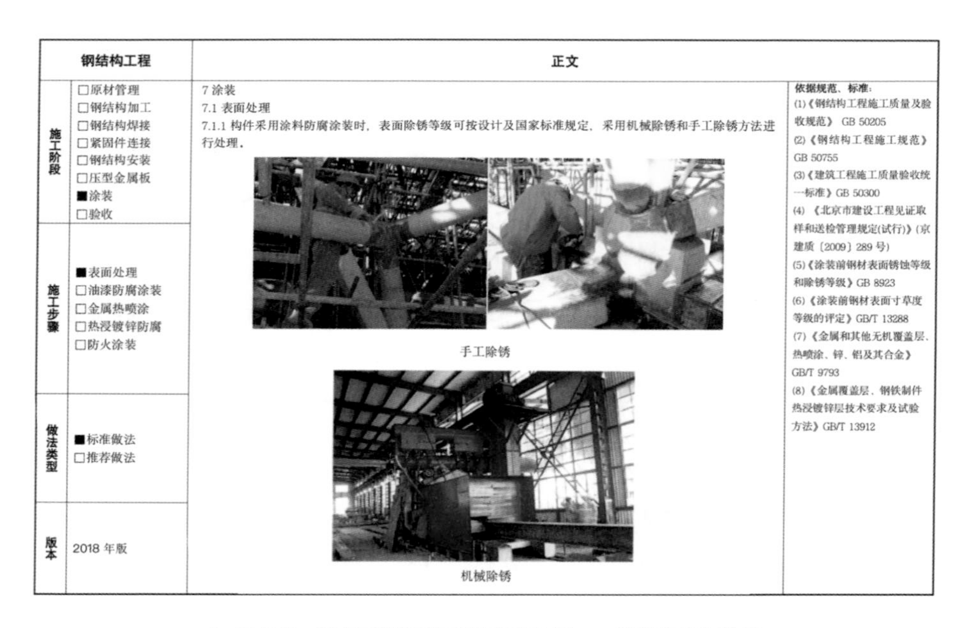

钢结构工程		正文	
施工阶段	□原材管理 □钢结构加工 □钢结构焊接 □紧固件连接 □钢结构安装 □压型金属板 ■涂装 □验收	7 涂装 7.1 表面处理 7.1.1 构件采用涂料防腐涂装时，表面除锈等级可按设计及国家标准规定，采用机械除锈和手工除锈方法进行处理。 手工除锈 机械除锈	**依据规范、标准：** (1)《钢结构工程施工质量及验收规范》GB 50205 (2)《钢结构工程施工规范》GB 50755 (3)《建筑工程施工质量验收统一标准》GB 50300 (4)《北京市建设工程见证取样和送检管理规定(试行)》（京建质〔2009〕289 号） (5)《涂装前钢材表面锈蚀等级和除锈等级》GB 8923 (6)《涂装前钢材表面寸草度等级的评定》GB/T 13288 (7)《金属和其他无机覆盖层、热喷涂、锌、铝及其合金》GB/T 9793 (8)《金属覆盖层、钢铁制件热浸镀锌层技术要求及试验方法》GB/T 13912
施工步骤	■表面处理 □油漆防腐涂装 □金属热喷涂 □热浸镀锌防腐 □防火涂装		
做法类型	■标准做法 □推荐做法		
版本	2018 年版		

▲ 图 5-7　精品工程实施手册内容示例——钢结构工程涂装

第五节
工程质量风险防控

质量是企业的生命，工程质量对于企业的品牌信誉的影响重大，如果出现工程质量不符合要求，发生工程质量事故，可造成人员和财产的损失；导致企业失去业主的认可和信任，工程的结算无法正常进行，与业主或使用方发生法律纠纷，或受到相关的行政处罚，使项目的成本增加、利润降低；遭受市场限入，直接影响企业的正常业务开展，使企业的品牌形象和社会信誉受损，严重影响企业的持续生产经营能力。因此必须对可能面临的质量风险进行识别与防控。

一、工程质量风险管理总体要求

为更好规范工程质量风险的过程管控工作，健全完善工程质量预防体系，提高工程质量预控能力和水平，加强建设工程质量管理，保证建设工程质量，保护人民生命安全和财产安全，一局在上级公司中建股份文件《工程质量风险管控指南（试行）》的基础上，颁发《关于加强工程质量风险管控工作的通知》，对工程质量风险管控工作进行详细要求。

一局加强工程质量风险管控的相关要求对国家相关法律法规、标准规范进行了广泛借鉴，重点参考《中华人民共和国建筑法》《建设工程质量管理条例》，国有资产监督管理委员会《中央企业全面风险管理指引》，住房和城乡建设部《关于印发工程质量安全手册（试行）的通知》《关于印发大型工程技术风险控制要点的通知》，GB/T 50430—2017《工程建设施工企业质量管理规范》，中国建筑股份有限公司《全面风险管理、内部控制与质量环境健康安全体系管理规定》以及中建股份有关风险管控的要求。

一局工程质量风险管理的总体思想包含下列主要方面：

（1）企业经营管理者、员工认真学习落实科学发展观，树立牢固质量意识，坚持质量第一的方针。瞄准国内外行业质量管理的先进水平，制定本企业质量发展战略和创优目标。

（2）建立与生产经营活动相适应的先进技术装备和设施。科学有效地应用质量管理理论方法和技术，强化管理创新，实施名牌战略，追求卓越绩效。

（3）企业组织结构能保证各项质量职能的落实，参照ISO 9000质量管理体系或其他先进模式建立了质量管理体系并持续运行有效。

（4）加强售后服务工作，不断提高企业在用户当中的满意度，树立诚实守信的社会形象。

一局建立局总部、子企业、分公司、项目部四级工程质量风险管控机制，由各级质量管理部门进行工程质量风险管控，结合各项检查，重点关注各级单位对相应等级的工程质量风险管控制度执行和管控措施的落实情况，确保工程质量风险管控工作的有效落地。局、子企业、分公司、项目部应健全质量风险管控体系，建立工程质量风险管控责任制，明确质量、技术、生产、物资、商务等相关职能部门的工程质量风险职责。

二、风险识别

（一）风险识别基本要求

子企业、分公司、项目部围绕项目施工过程危险和有害因素以及可能发生的质量事故类型进行质量风险识别。充分结合本单位实际，建立本企业风险源判别清单库，并持续更新完善，供项目部在开展工程质量风险源识别工作时参考。结合风险源识别清单库，对潜在的风险因素进行系统分类，初步确定项目工程质量风险源。对照各子企业的质量风险准则，对已分析和排查出的工程质量风险源进行必要的筛选和调整，形成项目部、分公司和子企业的工程质量风险源识别清单。

（二）风险识别范围

1.施工过程危险和有害因素

利用历史数据、理论分析、专家意见以及相关者的需求等信息，从人的因素、物的因素、法的因素、环境因素、管理因素等方面，对施工过程涉及的建筑材料、构配件、设备设施、作业活动、人员、作业环境进行排查，逐一列举发现的危险和有害因素，包括但不限于表5-6中的类别。

表5-6　危险和有害因素类型

代码	危险和有害因素类型	危险和有害因素
01	人的因素	负荷超限：体力负荷超限等
		健康状况异常：伤、病期等
		职业技能缺陷：技能掌握不熟练等
		指挥错误：指挥失误、违章指挥等
		操作错误：误操作，违章作业，不按图纸、方案、技术标准施工等
		其他人的因素
02	物的因素	原材料质量不合格
		构配件质量不合格
		设备质量不合格
		半成品质量不合格
		测量、试验仪器设备质量不合格
		施工机具器具质量不合格
		其他物的因素

续表

代码	危险和有害因素类型	危险和有害因素
03	法的因素	施工工艺、施工技术不成熟
		施工工艺、施工技术应用不当
		施工组织设计、专项施工方案不完善
		施工技术标准引用错误
		技术交底存在缺陷
		其他法的因素
04	环境因素	天气条件因素：恶劣气候与环境（暴雨、冬期、夏季高温、汛期雨季），作业场地温度、湿度、气压不适
		地质水文条件因素：触变性软土、流砂层、浅层滞水、（微）承压水、地下障碍物、沼气层、断层、破碎带等
		施工环境因素：城市道路、地下管线、轨道交通、周边建筑物（构筑物）、周边河流及防汛墙等
		其他环境的因素
05	管理因素	组织机构不健全
		责任制未落实
		管理规章制度不完善：操作规程不规范、教育培训制度不完善等
		特种作业人员未按照规定持证上岗
		压缩工期、资金不到位
		管理不到位：教育培训不到位，技术交底不到位、分包管理不到位
		图纸会审未落实
		检验、试验制度未落实
		工程质量检查、验收制度未落实
		对不合格品、不合格检测报告的处置不正确
		其他管理的因素

表5–6中列举的危险和有害因素，供各级企业在开展工程质量风险识

别工作时参考，各级企业可结合实际，对危险和有害因素等内容进行补充、细化和调整，并持续更新完善。

2. 可能发生的事故类型

风险识别应充分考虑可能导致的后果，识别可能发生的事故类型，包括但不限于表5-7中的类型。

表5-7 建筑施工常见质量事故（问题）类型

序号	类型	序号	类型
01	基坑位移	18	外墙保温板脱落
02	管涌和流砂	19	保温层破损
03	基坑塌方	20	保温性能差
04	回填不实	21	节能性能差
05	不均匀沉降	22	主要使用功能差
06	桩基承载力不足	23	燃烧性能不符
07	地基承载力不足	24	室内环境污染
08	结构承载力不足	25	道路积水
09	模板支架或构件坍塌	26	道路坍塌
10	强度不足	27	路基稳定性差
11	预应力失效	28	地面水倒灌
12	耐久性不足	29	火灾
13	耐候性不足	30	雷击
14	尺寸偏差	31	触电
15	位置偏差	32	外观质量严重缺陷
16	渗漏	33	其他（泄漏、人员伤害、变形）
17	脱落		

（三）风险识别程序

1. 风险识别前准备

广泛收集风险评估相关资料，主要包括：

（1）国家和本地区法律法规、标准规范和相关文件；

（2）本企业组织机构、岗位、人员、职责设置和各项规章制度；

（3）本企业的企业标准、操作规程、工艺流程；

（4）本企业主要施工机械、设备、设施、物料；

（5）工程项目勘察文件、设计文件、合同文件、施工组织设计（方案）、专项施工方案；

（6）工程项目周边环境资料、现场勘查资料；

（7）全国同行业、本地区和本企业的历史事故，本企业质量投诉等统计资料；

（8）其他相关资料。

2.确定风险准则

风险准则是企业开展风险评估和风险管控工作的重要依据。应当在风险管理过程开始时，根据企业工程质量管理外部、内部环境信息和历史数据经验分析，科学合理确定本企业的工程质量风险准则，并持续不断地检查和完善。确定风险准则时要重点考虑以下原则要求：

（1）法律法规、标准规范要求；

（2）合同文件要求；

（3）本地区关于风险管控的具体要求；

（4）本企业风险管理的方针、目标以及发展战略；

（5）本企业可接受的质量风险。

3.初步确定风险源

根据列举的危险和有害因素，通过实地踏勘、现场测量、经验分析和查阅历史资料等定性方法，排查并确定项目施工现场可能存在的各类风险因素，对潜在风险因素进行系统归类，初步确定项目工程质量风险源。

4.筛选风险源

结合风险评估的具体目的和范围，对照本企业工程质量风险准则，对已分析和排查出的工程质量风险源进行必要的筛选、排除和调整，形成项目部和企业工程质量风险源识别清单。

（四）风险识别方法

对于工程质量风险的识别可以采用非正式的方式（如经验）和/或内部程序（如现象汇总、趋势分析及其他资料）进行，也可以采用正式（如风险管理工具）的方式进行。

（五）风险分析工具

（1）失效模式与影响分析（FMEA）：将大的复杂的过程分解成为容易处理的步骤。

（2）失败模式、影响和关键性分析（FMECA）：将FMEA的严重性、可能性以及可检测性连接到危险程度上。

（3）失败树分析（FTA）：故障树的模式与逻辑的操作者的结合。

（4）危害分析和关键控制点（HACCP）：危害的系统的、前瞻性和预防性的方法。

（5）危害与可操作性分析（HAZOP）：头脑风暴技术、HACCP的辅助工具。

（6）初步危害分析（PHA）：风险事件发生的可能性。

（7）风险排序和过滤（RRF）：对每个风险连同其因素进行比较、区分。

三、风险评价定级

（一）风险评价方法

企业可采用风险等级矩阵法进行风险评价，识别出质量风险的等级，为质量控制提供依据，也可根据企业自身情况和工程项目施工实际选择其他适宜的风险评价方法，或者同时采用几种风险评价方法互相验证，确保风险评价的准确性。

（二）风险等级

（1）重大风险，用Ⅰ表示，风险等级最高，现场的工程质量风险管控难度很大，风险后果很严重，极易引发较大及以上质量事故，造成较大经济损失或造成恶劣社会影响。

（2）较大风险，用Ⅱ表示，风险等级较高，现场的工程质量风险管控难度较大，风险后果严重，极易引发一般质量事故或造成一般经济损失。

（3）一般风险，用Ⅲ表示，风险等级一般，现场的工程质量风险管控难度一般，风险后果一般，可能引发数量较多人员重伤或造成一定的经济损失。

（4）低风险，用Ⅳ表示，风险等级低，现场的工程质量风险管控难度较小，风险后果较轻，可能引发数量较少人员重伤或经济损失较少。

（三）工程质量风险等级评价定级

质量风险评价等级主要由风险发生的可能性等级和后果严重性等级来综合确定。

（1）风险概率：按照风险因素发生的可能性，将风险概率划分为5类，如表5-8所示。

表5-8　风险发生可能性（概率）分类

概率等级	发生的可能性	评分
很高	几乎不可避免，在当地每年发生3次以上	5
较高	反复发生，在本公司每年发生3次以上	4
中等	偶尔发生，在本公司发生过	3
较低	相对较少发生，在行业内曾经发生过	2
很低	几乎不可能发生，在行业内从未发生过	1

（2）风险影响：按照风险发生后对目标的影响大小，将风险影响划分为5类，如表5–9所示。

表5–9　风险发生后果（严重程度）分类

影响等级	对目标的影响程度	评分
严重影响	目标失败	5
较大影响	目标偏差值较大	4
中等影响	对整体目标实现造成一定影响	3
很小影响	对应部分目标受影响，不影响整体目标	2
微小影响	对应部分目标影响可忽略，不影响整体目标	1

（3）风险等级：根据风险概率和风险影响的综合结果，将风险等级划分为4级，如表5–10所示。

表5–10　风险源风险等级（矩阵法）

风险等级		后果严重性等级（R）				
		1	2	3	4	5
发生可能性等级（P）	1	低（Ⅳ）	低（Ⅳ）	低（Ⅳ）	一般（Ⅲ）	一般（Ⅲ）
	2	低（Ⅳ）	低（Ⅳ）	一般（Ⅲ）	一般（Ⅲ）	较大（Ⅱ）
	3	低（Ⅳ）	一般（Ⅲ）	一般（Ⅲ）	较大（Ⅱ）	较大（Ⅱ）
	4	一般（Ⅲ）	一般（Ⅲ）	较大（Ⅱ）	较大（Ⅱ）	重大（Ⅰ）
	5	一般（Ⅲ）	较大（Ⅱ）	较大（Ⅱ）	重大（Ⅰ）	重大（Ⅰ）
注：Ⅳ表示低风险，Ⅲ表示一般风险，Ⅱ表示较大风险，Ⅰ表示重大风险。						

（四）项目质量风险等级评价定级

（1）项目质量风险系数M，按下列公式计算：

$$M=K_1\times N_1+K_2\times N_2+K_3\times N_3+K_4\times N_4$$

式中：K_1——项目Ⅰ级风险权重系数，取值1；

N_1——项目Ⅰ级风险数量；

K_2——项目Ⅱ级风险权重系数，取值0.7；

N_2——项目Ⅱ级风险数量；

K_3——项目Ⅲ级风险权重系数，取值0.4；

N_3——项目Ⅲ级风险数量；

K_4——项目Ⅳ级风险权重系数，取值0.1；

N_4——项目Ⅳ级风险数量。

（2）项目质量风险等级Fz，根据各单位工程项目质量风险系数M由大到小的排名值A，按表5-11进行判定。

表5-11　项目质量风险等级分类

项目质量风险等级（Fz）	项目质量风险系数M值排名情况
重大（Ⅰ级）	$1 \leqslant A < 0.1X$
较大（Ⅱ级）	$0.1X \leqslant A < 0.25X$
一般（Ⅲ级）	$0.25X \leqslant A < 0.65X$
低（Ⅳ级）	$0.65X \leqslant A < X$
注：各单位工程项目总数量为X，M值排名序号值为A（A=1，2，3，…，X）	

四、工程质量风险管控

（一）分级管控原则

1.工程质量风险应分级、分类、分专业进行管控，明确风险的严重程度、管控对象、管控责任、管控主体。

2.工程质量风险应遵循风险级别越高管控层级越高的原则，并符合下列要求：

（1）对于重大风险和较大风险应重点进行管控；

（2）上一级负责管控的工程质量风险，下一级必须同时负责具体管控，并逐级落实具体措施。

（3）局负责所属单位和项目工程质量风险分级管控的监督指导，并建立重大风险管控清单进行重点监控。

（4）各子企业负责所属单位和项目工程质量风险分级管控的监督指导，并建立重大风险、较大风险管控清单进行重点监控。

（5）分公司负责项目工程质量风险分级管控的监督指导，并建立重大风险、较大风险、一般风险管控清单进行重点监控。

（6）项目部应执行各项工程质量风险管控制度，明确项目部各部门、各岗位人员的工作职责和内容，组织实施风险识别、风险分析、风险评价、制定管控措施，编制项目部工程质量风险识别清单，落实施工全过程的质量风险管控措施。

（二）风险管控措施

1.按照分级管控的要求，在达到相应等级质量风险之前，由下级单位向上级单位发起见证检查申请，由上级单位专职质量管理人员见证检查，形成检查记录。针对上级单位检查发现的问题制定整改措施，并跟踪落实。

2.现场按工程关键工序的事前、事中、事后进行验证控制，以停工待检点（H）、现场见证点（W）、资料见证点（R）、旁站监视点（S）、首件样板确认点（FAA）的五类控制点实施检查，确保各等级质量风险的关键工序过程质量全面受控。房屋建筑工程典型控制点清单示例见表5-12。

3.控制点的设定依据：

（1）现行国家或行业工程施工质量验收规范、工程质量检验评定标准、企业有关管理制度。

（2）以往发生质量事故、质量事件、严重质量问题的经验反馈。

4.控制点的设定原则：

（1）强化工序质量事前、事中的管控。

（2）明确项目直管机构对工程实施过程质量管控行为。

（3）施工过程中的关键工序或环节。

（4）隐蔽工程。

（5）施工中的薄弱环节或质量不稳定的工序。

（6）对后续工程施工或后续工序质量或安全有重大影响的工序、部位或对象。

表5-12 房屋建筑工程典型控制点清单（示例）

分部工程：主体工程						
子分部工程	分项工程	工序名称	控制内容及要求		控制类型	控制点序号
混凝土结构	钢筋	钢筋加工	施工前	钢筋使用前检查钢筋材质报告、复试报告	R	
				第一批加工前检定施工设备是否符合要求	W	
				进场时现场检查原材外观，核验钢筋规格	R	
			施工中	每班抽查	S	
			施工后	在每个检验批加工完成后，按要求抽样检查加工成型质量、尺寸偏差是否符合要求（表5）样表图片；检查直螺纹丝头是否符合要求	W	
	混凝土	混凝土施工	施工前	施工前检查混凝土浇灌申请会签情况	R	
				隐蔽施工前检查隐蔽记录	R	
				开盘前审查预拌混凝土合格证、配合比等	R	
				检查方案及技术交底记录	R	
				施工前现场查验混凝土浇筑设备、设施是否符合方案要求；检查施工人员是否符合要求	W	
			施工中	浇筑时现场旁站制作试块；冬施期间检查出罐和入模温度；抽测塌落度；旁站关键隐蔽部位的混凝土浇筑、振捣、测温等过程	S	
			施工后	浇筑完成后检查混凝土养护情况	W	
				检查现浇结构成型观感质量以及实测实量垂直度、平整度等数据是否符合项目要求	W	

第六节 工程技术质量红线机制

工程技术质量红线又称质量底线，是指工程建设中不能突破的刚性要求，是严控质量、安全风险的必要手段。中建一局要达到“最低项目达到行业中等以上水平”目标，必须严格树立底线思维，拉好负面清单，防止重大质量安全事故的发生，为此，特制定了工程技术质量红线制度。

一、质量红线的类别

按技术范畴与建设环节，中建一局界定了4大类工程技术质量红线类别，具体要求随着国家强制性规范、标准的变化以及企业的实际管理提升情况适时进行调整并及时发布。

（一）建设工程通用红线

主要包括下列内容：

（1）未按照设计施工；

（2）违反工程建设强制性条文；

（3）地（桩）基承载力不符合设计要求；

（4）对地下管线、构筑物等周边、地下情况不明时进行土方开挖；

（5）工程采用的主要材料、半成品、成品、构配件、器具和设备未按要求进行检验，或检验不合格即用于工程施工；

（6）基础、主体结构混凝土强度未达到设计要求；

（7）混凝土构件主要受力部位有影响结构性能或使用功能的质量缺陷；

（8）危大工程施工方案施工前未按规定审批、论证。

（二）房屋建筑工程红线

主要包括下列内容：

（1）穿过结构楼板、墙板的临时施工措施没有经过设计同意；

（2）后浇带未独立支撑；

（3）装配式混凝土结构灌浆未按设计及规范要求施工；

（4）存在渗漏水等影响使用功能的质量缺陷；

（5）外墙保温、块材、窗等有脱落的质量隐患；

（6）保温材料防火性能不符合设计要求；

（7）钢结构安装定位超过允许偏差而未采取有效措施。

（三）机电安装工程红线

主要包括下列内容：

（1）大型、重型管道支架无方案、无核算施工；

（2）质量大于10千克的大型灯具未进行载荷强度试验；

（3）防雷接地及等电位系统未按要求施工；

（4）机电设备减震、抗震措施不符合规范要求；

（5）机电管线穿越伸缩缝、抗震缝、沉降缝时补偿措施不符合规范要求；

（6）机电管线穿越防火分区封堵不符合规范要求。

（四）基础设施工程红线

主要包括下列内容：

（1）高边坡未及时进行支护及稳定性监测；

（2）路面工程的配合比、压实度、厚度及强度不合格；

（3）桥梁、隧道施工中未执行复核测量要求；

（4）桥梁结构在浇筑混凝土和砌筑前，未对模板、支架、拱架、挂篮进行检查和验收，或验收不合格即施工；

（5）隧道未按施工方案进行地质超前预报和监控量测；

（6）隧道工程的开挖及初期支护的方法和参数不符合设计图纸和规范要求；

（7）隧道二次衬砌背部及盾构隧道壁后注浆不密实；

（8）隧道存在影响使用功能的或超出设计等级的渗漏水缺陷；

（9）盾构隧道端头加固体强度、抗渗指标不满足要求即开始掘进。

（10）结构物台背及沟槽回填材料、分层厚度及压实度不合格；

（11）管道工程安装后未进行强度检验和严密性试验。

二、违反红线的处罚

在一局组织的各种检查中，对有违反建设工程技术质量红线的项目视作没有达到“最低项目达到行业中等水平以上”的目标要求。

对违反技术质量红线的项目进行通报，将红线作为重点项列入科技质量考核中，并增加考核分值的权重。对有违反技术质量红线项目的企业，在年度科技质量考核中给予扣分。

对发生3个及以上项目（次）违反技术质量红线的子企业，除扣分外约谈企业技术质量负责人或主要领导。对被约谈的子企业，在局各类评优、评奖等活动中适当减少指标直至取消资格。

因违反红线而造成发生质量事故、受监管部门处罚、业主重大有责投诉、对企业声誉有重大影响等后果，按照中建一局《科技质量奖罚管理办法》进行处理。瞒报重要质量不合格信息，瞒报1次处罚5万元。

第七节 安全生产管理

长期以来，中建一局全面落实党和国家的相关部署及法律法规要求，秉承“生命至上，安全运营第一”的安全理念，强化底线思维和红线意识，努力营造“我安全，你安全，安全在一局”的良好安全文化氛围，为企业高质量发展奠定了安全基础。“十三五”期间未发生较大及以上生产安全事故，全局安全生产形势持续稳定。荣获“建设工程项目施工工地安全生产标准化学习交流项目”61个，2019年起获得ISA国际安全奖13项。

一、全员化的安全生产责任体系

（一）完善安全链条

建立健全涵盖投资建设、设计、工程施工、生产运营等产业链安全生产责任体系，重点从局总部—地区总部—城市公司—项目部和局—子公司—分公司/事业部—项目部两条线进行责任落实，建立全覆盖全方位的全员安全生产责任制及责任追究制度，逐步建立企业生产经营全过程安全责任追溯制度。

（二）压实安全责任

各级企业本着“管业务必须管安全、管生产经营必须管安全”的原则，编制落实各级领导人员、职能部门、项目部及全员的安全生产责任清单和年度安全生产工作清单。企业主要负责人是安全生产第一责任人，对安全生产工作全面负责，其他负责人对职责范围内的安全生产工作负责。

实际工作中，注重安全责任落实，严抓底线管理，严格事故责任追究，坚持“三项硬措施”和“四个到位”原则，对发生事故的有关责任人进行严肃处理。

“三项硬措施”：对发生安全生产责任事故的项目经理给予撤职处分、对发生安全生产责任事故的项目责任人给予解除合同不再录用、对生产安全事故依据事故调查责任大小不同处理。

“四个到位”包含以下内容：信息知情到位，即对项目生产状况、存在隐患及整改情况，项目发生的各类生产安全事故等信息要知道；技术调整到位，即发生事故，从设计到方案、到技术交底、再到执行落实，全面查找原因并追究责任；责任追究到位，即对生产安全事故相关责任人员都要给予处罚，一个不漏；检查效率到位，即从项目到公司各级相关安全检查人员对安全生产检查及隐患整改工作认真落实到位。

（三）健全考核机制

建立科学规范的安全生产考核机制，做好职能部门年度安全生产专项考核工作，将安全考核纳入部门年度考核结果；各单位逐级签订年度安全生产责任书，组织做好考核和奖惩工作，切实做到党政同责、一岗双责、齐抓共管、失职追责、尽职免责。项目部及其上级机构做到全员尽职履责，定期检查考核，守住底线，有效激励，确保生产经营活动的顺利开展。局制定下发了《安全生产专项考核奖惩办法》，将项目安全生产情况与项目安全生产专项考核兑现挂钩，与项目签订安全生产责任状，明确安全目标和安全责任。目前，局所有符合条件的项目均签订了《安全生产专项考核责任状》。

二、科学化的安全风险防控体系

（一）安全风险辨识

各级各类企业结合业务类型安全风险的特殊性，组织开展风险辨识，编制安全风险库，进行分级、分类管理和警示，制定防控措施，明确防控职责，及时跟踪检查，动态评估调整，确保风险始终处于安全受控状态。

（二）安全隐患排查

在风险辨识及分级管控的基础上有效开展安全生产隐患排查，建立完善的隐患排查治理制度，制定符合各类企业、各类业务实际的隐患排查治理清单，从隐患产生的全链条、各环节落实治理措施，促进企业隐患排查治理制度化、规范化。

（三）重点专项整治

持续对危大工程、基础设施、大型机械设备、新兴业务等重点领域进行专项整治，加强安全生产标准化、信息化建设，依托“中建智慧平台”，运用区块链技术，通过大数据统计分析，探索建立“安全指数”评价模型，动态阻断事故链发展，有效遏制了事故的发生。

三、规范化的安全监督体系

（一）发挥集团优势，实施分级监督

结合多层级机构特点，形成一级抓一级、层层抓落实的纵向分级监督机制。各级企业对下级企业及项目部开展常态化安全生产监督检查，各级领导对下级企业领导及职能部门进行常态化安全生产监督检查，项目直接

上级机构对所辖项目开展全覆盖安全生产监督检查，确保安全生产工作落实到位。

（二）完善监督体系，提升专业能力

各级企业依法配齐配强专职安监力量，特别是要完善项目直接上级机构的安全监督管理人员配备，优化安监队伍专业结构，逐步充实到各业务领域，拓宽横向交流途径，保障各项业务的整体安全稳定。

加强专职安监人员能力建设，提高注册安全工程师数量占比，通过轮岗实习、技能培训、取证教育、能力提升等方式，开展“安全实训营”“安全技能大赛”“安全大讲堂”等活动，培养专职安监人员成为“四有”（心中有爱、脑中有责、眼中有针、手中有辙）、“三做”（打铁还需自身硬、传经布道授人渔、铁肩沉勇担道义）、“三成为”（成为安全生产知识和技术的传播者、成为安全生产意识和文化的宣传员、成为生命安全和企业平安的护航人）的企业安全守护者。通过校企合作，设立在校“一局安全班”定向培养，并创新形成安全“实训营”的专业安全监管人员培训模式，以及开展项目安全总监岗位公开竞聘等活动，逐步形成了一支近三千人的职业化、专业化、市场化安监人才队伍。

（三）开展专项督查，发挥利剑作用

持续开展常态化安全生产专项督查，充分发挥安全监管利剑作用，提高安全检查实效，督促各级单位落实安全生产责任，降低施工安全风险，强化项目常态化安全管理，进一步推动区域安全联动和项目直接上级机构安全监管职能落实，确保授权体系、项目安监体系合法合规，安全生产活动有序开展。各级企业应关注重点时段、重点地区和重点项目，紧盯关键环节、关键工序、关键场所、关键人员，提前部署，妥善安排，专题研究，专项落实，专门检查，确保资金资源的投入到位，确保生产经营各个

环节的安全平稳。

严肃事故内部调查，成立由局安全生产监督管理部、项目管理部、科技质量部等业务部门委派人员组成的内部事故调查组，本着“从根本上消除事故隐患”的原则，在调查事故直接、间接原因基础上，深入查找企业管理漏洞，督促事故单位补牢底板、补齐短板；按照“四不放过”原则严肃追责、严格处罚，落实生产安全事故及重大隐患“一票否决”制度。

融入社会监督，履行安全承诺。与政府、媒体、社会公众多方监督力量形成合力，畅通沟通渠道，多角度构建安全风险监控网络。建立向社会公开安全承诺的机制。积极对接安全生产专业监督机构，通过委托第三方专业机构测评、安责险评估等方式，为安全生产再添防线。

四、专业化的安全生产能力体系

（一）加强安全生产信息化应用

科技兴安，中建一局深知科技对安全生产工作的支撑作用，不惜斥巨资和人力研发建筑安全科技，从源头上保障了企业的安全生产。中建一局工程研究院，是技术支持服务的统一管理平台，直接支援服务项目技术标投标工作和项目施工、安全等技术管理。同时还成立了专家委员会，强化对技术支持保障、技术积累和新技术的推广应用，从技术根本上优化安全控制。

坚持“为一线减负、为一线服务”的宗旨，全面应用中建智慧安全平台，对人的不安全行为进行实时监督和纠正，对物的不安全状态进行实时监测和预警，对环境因素和管理举措进行实时监管和提升，实现风险隐患的无所遁形、监管空间的无处不在和监管时间的时时刻刻，保证生命安全和企业平安，推动安全监管和治理模式的根本性革命。近年来，积极运用BIM技术，通过电脑3D短片立体呈现项目部每个建筑的施工过程，通过

3D分解技术，细化施工过程中每个阶段的风险，对安全风险的事先控制可起到极其重要的作用，能在施工前将潜在的安全隐患消除或采取相应措施避免事故的发生。每个项目部从负责人、安全员、到施工队人员，在施工前都要多次观看并熟悉所参与建筑的3D短片，熟悉施工工序，按照3D短片的要求安全施工。

（二）加强安全生产标准化应用

从制度标准化、防护标准化、行为标准化三个维度全面加强安全生产标准化应用。在安全制度标准化方面，定期梳理完善相应的管理制度并认真落实；在现场防护标准化方面，适时补充完善《中建一局施工现场标准化图册　安全部分》，在施工现场安全标准化达标的基础上开展标准化观摩工地创建活动；安全行为标准化方面，通过开展“班前班后5分钟”“行为安全之星”等安全活动，提高操作人员的安全意识和操作技能，规范员工安全生产行为。

（三）提升专业治理能力

一是巩固传统领域安全治理能力。总结提炼房屋建筑、基础设施施工领域安全生产管理经验，编制房屋建筑、基础设施项目安全管理手册，逐步形成企业标准。二是加强新兴业态安全管理探索。推动各新兴业务领域的安全管理实践研究和总结，并逐步形成企业标准。三是继续开展大型起重设备和基础设施领域安全治理专项行动。通过委托设备检测机构开展第三方检查，强化大型起重设备管控力度；加大对基础设施项目的安全监管及施工工艺培训，扩大专业人才储备队伍，并组织专项检查，加强核心资源培育和过程管控。

创安全教育新模式，做守护生命平安的先锋

2014年，国内第一家实景体验式建筑安全培训基地和国内首个工程项目安全体验馆在中建一局正式落成，这是北京市首家专门开展安全培训体验的基地。体验基地从立项到建成历时半年。占地面积约1500平方米，建筑面积约1100平方米。基地设置了“一室两馆”，即安全视听培训室、个体防护体验馆和安全实景体验馆，包括安全帽冲击体验、安全带体验、洞口坠落体验、移动式操作平台倾倒体验以及安全防护栏杆倾倒体验等24个体验项目。针对建筑业多发的“六大伤害”，培训内容涵盖了安全防护用品、高处作业、临边防护、综合用电、消防安全、有限空间作业和应急自救等多个方面的安全体验。

“一百次安全教育课程可能都比不上一次实地体验操作”“听一百遍安全讲座也不如从洞口落下时一刹那的印象深刻”。每一个参与过的体验者都对这与众不同的安全培训感触颇深。这也正是安全体验馆的创建初衷：打造一种全新的安全教育培训模式——实景式安全体验培训。通过模拟建筑施工现场高发的各种安全隐患，让工人切身体会违章操作带来的危害和后果，从而掌握安全操作规程，最终达到提高安全意识、提升职业技能的目的，改进传统安全教育填鸭式、形式化的培训弊端。

全新的培训模式也带来了十分明显的效果。通过培训，体验者安全防护用品佩戴的正确率达到90%、从业人员的违章率降低50%，现场管理的隐患率降低30%，并且掌握了应急处置和应急救护的基本技能和要领。

安全培训体验基地自投入运营以来，已经吸引了北京市住建委、北京市安监局等多个政府主管部门和多家媒体以及京内诸多建筑企业前来观摩调研，并受到了国务院国资委、住房和城乡建设部、北京市住建委、北京市安监局的高度肯定。

06

CHAPTER

第六章
不断创新助力质量升级

质量不是一成不变的。时代需求不同，企业管理也应因时而变，不断创新，满足各相关方更高的要求。

国际标准化组织对"质量"的定义：质量是指一组固有特性满足要求的程度。人们在使用产品、享受服务时总会对质量提出一定的要求，而这些要求往往受到使用时间、使用地点、使用对象、社会环境和市场竞争等因素的影响，这些因素变化，会使人们对质量的要求千差万别。因此，质量不是一个固定不变的概念，它是动态的、变化的、发展的，随着时间的演进，质量的标准会不断提高，今天的"优秀"可能会变成明天的"合格"，而随着社会的发展，质量的内涵也会越来越丰富，曾经受人忽视的因素也有可能变得越来越重要。

基于此，企业管理也必须不断迭代升级，与企业所处的环境相匹配。创新成为企业长盛不衰、基业长青的核心要素。本章介绍了中建一局在科学技术、经营方式、业务布局、市场营销以及治理机制五个方面的创新举措。

第一节 科技创新

一、科技创新是高质量发展的动力源

科学技术是第一生产力，是提高企业生产力和综合实力的战略支撑。中建一局自成立以来，始终将科技创新作为高质量发展的第一动力，构建技术开发、技术管理、技术应用为一体的创新体系，围绕“追求技术可能之极限，满足顾客梦想之需求”的技术发展目标，形成了一批国内首创、世界先进的科技成果，不断夯实技术实现能力、质量保障能力和低成本竞争能力，全面提升综合效率，引领建筑工程行业的高质量发展。一局建造能力不断优化，技术水平突飞猛进，打造了超高层建筑建造、大型建筑工程建造、基础设施建造、工艺安装、生态环保与污染防治、既有建筑功能提升改造、建筑设计、智能建造、绿色建造、装配式建筑建造等十大关键核心技术，创成了一大批具有重大社会影响力的品牌工程，培育了大量行业领先的科技成果。截至2022年底，一局获得国家科学技术奖20项，省级政府科学技术奖71项，中国土木工程詹天佑奖18项，中建集团科技奖167项，华夏建设科学技术奖54项；国家级工法37项，省部级工法1233项；专利3768项，其中发明专利362项；主、参编国家、行业、地方和团体标准376项。

纵观一局的科技创新发展沿革，大致可以划分为四个阶段。在每个阶段，中建一局都积极发挥科学技术的引领作用。

（一）学习推广期（1953—1993年）

这一时期是中建一局从无到有、从有到优的技术积累时期，从最早的全盘学苏联，到引进新式技术、装备，再到结合工程实际，自行研发出一些适合我国国情的工法工艺。一局虚心向国内外先进学习，走过了漫长的阶段。

在汽车、重工、石油三大会战中，一局主要是学习推广新技术。1957年7月，成立局科学技术委员会，专门负责领导技术革新群众运动，对已提出的项目和已完成的革新机具进行鉴定、改进、提高和推广工作，并帮助基层总结技术革新经验。

至1984年，技术开发研究取得了带有一局鲜明特色的五项重大成果：整体预应力板柱建筑成套技术；纸面石膏板嵌缝腻子填补了国内一项空白；大模板、框架轻板、滑模等新工艺；改善石膏制品耐水性能的研究取得重大成果，荣获北京市科技成果奖；采用装载机上料、自动称量、搅拌和出料的拆迁式混凝土小型搅拌站研制成功。

1989年，一局总结出小流水段施工方法，并先后在新世界大厦、天坛饭店、国际艺苑等一系列示范工程中进行应用，取得了良好的经济社会效益。

（二）蓬勃发展期（1994—2003年）

一局全面推广小流水段施工法，将现代化大工业的生产方式引入建筑业，叠加工业化模板体系、钢筋"三焊"工艺等技术，全面提升了我国建筑施工工效，降低了施工成本；开发了企业级信息网络管理系统和项目级施工管理信息系统，开创了国内建筑施工信息化管理的先河；提出了建筑工程精品生产线管理新理念，开启了建筑工程精益建造的新篇章。

在这一时期，一局初步建立超高层建筑技术优势，完成了上海中银大厦、北京嘉里中心工程、武汉国贸大厦工程、精品大厦和购物中心工程等一批超高层建筑。绿色施工技术和建筑节能技术在行业领先，完成了宝源商务公寓工程（饰面清水混凝土高层住宅）、科技部建筑节能示范楼等全国绿色建筑创新奖工程，研发了建筑节能现场检测技术，成为绿色施工和建筑节能领域的行业引领者。同时，一局在建筑加固改造、机场航空港、工业厂房、高等级公路等领域相继完成一批技术含量较高的工程项目，形成了相关领域的核心技术。

（三）科技攻坚期（2004—2010年）

这一时期，一局以重大科研项目和工程项目为载体，全面开展科技攻坚，形成了一系列代表业内先进水平的综合施工关键技术，依托创新推动企业整体转型升级，为快速发展提供了强有力的技术支撑，也为“5.5精品工程生产线”的应用提供了坚实基础。这些科技成果包括下列内容。

1.体育场馆综合施工技术

以国家游泳中心工程开工建设为起点，中建一局全面参与2008年奥运工程的建设，承建了沈阳奥林匹克体育中心体育场、奥林匹克网球中心工程、北京大学体育馆工程、北京工人体育场改造工程等一系列奥运工程，研发出一大批创新成果集、工法集、专项标准集以及论文集等，形成了多项国际领先的创新成果，其中“国家游泳中心（水立方）工程建造技术创新与实践”获得国家科技进步一等奖，在大型体育场馆建设领域形成了领先技术优势。

2.超高层建筑成套施工技术

延续20世纪90年代形成的技术优势，一局超高层建筑施工技术有了极大的发展，承接了以中国国际贸易中心二、三期工程、上海环球金融中心、天津津塔、温州世贸中心、俄罗斯联邦大厦等工程为代表的不同高度、不同结构形式、不同地域几乎所有类型的超高层建筑，形成了超高层建筑施工成套技术，并获得了在超高层建筑领域的首个国家科技进步奖。超高层建筑施工技术成为一局的核心竞争力。

3.地铁隧道施工关键技术

2008年以来，国家加大了对基础设施的投资力度，中建一局紧随国家战略，加快对地铁、公路、桥梁等领域科技研发力度，立项了北京地铁盾构施工危险评价与控制技术研究、预筑法建造地下空间综合技术研究、盾构下穿建（构）筑物群施工技术研究、地下空间盖挖法施工成套技术研究等一批中建集团研发课题，以北京、沈阳、苏州等地区地铁工程项目为载体，开展了地铁施工技术的系列研究，取得了SMW工法桩施工技术、地铁盖挖顺作施工技术、盾构下穿既有铁路施工技术、小半径曲线盾构始发施工技术以及单孔大跨度双侧壁导坑法施工技术等多项创新技术。一局购买并系统改造了中建集团第一台土压平衡式盾构机“中建一号”，成为国内能够独立完成盾构机整体拆装、维修、改造的专业施工企业。

4.公路桥梁施工关键技术

一局以山西阳五高速公路工程为载体，立项了复杂采空区稳定性评价与路基沉降变形监测预警研究、跨河高架桥现浇箱梁综合施工技术研究等研发课题，形成了特大桥转体施工技术、高墩柱翻模施工技术、TSP超前地质预报施工技术以及高速公路下伏采空区全充填压力注浆施工技术等多项创新性成果。地铁、道路、桥梁领域的技术在同行业中已达到一流水平。

5.组建中建一局技术中心

在这一时期，一局还成立了专业化的科技创新平台——中建一局技术中心，是北京市首批认定的大型企业技术中心；建立了国内为数不多的生态材料实验室及高温工艺室等前沿材料研究平台；获得国家专利9项，其中发明专利5项；透水混凝土路面雨水利用系统已形成成套技术；有多项创新技术，且产品已形成系列化，总体达到国际先进水平。

（四）新型建造期（2011年至今）

从2011年公司十二五战略规划期开始，中建一局进入以绿色建造、智慧建造和工业化建造为主的新型建造时期。在这一时期，一局建立了更加完善的科技创新体系，研发投入不断增加，研发布局更加完善，形成了四个领域，十大核心技术攻关方向。

1.围绕重大项目开展的核心施工技术的研究

一局在房屋建筑领域，形成了超高层建筑、超大电子厂房、城市综合体、文旅建筑、医疗建筑、大型群体住宅等产品线成套施工技术；在基础设施领域，形成了桥梁工程、隧道工程、轨道交通工程、综合管廊工程、机场航站区工程等关键核心技术；在海外工程方面，开展了“一带一路”沿线国家工程项目差异化研究，形成了海外技术和质量管理指引，为海外工程履约提供技术保障和支撑。

2.围绕节能环保开展绿色建造技术的研究

中建一局是最早倡导并开展绿色建造的施工企业，在体系建设、标准制定、示范引领等方面取得了一定的效果。绿色施工技术一直是一局的重点研发方向，占所有研发项目的20%左右，同时，积极参加国家和股份公司的课题研究。获得“十三五”国家重点研发计划中有关绿色建造方面的课题（子课题）6项；同时还参与了住建部组织的《绿色施工技术推广应用研究》等课题。通过科技研发，形成绿色施工技术专利300余项，起草了《建筑工程绿色施工规范》（GB/T 50905—2014）、《建筑工程绿色施工评价标准》（GB/T 50640—2010）等大量绿色建筑、绿色施工标准，创造了巨大的经济和社会效益。同时，一局积极开展绿色施工技术的推广应用和工程示范，共获得LEED金奖20项，14项工程通过“住房城乡建设部绿色施工科技示范工程”验收。中建一局科研院一直致力于建筑节能技术研究，是行业内建筑节能研究和检测方面的引领者。起草各类节能标准30余部，形成建筑遮阳节能关键技术、围护结构节能性能诊断及测评技术、既有热水循环动力系统节能改造、地铁工程通风空调系统设计优化、冷库建筑节能关键技术等一系列节能核心技术，通过项目成果的推广应用，为我国的建筑节能领域的减排降耗做出重要贡献，创造显著的经济和社会效益。

3. 围绕BIM技术应用开展智慧建造技术研究

“十三五”是我国智慧建造的起步阶段，中建一局紧随行业技术发展前沿，自2012年起，大力推进BIM技术的研究和应用，成立了BIM工作站，主持和参与起草了多项行业标准，建立了企业BIM管理平台，以“全员参与，落地应用”为指导思想，实现项目BIM技术应用常态化，提升效率、降低成本，为项目履约创造经济和社会效益。大力推进物联网、数字化施工、虚拟现实、大数据等技术的研究和应用，每年立项的课题占总课题的15%以上，取得了很多创新成果。包括：基于物联网的大数据应用关键技术（劳务管理系统、塔吊精细化管理技术、基于RFID或条形码技术的物料管理系统、工程资料同步形成与在线检查管理系统、质量安全管理APP管理系统等）；施工装备智能化改造和应用关键技术、基于5G技术的建造应用关键技术；基于区块链的精益建造应用关键技术等。

4. 围绕装配式建筑开展的工业化建造技术研究

在推动产业结构调整升级的大背景下，2016年，国务院办公厅发布《关于大力发展装配式建筑的指导意见》，标志着装配式建筑正式上升到国家战略层面。2014年，中建集团也发布了《关于推进中国建筑工业化发展的若干意见》，全面推进建筑工业化模式线的发展。2010年，中建一局承接长阳半岛工业化住宅项目，率先成为引领国内新型建筑工业化发展的企业之一；2012年，一局承接了西安三星一期电子厂房项目，为高科技厂房工业化建造探索出新道路。随后，中建一局面向建筑工业化全产业链进行市场布局，先后组建了投资建造板块、设计与咨询板块、构件生产基地、大项目施工团队等，打造国内首家全产业链条的装配式建筑生产基地，形成全产业链战略布局。2015年，在工业化建筑方向承接国家“十三五”重点研发计划课题1项、子课题2项，相关成果达到国际领先水平。2010—2021年，一局共承接装配式建筑项目2147万平方米，年均增长率55%，已完成各类工业化建筑设计1000余万平方米，生产各类型预制构件10余万方，施工总承包约3000万平方米。

二、夯实科技创新的资源条件基础

资源条件基础对于国家和企业科技创新有着关键作用。中建一局大力推进优质资源向科技创新倾斜，在组织、经费、平台等各方面予以支持。

（一）科技管理资源

按照“支撑战略、系统方法、对标先进、资源优化、整体提升”的指导思想，建立一局的“大科技”管理体系。

加强党对科技创新工作的全面领导，完善科技创新管理体系。突出科技创新在企业发展中的核心地位，成立科技创新工作领导小组，在一局党委领导下统筹部署科技创新重要工作，强化组织协调，加强资源配置。完善科技创新工作管理体系，子公司设置科技创新管理岗位，人员配置要符合公司科技创新发展的需求。

加强对子企业科技考核评价，做到评价要素全覆盖，实现对研发投入、研发平台、科研队伍、科技研发、重大成果等的系统考核评价，突出高端创新产出，兼顾子企业的特点；构建产学研用协同创新体系；加强与科研院所、高校协同合作和资源共享，组建产业技术创新联盟。

塑强一局设计、技术和研发三项管理职能和创新链条。组建设计研究总院与工程研究院在科技与设计管理部管理与指导下开展工作。科技与设计管理部负责体系、规划、人才建设和业务管理；工程研究院负责重大科技研发、技术服务的供给；设计研究总院负责提供设计咨询、设计管理、设计生产服务；科研院负责定向专业领域科技研发、技术服务和成果转化；子企业聚焦市场和现场开展科技研发、技术服务和设计管理，形成关键核心技术竞争优势，积极培育战略新兴产业，打造专精特新“小巨人”企业。

（二）科技经费资源

持续加大研发投入，保障产出效率。自2015年开始，中建一局投入专项经费资助局级课题，年增长率15%以上。“十四五”期间还将持续加大研发投入，2025年末研发经费投入强度将达到2.5%。局科技研发课题资助经费逐年递增20%以上。

做到研发经费精准投入，通过局核心技术攻关课题和科技创新平台等载体，将研发投入向“卡脖子”的关键核心技术以及支撑企业转型升级的重大科技攻关项目倾斜，充分发挥科技研发对企业发展的支撑作用。制定研发经费管理办法，明确管理流程，细化管理措施，将研发经费全面纳入预算管理，规范研发经费的预算和使用。规范课题经费的管理，各子企业设置科研财务助理，为科技研发提供更专业的服务。研发经费纳入全面预算管理，做好经费年度检查、财务验收和审计工作，确保经费使用的真实性、合规性、合理性。

（三）科技平台资源

围绕绿色建造、数字建造、智能建造和产业链优化升级要求打造支撑产业战略布局的科技创新平台群。根据企业高质量发展需求、夯实现有研发基础、有序增加科技投入，围绕产业链逐步建立健全中建一局智能建造、绿色低碳工程、生态环境工程、超高大建筑工程、基础设施工程、城市更新工程和土木工程材料七大研究中心，培育独具一局特色和较强行业影响力的重大科技成果，打造企业原创技术“策源地”，勇当建设行业典范。

构建实体化研发机构运行体系，设立中建一局设计研究总院，组织架构图如图6-1所示。各子企业结合本单位科技攻关方向，适时建设研究中心、研究工作室等实体化研发机构，配置专职研发人员、办公场所。设置并认定局科技创新平台。制定“中建一局科技创新平台管理办法”，在子企业的研发机构中择优认定“中建一局科技创新平台”，并给予专项研究经费。推进省部级以上科技创新平台建设，对通过认定的省级科技创新平台，给予一次性建设资助。

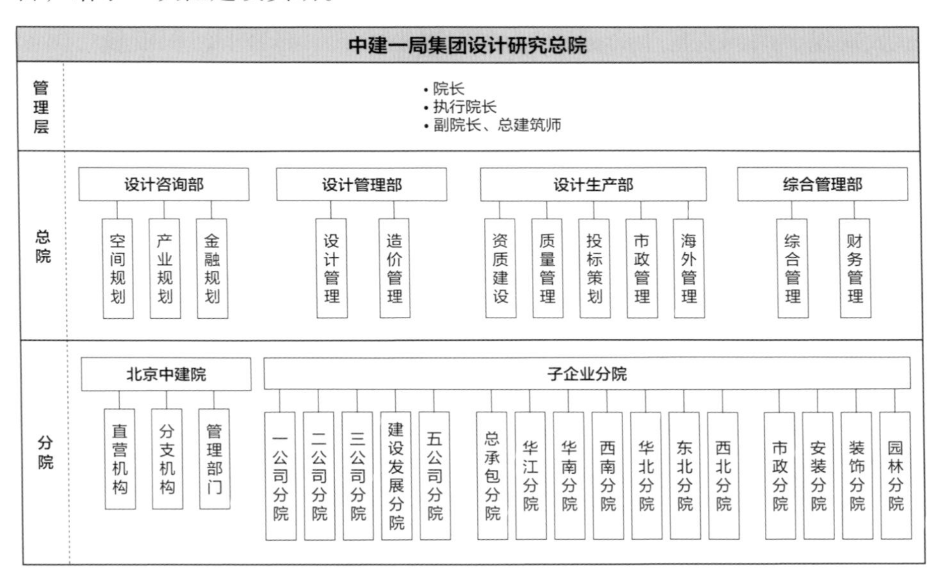

▲ 图 6-1　中建一局集团设计研究总院组织架构图

（四）科技文化资源

一局弘扬科学精神和工匠精神，破除对科研人员唯论文论的考核评价机制；建立科研诚信承诺制度，抵制科学活动中的不正之风，营造鼓励创新、宽容失败的企业创新文化。

构建产学研用协同创新体系。一局加强与科研院所、高校协同合作和资源共享，组建产业技术创新联盟；搭建科技资源平台，完善各子企业间的合作交流机制，避免低水平重复研发；积极参与国际合作，以实际需求为导向，推动“一带一路”创新之路建设。

三、“三个聚焦”布局科技创新前沿方向

（一）聚焦国家战略

一局坚持科技创新“面向世界科技前沿、面向经济主战场、面向国家重大需求、面向人民生命健康”，在中建集团统一部署下，积极参与国家科技攻关任务，为建设科技强国贡献力量。

（二）聚焦行业前沿

一局紧跟5G+、大数据、人工智能、绿色低碳等前沿技术发展进程，研究智慧建造与项目生产融合的新方向，做好绿色低碳技术研发、标准制定、示范引领等工作。

（三）聚焦企业发展

一局突破制约企业发展的关键核心技术，形成具有自主知识产权的核心成果；围绕市场需求，开展新业务、新产品线技术攻关，牢牢把握竞争和发展的主动权，为企业高质量发展提供有力支撑；制定《关键核心技术攻关清单》，打好各战略产业领域的关键核心技术攻坚战，强链固链补链延链，突破制约企业发展的关键核心技术，形成具有自主知识产权的核心成果。

深圳国际会展中心见证中国智慧建造

当走进由中建一局负责履约的全球最大会展中心——深圳国际会展中心（一期）工程南区，可以亲身体验到“中国智慧”“中国质量”与“中国建造”

相结合的澎湃力量，体验到中国建筑技术革新的蓬勃生机。

深圳国际会展中心（图6-2）位于深圳宝安国际机场以北，一期工程总建筑面积达158万平方米，南北长1.8千米，相当于6个鸟巢，绕行一周需要1小时以上。一期工程包括18个标准展厅、1个超大展厅、2个登录大厅和10栋配套建筑。深圳国际会展中心建成后将成为集展览、会议、旅游、购物、服务于一体的综合会展类建筑群，将成为深圳与世界相会的“世界最大会客厅”，对推动深圳建设现代化、国际化、创新型一流城市和打造粤港澳大湾区具有重大意义。

创造8项世界和中国之最

全球建筑面积最大的单体建筑——158万平方米总建筑面积，相当于6个鸟巢大小。

全球总展厅面积最大、单个展厅面积最大的国际会展中心——总展厅室内净面积50万平方米。

全球房屋建筑领域钢结构用钢量之最——总用钢量达22万吨，相当于4座帝国大厦。

全球房屋建筑领域基坑土方挖运量之最——总土方挖运量达362万立方米。

全球房屋建筑领域面积最大、长度最长的无缝钢筋混凝土结构地下室——地下室面积达57万平方米，长度最长达1700米。

全球房屋建筑领域一次性投入机械设备最多——单次投入各类起重机械达321台。

全球面积最大、长度最长的金属屋面——金属屋面面积达73.9万平方米，长度最长达1785.6米。

全球第一个多配套工程同期开发并投入使用的房屋建筑工程。

无人机监控工程进度和质量

走进中建一局深圳会展中心项目办公区，可以看到一个无人机飞行平台。无人机每周两次在整个施工现场飞行拍摄，每次自动执飞一次用时23分钟、飞行11公里，通过逆向建模和红外测绘，对工程进度和质量进行实时跟踪监控。

无人机通过逆向建模技术，可以绘制施工现场的点云模型，有效辅助土方量商务测算和基坑位移变形分析。通过红外热像仪，在巡航过程中可以精准快速地检测现浇混凝土温度、市政管道渗漏点、屋面和幕墙的气密性等，检测工程大底板的温度控制和金属屋面的密闭性。

智慧建造神器：塔吊上的“黑匣子”

48台塔吊同时作业，如何实现塔吊联动运行不撞车？中建一局塔吊模拟调运系统，可以直观感受塔吊上的“黑匣子”及终端监控平台的联动运行，对智慧建造管理平台的群塔作业监控系统有更直观深入的了解。

塔吊上安装的“黑匣子”，就是防止48台塔吊不碰撞的“神器”。“黑匣子”可以对塔吊进行安全、运行记录、声光报警的远程实时动态监控，还可记录塔吊每天工作的负荷量、运行状态、起重信息等，通过对这些数据进行分析，实现10米预警、8米报警。

虚拟现实场景中的安全体验教育

深圳国际会展中心一期工程建成了中建系统占地面积最大、体验项目最完备的安全教育体验馆。工人上岗前都要在体验馆里完成岗前的虚拟现实场景下的体验式安全教育。安全教育体验馆占地面积1200平方米，总投资150万元，有16个虚拟现实场景下的安全教育体验项目，涵盖了施工现场常见的事故伤害类型，有效增强了全体施工人员的安全生产意识。

在坠落体验区，工人可以戴上VR眼镜进入600米高空场景作业中，亲身感受600米高空坠落。“太惊悚了！有了这样的安全体验，谁还敢不按照规范施工作业！”一位体验者摘下VR眼镜深有感触地说。

三端一云：中枢大脑智慧管理协同作战

走进中建一局深圳国际会展中心项目占地1万平方米、可同时容纳近200人的办公区，最引人注目的是会议室里的如同交通台指挥中心的大LED屏。这个LED屏就是工程的“中枢大脑”和指挥中心，管理人员通过电脑终端，随时调取工程现场的200余部摄像头和无人机采集的画面，实时监控施工现场、工地生活区和办公区。

项目形成指挥部管理平台、单项目管理平台、工区管理层“3个终端”组织架构，搭建起智慧管理平台，集成了11大管理系统，设置生产管理、定位服务、质量管理、安全管理、进度管理、BIM5D、多方协同、OA办公8平台模块，从人、机、料、法、环五大维度，通过互联网+智慧协同，实现全面可视、大兵团协同作战的智慧建造管理模式。

样板领路：确保工程每平方米的品质

走进中建一局负责建设的深圳国际会展中心一期工程南区，可以看到按照1：1比例建成的工程样板展示区。观摩人员可以通过手机扫描任一样板上的二维码，便可详细追溯样板任一部位的质量细节信息。

样板展示分为土建、幕墙和钢构三个样板区，对17类工程质量关键节

▲ 图6-2 深圳国际会展中心

点部位进行实体样板展示，如模块式钢结构组装和吊装技术，虹吸式屋面雨水系统技术和直立锁边金属屋面系统等创新科学技术等。

四、打造高水平科技创新人才队伍

坚持“吸引人才、选拔人才、培养人才、留住人才、用好人才”的人才战略，实施“服务发展、创新机制、高端引领、统筹推进”的人才方针，构建科技人才供给、培育、成长的生态体系，优化科技人才选拔、培养、任用、考核和激励机制，打造一支科研创新能力强、专业素质优的科技人才队伍，助力企业高质量发展。

（一）科技创新人才布局

面向房屋建筑、基础设施、城市更新等业务领域，坚持创新发展、科学发展、超越发展，聚焦中国建筑中长期重点研发方向和中建一局战略产业布局，在科研、技术、设计三大方向上，多措并举，实现领军人才、专家人才、后备人才和基础人才的科技人才队伍建设布局（见表6-1），“十四五”末科技人员总量到达在岗人员的20%，科技人员成才率达30%。

表6-1　中建一局科技人才建设队伍布局

科技人才分类	科技人才组成
领军人才	两院院士、全国勘察设计大师、国家杰出青年科学基金获得者、“万人计划”科技创新领军人才、国家百千万人才工程、国务院政府特殊津贴获得者、中建集团科技研发专家、中国建筑大师、局六中心一实验室科创平台技术带头人（局科技资深专家）
专家人才	国家级行业协会专家、省市级政府受聘专家、省级行业协会专家、省级工程勘察设计大师、局科技高级专家、局专业技术领域技术专家、公司科技专家
后备人才	局级科技后备人才、公司级科技后备人才
基础人才	毕业入职三年以上拥有局级以上科技成果、设计成果的技术骨干

（二）科技创新人才培养举措

1.科技领军人才培养举措

建立科技领军人才库。按照两院院士、全国勘察设计大师、国家杰出青年科学基金获得者、“万人计划”科技创新领军人才、国家百千万人才工程、国务院政府津贴获得者、中建集团科技专家、中国建筑大师的选拔标准，建立10人以内的高端领军人才培养清单。按照局“十四五”科技系统专项发展规划和创新业务规划布局，建立20人以内六中心一实验室关键核心技术领域的技术带头人领军人才培养清单。

高端领军人才培养由局主要领导亲自挂帅，持续扩大新闻媒体、学术会议宣传，拓宽组织推荐渠道；通过精准培训、上级调训、交流深造等方式进行专项培养。技术带头人、领军人才培养由各子企业建立领军人才战略团队，从人力、物力、财力全方位进行支持，以平台为载体，以业绩为导向，以成果为保障，培养高层次领军人才。

建立科技领军人才学习、交流、合作平台，引入高校院士、部委及行业专家做分享与交流，与高校合作设立科创平台、开展课题研发、匹配研发助手，提升科技领军人才的科技创新能力水平。

2.科技专家人才培养举措

建立科技专家人才库。面向房屋建筑、基础设施、城市更新、勘察设计等业务领域，围绕局十大关键核心技术攻关清单，选拔组建拥有多个专业技术领域学术带头人的150～200人的全局性专业技术委员会。

对纳入培养体系的科技专家人才，支持其参评国家、地方各类人才重大工程（项目）和人才评选；给予其承担局级及以上科创平台和重点研发项目；选派其参加交流深造、游学对标、挂职锻炼；推荐其担任政府、行业协会专业技术领域专家；为其开通特色培养绿色通道并给予专项培育经费支持。

建立科技专家引进服务机制。对于业务领域的稀缺人才，坚持自身培养和外部引进相结合，采用市场化对接方式，以灵活的“一人一策”的薪酬方式，吸引优秀人才和团队为企业服务。两级总部采用顾问、挂职、兼职、合作等柔性方式引进高层次人才，依托科创平台、重大研发项目、重点科技工程项目，聘请科技专家服务指导，为工程项目排忧解难、为科技攻关助力前行。

3.科技后备人才培养举措

建立科技后备人才库。各子企业应建立健全公司级科技后备人才管理办法，并建立公司级科技后备人才库，“十四五”末全局公司级科技后备人才总量宜达到500人；局总部组织评选并健全局级科技后备人才库，“十四五”末在库人数稳定在200人。科技后备人才应按照候补清单进行层级管理和维护。

对纳入培养体系的科技后备人才，建立职务晋升优先推荐机制，全局技术系统各层级管理岗位职务聘任优先从科技后备人才库中遴选推荐；建立科技与设计系统关键领导岗位人才候补机制，各子企业推荐优秀科技后备人才列入关键核心领导岗位候补人才清单，进行重点储备、培养；建立健全管理职务序列和专业人才序列双通道并行互通、多元发展的职业成长体系。设立科技后备人才成长积分、成果赋分、考核评价、破格晋升等管理机制，对业绩突出、贡献卓越的科技后备人才予以重点关注。建立科技后备人才轮岗挂职机制和谈心谈话机制，关心其成长通道和工作生活情况。

4.科技基础人才培育举措

建立科技基础人才库。子企业总部定期选拔优秀科技人员入选公司科技基础人才库，做好科技基础人才的培育、使用、考核、激励和动态管理，保持科技基础人才数量达到子企业科技人员总量的20%。从源头保障科技基础人才质量，校园招聘技术专业人员“双一流”比例不低于80%，硕士比例不低于15%。

对科技基础人才，一局开展不同领域的针对性培训，依托内外部专家资源、网络大学和外部培训机构进行岗位管理、专业技能的专项培训；开展投标沙盘大赛、BIM大赛、施组方案竞赛、技术创效竞赛等，提升基础人才能力素质；推荐优秀科技基础人才参与科研课题，进行实战历练，做好科研储备；调动优秀科技基础人才参与优秀施组方案、工法、标准、设计优化等各类科技评审与指导活动，扩展个人的眼界；开展设计专业、设计管理及EPC设计项目管理培训，加强技术类人才技能转化，实现施工设计一体化转型；开展技术创效、技术革新、技–商结合、金点子工程、科技成果转化应用等创效活动，持续加大科技创效能力的培养，鼓励科技人才为企业创造经济价值。

（三）科技创新人才激励机制

建立科技人才激励制度。局总部应对获得国家级人才、省部级人才、局级人称号的专家和培育养单位给予一次性奖励；子企业总部应对获得公司级人才称号的专家予以奖励，奖励标准自行确定。奖励资金在所属企业工资总额预算外单列管理。

建立科技人才职务待遇和津贴补助制度。两级总部建立科技人才职务待遇和津贴补助制度。局科技高级专家以上科技人才的津贴补助由局总部承担；局专业技术领域的技术专家、公司科技专家津贴补助，局总部人员由局总部承担，子企业人员由子企业总部承担，同一人员获得不同科技人才称号时，津贴补助按照高限标准执行。各子企业总部应建立科技后备人才、科技基础人才在现有岗位津贴基础上增加月度津贴、技能津贴等多种形式的津贴补助机制，津贴补助金额由各子企业根据企业自身发展情况确定，并应由子企业总部承担。

完善科技人才创新奖励机制。加大科技成果奖励力度，鼓励产学研合作，重点向关键核心技术领域倾斜，对符合条件的科技人才及其核心团队实施工资总额单列管理。建立以设计变更和设计优化的费用清单量为衡量标尺，以技–商结合创效为手段，以科技创效实际金额为奖励标的的科技创效激励机制，持续加大科技创效的奖励。对推动企业发展的重大科技成果、特殊奖项、优质科研项目、重大科技成果转化项目或为企业科技发展做出突出贡献的科技人才运用实施股权、分红激励和成果转化激励。

第二节 工程总承包模式创新

随着中国特色社会主义进入新时代，我国经济已由高速增长阶段转向高质量发展阶段，正处在转变发展方式、优化经济结构、转换增长动能的攻关期。对于我国建筑业来说，其规模快速扩张带来的发展正在成为传统建筑业面临的机遇和挑战。中建一局紧跟国家战略和中建集团部署，贯彻新发展理念，积极应对经济发展新常态，以国家战略投资方向和建筑市场结构调整为导向，巩固提升传统建筑施工主业优势，致力加快转型升级。从"十三五"开始，一局加快推进转型升级业务发展，产业定位优化调整为投资运营、工程建设、设计科研和新兴业务协同发展，成为集设计、投资、建造、运营为一体的高端专业运营商（产品运营商、产业运营商、城市运营商），为客户提供全产业链的高品质产品和超价值服务。

一、构建总承包发展蓝图

"十三五"起，一局明确了"以EPC模式为代表的工程总承包项目占比增加，为客户提供一揽子方案、一站式服务成为建筑企业的实力体现和竞争焦点”的发展趋势。并在战略规划中提出了“一揽子解决方案的能力建设”“适应建筑市场管理体制和投资模式变革的趋势，推进产业链的前伸后延，加快增强设计施工一体化的工程总承包能力，为客户提供一揽子解决方案，提升产品供给能力”“在项目前期探索设计加建造模式，提升客户的忠诚度，创造超额价值”的实施路径。

2017年，中建一局开始开展工程总承包模式线研究，以工程研究院（原技术中心）为课题牵头单位，联合一局项管部、商务部、市场部及局下属11家子企业，开展《中建一局集团产品线（模式线）技术专题集成研究（EPC项目）》课题。

通过开展多层次的课题攻关和探索实践，借力咨询外脑，发布了专项规划，提出通过内部资源整合，开展组织结构优化、管理体系完善、配套资源建设、总包人才培养。通过技术与管理密切结合，培育设计、采购、施工一体化集成管理与服务能力，为业主提供包括项目报批报建、勘察设计、招标采购、施工管理及试运等一揽子服务，打造行业领先的工程总承包管理能力。

二、组织体系匹配总承包管理机制

（一）完善制度保障体系

2018年，中建一局发布《EPC项目总承包管理工作指引》《EPC模式项目商务管理工作指引（第一版）》；2019年发布《中建一局EPC工程总承包项目管理实施手册（第一版）》。这些文件制度引导工程总承包管理具体方向，规范工程总承包项目管理工作，发挥设计、招采及建造融合，提高项目工程总承包管理能力。

（二）完善组织保障体系

围绕工程总承包，一局对组织架构进行调整，设置科技与设计管理部，组建局设计研究总院，设计研究总院与局科技与设计管理部协同开展工作，作为全局设计管理工作的支撑，提供设计咨询、设计管理、设计生产服务。设计研究总院下设设计咨询部、设计管理部、设计生产部等业务部门和北京中建院、各子企业分院。组织架构按“设计咨询、设计管理、设计生产”三大功能板块组建，依托服务项目按矩阵式架构管理。人员具有设计院或造价咨询工作经历，专业背景涵盖建筑、结构、暖通、电气、幕墙、装饰、景观、商务等，与主业能力形成互补，聚焦局重点EPC项目，以多种方式提供以设计管理为主的咨询服务。

各子企业结合自身工程总承包业务开展情况，针对性设置相应的设计管理组织架构，部分子企业已从设计管理职能延伸至工程总承包全板块。目前，全局设计管理组织架构主要分为四种模式：一是总承包管理部+设计业务部。在公司总部下设总承包管理部和设计中心。总承包管理部现阶段按职能部门管理，统筹EPC项目全过程管理活动，设计中心负责设计业务、设计优化等专业支撑。二是设计管理部+设计业务部。在公司层面设置设计中心，下分三大板块——设计管理部、建筑设计院、深化设计院，设计管理部统筹设计管理活动，设计院负责设计业务、深化设计、设计优化等专业支撑。三是设计管理部。在公司总部新设置设计管理部或设计中心，主要负责EPC项目设计管理、设计优化支持、施工总承包项目设计技术支持，并承接少量公司设计业务，维护公司资质。四是设计管理组(岗)。在公司技术部（技术中心）下设设计管理小组或设计管理专员，主要承担EPC项目设计管理职责，协调资源提供专业技术支持。

（三）完善运行考核体系

一局先后出台《EPC工程总承包项目设计管理办法》《EPC工程总承包项目设计管理评价办法》《设计管理办法》，提升设计管理工作标准化，发挥设计对主业的支撑作用。在投标管理上，为强化全局EPC项目投标管控，发布《关于加强EPC工程总承包项目投标工作的通知》，并上线《中建一局综合项目管理平台“EPC项目投标审批流程”模块》。通过“EPC项目投标审批流程”模块，审核符合局管条件的EPC工程，对项目投标进行整体策划和规避相关风险。

在履约指导上，一是对EPC项目进行策划审批，子企业按要求完成EPC项目管理策划，子企业相关部门联合审批，重点项目局总部参与评审；二是后台设计支撑，子企业设立总部总承包管理部或设计管理部，负责统筹EPC项目全过程管理活动、设计优化等专业支撑。重点项目局总部参与后台支撑。在考核运行上，依据设计管理评价办法，每半年进行设计管理检查，覆盖全部子企业总部和部分抽检的EPC项目，每半年出具中建一局集团EPC工程设计管理评价分析报告，考核结果纳入科技质量考核体系中。

三、强化总承包资源支撑

（一）夯实采购资源库

中建一局经过历时两年的生产资源提升工作，形成了以云筑网为主的大超市功能、以数据分析中心为主的赛马平台。通过遴选、储备一批具备EPC能力、诚信度高的设计与咨询服务、优秀分包商资源，逐步培养一批EPC战略分包群。云筑网在中建一局的助推下，实现了数量丰富、品类齐全、查询便捷的功能。同时还具备了明显的区域查询、主营地查询、业绩与履约额查询的筛选识别，为基层查找比对优质分供方提供了便利。通过区域战采和加强内部成本数据的比对工作，提升项目部优质资源使用率和子企业使用分供方的集中度。

（二）完善商务数据库

编制《中建一局成本精细化管理指标数据册》，定期以全局结算住宅项目数据信息为基础，按照不同区域对主体结构、钢筋、混凝土等10项成本指标进行了统计分析，形成初步指标数据库，夯实成本管理引领指标，明确风险识别量化标准，有效指导EPC项目开展前期成本测算控制工作。定期更新现阶段全局住宅项目成本指标的合理最优值，树立各项指标的成本管控标杆，进一步提升EPC项目成本管理及盈利能力水平。

编制完成EPC项目功能成本分配工具模板，按照土建工程、安装工程、室外机配套工程等分部工程，以及项目开办费、工程建设其他费进行分类。分部工程中按照分项工程进行分类，按照区域、业态统计所有EPC项目分项工程平米指标，作为EPC项目投标、成本管控的参考依据。

四、总承包转型下的项目管理再造

工程总承包体制是现代建筑企业的本质特征。工业革命和劳动分工理论奠定了社会化大生产的技术和管理基础，专业化分工与协作运用于企业生产过程后，把复杂的劳动过程分解为单一的简单操作，使生产效率的增长出现历史性的飞跃。工程总承包管理和组织方式是社会专业化分工与协作在建筑领域的具体运用，工程总承包运行机制反映了社会化大生产的内在要求。

工程总承包型企业充分利用社会化专业分工与协作的效应，摒弃“大而全”的观念，在生产过程组织上充当了“总装厂”的角色，以集约型的方式作为企业经济效益增长的主要标志。工程总承包型企业在建筑市场的断面上是市场有序竞争的主体，具有符合市场经济运行规则和国际惯例的经营机制。工程总承包管理型企业的成功运行有三大要素，一是总承包功能齐全、控制能力强的总部，二是规范化、标准化的项目管理，三是专业技术先进并且能够组织社会化的专业分包为工程总包配套。按照这三个基本标准，中建一局开展了系统性的项目管理制度创新。

（一）总部服务控制的管理运行体系

以建立总承包运行机制和强化总部的服务控制功能为目的，建立市场营销体系、成本管理体系、技术管理体系、合同管理体系、质量保证体系等，以体系的有效运行保证总承包管理方式的实现。

以加强市场开拓工作的组织管理为龙头，健全全员化的市场营销组织体系，严格进行投标前的决策分析，减少投标报价的盲目性，建立市场营销过程中各项工作的管理程序，最终形成具有自动适应调节功能的市场营销体系，能够在复杂多变的市场环境和混乱无序的市场条件下，不断扩大企业的经营规模。

从“以标准定额为导向”的“事后成本核算”管理体系转变为“以市场中标价为导向”的“事前成本控制”管理体系，以项目制造成本总额控制为目标，以分包合同为依据，强化制造成本的刚性约束，在各个环节严格执行计划成本控制制度，明确制造成本分层管理的责任，实行成本否决制，从而实现事前控制成本的目的。

以“为现场技术服务”为核心建立技术管理体系，加速科技与经营管理的紧密结合，特别是通过各种技术方案的最优化，大力提高科技水平在市场竞争力中的含量和对经济效益的推动力。实行项目经理领导下的现场责任工程师负责制，现场责任工程师全面负责工期、质量、安全、技术、成本一体化的综合管理，逐步解决工长只管进度不管成本、质量及其他的传统工作方式，减少扯皮现象，极大地提高了工作效率。

高度重视施工详图设计在工程总承包运行机制中的重要性，培养和壮大了设计力量，熟练运用CAD技术绘制施工现场所需的各种详图和综合图，彻底改变了过去无法与建筑师负责制衔接、只能以施工承包方式照图施工的传统做法。通过认真总结公司所承建的几项工程运用CAD技术在结构施工详图、机电安装布线图、装饰效果图、方案图、大型钢结构设计方面的经验，不断提高施工现场与建筑设计师意图之间沟通的能力以及对整个工程管理的总控制能力，较好地适应了项目业主和建筑师的需要。

健全适合工程总承包运行的分包方式和总分包管理体制。成立专业分包决策小组，按照对分包商、分供应商考核评审程序的规定，严格考评专业分包商、分供应商的履约能力、资质等级、市场信誉、产品质量，坚持“货比三家、五方会审、公开竞争、集中定标、合理价得标”的分包原则，确保选用最优秀的合格分包方。制定了从总包到分包全过程一系列的合同管理标准文件，并建立职权分明的合同管理组织体系。以业主的合同要求作为工作标准，明确合同中对业主的责任，在此基础上，以规范的分包合同将业主的要求分解细化落实到各专业分包力量，形成总分包的合同协调能力。不仅对自选分包商进行有效的协调控制，而且对业主指定的分包商、分供应商也纳入统一的总协调总控制之中，强化总分包合同的法律约束机制，发挥合同在工程管理中的效力，有效协调现场各类分包力量，确保各项工作顺利、有序、高效开展，最大限度满足业主的要求。

实行“项目管理策划”制度。企业总部汇集高素质的项目管理策划师、方案工程师、质量工程师、设计工程师、计划工程师、合同专业律师、专业估价师、管理会计师等技术和管理专家，构成技术智力密集型的管理决策机构。工程中标后，由总部对工程项目管理的全过程进行管理策划和过程指导，为项目经理部的正常运转配置人员、设备、物资、资金等生产要素资源，对项目计划的执行以及合同履约等进行监督和调节，形成对工程项目运行过程的完善的服务和有效的控制。

（二）项目授权管理方式变革

通过总部功能的扩展实现项目经理部的综合协调管理，组建具有总包协调管理功能的项目经理部，从工程总承包管理的实际需要出发，通过总部各体系的运转，实现项目经理部在土建结构、机电安装、装饰诸环节上的综合配套管理能力，结构施工详图、机电安装布线图、装饰效果图、方案图的设计协调能力，业主指定分包商、指定供应商及自行分包商的总体协调与有效控制能力，对总工期、总质量的调控能力，满足业主和建筑师意图的能力。

以“总部控制、授权管理”为核心，处理法人层次与项目层次的关系。企业对项目经理部实行授权管理的方式，授权的总原则是使项目经理能够承担起代表企业履行合同的责任以及由此而必备的对人、财、物等生产要素的支配权和施工过程中的决策权。

授权制是区别于分权制和承包制的关键点，总经理对项目经理授权行为本身已经意味着对项目经理实施了控制，总部部门在实施要素控制时不得削弱授予项目经理的权力，不应当直接干涉项目经理的决策过程，服务的实施表现为总部部门对如何开展项目管理而进行的帮助、指导、参与，服务职能蕴含于从项目管理的最初筹划到项目竣工的全过程。在授权范围内，项目经理的管理和决策在形式上就代表了公司总部的管理和决策，当项目经理及相关人员参与企业总部对项目的总体或单项专业进行策划时，总部的决策在本质上已经涵盖了项目经理部的意见，项目经理部的专业人员（如方案师、估价师等）受总部部门委托所开展的业务活动也是总部意图的体现。基于上述的认识，提出了“分层管理、分级控制”的思想，并在制造成本划分、成本过程控制、成本核算、消费基金控制、质量控制、合同签订等工作过程中充分体现这一思想，这种新的控制管理方式还需要在各专业系统管理的实践中进一步完善。

完善项目经理责任制。在废除利润承包分成制后，实行“责任委托制”，以工程合同履约、项目管理责任目标为主要内容对项目经理进行考核奖罚。

规范项目管理运作。用《工程项目管理手册》《质量保证手册》《现场C1手册》等规范项目经理部的管理工作，不管工程规模大小、业主级别高低，都执行公司的统一标准，使得每个项目经理部的行为都代表了公司的行为，体现出企业的整体实力和水平。

（三）建立专业施工保障体系

为确保项目管理的正常运行，加强内部专业施工力量的保障能力，重点强化技术含量大、有技术优势和市场发展前景的专业公司。改进专业公司的施工生产组织方式，使专业施工保障在前向、后向上延伸，培植高度细分化的专业技术队伍，在工程建设过程的每一个工序环节都能够用高素质的专业分包力量施工，以更适合项目管理的要求。对一些专业难度大、技术要求高而又有市场前景的专业化施工领域，密切与国外有实力的公司合作，形成较高的生产水平。

专业公司市场化目的是稳妥有效地形成专业公司，形成既全面推向市场又与公司的发展整体联动、相辅相成的运行机制。通过市场机制使专业公司具备与社会专业公司竞争的实力，壮大专业公司占领社会化的专业市场，以专业承包和分项工程承包的影响力带动总承包市场的形成，扩大企业的市场占有率。当时，安装、装饰、钢结构、电梯、混凝土、超净化等专业公司在京内外的市场已经取得较好的成效。

（四）构成优势互补的社会协力联合体

以“社会协力联谊会”的形式组建社会协力联合体，形成从设计到专业施工合作的“强强联合、优势互补”的联合网络体系。联合体成员一般都是具有一、二级资质的国有企业或集体企业。按照社会化两层分离的思路，通过组装社会化的生产要素资源，充分利用社会分工和专业化协作的效应，使两层分离走出了公司内部自我封闭、自我循环的怪圈，在从劳务密集型向智力密集型的转变道路上迈出了重要步伐。

组建社会协力联合体有三个层次的含义。首先是以干好工程为目的，以社会资源为依托，优化配置项目施工过程所需的生产要素，实现工程项目的最优目标。其次是联合各类型企业，共同开拓国内外建筑市场。最后是以工程总承包型龙头企业为中心，带动一大批中小型企业共同发展，构造合理的产业组织结构，引导建筑市场的有序竞争，使得市场份额在企业间呈最优的分布状态。当时，四公司逐步扩大社会协力联合体的范围，从施工、设计、科研等领域扩展到投资公司、基金会、银行、房地产开发商、建材业、运输业、咨询业，进而扩展到国外的建筑公司、设计公司、估量公司、发展商等。

社会协力联合体深入发展之后最直接的结果是与全社会的接触面更为广泛，市场开拓的触角延伸到工程投资建设的源头，并能够长期联合一批战略性的合作伙伴，使企业的市场占有率稳定提高。

五、成果推广优化总承包发展结构

工程总承包是指受业主委托，按照合同约定对工程建设项目的设计、采购、施工、试运行等实行全过程或若干阶段的承包。随着国内建筑业市场化水平的日益提升，该模式日趋流行，并成为与国际建筑市场对接的主要模式。但在我国，各企业大多处于边推进、边摸索、边总结的情况。

中建一局高度注重对工程总承包项目管理的系统思考与经验提炼，于2021年举办“中建一局首届工程总承包项目管理论坛”，围绕“总承包管理实现价值创造”的主题，形成50余篇优秀管理成果，并发布《六项设计管理模板工具》。同时，一局还总结提炼了高质量推进总承包转型的三点经验：一是统一思想，深刻认识推行工程总承包的重要意义，紧扣高质量发展内涵，以工程总承包管理推动传统项目管理模式升级，持续提升企业在市场中的核心竞争力。二是明晰路径，健全完善工程总承包管理体制机制，持续探索具有企业特色的工程总承包管理体系，创新组织结构，提升跨组织协同效率；打造专业团队，聚集一批复合型工程总承包专业人才队伍；发挥产业链链长担当，整合全产业链优质资源，实现共赢发展。三是强化分工，加速实现工程总承包管理落地。各级单位紧密联动，加大力度推动工程总承包，打造一批试点示范项目，总结优秀成果，推动典型引领。

一局还通过资源集聚与优化配置进一步强化总承包的支撑能力，主要措施包括：建立设计管理人才库，积累全局优秀设计管理人才，储备人才资源；通过建立设计院资源库，集成了按行业、设计优势、设计配合等维度的全局设计合作资源；通过建立设计成果资源库，初设及初设概算库，积累传统模式尚未涉足的商务领域数据，延伸EPC前期商务管控能力；通过建立设计管理优秀成果库，提炼子企业优秀管理成果经验，形成资源共享模式。

基于以上成果总结，一局在工程总承包发展上，进行了发展结构优化。一是完善顶层建设。进一步围绕组织保障体系、制度运行机制、绩效考核体系、客户认可程度来完善顶层设计，加快工程总承包战略部署，整体规划和系统推进业务建设。二是加强系统联动。加强一局设计院、专业公司与主业公司的联动机制、协作机制，整合现有产业链，打造协同发展的新格局。三是构建核心能力。对标工程总承包模式下需要具备的业务管理能力，加速培育自身工程总承包的核心能力，补强管理短板，形成合力。四是加大资源保障。加快设计、商务后台建设，吸引专业人才，完善人才激励机制、人才培养机制。加快资源、数据建设，进一步系统梳理专业分包分供资源，凝练优秀管理经验，提取EPC成果数据，搭建有力后台支撑。五是引导子企业差异化发展。引导子企业根据自身业务发展情况，选择适合的组织体系和运行机制，对子企业的管理短板进行帮扶。

泸州老窖酿酒工程技改项目

中建一局坚持战略布局，明确未来企业发展方向，确定EPC战略定位，通过制定一局工程总承包发展整体规划，优化组织机构，调整业务模式及与之相应的职能管理体系，形成一局特色的工程总承包项目管理体系，从而实现由提供单一履约服务的施工总承包商向提供产业链一体化服务的科技型、综合型的工程总承包工程公司的巨大转变。

由中建一局二公司负责履约四川泸州老窖酿酒工程技改项目就是EPC工程总承包的典型工程（见图6-3），该项目荣获2020—2021年度中国建设工程鲁班奖。项目规划用地面积约214万平方米，包含6个酿酒车间、制曲中心、原辅料处理中心、7组半散开式酒库、能源保障中心、污水处理中心、泸型酒质量控制中心以及生活区、陶坛库、消防站等60余个建筑单体，总建筑面积约52万平方米，涉及市政道路约12公里。

中建一局是以联合体形式中标酿酒技改设计施工总承包（EPC）一标段项目（简称泸州老窖项目），打造一个集约高效、智能低碳，集酿酒生产、科研办公、旅游观光等功能于一体的综合性园区，最终实现年产优质纯粮固态白酒10万吨、大曲10万吨、储酒能力38万吨目标。

泸州老窖项目最大难点是全过程协调——工程是典型的以工业工艺设备为核心、土建设计配合的项目类型，要将“酒城”的愿景化作现实的蓝图，项目不仅要协调管理60余座单体涉及的工程设计院及其专业分包设计团队，还包含了13家酿酒、热力等特殊项目设备厂家技术设计单位，以及10余家深化设计单位，总设计参与人员150余人，任何一点疏忽都可能产生巨大的连锁反应。

▲ 图6-3 泸州老窖酿酒产业中心

为此，泸州老窖项目创新成立设计部，挖掘和引进专业设计人才，实施全面管理。项目设计部结合业主需求，统筹非实体周转成本最优、施工场地因素、大型机械投入、交通疏导等因素，明确各个工艺及单体设计的先后顺序和完成时间，制定设计计划表，超过150人的设计团队有机结合成一个相互交错推进的整体，确保了整个工程的有序推进。在项目总监孟繁健的带领下，项目部编撰了《EPC工程总承包设计阶段管理工作指引——立足施工角度》作为工程指导书，有效推动了项目建设。

泸州年降雨量在1000毫米以上，一年中有200多天都在下雨，加之工业厂区范围大，160余个单体同步推进，厂区内大量的机电、管线交错对项目的履约管理提出了严峻的考验。

对此，一局二公司副总经理孟祥赫提出“大计划管理”，即分工而作，编制大计划。项目采用区域化管理模式，成立厂区总图协调小组、交通协调小组、工艺设备管理小组。通过点、线、面的有机结合，理顺了项目管理链条。

项目部将整个泸州老窖项目使用功能分为酒厂房、酒库、市政、能源、污水和其他子项五个大的模块，每个模块都配备完整的班底，推进施工履约。

在此基础上，项目成立以项目总监孟繁健为组长，执行经理和各区域生产经理为核心的厂区协调小组，负责各区域交叉施工的协调部署工作。项目专门设立的交通管理员和区域分包负责人组成交通协调小组，按照各个模块施工进度和物料交通运输需求，确保施工现场交通畅通。与此同时，针对项目涉及大量的酿酒专业设备这一问题，项目还特别设立了工艺设备管理小组，专人去厂家跟进设备制作进度，查看设备数据，配合现场施工。

从施工组织到质量与安全，大计划管理渗透到项目履约的每一个细节，自2016年8月项目开工，2017年3月开始全面开启场平工作，2019年6月30日61座单体全部结构封顶，2019年9月15日能源中心全面投入使用，泸州老窖开始投粮试生产，项目部按照既定的目标攻克每一个节点，中国第一酒谷的形象已经呈现。

第三节
业务创新升级

“十三五”以来，中建一局围绕房屋建筑主业，积极延伸扩展产品线，形成“1+3”板块协同发展格局，统筹推进基础设施与环境治理两大新型业务，探索新能源板块新增长极，大力发展建筑工业化业务线，实现新的跨越，业务规模翻倍增长，发展速度持续攀高。

一、基础设施业务

2012年，中建一局白手起家、二次创业，推进基础设施强化举措加速布局，走出了一条推动基础设施业务规模发展的特色之路。

（一）资源配置

从零起步配置体系和平台，形成要素完备、运转高效的基础设施业务发展组织架构支撑。中建一局发布《基础设施转型升级强化举措》，强化成立基础设施事业部，并同步建立支柱型企业，形成“1+*N*”子企业全力拓展基础设施业务的发展格局。确定“1”个专业平台，即中建市政公司，确定“*N*”个转型主力子企业，一类子企业就位，转型企业每两年动态调整。

强化基础设施产品线平台建设，以华南公司基础设施事业部为主体组建中建轨道交通场站工程公司，作为一局轨道交通场站产品线平台；以装饰公司为主体组建中建一局生态园林分公司，作为一局园林绿化生态景观产品线平台；以科研院所属检测六所为主体组建中建一局交通工程检测中心，服务一局交通工程施工项目履约。在承接基建项目的同时，注重专业队伍的培养与引进，基础设施专业注册建造师人才团队规模扩大十余倍。

“十四五”时期，持续打造中建一局基础设施业务“专业”“承载”平台，将“1+*N*”子企业基础设施业务发展格局优化调整为“A+B”子企业基础设施业务体系。“A”类子企业基础设施事业部定位为实体运营型，即整建制事业部（业务归集+自主经营），职能涵盖市场、履约、商务、技术、质量、安全等；“B”类子企业暂为管理型事业部，并逐步向实体运营型事业部转变，即部门暂以市场和履约两项职能为主，其他职能归属于其他业务体系管理。

（二）资质增项升级，打造核心产品线

一局聚焦基础设施资质增项、升级，打造六大核心产品线——市政工程、公路工程、机场、轨道交通、综合管廊、石油化工，探索“新基建”七大领域与建筑行业的结合与转化。一局聚焦IDC数据中心机房建设、城际高速铁路和轨道交通建设，强化基础设施高等级资质配置，于2017年开展公路一级资质平台公司的股权收购，完成公路一级及路面一级、路基一级资质向一局总部的平移；全力获取特级资质，于2020年开展公路特级和安装公司石油化工特级资质升级申报；打造全产业链资质组合，开展水利水电壹级、机场场道壹级资质获取，推进桥梁、隧道贰级资质向珠海平移升壹级及中建一局资质并入工作；鼓励子企业主动采取不限于升级、重组、分立、吸收合并等方式获取高优资质，打造子企业差异化品牌优势。

2022年，中央财经委会议强调基础设施是经济社会发展的重要支撑，要统筹发展和安全，优化基础设施布局、结构、功能和发展模式，构建现代化基础设施体系，为全面建设社会主义现代化国家打下坚实基础。近年来，中建一局全力加快基础设施转型升级，推进基础设施业务拓展，在立体交通、环境治理、“新基建”等领域重点发力，着力实施了一批重点工程，为各地经济社会发展提供了有力支持。

中建一局拥有中建第一台盾构机，荣获中建第一个地铁鲁班奖；承建的侨城东车辆段和笔架山停车场，全线创建全国AAA文明工地、全线创建鲁班奖动员会等都在此举办。与此同时，中建一局积极寻求基础设施业务的新增长点——“新基建”板块，主要集中在聚焦IDC数据中心机房、抽水蓄能、城际高速铁路和轨道交通建设。承建华东区域最大的南京腾讯华东云计算中心、浙江省云计算中心、杭州仁和阿里云计算数据中心（图6–4）等。先后与中国电信、中国移动、腾讯、阿里、快手等客户长期合作。凭借“设计—施工—机电安装—设备调试—维护”一体的全流程

服务打造近百项大数据中心，持续塑强“中国IDC领域全产业链最优总承包商”品牌。

▲ 图 6-4 阿里巴巴张家口云计算数据中心张北二期庙滩机电总承包工程

（三）支撑交通强国

支撑“交通强国”建设，累计承接城市主、次干路120余项，城市轨道交通、城际铁路、铁路站房及交通枢纽工程45项，各等级公路工程24项，运输机场、通用机场及临空经济区工程25项。打造了衡阳合江套湘江隧道（中国建筑第一条穿江隧道）、衡阳东洲湘江大桥（中国单箱梁体最宽的矮塔斜拉桥）、深圳城市轨道交通9号线（国家优质工程金奖，图6–5）、浙江台州湾大桥及接线（中国建设工程鲁班奖）、青岛新机场综合交通中心（中国土木工程詹天佑奖）等一批标志性工程。

构建便捷顺畅城市群交通、强化重点城市群城际交通建设，城际高速铁路和轨道交通建设迎来了历史性的新机遇。在“十四五”期间，我国城市群高速铁路规模预计达9979公里，计划新开工城际铁路和市域（郊）铁路规模也达1万公里，市场前景十分广阔。中建一局依托已承接城际铁路项目及在轨道交通积累的业绩、技术和人才，抓住机遇，稳固并扩大城际铁路市场，择机进入高速铁路市场；在市域（郊）铁路方面探索“投资+建设+运营”新模式，“投资+建设”主体可作为主力子企业，投资运营公司作为“运营”载体。

▲ 图6-5 深圳地铁9号线9105车辆段

只有逢山开路、遇水搭桥，才能通江达海、跨山越水。重大交通基础设施是民生福祉的重要保障。省道212宝鸡市过境公路金台段建设工程中，长寿沟大桥主桥最大墩高124.5米，最大桥高131.7米，相当于两个西安大雁塔的高度。项目附近村民激动地说：“两塬之间其实就500多米，山高沟深要绕道前往，学生们往返每天都要爬山涉水、起早贪黑。现在桥好了、路通了，原来要40分钟的车程现在只用1分钟就到啦！”

（四）助力“数字中国”

中建一局以“设计—施工—机电安装—设备调试—维护”一体的全流

程服务，打造包括南京腾讯华东云计算基地（图6–6）、济南超算中心科技园、中国移动成研院科研枢纽在内的大数据中心近百项，持续塑强"中国IDC领域全产业链最优总承包商"品牌，中标邯郸5G新基建通信项目、国网苏州虞城换流站项目，实现了5G基建和特高压领域新突破。中建一局大力推动以5G、数据中心为代表的"新基建"板块提速奔跑，研究以投资+运营方式助推"新基建"业务承接，京东集团总部二期2号楼工程在建设过程中应用5G智能化监管服务，通过"5G+视频+AI"技术组合方式，大幅提升项目智能管控一体化能力。

▲ 图6-6　南京腾讯华东云计算基地

（五）推动城市更新

城市更新是通过对城市存量建筑资源的维护、改造、拆建、扩充等方式，推进土地资源再优化、存量资源再利用，以此促进城市功能升级、实现居住条件改善和生活品质提高，达到增强城市活力、推动产业升级的城市发展目标。在中央城市更新行动战略指引下，全国各地进入城市更新快速发展期，城市更新行动已逐步实质性落地，市场规模将达数十万亿级，城市更新必将成为推动中国经济可持续发展的重要内生动力。

城市更新业务既是建筑类企业业务增长的风口，也是企业转型升级、强链拓链补链，实现全产业链整合运作，优化业务结构和效益结构的重要契机，必将成为企业可持续发展的重要内生动力。近十年间，中建一局紧跟国家全面提升城市品质的发展要求，承接改造更新类施工项目150余项，涉及老旧小区、办公楼宇、商业街区、市政基础设施、古建筑等，累计建筑面积约2800万平方米，形成了一批先进的更新改造专利及工法技术、总结了一套成熟的更新改造管理经验、培养了一批素质过硬的专业人才，为做强传统城市更新业务奠定了良好基础。随着城市更新内涵的不断发展，对城市新产业、新经济、新文化的需求在不断提升，城市更新已不仅停留在改造建设层面，而进入到以投资、开发、运营、服务为主导的有机更新层面。

北京市城市副中心建设

在一局积极参与的国内城市更新项目中，北京市城市副中心就是一个典型的代表作。遵循“绿色建造、安全建造、人文建造”理念，中建一局全面应用“5G、区块链、人工智能、大数据、云计算”等新技术，将“世界眼光、国际标准、中国特色、高点定位”从蓝图变为现实，6年累计建造18项重点工程，总建设面积超100万平方米。

智慧巧思打造副中心文旅标杆。喝一杯黄油啤酒，看水上特技表演，与“话痨”威震天合影……全球最大环球影城“未来水世界”“功夫熊猫盖世之地”两大主题景区以及环球影城大酒店由中建一局建设发展公司建设完成。建设者们在建造中创新建造技术、融入中国元素，创造多项建造纪录，用智慧巧思还原经典影视场景，唯一中国元素主题园区碰撞环球最大“钢铁力士”、全球首个未来水世界专属园区邂逅中国首创三折线造型……中建一局为副中心打造现象级文旅标杆，促进副中心文化产业蓬勃发展。

助力副中心站城一体化典范。在北京城市副中心，地上与地下齐头营建。以这里为起点，15分钟直达首都国际机场、35分钟直达大兴国际机场、1小时到达雄安新区……这座亚洲最大地下综合交通枢纽、“轨道上的京津冀”的重要支点、首都北京新门户——副中心站综合交通枢纽项目正由中建一局华江公司建设推进。建设者们融入智慧建造理念，实现工地数字化、信息化、智慧化管理，低能耗、低污染打造副中心未来的交通中心，项目交付后将成为北京唯一连接两大国际机场的铁路综合枢纽，每天为单向47万人提供安全快捷、舒适智慧的公交出行。

科技引领副中心智慧建造。5G高清球机AI摄像头24小时对施工现场进行智能检测；10余种AI算法对视频图像进行识别，自动捕捉现场违规作业并发出警报，实时上传智慧平台，形成施工记录；中建一局自主研发的基于区块链精细化工程信息管理系统，填补了建筑领域在区块链上的应用空白；智能眼镜的应用实现场内场外远程互动，让安全检查、技术指导“零距离”；AI智能审图效率较人工提高近8倍。

绿色建造提升副中心项目品质。让城市功能更全，让生态环境更美，让人民生活更好。走进中建一局北京城市副中心项目施工现场，可重复利用的钢板路面，可移动、可周转的钢筋加工棚，可重复使用的钢制排水沟，可多次周转使用的承插式拼装上人马道，可周转的定型化钢制栏杆、通道、临边、楼梯防护……目光所及几乎都是可周转的临时设施，既保证了施工安全，又最大限度地减少了资源浪费。

新工艺建造副中心优质作品。从北京城市副中心B1B2工程到副中心在建最大EPC项目——副中心二期160项目等18项工程，中建一局代言中国品质，建造副中心百年工程。中建一局建造的副中心职工周转房项目全面实施目前最“潮”的装配式施工技术。项目建筑面积15.43万平方米，装配率超过80%，工程全部采用装配式装修，施工效率可比传统装修提升30%以上。预计2025年前，中建一局副中心“一条街”作品将全部投用，必将为北京城市副中心大发展、为京津冀协同发展注入强大力量。

二、环境治理业务

习近平总书记指出：“保护生态环境就是保护生产力，绿水青山和金山银山绝不是对立的，关键在人，关键在思路。”近年来，中建一局技术创新提升环境治理项目能力，全力践行国家绿色发展理念，聚力转型升级，明确战略目标和实施路径，以专业促品牌，以转型谋发展。

（一）顶层设计

中建一局坚持“绿水青山就是金山银山”的理念，参与山水林田湖草沙一体化保护和系统治理，持续推进美丽中国建设，持续深耕做强环境治理业务。“十三五”期间，中建一局承建环境治理工程110项，覆盖24个省（自治区、直辖市），治理沙化土地总计2880万平方米，园林绿化面积总计830万平方米。

“十四五”期间，中建一局在战略规划中，明确将环境治理业务作为结构调整的主要方向和拉动规模增长的首要力量，聚焦水环境治理、土壤治理、园林绿化等三个重点板块，持续加大对环境治理业务的投入力度。

率先起草行业的绿色建造系列标准，主要起草国内首部绿色施工地方标准——北京市地方标准《绿色施工管理规程》（DB 11/513—2008），参与起草国家标准《建筑工程绿色施工评价标准》（GB/T 50640—2010）、《建筑工程绿色施工规范》（GB/T 50905—2014）等，为绿色建筑、绿色施工提供了指导依据；智慧建造赋能，助力2022年冬奥会更绿色。在建造冬奥会冰壶场馆冰立方和延庆冬奥村时，中建一局采用绿色建造技术，打造低能耗绿色建筑；秉承绿色发展理念和绿色建造方式，在流域治理、黑臭水体治理、供水工程、污水处理、海绵城市、园林绿化、垃圾处理等环境治理领域大力投入，推进人与自然和谐共处。

（二）生态修复“4233”模式

乌梁素海位于内蒙古巴彦淖尔市乌拉特前旗境内，既是中国八大淡水湖之一、黄河流域最大的功能性湿地，也是全球荒漠半荒漠地区极为少见的大型草原湖泊，素有“塞外明珠”的美誉。作为黄河流域重要的自然“净化区”，每年3亿多立方米的河套灌区农田排水，经乌梁素海生物净化后排入黄河，入黄水质直接影响黄河中下游的水生态安全；作为黄河流域重要的生物“种源库”，湖区有各种鸟类265种、鱼类20多种，许多动植物在此生存和繁衍，成为黄河生物多样性的重要物种来源。

然而，20世纪90年代开始，由于自然补给水量减少，加之工农业排水等因素，湖内生态功能严重退化，水质曾一度恶化为劣Ⅴ类，湖区面积大幅缩减。

习近平总书记十分关心乌梁素海的治理，多次作出重要指示批示。乌梁素海流域山水林田湖草沙生态保护修复试点工程在国家第三批山水林田湖草沙综合治理工程中排名首位，其中沙漠生态治理面积约4.7万平方米，其施工难度之大、治理业态之多、施工环境之恶劣，在国内均属首例。

为改变乌梁素海面貌，中建一局从过去单纯的“治湖泊”转变为系统的“治流域”，从保护一个湖到保护一个生态系统，一体化、系统化修复是乌梁素海生态综合治理的逻辑起点。

生态修复包含沙漠治理、林草修复、矿山地质、堤路修筑、农田面源和城镇点源污染综合治理5种业态治理，包含9个子工程。中建一局围绕“修山—保水—扩林—护草—调田—治湖—固沙”的系统路径开展生态修复，创新性提出“4233”生态修复治理模式。即4步走标准化沙漠治理，林草修复2大神器，矿山3重治理，海堤整治3步施工。通过荒漠化治理稳固沙丘、林草修复改善区域土壤及气候条件，巩固治沙成果；通过修复矿山环境遏制地表水土流失，保证植被覆盖度，减少区域土壤沙化（图6-7）；通过海堤治理还原水体生态，保证水体安全。

各业态治理多措并举、相辅相成，最终实现流域内人与自然和谐共生，修复黄河之肾，助力黄河流域生态保护。截至目前，乌梁素海流域生态修复工程已完成沙漠治理面积2800万平方米，种植梭梭树苗等苗木1500万株；修复矿山面积70.635平方千米；修复林草2200万平方米；完成海堤路修缮68.76千米。流域生态环境质量改善明显，黄河生态安全得到有效保障，生物多样性得到有效提升，每年可减少100万立方米的黄沙流入黄河，推动流域内3.7万贫困人口脱贫致富。从生态、生产、生活过程入手，以提升农产品质量和生态系统服务功能为着力点，乌梁素海流域治理成为“人与自然和谐共生的现代化”的美丽中国建设实践案例。

▲ 图6-7　乌梁素海矿山治理

（三）城市污废处理

城市大踏步前进的同时，作为消费副产品的生活污水、生活垃圾也快速增加。与道路、桥梁、机场等基础设施建设相比，污水和垃圾处理工程与百姓生活更加紧密。

安徽宿州，从古代春秋时期的宿国到现在已有2000多年的历史。这座古老的城市有4条河道：沱河、汇源大沟、老沱河、铁路运河。近十年间，化肥厂、发电厂、酒精厂、化纤厂等众多工业和化工企业入驻河区流域，致使河水日渐臭气熏天、垃圾漂浮、蚊蝇肆虐。

中建一局宿州黑臭水体治理项目先治理河道的表面“病体”，先后对汇源大沟、沱河、老沱河、铁路运河的河道分段截流、分段筑坝围堰，再对每个河段抽取黑臭水，治理河底泥污，再清淤泥疏通河道，深入治理城市水体的“黑血管”。之后，全面清除河道“病根”。项目组自建了大型淤泥脱水厂，把河道的黑水处理后变清，让淤泥变宝，再恢复河道生态，在河底植入植物，再调入活清水补充河道，同时采取人工增氧办法增加水体氧量，最后对岸带进行修复和景观绿化。

对于黑臭水体的淤泥，传统治理方法是放净河水，挖出又稠又厚的淤泥，但沱河水量大，工期紧迫，传统方法自然行不通。中建一局宿州黑臭水体项目组想出了一个好办法：在疏浚绞吸船的船头安装一个直径1.5米的绞刀头，一天能轻松打散3000立方米的沱河淤泥。绞刀头挖松黑臭水体的淤泥层，被打散的淤泥会被船上的泥浆泵机从水下吸上来，经过泥浆泵和水面相连的一根粗大的浮管流入淤泥脱水厂的第一个沉淀池，淤泥泵把淤泥输送到脱水设备里脱干淤泥，剩下的水流入过滤池被处理成清水，清水经检测达标后重新排入河道，整个淤泥处理过程保证“治污不制污”。

在淤泥脱水厂中，每台机械每小时可生产脱水泥40立方米，截至目前淤泥脱水厂已生产了27万立方米脱水泥，经多道工序处理后的一袋袋脱水泥，变成了花肥和苗圃用肥。经过几年的综合治理，中建一局宿州黑臭水治理项目工作取得显著成效：对沱河老沱河铁路运河和汇源大沟4条河道进行了治理，将宿州“龙须沟”大变脸，成为首批黑臭水体治理的全国示范。项目创新应用水体治理新技术、新工艺，在《人民日报》、中央电视台专题报道中给予了高度肯定，提升了一局在水环境治理领域的知名度。

（四）创新“超厚底板”承载垃圾处理

中卫工业园区作为宁夏回族自治区中卫市重点打造的工业园区，为当地经济发展做出重大贡献。然而，园区内一度出现危险废物安全处置率低，环境风险较大的情况。

宸宇环保无害化处置中心项目采用国内外成熟可靠的固体垃圾处置技术，建设集收运、储存、焚烧及填埋于一体的综合处置中心，年综合处理外来危险废物3万余吨，集中处理中卫市域及周边地区的危险废物。

宸宇环保无害化处置中心项目有别于一般垃圾处理厂，填埋垃圾均为危险废物，且每个垃圾单元池需能承受垃圾500吨重。为降低危险物渗透对土壤的污染，并满足其所需要的承载能力，项目创新采用350毫米厚的“超厚底板”作为固体垃圾填埋池的底部。“超厚底板”采用C40P8抗渗混凝土结合直径20毫米钢筋双向排布的方式打造，设计施工方案经权威专家论证，具有抗渗能力强、承载能力高等特点，满足项目需求。项目投入使用后能有效填补宁夏回族自治区危险废物处置缺口，对危险废物实行集中无害化处理，这些措施对于有效控制污染源、严防二次污染具有重要意义。

三、新能源业务打造新增长极

新能源又称非常规能源，是指传统能源之外的各种能源形式。当今社会，新能源通常指水能（抽水）、光能、风能、核能、生物质能等。在中国可以形成产业的新能源主要包括水能（抽水蓄能）、风能、生物质能、光能、地热能、氢能等，是可循环利用的清洁能源。

中建一局将基础设施作为转型升级的首要力量，将新能源作为基础设施发展的“新增长极”。当前国家正处于能源绿色低碳转型发展的关键时期，新能源市场空间广阔、增量十分可观，一局抓住难得的市场机遇，实现在新能源领域弯道超车，助推企业转型升级。

“十四五”是碳达峰的关键期和窗口期，能源结构将持续向绿色低碳方向发展，以风电、光能、核电、水电、氢能为代表的新能源被寄予厚望，但国内对于氢能源的研发以及推广都尚在起步阶段。结合中建一局发展战略，目前拟聚焦抽水蓄能、光伏发电、风力发电、核能四个产业潜力巨大的领域。

根据国家能源局2021年9月发布的《抽水蓄能中长期发展规划（2021—2035年）》显示，我国有2亿千瓦以上的抽水蓄能项目在开展前期工作，根据抽水蓄能电站的需求分析，综合考虑规划站点资源情况与相关影响因素（“十四五”期间开工1.8亿千瓦，2025年投产规模6200万千瓦；“十五五”期间开工8000万千瓦，2030年投产总规模22亿千瓦；“十六五”期间开工4000万千瓦，2035年投产总规模3亿千瓦），中建一局将采用“股权投资+施工总承包+运营”模式，投资运营公司作为一局投资抽水蓄能的主体，负责组织抽水蓄能项目投资，并联合电网、电力企业市场资源共同对接地方政府，项目具备条件后与其组成联合体或以专业分包的形式参与项目施工，并在后期参与运营，运营主体为投资运营公司。参与抽水蓄能项目建设符合国家政策导向，扩大行业品牌影响力，具有一定战略意义。

“十四五”期间规划开工的大型风电光伏基地共24个，配套容量1.65亿千瓦。中建一局将重点探索开拓集中式光伏、并网分布式光伏，特别是24个光伏基地，要积极抢占市场份额，项目实施可采用EPC、施工总承包模式，并加大与大型国企的合作力度。根据国家能源局发布《“十四五”现代能源体系规划》预测我国风电行业有望保持年均40～50GW新增装机需求。按照中国碳达峰、碳中和的战略目标，2025年我国风电装机有望达到5亿千瓦，市场规模巨大。中建一局将加大风电市场开拓力度，关注风电热点区域（西北）项目，重点跟进陆上风电项目（项目实施采用EPC、DB模式），增加资源投入。积极推进电力施工总承包一级资质的获取，快速进入风电市场，提升风电业务规模。

在国家“十四五”规划和2035年远景目标纲要中明确指出，要安全稳妥推动沿海核电建设，建成华龙一号、国和一号、高温气冷堆示范工程，积极有序推进沿海三代核电建设。中建一局将逐步进军核电领域，以常规岛、BOP建安领域为切入点，寻求合作契机。

四、建筑工业化业务

建筑工业化是指通过现代化的制造、运输、安装和科学管理的生产方式，来代替传统建筑业中分散的、低水平的、低效率的手工业生产方式。它的主要标志是建筑设计标准化、构配件生产工厂化、施工机械化和组织管理科学化。

“十三五”以来，我国政府推进实施建筑工业化的政策力度越来越大。2016年，国务院办公厅印发《关于大力发展装配式建筑的指导意见》；2017年，住建部印发《“十三五”装配式建筑行动方案》；2020年，住建部等九部门联合印发《关于加快新型建筑工业化发展的若干意见》，要求加强设计引领作用，推动全产业链协同，发展智能建造和强化科技支撑等；2022年，住建部发布的《“十四五”建筑业发展规划》中明确“十四五”时期建筑工业化发展目标，要求产业链现代化水平明显提高，实现智能建造与新型建筑工业化协同发展的政策体系和产业体系基本建立，装配式建筑占新建建筑的比例为30%以上。

中建一局是国内最早布局建筑工业化的企业之一。2010年，一局承接长阳半岛工业化住宅项目，开启国内新型建筑工业化发展的新纪元；2012年，一局承接了西安三星一期电子厂房项目，为高科技厂房工业化建造探索出新道路。2010—2021年，共承接装配式建筑项目2147万平方米，年均增长率55%，始终处于国内领先地位。经10余年发展，一局拥有现代化预制构件生产工厂，已完成各类工业化建筑设计1000余万平方米，生产各类型预制构件10余万立方米，施工总承包约3000万平方米，在工业化住宅、公共和工业建筑建造方面积累了丰富的经验，具备全产业链技术能力。2015年，一局在工业化建筑方向承接国家“十三五”重点研发计划课题1项、子课题2项，在装配式建筑施工全过程精细化管理和复合围护结构研发方面进行研发，相关成果达到国际领先水平。局内部课题研发覆盖设计、生产和施工三个产业链的主要环节。

第四节 市场营销创新

市场营销作为企业在市场经营活动中的主要规划以及方针策略，其对于企业的发展以及市场推进具有重要的意义。中建一局经过多年的发展以及独特的营销方式，推行以“一化三线”为核心，以大市场、大业主、大项目为主要抓手，以国外市场为重点布局的营销战略，实现企业发展质量的全面提升，逐步奠定了其在行业的品牌影响力以及市场份额。

（一）“一化三线”战略核心

一化三线是指属地化、产品线、客户线、模式线。

1.属地化

一局层面以省为单位实施目标市场管理，明确属地化领导责任，促使子企业提升经营能力、扩大品牌影响、扎根目标市场。目标市场的责任领导由局领导班子成员担任；中建一局市场拓展部（地区总部）作为局分管领导开展工作的服务部门，为分管领导的工作提供充分的保障和支撑；目标市场内的子企业及驻地机构按照局市场拓展部（地区总部）的要求，协同开展工作，落实具体工作；城市公司做深做透本城市目标市场，承担实施完成目标市场年度营销指标的任务，确保目标市场重大项目全参与；项目部定位于“固定地区”的项目部，制定属地化实施规划，承担地区营销指标并予以考核；属地化考核从目标市场合同额、排名、目标市场集中度、国有资金项目合同额占比和竞争性公招项目个数等维度进行。

2.产品线

一局将产品线系统性划分为量的板块、新兴板块、供给侧结构性改革的产业资本板块、高大新重特外板块。量的板块以保障房、限竞房、棚户区改造等为主；新兴板块以环保产业、园林绿化等为主；产业资本板块以教育、卫生医疗、高新科技、轨道交通、会展中心等为主；高大新重特外板块以超高层建筑、地标性建筑、重大基础设施项目等为主，尤其要在战略区域获取影响力深远的工程，而“外”则是指所选定国别市场的重点项目。

3.客户线

大客户管理和维护分为局级和子企业级两个层级；大客户管理的最高机构为大客户管理委员会，下设大客户营销管理中心和大客户履约服务中心；每个局级大客户配备一个管理团队，包括1名客户专员和1个工作小组。

4. 模式线

模式线是指项目工程的全周期实现模式，重点分为工程总承包（EPC及延展模式）、融投资建造（PPP、BT、融投资带动总承包等）、建筑工业化、棚户区改造等。模式线的管理要始终坚持以客户需求为导向，积极进行多维度模式创新，通过产业经营与资本运作相结合，充分发挥资本的纽带作用和放大效应，提升从设计到运营的全产业链综合能力，实现模式线的全流程把控，为客户提供全流程解决方案。

（二）大市场开发

1. 落实产品线建设，形成差异化竞争优势

中建一局从2018年起开始推进各类产品线建设。在房屋建筑和基础设施领域重点培育打造电子厂房、医疗卫生、超高层、市政、综合管廊、环境治理等产品线。组建产品线专家团队、建立产品线专家库、重点跟踪项目名录和业绩库；子企业制定产品线发展规划；由局总部统筹安排，确定每条产品线的主要建设单位并带领产品线主力子企业策划和投标项目。

2. 确定目标和抓手，加速属地化发展进程

完善地区总部建设，在原有地区总部基础上成立西北、雄安和京津冀地区总部，增加地区总部履约及商务管理职能，细化地区总部考核标准，地区总部设省份专员，负责目标城市营销工作的实施，提升地区总部化管理，明确省份专员的管理动作，强化省份专员的能力提升，明确地区内核心战略城市（区）的主责单位。与此同时，遵循聚焦同一个目标省的主力子企业不超过3～4家、重点聚焦深耕主要城市的原则确定子企业的目标市场，子企业目标市场集中度呈现逐年增长态势。通过市场细分和机会分析，选择若干个有发展规模的优质城市设立城市公司，并授权子企业进行经营管理，根据城市公司经营情况对授权单位进行调整，开展城市公司间

的对标学习，建立发展样本，达到高度聚焦、做深做透目标市场的目的。

3.探索多维度模式，全力支撑主业发展

以市场为核心，以用户需求为导向，充分发挥“资源”“资金”与“资质”三结合的优势，积极进行多方面、多维度的商业模式创新探索，建立长期稳定的战略伙伴关系，搭建“生态平台”。明确区域发展定位，聚焦华东、西南、华南三个区域，努力构建辐射状发展的前沿阵地和主平台，形成了四川、北京、河北、江苏、浙江投资业务主战场。

4.采取多样化手段，提升市场营销质量

一局每年对红线条款进行调整，逐年提高标准，红线中不仅涵盖付款条件、付款比例，还会根据实际情况将非现金支付的付款方式、共管账户等条款均囊括其中。从前期支付到后期竣工交付，均提出了相应的要求并提高了标准。一局从2018年开始持续坚持执行触红上会评审制度，每周进行初审和终审两次评审会，评审标准也逐年提高。对在合同承接质量及经营状况和资金状况未进行大幅改善，以及在评审过程中不按照要求上报资料的单位，均暂停其上报资格进行整改，整改完成后方恢复上报资格；出台《信用分管理办法》，制定信用分三年提升计划并按照计划进行实施和推进，对“信用中国”等信用评价网站委派专人进行维护，发现不良信息及时进行申诉和处理。

（三）大业主开拓

1.守好市场营销的优势阵地

随着存量时代的来临，建筑行业会逐渐趋向收缩，行业集中度也会有所提高。建筑行业的竞争格局会被打破，进行结构调整，也是所谓的市场蛋糕重新切割。无论是合同额优势产出区，还是优势产品线、战略大客户项目，务必要坚守住优势阵地，特别是具有战略意义的“街亭”项目，绝不能轻易给竞争对手抢占份额的机会。坚守大本营营销阵地，加大北京市

场等传统优势区域营销力量的投放，总部和在京子企业筑牢危机意识，严格落实公招项目全跟踪与全参与机制，对有影响力的项目和政治工程适当降低盈利底线，全力获取。

2. 坚守优势产品线、大客户项目营销阵地

优势产品线、局级大客户是一局长期深耕经营的业绩成果。局属各子企业充分利用好一局品牌形成的良好口碑，既实现了合同额的稳定产出，又奋力构筑细分领域项目、大客户项目的外部单位准入壁垒，牢牢守住一局的经营版图。其中，运行大客户工作强化长效对接机制与商务活动的落实机制，真实理解大客户的企业文化、盈利模式、决策流程和成本管控；重视大客户项目履约评价结果应用，运行好大客户项目的投标准入、清出机制；评判客户合作的必要性，并选定对接维护的子企业。对多个子企业履约同一大客户项目形成评价制度和运行机制，通过规则提升参与子企业的集中度。

3. 提升项目履约品质

“干好一个工程，交一批朋友，开拓一片市场”是施工企业市场营销的老话题，但能做到的不多。项目现场是施工企业品牌树立的最好窗口，项目履约能力则是在属地现场赢得口碑的最好展示。特别是未来资质淡化将使得地区市场竞争更多地依赖于过往业绩和诚信排名。一局在市场开拓方面充分挖掘项目履约全周期、全过程的营销内涵，承接项目后第一时间着手策划业主后续项目营销，进一步集中力量打造千亿合同额产出区；复制好一局在成熟地区的市场成长模式，做好属地化示范样板的建设；以现有项目为支点，逐步扩大项目总量，形成规模优势；应用创新技术，以智慧工地建设为契机，迅速总结经验、归纳标准范本，充分利用好自主知识产权对市场的促进作用。对于两级大客户项目，一局永远保持高品质履约的敬畏意识，通过创建观摩工地、示范工程，一局形成地区品牌影响力、成为业主的合作首选，强化履约现场对市场开拓的循环支撑作用。

4.调整方向与思路，实现大客户提质增量

从客户属性进行甄选，改善大客户结构。剔除承接体量小、付款条件差的地产类客户，将具有投资权限的政府机构的平台公司、央企、地方国企、金融机构、新基建等产业类列入重点客户。从客户特性、文化差异、价值取向、运行模式及关注的重点等方面，分析不同类型大客户的关注重点与需求，形成专题分析报告并制定“一家一策”营销策略。一局市场系统与商务管理、项目管理、资本运营等业务系统联合，精准进行客户维护，客户黏性逐渐增强。落实大客户项目子企业履约评价机制，刚性执行对大客户项目履约单位做减法的整体推进工作，对履约问题频发的子企业从大客户履约体系中予以清除，确保大客户的履约品质保障。同时局总部侧重带领优质子企业拓展高端客户，增加优质大客户的数量。

5.遴选优质客户，降低风险客户项目占比

在客户风险管控方面，具体做好两方面工作。

一方面，杜绝承接有较大风险的业主项目，落实好“三个不做”。一是不做“三线触红”业主项目。根据中建集团《地产类项目承接底线管理标准》，不仅红线档不能做，橙线档业主付款比例低于80%，黄线档业主付款比例低于75%，绿线档业主付款比例低于75%，都不能接。二是不做没有双赢文化的业主项目。合作共赢是企业长期合作的基础。如果一个企业只想从对方身上榨取最大的利润，这样的企业是不会长久的、这样的合作是没有意义的，遇到此类业主坚决不做。三是不做中小地产商的项目。中小地产受自身规模的限制，商务条件往往较差、经营风险也比较大，还经常需要帮着垫资，遇到这样的项目要果断放弃。一局各子企业改变营销思维，从“垫资”向“投资带动”转变。

另一方面，做好专项客户服务。各子企业梳理超过一定规模产出的大客户，成立事业部或项目部进行全程专项服务。另外，服务一个单一业主，是项目部最大的管理优势，可以充分熟悉业主管理规则和人员等，不

仅可以解决订单问题，还可以解决盈利问题。对于有合作基础、规模不大的客户，要成立专门项目部进行履约，由专人带着一拨人马单独负责，有多少能力就匹配多大的体量。

6.强化客户专员、客户联络员制度执行效果，为市场营销做加法

首先要干好活，做好项目履约，兑现对客户的承诺；其次是算好账，实现收入预期，这是一局做市场的基本要求；最后是服好务，以客户为中心，让业主感到满意，赢得客户与社会的口碑，打造企业品牌，获得进一步合作机会。

对于大客户，强化专员制度。第一，明确“一个客户只能有一个局级专员对接”，负责牵头抓总，代表一局服务客户，为客户解决疑难问题。第二，明确客户管理的工作机制。要想做好客户管理，必须要研究客户的工作规则、交易习惯、管理标准、发展方向、资源匹配等，跟客户相关的信息都要吃全吃透，做细做实，关注客户需求，为客户提供全周期、全方位服务，持续提升客户满意度。第三，明确营销专员的管理权限。对于客户专员和联络员等相关人员，要给授权、定指标、给费用、明考核，充分发挥激励作用，调动营销人员积极性，促进主动营销。

坚持执行客户“保护机制”与“清出机制”。保护机制，是以大客户履约单位做“减法”为原则，通过对履约单位从客户关系、履约评价、盈利能力等因素进行综合分析来制定全局客户保护名单，明确责任主体。清出机制，是要在客户维护名单里及时清出履约和盈利能力差、客户评价不高的单位。要坚决杜绝内部无序竞争和通过伤害客户获得短期利益的行为，要将客户作为企业的宝贵财富，真正做到“以客户为中心”。

（四）大项目突破

1.着眼高大重特新及标志性项目的突破

长期以来，在“品牌兴企”战略的引领下，在标志性项目的支撑下，

进一步提高集约能力，眼界向外，拓宽项目信息渠道，创新项目合作模式，协调资源全力获取，有力支撑城市公司和项目部发力。

2. 着眼产品线、属地化、两新一重等关键项目的突破

对关键项目，保持战略定力，集中优势兵力打歼灭战。

一是基础设施业务发展方面。中建一局深度融合“一化三线”市场营销战略，始终坚持走专业化发展道路，对重点聚焦的机场产品线和水环境治理、流域治理、土壤修复、园林绿化等环境治理产品线，集中炮火、饱和攻击，全力填补业绩空白。加强体系建设水平，协同人力资源系统，按照既定产品线，选优配齐专业人才、专家团队、营销尖兵，构建起基础设施业务提速发展的纵横网络。高度重视技术引领，不断完善优化产品线技术手册，突出核心专利应用，持续沉淀可复制、可推广的先进经验和技术优势。

二是属地化建设方面。全力打造千亿战略地区、百亿城市以及百亿城市公司。发挥责任区域市场营销的引领作用，不仅要宏观分析统计数据，更要深入一线、靠前指挥，在区域营销体系建设、重大项目跟踪获取等方面统筹资源，实现突破。城市公司主要领导进一步提升企业家素养，在企业发展定位、战略目标和队伍建设等各方面，形成了完整的工作体系；遵循“没有天花板”的业绩观，全面掌握属地市场规则，抓牢市场营销的重大机遇期，全力做强做大城市公司；坚守廉洁从业底线，追求阳光下收入的最大化，心无旁骛地谋发展；保持工作激情，树立岗位意识，持续提升良好的职业操守和训练有素的专业能力。中建一局各子企业，深度聚焦战略目标区域市场，在一个或几个地区“立得住、叫得响”，强力支撑企业整体规模的增长。各地区市场营销会，重点关注区域内核心骨干企业的经营发展与重点项目跟踪，合理配置资源，构筑起区域内“四梁八柱”子企业的市场拓展合力。

三是战略区域市场、两新一重项目方面。着力布局经济实力雄厚、人

口支撑充足、产业资源丰富的核心战略区域市场。核心战略区域市场，强势树立中建一局的地方性品牌。全力提速江南江北资质布局进程，填补国家发展热点区域的资质空白。对具有影响力的标志性项目、政府重点项目、两新一重工程等“标杆”项目，属地企业、城市公司从根本上克服畏难厌战心理，及时上报两级总部、适当降低盈利底线，多方联动，全力获取。应认识到，假如战略区域没有挖掘到标志性工程和具有影响力的政府工程，实质上缘于属地化深耕的程度不深不透。

第五节 治理机制创新

党的十八大以来，国有企业发生了根本性、转折性、全局性的重大变化。近十年是中国特色现代企业制度的成熟定型期，是国有企业发展最全面、活力效率提升最显著、布局结构优化最明显的十年。中建一局通过一系列深入改革，实现了治理体系、经营机制的优化，企业竞争实力进一步增强，发展动力及韧劲进一步强化，为高质量发展奠定了坚实的制度保障。

一、强化总部建设，发挥价值创造力

（一）治理体系和治理能力现代化

做到“两个一以贯之”，坚持党对国有企业的领导要一以贯之，建立现代企业制度要一以贯之。一局以客户为中心，以品质保障和价值创造为

轴线，提高依法治企水平，健全制度体系。对标对表“13个坚持和完善”，坚持补短板强弱项与精简优化相统一，守住底线，做到执行高效和PDCAS循环提升。

落实局管子企业、子企业管项目的组织原则，通过优化总部管控和调整组织架构，实现两级总部及经营机构定位清晰、职能明确、管控到位，组织架构层次清晰、精简扁平、协同高效，每个子企业都找准自己的跑道、明确在全局的战略定位和价值贡献。

完备决策体系系统，坚持重大事项党委会评议前置制度，坚持“三重一大”事项集体研究决策，所有议程、议案均严格按照有关制度履行相应程序。严格会前审核机制，事先充分酝酿，确保事项合规、程序合规。严格会后督办和反馈机制，强化督导执行。

规范法人治理结构，建立《子企业董事会建设指引》，子企业设立董事会（或模拟董事会），从管理原则、机构设置、决策议事范围、决策议事规则等方面明确了董事会建设标准、决策程序及董事人数，推进董事会（或模拟董事会）全覆盖。

（二）总部和子企业功能定位

局总部功能定位。通过培育扶持和做强做优做大子企业来实现战略目标，局总部的主要责任是将子企业的领导班子建设好，将子企业的公司化建设搭建好，促进子企业的规划目标按节点实现，在提高子企业平均水平的同时，努力消除子企业间运营“质”的离散度。

子企业总部功能定位。通过做强做优做大现有项目部、孵化裂变新项目部来实现战略目标，子企业总部的主要责任是全面落实局战略意图，百分之百执行局要求的规定动作和底线要求，独立完成自身承接项目的履约工作，在提高项目部平均水平的同时，努力消除项目部间运营“质”的离散度。

两级总部衡量标准。局总部为子企业的平均水平和离散程度，子企业总部为大项目部的平均水平和离散程度。推进局总部的战略推动、文化引领、体系建设、资源配置、服务监督五项职能不断强化，大力建设学习型、创新型、服务型三型总部。

二、实施差异化管控，有效激发子企业活力

（一）开展子企业分类评定，为差异化管控提供分类依据

中建一局建立子企业分类标准，依据经营规模、经营质量、品牌规则三类指标，将子企业划分为三类进行差异化管理，通过分类施策和精准扶持，提升子企业整体发展水平。

确定“经营规模、经营质量”两个维度指标（其中：经营规模指标包括新签合同额/销售合同额、营业收入；经营质量指标包括收入利润率、结算平均收益率、应收账款周转率）。对第一类子企业，通过扩大授权、投放资源和倾斜政策，扶持做强做优做大，成为支撑全局发展的“四梁八柱”；对第二类企业，通过加强公司化建设、管控体系建设和基础管理，以提升经营质量为主线，扶持做强做优，尽快进入一类企业；对第三类企业，通过加强领导班子建设、运营机制建设和培训力度，加强底线管理。

（二）强化头部企业培育和二类及以下企业治理

中建一局深入研究子企业成功的要素和关键短板，2019年首次在局层面组织研究、审议决策并正式发布和落实已设子企业运营方案。建立纵向“手把手”帮扶机制、横向“手拉手”对标机制，对助力级企业“补思路、自己干”、促进级企业“出思路、看（kān）着干”、帮扶级企业“出思路、带着干”。

2020年，一局出台《中建一局四梁八柱子企业加强培育方案》《中建

一局施工类二类及以下子企业差异化治理方案》，聚焦协同提升效益品牌规模，支持头部一类企业加快发展，多维发力提升其他施工企业的发展质量；从综合实力、转型升级两方面确定入围子企业和后备子企业，出台“五类赋能”“八项扶持”和“九条放权”举措，“四梁八柱”子企业集群加速形成，成为拉动全局高质量发展的主引擎；聚焦优先补足经营质量短板。

2021年，一局就子企业分类评定情况进行分析，审视剖析两个方案执行的差距。同时，围绕高质量发展主题实现突破，分析进入新发展阶段的新形势、新任务，根据最新的子企业分类结果，及时更新两个方案。

（三）培育优势子企业，撤并弱势子企业

加强培育优势子企业，推进优势企业完成引领目标。推进中建一局建设发展公司保持综合实力前五的领先地位，推进两家二类及以下子企业向一类子企业升级；各子企业保持收入和利润增长，将完成预算目标作为底线标准，力争实现营业收入和利润增速奋斗目标，特别是要保持利润贡献增长，逐步提高收入利润率；撤并弱势子企业。从2009年至今，一局经历了数轮优势吞并弱势和强强联合的重大历史变革。

（四）形成“241”海外战略布局

推动形成“241”海外业务战略布局，切实发挥海外业务的运营载体的作用，真正成为一局出海联合舰队。

“2”即两家主力子企业。中建一局三公司、建设发展公司作为一局海外运营体系中的两家主力子企业，是海外发展的先锋力量，发挥其深耕市场的引领效应和管控体系的示范效应，建设成为一局海外发展的主力军、先锋队。发展目标是海外发展战略与布局清晰，一线团队较为稳定，子企业内部形成良好的管控体系，具备自主营销能力，成为其他出海子企业对

标学习对象。赋予主力子企业的权益是享受海外营销资源倾斜、考核优先、海外决策授权额度申请权益和局内海外人才优先选用等多项支持性权益。

“4”即四家重点子企业。中建一局一公司、二公司、五公司及华南公司作为一局海外运营体系中的四家重点子企业，是海外发展的中坚力量。在局总部的定向指导下，建设成为稳步增长、管控有度的重点出海企业。发展目标是海外发展思路较为清晰，业务团队相对稳定，子企业具有良好的发展意愿，逐步建立健全内部管控体系，具备较好的发展势能。赋予重点子企业权益是享受局总部在业务与管控体系建设方面的优先扶持与深度指导、特定国别资源倾斜等扶持性权益。

“1”即一家基础设施类子企业。中建市政公司作为一局海外运营体系中的基础设施领域类子企业，是海外业务领域向基础设施转型的重要力量。

中建一局安装公司以及装饰公司作为专业型公司，以提供高质量专业服务及人才为导向，以跟随发展为策略，聚焦专业能力提升，探索海外业务合作模式，为全局海外业务提供专业性支持。发展目标是海外团队相对稳定，子企业内部具备基本管控能力，具有基础设施建设领域专业经验，具有履约交付及风险管控能力。

三、持续深化国企改革，不断提升活力与效率

2020年6月，国企改革三年行动启动以来，中建一局根据国资委、中建集团相关要求，优化深化改革领导机制，构建了纵向贯通、横向协同的工作推进机制，有序有力推进改革三年行动实施方案落实落地。三年来，中建一局坚持问题导向、目标导向和效果导向，在完善公司治理体系、激励体制、产业布局和科技创新等方面取得了明显成效。

（一）实现从传统管控模式向新型治理关系的有效转变

全面加强党的领导，坚持系统观念，完善顶层设计。中建一局把党的建设融入公司治理的各环节，以前置研究清单修订为切口，进一步厘清党组织与其他治理主体之间的权责边界，统筹修订各治理主体议事规则，推行决策事项清单化，编制各治理主体决策事项权责清单，实现权责法定、权责透明、协调运转、有效制衡。

全面塑强董事会治理能力，中建一局及5家子企业董事会顺利实现外部董事占多数，改革后局层面董事会共召开13次会议，审议议案101项。建立子企业外部董事人才库，统筹年龄结构、专业特长、岗位履历，选出6名阅历丰富、素质突出的部门负责人及以上级别人员，实行“3人编组”，向5家“应建”子企业针对性开展“小组制”委派。

外部董事的就位，进一步提高决策科学化水平，为企业高质量发展赋能。全面激发经理层自主经营活力，建立并实施董事会向经理层授权管理制度，出台《董事会授权管理办法》《董事会授权方案》，明确对董事长及总经理的授权原则、管理机制、事项范围、权限条件等，合理确定对总经理的授权事项范围。通过领导班子分工，有效发挥经理层经营管理作用，调动经理层成员积极性。统筹推进“双百行动”改革。2018年，中建一局二公司入选国企改革“双百行动”。改革主要围绕国资委《国企改革“双百行动”工作方案》目标中提到的“五突破一加强”开展，为中国建筑干部人事制度改革贡献新经验、开启新局面，带动全局的改革工作向纵深推进。

（二）实现从传统模式管理向市场模式管理的积极转变

探索奖励激励精准化精细化新路径，赋能子企业高质量发展。建立超越发展线奖励机制，有力激发子企业跨越发展能动性。以“整体超越，分级奖励；难度越大，奖励越高”为原则，实施《中建一局子企业主要指标超越发展线奖励规定》，选取四项指标，设置不同级次发展线标准值，达到即可获得相应级次奖励。实施贡献能力和发展速度评比，有力推动子企业盈利能力和发展质量双提升。选取利润总额完成值进行贡献能力评比，对不同类型子企业选取差异化指标进行发展速度评比，同时设定5项否决项，按照得分高低排序，分别选取前五名按标准进行相应奖励。打造“有言实行”文化，有力调动目标实现原动力。

探索选拔培养科学性引领性新思路，推动企业干部人才焕发新活力。三项制度改革实现推陈出新，运用《负面行为苗头性表现清单》，将政治品德和政治素养放在首位，同时，将对业绩的考察深入干部选拔任用各环节。高标准开展领导班子及班子成员的年度综合考核测评，在中建系统内率先完成员工职级统一和薪酬体系统一。

职业经理人制度实现经验转化，基于一局二公司职业经理人核心机制的探索。一局修订了子企业负责人年薪管理办法，薪酬标准与经营业绩考核核心指标挂钩，为子企业提供标准明确的薪酬跑道。任期制和契约化管理实现应推尽推，出台《经理层成员任期制和契约化管理操作指引》等文件，实施“一人一表”，推进任期制和契约化改革扎实落地。

各级经理层成员实行经营业绩考核和综合考核评价“双达标”规则，强化考核结果与薪酬激励挂钩机制、刚性考核和退出机制，真正实现管理人员能上能下、收入能增能减。

（三）实现转型升级从优化布局向前瞻布局的有益转变

以机构实体化和人员属地化为主抓手，优化经营布局。中建一局坚持深化落实区域化发展战略，编制《关于加强局属施工类三级经营机构建设的指导意见》，着力打造一批符合区域布局、能够深耕属地、具有较高管控能力的三级经营机构。从多维度综合考量，选定73家三级经营机构纳入重点培育名录。

以战略性新兴产业探索布局为突破口，优化产业布局。中建一局在“十四五”规划中调整产业板块，将新业务作为重要业务板块统筹谋划。逐项梳理可选领域，侧重布局与建筑行业生态相关的前沿技术和与主业关联度较高的业务。对于具备一定发展基础的“种子”业务开展针对性培育，强化技术锻造，构建标准化产品体系，打造智慧建造基础能力底座，以点带面，力求突破。

以效率提升和效益发挥为落脚点，优化资源布局。着力夯实“瘦身健体”，截至2021年底，共“压减”16户施工类法人企业，推动整合历史包袱较重企业。强化非生产类资源管理，加速提升非生产类资产运营盘活效率。

（四）改革成效

企业经营更趋稳健。系列改革举措的实施，驱动中建一局实现经营规模稳步增长和经营质量持续优化，实现存贷差排名工程局最高，带息负债总额绝对值工程局最低、总资产周转率工程局最优、经营性现金净流翻倍增长。项目管理标准化、精细化管控持续夯实，创效能力不断提升。通过国家级高新技术企业认定，以“科技创新领先”成果亮相服贸会。

转型动力有效塑强。一局积极服务国家战略、紧随政策导向，向热点区域聚焦、向高端领域迈进。2022年，基础设施业务全年新签合同额首破千亿，提前3年完成“十四五”末规模目标；在抽水蓄能、铁路站前、EOD、国家储备林、长输燃气管道等工程领域实现零的突破，业务领域进一步拓宽；地产业务利润成为全局效益产出的重要来源；海外业务稳健发展，自中建集团第十四次海外工作会召开6年来，新签合同额、营业收入复合增长率均超过规划增长率，得到中建集团的充分肯定。

发展活力持续迸发。中国特色现代企业制度更加成熟定型取得突破性进展，制度体系基本成熟定性，系统建设成效凸显，前置事项清单持续优化并落地见效，董事会实现“应建尽建”，“外部董事占多数”全面就位，经理层成员任期制和契约化管理等三项制度改革有效激活发展动力。

四、构筑监督体系，加强党风廉政建设

中建一局党委持续加强党风廉政建设，强化主体责任落实，坚持把巡察监督、纪律监督、审计监督、法律监督与纪检监督有效贯通起来，构建党委统一领导、专业和专责监督有机结合、全面覆盖、高效协同的监督体系。

（一）坚持依法依规治企，厉行规则与底线

一局始终坚持依法治企，科学立规、严格执纪、违规必究，构建决策科学、执行坚决、监督有力的企业运行机制。通过目标引领和底线约束，统领机制运行；以“切底线、去短板”确保底线坚守；始终强化规则意识，严格贯彻落实各项基本管理制度；加强问题线索查办力度，建立纪委书记办公会机制，制发《纪委书记办公会工作指引》，集体研究线索、听取子企业纪委转办线索处置情况，“从严”审核处置结果，“从快”倒逼办案速度，以上带下提升办案质量，从严惩治群众身边的腐败问题。

（二）坚持惩防并举，深入推进党风廉政建设

一局党委、纪委认真落实主体责任和监督责任，召开年度党的建设工作会和纪检监督系统工作会，全面部署党风廉政建设工作，细化分解年度重点任务。一局纪委聚焦主责主业，深化纪检监察体制改革，严格落实“三转”要求，推进子企业纪委书记专职化和轮岗交流，督促各级纪委书记退出与纪检工作无关的议事协调机构，并把深化“三转”情况纳入子企业纪委履职责任考核，逐年对子企业纪委履职情况考核排名通报；与此同

时，主动“走出去”，加强与地方纪委监委的沟通联系，选派人员赴中央纪委国家监委，驻国务院国资委纪监组及地方纪委监委协助办案；加强政治监督，持续强化对“六个专项行动”、疫情防控、“厉行节约勤俭办企”、乡村振兴、农民工工资足额支付等重点任务落实情况的监督；加强作风建设，在重大节日等重要时间节点印发通知，提醒落实中央八项规定精神，开展“四风”问题自查自纠和整治情况“回头看”；加强选人用人监督工作，纪委对拟提拔的领导人员出具廉政意见，实现纪委书记对新提任局管干部廉洁从业谈话全覆盖，同时建立重要干部廉政档案并每年进行更新。

（三）坚持联动协作，筑牢企业发展防线。

一局各业务系统形成执行系统的自我监督、自我约束，建立一局违规经营投资责任追究管理制度，明确各业务系统监督专责。纪检监督和审计部门对执行体系实施专业监督，常态化监督业务部门是否存在监管缺失、越位、错位、不到位等问题，通过部门联动机制将监督体系覆盖到企业运营全过程，没有死角，没有亲疏。通过自我监督和专业监督促进底线和规则坚守，实现监督全覆盖。

（四）强化监督检查和成果运用

通过监督关口前移防止量变引发质变，中建一局两级纪检机构精准运用监督执纪“四种形态”，做到早发现、早提醒、早预防，通过严管彰显厚爱。深化审计覆盖，以防范权力、决策和行为失控为重点，全面开展经济责任审计；以防控运营风险为主线，重点开展“两金”压降和底线管理等专项管理审计；以成果运用为抓手，构建整改闭环工作机制，狠抓问题整改。

07

CHAPTER

第七章

质量的未来

卓越的质量不仅仅体现在产品品质上，服务品质、管理品质也是企业应重视的质量范畴，全面提升质量境界，不断充实质量内涵是中建一局行稳致远的关键。

质量体现着人类的劳动创造和智慧结晶，体现着人们对美好生活的向往，人类的进步发展史就是一部质量提升改善的创新史。在几千年的文明进程中，质量提升始终是社会发展的有力证明和强大动力。因此，质量管理是一门常用常新、持续改进的科学。时至今日，质量已经不单单被视为是产品或服务的一种固有属性了，附着其上的还有更加形而上的许多内涵，不但反映着一国的技术能力，还彰显了国民素养、文明程度和管理水平。

面向未来，质量创新的内容和实质正在发生越来越快的变化，质量的范畴越来越广、对质量的需求越来越高、检测质量的方法越来越新。高质量发展已经成为时代的主旋律，中国乃至全球都不可避免地需要共同应对新的质量挑战。

在这样一个变革的新时代中，质量将长期是经济社会发展的本质要义，创新是社会创新大系统不可或缺的重要组成部分，将深刻地影响人类的生产和生活方式。

今天的中国高度重视质量建设，不断提高产品和服务质量，努力为世界提供更加优良的中国产品、中国服务，不断推动“中国制造”向“中国创造”转变、“中国速度”向“中国质量”转变、“中国产品”向“中国品牌”转变。作为建筑产业“先锋”，中建一局将努力传承优秀质量文化基因，发挥“5.5精品工程生产线”模式优势，持续推动质量管理在更广大范围内向着更高境界不断进取。

第一节
高质量发展的“三重境界”

习近平总书记曾经深刻指出，质量是人类生产生活的重要保障。人类社会发展历程中，每一次质量领域变革创新都促进了生产技术进步、增进了人民生活品质。他提出要致力于质量提升行动，提高质量标准，加强全面质量管理，推动质量变革、效率变革、动力变革，推动高质量发展。

遵循总书记教导，中建一局在长期发展中形成“5.5精品工程生产线”，创新PDCAS工作法，全面践行精益求精的工匠精神，建设百年工程，坚持做推动“中国制造向中国创造转变、中国速度向中国质量转变、中国产品向中国品牌转变”的先锋。通过不懈努力，在产品品质、服务品质和管理品质上形成卓越质量“三重境界”的登攀路径。

（一）第一重境界：追求技术可能之极限，砥砺专业能力，智造产品品质

中建一局“卓越质量”的第一重境界体现在：按照国家法律法规和相关规范，用“追求技术可能之极限”的专业实现能力，为客户制造高品质产品。

中建一局的精品力作覆盖中国全部省（自治区、直辖市），目前在施的工程项目有1800多个，并且每年都在递增。无论在哪儿、规模多大、什么类型、功能如何，这些精品力作都要保证质量底线标准在行业同期中等水平以上。中建一局首创的“5.5精品工程生产线”就是实现这一目标的保障。

“5.5精品工程生产线”的5个步骤、5个平台、5条底线，全面保障一局承建工程不越底线，永争高线，不断向精品迈进，实现智慧建造、绿色建造、安全建造、节约建造。

（二）第二重境界：满足客户梦想之需求，砥砺“两全”能力，锻造服务品质

中建一局“卓越质量”的第二重境界体现在：按照甲方的合约要求、表象要求和潜在要求，持续提升全产业链和全生命周期的服务供给能力，积极回应客户关切，满足顾客梦想之需求。

中建一局以客户需求为导向，积极进行多维度商业模式创新。围绕城市建设进行产业布局和资源配置，推进产业价值链前伸后延，培育融投资服务能力、设计施工一体化的工程总承包能力和全产业链的运营管理能力。从策划项目、设计商业模式、项目审批、投融资、开发、建造、运维的全产业链各环节，为客户提供一揽子解决方案，作为客户创造超额价值的投资建设商、工程总承包商、运营服务商，在持续提升产品供给能力中打造企业发展新高地。

2014年中建一局开始全过程参与PPP项目，坚持投资和建造“双轮”驱动，融资、融商、融智，形成与政府、金融机构合作的“铁三角”，与全国80多座城市、多家银行、信托公司、保险公司和基金管理公司共创共赢，在城市基础设施、综合建设开发等领域，以PPP等多种商业模式，成功策划实施以中国最大水务环境整治工程——包头城市水生态提升综合利用PPP项目为代表的68项投资建设项目。优秀的服务品质使中建一局大客户和大项目数量不断攀升，与京东方、万达、国贸等大客户已形成稳定的战略合作伙伴关系。一局于2005年建成北京京东方5代线电子厂房，终结了显示屏进口的时代，于2010年建成合肥京东方6代线超电子厂房，结束了中国大尺寸液晶面板全部依赖进口的局面。截至目前，一局历时近20年建设90余座高科技电子厂房，外资品牌在华投资厂房建设市场占有率接近100%，国内高科技电子厂房建设市场占有率达到85%以上，成为完成大型高科技电子厂房建设总量第一名的企业。

（三）第三重境界：激活企业发展之潜力，砥砺“先锋”品格，铸造管理品质

中建一局“卓越质量”的第三重境界体现在：持续提升企业的管理品质，通过战略引领、党的建设、企业文化建设，砥砺企业的品格和责任，企业的决策者、经营者、管理者、生产者全员参与质量管理，分级负责，全员共治，将“匠心”深植企业管理运营的全过程全方位，用“匠心”铸造看不见的“内涵质量”。

建筑有“看得见”的质量，有“看不见”的质量。比如建筑竣工后，基坑、桩基、钢筋、混凝土，这些对建筑寿命和安全有致命影响的“内涵质量”都是看不见的。从这个视角看，建筑是用企业品格和社会责任这些“内涵质量”铸就的。

“内涵质量”首先源于党的领导。全面加强党的建设，是国有企业的“根”和“魂”，是国有企业的独特优势。中建一局全面落实中央和中建集团党建工作部署，提出构建“155大党建格局”。“1”是指贯彻落实新时代党的建设总要求，以习近平新时代中国特色社会主义思想为指导，以党的十九大精神武装头脑、指导实践、推进工作，切实增强“四个意识”，坚定“四个自信”，做到“两个维护”，推进企业治理体系和治理能力现代化，坚持全面从严治党和依法治企，努力开创企业改革发展新局面。第一个“5”是指两级党组织全面履行“五项职能”：抓战略、掌全局；抓班子、带队伍；抓文化、塑品牌；抓廉洁、守底线；抓自身、创价值。第二个“5”是指总部党支部着力推动“五项重点工作”，即战略推动、文化引领、体系建设、资源配置、服务监督；项目党支部充分发挥“五个价值创造点”作用，即组织建设、目标完成、制度执行、文化建设、廉洁从业。通过“155大党建格局”，中建一局不断实现核心优势的转化升级——把党组织的政治优势转化为企业的制度优势，把党组织的先进性优势转化为党员攻坚克难的作风优势，把党组织的宣传发动优势转化为企业持续发展的

文化优势，把党组织的群众工作优势转化为和谐发展的环境优势，把党组织的党风廉政建设优势转化为党员干部廉洁从业的优势。

"内涵质量"离不开科学的战略引领。遵循中建集团创建世界一流示范企业战略安排，2019年中建一局对"1135战略体系"进行了再梳理，发布"1135战略体系（第二版）"，即锁定1个目标——中国建筑旗下最具核心竞争力的世界一流企业；实施1个战略——以客户为中心的品牌强企战略；明确3个关键路径——推进国内国外两个市场"1+3"产业发展战略和"一化三线"市场营销战略，推进项目管理三大建设和价值创造能力建设，推进治理体系建设和公司化建设；抓好5项重点工作——领导班子建设、人才队伍建设、企业文化建设、运营体系建设、监督与评估体系建设。

"内涵质量"必须有强大的文化支撑。一个企业的精神追求，是激励全员同心奋进最持久、最深层的力量。中建一局发布并深植《中建信条——先锋文化》，深植"诚信、发展、盈利"理念，凝聚全员共识、汇聚发展力量。开展诚信体系建设，建立企业和个人的诚信档案。搭建"子企业超越发展线""发展速度和贡献能力""TOP100大项目部"等先锋竞赛平台。提出领导人员"543能力素养"（5种能力、4种精神、3种品格）要求，培育一支既能适应残酷市场竞争、又符合央企干部要求的具备企业家精神和职业经理人素养的领导人员队伍。构建"先锋金字塔"，选树一批"时代先锋""一局先锋"和"我身边的先锋"，建立以奋斗者为本的人力资源管理体系，为开拓者提供广阔空间，为管理者提供组织保障，为改革者撑腰、为探索者护航、为担当者担当。

第二节
永无止境的追求

70年来，中建一局砥砺前行，奋力争先，从无到有打造出最具核心竞争力的世界一流建筑企业，成为中国房屋建筑的领跑者、中国基础设施建设的先行者、中国环境治理领域的担当者、商业模式创新的示范者、中国建筑最早进军海外的开拓者。现在的中建一局，员工逾4万人，全资企业和控股企业30余家，银行授信总额超过1600亿元，具有AAA级资信等级，注册资本100亿元，位居世界建筑行业前列。

站在新的历史起点上展望未来，中建一局将继续秉承“品质保障 价值创造”的核心价值观，用高品质的建筑精品拓展人们的幸福空间。质量是所有宏伟蓝图的基础底色，是一切伟大工程的坚实底座，是各项工作的基本遵循。展望未来，中建一局的质量发展将按照创新、协调、绿色、开放、共享的新发展理念要求，不断充实卓越质量“三重境界”的内涵，不断满足人民群众对美好生活的新向往，走出一条中国式建筑行业现代化的新路。

（一）质量是创新的

中建一局将注重顺应时代特点，实施创新驱动发展战略，始终坚持创新在企业发展中的核心地位，把创新作为引领发展的第一动力，抓创新就是抓发展，谋创新就是谋未来，以科技创新、业务创新、机制创新、治理创新带动全面创新。中建一局将持续深化科技治理体系改革，完善科技工作评价机制、科技投入产出机制和成果共享转化机制，提升企业技术创新能力，激发人才创新活力。紧紧抓住新时期产品结构重建的转型机遇，多主体、多路径、差异化探索研究新兴业务，培育新动能。构建完善的治理体系和高效的工作机制，有效运用PDCAS循环方法，构建市场化人才发展机制和激励约束机制，用明确的绩效导向和考核标准引领企业“正能量”，赋能企业健康可持续发展。

（二）质量是协调的

中建一局将坚持从实际出发，推进协调发展，有效夯实企业管理内功，降低管理离散度。推进可持续发展，发展速度要高于工程局平均发展速度，跟上乃至超越中建系统的整体发展步伐，追求有现金保障的可持续盈利；注重做好安全生产、确保增量、盘活存量、管理提升和结构调整，推进发展方式转变和发展质量提升；推进专业化和精细化发展，提升专业化能力，不断优化业务结构，强化精细化管理，树立追求极致的工作态度，努力培育众多业务专家、行业权威乃至领军人物；推进数字化和信息化发展，利用互联网新技术应用对建筑产业进行全方位、全角度、全链条改造，通过信息化重塑优化管理流程，建立完整、统一、受控的管理体系，推动业务与信息化融合发展，推动数据资产的价值实现。

（三）质量是绿色的

中建一局将始终坚持推进绿色发展，把握“双碳”机遇，着眼未来环境，开展前瞻性研究，在“双碳”衍生领域提前布局。从低碳/零碳技术、工艺等方面提升产业基础水平，同时紧扣碳排要求加大核心技术开发，提升绿色施工能力，增强产业链自主可控能力，积极探索“双碳”理念下装配式建筑等发展的新模式；统筹全局资源，加强顶层设计，排查分析“碳排放”基线，确定目标，明晰路径，制定“碳达峰”行动方案；布局“双碳”领域研发创新，实现传统主业绿色低碳转型；在可再生能源、碳捕捉、碳汇、碳交易等方向重点发力进入新赛道。建立低碳技术体系，保障一局“碳达峰”“碳中和”行动顺利实施。中建一局将着力优化生态环保工作体系，不断提升环境管理工作质量，以“打赢污染防治攻坚战”为己任，认真落实党中央、国务院决策部署，强化专业队伍建设，明晰管理责任，积极打造环保类观摩工地，促进项目环保管理水平整体提升。

（四）质量是开放的

中建一局将积极面对国际环境严峻复杂、行业趋势持续下行、疫情影响广泛深远的新形势，坚持海外发展策略，抢抓“一带一路”带来的发展机遇，以“稳健、聚焦、深耕”为基本方针，稳健发展海外业务。深耕国内国外两个市场，统筹推进投资运营、工程建设、设计科研和新兴业务协同发展，坚定弘扬中国质量奖精神，产品品质、服务品质、管理品质和发展品质持续优化，属地化占有率、产品线影响力、客户线首位度和模式线竞争力持续提升，品牌认知度、美誉度、偏好度和忠诚度持续增强，致力打造“国内领先、国际先进”的品牌形象，做实区域化、做精产品线、做专客户线、做优模式线，打造最受尊重的工程建设第一品牌。

（五）质量是共享的

中建一局以“只有奋斗者才能获取荣誉和平台”为价值取向，坚持具有企业家精神和“五位一体”能力素养的领导干部带领全员持续不懈奋斗。为担当者担当是企业选人用人的“指挥棒”。一局为开拓者提供广阔空间，为奋斗者保驾护航，在规则下创造更多价值，实现阳光下收入最大化，形成“比业绩、比贡献、比能力、比精气神”的集体奋斗文化，让奋斗者、担当者共享企业发展成果。中建一局坚持让每一名员工都富有竞争力，以业绩导向、竞争择优为原则，搭建公平公正的赛马平台，让优秀人才脱颖而出；将骨干员工的奉献和企业予之的回报紧密相连，形成“只有奋斗者才能获取收入荣誉、平台岗位”的价值取向，进而形成“比业绩、比贡献、比能力、比精气神”的集体奋斗文化。中建一局始终加强领导班子建设和人才队伍建设，激发组织活力，构建体现品质保障和价值创造的激励约束体系，引领企业正向的绩效文化，达到企业价值实现与员工发展的统一。持续推进薪酬分配体系的精细化，加大向关键岗位、骨干员工、业绩突出人员的倾斜力度，让员工的高素质、高效率带动组织的整体活力和发展速率，形成企业高绩效、员工高薪酬的良性循环。

附录

附录一

缩略词

APEC	工商咨询理事会亚太中小企业峰会，亚太中小企业经济咨询会议，亚太经合组织。
BIM	建筑信息模型。
BIM5D	在工程造价管理过程中，BIM技术又可称为BIM5D技术。
C100	抗压强度不小于100MPa的混凝土。
C40P8	抗压强度不小于40MPa，抗渗等级不小于8级的混凝土。
EOD	绿色生态办公区。
EPC	承包方受业主委托，按照合同约定对工程建设项目的设计、采购、施工等实行全过程或若干阶段的总承包。
FIDIC条款	FIDIC编制的《土木工程施工合同条件》的简称，也称为FIDIC合同条件。
IDC数据中心	互联网数据中心。
LEED	美国绿色建筑委员会建立并推行的“绿色建筑评估体系”。
LEED NC	面向新建筑的评估体系。
OA平台	办公自动化平台。

PDCAS	对PDCA（戴明循环）的进一步改进和深化，包括： P（Plan）——计划；D（Do）——执行； C（Check）——检查；A（Action）——处理； S（Study）——培训。
PPP项目	政府和社会资本合作模式项目。
QC小组	群众性质量管理小组。
REID	射频识别技术。
SAE	法国艾萨义国际公司。
SMW工法	新型水泥土搅拌桩墙施工工法。
TSP超前地质预报	TSP超前地质预报原理隧道地震波法。
VR	虚拟现实。
“166”战略路径	1个提高、6个塑强、6个致力。“1个提高”即提高政治站位；“6个塑强”即塑强房建首位优势、塑强基建支柱优势、塑强地产卓越优势、塑强设计领先优势、塑强海外深耕优势、塑强业态融合优势；“6个致力”即致力现代企业治理、致力资本资产运营、致力科技创新驱动、致力组织机构建强、致力人才智力支撑、致力低碳数字转型。

附录二

中建一局发展大事记

20世纪50年代：为家而生

1953年

1月，为建设第一汽车制造厂（位于长春，国家首批重点工程之一，当时代号652厂，简称一汽），第一机械工业部决定组建652工程公司。

7月，建工部开始从全国各地调集施工力量支援一汽建设。

7月15日，一汽举行隆重的开工典礼，中央委员会主席、中央人民政府主席、中央军委主席毛泽东亲笔题写“第一汽车制造厂奠基纪念”。

9月，中国人民解放军建筑五师全体干部、战士和随军技术人员7000余人参加一汽建设。

1954年

1月1日，根据第一机械工业部和建工部决定，由建设一汽的全部施工队伍组建成立建工部直属工程公司。

10月15日，以赫鲁晓夫、布尔加宁、米高扬为首的苏联党政代表团参观一汽工地。

11月，国务院副总理、中央军委副主席贺龙，中央军委副主席聂荣臻到一汽热电厂工地视察。

1955年

5月2日，根据中央委员会主席、国家主席、中央军委主席毛泽东签署的命令，中国人民解放军建筑五师转业，继续参加一汽建设。

11月5日，建工部批准直属工程公司与第一重型机器厂（位于黑龙江省富拉尔基，简称一重）签订准备工作协议书。

12月底，一汽34个主要工程项目基本交工完毕。

1956年

2月4日，建工部决定，抽调直属工程公司103、106、107、109工区和机械化供应站、修理厂等单位支援东北、华北、西北、中南等地区建设，直属工程公司其余单位迁往黑龙江齐齐哈尔富拉尔基。

3月15日，直属工程公司胜利完成一汽建设任务，一汽举行隆重欢送大会。

7月，一重厂区工程正式开工。

1957年

4月18日，直属工程公司党委召开首届党员大会。

4月26日，中央委员会副主席、国家副主席、国防委员会副主席朱德到一重视察。

7月20日，一重的“心脏”——国内最大的沉箱工程开始浇注本体混凝土，一重工程攻坚战打响。10月30日，沉箱达到地下26米的设计标高，11月12日，完成封底施工。

1958年

4月20日，国内最大的12000吨水压机基础全部浇注完毕。

5月19日，全国最高的烟囱在一重动工兴建。

6月28日，直属工程公司举办技术革新庙会，会上有数千件发明创造和技术革新成果。

7月，一局先遣队伍从东北到达四川德阳，为建设第二重型机器制造厂（简称二重）做前期准备。

7月20日，建工部决定将直属工程公司改为第一工程局（简称一局）。

9月11日，以中共中央总书记邓小平为首的中央检查团到一局一重工地检查，随同前来的还有李富春、杨尚昆等。

9月30日，一重基本建成，实际工期27个月，比原计划进度提前15个月。

10月11日，齐齐哈尔为一局举行欢送大会，市领导对一局的重大建设成就表示祝贺，并赠送锦旗一面。

10月13日，德阳工业区举行二重开工典礼。

1959年

1月18日，一局做出支援江油钢厂的决定。

2月6日，根据建工部要求，一局抽调2名施工队长、405名技术工人支援人民大会堂建设。

5月30日，一局召开科以上干部大会，建工部副部长刘裕民代表建工部对一局提出“保证重点，技术领先”的要求，要求一局“以建筑施工任务为中心，技术上要先走一步”。

9月18日，在全国建筑安装经验交流会上，建工部和全国建筑工会授予一局“工业建筑的先锋，南征北战的铁军”荣誉称号。

11月23日，一局劳模代表张文贵、孙更本、施占余三人进京出席全国群英会，一局被评为全国先进集体，中央政治局常委、国务院总理、政协主席周恩来亲手赠给一局“为把我国建设成为一个具有工业、现代农业和现代科学文化的伟大社会主义国家而奋斗”锦旗。

20世纪60年代：从容学步

1960年

4月30日，中央委员会副主席、国家主席、国防委员会主席刘少奇到德阳二重工地视察，听取了一局的汇报。

8月8日，为了加强黑龙江省重点工程建设，建工部会同四川省委决定，从一局抽调力量组建建工部第六工程局（简称六局），参加东北地区重点工程建设。

11月19日，六局的筹建工作基本结束，正式在黑龙江齐齐哈尔昂昂溪区办公。

1961年

4月，根据国家安排，六局主要任务为龙凤炼油厂、电厂、水源及商品油库工程的建设。六局的领导机关迁到黑龙江大庆龙凤。

9月27日，根据中央决定，六局压缩1000人，并搞好代食品，每人每天2两代食、每月补1～1.5斤油、每三天吃一次豆腐、每月发半斤肉。

1962年

3月23日，六局党委决定，采取撤、并、减、代等措施，集中力量、保证重点。

4月1日，黑龙江炼油厂第一套处理原油100万吨的常减压装置开工。

10月16日，六局颁发“计时个人、服务人员和技术人员综合奖励办法”。

1963年

3月26日，六局安装公司施工的2000立方米钢油罐主体完工，但存在质量隐患，采取补救措施后也可使用，但公司层层召开讨论座谈会，一致同意坚持高标准，坚决推倒重做。

7月4日，建工部工作组关于黑龙江炼油厂施工情况的调查报告对一局的施工质量给予充分肯定。

1964年

3月，建工部副部长刘裕民来六局蹲点调查建设黑龙江炼油厂建设的技术经验。同月黑龙江炼油厂改名为大庆炼油厂。

5月10日，建工部工作组到安达市委征求对六局的意见，安达市委高度评价六局。

12月，号称当时炼油工业“五朵金花”之一的大庆炼油厂60万吨延迟焦化装置建成投产，实现四个一次成功。

1965年

1月，建工部决定由六局接替渤海工程局的施工任务，主要是本溪、锦西、葫芦岛地区的国防工程和石油化工工程。包括431、4497、401、777、155、石油五厂等工程。

4月至年底，大庆炼油厂一批重要工程取得进展。

1966年

2月28日，大庆炼油厂年加工能力达到300万吨。

3月10日至12日，建筑工程部在六局召开学大庆经验交流会，会上建工部授予六局“部直属企业工业学大庆标兵”的光荣称号。

12月，六局承建的大庆炼油厂一二期工程16套装置中12套装置建成投产。大庆炼油厂因而也成为全国规模最大的炼油厂。

1967年

1月，沈阳军区3034部队对六局实行军管。

3月，大庆炼油厂加氢裂化装置试生产航空煤油成功；六局成立抓革命促生产第一线指挥部，下设政治、生产、生活三个组。

1968年

6月20日，六局革命委员会成立。

12月27日，六局承担国家重点建设任务的范围为东北地区。为此确定六局定点于黑龙江安达龙凤，在龙凤安家落户，建设永久性职工生活基地。

1969年

6月，建工部决定将六局第四工程处划归部属102工程指挥部，参加第二汽车制造厂建设。

12月1日至4日，六局革委会召开常委会和全委会，传达建工部拟调六局参加三线建设的意见和石油部关于江汉“五七”炼油厂规划方案。

20世纪70年代：激情燃烧

1970年

1月13日，国家建委做出调六局参加“五七”油田建设的决定。将六局在大庆地区的职工整建制地调往湖北，承担“五七”炼油厂的部分建筑安装任务。

5月18日，荆门炼油厂常减压装置破土动工。

7月，国家建委通知：原建筑工程部第六工程局改为国家建委第六工程局。

9月，国家建委批准将六局留在大庆的部分力量组建为六局四公司。

10月，国家建委决定将第七工程局八公司、六公司划归六局，分别称为五公司和六公司。

12月，荆门炼油厂延迟焦化装置建成。

1971年

1月，六局派出千余名职工建设武汉石油化工厂。

5月，武汉石油化工厂常压装置开工。

1972年

12月，六局施工的武汉石油化工厂基本建成。

1973年

4月11日，国家建委抽调六局机关和二、三、四工程团及国家建委101指挥部第三工程团支援首都，建设北京石油化工总厂30万吨乙烯工程。在支援北京建设期间，101指挥部第三工程团由六局统一指挥。

7月16日，国务院批准《北京石化总厂扩建工程计划任务书》。总投资18.36亿元，六局和101指挥部第三工程团承担第一期任务。

8月29日，北京石化总厂“四烯”工程动工兴建。

10月1日，六局完成北上调迁任务，在北京房山县正式办公。

1974年

4月2日，国家建委决定第六工程局与101指挥部第三工程公司、安装公司合并，成立第一工程局(以下简称一局)。

7月17日，国家建委调一局六公司到天津担负塘沽新港建设任务。

9月22日，一局二、三公司和第一安装公司在高压聚乙烯等工程施工中攻克了装置内五大主体的设备安装、超高压管道的预制安装等6项技术关键。

9月23日，国家建委调一局部分力量到天津参加大港油田和火力发电厂建设，并在天津建立生产生活基地，职工和家属户口迁津。

1975年

9月10日，一局在京举行命名大会，授予丁建基“铁人式的好工人”称号。

11月21日，国家建委批准一局成立建筑科学研究所。

12月，一局大兴生活基地开始施工兴建。

12月10日，一局提前21天完成年度计划，确保了‘三烯’形象进度。

1976年

6月，一局三公司参加北京市前三门统建工程施工。

7月28日，唐山发生地震，一局领导带领各公司负责人及医护人员和机械设备，到二局唐山陡河电厂工地执行救护任务。

1977年

4月28日，一局参加毛主席纪念堂工程建设的车队130多名职工，经过108个昼夜奋战，提前11天安全高速完成主体工程混凝土运输任务，被工程指挥部评为学大庆先进集体。

5月20日，一局第一安装公司自行研制成功的气体保护全方位自动焊机，开始用于制苯塔体组对焊接。焊机获1978年全国科技大会奖。

12月，北京石化总厂30万吨乙烯为中心的“四烯”等6套引进装置相继建成投产。一局承建了104项工程中的74项工程，占全部工程项目71.2%。

1978年

10月8日至11日，一局召开企业管理工作会议。会议确定迅速建立健全各项责任制度，加强施工计划管理，实行单位工程负责制，逐步实现专业化等管理措施。

1979年

2月1日，一局机关迁至丰台区丰台路60号办公。

3月10日，国务院批准成立国家建筑工程总局，将原国家建委领导的直属局、院等划归国家建筑工程总局管理。国家建委第一工程局相应更名为国家建筑工程总局第一工程局。

6月30日，三公司三处施工的燕山石化总厂实验厂综合试验楼被评为北京市全优工号，是一局第一栋全优工号楼。

12月3日，一局材料公司成立，经济上实行独立核算。

20世纪80年代：开拔向远

1980年

2月，成立一局第四建筑公司。

5月，国家建工总局指定一局调派33名干部，承担伊拉克北方炼油厂工程的劳务，一局第一次走出国门。

1981年

4月，一局五公司率先改革用工制度，首次使用民工约300人，试行全优包干计件工资。

6月27日，一局驻天津的一、六公司整建制划归新成立的国家建工总局第六工程局。

12月，一局职工中等技术专科学校正式成立。

1982年

6月26日，中国建筑工程总公司正式成立。原国家建工总局第一工程局归属中国建筑工程总公司，改称中国建筑第一工程局。

8月25日，一局召开企业整顿工作会议，传达中建总公司座谈会精神，修订局整顿规划，确定全面整顿的具体步骤。

11月，一局列为全国首批整顿的100家大型企业之一。

1983年

7月2日，一局开始对所属8个企业和3个事业单位的企业整顿工作进行验收，并于1984年2月颁发了合格证。

11月2日，一局二公司三处瓦工钱长乐在全国青年建筑工人技术比赛瓦工比赛中获第一名。

是年，一局科研所研制成功的纸面石膏板嵌缝腻子，通过国家建材部鉴定，并于1983年获北京市科技成果二等奖和国家发明四等奖及国家优秀新产品金龙纪念奖，于1984年获全国建筑科技成果交流交易会展览奖。

1984年

3月11日，一局成立微型计算机应用领导小组。

5月9日，一局召开四级干部大会，会上提出了一局改革分配制度、用人制度、管理体制和经营开发的四点设想。

9月21日，一局四公司与香港益南国际贸易有限公司合资成立建南装修公司，是一局第一个中外合资企业。

1985年

4月9日，副局长顾安民率先遣组24人到达伊拉克北佳齐拉水利灌溉工程工地。在工程施工高峰时，职工总数3300人。

8月17日，一局施工的科威特阿尔迪亚4区518工程，首批69幢住宅楼竣工。二批工程49幢住宅楼，于11月23日竣工。

9月2日，一局科研所研究的整体预应力板柱建筑成套技术，经鉴定委员会通过。

11月12日，一局对一线工人和配合施工生产的二线工人试行浮动岗位津贴。

1986年

9月8日，一局装饰公司成立。

12月16日，一局与香港瑞安公司成立中外合资北京瑞安建筑有限公司。

1987年

1月14日，一局与法国SAE公司草签了中国国际贸易中心分包合同。

2月17日，一局提出：“献身、实干、进取、严细”为企业精神。

3月4日，创办局报——《建设者报》。

7月1日，中建总公司同意一局实行局长负责制。

1988年

1月9日，一局企业管理委员会成立。

5月28日，北京20世纪80年代十大建筑评选活动揭晓。一局五公司施工的中国国际展览中心和一局三公司施工的抗日战争纪念馆工程，分列十大建筑之二、之九。

9月23日，国际贸易中心高层办公楼举行封顶仪式。

12月14日，中央政治局常委、国务院总理李鹏在北京市政府领导陪同下视察北京松下彩管工地，听取关于工程筹建和施工情况的汇报。

1989年

1月9日，一局明确提出：“立足北京，面向全国，开拓海外”的经营方针。

3月7日，一局决定，在全局实行工程项目法管理。

12月19日，一局决定“全面整顿队伍”，局党委要求全体党员在整顿工作中发挥先锋模范作用。

20世纪90年代：勇立潮头

1990年

4月6日，经建设部审定核准，一局和所属第二、三、四、五、六建筑公司为建筑一级企业。安装公司为安装一级企业。机械化施工公司为机械施工一级企业。

8月30日，法国SAE总包、一局组织施工的中国国际贸易中心开业。中央政治局常委、国务院总理李鹏，全国人大常委会委员长万里出席并剪彩。这项工程建筑面积总计42万平方米，是当时亚洲最大的商贸建筑群。

1991年

7月27日至31日，国家质量管理奖评审组对一局四公司进行了考评，充分肯定了成绩。10月，由国家评审委员会授予四公司国家质量管理奖。

9月2日，北京市乙烯领导小组正式确定一局为11.5万吨乙烯工程的施工单位之一。

11月14日，一局成立乙烯东方化工厂工程经理部。

1992年

3月，一局科研所研制开发的石膏珍珠岩保温砂浆技术，国务院生产办正式列入“八五”国家重点新技术推广项目计划，并授予国家级新产品证书。

6月，一局总结推广的“小流水段施工法”取得显著成效，居国内领先地位，被列入国家科委、建设部1992年全国重点推广科技项目。一局颁布“科研、设计、施工、采购”四位一体的工程总承包目标的配套改革实施方案。

8月12日，一局中标杭甬高速公路工程。

10月13日，一局中标海南三亚凤凰机场候机楼工程。10月20日举行奠基开工典礼。

1993年

3月26日，经建设部同意，新闻出版署批准，《建设者报》从7月1日起转为正式报纸，编入全国统一刊号。

4月17日，中共中央总书记、国家主席、中央军委主席江泽民视察一局海南三亚凤凰机场工地。

8月6日，一局经建设部批准为一级资质工程总承包企业。

9月18日，一局在北京举行建局40周年大会。

10月3日，一局和马来西亚美华达公司联合开发的海外房地产业的第一个项目——金马花园公寓在吉隆坡举行推展典礼。

1994年

1月24日，印发《中建一局直接投资经营的单位实行内部风险抵押、经济承包责任制实施办法》(试行)。

5月30日，三亚凤凰机场竣工。该工程1994年被评为海南省优质样板工程，候机楼于1995年被评为建设部优质样板工程。

6月30日，由五公司施工的中国国际展览中心1#馆竣工。

7月15日，由一局燕化聚乙烯经理部、三公司、安装公司施工的燕化14万吨/年低压聚乙烯改扩建工程竣工。

11月1日至5日，国务院在北京召开全国现代企业制度试点工作会议，中建一局被列为全国百家现代企业制度试点企业。

1995年

9月14日，建设部、国家体改委下发《关于同意中国建筑第一工程局建立现代企业制度试点实施方案的批复》，同意中国建筑第一工程局依照

《公司法》改组为两个股东以上出资者组成的有限责任公司。更名为中国建筑一局（集团）有限公司。

10月12日，由四公司承建的中国国际广播中心业务大楼落成典礼隆重举行。

10月17日，中国建筑一局（集团）有限公司召开第一次董事会。

10月31日，中国建筑一局（集团）有限公司成立大会隆重举行。会上宣读了建设部、国家体改委对中建一局建立现代企业制度试点方案的批复。

1996年

1月，一局先后成立了北京分公司、北华分公司、北方分公司、北诚分公司等若干分公司。

1997年

1月15日，一局印发企业道德公约。

1月16日，中国建筑第一工程局志（1953—1993年）首发式隆重举行。

1998年

2月6日，一局六公司抹灰工郎建兴荣获“1997年全国技术能手”称号，受到党和国家领导人的亲切接见。

3月6日，成立中建一局（集团）有限公司资金结算中心。

11月3日，一局制定发布《中建一局集团改革与发展三年规划》。

1999年

1月15日，一局成立新的三公司、华江公司、华中公司、土木公司。

2月1日，一局召开市场营销工作会，是一局发展史上第一个全局范围的年度市场营销专题工作会议。

3月4日，上海中益建筑工程有限公司在上海成立。

12月9日，一局成立项目经理协会。

21世纪：时代新章

2000年

4月17日，一局颁布实施《工程总承包管理条例》。

4月28日，一局赞助北京申办2008年奥运会，成为首批声援、赞助申奥的两家企业之一。

9月11日，华江公司中标北京工人体育场改造工程，拉开了北京市申奥工作场馆改造的序幕。

2001年

1月，一局大厦正式落成使用。

6月26日，一局科技工作会确立了科技发展“四化”目标。

9月3日，一局总部机构调整与定员方案出台。

2002年

6月18日，一局召开区域公司管理工作会。

6月28日，一局取得房屋工程总承包特级资质。

2003年

5月，一局2400名精兵强将奋战了7天7夜，建成一座国内一流的传染病医院——小汤山医院二部，创造了中国建筑史上的奇迹。

9月，隆重庆祝中建一局成立50周年。

10月14日，一局第一届六次职工代表大会审议通过了《中建一局集团“十五”发展规划纲要》《中建一局集团改革总体框架方案》。

2004年

3月30日，一局中标北京地铁四号线第4标段土建工程。

7月17日，国家游泳中心建筑安装工程施工总承包合同正式签约。

10月28日，一局钢结构工程有限公司揭牌。

2005年

4月至5月，中建一局一号、二号盾构机通过验收。

7月，一局依托中建总公司品牌成功中标俄罗斯联邦大厦A塔主体结构工程，是“中国建筑”在俄罗斯的第一个大项目。

7月至10月，一局近千名党员参加一局保持共产党员先进性教育活动。

2006年

5月28日，中央政治局常委、全国人大常委会委员长吴邦国视察一局承建的俄罗斯联邦大厦项目。

5月23日，建设发展公司承接国贸三期工程。

8月11日，一局正式印发《中建一局集团“十一五”发展规划纲要》。

10月1日，中共中央总书记、国家主席、中央军委主席胡锦涛考察一局施工的国家游泳中心等奥运场馆的工程建设情况。

是年，一局实施专业序列人才评定，员工职业发展有了新渠道。

2007年

7月17日，中央政治局常委、国务院总理温家宝视察国家游泳中心工地。

7月4日，由一局承建的沈阳奥林匹克体育中心五里河体育场精彩揭幕；国庆前夕，一局承建的奥林匹克网球中心工程通过竣工验收。10月12日，二公司改建的月坛体育馆按时按质竣工；12月，建设发展公司承建的国家游泳中心和北京大学体育馆交付使用，五公司改建的首都体育馆全新亮相。

7月20日，一局中标无锡太湖新城道桥BT项目A标工程，是一局承建的首个基础设施BT项目。

12月10日，建设发展公司成功中标天津津塔总承包工程。

12月，一局16家单位改制为有限责任公司。至此，一局基本建立了现代企业制度框架。

2008年

5月，汶川大地震发生后，一局捐款、交纳特殊党费330万元。截至7月底完成6918套安置房建设任务。

8月21日，一局召开抗震救灾先进典型表彰大会，隆重表彰了在5·12抗震救灾过程中做出了突出贡献的集体和个人。

8月，一局圆满完成奥运服务保障任务，获多方好评。

11月12日，一局召开服务奥运工作总结表彰大会。

2009年

3月18日，一局召开深入学习实践科学发展观活动动员大会。

7月29日，"中国建筑"（sh601668）在上海证券交易所挂牌上市，掀开了"中国建筑"发展的新篇章。

8月27日，一局援建地震灾区的汶川一小、二小、第一幼儿园三项工程全部交付使用。

10月1日，一局参与国庆60周年服务保障和群众联欢。

2010年

4月，一局开展"创先争优"活动。

6月30日，一局与中建美国控股公司签署了巴哈马大型海岛度假村项目施工合作协议。

9月，国家游泳中心工程获得国际桥梁协会杰出结构大奖，也是2009年度该奖项唯一获奖项目。

9月26日，一局圆满完成援建什邡的任务。

12月，整合天津公司、天津分公司、华北分公司、六公司资源，成立了中建一局集团华北建设有限公司。

2011年

2月21日，建设发展公司参与建设的巴哈马大型海岛度假村项目破土动工，建筑面积32万平方米，项目总投资约36亿美元。

4月18日，一局以安徽、山西、陕西、广西4家分公司，耀辉国际城、75号院2个直营项目部以及华中公司为基础组建形成总承包公司，成为局直营分公司。张晓葵任董事长，邹鸿飞任总经理。

4月20日，中共中央总书记、国家主席、中央军委主席胡锦涛视察建设发展公司承建的清华大学校史馆。

6月20日，建设发展公司中标鑫晟电子器材厂房建设工程，建筑面积41.3万平方米。

7月3日，中央政治局常委、国务院总理温家宝视察一局承建的沈阳市政府浑南公租房一期工程，并与建设者代表亲切交谈。

7月11日，一局举办新员工培训开班典礼，是年共接收高校毕业生2522人，这是一局历史上接收高校毕业生最多的一年。

7月30日，房地产公司第一次以城市运营商的身份与门头沟区人民政府签署了《门头沟区三家店综合改造项目开发协议书》。这是一局历史上第一个土地一级开发项目。

9月6日，中央政治局常委、中央纪律检查委员会书记贺国强视察一局承建的中共纪检监察学院二期工程，看望工程建设者。

11月15日，一局召开干部大会，中建总公司人力资源部经理郑学选宣读中建总公司党组决定，任命罗世威为局党委书记、董事长。中建总公司党组书记、董事长、中建股份有限公司董事长易军出席会议并讲话。

11月23日，中建总公司决定，罗世威任一局党委书记、董事长、法定代表人。郭宏若改任巡视员。

12月6日，建设发展公司中标当时中国最高、世界第二高建筑——深圳平安金融中心总承包工程，高660米，建筑面积46.06万平方米。

12月12日，一局获国家优质工程奖30年突出贡献单位。

2012年

2月24日，中共中央、国务院在人民大会堂举行国家科学技术奖励大会。建设发展公司完成的"国家游泳中心工程建造技术创新与实践"荣获国家科学技术进步奖一等奖。

3月28日，一局和建设发展公司同时获得房屋建筑工程施工总承包特级资质和建筑行业（建筑工程）工程设计甲级资质。

3月30日，一局成立投资部；6月出台《中建一局集团投资管理办法》，完善投资管理体系，积极实施"投资+建造"一体化双轮驱动模式。

4月6日，全国保障性安居工程建设劳动竞赛表彰大会在人民大会堂隆重举行。三公司荣获全国五一劳动奖状，总承包公司宋海堂荣获全国五一劳动奖章，华北公司浑南公租房一期项目部荣获全国工人先锋号。

4月24日，一局召开党员代表大会，罗世威、陈蕾当选北京市第十一次党员代表大会代表。

5月17日，根据《中建交通（集团）有限公司组建方案》，中建股份决定将中建市政建设有限公司和中建铁路建设有限公司重组为中建交通（集团）有限公司。

5月31日，一局印发《中建一局集团"十二五"发展规划》，确定"十二五"时期整体战略目标。

6月11日，中建股份公司成功中标深圳地铁9号线BT项目，这是中国建筑有史以来第一大单，也是中国建筑基础设施事业的里程碑。中建股份公司对在项目营销与投标过程中涌现出的优秀团队和个人进行表彰，一局获得“组织贡献奖”，牛文利、戴哲富、任强、刘立新4名同志获得“突出贡献奖”，53名同志获得“个人贡献奖”。

7月20日，上海中益公司承接海口市100万平方米生态安居工程，建筑面积103.6万平方米。

7月23日，中国宋庆龄基金会主席胡启立出席二公司承建的中国少年儿童科技培训基地开工仪式。

8月20日至21日，一局召开首届项目管理论坛，TOP100大项目经理参加了论坛。党委书记、董事长罗世威做了题为《全面实施大项目部制狠抓盈利能力建设持续打造当地领先的项目管理水平》的讲话。

9月16日，一局联手中航信托共同打造的50亿BT项目——山东即墨省级经济开发区蓝色新区工程举行奠基仪式，标志着一局在创新商业模式、坚定推进“投资建造一体化”进程中取得重大进展。

12月5日，中央政治局委员、国务委员刘延东与俄罗斯联邦副总理戈洛杰茨出席局承建的莫斯科中国文化中心项目揭牌仪式。

2013年

2月1日，一局召开2013年度工作会，局党委书记、董事长罗世威做了题为《坚持战略推动和文化引领、深化机制创新和转型升级，为建成“中国建筑旗下最具国际竞争力的核心子企业”奠定基础》的讲话，正式提出“1135战略体系”框架，即“锁定1个目标，实施1个战略，明确3个关键路径，抓好5项重点工作”。

2月9日，巴哈马政府总理克里斯蒂、副总经理戴维斯、中国驻巴哈马大使胡山一行到建设发展公司承建的巴哈马项目同全体员工共度春节，中建总公司党组书记、董事长、中建股份有限公司董事长易军，一局党委书记、董事长罗世威参加。

2月28日，科研院副总工程师段恺荣获全国"三八"红旗手。

6月1日，中央政治局委员、国家副主席李源潮一行到一局施工的西安三星项目视察指导工作。

6月30日，韩国总统朴槿惠一行对中国进行国事访问期间，来到建设发展公司承建的三星中国半导体厂房进行参观视察。陕西省省长娄勤俭陪同。

8月20日，中建交通建设集团有限公司注册资本金由6亿元增至25.58亿元，一局持股50%的比例保持不变，中建交通财务报表由一局合并。

8月28日，为规范中建一局子企业名称，经一局研究，报中建股份批准，决定将"上海中益建筑工程有限公司"名称变更为"中建一局集团第一建筑有限公司"。

9月25日，一局成立60周年文艺庆典在全国政协礼堂举行，1000余名员工与80余位各级领导和各界嘉宾欢聚一堂，热烈庆祝一局60华诞。原建设部部长汪光焘，中国施工企业管理协会会长曹玉书，中国建筑工程总公司董事长、党组书记，中国建筑股份有限公司董事长易军，原中国建筑工程总公司总经理马挺贵，北京市住房和城乡建设委员会副主任王钢，中国建筑业协会副会长兼秘书长吴涛等各级领导出席。

10月22日，第八届中俄经济工商界高峰论坛在京举行。国务院副总理汪洋、俄罗斯联邦政府副总理罗戈津出席。局党委书记、董事长罗世威应邀参加，并在经济适用房建设圆桌会议上发言。

10月22日，一局先锋文化手册正式发布，标志着一局企业文化体系建设工作开启新篇章，为实现一局的发展愿景提供强大的思想支持和精神动力。

11月26日，一局设立技术中心，主要职能为：技术支持、科技研发、BIM工作站、综合管理等。

2014年

1月27日，一局建成实景体验式安全培训基地，设置24个三维立体式体验项目，真实模拟建筑施工现场的各种安全隐患，是建筑业第一所预防“六大伤害”的实际演练基地。

4月9日，一局出台了《中建一局诚信体系建设管理规定》，颁布了《中建一局子企业诚信评估指标体系》，以制度形式将中建信条中的“诚信”精神量化为与局当前实际相结合的具体可行的行为准则。

4月23日，经一局研究，报中国建筑股份有限公司批准，决定将“中建一局华中建设有限公司”名称变更为“中建市政工程有限公司”。

5月19日，一局第一个真正意义上的BT项目——成都青白江区大同集中安置房建设工程及青白江区文化体育中心建设工程开工。

5月29日，一局华东分公司与一公司合并重组，致力打造具备综合竞争优势、华东地区排名靠前的中建系统三级骨干企业。

6月11日，全国政协副主席、全国人大常委会委员、民革中央常务副主席齐续春等领导赴一局山东公司承建的恒博华贸中国网球协会训练基地A区工程视察。

8月28日，中建市政工程有限公司揭牌，致力成为一局基础设施板块重要发展平台，标志着一局深化“1+3”业务板块协同发展战略向前推进了重要一步。

9月，建设发展公司承建的国家游泳中心（水立方）、国贸三期（A阶段）入选改革开放35周年百项经典工程暨精品工程。

9月30日，全国劳模、总承包公司总工程师陈蕾参加了庆祝中华人民共和国成立65周年招待会，接受了党和国家领导人的亲切接见并合影留念。

10月11日，第九届中俄经济工商界高峰论坛在俄罗斯索契召开。中国国务院副总理汪洋与俄罗斯副总理罗戈津共同出席开幕式并讲话。局党委常委、副总经理魏焱应邀出席，并代表中建股份公司和中国建筑行业发表题为《优势互补，合作共赢》演讲。

10月24日，中国建筑学会组织超高层建筑领域的百名专家、学者走进平安金融中心项目观摩交流，深入研讨城市超高层建筑关键技术应用。

12月9日，一局印发《中建一局集团PDCAS管理方法指引（试行）》，在一局内部推广运用PDCAS管理方法，促进各项经营管理工作的科学开展、持续改进和循环提升，助推“1135战略体系”的落地实施。

12月，一局中标赤道几内亚克里斯克岛五星级酒店工程，建筑面积3.6万平方米。这是一局在非洲承接的第一个项目，也是海外第一个EPC项目。

12月，总承包公司总工程师陈蕾入选“国企楷模、北京榜样”十大人物；副总工程师杨晓毅获得“全国优秀科技工作者”。

2015年

1月9日，一局参与研发的“现代预应力混凝土结构关键技术创新与应用”成果获得2014年度国家科技进步奖一等奖。

4月29日，华南公司董事长龚静漪、三公司第七大项目部经理王亮、建设发展公司第一大项目部经理王建利和平安金融中心项目塔吊工王华4人荣获北京市劳动模范；平安金融中心项目部荣获北京市模范集体。

5月11日，中央政治局委员、北京市委书记郭金龙莅临天坛医院迁建项目检查指导。

5月20日，陕西省委副书记、省长娄勤俭视察总承包公司承建的延安圣地河谷项目。

5月21日，建设发展公司荣获北京市政府首次颁发的质量管理最高奖。

6月2日，中建市政公司承建的衡阳市二环东路湘江隧道工程正式开工。是中国建筑第一条穿江隧道。

6月22日，局党委书记、董事长罗世威到一局负责履约的中共六大会址修复工程现场，结合党的“六大”历史讲“三严三实”专题党课。

7月7日，混凝土千米泵送试验在建设发展公司承建的深圳平安金融中心项目取得成功，标志着一局解决了世界级超高层混凝土泵送难题，掌握了国际领先的千米摩天大楼核心施工技术。

9月10日，一局召开基础设施工作推进会，正式发布《关于加快推进中建一局转型升级的决定》，明确基础设施、海外及投资业务发展目标、实施路径和具体举措。

2016年

1月17日，建设发展公司承建的亚投行总部大楼投入使用，财政部部长、亚投行首席理事会主席楼继伟，北京市市长王安顺，亚投行首任行长金立群，财政部副部长史耀斌，印尼财政部长班邦等出席。

3月29日，一局凭借“5.5精品工程生产线”，作为中国工程建设领域首家获奖企业荣获中国政府质量最高荣誉“中国质量奖”。

5月1日，一局成功开出北京市第一张建筑业增值税发票，标志着北京市建筑业全面开始实施营改增工作。

5月24日，中央政治局常委、国务院总理李克强视察安装公司承建的湖北武汉CBD地下综合管廊施工现场。该项目是湖北第一个建成综合管廊的区域，被誉为未来智慧城市的大动脉，管廊总长6079米。

6月29日，河北省委书记、省人大常委会主任赵克志，省委常委、石家庄市委书记孙瑞彬一行视察六公司承建的栾城美丽乡村建设项目，指导美丽乡村建设工作。

7月4日，一局履约的中共六大企址展览馆开馆，中共中央总书记、国家主席、中央军委主席习近平和俄罗斯总统普京就中国共产党第六次全国代表大会会址常设展览馆建成致贺词，中共中央政治局委员、国务院副总理刘延东，俄罗斯副总理戈洛杰茨等出席开馆仪式。刘延东对中建一局在如此短的工期内高质量地完成工程建设给予了高度肯定，表示“你们做得很好，我非常满意！”

8月5日，一局获得中华人民共和国对外承包工程资格证书。

9月26日，五公司中标拉萨城市广场项目，建筑面积62.34万平方米。这是一局在西藏承接的第一个工程。

11月11日，教育部党组书记、部长陈宝生视察华北公司承建的深圳北理莫斯科大学项目。

11月22日，一局组建中国建筑一局（集团）有限公司国际工程公司，撤销中国建筑一局（集团）有限公司国际工程事业部，整体并入国际工程公司。

12月23日，一局注册资本由37.6685亿元增至70亿元，是2010年注册资本的6.78倍，启动了8家骨干子企业增资工作，共增资19.1亿元，进一步增强了抵御风险能力、财务稳健能力和市场竞争能力。

2017年

2月18日，一局举办首届“从校园到企业——转型升级战略背景下的青年人才培养”主题论坛，清华大学、中国人民大学、同济大学、哈工大等11所高校向一局颁发共建“学生实习基地”牌匾。

3月30日，六公司第四大项目部经理赵建明荣获全国五一劳动奖章。

7月24日，中建一局集团投资运营公司揭牌成立。

8月11日，一局履约的莫斯科中国贸易中心项目荣获“2017年度莫斯科市优质工程奖”第一名，这是莫斯科市建筑行业质量最高奖，也是中国企业第一次荣获该奖项。

9月13日，中共中央政治局委员、国务院副总理、中俄157人文合作委员会中方主席刘延东，俄罗斯副总理、中俄人文合作委员会俄方主席戈洛杰茨出席深圳北理莫斯科大学开学典礼，刘延东和戈洛杰茨分别宣读习近平主席和普京总统贺辞，并视察华北公司建设的深圳北理莫斯科大学项目（永久校区）。中央政治局委员、广东省委书记胡春华，教育部部长、党组书记陈宝生陪同参观，局党委副书记、总经理刘立新等参加活动。

12月23日，一局凭借“5.5精品工程生产线”，凭借专业、服务和品格，荣获2017“质量之光”年度魅力品牌第一名。

12月，经国务院国有资产监督管理委员会批准，中国建筑工程总公司由全民所有制企业改制为国有独资公司，改制后由“中国建筑工程总公司”更名为“中国建筑集团有限公司”，简称“中建集团”，由国务院国资委代表国务院履行出资人职责。

2018年

4月3日，一局获评企业信用最高评估——AAA主体信用等级。

4月28日，二公司北京城市副中心项目部、中建市政公司湖南衡阳二环东路项目部荣获全国工人先锋号;二公司北京城市副中心项目部团支部荣获2017年度全国五四红旗团支部。

5月3日，一局建设的中国城市道路最大V型纵坡大断面泥水平衡盾构越江隧道——湖南衡阳合江套湘江隧道双线贯通，这是衡阳和中建集团首条穿江隧道。一局在建设过程中成功挑战4项中国罕见难题，刷新2项中国纪录并达国际领先。

5月26日，赤道几内亚总统奥比昂到一局履约的赤道几内亚第一个五星级酒店——克里斯科岛项目察看项目建设情况。中国驻赤几大使馆经商处参赞苏建国等陪同。

7月9日，国家住建部副部长易军视察中建市政公司履约的北京三里河九号院管廊项目。

7月11日，房地产公司晋升国家住建部房地产开发一级资质。

8月22日，二公司入选国企改革“双百企业”，成为国企改革的先锋，未来3年在综合改革领域实现突破。

8月30日，一局中标北京2022年冬奥会和冬残奥会延庆赛区PPP项目，总投资36亿元，包括冬奥村、山地新闻中心、高山滑雪中心南区热身训练赛道工程、赛后场馆改造工程及配套服务设施。该项目是一局首个以PPP模式实施的奥运场馆项目。

8月30日，局党委书记、董事长罗世威会见来华参加中非合作论坛北京峰会的尼日尔总统伊素福，双方就共同推动尼日尔保障房、能源类项目等合作事宜进行会谈。

9月3日至4日，局党委书记、董事长罗世威会见来华参加中非合作论坛北京峰会的布基纳法索总统卡博雷、塞内加尔总统特别顾问迪亚，双方进行了深入交流。

10月26日，国务院国资委党委书记郝鹏一行赴一局北京城市副中心信息云中心楼项目调研。中国建筑集团党组书记、董事长官庆，党组副书记、总经理王祥明，党组副书记郑学选，纪检组组长周辉，一局党委书记、董事长罗世威，党委副书记、总经理张晓葵等陪同。

11月21日，一局承建的深圳国际会展中心和深圳平安金融中心等工程代表中国建筑在“伟大的变革——庆祝改革开放40周年大型展览”展出。

11月29日，建设发展公司承建的国家游泳中心（水立方）项目、中国国际贸易中心三期A阶段项目、望京SOHO T3塔楼、深圳平安金融中心项目入选改革开放40年百项经典工程。

12月21日，一局国贸父子故事微电影《最高点的合影》在央视电影频道播出，同步登陆全国各大影院和电影频道。

2019年

3月26日，中国建筑精准劳务扶贫助力甘肃省康县2019年整县脱贫——一局康县劳务扶贫协作活动在康县启动。首批35名建档立卡贫困户劳动者到西南公司务工。

3月30日，塞尔维亚总统亚历山大·武契奇和中国驻塞尔维亚大事陈波出席五公司履约的塞尔维亚玲珑国际兹雷尼亚宁项目开工仪式。

3月31日，华江公司履约的中国最大单体建筑平移工程——福建厦门后溪长途汽车站主站房完成90度旋转，最远平移距离达288.24米，主站房建筑面积2.28万平方米、总重3.018万吨，以平移面积最大、荷载最重、距离最远，创建筑物旋转平移吉尼斯世界纪录。

4月8日，建设发展公司承建的深圳平安金融中心荣获世界高层建筑与都市人居学会颁发的“世界最高办公建筑”“中国华南地区最高建筑”“2019年最佳高层建筑杰出奖”三项认证。

5月10日，国务院召开“减税降费”企业减税降费专题座谈会，中央政治局常委、国务院总理李克强主持会议。局党委书记、董事长罗世威作为全国建筑行业唯一代表参加会议，并提出有利于行业持续健康发展的财税政策建议。

6月17日，三公司中标全国最大的生态修复试点工程——内蒙古乌梁素海山水林田湖草生态保护修复工程，治理流域面积1.47万平方米。

7月10日，中建市政中标中国建筑在格鲁吉亚的首个项目——格鲁吉亚E60高速F1道路升级改造项目，该公路左侧支路总长约11.6公里，右支路工程约8.6公里。设计速度80公里/小时。

9月28日，一局承建的深圳国际会展中心交付，建筑面积160.5万平方米，室内展览总面积50万平方米，对推动粤港澳大湾区建设具有重要意义。

10月15日，局党委书记、董事长罗世威会见乌兹别克斯坦共和国建设部部长扎基罗夫代表团，双方就建筑领域合作进行深入交流。

11月5日，一局完成数据分析中心建设，获2019年度工程建设行业信息化典型案例，是施工行业唯一聚焦数据融通分析的案例，走在了施工行业前列。

2020年

1月10日，中共中央、国务院在北京人民大会堂隆重举行2019年度国家科学技术奖励大会。一局作为主要完成单位的《绿色公共建筑环境与节能设计关键技术研究和应用》成果被授予国家科学技术进步二等奖。这是一局荣获的第20个国家科技奖，也是在工程机电领域首次获奖。

2月22日，建设发展公司承建北京应急改建口罩厂历经6天5夜建成。投产后可日产民用口罩25万只，月产750万只，最大产能900万只，将极大缓解北京市民口罩不足的困境，为打赢疫情防控阻击战提供有力支持。

3月30日，一局决定，成立“房地产事业部”，与投资部合署办公；撤销“基础设施部”，成立“基础设施事业部”；撤销“海外业务部”，成立“海外事业部”。

6月16日，一局作为中国建筑唯一企业获评“2020全国低碳榜样单位”。通过开发“环保社会监督信息化平台”，打通沟通渠道，避免处罚发生和问题升级。

8月2日，一局成立资本运营中心。

8月22日，一局旗下地产品牌——中建智地正式发布，致力于“智造美好生活”，成为一流“品质社区综合服务商”。

9月7日，中央政治局委员、北京市委书记蔡奇视察华江公司履约的雁柏山庄项目建设情况，要求建筑设计与环境融合呼应，建成精品工程。

10月10日，三公司履约的全国最大山水林田湖草生态保护修复试点项目乌兰布和沙漠治理工程名列国家第四批“绿水青山就是金山银山”实践创新基地名单。

12月23日，一局印发《中国建筑一局（集团）有限公司对标一流管理提升行动实施方案》。以对标世界一流为出发点和切入点，以加强管理体系和管理能力建设为主线，致力成为品牌美誉领先、发展质量领先、治理体系领先、科技创新领先、人才素质领先的中国建筑旗下最具核心竞争力的世界一流企业。

12月30日，中国建筑股份公司批复，同意一局注册资本由70亿元增加至100亿元，中国建筑股份有限公司持股100%的比例不变，资金来源为一局利润分配。

12月，一局综合授信规模历史首次突破1000亿，连续四年保持AAA主体信用评级。

2020年，面对全球新冠疫情，一局全年如期高质量完成6城8项抗疫应急工程建设任务。在海外，面对“带疫解封、与疫同行”的复杂形势，采用“四分法”进行防疫管理。组织仁和医院三批医疗组18名医护人员赴多国开展防疫工作，确保海外员工生命健康安全；并于10月起草《建设工程施工现场生活区设置和管理导则》（京建发〔2020〕289号，北京市住房和城乡建设委员会），服务首都抗疫、贡献企业智慧；高峰期组织项目返场劳务和管理人员32万人入场施工，无一人感染。

2021年

1月13日，一局决定，成立中国建筑一局（集团）有限公司（华中），简称中建一局集团华中地区总部。管辖范围为“华中地区”（包括河南、湖北、山西）。

1月14日，一局召开2021年党的建设工作会议暨2021年工作会议，全面总结中建一局2020年工作及“十三五”发展成就，部署2021年及“十四五”重点工作。

2月3日，埃及总理穆斯塔法·马德布利，埃及住房部副部长哈利德·阿巴斯一行调研建设发展公司建设的埃及新行政首都CBD项目P4标段。

5月20日，经过两个月的艰苦奋战，建设发展公司承建的庆祝中国共产党成立100周年——《伟大征程》文艺演出舞台搭建舞台项目竣工，为保障6月28日顺利演出做出了突出贡献。

6月9日，中建集团决定，吴爱国任局党委书记、董事长。

6月25日，中建集团决定，左强任局党委副书记、总经理。

7月29日，文化和旅游部召开庆祝中国共产党成立100周年文艺演出工作总结大会，一局因“庆祝中国共产党成立100周年大型情景史诗《伟大征程》组织排演工作中做出突出贡献”受到表彰，局党委副书记、总经理左强作为中建代表参加会议并做交流发言。

8月18日，一局召开子企业外部董事任职宣布会，认真学习习近平总书记关于国有企业改革发展和党的建设重要论述，就加快推进子企业外部董事任职、加强董事会建设进行动员部署。

9月4日，2021年中国国际服务贸易交易会服务示范案例颁奖典礼在国家会议中心举行。一局凭借莫斯科中国贸易中心项目荣获全球服务实践案例，成为中建系统唯一一家荣获该奖项的子企业。

9月14日，一局获得国家高新技术企业资格。

9月16日，一局召开首届工程总承包管理论坛，旨在持续提升局工程总承包核心竞争力，进一步打造专业团队、整合优势资源，塑强工程总承包全生命周期服务能力，助力企业高质量发展。

11月3日，一局决定，设立“城市更新部”。加快城市更新业务发展，抢抓新一轮城市发展机遇，充分发挥投资建造优势，构建融合发展通道。

11月5日，中共中央总书记、国家主席、中央军委主席习近平在人民大会堂亲切会见第八届全国道德模范及提名奖获得者，向他们表示诚挚问候和热烈祝贺。北京公司海口市国际免税城项目机电工长陈重私荣获第八届全国孝老爱亲模范。

12月3日，山东省人民政府与中建集团在济南签署战略合作协议。山东省委书记李干杰，省委副书记、省长周乃翔，中建集团党组书记、董事长郑学选出席签约仪式。中建集团党组成员、总会计师王云林，党组成员、副总经理马泽平、周勇，局党委书记、董事长吴爱国参加会议。

12月9日，一局印发《关于加强局属施工类三级经营机构建设的指导意见》，深化落实区域化发展战略，优化资源布局结构，扎实推进“机构实体化，人员属地化”区域经营原则。

2022年

3月18日至19日，一局收到北京冬奥组委规划建设部、北京2022年冬奥会和冬残奥会延庆赛区运行保障指挥部发来的感谢信。

4月9日，一局决定，撤销地区总部并设立区域分局。撤销华东地区总部、华南地区总部、西南地区总部、东北地区总部、西北地区总部、华中地区总部、京津冀地区总部、雄安地区总部八个地区总部。设立华东分局、华南分局、西南分局、京津冀分局、西北分局、华中分局、东北分局七个区域分局。

6月24日，一局与北京市房山区政府签署战略合作协议，双方将在民生工程建设、城市更新改造、重点项目投资等方面开展深度合作，实现互利互惠、共同发展。

7月19日，住房和城乡建设部原总工程师、中国建筑业协会第六届理事会会长、首都住房和城乡建设领域新型智库首席专家王铁宏一行赴一局调研指导数字化转型业务，深入了解企业数字化转型成果，现场交流研讨数字化转型发展之路。

8月5日，一局召开2022年科技创新大会。中建集团党组成员、副总经理赵晓江出席会议，一局党委书记、董事长吴爱国做题为《把握科技创新方向 提升设计服务能力为实现“一最五领先”战略目标而努力奋斗》的讲话；一局总工程师薛刚以《坚持科技创新 强化设计引领 努力开创科技与设计高质量发展新局面》为题做大会主题报告。

8月12日，一局承建的莫斯科中国贸易中心项目荣获俄罗斯建筑界最高奖项“最佳项目履约奖（ЛРП）”。这是中国企业在俄罗斯首次获此殊荣。

9月1日，一局行业首创碳数据监测管理平台在服贸会北京首钢园正式发布。

11月25至28日，第七届2022中国企业家博鳌论坛在海南博鳌举办。一局作为企业代表受邀参会，并以《开拓一局数字化转型之路，推动中建一局高质量发展》为题进行案例分享。

12月27日，一局设计研究总院揭牌成立。

12月30日，一局以联合体形式中标济南市中心城区雨污合流管网改造和城市内涝治理腊山河与兴济河排水分区PPP项目，项目总投资102.52亿元。

12月30日，五公司召开迎新年暨公司成立70周年总结会。

2023年

1月15日，三公司召开成立70周年总结会。

1月19日，中国建筑城市更新与智慧运维工程研究中心（建筑健康诊治）揭牌仪式在京举行。中建集团党组副书记、总经理张兆祥出席仪式并讲话。

2月20日，全总文工团慰问演出暨一局2023年劳动和技能竞赛启动仪式在一局中央芭蕾舞团业务用房扩建项目举办。

2月21日，一局成立70周年系列活动主题、标识正式发布。系列活动主题：先锋七十载　奋进新征程。

2月24日，中建一局集团华南建设有限公司揭牌仪式在深圳举行。

附录三

重要荣誉

企业管理类

奖项名称	获奖单位	颁奖单位	获奖年份
全国施工技术先进企业	中建一局	中华人民共和国建设部	1990
全国先进建筑施工企业	中建一局	中华人民共和国建设部	1995
国家认定的企业技术中心	中建一局	国家经贸委、税务总局海关总署	1997
96全国建筑业科技领先百强企业（第五名）	中建一局	国家统计局社会与科技统计司	1997
全国推行全面质量管理先进企业	中建一局	中国质量管理协会	1999
全国五一劳动奖状	中建一局	中华全国总工会	2007
奥运工程建设先进集体	中建一局	中共北京市委；北京市人民政府	2008
抗震救灾前线指挥部为抗震救灾重建家园工人先锋号	中建一局	中华全中总工会	2008
中国质量奖	中建一局	中华人民共和国国家质量监督检验检疫总局	2016
高新技术企业	中建一局	北京市科委、北京市财政局、北京市税务局	2021

科技创新类

序号	奖项名称	获奖项目	获奖等级	获奖年份
1	国家发明奖	HW-01型蛙式夯土机	—	1965
2	全国科学大会奖	红外线板式加热器	—	1978
3	全国科学大会奖	无收缩填筑砂浆	—	1978
4	全国科学大会奖	气体保护双枪全位置自动焊机	—	1978
5	全国科学大会奖	大直径管罐全位置自动焊接设备——强磁性永久磁钢	—	1978
6	全国科学大会奖	水泥标号快速测定法	—	1978
7	全国科学大会奖	新型辐射加速澄清池	—	1978
8	国家发明奖	纸面石膏板嵌缝腻子	四等奖	1983
9	国家科技进步奖	整体预应力板柱建筑成套技术	二等奖	1987
10	国家科技进步奖	住宅建设节能适用技术	三等奖	1990
11	国家发明奖	石膏板防水剂——硅油JSH-1乳液	四等奖	1991
12	国家科技进步奖	中国国际贸易中心工程建筑群施工技术	二等奖	1992
13	国家科技进步奖	利建模板体系	三等奖	1992
14	国家科技进步奖	14万吨/年低压聚乙烯装置工程设计、施工技术及重大装备国产化	三等奖	1997
15	国家科技进步奖	武汉国贸大厦主体施工技术	三等奖	1999
16	国家科技进步奖	特大异型工程精密测量与重构技术研究及应用	二等奖	2010
17	国家科技进步奖	国家游泳中心（水立方）工程建造技术创新与实践	一等奖	2011
18	国家科技进步奖	超高及复杂高层建筑结构关键技术与应用	二等奖	2013
19	国家科技进步奖	现代预应力混凝土结构关键技术创新与应用	一等奖	2014
20	国家科技进步奖	绿色公共建筑环境与节能设计关键技术研究及应用	二等奖	2019

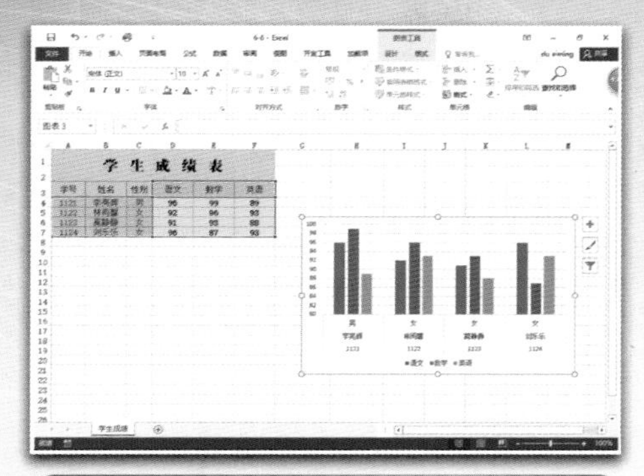

▶ 创建Excel图表

▶ 创建数据透视表

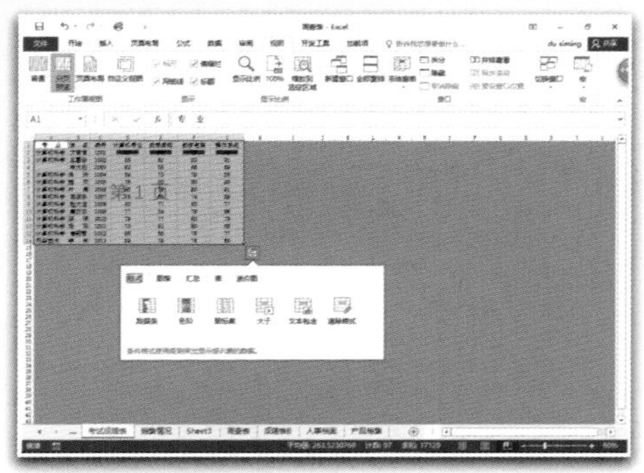

▶ 分页浏览视图

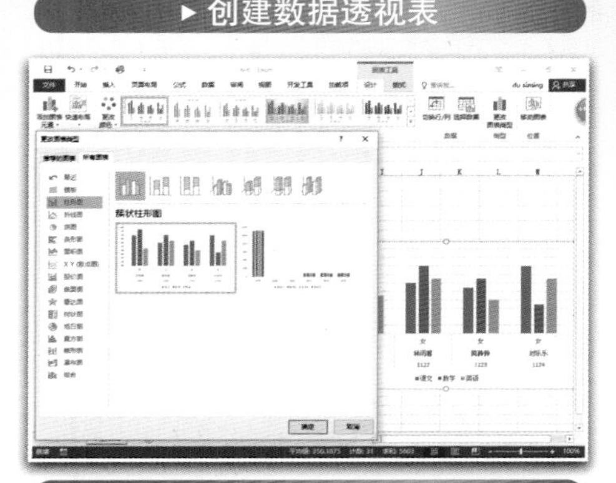

▶ 更改图表类型

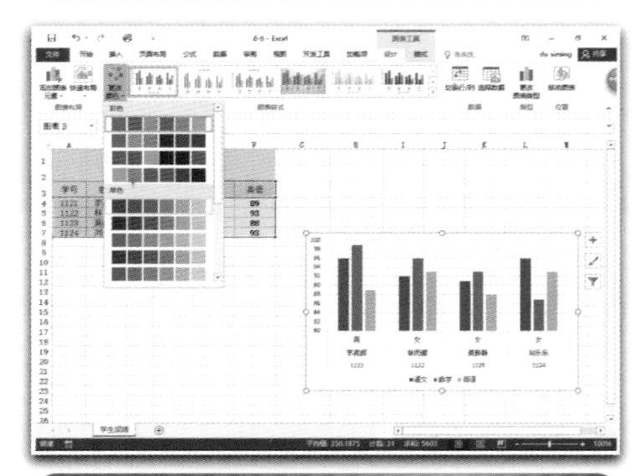

▶ 更改图表颜色

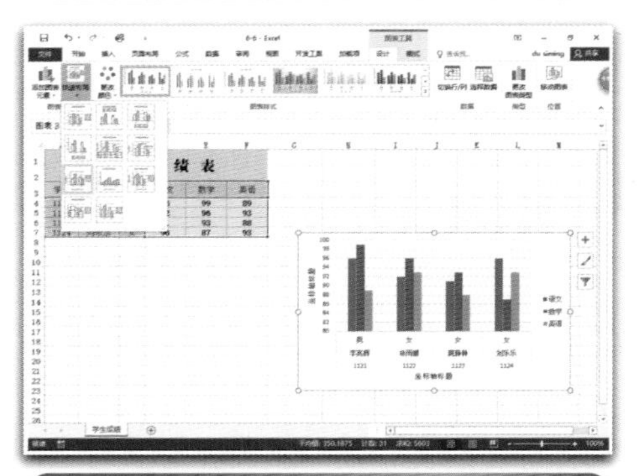

▶ 快速更改图表布局

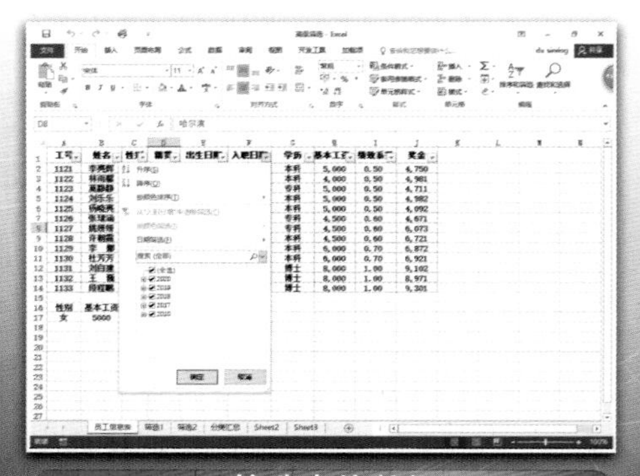

▶ 筛选表格数据

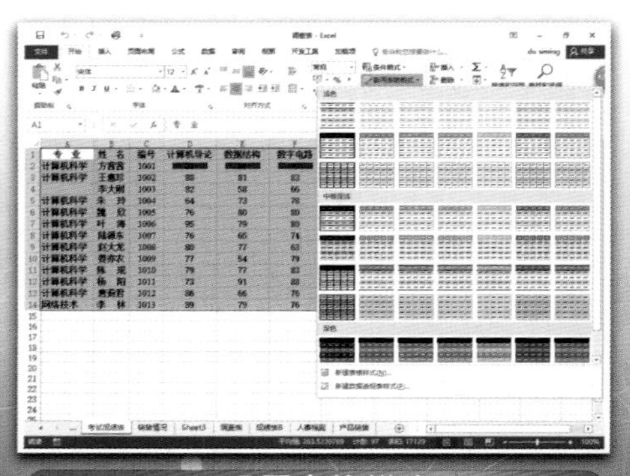

▶ 设置表格样式

[Excel 2016电子表格案例教程]

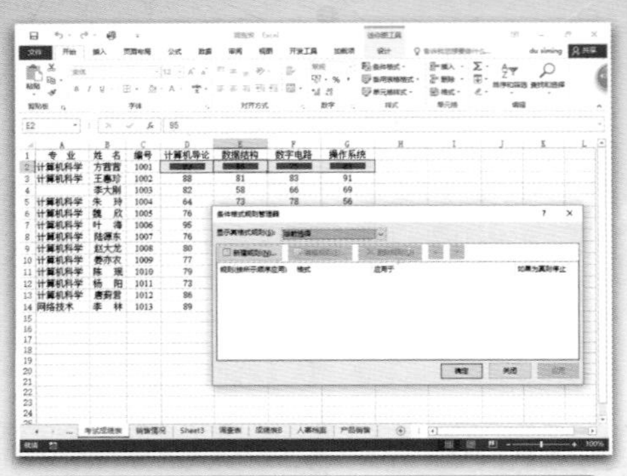

▶ 设置条件格式

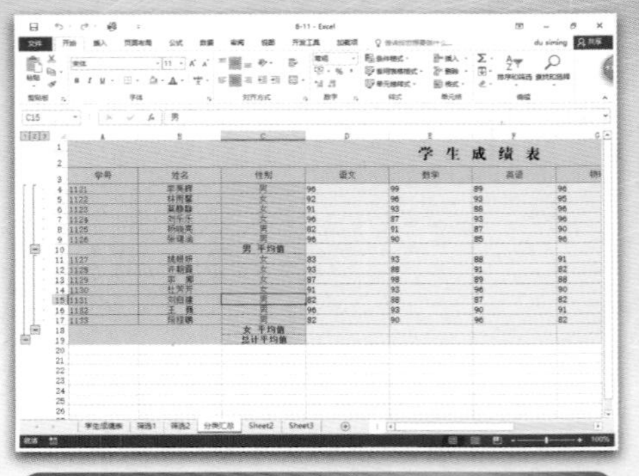

▶ 数据分类汇总

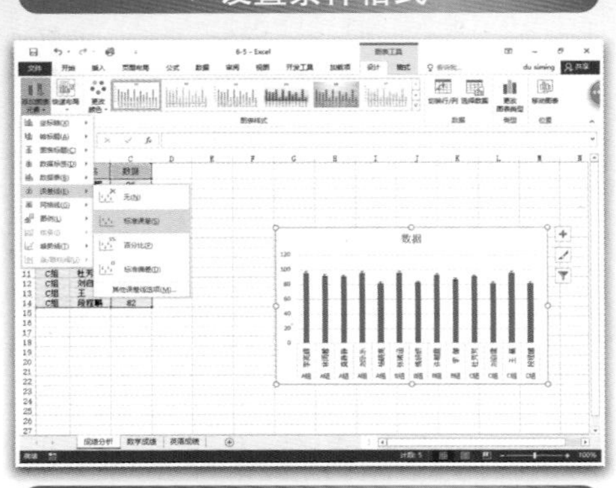

▶ 添加图表元素

调查分析表

编号	城市	季度	销售数量	销售金额	实现利润	抽样数据
1	南京	一季度	55	1550	460	
2	上海	一季度	43	1430	650	
3	北京	一季度	45	1450	690	
4	广州	一季度	34	1340	430	
5	南京	二季度	78	1780	550	
6	上海	二季度	43	1430	210	
7	北京	二季度	65	1650	380	
8	广州	二季度	31	1031	310	
9	南京	三季度	96	1098	780	
10	上海	三季度	77	1077	340	
11	北京	三季度	65	1650	420	
12	广州	三季度	38	1380	310	

▶ 调查分析表

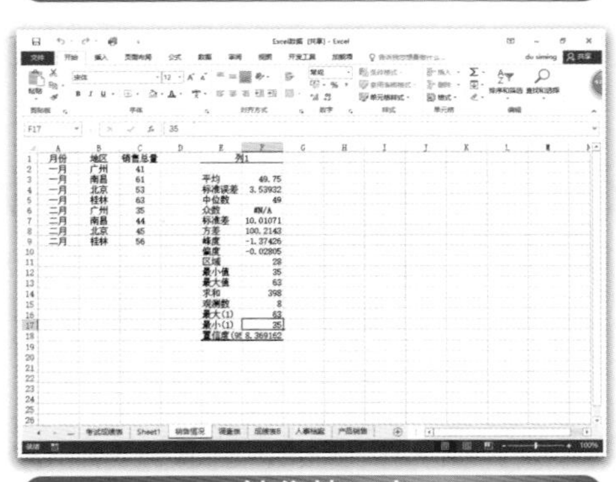

▶ 销售情况表

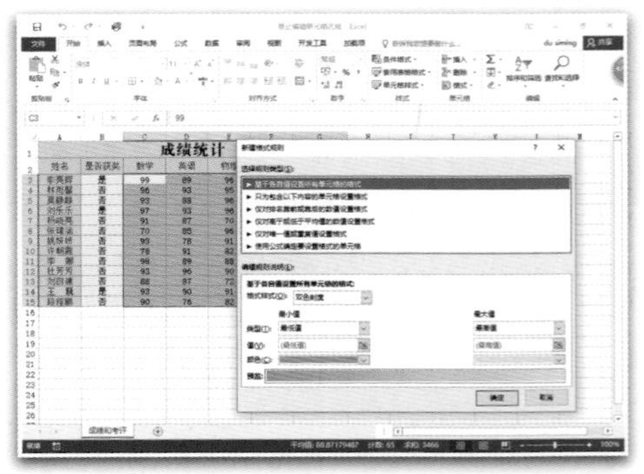

▶ 新建格式规则

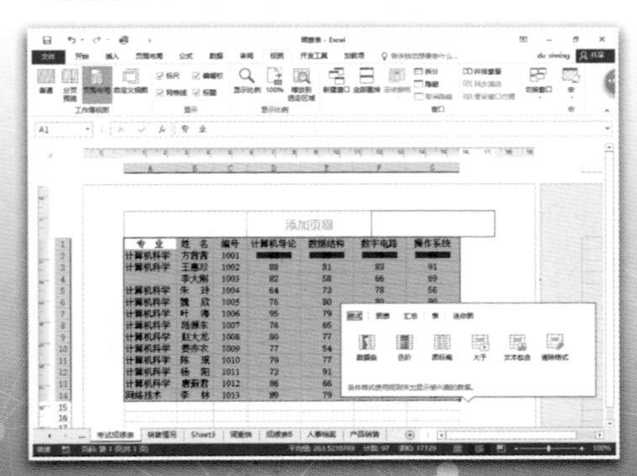

▶ 页面布局视图

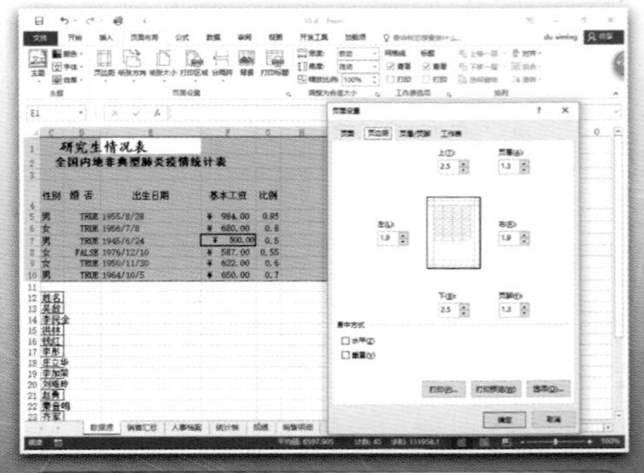

▶ 页面设置

计算机应用案例教程系列

Excel 2016 电子表格
案例教程

宋　杨◎编著

清华大学出版社
北　京

内 容 简 介

本书以通俗易懂的语言、翔实生动的案例全面介绍使用 Excel 2016 制作电子表格的操作方法和技巧。全书共分 10 章，内容涵盖了 Excel 入门基础，操作工作簿与工作表，输入与编辑数据，整理工作表，修饰工作表，创建迷你图与图表，使用公式和函数，排序、筛选与汇总数据，应用数据透视表分析数据，使用 Excel 高级功能等。

书中同步的案例操作二维码教学视频可供读者随时扫码学习。本书还提供配套的素材文件、与内容相关的扩展教学视频以及云视频教学平台等资源的电脑端下载地址，方便读者扩展学习。本书具有很强的实用性和可操作性，既是一本适合高等院校及各类社会培训学校的优秀教材，也是广大初、中级计算机用户的首选参考书。

本书对应的电子课件及其他配套资源可以到 http://www.tupwk.com.cn/teaching 网站下载。

图书在版编目(CIP)数据

Excel 2016 电子表格案例教程 / 宋杨 编著. —北京：清华大学出版社，2019
(计算机应用案例教程系列)
ISBN 978-7-302-52599-8

Ⅰ. ①E… Ⅱ. ①宋… Ⅲ. ①表处理软件—教材 Ⅳ. ①TP391.13

中国版本图书馆 CIP 数据核字(2019)第 044607 号

责任编辑： 胡辰浩
封面设计： 孔祥峰
版式设计： 妙思品位
责任校对： 牛艳敏
责任印制： 李红英

出版发行： 清华大学出版社
网　址：http://www.tup.com.cn，http://www.wqbook.com
地　址：北京清华大学学研大厦 A 座　　邮　编：100084
社 总 机：010-62770175　　邮　购：010-62786544
投稿与读者服务：010-62776969，c-service@tup.tsinghua.edu.cn
质 量 反 馈：010-62772015，zhiliang@tup.tsinghua.edu.cn
印 装 者： 三河市龙大印装有限公司
经　销： 全国新华书店
开　本： 185mm×260mm　　**印　张：** 18.75　　**彩　插：** 2　　**字　数：** 480 千字
版　次： 2019 年 4 月第 1 版　　**印　次：** 2019 年 4 月第 1 次印刷
印　数： 1～3000
定　价： 59.00 元

产品编号：076373-01

熟练使用计算机已经成为当今社会不同年龄层次的人群必须掌握的一门技能。为了使读者在短时间内轻松掌握计算机各方面应用的基本知识，并快速解决生活和工作中遇到的各种问题，清华大学出版社组织了一批教学精英和业内专家特别为计算机学习用户量身定制了这套“计算机应用案例教程系列”丛书。

丛书、二维码教学视频和配套资源

▶ 选题新颖，结构合理，内容精炼实用，为计算机教学量身打造

本套丛书注重理论知识与实践操作的紧密结合，同时贯彻“理论+实例+实战”三阶段教学模式，在内容选择、结构安排上更加符合读者的认知习惯，从而达到老师易教、学生易学的目的。丛书采用双栏紧排的格式，合理安排图与文字的占用空间，在有限的篇幅内为读者奉献更多的计算机知识和实战案例。丛书完全以高等院校、职业学校及各类社会培训学校的教学需要为出发点，紧密结合学科的教学特点，由浅入深地安排章节内容，循序渐进地完成各种复杂知识的讲解，使学生能够一学就会、即学即用。

▶ 教学视频，一扫就看，配套资源丰富，全方位扩展知识能力

本套丛书提供书中案例操作的二维码教学视频，读者使用手机微信、QQ 以及浏览器中的“扫一扫”功能，扫描下方的二维码，即可观看本书对应的同步教学视频。此外，本书配套的素材文件、与本书内容相关的扩展教学视频以及云视频教学平台等资源，可通过在电脑端的浏览器中下载后使用。

(1) 本书配套素材和扩展教学视频文件的下载地址如下。

http://www.tupwk.com.cn/teaching

(2) 本书同步教学视频的二维码如下。

扫一扫，看视频

本书微信服务号

▶ 在线服务，疑难解答，贴心周到，方便老师定制教学教案

本套丛书精心创建的技术交流 QQ 群(101617400、2463548)为读者提供 24 小时便捷的在线交流服务和免费教学资源。便捷的教材专用通道(QQ：22800898)为老师量身定制实用的教学课件。老师也可以登录本丛书的信息支持网站(http://www.tupwk.com.cn/teaching)下载图书对应的电子课件。

前言

本书内容介绍

《Excel 2016 电子表格案例教程》是这套丛书中的一本，该书从读者的学习兴趣和实际需求出发，合理安排知识结构，由浅入深、循序渐进，通过图文并茂的方式讲解 Excel 2016 电子表格制作的基础知识和操作方法。全书共分 10 章，主要内容如下。

第 1 章：介绍 Excel 2016 的启动方式、文件类型、工作界面、基本设置、文件打印、数据共享等基础知识。

第 2 章：介绍 Excel 工作簿与工作表的基本操作，以及控制工作窗口的方法与技巧。

第 3 章：介绍正确、快速输入 Excel 数据的技巧，以及设置数据有效性的操作方法。

第 4 章：介绍通过设置数据格式、单元格格式、主题来整理工作表数据的方法与技巧。

第 5 章：介绍在 Excel 中使用图片、形状、艺术字、SmartArt 图形等元素修饰工作表的方法与技巧。

第 6 章：介绍在工作表中使用迷你图与图表呈现数据的方法与技巧。

第 7 章：介绍函数与公式的定义、单元格引用、公式运算符等方面的知识。

第 8 章：介绍数据表的规范化处理，以及在数据表中对数据进行排序、筛选、分级显示和分类汇总的方法。

第 9 章：介绍应用数据透视图与数据透视表分析数据的方法。

第 10 章：介绍使用条件格式、合并计算、超链接等 Excel 高级功能的方法。

读者定位和售后服务

本套丛书为所有从事计算机教学的老师和自学人员而编写，是一套适合于高等院校及各类社会培训学校的优秀教材，也可作为计算机初中级用户的首选参考书。

如果您在阅读图书或使用电脑的过程中有疑惑或需要帮助，可以登录本丛书的信息支持网站(http://www.tupwk.com.cn/teaching)或通过 E-mail(wkservice@vip.163.com)联系，本丛书的作者或技术人员会提供相应的技术支持。

全书由哈尔滨体育学院的宋杨编写。由于作者水平所限，本书难免有不足之处，欢迎广大读者批评指正。我们的邮箱是 huchenhao@263.net，电话是 010-62796045。

“计算机应用案例教程系列”丛书编委会

2018 年 12 月

目录

第 3 章　输入与编辑数据

第 4 章　整理工作表

第7章 使用公式和函数

第8章 排序、筛选与汇总数据

第 9 章 应用数据透视表分析数据

第 10 章 使用 Excel 高级功能

第1章

Excel 入门基础

本章主要介绍 Excel 的入门知识，包括 Excel 的主要功能、文件类型、工作界面、基本设置以及 Excel 三大元素——工作簿、工作表和单元格。通过学习，读者应能初步掌握 Excel 软件的入门知识，为进一步深入了解和学习 Excel 的高级功能及函数、图表、数据分析等内容奠定坚实的基础。

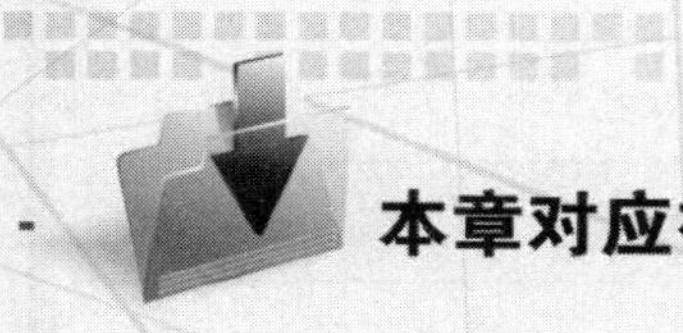

本章对应视频

例 1-1 将 Excel 数据区域复制到 Word
例 1-2 将 Excel 文件插入 Word
例 1-3 设置多人共享 Excel 文件
例 1-4 使用 Excel 多功能搜索框
例 1-5 使用“墨迹公式”功能
例 1-6 使用“预测工作表”功能
例 1-7 获取来自网页的数据

1.1　Excel 启动方式

在系统中安装 Microsoft Excel 2016 后，可以通过以下几种方法启动该软件。

- 单击桌面左下角的【开始】按钮，在弹出的菜单中选择【所有程序】| Microsoft Office | Microsoft Excel 2016 命令。
- 双击系统桌面上的 Microsoft Excel 2016 快捷方式。
- 双击已经存在的 Excel 工作簿文件(例如“考勤表.xlsx”)。

Excel 2016 桌面快捷方式

Excel 工作簿文件

1.2　Excel 文件类型

Excel 文件指的是 Excel 工作簿文件，即扩展名为.xlsx(Excel 97-Excel 2003 默认的扩展名为.xls)的文件。这是 Excel 最基础的电子表格文件类型。但是与 Excel 相关的文件类型并非仅此一种。Excel 支持许多类型的文件格式，不同类型的文件具有不同的扩展名、存储机制和限制。

Excel 支持的文件格式及其说明

格　式	扩展名	存储机制和限制说明
Excel 工作簿	.xlsx	基于 XML 的文件格式，不能存储 Microsoft Visual Basic for Applications(VBA)宏代码或 Excel 宏工作表(.xlm)
Excel 二进制工作簿	.xlsb	二进制文件格式(BIFF12)
Excel 97-Excel 2003 工作簿	.xls	Excel 97-Excel 2003 二进制文件格式
XML 数据	.xml	XML 数据格式
单个网页文件	.mht/.mhtml	MHTML Document 文件格式
Excel 启用宏的模板	.xltm	Excel 模板启用宏的文件格式，可以存储 VBA 宏代码或 Excel 宏工作表(.xlm)
Excel 97-Excel 2003 模板	.xlt	Excel 模板的 Excel 97-Excel 2003 二进制文件格式
文本(以制表符分隔)	.txt	将工作簿另存为以制表符分隔的文本文件，以便在其他 Microsoft Windows 操作系统上使用，并确保正确解释制表符、换行符和其他字符。仅保存活动工作表

(续表)

格　式	扩展名	存储机制和限制说明
Unicode 文本	.txt	将工作簿另存为 Unicode 文本，一种由 Unicode 协会开发的字符编码标准
XML 数据	.xml	XML 电子表格文件格式
Microsoft Excel 5.9/95 工作簿	.xls	Excel 5.9/95 二进制文件格式
CSV(以逗号分隔)	.csv	将工作簿另存为以逗号分隔的文本文件，以便在其他 Windows 系统上使用，并确保正确解释制表符、换行符和其他字符。仅保存活动工作表
带格式文本(以空格分隔)	.prn	Lotus 以空格分隔的格式，仅保存活动工作表
DIF	.dif	数据交换格式，仅保存活动工作表
SYLK	.slk	符号链接格式，仅保存活动工作表
Excel 97-Excel 2003 加载宏	.xla	Excel 97- Excel 2003 加载项，支持 VBA 项目的使用

除此之外，还有几种由 Excel 创建或在使用 Excel 进行相关应用过程中所用到的文件类型，下面将单独介绍。

1. 启用宏的工作簿(.xlsm)

启用宏的工作簿是一种特殊的工作簿，它是自 Excel 2007 以后版本所特有的，是 Excel 2007 和 Excel 2010 基于 XML 和启用宏的文件格式，用于存储 VBA 宏代码或者 Excel 宏工作表(.xlm)。启用宏的工作簿扩展名为“.xlsm”。从 Excel 2007 以后的版本开始，基于安全的考虑，普通工作簿无法存储宏代码，而保存为这种工作簿则可以保留其中的宏代码。

2. 模板文件(.xltx 或.xltm)

模板是用来创建具有相同风格的工作簿或者工作表的模型。如果用户需要使自己创建的工作簿或工作表具有自定义的颜色、文字样式、表格样式、显示设置等统一的样式，可以使用模板文件来实现。

3. 加载宏文件(.xlam)

加载宏是一些包含了 Excel 扩展功能的程序，其中既包括 Excel 自带的加载宏程序(如分析工具库、规划求解等)，也包括用户自己或者第三方软件厂商所创建的加载宏程序(如自定义函数命令等)。加载宏文件(.xlam)就是包含了这些程序的文件，通过移植加载宏文件，用户可以在不同的计算机上使用自己所需功能的加载宏程序。

4. 网页文件(.mht、.mhtml、.htm 或.html)

Excel 既可以从网上获取数据，也可以把包含数据的表格保存为网页格式进行发布，其中还可以设置保存为“交互式”网页，转化后的网页中保留了使用 Excel 继续进行编辑和数据处理的功能。Excel 保存的网页分为单个文件的网页(.mht 或.mhtml)和普通网页(.htm 或.html)，这些由 Excel 创建的网页与普通的网页并不完全相同，其中包含了不少与 Excel 格式相关的信息。

1.3 Excel 工作界面

Excel 2016 沿用了之前版本的功能区界面风格，如下图所示，其工作窗口界面中设置了一些便捷的工具栏和按钮，如快速访问工具栏、分页浏览按钮和【显示比例】滑动条等。

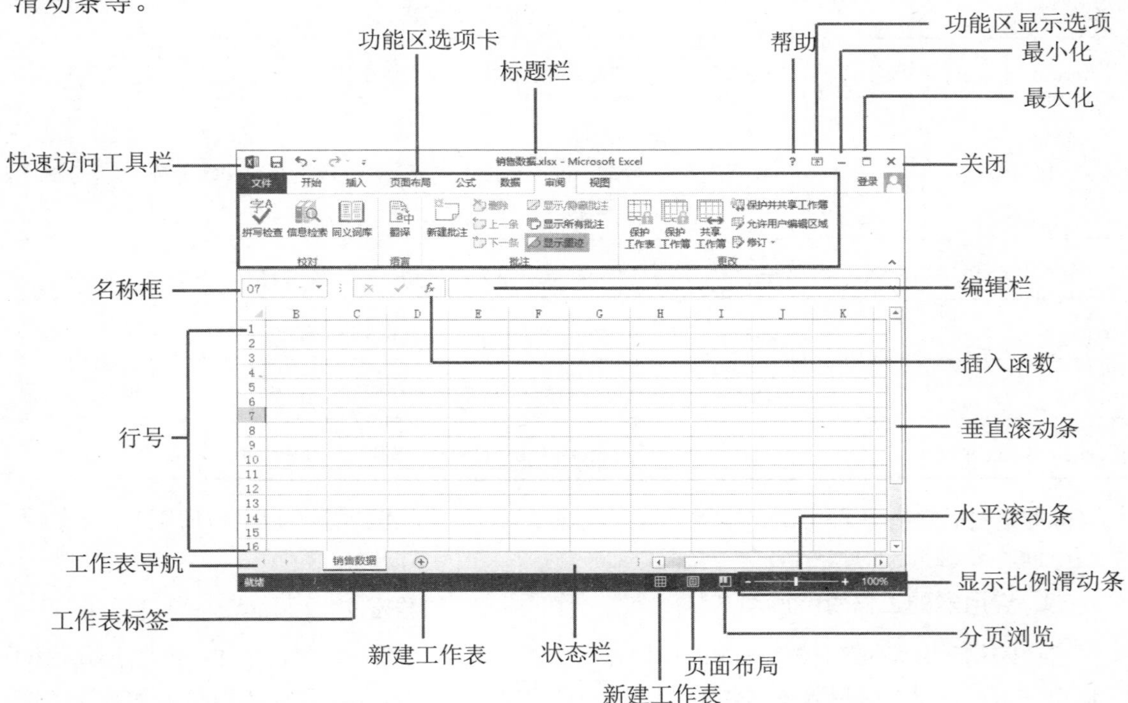

1.3.1 功能区选项卡

功能区是 Excel 窗口界面中的重要元素，通常位于标题栏的下方。功能区由一组选项卡面板组成，单击选项卡标签可以切换到不同的选项卡功能板。

1. 功能区选项卡的结构

当前选中的选项卡也称为“活动选项卡”。每个选项卡中包含了多个命令组，每个命令组通常由一些相关命令组成。

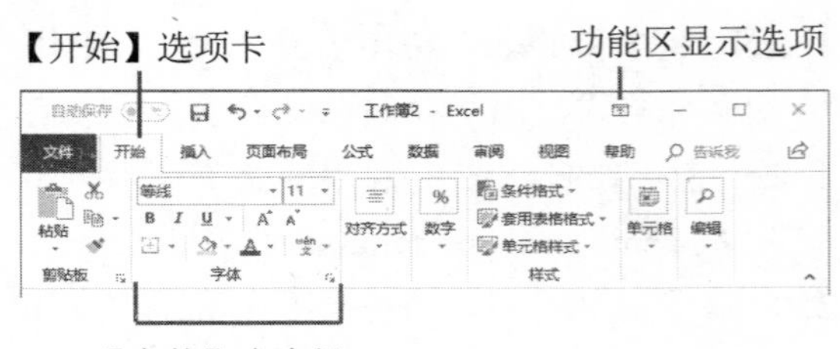

以上图所示的【开始】选项卡为例，其中包含了【剪贴板】【字体】和【对齐方式】等命令组，而图中的【字体】命令组则包含了多个设置字体属性的命令。

单击功能区右上角的【功能区显示选项】按钮，在弹出的菜单中，可以设置在 Excel 工作界面中自动隐藏功能区、仅显示选项卡名称或显示上图所示的选项卡和命令组。

2. 功能区选项卡的作用

Excel 中主要选项卡的功能说明如下。

- 【文件】选项卡：该选项卡是一个比较特殊的功能区选项卡，其由一组命令列表及其相关的选项区域组成，包含【信息】【新建】【打开】【保存】【另存为】【历史记录】等命令。

- 【开始】选项卡：该选项卡包含 Excel 中最常用的命令，如【剪贴板】【字体】【对齐方式】【数字】【样式】【单元格】和【编辑】等命令组，用于基本的字体格式化、单元格对齐、单元格格式和样式设置、条件格式、单元格和行列的插入删除以及数据编辑。

- 【插入】选项卡：下图所示的【插入】选项卡包含了所有可以插入工作表中的对象，主要包括图表、图片和图形、剪贴画、SmartArt 图形、迷你图、艺术字、符号、文本框、链接、三维地图等，也可以通过该选项卡创建数据透视表、切片器、数学公式和表格。

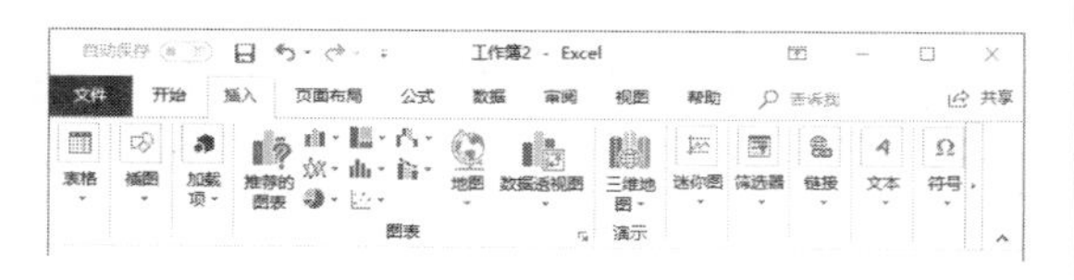

- 【页面布局】选项卡：该选项卡包含了用于设置工作表外观的命令，包括主题、图形对象排列、页面设置等，同时也包括打印表格所使用的页面设置和缩放比例等。

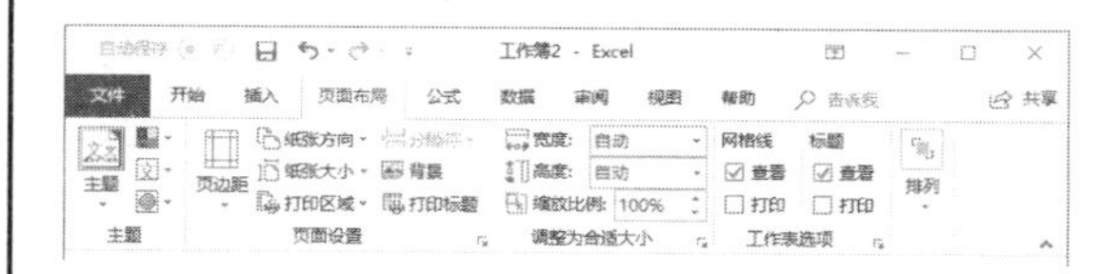

- 【公式】选项卡：该选项卡包含与函数、公式、计算相关的各种命令，例如【插入函数】按钮f_x、【名称管理器】按钮、【公式求值】按钮等。

- 【数据】选项卡：该选项卡包含了与数据处理相关的命令，例如【获取外部数据】【排序和筛选】【分级显示】【合并计算】【分列】等。

- 【审阅】选项卡：该选项卡包含【拼音检查】【智能查找】【批注管理】【繁简转换】以及工作簿和工作表的权限管理等命令。

- 【视图】选项卡：该选项卡包含了窗口界面底部状态栏附近的几个主要按钮功能，包括工作簿视图切换、显示比例缩放和录制宏命令等。此外，还包括窗格冻结和拆分、窗口元素显示等命令。

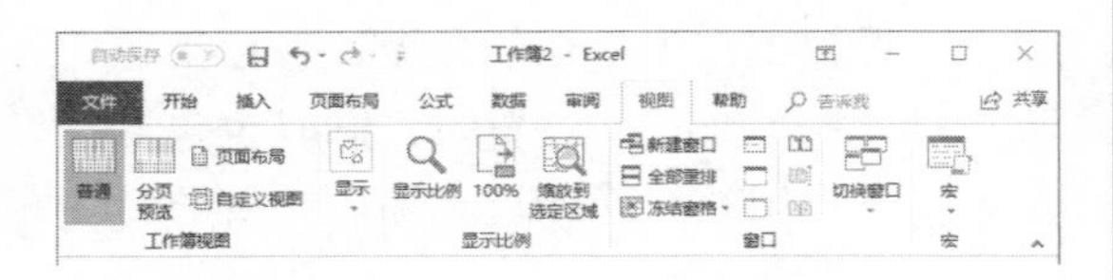

➤ 【开发工具】选项卡：该选项卡在Excel默认工作界面中不可见，主要包含使用VBA进行程序开发时需要用到的各种命令，如下图所示。

➤ 【背景消除】选项卡：该选项卡在默认情况下不可见，仅在对工作表中的图片使用【删除背景】操作时显示在功能区中，其中包含与图片背景消除相关的各种命令。

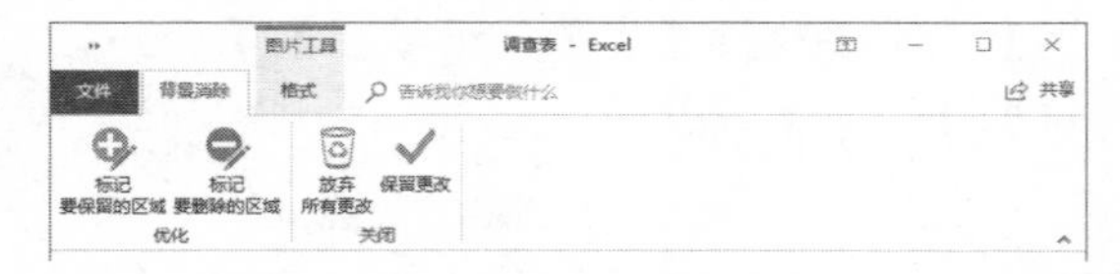

➤ 【加载项】选项卡：该选项卡在默认情况下不可见，当工作簿中包含自定义菜单命令和自定义工具栏以及第三方软件安装的加载项时会显示在功能区中。

1.3.2 工具选项卡

除了软件默认显示和自定义添加的功能区选项卡外，Excel还包含许多附加选项卡。这些选项卡只在进行特定操作时显示，因此也被称为“工具选项卡”。下面将简要介绍一些常见的工具选项卡。

➤ 【图表工具】选项卡：选中图表时，功能区中将显示如下图所示的图表设置专用选项卡，其中包含【设计】和【格式】两个子选项卡。

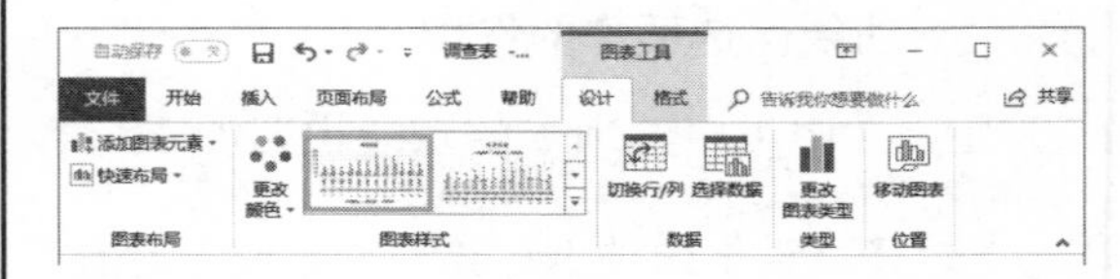

➤ 【SmartArt 工具】选项卡：选中SmartArt图形时，将显示如下图所示的【SmartArt 工具】选项卡，该选项卡包含【设计】和【格式】两个子选项卡。

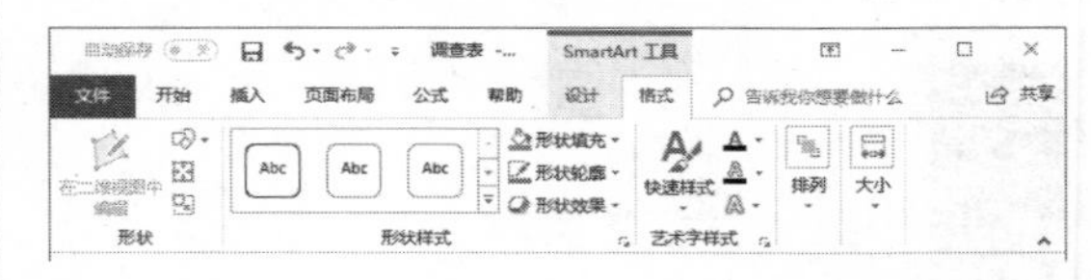

➤ 【图片工具】选项卡：在选中图形对象时，Excel将显示如下图所示的【格式】子选项卡。

➤ 【页眉和页脚工具】选项卡：在选中页眉和页脚并对其进行操作时，将显示如下图所示的【设计】子选项卡。

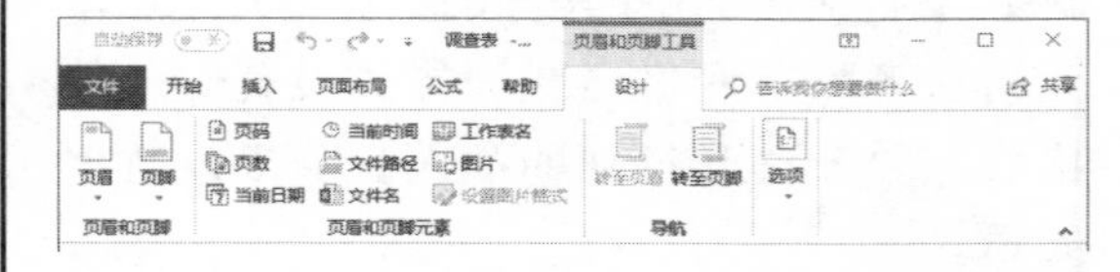

➤ 【迷你图工具】选项卡：在选中迷你图对象时，将显示如下图所示的【迷你图工具】选项卡。

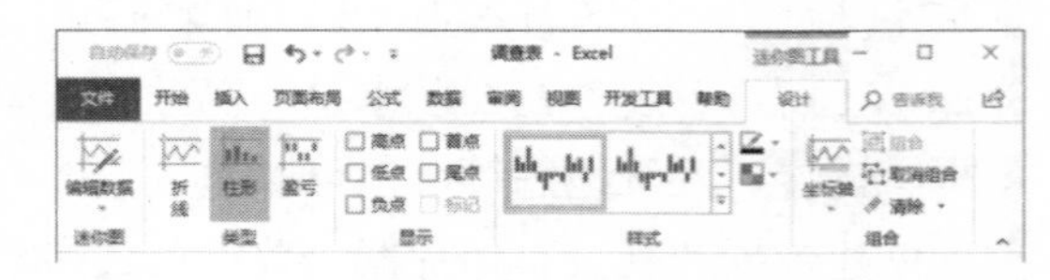

➤ 【数据透视表工具】选项卡：在选中数据透视表时，将显示如下图所示的选项卡，其中包含【分析】和【设计】两个子选项卡。

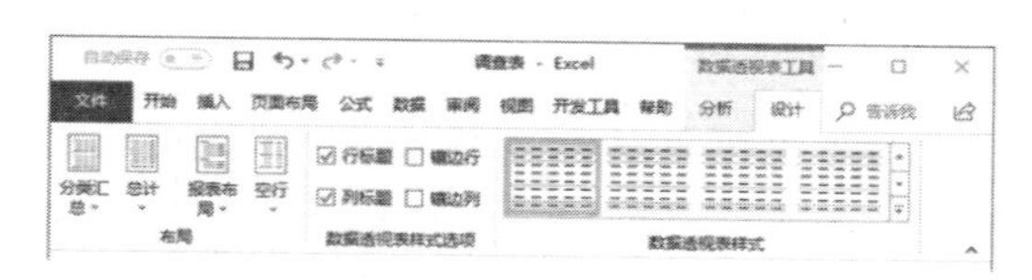

▶【数据透视图工具】选项卡：在选中数据透视图时，将显示如下图所示的【数据透视图工具】选项卡，其中包含【分析】【设计】和【格式】3 个子选项卡。

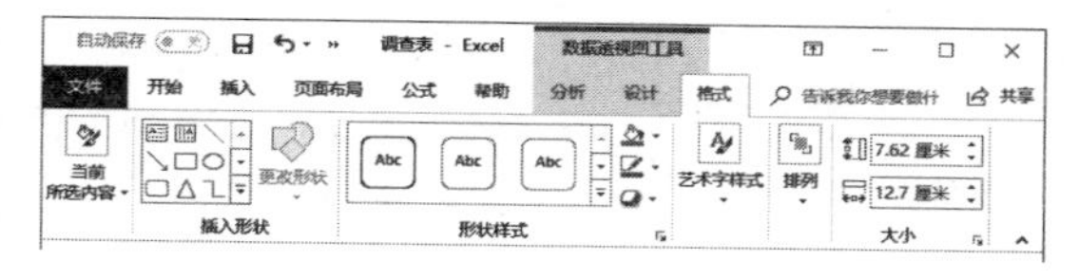

1.3.3　快速访问工具栏

Excel 2016 工作界面中的快速访问工具栏位于界面的左上角(如下图所示)，它包含一组常用的快捷命令按钮，并支持自定义其中的命令，用户可以根据工作需要添加或删除其所包含的命令按钮。

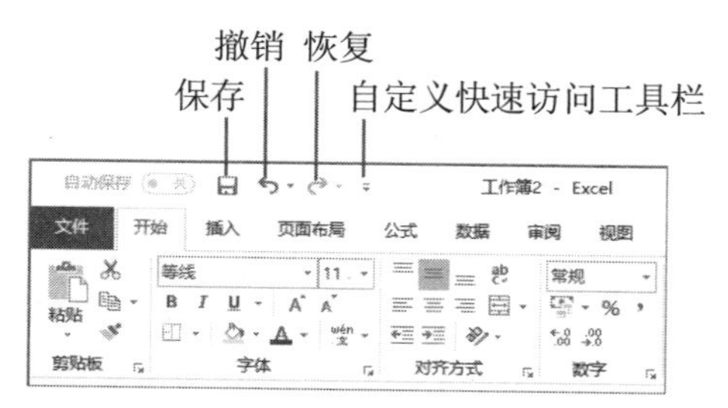

快速访问工具栏默认包含【保存】按钮、【撤销】按钮、【恢复】按钮 3 个快捷命令按钮。单击工具栏右侧的【自定义快速访问工具栏】按钮，可以在弹出的列表中显示更多的内置命令按钮，例如【快速打印】【拼写检查】和【新建】等。

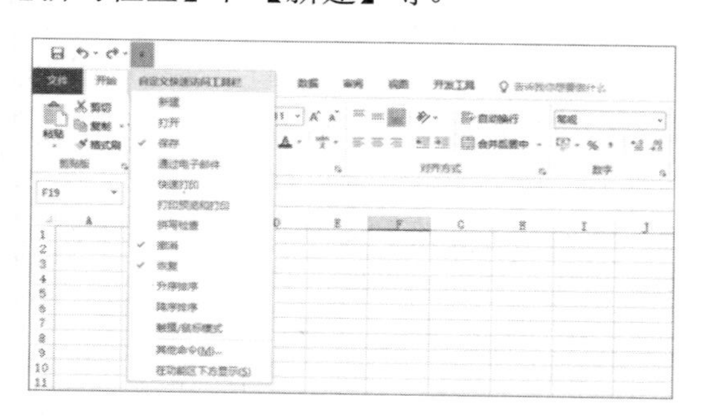

在上图所示的列表中选中某个命令选项后，将在快速访问工具栏中显示相对应的快捷命令按钮。

1.3.4　Excel 命令控件

Excel 工作界面中包含了多种命令，这些命令通过多种不同类型的控件显示或隐藏在界面窗口中。下面将简要介绍命令组中各种命令控件的类型及其功能说明。

1. 按钮

按钮可以通过单击而执行一项命令或一项操作。例如功能区内【开始】选项卡中的【格式刷】【下画线】【左对齐】以及快速访问工具栏中的【保存】按钮等。

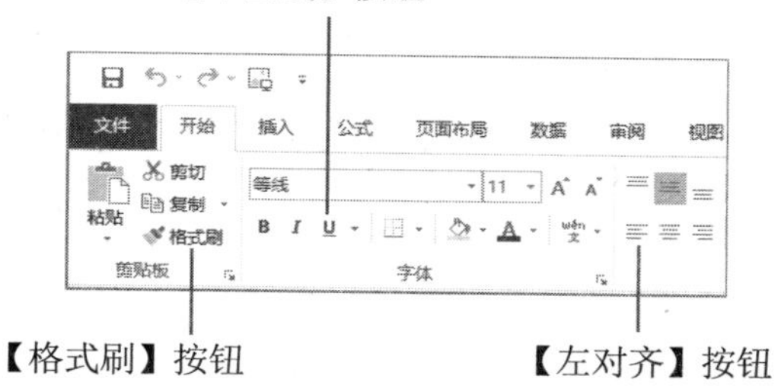

2. 切换按钮

切换按钮可以通过单击按钮在“激活”和“未激活”两种状态之间来回切换。例如【审阅】选项卡中的【显示所有批注】和【显示墨迹】切换按钮。

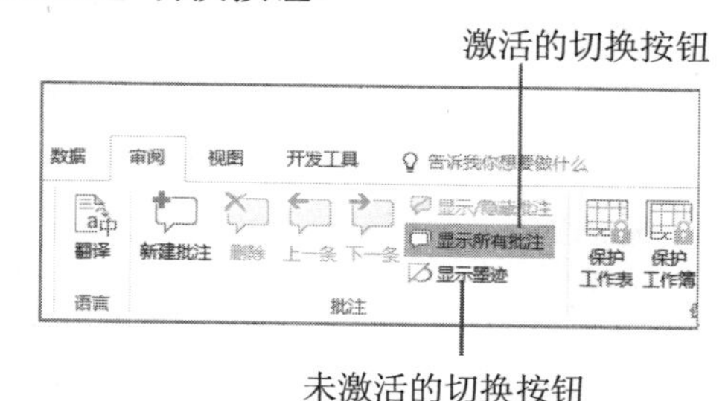

3. 下拉按钮

下拉按钮包含一个黑色的倒三角标识符号，通过单击下拉按钮可以显示详细的命令列

表或图标库，或显示多级扩展菜单。例如单击【公式】选项卡中的【自动求和】下拉按钮，将显示下图所示的命令列表。

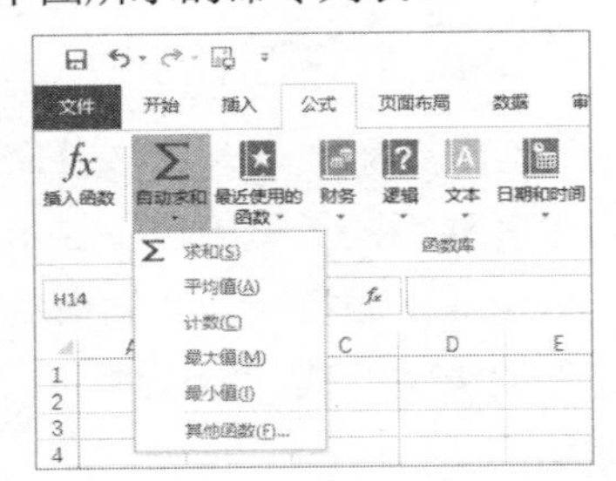

单击【插入】选项卡中的【形状】按钮，将显示如下图所示的图标库。

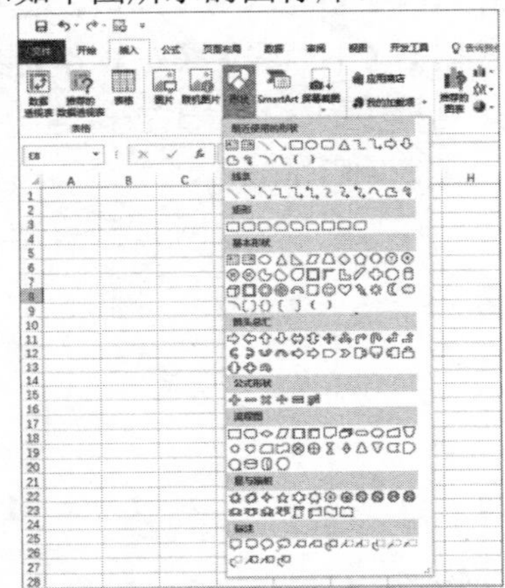

4. 拆分按钮

拆分按钮是一种由按钮和下拉按钮组成的按钮形式。单击拆分按钮可以执行特定的命令，而单击其下方的下拉按钮则可以在弹出的下拉列表中选择其他相近或相关的命令。例如【开始】选项卡中的【粘贴】拆分按钮。

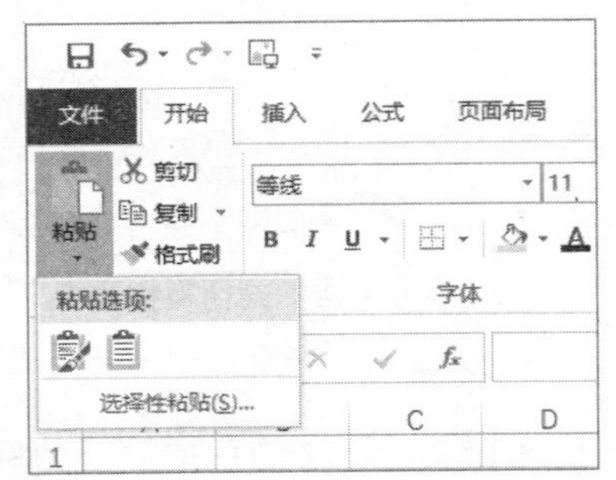

5. 文本框

文本框可以显示文本，并且允许用户对其中的内容进行编辑，例如功能区下方的名称框。

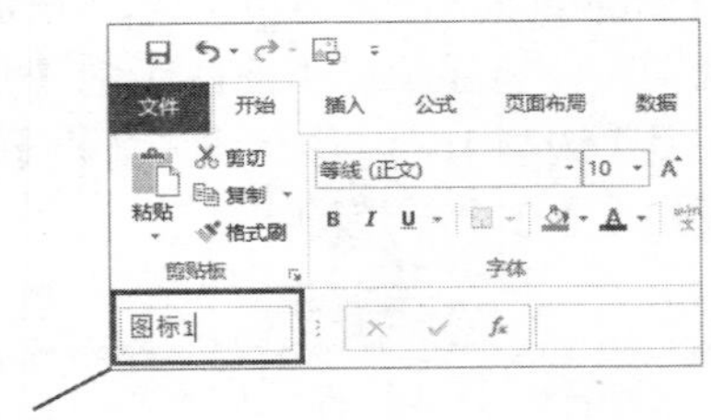

6. 库

库包含了一个图标容器，在其中显示一组可供用户选择的命令或方案图标。例如【图表工具】|【设计】选项卡中的【图表样式】库，单击右侧的上、下三角箭头按钮和，可以切换显示不同行中的图标项；单击其右下角的扩展按钮，可以显示库的内容。

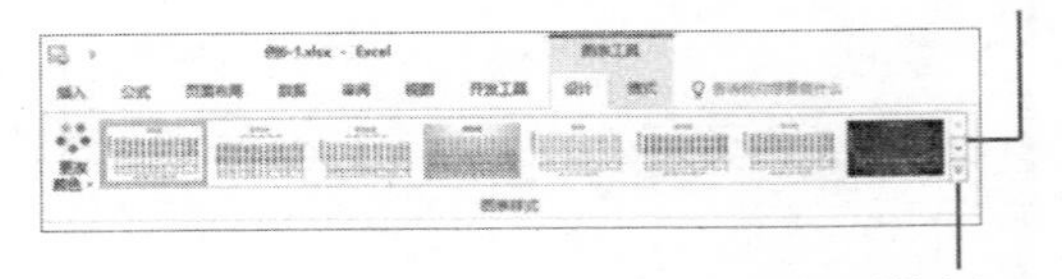

7. 组合框

组合框由文本框、下拉按钮和列表框组合而成，用于多种属性选项的设置。通过单击其右侧的倒三角按钮，可以在弹出的下拉列表框中选取列表项，被选中的列表项会显示在组合框的文本框中。另外，用户也可以直接在组合框的文本框中输入具体的选项名称后，按下 Enter 键进行确认，使选择生效。例如，【开始】选项卡中的【字体】组合框就是常见的组合框。

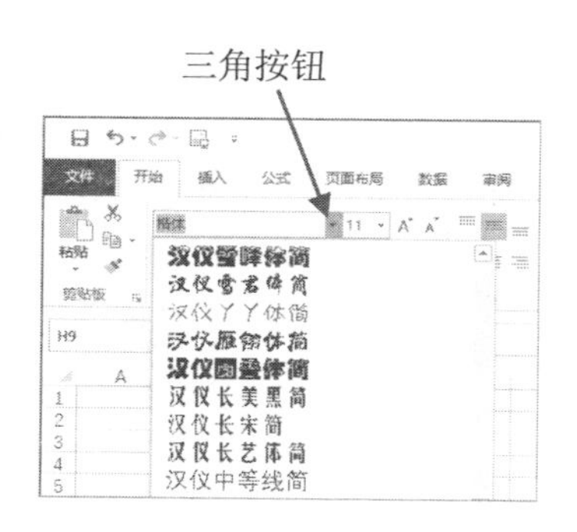

8. 微调按钮

微调按钮包含一对方向相反的三角箭头按钮，通过单击箭头按钮，可以对文本框中的数值大小进行调节。例如，【页面布局】选项卡中的【缩放比例】微调按钮。

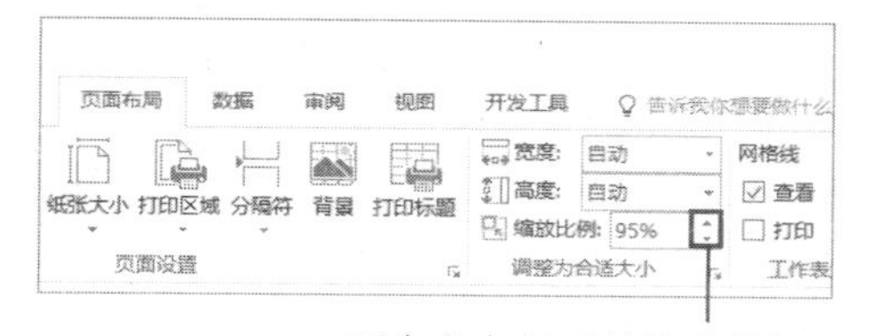

9. 复选框

复选框与切换按钮的功能类似，通过单击复选框可以在【选中】和【取消选中】两个选项状态之间来回切换。例如，【页面布局】选项卡中的【查看】和【打印】复选框。

10. 对话框启动器

对话框启动器是一种特殊的按钮，它位于功能区选项卡中命令组的右下角，并与其所在的命令组功能相关联。对话框启动器显示为斜角箭头图标，单击该按钮可以打开与特定命令组相关的对话框，例如单击【页面布局】选项卡【工作表选项】命令组中的对话框启动器按钮，将打开如下图所示的【页面设置】对话框。

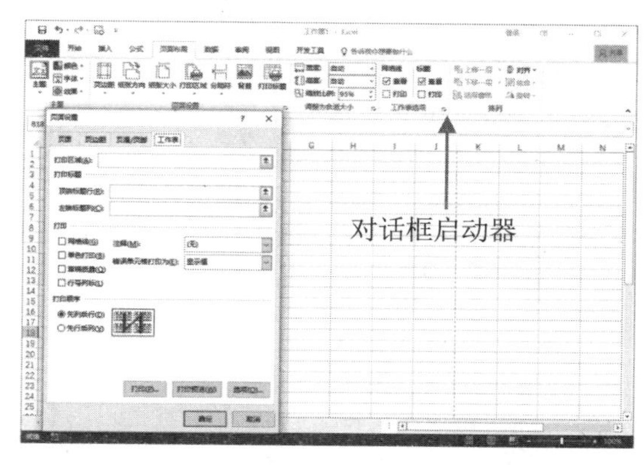

11. 选项按钮

选项按钮也称为“单选按钮”，通常以两个以上的选项按钮成组出现。单击选中其中一个选项按钮后，将自动取消其他选项按钮的选中状态。

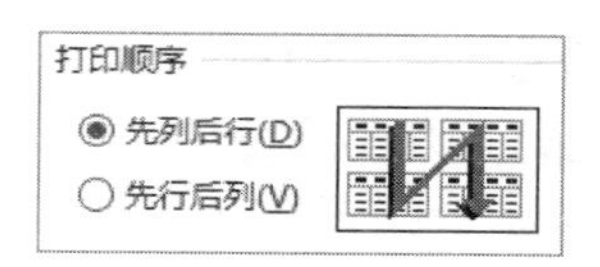

12. 编辑框

编辑框由文本框和文本框右侧的折叠按钮组成，在文本框内可以直接输入或编辑文本，单击折叠按钮可以在工作表中直接框选目标区域，目标区域的单元格地址会自动填写在文本框中，例如在【插入】选项卡中单击【表格】按钮，将打开【创建表】对话框中的【表数据的来源】编辑框。

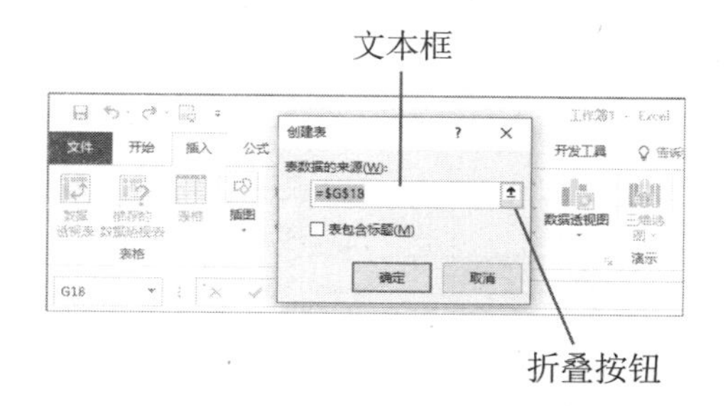

1.3.5 快捷菜单和快捷键

Excel 中许多常用的操作除了可以通过

在功能区选项卡中选择对应的命令控件执行以外，还可以在快捷菜单中选定执行。在Excel中，右击就可以显示快捷菜单，菜单中显示的内容取决于当前选中的对象。

在使用Excel时，使用快捷菜单可以使命令的选择更加快速有效。例如，在选定一个单元格后右击，在弹出的菜单中将显示包含单元格格式操作等命令的快捷操作。

上图中显示在菜单上方的菜单栏称为"浮动工具栏"，其中主要包含单元格格式的一些基本命令，例如【字体】【字号】【字体颜色】和【格式刷】等。如果Excel快捷菜单上方没有显示浮动工具栏，用户可以参考下面的方法将其显示出来。

step 1 单击【文件】按钮，打开【文件】选项卡，选择左下角的【选项】命令，打开【Excel选项】对话框。

step 2 在【Excel选项】对话框左侧列表中选择【常规】选项，然后选中对话框右侧列表中的【选择时显示浮动工具栏】复选框，并单击【确定】按钮。

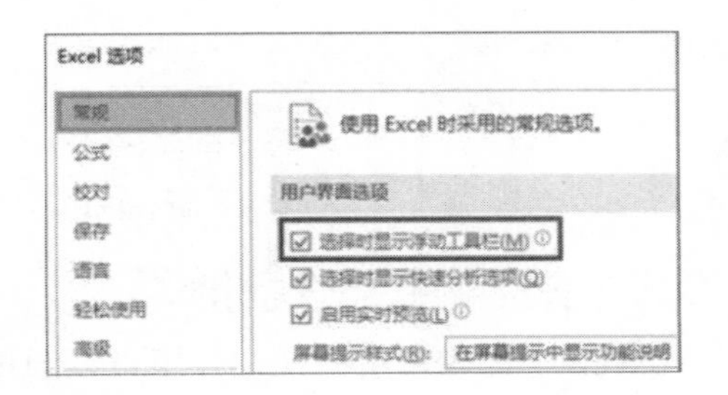

此外，用户还可以在Excel中借助快捷键来执行命令，按下Alt键将在当前功能区选项卡上显示可执行的快捷键提示，如下图所示，根据提示可以执行许多快捷操作。

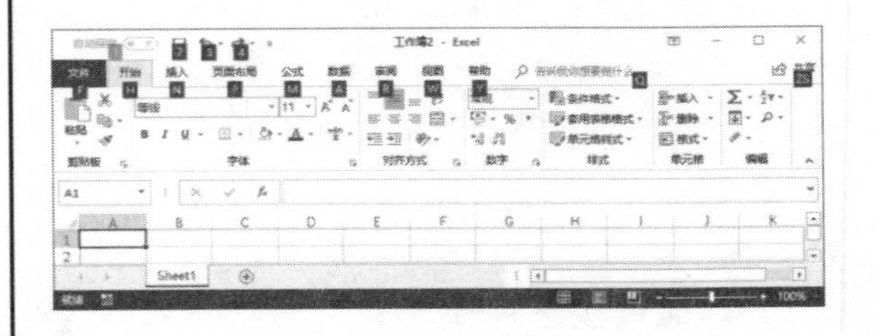

例如，在上图所示的提示下按下"1"键可以打开【另存为】界面；按下"2"键可以打开【撤销】列表；按下"3"键可以执行【恢复】命令；按下F键可以打开【文件】选项卡；按下H键可以打开【开始】选项卡；按下N键可以打开【插入】选项卡；按下M键可以打开【公式】选项卡；按下P键可以打开【页面布局】选项卡；按下A键可以打开【数据】选项卡；按下R键可以打开【审阅】选项卡；按下W键可以打开【视图】选项卡；按下Y键则可以打开【帮助】选项卡。

以执行【公式】选项卡中【定义名称】命令组内的【名称管理器】命令按钮为例，依次按下Alt键、M键，打开下图所示的【公式】选项卡，然后按下N键即可。

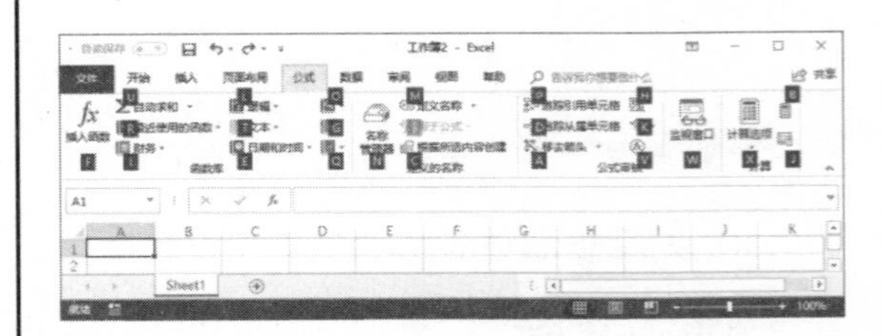

掌握快捷键的应用方法后，在日常工作中反复使用，就可以逐渐脱离鼠标，使用键盘完成对Excel报表的操作，从而大大提高表格处理效率。

1.4 Excel 基本设置

在 Excel 中，用户可以通过选择【文件】选项卡，在显示的界面中单击【选项】按钮(或依次按下 Alt+T+O 键)，打开【Excel 选项】对话框，对 Excel 工作界面中的窗体元素进行调整。

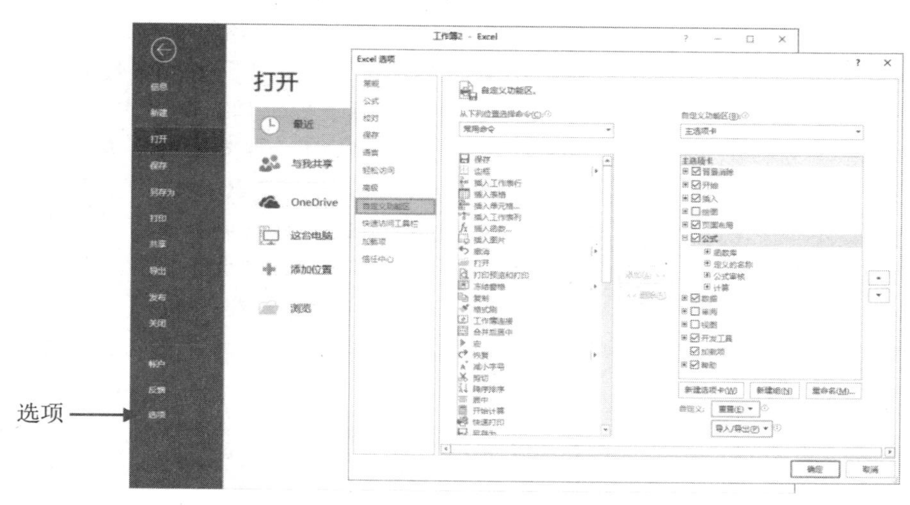

打开【Excel 选项】对话框

1.4.1 自定义功能区选项卡

选择上图所示的【Excel 选项】对话框中的【自定义功能区】选项后，在显示的选项区域中，用户可以对 Excel 的默认功能区执行以下自定义设置。

1. 显示和隐藏选项卡

step 1 打开【Excel选项】对话框后，选择【自定义功能区】选项，设置【自定义功能区】选项为【主选项卡】。

step 2 在下图所示的【主选项卡】列表中取消【视图】复选框的选中状态，即可将该选项卡从功能区中隐藏；选中【开发工具】复选框，则可以将该选项卡显示在功能区中。最后，单击【确定】按钮即可使设置生效。

2. 添加和删除自定义选项卡

step 1 在上图所示的【Excel选项】对话框中选择【自定义功能区】选项，单击对话框右下角的【新建选项卡】按钮，在【主选项卡】

列表中将创建一个新的自定义选项卡。

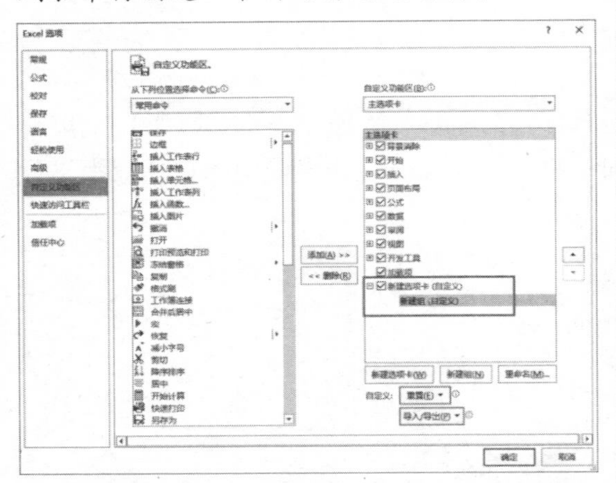

step 2 新建的选项卡中包含一个名为“新建组(自定义)”的命令组，用户可以通过单击【重命名】按钮为其重新命名，并通过左侧的命令列表向新命令组中添加命令。

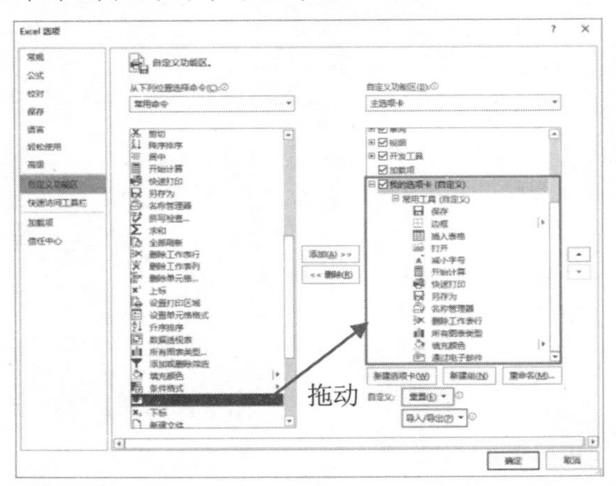

step 3 单击【确定】按钮，功能区中将添加自定义的新建选项卡。

如果用户需要删除自定义的选项卡(Excel 默认的内置选项卡无法删除)，可以在上图所示的【Excel 选项】对话框的【主选项卡】列表中选中自定义选项卡，然后单击左侧的【删除】按钮，或者右击自定义选项卡名称，在弹出的快捷菜单中选择【删除】命令。

3. 重命名功能区选项卡

step 1 在上图所示的【Excel选项】对话框的【主选项卡】列表中选中需要重命名的选项卡，然后单击对话框左下角的【重命名】按钮。

step 2 在打开的【重命名】对话框中输入新的选项卡名称，单击【确定】按钮，然后在【Excel选项】对话框中再次单击【确定】按钮即可。

4. 调整选项卡排列次序

Excel 功能区中各选项卡默认以【开始】【插入】【页面布局】【公式】【数据】【审阅】【视图】和【开发工具】的次序显示。用户可以根据自己的工作需要，调整选项卡在功能区中的排列次序，操作方法有以下两种。

- 在【Excel 选项】对话框的【主选项卡】列表中选择需要调整次序的选项卡后，单击【主选项卡】列表右侧的【上移】按钮 或【下移】按钮，即可将选项卡位置向上或向下移动。
- 在【Excel 选项】对话框的【主选项卡】列表中选中需要调整排列位置的选项卡，按住鼠标左键将其拖动到合适的位置，然后松开鼠标左键即可。

1.4.2 自定义选项卡命令组

在功能区中创建新的自定义选项卡时，Excel 软件会自动为创建的选项卡新建一个自定义命令组。在不添加自定义选项卡的情况下，如果有需要，也可以为 Excel 默认的内置选项卡添加自定义命令组，并为其增加操作命令，操作方法如下。

step 1 打开【Excel选项】对话框，在【主选项卡】列表中选中【插入】选项卡，然后单击对话框右下角的【新建组】按钮，在【插入】选项卡中添加一个名为【新建组(自定义)】的命令组。

step 2 选中【新建组(自定义)】命令组，将左侧的【从下列位置选择命令】选项设置为【不在功能区中的命令】，然后在下方的列表中选择一个命令，并单击对话框中间的【添加】按钮，即可将选中的命令添加至【新建组(自定义)】命令组中。

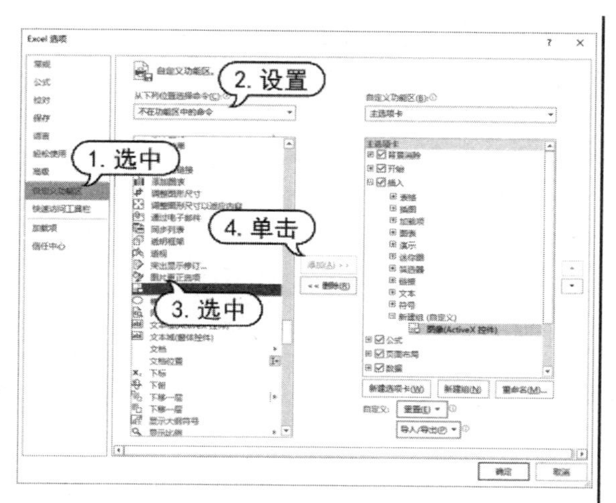

step 3 单击【确定】按钮，即可在【插入】选项卡中添加自定义命令组。

1.4.3　导入与导出选项卡设置

在 Excel 功能区中自定义选项卡和命令组后，如果用户需要将设置的结果保留，并在其他计算机中使用或在重新安装 Excel 2016 软件后继续使用，可以参考下面介绍的方法对选项卡设置执行导出和导入操作。

step 1 打开【Excel选项】对话框，在对话框左侧的列表中选择【自定义功能区】选项，单击对话框右侧下方的【导入/导出】按钮，在弹出的列表中选择【导出所有自定义设置】选项。

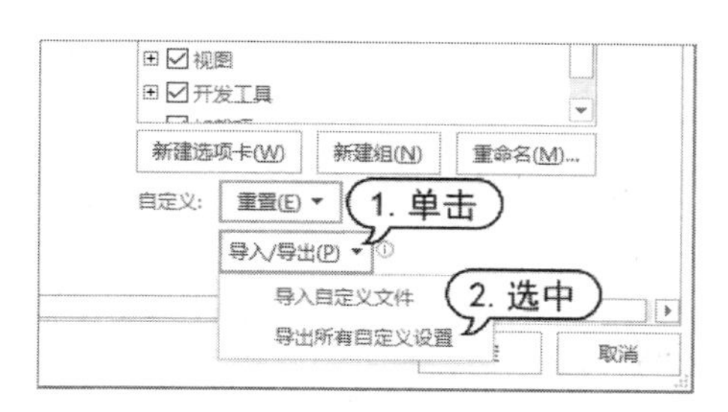

step 2 打开【保存文件】对话框，选择保存的路径并输入保存的文件名称后，单击【确定】按钮。

step 3 完成选项卡设置的导出操作后，在需要导入选项卡设置时，可以参考步骤 1、2 的操作，在单击【导入/导出】按钮后，在弹出的列表中选择【导入自定义文件】选项，选择导出的设置文件将其导入Excel。

1.4.4　恢复选项卡默认设置

如果需要恢复 Excel 软件默认的主选项卡或工具选项卡的默认安装初始设置，可以参考下面介绍的方法进行操作。

step 1 打开【Excel选项】对话框，在对话框左侧的列表中选中【自定义功能区】选项，单击对话框右下方的【重置】按钮，在弹出的列表中选择【仅重置所选功能区选项卡】或【重置所有自定义项】选项。

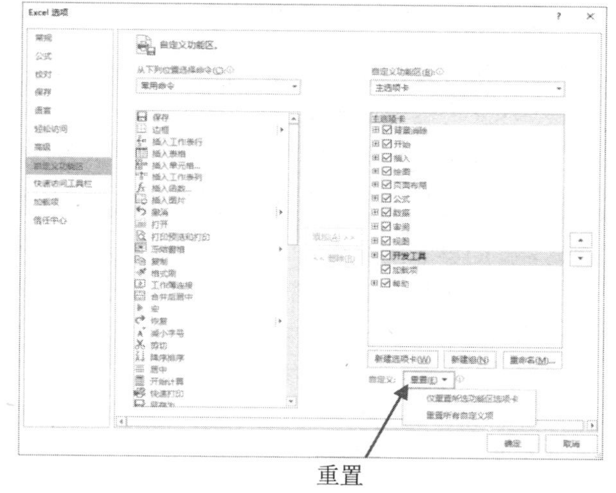

step 2 在打开的Excel提示对话框中单击【是】按钮即可。

1.4.5　自定义快速访问工具栏

除了Excel内置的几个默认快捷命令外，用户还可以通过自定义快速访问工具栏将更多的命令按钮添加到快速访问工具栏中，操作方法如下。

step 1 打开【Excel选项】对话框，在对话框左侧的列表中选择【快速访问工具栏】选项。在左侧的命令列表中选择一个命令，然后单击【添加】按钮，将其添加至【自定义快速访问工具栏】列表框中。

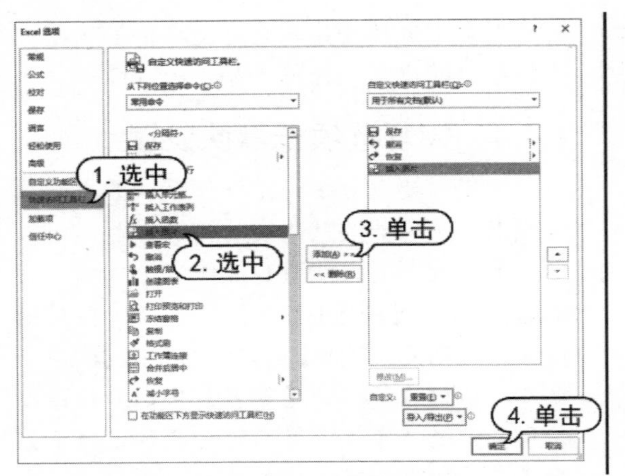

step 2 单击【确定】按钮即可在快速访问工具栏中显示所选的快捷命令按钮。如果要将其删除，在快速访问工具栏中右击该命令按钮，在弹出的快捷菜单中选择【从快捷访问工具栏删除】命令即可。

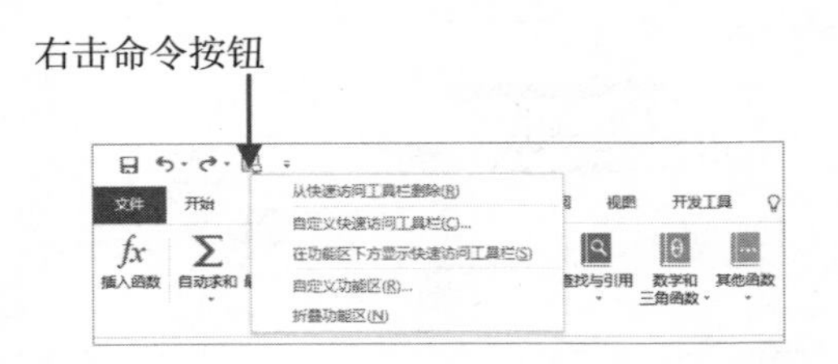

1.5 Excel 文件打印

尽管现在都在提倡无纸办公，但在具体的工作中将电子文档打印成纸质文档还是必不可少的。大多数 Office 软件用户都擅长使用 Word 软件打印文稿，而对于 Excel 文件的打印，可能并不熟悉。本节将介绍使用 Excel 打印文件的方法与技巧。

1.5.1 快速打印 Excel 文件

如果要快速打印 Excel 表格，最简捷的方法是执行【快速打印】命令，具体如下。

step 1 单击Excel窗口左上方“快速访问工具栏”右侧的下拉按钮，在弹出的下拉列表中选择【快速打印】命令后，会在“快速访问工具栏”中显示【快速打印】按钮。

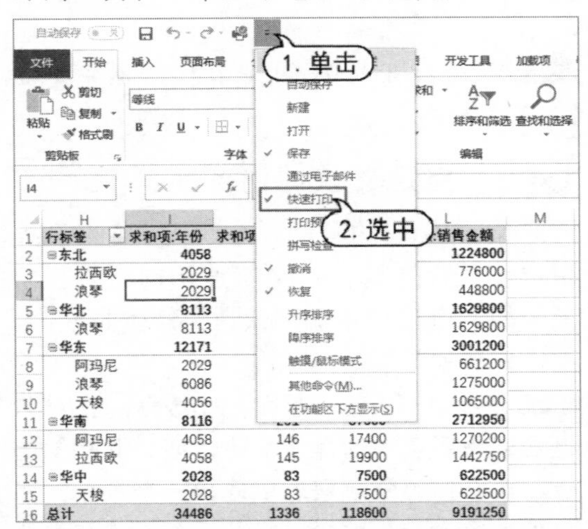

step 2 将鼠标悬停在【快速打印】按钮上，可以显示当前的打印机名称(通常是系统默认的打印机)，单击该按钮即可使用当前打印机进行打印。

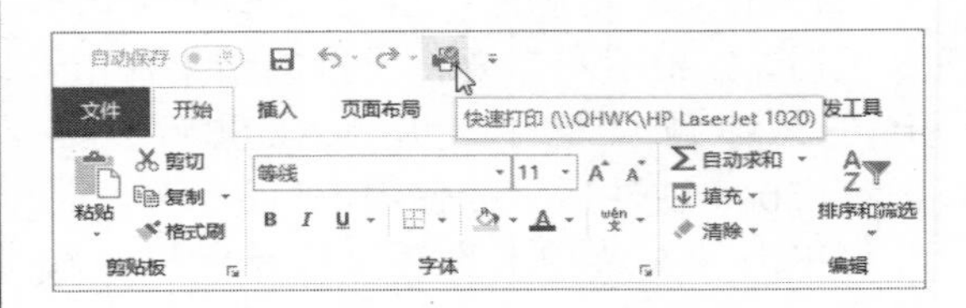

所谓“快速打印”指的是不需要用户进行确认即可直接将电子表格输入到打印机的任务中，并执行打印的操作。如果当前工作表没有进行任何有关打印的选项设置，则 Excel 将会自动以默认打印方式对其进行设置，这些默认设置中包括以下内容。

- 打印内容：当前选定工作表中所包含数据或格式的区域，以及图表、图形、控件等对象，但不包括单元格批注。
- 打印份数：默认为 1 份。
- 打印范围：整个工作表中包含数据和格式的区域。
- 打印方向：默认为“纵向”。
- 打印顺序：从上至下，再从左到右。
- 打印缩放：无缩放，即 100%正常尺寸。
- 页边距：上、下页边距为 1.91 厘米，左、右页边距为 1.78 厘米，页眉、页脚边距为 0.76 厘米。

- 页眉页脚：无页眉页脚。
- 打印标题：默认为无标题。

如果用户对打印设置进行了更改，则按用户的设置打印输出，并且在保存工作簿时会将相应的设置保存在当前工作表中。

1.5.2 合理设置打印内容

在打印输出之前，用户首先要确定需要打印的内容以及表格区域。通过以下内容的介绍，用户将了解如何选择打印输出的工作表区域以及需要在打印中显示的各种表格内容。

1. 选取需要打印的工作表

在默认打印设置下，Excel 仅打印活动工作表上的内容。如果用户同时选中多个工作表后执行打印命令，则可以同时打印选中的多个工作表内容。如果用户要打印当前工作簿中的所有工作表，可以在打印之前同时选中工作簿中的所有工作表，也可以使用【打印】中的【设置】进行设置，具体方法如下。

step 1 选择【文件】选项卡，在弹出的菜单中选择【打印】命令，或者按下Ctrl+P键，打开打印选项菜单。

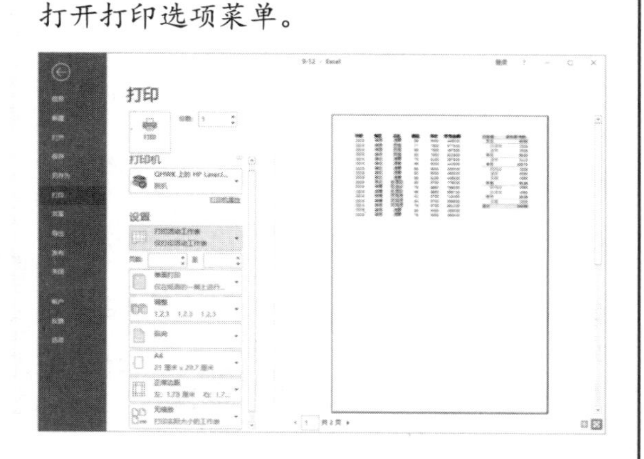

step 2 单击【打印活动工作表】下拉按钮，在弹出的下拉列表中选择【打印整个工作簿】命令，然后单击【打印】按钮，即可打印当前工作簿中的所有工作表。

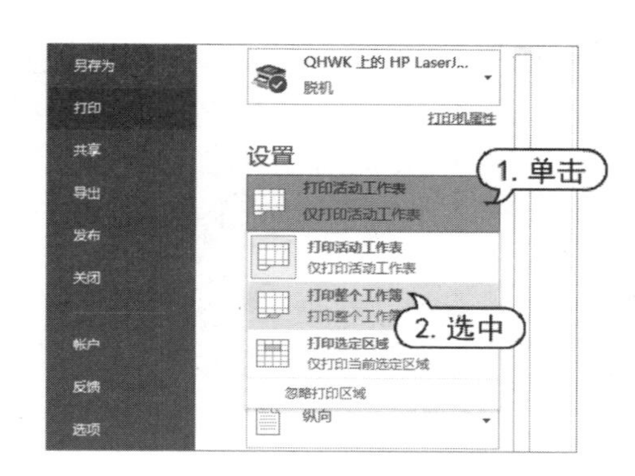

2. 设置打印区域

在默认方式下，Excel 只打印那些包含数据或格式的单元格区域，如果选定的工作表中不包含任何数据或格式以及图表图形等对象，则在执行打印命令时会打开警告窗口，提示用户未发现打印内容。但如果用户选定了需要打印的固定区域，即使其中不包含任何内容，Excel 也允许将其打印输出。设置打印区域有如下几种方法。

- 选定需要打印的区域后，单击【页面布局】选项卡中的【打印区域】下拉按钮，在弹出的下拉列表中选择【设置打印区域】命令，即可将当前选定区域设置为打印区域。

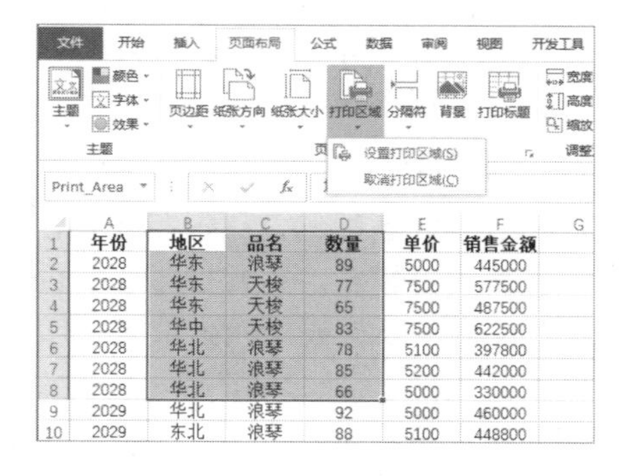

	A	B	C	D	E	F
1	年份	地区	品名	数量	单价	销售金额
2	2028	华东	浪琴	89	5000	445000
3	2028	华东	天梭	77	7500	577500
4	2028	华东	天梭	65	7500	487500
5	2028	华中	天梭	83	7500	622500
6	2028	华北	浪琴	78	5100	397800
7	2028	华北	浪琴	85	5200	442000
8	2028	华北	浪琴	66	5000	330000
9	2029	华北	浪琴	92	5000	460000
10	2029	东北	浪琴	88	5100	448800

- 在工作表中选定需要打印的区域后，按下 Ctrl+P 键，打开打印选项菜单，单击【打印活动工作表】下拉按钮，在弹出的下拉列表中选择【打印选定区域】命令，然后单击【打印】命令。
- 选择【页面布局】选项卡，在【页面设置】命令组中单击【打印标题】按钮，打开

【页面设置】对话框，选择【工作表】选项卡。将鼠标定位到【打印区域】的编辑栏中，然后在当前工作表中选取需要打印的区域，选取完成后在对话框中单击【确定】按钮即可。

打印区域可以是连续的单元格区域，也可以是非连续的单元格区域。如果用户选取非连续区域进行打印，Excel 将会把不同的区域各自打印在单独的纸张页面之上。

3. 设置打印标题

许多数据表格都包含有标题行或者标题列，在表格内容较多，需要打印成多页时，Excel 允许将标题行或标题列重复打印在每个页面上。

如果用户希望对表格进行设置，在打印时使其列标题及行标题能够在多页重复显示，可以使用以下方法进行操作。

step 1 选择【页面布局】选项卡，在【页面设置】命令组中单击【打印标题】按钮，打开【页面设置】对话框，选择【工作表】选项卡。

step 2 将鼠标定位到【顶端标题行】文本框中，在工作表中选择行标题区域。

step 3 将鼠标定位到【从左侧重复的列数】文本框中，在工作表中选择行标题区域。

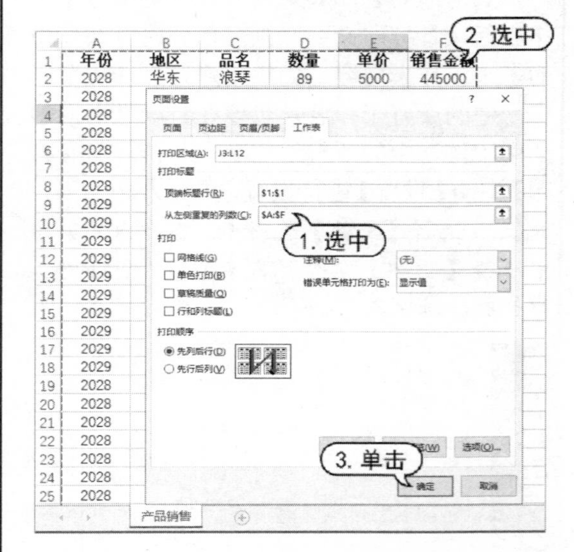

step 4 返回【页面设置】对话框后单击【确定】按钮，在打印电子表格时，显示纵向和横向内容的每页都有相同的标题。

4. 调整打印区域

在 Excel 中使用【分页浏览】的视图模式，可以很方便地显示当前工作表的打印区域以及分页设置，并且可以直接在视图中调整分页。单击【视图】选项卡中的【分页预览】按钮，可以进入如下图所示的分页预览模式。

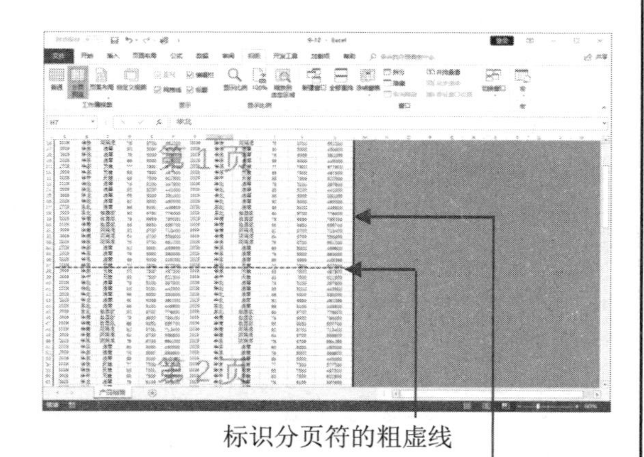

标识分页符的粗虚线

标识打印区域的粗实线

在【分页预览】视图中，被粗实线框所围起来的白色表格区域是打印区域，而线框外的灰色区域是非打印区域。

将鼠标指针移动至粗实线的边框上，当鼠标指针显示为黑色双向箭头时，用户可以按住鼠标左键拖动，调整打印区域的范围大小。此外，用户也可以在选中需要打印的区域后，右击鼠标，在弹出的快捷菜单中选择【设置打印区域】命令，重新设置打印区域。

5. 设置打印分页符

在上图所示的分页浏览视图中，打印区域中粗虚线的名称为"自动分页符"，它是 Excel 根据打印区域和页面范围自动设置的分页标志。在虚线上方的表格区域中，背景下方的灰色文字显示了此区域的页次为"第 2 页"。用户可以对自动产生的分页符位置进行调整，将鼠标移动至粗虚线的上方，当鼠标指针显示为黑色双向箭头时，按住鼠标左键拖动，可以移动分页符的位置，移动后的分页符由粗虚线改变为粗实线显示，此粗实线为"人工分页符"。

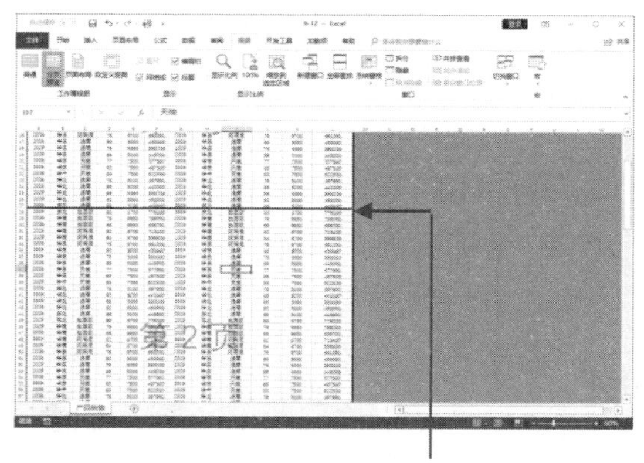

调整后的人工分页符

除了调整分页符外，用户还可以在打印区域中插入新的分页符，具体方法如下。

▶ 如果需要插入水平分页符(将多行内容划分在不同页面上)，则需要选定分页符的下一行的最左侧单元格，右击鼠标，在弹出的快捷菜单中选择【插入分页符】命令，Excel 将沿着选定单元格的边框上沿插入一条水平方向的分页符实线。如下图所示，如果希望从第 55 行开始的内容分页显示，则可以选中 A55 单元格插入水平分页符。

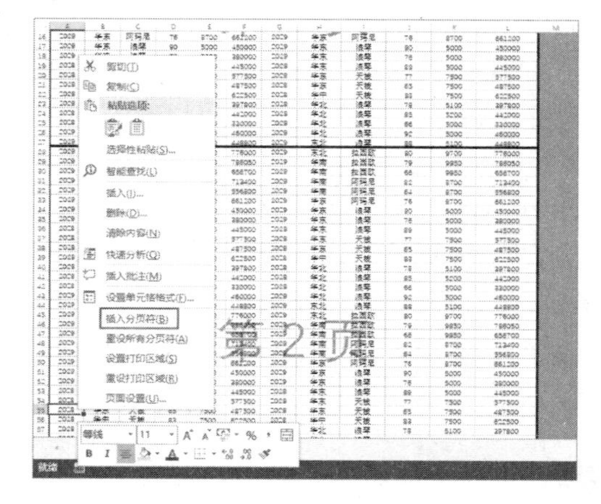

▶ 如果需要插入垂直分页符(将多列内容划分在不同页面上)，则需要选定分页位置的右侧列的最顶端单元格，右击鼠标，在弹出的快捷菜单中选择【插入分页符】命令，Excel 将沿着选定单元格的左侧边框插入一条垂直方向的分页符实线。如下图所示，如

果希望将 D 列开始的内容分页显示，则可以选中 D1 单元格插入垂直分页符。

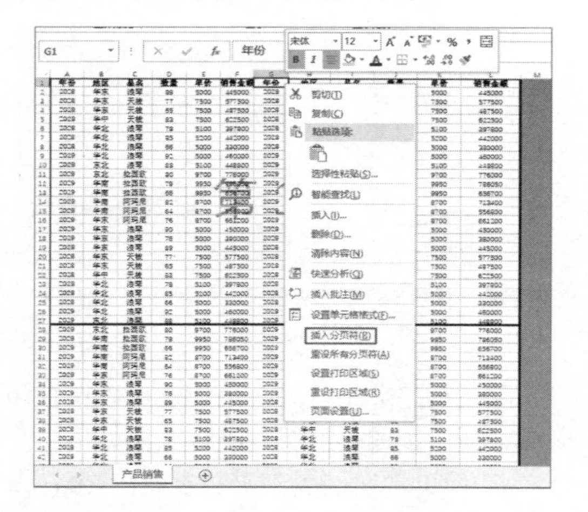

如果选定的单元格并非处于打印区域的边缘，则在选择【插入分页符】命令后，会沿着单元格的左侧边框和上侧边框同时插入垂直分页符和水平分页符各一条。

删除人工分页符的操作方法非常简单，选定需要删除的水平分页符下方的单元格，或选中垂直分页符右侧的单元格，右击鼠标，在弹出的快捷菜单中选择【删除分页符】命令即可。

如果用户希望去除所有的人工分页设置，恢复自动分页的初始状态，可以在打印区域中的任意单元格上右击鼠标，在弹出的快捷菜单中选择【重置所有分页符】命令。

以上分页符的插入、删除与重置操作除了可以通过右键菜单实现外，还可以通过【页面布局】选项卡中的【分隔符】下拉菜单中的相关命令来实现。

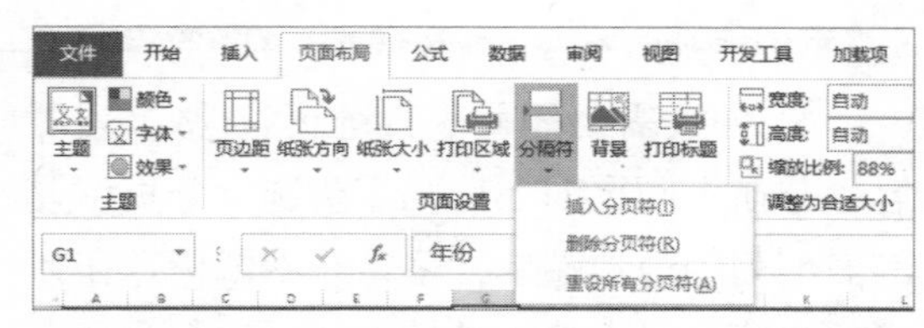

选择【视图】选项卡，在【工作簿视图】命令组中单击【普通】按钮，将视图切换到普通视图模式，但分页符仍将显示。如果用户不希望在普通视图模式下显示分页符，可以在【文件】选项卡中选择【选项】命令，打开【Excel 选项】对话框，单击【高级】选项，在【此工作表的显示选项】中取消【显示分页符】复选框的选中状态。取消分页符的显示并不会改变当前工作表的分页设置。

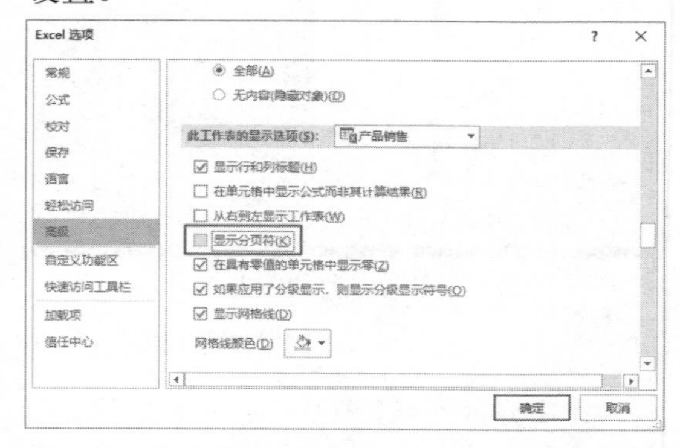

6. 对象的打印设置

在 Excel 的默认设置中，几乎所有对象都是可以在打印输出时显示的，这些对象包括图表、图片、图形、艺术字、控件等。如果用户不需要打印表格中的某个对象，可以修改这个对象的打印属性。例如，要取消某张图片的打印显示，操作方法如下。

step 1 选中表格中的图片，右击鼠标，在弹出的快捷菜单中选择【设置图片格式】命令。

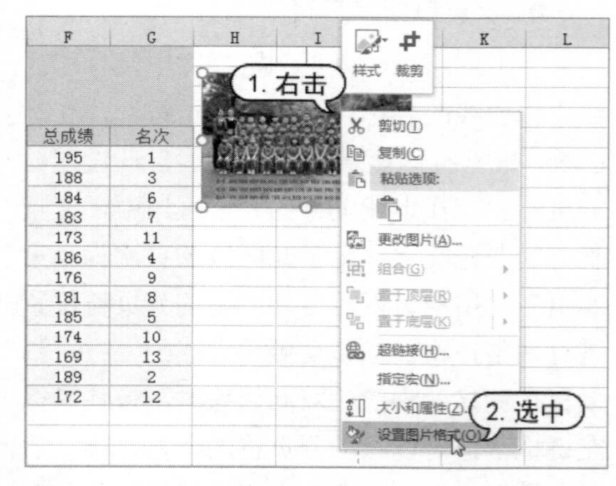

step 2 打开【设置图片格式】窗格，选择【大小与属性】选项卡，展开【属性】选项区域，取消【打印对象】复选框的选中状态即可。

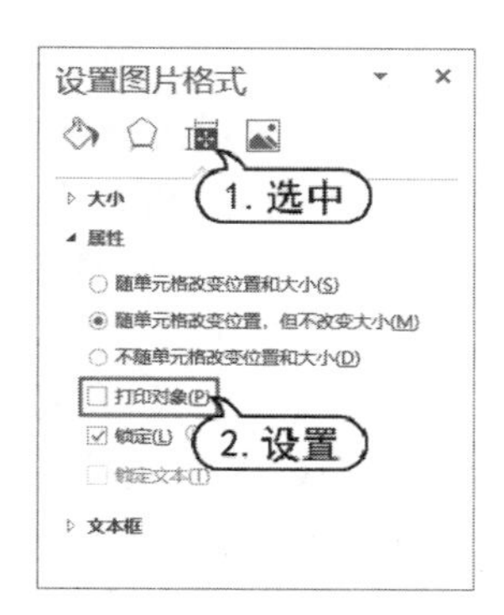

以上步骤中的快捷菜单命令以及对话框的具体名称都取决于选中对象的类型。如果选定的不是图片而是艺术字，则右键菜单会相应地显示【设置形状格式】命令，但操作方法基本相同，对于其他对象的设置可以参考以上对图片的设置方法。

如果用户希望同时更改多个对象的打印属性，可以在键盘上按下 Ctrl+G 组合键，打开【定位】对话框，在对话框中单击【定位条件】按钮，在进一步显示的【定位条件】对话框中选择【对象】，然后单击【确定】按钮。此时即可选定全部对象，然后再进行详细的设置操作。

1.5.3　调整 Excel 页面设置

在选定了打印区域以及打印目标后，用户可以直接进行打印，但如果用户需要对打印的页面进行更多的设置，例如打印方向、纸张大小、页眉/页脚等设置，则可以通过【页面设置】对话框进行进一步的调整。

在【页面布局】选项卡的【页面设置】命令组中单击【打印标题】按钮，可以显示【页面设置】对话框。其中包括【页面】【页边距】【页眉/页脚】和【工作表】4 个选项卡。

1. 设置页面

在【页面设置】对话框中选择【页面】选项卡，在该选项卡中可以进行以下设置，如下图所示。

- 【方向】：Excel 默认的打印方向为纵向打印，但对于某些行数较少而列数跨度较大的表格，使用横向打印的效果也许更为理想。此外，在【页面布局】选项卡的【页面设置】命令组中单击【纸张方向】下拉列表，也可以对打印方向进行调整。
- 【缩放】：可以调整打印时的缩放比例。用户可以在【缩放比例】的微调框内选择缩放百分比，可以把范围调整为 10%～400%，也可以让 Excel 根据指定的页数来自动调整缩放比例。
- 【纸张大小】：在该下拉列表中可以选择纸张尺寸。可供选择的纸张尺寸与当前选定的打印机有关。此外，在【页面布局】选项卡中单击【纸张大小】按钮也可对纸张尺寸进行选择。
- 【打印质量】：可以选择打印的精度。对于需要显示图片细节内容的情况可以选择高质量的打印方式，而对于只需要显示普通文字内容的情况则可以相应地选择较低的打印质量。打印质量的高低影响打印机耗材的消耗程度。

➤【起始页码】：Excel 默认设置为【自动】，即以数字 1 开始为页码标号，但如果用户需要页码起始于其他数字，则可在此文本框内填入相应的数字。例如输入数字 7，则第一张的页码即为 7，第二张的页码为 8，以此类推。

2. 设置页边距

在【页面设置】对话框中选择【页边距】选项卡，如下图所示，在该选项卡中可以进行以下设置。

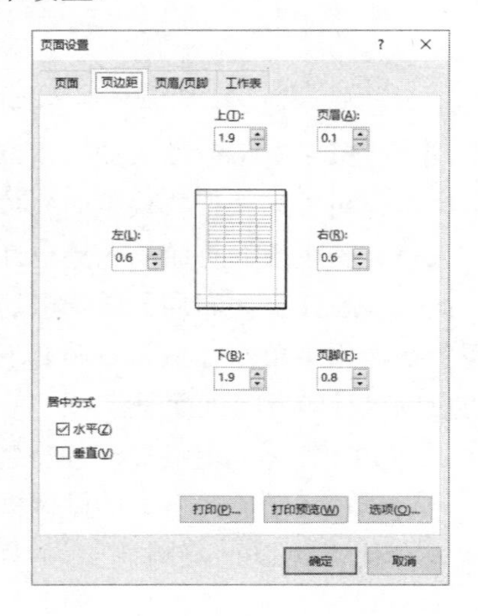

➤【页边距】：可以在上、下、左、右 4 个方向上设置打印区域与纸张边界之间的留空距离。

➤【页眉】：在页眉微调框内可以设置页眉至纸张顶端之间的距离，通常此距离需要小于上页边距。

➤【页脚】：在页脚微调框内可以设置页脚至纸张底端之间的距离，通常此距离需要小于下页边距。

➤【居中方式】：如果在页边距范围内的打印区域还没有被打印内容填满，则可以在【居中方式】区域中选择将打印内容显示为【水平】或【垂直】居中，也可以同时选中两种居中方式。在对话框中间的矩形框内会显示当前设置下的表格内容位置。

此外，在【页面布局】选项卡中单击【页边距】按钮也可以对边距进行调整，【页边距】下拉列表中提供了【上次的自定义设置】【普通】【宽】【窄】和【自定义边距】等多种设置方式，如下图所示，选择【自定义页边距】选项后将返回【页面设置】对话框。

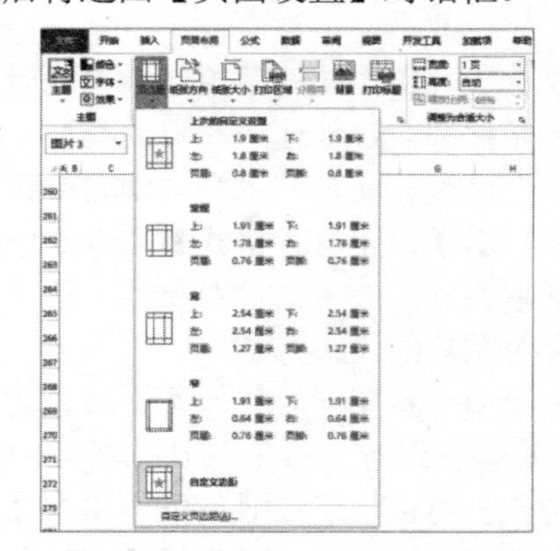

3. 设置页眉/页脚

在【页面设置】对话框中选择【页眉/页脚】选项卡，如下图所示。在该选项卡中可以对打印输出时的页眉/页脚进行设置。页眉和页脚指的是打印在每个纸张页面顶部和底部的固定文字或图片。通常情况下，用户会在这些区域设置一些表格标题、页码、时间、Logo 等内容。

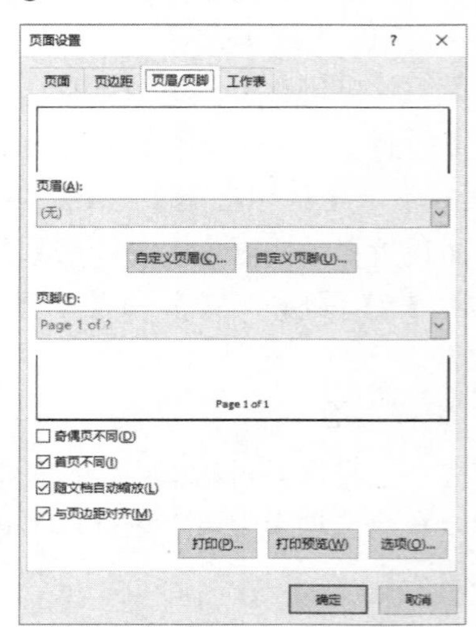

要为当前工作表添加页眉，可在此对话框中单击【页眉】列表框的下拉箭头，在下拉列表中从 Excel 内置的一些页眉样式中选择，然后单击【确定】按钮完成页眉设置。

如果下拉列表中没有用户中意的页眉样式，也可以单击【自定义页眉】按钮来设计页眉的样式，【页眉】对话框如下图所示。

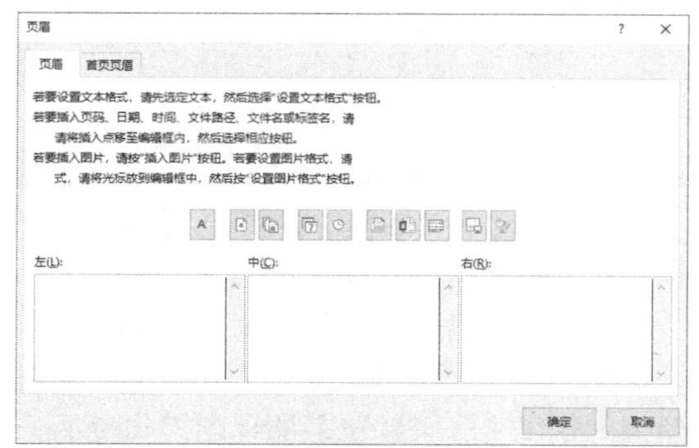

在上图所示的【页眉】对话框中，用户可以在左、中、右 3 个位置设定页眉的样式，相应的内容会显示在纸张页面顶部的左端、中间和右端。

【页眉】对话框中各按钮的含义如下。

- 字体：单击该按钮，可以设置页面中所包含文字的字体格式。
- 页码：单击该按钮，会在页眉中插入页码的代码“&[页码]”，实际打印时显示当前页的页码数。
- 总页数：单击该按钮，会在页眉中插入总页数的代码“&[总页数]”，实际打印时显示当前分页状态下文档总共所包含的页码数。
- 日期：在页眉中插入当前日期的代码“&[日期]”，显示打印时的实际日期。
- 时间：在页眉中插入当前时间的代码“&[时间]”，显示打印时的实际时间。
- 文件路径及文件名：在页眉中插入包含文件路径及名称的代码“&[路径]&[文件]”，会在打印时显示当前工作簿的路径以及工作簿的文件名。
- 文件名：在页眉中插入文件名的代码“&[文件名]”，会在打印时显示当前工作簿的文件名。
- 标签名：在页眉中插入工作表标签的代码“&[标签名]”，会在打印时显示当前工作表的名称。
- 图片：可以在页眉中插入图片，例如插入 Logo 图片。
- 设置图片格式：可以对插入的图片进行进一步的设置。

除了上面介绍的按钮，用户也可以在页眉中输入自定义的文本内容，如果与按钮所产生的代码相结合，则可以显示一些更符合日常习惯且更容易理解的页眉内容。例如，使用“&[页码]页，共有&[总页数]页”的代码组合，可以在实际打印时显示为“第几页，共有几页”的样式。设置页脚的方式与此类似。

要删除已经添加的页眉或页脚，可以在【页眉/页脚】对话框的【页眉/页脚】选项卡中，设置【页眉】或【页脚】列表框中的选项为【无】。

1.5.4　打印设置与打印预览

下面将分别介绍 Excel 打印设置与文件打印预览的方法。

1. 打印设置

在【文件】选项卡中选择【打印】命令，或按下 Ctrl+P 键，打开打印选项菜单，在此菜单中可以对打印方式进行更多的设置。

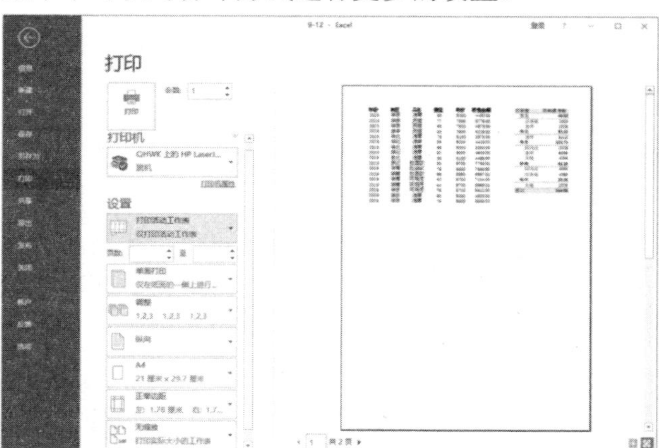

- 【打印机】：在【打印机】区域的下拉列表框中可以选择当前计算机上所安装的打印机。如下图所示，当前选定的打印机是

一台名为 Microsoft XPS Document Writer 的打印机，这是在 Office 软件默认安装中所包含的虚拟打印机，使用该打印机可以将当前的文档输出为 XPS 格式的可携式文件之后再打印。

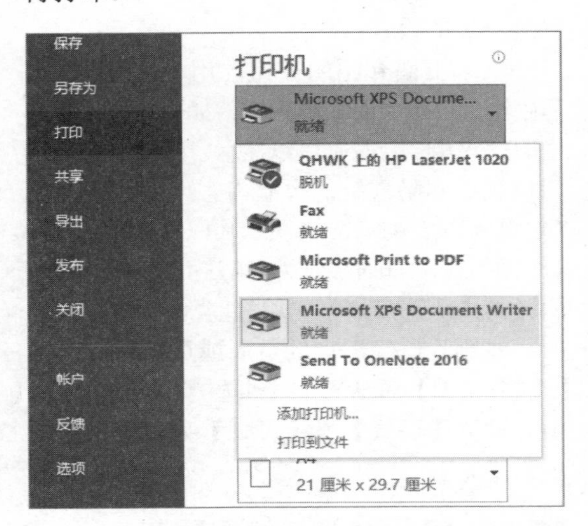

▶【页数】：可以选择打印的页面范围，全部打印或指定某个页面范围。

▶【打印活动工作表】：可以选择打印的对象。默认为选定工作表，也可以选择整个工作簿或当前选定区域等。

▶【份数】：可以选择打印文档的份数。

▶【调整】：如果选择打印多份，在【调整】下拉列表中可进一步选择打印多份文档的顺序。默认为 123 类型逐份打印，即打印完一份完整文档后继续打印下一份副本。如果选择【取消排序】选项，则会以 111 类型按页方式打印，即打印完第一页的多个副本后再打印第二页的多个副本，以此类推。

单击【打印】按钮，可以按照当前的打印设置方式进行打印。此外，在打印选项菜单中还可以进行纸张方向、纸张大小、页面边距和文件缩放的一些设置。

2. 打印预览

在对 Excel 进行最终打印之前，用户可以通过【打印预览】来观察当前的打印设置是否符合要求。在【视图】选项卡中单击【页面布局】按钮也可以对文档进行预览。

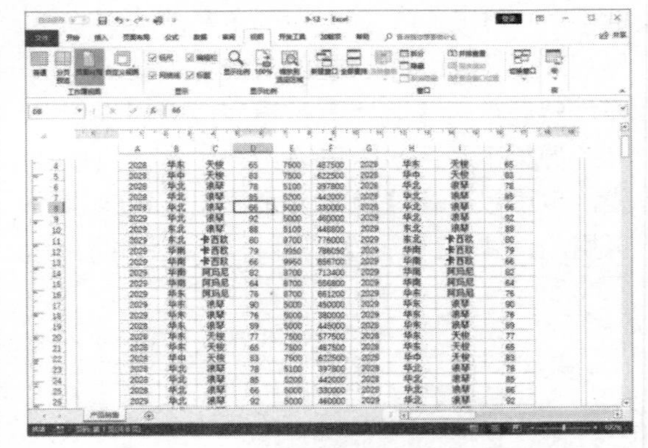

在【页面布局】预览模式下，【视图】选项卡中各个按钮的具体作用如下所示。

▶【普通】：返回【普通】视图模式。

▶【分页预览】：退出【页面布局】视图模式，以【分页预览】的视图模式显示工作表。

▶【页面布局】：进入【页面布局】视图模式。

▶【自定义视图】：打开【视图管理器】对话框，用户可以添加自定义的视图。

▶【标尺】：显示在编辑栏的下方，拖动【标尺】的灰色区域可以调整页边距，取消选中【标尺】复选框将不再显示标尺。

▶【网格线】：显示工作表中默认的网格线，取消【网格线】复选框的选中状态将不再显示网格线。

▶【编辑栏】：输入公式或编辑文本，取消【编辑栏】复选框的选中状态将隐藏【编辑栏】。

▶【标题】：显示行号和列标，取消【标题】复选框的选中状态将不再显示行号和列标。

▶【显示比例】：放大或缩小预览显示。

▶【100%】：将文档缩放为正常大小的 100%。

▶【缩放到选定区域】：用于重点关注的表格区域，使当前选定单元格区域充满整个窗口。

此外，在【页面布局】预览模式中，拖动【标尺】的灰色区域可以调整页边距。

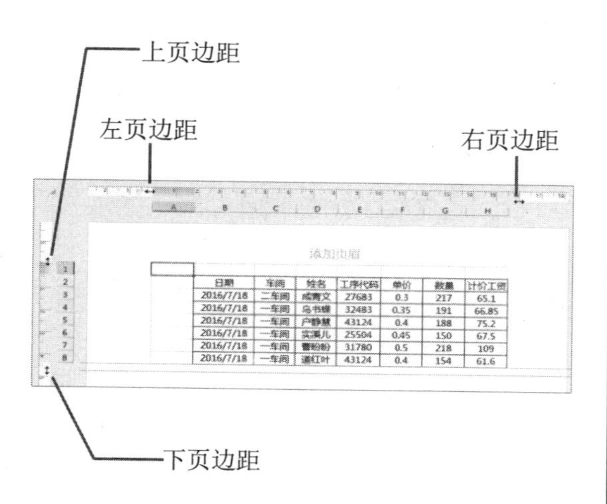

在【页面布局】预览模式下，工作表具有 Excel 完整的编辑功能，除了调整页边距外，还可以使用编辑栏，像往常那样切换不同的选项卡对工作表进行编辑操作，在这里所做的改动，同样会影响工作表中的实际内容。

在预览模式下，用户对打印输出的显示效果确认之后，即可单击【快速打印】按钮打印电子表格。

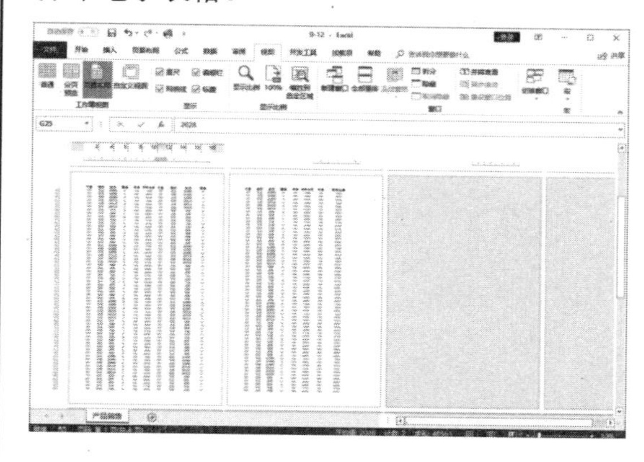

1.6　Excel 数据共享

在 Office 办公软件组中，包含了 Excel、Word、PowerPoint 等多个程序组件，用户在日常办公中会使用 Excel 进行数据处理，使用 Word 进行文字排版处理，使用 PowerPoint 设计工作汇报演示文稿。有时，为了完成某项具体的任务，需要同时使用多个组件，因此在它们之间进行快速数据共享，是每个办公人员必备的基本技能。

1.6.1　复制 Excel 数据到其他程序

Excel 中保存的所有数据都可以被复制到其他 Office 软件中，包括数据表中的数据、图片、图表或其他对象等。不同类型的数据在复制与粘贴的过程中，Excel 会显示不同的选项。

1. 复制数据区域

如果用户需要将 Excel 中的数据区域复制到 Word 或 PowerPoint 中，可以使用“选择性粘贴”功能以多种方式对数据进行静态粘贴，也可以动态地链接数据(静态粘贴的结果与数据源没有任何关联，而动态链接则会在数据源发生改变时自动更新粘贴结果)。

如果用户需要在 Excel 中复制数据后能够在其他 Office 组件中执行“选择性粘贴”功能，在复制 Excel 数据区域后，应保持目标区域的四周有闪烁的虚线状态。若用户在复制数据区域后又执行了其他操作(例如，按下 Esc 键或双击某个单元格)，则复制数据区域的激活状态将被取消。

【例 1-1】将 Excel 数据区域复制到 Word 文档中。
视频+素材　(素材文件\第 01 章\例 1-1)

step 1　选中 Excel 中需要复制的数据区域，按下 Ctrl+C 组合键。

	A	B	C	D	E	F
1	年份	地区	品名	数量	单价	销售金额
2	2028	华东	浪琴	89	5000	445000
3	2028	华东	天梭	77	7500	577500
4	2028	华东	天梭	65	7500	487500
5	2028	华中	天梭	83	7500	622500
6	2028	华北	浪琴	78	5100	397800
7						

step 2　启动 Word，单击【开始】选项卡中的【粘贴】下拉按钮，在弹出的下拉列表中选择【选择性粘贴】选项。

step 3 打开【选择性粘贴】对话框，选中【粘贴】单选按钮(将使用静态方式粘贴数据)，在【形式】列表框中用户可以选择不同的粘贴形式，本例选择【HTML 格式】选项。

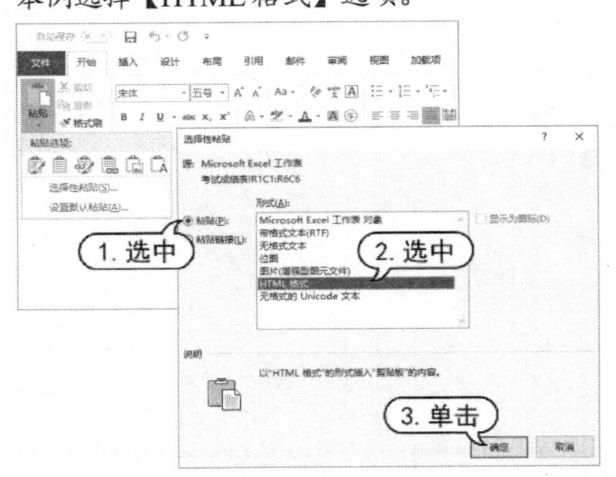

常用粘贴形式的功能说明如下表所示。

形　式	功　能
Microsoft Excel 工作表对象	作为一个完整的 Excel 工作表对象进行嵌入，双击嵌入的数据区域，可以像在 Excel 中一样编辑数据
HTML 格式	粘贴为 HTML 格式的表格
带格式文本(RTF)	粘贴为带格式的文本表格，保留数据源区域的行、列及字体格式
无格式文本	粘贴为普通文本，没有格式
图片(增强型图元文件)	粘贴为 EMF 图片文件
位图	粘贴为 BMP 图片格式
无格式的 Unicode 文本	粘贴为 Unicode 编码的普通文本，没有任何格式

step 4 单击【确定】按钮，即可将选中的数据区域以 HTML 格式粘贴在 Word 中。

step 5 若用户在【选择性粘贴】对话框中，选中【粘贴链接】单选按钮，【形式】列表框中将显示下图所示的选项。

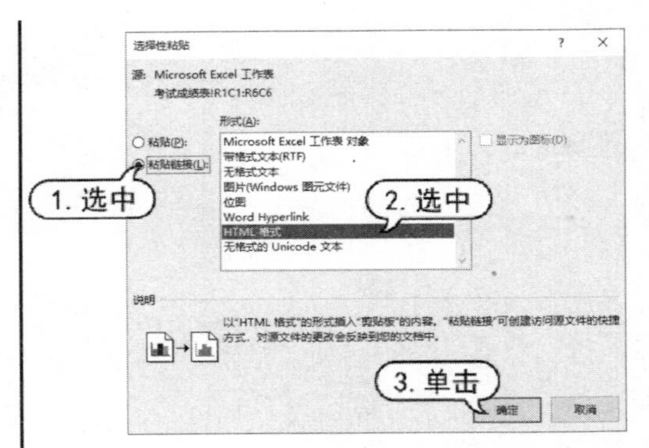

此时，选择【形式】列表框中的任意选项，粘贴至 Word 中的 Excel 数据区域，与步骤 3 的“粘贴”方式基本相同。

step 6 如果用户在 Excel 中修改了数据源，数据的变化将会自动更新到 Word 中。Word 中动态链接的数据具备与数据源之间的超链接功能，如果右击“动态链接”粘贴结果，在弹出的快捷菜单中选择【链接的 Worksheet 对象】|【Edit 链接】命令，将打开 Excel 并定位到复制数据源的目标区域。

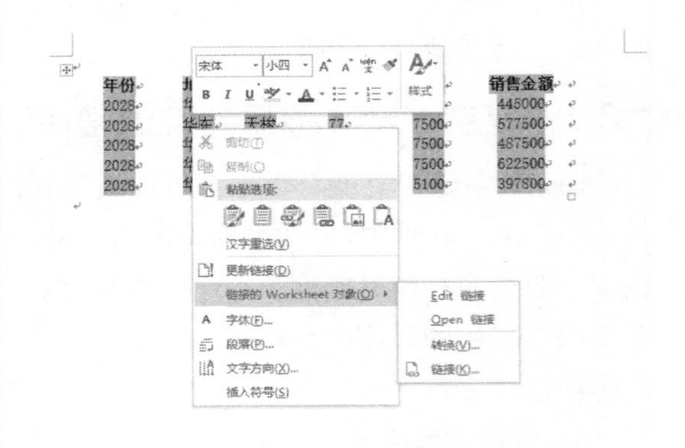

2. 复制图片

复制 Excel 表格中的图片、图形后，如果在其他 Office 应用程序中执行【选择性粘贴】命令，将打开下图所示的【选择性粘贴】对话框，该对话框允许用户以多种格式来粘贴图片，但只能进行静态粘贴。

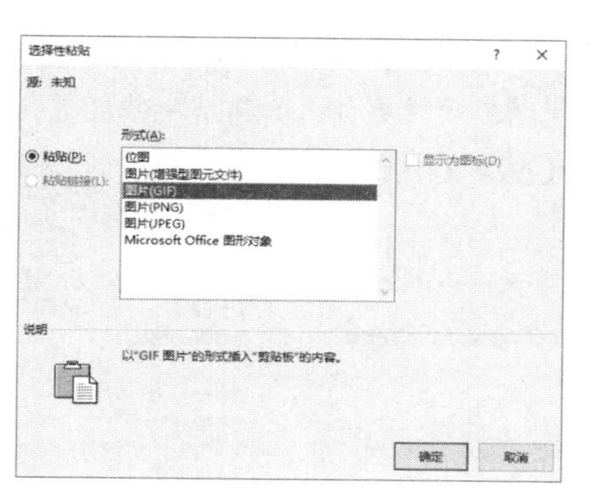

3. 复制图表

复制 Excel 图表至其他 Office 应用程序的操作与复制数据区域类似，在 Excel 中复制图表后，在其他程序中执行【选择性粘贴】命令，同时支持静态粘贴和动态粘贴。

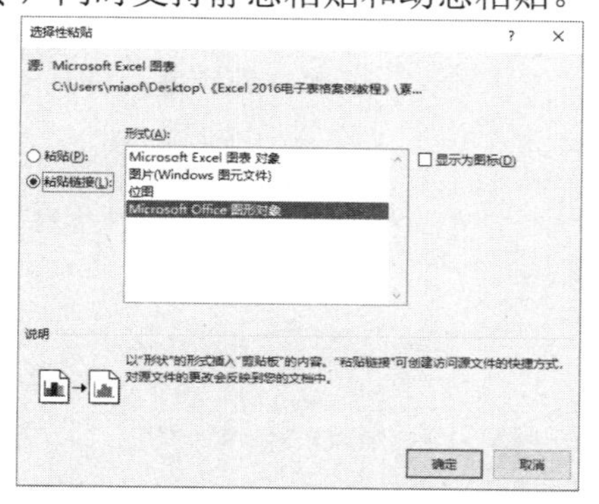

1.6.2　在其他程序中插入 Excel 对象

除了使用复制和粘贴方式共享 Excel 数据外，用户还可以在 Office 应用程序中通过插入对象，插入 Excel 文件。

【例 1-2】将 Excel 文件插入 Word 文档中。
视频

step 1 启动 Word 后，选择【插入】选项卡，单击【文本】命令组中的【对象】按钮。

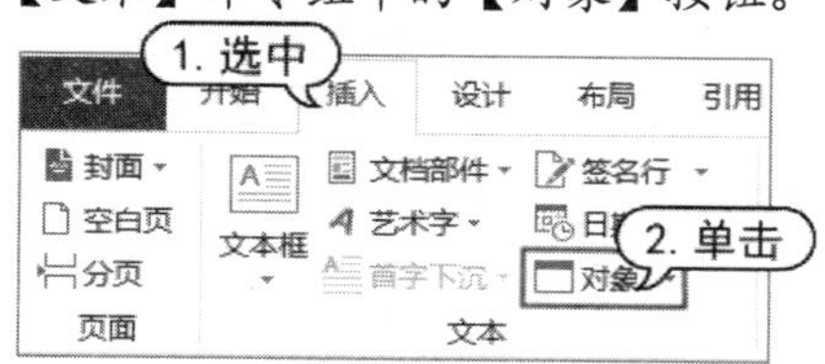

step 2 打开【对象】对话框，在该对话框中选中【由文件创建】选项卡，单击【浏览】按钮。

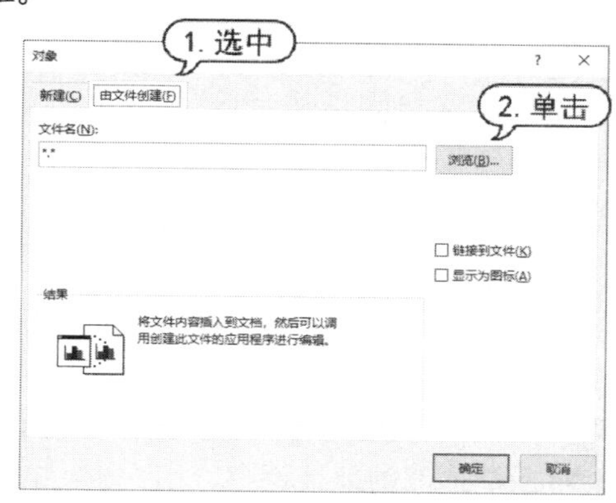

step 3 在打开的对话框中选中一个 Excel 文件后，单击【打开】按钮，即可将选择的 Excel 文件插入 Word 文档。

step 4 Excel 文件被插入 Word 后将显示为表格，如果用户双击它，Word 功能区将变成 Excel 功能区，此时用户可以使用 Excel 命令对表格进行处理，编辑完成后只需单击 Word 文档的其他位置，就会退出 Excel 编辑状态。

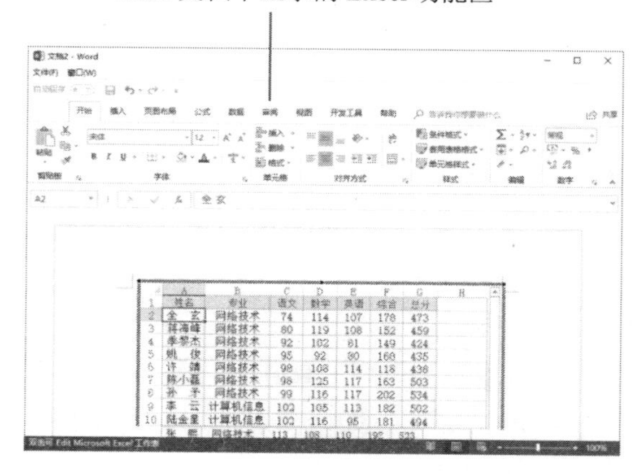

1.6.3　远程获取或保存 Excel 数据

在 Excel 中按下 F12 键将打开【另存为】对话框，在该对话框顶部的地址栏中，用户可以设置任何位置来保存 Excel 文件，例如，可保存在当前计算机的本地磁盘、FTP、局域网等。

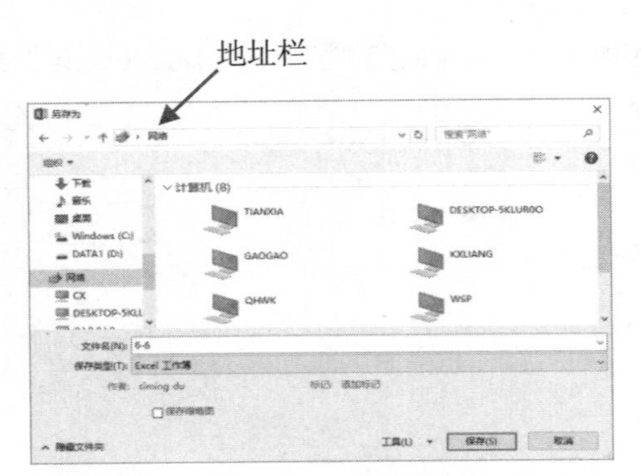

同样，按下 Ctrl+O 组合键打开【打开】选项区域，单击【浏览】按钮，在打开的【打开】对话框顶部的地址栏中，用户也可以选择任何可访问的路径，打开 Excel 文件。

一般情况下，每一个 Excel 文件只能被一个用户以独占方式打开。如果用户尝试通过网络共享文件夹打开一个已经被其他用户打开的Excel文件，Excel将打开提示对话框，提示该文件已经被锁定。在这种情况下，用户只能根据提示，以"只读"或"通知"方式打开 Excel 文件。如果以"只读"方式打开文件，文件将只能阅读不能进行修改；如果以"通知"方式打开文件，文件仍将以只读方式打开，当使用文件的其他用户关闭文件时，Excel 将通知该用户在他之后打开文件的用户名称。

1.6.4　创建共享 Excel 文件

利用 Excel 的"共享工作簿"功能，用户可以和其他用户一起通过网络多人同时编辑同一个 Excel 文件。

【例 1-3】设置可供多人编辑的共享 Excel 文件。
视频

step 1 打开需要共享的工作簿，选择【审阅】选项卡，在【更改】组中单击【共享工作簿】按钮。

step 2 打开【共享工作簿】对话框，选择【编辑】选项卡，选中【允许多用户同时编辑，同时允许工作簿合并】复选框，然后单击【确定】按钮。

step 3 选择【高级】选项卡，设置是否保存修订记录，何时更新，如何解决冲突等，然后单击【确定】按钮。

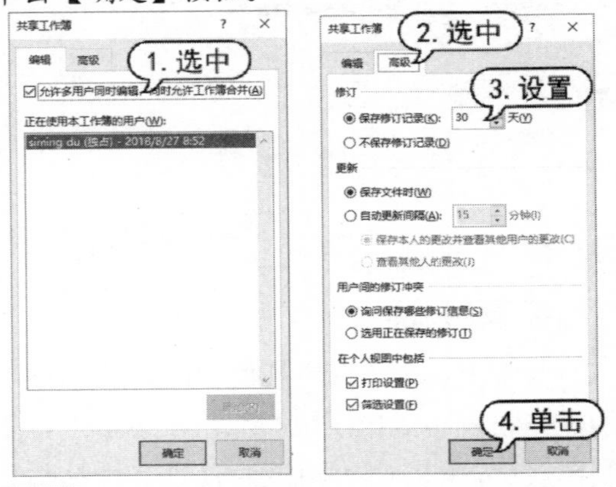

step 4 Excel将打开对话框提示用户保存工作簿，单击【确定】按钮。此时，当前工作簿即成为共享工作簿，工作簿的标题栏将显示"共享"标注。

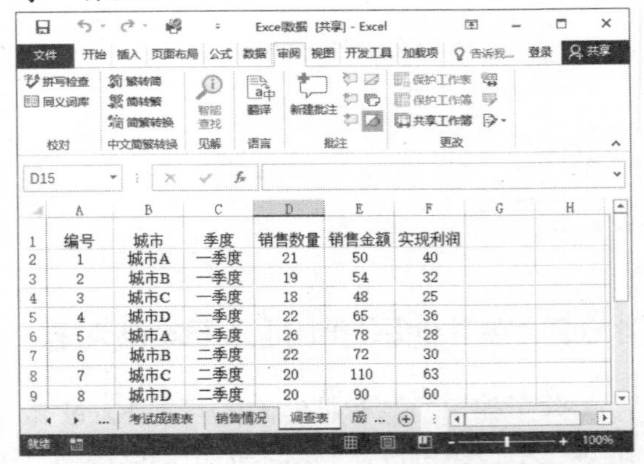

要实现多人同时对一个 Excel 文件进行编辑，用户还需要将共享工作簿保存在本地网络中的共享文件夹中，并且授予用户对该文件夹的读写权限。

当任何一个用户打开共享工作簿后，可以单击【审阅】选项卡中的【共享工作簿】按钮，打开【共享工作簿】对话框查看当前正在使用工作簿的其他用户。选中其中一个用户，单击【删除】按钮，可以断开该用户与共享工作簿的连接，此时对方不会立刻得到相关提示，也不会关闭工作簿。被断开连接的用户在保存工作簿时，Excel 将提示其无法与文件连接，无法将修改的内容保存到共享工作簿中，只能另存为其他文件。

如果用户在编辑共享工作簿后对其进行保存，其他用户也对工作簿做出修改并进行保存，在没有冲突的情况下，Excel 会给出相应的提示，提示用户“工作表已用其他用户保存的更改进行了更新”。如果此时发生冲突，Excel 也会弹出提示对话框，询问用户如何解决冲突。

1.7 案例演练

本章的案例演练部分将通过实例介绍前面正文中没有提及的 Excel 2016 新功能，帮助用户进一步了解并掌握 Excel 软件。

【例 1-4】使用 Excel 2016 多功能搜索框搜索命令。

视频

step 1 将鼠标指针置于 Excel 窗口顶部的多功能搜索框中，输入需要得到的命令描述，例如“朗读”，在弹出的列表中选择具体的命令。

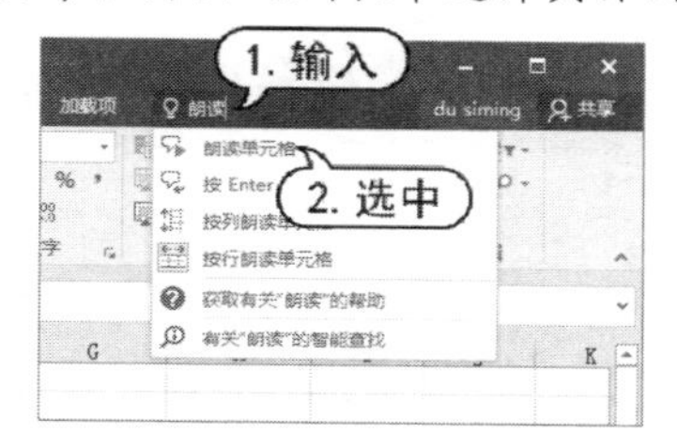

step 2 此时，Excel 将执行选中的命令，通过语音模拟朗读当前工作表中的数据。

【例 1-5】使用 Excel 2016 “墨迹公式”功能。

视频

step 1 选择【插入】选项卡，单击【符号】命令组中的【公式】下拉按钮，在弹出的列表中选择【墨迹公式】选项。

step 2 在打开的对话框中，单击【写入】按钮，用户可以使用触摸设备或者鼠标，通过手写方式输入公式。

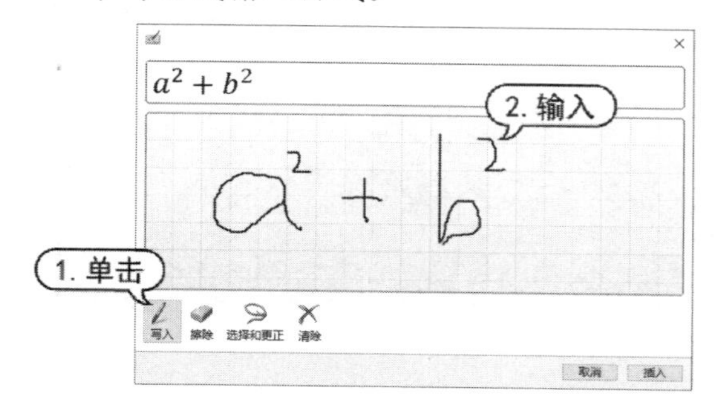

step 3 单击【擦除】按钮和【选择和更正】按钮，可以对输入的公式内容进行修正；单击【清除】按钮可以清除输入的公式。

step 4 公式输入完毕后单击【插入】按钮，即可将其插入 Excel 工作表中。

【例 1-6】使用 Excel 2016 “预测工作表”功能。

视频

step 1 打开需要预测其数据趋势的工作表后，单击【数据】选项卡中的【预测工作表】按钮，打开【创建预测工作表】对话框。

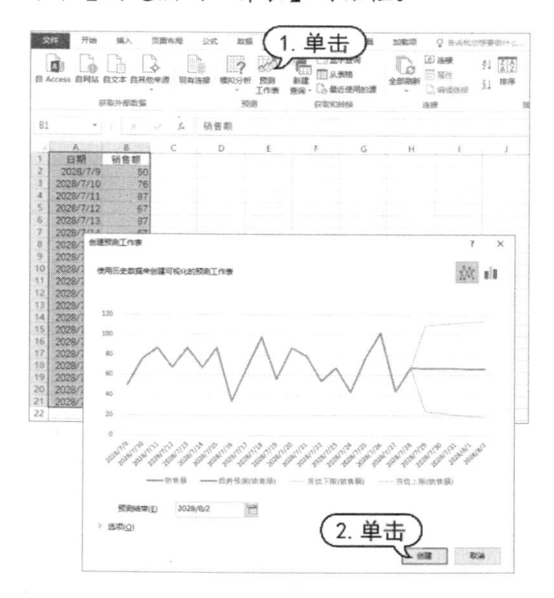

step 2 单击【创建】按钮，Excel 将根据工作表中提供的历史数据，自动分析数据的发展趋势，创建下图所示的预测趋势图。

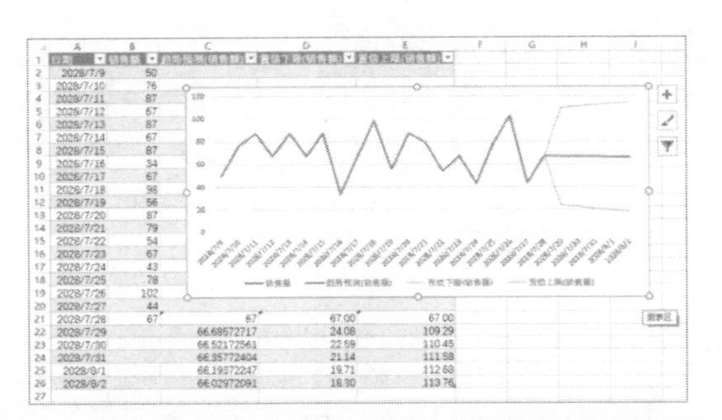

【例 1-7】使用 Excel 2016“外部数据查询”功能获取来自网页的数据。

视频

step 1 选择【数据】选项卡，单击【新建查询】下拉按钮，从弹出的列表中选择【从其他源】|【从 Web】选项。

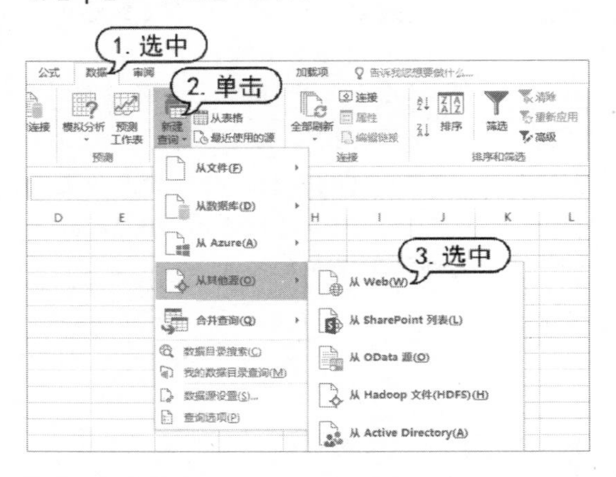

step 2 打开【从 Web】对话框，输入网址(以中国银行外汇牌价地址为例)：

http://www.boc.cn/sourcedb/whpj/index.html

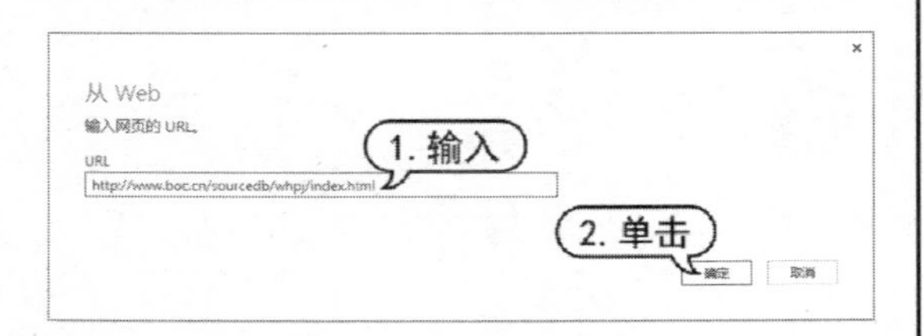

step 3 单击【确定】按钮。在打开的【导航器】对话框左侧的列表框中选中【Table 0】选项，在对话框右侧的列表中单击【编辑】按钮，编辑从网页中获取的数据。

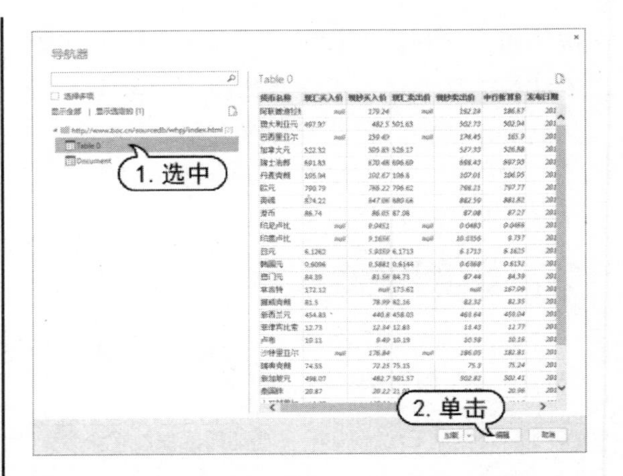

step 4 打开【查询编辑器】窗口，单击【货币名称】列右侧的筛选按钮，从弹出的列表中选择需要的货币，然后单击【确定】按钮。

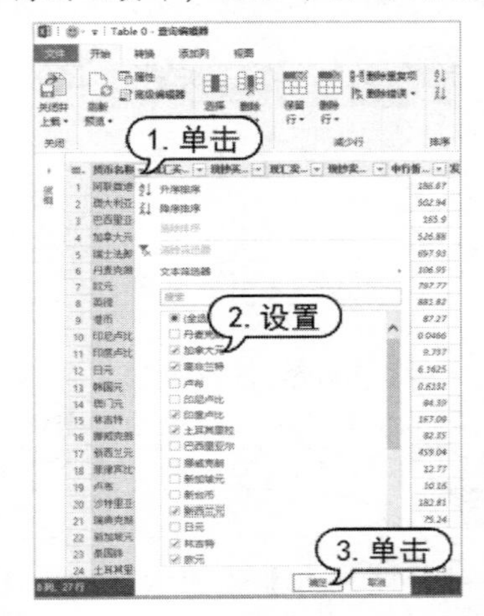

step 5 单击【查询编辑器】窗口左侧的【关闭并下载】按钮，即可在 Excel 工作表中得到所需的网页数据，如下图所示。

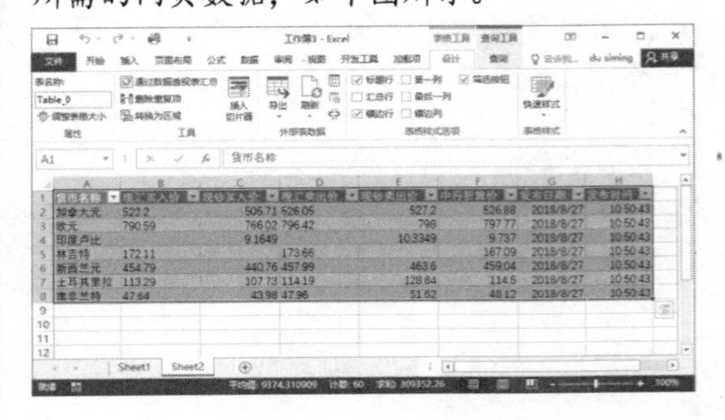

第 2 章

操作工作簿与工作表

本章主要介绍 Excel 工作簿和工作表的基本操作，包括工作簿的创建、保存，工作表的创建、移动、删除等基本操作。熟练掌握工作簿和工作表的操作，可以在日常办公中提高 Excel 的使用效率。

本章对应视频

例 2-1 恢复 Excel 未保存的工作簿
例 2-2 复制或移动工作表
例 2-3 调整 Excel 工作表标签颜色
例 2-4 设置合适的表格行高和列宽
例 2-5 设置 Excel 默认行高和列宽
例 2-6 快速定位表格单元格位置
例 2-7 选取多个工作表中相同的区域
例 2-8 排列 Excel 工作簿窗口
例 2-9 并排查看工作簿内容
例 2-10 拆分单个工作簿窗口
例 2-11 冻结 Excel 工作簿窗口区域
例 2-12 保存工作簿的自定义视图
例 2-13 批量创建指定名称的工作表
例 2-14 快速选取指定的工作表
例 2-15 跨工作簿快速复制工作表
本章其他视频可参见视频二维码列表

2.1 工作簿与工作表的关系

本书第 1 章曾介绍过，扩展名为.xlsx 的文件就是 Excel 工作簿文件，它是用户执行 Excel 操作的主要对象和载体。用户使用 Excel 创建数据表格，在表格中对数据进行编辑以及对表格进行的保存等操作，都是在工作簿对象上完成的。

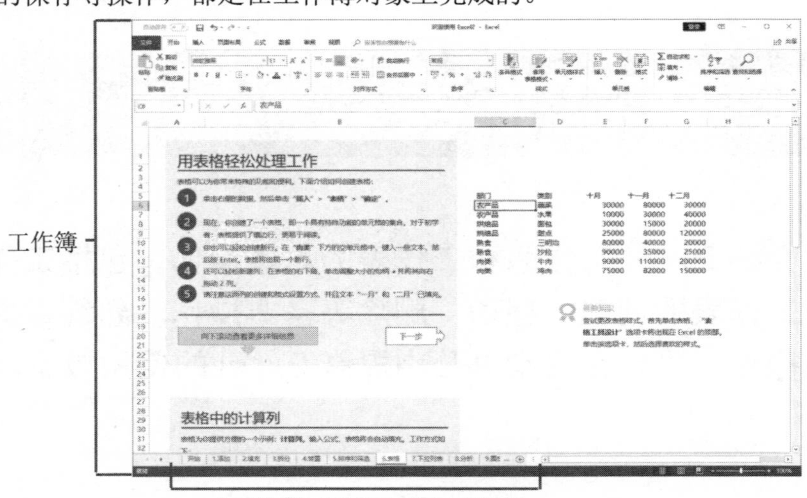

在 Excel 窗口中，用户可以同时打开多个工作簿。如果把每个打开的工作簿比作书本，那么工作表就类似于书本中的书页，它是工作簿的组成部分。书本中的书页可以根据需要增减或者调整顺序，工作簿中的工作表也可以根据需要增加、删除或移动位置。

另外，Excel 工作簿中至少需要包含一个工作表，其可以包含的最大工作表数量与当前计算机的内存有关，内存容量越大，工作簿可包含的工作表数量也就越多。

2.2 操作工作簿

在 Excel 中，用于存储并处理工作数据的文件称为工作簿，它是用户执行 Excel 操作的主要对象和载体。熟练掌握工作簿的相关操作，不仅可以在工作中确保表格中的数据被正确地创建、打开、保存和关闭，还可以在出现特殊情况时帮助我们快速恢复数据。

2.2.1 创建工作簿

在任何版本的 Excel 中，按下 Ctrl+N 组合键都可以新建一个空白工作簿。此外，选择【文件】选项卡，在弹出的菜单中选择【新建】命令，并在展开的工作簿列表中双击【空白工作簿】图标或任意一种工作簿模板，也可以创建新的工作簿。

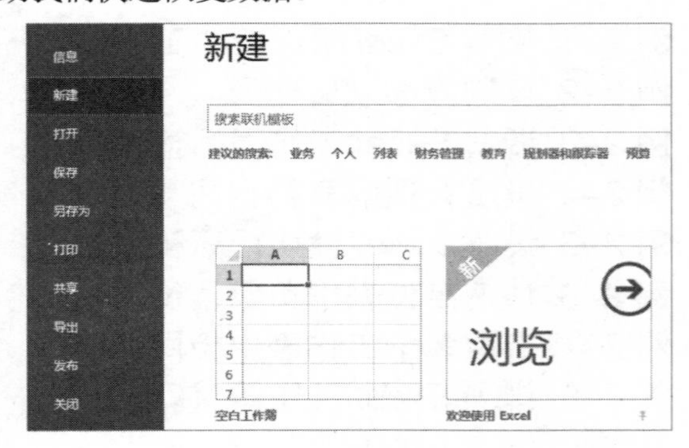

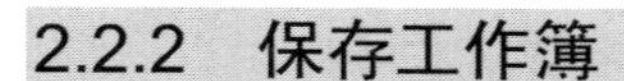

2.2.2　保存工作簿

当用户需要将工作簿保存在计算机硬盘中时，可以参考以下几种方法。

- 在功能区中选择【文件】选项卡，在打开的菜单中选择【保存】或【另存为】命令。
- 单击窗口左上角快速访问工具栏中的【保存】按钮。
- 按下 Ctrl+S 组合键。
- 按下 Shift+F12 组合键。

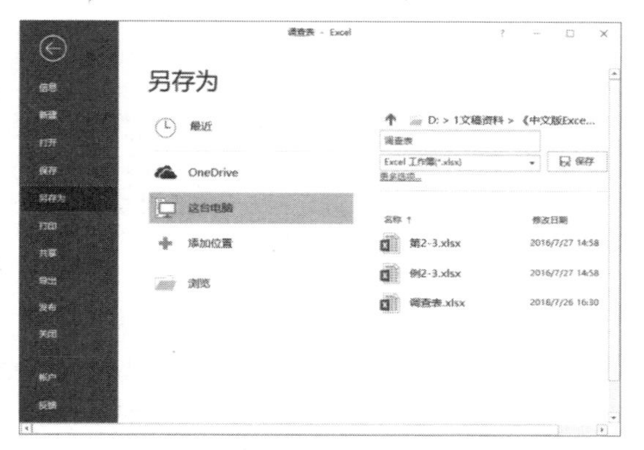

此外，经过编辑却未经过保存的工作簿在被关闭时，将自动弹出一个警告对话框，询问用户是否需要保存工作簿，单击其中的【保存】按钮，也可以保存当前工作簿。

1. 保存和另存为的区别

Excel 中有两个和保存功能相关的命令，分别是【保存】和【另存为】，这两个命令有以下区别。

- 执行【保存】命令不会打开【另存为】对话框，而是直接将编辑后的数据保存到当前工作簿中。保存后的工作簿在文件名、存放路径上不会发生任何改变。
- 执行【另存为】命令后，将会打开【另存为】对话框，允许用户重新设置工作簿的存放路径、文件名并设置保存选项。

在对新建工作簿进行一次保存时，或使用【另存为】命令保存工作簿时，将打开如下图所示的【另存为】对话框。在该对话框左侧列表框中可以选择具体的文件存放路径，如果需要将工作簿保存在新建的文件夹中，可以单击对话框左上角的【新建文件夹】按钮。

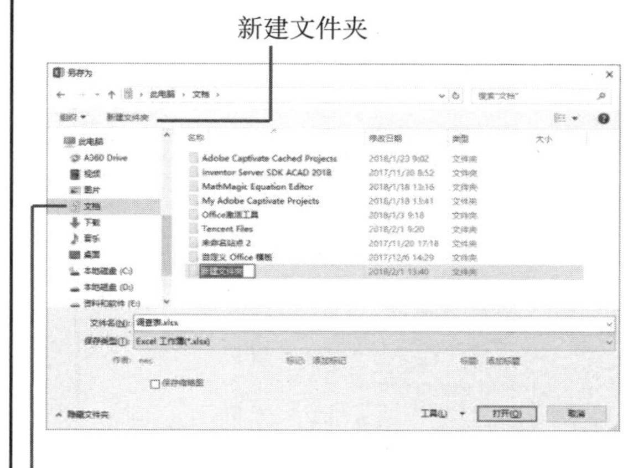

用户可以在上图所示的【另存为】对话框的【文件名】文本框中为工作簿命名，新建工作簿的默认名称为“工作簿 1”，文件保存类型一般为“Microsoft Office Excel 工作簿”，即以.xlsx 为扩展名的文件。用户可以通过单击【保存类型】按钮自定义工作簿的保存类型。最后单击【保存】按钮关闭【另存为】对话框，完成工作簿的保存。

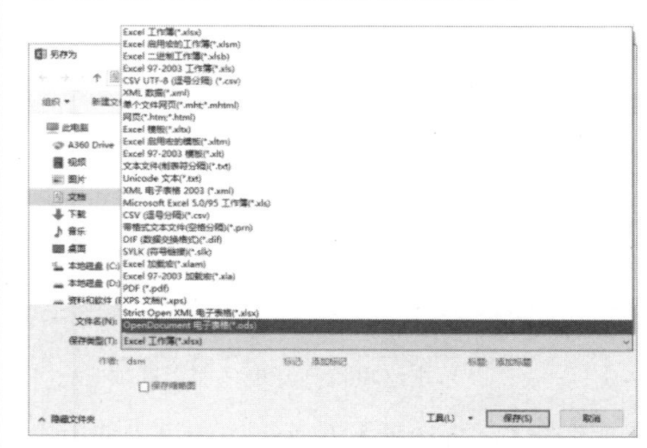

Excel 2016 在默认情况下保存的文件类型为“Excel 工作簿(*.xlsx)”，如果用户需要和使用早期版本 Excel 的用户共享电子表格，或者需要制作包含宏代码的工作簿，可以通过在【Excel 选项】对话框中选择【保

存】选项卡，设置工作簿的默认保存文件格式，如下图所示。

2. 工作簿的更多保存选项

在保存工作簿时打开的【另存为】对话框的底部单击【工具】下拉按钮，从弹出的列表中选择【常规选项】选项，将打开如下图所示的【常规选项】对话框。

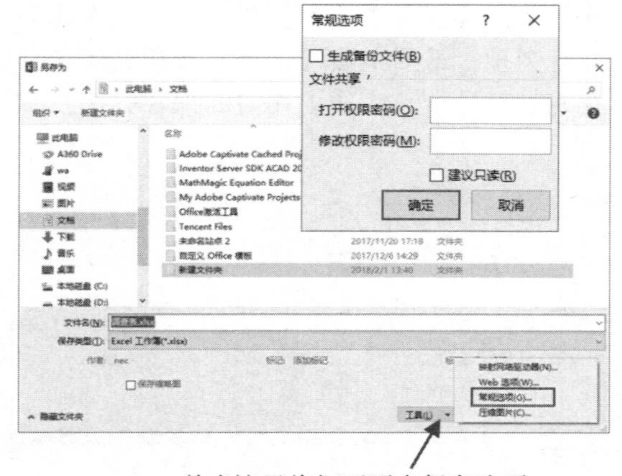

单击这里将打开更多保存选项

在【常规选项】对话框中，可以使用多种不同的方式来保存工作簿。例如：

设置在保存工作簿时生成备份文件

step 1 打开【常规选项】对话框后，选中【生成备份文件】复选框，然后单击【确定】按钮。

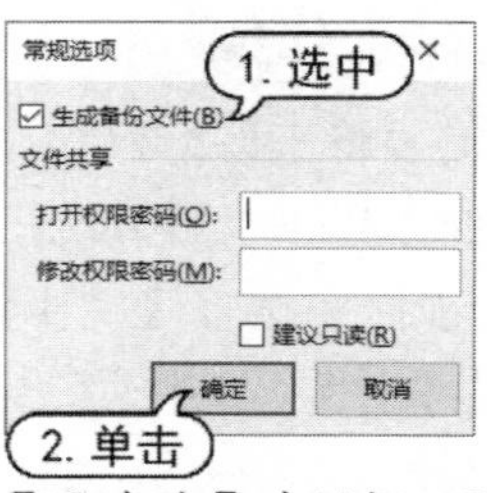

step 2 返回【另存为】对话框，再次单击【确定】按钮，则可以设置在每次保存工作簿时自动创建工作簿备份文件。

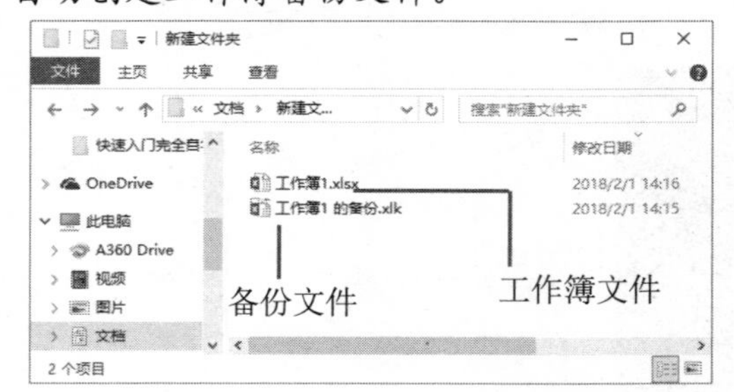

这里需要注意的是：备份文件只在保存工作簿时生成，它不会自动生成。用户使用备份文件恢复工作簿内容只能获取前一次保存时的状态，并不能恢复更久以前的状态。

在保存工作簿时设置打开权限密码

step 1 打开【常规选项】对话框后，在【打开权限密码】文本框中输入一个用于打开工作簿的权限密码，然后单击【确定】按钮。

step 2 打开【确认密码】对话框，在【重新输入密码】文本框中再次输入工作簿打开权限密码，然后单击【确定】按钮。

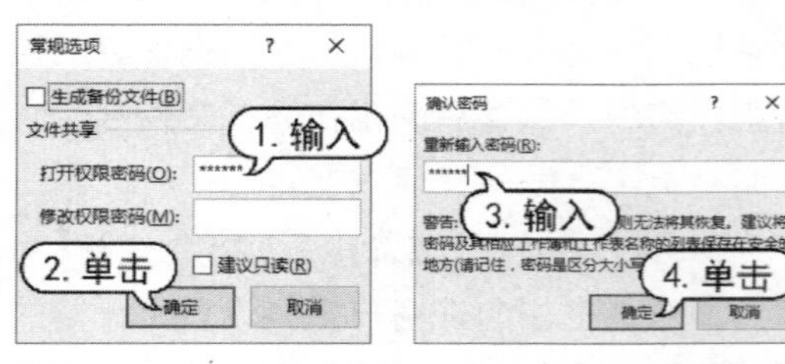

step 3 返回【另存为】对话框，单击【确定】按钮将工作簿保存后，即可为工作簿设置一个打开权限密码。此后，在打开工作簿文件时将

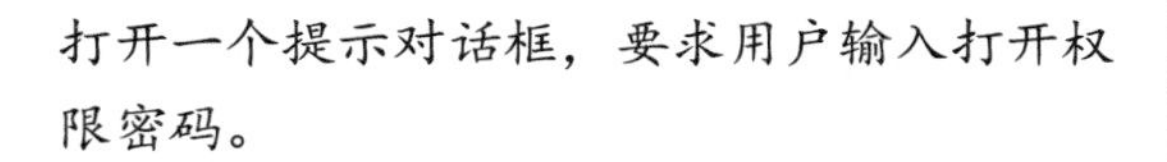

打开一个提示对话框，要求用户输入打开权限密码。

以“只读”方式保存工作簿

step 1　打开【常规选项】对话框后，选中【建议只读】复选框，然后单击【确定】按钮。

step 2　返回【另存为】对话框，单击【确定】按钮将工作簿保存后，双击工作簿文件将其打开时将显示如下图所示的提示对话框，建议用户以“只读方式”打开工作簿。

3. 自动保存工作簿

在计算机出现意外情况时，Excel 中的数据可能会丢失。此时，如果使用“自动保存”功能可以减少损失。

step 1　在【文件】选项卡左下角单击【选项】选项，打开【Excel 选项】对话框，选择该对话框左侧的【保存】选项。

step 2　在对话框右侧的【保存工作簿】选项区域中选中【保存自动恢复信息时间间隔】复选框(默认为选中状态)，即可启用“自动保存”功能。在右侧的文本框中输入 10，可以设置 Excel 自动保存的时间为 10 分钟。

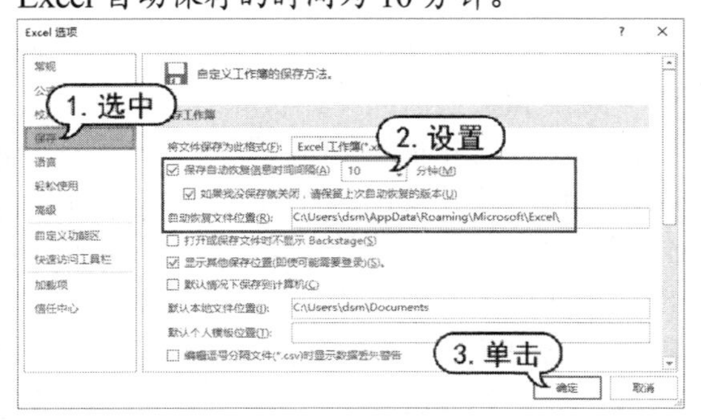

step 3　选中【如果我没保存就关闭，请保留上次自动恢复的版本】复选框，在下方的【自动恢复文件位置】文本框中输入保存工作簿的位置。

step 4　最后，单击【确定】按钮关闭【Excel 选项】对话框。

在设置“自动保存”工作簿时，应遵循以下几条原则。

- 只有在工作簿发生新的修改时，“自动保存”功能的计时器才会开始启动计时，到达指定的间隔时间后发生保存动作。如果在保存后没有新的修改产生，计时器不会再次激活，也不会有新的备份副本产生。
- 在一个计时周期中，如果用户对工作簿执行了手动保存，计时器将立即清零。

如果用户要使用自动保存的文档恢复工作簿，可以在上面实例的步骤 3 中设置的【自动恢复文件位置】文件夹路径上双击工作簿文件来实现，默认路径为：

C:\Users\dsm\AppData\Roaming\Microsoft\Excel\

此外，当计算机意外关闭或程序崩溃导致 Excel 被强行关闭时，再次启动 Excel 软件时将打开【文档恢复】任务窗格，在该窗格中用户可以选择打开自动保存的工作簿文件(一般为最近一次自动保存时的状态)，或工作簿的原始文件(最后一次手动保存时的文件)。

2.2.3　打开工作簿

经过保存的工作簿在计算机磁盘上形成文件后，用户使用标准的计算机文件管理操作方法就可以对其进行管理，例如复制、剪切、删除、移动、重命名等。无论工作簿被保存在何处，或者被复制到不同的计算机中，只要所在的计算机中安装有 Excel 软件，工作簿文件就可以被再次打开，从而执行读取和编辑等操作。

打开 Excel 工作簿的方法有以下几种。

- 直接双击 Excel 文件打开工作簿：找到工作簿的保存位置，直接双击其文件图标，Excel 软件将自动识别并打开该工作簿。

➤ 使用【最近使用的工作簿】列表打开工作簿：单击【文件】按钮，在【文件】选项卡中选择【打开】命令，在打开的【打开】选项区域中单击一个最近打开过的工作簿文件。

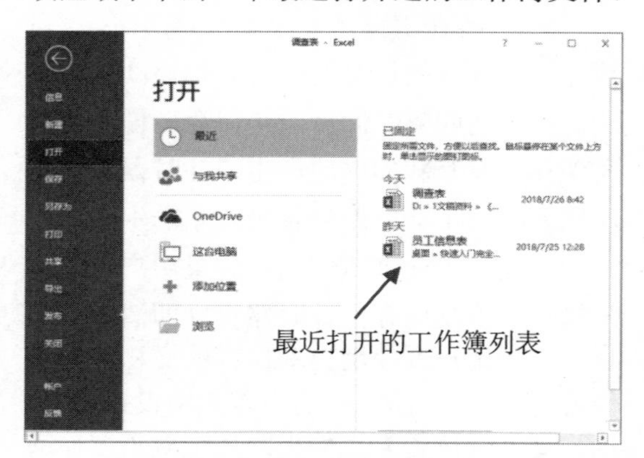

➤ 通过【打开】对话框打开工作簿：在Excel 中单击【文件】按钮，在【文件】选项卡中选择【打开】命令(或按下 Ctrl+O 组合键)，打开【打开】对话框，在该对话框中选中一个 Excel 文件后，单击【打开】按钮即可。

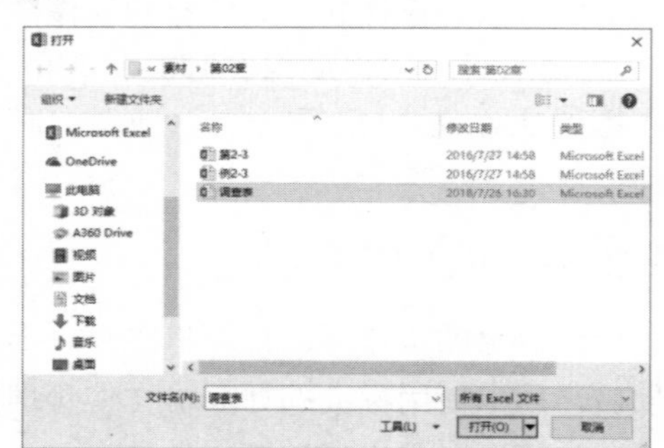

在【打开】对话框中，可以通过该对话框左侧的列表框选择工作簿文件的存放路径，在目标路径上选择具体文件后，双击工作簿文件图标或单击【打开】按钮即可打开文件。如果在【打开】对话框中按住 Ctrl 键后用鼠标选中多个文件，再单击【打开】按钮，则可以同时打开多个工作簿。

在上图所示的【打开】对话框右下角的工具栏中单击【工具】下拉按钮，将弹出如下图所示的命令列表，可以使用该列表中的命令打开工作簿。

➤ 打开：以正常方式打开工作簿。

➤ 以只读方式打开：文件以“只读”方式打开后，将不能进行覆盖式保存。

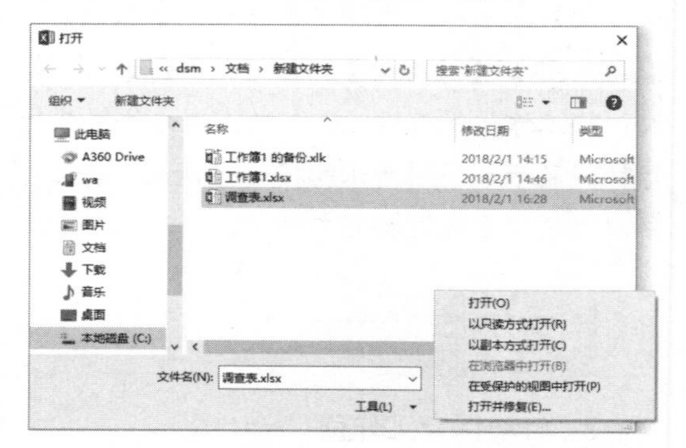

➤ 以副本方式打开：Excel 自动创建一个选中文件的副本文件，命名为“副本(1)属于(原文件名)”的形式，并同时打开这个副本文件。

➤ 在浏览器中打开：使用网页浏览器打开工作簿文件。

➤ 在受保护的视图中打开：使用一个受保护的视图模式打开工作簿，在该视图中用户无法直接对工作簿的内容进行修改。

➤ 打开并修复：当工作簿文件发生损坏而无法被正常打开时，使用该选项可以对损坏文件进行修复并重新打开(修复后的文件不一定能和受损前的文件状态一致)。

除了上面介绍的几种工作簿打开方式外，用户还可以通过设置【Excel 选项】对话框，使 Excel 在每次启动时自动打开指定文件夹中的工作簿文件，具体操作如下。

step 1 选择【文件】选项卡左下角的【选项】命令，打开【Excel 选项】对话框，在对话框左侧的列表中选择【高级】选项，在对话框右侧的选项区域中的【启动时打开此目录中的所有文件】文本框内输入需要自动打开的工作簿所在的文件夹路径。

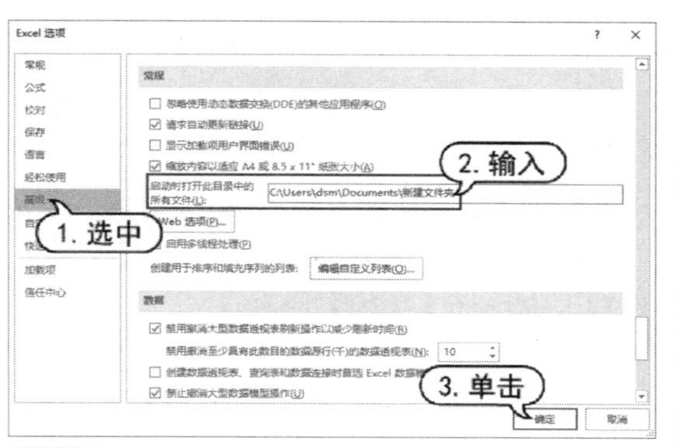

step 2 单击【确定】按钮后，关闭 Excel。之后重新启动 Excel，Excel 将自动打开指定文件夹中的所有工作簿文件。

2.2.4　恢复未保存的工作簿

在【Excel 选项】对话框的【保存】选项中选中【如果我没保存就关闭，请保留上次自动恢复的版本】复选框后，用户若没有保存新建的工作簿或对打开的临时工作簿文件进行编辑时，也会定时对工作簿进行备份保存。

此时，如果没有保存工作簿就关闭了 Excel 程序，可以参考以下方法恢复工作簿的状态。

【例 2-1】恢复 Excel 未保存的工作簿。
视频+素材 (素材文件\第 02 章\例 2-1)

step 1 单击【文件】按钮，在打开的【文件】选项卡中选择【选项】选项，打开【Excel 选项】对话框，然后选中【保存】选项中的【如果我没保存就关闭，请保留上次自动恢复的版本】复选框，并设置【自动恢复文件的位置】，例如：

C:\Users\dsm\AppData\Local\Microsoft\OFFICE\UnsavedFiles\

step 2 单击【文件】按钮，在打开的【文件】选项卡中选择【打开】命令，在显示的选项区域中单击【恢复未保存的工作簿】按钮，打开【打开】对话框，选择需要恢复的文件，单击【打开】按钮即可恢复未保存的工作簿。

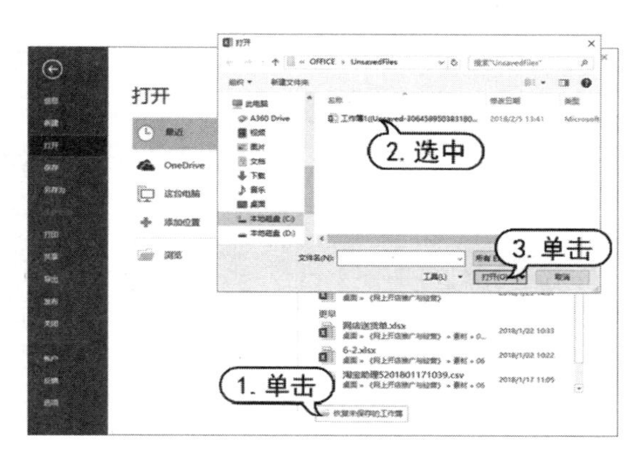

这里需要注意的是：Excel 的“恢复未保存的工作簿”功能仅能从未保存过的新建工作簿或临时文件恢复数据。

2.2.5　隐藏/显示工作簿

如果用户在 Excel 软件中同时打开了多个工作簿，Windows 系统任务栏将显示所有工作簿的标签。此时，在【视图】选项卡的【宏】命令组中单击【切换窗口】下拉按钮，就可以查看所有被打开的工作簿列表，如下图所示。在列表中选择工作簿名称，可以在不同工作簿之间切换。

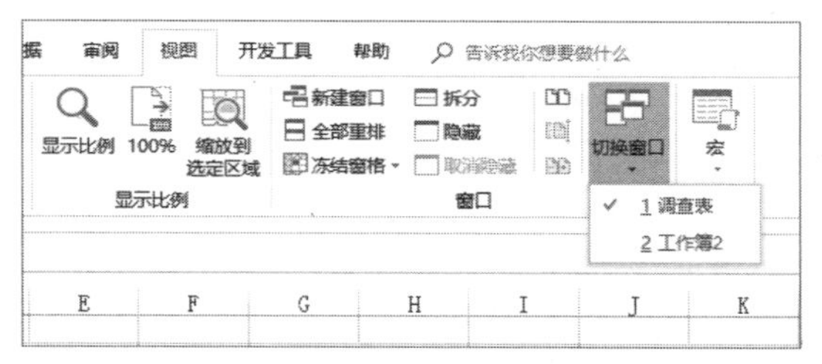

若用户需要隐藏某个工作簿，可以在激活工作簿后在功能区选择【视图】选项卡，在【窗口】组中单击【隐藏】按钮即可。

如果所有工作簿都被隐藏，Excel 软件仅显示灰色的窗口而不显示工作区域。

隐藏后的工作簿并没有被关闭或退出，而是继续驻留在 Excel 中，但无法通过正常的窗口切换方法来显示。如果要取消工作簿的隐藏状态，可以在【视图】选项卡的【窗口】组中单击【取消隐藏】按钮，在打开的【取消隐藏】对话框中选择需要取消隐藏的工

作簿名称，然后单击【确定】按钮即可。

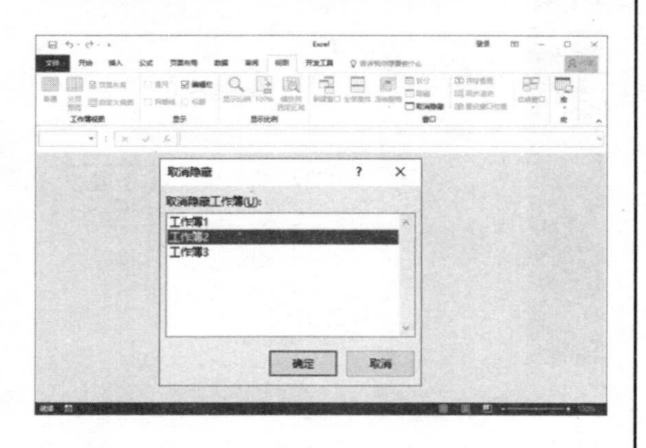

2.2.6　关闭工作簿和 Excel

在结束对 Excel 工作簿的编辑和修改操作后，可以将其关闭以释放计算机内存。关闭工作簿和 Excel 的方法有以下几种。

- 单击【文件】按钮，在打开的【文件】选项卡中选择【关闭】命令。
- 按下 Ctrl+W 组合键或 Alt+F4 组合键。
- 单击 Excel 快速访问工具栏左侧的空白处，在弹出的菜单中选择【关闭】命令。
- 单击工作簿窗口右上方的【关闭窗口】按钮×。

2.3　操作工作表

工作表包含于工作簿之中，用于保存 Excel 中所有的数据，是工作簿的必要组成部分。工作簿总是包含一个或者多个工作表，如下图所示，它们之间的关系就好比是书本与书页的关系。

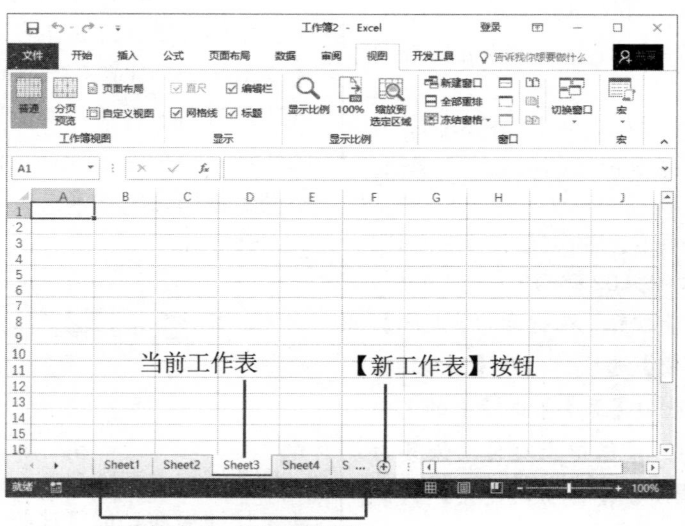

下面主要介绍在工作簿中操作工作表的具体方法。

2.3.1　创建工作表

若工作簿中的工作表数量不够，用户可以在工作簿中创建新的工作表，不仅可以创建空白的工作表，还可以根据模板插入带有样式的新工作表。Excel 中创建工作表的常用方法有 4 种，分别如下。

- 在工作表标签栏的右侧单击【新工作表】按钮⊕。
- 按下 Shift+F11 组合键，则会在当前工作表前插入一个新工作表。
- 右击工作表标签，在弹出的快捷菜单中选择【插入】命令，然后在打开的【插入】对话框中选择【工作表】选项，并单击【确定】按钮即可。此外，在【插入】对话框的

【电子表格方案】选项卡中，还可以设置要插入的工作表的样式。

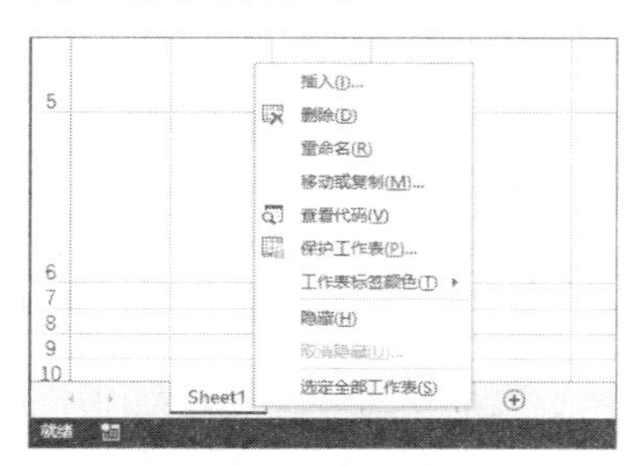

▶ 在【开始】选项卡的【单元格】命令组中单击【插入】下拉按钮，在弹出的下拉列表中选择【工作表】命令。

在工作簿中插入工作表后，工作表的默认名称为 Sheet1、Sheet2、…。如果用户需要自定义工作表的名称，可以右击工作表，在弹出的快捷菜单中选择【重命名】命令(或者双击工作表标签)，然后输入新的工作表名称即可。

知识点滴

若需要在当前工作簿中快速创建多个空白工作表，可以在创建一个工作表后，按下 F4 键重复操作，也可以在同时选中多个工作表后，右击窗口下方的工作表标签，在弹出的快捷菜单中选择【插入】命令，通过打开的【插入】对话框实现目的(此时将一次性创建与选取工作表数量相同的新工作表)。

2.3.2　选取工作表

在实际工作中，由于一个工作簿中往往包含多个工作表，因此操作前需要选取工作表。在 Excel 窗口底部的工作表标签栏中，选取工作表的常用操作包括以下 4 种。

▶ 选定一个工作表：直接单击该工作表的标签即可。

▶ 选定相邻的工作表：首先选定第一个工作表标签，然后按住 Shift 键不放并单击其他相邻工作表的标签即可，如下图所示。

▶ 选定不相邻的工作表：首先选定第一个工作表，然后按住 Ctrl 键不放并单击其他工作表标签即可。

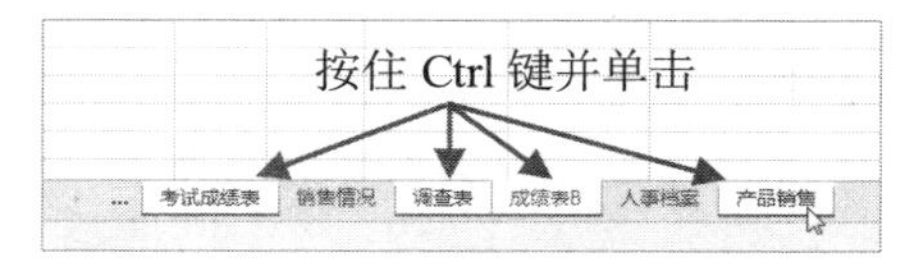

▶ 选定工作簿中的所有工作表，右击任意一个工作表标签，在弹出的快捷菜单中选择【选定全部工作表】命令即可。

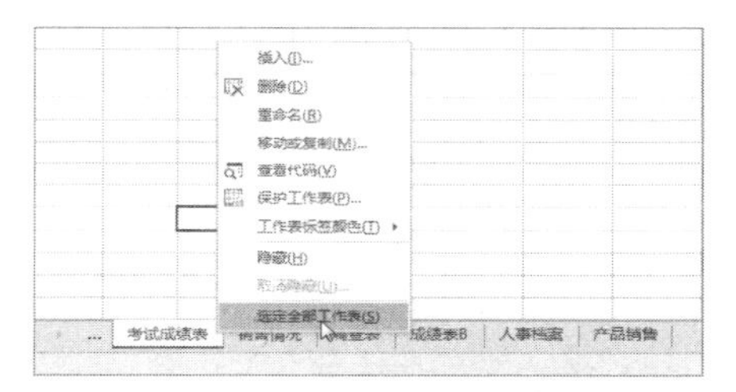

除了上面介绍的几种方法外，按下 Ctrl+PageDown 组合键可以切换到当前工作表右侧的工作表，按下 Ctrl+PageUp 组合键可以切换到当前工作表左侧的工作表。

知识点滴

在工作簿中选中多个工作表后，在 Excel 窗口顶部的标题栏中将显示“[组]”提示，并进入相应的操作模式。要取消这种操作模式，可以在工作表标签栏中单击选中工作表以外的另一个工作表(若工作簿中的所有工作表都被选中，则在工作表标签栏中单击任意工作表标签即可)；也可以右击工作表标签，在弹出的快捷菜单中选择【取消组合工作表】命令。

2.3.3　复制/移动工作表

复制与移动工作表是办公中的常用操作，通过复制操作，可以在一个工作簿或者不同的工作簿中创建工作表副本；通过移动操作，可以在同一个工作簿中改变工作表的排列顺序，也可以在不同的工作簿之间移动工作表。

1. 通过对话框操作

在 Excel 中通过以下两种方法可以打开【移动或复制工作表】对话框，从而实现移动或复制工作表。

- 右击工作表标签，在弹出的快捷菜单中选择【移动或复制工作表】命令。
- 选择【开始】选项卡，在【单元格】命令组中单击【格式】拆分按钮，在弹出的菜单中选择【移动或复制工作表】命令。

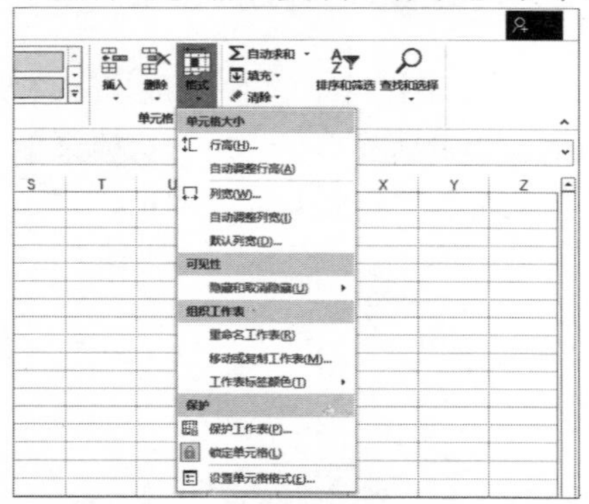

【例 2-2】复制或移动工作表。
视频+素材 (素材文件\第 02 章\例 2-2)

step 1 执行上面介绍的两种方法之一，打开【移动或复制工作表】对话框，在【工作簿】下拉列表中选择复制或移动的目标工作簿。

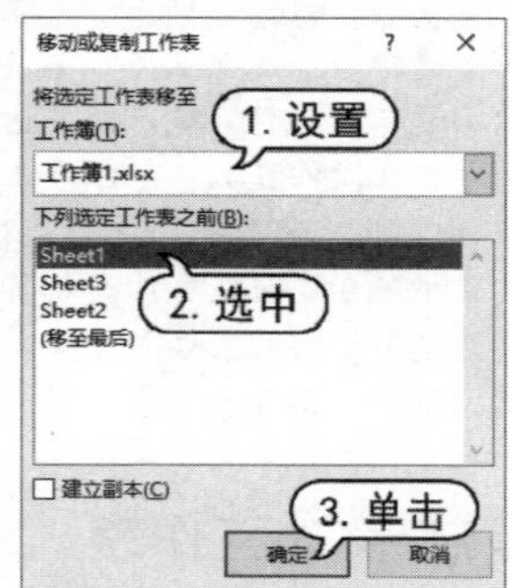

step 2 在【下列选定工作表之前】列表中显示了指定工作簿中包含的所有工作表，选中其中的某个工作表，指定复制或移动工作表后，被操作的工作表将出现在目标工作簿中的位置。

step 3 选中对话框中的【建立副本】复选框，确定当前对工作表的操作为“复制”；取消【建立副本】复选框的选中状态，则将确定对工作表的操作为“移动”。

step 4 最后，单击【确定】按钮即可完成对当前选定工作表的复制或移动操作。

2. 拖动工作表标签

拖动工作表标签来实现移动或者复制工作表的操作步骤非常简单，方法如下。

step 1 将光标移动至需要移动的工作表标签上后，单击鼠标，鼠标指针显示出文档的图标，此时可以拖动鼠标将当前工作表移动至其他位置。

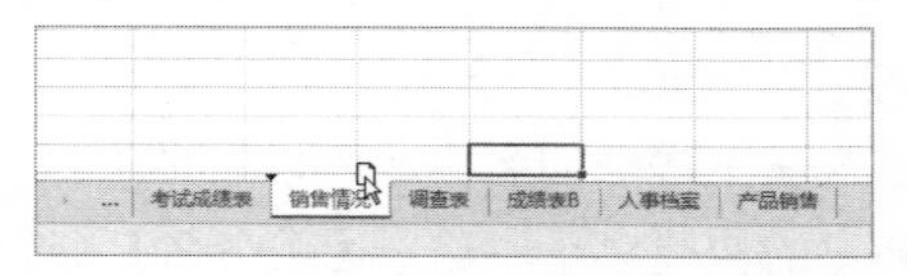

step 2 拖动一个工作表标签至另一个工作表标签的上方时，被拖动的工作表标签前将出现黑色三角箭头图标，以此标识了工作表的移动插入位置，此时如果释放鼠标即可移动工作表。

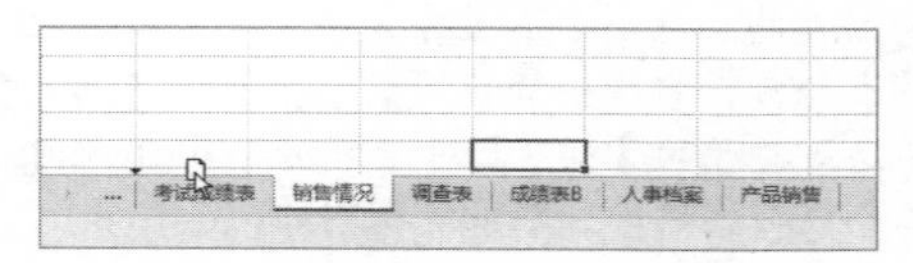

step 3 如果按住鼠标左键的同时按住 Ctrl 键，则执行复制操作，此时鼠标指针显示的文档图标上还会出现一个“+”号，以此来表示当前操作方式为“复制”。

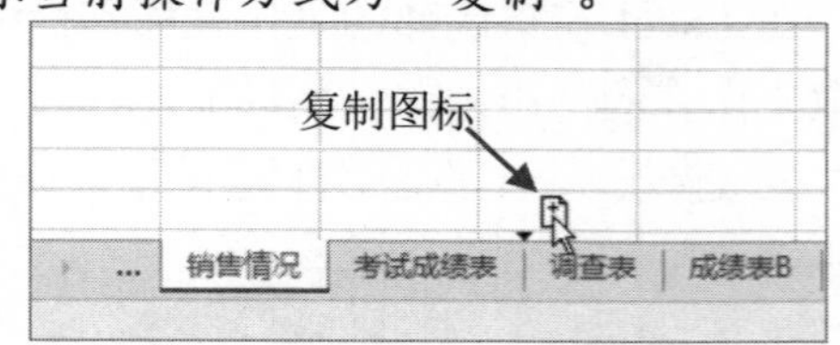

复制工作表的效果如下。

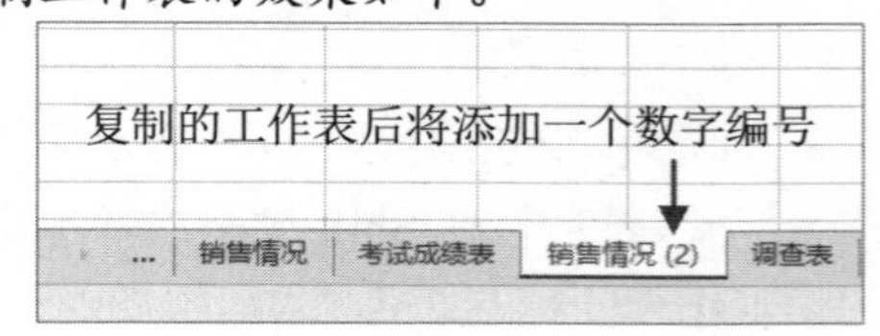

如在当前屏幕中同时显示了多个工作簿，拖动工作表标签的操作也可以在不同工作簿中进行。

2.3.4　重命名工作表

Excel 默认的工作表名称为“Sheet”后面跟一个数字，这样的名称在工作中没有具体的含义，不方便使用。一般我们需要将工作表重新命名，重命名工作表的方法有以下两种：

- 右击工作表标签，在弹出快捷菜单后按下 R 键，然后输入新的工作表名称。
- 双击工作表标签，当工作表名称变为可编辑状态时，输入新的名称。

知识点滴

在执行“重命名”操作重命名工作表时，新的工作表名称不能与工作簿中的其他工作表重名，工作表名称不区分英文大小写，不能包含“*”、“/”、“:”、“?”、“[”、“[”、“\”、“]”等字符。

2.3.5　删除工作表

对工作表进行编辑操作时，可以删除一些多余的工作表。这样不仅可以方便用户对工作表进行管理，也可以节省系统资源。在 Excel 中删除工作表的常用方法如下所示。

- 在工作簿中选定要删除的工作表，在【开始】选项卡的【单元格】命令组中单击【删除】下拉按钮，在弹出的下拉列表中选择【删除工作表】命令即可。

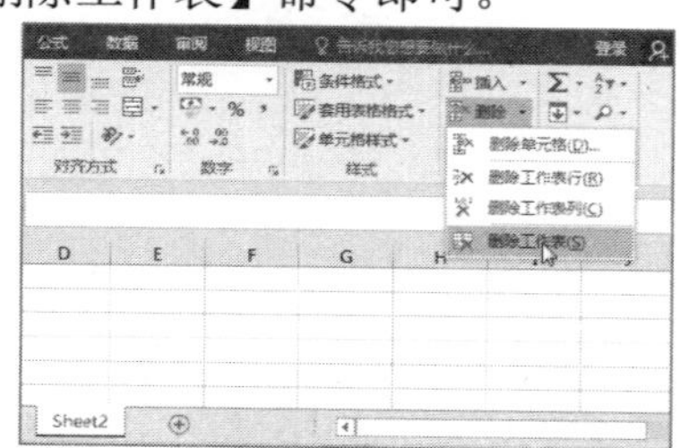

- 右击要删除的工作表的标签，在弹出的快捷菜单中选择【删除】命令，即可删除该工作表。

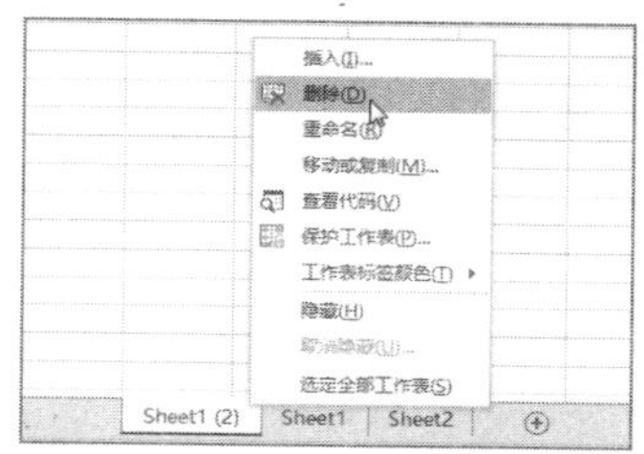

若要删除的工作表不是空工作表(包含数据)，则在删除时 Excel 会弹出对话框提示用户是否要进行删除操作。

若用户要同时删除工作簿中的多个工作表，可以执行以下操作。

step 1　按住 Ctrl 键，选中工作簿中需要删除的多个工作表。

step 2　右击工作表标签，在弹出的快捷菜单中选择【删除】命令，然后在打开的提示对话框中单击【删除】按钮即可。

2.3.6　改变工作表标签颜色

有时，为了在工作中方便对工作表进行辨识，需要为工作表标签设置不同的颜色。在 Excel 中改变工作表标签颜色的操作方法如下。

【例 2-3】调整 Excel 窗口底部工作表标签的颜色。
视频+素材　(素材文件\第 02 章\例 2-3)

step 1　右击工作表标签，在弹出的快捷菜单中选择【工作表标签颜色】命令。

step 2　在弹出的子菜单中选择一种颜色，即可为工作表标签设置颜色。

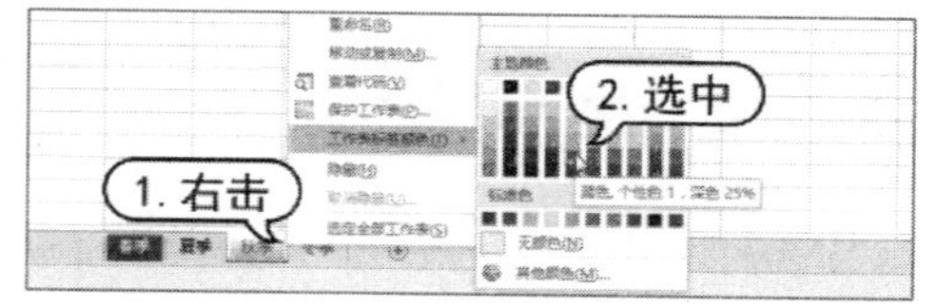

2.3.7　隐藏/显示工作表

在一个工作簿中编辑多个工作表时，为

了切换方便，我们可以将已经编辑好的工作表隐藏起来；或是为了工作表的安全性，我们也可以将不想让别人看到的工作表隐藏起来。

1. 隐藏工作表

在 Excel 中隐藏工作表的操作方法有以下两种。

- 选择【开始】选项卡，在【单元格】命令组中单击【格式】拆分按钮，在弹出的列表中选择【隐藏和取消隐藏】|【隐藏工作表】命令。

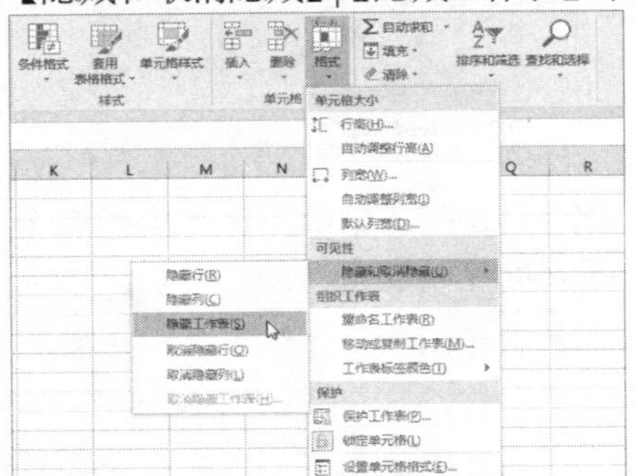

- 右击工作表标签，在弹出的快捷菜单中选择【隐藏】命令。

在 Excel 中无法隐藏工作簿中的所有工作表，当隐藏到最后一张工作表时，则会出现一个提示对话框，提示工作簿中至少应含有一个可视的工作表。

在对工作表执行“隐藏”操作时，应注意以下几点。

- Excel 无法对多个工作表一次性地取消隐藏。
- 如果没有隐藏的工作表，则【取消隐藏工作表】命令将呈灰色显示。
- 工作表的隐藏操作不会改变工作表的排列顺序。

2. 显示被隐藏的工作表

如果需要取消工作表的隐藏状态，可以参考以下几种方法。

- 选择【开始】选项卡，在【单元格】命令组中单击【格式】拆分按钮，在弹出的菜单中选择【隐藏和取消隐藏】|【取消隐藏工作表】命令，在打开的【取消隐藏】对话框中选择需要取消隐藏的工作表后，单击【确定】按钮。

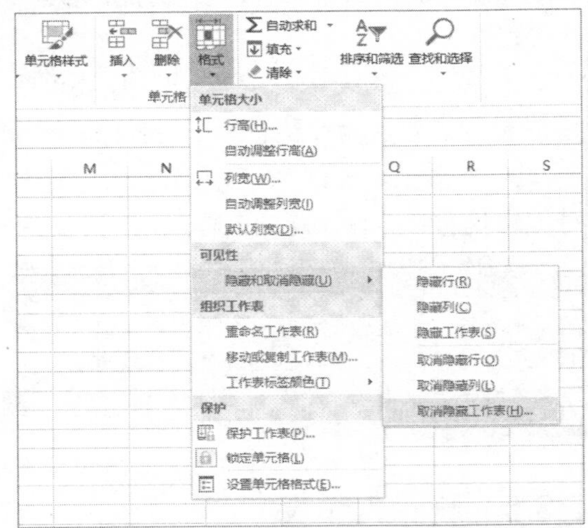

- 在工作表标签上右击鼠标，在弹出的快捷菜单中选择【取消隐藏】命令，然后在打开的【取消隐藏】对话框中选择需要取消隐藏的工作表，并单击【确定】按钮。

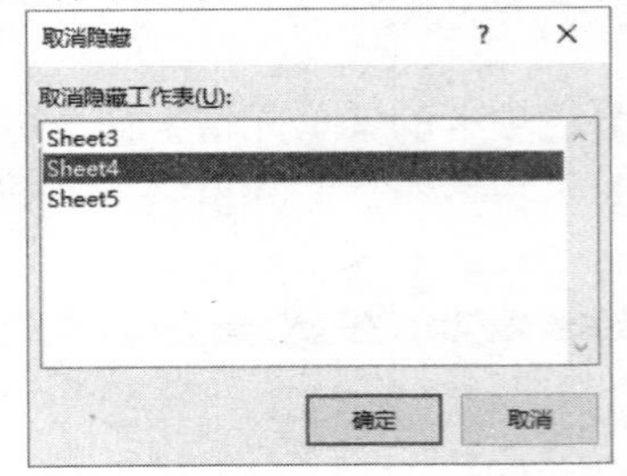

2.4 操作行与列

Excel 工作表由许多横线和竖线交叉而成的一排排格子组成，在由这些线条组成的格子中，录入各种数据后就构成了办公中所使用的表。以下图所示的工作表为例，其最基本的结构由横线间隔而出的“行”与由竖线分隔出的“列”组成。行、列相互交叉所形成的格子称为“单元格”。

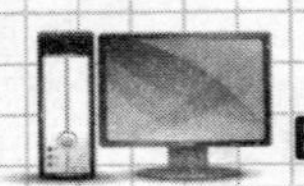

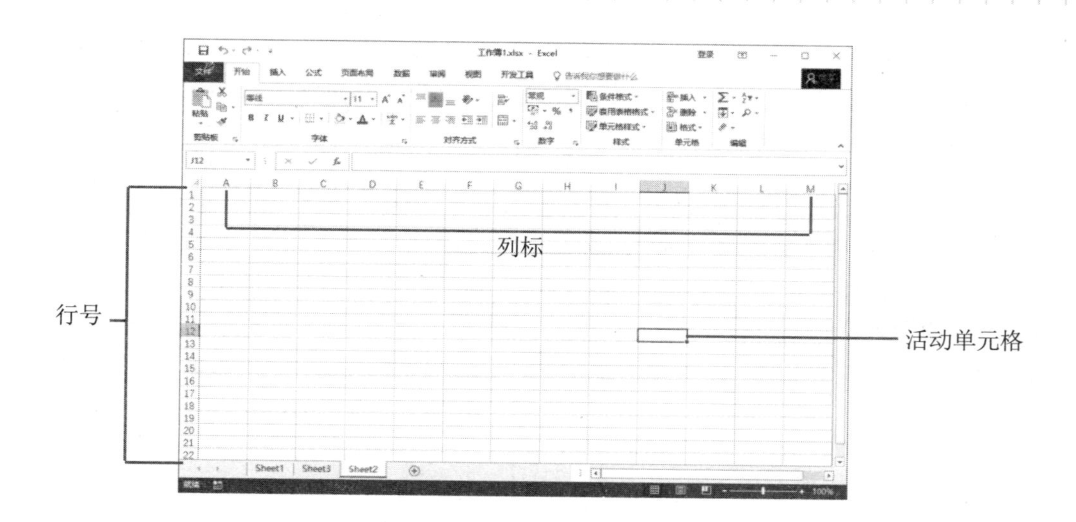

在上图所示的 Excel 窗口中，一组垂直的灰色标签中的阿拉伯数字标识了电子表格的“行号”；而一组水平的灰色标签中的英文字母则标识了表格的“列标”。如果 Excel 界面中没有显示行号和列标，可以参考下面的方法将其显示出来。

step 1 依次按下 Alt、T、O 键，打开【Excel 选项】对话框，在该对话框左侧的列表中选择【高级】选项。

step 2 在【Excel 选项】对话框右侧的选项区域中单击【此工作表的显示选项】下拉按钮，在弹出的列表中选择需要显示行号和列标的工作表名称，然后选中【显示行和列标题】复选框。

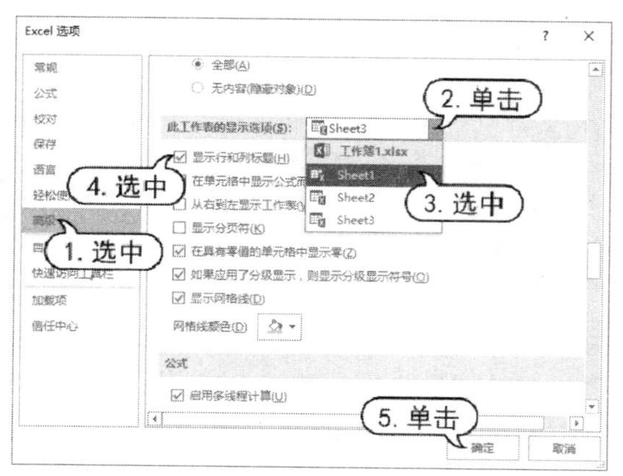

step 3 最后，单击【确定】按钮即可。

在工作表中用于划分不同行、列的横线和竖线被称为“网格线”。通过网格线用户可以方便地辨别行、列及单元格的位置。在 Excel 的默认设置下，网格线不会随着工作表内容被打印。

2.4.1　选取行与列

在 Excel 中，如果当前工作簿文件的扩展名为.xls，其包含工作表的最大行号为 65 536(即 65 536 行)；如果当前工作簿文件的扩展名为.xlsx，其包含工作表的最大行号为 1 048 576 (即 1 048 576 行)。在工作表中，最大列标为 XFD 列(即 A～Z、AA～XFD，即 16 384 列)。

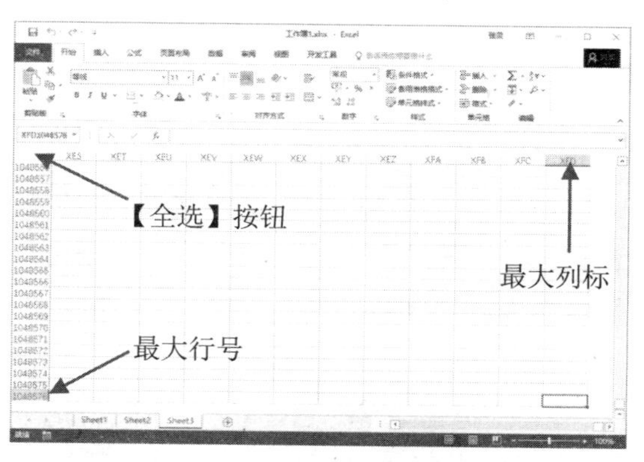

如果用户选中工作表中的任意单元格，按下 Ctrl+方向键↓，可以快速定位到选定单

元格所在列向下连续非空的最后一行(若整列为空或选中的单元格所在列下方均为空，则定位至工作表当前列的最后一行)；按下Ctrl+方向键→，可以快速定位到选取单元格所在行向右连续非空的最后一列(若整行为空或者选中单元格所在行右侧均为空，将定位到当前行的 XFD 列)；按下 Ctrl+Home 组合键，可以快速定位到表格左上角的单元格；按下 Ctrl+End 组合键，可以快速定位到表格右下角的单元格。

除了上面介绍的几种行列定位方式外，选取行与列的基本操作有以下几种。

1. 选取单行/单列

在工作表中单击具体的行号和列标标签即可选中相应的整行或整列。当选中某行(或某列)后，此行(或列)的行号标签将会改变颜色，所有的标签将加亮显示，相应行、列的所有单元格也会加亮显示，以标识出其当前处于被选中状态。

2. 选取相邻连续的多行/多列

在工作表中单击具体的行号后，按住鼠标左键不放，向上、向下拖动，即可选中与选定行相邻的连续多行。

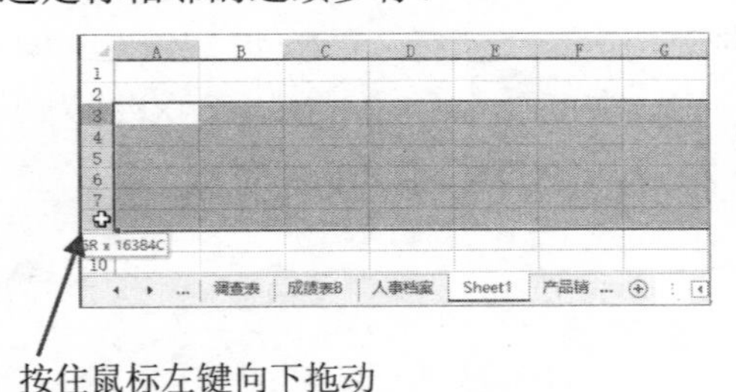

如果单击选中工作表中的列标，然后按住鼠标左键不放，向左、向右拖动，则可以选中相邻的连续多列。

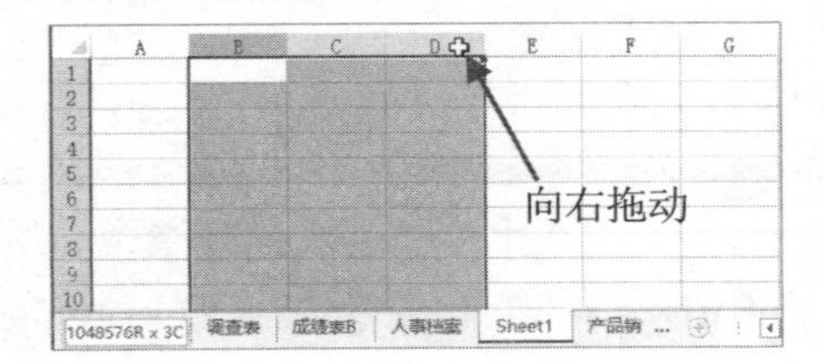

以选取 3～8 行为例，选取多行后将在第 8 行的下方显示“6R×16384C”，其中“6R”表示当前选中了 6 行(Rows)；“16384C”表示每行的最大列数为 16 384。

此外，选中工作表中的某行后，按下Ctrl+Shift+方向键↓，若选中行中活动单元格以下的行都不存在非空单元格，则将同时选取该行到工作表中的最后可见行；选中工作表中的某列后，按下 Ctrl+Shift+方向键→，如果选中列中活动单元格右侧的列中不存在非空单元格，则将同时选中该列到工作表中的最后可见列。使用相反的方向键可以选中相反方向的所有行或列。

> **知识点滴**
>
> 单击行列标签交叉处的【全选】按钮◢，或按下 Ctrl+A 组合键可以同时选中工作表中的所有行和所有列，即选中整个工作表中的所有单元格。

3. 选取不相邻的多行/多列

要选取工作表中不相邻的多行，用户可以在选中某行后，按住 Ctrl 键不放，继续使用鼠标单击其他行标号，完成选择后松开 Ctrl 键即可。选择不相邻多列的方法与此类似。

2.4.2 调整行高和列宽

在工作表中，用户可以根据表格的制作要求，采用不同的设置调整表格中的行高和列宽。

1. 精确设置行高和列宽

精确设置表格的行高和列宽的方法有以下两种。

- 选取列后，在【开始】选项卡的【单元格】命令组中单击【格式】下拉按钮，在弹出的列表中选择【列宽】命令，打开【列宽】对话框，在【列宽】文本框中输入所需要设置的列宽的具体数值，然后单击【确定】按钮即可，如下图所示。设置行高的方法与设置列宽的方法类似(选取行后，在下图所示的列表中选择【行高】命令)。

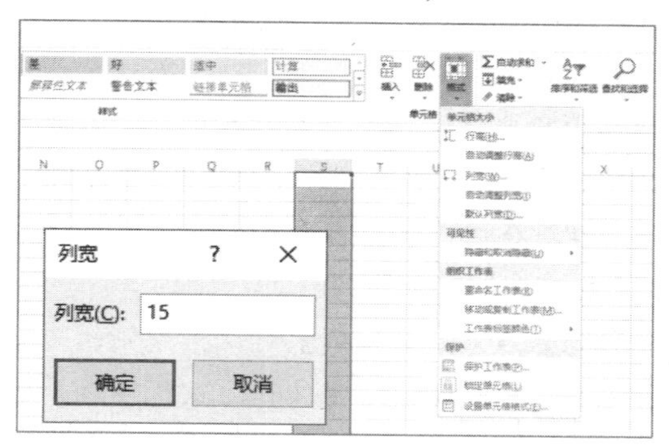

▶ 选中行或列后，右击鼠标，在弹出的快捷菜单中选择【行高】或【列宽】命令，然后在打开的【行高】或【列宽】对话框中进行相应的设置即可。

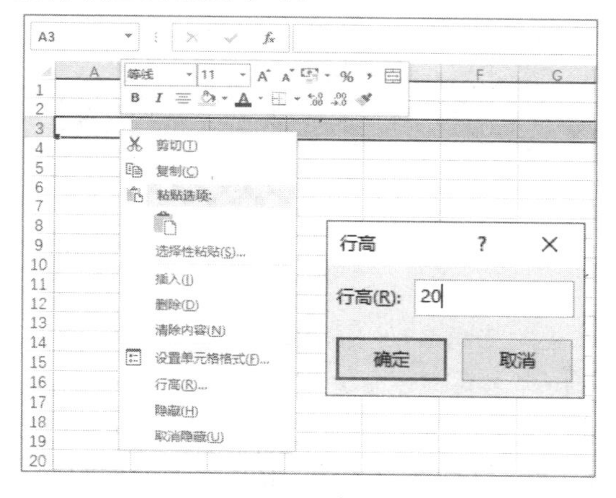

2. 拖动鼠标调整行高和列宽

除了上面介绍的两种方法外，用户还可以通过在工作表行、列标签上拖动鼠标来改变行高和列宽。具体操作方法是：在工作表中选中行或列后，当鼠标指针放置在选中的行或列标签相邻的行或列标签之间时，将显示如下图所示的黑色双向箭头。

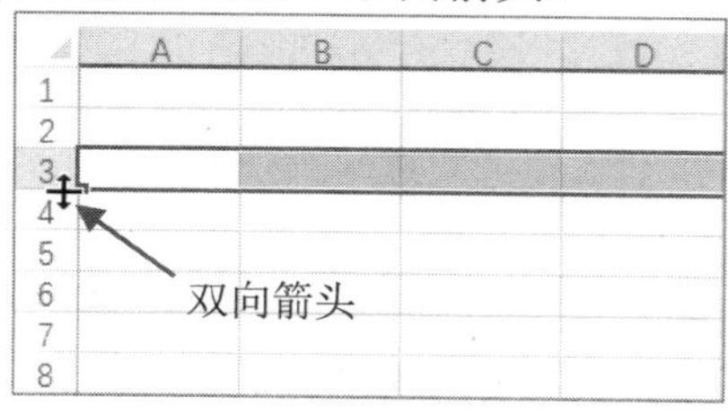

此时，按住鼠标左键不放，向上方或下方(调整列宽时为左侧或右侧)拖动鼠标即可调整行高和列宽。同时，Excel 将显示如下图所示的提示框，提示当前的行高或列宽值。

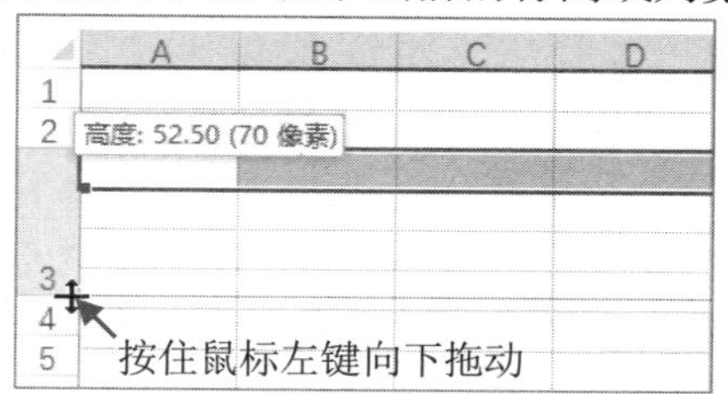

3. 自动调整行高和列宽

当用户在工作表中设置了多种行高和列宽，或表格内容长短、高低参差不齐时，用户可以参考下面介绍的方法，使用【自动调整行高】和【自动调整列宽】命令，快速设置表格的行高和列宽。

【例 2-4】为表格快速设置合适的行高和列宽。
视频+素材 (素材文件\第 02 章\例 2-4)

step 1 打开下图所示的行、列设置混乱的工作表后，选择表格左上角的第一个单元格为当前活动单元格。

编号	城市	季度	售数	消售金额	实现利润
1	城市A	一季度	21	50	40
2	城市B	一季度	19	54	32
3	城市C	一季度	18	48	25
4	城市D	一季度	22	65	36
5	城市A	二季度	26	78	28
6	城市B	二季度	22	72	30
7	城市C	二季度	20	11	63
8	城市D	二季度	20	1	60

step 2 先按下 Ctrl+Shift+方向键→，再按下 Ctrl+Shift+方向键↓，选中表格中包含数据的单元格区域。

编号	城市	季度	售数	消售金额	实现利润
1	城市A	一季度	21	50	40
2	城市B	一季度	19	54	32
3	城市C	一季度	18	48	25
4	城市D	一季度	22	65	36
5	城市A	二季度	26	78	28
6	城市B	二季度	22	72	30
7	城市C	二季度	20	11	63
8	城市D	二季度	20	1	60

step 3 选择【开始】选项卡，在【单元格】命令组中单击【格式】下拉按钮，在弹出的列表中选择【自动调整列宽】命令，表格效

果将如下图所示。

	A	B	C	D	E	F	G
1	编号	城市	季度	销售数量	销售金额	实现利润	
2	1	城市A	一季度	21	50	40	
3	2	城市B	一季度	19	54	32	
4	3	城市C	一季度	18	48	25	
5	4	城市D	一季度	22	65	36	
6	5	城市A	二季度	26	78	28	
7	6	城市B	二季度	22	72	30	
8	7	城市C	二季度	20	11	63	
9	8	城市D	二季度	20	1	60	
10							

step 4 重复步骤 3 的操作，单击【格式】下拉按钮后，在弹出的列表中选择【自动调整行高】命令，表格效果将如下图所示。

	A	B	C	D	E	F	G
1	编号	城市	季度	销售数量	销售金额	实现利润	
2	1	城市A	一季度	21	50	40	
3	2	城市B	一季度	19	54	32	
4	3	城市C	一季度	18	48	25	
5	4	城市D	一季度	22	65	36	
6	5	城市A	二季度	26	78	28	
7	6	城市B	二季度	22	72	30	
8	7	城市C	二季度	20	11	63	
9	8	城市D	二季度	20	1	60	
10							

除了可以使用上面介绍的方法为表格自动设置合适的行高和列宽外，用户还可以通过鼠标操作快速实现对表格中行与列的快速自动设置，具体方法为：同时选中需要调整列宽的多列，将鼠标指针放置在列标签之间的中间线上，当鼠标指针显示为黑色双向箭头图形时，双击鼠标即可完成“自动调整列宽”操作。将鼠标指针放置在选中的多行标签之间的中间线上，当鼠标指针显示为黑色双向箭头图形时，双击鼠标即可完成“自动调整行高”操作。

4. 设置默认的行高和列宽

在默认情况下，Excel 列宽范围为 0～255，其单位是字符，与新建工作簿时的默认字体大小有关，默认列宽为 8.43 个字符；行高范围为 0～409，其单位是磅(1 磅约等于 1/72 英寸，1 英寸等于 25.4mm，所以 1 磅约等于 0.35278mm)，默认行高为 14.25 磅。

Excel 中新建工作表的默认行高与列宽和软件设置的默认字体和字号相关。用户可以通过在【Excel 选项】对话框的【常规】选项中，设置新建工作簿时默认使用的字体和字号来改变 Excel 工作表的默认行高和列宽。

【例 2-5】设置新建工作簿的默认行高和列宽。

视频

step 1 单击【文件】按钮，在【文件】选项卡中选择【选项】选项，打开【Excel 选项】对话框，在该对话框左侧的列表中选择【常规】选项。

step 2 在【Excel 选项】对话框右侧的选项区域中设置【使用此字体作为默认字体】和【字号】选项参数，然后单击【确定】按钮即可。

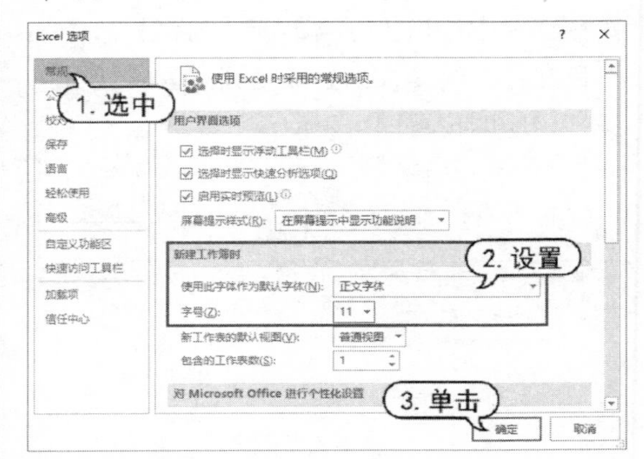

step 3 重新启动 Excel，新建工作表后，其默认行高和列宽将发生改变。

完成以上操作后，用户可以在下图中单击【开始】选项卡【单元格】命令组中的【格式】下拉按钮，在弹出的列表中选择【默认列宽】命令，打开【标准列宽】对话框一次性修改工作表的所有列宽值。

在此需要注意的是，【默认列宽】命令

对已经设置过列宽的列无效。

2.4.3 插入行与列

当用户需要在表格中新增一些条目和内容时，就需要在工作表中插入行或列。在Excel 中，在选定行之前(上方)插入新行的方法有以下几种。

- 选择【开始】选项卡，在【单元格】命令组中单击【插入】拆分按钮，在弹出的列表中选择【插入工作表行】命令。

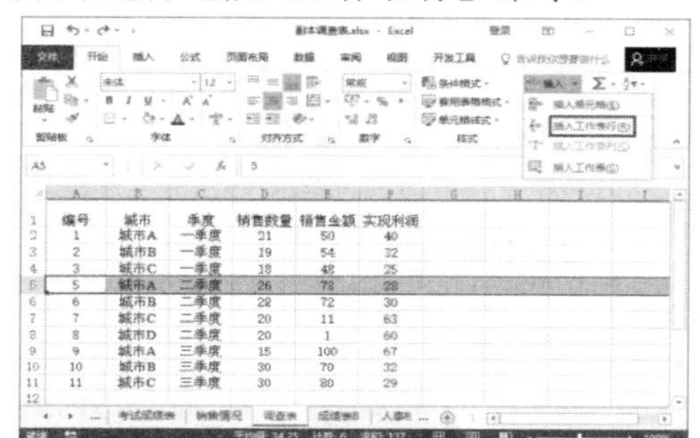

- 右击选中的行，在弹出的快捷菜单中选择【插入】命令(若当前选中的不是整行而是单元格，将打开【插入】对话框，在该对话框中选中【整行】单选按钮，然后单击【确定】按钮即可)。
- 选中目标行后，按下 Ctrl+Shift+=组合键。

要在选定列之前(左侧)插入新列，同样也可以采用上面介绍的 3 种操作方法。

如果用户在执行插入行或列操作之前，选中连续的多行、多列，如下图所示。

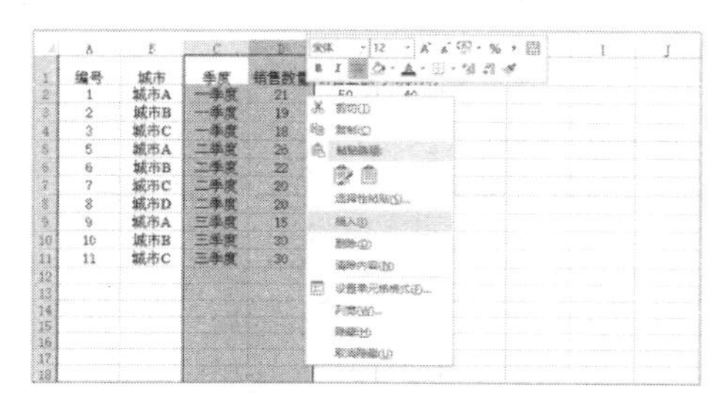

则在执行【插入】操作后，会在选定位置之前插入与选定行、列相同数量的行或列，如下图所示。

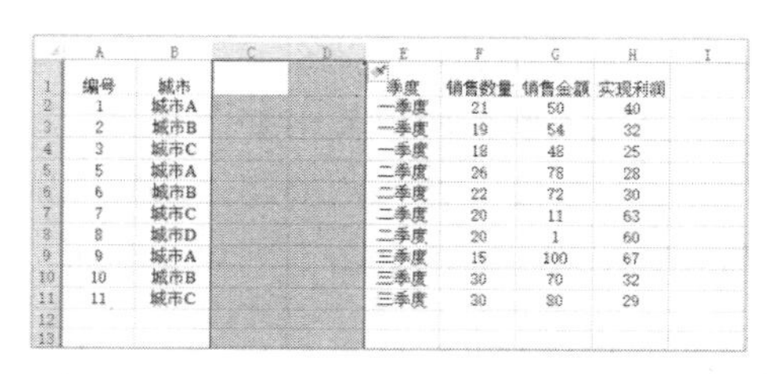

编号	城市			季度	销售数量	销售金额	实现利润
1	城市A			一季度	21	50	40
2	城市B			一季度	19	54	32
3	城市C			一季度	18	48	25
5	城市A			二季度	26	78	28
6	城市B			二季度	22	72	30
7	城市C			二季度	20	11	63
8	城市D			二季度	20	1	60
9	城市A			三季度	15	100	67
10	城市B			三季度	30	70	32
11	城市C			三季度	30	80	29

如果在插入操作之前选中的是非连续的多行或多列，也可以同时执行【插入行】或【插入列】操作，并且新插入的空行或者列，也是非连续的，其具体数量与选取的行、列数量相同。

> **知识点滴**
>
> 表格中插入新行、列的行高与列宽参数与选定行、列前一行的行高、列宽一致。

2.4.4 移动/复制行与列

在处理表格时，若用户需要改变表格中行、列的位置或顺序，可以通过使用下面介绍的移动行或列的操作来实现。

1. 移动行或列

在工作表中选取要移动的行或列后，要执行“移动”操作，应先对选中的行或列执行【剪切】操作，方法有以下几种。

- 在【开始】选项卡的【剪贴板】命令组中单击【剪切】按钮✂。
- 右击选中的行或列，在弹出的快捷菜单中选择【剪切】命令。
- 按下 Ctrl+X 组合键。

行或列被剪切后，将在其四周显示如下图所示的虚线边框。

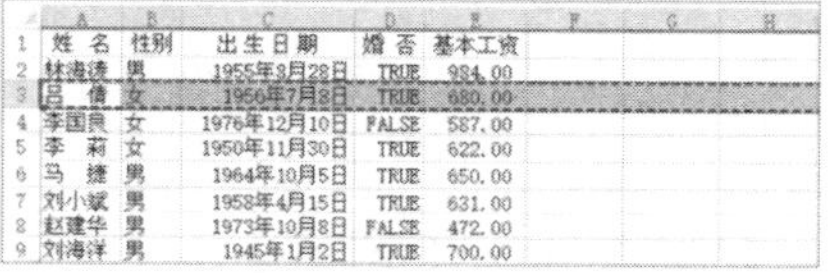

姓 名	性别	出生日期	婚 否	基本工资
林海涛	男	1955年3月28日	TRUE	984.00
吕 倩	女	1956年7月8日	TRUE	680.00
李国良	女	1976年12月10日	FALSE	587.00
李 莉	女	1950年11月30日	TRUE	622.00
马 捷	男	1964年10月5日	TRUE	650.00
刘小斌	男	1958年4月15日	TRUE	631.00
赵建华	男	1973年10月8日	FALSE	472.00
刘海洋	男	1945年1月2日	TRUE	700.00

此时，选取移动行的目标位置行的下一行(或该行的第 1 个单元格)，然后参考以下几种方法之一执行【插入剪切的单元格】命令即可移动行或列。

- 在【开始】选项卡的【单元格】命令

组中单击【插入】下拉按钮，在弹出的列表中选择【插入剪切的单元格】命令。

▶ 右击鼠标，在弹出的快捷菜单中选择【插入剪切的单元格】命令，如下图所示。

▶ 按下 Ctrl+V 组合键。

完成行或列的移动操作后，需要移动的行的次序将被调整到目标位置之前，而被移动行的原来位置将被自动清除。若用户选中多行，则移动操作也可以同时对连续的多行生效。

知识点滴

不连续的多行或多列无法执行剪切操作。移动列的方式与移动行的方式类似。

除了可以使用上面介绍的方法对行或列执行移动操作外，还可以通过鼠标拖动来移动行或列，这种方法更加方便。

step 1 选中需要移动的列，将鼠标指针放置在选中列的边框上，当指针变为黑色十字箭头图标时，按住鼠标左键+Shift 键。

	A	B	C	D	E
1	销售情况表				
2	地区	产品	销售日期	销售数量	销售金额
3	北京	IS61	03/25/96	10,000	6,000
4	北京	IS62	09/25/96	50,000	30,000
5	江苏	IS61	06/25/96	30,000	10,000

step 2 拖动鼠标，此时将显示一条工字形的虚线，它显示了移动列的目标插入位置，拖动鼠标直至工字形虚线位于移动列的目标位置。

工字形虚线

	A	B	C	D	E	F
1	销售情况表					
2	地区	产品	销售日期	销售数量	销售金额	
3	北京	IS61	03/25/96	10,000	6,000	
4	北京	IS62	09/25/96	50,000	30,000	
5	江苏	IS61	06/25/96	30,000	10,000	
6	山东	IS27	03/25/98	10,000	6,000	
7	山东	IS61	09/25/98	20,000	5,600	
8	天津	IS27	09/25/99	10,000	3,400	
9	天津	IS62	06/25/99	15,000	7,600	
10						

step 3 松开鼠标左键，即可将选中的列移动至目标位置。拖动鼠标移动行的方法与此类似。

知识点滴

若用户选中连续多行或多列，同样可以通过拖动鼠标对多行或多列同时执行移动操作。但是无法对选中的非连续多行或多列同时执行移动操作。

2. 复制行或列

要复制工作表中的行或列，需要在选中行或列后参考以下方法之一执行【复制】命令。

▶ 选择【开始】选项卡，在【剪贴板】命令组中单击【复制】按钮。

▶ 右击选中的行或列，在弹出的快捷菜单中选择【复制】命令。

▶ 按下 Ctrl+C 组合键。

行或列被复制后，选中需要复制的目标位置的下一行(选取整行或该行的第 1 个单元格)，选择以下方法之一，执行【插入复制的单元格】命令即可完成复制行或列的操作。

▶ 在【开始】选项卡的【单元格】命令组中单击【插入】下拉按钮，在弹出的列表中选择【插入复制的单元格】命令。

▶ 右击鼠标，在弹出的快捷菜单中选择【插入复制的单元格】命令。

▶ 按下 Ctrl+V 组合键。

使用鼠标拖动操作复制行或列的方法，与移动行或列的方法类似，具体如下。

step 1 选中工作表中的某行后，按住 Ctrl

键不放，同时移动鼠标指针至选中行的底部，鼠标指针旁将显示“+”符号图标。

A7　山东

	A	B	C	D	E	F
1	销售情况表					
2	地区	产品	销售日期	销售数量	销售金额	
3	北京	IS61	03/25/96	10, 000	6, 000	
4	北京	IS62	09/25/96	50, 000	30, 000	
5	江苏	IS61	06/25/96	30, 000	10, 000	
6	山东	IS27	03/25/98	10, 000	6, 000	
7	山东	IS61	09/25/98	20, 000	5, 600	
8	天津	IS27	09/25/99	10, 000	3, 400	
9	天津	IS62	06/25/99	15, 000	7, 600	
10						

鼠标指针上显示“+”

step 2 拖动鼠标至目标位置，将显示如下图所示的实线框，表示复制的数据将覆盖目标区域中的原有数据。

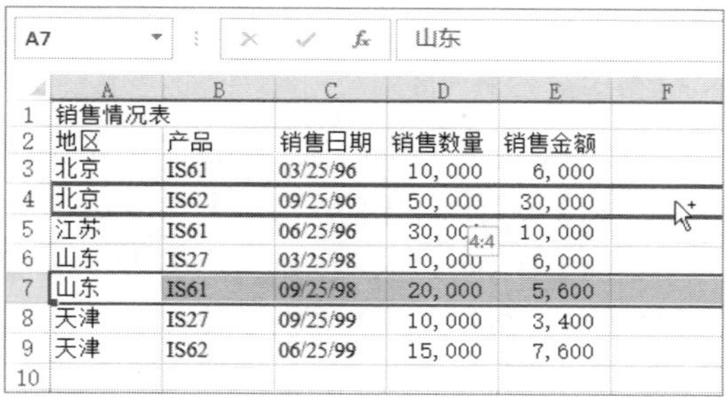

A7　山东

	A	B	C	D	E	F
1	销售情况表					
2	地区	产品	销售日期	销售数量	销售金额	
3	北京	IS61	03/25/96	10, 000	6, 000	
4	北京	IS62	09/25/96	50, 000	30, 000	
5	江苏	IS61	06/25/96	30, 000	10, 000	
6	山东	IS27	03/25/98	10, 000	6, 000	
7	山东	IS61	09/25/98	20, 000	5, 600	
8	天津	IS27	09/25/99	10, 000	3, 400	
9	天津	IS62	06/25/99	15, 000	7, 600	
10						

step 3 松开鼠标左键，即可将选择的行复制到目标行并覆盖目标行中的数据。

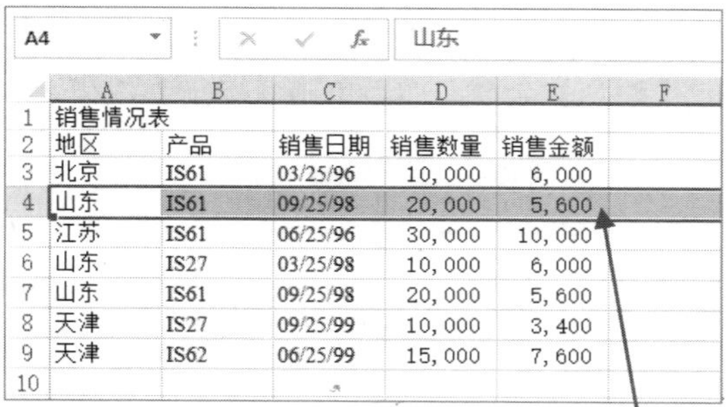

A4　山东

	A	B	C	D	E	F
1	销售情况表					
2	地区	产品	销售日期	销售数量	销售金额	
3	北京	IS61	03/25/96	10, 000	6, 000	
4	山东	IS61	09/25/98	20, 000	5, 600	
5	江苏	IS61	06/25/96	30, 000	10, 000	
6	山东	IS27	03/25/98	10, 000	6, 000	
7	山东	IS61	09/25/98	20, 000	5, 600	
8	天津	IS27	09/25/99	10, 000	3, 400	
9	天津	IS62	06/25/99	15, 000	7, 600	
10						

这一行原有的数据被覆盖

step 4 若用户在按住 Ctrl+Shift 组合键的同时，通过拖动鼠标复制行，将在下图所示的目标行上显示工字形虚线，此时松开鼠标即可完成行的复制和插入操作。

A7　山东

	A	B	C	D	E	F
1	销售情况表					
2	地区	产品	销售日期	销售数量	销售金额	
3	北京	IS61	03/25/96	10, 000	6, 000	
4	北京	IS62	09/25/96	50, 000	30, 000	
5	江苏	IS61	06/25/96	30, 000	10, 000	
6	山东	IS27	03/25/98	10, 000	6, 000	
7	山东	IS61	09/25/98	20, 000	5, 600	
8	天津	IS27	09/25/99	10, 000	3, 400	
9	天津	IS62	06/25/99	15, 000	7, 600	
10						

显示工字形虚线

通过拖动鼠标来复制列的方式与上面介绍的方法类似。可以同时对连续多行、多列进行复制，但无法对选取的非连续多行或多列执行鼠标拖动复制操作。

2.4.5　隐藏/显示行与列

在制作需要他人浏览的表格时，若用户不想让别人看到表格中的部分内容，可以通过使用“隐藏”行或列的操作来达到目的。

1. 隐藏指定的行或列

要隐藏工作表中指定的行或列，可以参考以下步骤。

step 1 选中需要隐藏的行，在【开始】选项卡的【单元格】命令组中单击【格式】下拉按钮，在弹出的列表中选择【隐藏和取消隐藏】|【隐藏行】命令即可隐藏选中的行。

step 2 隐藏列的操作与隐藏行的方法类似，选中需要隐藏的列后，单击【单元格】命令组中的【格式】下拉按钮，在弹出的列表中选择【隐藏和取消隐藏】|【隐藏列】命令即可。

若用户在执行以上隐藏行、列操作之前，所选中的是整行或整列，也可以通过右击选中的行或列，在弹出的快捷菜单中选择【隐藏】命令来执行隐藏行、列操作。

知识点滴

隐藏行的实质是将选中行的行高设置为 0；同样，隐藏列实际上就是将选中列的列宽设置为 0。因此，通过菜单命令或拖动鼠标改变行高或列宽的操作，也可以实现行、列的隐藏。

2. 显示被隐藏的行或列

在工作表中隐藏行、列后，包含隐藏行、列处的行号和列标将不再显示连续的标签序号，隐藏行、列处的标签分隔线也会显得比其他的分隔线更粗。

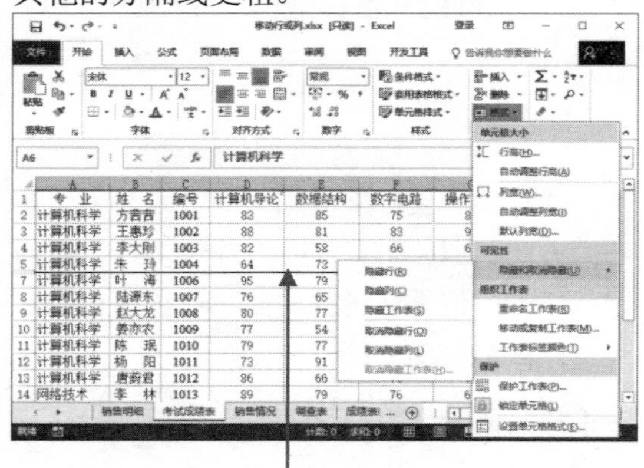

标签分隔线

要将隐藏的行、列恢复显示，用户可以使用以下几种方法。

▶ 选中包含隐藏的行、列的整行或整列，右击鼠标，在弹出的快捷菜单中选择【取消隐藏】命令即可。

右击包含隐藏列的整列

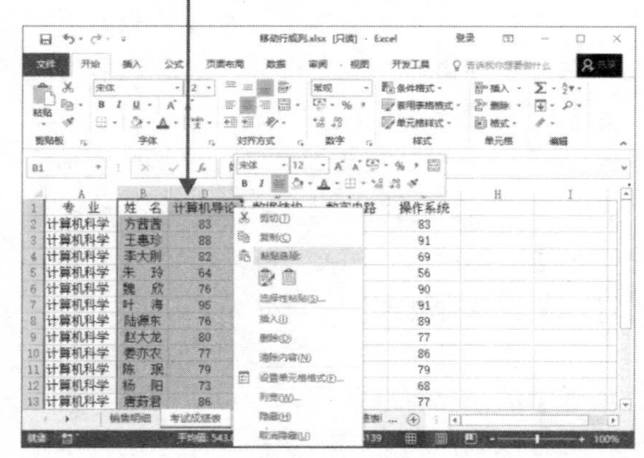

▶ 选中表中包含隐藏行的区域，在功能区【开始】选项卡的【单元格】命令组中单击【格式】下拉按钮，在弹出的列表中选择【隐藏和取消隐藏】|【取消隐藏行】命令(或按下 Ctrl+Shift+9 组合键)。显示隐藏列的方法与显示隐藏行的方法类似，选中包含隐藏列的区域，单击【格式】下拉按钮，在弹出的列表中选择【隐藏和取消隐藏】|【取消隐藏列】命令。

▶ 通过设置行高、列宽的方法也可以取消行、列的隐藏状态。将工作表中的行高、列宽设置为 0，可以将选取的行、列隐藏，反之，通过将行高和列宽值设置为大于 0 的值，则可以将隐藏的行、列重新显示。

▶ 选取包含隐藏行、列的区域，在【开始】选项卡的【单元格】命令组中单击【自动调整行高】命令或【自动调整列宽】命令，即可将其中隐藏的行、列恢复显示。

2.4.6 删除行与列

要删除表格中的行与列，用户可以参考下面介绍的操作方法。

▶ 选中需要删除的整行或整列，在功能区【开始】选项卡的【单元格】命令组中单击【删除】下拉按钮，在弹出的列表中选择【删除工作表行】或【删除工作表列】命令即可。

▶ 选中要删除的行、列中的单元格或区域，右击鼠标，在弹出的快捷菜单中选择【删除】命令，打开【删除】对话框，选择【整行】或【整列】命令，然后单击【确定】按钮。

选择区域

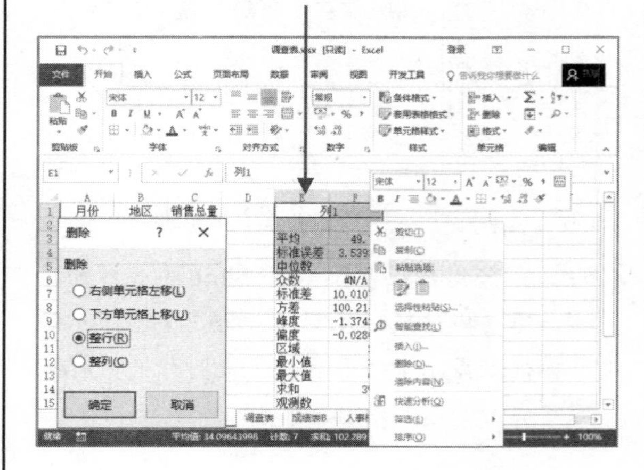

2.5　选取单元格和区域

在处理表格时，不可避免地需要对表格中的单元格进行操作，单元格是构成 Excel 工作表最基础的元素。一个完整的工作表(扩展名为.xlsx 的工作簿)通常包含 17 179 869 184 个单元格，其中每个单元格都可以通过单元格地址来进行标识，单元格地址由它所在列的列标和所在行的行号所组成，其形式为“字母+数字”。以下图所示的活动单元格为例，该单元格位于 E 列第 8 行，其地址就为 E8(显示在窗口左侧的名称框中)。

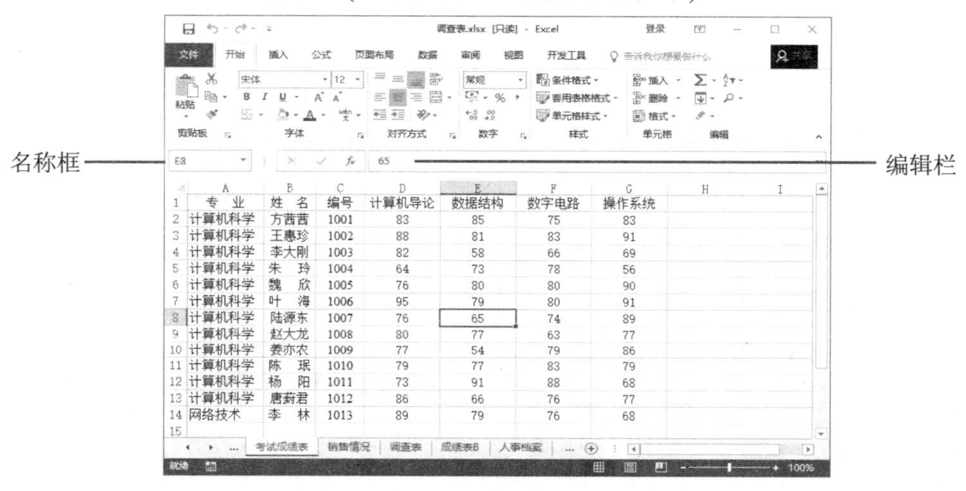

专　业	姓　名	编号	计算机导论	数据结构	数字电路	操作系统
计算机科学	方茜茜	1001	83	85	75	83
计算机科学	王惠珍	1002	88	81	83	91
计算机科学	李大刚	1003	82	58	66	69
计算机科学	朱　玲	1004	64	73	78	56
计算机科学	魏　欣	1005	76	80	80	90
计算机科学	叶　海	1006	95	79	80	91
计算机科学	陆源东	1007	76	65	74	89
计算机科学	赵大龙	1008	80	77	63	77
计算机科学	姜亦农	1009	77	54	79	86
计算机科学	陈　珉	1010	79	77	83	79
计算机科学	杨　阳	1011	73	91	88	68
计算机科学	唐蓟君	1012	86	66	76	77
网络技术	李　林	1013	89	79	76	68

工作表中的活动单元格

在工作表中，无论用户是否执行过任何操作，都存在一个被选中的活动单元格，例如上图中的 E8 单元格。活动单元格的边框显示为黑色矩形线框，在工作窗口左侧的名称框内会显示其单元格地址，在编辑栏中则会显示单元格中的内容。用户可以在活动单元格中输入和编辑数据(其可以保存的数据包括文本、数值、公式等)。

2.5.1　选取/定位单元格

要选取工作表中的某个单元格使其成为活动单元格，只需使用鼠标单击目标单元格或按下键盘按键移动选取活动单元格即可。若通过鼠标直接单击单元格，可以将被单击的单元格直接选取为活动单元格；若使用键盘方向键及 Page UP、Page Down 等按键，则可以在工作表中移动选取活动单元格，具体按键的使用说明如下表所示。

按键名称	功能说明
方向键↑	向上一行移动
方向键↓	向下一行移动
方向键←	水平向左移动
方向键→	水平向右移动
Page UP	向上翻一页
Page Down	向下翻一页
Alt+Page UP	左移一屏
Alt+Page Down	右移一屏

除了可以使用上面介绍的方法在工作表中选取单元格外，用户还可以通过在 Excel 窗口左侧的名称框中输入目标单元格地址(例如上图中的 E8)，然后按下 Enter 键快速将活动单元格定位到目标单元格。与此操作效果相似的是使用定位功能，定位工作表中的目标单元格。

【例 2-6】使用定位功能快速定位单元格。

视频

step 1 在【开始】选项卡的【编辑】命令组中单击【查找和选择】下拉按钮，在弹出的列表中选择【转到】命令(或按下 F5 键)。

step 2 打开【定位】对话框，在【引用位置】文本框中输入目标单元格的地址，单击【确定】按钮即可。

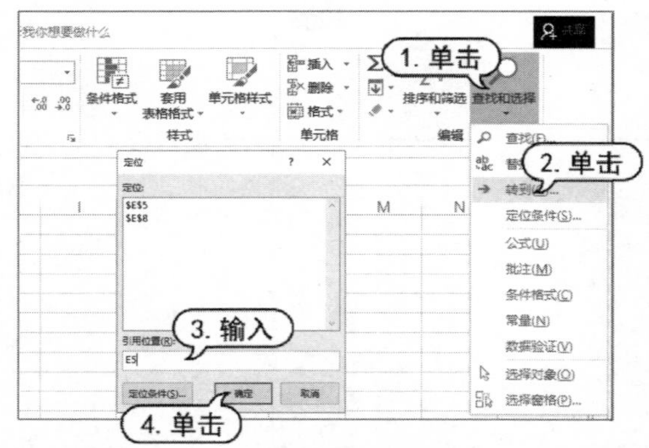

如果当前工作表中设置了隐藏行或列，要选中隐藏的行、列中的单元格，只能通过【名称框】输入选取或上面实例中介绍的方法来实现。

2.5.2 选取区域

工作表中的“区域”指的是由多个单元格组成的群组。构成区域的多个单元格之间可以是相互连续的，也可以是相互独立不连续的，如下图所示。

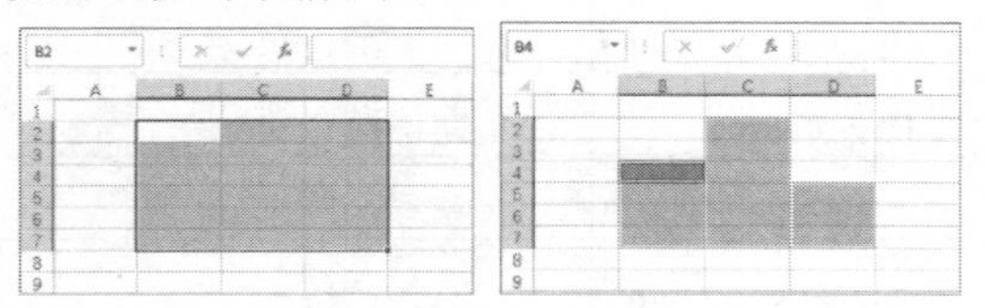

在工作表中选取的区域

对于连续的区域，用户可以使用矩形区域左上角和右下角的单元格地址进行标识，形式为“左上角单元格地址：右下角单元格地址”，例如上左图所示区域地址为 B2：D7，表示该区域包含了从 B2 单元格到 D7 单元格的矩形区域，矩形区域宽度为 3 列，高度为 6 行，一共包含 18 个连续的单元格。

1. 选取连续的区域

要选取工作表中的连续区域，可以使用以下几种方法。

- 选取一个单元格后，按住鼠标左键在工作表中拖动，选取相邻的连续区域。
- 选取一个单元格后，按住 Shift 键，然后使用方向键在工作表中选择相邻的连续区域。
- 选取一个单元格后，按下 F8 键，进入“扩展”模式，在窗口左下角的状态栏中会显示“扩展式选定”提示。

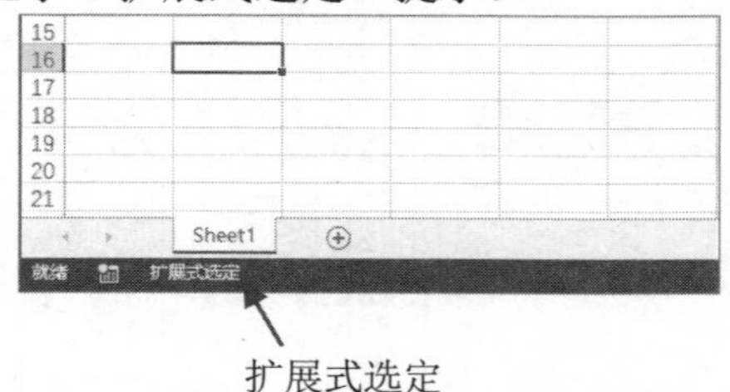

之后，单击工作表中的另一个单元格时，将自动选中该单元格与选定单元格之间所构成的连续区域。再次按下 F8 键，关闭“扩展”模式。

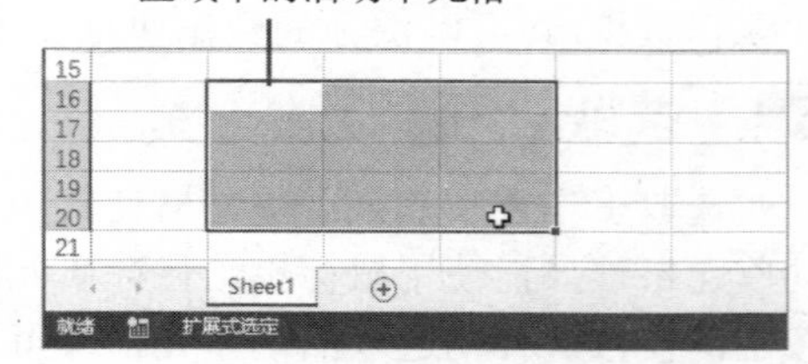

- 在 Excel 窗口的名称框中输入区域的地址，例如“B3：E8”，按下 Enter 键确认，即可选取并定位到目标区域。
- 在功能区【开始】选项卡的【编辑】命令组中单击【查找和选择】下拉按钮，在弹出的列表中选择【转到】命令(或按下 F5 键)，打开【定位】对话框，在【引用位置】文本框中输入目标区域的地址，然后单击【确定】按钮。

知识点滴

在选取连续的区域后，鼠标或键盘第一个选定的单元格为选取区域中的活动单元格。若用户通过名称框或【定位】对话框选取区域，则所选取区域左上角的单元格就是选取区域中的活动单元格。

2. 选取不连续的区域

若用户需要在工作表中选取不连续的区域，可以参考以下几种方法。

- 选取一个单元格后，按住 Ctrl 键，然后通过单击或者拖动鼠标选择多个单元格或者连续区域即可(此时，鼠标最后一次单击的单元格或最后一次拖动开始之前选取的单元格就是选取区域中的活动单元格)。
- 按下 Shift+F8 组合键，启动“添加”模式，然后使用鼠标选取单元格或区域。完成区域选取后，再次按下 Shift+F8 组合键即可。
- 在 Excel 窗口的名称框中输入多个单元格或区域的地址，地址之间用半角状态下的逗号隔开，例如“A3:C8,D5,G2:H5”，然后按下 Enter 键确认即可(此时，最后一个输入的连续区域的左上角或者最后输入的单元格为选取区域中的活动单元格)。
- 在功能区【开始】选项卡的【编辑】命令组中单击【查找和选择】下拉按钮，在弹出的列表中选择【转到】命令(或按下 F5 键)，打开【定位】对话框，在【引用位置】文本框中输入多个单元格地址(地址之间用半角状态下的逗号隔开)，然后单击【确定】按钮即可。

3. 选取多表区域

在 Excel 工作簿中，用户除了可以在一个工作表中选取区域外，还可以同时在多个工作表中选取相同的区域，具体操作方法如下。

【例 2-7】同时在多个工作表中选取相同的区域。
视频

step 1 在当前工作表中选取一个区域后，按住 Ctrl 键，在窗口左下角的工作表标签栏中通过单击选取多个工作表。

step 2 松开 Ctrl 键，即可在选中的多个工作表中同时选取相同的区域，即选取多表区域。

选取多表区域后，当用户在当前工作表中对多表区域执行编辑、输入、单元格设置等操作时，将同时应用在其他工作表相同的区域上。

4. 选取特殊区域

在 Excel【开始】选项卡的【编辑】命令组中单击【查找和选择】下拉按钮，在弹出的列表中选择【转到】命令(或按下 F5 键)，打开【定位】对话框后，单击该对话框中的【定位条件】按钮，在打开的【定位条件】对话框中用户可以设置在工作表中选取一些特定条件的单元格区域。

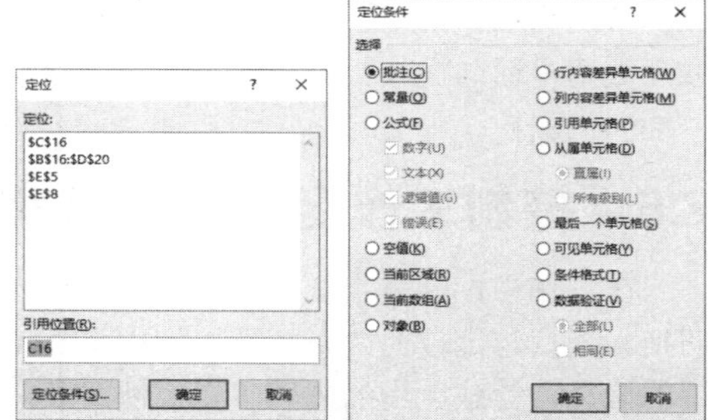

在上图右图所示的【定位条件】对话框中，选择特定的条件，然后单击【确定】按钮，Excel 将会在当前选取区域中查找符合选定条件的所有单元格，若用户当前只选取了一个单元格，则 Excel 会在整个工作表中进行查找，若查找范围中没有符合选定条件的单元格，Excel 将打开提示对话框，提示“未找到单元格”。

【定位条件】对话框中各选项的功能说明如下。

- 批注：所有包含批注的单元格。
- 常量：所有不包含公式的非空单元格。选中该单选按钮后，用户可以在【公式】单选按钮下方的复选框中进一步筛选常量的数据类型。

- 公式：所有包含公式的单元格。用户可以在【公式】单选按钮下方的复选框中进一步筛选常量的数据类型。
- 空值：所有空单元格。
- 当前区域：当前单元格周围矩形区域内的单元格。该区域的范围由周围非空的行、列所决定。按下 Ctrl+Shift+8 组合键可实现同样的操作。
- 当前数组：选中数组中的一个单元格，使用此定位条件可以选中这个数组的所有单元格。
- 对象：当前工作表中的所有对象，例如图片、文件、图表等。
- 行内容差异单元格：选取区域中每一行的数据均以活动单元格所在行作为此行的参照数据，横向比较数据，选取与参照数据不同的单元格。
- 列内容差异单元格：选定区域中每一列的数据均以活动单元格所在的列作为此列的参照数据，纵向比较数据，选取与参照数据不同的单元格。
- 引用单元格：当前单元格中公式所引用的所有单元格，用户可以在【从属单元格】单选按钮下方的单选按钮组中进一步筛选从属的级别，包括【直属】和【所有级别】。
- 最后一个单元格：选择工作表中含有数据或格式的区域范围中右下角的单元格。
- 可见单元格：当前工作表选取区域中所有的可见单元格。
- 条件格式：工作表中所有运用了条件格式的单元格。
- 数据验证：工作表中所有运用了数据验证的单元格。在【数据验证】单选按钮下方的单选按钮组中可以选择定位的范围，包括【相同】(与当前单元格使用相同的数据验证规则)和【全部】。

2.6 控制工作窗口的显示模式

在工作中，经常需要使用 Excel 处理内容复杂的表格，用户需要在多个工作簿之间相互切换、查找与定位。此时，可以使用 Excel 软件提供的内置功能，在当前屏幕上显示更多有用的信息，屏蔽无用的内容，以方便对表格内容进行查询与修改。

2.6.1 多窗口显示工作簿

在 Excel 中同时打开多个工作簿后，每个工作簿将显示为一个独立的工作簿窗口，并最大化显示在屏幕上。用户可以根据工作需要对工作簿窗口执行新建、切换、排列等操作。

1. 创建工作簿窗口

在 Excel 功能区上选择【视图】选项卡，在【窗口】命令组中单击【新建窗口】命令，即可为当前工作簿创建新的窗口。

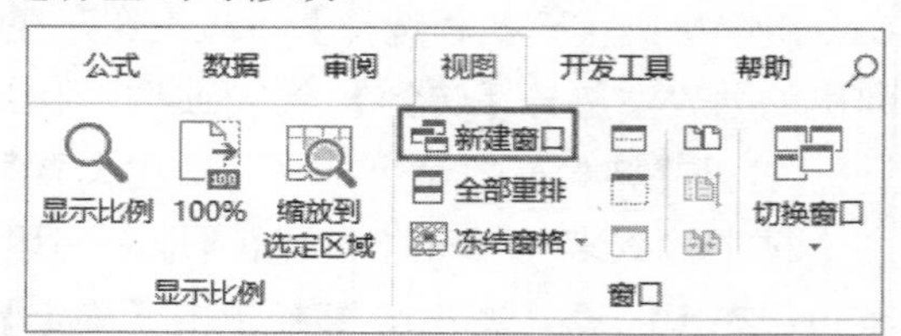

创建新的工作簿窗口后，原有的工作簿窗口和新建的工作簿窗口将同时修改标题栏上的工作簿标题，例如原工作簿名称为“工作簿 1”，将被修改为“工作簿 1:1”，新建的工作簿窗口名称为“工作簿 1:2”。

2. 切换工作簿窗口

在 Windows 系统中打开多个工作簿后，每一个工作簿窗口将以最大化(默认状态)的方式打开。用户可以在【视图】选项卡的【宏】命令组中单击【切换窗口】下拉按钮，在弹出的下拉列表中选择某个选项，将某一个工作簿窗口选定为当前工作簿窗口。但如果当前打开的工作簿窗口较多(9 个以上)，在下图所示的情况下，切换列表中将无法显示所有的工作簿窗口。

在上图所示的列表中选择【其他窗口】选项，在打开的对话框中将显示全部的工作簿窗口名称，选中需要切换到的工作簿窗口后，单击【确定】按钮即可切换至目标工作簿窗口。

此外，用户还可以使用以下几种方法来切换工作簿窗口。

- 按下 Ctrl+F6 组合键或 Ctrl+Tab 组合键切换至上一个工作簿窗口。
- 单击 Windows 系统任务栏上的 Excel 窗口，切换工作簿窗口。
- 按下 Alt+Tab 组合键，在弹出的列表中选择要切换到的工作簿窗口。

3. 排列工作簿窗口

在 Excel 中打开多个工作簿后，可以将多个工作簿以多种形式同时显示在屏幕中。

- 双击工作簿窗口标题栏，可以将最大化的窗口缩小为窗口模式。
- 在工作簿窗口标题栏上按住鼠标左键拖动，可以移动窗口的位置。
- 当鼠标位于工作簿窗口边界并显示为黑色双向箭头时，可以按住鼠标左键拖动改变窗口的大小和形状(如同操作 Windows 系统窗口一样)。

此外，在【视图】选项卡的【窗口】命令组中单击【全部重排】按钮，还可以使用 Excel 内置的几种窗口排列方式来排列工作簿窗口。

【例 2-8】使用【重排窗口】对话框排列工作簿窗口。
视频

step 1 选择【视图】选项卡，在【窗口】命令组中单击【全部重排】按钮。

step 2 打开【重排窗口】对话框，从系统内置的【平铺】【水平并排】【垂直并排】和【层叠】选项中选择一种，然后单击【确定】按钮。

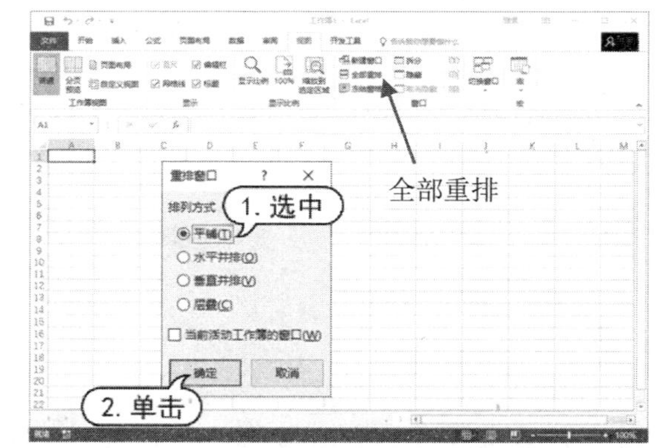

如果在上图所示的【重排窗口】对话框中选中【当前活动工作簿的窗口】复选框，则在 Excel 工作簿窗口中仅会同时显示当前工作簿的所有窗口。若此时当前工作簿中只有一个窗口，用户可以通过选中该复选框在当前屏幕中单独显示该工作簿窗口。

2.6.2　并排显示工作簿

在处理一些特殊要求的表格时，用户需要在屏幕中同时操作两个内容相似的工作簿窗口。此时，可以使用并排查看功能实现需要的效果。

【例 2-9】使用【并排查看】命令并排查看工作簿内容。
视频

step 1 打开一个工作簿窗口后，选择【视图】选项卡，在【窗口】命令组中单击两次【新建窗口】按钮，创建两个内容相同的工作簿窗口。

step 2 在【窗口】命令组中单击【并排查看】切换按钮，打开【并排比较】对话框，在其中选择需要进行对比的目标工作簿，然后单击【确定】按钮。

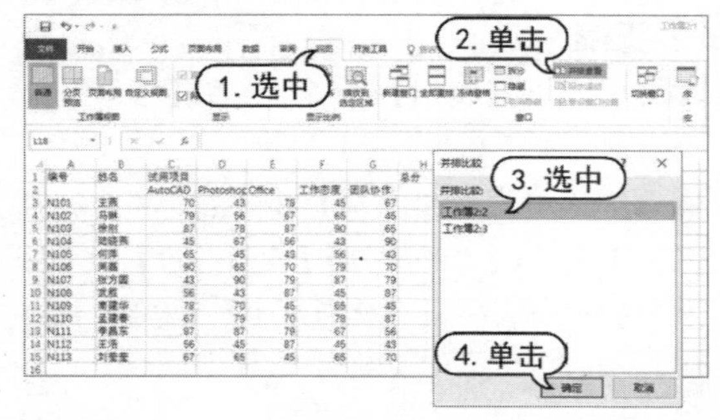

step 3 此时，当前工作簿窗口和选中的目标工作簿窗口将并排显示在 Excel 窗口中。

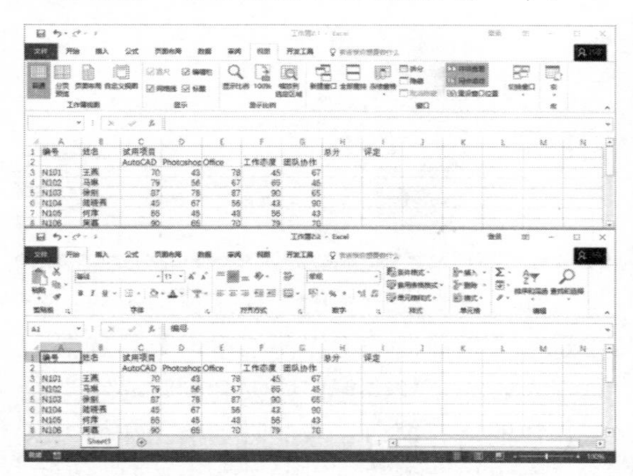

此后，用户在处理两个并排显示的工作簿的过程中，可以方便地比较两个工作簿内容的差异和相同之处。当用户在其中一个工作簿窗口中滚动浏览内容时，另一个窗口也会随之同步滚动(在【窗口】命令组中取消【同步滚动】切换按钮的开启状态，可以关闭【同步滚动】功能)。

在处理“并排查看”状态下的某一个工作簿时，如果用户手动调整了其中一个工作簿的位置，可以通过单击【窗口】命令组中的【重设窗口位置】按钮，恢复“并排查看”工作簿状态(当前激活的窗口将显示在并排显示的工作簿窗口的上方)。

要关闭“并排查看”工作簿窗口，在【视图】选项卡的【窗口】命令组中取消【并排查看】切换按钮的开启状态即可(若单击工作簿窗口右上角的【最大化】按钮□，并不会关闭“并排查看”工作簿窗口)。

2.6.3 拆分窗口

在单个 Excel 工作簿窗口中，用户可以通过“拆分”功能，在工作簿窗口中同时显示多个独立的拆分位置，然后根据自己的需要让其显示同一个工作表不同位置的内容。

【例 2-10】使用【拆分】命令拆分单个工作簿窗口。
视频

step 1 将鼠标指针定位在工作区域中合适的位置，在【视图】选项卡的【窗口】命令组中单击【拆分】按钮即可将当前表格沿着活动单元格的左边框和上边框的方向拆分为 4 个窗格。

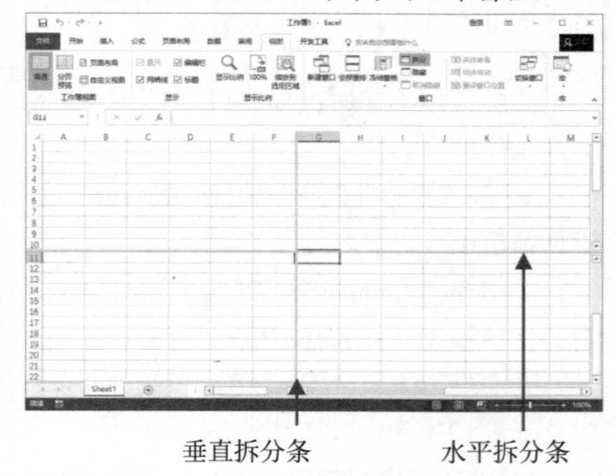

step 2 上图所示的水平拆分条和垂直拆分条将整个窗口拆分为 4 个窗格。将鼠标指针放置在水平或垂直拆分条上，按住鼠标左键可以调整拆分条的位置，从而改变窗格的布局。

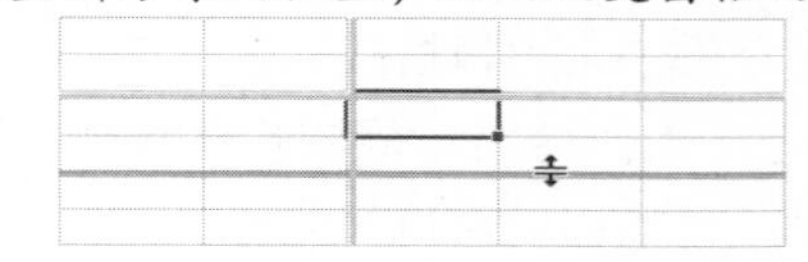

step 3 要在工作簿窗口中去除某个拆分条，可将该拆分条拖到窗口的边缘或在拆分条上双击，取消整个窗口的拆分状态。另外，还可以在【窗口】命令组中单击【拆分】切换按钮进行状态切换。

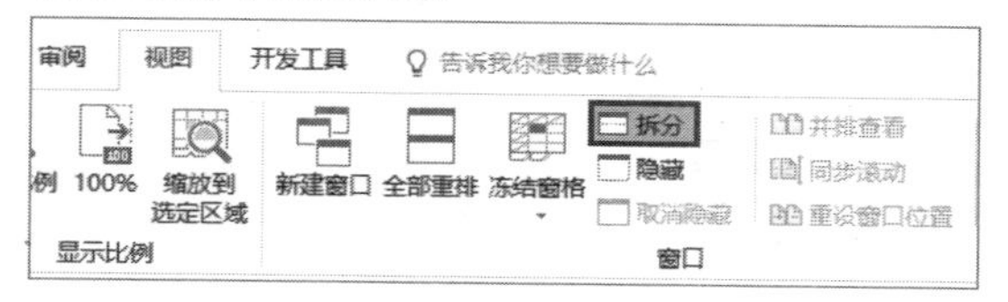

2.6.4　冻结窗格

在工作中处理复杂并且内容庞大的报表时，经常需要在向下或向右侧滚动浏览表格内容时固定显示表格的表头(行或列)。此时，使用下面介绍的【冻结窗格】命令可以达到目的。

【例 2-11】使用【冻结窗格】命令冻结工作簿窗口区域。

视频

step 1 打开工作簿后，确定要固定显示的窗口区域为 1、2 行和 A、B 列，选中 C3 单元格为当前活动单元格。

step 2 选择【视图】选项卡，在【窗口】命令组中单击【冻结窗格】下拉按钮，在弹出的命令列表中选择【冻结拆分窗格】命令。

step 3 此时，即可沿着当前选中的活动单元格的左边框和上边框方向显示水平和垂直方向的两条黑色冻结线条。若向下或向右拖动水平和垂直滚动条，A、B 列和 1、2 行标题都将被“冻结”，保持始终可见。

垂直冻结条

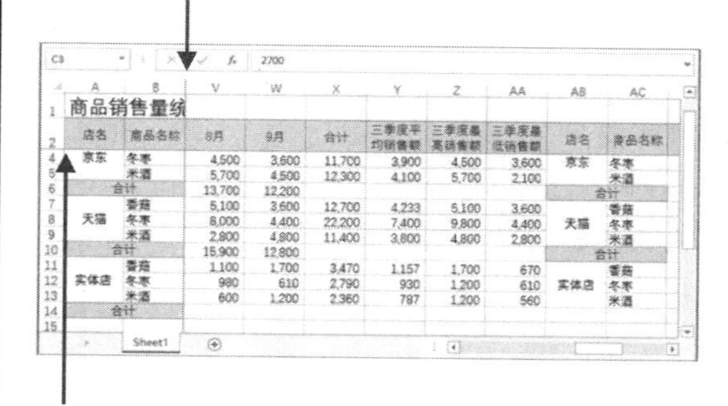

水平冻结条

step 4 调整当前屏幕显示的表格位置之后，按下 Ctrl+Home 组合键可以将当前活动单元格快速定位到步骤 1 选中的 C3 单元格，即最初执行冻结窗格命令时定位的位置。

除了使用上面介绍的方法可以冻结窗格外，用户还可以在【冻结窗格】下拉列表中选择【冻结首行】或【冻结首列】命令，快速冻结表格的首行或首列。

若用户要取消工作簿的冻结窗格状态，可以在功能区【视图】选项卡的【窗口】命令组中单击【冻结窗格】下拉按钮，在弹出的列表中选择【取消冻结窗格】命令。

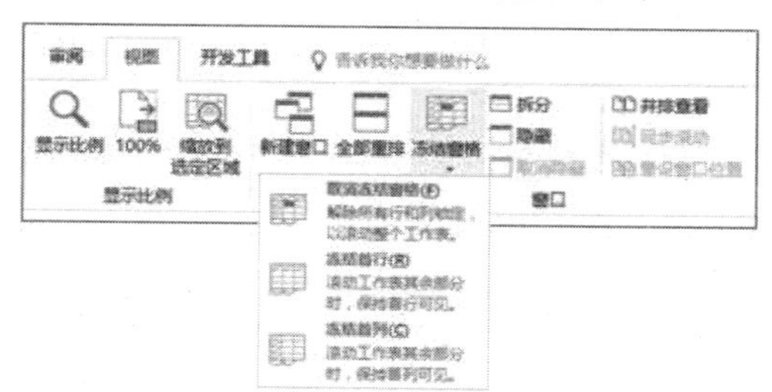

若用户要变换窗格的冻结位置，需要先取消冻结窗格，然后再次执行一次“冻结窗格”操作(“冻结首行”或“冻结首列”操作不受此限制)。

在此需要注意的是，“冻结窗格”操作与“拆分窗口”操作无法在同一个表格中同时执行。

2.6.5 缩放窗口

在功能区【视图】选项卡的【显示比例】命令组中单击【显示比例】按钮，可以打开【显示比例】对话框，设置当前工作簿窗口的预置显示比例，例如 200%、100%、75%、50%等；或选中【自定义】单选按钮，在其后的文本框中自定义窗口的缩放比例。

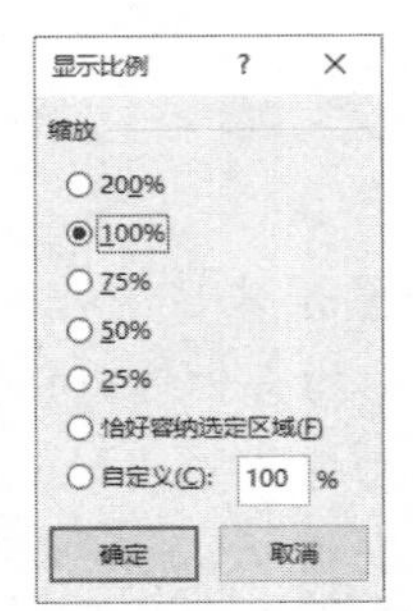

此外，在 Excel 右下角的状态栏上拖动显示比例滑动条中的【缩放滑块】按钮调整窗口缩放比例，也可以单击滑动条右侧的【缩放级别】按钮，打开【显示比例】对话框进行设置。

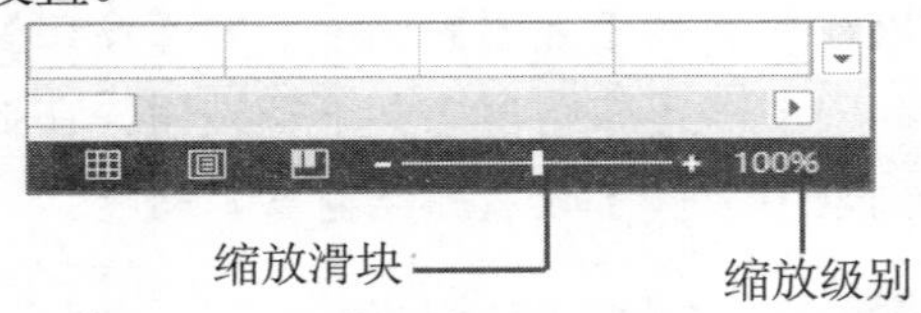

若用户要将缩放过的工作簿窗口快速恢复到 100%比例状态显示，可以在【显示比例】命令组中单击【100%】按钮。

2.6.6 自定义工作簿视图

当用户执行上面介绍的方法对 Excel 工作簿窗口进行调整后，若需要保存设置后的内容，在工作中反复使用，可以通过单击【视图】选项卡中的【自定义视图】按钮，打开【视图管理器】对话框来达到目的。

【例 2-12】保存当前工作簿中设置的自定义视图。
视频

step 1 在功能区【视图】选项卡的【工作簿视图】命令组中单击【自定义视图】按钮，打开【视图管理器】对话框。

step 2 单击【视图管理器】对话框中的【添加】按钮，打开【添加视图】对话框，在【名称】文本框中输入所添加视图的名称，然后单击【确定】按钮即可。

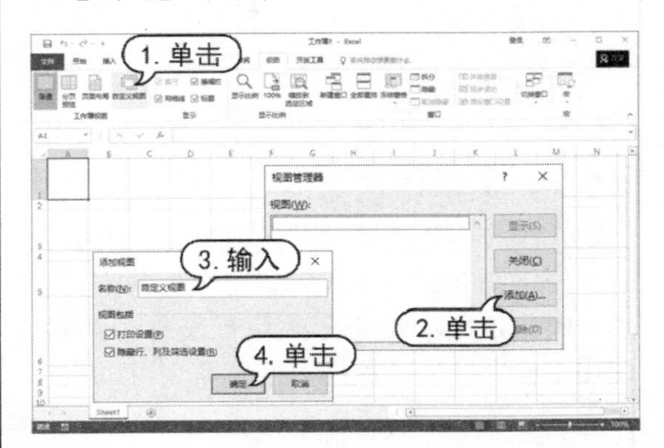

在上图所示的【添加视图】对话框中，【打印设置】和【隐藏行、列及筛选设置】复选框默认为选中状态，它们用于为用户选择需要保存在视图中的相关设置内容，通过调整这两个复选框的选中和取消状态，用户可以选择当前视图窗口中的打印设置、行与列的隐藏/筛选设置是否也保存在自定义视图中。

完成例 2-12 的操作后，视图管理器中将保存当前视图中的窗口大小、拆分位置、冻结窗格、打印设置、位置以及显示比例等设置。当用户需要调用保存的设置时，可以再次单击【工作簿视图】命令组中的【自定义视图】按钮，打开【视图管理器】对话框，在【视图】列表中选中要使用的视图名称，然后单击【显示】按钮即可，如下图所示。

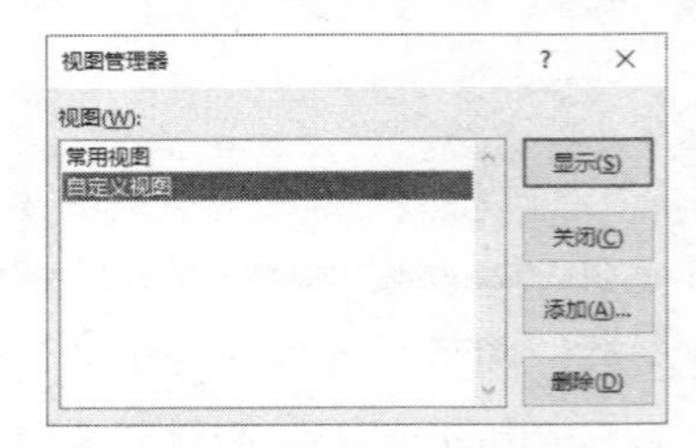

在工作簿中创建的自定义视图都保存在当前工作簿中，用户可以为不同的工作簿创

建不同的自定义视图，也可以在同一个工作簿中创建多个自定义视图，并将其单独保存，以便在办公中根据情况酌情使用。在上图所示的【视图管理器】对话框中只显示当前工作簿中保存的自定义视图名称，如果要删除其中的某个视图，可以在【视图】列表中将其选中后，单击【删除】按钮，然后在下图所示的提示框中单击【是】按钮即可。

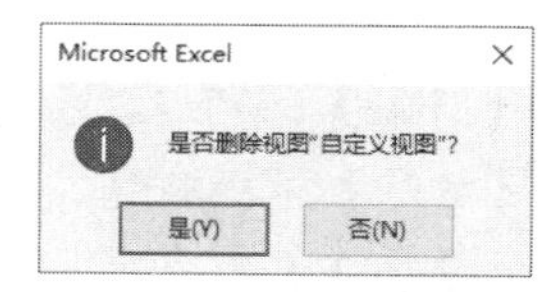

2.7　案例演练

本章的案例演练部分将通过实例介绍在 Excel 中操作工作簿和工作表的一些实用技巧，帮助用户进一步掌握所学的知识，提高工作效率。

【例 2-13】在工作簿中批量创建指定名称的工作表。
视频

step 1　在当前工作表的 A 列输入需要创建的工作表的名称，选择【插入】选项卡，在【表格】命令组中单击【数据透视表】按钮，打开【创建数据透视表】对话框，选中【现有数据表】单选按钮，然后在【位置】文本框中设置一个放置数据透视表的位置(本例为 Sheet1 表的 D1 单元格)。

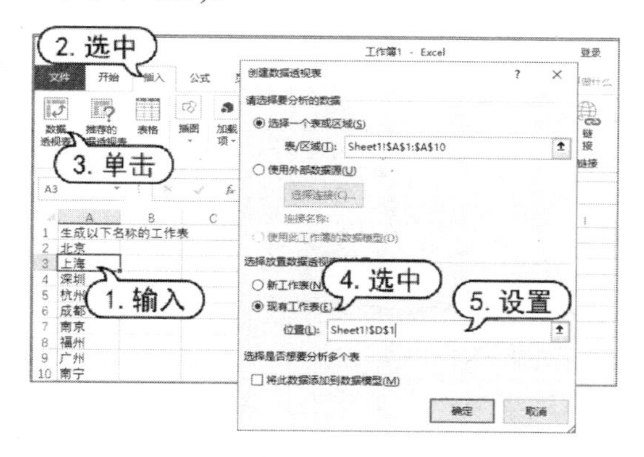

step 2　单击【确定】按钮，打开【数据透视表字段】窗格，将【生成以下名称的工作表】选项拖动至【筛选】列表中。

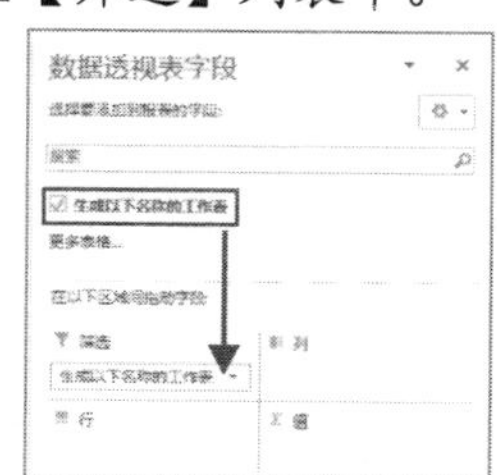

step 3　选中 D1 单元格，选择【分析】选项卡，在【数据透视表】命令组中单击【选项】下拉按钮，在弹出的菜单中选择【显示报表筛选页】命令。

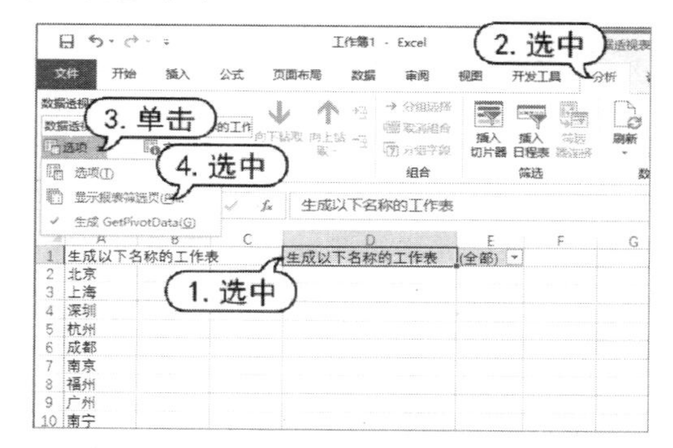

step 4　打开【显示报表筛选页】对话框，单击【确定】按钮。

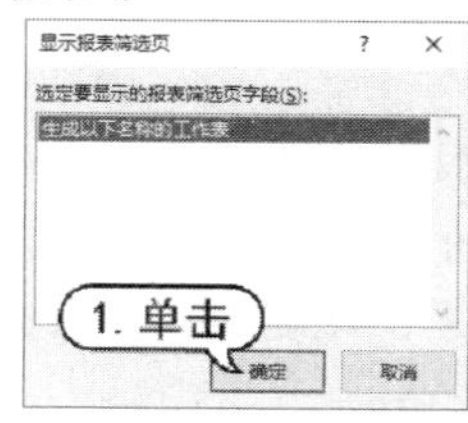

step 5　此时，Excel 将根据 A 列中的文本在工作簿内创建工作表，单击工作表标签两侧的 ··· 按钮可以切换显示所有的工作表标签。

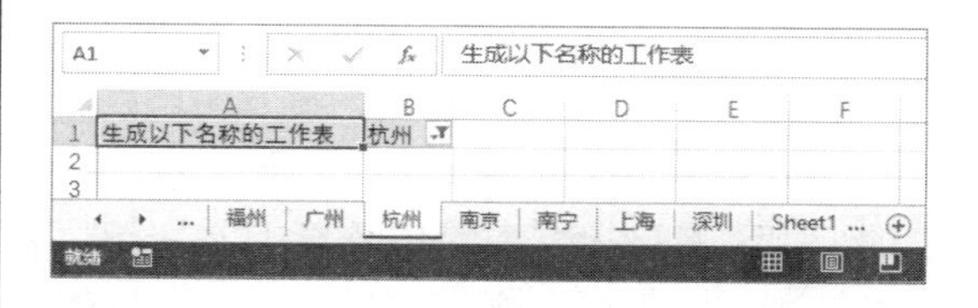

step 6　每个工作表中都会创建一个数据透视表，用户需要将它们删除。右击任意一个

工作表标签，在弹出的快捷菜单中选择【选定全部工作表】命令，然后单击工作表左上角的◢按钮，选中整个工作簿。

step 7 选择【开始】选项卡，在【编辑】命令组中单击【清除】下拉按钮，在弹出的菜单中选择【全部清除】命令。

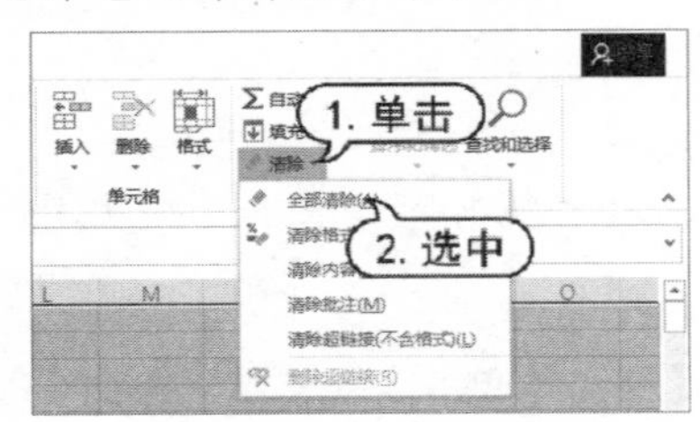

step 8 最后，右击工作表标签，在弹出的快捷菜单中选择【取消组合工作表】命令即可。

【例 2-14】从大量工作表中快速选取指定的工作表。
视频

step 1 选中工作簿中需要经常调阅的工作表(例如“销售情况表”)，选中工作表中需要查看的数据区域，在地址栏中输入“销售情况表”并按下 Enter 键，为单元格区域定义一个名称。

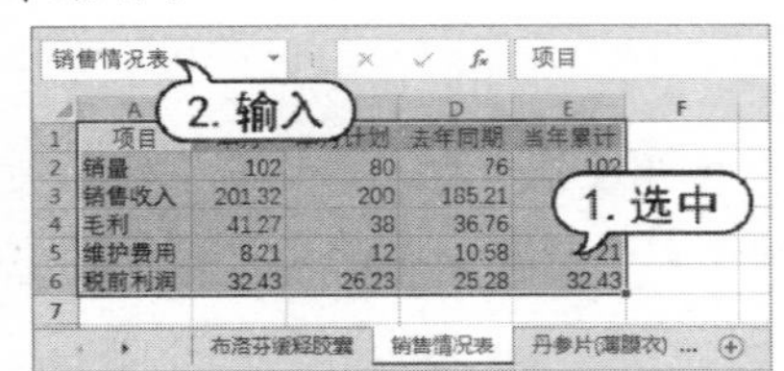

step 2 完成以上操作后，在任意工作表中单击地址栏中的▼按钮，在弹出的列表中选择【销售情况表】选项，即可快速切换到“销售情况表”工作表。

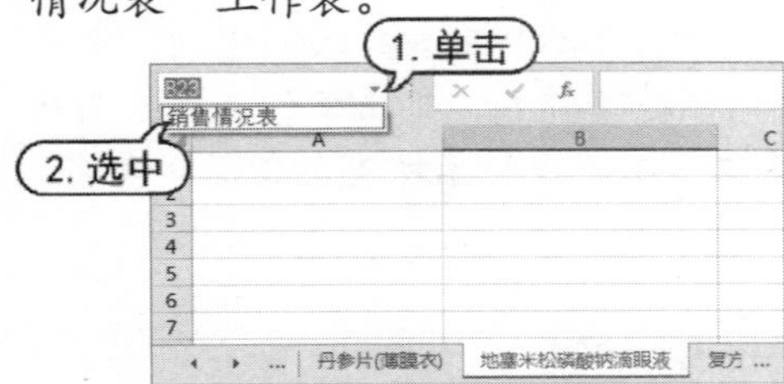

【例 2-15】跨工作簿快速复制工作表。
视频

step 1 在下图所示 Excel 窗口底部右击要复制的工作表标签，在弹出的快捷菜单中选择【移动或复制】命令。

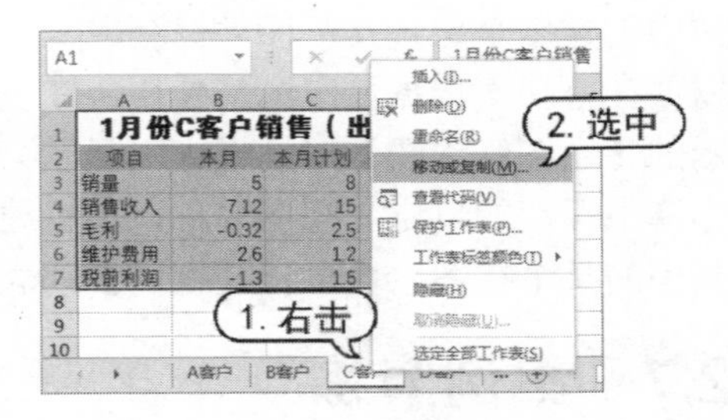

step 2 打开【移动或复制工作表】对话框，单击【工作簿】下拉按钮，在弹出的列表中选择需要将工作表复制到的工作簿名称，在【下列选定工作表之前】列表框中选择工作表复制到新的工作簿后所处的位置。

step 3 选中【建立副本】复选框后单击【确定】按钮即可完成工作表的跨工作簿复制(注意：如果没有选中【建立副本】复选框就单击【确定】按钮，将移动工作表)。

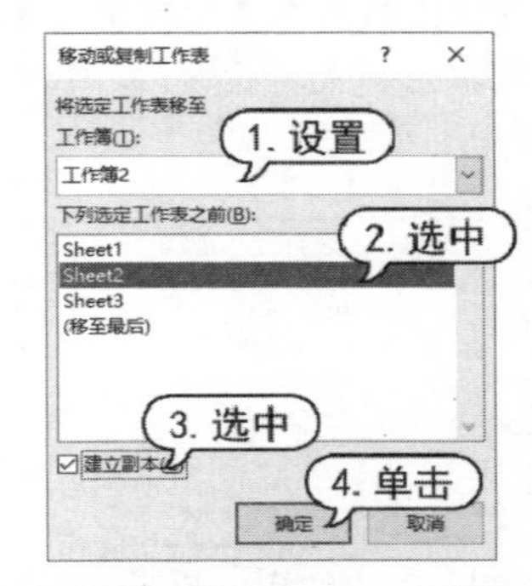

【例 2-16】批量重命名工作表。
视频

step 1 新建一个工作表并在 A 列输入需要的新工作表名称，然后右击工作表标签，在弹出的快捷菜单中选择【查看代码】命令，打开 VBA 编辑器。

step 2 选择【插入】|【模块】命令插入一个

模块，并在该模块中输入如下所示的代码：

```
Sub 重命名()
Dim i&
For i = 2 To Sheets.Count
 Sheets(i).Name = Sheets(1).Cells(i, 1)
Next
End Sub
```

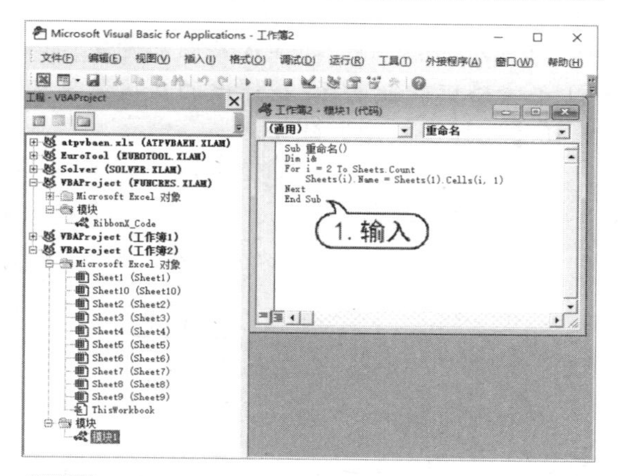

step 3　按下 F5 键运行代码，然后关闭 VBA 编辑器。此时，工作簿中的工作表名称将被重命名为 A 列中输入的名称。

step 4　最后，删除步骤 1 中新建的工作表即可。

【例 2-17】将工作簿中多个工作表拆分成独立文件。

视频

step 1　打开工作簿，右击任意一个工作表标签，在弹出的快捷菜单中选择【查看代码】命令。

step 2　打开 VBA 编辑器，在【代码】窗口中输入如下代码：

```
Private Sub 拆分工作簿()
Dim sht As Worksheet
Dim Mybook As Workbook
Set Mybook = ActiveWorkbook
For Each sht In Mybook.Sheets
sht.Copy
ActiveWorkbook.SaveAs Filename:=Mybook.Path &
"\" & sht.Name, FileFormat:=xlNormal
ActiveWorkbook.Close
Next
MsgBox "文件已被拆分完毕!"
End Sub
```

step 3　按下 F5 键或单击 VBA 编辑器中的 ▶ 按钮运行以上代码，在弹出的对话框中单击【确定】按钮，即可将工作簿中的各个工作表拆分为独立的工作簿文件。

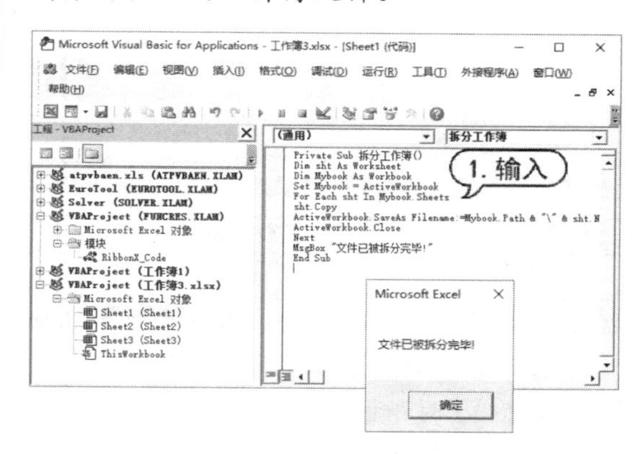

step 4　此时，工作簿中的多个工作表将被拆分为独立文件保存，其扩展名为.xls。

【例 2-18】调整工作表的显示方向。

视频

step 1　选择【文件】选项卡，在【文件】选项卡中选择【选项】选项，打开【Excel 选项】对话框，在该对话框左侧的列表中选择【高级】选项，选择【从右到左】单选按钮。

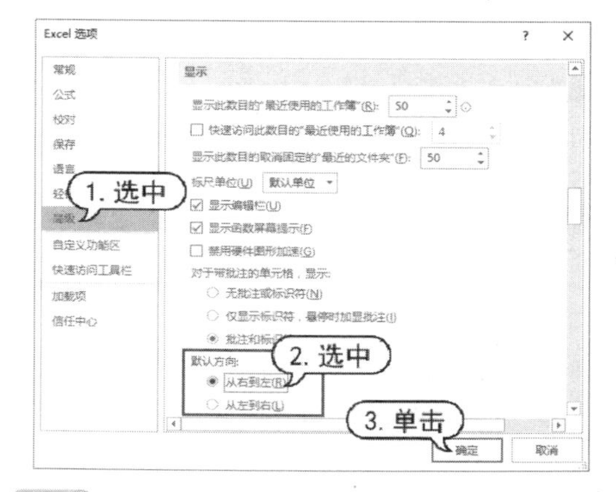

step 2　单击【确定】按钮，关闭【Excel 选项】对话框，按下 Ctrl+N 组合键新建工作簿，列标、行号和工作表标签栏的位置将发生变化。效果如下图所示。

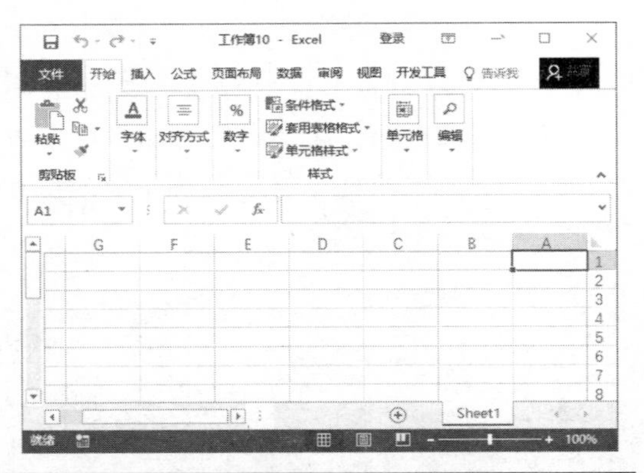

【例 2-19】取消工作窗口中工作表标签的显示。

视频

step 1 单击【文件】按钮，在【文件】选项卡中选择【选项】命令，打开如下图所示的【Excel 选项】对话框，在该对话框左侧的列表中选择【高级】选项，在右侧的选项区域中取消【显示工作表标签】复选框的选中状态。

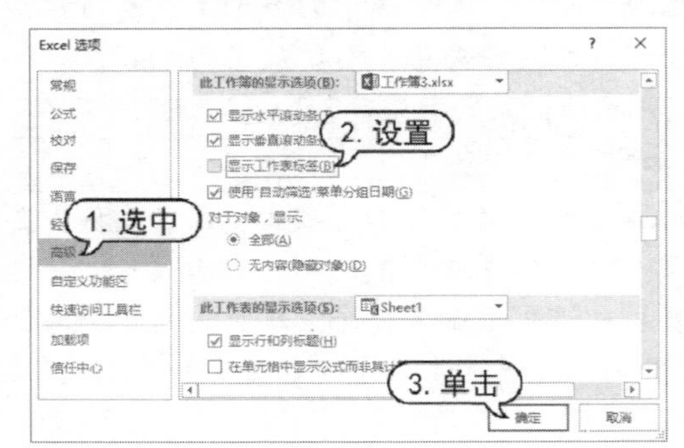

step 2 单击【确定】按钮后，工作簿窗口下方将不再显示工作表标签。

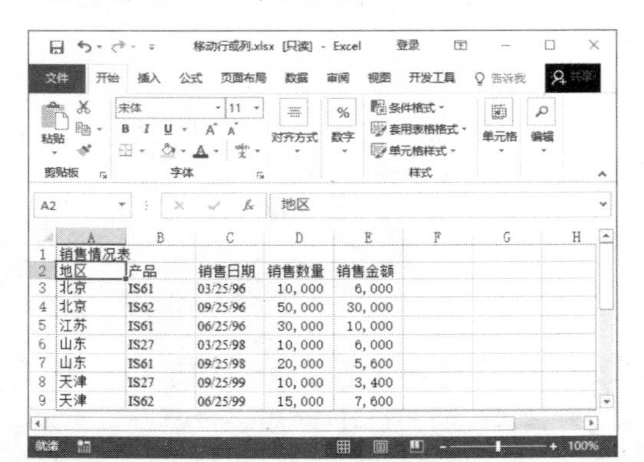

【例 2-20】转换工作表中的行和列。

视频

step 1 在 A1: A6 单元格区域中输入如下图所示的数据内容。

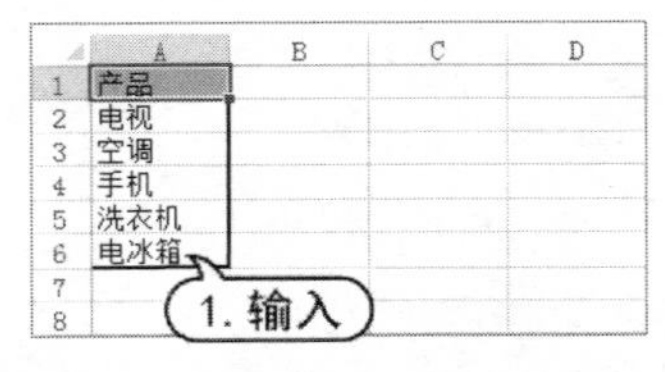

step 2 选取 A1:A6 单元格区域，右击鼠标，在弹出的快捷菜单中选择【复制】命令，在 C1 单元格中右击鼠标，在弹出的快捷菜单中选择【选择性粘贴】命令。

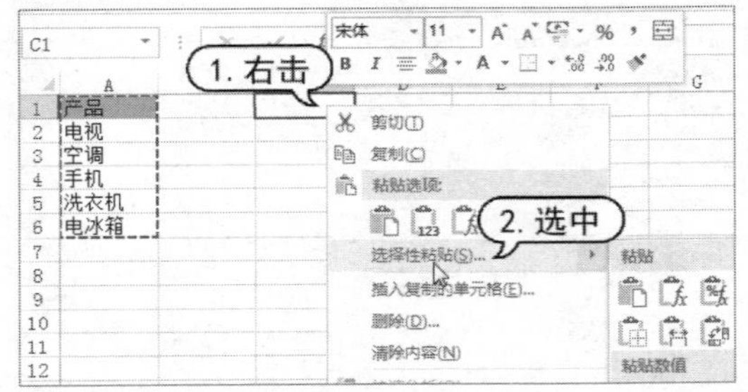

step 3 打开【选择性粘贴】对话框，选中【转置】复选框，然后单击【确定】按钮。

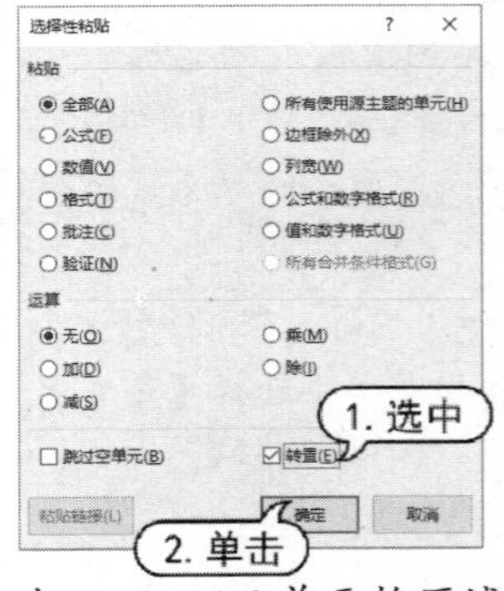

step 4 此时，A1: A6 单元格区域中纵向排列的数据将转换为横向排列的数据。

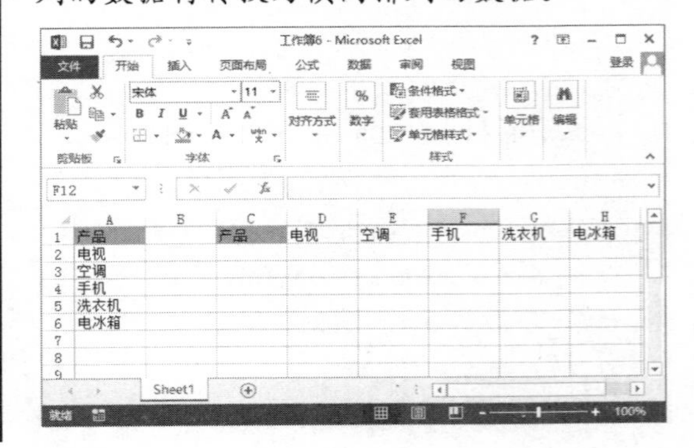

第 3 章

输入与编辑数据

Excel 工作表中包含各种类型的数据，我们必须理解不同数据类型的含义，分清各种数据类型之间的区别，这样才能高效、正确地输入与编辑数据。同时，Excel 各类数据的输入、使用和修改还有很多方法和技巧，了解并掌握它们可以大大提高日常办公的效率。

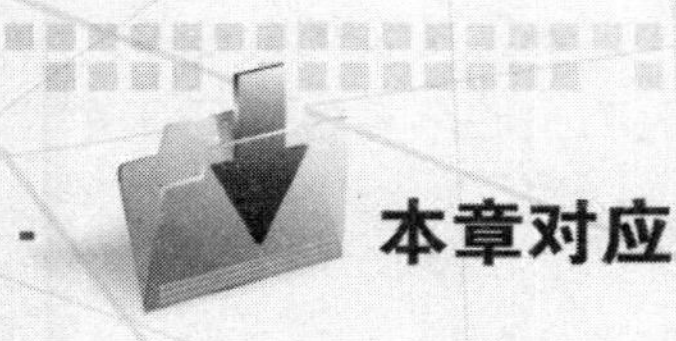

本章对应视频

例 3-1 用通配符查找指定范围的数据
例 3-2 批量替换工作表中的数据
例 3-3 根据单元格格式替换数据
例 3-4 通过单元格匹配替换数据
例 3-5 将公式计算结果转换为数值
例 3-6 将报表数据单位由元转换为万元
例 3-7 将两列包含空行的数据合并粘贴
例 3-8 将表格的行列互换
例 3-9 实现多表格内容同步更新
例 3-10 在工作表中插入批注
例 3-11 自动标识不及格的数据
例 3-12 为数据加上或减去相同数值
例 3-13 在单元格中输入☑和☒
例 3-14 禁止编辑指定区域中的内容
例 3-15 快速输入大量相同的数据

3.1　Excel 数据简介

在工作表中输入和编辑数据是用户使用 Excel 时最基本的操作之一。工作表中的数据都保存在单元格内，单元格内可以输入和保存的数据包括数值、日期和时间、文本和公式 4 种基本类型。此外，还有逻辑值、错误值等一些特殊的数值类型。

1. 数值

数值指的是所代表数量的数字形式，例如企业的销售额、利润等。数值可以是正数，也可以是负数，但是都可以用于进行数值计算，例如加、减、求和、求平均值等。除了普通的数字以外，还有一些使用特殊符号的数字也被 Excel 理解为数值，例如百分号%、货币符号￥、千分间隔符以及科学计数符号 E 等。

Excel 可以表示和存储的数字最大精确到 15 位有效数字。对于超过 15 位的整数数字，例如 342 312 345 657 843 742(18 位)，Excel 会自动将 15 位以后的数字变为零，如 342 312 345 657 843 000。对于大于 15 位有效数字的小数，则会将超出的部分截去。

因此，对于超出 15 位有效数字的数值，Excel 无法进行精确的运算或处理，例如，无法比较两个相差无几的 20 位数字的大小，无法用数值的形式存储身份证号码等。用户可以通过使用文本形式来保存位数过多的数字，来处理和避免上面的这些情况，例如，在单元格中输入身份证号码的首位之前加上单引号，或者先将单元格格式设置为文本后，再输入身份证号码。

另外，对于一些很大或者很小的数值，Excel 会自动以科学计数法来表示，例如，342 312 345 657 843 会以科学计数法表示为 3.42312E+14，即为 3.42312×10^{14} 的意思，其中代表 10 的乘方大写字母 E 不可以省略。

2. 日期和时间

在 Excel 中，日期和时间是以一种特殊的数值形式存储的，这种数值形式被称为“序列值”，在早期的版本中也被称为“系列值”。序列值是介于一个大于等于 0，小于 2 958 466 的数值区间的数值。因此，日期型数据实际上是一个包括在数值数据范畴中的数值区间。

在 Windows 系统所使用的 Excel 版本中，日期系统默认为“1900 年日期系统”，即以 1900 年 1 月 1 日作为序列值的基准日，当日的序列值计为 1，这之后的日期均以距离基准日期的天数作为其序列值，例如 1900 年 2 月 1 日的序列值为 32，2017 年 10 月 2 日的序列值为 43 010。在 Excel 中可以表示的最后一个日期是 9999 年 12 月 31 日，当日的序列值为 2 958 465。如果用户需要查看一个日期的序列值，具体操作方法如下。

step 1 在单元格中输入下图所示的日期后，右击单元格，在弹出的快捷菜单中选择【设置单元格格式】命令(或按下 Ctrl+1 组合键)。

step 2 在打开的【设置单元格格式】对话框的【数字】选项卡中，选择【常规】选项，然后单击【确定】按钮，将单元格格式设置为“常规”。

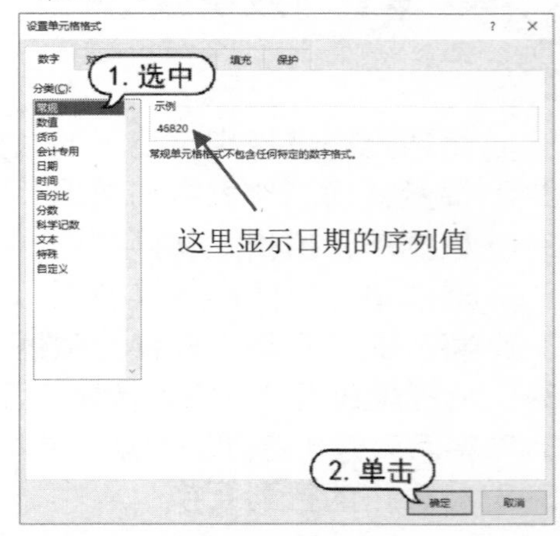

由于日期存储为数值的形式，因此它继

承数值的所有运算功能，例如，日期数据可以参与加、减等数值的运算。日期运算的实质就是序列值的数值运算。例如，要计算两个日期之间相距的天数，可以直接在单元格中输入两个日期，再用减法运算的公式来求得结果。

日期系统的序列值是一个整数数值，一天的数值单位就是 1，那么 1 小时就可以表示为 1/24 天，1 分钟就可以表示为 1/(24×60) 天等，一天中的每一个时刻都可以由小数形式的序列值来表示。例如，中午 12:00:00 的序列值为 0.5(一天的一半)，12:05:00 的序列值近似为 0.503 472。

如果输入的时间值超过 24 小时，Excel 会自动以天为单位进行整数进位处理。例如 25:01:00，转换为序列值为 1.04 236，即为 1+0.4236(1 天+1 小时 1 分)。Excel 中允许输入的最大时间为 9999:59:59:9999。

将小数部分表示的时间和整数部分所表示的日期结合起来，就可以以序列值表示一个完整的日期时间点。例如，2017 年 10 月 2 日 12:00:00 的序列值为 43 010.5。

3. 文本

文本通常指的是一些非数值型文字、符号等，例如，企业的部门名称、员工的考核科目、产品的名称等。此外，许多不代表数量的、不需要进行数值计算的数字也可以保存为文本形式，例如，电话号码、身份证号码、股票代码等。所以，文本并没有严格意义上的概念。事实上，Excel 将许多不能理解为数值(包括日期和时间)和公式的数据都视为文本。文本不能用于数值计算，但可以比较大小。

4. 逻辑值

逻辑值是一种特殊的参数，它只有 TRUE(真)和 FALSE(假)两种类型。

例如，公式

```
=IF(A3=0,"0",A2/A3)
```

中的 A3=0 就是一个可以返回 TRUE(真)或 FLASE(假)两种结果的参数。当 A3=0 为 TRUE 时，则公式返回结果为 0，否则返回 A2/A3 的计算结果。

在逻辑值之间进行四则运算时，可以认为 TRUE=1，FLASE=0，例如：

```
TRUE+TRUE=2
FALSE*TRUE=0
```

逻辑值与数值之间的运算，可以认为 TRUE=1，FLASE=0，例如：

```
TRUE-1=0
FALSE*5=0
```

在逻辑判断中，非 0 的不一定都是 TRUE，例如公式：

```
=TRUE<5
```

如果把 TRUE 理解为 1，公式的结果应该是 TRUE。但实际上结果是 FALSE，原因是逻辑值就是逻辑值，不是 1，也不是数值。在 Excel 中规定，数字<字母<逻辑值，因此应该是 TRUE>5。

总之，TRUE 不是 1，FALSE 也不是 0，它们不是数值，它们就是逻辑值。只不过有些时候可以把它“当成”1 和 0 来使用。但是逻辑值和数值有着本质的区别。

5. 错误值

经常使用 Excel 的用户可能都会遇到一些错误信息，例如#N/A!、#VALUE!等，出现这些错误的原因有很多种，如果公式不能计算正确结果，Excel 将显示一个错误值。例如，在需要数字的公式中使用文本、删除了被公式引用的单元格等。

6. 公式

公式是 Excel 中一种非常重要的数据，Excel 作为一种电子数据表格，其许多强大的计算功能都是通过公式来实现的。

公式通常都以“=”开头，它的内容可以是简单的数学公式，例如：

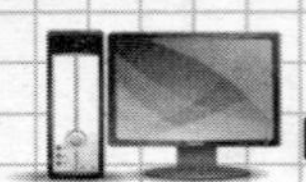


```
=16*62*2600/60-12
```

也可以包括 Excel 的内嵌函数，甚至是用户自定义的函数，例如：

```
=IF(F3<H3,"",IF(MINUTE(F3-H3)>30,"50 元","20 元"))
```

若用户要在单元格中输入公式，可以在开始输入时以一个等号=开头，表示当前输入的是公式。除了等号外，使用+号或者-号开头也可以使 Excel 识别其内容为公式，但是在按下 Enter 键确认后，Excel 还是会在公式的开头自动加上=号。

当用户在单元格内输入公式并确认后，默认情况下会在单元格内显示公式的运算结果。公式的运算结果，从数据类型上来说，也大致可以区分为数值型数据和文本型数据两大类。选中公式所在的单元格后，在编辑栏内也会显示公式的内容。在 Excel 中有以下 3 种等效方法，可以在单元格中直接显示公式的内容。

- 选择【公式】选项卡，在【公式审核】命令组中单击【显示公式】切换按钮，使公式内容直接显示在单元格中，再次单击该按钮，则显示公式计算结果。
- 在【Excel 选项】对话框中选择【高级】选项卡，然后选中或取消选中该选项卡中的【在单元格中显示公式而非计算结果】复选框。
- 按下 Ctrl+~键，在“公式”与“值”的显示方式之间进行切换。

3.2 输入数据

数据输入是日常办公中使用 Excel 工作的一项必不可少的工作，对于某些特定的行业和特定的岗位来说，在工作中输入数据甚至是一项频率很高却又效率极低的工作。如果用户学习并掌握了一些数据输入的技巧，就可以极大地简化数据输入的操作，提高工作效率。

要在单元格内输入数值和文本类型的数据，用户可以在选中目标单元格后，直接向单元格内输入数据。数据输入结束后按下 Enter 键或者使用鼠标单击其他单元格都可以确认完成输入。要在输入过程中取消本次输入的内容，则可以按下 Esc 键退出输入状态。

当用户输入数据时(Excel 工作窗口底部状态栏的左侧显示“输入”字样，如下左图所示)，原有编辑栏的左边出现两个新的按钮，分别是×和✓。如果用户单击✓按钮，可以对当前输入的内容进行确认，如果单击×按钮，则表示取消输入。

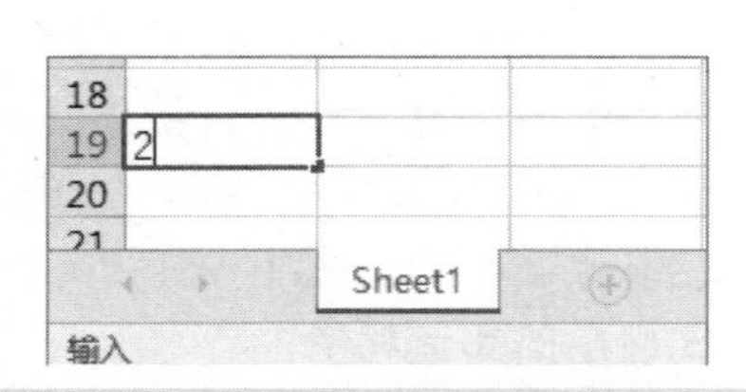

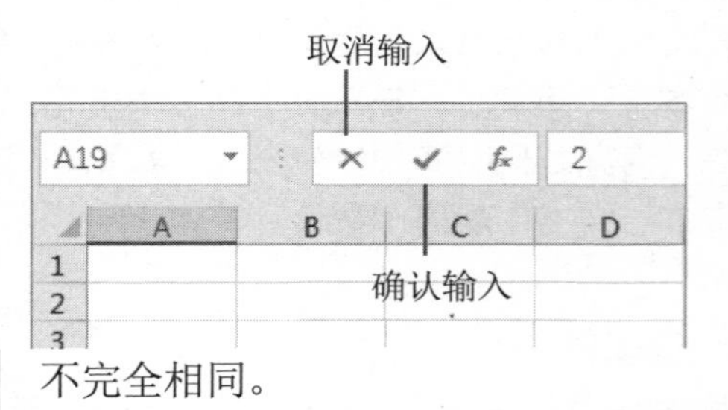

3.2.1 数据显示与输入的关系

在单元格中输入数据后，将在单元格中显示数据的内容(或者公式的结果)，同时在选中单元格时，在编辑栏中显示输入的内容。用户可能会发现，有些情况下在单元格中输入的数值和文本，与单元格中的实际显示并不完全相同。

实际上，Excel 对于用户输入的数据存在一种智能分析功能，软件总是会对输入数据的标识符及结构进行分析，然后以它所认为最理想的方式显示在单元格中，有时甚至会自动更改数据的格式或者数据的内容。对

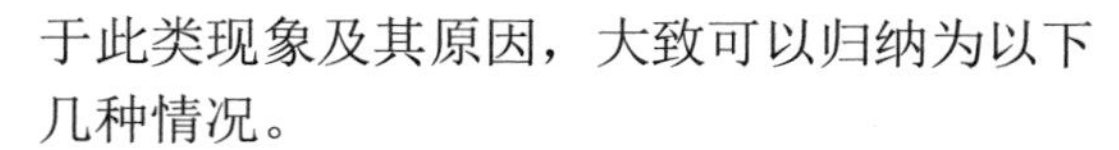

于此类现象及其原因，大致可以归纳为以下几种情况。

1. Excel 系统规范

如果用户在单元格中输入位数较多的小数，例如 111.555 678 333，而单元格列宽设置为默认值时，单元格内会显示 111.5557，如下图所示。这是由于 Excel 系统默认设置了对数值进行四舍五入显示的原因。

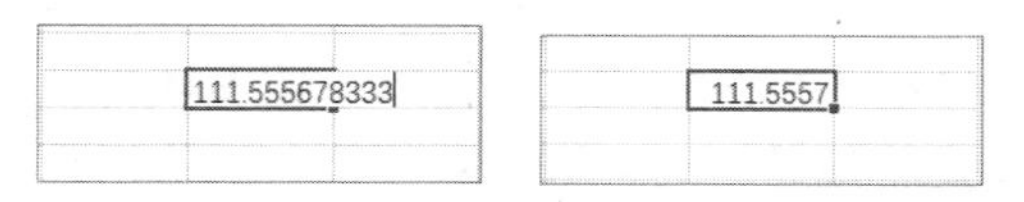

当单元格列宽无法完整显示数据的所有部分时，Excel 将会自动以四舍五入的方式对数值的小数部分进行截取显示。如果将单元格的列宽调整得很大，显示的位数相应增多，但是最大也只能显示到保留 10 位有效数字。虽然单元格的显示与实际数值不符，但是当用户选中此单元格时，在编辑栏中仍可以完整显示整个数值，并且在数据计算过程中，Excel 也是根据完整的数值进行计算的，而不是代之以四舍五入后的数值。

如果用户希望以单元格中实际显示的数值来参与数值计算，可执行以下操作。

step 1　打开【Excel 选项】对话框，选择【高级】选项卡，选中【将精度设为所显示的精度】复选框，并在弹出的提示对话框中单击【确定】按钮。

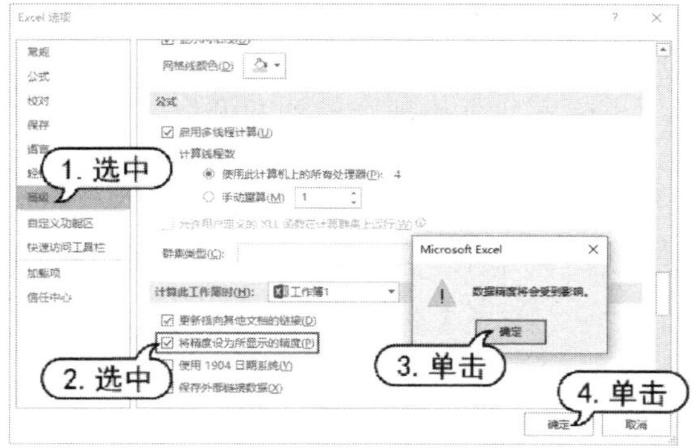

step 2　在【Excel 选项】对话框中单击【确定】按钮完成设置。

如果单元格的列宽很小，则数值的单元格内容显示会变为“#”符号，此时只要增加单元格列宽就可以重新显示数字。

与以上 Excel 系统规范类似，还有一些数值方面的规范，使得数据输入与实际显示不符，具体如下。

- 当用户在单元格中输入非常大或者非常小的数值时，Excel 会在单元格中自动以科学记数法的形式来显示。
- 输入大于 15 位有效数字的数值时(例如 18 位身份证号码)，Excel 会对原数值进行 15 位有效数字的自动截断处理，如果输入数值是正数，则超过 15 位部分补零。
- 当输入的数值外面包括一对半角小括号时，例如(123456)，Excel 会自动以负数的形式来保存和显示括号内的数值，而括号不再显示。
- 当用户输入以 0 开头的数值时(例如股票代码)，Excel 会因将其识别为数值而将前置的 0 清除。
- 当用户输入末尾为 0 的小数时，系统会自动将非有效位数上的 0 清除，使其符合数值的规范显示。

对于上面提到的情况，如果用户需要以完整的形式输入数据，可以参考下面的方法解决问题。

- 对于不需要进行数值计算的数字，例如身份证号码、信用卡号码、股票代码等，可以将数据形式转换成文本形式来保存和显示完整数字内容。在输入数据时，以单引号 ’ 开始输入数据，Excel 会将所输入的内容自动识别为文本数据，并以文本形式在单元格中保存和显示，其中的单引号 ’ 不显示在单元格中(但在编辑栏中显示)。
- 用户也可以先选中目标单元格，右击鼠标，在弹出的快捷菜单中选择【设置单元格格式】命令，打开【设置单元格格式】对话框，选择【数字】选项卡，在【分类】列表框中选择【文本】选项，并单击【确定】按钮，如下图所示。这样，可以将单元格格式设置为文本形式，在单元格中输入的数据将保存并显示为文本。

设置成文本后的数据无法正常参与数值计算，如果用户不希望改变数值类型，希望在单元格中能够完整显示的同时，仍可以保留数值的特性，可以参考以下操作。

step 1 以股票代码 000321 为例，选取目标单元格，打开【设置单元格格式】对话框，选择【数字】选项卡，在【分类】列表框中选择【自定义】选项。

step 2 在对话框右侧的【类型】文本框中输入 000000，然后单击【确定】按钮。

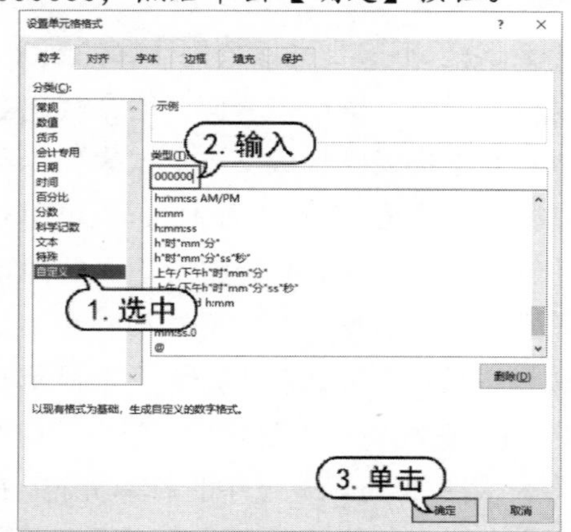

step 3 此时再在单元格中输入 000321，即可完全显示数据，并且仍保留数值的格式。

对于小数末尾中的 0 的保留显示(例如某些数字保留位数)，与上面的例子类似。用户可以在输入数据的单元格中设置自定义的格式，例如 0.00000(小数点后面 0 的个数表示需要保留显示小数的位数)。除了自定义的格式外，使用系统内置的“数值”格式也可以达到相同的效果。在【设置单元格格式】对话框中选择【数值】选项后，对话框右侧会显示【小数位数】微调框，使用该微调框调整需要显示的小数位数，就可以将用户输入的数据按照需要的保留位数来显示。

除了以上提到的这些数值输入情况外，某些文本数据的输入也存在输入与显示不符合的情况。例如，在单元格中输入内容较长的文本时(文本长度大于列宽)，如果目标单元格右侧的单元格内没有内容，则文本会完整显示甚至“侵占”右侧的单元格，如下左图所示(A1 单元格的显示)；而如果右侧单元格中本身就包含内容，则文本就会显示不完全，如下右图所示。

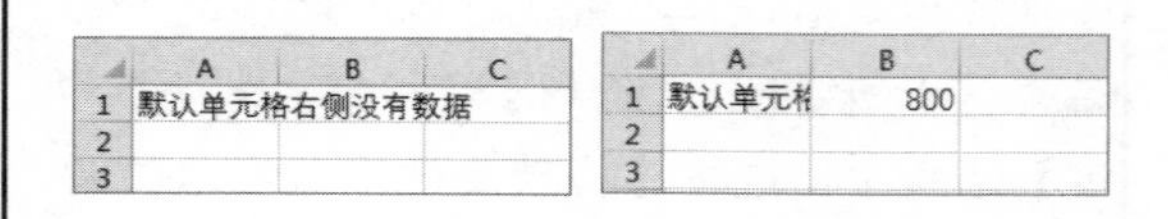

若用户需要将如上右图所示的文本输入在单元格中完整显示出来，有以下几种方法。

- 将单元格所在的列宽调整得更大，容纳更多字符的显示(列宽最大可以容纳 255 个字符)。
- 选中单元格，打开【设置单元格格式】对话框，选择【对齐】选项卡，在【文本控制】区域中选中【自动换行】复选框(或者在【开始】选项卡的【对齐方式】命令组中单击【自动换行】按钮)。

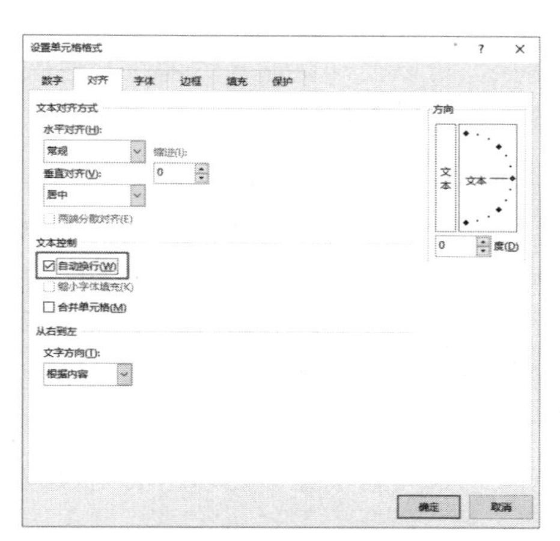

此时，单元格中数据的效果如下。

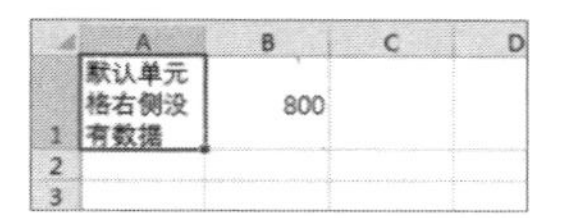

2. 自动格式

在实际工作中，当用户输入的数据中带有一些特殊符号时，会被 Excel 识别为具有特殊含义，从而自动为数据设定特有的数字格式来显示。

- 在单元格中输入某些分数时，如 11/12，单元格会自动将输入数据识别为日期形式，显示为日期的格式“11 月 12 日”，同时单元格的格式也会自动被更改。当然，如果用户输入的对应日期不存在，例如 11/32(11 月没有 32 天)，单元格还会保持原有输入显示。但实际上此时单元格还是文本格式，并没有被赋予真正的分数数值意义。
- 在单元格中输入带有货币符号的数值时，例如$500，Excel 会自动将单元格格式设置为相应的货币格式，在单元格中也可以以货币的格式显示(自动添加千位分隔符、数值标红显示或者加括号显示)。如果选中单元格，可以看到在编辑栏内显示的是实际数值(不带货币符号)。

3. 自动更正

Excel 软件中预置有一种“纠错”功能，会在用户输入数据时进行检查，在发现包含有特定条件的内容时，会自动进行更正，如以下几种情况所示。

- 在单元格中输入(R)时，单元格中会自动更正为®。
- 在输入英文单词时，如果开头有连续两个大写字母，例如 EXcel，则 Excel 软件会自动将其更正为首字母大写的 Excel。

以上情况的产生，都是基于 Excel 中【自动更正选项】的相关设置。“自动更正”是一项非常实用的功能，它不仅可以帮助用户减少英文拼写错误，纠正一些中文成语错别字和错误用法，还可以为用户提供一种高效的输入替换用法——输入缩写或者特殊字符，系统自动替换为全称或者用户需要的内容。上面列举的第一种情况，就是通过“自动更正”中内置的替换选项来实现的。用户也可以根据自己的需要进行设置，具体方法如下。

step 1　选择【文件】选项卡，在显示的选项区域中选择【选项】选项，打开【Excel 选项】对话框，选择【校对】选项。

step 2　在显示的【校对】选项区域中单击【自动更正选项】按钮。

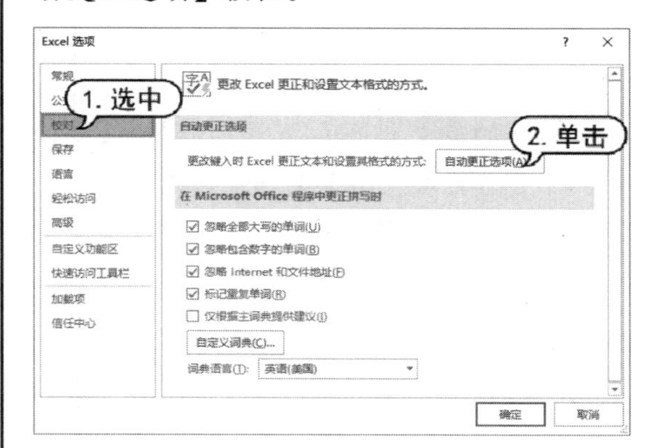

step 3　在打开的【自动更正】对话框中，用户可以通过选中相应复选框及列表框中的内容对原有的更正替换项目进行设置，也可以新增用户的自定义设置。例如，在单元格中输入 EX 时，就自动替换为 Excel。可以在【替换】文本框中输入 EX，然后在【替换为】

文本框中输入 Excel，最后单击【添加】按钮，这样就可以成功添加一条用户自定义的自动更正项目，添加完毕后，单击【确定】按钮确认操作。

如果用户不希望自己输入的内容被 Excel 自动更改，可以对自动更正选项进行以下设置。

step① 打开【自动更正】对话框，取消【键入时自动替换】复选框的选中状态，以使所有的更正项目停止使用。

step② 也可以取消选中某个单独的复选框，或者在对话框下面的列表框中删除某些特定的替换内容，来中止一些特定的自动更正项目。例如，要取消前面提到的连续两个大写字母开头的英文更正功能，可以取消【更正前两个字母连续大写】复选框的选中状态。

4. 自动套用格式

自动套用格式与自动更正类似，当在输入内容中发现包含特殊的文本标记时，Excel 会自动对单元格加入超链接。例如，当用户输入的数据中包含@、WWW、FTP、FTP://、HTTP://等文本内容时，Excel 会自动为此单元格添加超链接，并在输入数据下显示下画线。

如果用户不希望输入的文本内容被加入超链接，可以在确认输入后未做其他操作前按下 Ctrl+Z 组合键来取消超链接的自动加入。也可以通过【自动更正选项】按钮来进行操作。例如，在单元格中输入 www.sina.com，Excel 会自动为单元格加上超链接，当鼠标移动至文字上方时，会在开头文字的下方出现一个条状符号，将鼠标移动到该符号上，会显示【自动更正选项】下拉按钮，单击该下拉按钮，将显示如下图所示的列表。

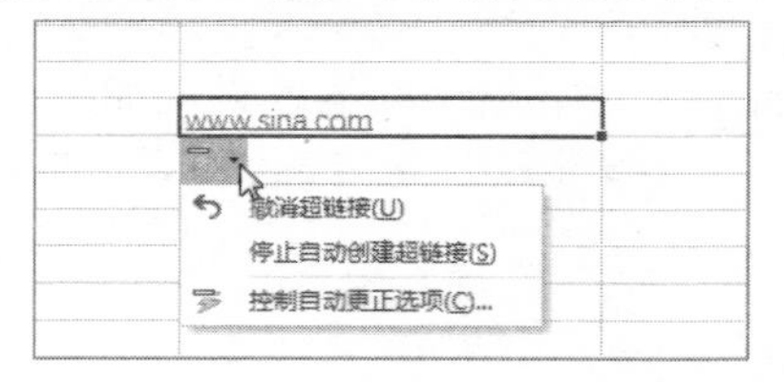

- 在上图所示的下拉列表中选择【撤销超链接】命令，可以取消在单元格中创建的超链接。如果选择【停止自动创建超链接】命令，在今后类似输入时就不会再加入超链接(但之前已经生成的超链接将继续保留)。
- 如果在上图所示的下拉列表中选择【控制自动更正选项】命令，将打开【自动更正】对话框。在该对话框中，取消选中【Internet 及网络路径替换为超链接】复选框，同样可以达到停止自动创建超链接的效果。

3.2.2 日期与时间的输入与识别

日期和时间属于一类特殊的数值类型，其特殊的属性使此类数据的输入以及 Excel 对输入内容的识别，都有一些特别之处。

在中文版的 Windows 系统的默认日期设置下，可以被 Excel 自动识别为日期数据的输入形式如下。

- 使用短横线分隔符“-”的输入，如下表所示。

单元格输入	Excel 识别
2027-1-2	2027 年 1 月 2 日
27-1-2	2027 年 1 月 2 日

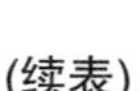

(续表)

单元格输入	Excel 识别
90-1-2	1990 年 1 月 2 日
2027-1	2027 年 1 月 1 日
1-2	当前年份的 1 月 2 日

➤ 使用斜线分隔符“/”的输入，如下表所示。

单元格输入	Excel 识别
2027/1/2	2027 年 1 月 2 日
27/1/2	2027 年 1 月 2 日
90/1/2	1990 年 1 月 2 日
2027/1	2027 年 1 月 1 日
1/2	当前年份的 1 月 2 日

➤ 使用中文“年月日”的输入，如下表所示。

单元格输入	Excel 识别
2027 年 1 月 2 日	2027 年 1 月 2 日
27 年 1 月 2 日	2027 年 1 月 2 日
90 年 1 月 2 日	1990 年 1 月 2 日
2027 年 1 月	2027 年 1 月 1 日
1 月 2 日	当前年份的 1 月 2 日

➤ 使用包括英文月份的输入，如下表所示。

<table>
<tr><th>单元格输入</th><th>Excel 识别</th></tr>
<tr><td>March 2</td><td rowspan="7">当前年份的 3 月 2 日</td></tr>
<tr><td>Mar 2</td></tr>
<tr><td>2 Mar</td></tr>
<tr><td>Mar-2</td></tr>
<tr><td>2-Mar</td></tr>
<tr><td>Mar/2</td></tr>
<tr><td>2/Mar</td></tr>
</table>

对于以上 4 类可以被 Excel 识别的日期输入，有以下几点补充说明。

年份的输入方式包括短日期(如 90 年)和长日期(如 1990 年)两种。当用户以两位数字的短日期方式来输入年份时，软件默认将 0~29 之间的数字识别为 2000 年~2029 年，而将 30~99 之间的数字识别为 1930 年~1999 年。为了避免系统自动识别造成的错误理解，建议在输入年份时，使用 4 位完整数字的长日期方式，以确保数据的准确性。

➤ 短横线分隔符“-”与斜线分隔符“/”可以结合使用。例如，输入 2027-1/2 与 2027/1/2 都可以表示“2027 年 1 月 2 日”。

➤ 当用户输入的数据只包含年份和月份时，Excel 会自动以这个月的 1 号作为它的完整日期值。例如，输入 2027-1 时，会被系统自动识别为 2027 年 1 月 1 日。

➤ 当用户输入的数据只包含月份和日期时，Excel 会自动以系统当年年份作为这个日期的年份值。例如输入 1-2，如果当前系统年份为 2027 年，则会被 Excel 自动识别为 2027 年 1 月 2 日。

➤ 包含英文月份的输入方式可以用于只包含月份和日期的数据输入，其中月份的英文单词可以使用完整拼写，也可以使用标准缩写。

除了上面介绍的可以被 Excel 自动识别为日期的输入方式外，其他不被识别的日期输入方式，则会被识别为文本形式的数据。例如，使用“.”分隔符来输入日期 2027.1.2，这样输入的数据只会被 Excel 识别为文本格式，而不是日期格式，从而会导致数据无法参与各种运算，给数据的处理和计算造成不必要的麻烦。

3.2.3　常用数据的输入技巧

Excel 中的每种数据都有其特定的格式和输入方式，为了使用户对输入数据有一个明确的认识，有必要介绍一下各种常用数据的输入方法和技巧。

1. 输入分数

通常，分数在文档中的格式是一道斜杠

来分界分子与分母，其格式为“分子/分母”。在 Excel 中日期的输入方法也是用斜杠来区分年月日的，比如在单元格中输入“1/2”，按下 Enter 键后，则会显示“1 月 2 日”。为了避免将输入的分数与日期混淆，在单元格中输入分数时，我们需要在分数前输入“0”(零)，以示区别。

step 1 如果要在单元格中输入“1/2”，应输入“0 1/2”。

C	D	E	F
	输入	显示	
	0 1/2	1/2	

step 2 如果在单元格中输入“8 1/2”，将显示“8 1/2” (即八又二分之一)，而在编辑栏中将显示 8.5。

× ✓ fx 8.5

C	D	E	F
	输入		
	8 1/2		

2. 输入固定小数位数的数值

在输入小数时，我们可以像平常一样使用小数点，还可以利用逗号分隔千位、百万位等。当输入带有逗号的数字时，在编辑栏并不显示出来，而只是在单元格中显示。当用户需要输入大量带有固定小数位的数字或者带有固定位数的以“0”字符串结尾的数字时，可以采用下面的方法。

step 1 选中需要输入数据的单元格，按下 Ctrl+1 组合键，打开【设置单元格格式】对话框，并在【数字】选项卡中选择【数值】选项，在【小数位数】文本框中输入需要显示在小数点后的位数(例如 2)。

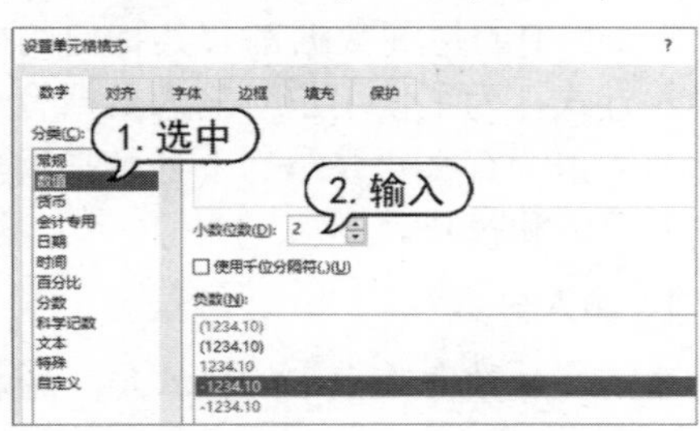

step 2 单击【确定】按钮，在单元格中输入一个数值，例如 88，将显示为“88.00”。

3. 同时输入日期和时间

Excel 将日期和时间视为数字处理，它能够识别出大部分用普通表示方法输入的日期和时间格式。如果我们需要在单元格中输入类似 2018 年 10 月 1 日 18:15:12 这样的格式，则可以执行以下操作。

step 1 在单元格中输入一个英文输入法状态下的单引号(‘)，然后输入“2018/10/1”，然后按下空格键，输入“18:15:12”。

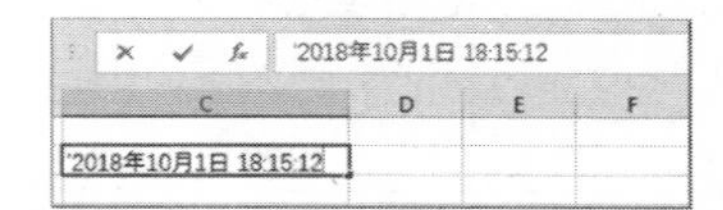

step 2 按下 Enter 键后单元格中输入的单引号将被隐藏，日期和时间的显示效果如下图所示。

C	D	E
2018年10月1日 18:15:12		

另外，按下 Ctrl+;组合键可以显示当前日期，按下 Ctrl+Shift+;组合键可以显示当前时间。

4. 输入货币符号

使用 Excel 统计货币时常常会用到货币单位，例如人民币(¥)、英镑(£)、欧元(€)等，此时在按住 Alt 键的同时，依次按下小键盘上的数字键即可快速输入相应的货币符号，如下表所示。

货币符号	快 捷 键
人民币(¥)	Alt+0165
欧元(€)	Alt+0128
通用货币符号(¤)	Alt+0164
美元($)	Alt+41447
英镑(£)	Alt+0163
美分(¢)	Alt+0162

如果需要为单元格区域中的数据添加货币符号，可以参考下面的方法进行操作。

step 1 选中需要输入货币符号的单元格区域，按下 Ctrl+1 组合键打开【设置单元格格式】对话框，在【数字】选项卡中选择【货币】选项。

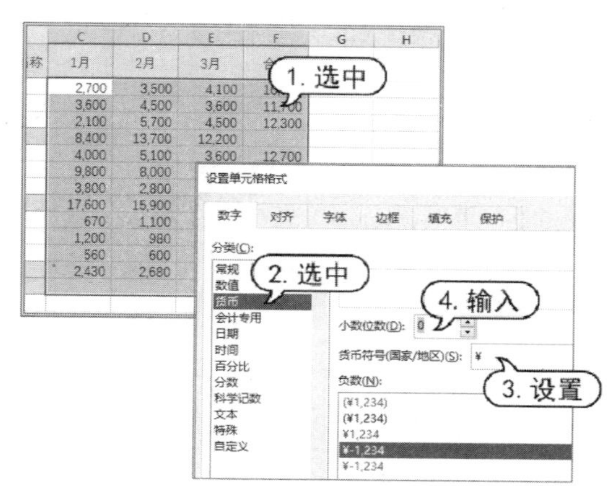

step 2 单击【货币符号】下拉列表，在弹出的列表中选择一种合适的货币符号后，调整【小数位数】文本框中的货币小数位数，然后单击【确定】按钮。此时，单元格区域中的数据将应用货币符号。

	A	B	C	D	E	F	G
1	店名	商品名称	1月	2月	3月	合计	
2	京东	香菇	¥2,700	¥3,500	¥4,100	¥10,300	
3		冬枣	¥3,600	¥4,500	¥3,600	¥11,700	
4		米酒	¥2,100	¥5,700	¥4,500	¥12,300	
5	合计		¥8,400	¥13,700	¥12,200		
6	天猫	香菇	¥4,000	¥5,100	¥3,600	¥12,700	
7		冬枣	¥9,800	¥8,000	¥4,400	¥22,200	
8		米酒	¥3,800	¥2,800	¥4,800	¥11,400	
9	合计		¥17,600	¥15,900	¥12,800		
10	实体店	香菇	¥670	¥1,100	¥1,700	¥3,470	
11		冬枣	¥1,200	¥980	¥610	¥2,790	
12		米酒	¥560	¥600	¥1,200	¥2,360	
13	合计		¥2,430	¥2,680	¥3,510		
14	总计					¥89,220	
15							

5. 输入以 0 开头的数字

在 Excel 单元格中输入一个以“0”开头的数据后，往往在显示时会自动把“0”消除掉。要保留数字开头的“0”，可以在输入前先输入一个单引号(‘)，也可以参考下面介绍的方法进行操作。

step 1 选中需要输入数据的单元格区域，按下 Ctrl+1 组合键，打开【设置单元格格式】对话框，在【数字】选项卡中选择【自定义】选项，然后在【类型】文本框中输入“000#”(其中“#”前的“0”的个数依数据的长度而定)，并单击【确定】按钮。

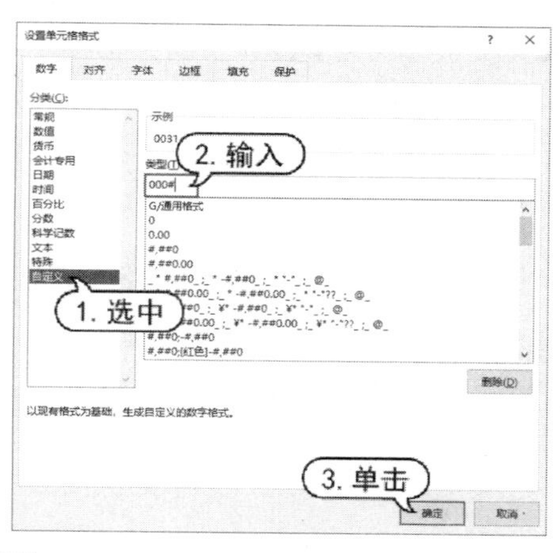

step 2 在设置单元格格式的单元格中输入 1、31、123，效果如下图所示。

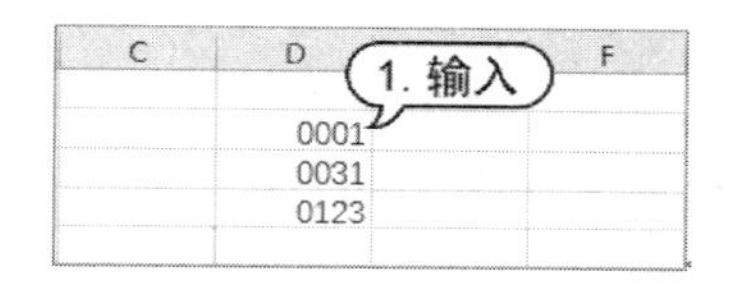

6. 输入无序数据

在 Excel 数据表中，我们经常需要输入大量的数据，例如身份证号码、学生的学籍编号等。这些数值一般都是无规则的，要提高它们的输入效率需要通过观察，找到此类数据的共同点。

step 1 以由 8 位数字组成的学生学籍编号为例，假设其前 4 位数字相同，均为 0517，后 4 位数字则为不规则的数字，如“05170021”“05170134”等。首先，在下图中选中学籍编号所在的列，按下 Ctrl+1 组合键打开【设置单元格格式】对话框，在【数字】选项卡中选择【自定义】选项，在【类型】文本框中输入“05170000”(无序的 4 位数字全部用“0”表示)。

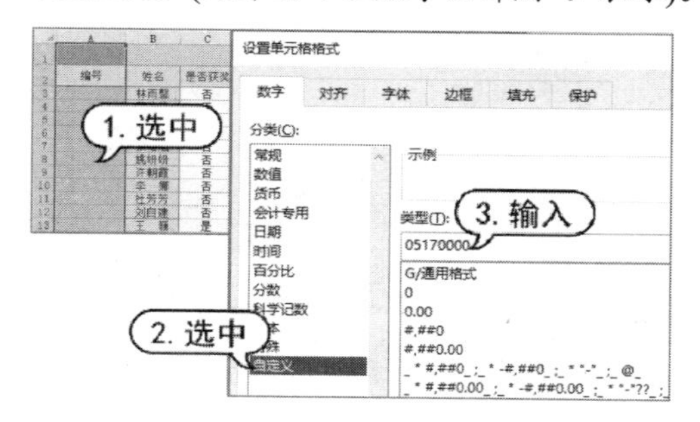

step 2 单击【确定】按钮，在单元格中输入21，即可显示为“05170021”，输入134则显示为“05170134”。

	A	B	C	D	E	F
1	成绩统计					
2	编号	姓名	是否获奖	数学	英语	物理
3	05170021	林雨馨	否	96	93	95
4	05170134	莫静静	否	93	88	96
5		刘乐乐	是	97	93	96
6		杨晓亮	否	91	87	70
7		张珺涵	否	70	85	96
8		姚妍妍	否	93	78	91
9		许朝霞	否	78	91	82
10		李 娜	否	98	89	88
11		杜芳芳	否	93	96	90
12		刘自建	否	88	87	72
13		王 巍	是	93	90	91

7. 输入拼音

step 1 选中需要添加拼音的单元格后，在【开始】选项卡的【字体】命令组中单击【显示或隐藏拼音字段】下拉按钮，在弹出的菜单中选择【拼音设置】命令。

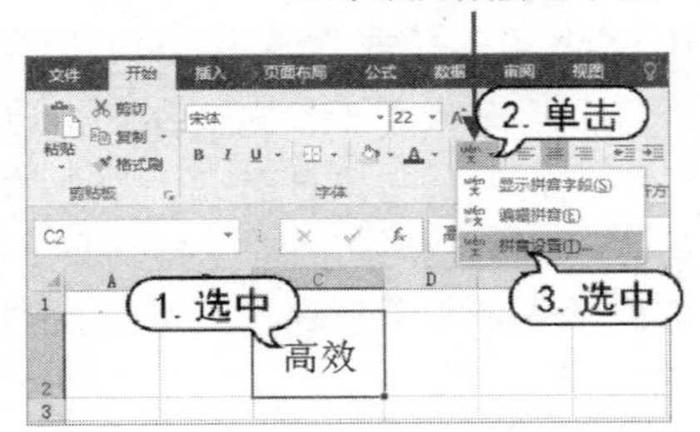

step 2 打开【拼音属性】对话框，选择拼音的对齐方式为“居中”，单击【确定】按钮。

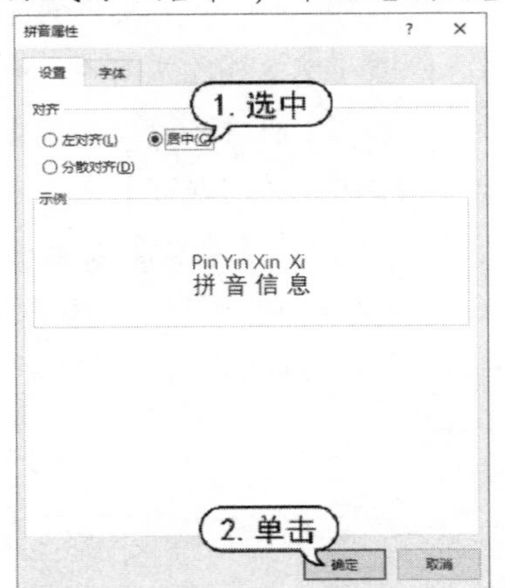

step 3 再选中任意一个单元格，输入文字“高”的汉语拼音“gāo”。其中在输入“ā”时，选择【插入】选项卡，在【符号】命令组中单击【符号】命令，打开【符号】对话框，单击【子集】下拉按钮，在弹出的菜单中选择【拉丁语扩充-A】选项，然后在对话框中选择“ā”，并单击【插入】按钮。

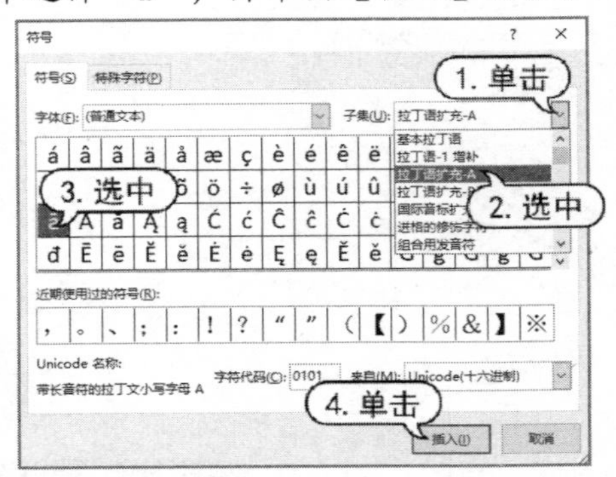

step 4 使用与步骤3同样的方法，输入文字“效”的汉语拼音“xiào”，然后选中并复制拼音“gāo xiào”，选中需要添加拼音的单元格，单击【显示或隐藏拼音字段】下拉按钮，在弹出的菜单中选择【编辑拼音】命令，将复制的拼音粘贴至单元格中。

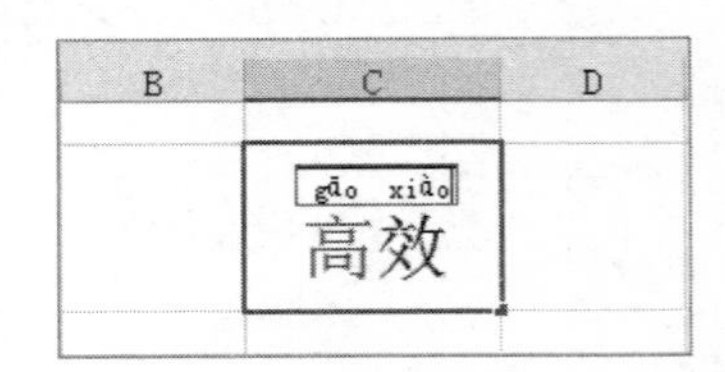

step 5 单击任意单元格，再次单击【显示或隐藏拼音字段】下拉按钮，在弹出的菜单中选择【显示拼音字段】命令，即可显示汉字上方的拼音。

8. 输入带上标和下标的数据

要在单元格中输入带有上标(例如 10^7)和下标(H_7)的数据，可以通过【设置单元格格式】对话框中的【字体】选项卡来实现。

step 1 以输入“10^7”为例，在单元格中输入“’107”，以文本方式输入数字。

step 2 选中单元格中需要设置为上标的数字“7”，按下Ctrl+1组合键打开【设置单元格格式】对话框，选中【上标】复选框，然后单击【确定】按钮。

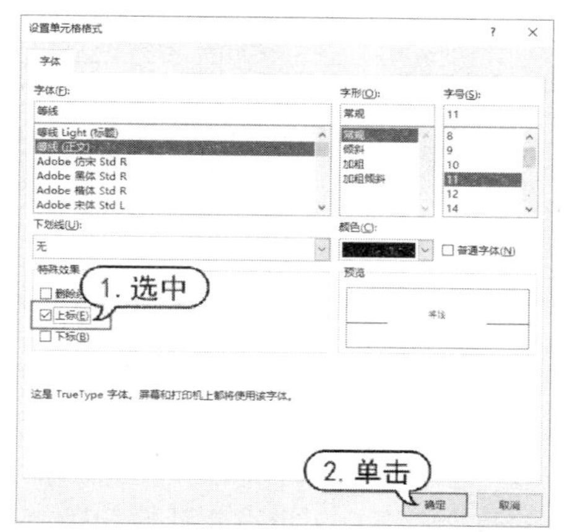

step 3 按下 Ctrl+Enter 组合键，单元格中输入数据的效果将如下图所示。

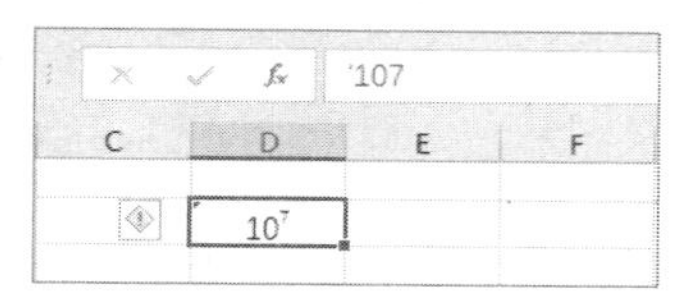

9. 在多个工作表中输入相同的内容

在几个工作表中的同一个位置输入相同的数据时，可以选中一个工作表，按住 Ctrl 键，再单击窗口左下角的工作表标签来直接选择需要输入相同内容的多个工作表，具体操作如下。

step 1 按住 Ctrl 键依次单击 Sheet1、Sheet2 和 Sheet3 这 3 个工作表标签，将其同时选中。

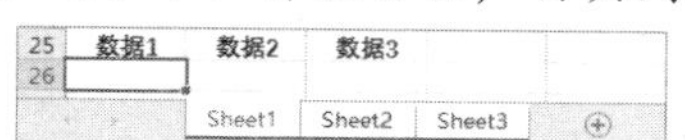

step 2 在“数据 1”“数据 2”和“数据 3”列中输入数据，即可在选中的 3 个工作表中同时输入相同的数据。

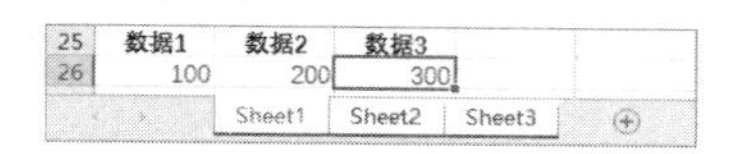

10. 快速输入相同的文本

step 1 如果需要在一些连续的单元格中输入同样的文本(例如“有限公司”)，在第一个单元格中输入该文本，然后按住单元格右下角的控制柄向下或者向左拖动即可。

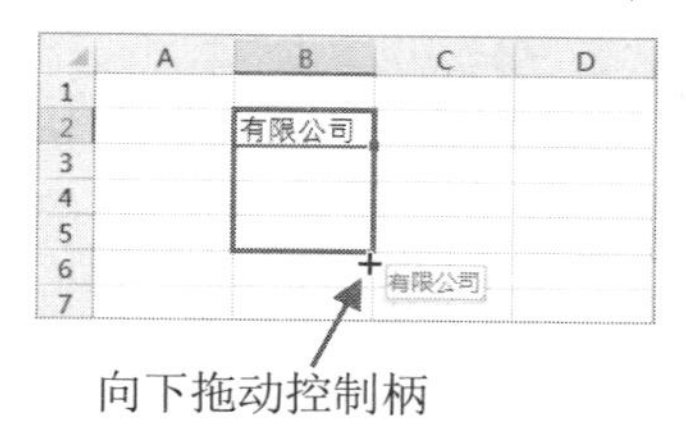

step 2 如果需要输入的文本在同一列中的前面已经输入过，当输入该文本前面几个字符时，Excel 软件将会用灰色文本提示用户，按下 Enter 键即可默认输入后续文本。

5	复方可待因口服液
6	可待因口服液(新泰洛其)
7	复方可待因口服液
8	

step 3 如果需要输入的文本和上一个单元格的文本相同，按下 Ctrl+D 组合键，就可以完成输入。如果需要输入的文本和左侧单元格中的文本相同，按下 Ctrl+R 组合键，就可以完成输入。

step 4 如果多个单元格需要输入同样的文本，在按住 Ctrl 键的同时，用鼠标单击需要输入同样文本的所有单元格(例如在下图中选中的单元格中输入相同内容的文本)。

D	E	F	G	H	I
商品名	剂型	规格	包装材质	转换比	单位
无	薄膜衣片	0.3g	空	100	瓶
合心爽	素片		空	20	盒
无	滴眼剂	5ml:1.25mg	空	1	支
芬必得	缓释胶囊		空	20	盒
无	缓释胶囊		空	20	盒
伲福达	缓释片	20mg	空	30	瓶
爱邦	滴耳剂	5ml:15mg	空	1	支
无	胶囊剂		空	12	盒
无	栓剂		空	10	盒
无	阴道片		空	2	盒
力平之	胶囊剂	0.2g	空	10	盒
散利痛	素片	复方	空	10	盒
博利康尼	溶液剂		空	20	盒
希刻劳	干混悬剂	0.125g	空	6	盒
无	干混悬剂		空	12	盒
无	胶囊剂	0.2g	空	60	瓶

step 5 此时，输入需要的文本，完成后按下 Ctrl+Enter 组合键即可，最终的输入效果将如下图所示。

D	E	F	G	H	I
商品名	剂型	规格	包装材质	转换比	单位
无	薄膜衣片	0.3g	空	100	瓶
合心爽	素片	0.3g	空	20	盒
无	滴眼剂	5ml:1.25mg	空	1	支
芬必得	缓释胶囊	0.3g	空	20	盒
无	缓释胶囊	0.3g	空	20	盒
伲福达	缓释片	20mg	空	30	瓶
爱邦	滴耳剂	5ml:15mg	空	1	支
无	胶囊剂	0.3g	空	12	盒
无	栓剂	0.3g	空	10	盒
无	阴道片	0.3g	空	2	盒
力平之	胶囊剂	0.2g	空	10	盒
散利痛	素片	复方	空	10	盒
博利康尼	溶液剂	0.3g	空	20	盒
希刻劳	干混悬剂	0.125g	空	6	盒
无	干混悬剂	0.3g	空	12	盒
无	胶囊剂	0.2g	空	60	瓶

11. 为数字快速添加单位

step 1 按住 Ctrl 键，选取下图表格中需要添加单位的所有单元格。

H	I	J	K
转换比	单位	基本药物生产企业	中标价
100	瓶	上海黄海制药有限责任公司	4.56
20	盒	天津田边制药有限公司	11.65
1	支	芜湖三益信成制药有限公司	0.43
20	盒	中美天津史克制药有限公司	13.2
20	盒	北京红林制药有限公司	7.99
30	瓶	青岛黄海制药有限责任公司	19.16
1	支	辰欣药业股份有限公司	6.7
12	盒	四川省旺林堂药业有限公司	2
10	盒	江西九华药业有限公司	1.75
2	盒	迪沙药业集团山东迪沙药业有限公司	17.5
10	盒	法国利博福尼制药公司(Laboratoires Fournier SA)	37.91

step 2 按下 Ctrl+1 组合键，打开【设置单元格格式】对话框，在【数字】选项卡中选择【自定义】选项，在【类型】文本框中输入“#"盒"”，然后单击【确定】按钮。

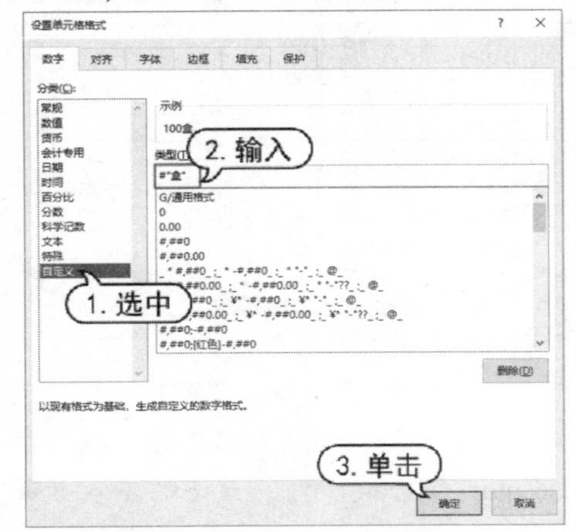

step 3 此时，所有被选中单元格中的数据都将被自动添加单位“盒”，效果如下图所示。

G	H	I	J
包装材质	转换比	单位	基本药物生产企业
空	100盒	瓶	上海黄海制药有限责任公司
空	20盒	盒	天津田边制药有限公司
空	1盒	支	芜湖三益信成制药有限公司
空	20盒	盒	中美天津史克制药有限公司
空	20盒	盒	北京红林制药有限公司
空	30盒	瓶	青岛黄海制药有限责任公司
空	1盒	支	辰欣药业股份有限公司
空	12盒	盒	四川省旺林堂药业有限公司
空	10盒	盒	江西九华药业有限公司
空	2盒	盒	迪沙药业集团山东迪沙药业有限公司
空	10	盒	法国利博福尼制药公司(Laboratoires Fournier SA)

12. 输入人名时使用“分散对齐”

在表格中输入人名时为了美观，我们一般要在两个字的人名中间空出一个汉字的间距。按下空格键是一个方法，但是如果需要输入的数据较多，可以有更便捷的操作。

step 1 在表格中输入人名后选中该列。

	A	B	C	D	E	F
1	姓名	英语	数学	专业	总成绩	单位
2	沈成	56	71	87	214	国电
3	孙浩	75	73	67	215	国电
4	马洪海	51	72	75	198	中金
5	孔启福	32	65	86	183	中金
6	刘忠德	65	54	83	202	国电
7	朱燕	61	67	75	203	中金
8	莫小营	76	72	65	213	国电
9	段轩	43	63	78	184	国电
10	白德安	75	65	89	229	国电
11	张秀金	31	77	67	175	其他
12	郎勇	78	43	85	206	其他
13	马双贵	67	87	75	229	国电
14	于阳	43	34	66	143	中金
15	孟富平	58	76	85	219	中金

step 2 按下 Ctrl+1 组合键打开【设置单元格格式】对话框，在【对齐】选项卡中单击【水平对齐】下拉按钮，在弹出的下拉列表中选择【分散对齐(缩进)】命令。

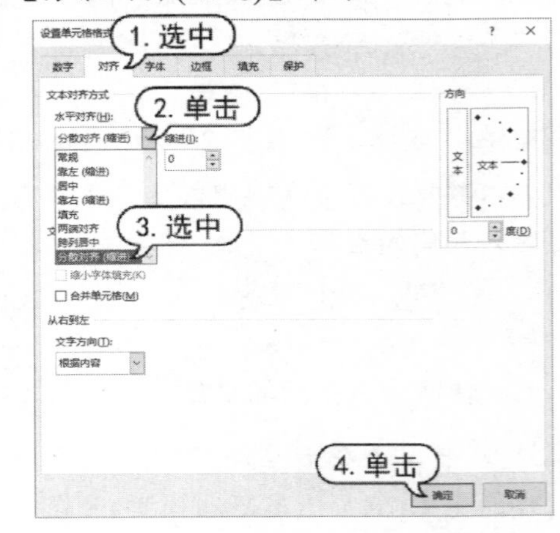

step 3 单击【确定】按钮，并调整列宽到合

适的宽度，人名的分散对齐效果如下图所示。

	A	B	C	D	E	F
1	姓名	英语	数学	专业	总成绩	单位
2	沈 成	56	71	87	214	国电
3	孙 浩	75	73	67	215	国电
4	马洪海	51	72	75	198	中金
5	孔启福	32	65	86	183	中金
6	刘忠德	65	54	83	202	国电
7	朱 燕	61	67	75	203	中金
8	莫小萱	76	72	65	213	国电
9	段 轩	43	63	78	184	国电
10	白德安	75	65	89	229	国电
11	张秀金	31	77	67	175	其他
12	郎 勇	78	43	85	206	其他
13	马双贵	67	87	75	229	国电
14	于 阳	43	34	66	143	中金
15	孟富平	58	76	85	219	中金

13. 输入含有大量“0”的数值

如果要在表格中输入含有大量“0”的数值，例如 1500000，可以参考下面的方法。

step 1 在单元格中输入一个任意数字后，接着输入“**N”，数字后面的“**N”表示加 N 个零，例如输入“15**5”，如下图所示。

step 2 按下 Ctrl+Enter 组合键后即可在单元格中显示数值 1500000。

3.3 编辑数据

对于已经存放数据的单元格，用户可以在激活目标单元格后，重新输入新的内容来替换原有的数据。但是，如果用户只想对其中的部分内容进行编辑，则可以激活单元格进入编辑模式。有以下几种方式可以进入单元格的编辑模式。

- 双击单元格，在单元格中的原有内容后会出现竖线光标，提示当前进入编辑模式，光标所在的位置为数据插入位置。在内容中不同位置单击鼠标或者右击鼠标，可以移动鼠标光标插入点的位置。用户可以在单元格中直接对其内容进行编辑。
- 激活目标单元格后按下 F2 键，可进入单元格编辑模式。
- 激活目标单元格，单击 Excel 编辑栏内部。这样可以将竖线光标定位在编辑栏中，激活编辑栏的编辑模式。用户可以在编辑栏中对单元格原有的内容进行编辑。对于数据内容较多的编辑，特别是对公式的修改，建议用户使用编辑栏的编辑方式。

进入单元格的编辑模式后，工作窗口底部状态栏的左侧会出现“编辑”字样，如下图所示。用户也可以使用鼠标或者键盘选取单元格中的部分内容进行复制和粘贴操作。

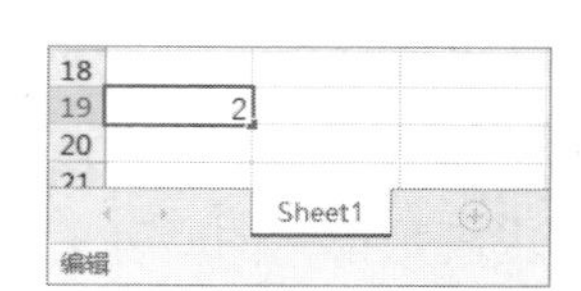

另外，按下 Home 键可以将鼠标光标定位到单元格内容的开头，按下 End 键则可以将光标插入点定位到单元格内容的末尾。在修改完成后，按下 Enter 键或者单击编辑框左侧的 ✓ 按钮同样可以对编辑的内容进行确认。

如果在单元格中输入的是一个错误的数据，用户可以再次输入正确的数据覆盖它，也可以单击【撤销】按钮或者按下 Ctrl+Z 组合键撤销本次输入。

在撤销操作时，用户单击一次【撤销】按钮，只能撤销一步操作，如果需要撤销多步操作，用户可以多次单击【撤销】按钮，或者单击该按钮旁的下拉按钮，在弹出的下拉列表中选择需要撤销返回的具体操作，如下图所示。

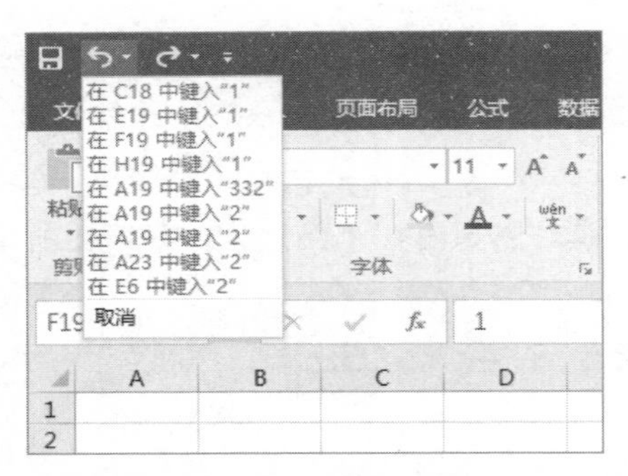

此外，在编辑单元格中的数据时，还会用到下面介绍的一些功能。

3.3.1 查找和替换

如果需要在工作表中查找一些特定的字符串，那么查看每个单元格就太麻烦了，特别是在一个较大的工作表或工作簿中进行查找时。Excel 提供的查找和替换功能可以方便地查找和替换需要的内容。

1. 查找数据

在使用电子表格的过程中，常常需要查找某些数据。使用 Excel 的数据查找功能可以快速查找出满足条件的所有单元格，还可以设置查找数据的格式，这进一步提高了编辑和处理数据的效率。

在 Excel 中查找数据时，可以按下 Ctrl+F 组合键，或者选择【开始】选项卡，在【编辑】命令组中单击【查找和选择】下拉列表按钮，然后在弹出的下拉列表中选中【查找】选项，打开【查找和替换】对话框。在该对话框的【查找内容】文本框中输入要查找的数据，然后单击【查找下一个】按钮，Excel 会自动在工作表中选定相关的单元格，若想查看下一个查找结果，则再次单击【查找下一个】按钮即可。

另外，在 Excel 的查找和替换中使用星号(*)可以查找任意字符串，例如查找“IT”可以找到表格中的“IT 网站”和“IT 论坛”等。使用问号(？)可以查找任意单个字符，例如查找“?78”可以找到“078”和“178”等。另外，如果要查找通配符，可以输入“~*”、“~?”，其中“~”为波浪号，如果要在表格中查找波浪号(~)，则可以输入两个波浪号“~~”。

【例 3-1】使用通配符查找指定范围的数据。视频

step 1 按下 Ctrl+F 组合键打开【查找和替换】对话框，在【查找内容】文本框中输入“*胶囊”，单击【查找下一个】按钮，可以在工作表中依次查找包含“胶囊”的文本。

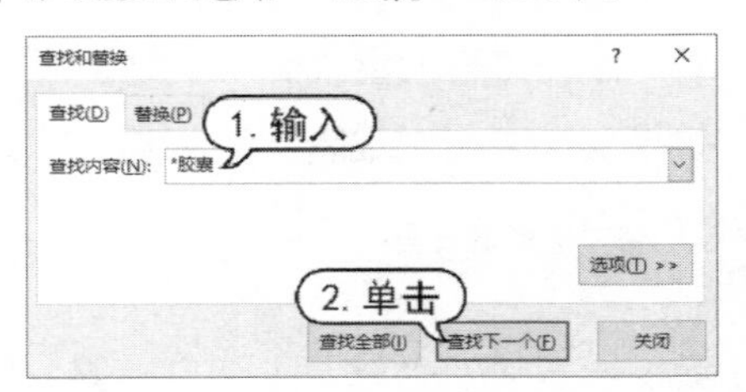

step 2 单击【查找全部】按钮可以在工作簿中查找包含文本“胶囊”的单元格。

step 3 在【查找和替换】对话框中单击【查找下一个】按钮时，Excel 会按照某个方向进行查找，如果按住 Shift 键再单击【查找下一个】按钮，Excel 将按照原查找方向相反的方向进行查找。

step 4 单击【关闭】按钮可以关闭【查找和替换】对话框，之后如果要继续查找表格中的查找内容，可以按下 Shift+F4 组合键继续执行“查找”命令。

2. 替换数据

在 Excel 中，若用户要统一替换一些内容，则可以按下 Ctrl+H 组合键来实现数据替换功能。通过【查找和替换】对话框，不仅可以查找表格中的数据，还可以将查找的数据替换为新的数据，这样可以提高工作效率。

【例 3-2】对指定数据执行批量替换操作。视频

step 1 按下 Ctrl+H 组合键，打开【查找和替换】对话框，将【查找内容】设置为【缓释片】，将【替换为】设置为【缓释胶囊】。

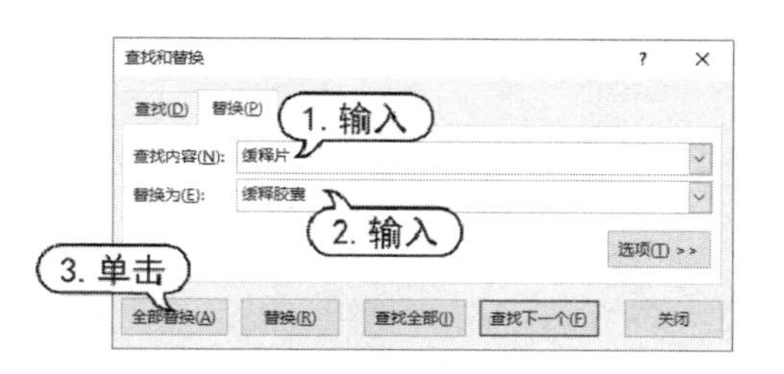

step 2　单击【全部替换】按钮后，Excel 将提示进行了几处替换，单击【确定】按钮即可。

【例 3-3】根据单元格格式替换数据。
视频

step 1　按下 Ctrl+H 组合键打开【查找和替换】对话框，单击【选项】按钮，在显示的选项区域中单击【格式】按钮旁的▾按钮，在弹出的菜单中选择【从单元格选择格式】命令。

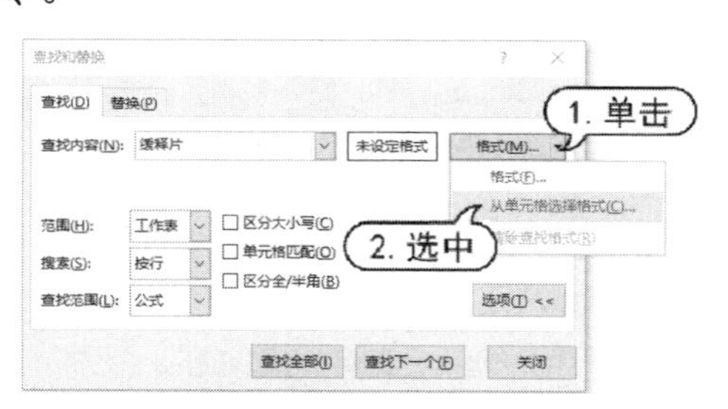

step 2　选取表格中包含单元格格式的单元格，返回【查找和替换】对话框。

拾取单元格

C 商品名	D 剂型	E 规格	F 包装材质	G 转换比
无	缓释片	0.26g	空	100
合心爽	缓释片	30mg	空	20
无	滴眼剂	5ml:1.25mg	空	1
芬必得	缓释胶囊	0.3g	空	20
无	缓释胶囊	0.3g	空	20
倪福达	缓释片	20mg	空	30
爱邦	缓释片	5ml:15mg	空	1
无	胶囊剂	0.3g	空	12
无	缓释片	0.15g	空	10
无	缓释片	0.5g	空	2
力平之	胶囊剂	0.2g	空	10

step 3　返回【查找和替换】对话框后，将【查找内容】设置为“缓释片”，将【替换为】设置为“缓释胶囊”，然后单击【替换为】选项后的【格式】按钮。

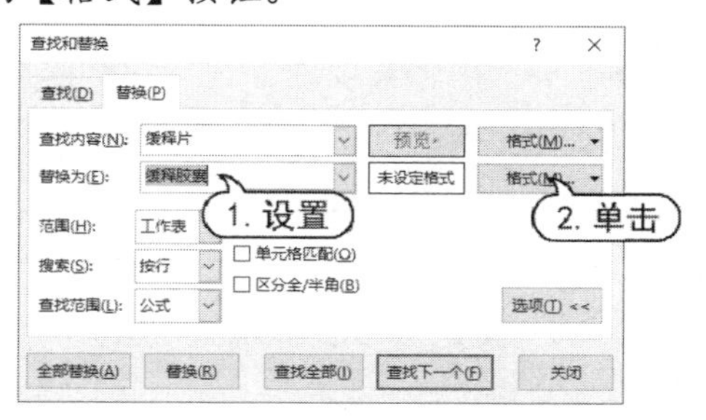

step 4　打开【替换格式】对话框，在【填充】选项卡中将单元格的填充颜色设置为【绿色】，然后单击【确定】按钮。

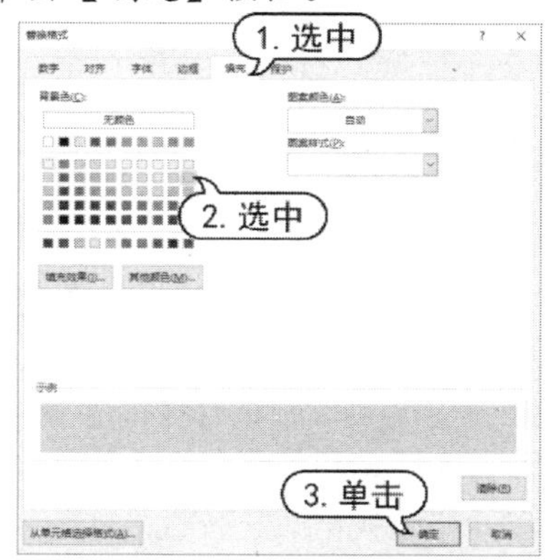

step 5　返回【查找和替换】对话框，单击【全部替换】按钮，即可根据设置的单元格格式(即步骤 2 选取的单元格)，按照所设置的内容，将所有符合条件的单元格中的数据以及单元格格式替换。

D 剂型	E 规格	F 包装材质	G 转换比
缓释片	0.26g	空	100
缓释胶囊	30mg	空	20
滴眼剂	5ml:1.25mg	空	1
缓释胶囊	0.3g	空	20
缓释胶囊	0.3g	空	20
缓释片	20mg	空	30
缓释胶囊	5ml:15mg	空	1
胶囊剂	0.3g	空	12
缓释胶囊	0.15g	空	10
缓释片	0.5g	空	2

在设置替换表格中的数据时，如果需要区分替换内容的大小写，可以在【查找和替换】对话框中选中【区分大小写】复选框。

	A	B
1	公司	评价
2	北京诺华制药有限公司	a
3	德国(上海罗氏制药有限公司分装)	A
4	北京万辉双鹤药业有限责任公司	a

单击【替换】按钮后，上图所示的替换操作的结果将如下图所示。

	A	B	C
1	公司	评价	
2	北京诺华制药有限公司	a	
3	德国(上海罗氏制药有限公司分装)	a	
4	北京万辉双鹤药业有限责任公司	a	
5	惠氏制药有限公司	a	
6	浙江大冢制药有限公司	a	
7	江苏恒瑞医药股份有限公司	a	
8	上海中西制药有限公司	a	
9	齐鲁制药有限公司	a	
10			

在完成按单元格格式替换表格数据的操作后，在【查找和替换】对话框中单击【格式】按钮，在弹出的菜单中选择【清除查找格式】或【清除替换格式】命令，可以删除对话框中设置的单元格查找格式与替换格式。

另外，如果要对某单元格区域内的指定数据进行替换，例如在下图中要将 0 替换为 90，可直接单击【全部替换】按钮。

	A	B	C	D	E
1	商品编码	数量	金额	平均考核价	
2	1008438	300	6963	20	
3	1008475	200	11966	54.55	
4	1008546	0	9990	31.9	
5	1008578	100	1184	11.25	
6	1008607	0	2947.8	280	
7	1008630	70	2207.8	29.9	
8	10[illegible]				
9					

Excel 会将所有单元格中的 0 全部替换为 90，如下图所示。

	A	B	C	D	E
1	商品编码	数量	金额	平均考核价	
2	1.9E+08	39090	6963	290	
3	1.9E+08	29090	11966	54.55	
4	1.9E+08	90	99990	31.9	
5	1.9E+08	19090	1184	11.25	
6	1.9E+09	90	2947.8	2890	
7	1.9E+09	790	22907.8	29.9	
8	1.9E+08	1190	789090	7.33	
9					

显然这种替换方法并不符合要求。这时，可以通过设置【单元格匹配】实现想要的结果。

【例 3-4】通过单元格匹配替换数据。

视频

step 1 打开表格后，按下 Ctrl+H 组合键，打开【查找和替换】对话框。

step 2 将【查找内容】设置为 0，将【替换为】设置为 90，然后选中【单元格匹配】复选框，并单击【全部替换】按钮。

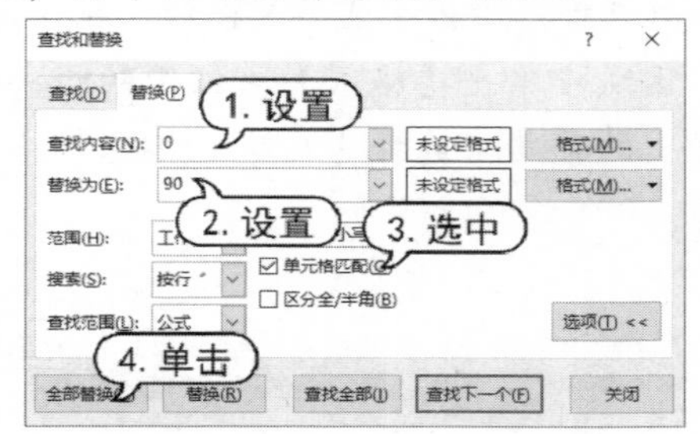

step 3 此时，Excel 将自动筛选数据 0，并将其替换为 90，效果如下图所示。

	A	B	C	D	E
1	商品编码	数量	金额	平均考核价	
2	1008438	300	6963	20	
3	1008475	200	11966	54.55	
4	1008546	90	9990	31.9	
5	1008578	100	1184	11.25	
6	1008607	90	2947.8	280	
7	1008630	70	2207.8	29.9	
8	1008742	110	7800	7.33	
9					

3.3.2 复制和移动

如果需要将表格中的数据从一个位置复制或移动到其他位置，在 Excel 中可以参考以下方法进行操作。

- 复制：选择单元格区域后，按下 Ctrl+C 组合键，然后选取目标区域，按下 Ctrl+V 键执行粘贴操作。
- 移动：选择单元格区域后，按下

Ctrl+X 组合键，然后选取目标区域，按下 Ctrl+V 键执行粘贴操作。

复制和移动的主要区别在于，复制是产生源区域的数据副本，最终效果不影响源区域，而移动则是将数据从源区域移走。

1. 复制数据

用户可以参考以下几种方法复制单元格和区域。

- 选择【开始】选项卡，在【剪贴板】命令组中单击【复制】按钮。
- 按下 Ctrl+C 组合键。
- 右击选中的单元格区域，在弹出的快捷菜单中选择【复制】命令。

完成以上操作后将会把目标单元格或区域中的内容添加到剪贴板中(这里所指的“内容”不仅包括单元格中的数据，还包括单元格中的任何格式、数据有效性以及单元格的批注)。

另外，在 Excel 中使用公式统计表格后，如果需要将公式的计算结果转换为数值，可以按下列步骤进行操作。

【例 3-5】通过“复制”将公式的计算结果转换为数值。

视频

step 1　选中如下图所示的公式计算结果，按下 Ctrl+C 组合键。

单元格中的公式

=IF(AND(D3>=80,E3>=80,F3>=80),"达标","没有达标")

1. 选中

成绩统计

姓名	是否获奖	数学	英语	物理	成绩考评
林雨馨	否	96	93	95	达标
莫静静	否	93	88	96	达标
刘乐乐	是	97	93	96	达标
杨晓亮	否	91	117	70	没有达标
张珺涵	否	70	85	96	没有达标
姚妍妍	否	93	78	91	没有达标
许朝霞	否	102	91	82	达标
李　娜	否	98	89	88	达标
杜芳芳	否	93	96	90	达标
刘自建	否	88	87	72	没有达标
王　巍	是	93	90	91	达标
段程鹏	否	90	76	82	没有达标

step 2　在按下 Ctrl 键的同时按下 V 键。

step 3　松开所有键，再按下 Ctrl 键。

step 4　松开 Ctrl 键，最后按下 V 键。此时，被选中单元格区域中的公式，将被转换为普通的数据，效果如下图所示。

达标

成绩统计

姓名	是否获奖	数学	英语	物理	成绩考评
林雨馨	否	96	93	95	达标
莫静静	否	93	88	96	达标
刘乐乐	是	97	93	96	达标
杨晓亮	否	91	117	70	没有达标
张珺涵	否	70	85	96	没有达标
姚妍妍	否	93	78	91	没有达标
许朝霞	否	102	91	82	达标
李　娜	否	98	89	88	达标
杜芳芳	否	93	96	90	达标
刘自建	否	88	87	72	没有达标
王　巍	是	93	90	91	达标
段程鹏	否	90	76	82	没有达标

2. 选择性粘贴数据

“选择性粘贴”是 Excel 中非常有用的粘贴辅助功能，其中包含了许多详细的粘贴选项设置，以方便用户根据实际需求选择多种不同的复制粘贴方式。用户在按下 Ctrl+C 组合键复制单元格中的内容后，按下 Ctrl+Alt+V 组合键，或者右击任意单元格，在弹出的快捷菜单中选择【选择性粘贴】命令，将打开如下图所示的【选择性粘贴】对话框。

在【选择性粘贴】对话框中，各个选项的功能说明如下。

▶ 全部：粘贴源单元格和区域中的全部复制内容，包括数据(包括公式)、单元格中的所有格式(包括条件格式)、数据有效性以及单元格的批注。该选项为默认的常规粘贴方式。

▶ 公式：粘贴所有数据(包括公式)，不保留格式、批注等内容。

▶ 数值：粘贴数值、文本及公式运算结果，不保留公式、格式、批注、数据有效性等内容。

▶ 格式：只粘贴所有格式(包括条件格式)，而不保留公式、批注、数据有效性等内容。

▶ 批注：只粘贴批注，不保留其他任何数据内容和格式。

▶ 验证： 只粘贴数据有效性的设置内容，不保留其他任何数据内容和格式。

▶ 所有使用源主题的单元： 粘贴所有内容，并使用源区域的主题。一般在跨工作簿复制数据时，如果两个工作簿使用的主题不同，可以使用该项。

▶ 边框除外：保留粘贴内容的所有数据(包括公式)、格式(包括条件格式)、数据有效性及单元格的批注，但其中不包含单元格边框的格式设置。

▶ 列宽：仅将粘贴目标单元格区域的列宽设置成与源单元格的列宽相同，但不保留任何其他内容(注意，该选项与粘贴选项按钮下拉菜单中的【保留源列宽】功能有所不同)。

▶ 公式和数字格式： 粘贴时保留数据内容(包括公式)以及原有的数字格式，而去除原来所包含的文本格式(如字体、边框、底色填充等格式设置)。

▶ 值和数字格式：粘贴时保留数值、文本、公式运算结果以及原有的数字格式，而去除原来所包含的文本格式(如字体、边框、底色填充等格式设置)，也不保留公式本身。

▶ 所有合并条件格式：合并源区域与目标区域中的所有条件格式。

在【选择性粘贴】对话框中，【运算】区域中还包含其他一些粘贴功能选项，通过其中的【加】【减】【乘】【除】4 个选项按钮，我们可以在粘贴的同时完成一次数学运算。

【例 3-6】将报表数据单位由元转换为万元。
视频

step 1 在任意单元格中输入“10000”并按下 Ctrl+C 组合键复制该单元格，选中需要修改单位的单元格区域，按下 Ctrl+Alt+V 组合键，打开【选择性粘贴】对话框。

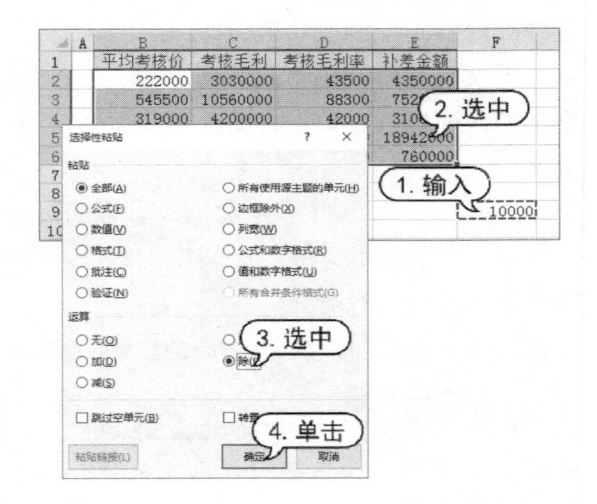

step 2 选中【除】单选按钮，单击【确定】按钮即可转换单元格区域中数据的单位。

	A	B	C	D	E
1		平均考核价	考核毛利	考核毛利率	补差金额
2		22.2	303	4.35	435
3		54.55	1056	8.83	752
4		31.9	420	4.2	310
5		43.5727	1536	5.07	1894.2
6		11.25	59	4.98	76
7					

在【选择性粘贴】对话框中选择【跳过空单元】复选框，可以防止用户使用包含空单元格的源数据区域粘贴覆盖目标区域中的单元格内容。例如，用户选定并复制的当前区域的第一行为空行，则当粘贴到目标区域

时，会自动跳过第一行，不会覆盖目标区域第一行中的数据。

例如，如果需要将 A、B 两列数据合并粘贴，在粘贴时忽略列中的空白单元格。

【例 3-7】将两列包含空行的数据合并粘贴。
视频

step 1 选中 A 列数据后，按下 Ctrl+C 组合键，然后选择 B 列数据，按下 Ctrl+Alt+V 组合键，打开【选择性粘贴】对话框。

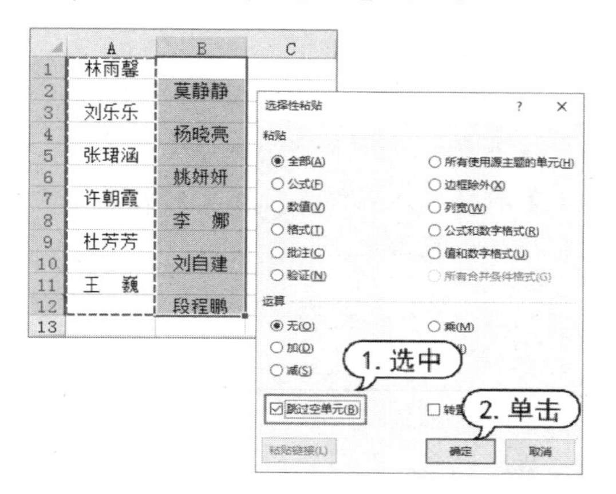

step 2 选中【跳过空单元】复选框后单击【确定】按钮，效果如下图所示。

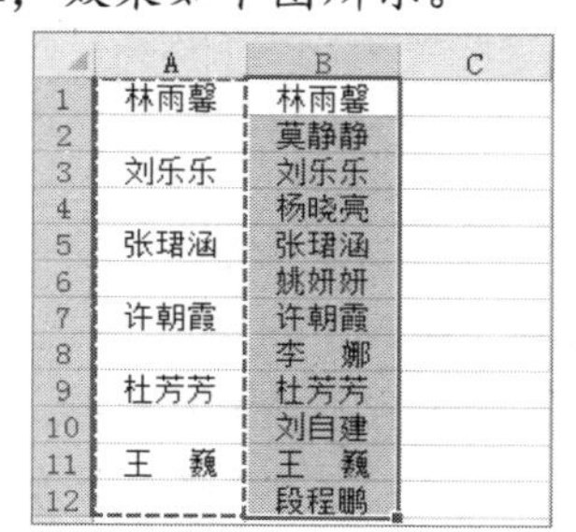

在执行粘贴时，如果在【选择性粘贴】对话框中使用【转置】功能，可以将源数据区域的行列相对位置顺序互换后粘贴到目标区域，类似于二维坐标系中 X 坐标与 Y 坐标的互换转换。

【例 3-8】利用"选择性粘贴"功能互换表格的行列。
视频

step 1 选中下图所示区域后按下 Ctrl+C 组合键，选择任意单元格，按下 Ctrl+Alt+V 组合键，打开【选择性粘贴】对话框。

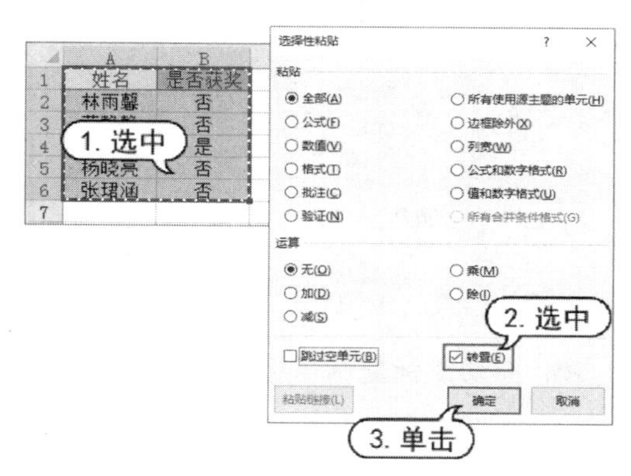

step 2 选中【转置】复选框，单击【确定】按钮即可转换单元格的行列，效果如下图所示。

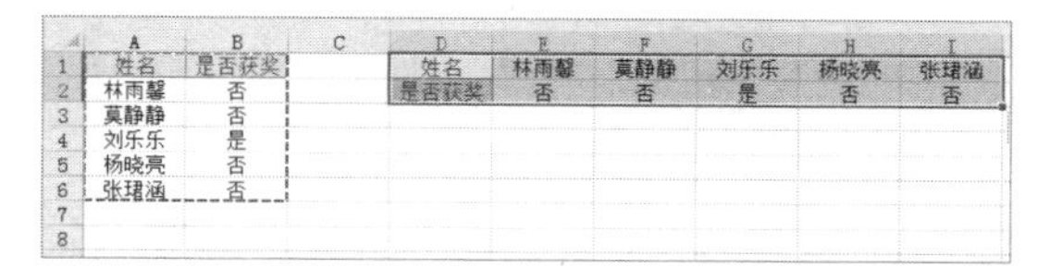

在【选择性粘贴】对话框中单击【粘贴链接】按钮，可以为目标区域生成含引用的公式，链接指向源单元格区域。这样，复制后的数据可以随源数据自动更新。

【例 3-9】实现多表格内容同步更新。
视频

step 1 选中下图所示的数据源表格后按下 Ctrl+C 组合键，然后选中任意一个单元格，按下 Ctrl+Alt+V 组合键，打开【选择性粘贴】对话框，单击该对话框中的【粘贴链接】按钮。

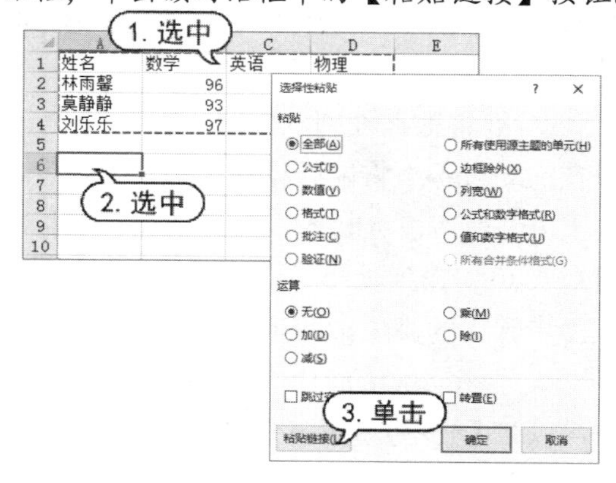

step 2 此时，将在选中单元格位置创建一个与数据源表格一样的表格，修改数据源表格

中的数据也将同时改变复制表格中的数据。

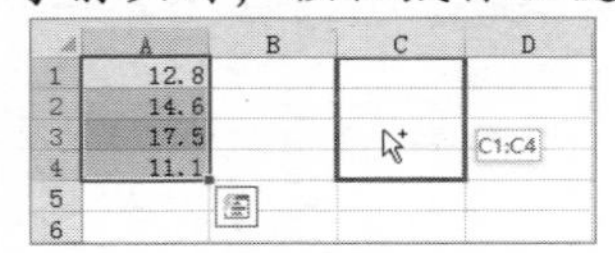

	A	B	C	D	E
1	姓名	数学	英语	物理	
2	林雨馨	70	93	95	
3	莫静静	93	88	96	
4	刘乐乐	97	93	96	
5					
6	姓名	数学	英语	物理	
7	林雨馨	70	93	95	
8	莫静静	93	88	96	
9	刘乐乐	97	93	96	
10					

3. 拖动鼠标复制与移动数据

step 1 选中需要复制的目标单元格区域，将鼠标指针移动至区域边缘，当指针颜色显示为黑色十字箭头时，按住鼠标左键。

step 2 拖动鼠标，移动至需要粘贴数据的目标位置后按下 Ctrl 键，此时鼠标指针显示为带加号“+”的指针样式，最后依次释放鼠标左键和 Ctrl 键，即可完成复制操作。

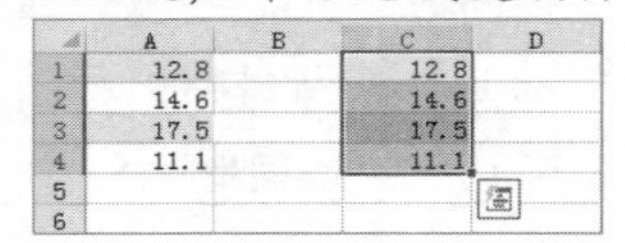

通过拖动鼠标移动数据的操作与复制类似，只是在操作的过程中不需要按住 Ctrl 键。

鼠标拖动实现复制和移动的操作方式不仅适合同一个工作表中的数据的复制和移动，也同样适用于不同工作表或不同工作簿之间的操作。

- 要将数据复制到不同的工作表中，可以在拖动过程中将鼠标移动至目标工作表标签上方，然后按 Alt 键(同时不要松开鼠标左键)，即可切换到目标工作表中，此时再执行上面步骤 2 的操作，即可完成跨表粘贴。
- 要在不同的工作簿之间复制数据，用户可以在【视图】选项卡的【窗口】命令组中选择相关命令，同时显示多个工作簿窗口，即可在不同的工作簿之间拖放数据进行复制。

3.3.3 隐藏和锁定

在工作中，用户可能需要将某些单元格或区域隐藏，或者将部分单元格或整个工作表锁定，防止泄露机密或者意外地删除数据。设置 Excel 单元格格式的“保护”属性，再配合“工作表保护”功能，可以帮助用户方便地达到这些目的。

1. 隐藏单元格或区域

要隐藏工作表中的单元格或单元格区域，用户可以执行以下操作。

step 1 选中需要隐藏内容的单元格或区域后，按下 Ctrl+1 组合键，打开【设置单元格格式】对话框，选择【自定义】选项，将单元格格式设置为“;;;”。

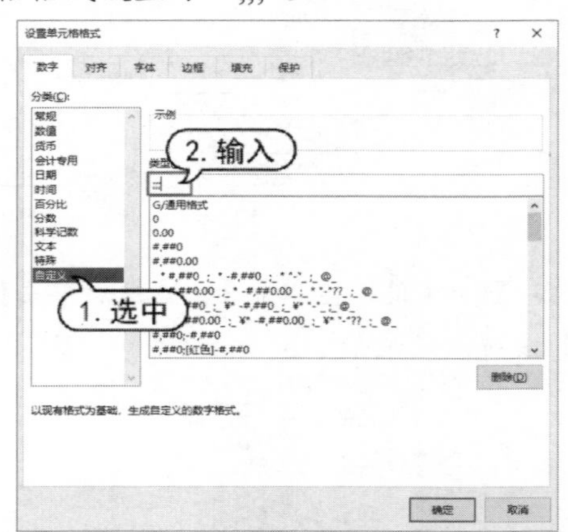

step 2 选择【保护】选项卡，选中【隐藏】复选框，然后单击【确定】按钮。

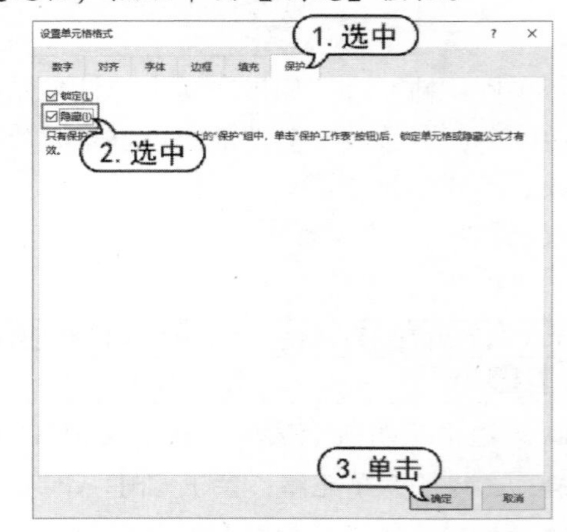

step 3 选择【审阅】选项卡，在【更改】命令组中单击【保护工作表】按钮，打开【保护工作表】对话框，单击【确定】按钮即可完成单元格内容的隐藏。

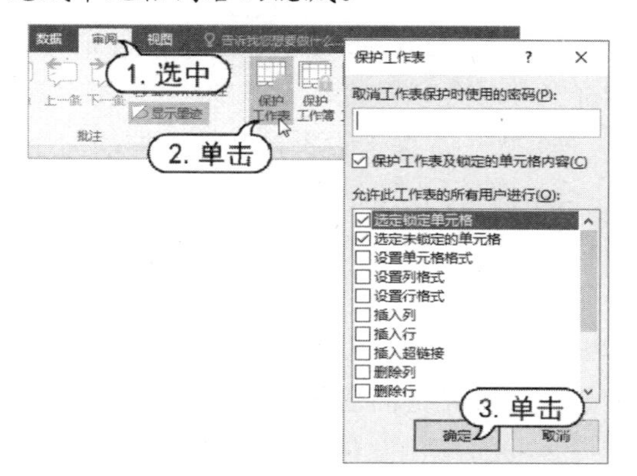

除了上面介绍的方法外，用户也可以先将整行或者整列单元格选中，在【开始】选项卡的【单元格】命令组中单击【格式】拆分按钮，在弹出的菜单中选择【隐藏和取消隐藏】|【隐藏行】(或隐藏列)命令，然后再执行“工作表保护”操作，达到隐藏数据的目的。

2. 锁定单元格或区域

Excel 中的单元格是否可以被编辑，取决于以下两项设置。

- 单元格是否被设置为“锁定”状态。
- 当前工作表是否执行了【工作表保护】命令。

当用户执行了【工作表保护】命令后，所有被设置为“锁定”状态的单元格，将不允许被编辑，而未被执行“锁定”状态的单元格仍然可以被编辑。

要将单元格设置为“锁定”状态，用户可以在【设置单元格格式】对话框中选择【保护】选项卡，然后选中该选项卡中的【锁定】复选框。

3.4 使用批注

除了可以在单元格中输入数据内容外，用户还可以为单元格添加批注。通过批注，可以对单元格的内容添加一些注释或者说明，方便自己或者其他人更好地理解单元格中的内容。

在 Excel 中为单元格添加批注的方法有以下几种。

- 右击单元格，在弹出的快捷菜单中选择【插入批注】命令，如下图所示。

- 选中单元格后，按下 Shift+F2 键。
- 选中单元格，选择【审阅】选项卡，在【批注】命令组中单击【新建批注】按钮。

【例 3-10】在工作表中插入批注。

视频

step 1 选中单元格后右击鼠标，在弹出的快捷菜单中选择【插入批注】命令，插入一个如下图所示的批注。

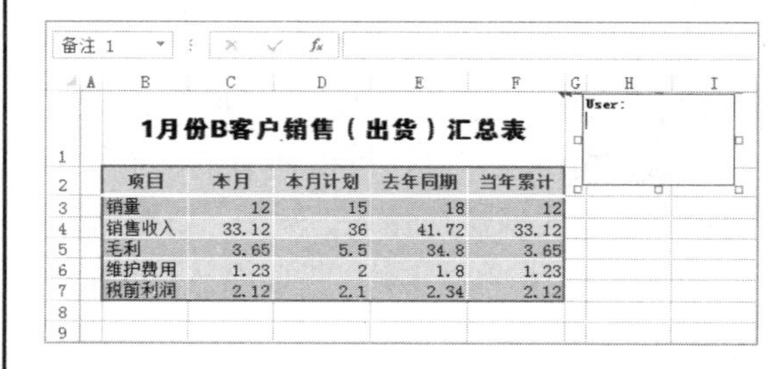

1月份B客户销售（出货）汇总表

项目	本月	本月计划	去年同期	当年累计
销量	12	15	18	12
销售收入	33.12	36	41.72	33.12
毛利	3.65	5.5	34.8	3.65
维护费用	1.23	2	1.8	1.23
税前利润	2.12	2.1	2.34	2.12

step 2 选中插入的批注，在【开始】选项卡的【单元格】命令组中单击【格式】拆分按

钮，在弹出的菜单中选择【设置批注格式】命令。

step 3 打开【设置批注格式】对话框，在该对话框中包含了字体、对齐、颜色与线条、大小、保护、属性、页边距、可选文字等选项卡，通过这些选项卡中提供的设置，可以对当前选中的单元格批注的外观样式属性进行设置。

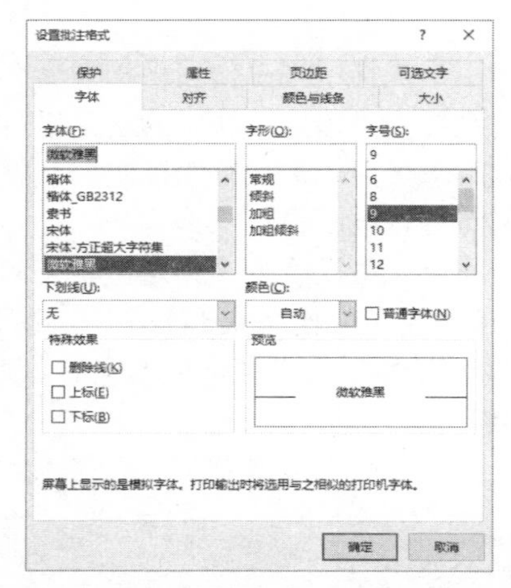

【设置批注格式】对话框中各选项卡的设置内容如下。

- 字体：设置批注文字的字体、字形、字号、字体颜色以及下画线、删除线等显示效果。
- 对齐：用于设置批注文字的水平、垂直对齐方式，文本方向以及文字方向等。
- 颜色与线条：可以设置批注外框线条的样式和颜色以及批注背景的颜色、图案等。
- 大小：用于设置批注文本框的大小。
- 保护：设置锁定批注或批注文字的保护选项，只有当前工作表被保护后该选项才会生效。
- 属性：用于设置批注的大小和显示位置是否随单元格而变化。
- 页边距：设置批注文字与批注边框之间的距离。
- 可选文字：设置批注在网页中所显示的文字。
- 图片：可对图像的亮度、对比度等进行控制。当在批注背景中插入图片后，该选项卡才会出现。

在工作表中用户可以通过改变批注的边框样式，设置批注背景图片的方法来制作出图文并茂的批注效果。

3.5 应用填充与序列

除了通常的数据输入方式外，如果数据本身包括某些顺序上的关联特性，用户还可以使用 Excel 所提供的填充功能快速地批量录入数据。

3.5.1 快速填充数据

当用户需要在工作表中连续输入某些“顺序”数据时，例如星期一、星期二、……，甲、乙、丙、……等，可以利用 Excel 的自动填充功能实现快速输入。例如，要在 A 列连续输入 1~10 的数字，只需要在 A1 单元格中输入 1，在 A2 单元格中输入 2，然后选中 A1:A2 单元格区域，拖动单元格右下角的控制柄即可，如下图所示。

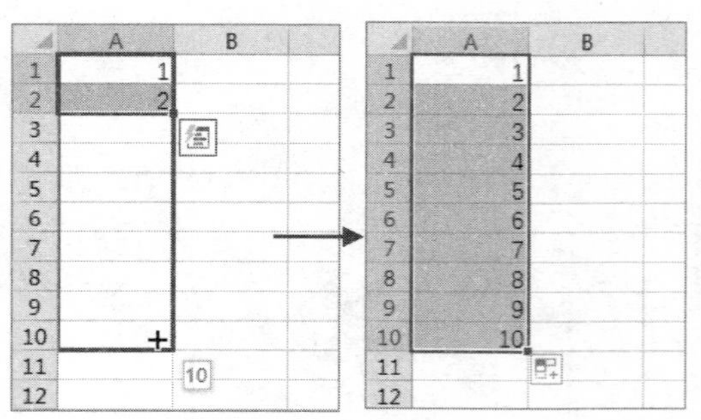

使用同样的方法也可以连续输入甲、乙、丙等 10 个天干，如下图所示。

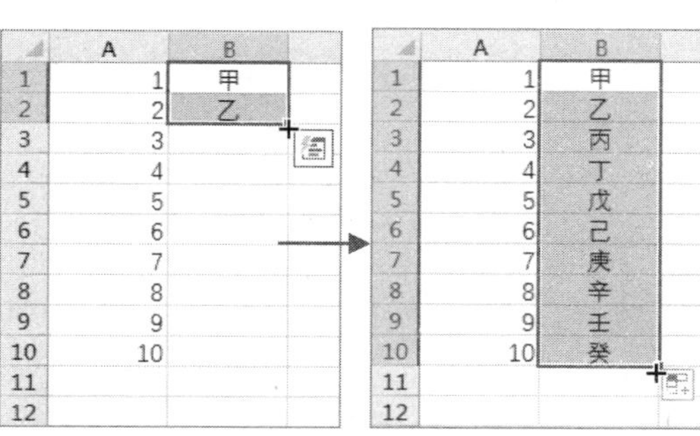

另外，如果使用 Excel 2013 以上的软件版本，使用“快速填充”功能还能够实现更多的应用，下面将通过案例进行介绍。

快速提取数字和字符串并填充到列中

例如，要将 B 列中一部分字符串中的字符提取出来并填充到 C 列，使用快速填充功能可以实现。

step 1 在 C2 单元格中输入“北京”，选中 C3 单元格。

	A	B	C	D
1	商品编码	生产商	产地	数量
2	1008438	北京诺华制药有限公司	北京	300
3	1008475	上海罗氏制药有限公司		200
4	1008546	北京万辉双鹤药业有限责任公司		300
5	1008578	浙江大冢制药有限公司		100
6	1008607	江苏恒瑞医药股份有限公司		10
7	1008630	上海中西制药有限公司		70
8	1008742	山东绿叶制药有限公司		1000
9				
10				

1. 输入
2. 选中

step 2 按下 Ctrl+E 组合键，即可提取 B 列数据中的头两个字符。

	A	B	C	D
1	商品编码	生产商	产地	数量
2	1008438	北京诺华制药有限公司	北京	300
3	1008475	上海罗氏制药有限公司	上海	200
4	1008546	北京万辉双鹤药业有限责任公司	北京	300
5	1008578	浙江大冢制药有限公司	浙江	100
6	1008607	江苏恒瑞医药股份有限公司	江苏	10
7	1008630	上海中西制药有限公司	上海	70
8	1008742	山东绿叶制药有限公司	山东	1000
9				

提取身份证号码中的生日并填充在列中

step 1 选中需要提取身份证中生日信息的单元格区域。

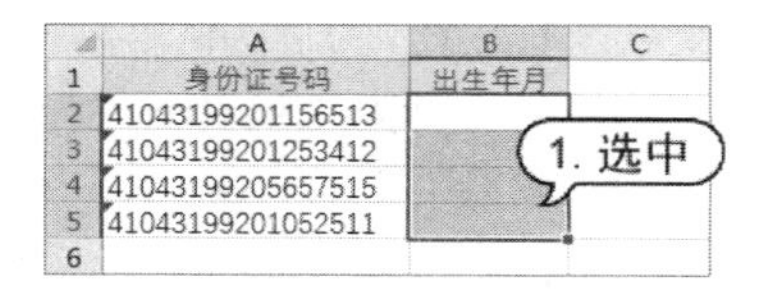

step 2 按下 Ctrl+1 组合键，打开【设置单元格格式】对话框，选择【自定义】选项，将【类型】设置为【yyyy/mm/dd】，然后单击【确定】按钮。

step 3 在 B2 单元格中输入 A1 单元格中身份证号码中的生日信息“1992/01/15”，然后按下 Enter 键和 Ctrl+E 组合键即可提取 A 列身份证号码中的生日信息。

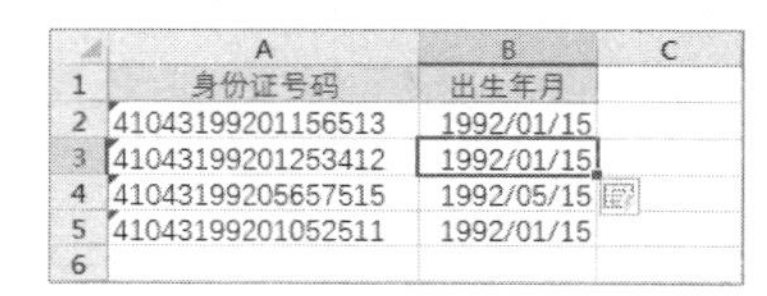

将已有的多个数据合并为一列

step 1 在 D2 单元格中输入 A2、B2 和 C2 单元格中的数据“中国北京诺华制药有限公司”，然后按下 Ctrl+Enter 键。

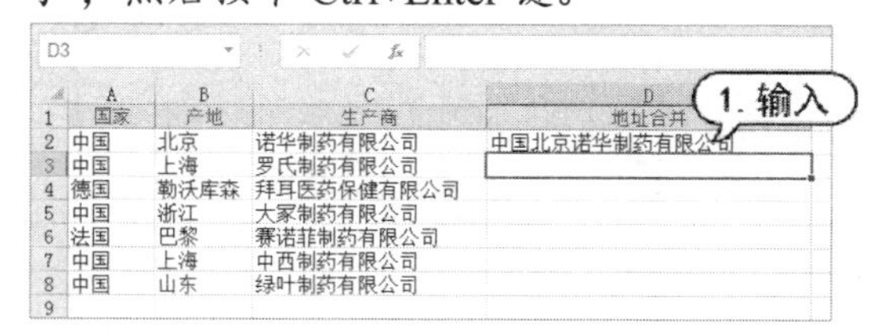

step 2 此时，将在 D 列完成 A、B、C 列数据的合并填充。

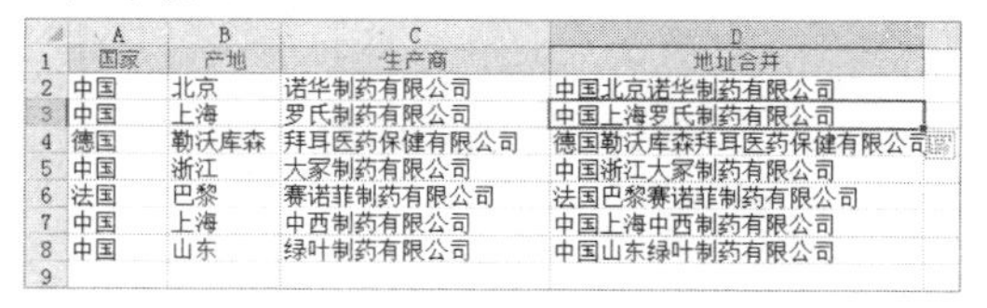

向一列单元格数据中添加指定的符号

step 1 在 B2 和 B3 单元格中根据 A2 和 A3 单元格中的地址，输入类似的数据。

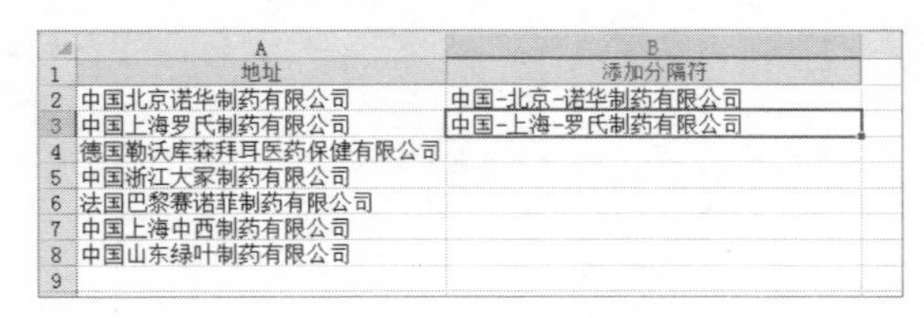

	A	B
1	地址	添加分隔符
2	中国北京诺华制药有限公司	中国-北京-诺华制药有限公司
3	中国上海罗氏制药有限公司	中国-上海-罗氏制药有限公司
4	德国勒沃库森拜耳医药保健有限公司	
5	中国浙江大冢制药有限公司	
6	法国巴黎赛诺菲制药有限公司	
7	中国上海中西制药有限公司	
8	中国山东绿叶制药有限公司	
9		

step 2 按下 Ctrl+E 组合键，即可为工作表 A 列中的数据添加两个分隔符(-)。

	A	B
1	地址	添加分隔符
2	中国北京诺华制药有限公司	中国-北京-诺华制药有限公司
3	中国上海罗氏制药有限公司	中国-上海-罗氏制药有限公司
4	德国勒沃库森拜耳医药保健有限公司	德国-勒沃-库森拜耳医药保健有限公司
5	中国浙江大冢制药有限公司	中国-浙江-大冢制药有限公司
6	法国巴黎赛诺菲制药有限公司	法国-巴黎-赛诺菲制药有限公司
7	中国上海中西制药有限公司	中国-上海-中西制药有限公司
8	中国山东绿叶制药有限公司	中国-山东-绿叶制药有限公司
9		

提取两列中的数据并实现组合填充

step 1 在 E2 单元格中输入 B2、C2 和 D2 单元格中的一部分数据“广州王经理”。

	A	B	C	D	E
1		省市	姓名	职务	资料
2		广州省广州市	王伟	经理	广州王经理
3		江苏省南京市	方若山	部长	
4		湖北省武汉市	段珍	经理	
5		河北省廊坊市	黄逸群	专员	
6		湖南省长沙市	路小米	专员	
7		辽宁省锦州市	安媛媛	专员	
8					

1. 输入

step 2 按下 Enter 键，再按下 Ctrl+E 组合键，即可在 E 列填充如下图所示的数据。

	A	B	C	D	E
1		省市	姓名	职务	资料
2		广州省广州市	王伟	经理	广州王经理
3		江苏省南京市	方若山	部长	江苏方部长
4		湖北省武汉市	段珍	经理	湖北段经理
5		河北省廊坊市	黄逸群	专员	河北黄专员
6		湖南省长沙市	路小米	专员	湖南路专员
7		辽宁省锦州市	安媛媛	专员	辽宁安专员
8					

调整表格数据的顺序并快速填充

在工作中有时可能需要调整一列中数据的字符位置。例如，在下图中将“嘉元实业 CU0001”调整为“CU0001 嘉元实业”。

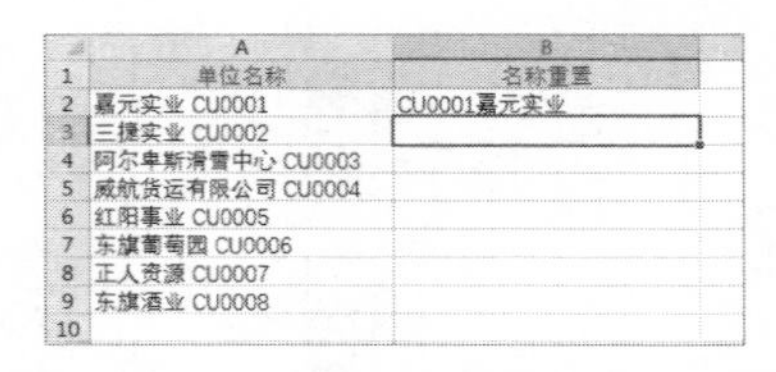

	A	B
1	单位名称	名称重置
2	嘉元实业 CU0001	CU0001嘉元实业
3	三捷实业 CU0002	
4	阿尔卑斯滑雪中心 CU0003	
5	威航货运有限公司 CU0004	
6	红阳事业 CU0005	
7	东旗葡萄园 CU0006	
8	正人资源 CU0007	
9	东旗酒业 CU0008	
10		

此时，借助“快速填充”功能可以迅速完成操作。

	A	B
1	单位名称	名称重置
2	嘉元实业 CU0001	CU0001嘉元实业
3	三捷实业 CU0002	CU0002三捷实业
4	阿尔卑斯滑雪中心 CU0003	CU0003阿尔卑斯滑雪中心
5	威航货运有限公司 CU0004	CU0004威航货运有限公司
6	红阳事业 CU0005	CU0005红阳事业
7	东旗葡萄园 CU0006	CU0006东旗葡萄园
8	正人资源 CU0007	CU0007正人资源
9	东旗酒业 CU0008	CU0008东旗酒业
10		

将不符合规范的数字转换为标准格式

当用户从其他软件向 Excel 中导入数据时，数据中有可能含有逗号或不可见的字符，对于这种不符合表格规范的数字，也可以利用“快速填充”功能来转换。

step 1 在 C2 单元格中输入规范的数字，然后按下 Enter 键。

	A	B	C
1	金额	字符数	规范输入
2	500,000,000	9	500000000
3	78,080	5	
4	8,000,000	7	
5	12,525,025	8	
6	124,245,245	9	
7			

1. 输入

step 2 按下 Ctrl+E 组合键，Excel 在 C 列中按规范的格式填充 A 列数据。

	A	B	C
1	金额	字符数	规范输入
2	500,000,000	9	500000000
3	78,080	5	78080
4	8,000,000	7	8000000
5	12,525,025	8	12525025
6	124,245,245	9	124245245
7			

3.5.2 认识和填充序列

在 Excel 中可以实现自动填充的“顺序”数据被称为序列。在前几个单元格内输入序列中的元素，就可以为 Excel 提供识别序列的内容及顺序信息，以及 Excel 在使用自动填充功能时，自动按照序列中的元素、间隔顺序来依次填充。

用户可以在【自定义序列】对话框中查看可以被自动填充的序列包括哪些。

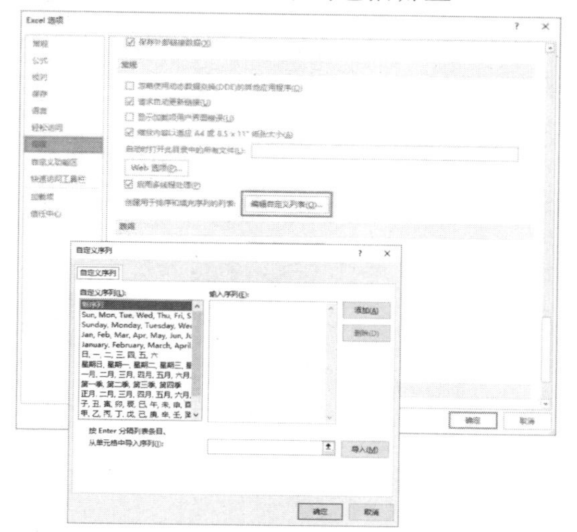

在上图所示的【自定义序列】对话框左侧的列表中显示了当前 Excel 中可以被识别的序列(所有的数值型、日期型数据都是可以被自动填充的序列，不再显示于列表中)，用户也可以在右侧的【输入序列】文本框中手动添加新的数据序列作为自定义系列，或者引用表格中已经存在的数据列表作为自定义序列进行导入。

Excel 中自动填充的使用方式相当灵活，用户并非必须从序列中的一个元素开始自动填充，而是可以始于序列中的任何一个元素。当填充的数据达到序列尾部时，下一个填充数据会自动取序列开头的元素，循环地继续填充。例如在下图所示的表格中，显示了从“六月”开始自动填充多个单元格的结果。

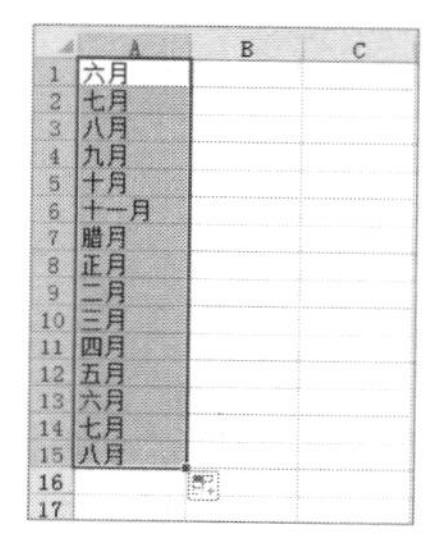

除了对自动填充的起始元素没有要求之外，填充时序列中的元素的顺序间隔也没有严格限制。

当需要只在一个单元格中输入序列元素时(除了纯数值数据外)，自动填充功能默认以连续顺序的方式进行填充。而当用户在第一个、第二个单元格内输入具有一定间隔的序列元素时，Excel 会自动按照间隔的规律来选择元素进行填充，例如在如下图所示的表格中，显示了从六月、九月开始自动填充多个单元格的结果。

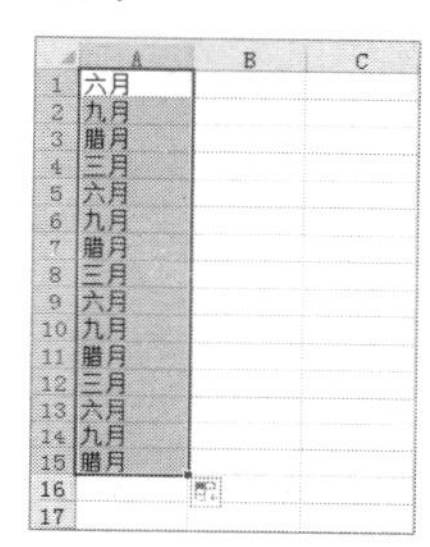

3.5.3 设置填充选项

自动填充完成后，填充区域的右下角将显示【填充选项】按钮，将鼠标指针移动至该按钮上并单击，在弹出的菜单中可显示更多的填充选项。

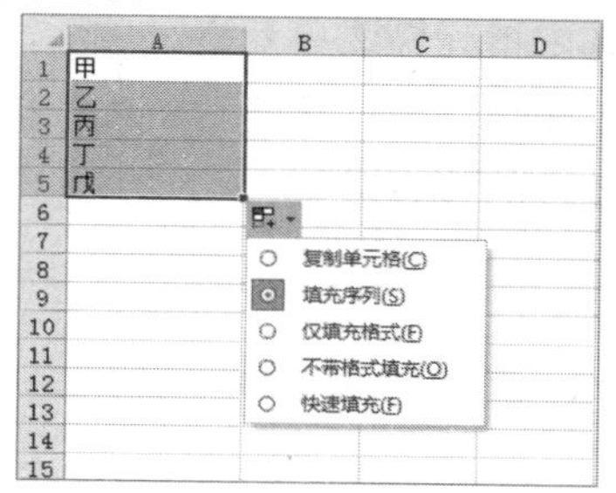

在上图所示的菜单中，用户可以为填充选择不用的方式，如【仅填充格式】【不带格式填充】和【快速填充】等，甚至可以将填充方式改为复制，使数据不再按照序列顺序递增，而是与最初的单元格保持一致。填充选项按钮下拉菜单中的选项内容取决于所填充的数据类型。例如，下图所示的填充目标数据是日期型数据，则在菜单中显示了更多与日期有关的选项，例如【以月填充】和【以年填充】等。

3.5.4 使用填充菜单

除了可以通过拖动、双击填充柄或按下Ctrl+E组合键的方式实现数据的快速填充外，使用Excel功能区中的填充命令，也可以在连续单元格中批量输入定义为序列的数据内容。

step 1 选中下图所示的区域后，选择【开始】选项卡，在【编辑】命令组中单击【填充】下拉按钮，在弹出的下拉列表中选择【序列】选项，打开【序列】对话框。

step 2 在【序列】对话框中，用户可以选择序列填充的方向为【行】或者【列】，也可以根据需要填充的序列数据类型，选择不同的填充方式。

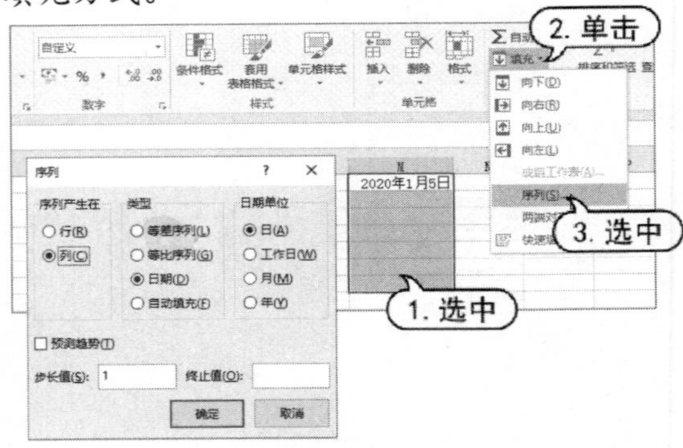

3.6 设置数据有效性

在Excel中，用户可以使用一种称为“数据有效性”(在Excel 2013版之后称为“数据验证”)的特性来控制单元格(或区域)可接受数据的类型。使用这种特性可以有效地减少和避免输入数据的错误。例如限定为特定的类型，一定的取值范围，甚至特定的字符及输入的字符数。

在选中单元格或单元格区域后，选择【数据】选项卡，在【数据工具】命令组中单击【数据验证】按钮，在打开的对话框中单击【允许】下拉按钮，在弹出的菜单中可以设置单元格数据有效性的检查类型。

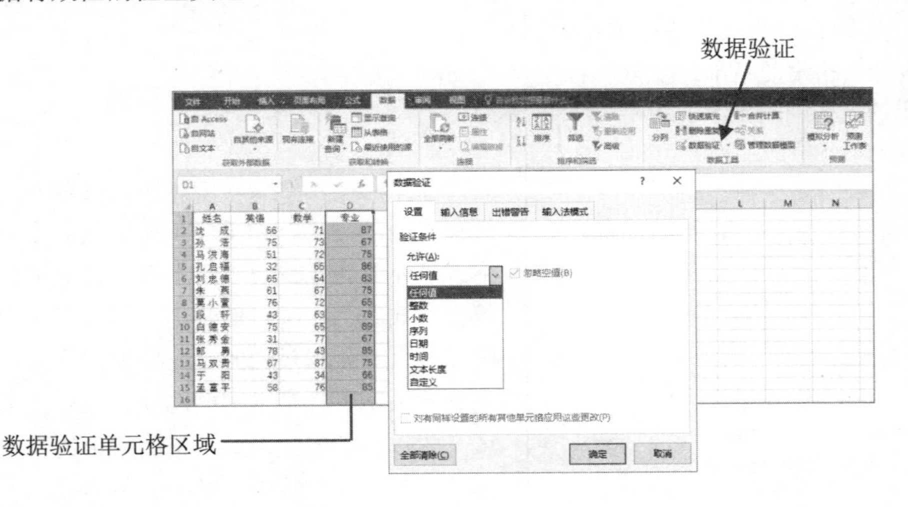

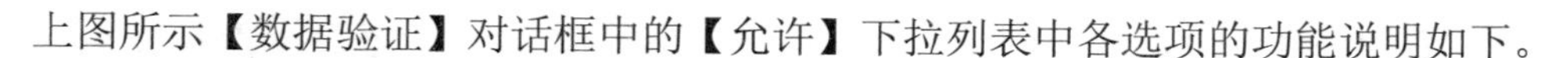

上图所示【数据验证】对话框中的【允许】下拉列表中各选项的功能说明如下。

- 任何值：该选项为默认选项，即允许在单元格中输入任何数据而不受限制。
- 整数：即限制单元格中只能输入整数。当将数据有效性的允许条件设置为“整数”后，会显示“整数”条件的设置选项，在【数据】下拉列表中可以选择数据允许的范围，如“介于”“大于”和“等于”等，如果选择【介于】选项，则会出现【最大值】和【最小值】数据范围编辑框，供用户指定整数区间的上限值和下限值。若要限制在单元格区域中只能输入 1 至 50 岁的年龄值，可以按照如下图所示进行设置。

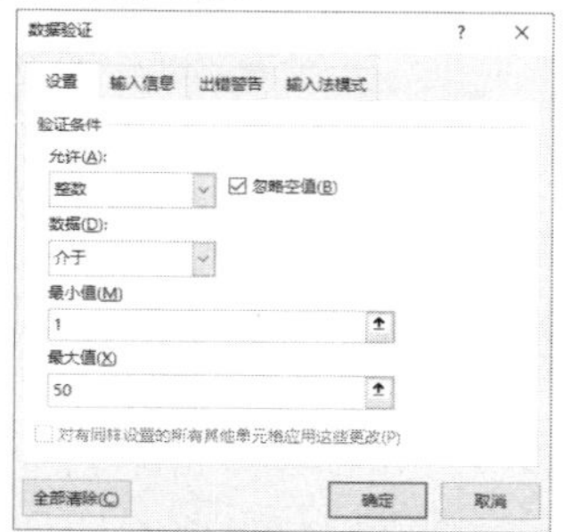

限制单元格中只能输入 1~50 的整数

- 小数：即限制单元格中只能输入“小数”。该条件的设置方法与“整数”相似，如下图的设置限制了在单元格中输入的“利率”值必须小于“0.1”。

限制“利率”值输入必须小于 0.1

- 序列：该条件要求在单元格区域中必须输入某一个特定序列中的一个内容项。序列的内容可以是单元格引用、公式，也可以手动输入。当用户在【设置】选项卡中选择数据有效性的条件为【序列】后，会出现【序列】条件的设置选项，在【来源】编辑框中，可手动输入序列内容，并以半角的逗号(,)隔开不同的内容项，或者直接在工作表中选择某个单行或者单列单元格区域中的现有数据。如果同时选中了【提供下拉箭头】和【忽略空值】复选框，则在设置完成后，选定单元格时显示如下图所示的下拉按钮。

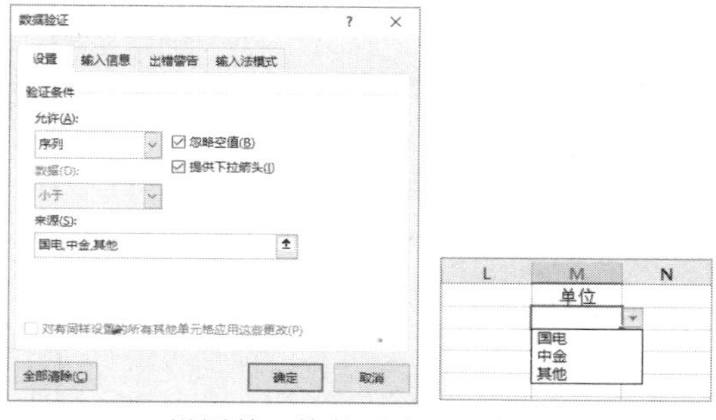

设置单元格的【序列】条件

- 日期：该条件用于限制单元格只能输入某一个区间的日期，或者是排除某一个日期区间之外的日期。例如，如果需要将单元格中输入的日期限定在第一、三、四季度，可以用“未介于”来排除第二季度的日期，设置方法如下图所示。

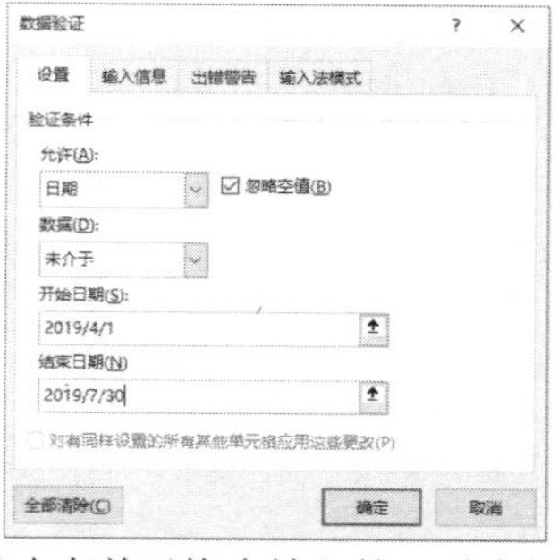

禁止在单元格中输入第二季度的日期

- 时间：该条件与“日期”条件的设置方法基本相同，主要用于限制单元格中时间的输入。如下图所示的设置，限制了单元格中输入的数据必须是上午 9 点到 11 点半的时间。

限制单元格输入的时间区间

▶ 文本长度：该条件主要用于限制输入数据的字符个数。例如，要求输入某种编码的长度必须为 4 位，可参考下图所示进行设置。

限制单元格中输入数据的字符个数

▶ 自定义：自定义条件主要是指通过函数与公式来实现较为复杂的条件。例如，在 A10 单元格中只能输入数值，不能输入文本，可以用 ISNUMBER 函数对输入的内容进行判断，如果是数值则返回 TRUE，允许输入；否则返回 FALSE，禁止输入。

禁止在 A10 单元格中输入文本

3.6.1 应用数据有效性

下面将通过几个案例来介绍单元格数据输入有效性的具体应用。

设置输入提示和出错警告

利用数据有效性，可以为单元格区域预设一个输入提示信息，类似于 Excel 批注。此外，对于不符合有效性条件的输入内容，用户也可以自定义警告提示内容。

step 1 选中单元格区域后，在【数据】选项卡的【数据工具】命令组中单击【数据验证】按钮，在打开的对话框中设置限制单元格区域中只能输入 0~100 的数值。

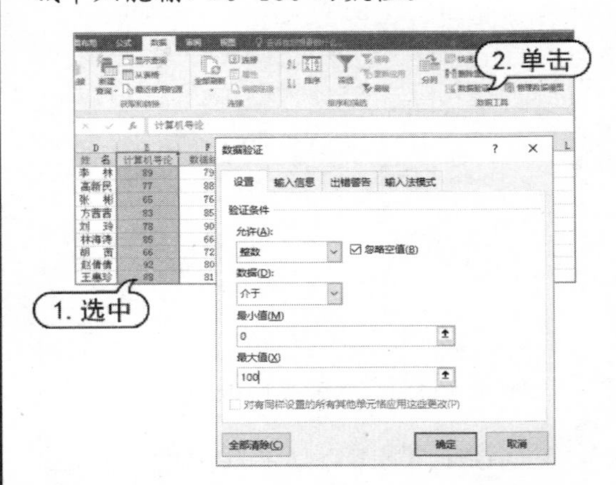

step 2 选择【输入信息】选项卡，在【标题】文本框中输入文本“提示:”，在【输入信息】文本框中输入“考试分数的范围在 0~100 之间”。

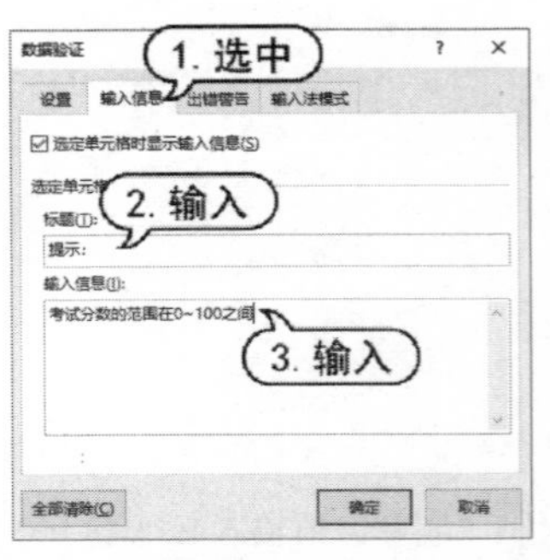

step 3 选择【出错警告】选项卡，将【样式】设置为【停止】，在【标题】文本框中输入

“提示：”，在【错误信息】文本框中输入“输入分数超出了 1~100 的范围！”。

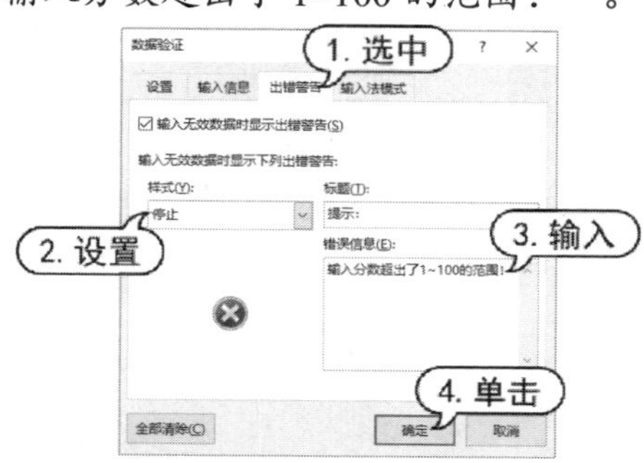

step 4 单击【确定】按钮后，选中设置了数据有效性的单元格，软件将显示提示，输入一个超过 100 的数值，将打开如下图所示的提示对话框。

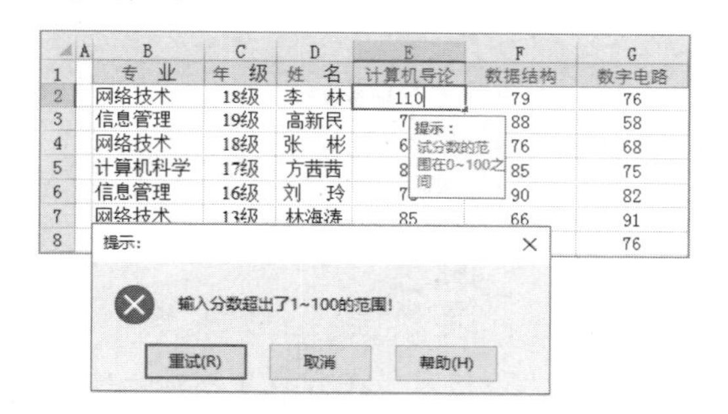

拒绝录入重复数据

身份证号码、工作证编号等个人 ID 都是唯一的，不允许重复。如果在 Excel 中录入重复的 ID，就会给信息管理带来不便，我们可以通过设置输入数据的有效性，解决此类问题。

step 1 选中 B2:B10 作为设置数据有效性的单元格区域，打开【数据验证】对话框，在下图所示的【设置】选项卡中单击【允许】下拉按钮，在弹出的下拉列表中选择【自定义】选项，在【公式】文本框中输入公式：

```
=COUNTIF(B:B,B2)=1
```

注意：在实际操作中，公式中的“(B:B,B2)”部分应根据选中的单元格区域来设定，例如为 A1：A10 单元格区域设置数据有效性，公式应改为“=COUNTIF(A:A,A1)=1”。

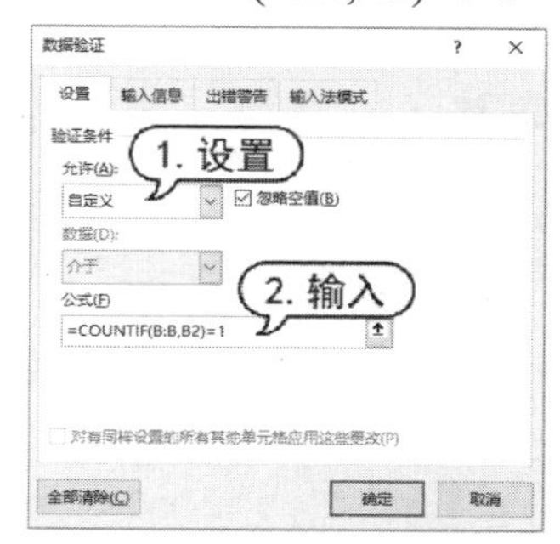

step 2 选择【出错警告】选项卡，设置出错警告的样式为【警告】，填写如下图所示的标题和错误信息，然后单击【确定】按钮。

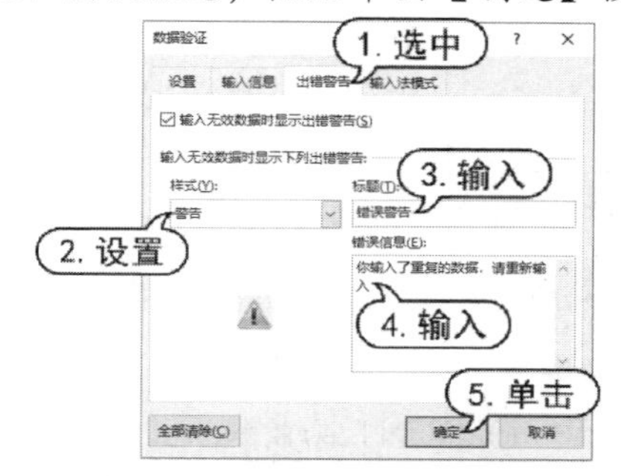

step 3 如此，在 B 列中输入重复的身份证号码时，Excel 软件将打开如下图所示的错误警告对话框，提示数据输入错误，单击【否】按钮，将关闭对话框避免输入重复的数据。

制作数据输入动态下拉菜单

如下图所示是一份公司销售清单，要求根据“价格表”在“销售清单”中设置“品种”的下拉菜单，提高数据输入的效率，其中的“商品名称”可能会随时增加，因此还要求当“价格表”中的商品品种增加后，在“销售清单”表中的“品种”下拉菜单同时反映增加的品种。

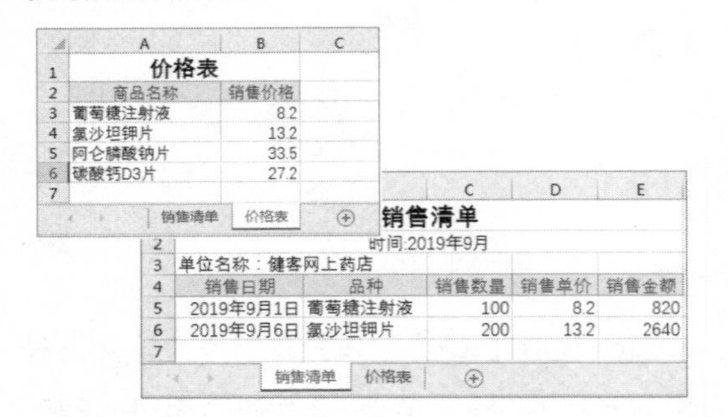

step① 在“价格表”工作表中选择【公式】选项卡，在【定义名称】命令组中单击【名称管理器】按钮，打开【名称管理器】对话框，单击【新建】按钮，新建一个名称“商品名称”，并为该名称设置如下公式：

```
=OFFSET(价格表!$A$2,1,,COUNTA(价格表!$A:$A)-2)
```

公式中用 COUNT 函数统计“价格表”A 列中文本的个数，再用 OFFSET 函数获取“商品名称”数据所在的区域，该区域会因 A 列中商品名称的增减而动态变化。

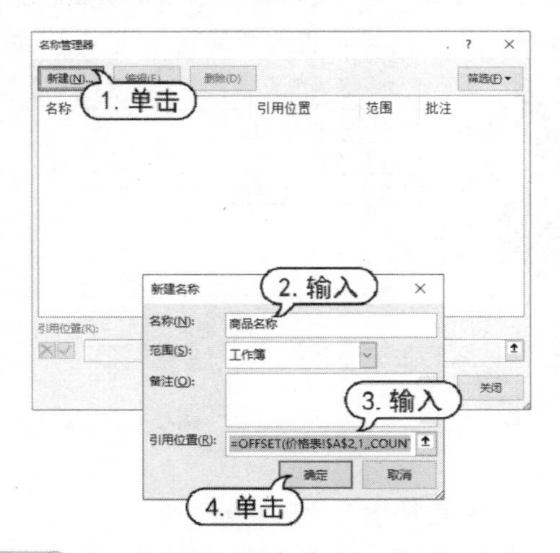

step② 切换到“销售清单”工作表，选中“品种”字段，如 B5:B10 单元格区域，打开【数据验证】对话框，将【允许】设置为【序列】，将【来源】设置为【=商品名称】。

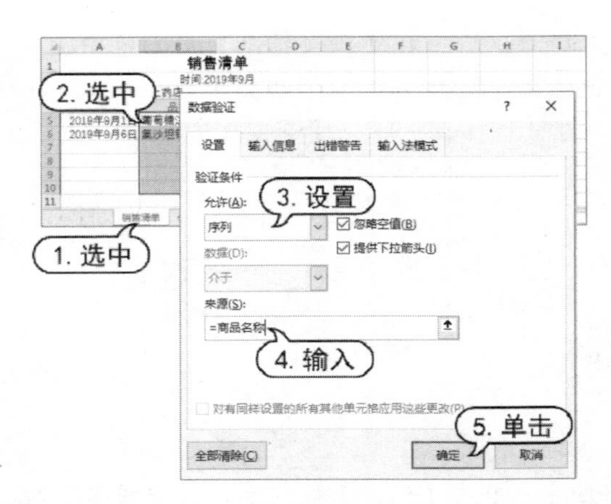

step③ 单击【确定】按钮后，在“销售清单”工作表中单击 B7 单元格后的下拉按钮，可以在显示的下拉列表中看到“价格表”工作表中的“商品名称”。

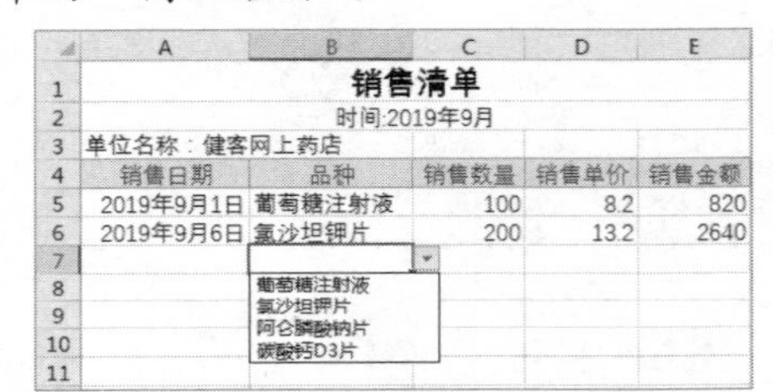

step④ 在“价格表”工作表中增加一项“阿卡波糖片”品种后，再次单击“销售清单”工作表中 B7 单元格旁的下拉按钮，可以在显示的下拉列表中看到相应的变化，如下图所示。

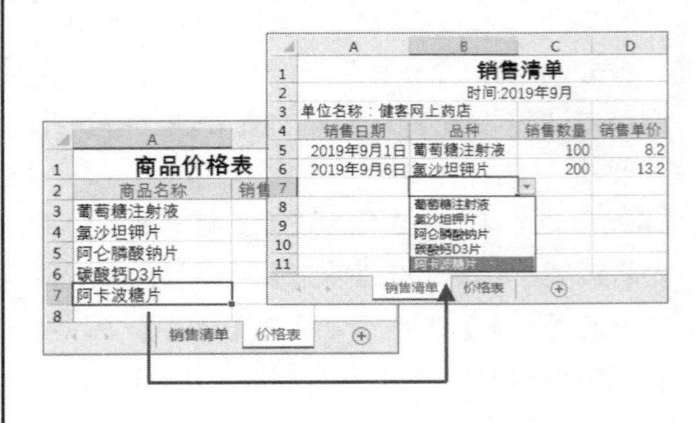

圈释表格中输入的无效数据

step① 选中需要检查数据输入有效性的单元格区域，打开下图所示的【数据验证】对话框，在【设置】选项卡中，将【允许】设置为【小数】，将【最小值】和【最大值】分别设置为 0 和 100，单击【确定】按钮。

step 2 在【数据工具】命令组中单击【数据验证】按钮旁的 按钮，在弹出的菜单中选择【圈释无效数据】命令，即可将表格中所有无效数据用椭圆形圈释出来。

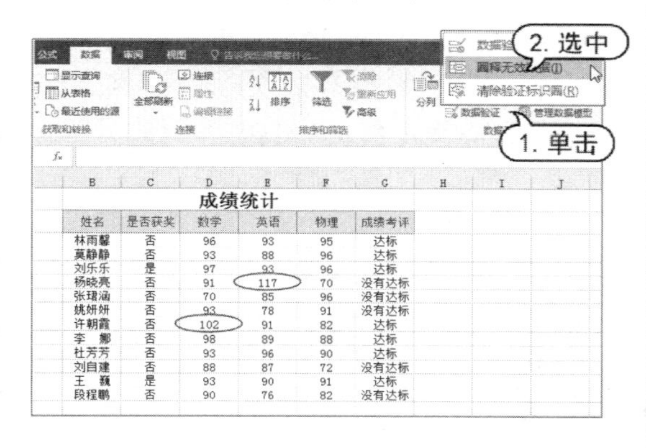

3.6.2　定位数据有效性

如果需要在工作表中查找设置了带有数据有效性的单元格，可以按如下步骤操作。

step 1 按下 Ctrl+G 组合键，打开【定位】对话框，单击【定位条件】按钮。

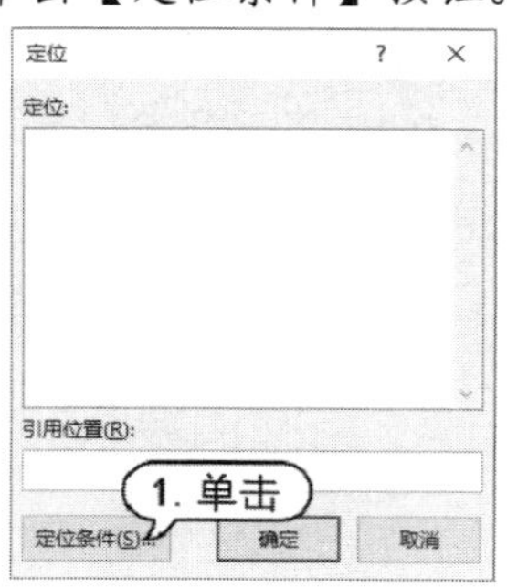

step 2 打开下图所示的【定位条件】对话框，选中【数据验证】和【全部】单选按钮。

step 3 单击【确定】按钮，即可选中表格中设置了数据有效性的单元格区域。

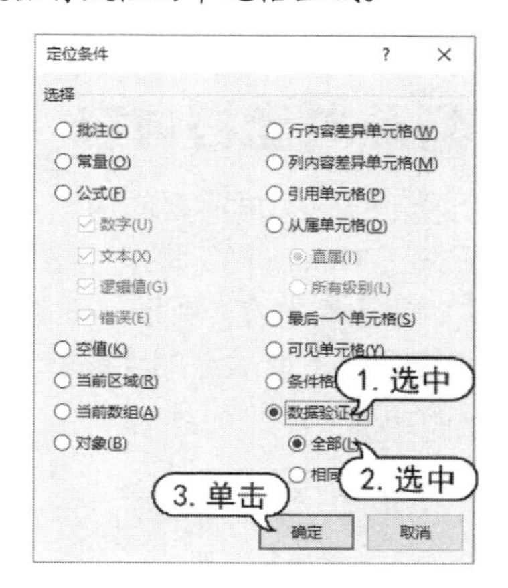

3.6.3　复制数据有效性

包含数据有效性的单元格被复制时，数据有效性将被一同复制。如果用户只需要复制单元格的数据有效性而不需要复制单元格的数据和格式，可以使用选择性粘贴的方法来实现。

step 1 在下图所示的表格中选择一个设置了数据有效性的单元格，按下 Ctrl+C 组合键复制该单元格。

step 2 选择一个需要应用数据有效性的单元格(或区域)，按下 Ctrl+Alt+V 组合键，打开【选择性粘贴】对话框，选中【验证】单选按钮，并单击【确定】按钮即可。

3.6.4　删除数据有效性

删除数据有效性分为删除单个单元格中的数据有效性和删除多个单元格区域的数据有效性两种情况，其各自的操作方法如下。

▶ 删除单个单元格中的数据有效性：选择单元格后，打开【数据验证】对话框，在【设置】选项卡中单击【全部清除】按钮。

▶ 删除多个单元格区域的数据有效性：选中单元格区域后，单击【数据】选项卡【数据工具】命令组中的【数据验证】按钮，Excel会警告单元格区域内含有多种类型的数据有效性，单击【确定】按钮打开【数据验证】对话框，在【设置】选项卡中将【允许】设置为【任何值】，单击【确定】按钮即可。

3.7 删除单元格内容

对于单元格中不再需要的内容，如果需要将其删除，可以先选中目标单元格(或单元格区域)，然后按下 Delete 键，将单元格中所包含的数据删除。但是这样的操作并不会影响单元格中的格式、批注等内容。要彻底地删除单元格中的内容，可以在选中目标单元格(或单元格区域)后，在【开始】选项卡的【编辑】命令组中单击【清除】下拉按钮，在弹出的下拉列表中选择相应的命令。

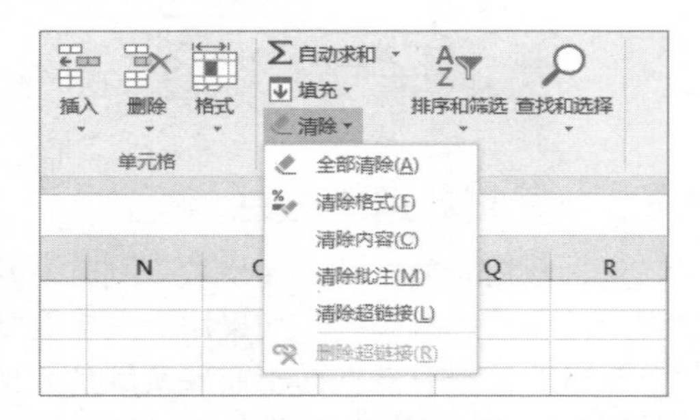

上图所示列表中各命令的说明如下。

▶ 全部清除：清除单元格中的所有内容，包括数据、格式、批注等。

▶ 清除格式：只清除单元格中的格式，保留其他内容。

▶ 清除内容：只清除单元格中的数据，包括文本、数值、公式等，保留其他内容。

▶ 清除批注：只清除单元格中附加的批注。

▶ 清除超链接：在单元格中弹出如下图所示的按钮，单击该按钮，用户在弹出的下拉列表中可以选中【仅清除超链接】或者【清除超链接和格式】单选按钮。

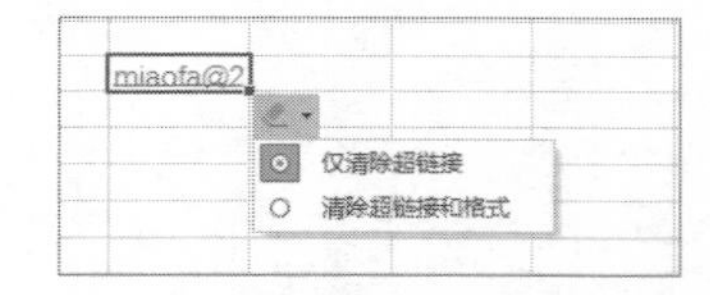

▶ 删除超链接：清除单元格中的超链接和格式。

3.8 案例演练

本章的案例演练部分将通过实例介绍在 Excel 中输入与编辑表格数据的一些实用技巧，帮助用户进一步掌握所学的知识，提高工作效率。

【例 3-11】在输入数据时自动标识出不及格的数据。
视频+素材 (素材文件\第 03 章\例 3-11)

step 1 选中需要输入成绩的单元格区域后，按下 Ctrl+1 组合键，打开【设置单元格格式】对话框，在【数字】选项卡中选中【自定义】选项，然后在【类型】文本框中输入公式：

[蓝色][>=60];[红色][<60]

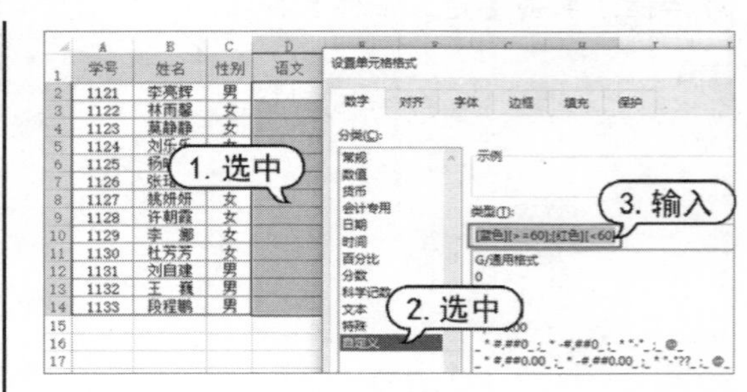

step 2　单击【确定】按钮，关闭【设置单元格格式】对话框，然后在步骤 1 选定的区域内输入成绩，及格的成绩将显示为蓝色，不及格的成绩将显示为红色。

	A	B	C	D	E
1	学号	姓名	性别	语文	数学
2	1121	李亮辉	男	92	
3	1122	林雨馨	女	57	
4	1123	莫静静	女	87	
5	1124	刘乐乐	女	42	
6	1125	杨晓亮	男	56	
7	1126	张珺涵	男	72	
8	1127	姚妍妍	女		

【例 3-12】为指定数据快速加上或减去相同的数值。

视频+素材　(素材文件\第 03 章\例 3-12)

step 1　选中 B2:B14 单元格区域，按下 Ctrl+C 组合键复制该区域中的数据，然后选中 C2:C14 单元格区域，按下 Ctrl+V 组合键，粘贴复制的数据。

	A	B	C	D
1	姓名	2019年基本工资	2020年基本工资	
2	李亮辉	5000	5000	
3	林雨馨	6000	6000	
4	莫静静	6500	6500	
5	刘乐乐	3500	3500	
6	杨晓亮	4500	4500	
7	张珺涵	7500	7500	
8	姚妍妍	7000	7000	
9	许朝霞	6500	6500	
10	李　娜	5500	5500	
11	杜芳芳	4500	4500	
12	刘自建	5500	5500	
13	王　巍	6500	6500	
14	段程鹏	7500	7500	
15				(Ctrl)
16				

step 2　在任意单元格中输入需要在 C2:C14 单元格区域中增加或减少的数值(例如 300)，然后选中该单元格，按下 Ctrl+C 组合键，并右击 C2:C14 单元格区域，从弹出的快捷菜单中选择【选择性粘贴】命令。

B	C
2019年基本工资	2020年基本工资
5000	[illegible]
6000	[illegible]
6500	6500
3500	3500
4500	4500
7500	7500
7000	7000
6500	6500
5500	5500
4500	4500
5500	5500
6500	6500
7500	[illegible]
	300

2. 右击
宋体　11
剪切(T)
复制(C)
粘贴选项:
3. 选中
选择性粘贴(S)...
智能查找(L)
插入(I)...
插入复制的单元格(E)...
删除(D)...
清除内容(N)
1. 输入

step 3　打开【选择性粘贴】对话框，选中【数值】和【加】单选按钮，单击【确定】按钮。

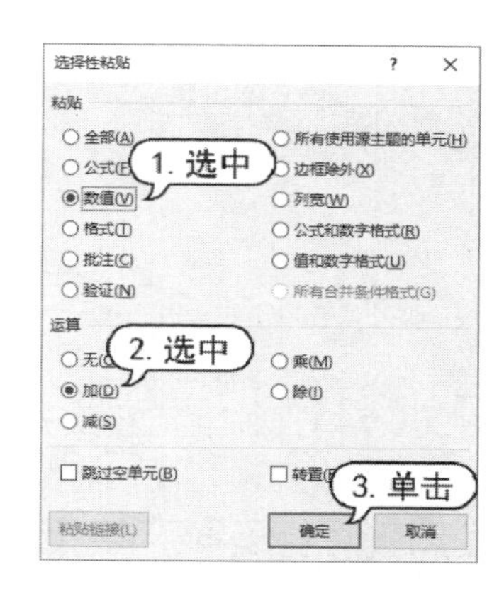

step 4　此时，C2:C14 单元格区域中的数值将统一增加 300，如下图所示。

	A	B	C	D
1	姓名	2019年基本工资	2020年基本工资	
2	李亮辉	5000	5300	
3	林雨馨	6000	6300	
4	莫静静	6500	6800	
5	刘乐乐	3500	3800	
6	杨晓亮	4500	4800	
7	张珺涵	7500	7800	
8	姚妍妍	7000	7300	
9	许朝霞	6500	6800	
10	李　娜	5500	5800	
11	杜芳芳	4500	4800	
12	刘自建	5500	5800	
13	王　巍	6500	6800	
14	段程鹏	7500	7800	
15				(Ctrl)
16			300	

step 5　如果在【选择性粘贴】对话框中选中【数值】和【减】单选按钮，C2:C14 单元格区域中的数值将统一减少 300。

【例 3-13】在单元格中输入☑和☒。

视频+素材　(素材文件\第 03 章\例 3-13)

step 1　选中需要输入☑的单元格，输入 R，然后将其字体设置为 Wingdings 2，R 在单元格中将显示为☑。

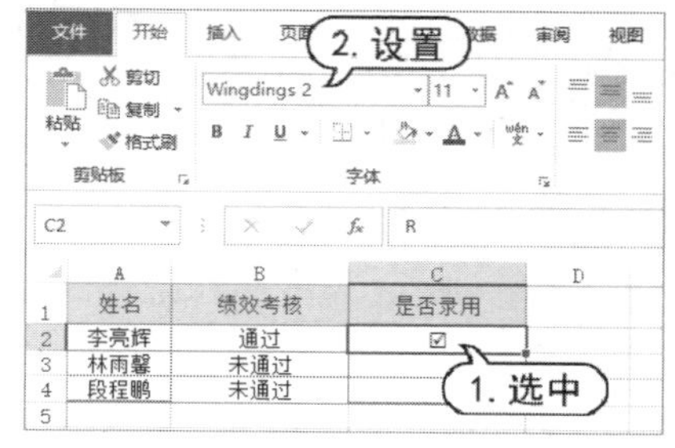

step 2　在需要输入☒的单元格中输入 S，然后将其字体设置为 Wingdings 2，S 在单元格中将显示为☒。

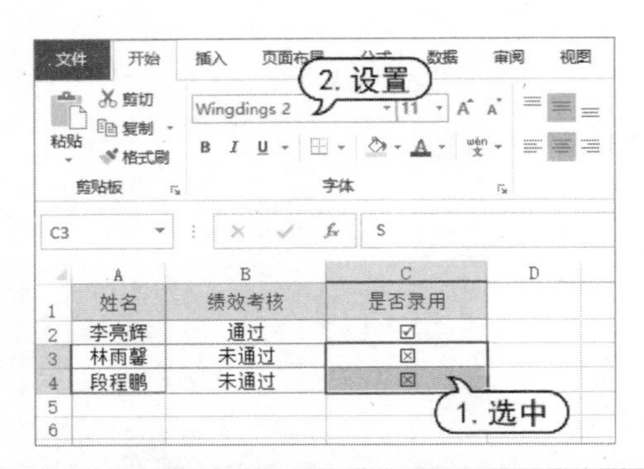

【例 3-14】禁止编辑工作表中的一部分数据。

视频+素材 (素材文件\第 03 章\例 3-14)

step 1 单击工作表左上角的◢，全选整个工作表，按下 Ctrl+1 组合键，打开【设置单元格格式】对话框，选择【保护】选项卡，取消【锁定】复选框的选中状态。

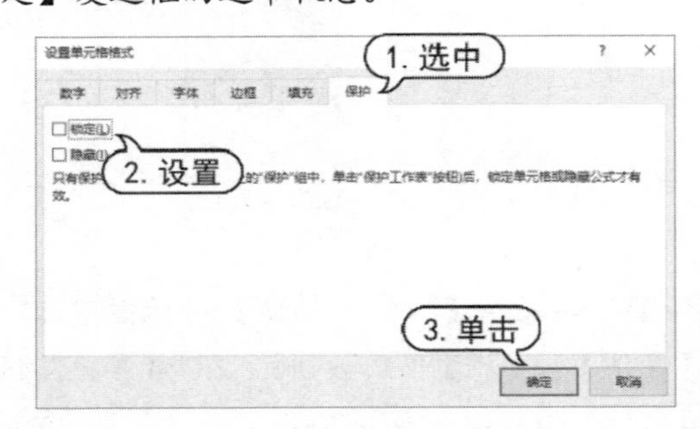

step 2 单击【确定】按钮后，选中需要禁止编辑的单元格区域，按下 Ctrl+1 组合键，再次打开【设置单元格格式】对话框，选择【保护】选项卡，选中【隐藏】和【锁定】复选框。

step 3 单击【确定】按钮后，选择【审阅】选项卡，在【更改】命令组中单击【保护工作表】按钮，打开【保护工作表】对话框，并单击【确定】按钮。

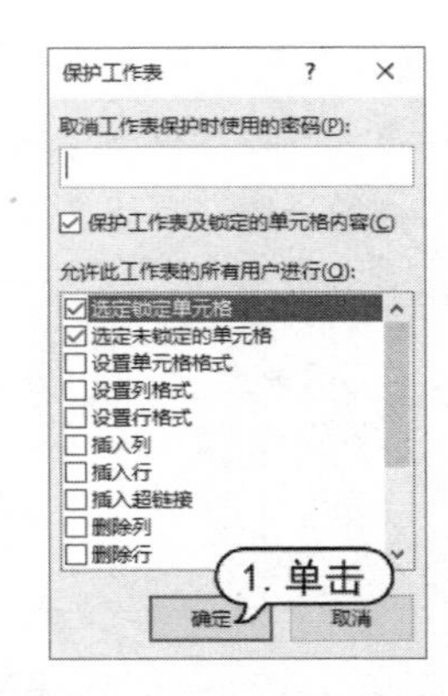

step 4 完成以上操作后，如果用户试图编辑 A2:F15 单元格区域中的内容，将被 Excel 软件拒绝，并弹出警告提示框。而其他单元格仍然可以编辑。

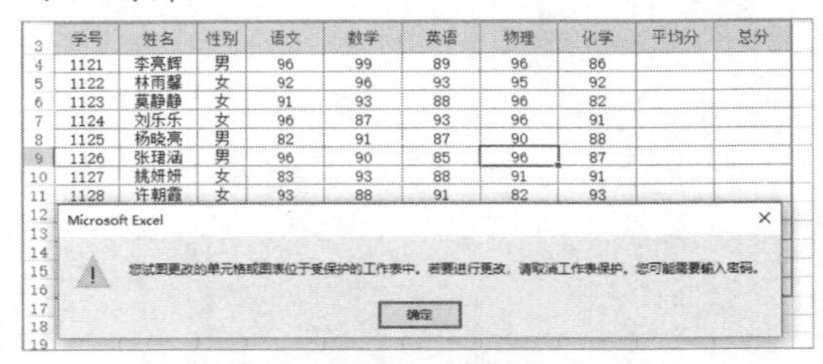

【例 3-15】快速输入大量相同内容的数据。

视频+素材 (素材文件\第 03 章\例 3-15)

step 1 打开工作表后，选中 A2 单元格，然后在【名称框】中输入 A2:A500，选中 A2:A500 单元格区域。

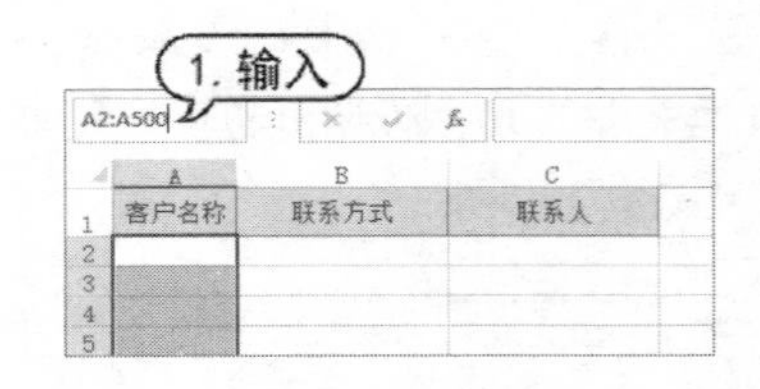

step 2 在【编辑栏】中输入要在 A2:A500 中输入的数据，然后按下 Ctrl+Enter 组合键即可。

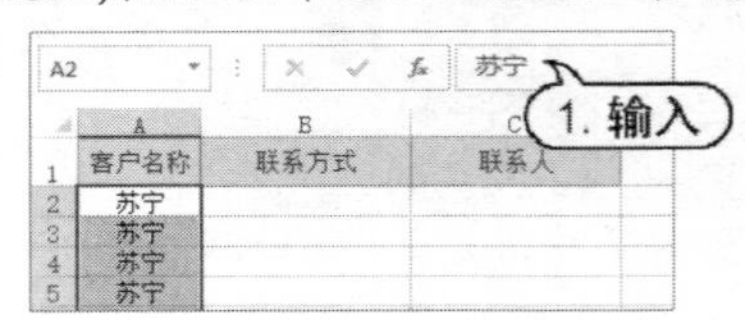

step 3 重复以上操作，还可以快速编辑所选中单元格区域中输入的数据。

第4章

整理工作表

本章将介绍如何整理包含数据的 Excel 工作表，包括为不同数据设置合理的数字格式，设置单元格格式，应用单元格样式和使用主题等操作。熟练掌握这些内容后，可以在工作中提高数据的整理效率，并为使用 Excel 进行数据的统计和分析奠定基础。

本章对应视频

例 4-1 将表格数值设置为人民币格式
例 4-2 以不同方式显示分段数字
例 4-3 以不同格式显示分段数字
例 4-4 设置以万为单位显示数值
例 4-5 为表格设置单/双斜线表头
例 4-6 快速格式化表格
例 4-7 创建自定义表格样式
例 4-8 合并自定义单元格样式
例 4-9 隐藏表格单元格中的零值
例 4-10 取消单元格合并并填充数据
例 4-11 快速删除表格中的重复数据

4.1 设置数据的数字格式

Excel 提供了多种对数据进行格式化的功能，除了对齐、字体、字号、边框等常用的格式化功能外，更重要的是其“数字格式”功能，该功能可以根据数据的意义和表达需求来调整显示外观，完成匹配展示的效果。例如，在下图中，通过对数据进行格式化设置，可以明显地提高数据的可读性。

	A	B	C
1	原始数据	格式化后的显示	格式类型
2	42856	2017年5月1日	日期
3	-1610128	-1,610,128	数值
4	0.531243122	12:44:59 PM	时间
5	0.05421	5.42%	百分比
6	0.8312	5/6	分数
7	7321231.12	¥7,321,231.12	货币
8	876543	捌拾柒万陆仟伍佰肆拾叁	特殊-中文大写数字
9	3.213102124	000° 00′ 03.2″	自定义（经纬度）
10	4008207821	400-820-7821	自定义（电话号码）
11	2113032103	TEL:2113032103	自定义（电话号码）
12	188	1米88	自定义（身高）
13	381110	38.1万	自定义（以万为单位）
14	三	第三生产线	自定义（部门）
15	右对齐	右对齐	自定义（靠右对齐）
16			

通过设置数据格式提高数据的可读性

Excel 内置的数字格式大部分适用于数值型数据，因此称之为“数字”格式。但数字格式并非数值数据专用，文本型的数据同样也可以被格式化。用户可以通过创建自定义格式，为文本型数据提供各种格式化的效果。

对单元格中的数据应用格式，可以使用以下几种方法。

▶ 选择【开始】选项卡，在【数字】命令组中使用相应的按钮，如下图所示。

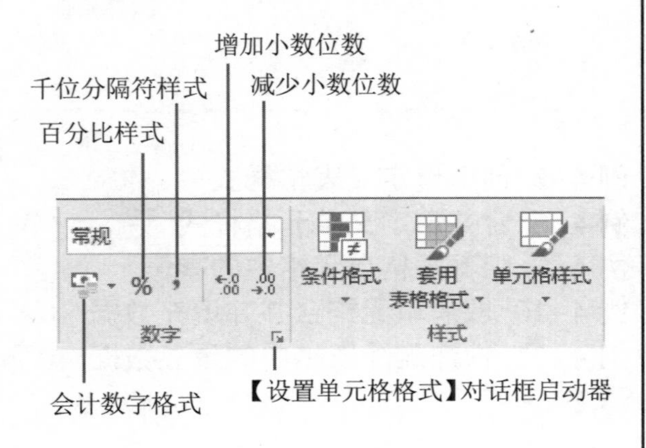

▶ 打开【设置单元格格式】对话框，选择【数字】选项卡。

▶ 使用快捷键应用数字格式。

在 Excel【开始】选项卡的【数字】命令组中，【数字格式】选项会显示活动单元格的数字格式类型。单击其右侧的下拉按钮，可以为活动单元格中的数据设置如下图所示的 12 种数字格式。

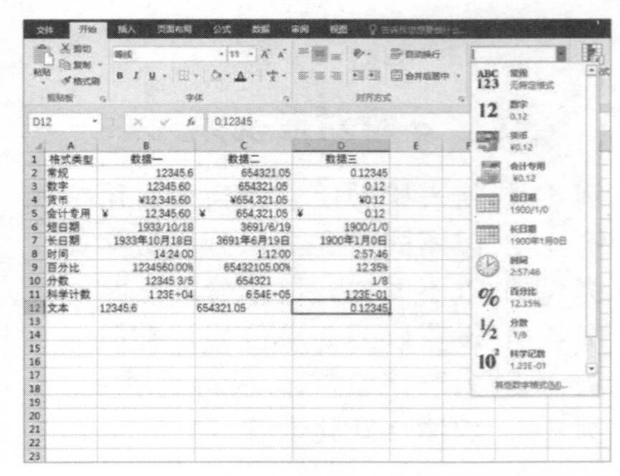

另外，在工作表中选中包含数值的单元格区域，然后单击【数字】命令组中的按钮或选项，即可应用相应的数字格式。【数字】命令组中各个按钮的功能说明如下。

➤【会计数字格式】：在数值开头添加货币符号，并为数值添加千位分隔符，数值显示两位小数。

➤【百分比样式】：以百分数形式显示数值。

➤【千位分隔符样式】：使用千位分隔符分隔数值，显示两位小数。

➤【增加小数位数】：在原数值小数位数的基础上增加一位小数位。

➤【减少小数位数】：在原数值小数位数的基础上减少一位小数位。

➤【常规】：未经特别指定的格式，为 Excel 的默认数字格式。

4.1.1　使用快捷键应用数字格式

通过键盘快捷键也可以快速地对目标单元格和单元格区域设定数字格式，具体如下。

➤ Ctrl+Shift+~组合键：设置为常规格式，即不带格式。

➤ Ctrl+Shift+%组合键：设置为百分数格式，无小数部分。

➤ Ctrl+Shift+^组合键：设置为科学计数法格式，含两位小数。

➤ Ctrl+Shift+#组合键：设置为短日期格式。

➤ Ctrl+Shift+@组合键：设置为时间格式，包含小时和分钟的显示。

➤ Ctrl+Shift+!组合键：设置为千位分隔符显示格式，不带小数。

4.1.2　使用对话框应用数字格式

若用户希望在更多的内置数字格式中进行选择，可以通过【设置单元格格式】对话框中的【数字】选项卡来进行数字格式设置。选中包含数据的单元格或区域后，有以下几种等效方式可以打开【设置单元格格式】对话框。

➤ 在【开始】选项卡的【数字】命令组中单击【对话框启动器】按钮。

➤ 在【数字】命令组的【格式】下拉列表中单击【其他数字格式】选项。

➤ 按 Ctrl+1 组合键。

➤ 右击鼠标，在弹出的快捷菜单中选择【设置单元格格式】命令。

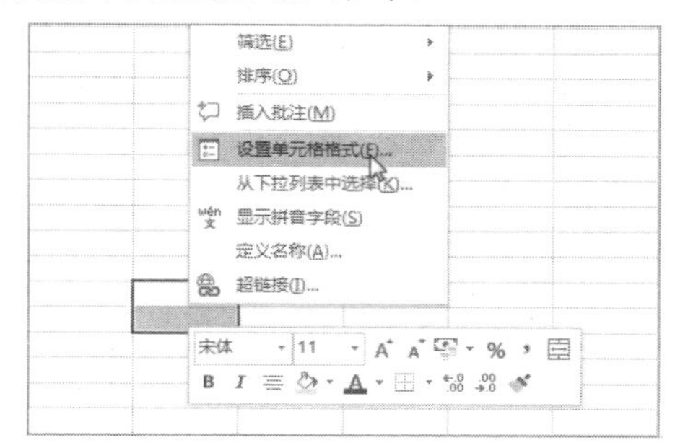

打开【设置单元格格式】对话框后，选择【数字】选项卡。

在上图所示的【数字】选项卡的【分类】列表中显示了 Excel 内置的 12 类数字格式，除了【常规】和【文本】外，其他每一种格式类型中都包含了更多的可选择样式或选项。在【分类】列表中选择一种格式类型后，对话框右侧就会显示相应的选项区域，并根据用户所做的选择将预览效果显示在“示例”区域中。

【例 4-1】将下图所示表格中的数值设置为人民币格式(显示两位小数，负数显示为带括号的红色字体)。
视频

	A	B	C
1	5621.5431	-5341.1256	
2	43124.8745	65821.3456	
3	-313.3441	175.3124	
4	76512.1234	-82.[illegible]	
5	-1234.7645	76123.6786	
6			

1. 选中

step① 选中 A1:B5 单元格区域，如上图所示，按下 Ctrl+1 组合键打开【设置单元格格式】对话框。

step② 在【分类】列表框中选择【货币】选项，在对话框右侧的【小数位数】微调框中设置数值为 2，在【货币符号(国家/地区)】下拉列表中选择¥，最后在【负数】下拉列表中选择带括号的红色字体样式。

step③ 单击【确定】按钮，格式化后的单元格的显示效果如下图所示。

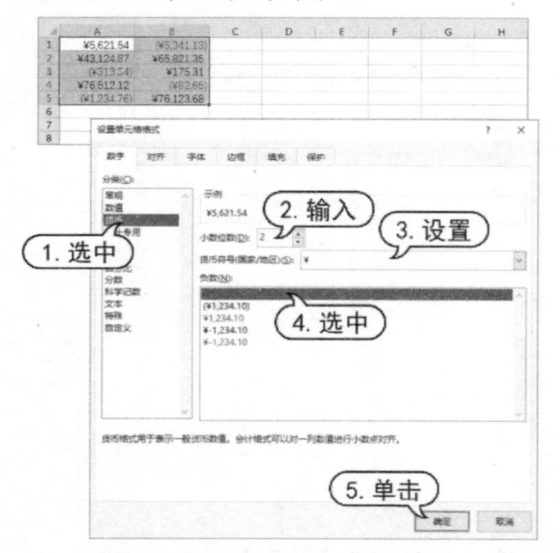

【设置单元格格式】对话框中各类数字格式的详细说明如下。

- 常规：数据的默认格式，即未进行任何特殊设置的格式。
- 数值：可以设置小数位数、选择是否添加千位分隔符，负数可以设置特殊样式(包括显示负号、显示括号、红色字体等几种格式)。
- 货币：可以设置小数位数、货币符号。负数可以设置特殊样式(包括显示负号、显示括号、红色字体等几种样式)。数字显示自动包含千位分隔符。
- 会计专用：可以设置小数位数、货币符号，数字显示自动包含千位分隔符。与货币格式不同的是，本格式将货币符号置于单元格最左侧进行显示。
- 日期：可以选择多种日期显示模式，其中包括同时显示日期和时间的模式。
- 时间：可以选择多种时间显示模式。
- 百分比：可以选择小数位数。数字以百分数形式显示。
- 分数：可以设置多种分数，包括显示一位数分母、两位数分母等。
- 科学记数：以包含指数符号(E)的科学记数形式显示数字，可以设置显示的小数位数。
- 文本：将数值作为文本处理。
- 特殊：包含了几种以系统区域设置为基础的特殊格式。在区域设置为“中文(中国)”的情况下，包括 3 种用户自定义格式，其中 Excel 已经内置了部分自定义格式，内置的自定义格式不可删除。

4.2 处理文本型数字

“文本型数字”是 Excel 中的一种比较特殊的数据类型，它的数据内容是数值，但作为文本类型进行存储，具有和文本类型数据相同的特征。

4.2.1 设置“文本”数字格式

“文本”格式是特殊的数字格式，它的作用是设置单元格数据为“文本”。在实际应用中，这一数字格式并不总是如字面含义那样可以让数据在“文本”和“数值”之间进行转换。

如果用户在【设置单元格格式】对话框中，先将空白单元格设置为文本格式，如下图所示。

然后输入数值，Excel 会将其存储为“文本型数字”。“文本型数字”自动左对齐显示，在单元格的左上角显示绿色三角形符号。

	A	B	C
1	123		
2			
3			

如果先在空白单元格中输入数值，然后再设置为文本格式，数值虽然也自动左对齐显示，但 Excel 仍将其视作数值型数据。

对于单元格中的“文本型数字”，无论修改其数字格式为“文本”之外的哪一种格式，Excel 仍然视其为“文本”类型的数据，直到重新输入数据才会变为数值型数据。

4.2.2 转换文本型数据为数值型

“文本型数字”所在单元格的左上角会显示绿色三角形符号，此符号为 Excel“错误检查”功能的标识符，它用于标识单元格可能存在某些错误或需要注意的特点。选中此类单元格，会在单元格一侧出现【错误检查选项】按钮，单击该按钮右侧的下拉按钮会显示如下图所示的菜单。

在如下图所示的下拉菜单中出现的【以文本形式存储的数字】提示，显示了当前单元格的数据状态。此时如果选择【转换为数字】命令，单元格中的数据将会转换为数值型。

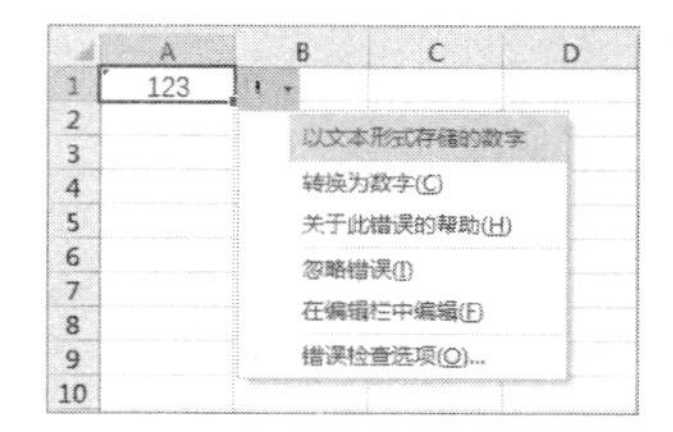

如果用户需要保留这些数据为【文本型数字】类型，而又不需要显示绿色三角符号，可以在上图所示的菜单中选择【忽略错误】命令，关闭此单元格的【错误检查】功能。

如果用户需要将“文本型数字”转换为数值，对于单个单元格，可以借助错误检查功能提供的菜单命令。而对于多个单元格，则可以参考下面介绍的方法进行转换。

step 1 打开工作表，选中工作表中的一个空白单元格，按下 Ctrl+C 组合键。

step 2 选中 A1:B5 单元格区域，右击鼠标，在弹出的快捷菜单中选择【选择性粘贴】命令，在弹出的【选择性粘贴】子菜单中选择【选择性粘贴】命令。

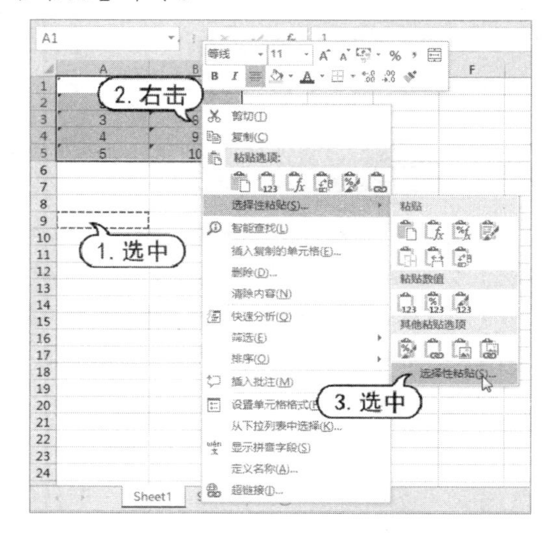

step 3 打开【选择性粘贴】对话框，选中【加】单选按钮，然后单击【确定】按钮即可将 A1:B5 单元格区域中的数据转换为数值。

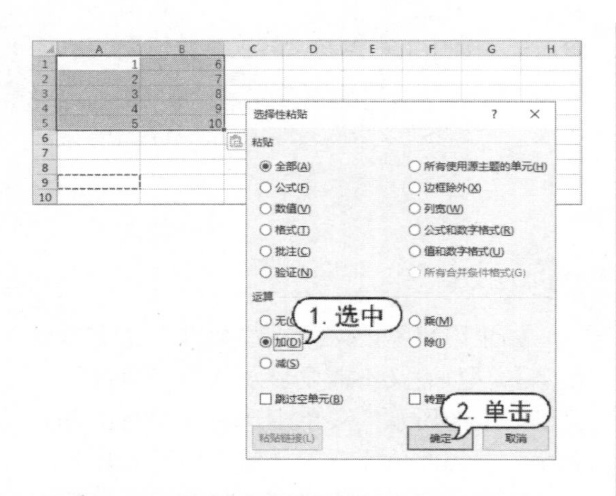

4.2.3 转换数值型数据为文本型

如果要将工作表中的数值型数据转换为文本型数字，可以先将单元格设置为【文本】格式，然后双击单元格或按下 F2 键激活单元格的编辑模式，最后按下 Enter 键即可。但是此方法只对单个单元格起作用。如果要同时将多个单元格的数值转换为文本类型，且这些单元格在同一列，可以参考以下方法进行操作。

step 1 选中位于同一列的包含数值型数据的单元格区域，选择【数据】选项卡，在【数据工具】命令组中单击【分列】按钮。

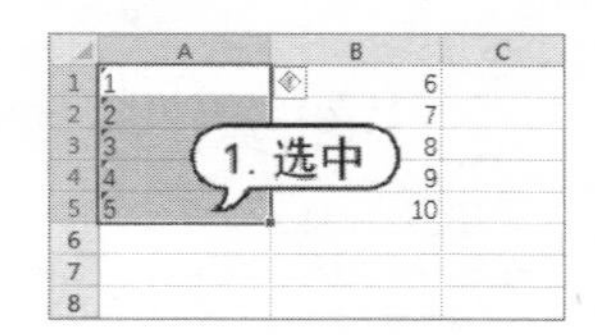

step 2 打开【文本分列向导-第 1 步，共 3 步】对话框，连续单击【下一步】按钮。

step 3 打开【文本分列向导-第 3 步，共 3 步】对话框，选中【文本】单选按钮，之后单击【完成】按钮。

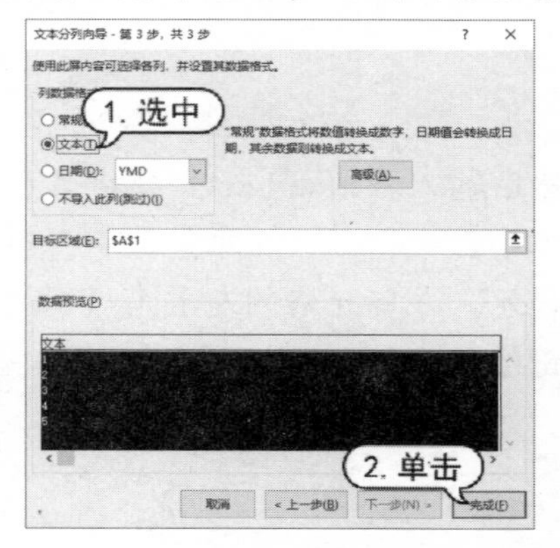

step 4 此时，被选中区域中的数值型数据已转换为文本型数据。

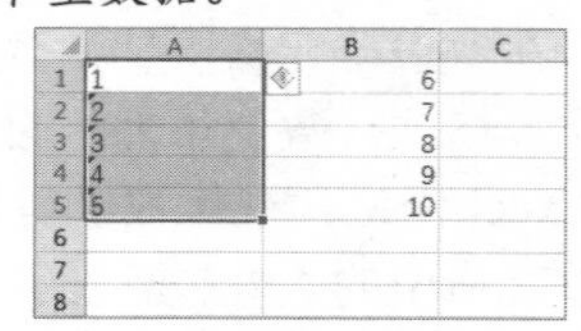

4.3 自定义数字格式

在【设置单元格格式】对话框的【数字】选项卡中，【自定义】类型包括了更多用于各种情况的数字格式，并且允许用户创建新的数字格式。此类型的数字格式都使用代码方式保存。

在【设置单元格格式】对话框【数字】选项卡的【分类】列表中选择【自定义】类型，在对话框右侧将显示现有的数字格式代码。

4.3.1 格式代码的组成规则

自定义的格式代码的完整结构如下：

整数；负数；零值；文本

以分号“;”间隔的 4 个区段构成了一个完整结构的自定义格式代码，每个区段中的代码对不同类型的内容产生作用。例如，在第 1 区段“正数”中的代码只会在单元格中的数据为正数数值时产生格式化作用，而第 4 区段"文本"中的代码只会在单元格中的数据为文本时才产生格式化作用。

除了以数值正负作为格式区段分隔依据外，用户也可以为区段设置自己所需的特定条件。例如，以下格式代码结构也是符合规则要求的：

```
大于条件值；小于条件值；等于条件值；文本
```

用户可以使用"比较运算符+数值"的方式来表示条件值，在自定义格式代码中可以使用的比较运算符包括大于号">"、小于号"<"、等于号"="、大于等于">="、小于等于"<="和不等于"<>"等几种。

在实际应用中，用户最多只能在前两个区段中使用"比较运算符+数值"表示条件值，第 3 区段自动以"除此之外"的情况作为其条件值，不能再使用"比较运算符+数值"的形式，而第 4 区段"文本"仍然只对文本型数据起作用。

因此，使用包含条件值的格式代码结构也可以通过如下形式来表示：

```
条件值 1；条件值 2；同时不满足条件值 1、2 的数值；文本
```

此外，在实际应用中，用户不必每次都严格按照 4 个区段的结构来编写格式代码，区段数少于 4 个甚至只有 1 个都是允许的，如下表所示，列出了少于 4 个区段的代码结构含义。

区 段 数	代码结构含义
1	格式代码作用于所有类型的数值
2	第 1 区段作用于正数和零值，第二区段作用于负数
3	第 1 区段作用于正数，第二区段作用于负数，第三区段作用于零值

对于包含条件值的格式代码来说，区段可以少于 4 个，但最少不能少于两个区段。相关的代码结构含义如下表所示。

区 段 数	代码结构含义
2	第 1 区段作用于满足条件值 1，第二区段作用于其他情况
3	第 1 区段作用于满足条件值 1，第二区段作用于满足条件值 2，第三区段作用于其他情况

除了特定的代码结构外，完成一个格式代码还需要了解自定义格式所使用的代码字符及其含义。如下表所示，显示了可以用于格式代码编写的代码符号及其对应的含义和作用。

日期时间代码符号	含义及作用
aaa	使用中文简称显示星期几（"一"～"日"）
aaaa	使用中文全称显示星期几（"星期一"～"星期日"）
d	使用没有前导零的数字来显示日期(1~31)
dd	使用有前导零的数字来显示日期(01~31)
ddd	使用英文缩写显示星期几(sun~sat)
dddd	使用英文全称显示星期几(Sunday~Saturday)
m	使用没有前导零的数字来显示月份(1~12)或分钟(0~59)
mm	使用有前导零的数字来显示月份(01~12)或分钟(00~59)

(续表)

日期时间代码符号	含义及作用
mmm	使用英文缩写显示月份(Jan~Dec)
mmmm	使用英文全称显示月份(January~December)
mmmmm	使用英文首字母显示月份(J~D)
y yy	使用两位数字显示公历年份(00~99)
yyyy	使用四位数字显示公历年份(1900~9999)
b bb	使用两位数字显示泰历(佛历)年份(43~99)
bbbb	使用四位数字显示泰历(佛历)年份(2443~9999)
b2	在日期前加上 b2 前缀可显示回历日期
h	使用没有前导零的数字来显示小时(0~23)
hh	使用有前导零的数字来显示小时(00~23)
s	使用没有前导零的数字来显示秒钟(0~59)
ss	使用有前导零的数字来显示秒钟(00~59)
[h]、[m]、[s]	显示超出进制的小时数、分数、秒数
AM/PM A/P	使用英文上下午显示 12 进制时间
上午/下午	使用中文上下午显示 12 进制时间

4.3.2 创建自定义格式

要创建新的自定义数字格式，用户可以在【数字】选项卡右侧的【类型】列表框中输入新的数字格式代码，也可以选择现有的格式代码，然后在【类型】列表框中进行编辑。输入与编辑完成后，可以从【示例】区域显示格式代码对应的数据显示效果，按下 Enter 键或单击【确定】按钮即可确认。

如果用户编写的格式代码符合 Excel 的规则要求，即可成功创建新的自定义格式，并应用于当前所选定的单元格区域中。否则，Excel 会打开对话框提示错误。

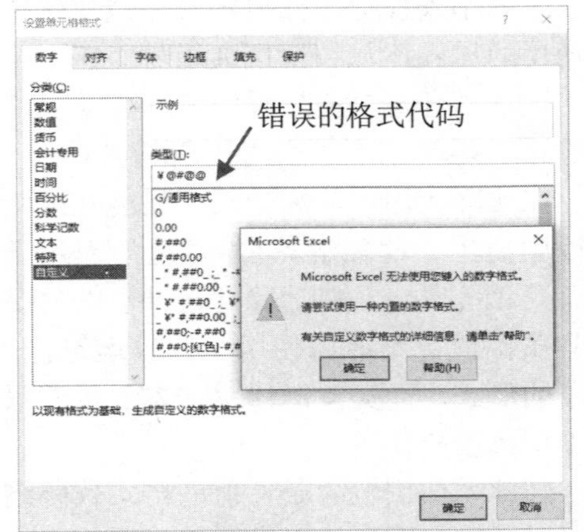

用户创建的自定义格式仅保存在当前工作簿中。如果用户要将自定义的数字格式应用于其他工作簿，除了将格式代码复制到目标工作簿的自定义格式列表中外，将包含此格式的单元格直接复制到目标工作簿也是一种非常方便的方式。

下面介绍一些自定义数字格式的方法。

1. 以不同方式显示分段数字

通过数字格式的设置，使用户直接能够从数据的显示方式上轻松判断数值的正负、大小等信息。此类数字格式可以通过对不同的格式区段设置不同的显示方式以及设置区段条件来达到效果。

【例 4-2】设置数字格式为正数正常显示、负数红色显示带负号、零值不显示、文本显示为 ERR!。 视频

step 1 打开如下图所示的工作表，选中 A1:B5 单元格区域，打开【设置单元格格式】对

话框，选择【自定义】选项，在【类型】文本框中输入：

```
G/通用格式;[红色]-G/通用格式; ;"ERR!"
```

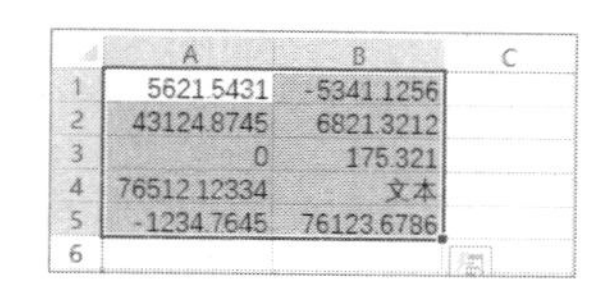

	A	B	C
1	5621.5431	-5341.1256	
2	43124.8745	6821.3212	
3	0	175.321	
4	76512.12334	文本	
5	-1234.7645	76123.6786	
6			

step 2　单击【确定】按钮后，自定义数字格式的效果如下图所示。

	A	B	C
1	5621.5431	-5341.1256	
2	43124.8745	65821.3456	
3		175.3124	
4	76512.1234	ERR!	
5	-1234.7645	76123.6786	
6			

【例 4-3】设置数字格式为：小于 1 的数字以两位小数的百分数显示，其他情况以普通的两位小数数字显示，并且以小数点位置对齐数字。

视频

step 1　打开如下图所示的工作表，选中 A1:B5 单元格区域，打开【设置单元格格式】对话框，选择【自定义】选项，在【类型】文本框中输入：

```
[<1]0.00%; #.00_%
```

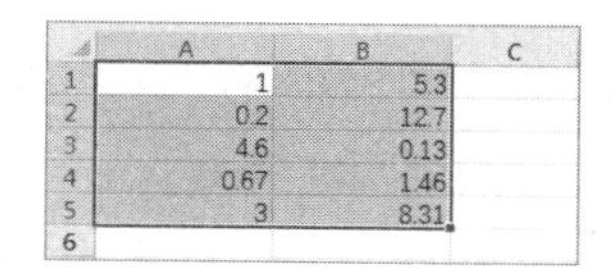

	A	B	C
1	1	5.3	
2	0.2	12.7	
3	4.6	0.13	
4	0.67	1.46	
5	3	8.31	
6			

step 2　单击【确定】按钮后，自定义数字格式的效果如下图所示。

	A	B	C
1	1.00	5.30	
2	20.00%	12.70	
3	4.60	13.00%	
4	67.00%	1.46	
5	3.00	8.31	
6			

2. 以不同的数值单位显示

所谓“数值单位”指的是“十、百、千、万、十万、百万”等十进制数字单位。在大多数英语国家中，习惯以“千(Thousand)”和“百万(Million)”作为数值单位，千位分隔符就是其中的一种表现形式。而在中文环境中，常以“万”和“亿(即万万)”作为数值单位。通过设置自定义数字格式，可以方便地使数值以不同的单位来显示。

【例 4-4】设置以万为单位显示数值。

视频

step 1　打开如下图所示的工作表，依次选中 A1~A4 单元格，打开【设置单元格格式】对话框，选择【自定义】选项，在【类型】文本框中分别输入：

```
0!.0,
0"万"0,
0!.0,"万"
0!.0000"万元"
```

	A	B	C
1	528315		
2	17631		
3	883131		
4	183133		
5			
6			

step 2　自定义数字格式的效果如下图所示。

	A	B	C
1	52.8		
2	1万8		
3	88.3万		
4	18.3133万元		
5			
6			

3. 以不同方式显示分数

用户可以使用以下一些格式代码显示分数值。

- 常见的分数形式，与内置的分数格式相同，包含整数部分和真分数部分。

```
# ?/?
```

- 以中文字符“又”替代整数部分与分数部分之间的连接符，符合中文的分数读法。

```
#"又"?/?
```

- 以运算符号“+”替代整数部分与分数部分之间的连接符，符合分数的实际数学含义。

```
#"+"?/?
```

▶ 以假分数的形式显示分数。

```
?/?
```

▶ 分数部分以“20”为分母显示。

```
# ?/20
```

▶ 分数部分以“50”为分母显示。

```
# ?/50
```

4. 以多种方式显示日期和时间

用户可以使用以下一些格式代码显示日期数据。

▶ 以中文“年月日”以及“星期”来显示日期，符合中文使用习惯。

```
yyyy"年"m"月"d"日"aaaa
```

▶ 以中文小写数字形式来显示日期中的数值。

```
[DBNum1]yyyy"年"m"月"d"日"aaaa
```

▶ 符合英语国家习惯的日期及星期显示方式。

```
d-mmm-yy,dddd
```

▶ 以“.”号分隔符间隔的日期显示，符合某些人的使用习惯。

```
![yyyy!]![mm!]![dd!]
```

或

```
"["yyyy"]["mm"]["dd"]"
```

▶ 仅显示星期几，前面加上文本前缀，适合某些动态日历的文字化显示。

```
"今天"aaaa
```

用户可以使用以下一些格式代码显示时间数据。

▶ 以中文“点分秒”以及“上下午”的形式来显示时间，符合中文使用习惯。

```
上午/下午 h"点"mm"分"ss"秒"
```

▶ 符合英语国家习惯的 12 小时制时间显示方式。

```
h:mm a/p".m."
```

▶ 符合英语国家习惯的 24 小时制时间显示方式。

```
mm'ss.00!"
```

以分秒符号“'”、“"”代替分秒名称的显示，秒数显示到百分之一秒。符合竞赛类计时的习惯用法。

5. 显示电话号码

电话号码是工作和生活中常见的一类数字信息，通过自定义数字格式，可以在 Excel 中灵活显示并且简化用户输入操作。

对于一些专用业务号码，例如 400 电话、800 电话等，使用以下格式可以使业务号段前置显示，使得业务类型一目了然。

```
"tel: "000-000-0000
```

以下格式适用于长途区号自动显示，其中本地号码段长度固定为 8 位。由于我国的城市长途区号分为 3 位(例如 010)和 4 位(0511)两类，代码中的(0###)适应了小于等于 4 位区号的不同情况，并且强制显示了前置 0。后面的八位数字占位符#是实现长途区号与本地号码分离的关键，也决定了此格式只适用于 8 位本地号码的情况。

```
(0###) #### ####
```

在以上格式的基础上，下面的格式添加了转拨分机号的显示。

```
(0###) #### ####"转"####
```

6. 简化输入操作

在某些情况下，使用带有条件判断的自定义格式可以简化用户的输入操作，起到类似于“自动更正”功能的效果，如以下一些例子所示。

使用以下格式代码，可以用数字 0 和 1 代替×和√的输入，由于符号√的输入并不方便，而通过设置包含条件判断的格式代码，可以使得当用户输入 1 时自动替换为√显示，输入 0 时自动替换为×显示，以输入 0 和 1 的简便操作代替了原有特殊符号的输入。如果输入的数值既不是 1，也不是 0，将不显示。

```
[=1] "√";[=0] "×";;
```

用户还可以设计一些类似上面的数字格式，在输入数据时以简单的数字输入来替代复杂的文本输入，并且方便数据统计，而在显示效果时以含义丰富的文本来替代信息单一的数字。例如，在输入数值大于零时显示 YES，等于零时显示 NO，小于零时显示空。

```
"YES";;"NO"
```

使用以下格式代码可以在需要大量输入有规律的编码时，极大程度地提高效率，例如特定前缀的编码，末尾是 5 位流水号。

```
"苏 A-2017"-00000
```

7. 隐藏某些类型的数据

通过设置数字格式，还可以在单元格内隐藏某些特定类型的数据，甚至隐藏整个单元格的内容显示。但需要注意的是，这里所谓的“隐藏”只是在单元格显示上的隐藏，当用户选中单元格，其真实内容还是会显示在编辑栏中。

使用以下格式代码，可以设置当单元格数值大于 1 时才有数据显示，隐藏其他类型的数据。格式代码分为 4 个区段，第 1 区段当数值大于 1 时常规显示，其余区段均不显示内容。

```
[>1]G/通用格式;;;
```

以下代码分为 4 个区段，第 1 区段当数值大于零时，显示包含 3 位小数的数字；第 2 区段当数值小于零时，显示负数形式的包含 3 位小数的数字；第 3 区段当数值等于零时显示零值；第 4 区段文本类型数据以*代替显示。其中第 4 区段代码中的第一个*表示重复下一个字符来填充列宽，而紧随其后的第二个*则是用来填充的具体字符。

```
0.000;-0.000;0;**
```

以下格式代码为 3 个区段，分别对应于数值大于、小于及等于零的 3 种情况，均不显示内容，因此这个格式的效果为只显示文本类型的数据。

```
;;
```

以下代码为 4 个区段，均不显示内容，因此这个格式的效果为隐藏所有的单元格内容。此数字格式通常被用来实现简单地隐藏单元格数据，但这种“隐藏”方式并不彻底。

```
;;;
```

8. 文本内容的附加显示

数字格式在多数情况下主要应用于数值型数据的显示需求，但用户也可以创建出主要应用于文本型数据的自定义格式，为文本内容的显示增添更多样式和附加信息。例如，有以下一些针对文本数据的自定义格式。

下面所示的格式代码为 4 个区段，前 3 个区段禁止非文本型数据的显示，第 4 区段为文本数据增加了一些附加信息。此类格式可用于简化输入操作，或是某些固定样式的动态内容显示(如公文信笺标题、署名等)，用户可以按照此种结构根据自己的需要创建出更多样式的附加信息类自定义格式。

```
;;;"南京分公司"@"部"
```

文本型数据通常在单元格中靠左对齐显

示，设置以下格式可以在文本左边填充足够多的空格使得文本内容显示为靠右侧对齐。

;;;*@

下面所示的格式在文本内容的右侧填充下画线_，形成类似签名栏的效果，可用于一些需要打印后手动填写的文稿类型。

;;; @*_

4.4 设置单元格格式

工作表的整体外观由各个单元格的样式构成，单元格的样式外观在 Excel 的可选设置中主要包括数据显示格式、字体样式、文本对齐方式、边框样式以及单元格颜色等。

在 Excel 中，对于单元格格式的设置和修改，用户可以通过功能区命令组、浮动工具栏以及【设置单元格格式】对话框来实现，下面将分别进行介绍。

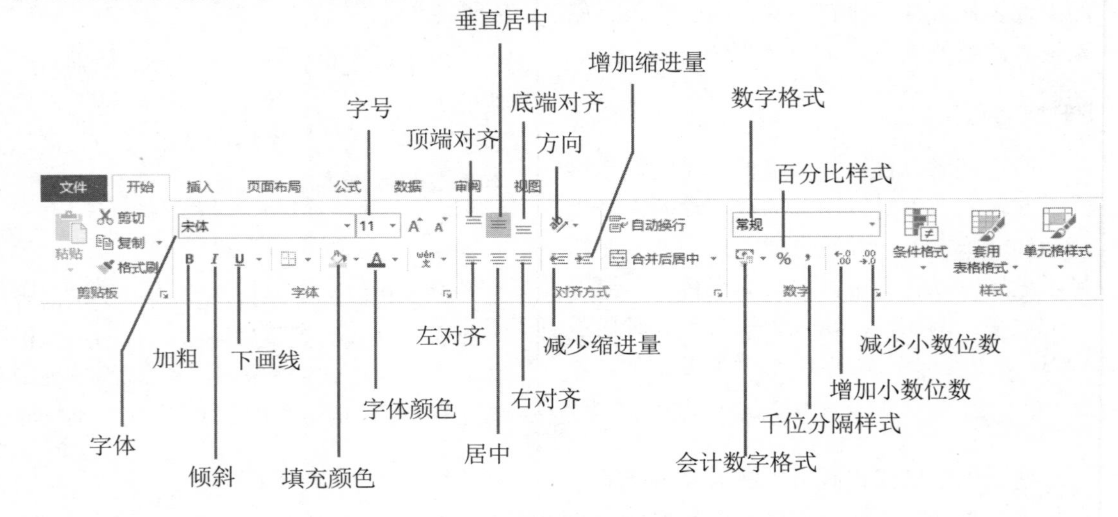

Excel 中的功能区命令组

1. 功能区命令组

在【开始】选项卡中提供了多个命令组用于设置单元格格式，包括【字体】【对齐方式】【数字】和【样式】等，如上图所示，其具体说明如下。

- 【字体】命令组：包括字体、字号、加粗、倾斜、下画线、填充颜色、字体颜色等。
- 【对齐方式】命令组：包括顶端对齐、垂直居中、底端对齐、左对齐、居中、右对齐、方向、自动换行、合并后居中等。
- 【数字】命令组：包括增加/减少小数位数、百分比样式、会计数字格式等对数字进行格式化的各种命令。
- 【样式】命令组：包括条件格式、套用表格格式、单元格样式等。

2. 浮动工具栏

选中并右击单元格，在弹出的快捷菜单上方将会显示如下图所示的浮动工具栏，在浮动工具栏中包括了常用的单元格格式设置命令。

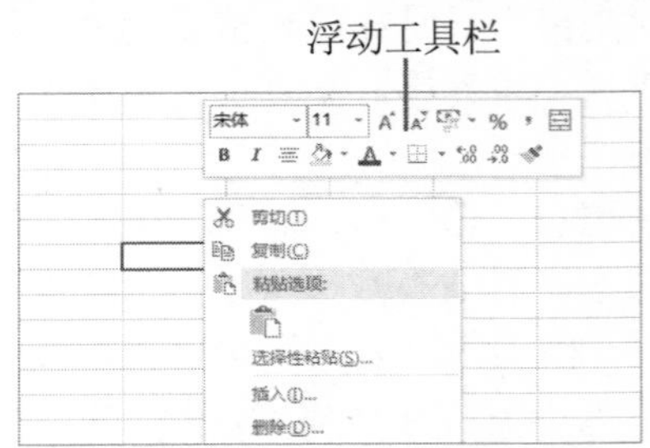

3. 【设置单元格格式】对话框

用户可以在【开始】选项卡中单击【字体】【对齐方式】和【数字】等命令组右下角的对话框启动器按钮，或者按下 Ctrl+1 组合键，打开如下图所示的【设置单元格格式】对话框。

在【设置单元格格式】对话框中，用户可以根据需要选择合适的选项卡，设置表格单元格的格式(本章将详细介绍)。

4.4.1　设置对齐

参考上图所示的方法打开【设置单元格格式】对话框，选择【对齐】选项卡，该选项卡主要用于设置单元格文本的对齐方式。此外，还可以对文本方向、文字方向以及文本控制等内容进行相关的设置，具体如下。

1. 文本方向和文字方向

当用户需要将单元格中的文本以一定倾斜角度进行显示时，可以通过【对齐】选项卡中的【方向】文本格式设置来实现。

设置文本倾斜角度

在【对齐】选项卡右侧的【方向】半圆形表盘显示框中，如下图所示，用户可以通过鼠标指针直接选择倾斜角度，或通过下方的微调框来设置文本的倾斜角度，改变文本的显示方向。

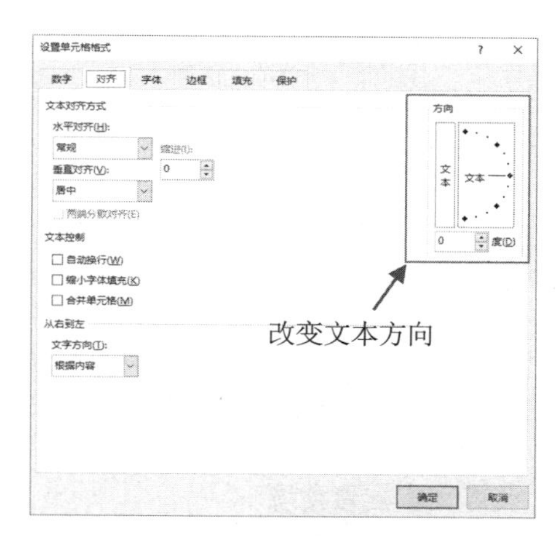

文本倾斜角度设置范围为-90 度至 90 度。如下图所示，为从左到右依次展示了文本分别倾斜 90 度、45 度、0 度、-45 度和-90 度的效果。

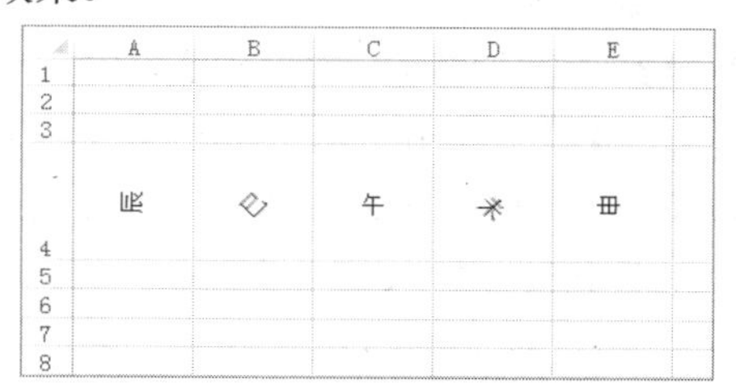

设置竖排文本方向

竖排文本方向指的是将文本由水平排列状态转为竖直排列状态，文本中的每一个字符仍保持水平显示。要设置竖排文本方向，在【开始】选项卡的【对齐方式】命令组中单击【方向】下拉按钮，在弹出的下拉列表中选择【竖排文字】命令。

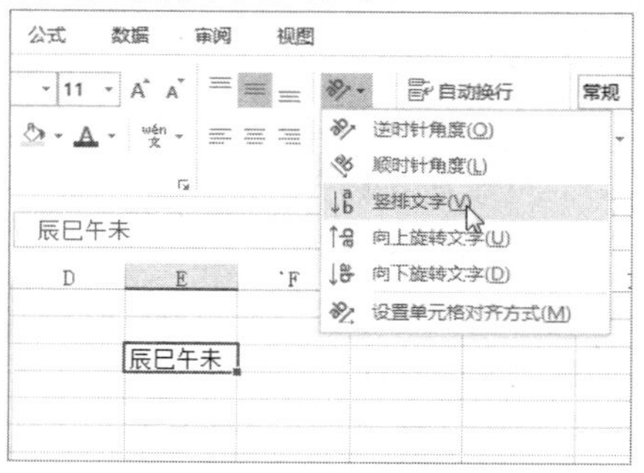

此时，工作表中被选中单元格中的文本

方向将如下图所示。

设置文本垂直角度

垂直角度文本指的是将文本按照字符的直线方向垂直旋转 90 度或-90 度后形成的垂直显示文本，文本中的每一个字符均向相应的方向旋转 90 度。要设置垂直角度文本，在【开始】选项卡的【对齐方式】命令组中单击【方向】下拉按钮，在弹出的下拉列表中选择【向上旋转文本】或【向下旋转文本】命令，如下图所示。

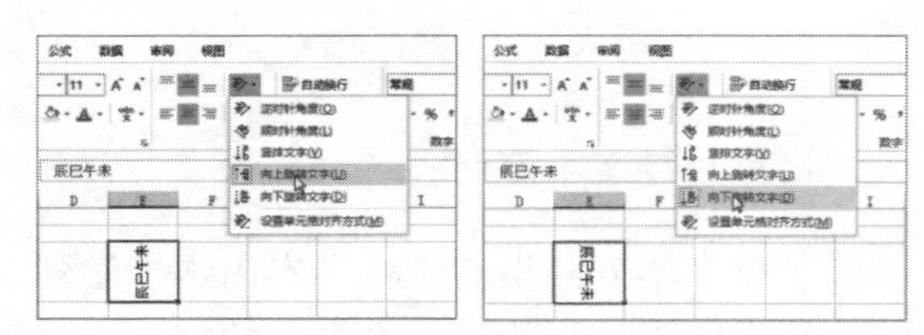

设置【文字方向】

【文字方向】指的是文字从左至右或者从右至左的书写和阅读方向，目前大多数语言都是从左到右书写和阅读，但也有不少语言是从右到左书写和阅读，如阿拉伯语、希伯来语等。在使用相应的语言支持的 Office 版本后，可以在【设置单元格格式】对话框的【对齐】选项卡中单击【文字方向】下拉按钮，将文字方向设置为【总是从右到左】，以便于输入和阅读这些语言。但是需要注意两点：一是将文字设置为【总是从右到左】，对于通常的中英文文本不会起作用；二是对于大多数符号，如@、%、#等，可以通过设置【总是从右到左】改变字符的排列方向。

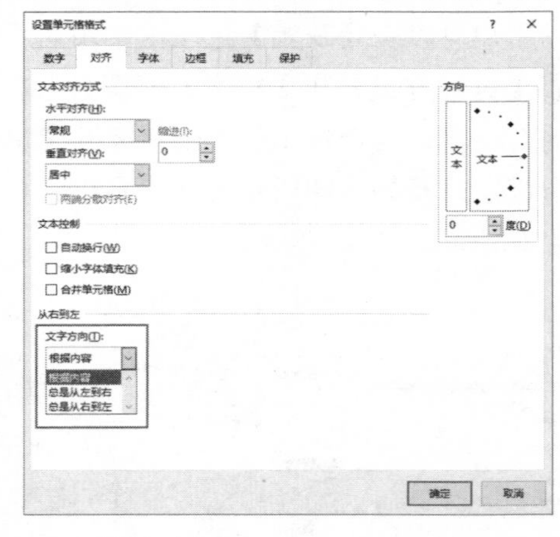

2. 水平对齐

在 Excel 中设置水平对齐包括常规、靠左(缩进)、居中、靠右(缩进)、填充、两端对齐、跨列居中、分散对齐(缩进)8 种对齐方式，如下图所示。

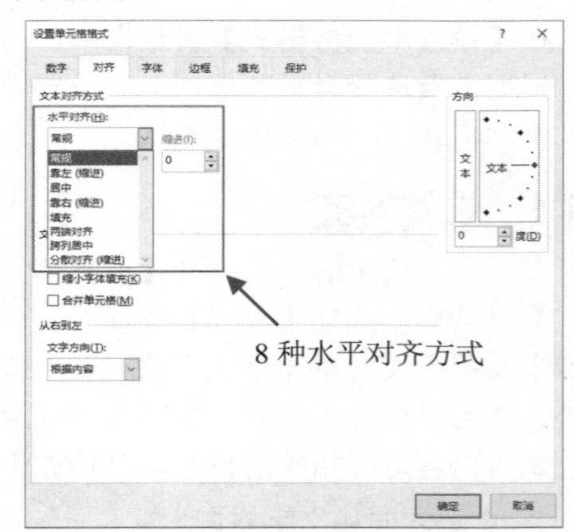

各种对齐方式的效果说明如下。

- 常规：Excel 默认的单元格内容的对齐方式为数值型数据靠右对齐、文本型数据靠左对齐、逻辑值和错误值居中。
- 靠左(缩进)：单元格内容靠左对齐。如果单元格内容长度大于单元格的列宽，则内容会从右侧超出单元格边框显示；如果右侧单元格非空，则内容右侧超出部分不被显示。在【设置单元格格式】对话框的【对齐】选项卡的【缩进】微调框中可以调整离单元格左侧边框的距离，可选缩进范围为 0~15 个字符。例如，下图所示为以靠左(缩进)方式设置分级文本。

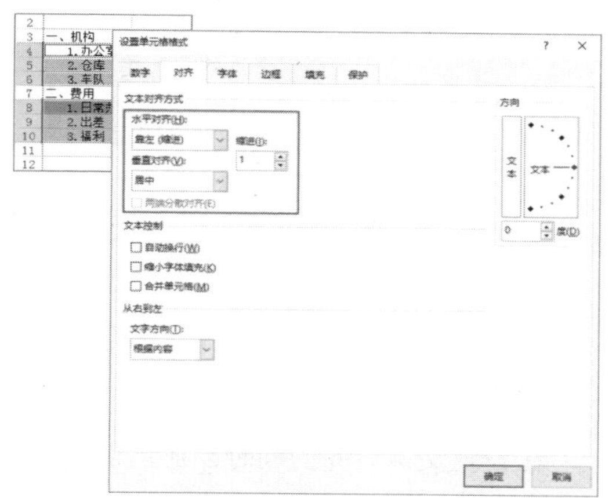

▶ 填充：重复单元格内容直到单元格的宽度被填满。如果单元格列宽不足以重复显示文本的整数倍数时，则文本只显示整数倍次数，其余部分不再显示出来，如下图所示。

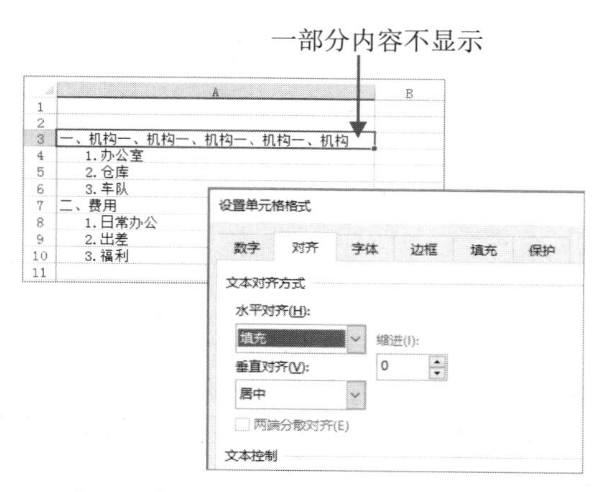

▶ 居中：单元格内容居中，如果单元格内容长度大于单元格列宽，则内容会从两侧超出单元格边框显示。如果两侧单元格非空，则内容超出部分不被显示。

▶ 靠右(缩进)：单元格内容靠右对齐，如果单元格内容长度大于单元格列宽，则内容会从左侧超出单元格边框显示。如果左侧单元格非空，则内容左侧超出部分不被显示。可以在【缩进】微调框内调整距离单元格右侧边框的距离，可选缩进范围为 0~15 个字符。

▶ 两端对齐：使文本两端对齐。单行文本以类似【靠左】方式对齐，如果文本过长，超过列宽时，文本内容会自动换行显示，如下图所示。

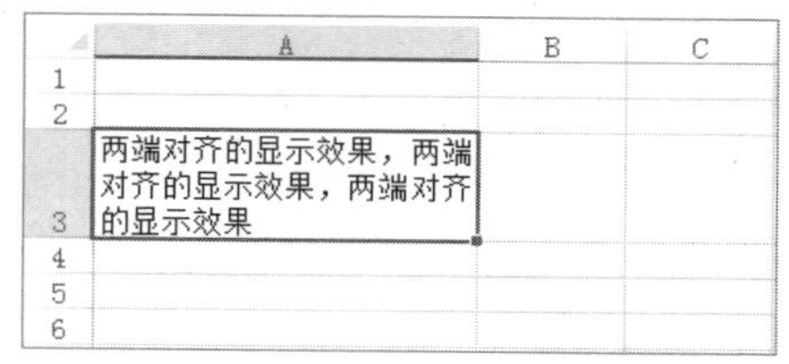

▶ 分散对齐(缩进)：对于中文字符，包括空格间隔的英文单词等，在单元格内平均分布并充满整个单元格宽度，并且两端靠近单元格边框。对于连续的数字或字母符号等文本则不产生作用。可以使用【缩进】微调框调整距离单元格两侧边框的边距，可缩进范围为 0~15 个字符。应用【分散对齐】格式的单元格当文本内容过长时会自动换行显示，如下图所示。

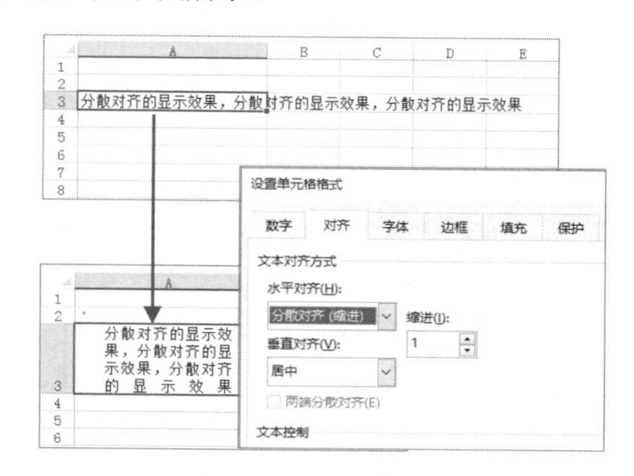

通过设置使文本分散对齐

▶ 跨列居中：单元格内容在选定的同一行内的连续多个单元格中居中显示。此对齐方式常用于在不需要合并单元格的情况下，例如居中显示表格标题，如下图所示。

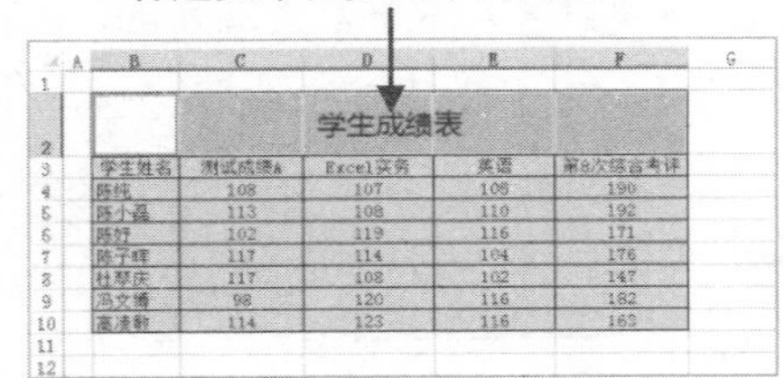

3. 垂直对齐

垂直对齐包括靠上、居中、靠下、两端对齐、分散对齐等几种对齐方式，如下图所示。

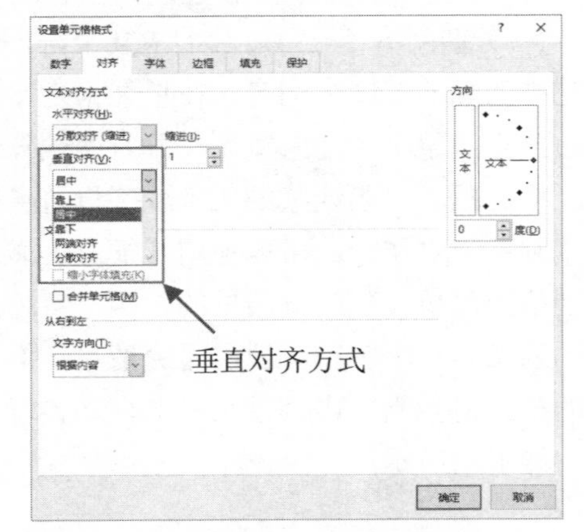

- 靠上：又称为“顶端对齐”，单元格内的文字沿单元格顶端对齐。
- 居中：又称为“垂直居中”，单元格内的文字垂直居中，这是Excel默认的对齐方式。
- 靠下：又称为“底端对齐”，单元格内的文字靠下端对齐。
- 两端对齐：单元格内容在垂直方向上两端对齐，并且在垂直距离上平均分布。应用该格式的单元格当文本内容过长时会自动换行显示。
- 分散对齐：这种对齐方式与“居中”类似。如果单元格包含多个文字，Excel 将从左到右把每一行的每个文字均匀地分布到单元格中。

如果用户需要更改单元格内容的垂直对齐方式，除了可以通过【设置单元格格式】对话框中的【对齐】选项卡外，还可以在【开始】选项卡的【对齐方式】命令组中单击【顶端对齐】按钮、【垂直对齐】按钮或【底端对齐】按钮。

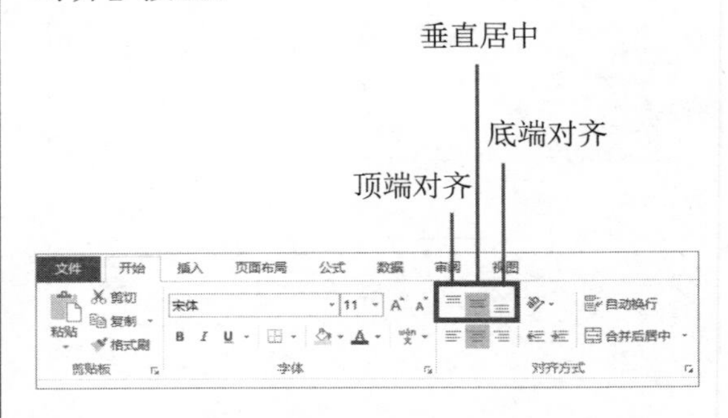

4. 文本控制

在设置文本对齐的同时，还可以对文本进行输出控制，包括自动换行、缩小字体填充、合并单元格。

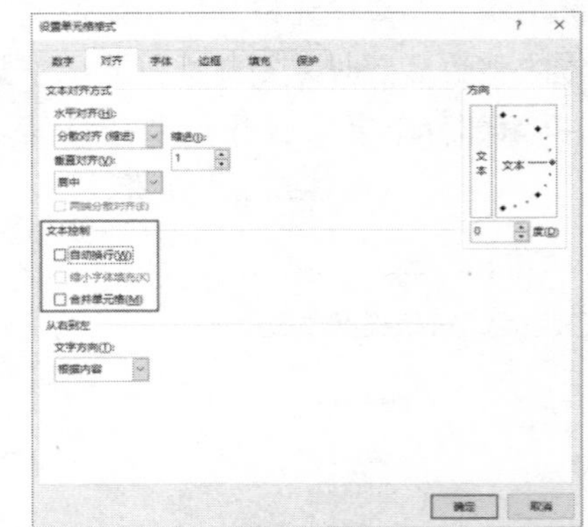

- 自动换行：当文本内容长度超出单元格宽度时，可以选中【自动换行】复选框使文本内容分为多行显示。此时如果调整单元格宽度，文本内容的换行位置也将随之改变。
- 缩小字体填充：可以使文本内容自动缩小显示，以适应单元格的宽度大小。此时单元格文本内容的字体并未改变。

5. 合并单元格

合并单元格就是将两个或两个以上的连续单元格区域合并成占有两个或多个单元格空间的“超大”单元格。在 Excel 2016 中，用户可以使用合并后居中、跨越合并、合并单元格 3 种方法合并单元格。

用户选择需要合并的单元格区域后，直接单击【开始】选项卡【对齐方式】命令组中的【合并后居中】下拉按钮，在弹出的下拉列表中选择相应的合并单元格的方式，如下图所示。

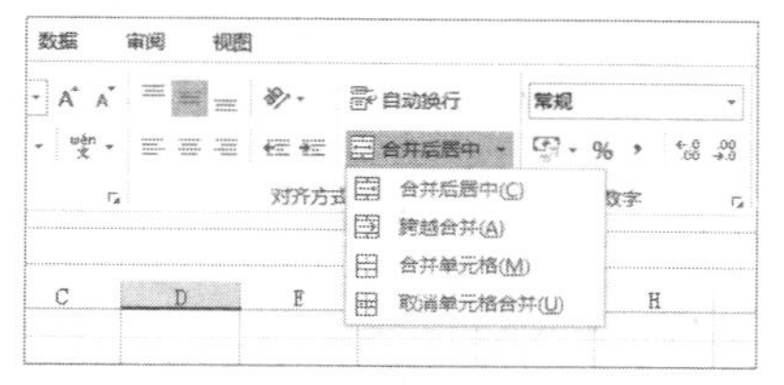

➤ 合并后居中：将选中的多个单元格进行合并，并将单元格内容设置为水平居中和垂直居中。

➤ 跨越合并：在选中多行多列的单元格区域后，将所选区域的每行进行合并，形成单列多行的单元格区域。

➤ 合并单元格：将所选单元格区域进行合并，并沿用该区域起始单元格的格式。

以上 3 种合并单元格方式的效果如下图所示。

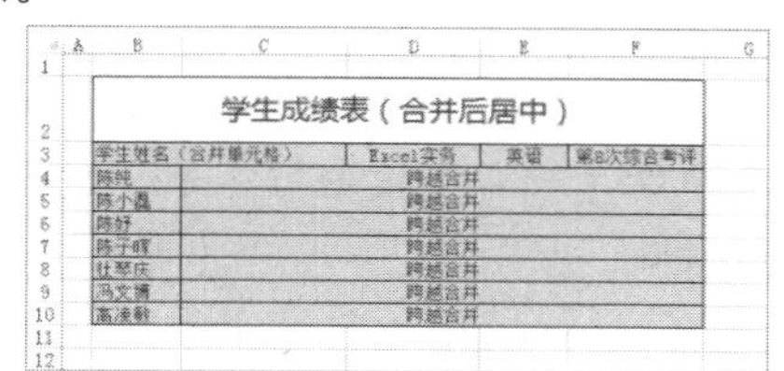

如果在选取的连续单元格中包含多个非空单元格，则在进行单元格合并时会弹出警告窗口，提示用户如果继续合并单元格将仅保留左上角的单元格数据而删除其他数据，如下图所示。

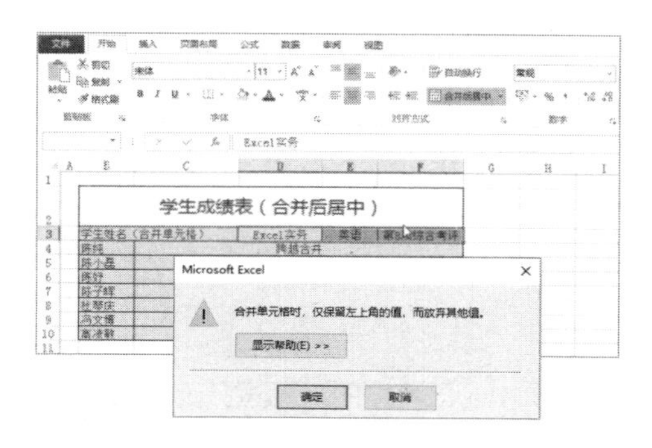

4.4.2　设置字体

单元格字体格式包括字体、字号、颜色、背景图案等。Excel 中文版的默认设置为：字体为【宋体】、字号为 11 号。用户可以按下 Ctrl+1 组合键，打开【设置单元格格式】对话框，选择【字体】选项卡，通过更改相应的设置来调整单元格内容的字体格式。

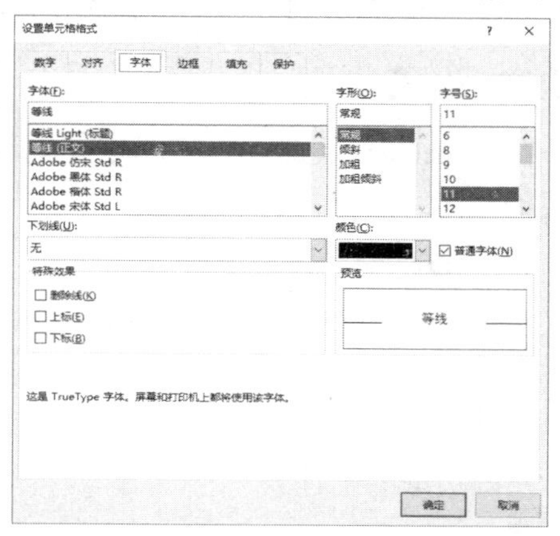

上图所示【字体】选项卡中各个选项的功能说明如下。

➤ 字体：在该列表框中显示了 Windows 系统提供的各种字体。

➤ 字形：在该列表中提供了包括常规、倾斜、加粗、加粗倾斜 4 种字形。

➤ 字号：文字显示大小，用户可以在【字号】列表中选择字号，也可以直接在文本框中输入字号的大小。

➤ 下画线：在该下拉列表中可以为单元格内容设置下画线，默认设置为无。Excel 中可设置的下画线类型包括单下画线、双下画线、会计用单下画线、会计用双下画线 4 种(会计用下画线比普通下画线离单元格内容更靠下一些，并且会填充整个单元格的宽度)。

➤ 颜色：单击该按钮将弹出【颜色】下拉调色板，允许用户为字体设置颜色。

➤ 删除线：在单元格内容上显示横穿内容的直线，表示内容被删除。效果为~~删除内容~~。

▶ 上标：将文本内容显示为上标形式，例如 K^3。

▶ 下标：将文本内容显示为下标形式，例如 K_3。

除了可以对整个单元格的内容设置字体格式外，还可以对同一个单元格内的文本内容设置多种字体格式。用户只要选中单元格文本的某一部分，设置相应的字体格式即可。

4.4.3 设置边框

在 Excel 中，边框用于划分表格区域，增强单元格的视觉效果。

1. 通过功能区设置边框

在【开始】选项卡的【字体】命令组中，单击设置边框⊞·下拉按钮，在弹出的下拉列表中提供了 13 种边框设置方案，以及多种绘制和擦除边框的工具。

2. 使用对话框设置边框

用户可以通过【设置单元格格式】对话框中的【边框】选项卡来设置更多的边框效果。例如，单斜线边框和双斜线边框。

【例 4-5】使用 Excel 2016 为表格设置单斜线和双斜线表头。
视频+素材 (素材文件\第 04 章\例 4-5)

step 1 打开如下图所示的表格后，在 B2 单元格中输入表头标题"月份"和"部门"，通过插入空格来调整"月份"和"部门"之间的距离。

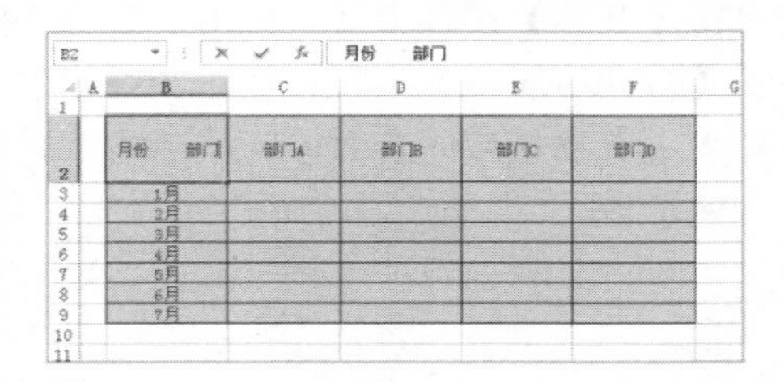

step 2 在 B2 单元格中添加从左上至右下的对角边框线条。选中 B2 单元格后，打开【设置单元格格式】对话框，选择【边框】选项卡并单击◪按钮。

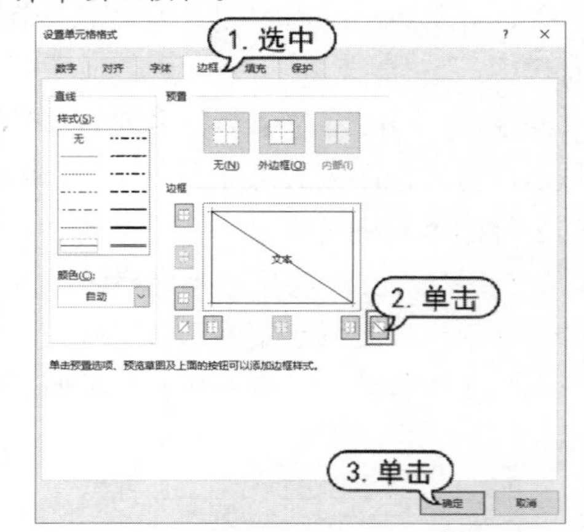

step 3 单击【确定】按钮后，单斜线表头的效果如下图所示。

step 4 在 B2 单元格中输入表头标题"金额""部门"和"月份"，通过插入空格来调整"金额"和"部门"之间的间距，在"月份"之前按下 Alt+Enter 组合键强制换行。

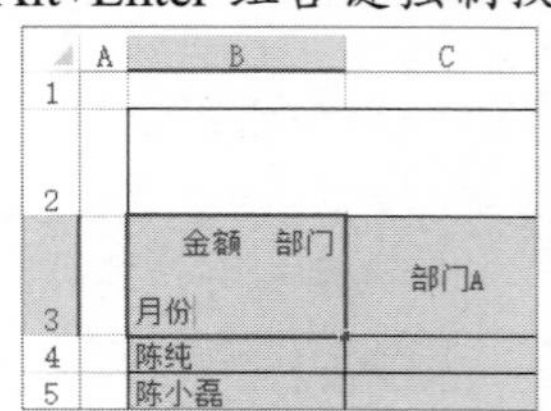

step 5 选中 B2 单元格，按下 Ctrl+1 组合键打开【设置单元格格式】对话框，选择【对齐】选项卡，设置 B2 单元格的水平对齐方式为【靠左(缩进)】，垂直对齐方式为【靠上】。

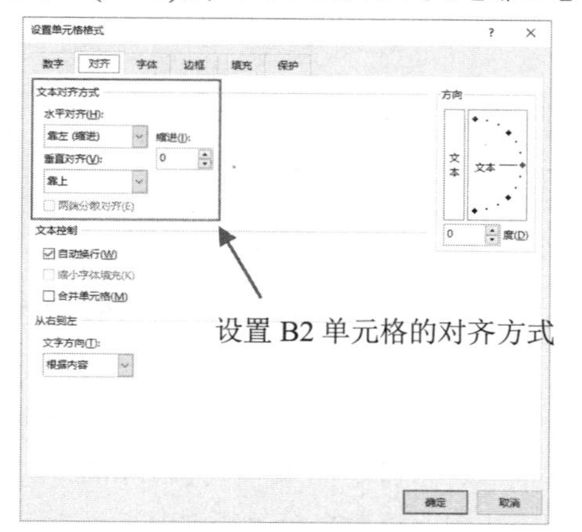

step 6 重复步骤(1)~(2)的操作，在 B2 单元格中设置单斜线表头。

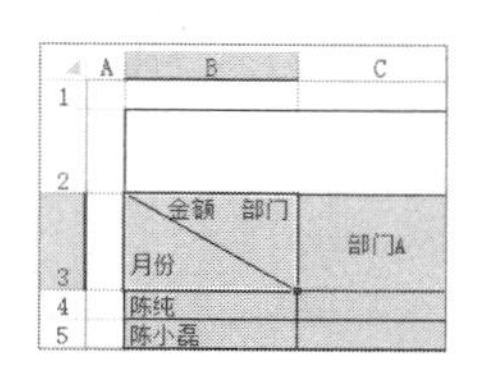

step 7 最后，选择【插入】选项卡，在【插入】命令组中单击【形状】拆分按钮，在弹出的菜单中选择【线条】命令，在 B2 单元格中添加如下图所示的直线，完成双斜线表头的制作。

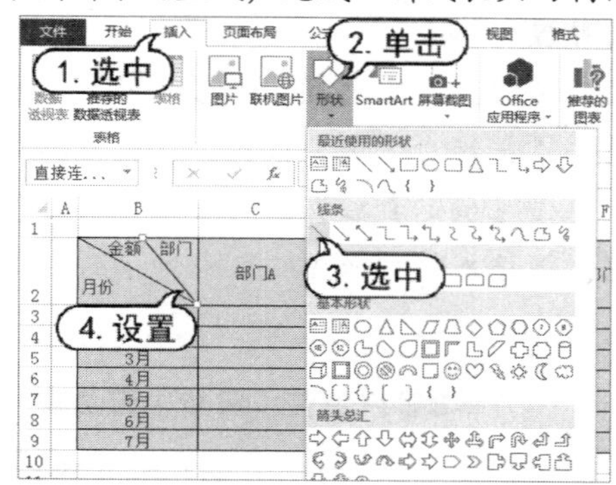

4.4.4　设置填充

用户可以通过【设置单元格格式】对话框中的【填充】选项卡，对单元格的底色进行填充修饰。在【背景色】区域中可以选择多种填充颜色，或单击【填充效果】按钮，在【填充效果】对话框中设置渐变色。此外，用户还可以在【图案样式】下拉列表中选择单元格图案填充，并可以单击【图案颜色】按钮来设置填充图案的颜色。

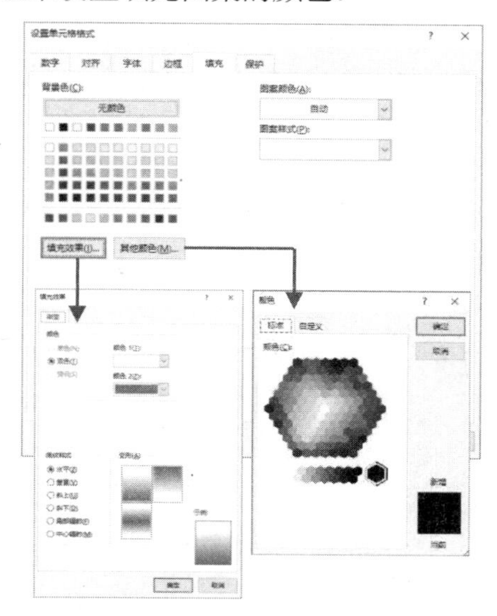

4.4.5　复制格式

在日常办公中，如果用户需要将现有的单元格格式复制到其他单元格区域中，可以使用以下几种方法。

1. 复制粘贴单元格

直接将现有的单元格复制、粘贴到目标单元格，这样在复制单元格格式的同时，单元格内原有的数据也将被清除。

2. 仅复制粘贴格式

复制现有的单元格，在【开始】选项卡的【剪贴板】命令组中单击【粘贴】下拉按钮，在弹出的下拉列表中选择【格式】命令。

3. 利用【格式刷】复制单元格格式

用户也可以使用【格式刷】工具快速复制单元格格式，具体方法如下。

step 1 选中需要复制的单元格区域，在【开始】选项卡的【剪贴板】命令组中单击【格式刷】按钮。

step 2 移动光标到目标单元格区域，此时光标变为图形，单击鼠标将格式复制到目标单元格区域。

如果用户需要将现有单元格区域的格式复制到更大的单元格区域，可以在步骤(2)中在目标单元格的左上角单元格位置单击并按住左键，并向下拖动至合适的位置，释放鼠标即可。

如果在【剪贴板】命令组中双击【格式刷】按钮，将进入“格式刷”重复使用模式，如下图所示。

在该模式中用户可以将现有单元格中的格式复制到多个单元格，直到再次单击【格式刷】按钮或者按下 Esc 键结束。

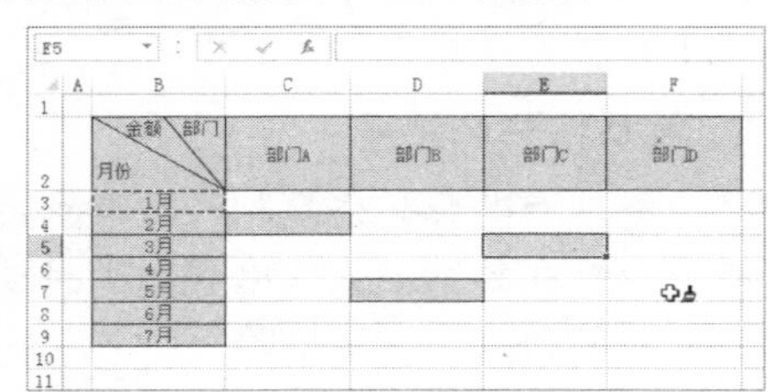

4.4.6 快速格式化工作表

Excel 2016 的【套用表格格式】功能提供了几十种表格格式，为用户格式化表格提供了丰富的选择方案。具体操作方法如下。

【例 4-6】在 Excel 2016 中使用【套用表格格式】功能快速格式化表格。
视频+素材 (素材文件\第 04 章\例 4-6)

step 1 选中数据表中的任意单元格后，在【开始】选项卡的【样式】命令组中单击【套用表格格式】下拉按钮。

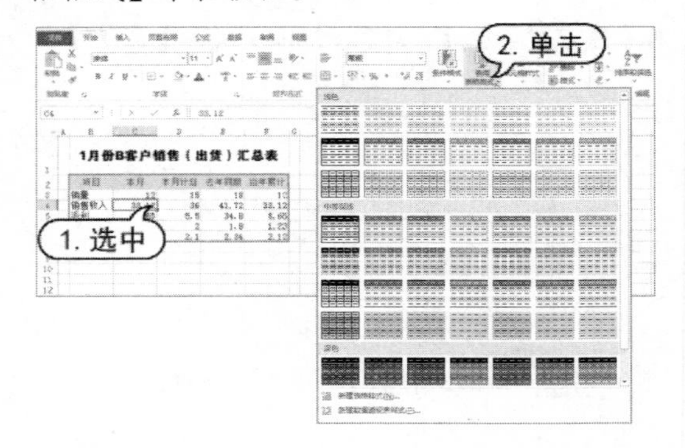

step 2 在展开的下拉列表中，单击需要的表格格式，打开【套用表格格式】对话框。

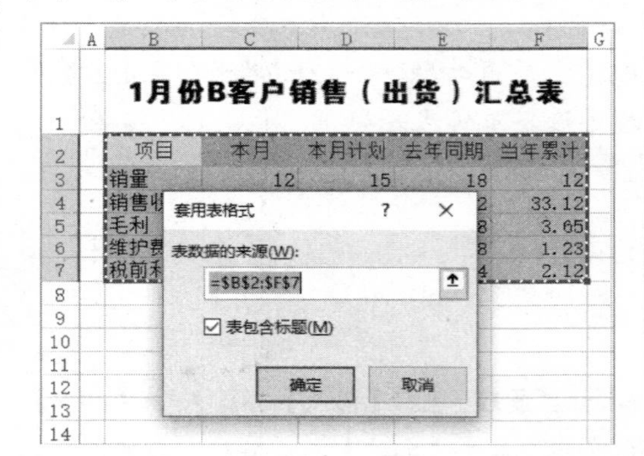

step 3 在【套用表格格式】对话框中确认引用范围，单击【确定】按钮，数据表被创建为表格并应用格式。

step 4 在【设计】选项卡的【工具】命令组中单击【转换为区域】按钮，在打开的对话框中单击【确定】按钮，将表格转换为普通数据，但格式仍被保留。

1月份B客户销售（出货）汇总表

项目	本月	本月计划	去年同期	当年累计
销量	12	15	18	12
销售收入	33.12	36	41.72	33.12
毛利	3.65	5.5	34.8	3.65
维护费用	1.23	2	1.8	1.23
税前利润	2.12	2.1	2.34	2.12

4.5　使用单元格样式

Excel 中的单元格样式是指一组特定单元格格式的组合。使用单元格样式可以快速对应用相同样式的单元格或区域进行格式化。

4.5.1　使用 Excel 内置样式

Excel 2016 内置了一些典型的样式，用户可以直接套用这些样式来快速设置单元格格式，具体操作步骤如下。

step 1　选中单元格或单元格区域，在【开始】选项卡的【样式】命令组中，单击【单元格样式】下拉按钮。

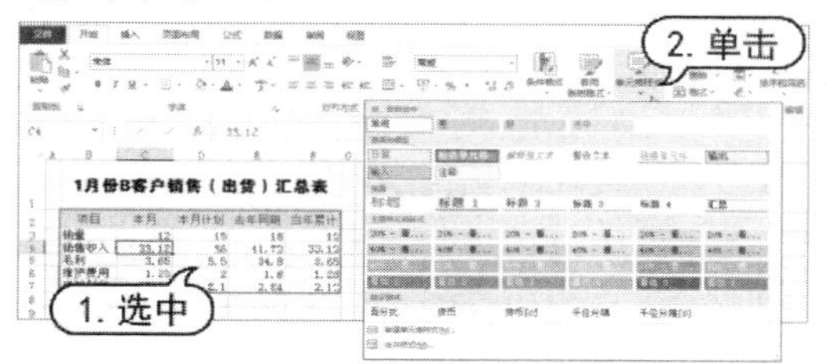

step 2　将鼠标指针移动至单元格样式列表中的某一项样式，目标单元格将立即显示应用该样式的效果，单击样式即可确认应用。

如果用户需要修改 Excel 中的某个内置样式，可以在该样式上右击鼠标，在弹出的快捷菜单中选择【修改】命令，打开【样式】对话框，根据需要对相应样式的【数字】【对齐】【字体】【边框】【填充】和【保护】等单元格格式进行修改。

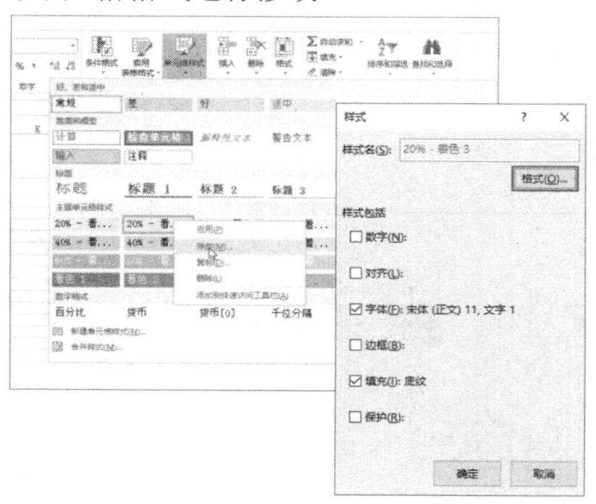

4.5.2　创建自定义样式

当 Excel 中的内置样式无法满足表格设计的需求时，用户可以参考下面介绍的方法，自定义单元格样式。

【例 4-7】在工作表中创建自定义样式。
视频

step 1　打开工作表后，在【开始】选项卡的【样式】命令组中单击【单元格样式】下拉按钮，在打开的下拉列表中选择【新建单元格样式】命令，打开【样式】对话框。

step 2　在【样式】对话框中的【样式名】文本框中输入样式的名称“列标题”，然后单击【格式】按钮。

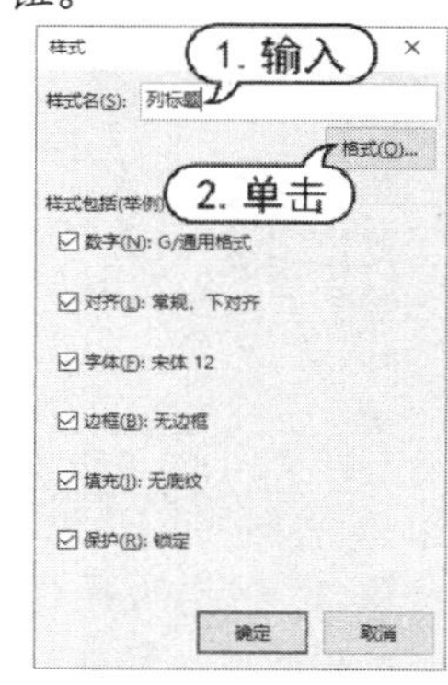

step 3　打开【设置单元格格式】对话框，选择【字体】选项卡，设置字体为【微软雅黑】，字号为 10 号。

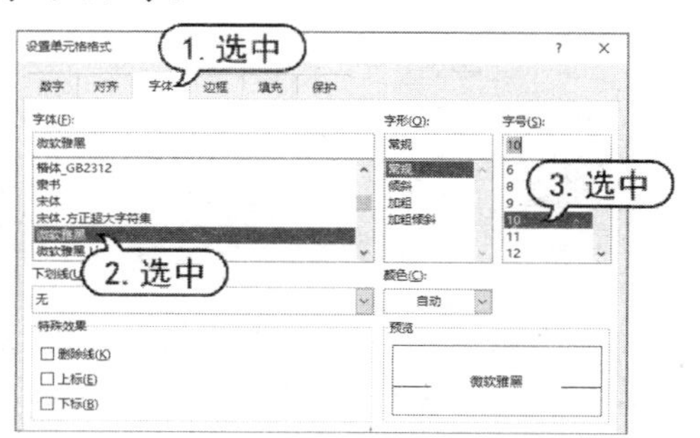

step 4 选择【对齐】选项卡，设置【水平对齐】和【垂直对齐】为【居中】，然后单击【确定】按钮。

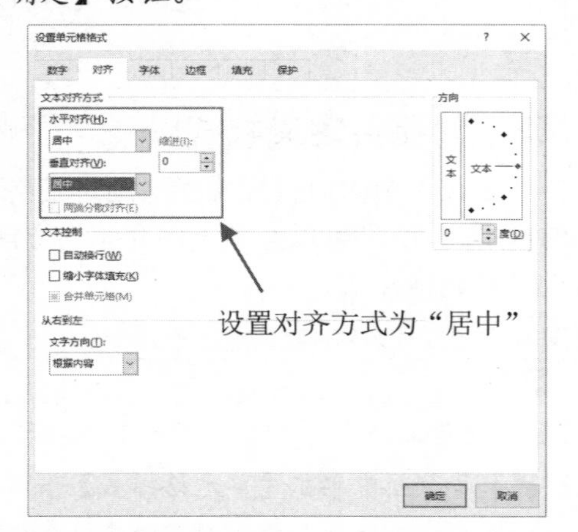

step 5 返回【样式】对话框，在【样式包括】选项区域中选中【对齐】和【字体】复选框，然后单击【确定】按钮。

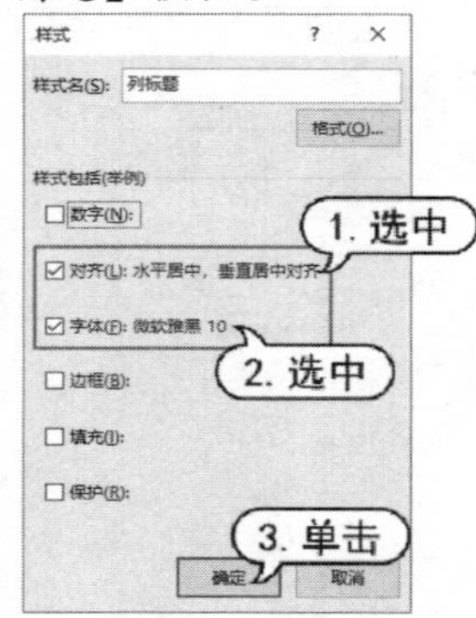

step 6 重复步骤(1)～(5)的操作，新建【项目列数据】和【内容数据】的样式。

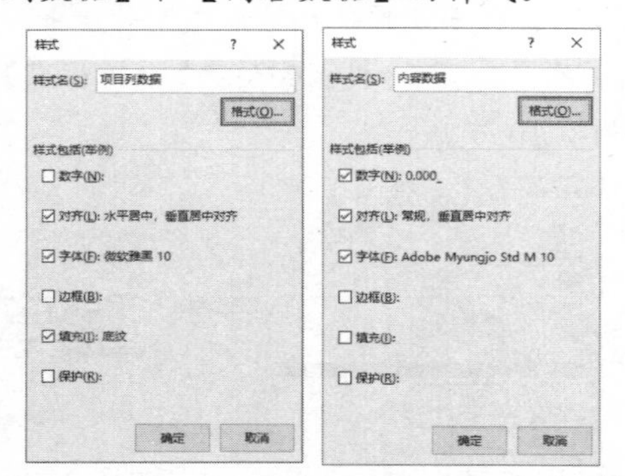

step 7 新建自定义样式后，在样式列表上方将显示如下图所示的【自定义】样式区。

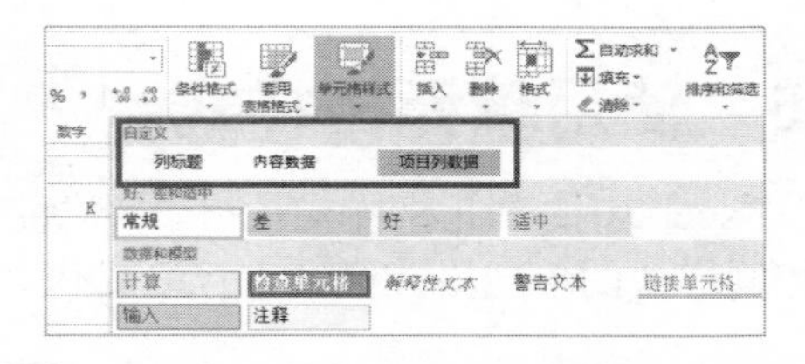

step 8 分别选中数据表格中的标题、列标题、项目列数据和内容数据单元格区域，应用样式分别进行格式化。

1月份B客户销售（出货）汇总表

项目	本月	本月计划	去年同期	当年累计
销量	12.000	15.000	18.000	12.000
销售收入	33.120	36.000	41.720	33.120
毛利	3.650	5.500	34.800	3.650
维护费用	1.230	2.000	1.800	1.230
税前利润	2.120	2.100	2.340	2.120

4.5.3 合并单元格样式

在 Excel 中完成例 4-7 的操作所创建的自定义样式，只能保存在当前工作簿中，不会影响其他工作簿的样式。如果用户需要在其他工作簿中使用当前新创建的自定义样式，可参考下面介绍的方法合并单元格样式。

【例 4-8】合并创建的自定义单元格样式。
视频

step 1 完成自定义单元格样式操作后，新建一个工作簿，在【开始】选项卡的【样式】命令组中单击【单元格样式】下拉按钮，在弹出的下拉列表中选择【合并样式】命令。

step 2 打开【合并样式】对话框，选中包含自定义样式的工作簿，然后单击【确定】按钮。

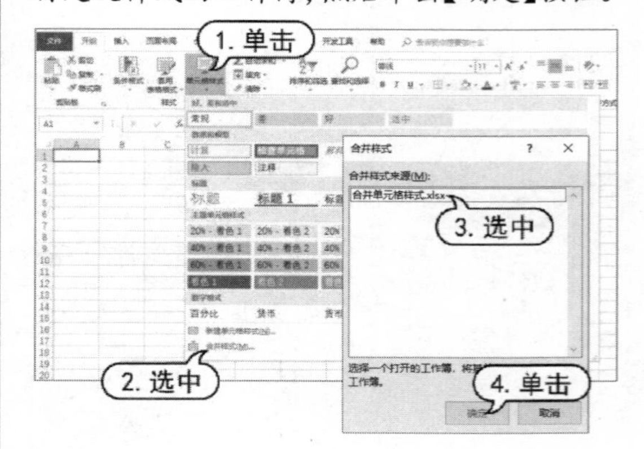

step 3 此时，自定义样式工作簿中自定义的样式将被复制到新建的工作簿中。

4.6　应用主题

除了使用样式，在整理工作表时用户还可以使用主题来格式化工作表。Excel 中的主题是一组格式选项的组合，包括主题颜色、主题字体和主题效果等。

Excel 中主题的三要素包括颜色、字体和效果。在【页面布局】选项卡的【主题】命令组中，单击【主题】下拉按钮，在展开的下拉列表中，Excel 内置了如下面左图所示的主题供用户选择。在主题下拉列表中选择一种 Excel 内置主题后，用户可以分别单击【颜色】【字体】和【效果】下拉按钮，修改选中主题的颜色、字体和效果，如下面的右图所示。

选择主题

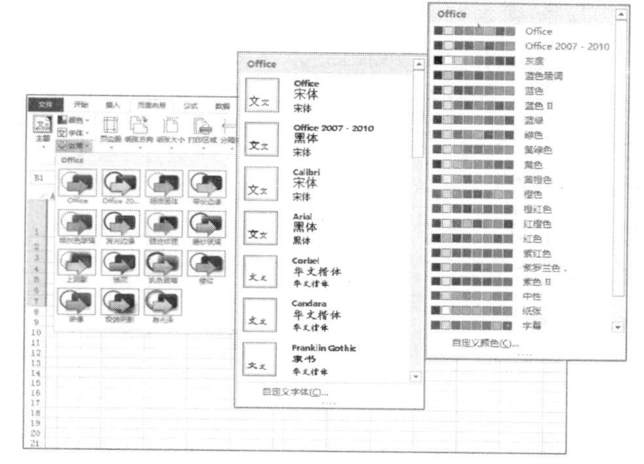

设置主题的颜色、字体和效果

4.6.1　应用文档主题

在 Excel 2016 中用户可以参考下面介绍的方法，使用主题对工作表中的数据进行快速格式化设置。

step 1 打开一个工作表，并将数据源表进行格式化处理。

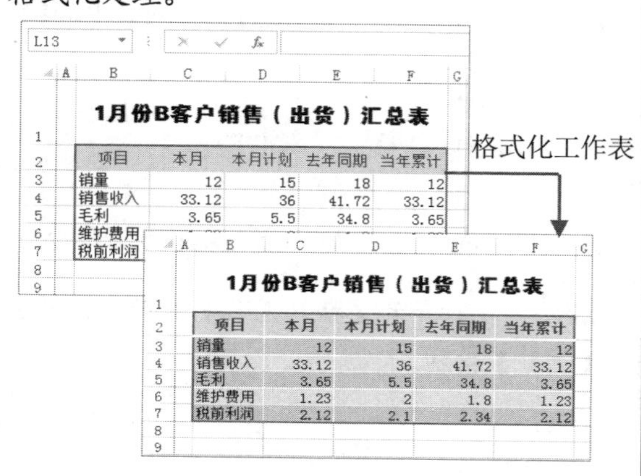

step 2 在【页面布局】选项卡的【主题】命令组中单击【主题】命令，在展开的主题库中选择【离子会议室】主题。

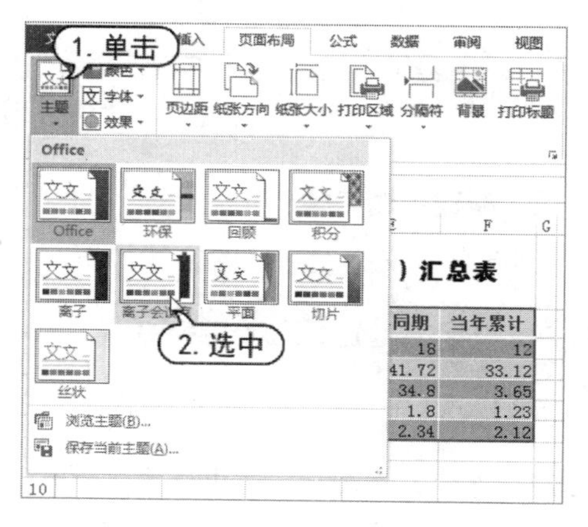

通过【套用表格格式】格式化数据表，只能设置数据表的颜色，不能改变字体。使用【主题】可以对整个数据表的颜色、字体

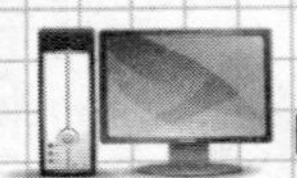

等进行快速格式化。

4.6.2 自定义与共享主题

在 Excel 2016 中，用户也可以创建自定义的颜色组合和字体组合，混合搭配不同的颜色、字体和效果组合，并可以保存合并的结果作为新的主题以便在其他的文档中使用(新建的主题颜色和主题字体仅作用于当前工作簿，不会影响其他工作簿)。

1. 新建主题颜色

创建自定义主题颜色的方法如下。

step 1 在【页面布局】选项卡的【主题】命令组中单击【颜色】下拉按钮，在弹出的下拉列表中选择【自定义颜色】命令。

step 2 打开【新建主题颜色】对话框，根据需要设置合适的主题颜色，然后单击【保存】按钮即可。

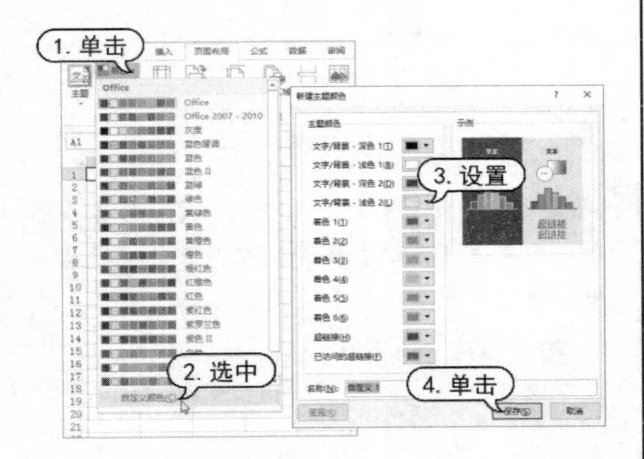

2. 新建主题字体

创建自定义主题字体的方法如下。

step 1 在【页面布局】选项卡的【主题】命令组中单击【字体】下拉按钮，在弹出的下拉列表中选择【自定义字体】命令。

step 2 打开【新建主题字体】对话框，根据需要设置合适的主题字体，然后单击【保存】按钮即可。

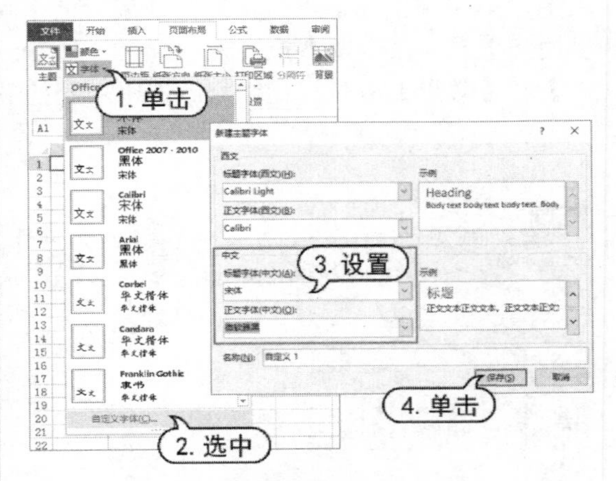

3. 保存自定义主题

用户可以通过将自定义的主题保存为主题文件(扩展名为.thmx)，将当前主题应用于更多工作簿，具体操作方法如下。

step 1 在【页面布局】选项卡的【主题】命令组中单击【主题】下拉按钮，在弹出的下拉列表中选择【保存当前主题】命令。

step 2 打开【保存当前主题】对话框，在【文件名】文本框中输入自定义主题的名称后，单击【保存】按钮即可(保存自定义的主题后，该主题将自动添加到【主题】下拉列表中的【自定义】组中)。

4.7 设置工作表背景

在 Excel 中用户可以通过插入背景的方法增强工作表最终的效果，具体操作方法如下。

step 1 打开工作表后，选中任意单元格，然后在【页面布局】选项卡的【页面设置】命令组中单击【背景】按钮。

step 2 在打开的【插入图片】界面中，单击【浏览】按钮。

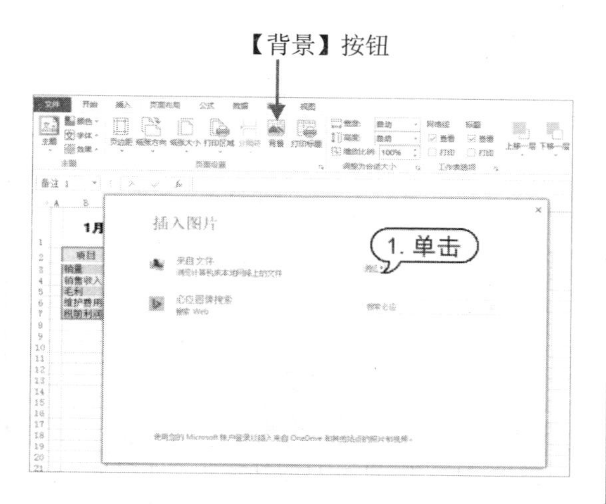

step 3 在打开的【工作表背景】对话框中选择一个图片文件，然后单击【打开】按钮，即可为工作表设置如下图所示的背景效果。

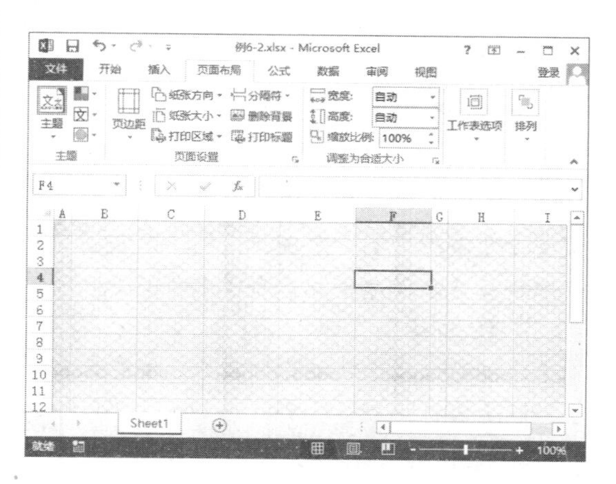

step 4 在【视图】选项卡的【显示】命令组中，取消【网格线】复选框的选中状态，关闭网格线的显示，可以突出背景图片在工作表中的显示效果。

4.8　案例演练

本章的案例演练部分将通过实例介绍在 Excel 中整理工作表的一些实用技巧，帮助用户进一步掌握所学的知识，提高工作效率。

【例 4-9】隐藏数据表单元格中的零值。

视频+素材　(素材文件\第 04 章\例 4-9)

step 1 打开工作表后选中 D3:E6 单元格区域，然后右击鼠标，在弹出的快捷菜单中选择【设置单元格格式】命令。

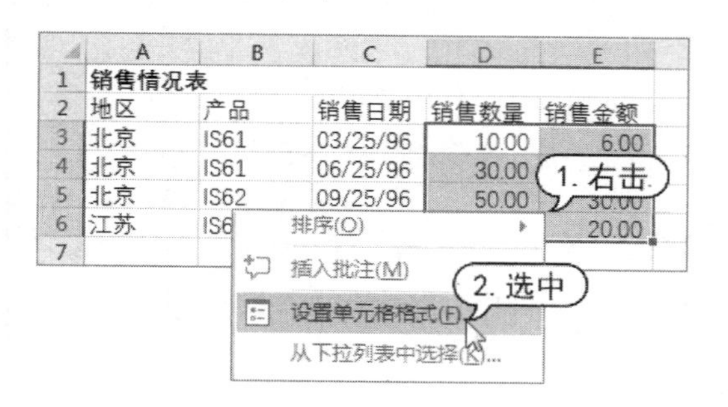

step 2 打开【设置单元格格式】对话框，选择【数字】选项卡，在【分类】列表框中选择【自定义】选项，在【类型】列表框中选择【G/通用格式】选项，然后单击【确定】按钮即可。

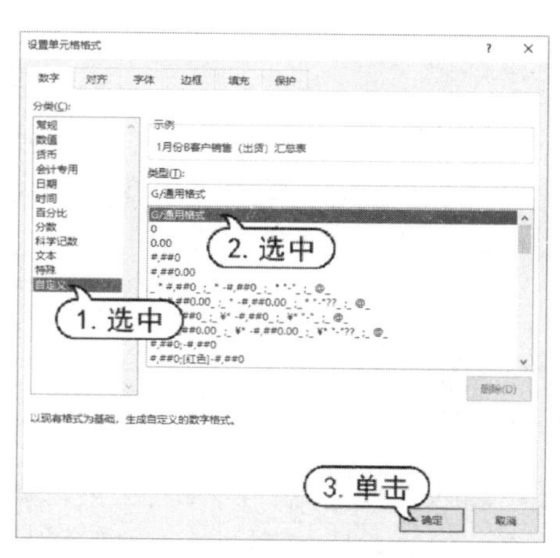

step 3 此时，被选中单元格中的零值将自动隐藏，效果如下图所示。

	A	B	C	D	E
1	销售情况表				
2	地区	产品	销售日期	销售数量	销售金额
3	北京	IS61	03/25/96	10	6
4	北京	IS61	06/25/96	30	20
5	北京	IS62	09/25/96	50	30
6	江苏	IS61	03/25/96	20	20
7					

【例 4-10】快速取消有合并单元格的列，并填充指定的数据。

视频+素材 (素材文件\第 04 章\例 4-10)

step 1 打开下图所示的工作表后选中 C 列，在【开始】选项卡的【对齐方式】命令组中单击【合并后居中】下拉按钮，从弹出的下拉列表中选择【取消单元格合并】命令。

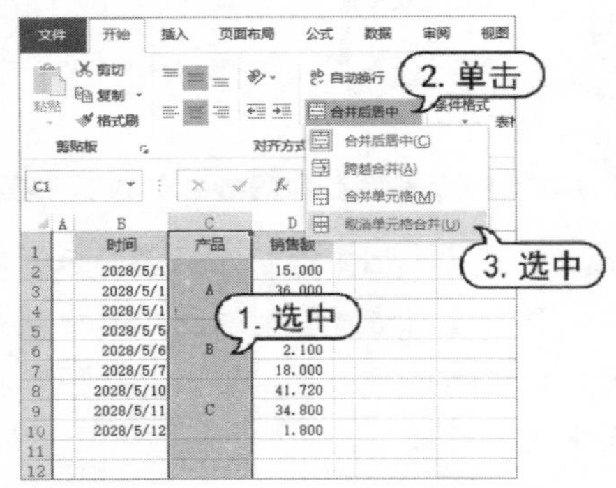

step 2 按下 F5 键，打开【定位】对话框，单击【定位条件】按钮，打开【定位条件】对话框，选中【空值】单选按钮，然后单击【确定】按钮。

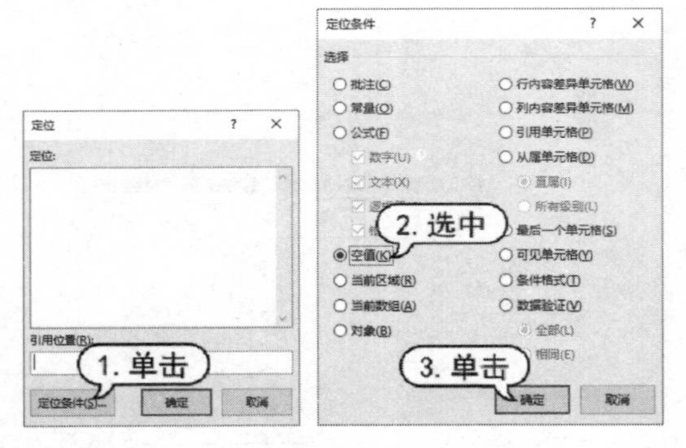

step 3 输入"="，然后单击 C2 单元格。

	A	B	C	D	E
1		时间	产品	销售额	
2		2028/5/1	A	15.000	
3		2028/5/1	=C2	36.000	
4		2028/5/1		5.500	
5		2028/5/5	B	2.000	
6		2028/5/6		2.100	
7		2028/5/7		18.000	
8		2028/5/10	C	41.720	
9		2028/5/11		34.800	
10		2028/5/12		1.800	
11					

step 4 最后，按下 Ctrl+Enter 组合键，即可在空白单元格中填充相应的数据，效果如下图所示。

	A	B	C	D	E
1		时间	产品	销售额	
2		2028/5/1	A	15.000	
3		2028/5/1	A	36.000	
4		2028/5/1	A	5.500	
5		2028/5/5	B	2.000	
6		2028/5/6	B	2.100	
7		2028/5/7	B	18.000	
8		2028/5/10	C	41.720	
9		2028/5/11	C	34.800	
10		2028/5/12	C	1.800	
11					

【例 4-11】快速删除表格中的重复数据。

视频+素材 (素材文件\第 04 章\例 4-11)

step 1 打开下图所示的工作表后，选中数据表中的任意单元格。

step 2 选择【数据】选项卡，单击【删除重复值】按钮，打开【删除重复值】对话框，在对话框中的【列】列表框内选择需要检查重复值的列，然后单击【确定】按钮。

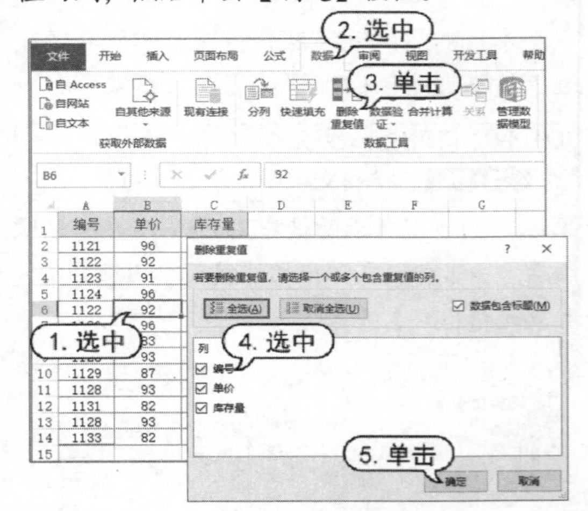

step 3 此时，Excel 将删除数据表中重复的记录，并弹出提示对话框，提示删除的重复记录的数量。

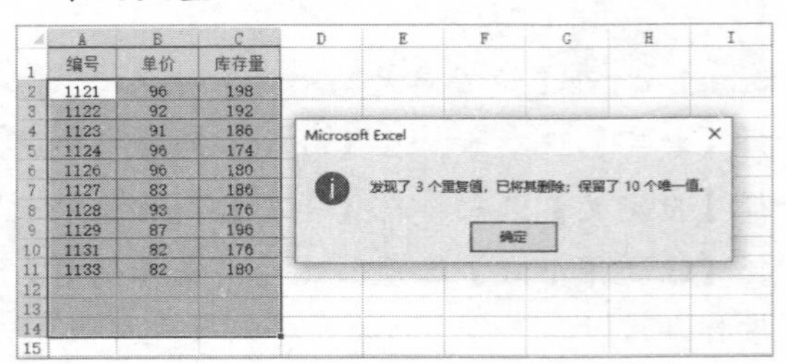

第5章

修饰工作表

在 Excel 工作表中，通过插入图片、形状与艺术字等，能够增强数据表的视觉效果。本章将通过实例操作，详细介绍在 Excel 中应用图片、形状、艺术字、SmartArt 等对象修饰表格的具体操作。

本章对应视频

例 5-1 制作动态图片
例 5-2 在工作表中添加艺术字
例 5-3 在工作表中插入 SmartArt
例 5-4 设置 SmartArt 图形样式
例 5-5 在工作表中插入联机图片
例 5-6 使用文本框修饰图表效果
例 5-7 在工作表中插入视频文件
例 5-8 在工作表中插入页眉和页脚
例 5-9 在工作表中插入数学公式

5.1 使用图片

在 Excel 中，有时需要批量整理数据，这些数据一般会包含姓名、年龄、职务等文本信息，或者价格、系数、完成比例等数值信息，但同时也有可能需要插入一些图片，例如产品的效果图、员工的照片等。此时，就需要在工作表中插入图片并对其进行简单的处理。

5.1.1 插入图片

在工作表中插入图片的方法有以下两种。

- 选择【插入】选项卡，在【插图】命令组中单击【图片】按钮，在打开的【插入图片】对话框中选择合适的图片文件后，单击【插入】按钮即可。

【图片】按钮

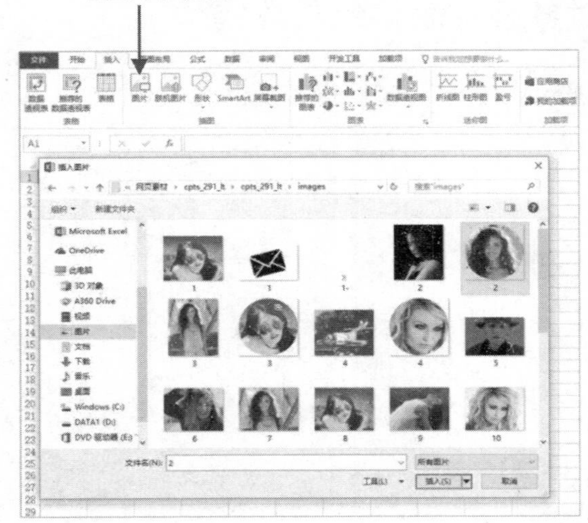

- 在图片浏览软件中复制图片，然后切换至 Excel 工作表，按下 Ctrl+V 组合键。

5.1.2 删除图片背景

在工作表中插入图片后，选中图片可以使用【删除背景】功能将图片的背景删除。【删除背景】功能可以通过删除图片中相近的颜色，使图片的一部分变得透明。

step 1 选中图片后，在【格式】选项卡的【调整】命令组中单击【删除背景】按钮。

【删除背景】按钮

step 2 此时，将在功能区显示【背景消除】选项卡，单击其中的【保留更改】按钮，即可将图片的背景设置为透明色。

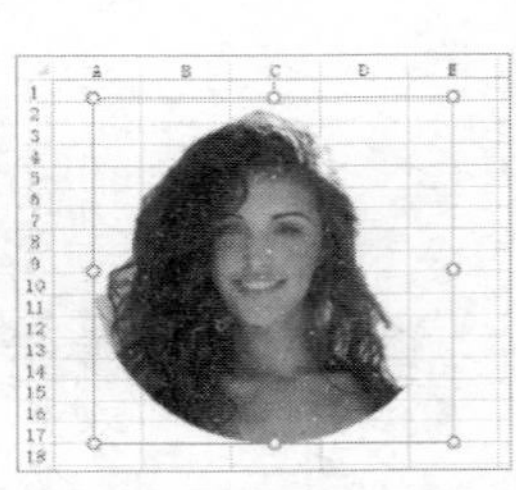

知识点滴

在上图所示的【背景消除】选项卡中，用户还可以单击【标记要保留的区域】按钮或【标记要删除的区域】按钮，在图像上通过拖动鼠标来标记删除背景图片时，所需要删除或者保留的区域。

5.1.3 调整图片颜色

在 Excel 中选中图片后，用户可以通过单击【格式】选项卡中的【校正】按钮，从弹出的样式列表中调整图片的锐化、柔化、亮度、对比度、着色等效果。

从【校正】样式列表中选择图片效果

此外，选择图片后，在【格式】选项卡中单击【颜色】按钮，从弹出的颜色样式列表中，用户还可以为图片设置颜色样式。

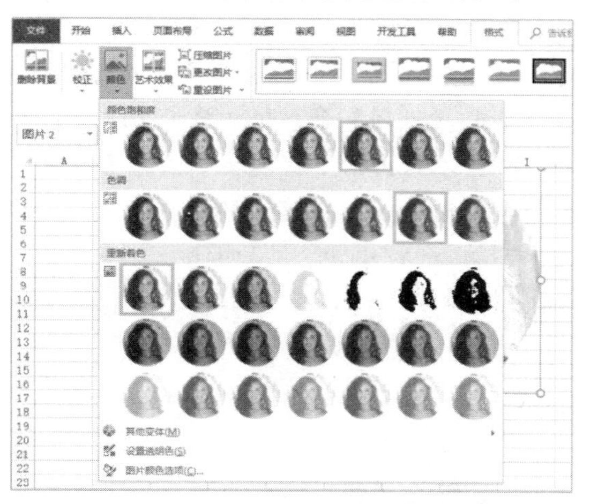

如果在【格式】选项卡的【调整】命令组中单击【重设图片】按钮，将放弃对当前选中图片的所有修改，将图片恢复到插入Excel 时的原始状态。

5.1.4　设置图片效果

如果用户需要为工作表中的图片设置各种艺术效果，可以在选中图片后，单击【格式】选项卡中的【艺术效果】按钮，然后从弹出的艺术效果样式列表中，选择一种合适的效果即可。

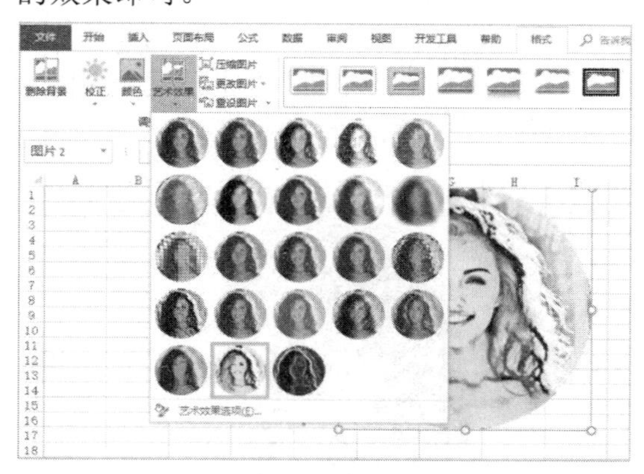

5.1.5　应用图片样式

Excel 内置了多种图片样式，选中工作表内的图片后，在【格式】选项卡的【图片样式】命令组中为其应用样式。例如，下图所示的图片应用了“柔化边缘矩形”效果。

5.1.6　裁剪图片

在 Excel 中裁剪图片可以删除图片中不需要的区域，还可以将图片的外形设置为任意形状(例如矩形、心形、圆形等)。

选中工作表中的图片后，在【格式】选项卡的【大小】命令组中单击【裁剪】按钮，在图片的 4 个角将显示如下图所示的角裁剪点，4 个边的中点显示边线裁剪点。

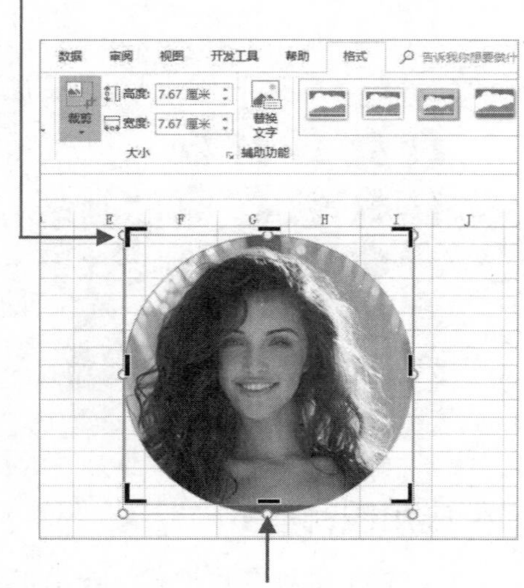

将鼠标光标定位到上图所示的裁剪点上，按住左键不放拖动，可以裁剪掉鼠标移动后留出的部分图片区域。

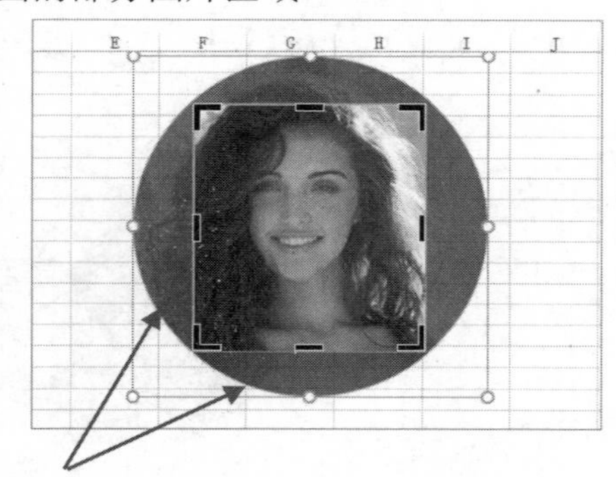

此时，单击任意单元格即可实现对图片的裁剪操作。

如果用户需要将图片裁剪成特定的形状，可以在选中图片后，在【格式】选项卡中单击【大小】命令组中的【裁剪】下拉按钮，从弹出的下拉列表中选择【裁剪为形状】选项，然后在显示的形状库中选择一种形状作为图形的轮廓参照，裁剪图形。

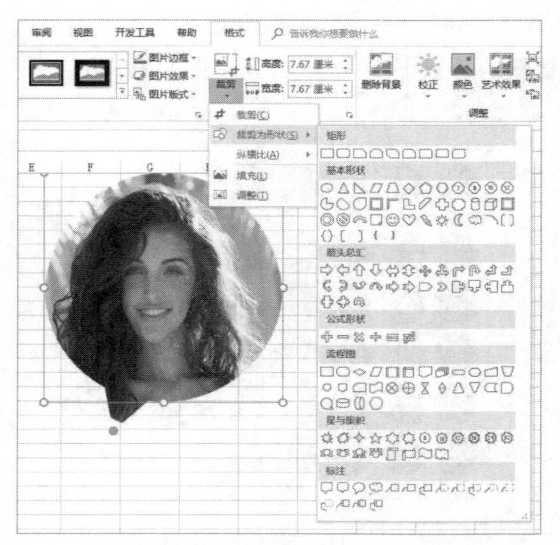

将图形裁剪为椭圆形的对话气泡形状

5.1.7 旋转图片

执行旋转图片操作可以将工作表中的图片，按一定角度旋转，具体方法如下。

step 1 选中工作表中的图片后，在【格式】选项卡的【排列】命令组中单击【旋转】下拉按钮，在弹出的下拉列表中选择【其他旋转选项】选项。

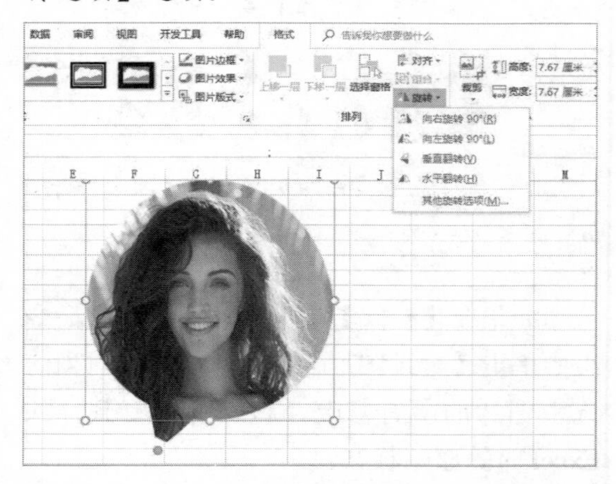

step 2 打开【设置图片格式】窗格，在【旋转】微调框中输入图片的旋转角度，即可将图片旋转。

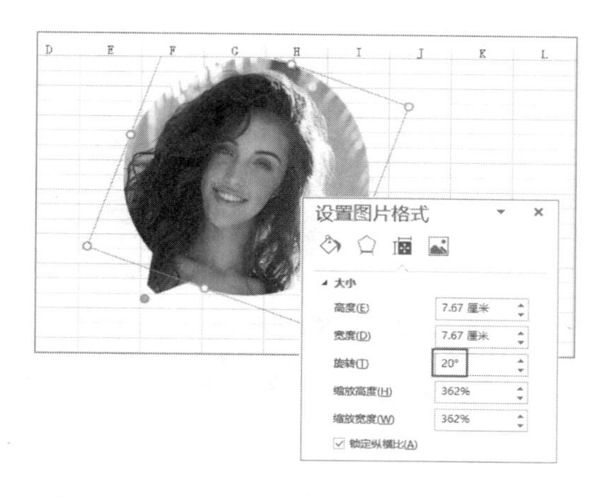

5.1.8　使用图片版式

在图片上应用版式，可以将图片设置成为图文混排版式中图片的部分，适用于某些需要设计流程的应用中。

选中工作表中的图片后，在【格式】选项卡的【图片样式】命令组中单击【图片版式】下拉按钮，从弹出的图片版式库中选择一种版式，即可将其应用于图片纸上。

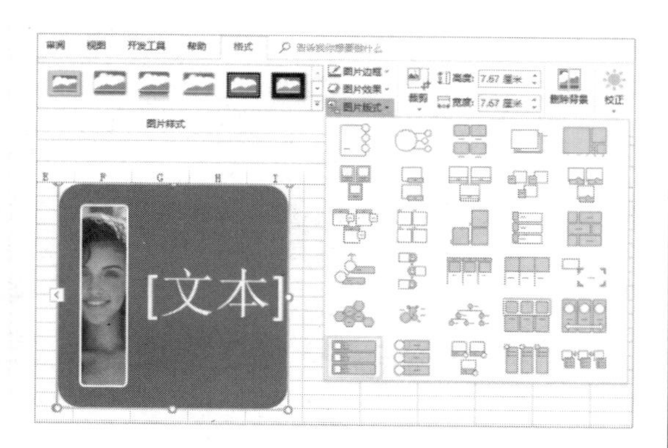

5.1.9　制作动态图片

通过制作动态图片，可以在工作表的某个位置显示不同的图片。

【例 5-1】通过设置动态图片，制作一个可以动态查询图表数据的表格。

视频+素材 (素材文件\第 05 章\例 5-1)

step 1 打开工作表后，将准备好的图片放置在对应的单元格中，使图片的四周位于单元格的网格线之内。

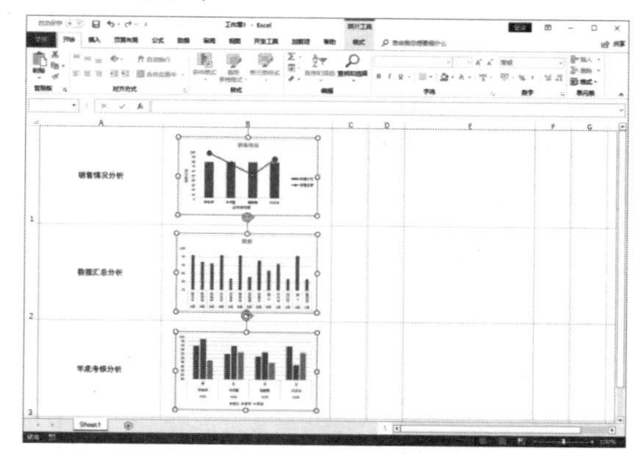

step 2 选中 E1 单元格，单击【数据】选项卡中的【数据验证】按钮，打开【数据验证】对话框，设置【允许】为【序列】，然后单击【来源】选项后的按钮，选择上图所示的 A1:A3 区域。

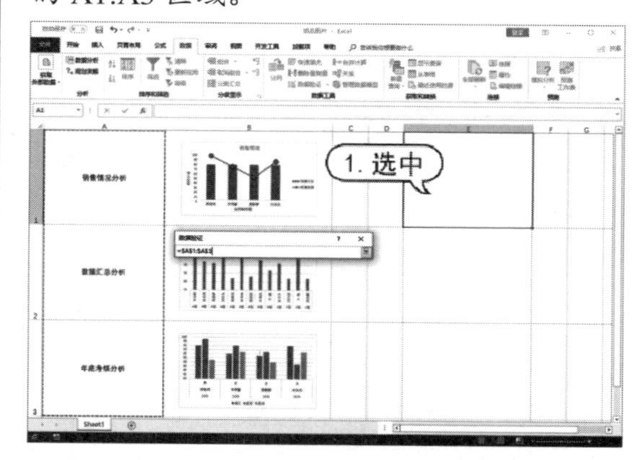

step 3 按下 Enter 键返回【数据验证】对话框，单击【确定】按钮。

step 4 选择【公式】选项卡，单击【定义的名称】命令组中的【定义名称】按钮，打开

【新建名称】对话框，在【名称】文本框中输入名称“切换图片”，在【引用位置】文本框中输入公式：

=INDIRECT("B"&MATCH(Sheet1!$E$1,Sheet1!$A$1:$A$3,0))

然后单击【确定】按钮。

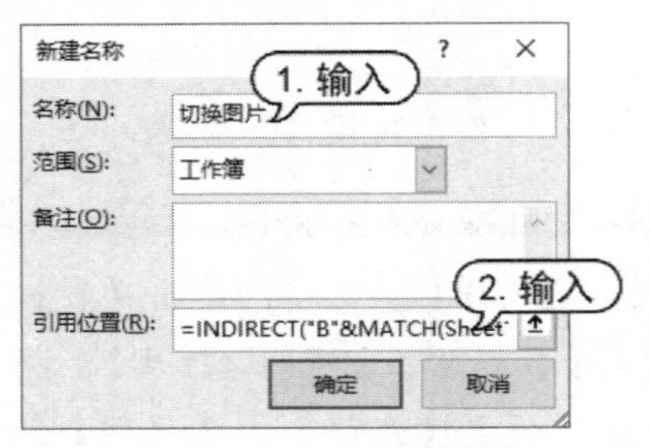

step 5 复制任意一张图片到 E2 单元格，将鼠标光标定位至编辑栏中，输入：

=切换图片

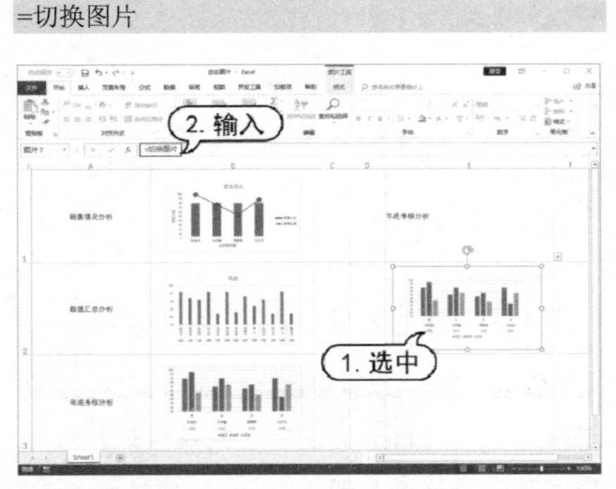

step 6 单击 E1 单元格右下角的数据验证下拉按钮，在弹出的列表中选择文本，即可实现动态图片的切换。

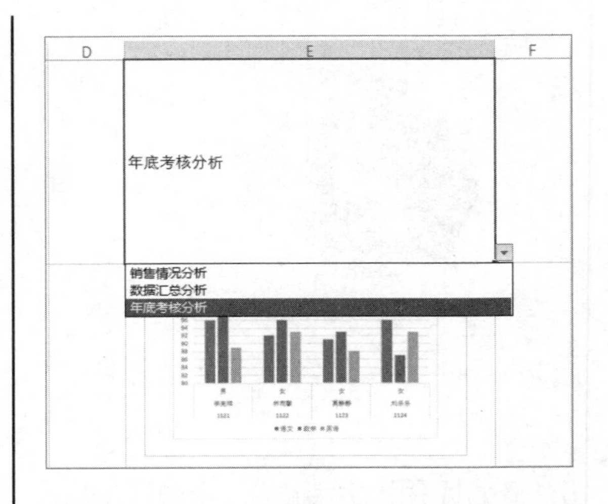

5.1.10 压缩图片

当 Excel 中插入的图片较大时，可能会导致工作簿文件占用的磁盘空间较多，不利于文件的网络传输和保存。

此时，可在选中图片后，单击【格式】选项卡中的【压缩图片】按钮，打开【压缩图片】对话框，在其中选择合适的选项，对图片进行压缩处理。

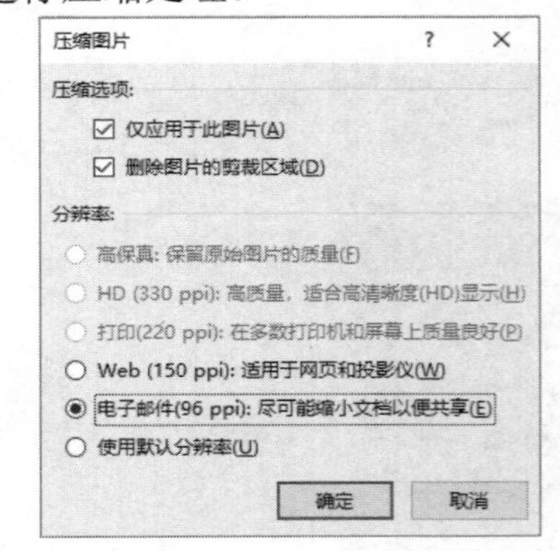

如果取消选中【仅应用于此图片】复选框，可以压缩工作簿中的所有图片。

5.2 使用形状

在 Office 系列软件中，形状指的是一组悬浮于工作窗口上方的简单图形(又称为自选图形)。在工作表中使用不同的形状可以组合成许多形态各异的全新形状，从而在 Excel 中实现各种特殊的效果。

此外，文本框也是一种形状，它可以放置在数据表的任意位置，对其中重要的数据进行说明。

5.2.1 插入形状

在【插入】选项卡的【插图】组中单击【形状】下拉列表按钮，可以打开【形状】下拉列表。在【形状】菜单中包含 9 个分类，分别为：最近使用的形状、线条、矩形、基本形状、箭头总汇、公式形状、流程图、星与旗帜以及标注。

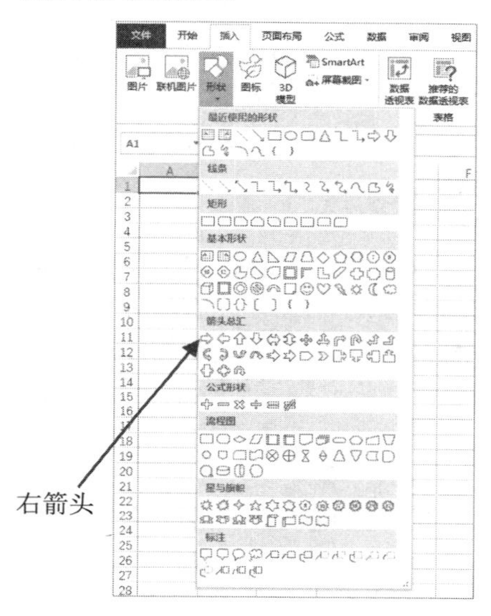

以在工作表中插入一个右箭头为例，插入形状的具体操作如下。

step 1 打开工作表后，选择【插入】选项卡，在【插图】命令组中单击【形状】下拉列表按钮，在弹出的下拉列表中选择【右箭头】选项。

step 2 在工作表中按住鼠标左键拖动，绘制如下图所示的图形。

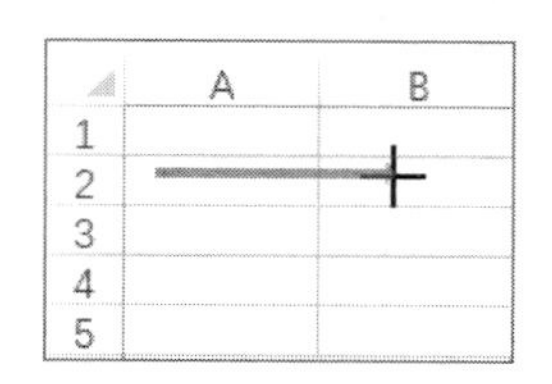

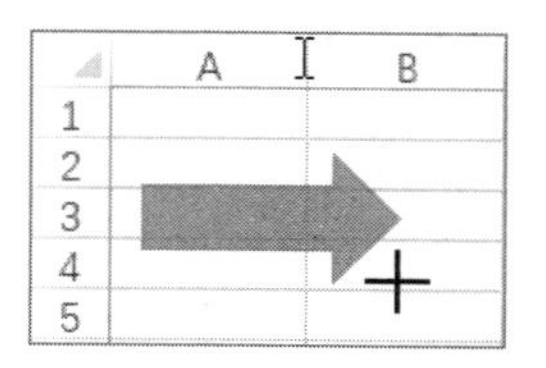

5.2.2 编辑形状

在工作表内插入了形状以后，可以对其进行旋转、移动、改变大小等编辑操作。

1. 旋转形状

在 Excel 2016 中用户可以旋转已经绘制完成的图形，让自绘图形能够满足用户的需要。旋转图形时，只需选中图形上方的圆形控制柄，然后拖动鼠标旋转图形，在拖动到目标角度后释放鼠标即可。

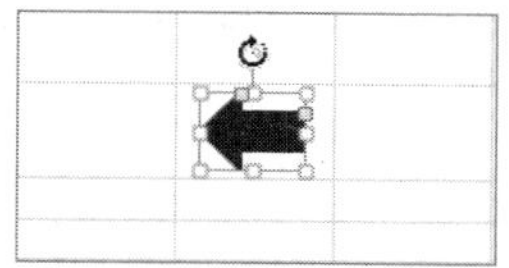

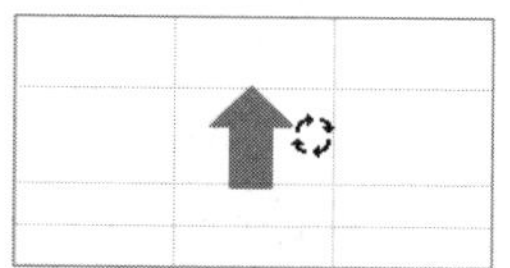

如果要精确旋转图形，可以右击图形，在弹出的菜单中选择【大小和属性】命令，打开【设置形状格式】窗格。在【大小】选项区域的【旋转】文本框中可以设置图形的精确旋转角度。

2. 移动形状

在 Excel 2016 的电子表格中绘制图形后，需要将图形移动到表格中需要的位置。移动图形的方法十分简单，选定图形后按住鼠标左键，然后拖动鼠标移动图形，到目标位置后释放鼠标左键即可。

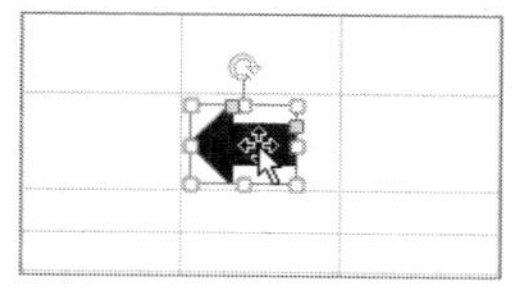

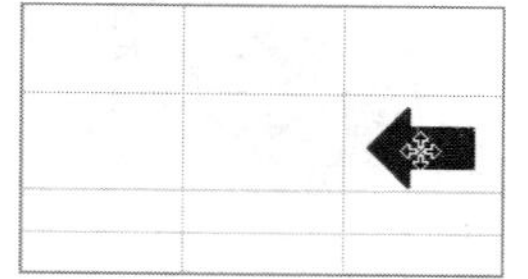

3. 缩放形状

如果用户需要重新调整图形的大小，可以拖动图形四周的控制柄来调整尺寸，或者

在【设置形状格式】窗格中精确设置图形的缩放大小。

将光标移动至图形四周的控制柄上时，光标会变为一个双箭头，按住鼠标左键并拖动，将图形缩放成目标形状后释放鼠标即可。

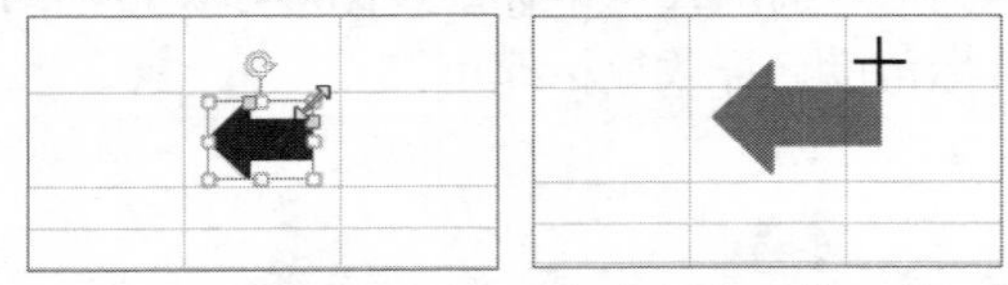

使用鼠标拖动图形边角的控制柄时，若同时按住 Shift 键可以使图形的长宽比例保持不变；如果在改变图形的大小时同时按住 Ctrl 键，将保持图形的中心位置不变。

4. 添加文本

文本框属于形状的一种，用户可以在其中直接输入文字。其他形状则可以直接添加文本，或者和文本框一起组合使用。

选中工作表中的形状，右击鼠标，在弹出的菜单中选择【编辑文字】命令，鼠标光标将自动定位到形状中间，直接输入文字，并设置文字的文本格式，即可在形状上添加文本。

5.2.3 组合形状

多种不同的形状可以组合成一个新的形状，具体方法如下。

step 1 按住 Ctrl 键的同时选中多个形状，右击鼠标，在弹出的菜单中选择【组合】|【组合】命令。

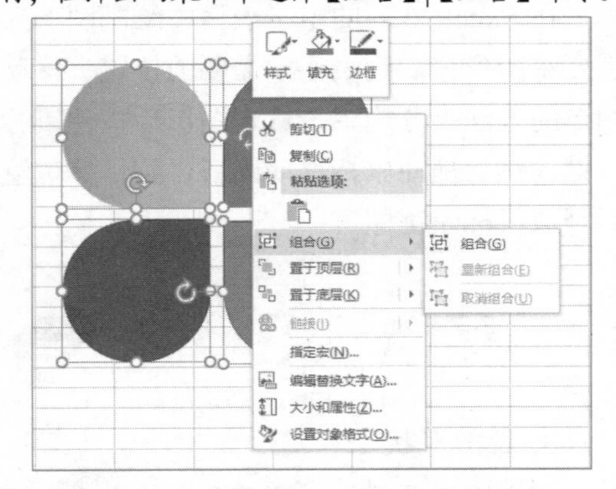

step 2 此时，被选中的多个形状将被合并为下图所示的一个形状。

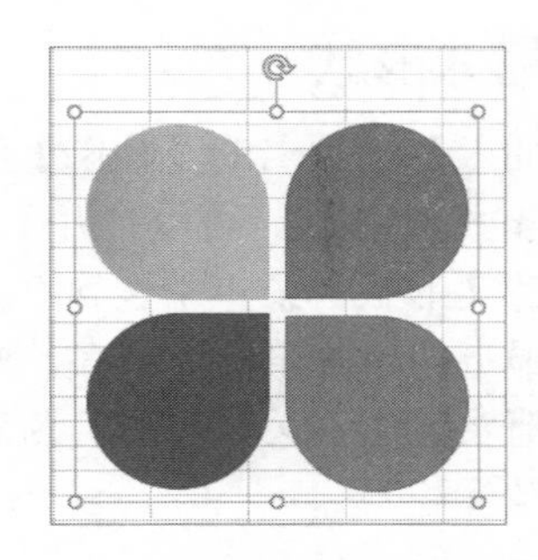

若用户要将组合后的形状恢复为单个的形状，右击组合形状，在弹出的菜单中选择【组合】|【取消组合】命令即可。

5.2.4 排列形状

当电子表格中的多个形状叠放在一起时，新创建的形状会遮住之前创建的形状，并按先后次序叠放形状。要调整叠放的顺序，只需选中形状后，单击【格式】选项卡中的【上移一层】或【下移一层】按钮，即可将选中的形状向上或向下移动。

另外，用户还可以将表格内的多个形状进行对齐。例如，按住 Ctrl 键选中表格内的多个形状，选择【格式】选项卡中的【对齐对象】|【水平居中】命令，可以将多个形状排列在同一条垂直线上。

5.2.5 设置形状效果

在 Excel 中可以自定义形状填充、形状轮廓和形状效果等格式。选中形状后，单击【格式】选项卡中【形状样式】列表框中的一种样式，即可快速应用该样式。

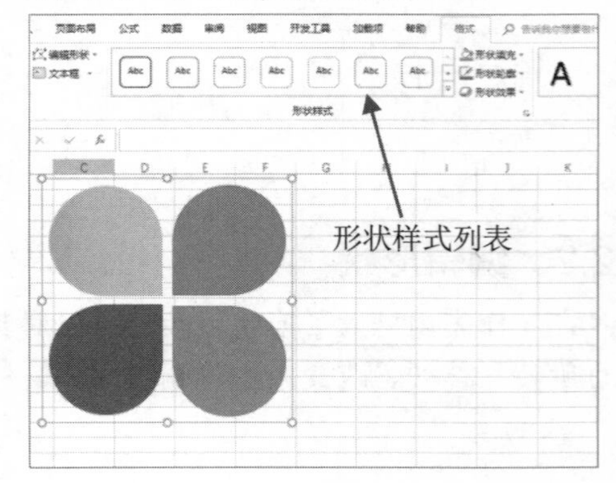

此外，单击【形状效果】下拉列表按钮，在弹出的下拉列表中，可以改变形状的效果。

5.3　使用艺术字

在 Excel 电子表格中，除了可以在单元格中插入文本外，还可以通过插入艺术字与文本框这两种方法在表格中插入文本。

【例 5-2】在工作表中添加艺术字。

视频

step 1 选择【插入】选项卡，在【文本】命令组中单击【艺术字】下拉列表按钮，在弹出的下拉列表中选择一种艺术字样式。

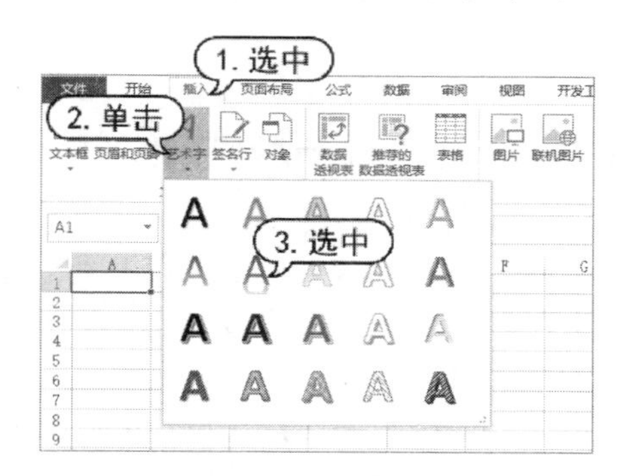

step 2 此时，将在工作表中插入选定的艺术字样式。

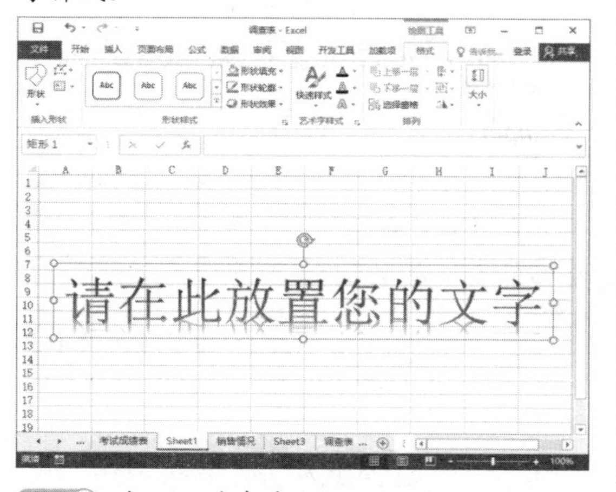

step 3 选定工作表中插入的艺术字，修改其内容为“艺术文字”。

step 4 选定艺术字，在【格式】选项卡中单击【形状效果】按钮，在弹出的下拉菜单中选择【映像】|【半映像，4pt 偏移量】选项。

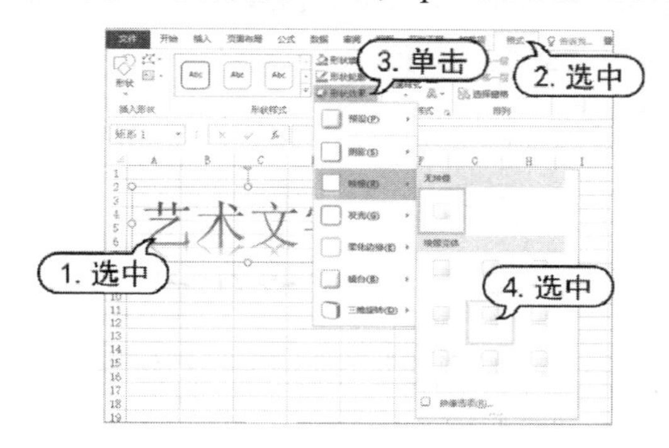

step 5 选定艺术字，在【格式】选项卡中单击【文本轮廓】下拉列表按钮，在弹出的下拉列表中可以为艺术字设置轮廓颜色。

step 6 选中艺术字，在【格式】选项卡中单击【文本填充】下拉列表按钮，在弹出的下拉列表中可以为艺术字设置填充颜色。

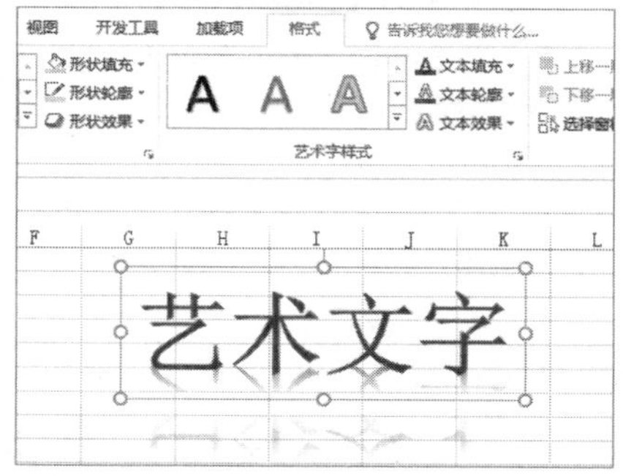

5.4　使用 SmartArt 图

SmartArt 图形在早期 Excel 版本中被称为组织结构图，主要用于在表格中呈现一些流程、循环、层次以及列表等关系的内容。本节将详细介绍插入与设置 SmartArt 图形的方法。

5.4.1 创建 SmartArt 图形

Excel 预设了很多 SmartArt 图形样式，并且将其进行分类，用户可以根据需要方便地在表格中插入所需的 SmartArt 图形。

【例 5-3】在工作表中插入 SmartArt 图形。

视频

step 1 选择【插入】选项卡后，在【插图】命令组中单击【插入 SmartArt 图形】按钮。

step 2 在打开的【选择 SmartArt 图形】对话框中选择【全部】选项，然后在该对话框中间的列表区域选择一种列表样式，单击【确定】按钮。

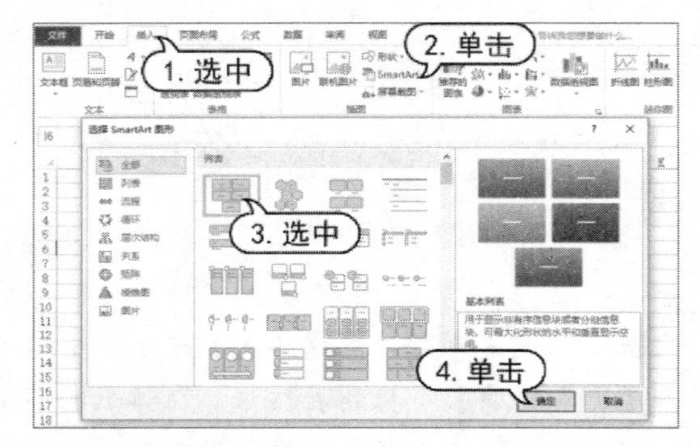

step 3 返回工作表窗口，即可在表格中插入选定的 SmartArt 图形。

step 4 在 SmartArt 图形中输入文本内容。在【设计】选项卡的【SmartArt 样式】命令组中，选择一种 SmartArt 图形的样式。

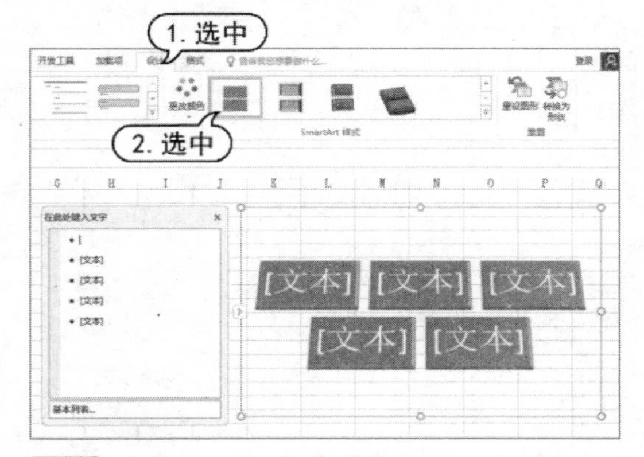

step 5 选择 SmartArt 图形中的一个形状，然后在【设计】选项卡的【创建图形】组中单击【添加形状】下拉列表按钮，在弹出的下拉列表中选择【在前面添加形状】选项，可在选中形状的前方添加一个新的图形形状。

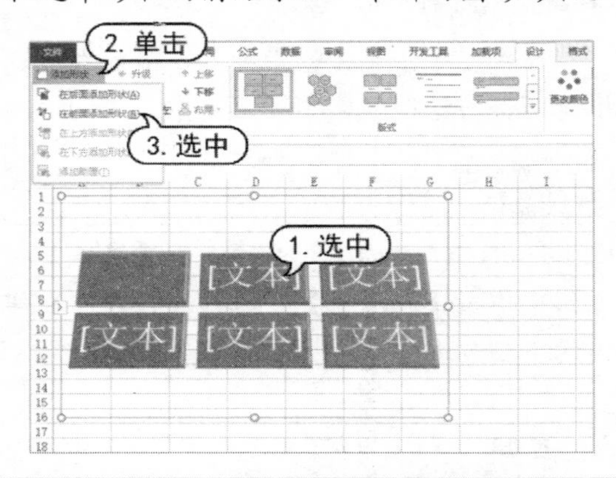

5.4.2 设置 SmartArt 图形

插入 SmartArt 图形后，会自动打开【SmartArt 工具】的【设计】选项卡。在该选项卡中可以对已经插入的 SmartArt 图形进行具体的样式设计。

在【SmartArt 工具】|【设计】选项卡的【布局】组中，可以更改已经插入的 SmartArt 图形的布局，还可以更改其显示颜色与显示效果，让其显示得更加美观。

【例 5-4】在 Excel 2016 电子表格中设置 SmartArt 图形的样式。

视频

step 1 继续例 5-3 的操作，打开【SmartArt 工具】|【设计】选项卡，在【版式】命令组中选取【交替六边形】布局样式。

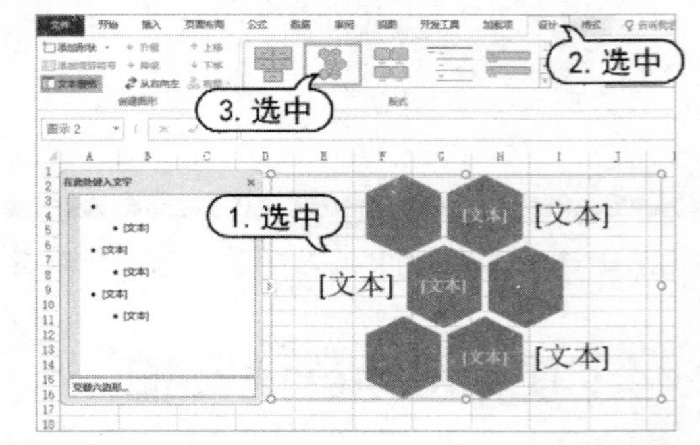

step 2 此时，SmartArt 图形即可应用新的布局样式。

step 3 在【SmartArt 样式】组中单击【更改

颜色】下拉列表按钮，在弹出的下拉列表中选择【深色2轮廓】选项。

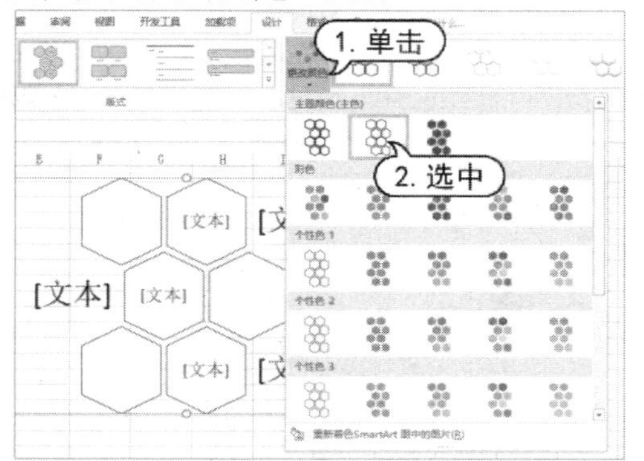

step 4 返回工作簿窗口后，即可查看SmartArt图形的新颜色。

step 5 打开【SmartArt工具】的【格式】选项卡，在其中可以设置SmartArt图形中文本的格式。

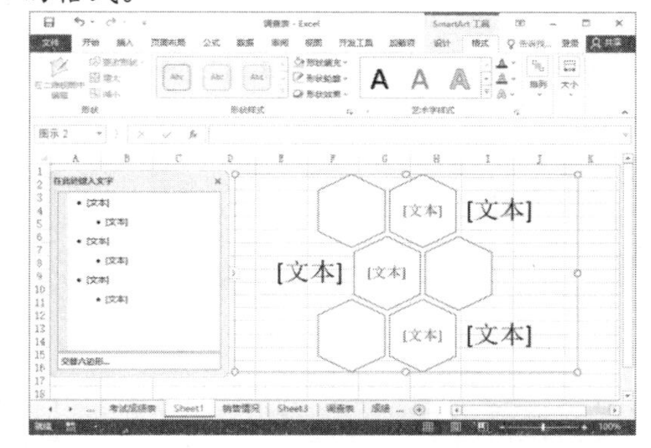

5.5 使用屏幕截图

屏幕截图是Excel中一个非常实用的功能。该功能与标准键盘上的PrtScn键或者Print Screen键对电脑屏幕显示的内容进行截图的功能类似。

1. 窗口截图

选择【插入】选项卡，单击【插入】命令组中的【屏幕截图】下拉按钮，在弹出的【可用的视窗】列表中选择一个Windows桌面上正在打开的窗口，即可在当前工作表中得到该窗口的截图。

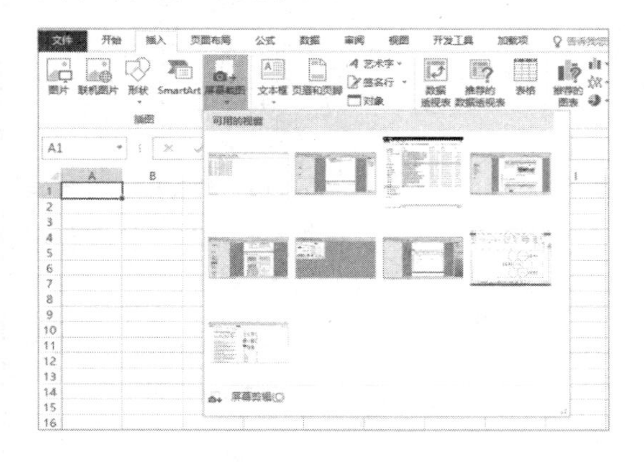

2. 屏幕截图

在上图所示的【可用的视窗】列表中选择【屏幕剪辑】选项，Excel窗口将自动最小化，在屏幕上按住鼠标左键拖动，绘制一个矩形区域，释放鼠标后即可在工作表中得到该矩形区域的截图。

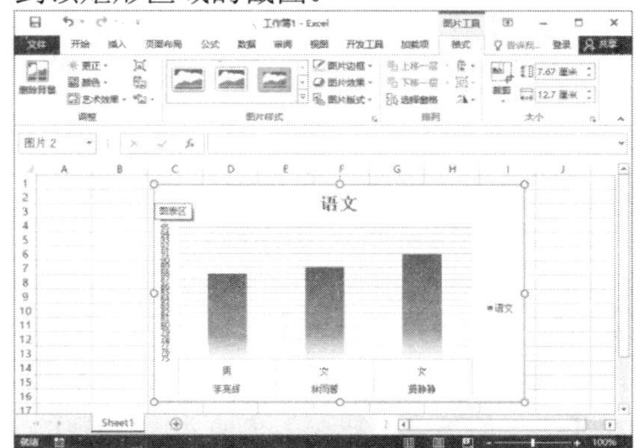

5.6 使用联机图

使用Excel的【联机图片】功能，用户可以通过互联网搜索图片，并将搜索到的图片插入表格中，从而轻松达到美化工作表的目的。

【例 5-5】在工作表中插入联机图片。

视频

step 1 选择【插入】选项卡，在【插图】命令组中单击【联机图片】按钮。

step 2 在打开的【插入图片】界面中的文本框内输入要查找的剪贴画关键字(例如“图表”)，并按下 Enter 键。

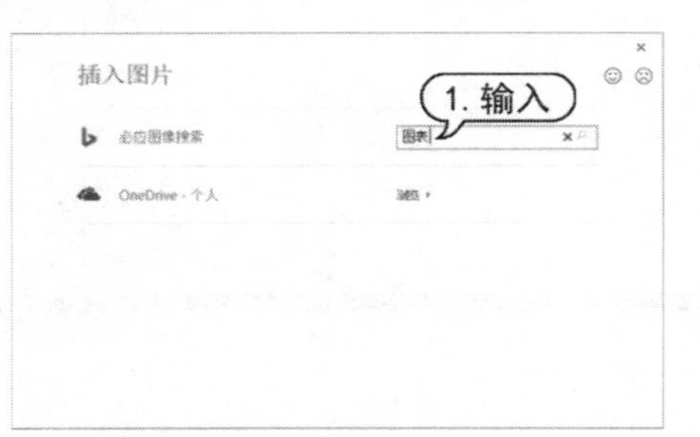

step 3 在搜索结果中选择要插入表格的剪贴画预览图后，单击【插入】按钮即可将其插入工作表中。

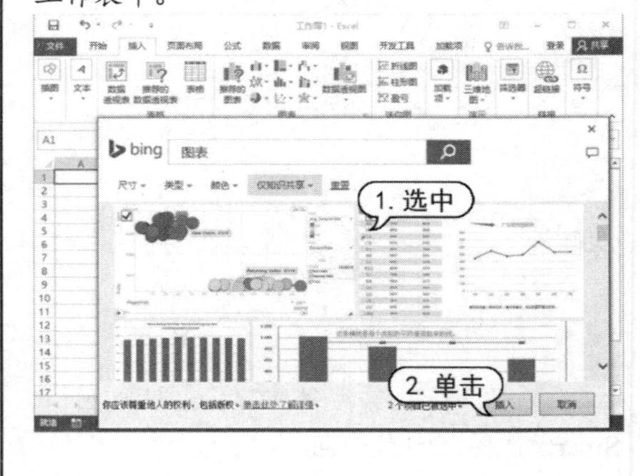

5.7 使用签名行

签名行是一种在 Excel 工作簿中模拟纸质文件签名的功能。用户在工作簿中插入签名行后，工作簿将变为“只读”，以防止其被修改。

使用签名行的具体方法如下。

step 1 选择【插入】选项卡，单击【文本】命令组中的【签名行】下拉按钮，在弹出的下拉列表中选择【Microsoft Office 签名行】选项。

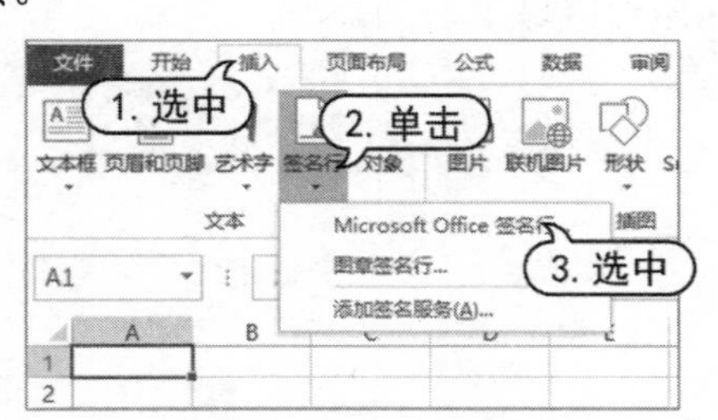

step 2 打开【签名设置】对话框，在【建议的签名人】文本框中输入姓名“王小燕”，在【建议的签名人职务】中输入“经理”，在【建议的签名人电子邮件地址】文本框中输入 abc@miaofa.net，然后取消【在签名行中显示签署日期】复选框的选中状态，并单击【确定】按钮，在工作表中插入一个未签署日期的签名行。

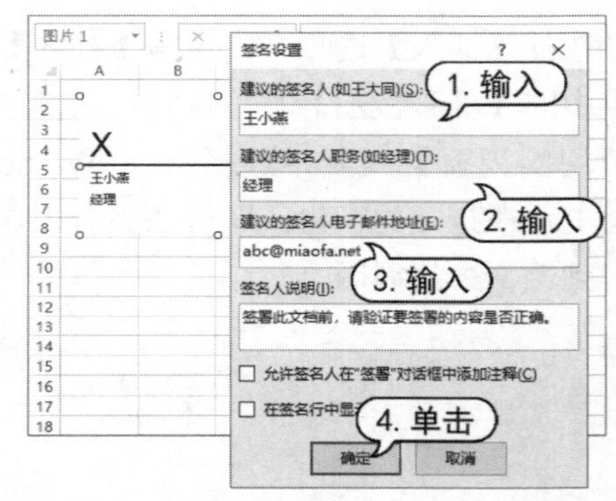

step 3 启动 Office 工具组中的【VBA 项目的数字证书】程序，在打开的对话框中输入数字证书名称，并单击【确定】按钮。

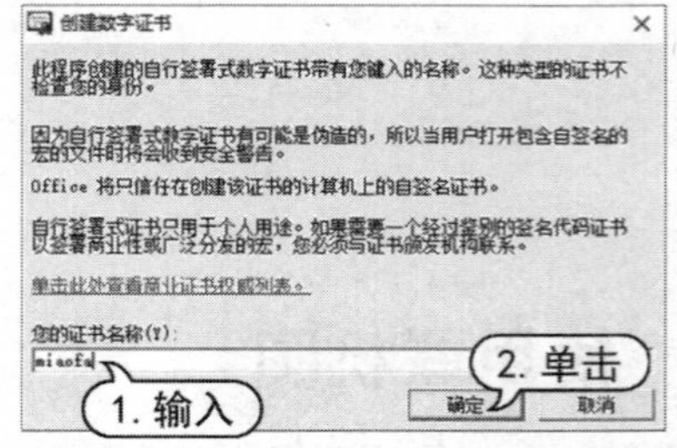

step 4 选中工作表中的签名行，右击鼠标，在弹出的快捷菜单中选择【签署】命令。

step 5　打开 Microsoft Excel 提示对话框，单击【是】按钮。打开【签名】对话框，输入姓名“王小燕”，单击【更改】按钮，选择创建的数字证书 miaofa，然后单击【签名】按钮即可。

5.8　使用文件对象

在 Excel 中，用户可以在工作表中嵌入如 Excel 文件、Word 文件、PPT 文件、PDF 文件等常用办公文件。文件被嵌入工作表后，将包含在工作簿中，可以通过双击打开它。

在工作簿中嵌入文件的具体方法如下。

step 1　选择【插入】选项卡，单击【文本】命令组中的【对象】按钮，打开【对象】对话框，选择【由文件创建】选项卡，单击【浏览】按钮。

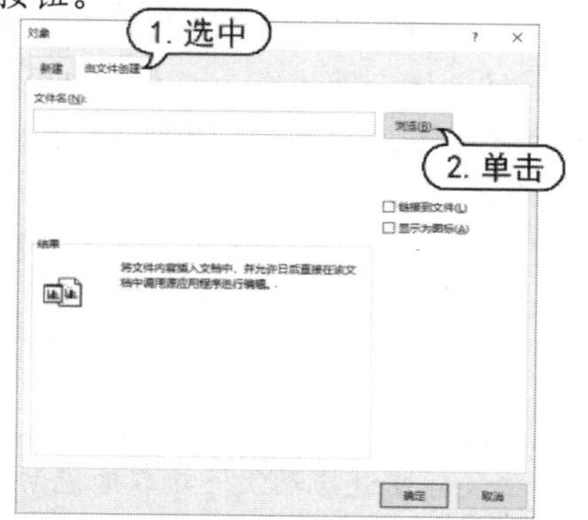

step 2　打开【浏览】对话框，选择一个文件后，单击【插入】按钮。

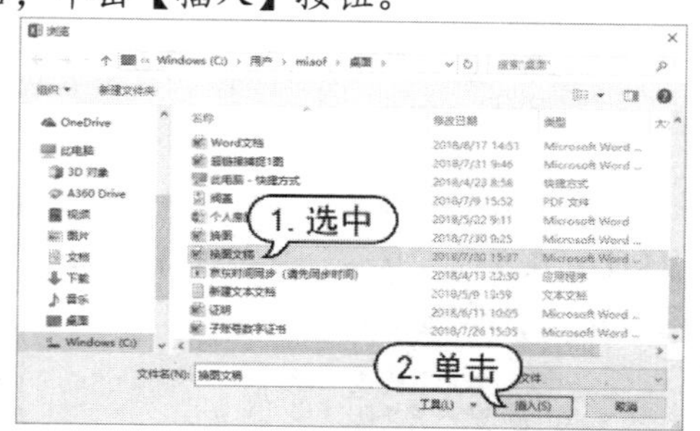

step 3　返回【对象】对话框，选中【显示为图标】复选框，单击【确定】按钮，即可将文件嵌入工作表。

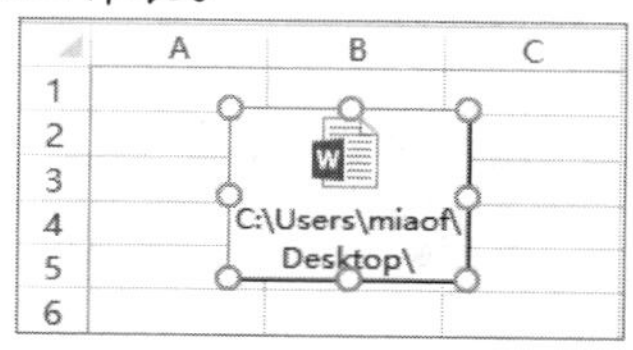

5.9　案例演练

本章的案例演练部分将通过实例介绍在 Excel 中修饰工作表的一些实用技巧，帮助用户进一步掌握所学的知识，提高工作效率。

【例 5-6】使用文本框修饰图表效果。
视频+素材　(素材文件\第 05 章\例 5-6)

step 1　打开“销售额统计表”工作簿，在【插入】选项卡的【文本】命令组中单击【文本框】下拉列表按钮，在弹出的下拉列表中选中【横排文本框】选项。

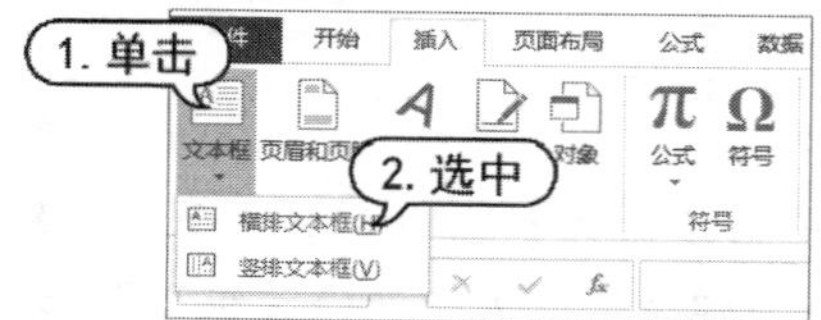

step 2　返回表格，在要插入文本框的位置拖动鼠标即可插入一个空白文本框。

step 3　在空白文本框中输入下图所示的文本内容。

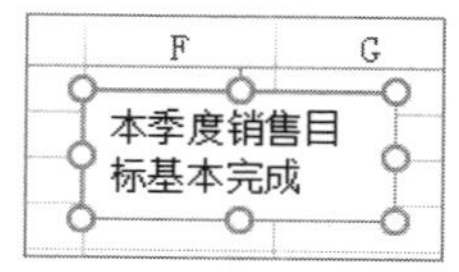

step 4　选中文本框，按下 Ctrl+1 组合键，打开【设置形状格式】窗格，单击【大小与属性】按钮，并展开【文本框】选项区域，选中【根据文字调整形状大小】复选框。

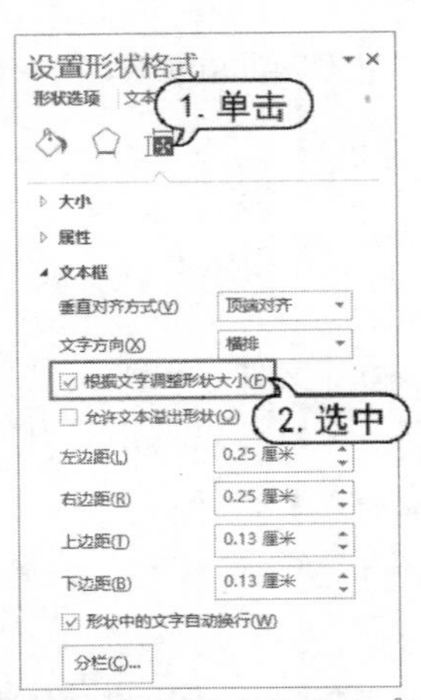

step 5 单击【填充与线条】按钮，展开【填充】和【线条】选项区域，分别选择【无填充】和【无线条】单选按钮。

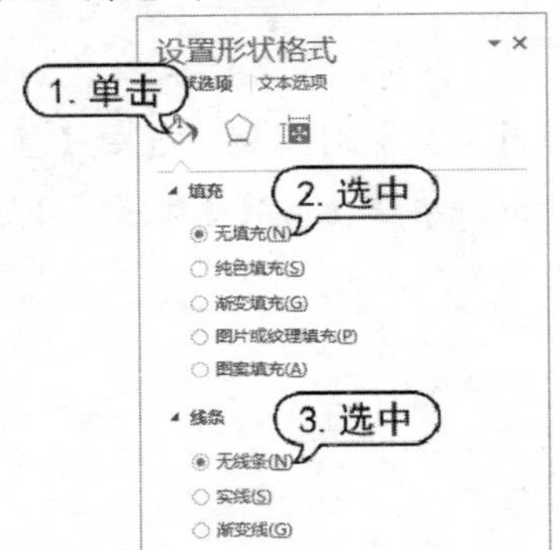

step 6 选中文本框中的文本，右击鼠标，在弹出的快捷菜单中选择【段落】命令。

step 7 打开【段落】对话框，设置【对齐方式】为【两端对齐】，设置【行距】为【多倍行距】，设置【设置值】为 1.2，单击【确定】按钮。

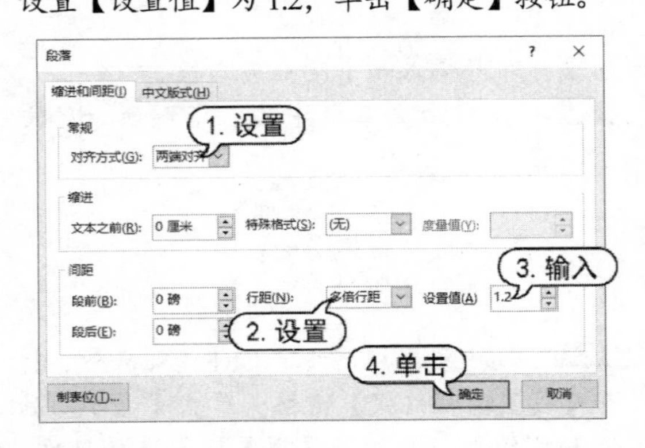

step 8 再次右击文本框中的文本，在弹出的快捷菜单中选择【字体】命令，打开【字体】对话框，设置【中文字体】为【微软雅黑】，设置【字体样式】为【加粗】，设置【大小】为 9，然后单击【确定】按钮。

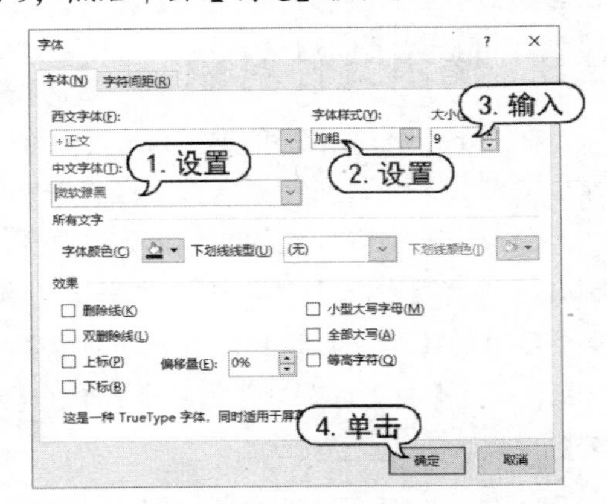

step 9 将鼠标指针放置在文本框四周的控制点上，按住鼠标左键拖动，调整文本框的大小。

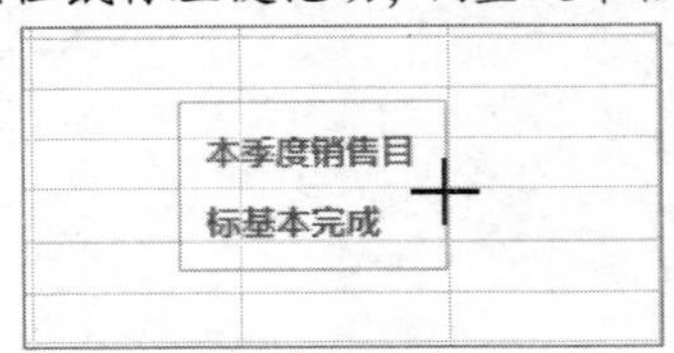

step 10 将鼠标指针放置在文本框四周的边线上，按住鼠标左键拖动，将文本框拖动至图表中合适的位置上。

step 11 按住 Ctrl 键的同时选中文本框和图表，单击【格式】选项卡中的【对齐】下拉按钮，在弹出的列表中选择【右对齐】选项。

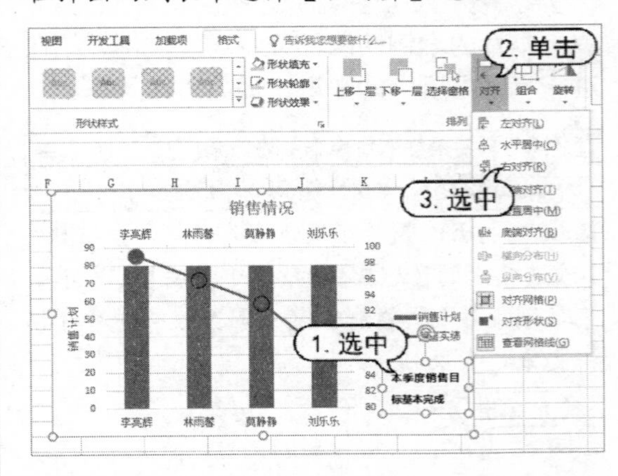

step 12 单击【格式】选项卡中的【组合】下拉按钮，在弹出的列表中选择【组合】选项，将文本框与图表组合在一起。

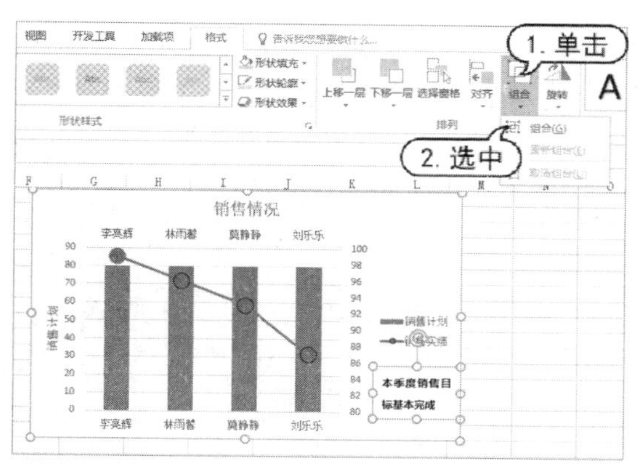

step 13 完成以上操作后，图表的最终效果如下图所示。

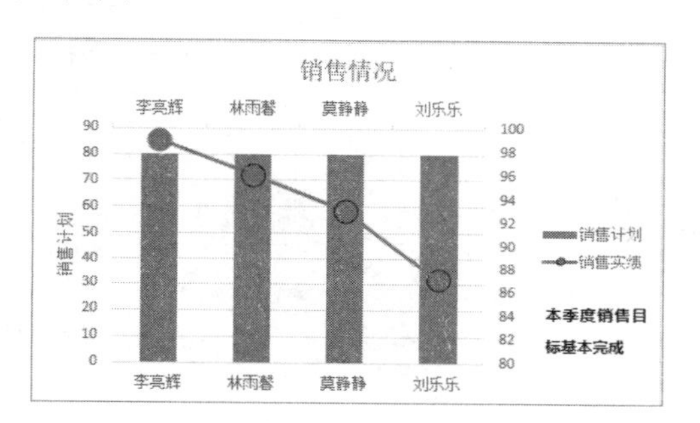

【例 5-7】在工作表中插入视频文件。

视频

step 1 打开【插入】选项卡，在【文本】命令组中单击【对象】按钮。

step 2 打开【对象】对话框，选择【由文件创建】选项卡，然后单击【浏览】按钮。

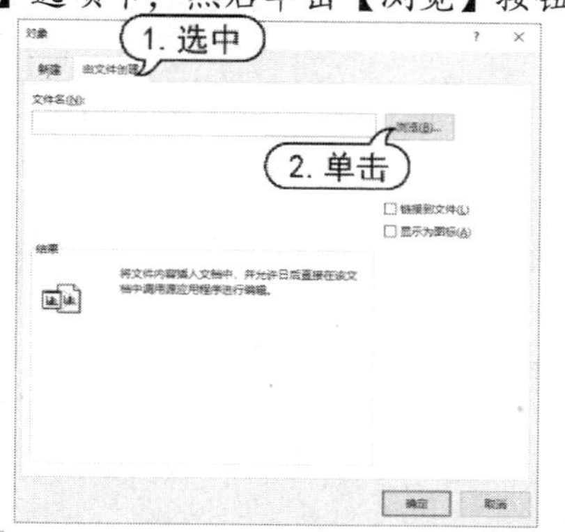

step 3 打开【浏览】对话框，选择要插入的视频文件，然后单击对话框中的【插入】按钮。

step 4 返回【对象】对话框后单击【确定】按钮，即可在工作表中插入视频。

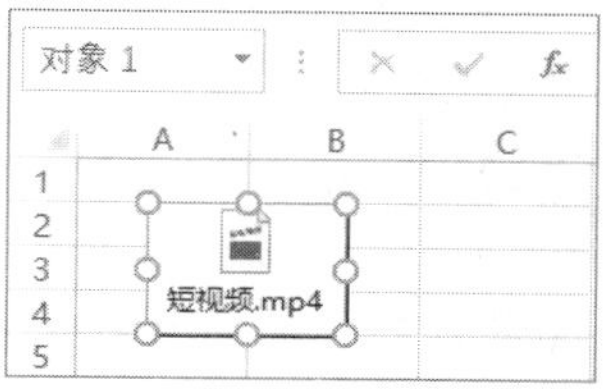

step 5 双击工作表中插入的视频图标，在打开的对话框中单击【打开】按钮，即可观赏该视频内容。

【例 5-8】在工作表中插入页眉和页脚。

视频

step 1 打开工作表，在【插入】选项卡的【文本】命令组中单击【页眉和页脚】按钮，打开【页眉和页脚工具】的【设计】选项卡。

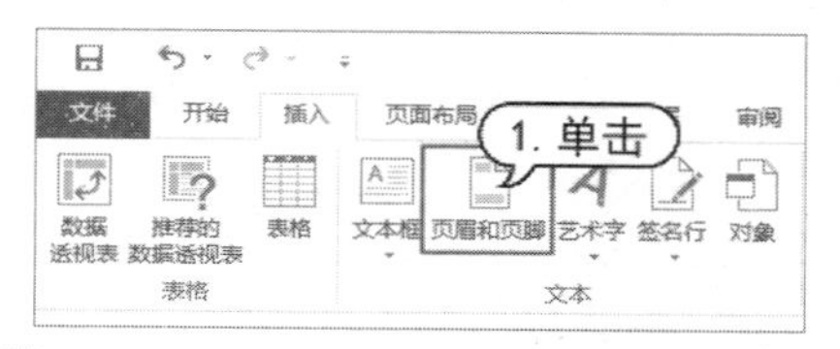

step 2 进入页眉和页脚编辑页面，在【页眉】编辑文本框中输入页眉文本。

step 3 在【设计】选项卡的【导航】命令组中，单击【转至页脚】按钮。

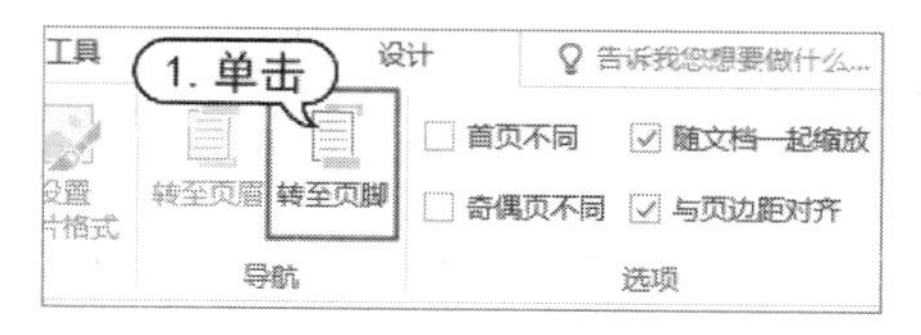

step 4 切换至页脚编辑状态，输入页脚文本。此时，单击【文件】按钮，从显示的界面中选择【打印】命令，在右侧的预览窗格中即可查看添加的页眉和页脚效果。

【例 5-9】在工作表中插入数学公式。

视频

step 1 在【插入】选项卡的【文本】命令组中单击【对象】按钮，打开【对象】对话框。

step 2 在【对象】对话框中选中【Microsoft 公式 3.0】选项后单击【确定】按钮。

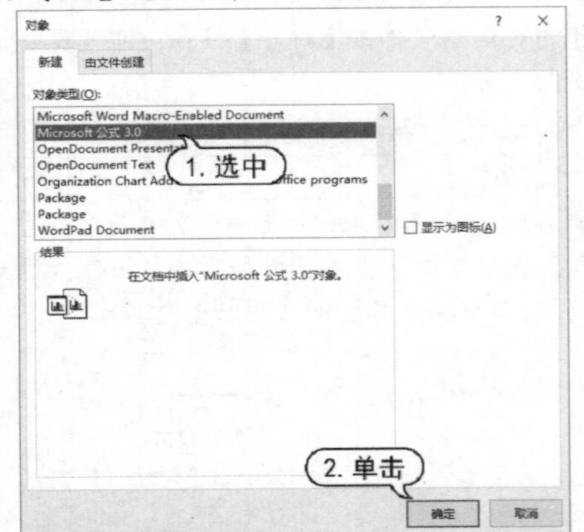

step 3 在定位的单元格中会显示公式的编辑状态。此时，用户可以根据显示的【公式】编辑栏中提供的符号以及键盘上的运算符号，在单元格中输入公式。

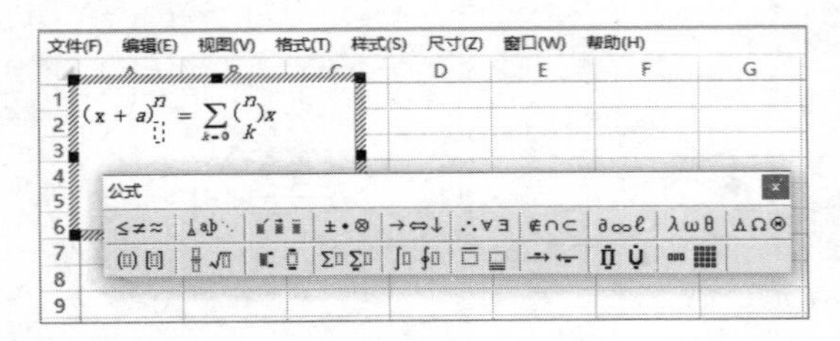

step 4 此外，用户还可以在【插入】选项卡的【符号】命令组中单击【公式】下拉列表按钮，在弹出的下拉列表中选择相应的公式选项，也可以在单元格中插入公式。

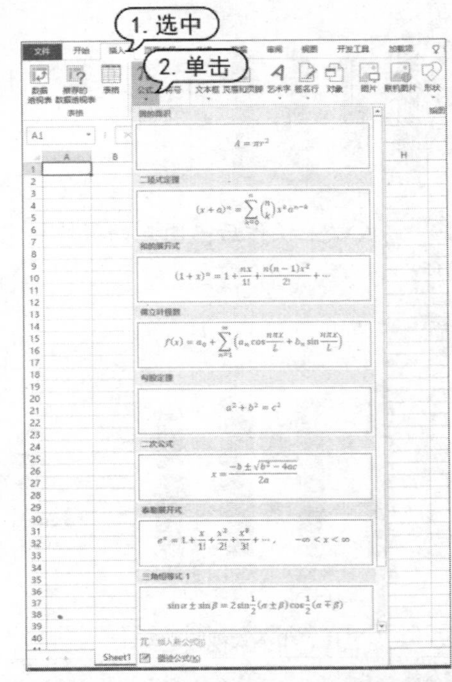

step 5 插入公式后的效果如下图所示。

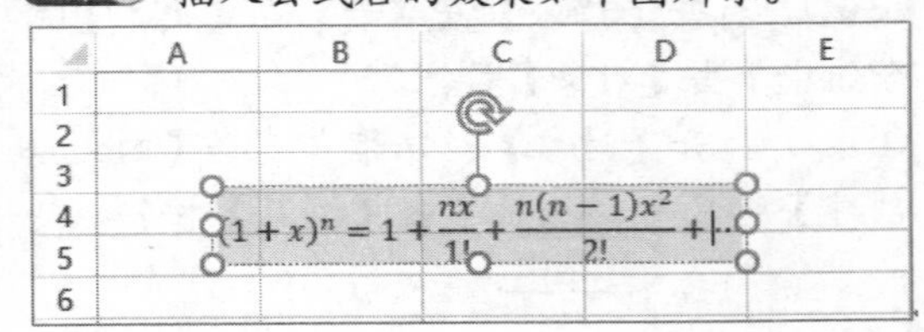

第 6 章

创建迷你图与图表

在 Excel 电子表格中，通过插入迷你图与图表可以更直观地呈现表格中数据的发展趋势或分布状况，从而创建出引人注目的报表。结合 Excel 的函数公式、定义名称、窗体控件以及 VBA 等功能，还可以创建实时变化的动态图表。

本章对应视频

例 6-1 使用【插入图表】对话框创建图表
例 6-2 修改图表中的数据系列
例 6-3 使用多个工作表数据创建图表
例 6-4 设置水平和垂直坐标轴的交点
例 6-5 设置多列坐标轴标签
例 6-6 为图表设置三维背景
例 6-7 制作三色差异对比效果图表
例 6-8 利用误差线制作特殊图表
例 6-9 制作注射器式柱状图表
例 6-10 制作三维饼图图表效果

6.1　创建迷你图

迷你图是工作表单元格中的一个微型图表。在数据表的旁边显示迷你图，可以一目了然地反映一系列数据的变化趋势，如下图所示。

城市\季度	一季度	二季度	三季度	四季度	迷你图
广州	38	50	41	51	
南昌	38	54	32	39	
北京	18	48	34	82	
桂林	22	65	54	94	
广州	26	78	26	21	
南昌	22	72	66	39	
北京	20	110	71	43	
桂林	20	90	42	87	

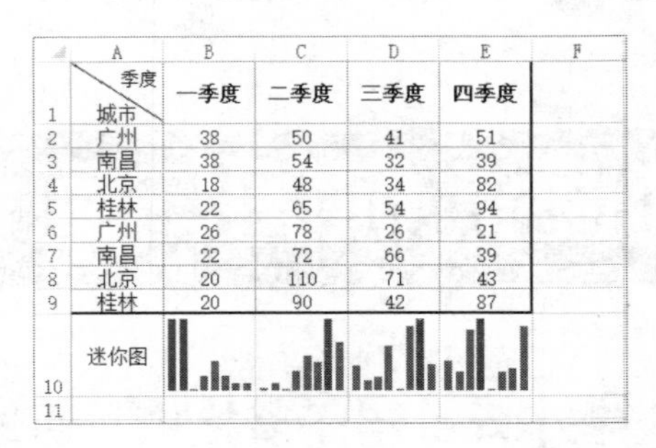

城市\季度	一季度	二季度	三季度	四季度
广州	38	50	41	51
南昌	38	54	32	39
北京	18	48	34	82
桂林	22	65	54	94
广州	26	78	26	21
南昌	22	72	66	39
北京	20	110	71	43
桂林	20	90	42	87
迷你图				

工作表中的迷你图

与传统图表相比，迷你图的特点在于简洁、方便、直观、占用空间小。

6.1.1　创建单个迷你图

在 Excel 2016 中创建迷你图的方法非常简单，具体如下。

step① 打开一个工作表，选择【插入】选项卡，在【迷你图】命令组中单击【折线】按钮，如下图所示。

Excel 提供了折线、柱形和盈亏三种迷你图

城市\季度	一季度	二季度	三季度	四季度	迷你图
广州	38	50	41	51	
南昌	38	54	32	39	
北京	18	48	34	82	
桂林	22	65	54	94	
广州	26	78	26	21	
南昌	22	72	66	39	
北京	20	110	71	43	
桂林	20	90	42	87	

step② 弹出【创建迷你图】对话框，单击【数据范围】文本框右侧的 。

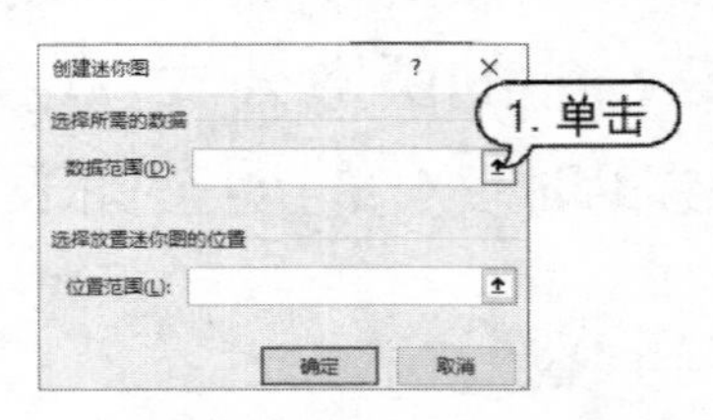

step③ 选择数据表中的 B2:E2 区域作为数据范围，按下 Enter 键。

step④ 单击【位置范围】文本框右侧的 ，然后选择 F2 单元格，按下 Enter 键。

step⑤ 返回【创建迷你图】对话框，单击【确定】按钮，即可创建下图所示的迷你图。

城市\季度	一季度	二季度	三季度	四季度	迷你图
广州	38	50	41	51	
南昌	38	54	32	39	
北京	18	48	34	82	
桂林	22	65	54	94	
广州	26	78	26	21	
南昌	22	72	66	39	
北京	20	110	71	43	
桂林	20	90	42	87	

折线迷你图

在 Excel 中，迷你图仅提供折线迷你图、柱形迷你图和盈亏迷你图 3 种图表类型，并且不能一次创建两种以上图表类型的组合。

6.1.2　修改一组迷你图

在 Excel 2016 中，用户可以为多行(或者多列)数据创建一组迷你图，一组迷你图具有相同的图表特征。创建一组迷你图的方法如下。

step 1 打开下图所示的工作表，在【插入】选项卡的【迷你图】命令组中单击【柱形】按钮，打开【创建迷你图】对话框。

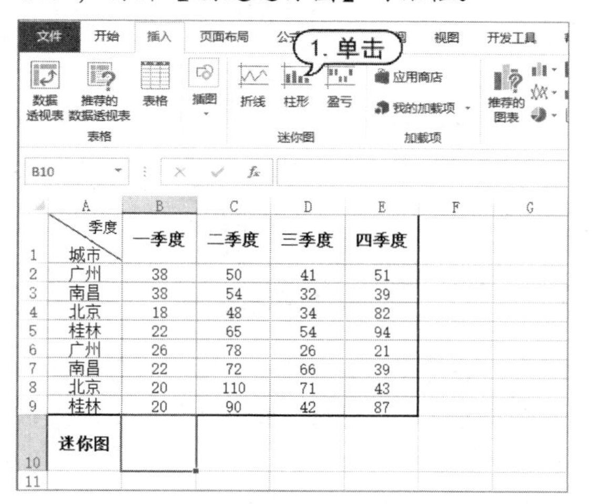

季度/城市	一季度	二季度	三季度	四季度
广州	38	50	41	51
南昌	38	54	32	39
北京	18	48	34	82
桂林	22	65	54	94
广州	26	78	26	21
南昌	22	72	66	39
北京	20	110	71	43
桂林	20	90	42	87
迷你图				

step 2 单击【数据范围】文本框右侧的按钮，然后选择 B2:E9 区域作为数据范围。

step 3 单击【位置范围】文本框右侧的按钮，然后选择 B10:E10 作为位置范围。

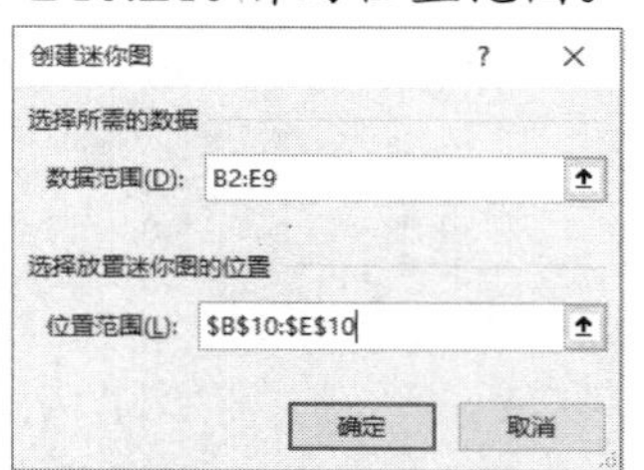

step 4 单击【确定】按钮，即可创建一组柱形迷你图，效果如下图所示。

季度/城市	一季度	二季度	三季度	四季度
广州	38	50	41	51
南昌	38	54	32	39
北京	18	48	34	82
桂林	22	65	54	94
广州	26	78	26	21
南昌	22	72	66	39
北京	20	110	71	43
桂林	20	90	42	87
迷你图				

除了使用上面介绍的方法外，在 Excel 中用户还可以使用填充法，在表格中像填充公式一样，创建一组迷你图；也可以使用组合法，将不同类型的迷你图组合成一组迷你图。

1. 填充法

使用以下两种方法，可以将创建的单个迷你图填充至指定的单元格区域。

▶ 以下图为例，选中包含单个迷你图的区域后，在【开始】选项卡的【编辑】命令组中单击【填充】下拉按钮，在弹出的菜单中选择【向下】按钮。

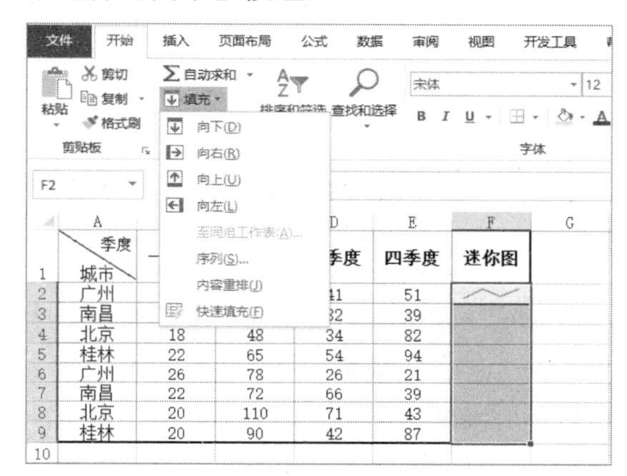

▶ 选中上图中的 F2 单元格，将鼠标光标移动到单元格右下角的填充柄上，当光标变为十字形状时，按住鼠标左键，向下拖动至 F9 单元格即可，如下图所示。

季度/城市	一季度	二季度	三季度	四季度	迷你图
广州	38	50	41	51	
南昌	38	54	32	39	
北京	18	48	34	82	
桂林	22	65	54	94	
广州	26	78	26	21	
南昌	22	72	66	39	
北京	20	110	71	43	
桂林	20	90	42	87	

向下拖动填充柄

2. 组合法

当工作表中同时存在多种类型的迷你图时，用户可以利用迷你图组合功能，将不同类型的迷你图组合成一组迷你图。例如，在下图中选中 F2:F9 区域后，按住 Ctrl 键不放，用鼠标选中 B10:E10 区域，然后松开 Ctrl 键，在【设计】选项卡的【组合】命令组中，单

击【组合】按钮。

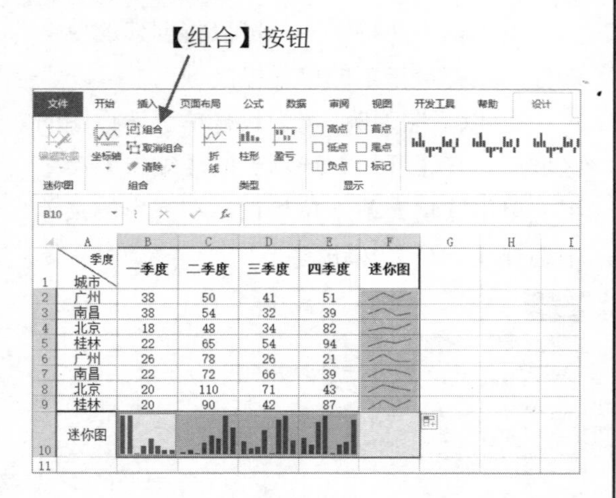

多种不同类型的迷你图被组合后，其类型将被统一设置，如果选中其中任意一个迷你图，工作表中将显示整组迷你图所在单元格区域的外框线，如下图所示。

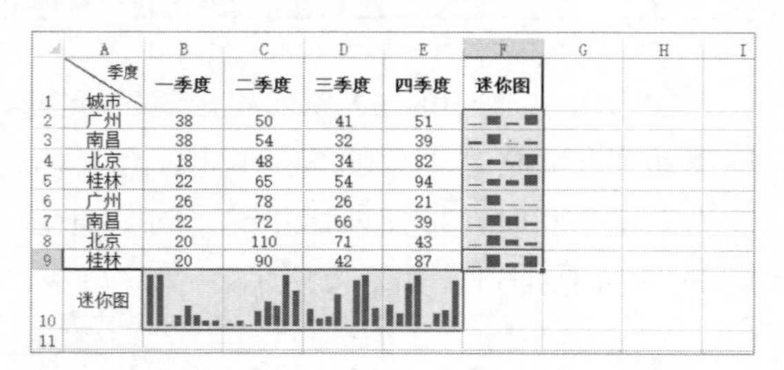

6.1.3　修改迷你图类型

迷你图被组合后，其类型由最后选中的单元格中的迷你图所决定。如果用户在选择迷你图时用鼠标框选多个迷你图，组合迷你图的类型则由区域内第一个迷你图决定。在工作中，用户也可以根据需要改变一组或单个迷你图的类型。

1. 改变单个迷你图的类型

如果用户要改变一组迷你图中的单个迷你图的类型，先要将该迷你图独立出来，再改变迷你图的类型，具体方法如下。

step 1 选中一组迷你图中的一个单元格(例如 F5 单元格)，在【设计】选项卡的【分组】命令组中单击【取消组合】按钮，取消迷你图的组合。

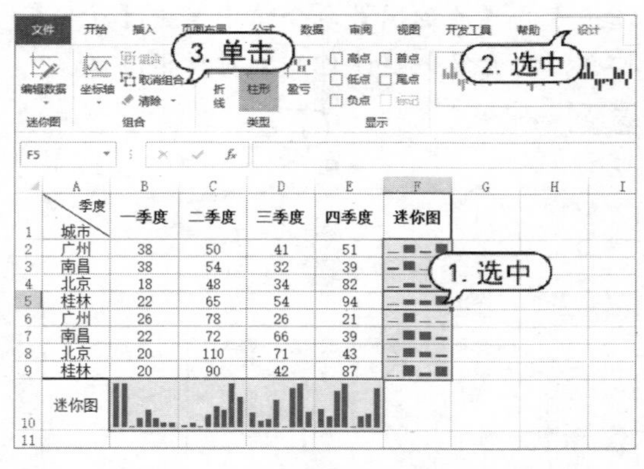

step 2 在【设计】选项卡的【类型】命令组中单击【折线】按钮，即可将单元格 F5 的迷你图改为折线迷你图。

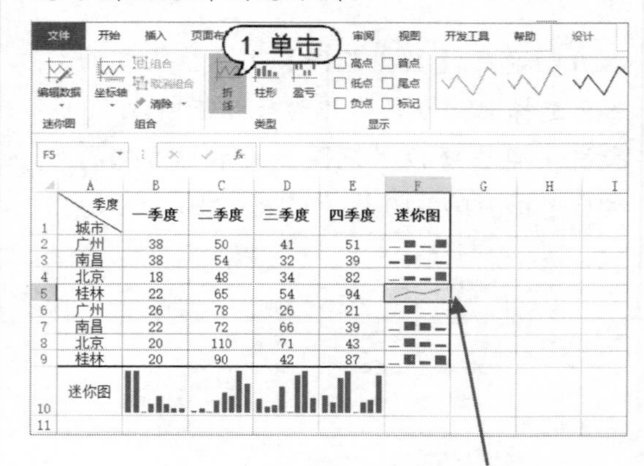

2. 改变一组迷你图的类型

如果用户需要改变一组迷你图的类型，选中迷你图所在的单元格后，在【设计】选项卡中单击【类型】命令组中需要修改的迷你图的类型按钮即可。

6.1.4　突出显示数据点

在迷你图中，用户可以通过标记数据点与突出显示高点和低点来重点显示重要的数据点。

1. 标记数据点

选中下图所示的一组迷你图，在【设计】

选项卡的【显示】命令组中选中【标记】复选框，可以为一组折线迷你图添加数据点标记。

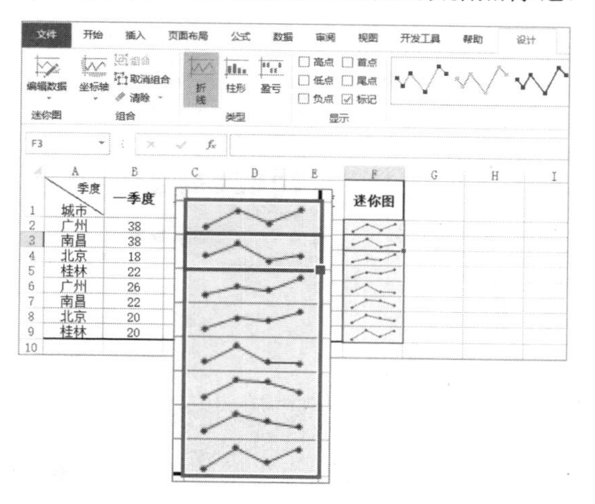

2. 突出显示高点和低点

选中下图所示的一组迷你图，在【设计】选项卡的【显示】命令组中选中【高点】和【低点】复选框，可以在一组柱形迷你图上突出显示数据的高点和低点。

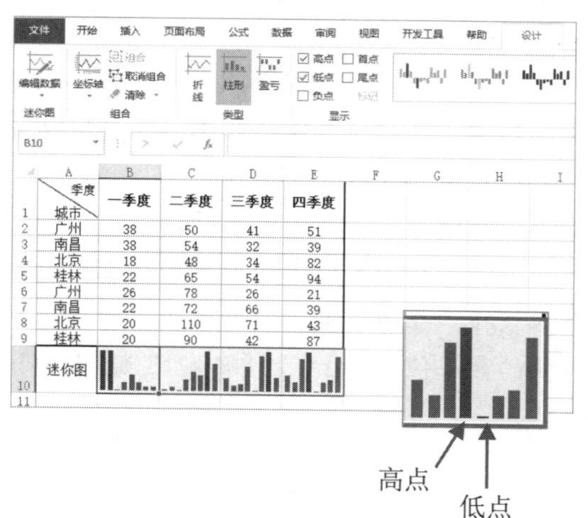

在设置迷你图突出显示数据时应注意的是：只有折线迷你图具有数据点标记功能，柱形迷你图和盈亏迷你图无标记功能。而对于特殊数据点(例如高点、低点、首点、尾点和负点)，则没有迷你图类型的限制，在 Excel 提供的三种迷你图类型中都可以使用。

6.1.5 设置迷你图样式

迷你图样式的颜色与 Excel 主题颜色相对应，Excel 提供了 36 种迷你图颜色组合样式。迷你图样式可以对数据点、高点、低点、首点、尾点和负点分别设置不同的颜色。

选择下图所示的一组迷你图，在【设计】选项卡的【显示】命令组中选中【首点】复选框，使其突出显示首点的柱形。

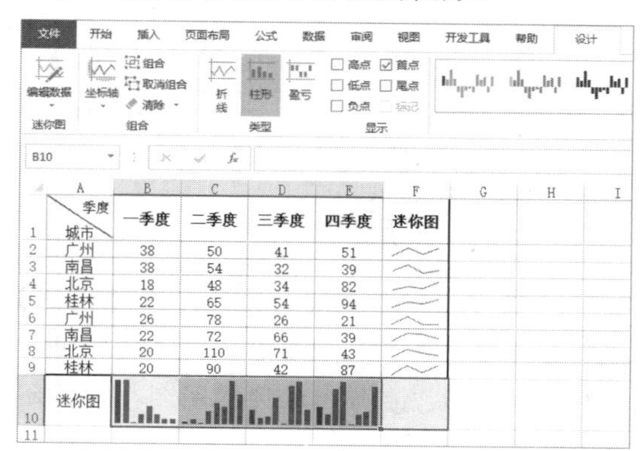

在【样式】命令组中单击【其他】按钮，在弹出的迷你图样式库中选择一种样式图标，即可将该样式应用到选中的迷你图中。

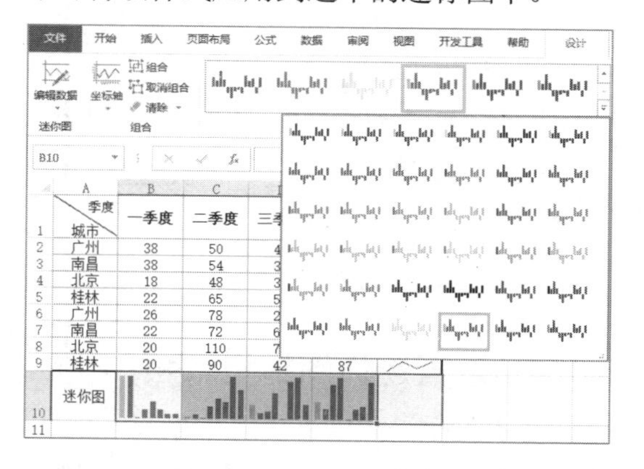

6.1.6 设置迷你图颜色

迷你图的颜色在折线迷你图中指的是折线的颜色，在柱形迷你图和盈亏迷你图中指的是数据点柱形的颜色。对其进行设置的具体操作方法如下。

step① 选择一组柱形迷你图后，在【设计】选项卡的【样式】命令组中单击【迷你图颜色】下拉按钮，在弹出的迷你图颜色下拉列表中选择一种颜色(例如“红色”)，即可为柱形迷你图设置下图所示的颜色。

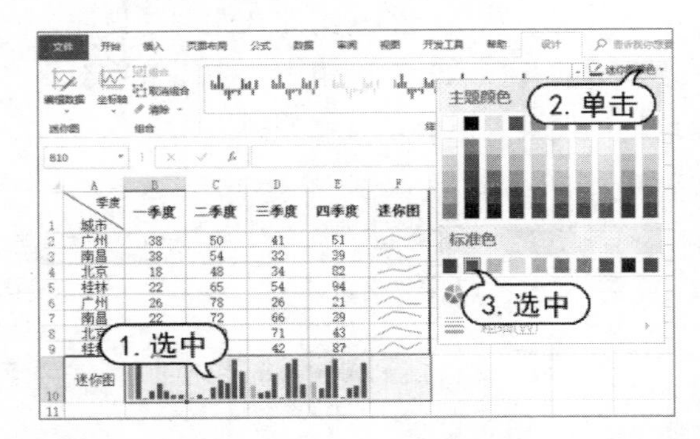

step② 选中一组折线迷你图后，在【设计】选项卡的【样式】命令组中单击【迷你图颜色】下拉按钮，在弹出的迷你图颜色下拉列表中选择一种颜色(例如“橙色”)，即可为折线迷你图设置下图所示的颜色。

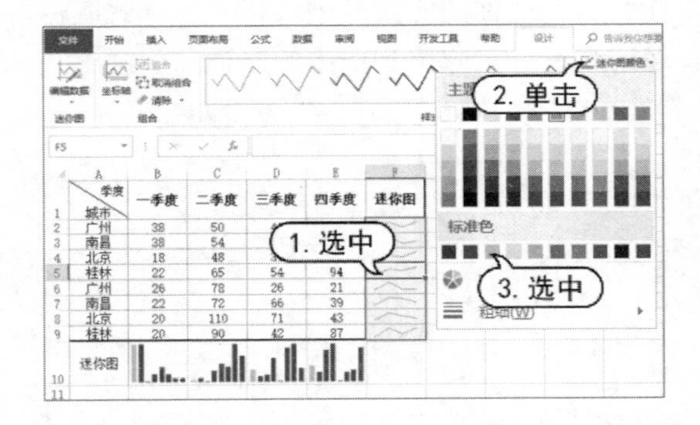

6.1.7 设置迷你图标记颜色

迷你图标记颜色可以对数据点、高点、低点、首点、尾点和负点分别设置不同的颜色。例如，选中下图所示的一组折线迷你图后，在【设计】选项卡的【样式】命令组中单击【标记颜色】下拉按钮，在弹出的下拉列表中选择【高点】|【绿色】选项，即可将折线迷你图的高点设置为绿色。

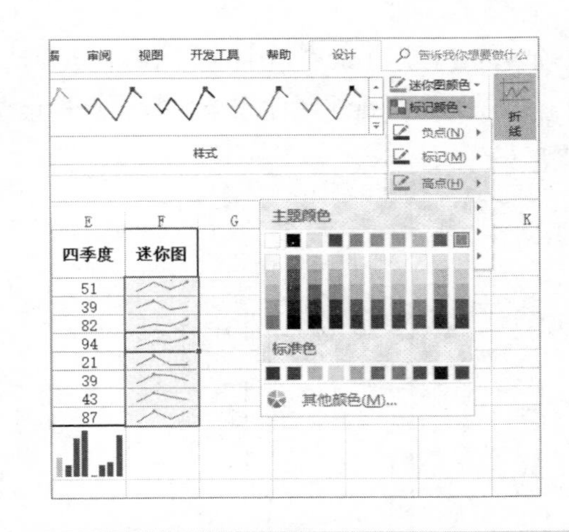

6.1.8 设置迷你图纵坐标

由于迷你图数据点之间的差异各不相同，因此自动设置迷你图不能真实体现数据点之间的差异量(或趋势)，如下图所示。

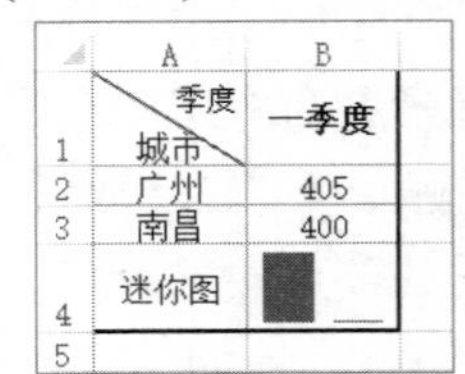

此时，如果手动设置迷你图纵坐标的最小值和最大值，就能使迷你图真实地反映数据的差异量(或趋势)。具体如下。

step① 选中工作表内的迷你图，在【设计】选项卡的【组合】命令组中单击【坐标轴】下拉按钮，在弹出的下拉列表中选择【纵坐标轴的最小值选项】中的【自定义值】选项。

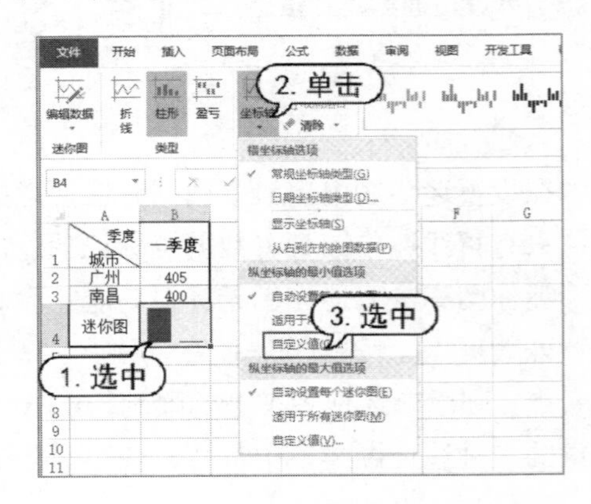

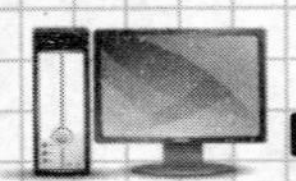

step 2 打开【迷你图垂直轴设置】对话框，在【输入垂直轴的最小值】文本框中输入300.0，单击【确定】按钮。

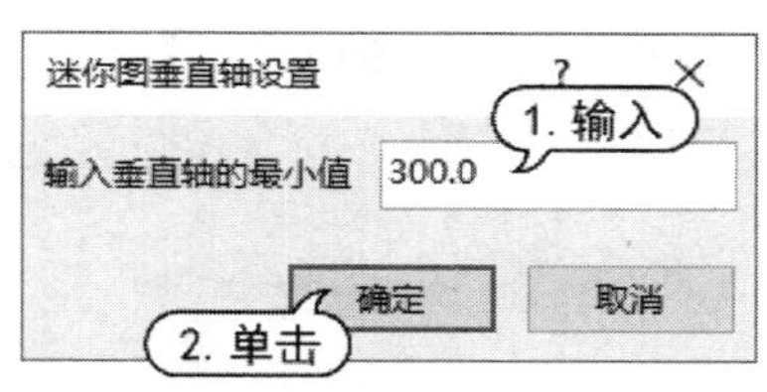

step 3 完成垂直轴的最小值设置后，迷你图的效果如下图所示。

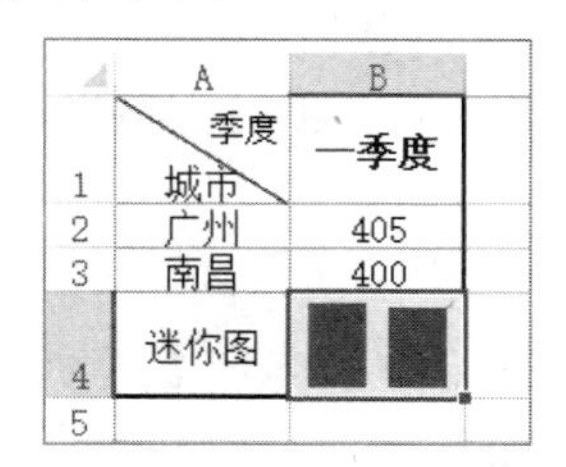

	A	B
1	季度 城市	一季度
2	广州	405
3	南昌	400
4	迷你图	
5		

step 4 再次单击【设计】选项卡【组合】命令组中的【坐标轴】下拉按钮，在弹出的下拉列表中选择【纵坐标轴的最大值选项】中的【自定义值】选项。

step 5 打开【迷你图垂直轴设置】对话框，在【输入垂直轴的最大值】文本框中输入500.0，单击【确定】按钮，即可设置垂直轴的最大值，效果如下图所示。

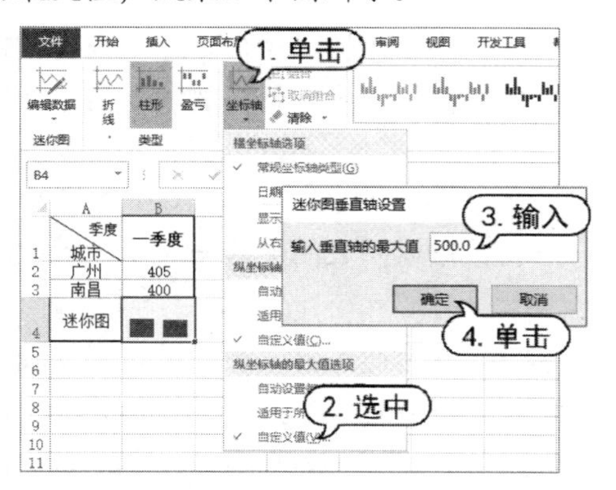

对比设置前后的迷你图效果，可以发现，自定义设置后，B4 单元格中的迷你图比较客观地反映了数据的差异量情况，而设置前的迷你图只能看出数据之间高低的差别。

6.1.9　设置迷你图横坐标

在默认设置下，迷你图的横坐标(水平轴)是不显示的(如下图所示)，要对横坐标进行设置必须先将其在工作表中显示出来。

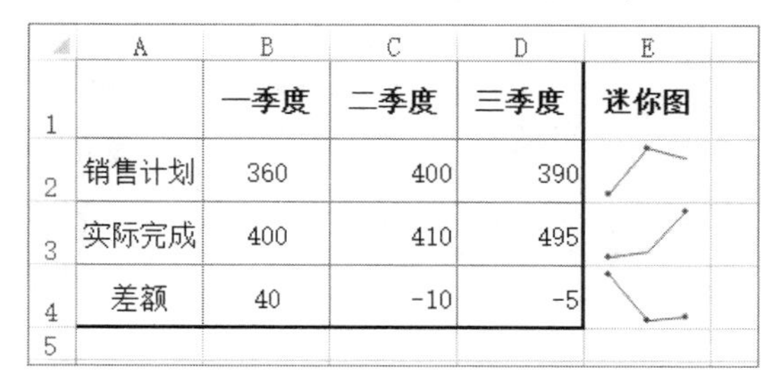

	A	B	C	D	E
1		一季度	二季度	三季度	迷你图
2	销售计划	360	400	390	
3	实际完成	400	410	495	
4	差额	40	-10	-5	
5					

1. 显示迷你图横坐标

显示迷你图横坐标的方法有以下两种。

- 选中迷你图后，在【设计】选项卡的【组合】命令组中单击【坐标值】下拉按钮，在弹出的下拉列表中选择【显示坐标轴】命令，使包含负数数据点的迷你图显示横坐标，如下图所示。

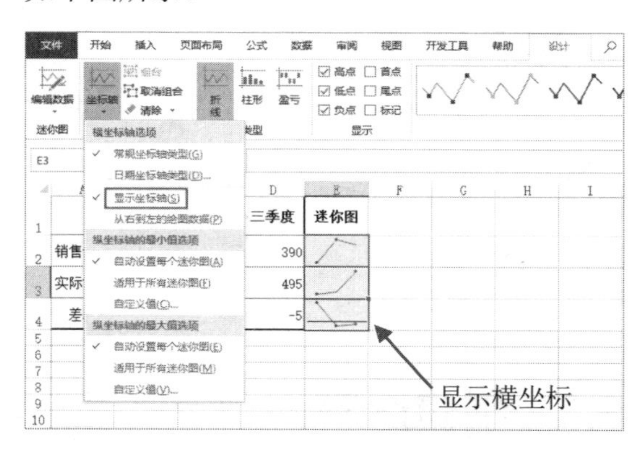

- 选中一组迷你图后，在【设计】选项卡中单击【盈亏】按钮，将折线迷你图转换为盈亏迷你图，则所有迷你图都能显示横坐标。

	A	B	C	D	E
1		一季度	二季度	三季度	迷你图
2	销售计划	360	400	390	
3	实际完成	400	410	495	
4	差额	40	-10	-5	
5					

2. 使用日期坐标轴

日期坐标轴的优点是可以根据日期来显示数据，如果缺少一些日期的对应数据，则会在迷你图中显示对应的空位。

	A	B	C	D	E
1		5月1日	5月3日	5月4日	迷你图
2	销售计划	360	400	390	
3	实际完成	400	410	495	
4					

以空位显示 5 月 2 日的数据

要实现上图所示的日期坐标轴效果，可以执行以下操作。

step 1 选中一组迷你图后，在【设计】选项卡的【组合】命令组中单击【坐标轴】下拉按钮，在弹出的下拉列表中选择【横坐标轴选项】中的【日期坐标轴类型】选项。

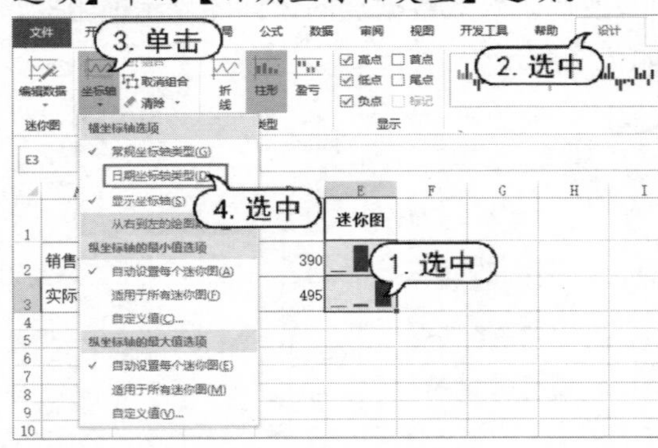

step 2 打开【迷你图日期范围】对话框，单击按钮，在工作表中选中 B1:D1 区域，按下 Enter 键。

step 3 返回【迷你图日期范围】对话框，单击【确定】按钮即可。

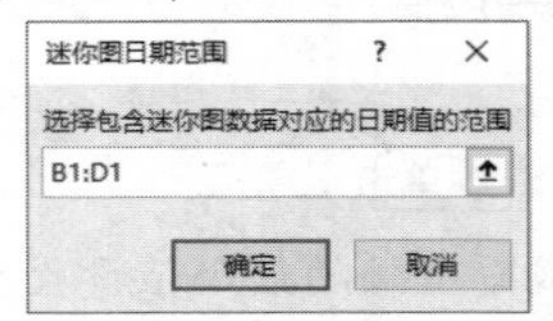

6.1.10 清除迷你图

清除工作表中迷你图的常用方法有以下几种。

- 选中迷你图所在的单元格，右击鼠标，在弹出的快捷菜单中选择【迷你图】|【清除所选的迷你图】命令，即可清除所选的迷你图。如果在弹出的快捷菜单中选择【迷你图】|【清除所选迷你图组】命令，则会清除所选的迷你图所在的一组迷你图。
- 选中迷你图所在的单元格，在【设计】选项卡的【分组】命令组中，单击【清除】下拉按钮，打开清除下拉列表，再单击【清除所选的迷你图】或者【清除所选的迷你图组】命令。
- 选中迷你图所在的单元格，右击鼠标，在弹出的快捷菜单中选择【删除】命令。

6.2 创建图表

为了能更加直观地呈现电子表格中的数据，用户可将数据以图表的形式来表示，因此图表在制作电子表格时同样具有极其重要的作用。

在 Excel 2016 中，图表通常以两种方式存在：一种是嵌入式图表；另一种是图表工作表。其中，嵌入式图表就是将图表看作是一个图形对象，并作为工作表的一部分进行保存；图表工作表是工作簿中具有特定工作表名称的独立工作表。在需要独立于工作表数据来查看、编辑庞大而复杂的图表或需要节省工作表上的屏幕空间时，就可以使用图表工作表。无论是创建哪一种图表，其依据都是工作表中的数据。当工作表中的数据发生变化时，图表便会随之更新。

图表的基本结构包括：图表区、绘图区、图表标题、数据系列、网格线、图例等，如下图所示。

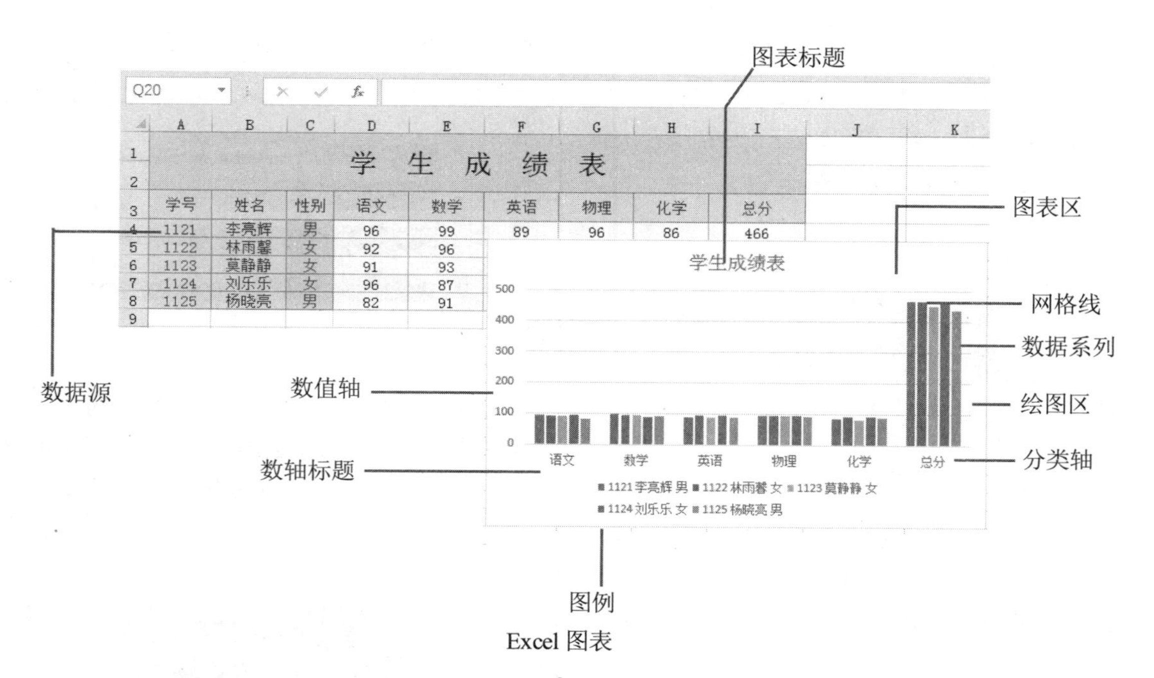

Excel 图表

1. 图表的结构

图表各组成部分的介绍如下。

▶ 图表区：在 Excel 2016 中，图表区指的是包含绘制的整张图表及图表中元素的区域。如果要复制或移动图表，必须先选定图表区。

▶ 绘图区：图表中的整个绘制区域。二维图表和三维图表的绘图区有所区别。在二维图表中，绘图区是以坐标轴为界并包括全部数据系列的区域；而在三维图表中，绘图区是以坐标轴为界并包含数据系列、分类名称、刻度线和坐标轴标题的区域。

▶ 图表标题：　图表标题在图表中起到说明的作用，是图表性质的大致概括和内容总结，它相当于一篇文章的标题并可用来定义图表的名称。它可以自动与坐标轴对齐或居中排列于图表坐标轴的外侧。

▶ 数据系列：在 Excel 中数据系列又称为分类，它指的是图表上的一组相关数据点。在 Excel 2016 图表中，每个数据系列都用不同的颜色和图案加以区别。每一个数据系列分别来自于工作表的某一行或某一列。在同一张图表中(除了饼图外)可以绘制多个数据系列。

▶ 网格线：图表中从坐标轴刻度线延伸并贯穿整个绘图区的可选线条系列。网格线的形式有水平的、垂直的、主要的、次要的等，还可以对它们进行组合。网格线使得对图表中的数据进行观察和估计更为准确和方便。

▶ 图例：在图表中，图例是包围图例项和图例项标示的方框，每个图例项左边的图例项标示和图表中相应数据系列的颜色与图案一致。

▶ 数轴标题：用于标记分类轴和数值轴的名称，在 Excel 2016 默认设置下其位于图表的下面和左面。

2. 图表的类型

Excel 2016 提供了多种图表，如柱形图、折线图、饼图、条形图、面积图和散点图等，各种图表各有优点，适用于不同的场合。

➤ 柱形图：可直观地对数据进行对比分析并呈现对比结果。在 Excel 2016 中，柱形图又可细分为二维柱形图、三维柱形图、圆柱图、圆锥图以及棱锥图。

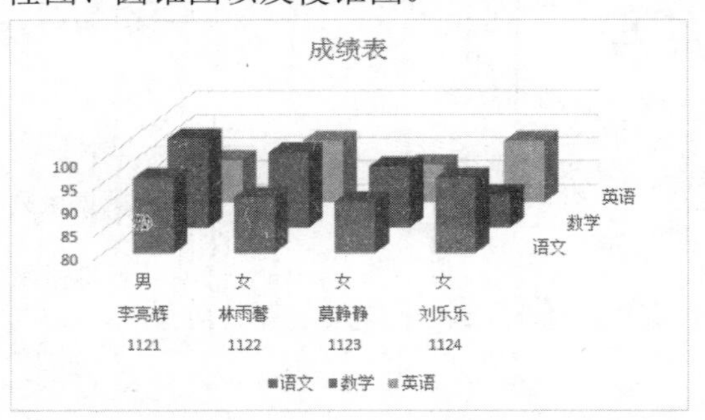

➤ 折线图：折线图可直观地显示数据的走势情况。在 Excel 2016 中，折线图又分为二维折线图与三维折线图。

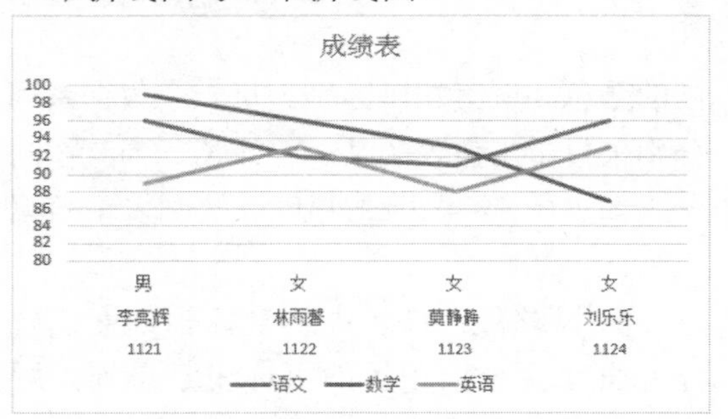

➤ 饼图：能直观地显示数据的占有比例，而且比较美观。在 Excel 2016 中，饼图又可分为二维饼图、三维饼图、复合饼图等多种形式。

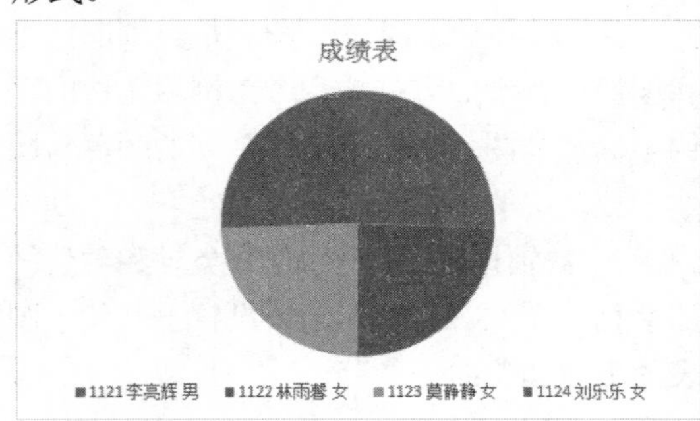

➤ 条形图：就是横向的柱形图，其作用也与柱形图相同，可直观地对数据进行对比分析。在 Excel 2016 中，条形图又可分为簇状条形图、堆积条形图等。

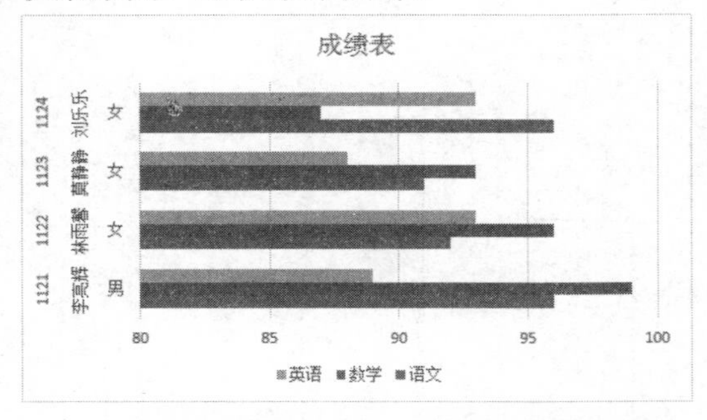

➤ 面积图：能直观地显示数据的大小与走势范围。在 Excel 2016 中，面积图又可分为二维面积图与三维面积图。

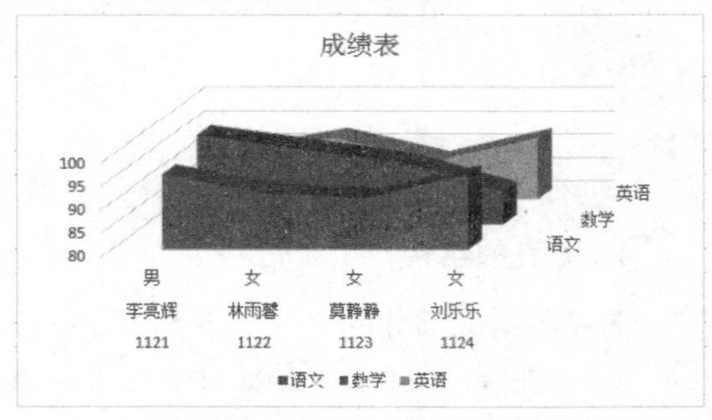

➤ 散点图：可以直观地显示图表数据点的精确值，以便对图表数据进行统计计算。

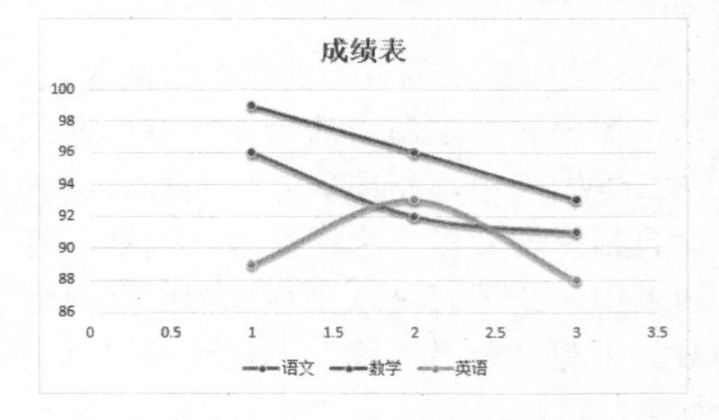

另外，除了上面介绍的图表外，Excel 2016 中还包括股价图、曲面图、组合图、瀑布图、漏斗图、旭日图、树状图以及雷达图等图表。

3. 图表的更新

在 Excel 97 及后续的版本中，当用户选中一个图表数据系列时，工作表中与该数据系列对应的数据区域周围就会显示边框。

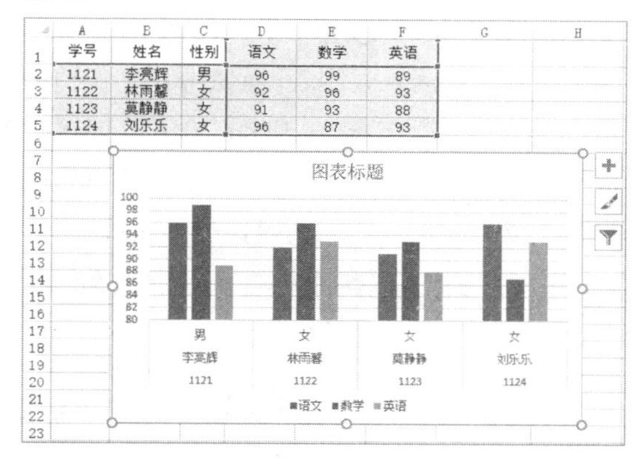

用户可以通过拖动边框四周的控制柄来扩展或缩小图表所显示的数据区域。

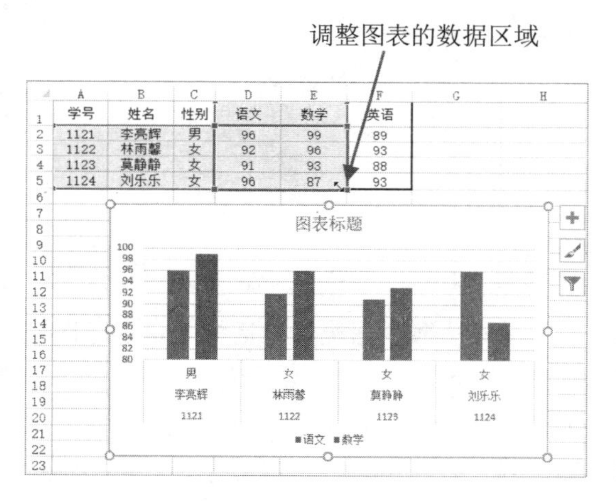

在默认设置下，图表中数据系列还会随着工作表中对应数据的变化而自动更新，即实时更新。实现该功能的前提是：在【Excel 选项】对话框中使用【自动重算】功能。

选择【文件】选项卡，在打开的界面中选择【选项】选项，在打开的【Excel 选项】对话框中选择【公式】选项，选中【自动重算】单选按钮，然后单击【确定】按钮即可启动【自动重算】功能。

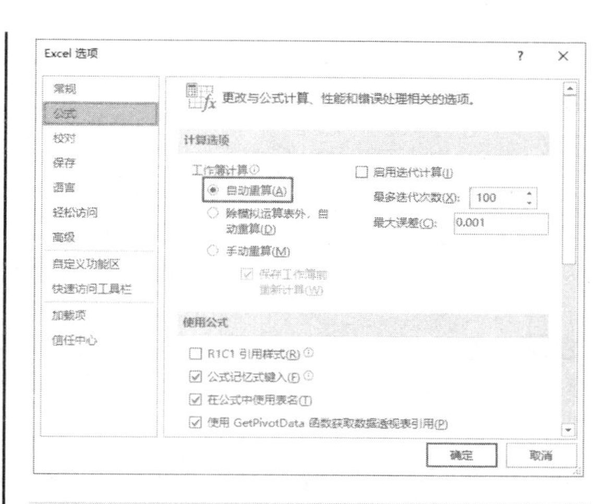

6.2.1　插入图表

插入与编辑图表是使用 Excel 创建专业图表的基本操作。要创建图表，首先需要在工作表中为图表提供数据，然后根据数据的展现需求，选择需要创建的图表类型。Excel 提供了以下两种创建图表的方法。

▶ 选中目标数据后，使用【插入】选项卡的【图表】命令组中的按钮创建图表。

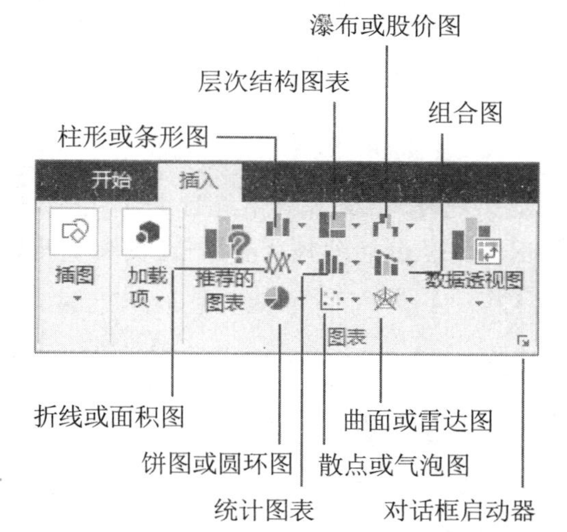

▶ 选中目标数据后，使用【插入图表】对话框可以快速创建常用图表。

【例 6-1】创建【学生成绩表】工作表，使用【插入图表】对话框创建图表。

视频+素材 (素材文件\第 06 章\例 6-1)

step 1 创建“学生成绩表”工作表，然后选中 A2:F6 单元格区域。

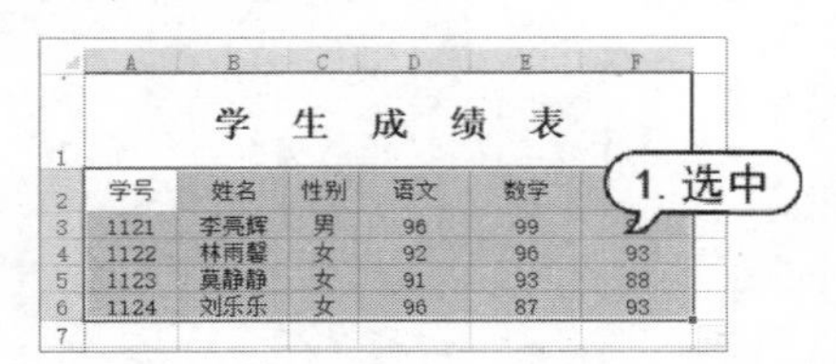

step 2 选择【插入】选项卡，在【图表】命令组中单击对话框启动器按钮，打开【插入图表】对话框。

step 3 在【插入图表】对话框中选择【所有图表】选项卡，然后在该选项卡左侧的导航窗格中选择图表类型，在右侧的列表框中选择一种图表类型，并单击【确定】按钮。

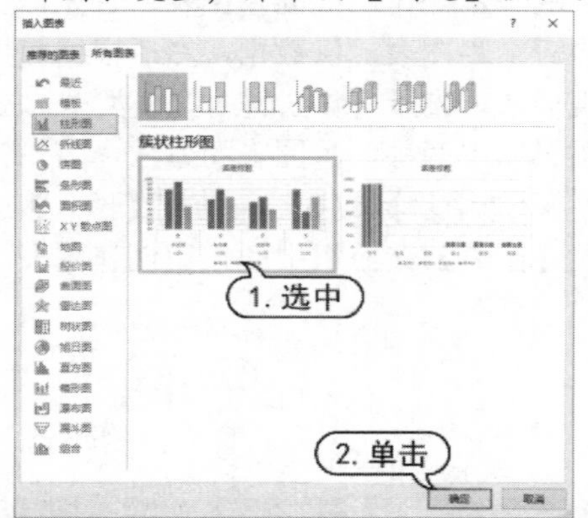

step 4 此时，在工作表中将创建如下图所示的图表，Excel 软件将自动打开【图表工具】的【设计】选项卡。

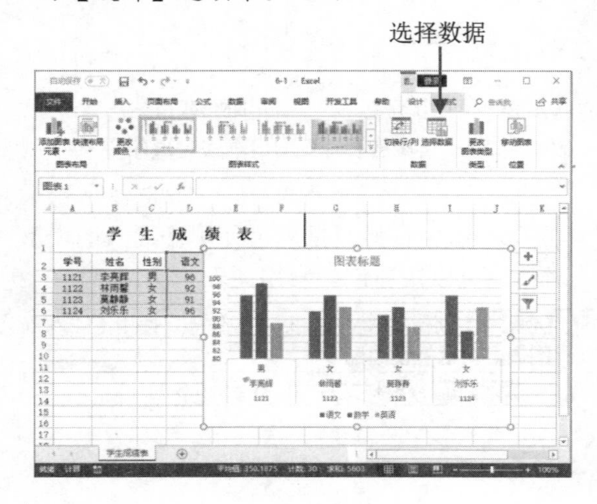

在 Excel 2016 中，按 Alt+F1 组合键或者按 F11 键可以快速创建图表。使用 Alt+F1 快捷键创建的是嵌入式图表，而使用 F11 快捷键创建的是图表工作表。在 Excel 2016 功能区中，打开【插入】选项卡，使用【图表】命令组中的图表按钮可以方便地创建各种图表。

6.2.2 选择数据源

在工作表中插入图表后，默认该图表为选中状态。此时，在【设计】选项卡的【数据】命令组中单击【选择数据】按钮，将打开下图所示的【选择数据源】对话框。

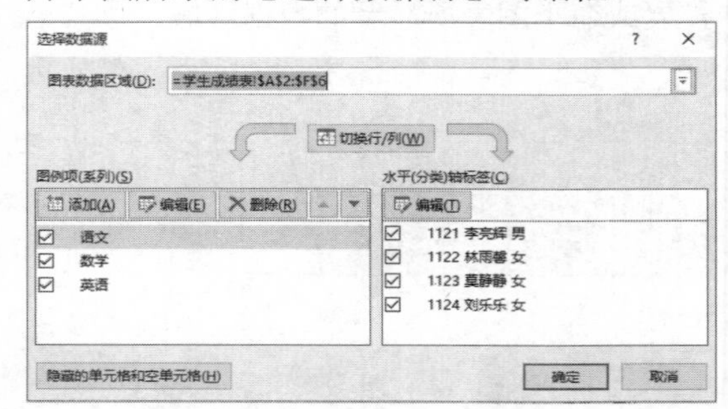

在【选择数据源】对话框中单击【图表数据区域】文本框右侧的按钮，可以在工作表中选择图表所要呈现的数据区域(例如 A2:F6)；单击对话框右侧【水平(分类)轴标签】下的【编辑】按钮，打开【轴标签】对话框，可以在工作表中设定轴标签的区域(例如 B3:C5)。

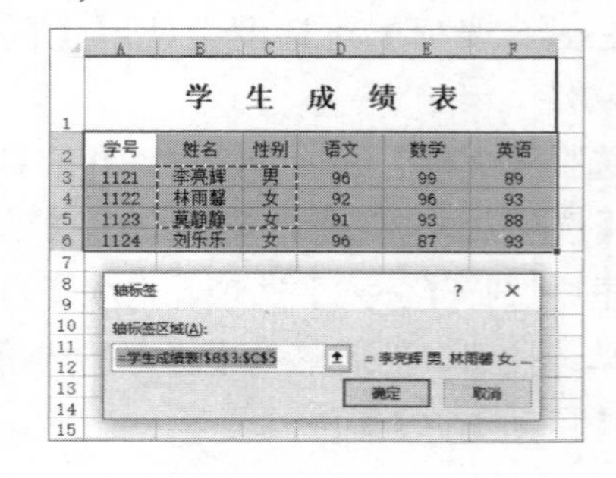

单击【确定】按钮，返回【选择数据源】对话框，再次单击【确定】按钮，即可为图表选择数据，图表的效果将如下图所示。

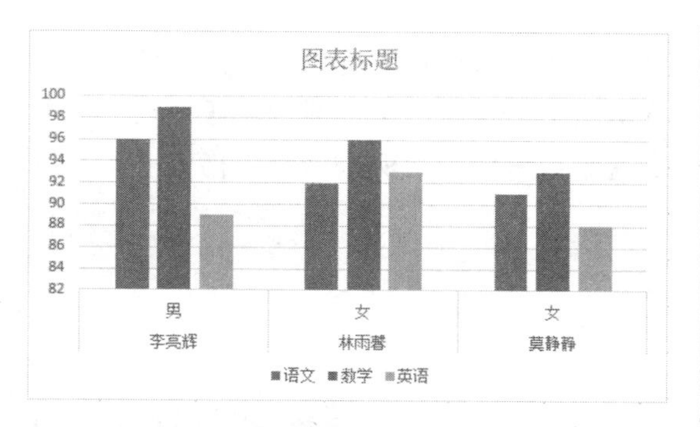

6.2.3　应用图表布局

选中工作表中的图表后，在【设计】选项卡的【图表样式】命令组中单击一种布局样式(例如“样式 6”)，即可将该布局样式应用于图表之上，如下图所示。

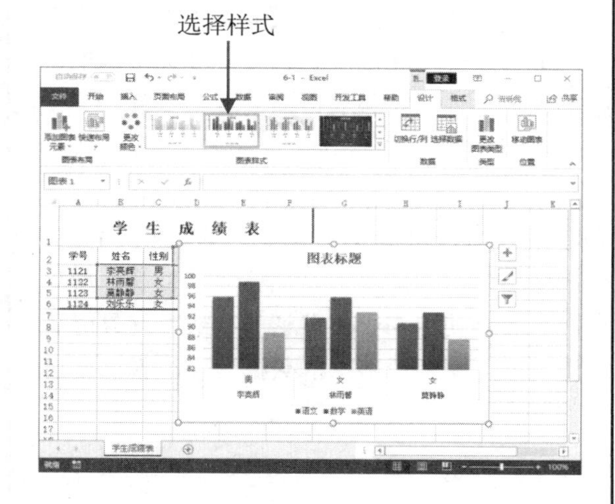

为图表应用布局能在图表中显示固定的图表元素、颜色和位置的组合。

6.2.4　选择图表样式

图表样式指的是 Excel 内置的图表中各种数据点形状和颜色的固定组合方式。

选中图表后，在【设计】选项卡的【图表样式】命令组中单击【其他】按钮，从弹出的图表样式库中选择一种图表样式，即可将该样式应用于图表。

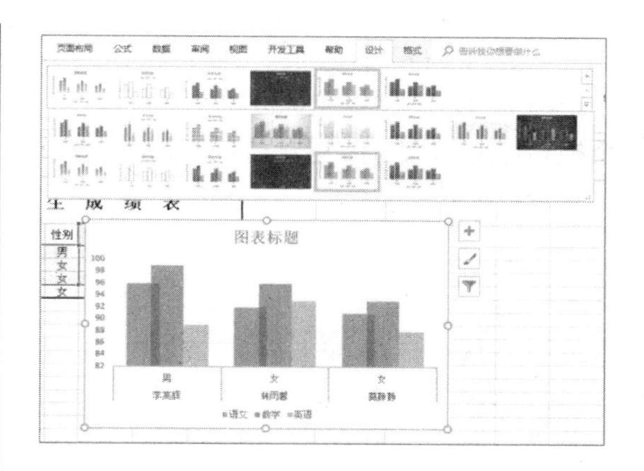

6.2.5　移动图表位置

创建图表后，图表会以对象方式嵌入在工作表中，如果用户需要移动图表，可以执行以下几种方法之一。

- 选中图表，在【设计】选项卡的【位置】命令组中单击【移动图表】按钮，打开【移动图表】对话框，在其中选中【新工作表】单选按钮，然后单击【确定】按钮，新建一个名为 Chart1 的工作表，用于单独放置图表。

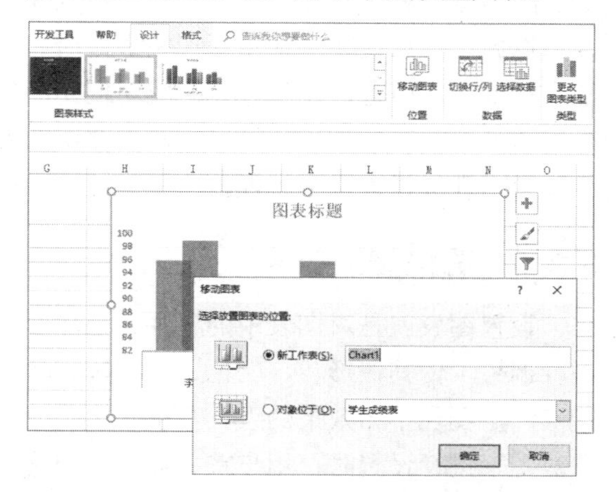

- 执行【剪切】或【复制】命令，可以将图表在不同工作簿或工作表之间移动。
- 将鼠标指针放置在图表上，按住鼠标左键不放，当指针变为十字状后拖动图表。

6.2.6　调整图表大小

调整图表大小的方法有以下几种。

▶ 选中图表后，在图表的边框上将显示 8 个控制点，将鼠标光标放置在其中任意一个控制点上，当光标变为双向箭头时，按住鼠标左键拖动。

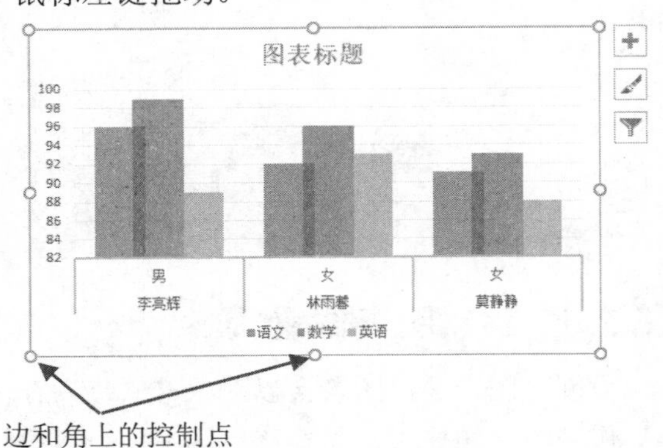

▶ 选中图表后，在图表边框上右击鼠标，从弹出的快捷菜单中选择【设置图表区域格式】命令，打开【设置图表区格式】窗格，切换到【大小与属性】选项卡，然后通过输入【高度】和【宽度】值或调整【缩放高度】和【缩放宽度】比例来调整表格大小。

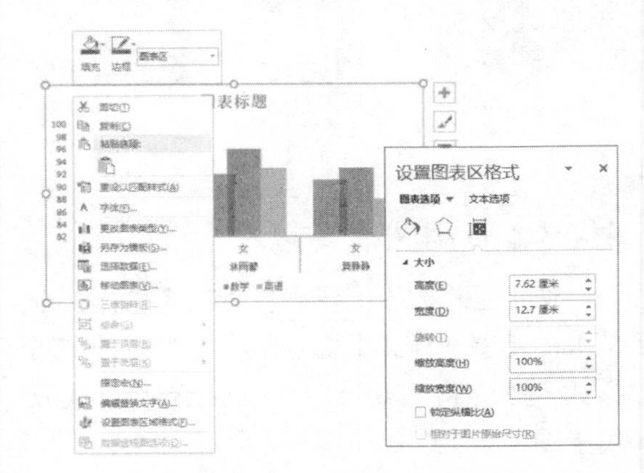

▶ 选中图表后，在【格式】选项卡【大小】命令组的【高度】和【宽度】微调框中输入参数值，调整表格的高度和宽度。

6.3 设置图表

图表是一种利用点、线、面等多种元素，展示统计信息的属性(时间性、数量性等)，对知识挖掘和信息直观生动感受起关键作用的“图形结构”，它能够很好地将数据直观、形象地进行呈现。但是，在工作表中成功创建图表后，一般会使用 Excel 默认的样式，这只能满足制作简单图表的需求。如果用户需要用图表表达复杂、清晰或特殊的数据含义，就需要进一步对图表进行设置和处理。

6.3.1 选择图表元素

设置图表就是对图表中的各种元素单独进行调整，使其在形状、颜色、文字等方面能够满足图表整体效果的设计需求。因此，在对图表进行设置时，用户首先需要掌握选择图表中具体元素的方法，具体有以下 3 种。

▶ 使用鼠标单击直接选择。

▶ 选中图表后，按下键盘上的上、下、左、右等方向键选择。

▶ 选择【布局】或【格式】选项卡，单击【图表元素】下拉按钮，从弹出的下拉列表中进行选择。

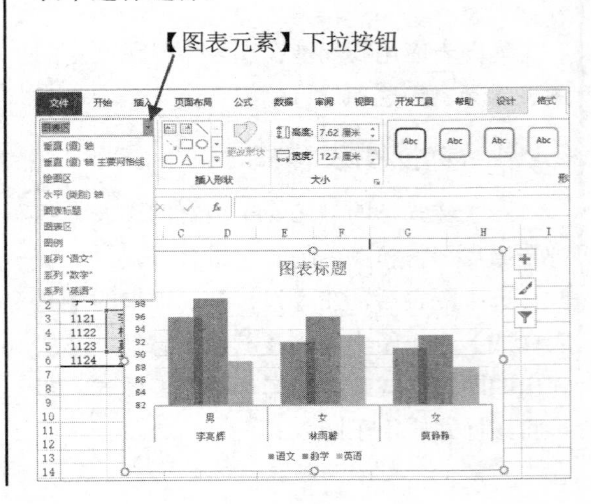

6.3.2　应用图表快速样式

在日常工作中，经常需要以图表的形式展示数据，最终汇报给老板或是呈交给客户。图表的制作过程往往会占用很多时间。

此时，如果应用 Excel 快速样式，则可以节约设置的时间。

1. 应用形状样式

图表中的形状样式指的是图表元素的文本、边框、填充的组合样式。选中图表区后，在【格式】选项卡的【形状样式】命令组中单击【其他】按钮，打开【形状样式】库，从中选择一种形状样式，即可在图表中应用相应的样式。

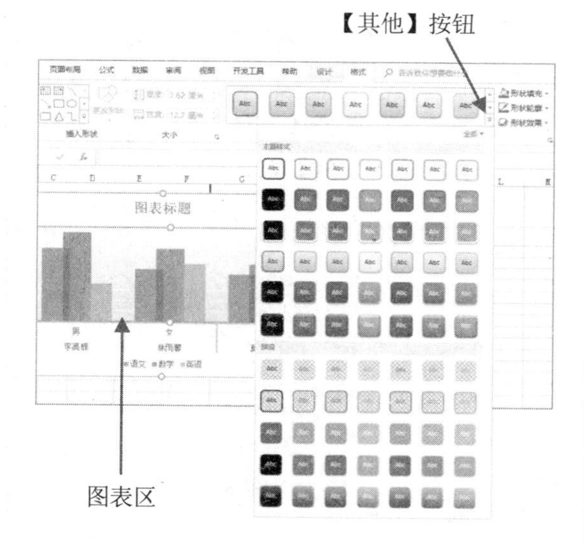

2. 应用形状填充

图表形状填充指的是图表元素内部的填充颜色和效果。选中图表区后，在【格式】选项卡的【形状样式】命令组中单击【形状填充】下拉按钮，在弹出的下拉列表中，包含以下选项。

- 主题颜色：包含 60 种主题颜色。
- 标准色：包含 10 种标准色。
- 无填充：设置当前选中的图表元素无填充颜色。
- 其他填充颜色：打开【颜色】对话框，设置自定义颜色。
- 图片：打开【插入图片】对话框，使用图片作为选中形状的填充。
- 渐变：使用 Excel 内置的渐变效果作为选中形状的填充。
- 纹理：使用纹理图填充选中的形状。

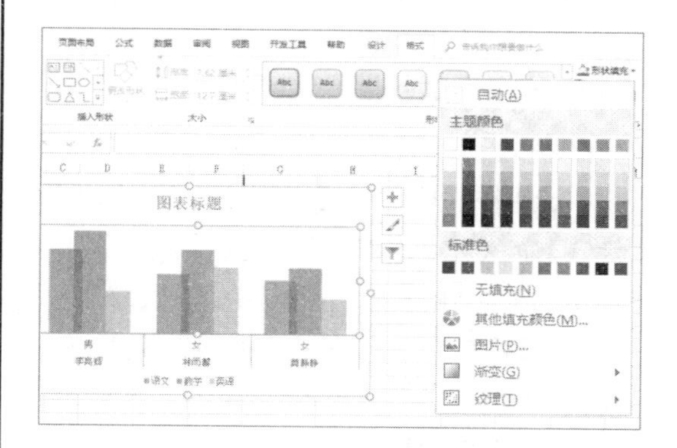

选择以上选项中的任意一种，即可将相应的填充效果应用于图表区。

3. 应用形状轮廓

图表的形状轮廓指的是图表元素的颜色和效果。选中图表区后，在【格式】选项卡的【形状样式】命令组中单击【形状轮廓】下拉按钮，在弹出的下拉列表中，包含多种设置选项。

- 主题颜色：包含 60 种主题颜色。
- 标准色：包含 10 种标准色。
- 无填充：设置当前选中的图表元素轮廓无填充颜色。
- 其他轮廓颜色：打开【颜色】对话框，设置自定义轮廓颜色。
- 粗细：设置形状轮廓线的粗细。
- 虚线：设置形状轮廓线的虚线样式。
- 箭头：为选中的线型图表对象设置箭头和箭头样式。

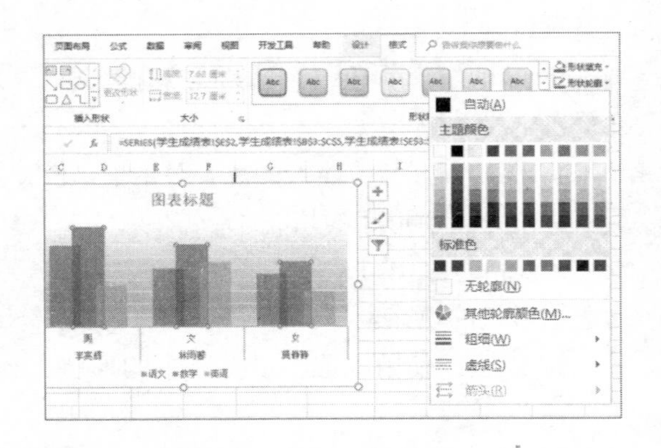

4. 应用形状效果

形状效果指的是图表元素的阴影和三维效果。选中图表区后在【格式】选项卡的【形状样式】命令组中单击【形状效果】下拉按钮，在弹出的下拉列表中，包含多种设置选项。

- 预设：包含12种Excel预设形状效果。
- 阴影：包含 Excel 预设的外部阴影、内部阴影和透视阴影，以及无阴影设置。
- 映像：设置形状的映像效果。
- 发光：设置形状的发光效果。
- 柔化边缘：包含 Excel 预设的 6 种柔化边缘效果和无柔化边缘设置。
- 棱台：包含 Excel 预设的 12 种棱台效果和无棱台效果设置。
- 三维旋转：包含 Excel 预设的平行、透视、倾斜以及无三维旋转样式设置。

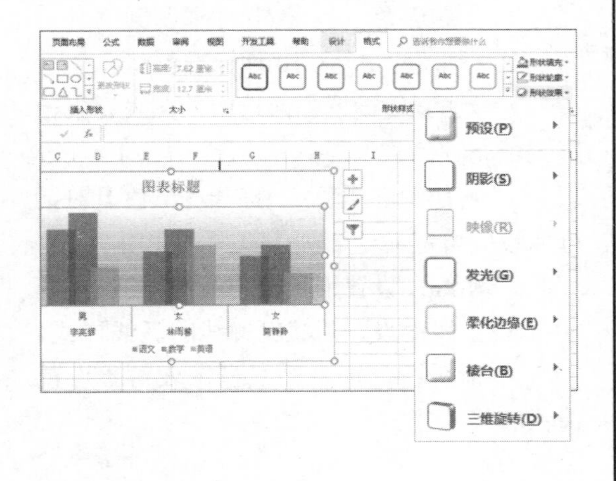

知识点滴

若用户需要快速将图表样式恢复到初始状态，可以在选中图表后，在【格式】选项卡的【当前所选内容】命令组中单击【重设以匹配样式】按钮。

6.3.3 设置图表字体格式

在 Excel 中设置图表中文本字体格式的方法有以下几种。

1. 使用【开始】选项卡中的字体选项

与设置单元格中字体的格式一样，用户也可以通过【开始】选项卡中的【字体】和【对齐方式】命令组来设置图表中的文本字体格式，包括文本的大小、颜色、字体、对齐方式等。

2. 使用【字体】对话框

选中图表中的文本后，右击鼠标，从弹出的快捷菜单中选择【字体】命令，可以打开下图所示的【字体】对话框。

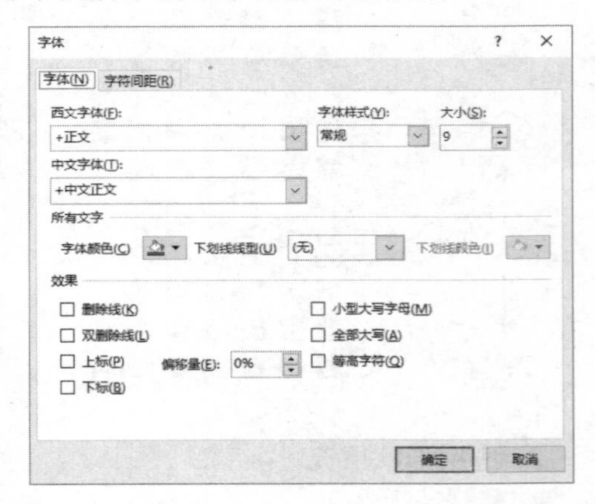

在【字体】对话框中用户可以对西文字体、中文字体、字体样式、字体大小、字体颜色、下画线类型、效果等进行设置。此外，选择【字符间距】选项卡，还可以设置图表中文本的字符间距。

3. 设置艺术字效果

为图表中的文本设置艺术字样式的方法有以下两种。

- 选中图表或图表中的文字，在【格式】选项卡的【艺术字样式】命令组中单击【其他】按钮，从弹出的【艺术字样式】库中选择一种艺术字样式，即可将该样式应用于图表中。

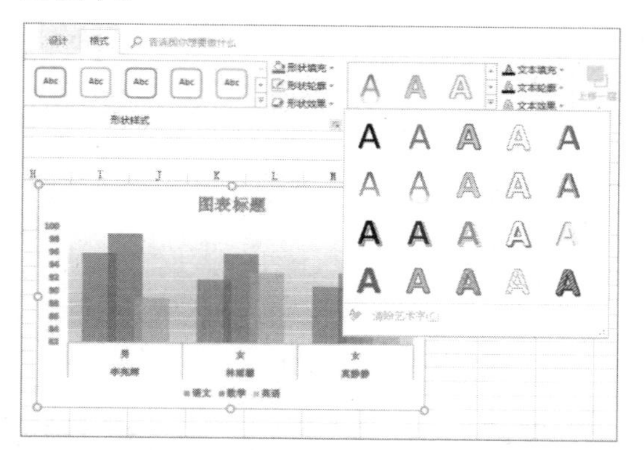

- 选中图表或图表中的文字后，单击【格式】选项卡【艺术字样式】命令组右下角的对话框启动器按钮，在打开的窗格中选择【文字效果】选项卡，可以在显示的选项区域中为图表中的文本分别设置阴影、映像、发光、柔化边缘、三维格式以及三维旋转等效果。

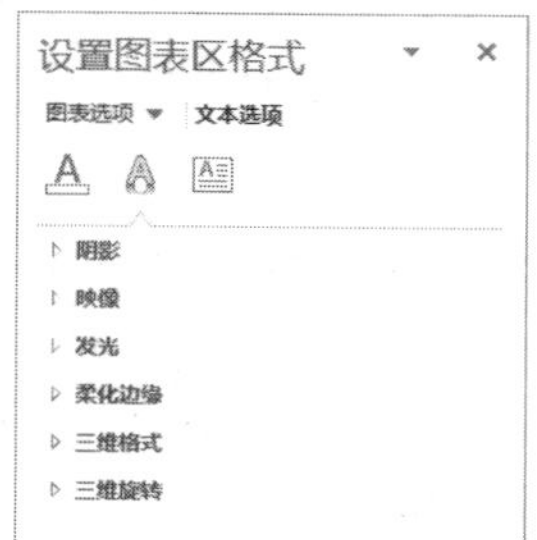

6.3.4 设置图表数字格式

图表中包含的所有数值对象都可以像单元格中的数值一样设置数字格式。选中图表中的数值对象(例如“坐标轴上的数值”)后，单击【格式】选项卡【当前所选内容】命令组中的【设置所选内容格式】按钮，然后在显示的窗格中展开【数字】选项区域，即可设置选中数值的数字格式。

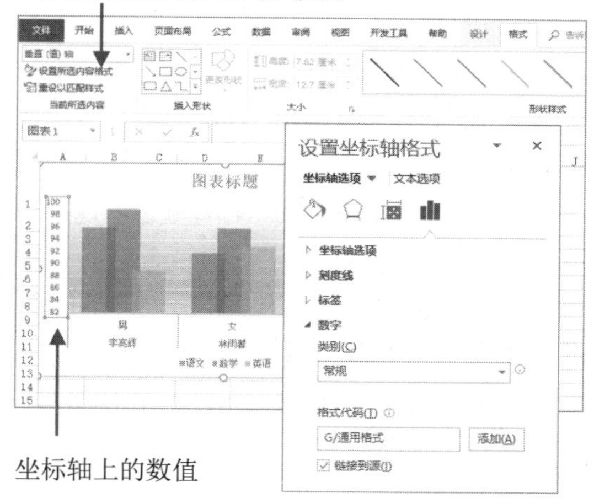

6.3.5 设置图表区格式

图表区是图表的整个区域，图表区格式的设置相当于设置图表的背景。选中图表区后单击【格式】选项卡【当前所选内容】命令组中的【设置所选内容格式】按钮(或者双击图表区中的空白处)，在显示的【设置图表区格式】窗格中可以设置图表区的格式。

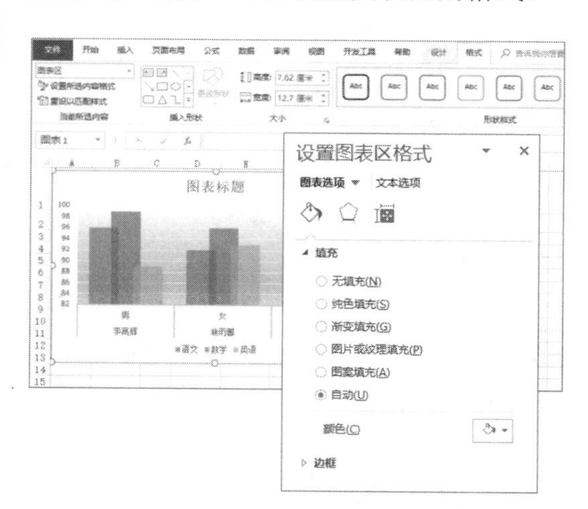

1. 设置填充

在上图所示的【设置图表区格式】窗格

中，展开【填充】选项区域，可以设置图表区的填充选项，包括：

- 无填充：设置透明填充。
- 纯色填充：设置单一颜色填充。
- 渐变填充：设置一种或几种从浅到深过渡变化的颜色来填充图表区。
- 图片或纹理填充：设置图片与纹理填充效果。
- 图案填充：设置使用图案作为图表区填充。
- 自动：设置使用一种颜色填充图表区。

在【填充】选项区域中选择一种选项后(除【无填充】以外)，将显示相应的选项设置区域，如下图所示。

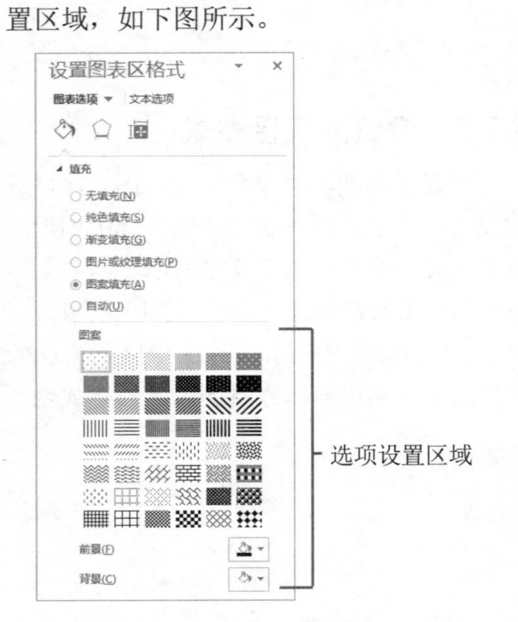

2. 设置边框

在【设置图表区格式】窗格中展开【边框】选项区域，可以为图表区设置边框效果，包括：

- 无线条：即无边框。
- 实线：设置实线边框。
- 渐变线：设置一种或几种颜色，从浅到深过渡效果的边框。
- 自动：设置使用一种颜色作为图表区的边框。

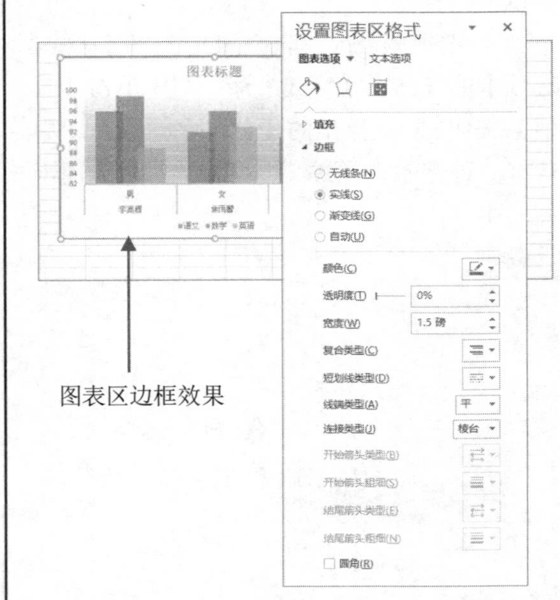

在上图所示的【边框】选项区域中选择一种边框选项后，在窗格底部可以设置具体的边框样式选项，包括：

- 颜色：设置边框的颜色。
- 透明度：设置边框线的透明度。
- 宽度：设置边框的宽度。
- 复合类型：可以选择单线、双线、由粗到细、由细到粗、三线等选项。
- 线端类型：包括正方形、圆形、平面等选项。
- 连接类型：包括圆形、棱台、斜接等选项。
- 圆角：设置是否在图表四周使用圆角。

3. 设置阴影

在【设置图表区格式】窗格中单击【效果】选项，在显示的选项卡中展开【阴影】选项区域，可为图表区设置阴影选项，包括：

- 预设：包含无阴影、外部、内部、透视等选项。

➤ 颜色：设置阴影颜色。

➤ 透明度：设置 0 到 100%之间的阴影透明度参数。

➤ 大小：设置阴影范围大小。

➤ 模糊：设置 0 到 100 磅之间的阴影虚化效果。

➤ 角度：设置 0° 到 359° 之间的阴影角度。

➤ 距离：设置阴影间隔距离参数。

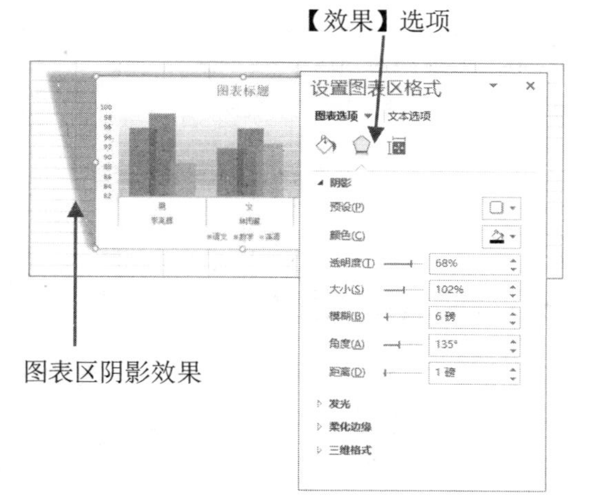

4. 设置发光

在上图所示的【设置图表区格式】窗格中，展开【发光】选项区域，可以设置图表区的发光效果。

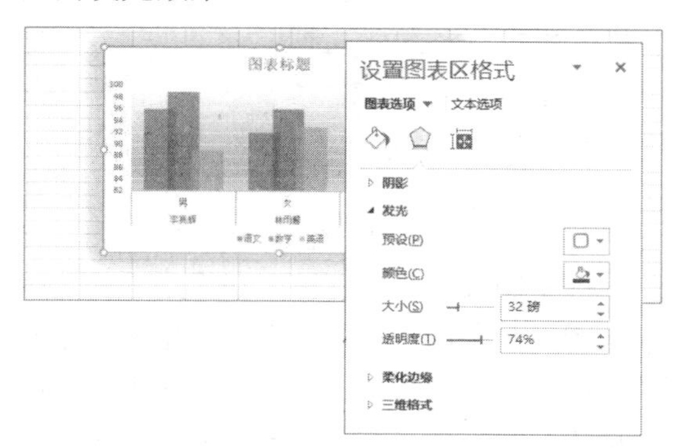

➤ 预设：包括无发光和 Excel 内置的多种发光变体。

➤ 颜色：设置发光效果的颜色。

➤ 大小：设置发光区域的大小(0 到 150 磅)。

➤ 透明度：设置 0 到 100%之间的发光区域的透明度参数。

5. 设置三维格式

在【设置图表区格式】窗格中展开【三维格式】选项区域，可以为图表设置三维格式效果。

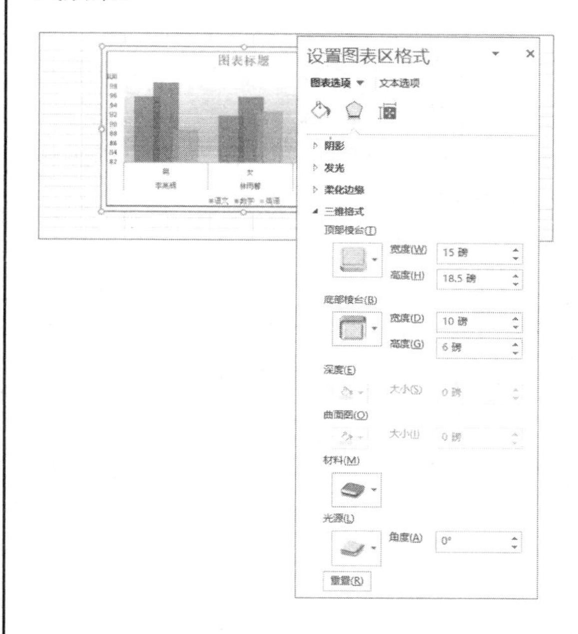

➤ 顶部棱台和底部棱台：包括无棱台和 Excel 内置的几种棱台样式，棱台的高度和宽度可以设置在 0 磅到 1584 磅之间。

➤ 材料：包括标注、特殊效果和半透明三种类型的材料。

➤ 光源：包括中性、暖调、冷调和特殊格式等类型。

➤ 重置：恢复默认的三维格式。

6. 设置柔化边缘

在【设置图表区格式】窗格中，展开【柔化边缘】选项区域，可以为图表区设置柔化边缘效果，如下图所示。

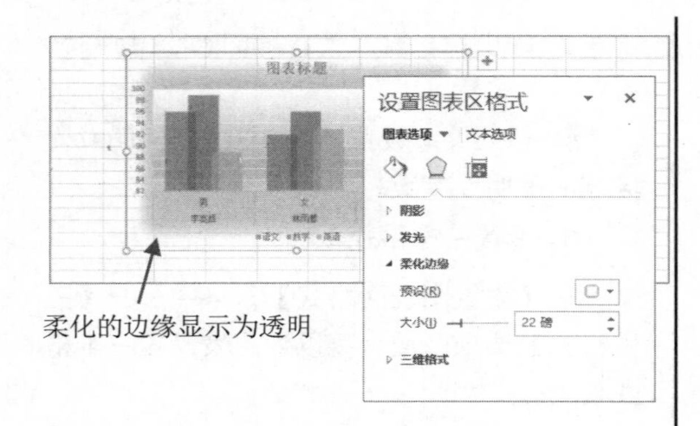

柔化的边缘显示为透明

▶预设：包含无柔化边缘和 Excel 预设的几种柔化边缘选项。

▶大小：设置 0 到 100 磅之间的柔化边缘大小。

7. 设置大小

在【设置图表区格式】窗格中单击【效果】选项，在显示的选项卡中展开【大小】选项区域，可以设置图表区的大小选项。

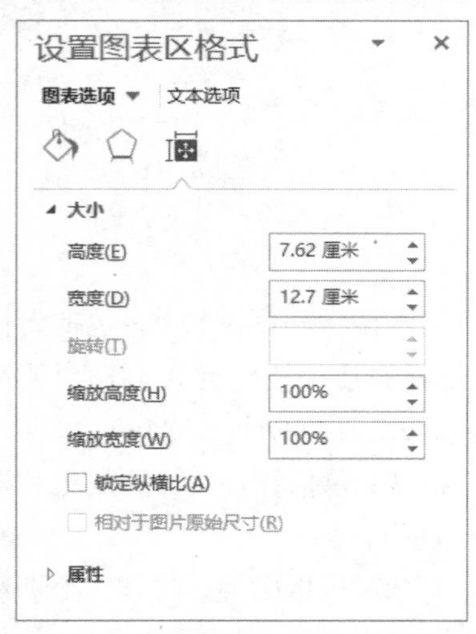

▶ 高度和宽度：设置图表区的高度和宽度。

▶ 缩放高度和缩放宽度：可设置 1%到 47000%之间的缩放比例，同时可分别选中【锁定纵横比】和【相对于图片原始尺寸】选项。

8. 设置属性

在上图所示的【设置图表区格式】窗格中展开【属性】选项区域，可以设置图表区的属性选项，各属性选项如下图中所示。

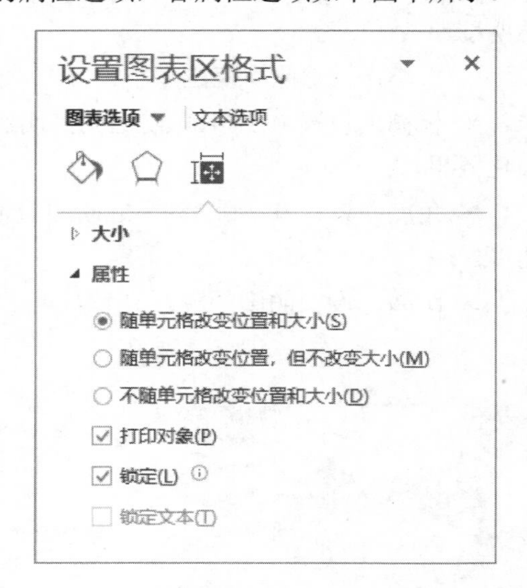

6.3.6 设置绘图区格式

图表的绘图区位于图表中由坐标轴围成的区域，如下图所示。

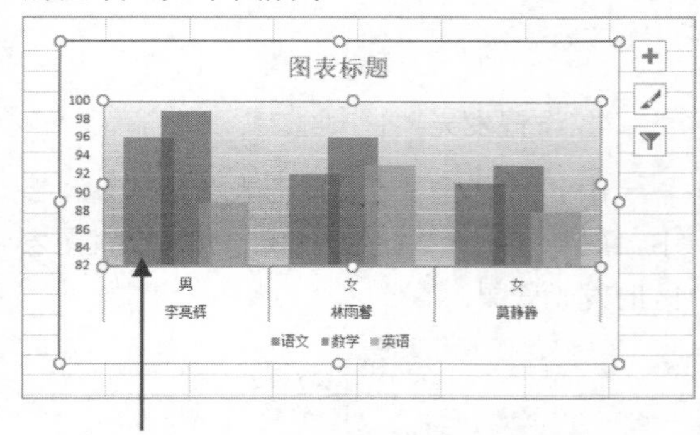

这个有渐变色背景的区域就是绘图区

1. 设置绘图区格式

选中图表中的绘图区，在【格式】选项卡的【当前所选内容】命令组中单击【设置所选内容格式】按钮，在显示的【设置绘图区格式】窗格中，可以设置绘图区的格式，例如填充、边框、阴影、发光、柔化边缘、三维格式等，如下图所示。

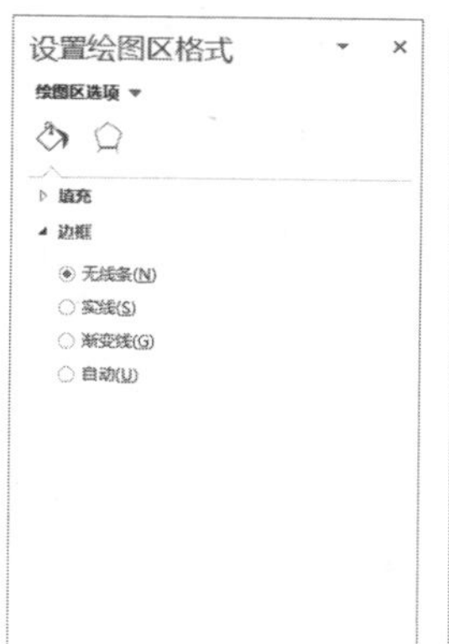

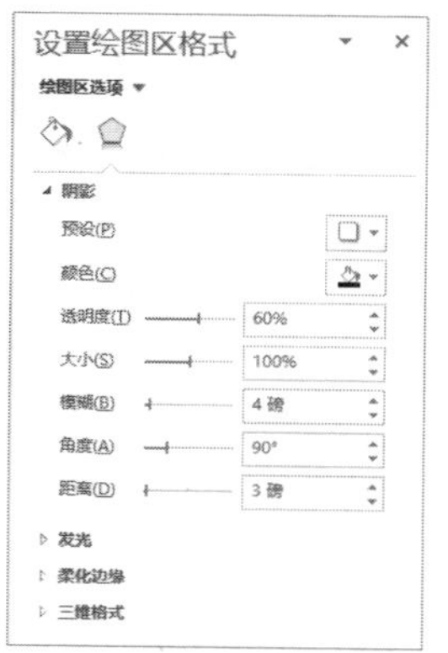

绘图区格式的设置与图表区格式的设置方法类似，这里不再详细阐述。

2. 设置绘图区大小和位置

选中绘图区后，在其四周将会显示 8 个控制点，将鼠标指针放置在控制点上，光标将变为下图所示的双向箭头。

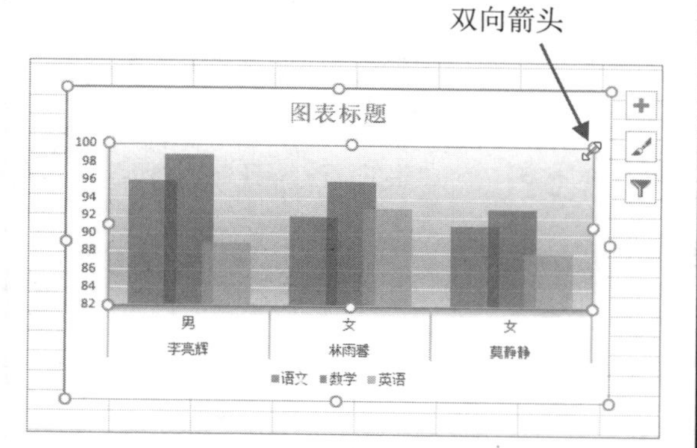

此时，按住鼠标左键拖动，即可在图表区范围内调整绘图区的大小。

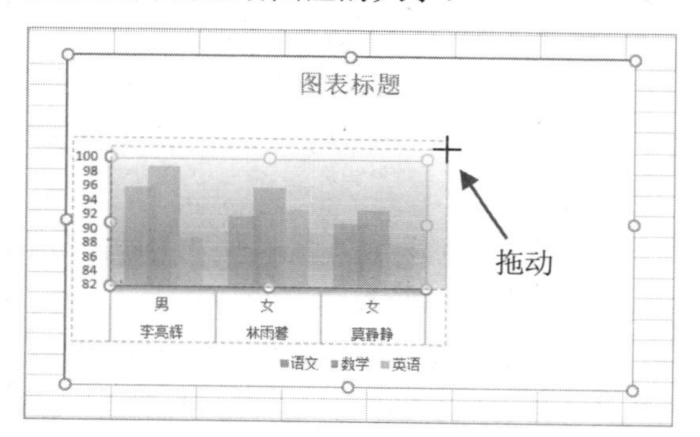

将鼠标光标放置在绘图区上的空白处，当光标变为下图所示的十字箭形时，按住鼠标指针拖动，可以在图表区范围内调整绘图区的位置。

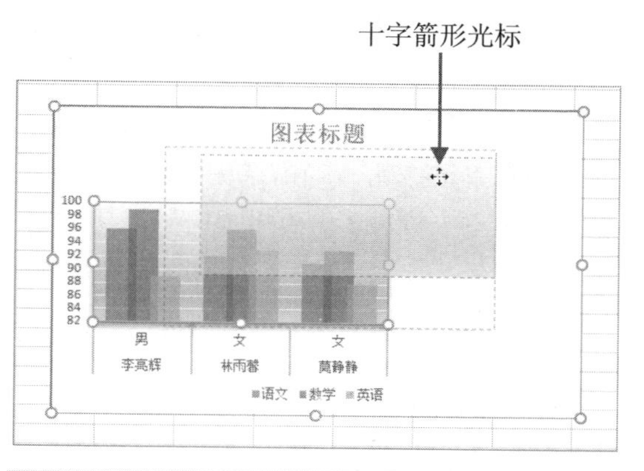

6.3.7 设置数据系列格式

数据系列是绘图区中的一系列点、线、面的组合，一个数据系列引用工作表中的一行或一列数据，如下图所示。

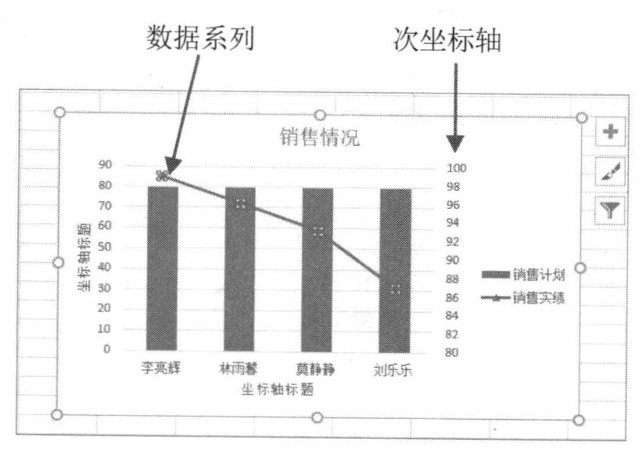

选中数据系列后，在【格式】选项卡的【当前所选内容】命令组中单击【设置所选内容格式】按钮，可以在打开的【设置数据系列格式】窗格中设置数据系列格式。

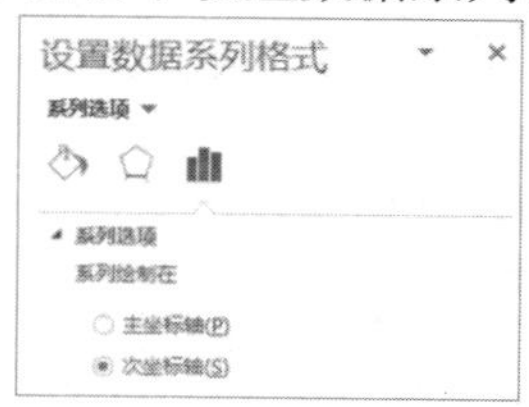

1. 设置系列选项

当图表中包含两个以上的数据系列时，

用户可以设置数据系列的【系列选项】。在上图所示的【系列选项】选项区域中，指定数据系列绘制在【次坐标轴】，在图表的右侧显示次坐标轴。

如果在【系列选项】选项区域中选中【主坐标轴】单选按钮，当前选中的数据系列将绘制在【主坐标轴】，效果如下图所示。

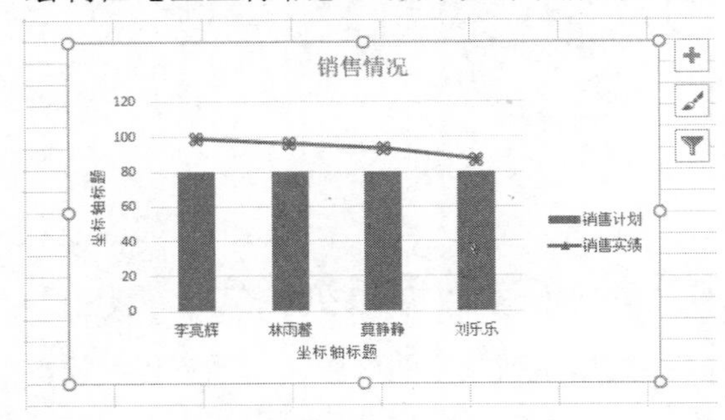

2. 设置数据标记选项

在折线图中，用户可以在【设置数据系列格式】窗格的【数据标记选项】选项区域中设置数据标记的类型和大小，如下图所示。

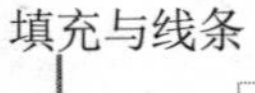

上图所示【数据标记选项】选项区域中各选项的功能说明如下。

- 自动：使用自动模式设置数据系列中点的大小(默认为 7)。
- 无：设置为没有点折线。
- 内置：包含多种 Excel 点的图形类型，其大小可以设置在 2～72 之间。

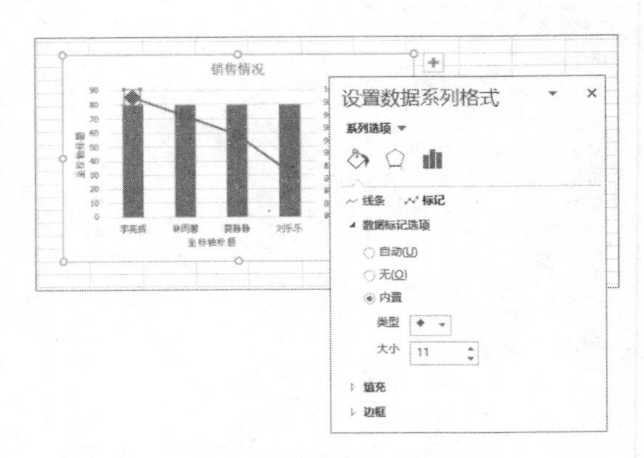

设置内置数据标记后的效果

3. 设置数据标记填充效果

在上图所示的【设置数据系列格式】窗格中展开【填充】选项区域，可以设置数据系列的数据标记填充效果。

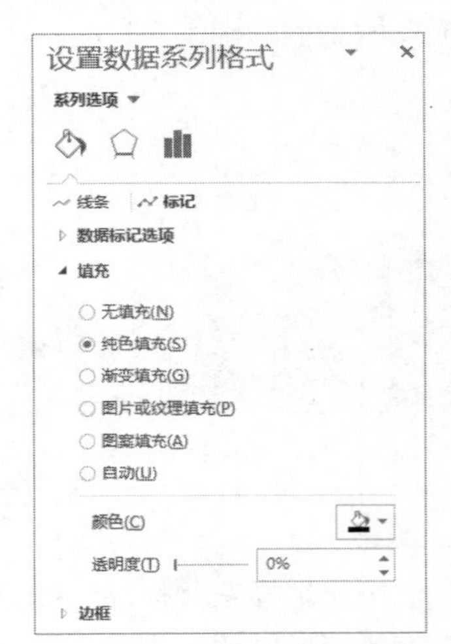

- 无填充：设置透明效果填充。
- 纯色填充：设置使用单一颜色填充。
- 渐变填充：使用多种颜色填充，且颜色由浅到深变化。
- 图片或纹理填充：使用图片或者 Excel 内置的纹理填充。
- 图案填充：使用 Excel 内置的图案填充。
- 自动：设置自动填充数据标记的颜色。

4. 设置线条颜色和线型

在【设置数据系列格式】窗格中展开【线

条】选项区域，可以设置数据系列的线条颜色。

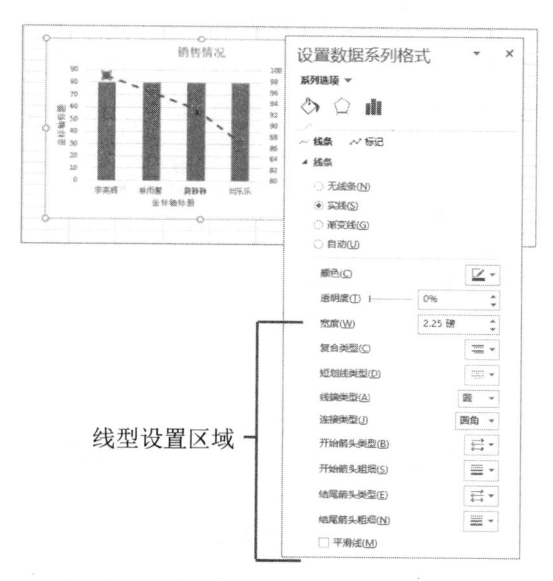

▶ 无线条：即不显示线条。

▶ 实线：设置线条样式为实线。

▶ 渐变线：设置两种颜色由浅入深的渐变色线条。

▶ 自动：设置线条颜色的自动颜色。

在【线条】选项区域中为数据系列设置线条颜色后，可以在窗格下方的设置区域中设置数据系列线的线型，如下所示。

▶ 宽度：设置线条宽度。

▶ 复合类型：包含单线、双线、由粗到细、由细到粗、三线等。

▶ 短画线类型：包括实线、圆点、方点、短画线、画线-点等。

▶ 线端类型：包括正方形、圆形、平面等。

▶ 连接类型：包括圆形、棱台、斜接等。

▶ 箭头设置：包括开始箭头类型、开始箭头粗细、结尾箭头类型和结尾箭头粗细。

▶ 平滑线：设置是否使用平滑线。

5. 设置标记线的颜色和样式

标记线指的是点状图形的外框线，如下图所示。

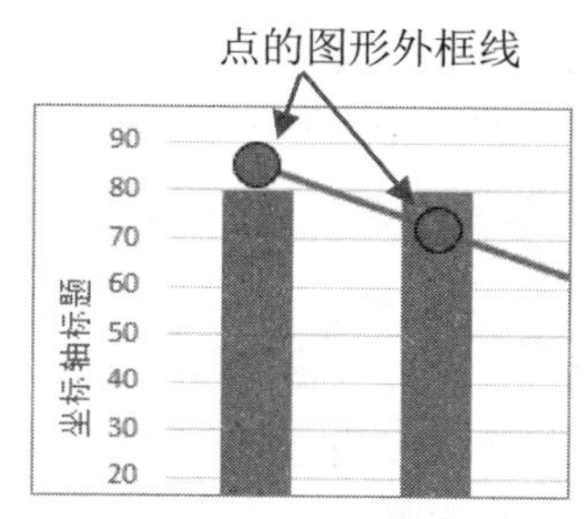

在【设置数据系列格式】窗格的【标记】选项区域中展开【边框】选项，可以设置标记线的颜色和样式。

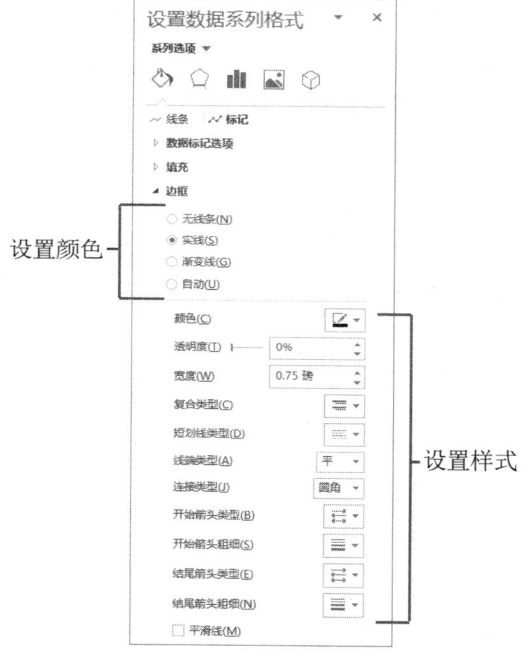

▶ 无线条：设置标记线没有颜色。

▶ 实线：设置单一颜色。

▶ 渐变线：设置两种颜色由浅入深的渐变线。

▶ 自动：设置线条颜色的自动颜色。

在上图所示的窗格中为标记线选择一种颜色模式后，将显示相应的样式设置界面，其中包括以下几个基本选项。

▶ 宽度：设置线条宽度。

▶ 复合类型：包含单线、双线、由粗到细、由细到粗、三线等。

▶ 短画线类型：包括实线、圆点、方

点、短画线、画线-点、长画线、长画线-点、长画线-点-点等。

- 线端类型：包含正方形、圆形、平面等。
- 连接类型：包含圆形、棱台、斜接等。
- 箭头设置：包含开始箭头类型、开始箭头粗细、结尾箭头类型、结尾箭头粗细。
- 平滑线：设置是否使用平滑线。

6. 设置阴影

在【设置数据系列格式】窗格中单击【效果】按钮，然后展开【阴影】选项区域，可以为数据系列设置阴影效果。

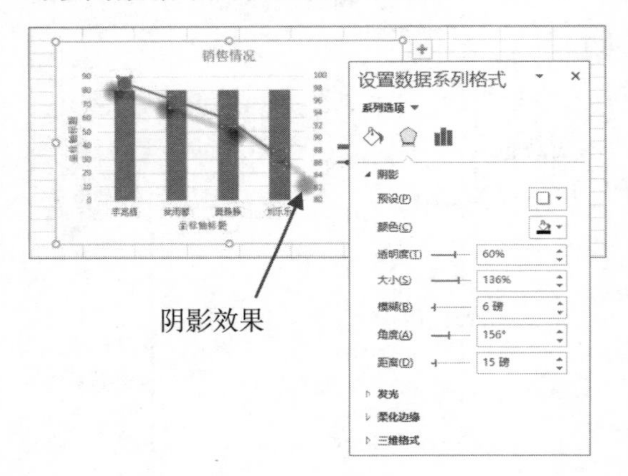

- 预设：包含无阴影、外部、内部、透视等。
- 颜色：设置阴影颜色。
- 透明度：设置 0 到 100%之间的透明度参数。
- 大小：设置 1%到 200%之间的阴影大小参数。
- 模糊：设置 0 到 100 磅之间的阴影效果模糊度参数。
- 角度：设置 0° 到 359° 之间的阴影角度。
- 距离：设置 0 到 200 磅之间的阴影与数据系列实体之间的距离值。

7. 设置发光

在上图所示的【设置数据系列格式】窗格中展开【发光】选项区域，可以为数据系列设置发光效果，如下图所示。

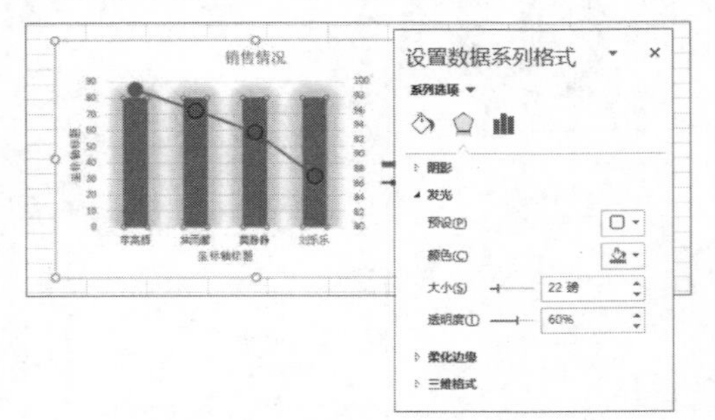

- 预设：包含无发光和 Excel 内置的多种发光选项。
- 颜色：设置数据系列的发光颜色。
- 大小：设置 0 到 150 磅之间的发光区域大小参数。
- 透明度：设置 0 到 100%之间的发光区域透明度参数。

8. 设置柔化边缘

在上图所示的【设置数据系列格式】窗格中展开【柔化边缘】选项区域，可以为数据系列设置下图所示的柔化边缘效果。

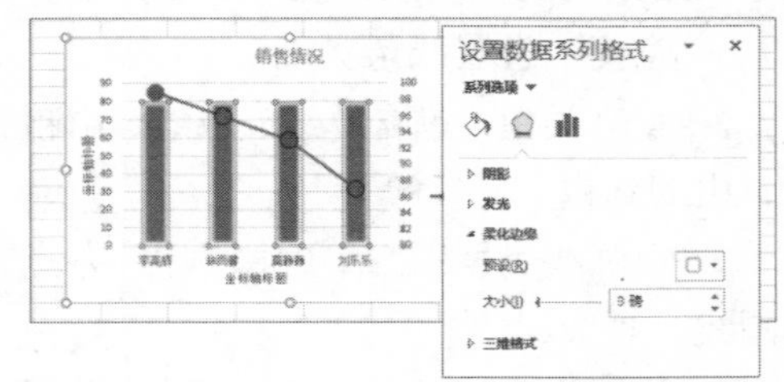

- 预设：包括无柔化边缘和 Excel 预设的几种柔化边缘选项。
- 大小：设置 0 到 100 磅之间的柔化边缘大小。

9. 设置三维格式

在【设置数据系列格式】窗格中展开【三维格式】选项区域，可以设置数据序列的三维格式选项。

➤ 顶部棱台和底部棱台：包含无棱台效果和 Excel 预设的棱台效果，棱台的高度和宽度可以在 0 到 1584 磅之间调整。

➤ 材料：包含标注、特殊效果和半透明等选项。

➤ 光源：包含中性、暖调、冷调、特殊格式等选项。

➤ 重置：恢复数据系列默认的三维格式。

6.3.8 设置数据点格式

数据点是数据系列图形中的一个形状，对应于工作表中某一个单元格内的数据。

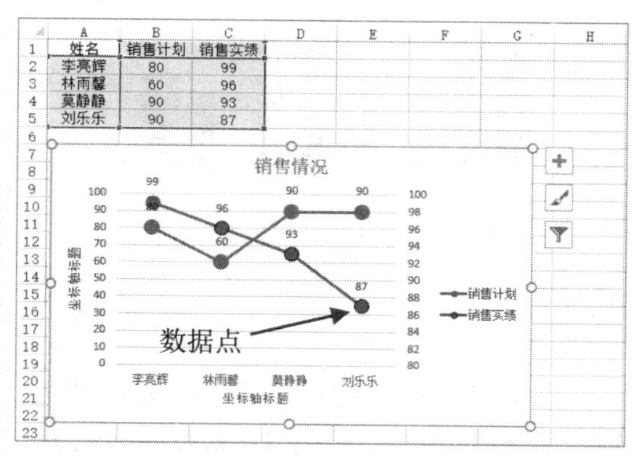

选中图表中的数据点，在【格式】选项卡的【当前所选内容】命令组中单击【设置所选内容格式】按钮，即可打开下图所示的窗格，可在其中设置数据点的格式。数据点的设置方法与前面介绍的数据系列的设置方法类似，这里不再详细介绍。

6.3.9 设置数据标签

为图表添加数据标签的方法有以下两种。

➤ 单击数据系列中的任意一个图形，选中一个数据系列，在【设计】选项卡的【图表布局】命令组中单击【添加图表元素】下拉按钮，从弹出的菜单中选择【数据标签】|【上方】选项。

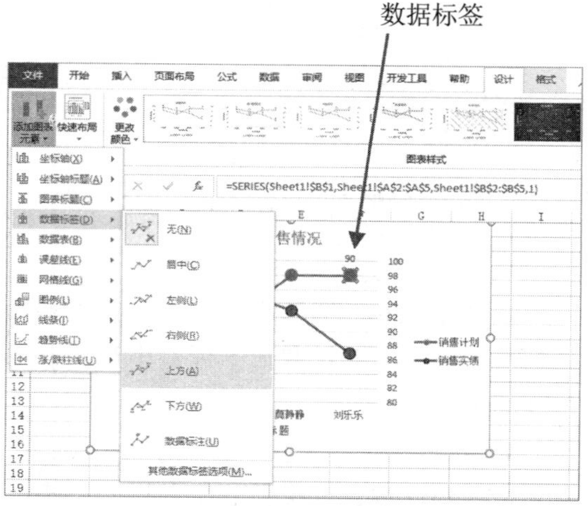

➤ 选中图表或图表中的数据系列后，单击图表右侧的+按钮，在弹出的列表中选中【数据标签】复选框，然后单击该复选框右侧的三角按钮，从弹出的子菜单中选择数据标签相对于数据系列的位置。

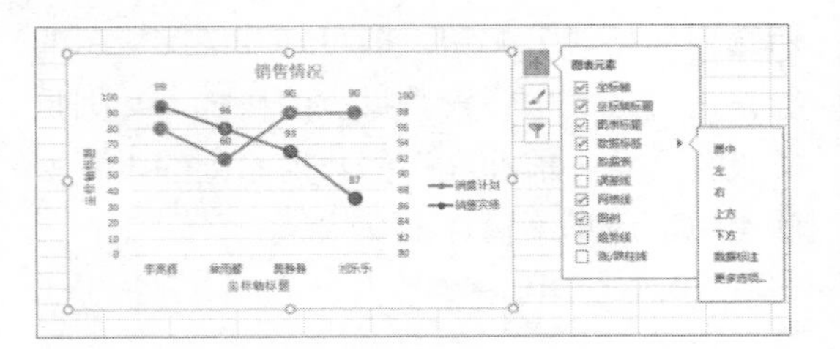

1. 设置标签选项

选中图表中的数据标签后，双击鼠标，或在【格式】选项卡中单击【设置所选内容格式】按钮，在打开的【设置数据标签格式】窗格中，单击【标签选项】按钮，并展开下图所示的【标签选项】选项区域，可以设置数据标签的类型、位置、分隔符等。

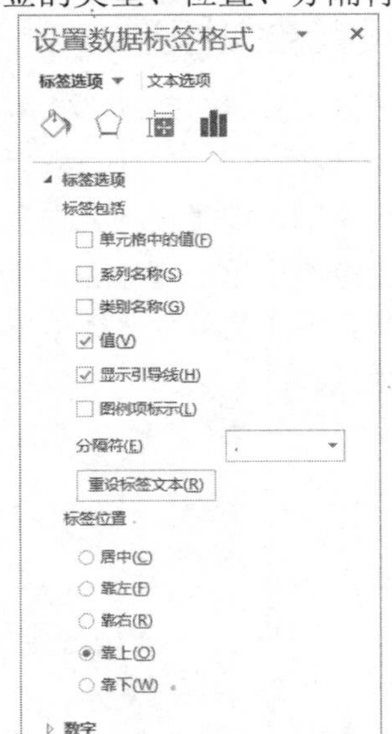

- 标签包括：设置数据标签中包含的内容。
- 标签位置：设置数据标签相对于数据系列的位置。
- 分隔符：包含逗号、分号、句号、新文本行、空格等。

2. 设置对齐方式

在【设置数据标签格式】窗格中单击【大小与属性】按钮，然后展开【对齐方式】选项区域，可以设置数据标签的对齐方式。

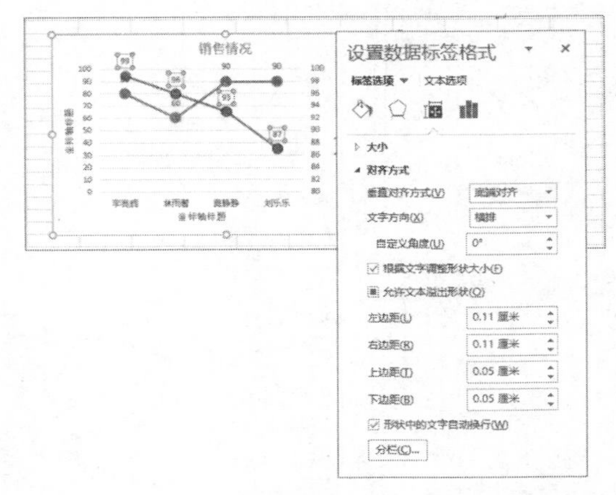

- 垂直对齐方式：设置标签文本的垂直对齐方式。
- 文字方向：设置标签文本的文本方向。
- 自定义角度：当文字方向为横排时，可以在-90°到 90°之间调整。
- 根据文字调整形状大小：选中该复选框时，标签文本所在形状将根据其中文本的大小自动调整形状大小。
- 允许文本溢出形状：设置允许标签文本溢出其所在形状的上、下、左、右边距。

6.3.10 设置坐标轴格式

图表的坐标轴指的是组成绘图区边界的直线，如下图所示。

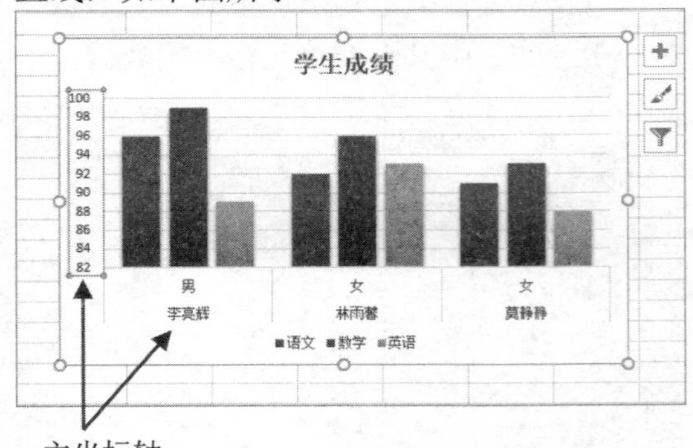

坐标轴分为主坐标轴和次坐标轴，次坐标轴必须要在两个(含两个)以上数据系列的图表中，并设置了使用次坐标轴才会显示。

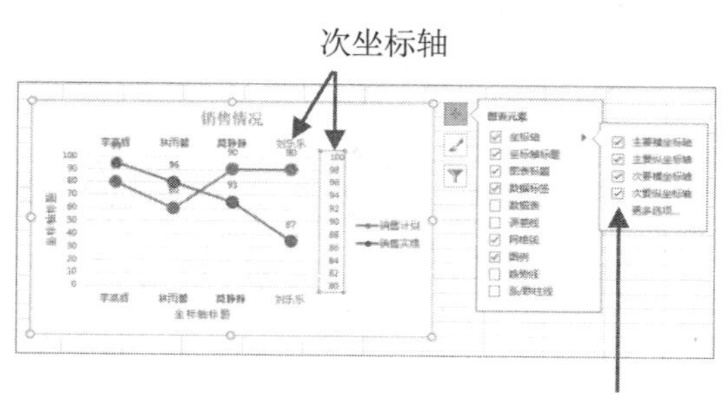

绘图区下方的直线为 x 轴，上方的直线为次 x 轴；绘图区左侧的直线为 y 轴，右侧的直线为次 y 轴。

选中图表中的坐标轴，在【格式】选项卡中单击【设置所选内容格式】按钮，可以显示【设置坐标轴格式】窗格，在其中可以设置坐标轴各项格式参数。

1. 设置坐标轴选项

在【设置坐标轴格式】窗格中单击【坐标轴选项】按钮，然后展开【坐标轴选项】选项区域，可以设置坐标轴选项。

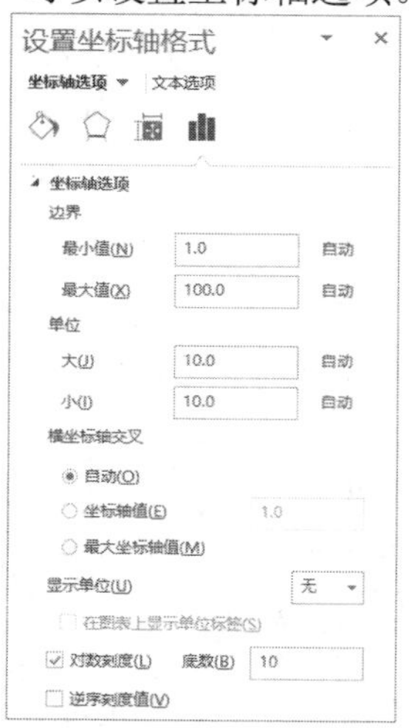

- 最小值：设置坐标轴刻度的最小值。
- 最大值：设置坐标轴刻度的最大值。
- 大：主坐标轴刻度单位。
- 小：次坐标轴刻度单位。
- 横坐标轴交叉：包含自动、坐标轴值和最大坐标轴值等选项。
- 显示单位：包含无、百、千、万、十万、百万、千万、亿、十亿、兆等单位。
- 在图表上显示单位标签：选中该复选框，将在图表上显示单位标签。
- 对数刻度：设置对数刻度值。
- 逆序刻度值：设置逆序刻度值。

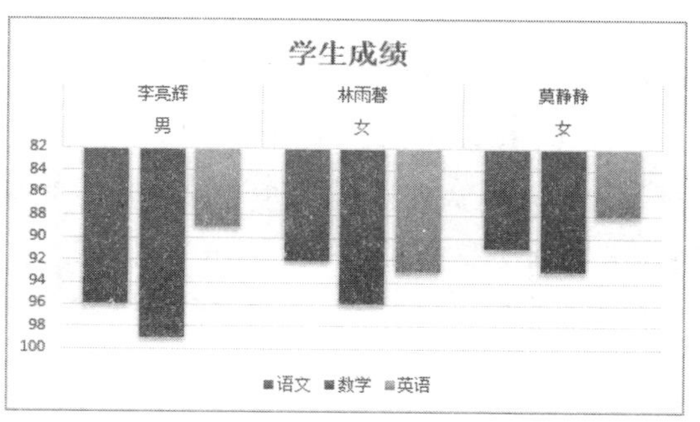

逆序刻度值效果

2. 设置刻度线类型

在【设置坐标轴格式】窗格中展开【刻度线】选项区域，可以设置坐标轴刻度线的类型，其中【主刻度线类型】和【次刻度线类型】选项都包含无、内部、外部、交叉等类型。

3. 设置标签位置

在【设置坐标轴格式】窗格中展开【标签】选项区域，可以设置坐标轴的标签位置，包括轴旁、高、低、无等选项。

6.3.11 设置网格线格式

图表网格线的主要作用是在未显示数据标签时，可以大致读出数据点对应坐标的刻度。坐标轴主要刻度线对应的是主要网格线；坐标轴次要刻度线对应的是次要网格线。

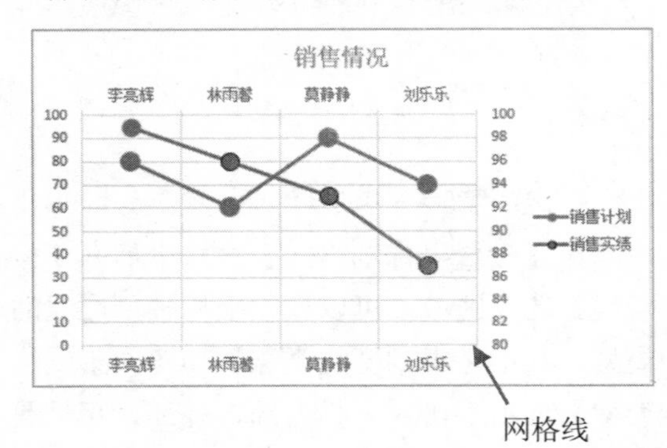

选中图表中的网格线，在【格式】选项卡中单击【设置所选内容格式】按钮，在打开的【设置主(次)要网格线格式】窗格中可以设置网格线的格式。

1. 设置线条颜色和线型

在【设置主(次)要网格线格式】窗格中展开【线条】选项区域，可以通过以下选项设置网格线线条颜色。

- 无线条：将选中的网格线颜色设置为透明色。
- 实线：为网格线线条设置单一颜色。
- 渐变线：使用两种以上的颜色，由浅入深地显示网格线的线条颜色。
- 自动：设置自动状态下网格线的颜色。

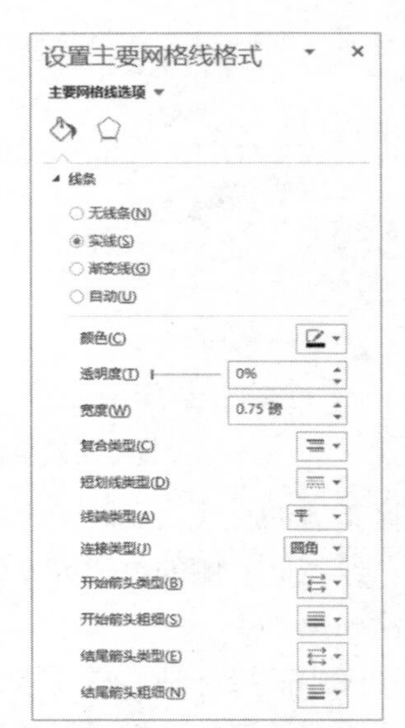

在上图所示的【线条】选项区域中为网格线设置颜色后，在窗格底部将显示与颜色选项对应的样式设置，包括：

- 宽度：设置网格线的宽度。
- 透明度：设置网格线的透明度。
- 复合类型：包含单线、双线、由粗到细、由细到粗、三线等。
- 短画线类型：包含实线、圆点、方点、短画线、画线-点、长画线、长画线-点、长画线-点-点等。
- 线端类型：包含正方形、圆形、平面等。
- 连接类型：包含圆形、棱台、斜接等。
- 箭头设置：包含开始箭头类型、开始箭头粗细、结尾箭头类型和结尾箭头粗细等选项。

2. 设置阴影效果

在【设置主(次)要网格线格式】窗格中单击【效果】按钮⬠，然后展开【阴影】选项区域，可以为网格线设置阴影效果。

- 预设：包含无阴影和 Excel 预设的几种阴影样式。
- 颜色：设置阴影颜色。

➤ 透明度：设置 0 到 100%之间的阴影效果透明度参数。

➤ 大小：设置 1%到 200%之间的阴影效果大小参数。

➤ 模糊：设置 0 到 100 磅之间的阴影模糊效果参数。

➤ 角度：设置 0° 到 359° 之间的阴影角度参数。

➤ 距离：设置阴影与网格线之间的距离参数(0 到 200 磅之间)。

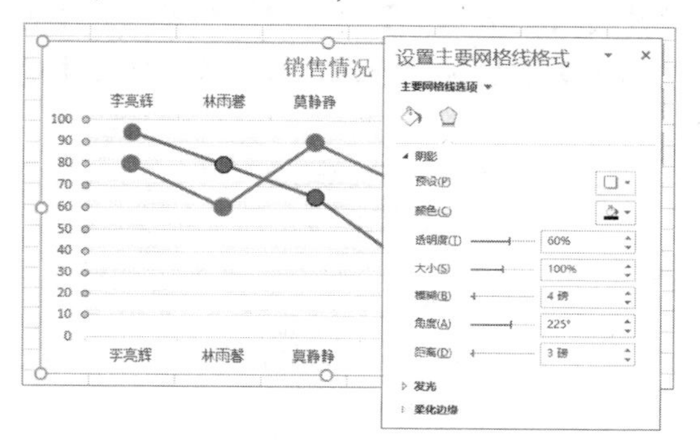

3. 设置发光和柔化边缘

在【设置主(次)要网格线格式】窗格中单击【效果】按钮，然后展开【发光】和【柔化边缘】选项区域，可以为选中的网格线设置下图所示的发光和柔化边缘效果。

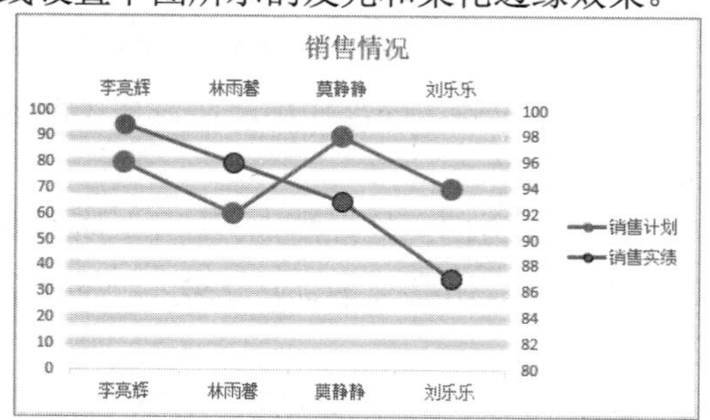

在【发光】选项区域中，各选项的功能说明如下。

➤ 预设：包含无发光和 Excel 内置的多种发光变体。

➤ 颜色：设置网格线的发光颜色。

➤ 大小：设置网格线发光区域的大小(0 到 150 磅之间)。

➤ 透明度：设置网格线发光区域的透明度参数(0 到 100%之间)。

【柔滑边缘】选项区域中各选项的功能说明如下。

➤ 预设：包含无柔化边缘和 Excel 内置的几种柔化边缘样式。

➤ 大小：设置网格线柔化边缘区域的大小(0 到 100 磅之间)。

6.3.12 设置图例格式

图表中的图例如下图所示。

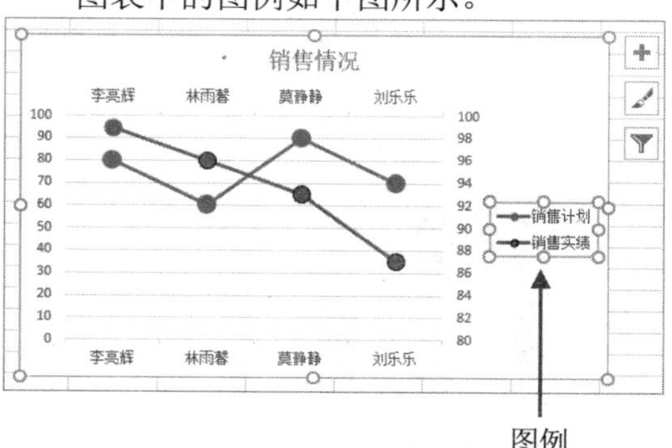

图例用于显示数据系列指定的图案和文本说明。图例由图例项组成，每一个数据系列对应一个图例项。

选中图表中的图例后，单击【格式】选项卡中的【设置所选内容格式】按钮，在显示的【设置图例格式】窗格中，单击【图例选项】按钮，可以设置图例格式选项。

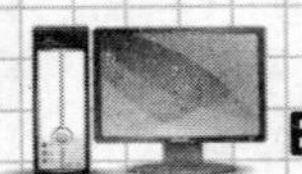

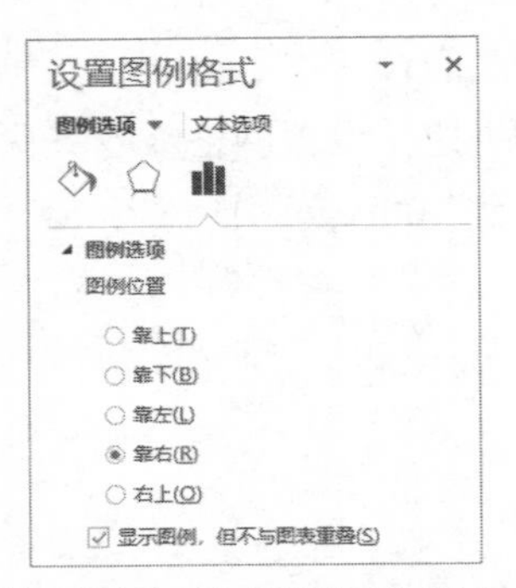

▶ 图例位置：设置图例在图表中的位置。

▶ 显示图例，但不与图表重叠：设置图例是否与图表重叠。

此外，在【设置图例格式】窗格中，用户还可以单击【填充与线条】按钮和【效果】按钮，在所显示的相应选项区域中设置图例的填充、边框、阴影、发光和柔化边缘效果，具体方法与本节前面介绍的“数据系列格式”设置方法类似，这里不再详细介绍。

6.3.13 设置标题格式

标题用于显示说明性文字，包括图表标题和坐标轴标题，如下图所示。

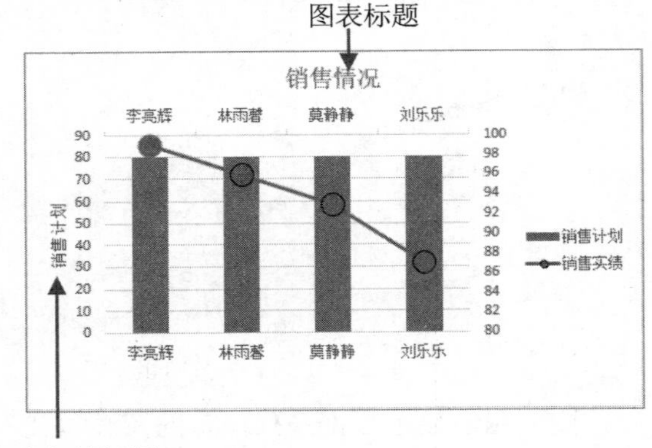

选中图表中的标题后，单击【格式】选项卡中的【设置所选内容格式】按钮，在打开的【设置图表(坐标轴)标题格式】窗格中，可以设置标题的填充、边框颜色、边框样式、阴影、发光、柔滑边缘、三维格式等效果，其方法与“数据系列格式”的设置方法一样。

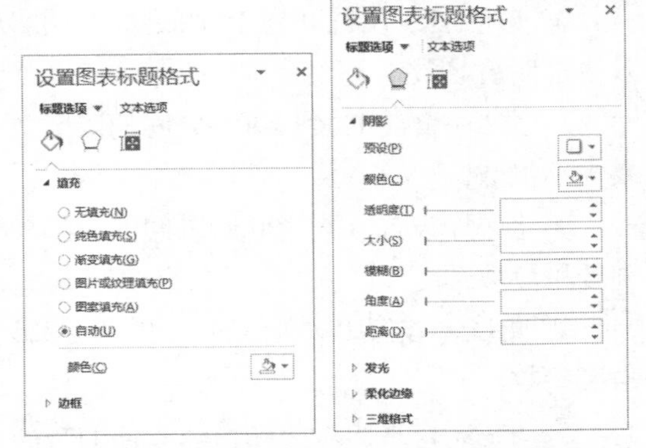

单击【设置图表(坐标轴)标题格式】窗格中的【对齐方式】按钮，在显示的【对齐方式】选项区域中，可以设置标题文本的对齐方式。

▶ 垂直对齐方式：包含顶端对齐、中部对齐、底端对齐、顶部居中、中部居中和底部居中等选项。

▶ 文字方向：包含横排、竖排、所有文字旋转 90°、所有文字旋转 270°、堆积等选项。

▶ 自定义角度：为标题文本设置从-90°到 90°之间的自定义角度值。

6.3.14 设置数据表格式

图表数据表是附加在图表中的表格，用于显示图表的源数据，如下图所示。

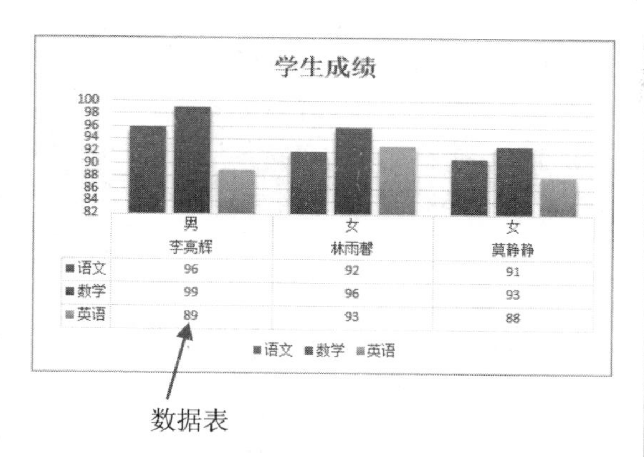

数据表通常附加到图表的下方，并取代 x 轴上的刻度线标签。

选中图表后，单击图表右侧的+按钮，在弹出的列表中选中【数据表】复选框即可在图表中显示数据表。

选中图表中的数据表后，单击【格式】选项卡中的【设置所选内容格式】按钮，在打开的【设置模拟运算表格式】窗格中，单击【表选项】按钮，可以在显示的【模拟运算表选项】选项区域中设置数据表的格式，包括是否显示水平表格边框、垂直表格边框、边框和图例项标示等。

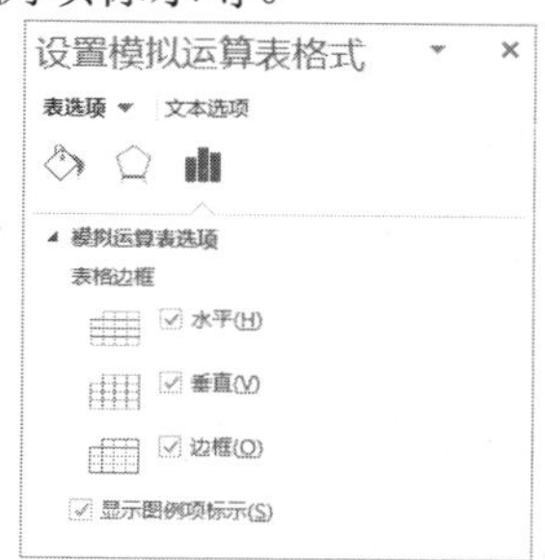

此外，图表的其他设置与“数据系列格式”的设置方法类似，这里不再详细介绍。

6.4　编辑图表

在工作表中成功创建图表，并对图表中各个元素的格式进行合理的设置后，用户还可以根据工作中的实际需求，对图表的类型、数据系列、数据点、坐标轴以及各种分析线(例如误差线、趋势线)等进行编辑设置，从而制作出效果专业并且实用的图表。

6.4.1　更改图表类型

Excel 提供了多种大型图表和子图表类型，成功创建图表后，如果需要对图表的类型进行修改，可以在选中图表后，单击【设计】选项卡【类型】命令组中的【更改图表类型】按钮。

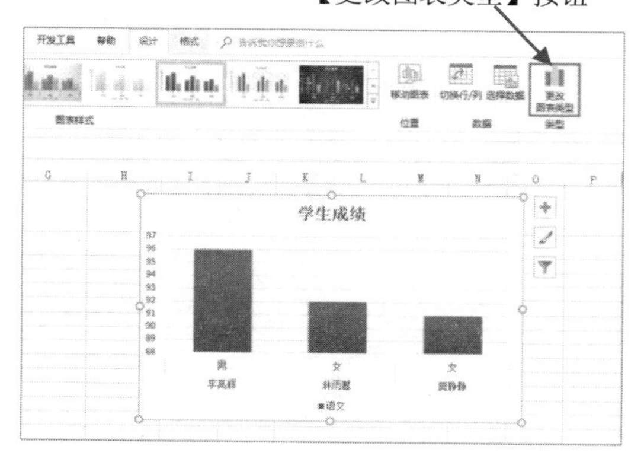

打开【更改图表类型】对话框后，选择【所有图表】选项卡，然后在该选项卡中选取一种图表类型，单击【确定】按钮即可。

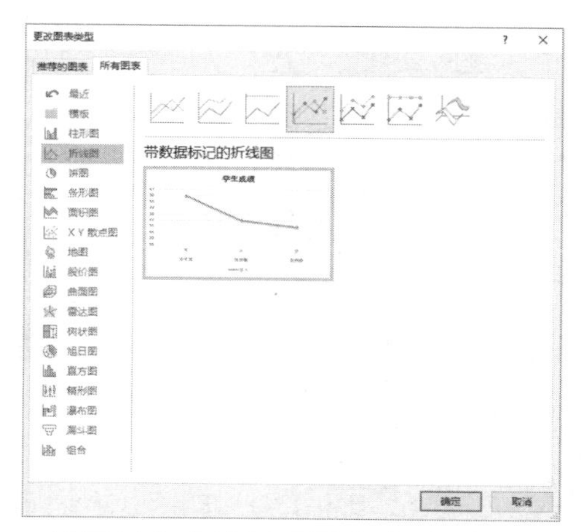

按照以上方法更改图表类型后，原图表中所有的数据系列都会被修改。

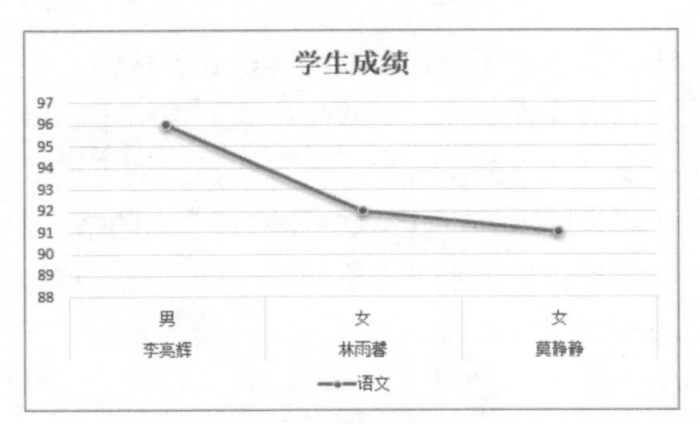

此外，选中图表后在【插入】选项卡的【图表】命令组中单击特定的图表按钮，也可以快速修改图表的类型。

6.4.2 编辑数据系列

图表中的数据系列可以引用图表中单元格区域中的数据，也可以直接输入数据构成系列值。

【例 6-2】修改“销售情况”图表中的“销售实绩”数据系列。

视频+素材 (素材文件\第 06 章\例 6-2)

step 1 选中下图所示的图表后，单击【设计】选项卡【数据】命令组中的【选择数据】按钮。

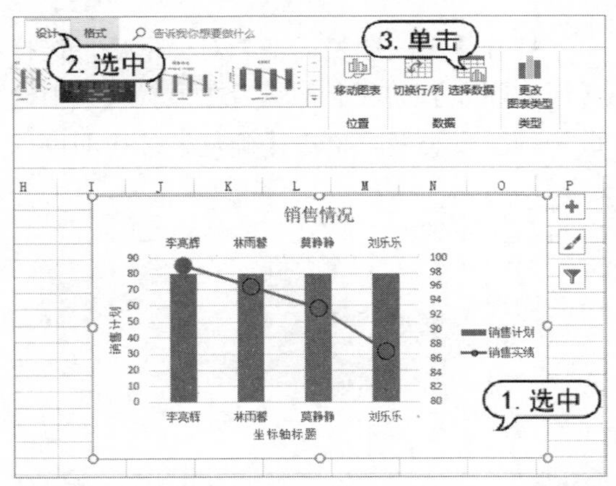

step 2 打开【选择数据源】对话框，选中【销售实绩】选项，单击【编辑】按钮。

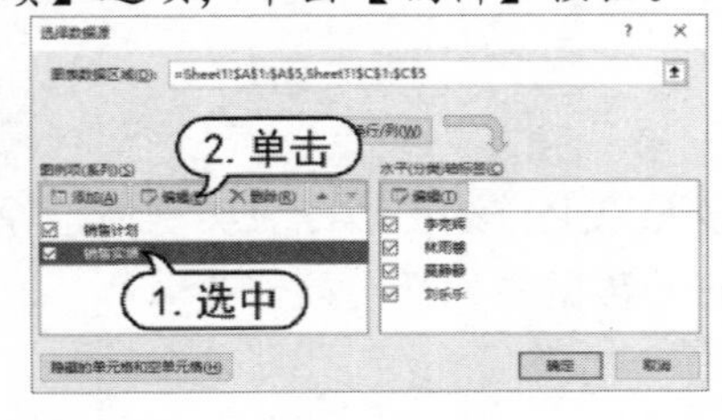

step 3 打开【编辑数据系列】对话框，在【系列名称】文本框中输入【实际销售】，在【系列值】文本框中输入新的销售计划系列值“78，89，87，63”，单击【确定】按钮。

step 4 返回【选择数据源】对话框，单击【确定】按钮，图表效果如下图所示。

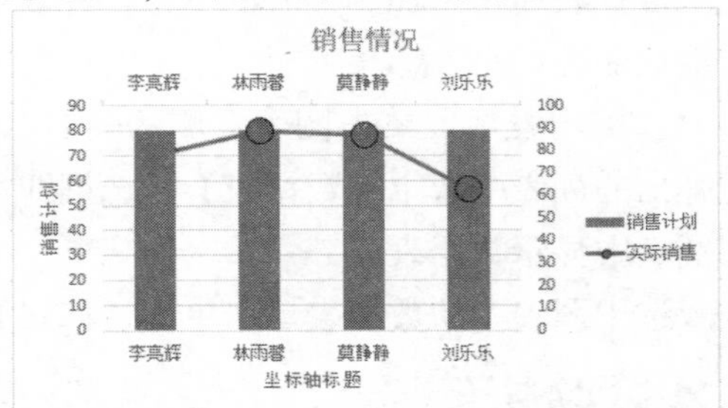

执行上例介绍的操作，在打开的【选择数据源】对话框中除了可以编辑已有的数据系列外，用户还可以对数据系列执行添加、删除、切换行/列等操作。

1. 添加数据系列

在【选择数据源】对话框中单击【添加】按钮，然后在打开的【编辑数据系列】对话框中设置要添加的数据系列名和系列值，并单击【确定】按钮，即可在图表中添加新的数据系列。

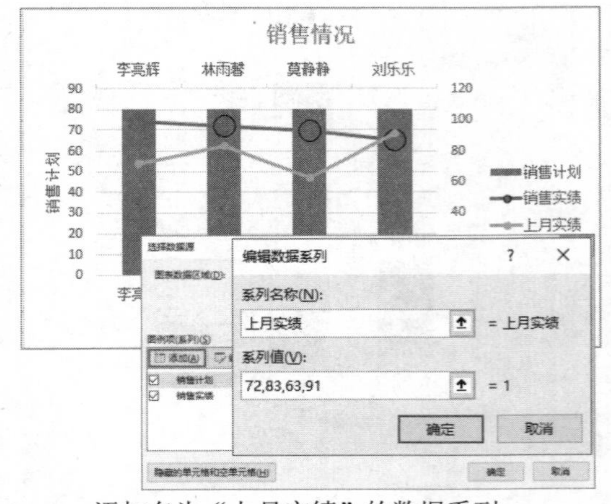

添加名为“上月实绩”的数据系列

2. 删除数据系列

在【选择数据源】对话框中选中需要删除的数据系列，然后单击【删除】按钮，即可将其从图表中删除。

3. 切换行/列

图表中的数据系列可以是数据源中的一行，也可以切换为数据源中的一列。在【选择数据源】对话框中单击【切换行/列】按钮，可以切换数据系列的行/列。

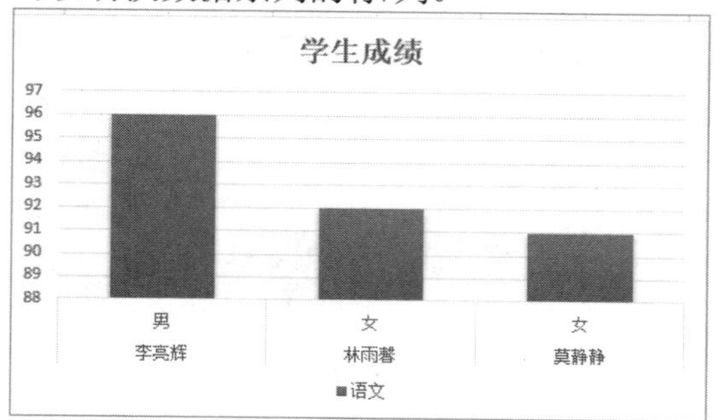

切换前

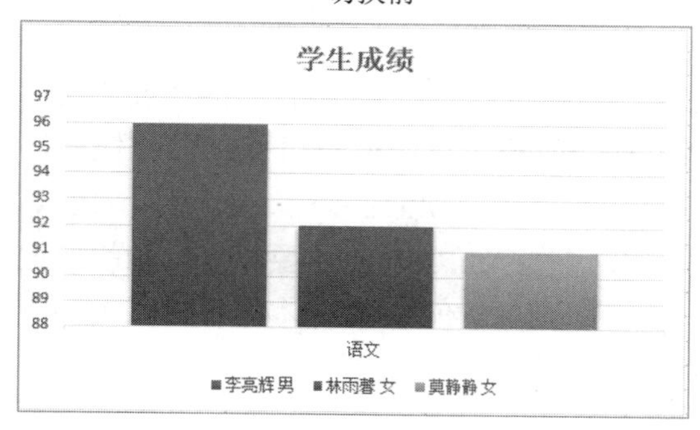

切换后

4. 使用多个工作表数据创建图表

通过【选择数据源】对话框中的添加数据系列功能，还可以实现在多个工作表中引用数据，从而创建出跨工作表的图表，方法如下。

【例 6-3】使用多个工作表数据创建图表。
视频+素材 (素材文件\第 06 章\例 6-3)

step 1 选中“成绩分析”工作表中的图表后，单击【设计】选项卡中的【选择数据源】按钮，打开【选择数据源】对话框，单击【添加】按钮，打开【编辑数据系列】对话框，单击【系列名称】文本框后的按钮。

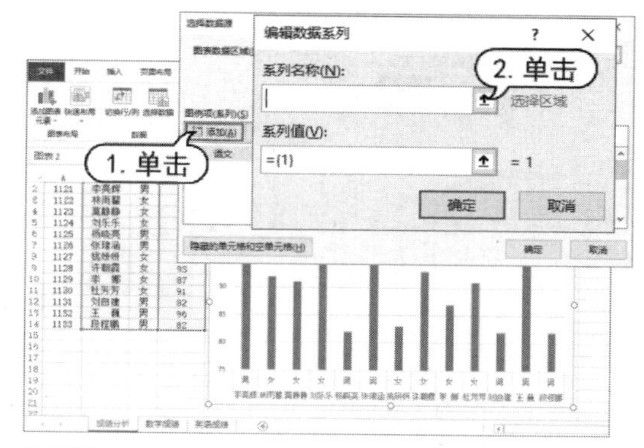

step 2 选择“数学成绩”工作表，选中 D1 单元格，按下 Enter 键。

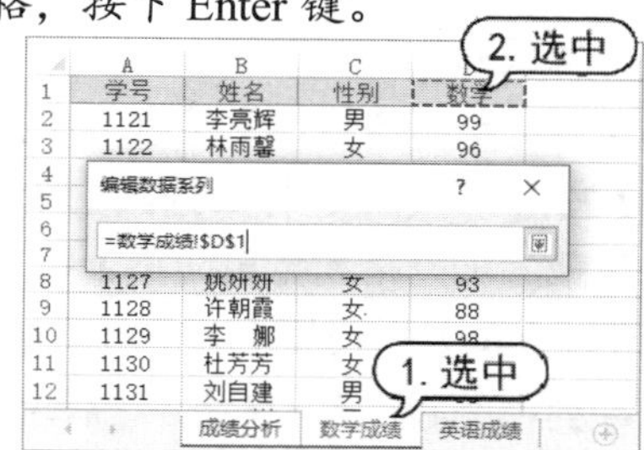

step 3 返回【编辑数据系列】对话框，单击【系列值】文本框后的按钮，选择“数学成绩”工作表中的 D2:D12 单元格区域，按下 Enter 键。

step 4 单击【确定】按钮返回【选择数据源】对话框，再次单击【确定】按钮，即可创建如下图所示的图表，该图表引用了“成绩分析”和【数学成绩】两个工作表中的数据。

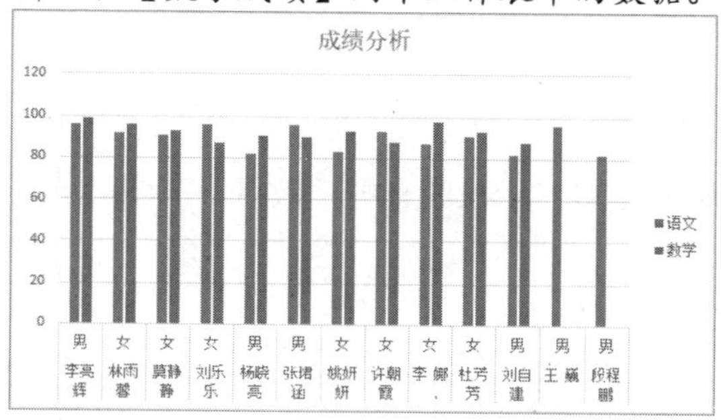

5. 显示隐藏行中的图表

如果工作表中存在被隐藏的数据行或数据列，则图表中不会显示隐藏行、列的数据系列，如下图所示。

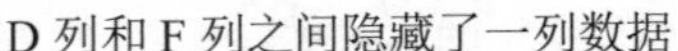
D 列和 F 列之间隐藏了一列数据

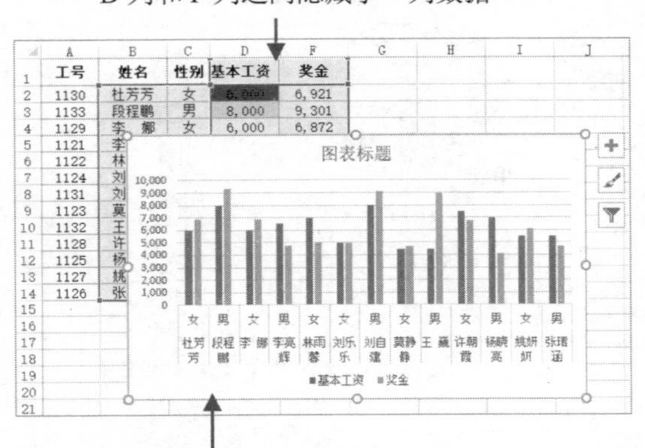

隐藏的数据在图表中没有显示

要将隐藏的数据在图表中显示，可以在选中图表后，单击【设计】选项卡中的【选择数据】按钮，打开【选择数据源】对话框，单击【隐藏的单元格和空单元格】按钮，打开【隐藏和空单元格设置】对话框，选中【显示隐藏行列中的数据】复选框，然后单击【确定】按钮。

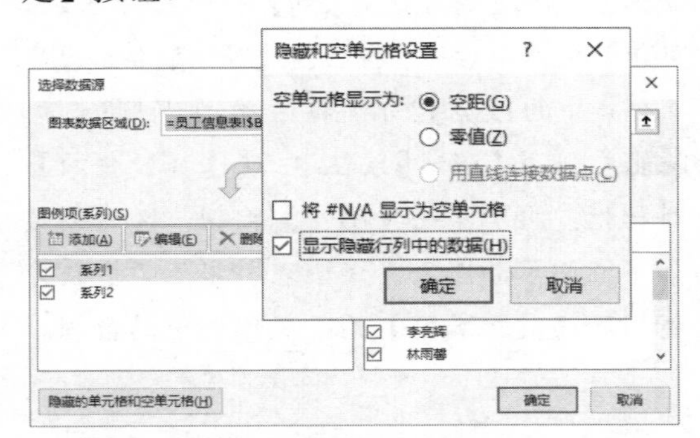

如此，工作表中被隐藏的“业绩提成”列数据将显示在图表中，效果如下图所示。

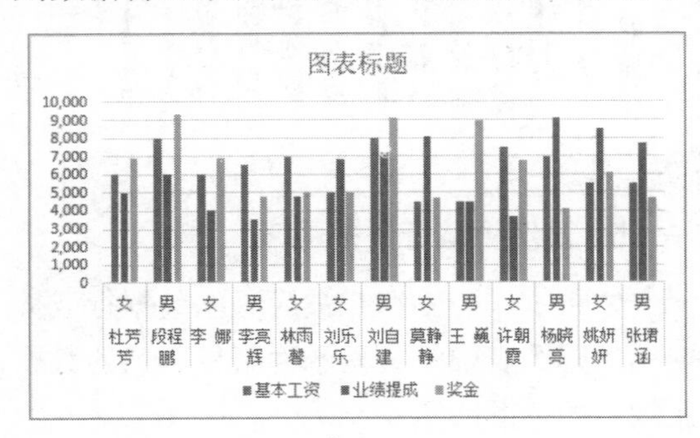

6.4.3 调整坐标轴

使用 Excel 的默认格式创建图表后，图表中坐标轴的设置和格式都会由 Excel 自动设置。在实际应用中，经常需要对坐标轴进行调整，例如自定义其最大值、最小值以及刻度的间隔数值等。

1. 调整坐标轴格式

以下图所示的图表为例，主纵坐标轴对应“销售计划”列中的数值，其最大值为 300，最小值为 0，每个刻度之间的间隔单位为 50。

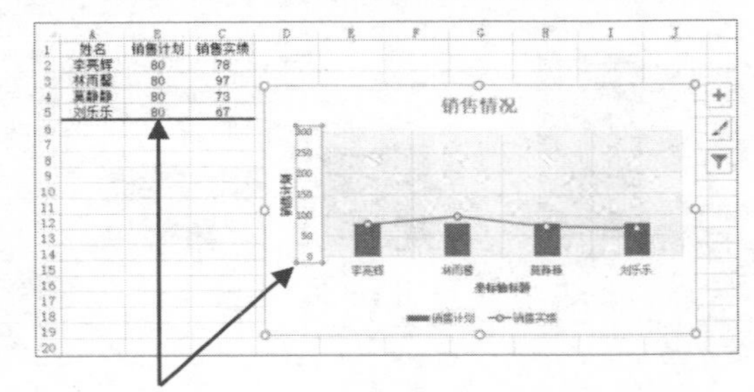

主纵坐标轴对应“销售计划”列中的数值

双击主纵坐标轴，在打开的【设置坐标轴格式】窗格中单击【坐标轴选项】按钮，展开【坐标轴选项】选项区域，在【最大值】文本框中输入 100，将主要纵坐标轴的最大值设置为 100，在【大】文本框中输入 10.0，将坐标轴刻度间隔设置为 10。

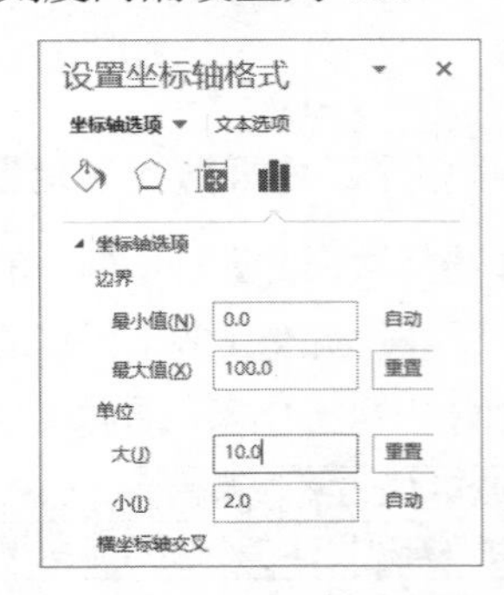

此时，图表中数值轴中的最大值和刻度参数将被修改，图表效果也随之发生改变。

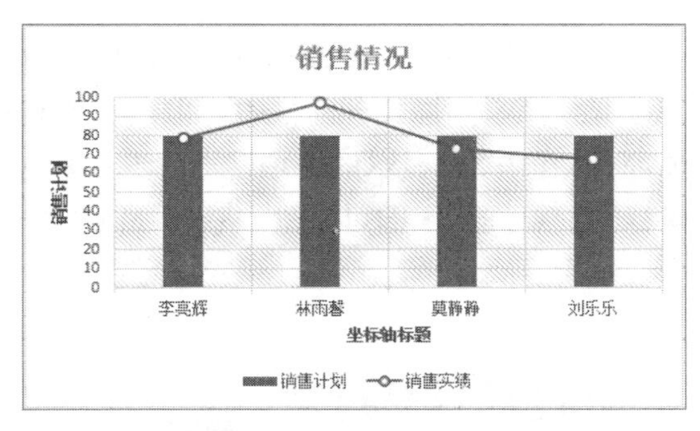

2. 调整日期坐标轴

由于时间是连续的，因此反映在图表的时间轴上也应该是连续的。在创建包含日期的图表时，即便在工作表数据中没有日期，在图表时间轴上也会出现连续日期的刻度，如下图所示。

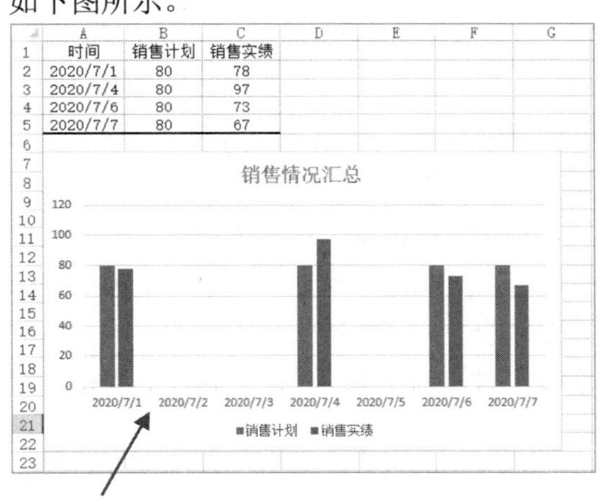

	A	B	C
1	时间	销售计划	销售实绩
2	2020/7/1	80	78
3	2020/7/4	80	97
4	2020/7/6	80	73
5	2020/7/7	80	67

此时，选中并双击水平坐标轴，在打开的【设置坐标轴格式】窗格中将【坐标轴类型】选项区域中的【日期坐标轴】改为【文本坐标轴】，如下图所示。

此时，图表中没有数据的日期将被忽略，图表效果如下图所示。

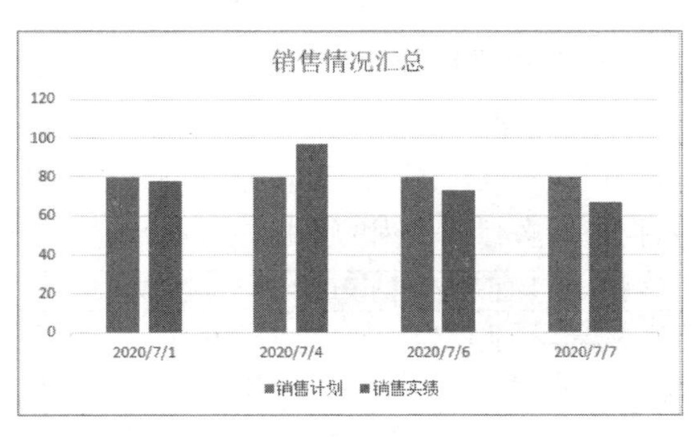

3. 设定坐标轴的交点

默认情况下，图表的水平轴显示在图表的下方，垂直轴显示在绘图区的左侧。用户在 Excel 中可以通过对坐标刻度格式的设置，来改变坐标轴及其交点的位置。

【例 6-4】设置水平和垂直坐标轴的交点。
视频+素材 (素材文件\第 06 章\例 6-4)

step 1 选中图表后，双击垂直坐标轴，在显示的【设置坐标轴格式】窗格中将【坐标轴值】设置为 80，如下图所示。

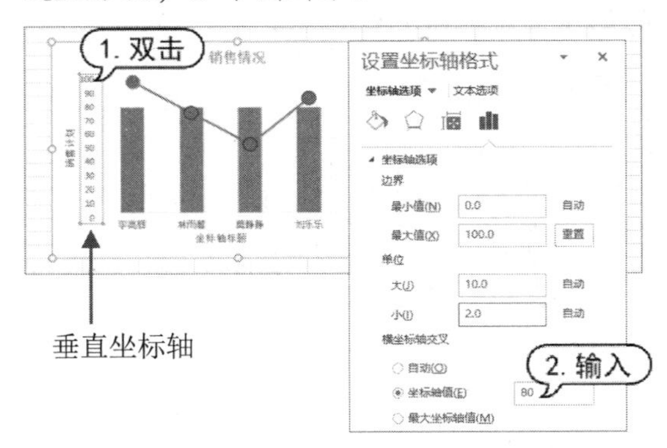

step 2 此时，水平坐标轴与垂直坐标轴的交点位置将发生变化，如下图所示。

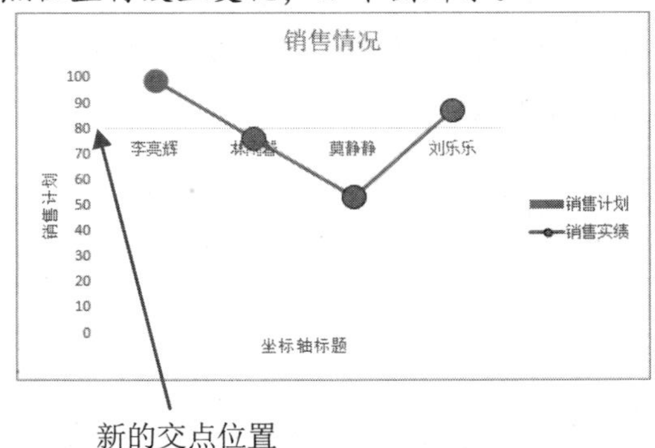

4. 坐标轴标签分组

一般情况下，图表的坐标轴刻度线标签为一行或一列，用户也可以根据工作表中的数据设置多行或多列的坐标轴标签。

【例 6-5】为图表坐标轴设置多列坐标轴标签。
视频+素材 (素材文件\第 06 章\例 6-5)

step 1 打开如下图所示的工作表，该工作表中，水平坐标轴上的“编组”信息是杂乱的。

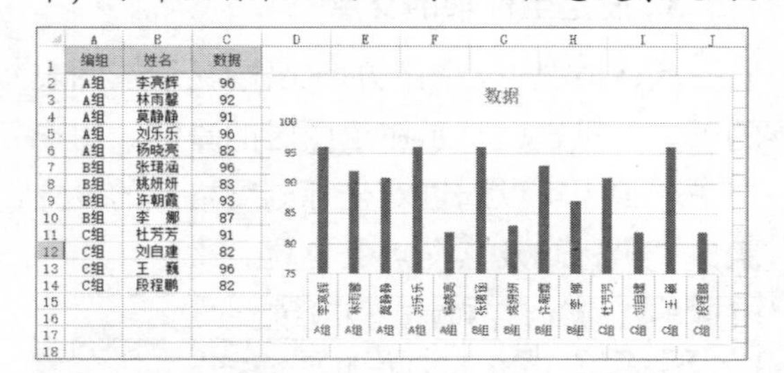

编组	姓名	数据
A组	李亮辉	96
A组	林雨馨	92
A组	莫静静	91
A组	刘乐乐	96
A组	杨晓亮	82
B组	张珺涵	96
B组	姚妍妍	83
B组	许朝霞	93
B组	李 娜	87
C组	杜芳芳	91
C组	刘自建	82
C组	王 巍	96
C组	段程鹏	82

step 2 分别选中 A2:A6、A7:A10、A11:A12 单元格区域，单击【开始】选项卡中的【合并后居中】按钮，将其合并。此时，图表中的编组信息也将分组显示。

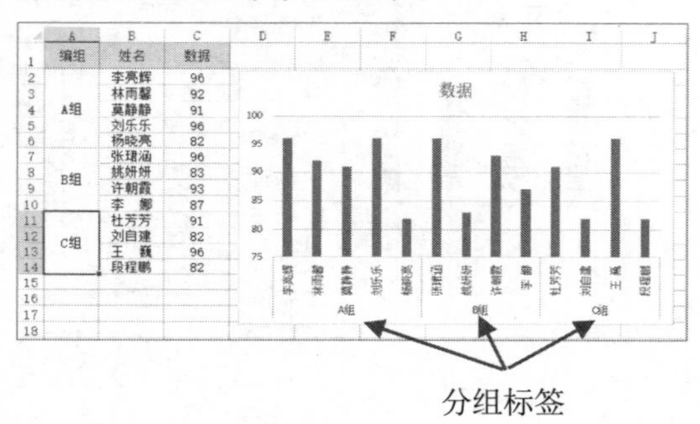

编组	姓名	数据
A组	李亮辉	96
	林雨馨	92
	莫静静	91
	刘乐乐	96
	杨晓亮	82
B组	张珺涵	96
	姚妍妍	83
	许朝霞	93
	李 娜	87
C组	杜芳芳	91
	刘自建	82
	王 巍	96
	段程鹏	82

分组标签

5. 使用次坐标轴

当两个数据系列的数据相差较大时，往往会让我们看不清数值较小的数据系列。

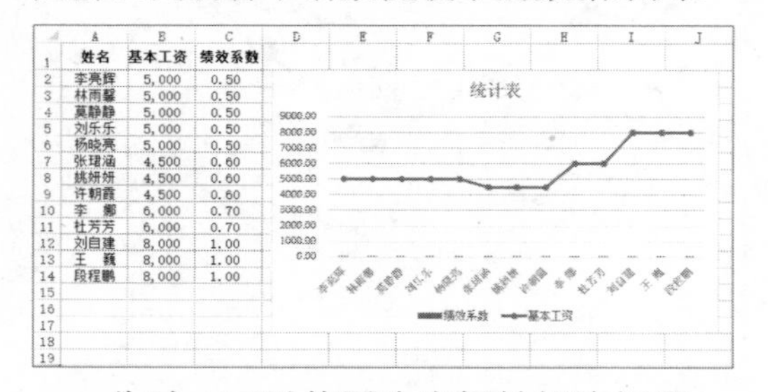

姓名	基本工资	绩效系数
李亮辉	5,000	0.50
林雨馨	5,000	0.50
莫静静	5,000	0.50
刘乐乐	5,000	0.50
杨晓亮	5,000	0.50
张珺涵	4,500	0.60
姚妍妍	4,500	0.60
许朝霞	4,500	0.60
李 娜	6,000	0.70
杜芳芳	6,000	0.70
刘自建	8,000	1.00
王 巍	8,000	1.00
段程鹏	8,000	1.00

此时，可以使用次坐标轴解决问题。

双击上图中的折线数据系列，在显示的【设置数据系列格式】窗格中，单击【系列选项】按钮，在显示的选项区域中选中【次坐标轴】单选按钮即可。

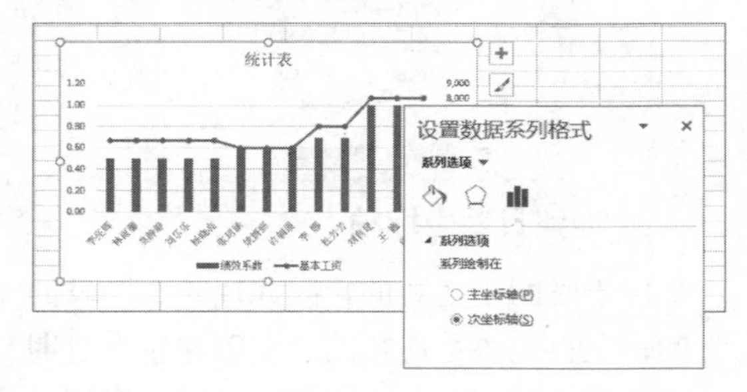

6.4.4 添加图表分析线

在 Excel 中，可以在图表中添加趋势线、折线、涨/跌柱线、误差线等，帮助用户分析数据。

1. 添加趋势线

趋势线可以添加在非堆积型二维面积图、折线图、柱形图、气泡图、条形图等图表的数据系列中，其作用是以图形的方式显示数据的预测趋势并用于预测分析，也被称为回归分析。

选中图表后，单击图表右上角的+按钮，在弹出的菜单中选中【趋势线】复选框，然后单击该复选框后的三角按钮，从弹出的子菜单中选择一种趋势线类型，即可为图表设置趋势线。

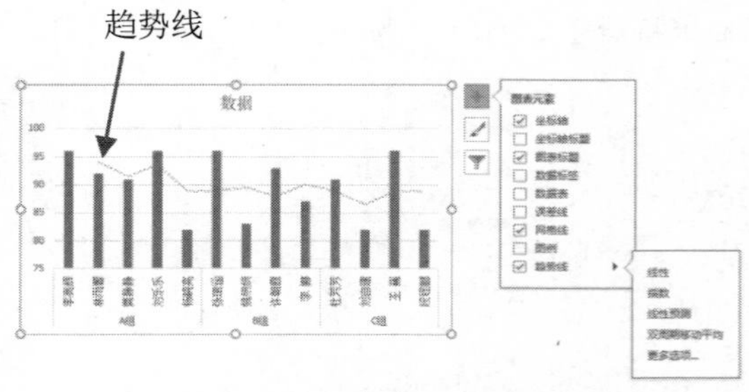

如果图表中存在两种以上的数据系列，在上图所示的子菜单中选择【更多选项】命

令，将打开【添加趋势线】对话框，提示用户选择基于何种数据系列添加趋势线。

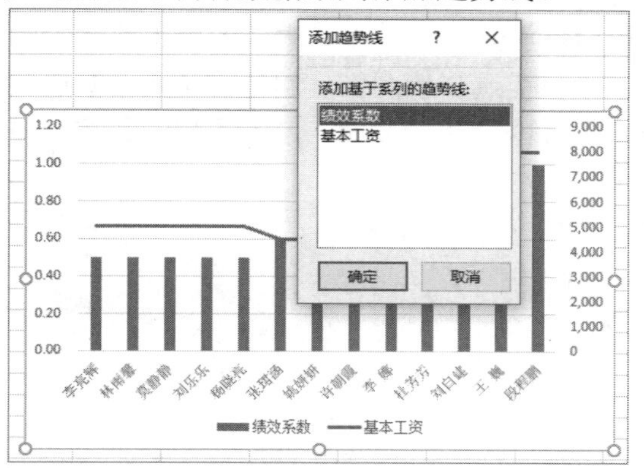

双击图表中的趋势线，在显示的【设置趋势线格式】窗格中，用户可以设置趋势线的类型和格式。Excel 提供了 6 种不同的趋势预测/回归分析类型，包括指数、线性、对数、多项式、乘幂和移动平均。

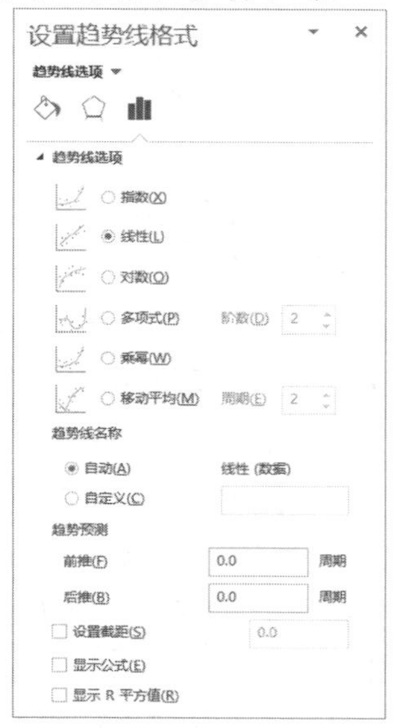

2. 添加涨/跌柱线

涨/跌柱线是连接不同数据系列的对应数据点之间的柱形，可以在包含两个以上数据系列的二维折线图中显示。

选中图表后，单击图表右上方的+按钮，在弹出的菜单中选中【涨/跌柱线】复选框，即可为图表添加涨/跌柱线。

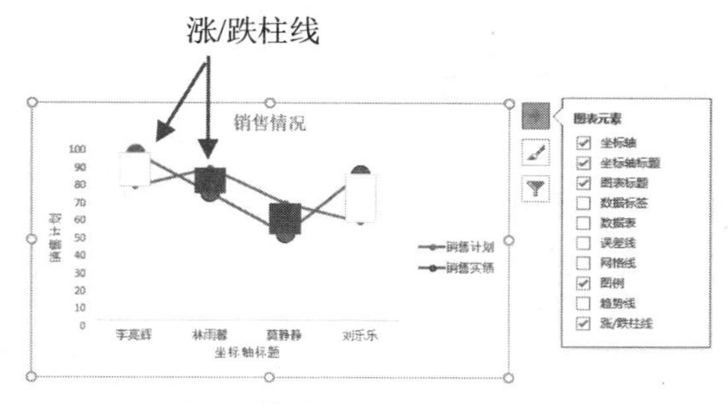

3. 添加误差线

误差线以图形的形式显示与数据系列中每个数据标志相关的误差量。

选中图表后，单击图表右上角的+按钮，在弹出的菜单中选中【误差线】复选框，然后单击该复选框后的三角按钮，从弹出的子菜单中选择一种误差线类型，即可为图表设置误差线。

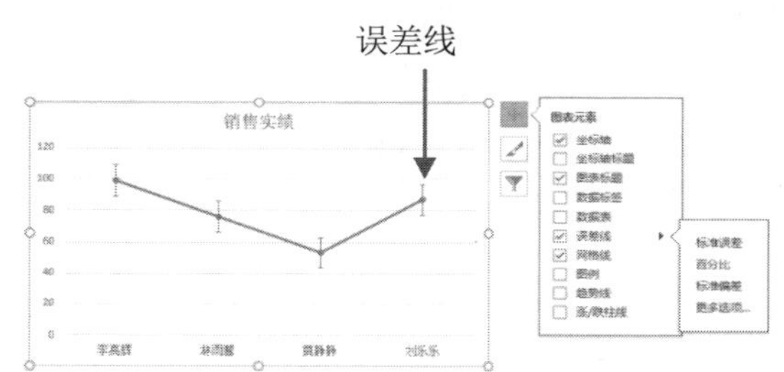

双击图表中的误差线，在显示的【设置误差线格式】窗格中，用户可以设置误差线的类型和误差值。

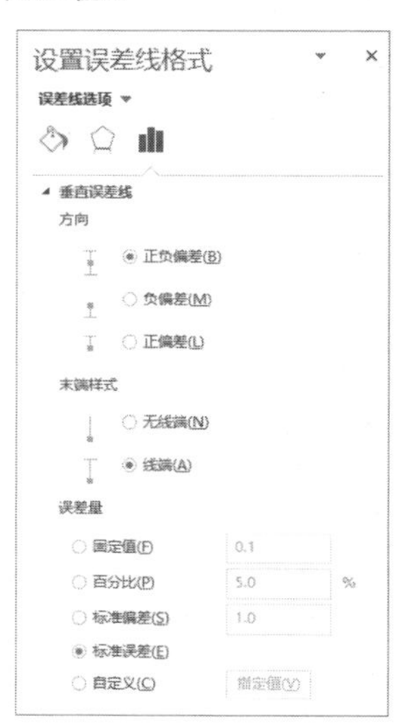

6.5 打印图表

Excel 中的图表可以嵌入工作表中，也可以单独存放到图表工作表中。图表工作表中的图表可以直接进行打印。而要单独打印嵌入式图表，只需选择该图表，然后在【文件】选项卡中选择【打印】选项，在显示的选项区域中设置图表的打印参数后，单击【打印】按钮即可，如下图所示。

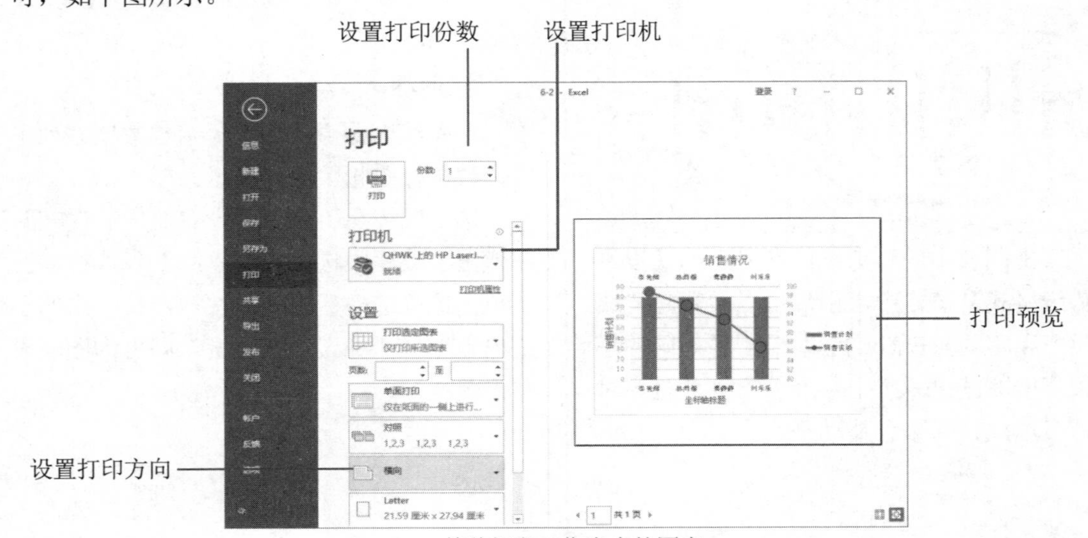

单独打印工作表中的图表

此外，打印图表还有一些小技巧，下面将分别介绍。

1. 将图表作为表格的一部分打印

选中任意单元格后，单击状态栏中的【页面布局】按钮，显示页面布局视图。

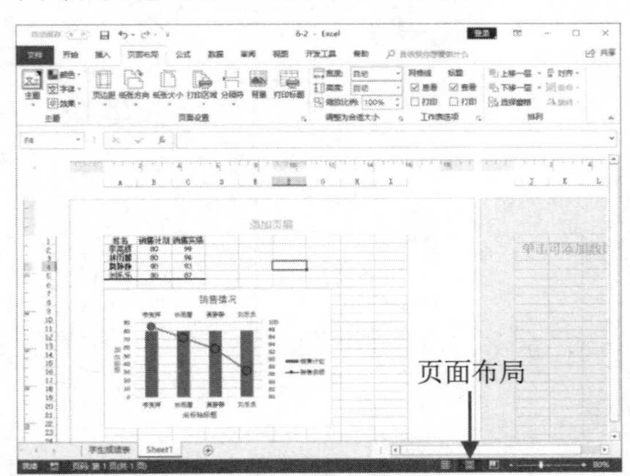

在上图所示的页面布局视图中调整右侧图表在工作表中的位置，然后选择【文件】选项卡，选择【打印】选项，即可在显示的【打印】选项区域中设置打印参数并将图表作为工作表的一部分打印出来。

2. 设置打印工作表时不打印图表

右击工作表中的图表，在弹出的快捷菜单中选择【设置图表区域格式】命令，在显示的【设置图表区格式】窗格中单击【大小与属性】按钮，展开【属性】选项区域，取消其中【打印对象】复选框的选中状态，即可设置在打印工作表时不打印图表。

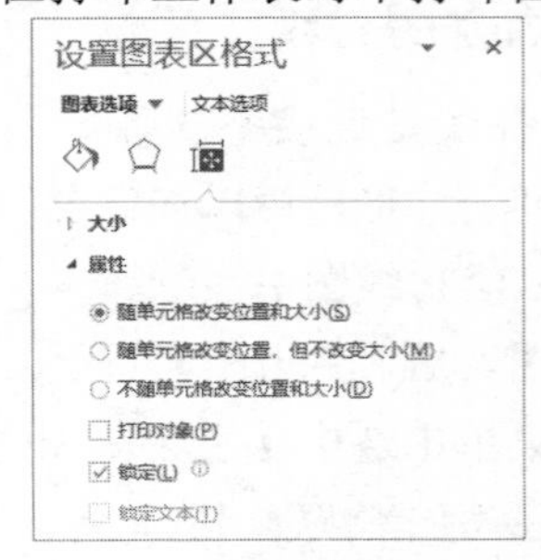

6.6　案例演练

本章的案例演练部分将通过实例介绍在 Excel 中创建图表的一些特殊方法，帮助用户进一步掌握所学的知识，提高工作效率。

【例 6-6】为图表设置三维图表背景。
视频+素材　(素材文件\第 06 章\例 6-6)

step 1　选中下图所示的图表，选择【设计】选项卡，然后单击【更改图表类型】按钮。

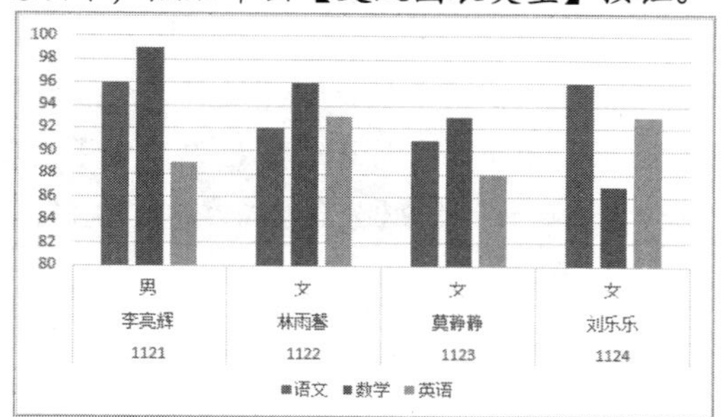

step 2　打开【更改图表类型】对话框，在【柱形图】列表框中选择【三维簇状柱形图】选项，然后单击【确定】按钮。

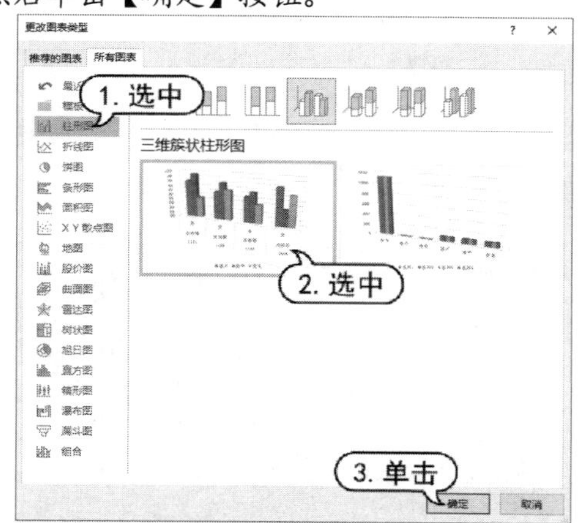

step 3　此时，原来的柱形图将更改为【三维簇状柱形图】类型。

step 4　选择【格式】选项卡，在【当前所选内容】命令组中单击【图表元素】下拉列表按钮，在弹出的下拉列表中选择【背景墙】选项。

step 5　在【当前所选内容】命令组中单击【设置所选内容格式】按钮，打开【设置背景墙格式】窗格，然后在该窗格中展开【填充】选项区域，并选中【渐变填充】单选按钮。

step 6　此时，即可改变工作表中三维簇状柱形图背景墙的颜色。

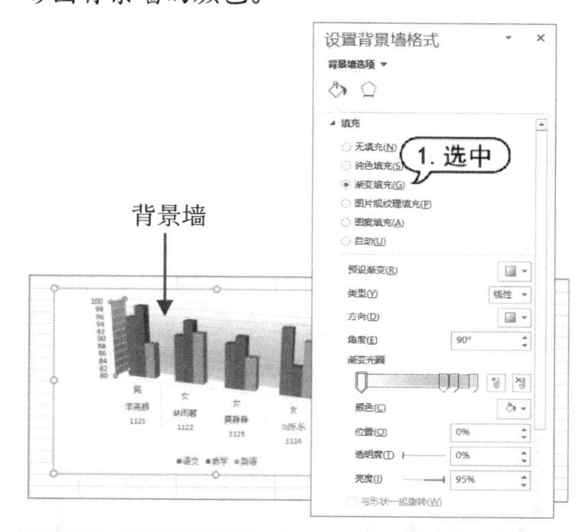

【例 6-7】在图表绘图区中设置三种颜色，分别显示数据系列的差(<50)、中(50～100)和优秀(100～150)这 3 个档次。
视频+素材　(素材文件\第 06 章\例 6-7)

step 1　在工作表中输入数据后，按住 Ctrl 键选中 A2:A6 和 E2:E6 单元格区域。选择【插入】选项卡，在【图表】命令组中单击【推荐的图表】按钮。

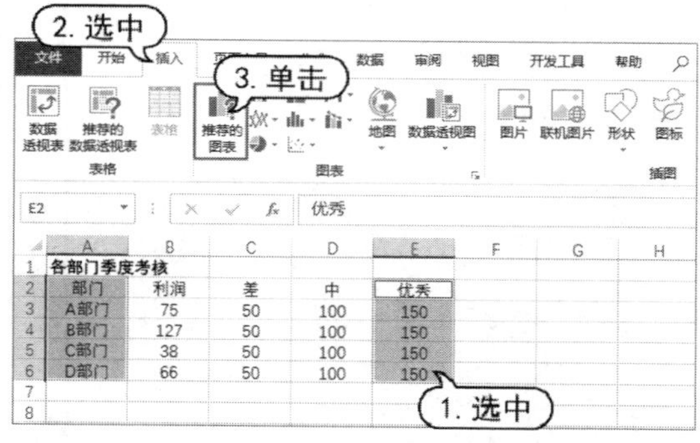

step 2　打开【插入图表】对话框，选中【簇

状柱形图】选项，单击【确定】按钮，在工作表中插入一个柱形图。

step 3 选中并右击图表中的数据系列，在弹出的快捷菜单中选择【设置数据系列格式】命令。

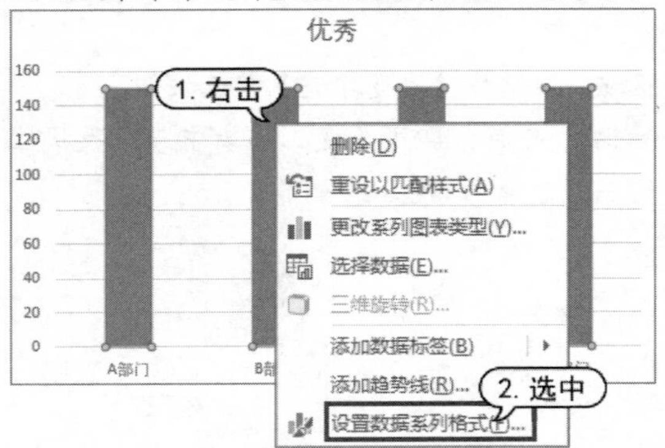

step 4 打开【设置数据系列格式】窗格，单击【系列选项】按钮，在展开的选项区域中调整【系列重叠】和【分类间距】参数。

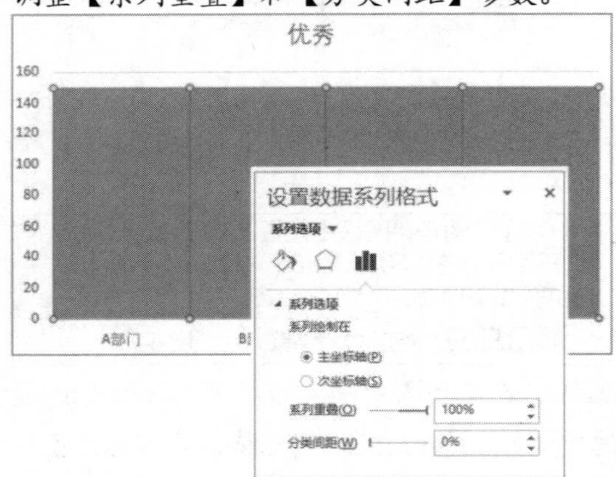

step 5 选中D2:D6单元格区域后，按下Ctrl+C组合键执行“复制”命令。

step 6 选中图表，按下Ctrl+V组合键，执行“粘贴”命令。

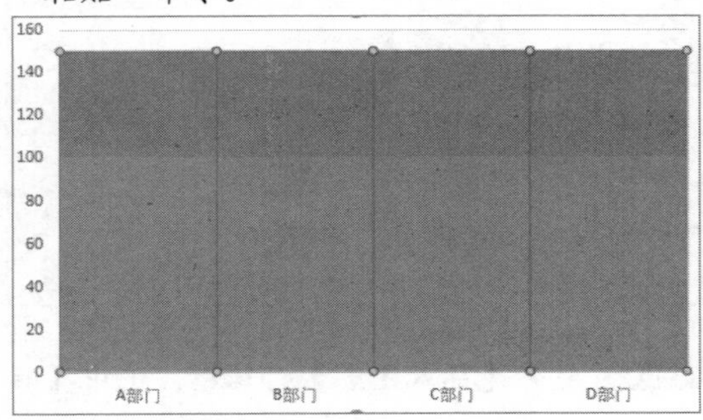

step 7 重复步骤5、6的操作，将C2:C6和B2:B6区域中的数据复制到图表中。

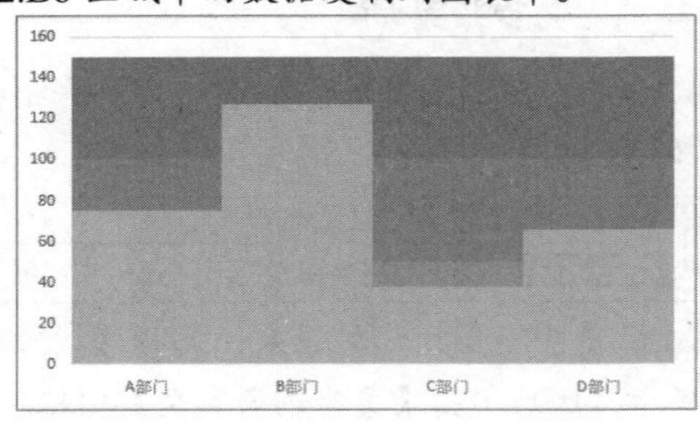

step 8 选中图表中的“利润”数据系列，右击鼠标，在弹出的快捷菜单中选择【设置数据系列格式】命令，在打开的窗格中选中【次坐标轴】单选按钮，设置【分类间距】参数为180%。

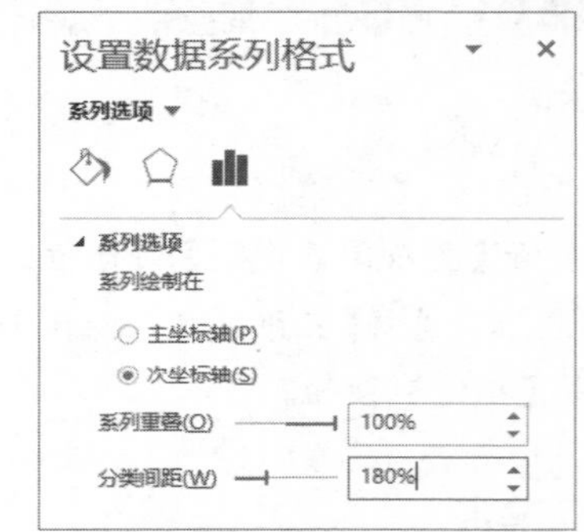

step 9 此时，图表中的重点数据系列效果如下图所示。

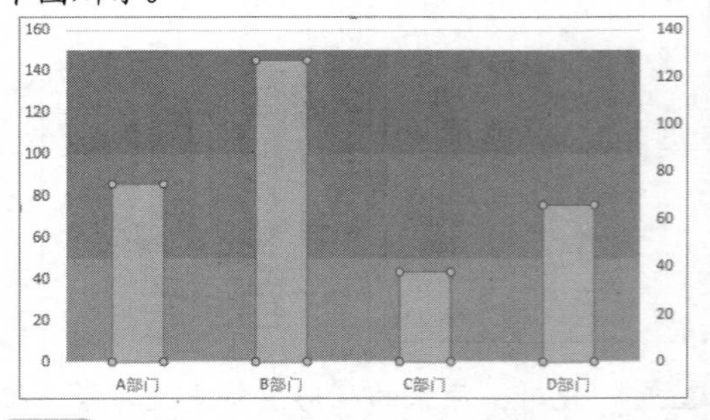

step 10 选中图表右侧的次坐标轴，按下Delete键将其删除，然后选中图表左侧的主坐标轴，在显示的【设置坐标轴格式】窗格中单击【坐标轴选项】按钮，将坐标轴选项的【最大值】设置为150。

step 11 保持图表的选中状态，在【设计】选项卡的【图表布局】命令组中单击【添加图表元素】按钮，在弹出的列表中选择【图例】|

【右侧】选项，为图表添加图例。

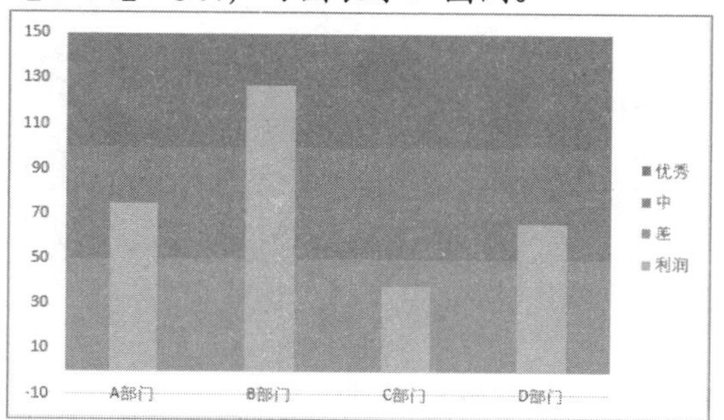

step 12 选中图表中的“利润”数据系列，再次单击【添加图表元素】按钮，在弹出的列表中选择【数据标签】|【数据标签外】选项，为数据系列添加数据标签。

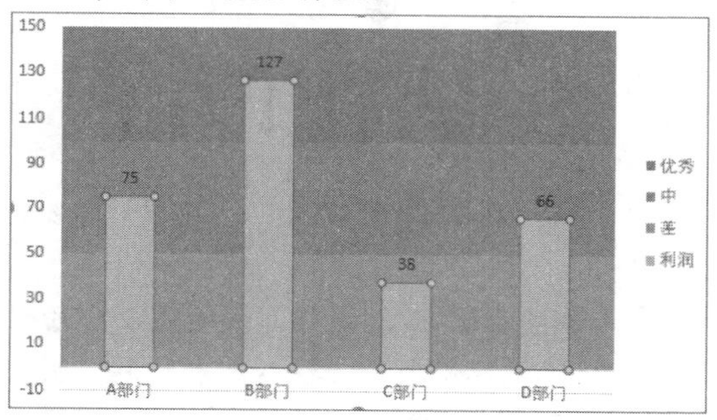

step 13 分别选中图表中的“差”“中”和“优秀”数据系列，在【格式】选项卡的【形状样式】命令组中单击【形状填充】按钮，在弹出的列表中为每个数据系列设置不同的填充颜色，完成后的图表样式如下图所示。

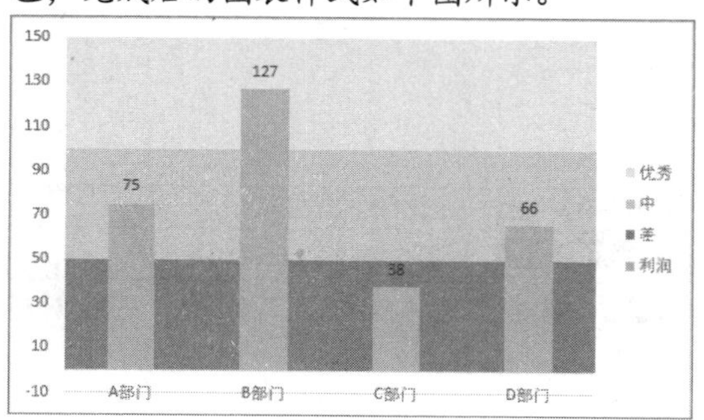

【例 6-8】通过设置误差线格式制作特殊图表效果。

视频+素材　(素材文件\第 06 章\例 6-8)

step 1 在工作表中输入下图所示的原始数据。选中 A1:B5 单元格区域，在【插入】选项卡的【图表】命令组中单击【推荐的图表】按钮。

	A	B
1	地区	销量
2	北京	5600
3	上海	6800
4	广州	7200
5	重庆	5100

step 2 在打开的【插入图表】对话框中选中【XY 散点图】选项，在右侧的列表框中选择一种散点图类型，单击【确定】按钮。

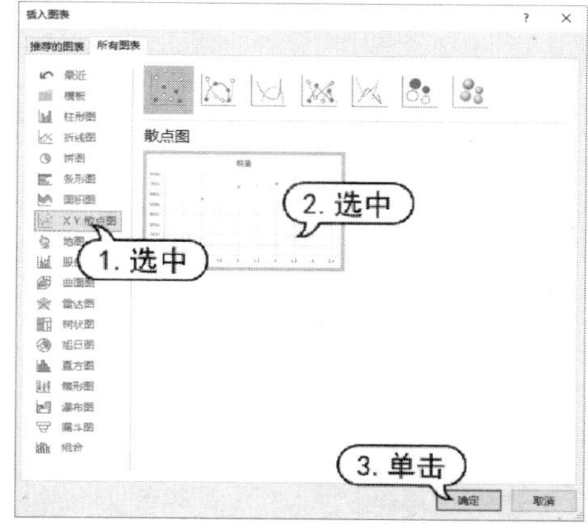

step 3 选中图表，单击其右上角的+按钮，在弹出的列表中选中【误差线】复选框，为图表添加误差线。

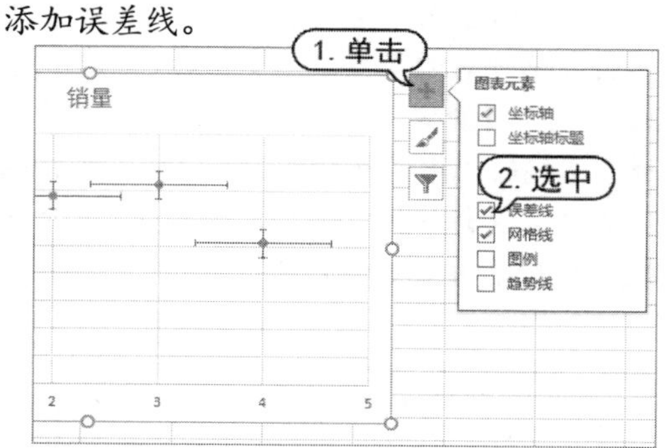

step 4 选中图表中的水平误差线，按下 Delete 键将其删除。

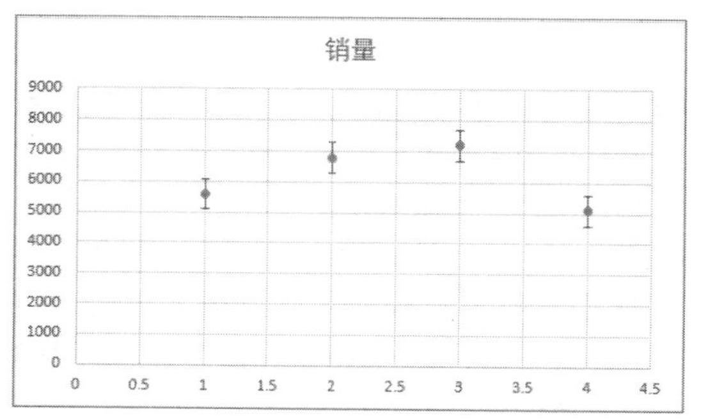

step 5 选中并双击图表中的垂直误差线，在打开的【设置误差线格式】窗格的【误差线选项】设置区域中选中【负偏差】和【无线端】单选按钮。

step 6 在【设置误差线格式】窗格的【误差量】选项区域中选中【自定义】单选按钮，然后单击该选项后的【指定值】按钮。

step 7 打开【自定义错误栏】对话框，将【正错误值】编辑栏中的数据删除，将鼠标指针插入【负错误值】编辑栏中，选中 B2:B5 单元格区域，然后单击【确定】按钮。

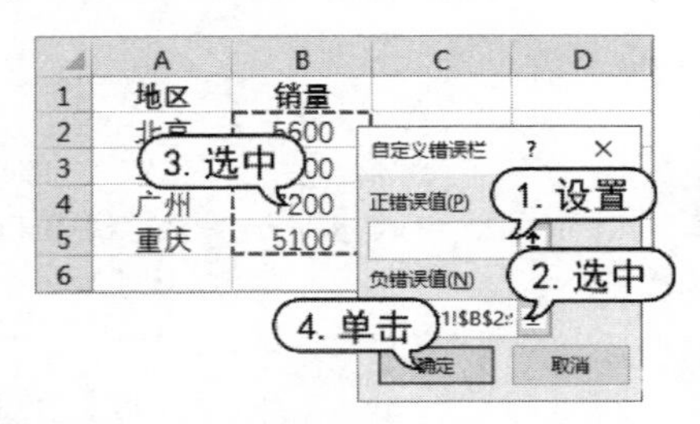

step 8 选择【插入】选项卡，在【插图】命令组中单击【图片】按钮，在工作表中插入黑色和红色两个气球图片。

step 9 选中黑色的气球，按下 Ctrl+C 组合键将其复制，然后单击选中图表中的“销量”数据系列，按下 Ctrl+V 组合键执行“粘贴”命令。

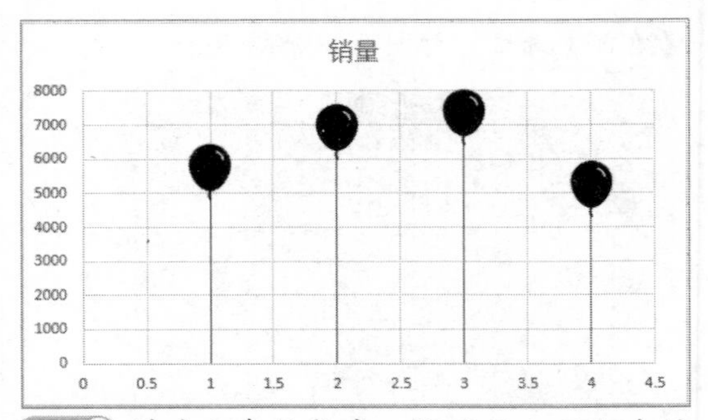

step 10 选中红色的气球，按下 Ctrl+C 组合键将其复制，然后选中“广州”数据系列，按下 Ctrl+V 组合键，执行“粘贴”命令。

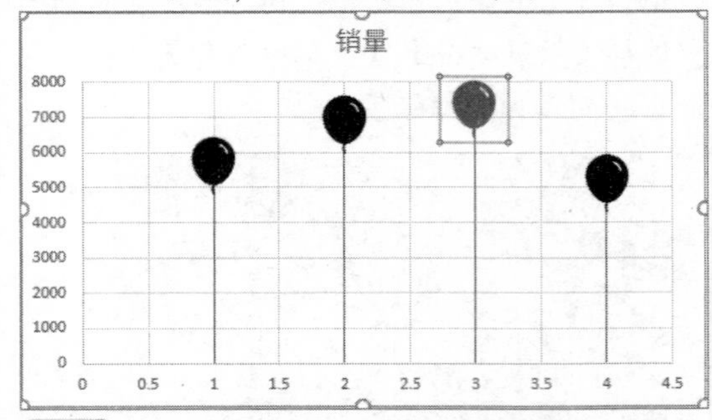

step 11 参考步骤 3 的操作，关闭图表中的网格线，显示数据标签，并输入图表标题，制作出效果如下图所示的图表。

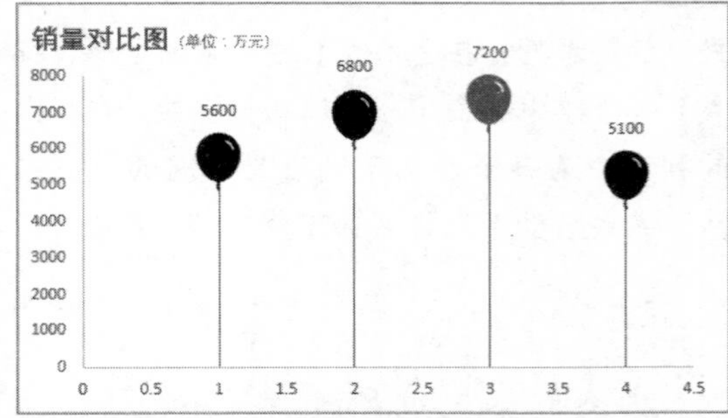

【例 6-9】制作一个注射器式柱状图表。

视频+素材 (素材文件\第 06 章\例 6-9)

step 1 创建“销售统计”工作表，然后创建一个数据对比表。

	A	B	C
1	一季度销售数据		
2	月份	计划销售	实际销售
3	一月	5000	4728
4	二月	5000	2790
5	三月	5000	7682
6			

step 2 选择【插入】选项卡，在【图表】命令组中单击【推荐的图表】按钮，在打开的对

话框中选择【所有图表】选项卡。

step 3 在【所有图表】选项卡中左侧的导航窗格中选择【柱形图】选项，在右侧的列表框中选择【簇状柱形图】类型，然后单击【确定】按钮。

step 4 此时，在工作表中创建如下图所示的图表。

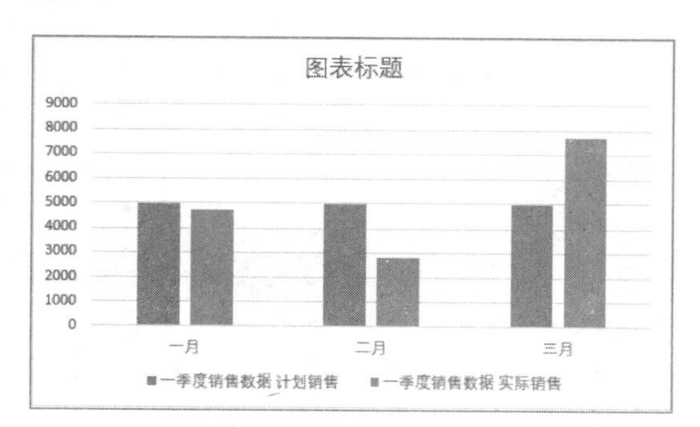

step 5 单击图表中的一月份“计划销售”数据系列，打开【设置数据系列格式】窗格，选择【填充线条】选项，在显示的选项区域中展开【填充】选项，并选中【无填充】单选按钮。

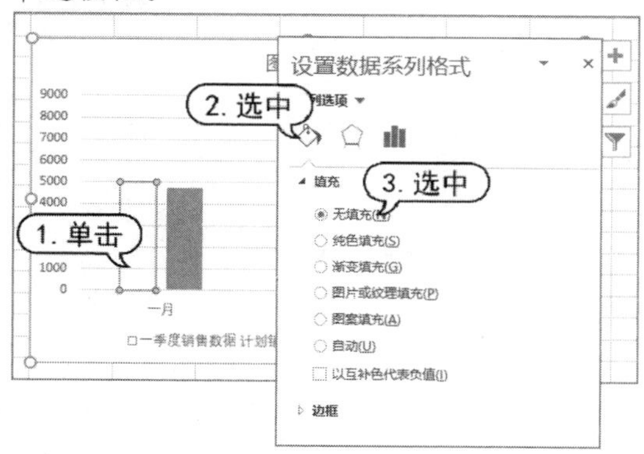

step 6 在【设置数据系列格式】窗格中展开【边框】选项区域，选中【实线】单选按钮，设置实线颜色为【蓝色】。

step 7 选中图表中的一月份、二月份和三月份的“实际销售”数据系列，在【设置数据系列格式】窗格中选择【系列选项】选项，在打开的选项区域中将数据系列设置为【次坐标轴】格式，将【分类间距】设置为300%。

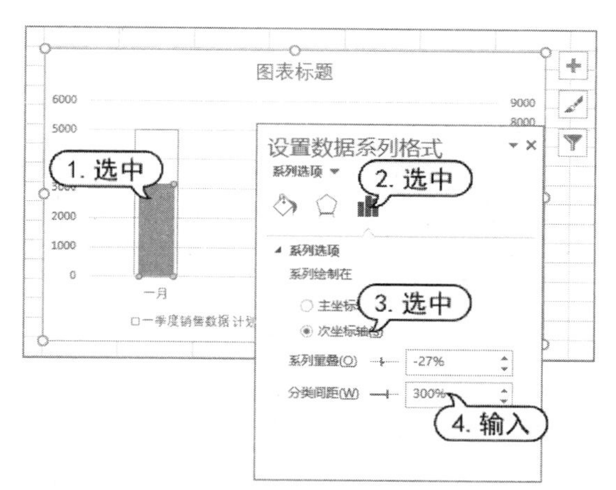

step 8 右击图表右侧的坐标轴数值，在弹出的快捷菜单中选择【设置坐标轴格式】命令。

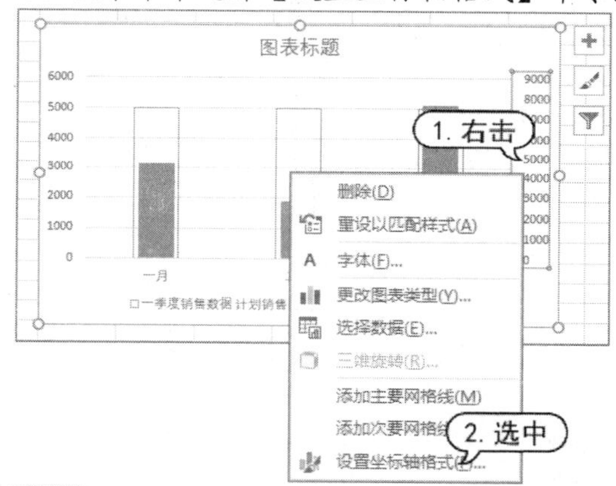

step 9 在打开的【设置坐标轴格式】窗格中将【边界】的最大值设置为10000。

step 10 右击图表左侧的坐标轴数值，然后重复步骤8、9的操作，将【边界】的最大值设置为10000。

step 11 在图表标题栏中输入“一季度销售数据”。选中并右击图表中的【实际销售】数据

系列，在弹出的快捷菜单中选择【添加数据标签】|【添加数据标签】命令。

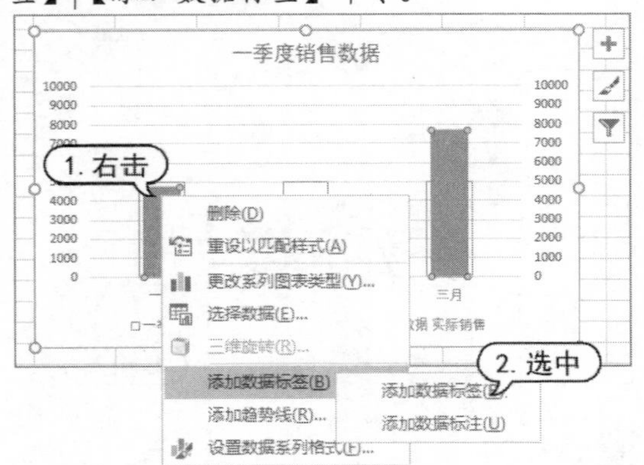

step 12 此时，图表效果将如下图所示。

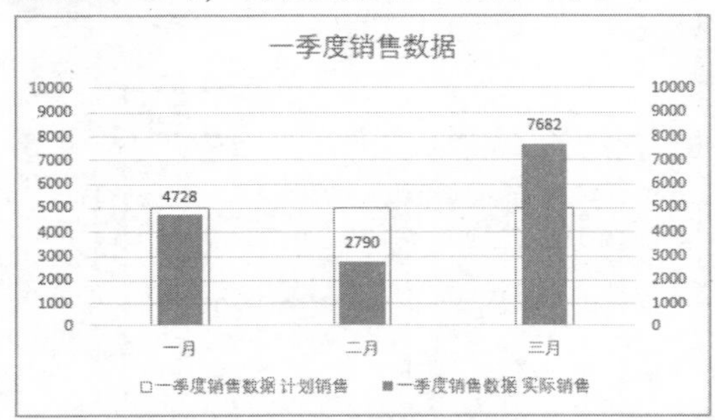

【例 6-10】通过设置图表对象图形样式，制作一个三维饼图。

视频+素材 (素材文件\第 06 章\例 6-10)

step 1 在工作表中输入下图所示的数据后，选中 A2:B6 单元格区域，在【插入】选项卡的【图表】命令组中单击【插入饼图或圆环图】按钮，在弹出的列表中选择【三维饼图】选项。

	A	B
1	某品牌销售额占比	
2	羽绒服	15%
3	大衣	12%
4	保暖T恤	36%
5	休闲裤	27%
6	其他	10%
7		

step 2 右击工作表中插入的三维饼图，在弹出的快捷菜单中选择【添加数据标签】|【添加数据标签】命令，在图表上添加数据标签。

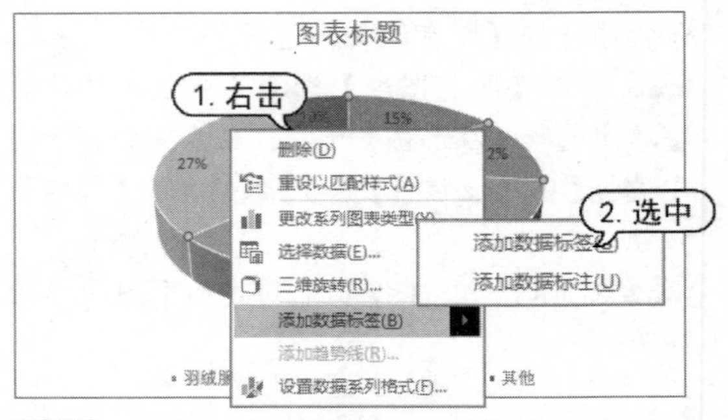

step 3 选中图表中的“休闲裤”数据系列，在【格式】选项卡的【形状样式】命令组中单击【形状填充】按钮，在弹出的列表中选择【绿色】选项。

step 4 使用同样的方法设置图表中其他数据系列的形状填充颜色。

step 5 单击图表中的饼图，选中其中所有的数据系列，在【形状样式】命令组中单击【形状效果】按钮，在弹出的列表中选择【阴影】|【靠下】选项。

step 6 双击选中“休闲裤”数据系列，右击鼠标，在弹出的快捷菜单中选择【设置数据点格式】命令。

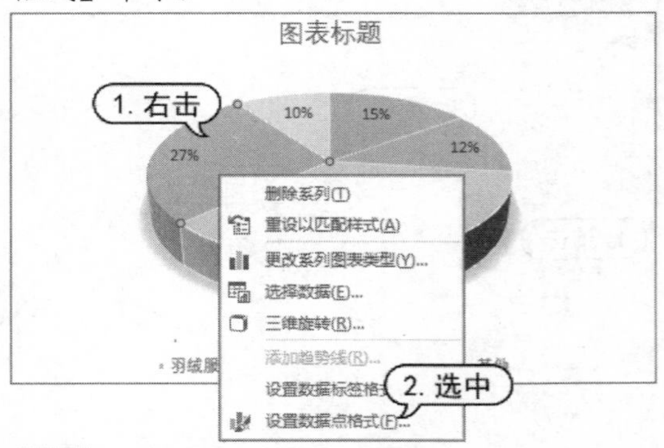

step 7 打开【设置数据点格式】窗格，在【点爆炸型】文本框中输入 16%。

step 8 完成以上操作后，工作表中图表的效果将如下图所示。

某品牌销售额占比

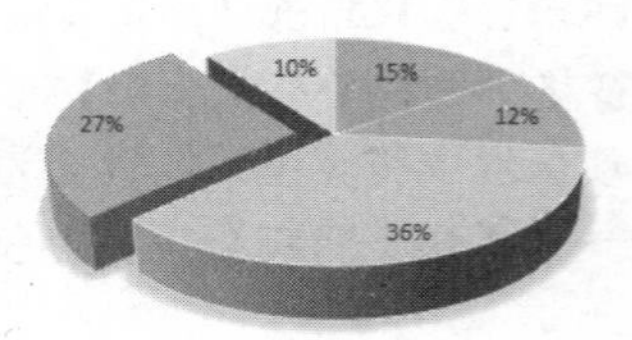

第7章

使用公式和函数

分析和处理 Excel 工作表中的数据时，离不开公式和函数。公式和函数不仅可以帮助用户快速并准确地计算表格中的数据，还可以解决办公中的各种查询与统计问题。本章将对公式与函数的定义、单元格引用、公式的运算符、计算限制等方面的知识进行讲解，为进一步学习和运用公式与函数解决办公问题提供必要的技术支撑。

本章对应视频

例 7-1 使用公式计算学生总成绩
例 7-2 通过相对引用复制公式
例 7-3 通过绝对引用复制公式
例 7-4 通过混合引用复制公式
例 7-5 通过合并区域引用统计排名
例 7-6 通过交叉引用筛选数据
例 7-7 跨表引用其他工作表数据
例 7-8 通过表格与结构化引用汇总数据
例 7-9 使用函数计算平均值
例 7-10 编辑表格中已有的函数
例 7-11 创建工作簿级名称
例 7-12 通过定义名称统计月降雨情况
例 7-13 通过定义名称分析产品质量
例 7-14 使用函数考评与筛选数据
例 7-15 制作三角函数查询表
本章其他视频可参见视频二维码列表

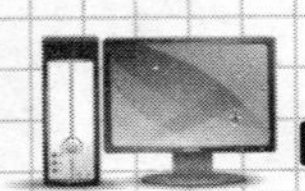

7.1 使用公式

公式是以=号为引导，通过运算符按照一定顺序组合进行数据运算和处理的等式，而函数则是按特定算法执行计算的产生一个或一组结构的预定义的特殊公式。

公式的组成元素为等号“=”、运算符和常量、单元格引用、函数、名称等，如下表所示。

公式的组成元素

公　式	说　明
=18*2+17*3	包含常量运算的公式
=A2*5+A3*3	包含单元格引用的公式
=销售额*奖金系数	包含名称的公式
=SUM(B1*5,C1*3)	包含函数的公式

由于公式的作用是计算结果，因此在 Excel 中，公式必须要返回一个值。

7.1.1 输入公式

在 Excel 中，当以=号作为开始在单元格中输入时，软件将自动切换成输入公式状态，以+、-号作为开始输入时，软件会自动在其前面加上等号并切换成输入公式状态。

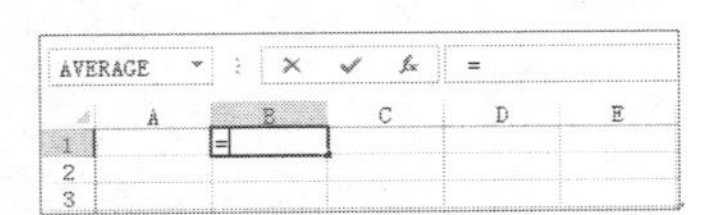

在 Excel 的公式输入状态下，使用鼠标选中其他单元格区域时，被选中区域将作为引用自动输入到公式中。

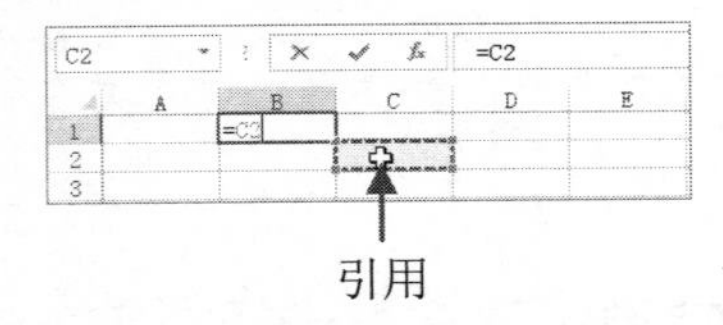

引用

7.1.2 编辑公式

按下 Enter 键或者 Ctrl+Shift+Enter 组合键，可以结束普通公式和数组公式的输入或编辑状态。如果用户需要对单元格中的公式进行修改，可以使用以下 3 种方法：

- 选中公式所在的单元格，然后按下 F2 键。
- 双击公式所在的单元格。
- 选中公式所在的单元格，单击窗口中的编辑栏。

7.1.3 删除公式

选中公式所在的单元格，按下 Delete 键可以清除单元格中的全部内容，或者进入单元格编辑状态后，将光标放置在某个位置并按下 Delete 键或 Backspace 键，删除光标后面或前面的公式部分内容。当用户需要删除多个单元格数组公式时，必须选中其所在的全部单元格再按下 Delete 键。

7.1.4 复制与填充公式

如果用户要在表格中使用相同的计算方法，可以通过【复制】和【粘贴】功能实现操作。此外，还可以根据表格的具体制作要求，使用不同方法在单元格区域中填充公式，以提高工作效率。

【例 7-1】在 Excel 2016 中使用公式在数据表的 I 列中计算学生总成绩。

视频+素材 (素材文件\第 07 章\例 7-1)

step 1 打开下图所示的工作表后，在 I4 单元格中输入以下公式，并按下 Enter 键：

```
=H4+G4+F4+E4+D4
```

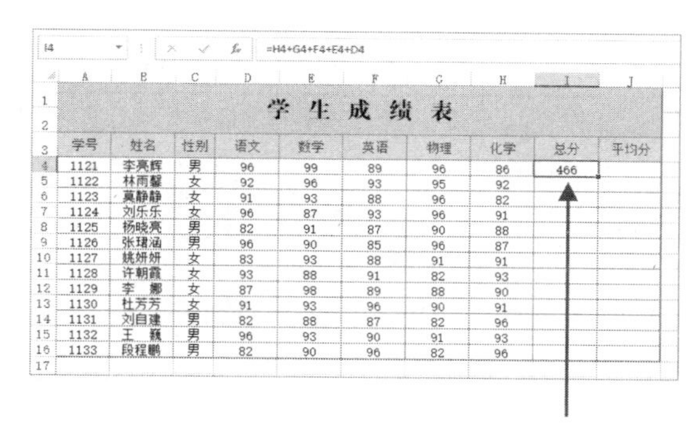

学号	姓名	性别	语文	数学	英语	物理	化学	总分	平均分
1121	李亮辉	男	96	99	89	96	86	466	
1122	林雨馨	女	92	96	93	95	92		
1123	莫静静	女	91	93	88	96	82		
1124	刘乐乐	女	96	87	93	96	91		
1125	杨晓亮	男	82	91	87	90	88		
1126	张珺涵	男	96	90	85	96	87		
1127	姚妍妍	女	83	93	88	91	91		
1128	许朝霞	女	93	88	91	82	93		
1129	李　娜	女	87	98	89	88	90		
1130	杜芳芳	女	91	93	96	90	91		
1131	刘自建	男	82	88	87	82	96		
1132	王　巍	男	96	93	90	91	93		
1133	段程鹏	男	82	90	96	82	96		

step 2 采用以下几种方法，可以将 I4 单元格中的公式应用到计算方法相同的 I5：I16 单元格区域。

▶ 拖动 I4 单元格右下角的填充柄：将鼠标指针置于单元格右下角，当鼠标指针变为黑色十字形时，按住鼠标左键向下拖动至 I16 单元格。

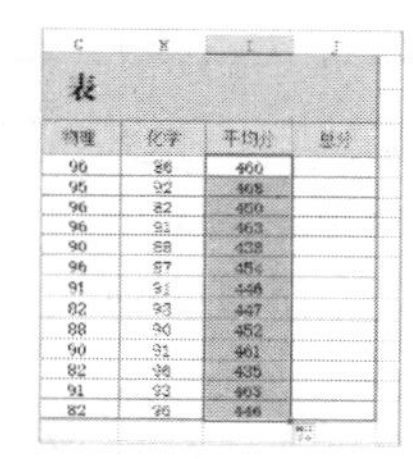

▶ 双击 I4 单元格右下角的填充柄：选中 I4 单元格后，双击该单元格右下角的填充柄，公式将向下填充到其相邻列的第一个空白单元格的上一行，即 I16 单元格。

▶ 使用快捷键：选择 I4：I16 单元格区域，按下 Ctrl+D 键，或者选择【开始】选项卡，在【编辑】命令组中单击【填充】下拉按钮，在弹出的下拉列表中选择【向下】命令(当需要将公式向右复制时，可以按下 Ctrl+R 键)。

▶ 使用选择性粘贴：选中 I4 单元格，在【开始】选项卡的【剪贴板】命令组中单击【复制】按钮，或者按下 Ctrl+C 键，然后选择 I5：I16 单元格区域，在【剪贴板】命令组中单击【粘贴】拆分按钮，在弹出的菜单中选择【公式】命令。

▶ 多单元格同时输入：选中 I4 单元格，按住 Shift 键，单击所需复制单元格区域的另一个对角单元格 I16，然后单击编辑栏中的公式，按下 Ctrl+Enter 键，则 I4：I16 单元格区域中将输入相同的公式。

7.2　认识公式运算符

运算符用于对公式中的元素进行特定的运算，或者用来连接需要运算的数据对象，并说明进行了哪种公式运算。Excel 中包含算术运算符、比较运算符、文本运算符和引用运算符 4 种类型的运算符，其说明如下表所示。

公式中的运算符及其说明

符　号	说　明
-	负号，算术运算符。例如，=10*-5=-50
%	百分号，算术运算符。例如，=50*8%=4
^	乘幂，算术运算符。例如，5^2=25
*和/	乘和除，算术运算符。例如，6*3/9=2
+和-	加和减，算术运算符。例如，=5+7-12=0

(续表)

符　　号	说　　明
=,<>,>,<,>=,<=	等于、不等于、大于、小于、大于等于和小于等于，比较运算符。例如： =(B1=B2) 判断 B1 与 B2 相等 =(A1<> "K01") 判断 A1 不等于 K01 =(A1>=1) 判断 A1 大于等于 1
&	连接文本，文本运算符。例如 ="Excel"&"案例教程" 返回"Excel 案例教程"
：	冒号，区域运算符。例如 =SUM(A1:E6) 引用冒号两边所引用的单元格为左上角和右下角之间的单元格组成的矩形区域
(单个空格)	单个空格，交叉运算符。例如 =SUM(A1:E6 C3:F9) 引用 A1:E6 与 B3:B6 的交叉区域 C3:E6
，	逗号，联合运算符。例如 =RANK(A1,(A1:A5,B1:B5)) 第二参数引用 A1:A5 和 B1:B5 两个不连续的区域

在上表中，算术运算符主要包含加、减、乘、除、百分比以及乘幂等各种常规的算术运算；比较运算符主要用于比较数据的大小，包括对文本或数值的比较；文本运算符主要用于将文本字符或字符串进行连接与合并；引用运算符是 Excel 特有的运算符，主要用于在工作表中产生单元格引用。

1. 数据的比较原则

在 Excel 中，数据可以分为文本、数值、逻辑值、错误值等几种类型。其中，文本用一对半角双引号" "所包含的内容来表示，例如"Date"是由 4 个字符组成的文本。日期与时间是数值的特殊表现形式，数值 1 表示 1 天。逻辑值只有 TRUE 和 FALSE 两个，错误值主要有#VALUE!、#DIV/0!、#NAME?、#N/A、#REF!、#NUM!、#NULL!等几种组成形式。

除了错误值外，文本、数值与逻辑值比较时按照以下顺序排列：

…、-2、-1、0、1、2、…、A~Z、FALSE、TRUE

即数值小于文本，文本小于逻辑值，错误值不参与排序。

2. 运算符的优先级

如果公式中同时用到多个运算符，Excel 将会依照运算符的优先级来依次完成运算。如果公式中包含相同优先级的运算符，例如，公式中同时包含乘法和除法运算符，则 Excel 将从左到右进行计算。如下表所示的是 Excel 中的运算符优先级。其中，运算符优先级从上到下依次降低。

运算符	含　义
:(冒号)、(单个空格)和,(逗号)	引用运算符
–	负号
%	百分比
^	乘幂
* 和 /	乘和除
+ 和 –	加和减

(续表)

运算符	含　义
&	连接两个文本字符串
=、<、>、<=、>=、< >	比较运算符

如果要更改求值的顺序，可以将公式中需要先计算的部分用括号括起来。例如，公式=8+2*4 的值是 16，因为 Excel 2016 按先乘除后加减的顺序进行运算，即先将 2 与 4 相乘，然后再加上 8，得到结果 16。若在该公式上添加括号，即公式=(8+2)*4，则 Excel 2016 先用 8 加上 2，再用结果乘以 4，得到结果 40。

7.3　理解公式的常量

在 Excel 公式中，可以输入包含数值的单元格引用或数值本身，其中数值或单元格引用称为常量。

1. 常量参数

公式中可以使用常量进行运算。常量指的是在运算过程中自身不会改变的值，但是公式以及公式产生的结果都不是常量。

- 数值常量，如

```
=(3+9)* 制作三角函数查询表 5/2
```

- 日期常量，如

```
DATEDIF("2016-10-10",NOW(),"m")
```

- 文本常量，如

```
"I Love"&"You"
```

- 逻辑值常量，如

```
=VLOOKIP("王小燕",A:B,2,FALSE)
```

- 错误值常量，如

```
=COUNTIF(A:A,#DIV/0!)
```

数值与逻辑值转换

在公式运算中逻辑值与数值的关系如下。

- 在四则运算及乘幂、开方运算中，TRUE=1，FALSE=0。
- 在逻辑判断中，0=FALSE，所有非 0 数值=TRUE。
- 在比较运算中，数值<文本<FALSE<TRUE。

文本型数字与数值转换

文本型数字可以作为数值直接参与四则运算，但当此类数据以数组或者单元格引用的形式作为某些统计函数(如 SUM、AVERAGE 和 COUNT 函数等)的参数时，将被视为文本来运算。例如，在 A1 单元格输入数值 1，在 A2 单元格输入前置单引号的数字'2，则对数值 1 和文本型数字 2 的运算如下所示。

- =A1+A2：文本 2 参与四则运算被转换为数值，返回 3。
- =SUM(A1：A2)：文本 2 在单元格中视为文本，未被 SUM 函数统计，返回 1。
- =SUM(1, "2")：文本 2 直接作为参数视为数值，返回 3。
- =COUNT(1, "2")：文本 2 直接作为参数视为数值，返回 2。
- =COUNT({1, "2"})：文本 2 在常量数组中视为文本，可被 COUNTA 函数统计，但不被 COUNT 函数统计，返回 1。
- =COUNTA({1, "2"})：文本 2 在常量数组中视为文本，可被 COUNTA 函数统计，返回 2。

2. 常用常量

以公式 1 和公式 2 为例介绍公式中的常用常量，这两个公式分别可以返回表格中 A 列单元格区域中最后一个数值型和文本型的数据。

公式 1：

```
=LOOKUP(9E+307,A:A)
```

公式 2：

```
=LOOKUP("龠",A:A)
```

最后一个文本型数据

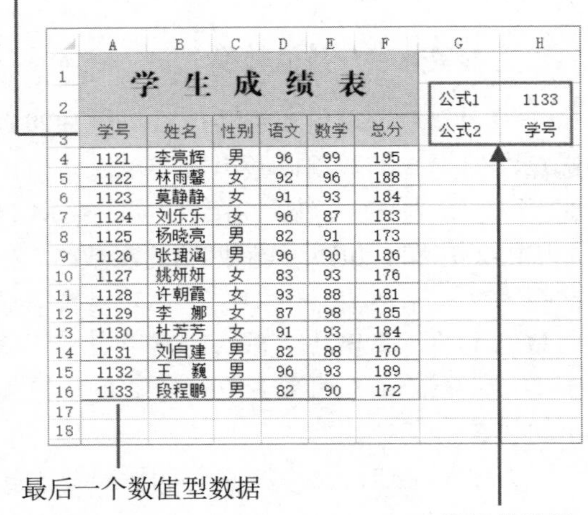

学生成绩表					
学号	姓名	性别	语文	数学	总分
1121	李亮辉	男	96	99	195
1122	林雨馨	女	92	96	188
1123	莫静静	女	91	93	184
1124	刘乐乐	女	96	87	183
1125	杨晓亮	男	82	91	173
1126	张珺涵	男	96	90	186
1127	姚妍妍	女	83	93	176
1128	许朝霞	女	93	88	181
1129	李　娜	女	87	98	185
1130	杜芳芳	女	91	93	184
1131	刘自建	男	82	88	170
1132	王　巍	男	96	93	189
1133	段程鹏	男	82	90	172

公式1	1133
公式2	学号

最后一个数值型数据

返回的结果

在公式 1 中，9E+307 是数值 9 乘以 10 的 307 次方的科学计数法表示形式，也可以写作 9E307。根据 Excel 计算规范限制，在单元格中允许输入的最大值为 9.99999999999999E+307，因此采用较为接近限制值且一般不会用到的一个大数 9E+307 来简化公式输入，用于在 A 列中查找最后一个数值。

在公式 2 中，使用“龠”(yuè)字的原理与 9E+307 相似，是接近字符集中最大全角字符的单字。此外，也常用“座”或者 REPT("座",255)来产生一串“很大”的文本，以查找 A 列中的最后一个数值型数据。

3. 数组常量

在 Excel 中数组是由一个或者多个元素按照行列排列方式组成的集合，这些元素可以是文本、数值、日期、逻辑值或错误值等。数组常量的所有组成元素为常量数据，其中文本必须使用半角双引号将首尾标识出来。具体表示方法为：用一对大括号{}将构成数组的常量包括起来，并以半角分号“;”间隔行元素、以半角逗号“,”间隔列元素。

数组常量根据尺寸和方向不同，可以分为一维数组和二维数组。只有 1 个元素的数组称为单元素数组，只有 1 行的一维数组又可称为水平数组，只有 1 列的一维数组又可以称为垂直数组，具有多行多列(包含两行两列)的数组称为二维数组，例如：

- 单元素数组：{1}，可以使用=ROW(A1)或者=COLUMN(A1)返回。
- 一维水平数组：{1,2,3,4,5}，可以使用=COLUMN(A:E)返回。
- 一维垂直数组：{1;2;3;4;5}，可以使用=ROW(1:5)返回。
- 二维数组：{0, "不及格";60, "及格";70,"中";80, "良";90, "优"}。

7.4 单元格的引用

Excel 工作簿可以由多个工作表组成，单元格是工作表中最小的组成元素，以窗口左上角第一个单元格为原点，向下向右分别为行、列坐标的正方向，由此构成单元格在工作表上所处位置的坐标集合。在公式中使用坐标方式表示单元格在工作表中的“地址”，实现对存储于单元格中的数据调用，这种方法称为单元格的引用。

7.4.1 相对引用

相对引用通过当前单元格与目标单元格的相对位置来定位引用单元格。

相对引用包含了当前单元格与公式所在单元格的相对位置。默认设置下，Excel 使用的都是相对引用，当改变公式所在单元格的位置时，引用也会随之改变。

【例 7-2】通过相对引用将工作表 I4 单元格中的公式复制到 I5:I16 单元格区域中。

视频+素材 (素材文件\第 07 章\例 7-2)

step 1 打开工作表后，在 I4 单元格中输入以下公式：

```
=H4+G4+F4+E4+D4
```

SUM =H4+G4+F4+E4+D4

学 生 成 绩 表

学号	姓名	性别	语文	数学	英语	物理	化学	总分
1121	李亮辉	男	96	99	89	96		=H4+G4+F4+E4+D4
1122	林雨馨	女	92	96	93	[illegible]	92	
1123	莫静静	女	91	93	88	[illegible]	[illegible]	
1124	刘乐乐	女	96	87	93	[illegible]	[illegible]	
1125	杨晓亮	男	82	91	87	90	88	
1126	张珺涵	男	96	90	85	96	87	
1127	姚妍妍	女	83	93	88	91	91	
1128	许朝霞	女	93	88	91	82	93	
1129	李　娜	女	87	98	89	88	90	
1130	杜芳芳	女	91	93	96	90	91	
1131	刘自建	男	82	88	87	82	96	
1132	王　巍	男	96	93	90	91	93	
1133	段程鹏	男	82	90	96	82	96	

1. 输入

step 2 将鼠标光标移至单元格 I4 右下角的控制点■，当鼠标指针呈十字状态后，按住左键并拖动选定 I5：I16 单元格区域。

step 3 释放鼠标，即可将 I4 单元格中的公式复制到 I5：I16 单元格区域中。

表

物理	化学	总分
96	86	466
95	92	
96	82	
96	91	
90	88	
96	87	
91	91	
82	93	
88	90	
90	91	
82	96	
91	93	
82	96	

表

物理	化学	总分
96	86	466
95	92	468
96	82	450
96	91	463
90	88	438
96	87	454
91	91	446
82	93	447
88	90	452
90	91	461
82	96	435
91	93	463
82	96	446

7.4.2 绝对引用

绝对引用就是公式中单元格的精确地址，与包含公式的单元格的位置无关。绝对引用与相对引用的区别在于：复制公式时使用绝对引用，则单元格引用不会发生变化。绝对引用的操作方法是，在列标和行号前分别加上美元符号$。例如，$B$2 表示单元格 B2 的绝对引用，而$B$2:$E$5 表示单元格区域 B2:E5 的绝对引用。

【例 7-3】通过绝对引用将工作表 I4 单元格中的公式复制到 I5:I16 单元格区域中。

视频+素材 (素材文件\第 07 章\例 7-3)

step 1 打开工作表后，在 I4 单元格中输入以下公式：

```
=$H$4+$G$4+$F$4+$E$4+$D$4
```

学 生 成 绩 表

学号	姓名	性别	语文	数学	英语	物理	化学	总分
1121	李亮辉	男	96	99	89	96	=$H$4+$G$4+$F$4+$E$4+$D$4	
1122	林雨馨	女	92	96	[illegible]	[illegible]	92	
1123	莫静静	女	91	93	[illegible]	[illegible]	82	
1124	刘乐乐	女	96	87	[illegible]	[illegible]	91	
1125	杨晓亮	男	82	91	87	90	88	
1126	张珺涵	男	96	90	85	96	87	
1127	姚妍妍	女	83	93	88	91	91	
1128	许朝霞	女	93	88	91	82	93	
1129	李　娜	女	87	98	89	88	90	
1130	杜芳芳	女	91	93	96	90	91	
1131	刘自建	男	82	88	87	82	96	
1132	王　巍	男	96	93	90	91	93	
1133	段程鹏	男	82	90	96	82	96	

1. 输入

step 2 将鼠标光标移至单元格 I4 右下角的控制点■，当鼠标指针呈十字状态后，按住左键并拖动选定 I5：I16 单元格区域。释放鼠标，将会发现在 I5：I16 单元格区域中显示的引用结果与 I4 单元格中的结果相同。

I8 =$H$4+$G$4+$F$4+$E$4+$D$4

学 生 成 绩 表

学号	姓名	性别	语文	数学	英语	物理	化学	总分
1121	李亮辉	男	96	99	89	96	86	466
1122	林雨馨	女	92	96	93	95	92	466
1123	莫静静	女	91	93	88	96	82	466
1124	刘乐乐	女	96	87	93	96	91	466
1125	杨晓亮	男	82	91	87	90	88	466
1126	张珺涵	男	96	90	85	96	87	466
1127	姚妍妍	女	83	93	88	91	91	466
1128	许朝霞	女	93	88	91	82	93	466
1129	李　娜	女	87	98	89	88	90	466
1130	杜芳芳	女	91	93	96	90	91	466
1131	刘自建	男	82	88	87	82	96	466
1132	王　巍	男	96	93	90	91	93	466
1133	段程鹏	男	82	90	96	82	96	466

引用的结果相同

7.4.3 混合引用

混合引用指的是在一个单元格引用中，既有绝对引用，同时也包含相对引用，即混合引用具有绝对列和相对行，或具有绝对行和相对列。绝对引用列采用 $A1、$B1 的形式，绝对引用行采用 A$1、B$1 的形式。如果公式所在单元格的位置改变，则相对引用改变，而绝对引用不变。如果多行或多列地复制公式，相对引用自动调整，而绝对引用不做调整。

【例 7-4】将工作表中 I4 单元格中的公式混合引用到 I5:I16 单元格区域中。

视频+素材 (素材文件\第 07 章\例 7-4)

step 1 打开工作表后，在 I4 单元格中输入以下公式：

```
=$H4+$G4+$F4+E$4+D$4
```

	A	B	C	D	E	F	G	H	I	J
1	学 生 成 绩 表									
2										
3	学号	姓名	性别	语文	数学	英语	物理	化学	总分	
4	1121	李亮辉	男	96	99	89	96		=$H4+$G4+$F4+E$4+D$4	
5	1122	林雨馨	女	92	96	[illegible]	[illegible]	92		
6	1123	莫静静	女	91	93	[illegible]	[illegible]	82		
7	1124	刘乐乐	女	96	87	[illegible]	[illegible]	91		
8	1125	杨晓亮	男	82	91	87	90	88		
9	1126	张珺涵	男	96	90	85	96	87		
10	1127	姚妍妍	女	83	93	88	91	91		
11	1128	许朝霞	女	93	88	91	82	93		
12	1129	李 娜	女	87	98	89	88	90		
13	1130	杜芳芳	女	91	93	96	90	91		
14	1131	刘自建	男	82	88	87	82	96		
15	1132	王 巍	男	96	93	90	91	93		
16	1133	段程鹏	男	82	90	96	82	96		
17										

其中，$H4、$G4 和$F4 是绝对列和相对行形式，E$4、D$4 是绝对行和相对列形式，按下 Enter 键后即可得到合计数值。

step 2 将鼠标光标移至单元格 I4 右下角的控制点■，当鼠标指针呈十字状态后，按住左键并拖动选定 I5:I16 单元格区域。释放鼠标，混合引用填充公式，此时相对引用地址改变，而绝对引用地址不变。例如，将 I4 单元格中的公式填充到 I5 单元格中，公式将调整为：

```
=$H5+$G5+$F5+E$4+D$4
```

C	D	E	F	G	H	I	J
学 生 成 绩 表							
性别	语文	数学	英语	物理	化学	总分	
男	96	99	89	96	86	466	
女	92	96	93	95		=$H5+$G5+$F5+E$4+D$4	
女	91	93	88	96	82		
女	96	87	93	96	91		

综上所述，如果用户需要在复制公式时能够固定引用某个单元格地址，则需要使用绝对引用符号$，加在行号或列号的前面。

在 Excel 中，用户可以使用 F4 键在各种引用类型中循环切换，其顺序如下。

绝对引用→行绝对列相对引用→行相对列绝对引用→相对引用

以公式=A2 为例，在单元格中输入公式后按 4 下 F4 键，将依次变为：

```
=$A$2→=A$2→=$A2→=A2
```

7.4.4　合并区域引用

Excel 除了允许对单个单元格或多个连续的单元格进行引用外，还支持对同一工作表中的不连续单元格区域进行引用，称为“合并区域”引用，用户可以使用联合运算符“,”将各个区域的引用间隔开，并在两端添加半角括号( )将其包含在内，具体如下。

【例 7-5】通过合并区域引用计算学生成绩排名。

视频+素材 (素材文件\第 07 章\例 7-5)

step 1 打开工作表后，在 D4 单元格中输入以下公式，并向下复制到 D10 单元格：

```
=RANK(C4,($C$4:$C$10,$G$4:$G$9))
```

step 2 选择 D4:D9 单元格区域后，按下 Ctrl+C 组合键执行【复制】命令，然后选中 H4 单元格，按下 Ctrl+V 组合键执行【粘贴】命令。

	A	B	C	D	E	F	G	H	I
1	学 生 成 绩 表								
2									
3	学号	姓名	成绩	排名	学号	姓名	成绩	排名	
4	1121	李亮辉	96	1	1128	许朝霞	86	10	
5	1122	林雨馨	92	4	1129	李 娜	92	4	
6	1123	莫静静	91	6	1130	杜芳芳	82	12	
7	1124	刘乐乐	96	1	1131	刘自建	91	6	
8	1125	杨晓亮	82	12	1132	王 巍	88	8	
9	1126	张珺涵	96	1	1133	段程鹏	87	9	
10	1127	姚妍妍	83	11					(Ctrl)
11									

在本例所用公式中：

```
($C$4:$C$10,$G$4:$G$9)
```

为合并区域引用。

7.4.5　交叉引用

在使用公式时，用户可以利用交叉运算符(单个空格)取得两个单元格区域的交叉区域，具体方法如下。

【例 7-6】通过交叉引用筛选鲜花品种“黑王子”在 6 月份的销量。

(素材文件\第 07 章\例 7-6)

step 1 打开工作表后，在 O2 单元格中输入如下图所示的公式：

```
=G:G 3:3
```

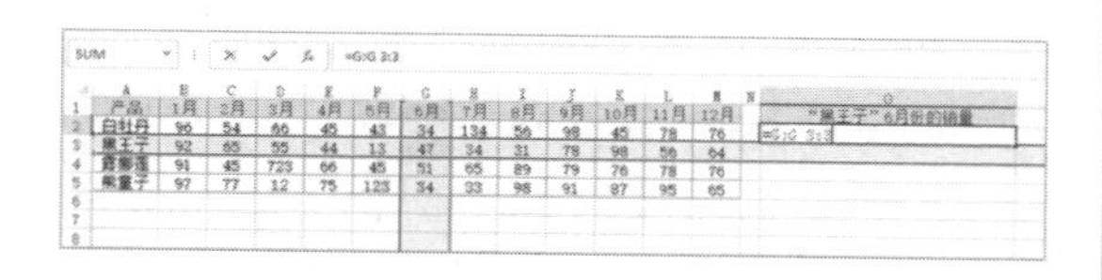

step 2 按下 Enter 键即可在 O2 单元格中显示“黑王子”在 6 月份的销量。

在上例所示的公式中，G:G 代表 6 月份，3:3 代表“黑王子”所在的行，空格在这里的作用是引用运算符，分别对两个引用，引用其共同的单元格，本例为 G3 单元格。

7.4.6 绝对交集引用

在公式中，对单元格区域而不是单元格的引用按照单个单元格进行计算时，依靠公式所在的从属单元格与引用单元格之间的物理位置，返回交叉点值，称为“绝对交集”引用或者“隐含交叉”引用。如下图所示，O2 单元格中包含公式=G2:G5，并且未使用数组公式方式编辑公式，该单元格返回的值为 G2，这是因为 O2 单元格和 G2 单元格位于同一行。

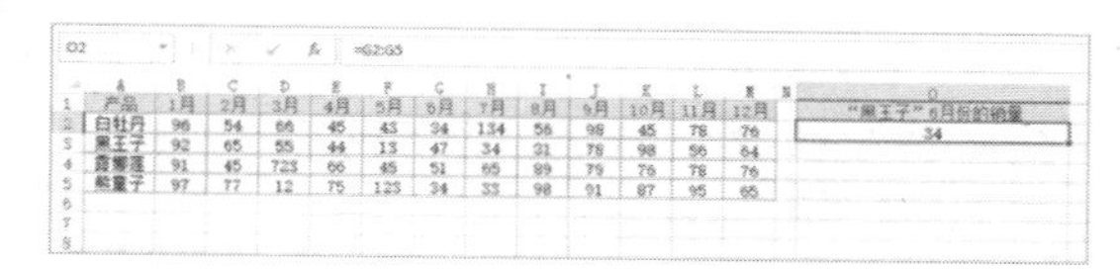

7.5 工作簿和工作表的引用

本节将介绍在 Excel 公式中引用当前工作簿中其他工作表和其他工作簿中工作表单元格区域的方法。

7.5.1 引用其他工作表数据

如果用户需要在公式中引用当前工作簿中其他工作表内的单元格区域，可以在公式编辑状态下使用鼠标单击相应的工作表标签，切换到该工作表选取需要的单元格区域。

【例 7-7】通过跨表引用其他工作表区域，统计学生的总成绩。

视频+素材 (素材文件\第 07 章\例 7-7)

step 1 在工作表中选中 D4 单元格，并输入以下公式：

```
=SUM(
```

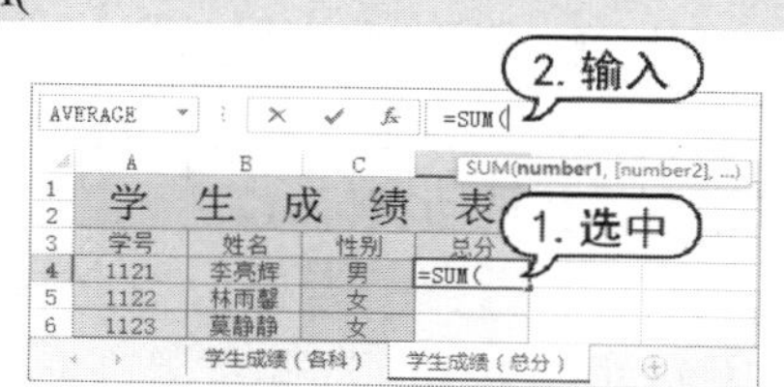

step 2 单击“学生成绩(各科)”工作表标签，选择 D4: H4 单元格区域，然后按下 Enter 键即可。

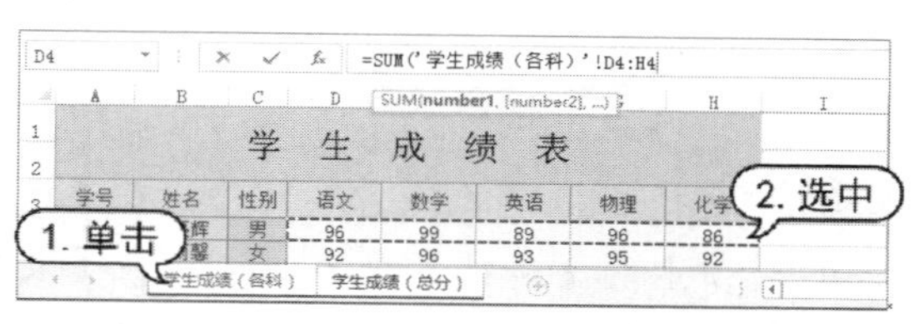

step 3 此时，在编辑栏中将自动在引用前添加工作表名称：

```
=SUM(' 学生成绩(各科)'!D4:H4)
```

跨表引用的表示方式为“工作表名+半角感叹号+引用区域”。当所引用的工作表名是以数字开头或者包含空格以及$、%、~、!、@、^、&、( )、+、-、=、|、"、;、{、}等特殊字符时，公式中被引用的工作表名称将被一对半角单引号包含，例如，将例 7-7 中的“学生成绩(各科)”工作表修改为“学生成绩”，则跨表引用公式将变为：

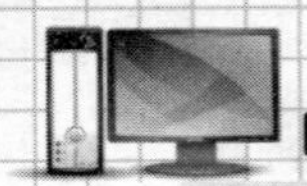

=SUM(学生成绩!D4:H4)

在使用 INDIRECT 函数进行跨表引用时，如果被引用的工作表名称包含空格或者上述字符，需要在工作表名前后加上半角单引号才能正确返回结果。

7.5.2 引用其他工作簿数据

当用户需要在公式中引用其他工作簿中工作表内的单元格区域时，公式的表示方式将为“[工作簿名称]工作表名!单元格引用”，例如，新建一个工作簿，并对例 7-7 中“学生成绩(各科)”工作表内的 D4: H4 单元格区域求和，公式如下：

=SUM(' [例 7-7.xlsx]学生成绩(各科)'!$D$4:$H$4)

当被引用单元格所在的工作簿关闭时，公式中将在工作簿名称前自动加上引用工作簿文件的路径。当路径或工作簿名称、工作表名称之一包含空格或相关特殊字符时，感叹号之前的部分需要使用一对半角单引号包含。

7.6 表格与结构化的引用

在 Excel 2016 中，用户可以在【插入】选项卡的【表格】命令组中单击【表格】按钮，或按下 Ctrl+T 组合键，创建一个表格，用于组织和分析工作表中的数据。

【例 7-8】在工作表中使用表格与结构化引用汇总数据。
视频+素材 (素材文件\第 07 章\例 7-8)

step 1 打开工作表后，选中一个单元格区域，按下 Ctrl+T 组合键打开【创建表】对话框，并单击【确定】按钮。

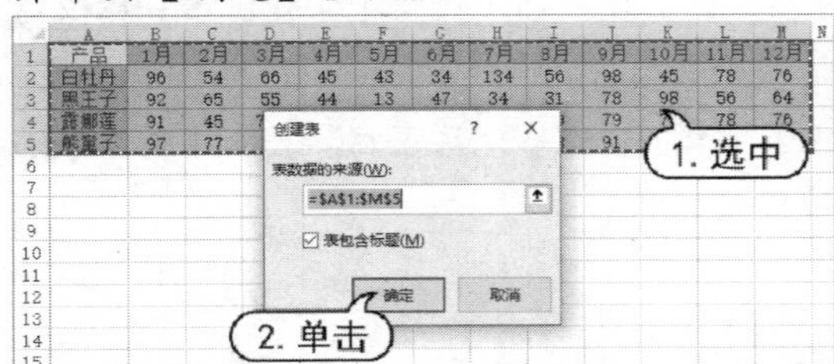

step 2 选择表格中的任意单元格，在【设计】选项卡的【属性】命令组中，在【表名称】文本框中将默认的【表 1】修改为【成绩】。

step 3 在【表格样式选项】命令组中，选中【汇总行】复选框，在 A6: M6 单元格区域将显示【汇总】行，单击 B6 单元格中的下拉按钮，在弹出的下拉列表中选择【平均值】命令，将自动在该单元格中生成如下图所示的公式：

=SUBTOTAL(101,[1 月])

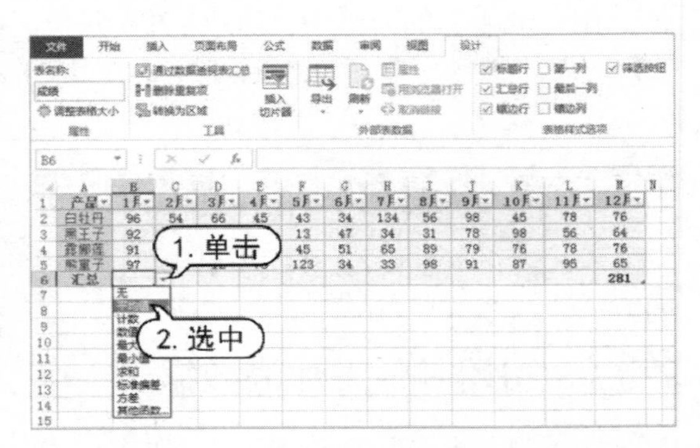

在以上公式中使用“[1 月]”表示 B2:B5 单元格区域，并且可以随着“表格”区域的增加与减少自动改变引用范围。这种以类似字段名方式表示单元格区域的方法称为“结构化引用”。

一般情况下，结构化引用包含以下几个元素。

- 表名称：例如例 7-8 中步骤(2)设置的“成绩”，可以单独使用表名称来引用除标题行和汇总行以外的“表格”区域。
- 列标题：例如例 7-8 步骤(3)公式中的“[1 月]”，用方括号包含，引用的是该列除标题和汇总以外的数据区域。
- 表字段：共有[#全部][#数据][#标题]和[#汇总]4 项，其中[#全部]引用“表格”区域中的全部(含标题行、数据区域和汇总行)

单元格。

例如，在例 7-8 创建的“表格”以外的区域中，输入=SUM(，然后选择 B2:M2 单元格区域，按下 Enter 键结束公式编辑后，将自动生成如下图所示的公式。

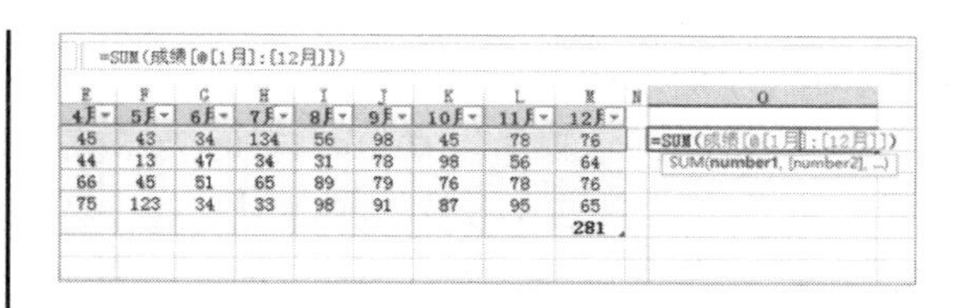

7.7 使用函数

Excel 中的函数与公式一样，都可以快速计算数据。公式是由用户自行设计的对单元格进行计算和处理的表达式，而函数则是在 Excel 中已经被软件定义好的公式。

7.7.1 函数的基本知识

用户在 Excel 中输入和编辑函数之前，首先应掌握函数的基本知识。

1. 函数的结构

在公式中使用函数时，通常由表示公式开始的=号、函数名称、左括号、以半角逗号相间隔的参数和右括号构成。此外，公式中允许使用多个函数或计算式，通过运算符进行连接。

```
=函数名称(参数 1,参数 2,参数 3,…)
```

有的函数可以允许多个参数，如 SUM(A1:A5,C1:C5)使用了两个参数。另外，也有一些函数没有参数或不需要参数，例如，NOW 函数、RAND 函数等没有参数，ROW 函数、COLUMN 函数等则可以省略参数返回公式所在的单元格行号、列标数。

函数的参数，可以由数值、日期和文本等元素组成，也可以使用常量、数组、单元格引用或其他函数。当使用函数作为另一个函数的参数时，称为函数的嵌套。

2. 函数的参数

Excel 函数的参数可以是常量、逻辑值、数组、错误值、单元格引用或嵌套函数等(其指定的参数都必须为有效参数值)，其各自的含义如下。

- 常量：指的是不进行计算且不会发生改变的值，如数字 100 与文本“家庭日常支出情况”都是常量。
- 逻辑值：逻辑值即 TRUE(真值)或 FALSE(假值)。
- 数组：用于建立可生成多个结果或可对在行和列中排列的一组参数进行计算的单个公式。
- 错误值：即#N/A、空值或_等值。
- 单元格引用：用于表示单元格在工作表中所处位置的坐标集。
- 嵌套函数：嵌套函数就是将某个函数或公式作为另一个函数的参数使用。

3. 函数的分类

Excel 函数包括【自动求和】【最近使用的函数】【财务】【逻辑】【文本】【日期和时间】【查找与引用】【数学和三角函数】以及【其他函数】等几大类上百个具体函数，每个函数的应用各不相同。例如，常用函数包括 SUM(求和)、AVERAGE(计算算术平均数)、ISPMT、IF、HYPERLINK、COUNT、MAX、SIN、SUMIF 和 PMT。

在常用函数中，使用频率最高的是 SUM 函数，其作用是返回某一单元格区域中所有数字之和，例如=SUM(A1:G10)，表示对 A1:G10 单元格区域内的所有数据求和。SUM 函数的语法是：

```
SUM(number1,number2, ...)
```

其中，number1, number2, ...为 1 到 30 个

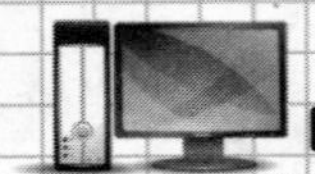

需要求和的参数，其说明如下：

▶ 直接输入到参数表中的数字、逻辑值及数字的文本表达式将被计算。

▶ 如果参数为数组或引用，只有其中的数字将被计算。数组或引用中的空白单元格、逻辑值、文本或错误值将被忽略。

▶ 如果参数为错误值或为不能转换成数字的文本，将会导致计算错误。

4. 函数的易失性

有时，用户打开一个工作簿不做任何编辑就关闭，Excel 会提示“是否保存对文档的更改?”。这种情况可能是因为该工作簿中用到了具有 Volatile 特性的函数，即“易失性函数”。这种特性表现在使用易失性函数后，每激活一个单元格或者在一个单元格输入数据，甚至只是打开工作簿，具有易失性的函数都会自动重新计算。易失性函数在以下条件下不会引发自动重新计算：

▶ 工作簿的重新计算模式被设置为【手动计算】。

▶ 当手动设置列宽、行高而不是双击调整为合适列宽时(但隐藏行或设置行高值为0除外)。

▶ 当设置单元格格式或其他更改显示属性的设置时。

▶ 激活单元格或编辑单元格内容但按 Esc 键取消。

常见的易失性函数有以下几种。

▶ 获取随机数的 RAND 和 RANDBETWEEN 函数，每次编辑都会自动产生新的随机值。

▶ 获取当前日期、时间的 TODAY、NOW 函数，每次都会返回当前系统的日期和时间。

▶ 返回单元格引用的 OFFSET、INDIRECT 函数，每次编辑都会重新定位实际的引用区域。

▶ 获取单元格信息的 CELL 函数和 INFO 函数，每次编辑都会刷新相关信息。

此外，SUMF 函数与 INDEX 函数在实际应用中，当公式的引用区域具有不确定性时，每当其他单元格被重新编辑，也会引发工作簿重新计算。

7.7.2 函数的输入与编辑

用户可以直接在单元格中输入函数，也可以在【公式】选项卡的【函数库】选项组中使用 Excel 内置的列表实现函数的输入。

【例 7-9】在 F13 单元格中插入求平均值函数。
视频+素材 (素材文件\第 07 章\例 7-9)

step 1 打开 Sheet1 工作表选取 F13 单元格，选择【公式】选项卡，在【函数库】选项组中单击【其他函数】下拉列表按钮，在弹出的菜单中选择【统计】| AVERAGE 选项。

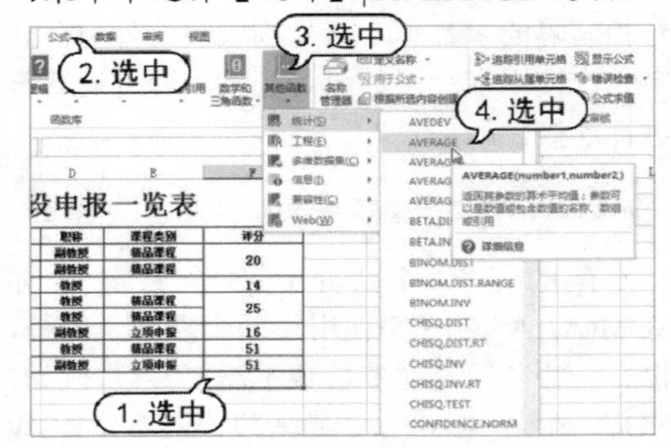

step 2 在打开的【函数参数】对话框中，在 AVERAGE 选项区域的 Number1 文本框中输入计算平均值的范围，这里输入 F5:F12。

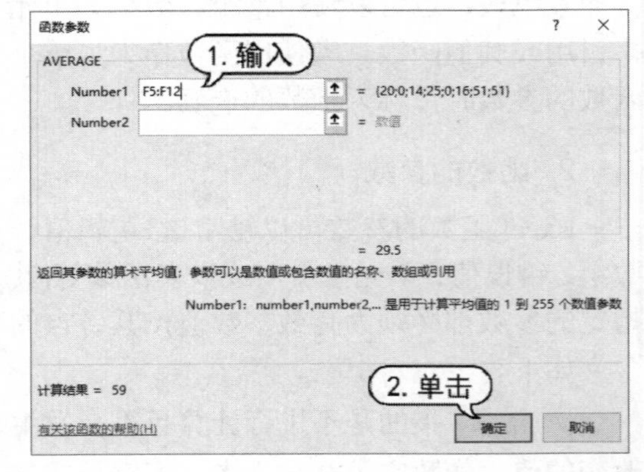

step 3 单击【确定】按钮，此时即可在 F13

单元格中显示计算结果。

	精品课程建设申报一览表				
4	课程名称	主持人	职称	课程类别	评分
5	数字电子线路	张宏群	副教授	精品课程	20
6	信号与系统分析	赵远东	副教授	精品课程	
7	电子线路实验	行鸿彦	教授		14
8	环境科学概论	郑有飞	教授	精品课程	25
9	有机化学	索福喜	教授	精品课程	
10	环境工程学	陆建刚	副教授	立项申报	16
11	体育课程	孙国民	教授	精品课程	51
12	大学艺术类体育课程	冯唯锐	副教授	立项申报	51
13					29.5

用户在运用函数进行计算时，有时会需要对函数进行编辑，编辑函数的方法很简单，下面将通过一个实例详细介绍。

【例 7-10】编辑表格中已有的函数。

视频+素材　(素材文件\第 07 章\例 7-10)

step 1　打开 Sheet1 工作表，然后选择需要编辑函数的 F13 单元格，单击【插入函数】按钮 f_x 。

F13　=AVERAGE(F10:F12)

	精品课程建设申报一览表				
4	课程名称	主持人	职称	课程类别	评分
5	数字电子线路	张宏群	副教授	精品课程	20
6	信号与系统分析	赵远东	副教授	精品课程	
7	电子线路实验	行鸿彦	教授		14
8	环境科学概论	郑有飞	教授	精品课程	25
9	有机化学	索福喜	教授	精品课程	
10	环境工程学	陆建刚	副教授	立项申报	16
11	体育课程	孙国民	教授	精品课程	51
12	大学艺术类体育课程	冯唯锐	副教授	立项申报	51
13					E(F10:F12)

2. 单击　1. 选中

step 2　在打开的【函数参数】对话框中将 Number1 文本框中的单元格地址更改为 F10:F12。

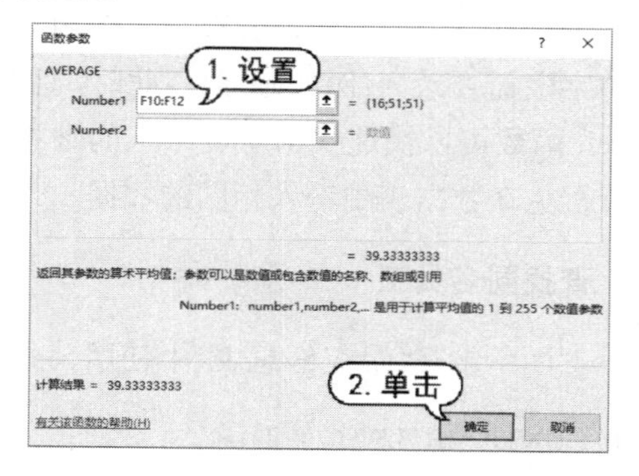

step 3　单击【确定】按钮后即可在工作表中的 F13 单元格内看到编辑后的结果。

此外，用户在熟练掌握函数的使用方法后，也可以直接选择需要编辑的单元格，在编辑栏中对函数进行编辑。

7.7.3　函数的应用案例

Excel 软件提供了多种函数进行数据的计算和应用，比如统计与求和函数、日期和时间函数、查找和引用函数等。下面将通过实例讲解几个常用函数的具体应用。

1. 基本计数

对工作表中的数据进行计数统计是一般用户经常要用到的操作。Excel 提供了一些常用的基本计数函数，例如 COUNT、CCUNTA 和 CUNTBLANK，可以帮助用户实现简单的统计需求。

实现多工作表数据统计

下图所示为三个组的当月业绩考核表。

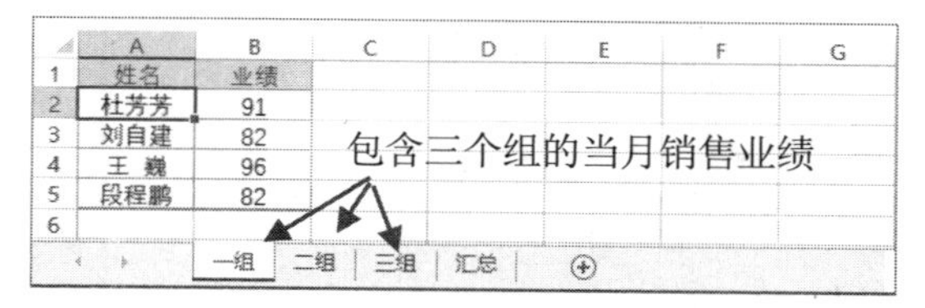

选择上图中的【汇总】工作表后，若需要统计三个组中的业绩总计值，可以使用以下公式：

```
=SUM(一组:三组!B:B)
```

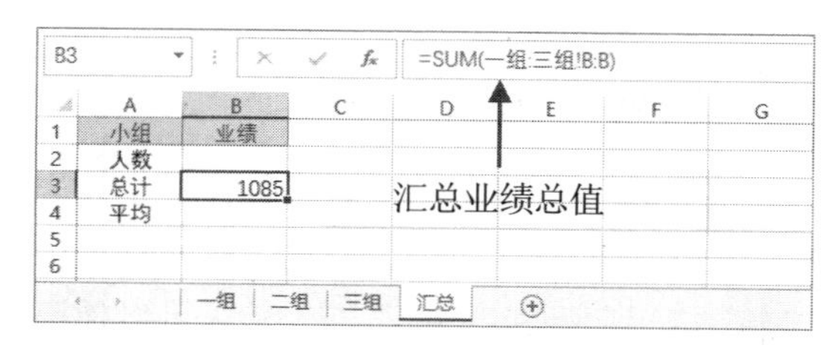

若希望计算业绩平均值，则可以使用公式：

```
=AVERAGE(一组:三组!B:B)
```

若希望计算三个组的总人数，可以使用以下公式：

=COUNT(一组:三组!B:B)

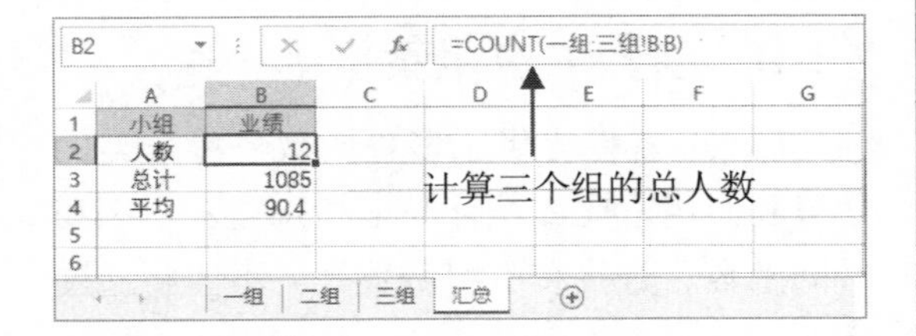

小组	业绩
人数	12
总计	1085
平均	90.4

动态引用区域数据

下图所示为学生考试成绩表，在 G4 单元格中使用公式：

=COUNTA(OFFSET($A$1,1,3,COUNT($D:$D)))

可以验证动态引用区域记录的个数。

G4　=COUNTA(OFFSET($A$1,1,3,COUNT($D:$D)))

学号	姓名	性别	成绩			
1121	李亮辉	男	96		动态引用数据	
1122	林雨馨	女	92			学生人数
1123	莫静静	女	91		成绩区域	13
1124	刘乐乐	女	96			
1125	杨晓亮	男	82			
1126	张珺涵	男	96			
1127	姚妍妍	女	83			
1128	许朝霞	女	93			
1129	李　娜	女	87			
1130	杜芳芳	女	91			
1131	刘自建	男	82			
1132	王　巍	男	96			
1133	段程鹏	男	82			

2. 条件统计

若用户需要根据特定条件对数据进行统计，例如在成绩表中统计某个班级的人数、在销售分析表中统计品牌数等，可以利用条件统计函数进行处理。

使用单一条件统计数量

下图所示为员工信息表，每位员工只会在该表中出现一次，如果要在 J3 单元格统计“籍贯”为“北京”的员工人数，可以使用以下公式：

=COUNTIF($D$2:$D$14,I3)

J3　=COUNTIF($D$2:$D$14,I3)

工号	姓名	性别	籍贯	出生日期	入职日期	学历			
1121	李亮辉	男	北京	2001/6/2	2020/9/3	本科		籍贯	人数
1122	林雨馨	女	北京	1998/9/2	2018/9/3	本科		北京	4
1123	莫静静	女	北京	1997/8/21	2018/9/3	专科		哈尔滨	3
1124	刘乐乐	女	北京	1999/5/4	2018/9/3	本科		武汉	2
1125	杨晓亮	男	哈尔滨	1990/7/3	2018/9/3	本科		南京	4
1126	张珺涵	男	哈尔滨	1987/7/21	2019/9/3	专科			
1127	姚妍妍	女	哈尔滨	1982/7/5	2019/9/3	专科			
1128	许朝霞	女	武汉	1983/2/1	2019/9/3	本科			
1129	李　娜	女	武汉	1985/6/2	2017/9/3	本科			
1130	杜芳芳	女	南京	1978/5/23	2017/9/3	本科			
1131	刘自建	男	南京	1972/4/2	2010/9/3	博士			
1132	王　巍	男	南京	1991/3/5	2010/9/3	博士			
1133	段程鹏	男	南京	1992/8/5	2010/9/3	博士			

向下复制公式，可以分别统计出不同籍贯员工的总人数。

使用多个条件统计数量

下图所示在考试成绩表中使用公式：

=COUNTIF($C2:$F2,">90")-COUNTIF($C2:$F2,">95")

在 H2:H14 区域统计学生每次单元考试成绩在 90~95 分之间的次数。

H2　=COUNTIF($C2:$F2,">90")-COUNTIF($C2:$F2,">95")

姓名	性别	1单元	2单元	3单元	4单元		大于90，小于或等于95
李亮辉	男	95	99	93	91		3
林雨馨	女	92	96	93	95		3
莫静静	女	91	93	88	96		2
刘乐乐	女	96	87	93	96		1
杨晓亮	男	82	91	87	90		1
张珺涵	男	96	90	85	96		0
姚妍妍	女	83	93	88	91		2
许朝霞	女	93	88	91	82		2
李　娜	女	87	98	89	88		0
杜芳芳	女	91	93	96	90		2
刘自建	男	82	88	87	82		0
王　巍	男	96	93	90	91		2
段程鹏	男	82	90	96	82		0

在公式中，得分大于 90 的记录必定包含评分大于 95 的记录，因此两者相减得出统计结果。

3. 多条件输入唯一值

在日常办公中，经常会存在多个相同名称的字段需要录入(例如姓名)。此时，利用 Excel 函数可以快速找出重复录入的数据，或者避免在数据表中输入相同的数据。

查找同名员工

下图所示在“员工信息表”中使用公式：

=IF(COUNTIFS(B:B,B2,C:C,C2)>1,"重复","")

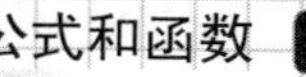

在 H 列查找重复录入的员工。

H2 =IF(COUNTIFS(B:B,B2,C:C,C2)>1,"重复","")

	A	B	C	D	E	F	G	H
1	工号	姓名	性别	籍贯	出生日期	入职日期	学历	是否重复
2	营销部	李亮辉	男	北京	2001/6/2	2020/9/3	本科	
3	营销部	林雨馨	女	北京	1998/9/2	2018/9/3	本科	
4	营销部	莫静静	女	北京	1997/8/21	2018/9/3	专科	
5	营销部	刘乐乐	女	北京	1999/5/4	2018/9/3	本科	
6	营销部	杨晓亮	男	廊坊	1990/7/3	2018/9/3	本科	
7	营销部	张珺涵	男	哈尔滨	1987/7/21	2019/9/3	专科	
8	开发部	姚妍妍	女	哈尔滨	1982/7/5	2019/9/3	专科	重复
9	开发部	许朝霞	女	徐州	1983/2/1	2019/9/3	本科	
10	营销部	李　娜	女	武汉	1985/6/2	2017/9/3	本科	
11	营销部	杜芳芳	女	西安	1978/5/23	2017/9/3	本科	
12	开发部	姚妍妍	女	哈尔滨	1982/7/5	2019/9/3	专科	重复
13	营销部	刘自建	男	南京	1972/4/2	2010/9/3	博士	
14	营销部	王　巍	男	扬州	1991/3/5	2010/9/3	博士	
15	营销部	段程鹏	男	苏州	1992/8/5	2010/9/3	博士	
16								

公式中主要利用 COUNTIFS 函数多条件统计计数的原理，分别针对人员姓名和性别进行统计，从而使得真正重复的人员能够被标识出来。

限制同名数据的录入

若用户需要在录入数据时，就防止相同的数据被重复输入，可以将公式与“数据有效性”功能结合应用，具体如下。

step 1 选中上图所示表格中有可能会输入重复数据的区域(例如，B2:B15)，单击【数据】选项卡中的【数据验证】按钮。

step 2 打开【数据验证】对话框，设置【允许】为【自定义】，然后在【公式】栏输入：

```
=COUNTIFS($B:$B,$B2,$C:$C,$C2)=1
```

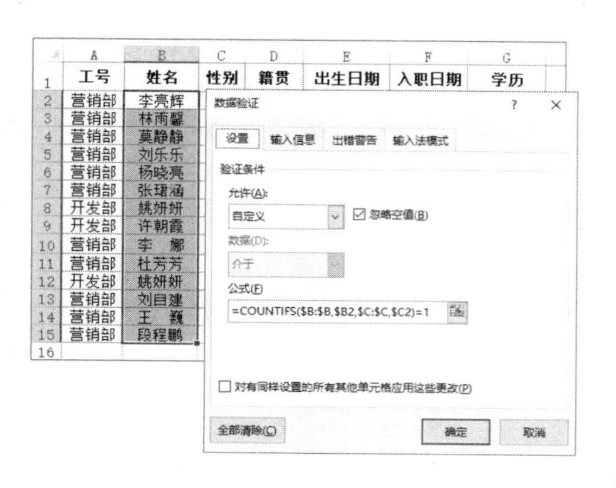

step 3 单击【确定】按钮后，当用户在 B2:B15 区域中输入重复值后，将弹出下图所示的提示信息。

Microsoft Excel

此值与此单元格定义的数据验证限制不匹配。

重试(R)　取消　帮助(H)

4. 单条件求和

SUMIF 函数主要用于针对单个条件的统计求和，其使用方法如下。

汇总指定数据

下图所示为员工当日每单的成交量，使用公式返回指定员工的业绩汇总。

F3 单元格中的公式如下：

```
=SUMIF(B2:B9,F2,C2:C10)
```

F3 =SUMIF(B2:B9,F2,C2:C10)

	A	B	C	D	E	F
1	工号	姓名	业绩		单科成绩统计	
2	1121	李亮辉	99		姓名	李亮辉
3	1126	张珺涵	96		总分	375
4	1121	李亮辉	93			
5	1132	王　巍	87		大于90的业绩	
6	1126	张珺涵	91		统计	472
7	1121	李亮辉	90			
8	1121	李亮辉	93			
9	1132	王　巍	88			
10						

统计指定数量以上的记录数量

如果要在上图中的 F6 单元格中统计业绩大于 90 的记录的汇总，可以使用公式：

```
=SUMIF(C2:C9,">90")
```

5. 多条件求和

当用户需要针对多个条件组合的数据求和时，可以利用 SUMIFS 函数实现。

统计指定员工销售指定商品的业绩

下图所示为在 D12 单元格中指定统计“李亮辉”销售商品 A 的总业绩，公式为：

```
=SUMIFS($D$2:$H$9,$A$2:$E$9,$G$12,$C$2:$G$9,$H$12)
```

D12　=SUMIFS($D$2:$H$9,$A$2:$E$9,$G$12,$C$2:$G$9,$H$12)

	A	B	C	D	E	F	G	H
1	工号	姓名	商品	业绩	工号	姓名	商品	业绩
2	1121	李亮辉	A	99	1121	王　巍	C	99
3	1126	张珺涵	A	96	1126	张珺涵	B	96
4	1121	李亮辉	B	93	1121	李亮辉	A	93
5	1132	王　巍	A	87	1132	王　巍	C	87
6	1126	张珺涵	C	91	1126	张珺涵	C	91
7	1121	李亮辉	A	90	1121	王　巍	C	90
8	1121	李亮辉	B	93	1121	李亮辉	A	93
9	1132	王　巍	A	88	1132	李亮辉	C	88
10								
11				业绩统计			工号	商品
12				375			1121	A
13								

与 SUMIF 函数一样，除了直接以“文本字符串”输入统计条件外，SUMIFS 函数也支持直接引用“统计条件”单元格进行统计。以上公式针对指定的两个条件，分别在“工号”区域和“商品”区域中。

6. 统计指定条件平均值

在统计包含特定条件的平均值时有多种方法，下面将举例介绍。

统计员工平均业绩

下图所示为各销售部门当日的销售业绩，在 H2:H4 区域中使用以下公式：

```
=AVERAGEIF($A$2:$A$10,$F2,$D$2:$D$10)
```

可以计算各部门销售业绩的平均值。

H2　=AVERAGEIF($A$2:$A$10,$F2,$D$2:$D$10)

	A	B	C	D	E	F	G	H
1	部门	姓名	性别	业绩		部门	人数	业绩平均
2	销售A	李亮辉	男	156		销售A	4	126.3
3	销售A	林雨馨	女	98		销售B	3	90.3
4	销售A	莫静静	女	112		销售C	2	157.5
5	销售A	刘乐乐	女	139				
6	销售B	许朝霞	女	93				
7	销售B	段程鹏	男	87				
8	销售B	杜芳芳	女	91				
9	销售C	杨晓亮	男	132				
10	销售C	张珺涵	男	183				
11								

统计成绩大于等于平均分的总平均分

如下图所示，在考试成绩表中将统计各科成绩中大于等于平均分的总平均分。

D19　=AVERAGEIF(C$2:C$14,">="&AVERAGE(C$2:C$14))

	A	B	C	D	E	F	G	H
1	姓名	性别	语文	数学	物理	化学		
2	李亮辉	男	95	99	93	91		
3	林雨馨	女	92	96	93	95		
4	莫静静	女	91	93	88	96		
5	刘乐乐	女	96	87	93	96		
6	杨晓亮	男	92	91	87	90		
7	张珺涵	男	96	90	85	96		
8	姚妍妍	女	83	98	88	91		
9	许朝霞	女	93	88	91	82		
10	李　娜	女	87	98	89	88		
11	杜芳芳	女	91	93	96	90		
12	刘自建	男	82	88	87	82		
13	王　巍	男	96	93	90	91		
14	段程鹏	男	82	90	96	82		
15								
16	统计大于等于平均分的各科成绩的总平均分							
17				语文	数学	物理	化学	
18			总平均分	93.6	95.7	93.7	92.9	
19			AVERAGEIF	93.6	95.7	93.7	92.9	
20								

其中，在 D18 单元格利用 SUMIF 函数和 COUNTIF 函数统计，公式如下：

```
=SUMIF(C$2:C$14,">="&AVERAGE(C$2:C$14))/COUNTIF(C$2:C$14,">="&AVERAGE(C$2:C$14))
```

在 D19 单元格利用条件平均值 AVERAGEIF 函数的公式如下：

```
=AVERAGEIF(C$2:C$14,">="&AVERAGE(C$2:C$14))
```

7. 查找常规表格数据

VLOOKUP 函数是用户在查找表格数据时，使用频率非常高的一个函数。

查询学生班级和姓名信息

如下图所示，根据 G2 单元格中的学号查询学生姓名，G3 单元格中的公式为：

```
=VLOOKUP(G2,$A$1:$D$14,2)
```

G3　=VLOOKUP(G2,$A$1:$D$14,2)

	A	B	C	D	E	F	G
1	学号	姓名	班级	成绩		查询表格数据	
2	1121	李亮辉	A1	96		学号	1122
3	1122	林雨馨	A2	92		姓名	林雨馨
4	1123	莫静静	A1	91			
5	1124	刘乐乐	A2	96		姓名	
6	1125	杨晓亮	A3	82		班级	
7	1126	张珺涵	A4	96			
8	1127	姚妍妍	A1	83		学号	
9	1128	许朝霞	A1	93		姓名	
10	1129	李　娜	A4	87			
11	1130	杜芳芳	A4	91			
12	1131	刘自建	A2	82			
13	1132	王　巍	A3	96			
14	1133	段程鹏	A3	82			
15							

在 G6 单元格中使用以下公式：

=VLOOKUP(G5,$B$1:$D$14,2)

由于 B 列“姓名”未进行排序，使用模糊匹配查找结果将返回错误值“#N/A”，因此应该使用精确匹配方式进行查找(第 4 个参数为 0)，将公式改为：

=VLOOKUP(G5,$B$1:$D$14,2,0)

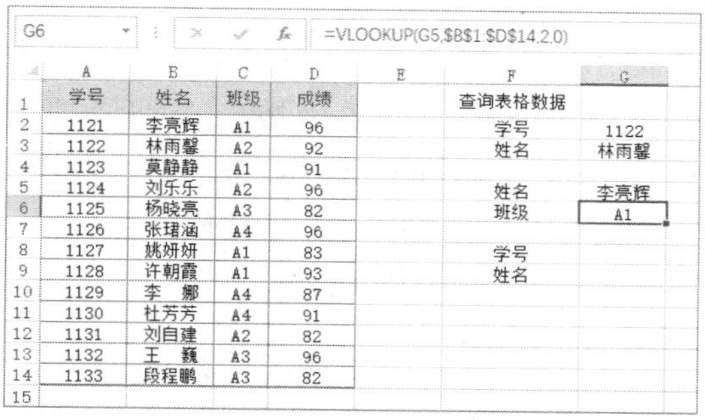

G6　=VLOOKUP(G5,$B$1:$D$14,2,0)

	A	B	C	D	E	F	G
1	学号	姓名	班级	成绩		查询表格数据	
2	1121	李亮辉	A1	96		学号	1122
3	1122	林雨馨	A2	92		姓名	林雨馨
4	1123	莫静静	A1	91			
5	1124	刘乐乐	A2	96		姓名	李亮辉
6	1125	杨晓亮	A3	82		班级	A1
7	1126	张珺涵	A4	96			
8	1127	姚妍妍	A1	83		学号	
9	1128	许朝霞	A1	93		姓名	
10	1129	李　娜	A4	87			
11	1130	杜芳芳	A4	91			
12	1131	刘自建	A2	82			
13	1132	王　巍	A3	96			
14	1133	段程鹏	A3	82			
15							

在 G9 单元格修改公式为：

=VLOOKUP(G8,$A$1:$D$14,2)

可以在 G9 单元格中，根据学号查询学生的姓名。

查询学生的详细信息

下图所示为在工作表中根据学生的学号查找学生的详细信息。

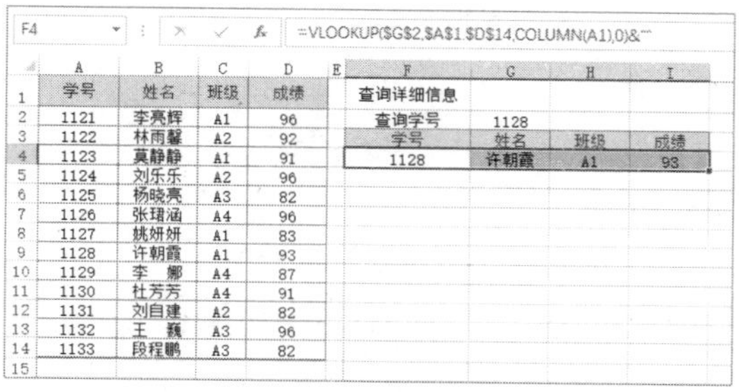

F4　=VLOOKUP($G$2,$A$1:$D$14,COLUMN(A1),0)&""

	A	B	C	D	E	F	G	H	I
1	学号	姓名	班级	成绩		查询详细信息			
2	1121	李亮辉	A1	96		查询学号	1128		
3	1122	林雨馨	A2	92		学号	姓名	班级	成绩
4	1123	莫静静	A1	91		1128	许朝霞	A1	93
5	1124	刘乐乐	A2	96					
6	1125	杨晓亮	A3	82					
7	1126	张珺涵	A4	96					
8	1127	姚妍妍	A1	83					
9	1128	许朝霞	A1	93					
10	1129	李　娜	A4	87					
11	1130	杜芳芳	A4	91					
12	1131	刘自建	A2	82					
13	1132	王　巍	A3	96					
14	1133	段程鹏	A3	82					
15									

返回信息表中的第 1 至 4 列中信息，输入以下公式，然后将公式横向复制即可：

=VLOOKUP($G$2,$A$1:$D$14,COLUMN(A1),0)&""

以上公式添加“&""”字符串，主要用于避免查询结果为空时返回 0 值。

查询学生的成绩信息

如下图所示，利用函数公式对学生的成绩进行查询，G4 单元格中的公式为：

=IFERROR(VLOOKUP($F4,$B$1:$D$14,COLUMNS($B:$D),),"查无此人")

若查询学生姓名存在于数据表中，将在 G 列返回其成绩，否则显示“查无此人”。

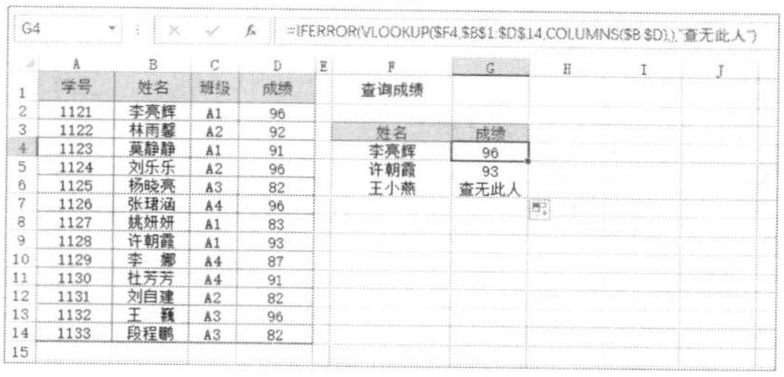

G4　=IFERROR(VLOOKUP($F4,$B$1:$D$14,COLUMNS($B:$D),),"查无此人")

	A	B	C	D	E	F	G	H	I	J
1	学号	姓名	班级	成绩		查询成绩				
2	1121	李亮辉	A1	96						
3	1122	林雨馨	A2	92		姓名	成绩			
4	1123	莫静静	A1	91		李亮辉	96			
5	1124	刘乐乐	A2	96		许朝霞	93			
6	1125	杨晓亮	A3	82		王小燕	查无此人			
7	1126	张珺涵	A4	96						
8	1127	姚妍妍	A1	83						
9	1128	许朝霞	A1	93						
10	1129	李　娜	A4	87						
11	1130	杜芳芳	A4	91						
12	1131	刘自建	A2	82						
13	1132	王　巍	A3	96						
14	1133	段程鹏	A3	82						
15										

以上公式主要使用 VLOOKUP 函数进行学生姓名查询，公式中使用的 IFERROR 函数使公式变得简洁，当 VLOOKUP 函数返回错误值(即没有该学生的信息)时，函数将返回“查无此人”，否则直接返回 VLOOKUP 函数的查询结果。另外，公式中利用 COLUMNS 函数返回数据表区域的总列数，可以避免人为对区域列数的手工计算，直接返回指定区域中最后一列的序列号，再将其作为参数传递给 VLOOKUP 函数，返回查询结果。

根据姓名查询学生总分及名次

HLOOKUP 函数和 VLOOKUP 非常类似，区别在于利用 VLOOKUP 函数可以针对列数据进行查询，而 HLOOKUP 函数可以针对行数据进行查询。

如下图所示，利用 HLOOKUP 函数根据姓名查询学生总分及名次(已知学生成绩表，制作一项查询，方便师生在网上根据姓名查询总分与名次)，公式如下：

=HLOOKUP(G3,B3:G8,MATCH(C11,B3:B8,0),FALSE)

C15 =HLOOKUP(G3,B3:G8,MATCH(C11,B3:B8,0),FALSE)

	A	B	C	D	E	F	G	H
1								
2	成绩表							
3	学号	姓名	英语	语文	数学	总成绩	名次	
4	1121	李亮辉	96	99	78	273	3	
5	1122	林雨馨	92	96	87	275	2	
6	1123	莫静静	91	93	98	282	1	
7	1124	刘乐乐	96	87	65	248	5	
8	1125	杨晓亮	82	91	78	251	4	
9								
10								
11		输入姓名	李亮辉					
12								
13								
14		总成绩	名次					
15		273	3					
16								

8. 查找与定位

MATCH 函数是 Excel 中常用的查找定位函数，它主要用于确定查找值在查找范围中的位置，主要用于以下几个方面。

- 确定数据表中某个数据的位置。
- 对某个查找条件进行检验，确定目标数据是否存在于某个列表中。
- 由于 MATCH 函数的第 1 个参数支持数组，因此该函数也常用于数组公式的重复值判断。

下面将举例介绍 MATCH 函数的用法。

判断表格中的记录是否重复

如下所示，在“辅助列”使用公式：

=IF(MATCH(B2,$B$2:$B$17,0)=ROW(A1),"","重复记录")

E8 =IF(MATCH(B8,$B$2:$B$17,0)=ROW(A7),"","重复记录")

	A	B	C	D	E	F	G
1	工号	姓名	商品	业绩	辅助列		
2	1121	李亮辉	A	99			
3	1126	林雨馨	A	96			
4	1121	莫静静	B	93			
5	1132	刘乐乐	A	87			
6	1126	杨晓亮	C	91			
7	1121	张珺涵	A	90			
8	1121	莫静静	B	93	重复记录		
9	1132	许朝霞	A	88			
10	1121	李　娜	C	99			
11	1126	杜芳芳	B	96			
12	1121	刘自建	A	93			
13	1132	王　巍	C	87			
14	1126	段程鹏	C	91			
15	1121	王　巍	C	90	重复记录		
16	1121	姚妍妍	A	93			
17	1132	李亮辉	C	88	重复记录		
18							

判断员工姓名是否存在重复。公式中利用查找当前行的员工姓名在姓名列表中的位置进行判断，如果相等，判断为唯一记录，否则判断为“重复记录”。另外，由于公式从 B2:B17 进行查找，因此返回的序号需要使用 ROW(A1)函数从自然数 1 开始比较。

9. 特殊的查找

LOOKUP 函数主要用于在查找范围中查询用户指定的查找值，并返回另一个范围中对应位置的值。该函数的查询原理与 VLOOKUP 函数和 HLOOKUP 函数中当第 4 个参数为 1 或 TRUE 时非常相似。

下面将举例介绍 LOOKUP 函数的用法。

从成绩表查询学生的考试总分

如下所示，E12 单元格使用公式：

=LOOKUP($E$11,$A$2:$A$9,$F$2:$F$9)

分别针对 A 列中的姓名进行升序查找，并在 E 列中返回学生的考试总分。

E12 =LOOKUP($E$11,$A$2:$A$9,$F$2:$F$9)

	A	B	C	D	E	F	G
1	姓名	性别	语文	数学	英语	总成绩	
2	李亮辉	男	95	99	93	287	
3	林雨馨	女	92	96	93	281	
4	莫静静	女	91	93	88	272	
5	刘乐乐	女	96	87	93	276	
6	杨晓亮	男	82	91	87	260	
7	张珺涵	男	96	90	85	271	
8	姚妍妍	女	83	93	88	264	
9	许朝霞	女	93	88	91	272	
10							
11				姓名	李亮辉		
12				总成绩	287		
13							

如果将上图所示的公式改为：

=LOOKUP($E$11,$A$2:$F$9)

也将返回同样的值。该公式主要利用 LOOKUP 函数在二维区域中的查找功能，函数在 A2:F9 区域中的最左列进行姓名查找，并返回二维区域中最后一列的总成绩。

利用 LOOKUP 函数进行无序查找

如下图所示，使用 LOOKUP 函数在没有进行升序排列的 B 列中根据姓名查找学生所在的班级，公式为：

```
=LOOKUP(1,0/(B:B=$G$3),C:C)
```

G4　=LOOKUP(1,0/(B:B=$G$3),C:C)

学号	姓名	班级	成绩		F	G
1121	李亮辉	A1	96		实现无序查找数据	
1122	林雨馨	A2	92		姓名	杜芳芳
1123	莫静静	A1	91		班级	A4
1124	刘乐乐	A2	96			
1125	杨晓亮	A3	82			
1126	张珺涵	A4	96			
1127	姚妍妍	A1	83			
1128	许朝霞	A1	93			
1129	李　娜	A4	87			
1130	杜芳芳	A4	91			
1131	刘自建	A2	82			
1132	王　巍	A3	96			
1133	段程鹏	A3	82			

以上公式使用查找姓名在数据表中有效的姓名范围中进行比较判断，如(B:B=G3)比较结果为：{FALSE; FALSE; FALSE; FALSE; FALSE; FALSE; FALSE; FALSE; FALSE; FALSE;TRUE; FALSE; FALSE; FALSE;}。

再利用 0 除以以上内存数组，结果为：{#DIV/0!;#DIV/0!;#DIV/0!;#DIV/0!; #DIV/0!; #DIV/0!;#DIV/0!;#DIV/0!;#DIV/0!;#DIV/0!;0; #DIV/0!; #DIV/0!; #DIV/0!;}，最后在这个数组中查找数值 1，返回小于等于 1 的最大值位置，即前面结果中 0 的位置，返回对应的班级名称。

10. 根据指定条件提取数据

INDEX 函数是 Excel 中常用的引用类函数，该函数可以根据用户在一个范围内指定的行号和列号来返回值。下面将举例介绍该函数的用法。

隔行提取数据

如下图所示，从左侧的数据表中隔行提取数据，F3 单元格中的公式为：

```
=INDEX($C$3:$C$8,ROW(A1)*2-1)
```

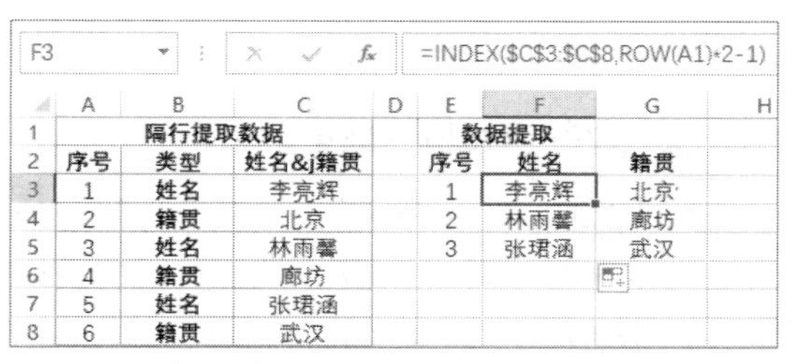

F3　=INDEX($C$3:$C$8,ROW(A1)*2-1)

序号	类型	姓名&j籍贯		序号	姓名	籍贯
隔行提取数据				数据提取		
1	姓名	李亮辉		1	李亮辉	北京
2	籍贯	北京		2	林雨馨	廊坊
3	姓名	林雨馨		3	张珺涵	武汉
4	籍贯	廊坊				
5	姓名	张珺涵				
6	籍贯	武汉				

G3 单元格中的公式如下：

```
=INDEX($C$3:$C$8,ROW(A1)*2)
```

G3　=INDEX($C$3:$C$8,ROW(A1)*2)

序号	类型	姓名&j籍贯		序号	姓名	籍贯
隔行提取数据				数据提取		
1	姓名	李亮辉		1	李亮辉	北京
2	籍贯	北京		2	林雨馨	廊坊
3	姓名	林雨馨		3	张珺涵	武汉
4	籍贯	廊坊				
5	姓名	张珺涵				
6	籍贯	武汉				

以上公式主要利用 ROW 函数生成公差为 2 的自然数序列，再利用 INDEX 函数取出数据。

11. 在数据表中查找数据

在 Excel 中，INDEX 函数可以根据查找到的位置返回实际的单元格引用。

多条件组合查找数据

如下图所示，在员工信息表中根据 G2 和 G3 单元格中输入的数据查询员工信息，其中 G4 单元格中的公式如下：

```
=INDEX($B$2:$D$14,MATCH($G$2,$A$2:$A$14,0)
,MATCH($G$3,$B$1:$D$1,0))
```

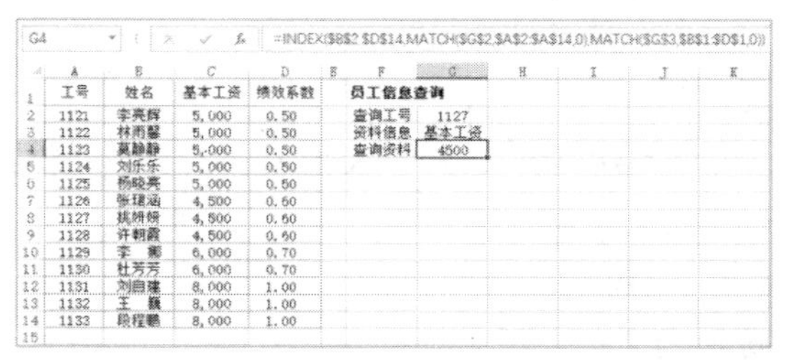

工号	姓名	基本工资	绩效系数		员工信息查询	
1121	李亮辉	5,000	0.50		查询工号	1127
1122	林雨馨	5,000	0.50		资料信息	基本工资
1123	莫静静	5,000	0.50		查询资料	4500
1124	刘乐乐	5,000	0.50			
1125	杨晓亮	5,000	0.50			
1126	张珺涵	4,500	0.60			
1127	姚妍妍	4,500	0.60			
1128	许朝霞	4,500	0.60			
1129	李　娜	6,000	0.70			
1130	杜芳芳	6,000	0.70			
1131	刘自建	8,000	1.00			
1132	王　巍	8,000	1.00			
1133	段程鹏	8,000	1.00			

在公式中使用两个 MATCH 函数分别针对员工的工号和姓名、基本工资、绩效系数进行独立查找，最终将行号和列号返回给

INDEX 函数，从而返回查询结果。

12. 合并单元格区域中的文本

在工作中，当需要将多个文本连接生成新的文本字符串时，可以使用以下几种方法：

- 使用文本合并运算符“&”。
- 使用 CONCATENATE 函数。
- 使用 PHONETIC 函数。

合并员工姓名和籍贯

如下图所示，在 D 列合并 A 列和 B 列存放的员工姓名和籍贯数据。在 D2:D6 单元格区域中使用以下几个公式，可以实现相同的效果：

```
=A2&B2
=CONCATENATE(A2,B2)
=PHONETIC(A2:B2)
```

D2 =A2&B2

	A	B	C	D	E
1	姓名	籍贯		合并姓名和籍贯	
2	李亮辉	北京		李亮辉北京	
3	林雨馨	北京		林雨馨北京	
4	莫静静	武汉		莫静静武汉	
5	刘乐乐	北京		刘乐乐北京	
6	杨晓亮	廊坊		杨晓亮廊坊	
7					

13. 转换英文大小写

在数据表中，对于英文字母的大小写，可以使用以下 3 种 Excel 函数。

- LOWER 函数：将所有字母转换为小写字母。
- UPPER 函数：将所有字母转换为大写字母。
- PROPER 函数：将所有单词的首字母转换为大写字母。

转换英文品牌名称的大小写

如下图所示，在 C、D、E 列中转换 A 列中录入的英文品牌名称大小写，其中 C2 单元格中的公式为：

```
=UPPER(A2)
```

D2 单元格中的公式为：

```
=LOWER(A2)
```

E2 单元格中的公式为：

```
=PROPER(A2)
```

E2 =PROPER(A2)

	A	B	C	D	E
1	英文名称		转换大写	转换小写	转换首字母大写
2	Versace		VERSACE	versace	Versace
3	Nike		NIKE	nike	Nike
4	Givenchy		GIVENCHY	givenchy	Givenchy
5	Triumph		TRIUMPH	triumph	Triumph
6	CHANEL		CHANEL	chanel	Chanel

14. 提取身份证的信息

居民身份证是一种特殊的数据，其编码规则按排序从左至右依次为：

6 位数字地址码，8 位数字出生日期码，3 位数字顺序码和 1 位校验码

根据以上信息，我们可以在 Excel 中利用函数截取其中的籍贯、出生日期和性别等信息。

提取身份证中的籍贯信息

如下图所示，从身份证中提取籍贯信息，其中 B2 单元格中使用了数组公式：

```
=LOOKUP(VALUE(LEFT(A2,2)),{11,"北京市";12,"天津市";13,"河北省";14,"山西省";15,"内蒙古自治区";21,"辽宁省";22,"吉林省";23,"黑龙江省";31,"上海市";32,"江苏省";33,"浙江省";34,"安徽省";35,"福建省";36,"江西省";37,"山东省";41,"河南省";42,"湖北省";43,"湖南省";44,"广东省";45,"广西壮族自治区";46,"海南省";50,"重庆市";51,"四川省";52,"贵州省";53,"云南省";54,"西藏自治区";61,"陕西省";62,"甘
```

肃省";63,"青海省";64,"宁夏回族自治区";65,"新疆维吾尔自治区";71,"台湾省";81,"香港特别行政区";82,"澳门特别行政区";"","0"})

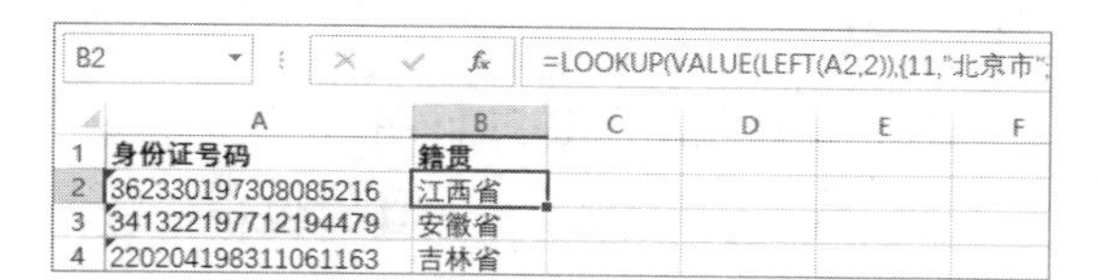

B2　=LOOKUP(VALUE(LEFT(A2,2)),{11,"北京市";

	A	B	C	D	E	F
1	身份证号码	籍贯				
2	362330197308085216	江西省				
3	341322197712194479	安徽省				
4	220204198311061163	吉林省				

以上公式提取身份证的前两位数字，然后使用 LOOKUP 函数进行匹配。

提取身份证中的出生日期信息

身份证中从第 7 位开始的 8 位数字代表出生日期，因此可以使用以下公式提取身份证中的出生日期：

=DATE(MID(A2,7,4),MID(A2,11,2),MID(A2,13,2))

B2　=DATE(MID(A2,7,4),MID(A2,11,2),MID(A2,13,2))

	A	B	C	D	E
1	身份证号码	出生日期			
2	362330197308085216	1973年8月8日			
3	341322197712194479	1977年12月19日			
4	220204198311061163	1983年11月6日			

或者

=TEXT(MID(A2,7,8),"0-00-00")

B2　=TEXT(MID(A2,7,8),"0-00-00")

	A	B	C	D	E
1	身份证号码	出生日期			
2	362330197308085216	1973-08-08			
3	341322197712194479	1977-12-19			
4	220204198311061163	1983-11-06			

提取身份证中的性别信息

身份证中的第 17 位数字，偶数代表女性，奇数代表男性。可以使用以下公式提取身份证中的性别信息。

=IF(MOD(MID(A2,17,1),2),"男","女")

B2　=IF(MOD(MID(A2,17,1),2),"男","女")

	A	B	C	D	E
1	身份证号码	性别			
2	362330197308085216	男			
3	341322197712194479	男			
4	220204198311061163	女			

或者

=TEXT(-1^MID(A2,17,1),"女;男")

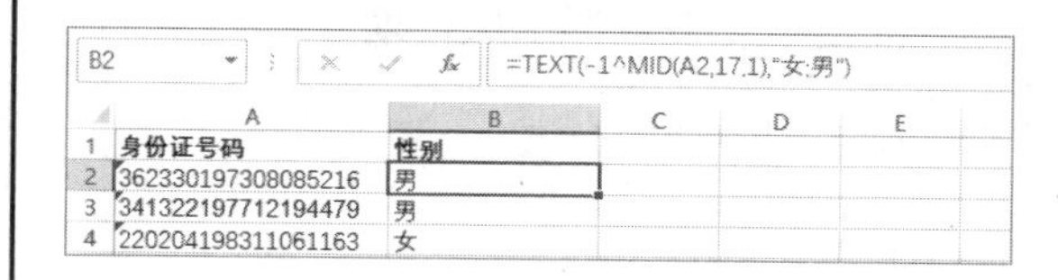

B2　=TEXT(-1^MID(A2,17,1),"女;男")

	A	B	C	D	E
1	身份证号码	性别			
2	362330197308085216	男			
3	341322197712194479	男			
4	220204198311061163	女			

提取身份证中的年龄信息

当前年份减去出生年份即为我们每个人的年龄。利用以下公式，即可提取身份证中的年龄信息：

=DATEDIF(E2,TODAY(),"y")

C2　=DATEDIF(B2,TODAY(),"y")

	A	B	C	D	E
1	身份证号码	出生日期	年龄		
2	362330197308085216	1973/8/8	45		
3	341322197712194479	1977/12/19	40		
4	220204198311061163	1983/11/6	34		

15. 快速生成动态的当前日期和时间

在 Excel 中，用户虽然可以使用 Ctrl+;组合键和 Ctrl+Shift+;组合键快速输入当前的日期和时间，但是这样输入的日期和时间在单元格中是不会发生改变的。使用以下公式，则可以在单元格中返回当前日期和时间的同时，根据系统时间实时更新数据。

生成当前日期的公式：

=TODAY()

生成当前日期和时间的公式：

=NOW()

以上两个函数都是“易失性函数”，每次当用户编辑任意单元格或者重新打开包含公式的工作簿时，公式都会重新计算，返回当前系统的日期和时间。

16. 生成指定的日期

Excel 中的 DATE 函数使用非常灵活，

可以根据用户指定的年份数、月份数和日期数返回具体的日期序列。

根据单元格数据生成日期

在下图中使用公式：

```
=DATE(A2,B2,C2)
```

可以在 D 列返回 A、B、C 列分别输入的年、月、日的日期值。

D2 =DATE(A2,B2,C2)

	A	B	C	D	E	F	G
1	年	月	日	日期			
2	2028	11	27	2028/11/27			
3	2029	6	8	2029/6/8			
4	2030	8	9	2030/8/9			
5	2028	9	1	2028/9/1			
6	2031	10	11	2031/10/11			

如果用户需要在 D2 单元格中根据 A2、B2、C2 单元格中的数据得到下个月的日期，还可以使用公式：

```
=DATE(A2,B2+1,C2)
```

17. 从日期提取数据

YEAR 函数、MONTH 函数和 DAY 函数可以从用户指定的日期序列中提取对应的年份、月份和日期值。

提取日期中的年、月、日

在下图所示的 B、C、D 列中使用以下公式分别返回年、月、日。

D2 =DAY(A2)

	A	B	C	D	E	F	G
1	日期	年	月	日			
2	2012/3/15	2012	3	15			
3	2013/8/12	2013	8	12			
4	2014/6/1	2014	6	1			
5	2008/12/10	2008	12	10			
6	2013/3/5	2013	3	5			

返回年的公式：

```
=YEAR(A2)
```

返回月的公式：

```
=MONTH(A2)
```

返回日的公式：

```
=DAY(A2)
```

18. 计算指定条件的日期

利用 DATE 函数，用户还可以根据数据表中的日期，计算指定年后的日期数据。

计算员工退休日期

如下图所示，在员工信息表中，计算员工的退休日期(以男性 60 岁退休，女性 55 岁退休为例)，其中 H2 单元格中的公式为：

```
=DATE(LEFT(E2,4)+IF(C2="男",60,55),MID(E2,5,2),RIGHT(E2,2)+1)
```

H2 =DATE(LEFT(E2,4)+IF(C2="男",60,55),MID(E2,5,2),RIGHT(E2,2)+1)

	A	B	C	D	E	F	G	H	I
1	工号	姓名	性别	籍贯	出生日期	入职日期	学历	退休日期	
2	1121	李亮辉	男	北京	19880501	2020/9/3	本科	2048/5/2	
3	1122	林雨馨	女	北京	19980301	2018/9/3	本科	2053/3/2	
4	1123	莫静静	女	北京	20001212	2018/9/3	专科	2055/12/13	
5	1124	刘乐乐	女	北京	19870902	2018/9/3	本科	2042/9/3	

以上公式中利用文本提取函数从 E2 单元格的出生日期中分别提取年、月、日，同时根据年龄的要求，公式对员工性别进行了判断，从而确定应该增加的年龄数，最后利用 DATE 函数生成最终的退休日期。

7.7.4 查询函数的使用说明

Excel 中提供了大量可以提高工作效率的函数，除了常用函数外，逐一记住每一种函数的参数与使用方法对于一般用户而言并不是一件很容易的事。但如果能掌握查询函数使用说明的方法，则可以在工作中达到事半功倍的效果。

选择【文件】选项卡，单击【选项】选项，在打开的【Excel 选项】对话框中选中【高级】选项中的【显示函数屏幕提示】复选框，可以设置在编辑 Excel 公式时，显示公式中函数的必要参数。

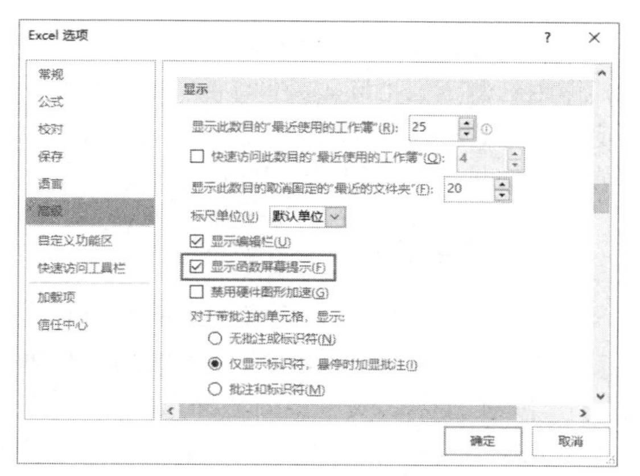

此时，当用户输入函数名称及紧跟其后的左括号时，编辑栏中将自动显示下图所示的函数屏幕提示工具条，提示用户函数语法中的参数名称、可选参数或必需参数。

函数屏幕提示

=DATE(

DATE(**year**, month, day)

出生日期	入职日期	学历	退休日期
19880501	2020/9/3	本科	E(
19980301	2018/9/3	本科	2053/3/2
20001212	2018/9/3	专科	2055/12/13
19870902	2018/9/3	本科	2042/9/3

以上提示信息中包含了当前输入的函数名称以及完成该函数所需要的参数，输入 DATE 函数包含 year、month 和 day 这 3 个参数，当前光标所在位置的参数(如图中所显示的 year 参数)以加粗字体显示。

如果公式中已经填入了函数参数，单击【函数屏幕提示】工具条中的某个参数名称时，将选中该参数所在的部分。

单击某个参数

=DATE(LEFT(E2,4)+IF(C2="男",60,55),MID(E2,5,2),RIGHT(E2,2)+1)

IF(**logical_test**, [value_if_true], [value_if_false])

出生日期	入职日期	学历	退休日期
19880501	2020/9/3	本科	=DATE(LEFT(
19980301	2018/9/3	本科	2053/3/2
20001212	2018/9/3	专科	2055/12/13
19870902	2018/9/3	本科	2042/9/3

单击【函数屏幕提示】工具条上的函数名称，将打开【Excel 帮助】窗口。

=DATE(LEFT(E2,4)+IF(C2="男",60,55),MID(E2,5,2),RIGHT(E2,2)+1)

IF(**logical_test**, [value_if_true], [value_if_false])

出生日期	入职日期	学历	退休日期
19880501	2020/9/3	本科	=DATE(LEFT(
19980301	2018/9/3	本科	2053/3/2
20001212	2018/9/3	专科	2055/12/13
19870902	2018/9/3	本科	2042/9/3

单击函数名称

在【Excel 帮助】窗口中，用户可以快速获取函数的参数、使用方法等帮助信息。

7.8　使用命名公式——名称

在 Excel 中，名称是一种比较特殊的公式，多数由用户自行定义，也有部分名称可以随创建列表、设置打印区域等操作自动产生。

1. 名称的概念

作为一种特殊的公式，名称也是以"="开始，可以由常量数据、常量数组、单元格引用、函数与公式等元素组成，并且每个名称都具有唯一的标识，可以方便地在其他名称或公式中使用。与一般公式有所不同的是，普通公式存在于单元格中，名称保存在工作簿中，并在程序运行时存在于 Excel 的内存中，通过其唯一标识(名称的命名)进行调用。

2. 名称的作用

在 Excel 中合理地使用名称，可以方便地编写公式，主要有以下几个作用。

- 增强公式的可读性：例如，将存放在 B4：B7 单元格区域的考试成绩定义为"语文"，使用以下两个公式都可以求语文的平均成绩，显然公式 1 比公式 2 更易于理解。

公式 1：

```
=AVERAGE(语文)
```

公式 2:

```
=AVERAGE(B4：B7)
```

▶ 方便公式的统一修改：例如，在工资表中有多个公式都使用 2000 作为基本工资来乘以不同奖金系数进行计算，当基本工资额发生改变时，要逐个修改相关公式将较为烦琐。如果定义一个【基本工资】的名称并带入到公式中，则只需修改名称即可。

▶ 可替代需要重复使用的公式：在一些比较复杂的公式中，可能需要重复使用相同的公式段进行计算，这会导致整个公式冗长，不利于阅读和修改，例如：

```
=IF(SUM($B4:$B7)=0,0,G2/SUM($B4:$B7))
```

将以上公式中的 SUM($B4:$B7)部分定义为“库存”，则公式可以简化为：

```
=IF(库存=0,0,G2/库存)
```

▶ 可替代单元格区域存储常量数据：在一些查询计算中，常常使用关系对应表作为查询依据。可使用常量数组定义名称，这省去了单元格存储空间，避免删除或修改等误操作导致关系对应表的缺失或者变动。

▶ 可解决数据有效性和条件格式中无法使用常量数组、交叉引用问题：在数据有效性和条件格式中使用公式，程序不允许直接使用常量数组或交叉引用(即使用交叉运算符空格获取单元格区域交集)，但可以将常量数组或交叉引用部分定义为名称，然后在数据有效性和条件格式中进行调用。

▶ 可以解决工作表中无法使用宏表函数的问题：宏表函数不能直接在工作表单元格中使用，必须通过定义名称来调用。

3. 名称的级别

有些名称在一个工作簿的所有工作表中都可以直接调用，而有些名称只能在某一个工作表中直接调用。这是由于名称的级别不同，其作用的范围也不同。类似于在 VBA 代码中定义全局变量和局部变量，Excel 的名称可以分为工作簿级名称和工作表级名称。

工作簿级名称

一般情况下，用户定义的名称都能够在同一工作簿的各个工作表中直接调用，称为“工作簿级名称”或“全局名称”。例如，在工资表中，某公司采用固定基本工资和浮动岗位、奖金系数的薪酬制度。基本工资仅在有关工资政策变化时才进行调整，而岗位系数和奖金系数则变动较为频繁。因此需要将基本工资定义为名称进行维护。

【例 7-11】在“工资表”中创建一个名为“基本工资”的工作簿级名称。
视频+素材 (素材文件\第 07 章\例 7-11)

step 1 打开工作簿后，选择【公式】选项卡，在【定义的名称】命令组中单击【定义名称】按钮。

step 2 打开【新建名称】对话框，在【名称】文本框中输入【基本工资】，在【引用位置】文本框中输入=3000，单击【确定】按钮。

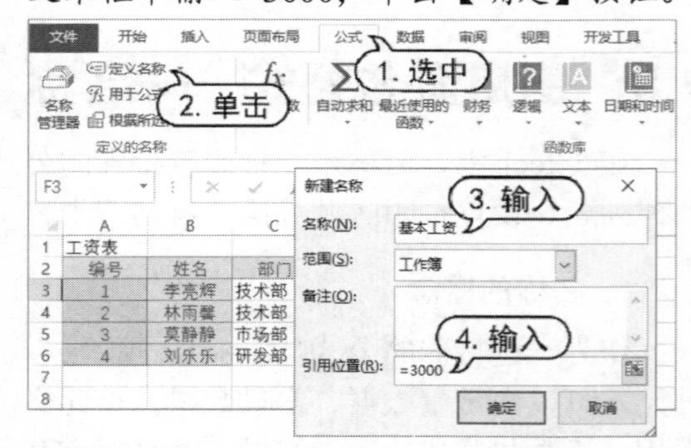

step 3 选择 E3：E6 单元格区域，在编辑栏中执行以下公式：

```
=基本工资*D3
```

step 4 选择 E3：E6 单元格区域，选择【开始】选项卡，在【剪贴板】命令组中单击【复制】按钮，选择 G3：G6 单元格区域，单击

【粘贴】按钮。

G3　　=基本工资*F3

	A	B	C	D	E	F	G
1	工资表						
2	编号	姓名	部门	岗位系数	岗位工资	奖金系数	奖金
3	1	李亮辉	技术部	2	6000	0.66	1980
4	2	林雨馨	技术部	2	6000	0.66	1980
5	3	莫静静	市场部	2.5	7500	0.85	2550
6	4	刘乐乐	研发部	3	9000	1.05	3150
7							

在【新建名称】对话框的【名称】文本框中的字符表示名称的命名，在【范围】下拉列表中可以选择工作簿和具体工作表两种级别，【引用位置】文本框用于输入名称的值或定义公式。

在公式中调用其他工作簿中的全局名称，表示方法为：

工作簿全名+半角感叹号+名称

例如，若用户需要调用“工资表.xlsx”中的全局名称“基本工资”，应使用：

=工资表.xlsx!基本工资

工作表级名称

当名称仅能在某一个工作表中直接调用时，所定义的名称为工作表级名称，又称为“局部名称”。如下图所示的【新建名称】对话框中，单击【范围】下拉列表，在弹出的下拉列表中可以选择定义工作级名称所适用的工作表。

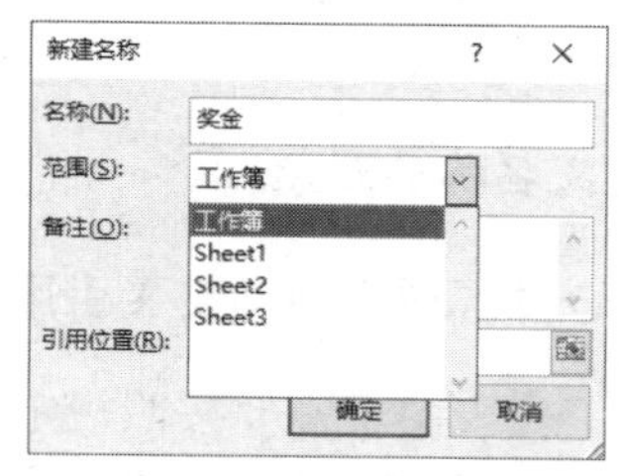

在公式中调用工作表级名称的表示方法如下：

工作表名+半角感叹号+名称

Excel 允许工作表级、工作簿级名称使用相同的命名。当存在同名的工作表级和工作簿级名称时，在工作表级名称所在的工作表中，调用的名称为工作表级名称，在其他工作表中调用的为工作簿级名称。

4. 名称的限制

在实际工作中，有时当用户定义名称时，将打开【名称无效】对话框，这是因为在 Excel 中对名称的命名没有遵循其限定的规则。

- 名称的命名可以是任意字母与数字组合在一起，但不能以纯数字命名或以数字开头，如 1Abc 就是无效的名称，可以在字母前面加上下画线，如以 1_Abc 命名。
- 不能以字母 R、C、r、c 作为名称命名，因为 R、C 在 R1C1 引用样式中表示工作表的行、列，不能与单元格地址相同，如 B3、USA1 等。
- 不能使用除下画线、点号和反斜线以外的其他符号，不能使用空格，允许用问号，但不能作为名称的开头，如可以用“Name？”。
- 字符不能超过 255 个字符，一般情况下，名称的命名应该便于记忆并且尽量简短，否则就违背了定义名称功能的目的。
- 字母不区分大小写，例如 NAME 与 name 是同一个名称。

此外，名称作为公式的一种存在形式，同样受到函数与公式关于嵌套层数、参数个数、计算精度等方面的限制。从使用名称的目的上看，名称应尽量更直观地体现其所引用数据或公式的含义，不宜使用可能产生歧义的名称，尤其是使用较多名称时，如果命名过于随意，则不便于名称的统一管理和对公式的解读与修改。

7.8.1　定义名称

下面将介绍在 Excel 中定义名称的方法和对象。

1. 定义名称的方法

在 Excel 中定义名称有以下几种方法。

在【新建名称】对话框中定义名称

Excel 提供了以下几种方法可以在【新建名称】对话框中定义名称。

- 选择【公式】选项卡，在【定义的名称】命令组中单击【定义名称】按钮。
- 选择【公式】选项卡，在【定义的名称】命令组中单击【名称管理器】按钮，打开【名称管理器】对话框后单击【新建】按钮。
- 按下 Ctrl+F3 组合键打开【名称管理器】对话框，然后单击【新建】按钮。

使用名称框快速创建名称

以下图所示的工作表为例，选中 A3：A6 单元格区域，将鼠标指针放置在【名称框】中，将其中的内容修改为编号，并按下 Enter 键，即可将 A3:A6 单元格区域的名称定义为“编号”。

在名称框中直接创建名称

编号 | 1

	A	B	C	D	E
1	工资表				
2	编号	姓名	部门	岗位系数	岗位工资
3	1	李亮辉	技术部	2	6000
4	2	林雨馨	技术部	2	6000
5	3	莫静静	市场部	2.5	7500
6	4	刘乐乐	研发部	3	9000
7					
8					

使用【名称框】可以方便地将单元格区域定义为名称，默认为工作簿级名称，若用户需要定义工作表级名称，需要在名称前加工作表名和感叹号。

Sheet1!编号 | 1

	A	B	C	D	E
1	工资表				
2	编号	姓名	部门	岗位系数	岗位工资
3	1	李亮辉	技术部	2	6000
4	2	林雨馨	技术部	2	6000
5	3	莫静静	市场部	2.5	7500
6	4	刘乐乐	研发部	3	9000
7					
8					

根据所选内容批量创建名称

如果用户需要对表格中的多行单元格区域按标题、列定义名称，可使用以下方法。

step 1 选择“工资表”中的 A2：C6 单元格区域，选择【公式】选项卡，在【定义的名称】命令组中单击【根据所选内容创建】按钮，或者按下 Ctrl+Shift+F3 组合键。

step 2 打开【以选定区域创建名称】对话框，选中【首行】复选框并取消其他复选框的选中状态，然后单击【确定】按钮。

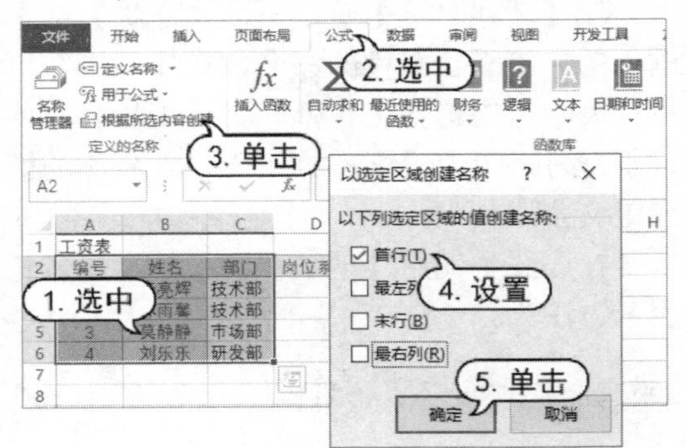

step 3 选择【公式】选项卡，在【定义的公式】命令组中单击【名称管理器】按钮，打开【名称管理器】对话框，可以看到以【首行】单元格中的内容命名的 3 个名称。

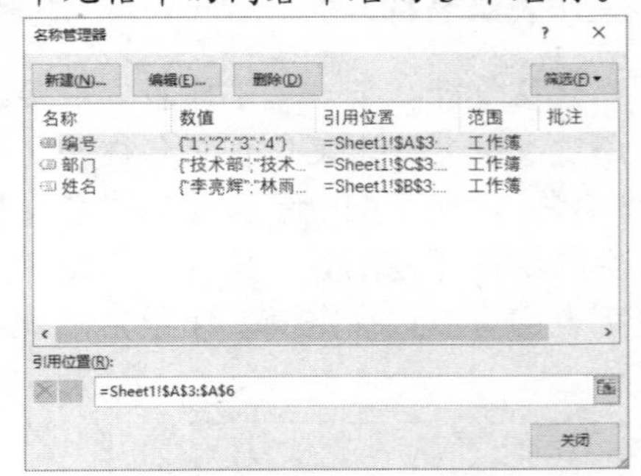

2. 定义名称的对象

使用合并区域引用和交叉引用

有些工作表由于需要按照规定的格式，把计算的数据存放在不连续的多个单元格区域中，在公式中直接使用合并区域引用会让公式的可读性变弱。此时可以将其定义为名称来调用。

【例 7-12】在降雨量统计表中，通过 H5:H8 单元格区域统计降雨量的最高值、最低值、平均值以及降雨天数。

视频+素材 (素材文件\第 07 章\例 7-12)

step① 按住 Ctrl 键，选中 B3：B12、D3：D12、F3：F12 单元格区域和 H3 单元格，单击【公式】选项卡【定义的名称】命令组中的【定义名称】按钮，打开【新建名称】对话框，在名称框中输入“降雨量”，在【引用位置】文本框中输入以下公式：

```
=Sheet1!$B$3,
Sheet1!$B$3:$B$12,Sheet1!$D$3:$D$12,Sheet1!$F$3
:$F$12,Sheet1!$H$3
```

然后单击【确定】按钮。

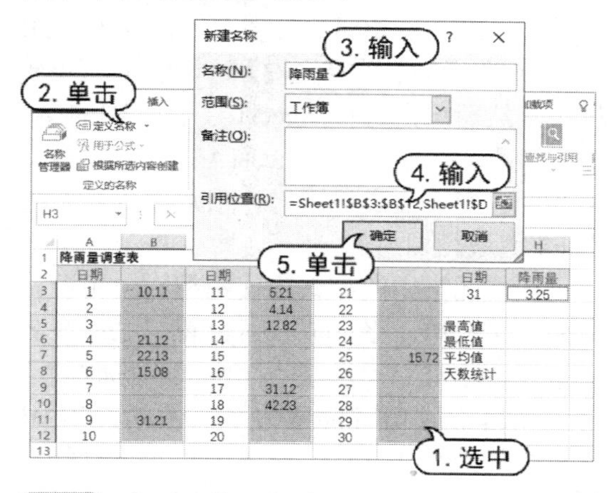

step② 在 H5 单元格中输入公式：

```
=MAX(降雨量)
```

step③ 在 H6 单元格中输入公式：

```
=MIN(降雨量)
```

step④ 在 H7 单元格中输入公式：

```
=AVERAGE(降雨量)
```

step⑤ 在 H8 单元格中输入公式：

```
=COUNT(降雨量)
```

step⑥ 完成以上公式的执行后，即可在 H5:H8 单元格区域中得到相应的结果。

在名称中使用交叉运算符(单个空格)的方法与在单元格的公式中一样，例如要定义一个名称“降雨量”，使其引用 Sheet1 工作表的 B3：B12、D3：D12 单元格区域，打开【新建名称】对话框，在【引用位置】文本中输入：

```
=Sheet1!$B$3:$B$12 Sheet1!$D$3:$D$12
```

或者单击【引用位置】文本框后的按钮，选取 B3:B12 单元格区域，自动将=Sheet1!$B$3:$B$12 应用到文本框，按下空格键输入一个空格，再使用鼠标选取 D3: D12 单元格区域，单击【确定】按钮退出对话框。

使用常量

如果用户需要在整个工作簿中多次重复使用相同的常量，如产品利润率、增值税率、基本工资额等，将其定义为一个名称并在公式中使用名称，就可以使公式的修改、维护变得方便。

例如，在某公司的经营报表中，需要在多个工作表的多处公式中计算税额(3%税率)，当这个税率发生变动时，可以定义一个名称“税率”以便公式的调用和修改。

step① 选择【公式】选项卡，在【定义的名称】命令组中单击【定义名称】按钮，打开【新建名称】对话框。

step② 在【名称】文本框中输入【税率】，在【引用位置】文本框中输入：

```
=3%
```

step③ 在【备注】文本框中输入备注内容“税率为 3%”然后单击【确定】按钮即可。

使用常量数组

在单元格中存储查询所需的常用数据，可能会影响工作表的美观，并且会由于误操作(例如删除行、列操作，或者数据单元格区域选取时不小心按到键盘造成的数据意外修改等)导致查询结果的错误。这时，可以在公式中使用常量数组或定义名称让公式更易于阅读和维护。

【例 7-13】销售产品按单批检验的不良率评定质量等级，其标准不良率小于 1.5%、5%、10%的分别算特级、优质、一般，达到或超过 10%的为劣质。

视频+素材 (素材文件\第 07 章\例 7-13)

step 1 打开工作表后，选择【公式】选项卡，在【定义的名称】命令组中单击【定义名称】按钮，打开【新建名称】对话框。

step 2 在【名称】文本框中输入“评定”，在【引用位置】文本框中输入以下等号和常量数组，单击【确定】按钮：

```
={0,"特级";1.5,"优质";5,"一般";10,"劣质"}
```

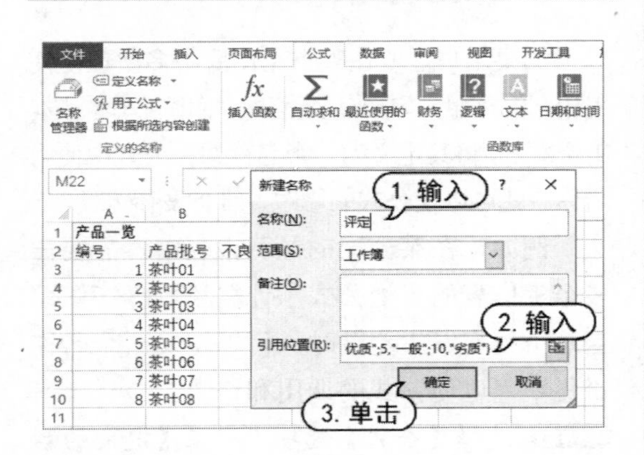

step 3 在 D3 单元格中输入如下公式：

```
=LOOKUP(C3*100,评定)
```

其中，C3 单元格为百分比数值，因此需要*100 后查询。

step 4 双击填充柄，向下复制到 D10 单元格，即可得到如下图所示的结果。

3. 定义名称的技巧

相对引用和混合引用定义名称

在名称中使用鼠标选取方式输入单元格引用时，默认使用带工作表名称的绝对引用方式，例如单击【引用位置】文本框右侧的按钮，然后单击选择 Sheet1 工作表中的 A1 单元格，相当于输入=Sheet1A$1。当需要使用相对引用或混合引用时，用户可以通过按下 F4 键进行切换。

在单元格中的公式内使用相对引用，是与公式所在单元格形成相对位置关系；在名称中使用相对引用，则是与定义名称时的活动单元格形成相对位置关系。例如，当 B1 单元格是当前活动单元格时创建名称“降雨量”，定义中使用公式并相对引用 A1 单元格，则在 C1 单元格输入“=降雨量”时，是调用 B1 单元格而不是 A1 单元格。

省略工作表名定义名称

默认情况下，在【新建名称】对话框的【引用位置】文本框中使用鼠标指定单元格引用时，将以带工作表名称的完整的绝对引用方式生成定义公式，例如：

```
=三季度 !A$$1
```

当需要在不同工作表内引用各自表中的某个特定单元格区域，也需要引用各自表中的 A1 单元格时，可以使用“省略工作表名的单元格引用”方式来定义名称，即手工删除工作表名但保留感叹号，实现“工作表名”的相对引用。

定义永恒不变引用的名称

在名称中对单元格区域的引用，即使是绝对引用，也可能因为数据所在单元格区域的插入行(列)、删除行(列)、剪切操作等而发生改变，导致名称与实际期望引用的区域不相符。

如下图所示，将单元格 D4: D7 定义为名称“语文”，默认为绝对引用。

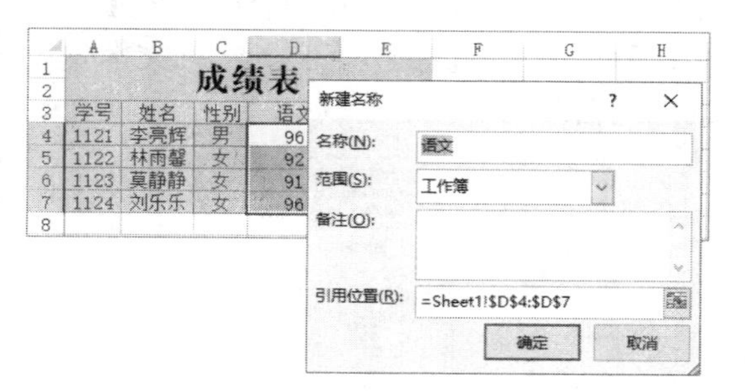

将第 5 行整行剪切后，在第 7 行后执行【插入剪切的单元格】命令，再打开【名称管理器】对话框，就会发现“语文”引用的单元格区域由 D4: D7 变为了 D4: D6。

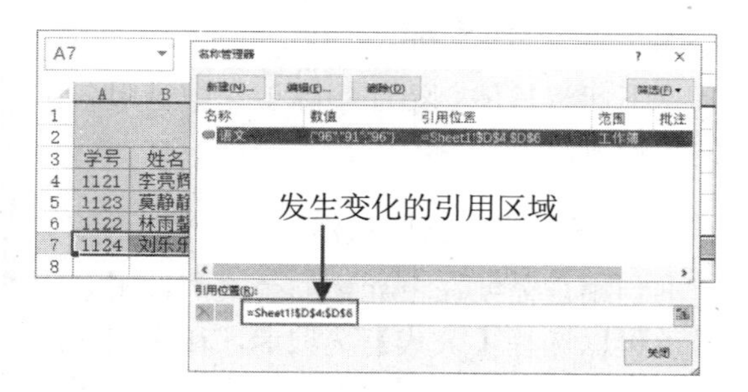

如果用户需要永恒不变地引用“学生成绩表”工作表中的 D4: D7 单元格区域，可以将名称“语文”的【引用位置】改为:

```
=INDIRECT("学生成绩表!D4:D7")
```

如果希望这个名称能够在各个工作表分别引用各自的 D3: D7 单元格区域，可以将“语文”的【引用位置】改为:

```
=INDIRECT("D3:D7")
```

7.8.2 管理名称

Excel 2016 提供“名称管理器”功能，可以帮助用户方便地进行名称的查询、修改、筛选、删除操作。

1. 修改名称的命名

在 Excel 2016 中，选择【公式】选项卡，在【定义的名称】命令组中单击【名称管理器】按钮，或者按下 Ctrl+F3 组合键，可以打开【名称管理器】对话框。在该对话框中选择名称，单击【编辑】按钮，可以打开【编辑名称】对话框，在【名称】文本框中修改名称的命名。

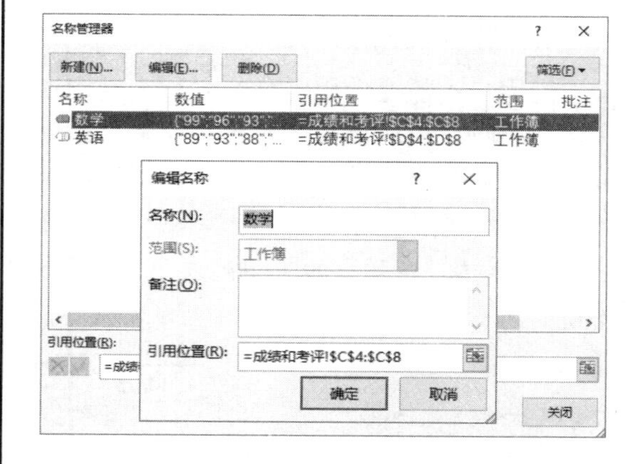

完成名称命名的修改后，在【编辑名称】对话框中单击【确定】按钮，返回【名称管理器】对话框，单击【关闭】按钮即可。

2. 修改名称的引用位置

与修改名称的命名操作相同，如果用户需要修改名称的引用位置，可以打开【编辑名称】对话框，在【引用位置】文本框中输入新的引用位置公式即可。

在编辑【引用位置】文本框中的公式时，按下方向键或 Home、End 以及用鼠标单击单元格区域，都会将光标激活的单元格区域以绝对引用方式添加到【引用位置】的公式中。这是由于【引用位置】编辑框在默认状

态下是“点选”模式，按下方向键只是对单元格进行操作。按下 F2 键切换到“编辑”模式，就可以在编辑框的公式中移动光标，修改公式。

3. 修改名称的级别

如果用户需要将工作表级名称更改为工作簿级名称，可以打开【编辑名称】对话框，复制【引用位置】文本框中的公式，然后单击【名称管理器】对话框中的【新建】按钮，新建一个同名不同级别的名称，然后单击【删除】按钮将旧名称删除。反之，工作簿级名称修改为工作表级名称也可以使用相同的方法来实现。

4. 筛选和删除错误名称

当用户不需要使用名称或名称出现错误无法使用时，可以在【名称管理器】对话框中进行筛选和删除操作，具体方法如下。

step 1 打开【名称管理器】对话框，单击【筛选】下拉按钮，在弹出的下拉列表中选择【有错误的名称】选项。

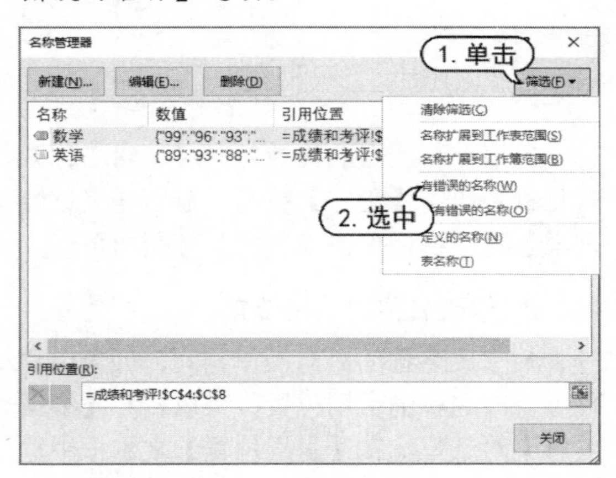

step 2 此时，在筛选后的名称管理器中，将显示存在错误的名称。选中该名称，单击【删除】按钮，再单击【关闭】按钮即可。

此外，在名称管理器中用户还可以通过筛选，显示工作簿级名称或工作表级名称、定义的名称或表名称。

5. 在单元格中查看名称中的公式

在【名称管理器】对话框中，虽然用户也可以查看各名称使用的公式，但受限于对话框，有时并不方便显示整个公式。用户可以将定义的名称全部罗列在单元格中并显示出来。

如下图所示，选择需要显示公式的单元格，按下 F3 键或者选择【公式】选项卡，在【定义的名称】命令组中单击【用于公式】下拉按钮，从弹出的下拉列表中选择【粘贴名称】选项，将以一列名称、一列文本公式的形式粘贴到单元格区域中。

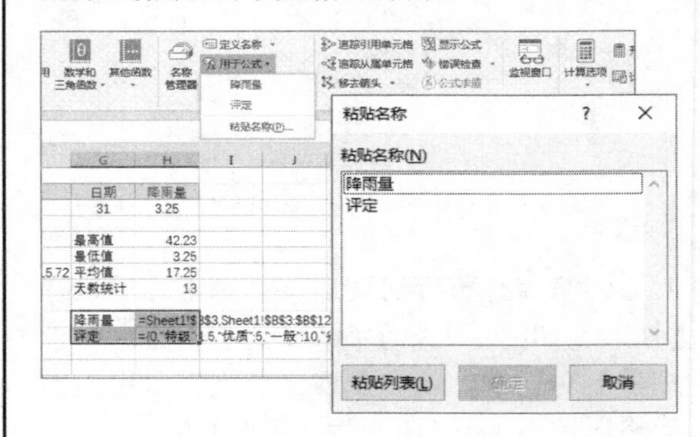

7.8.3 使用名称

下面将具体介绍在实际工作中调用名称的各种方法。

1. 在公式中使用名称

当用户需要在单元格的公式中调用名称时，可以选择【公式】选项卡，在【定义的名称】命令组中单击【用于公式】下拉按钮，在弹出的下拉列表中选择相应的名称，也可以在公式编辑状态下手动输入，名称也将出现在“公式记忆式键入”列表中。

例如，工作簿中定义了营业税的税率名称为“营业税的税率”，在单元格中输入其开头“营业”或“营”，该名称即可出现在【公式记忆式键入】列表中。

2. 在图表中使用名称

Excel 支持使用名称来绘制图表，但在制定图表数据源时，必须使用完整的名称格式。例如，在名为“降雨量调查表”的工作簿中定义了工作簿级名称“降雨量”。在【编辑数据系列】对话框的【系列值】编辑框中，输入完整的名称格式，即工作簿名+感叹号+名称，如下图所示。

=降雨量调查表.xlsx!降雨量

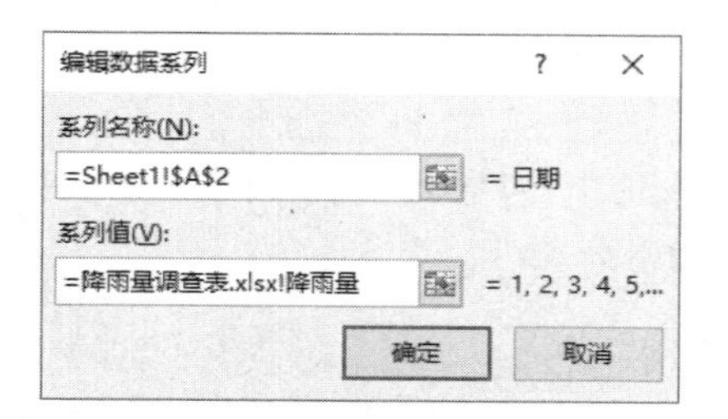

如果直接在【系列值】文本框中输入“=降雨量”，将弹出如下图所示的警告对话框。

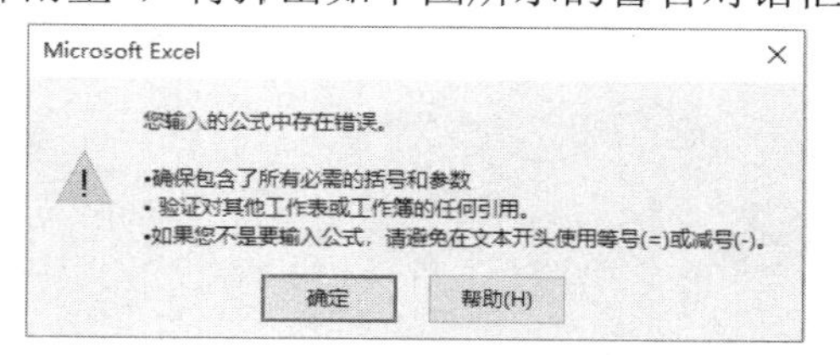

3. 在条件格式和数据有效性中使用名称

条件格式和数据有效性在实际办公中应用非常广泛，但它们不支持直接使用常量数组、合并区域引用和交叉引用，因此用户必须先定义为名称后，再进行调用。

7.9　案例演练

本章的案例演练部分将介绍在 Excel 中使用公式和函数的一些常见案例，用户可以通过案例操作巩固所学的知识。

【例 7-14】使用 IF 函数、NOT 函数和 OR 函数考评和筛选数据。

视频+素材　(素材文件\第 07 章\例 7-14)

step 1　新建一个名为“成绩统计”的工作簿，然后重命名 Sheet1 工作表为“考评和筛选”，并在其中创建数据。

	A	B	C	D	E	F	G
1	成绩统计						
2	姓名	是否获奖	数学	英语	物理	成绩考评	筛选
3	李亮辉	是	99	89	96		
4	林雨馨	否	96	93	95		
5	莫静静	否	93	88	96		
6	刘乐乐	是	97	93	96		
7	杨晓亮	否	91	87	70		
8	张珺涵	否	70	85	96		
9	姚妍妍	否	93	78	91		
10	许朝霞	否	78	91	82		
11	李　娜	否	98	89	88		
12	杜芳芳	否	93	96	90		
13	刘自建	否	88	87	72		
14	王　巍	是	93	90	91		
15	段程鹏	否	90	76	82		
16							

step 2　选中 F3 单元格，在编辑栏中输入公式：

=IF(AND(C3>=80,D3>=80,E3>=80),"达标","没有达标")

step 3　按 Ctrl+Enter 组合键，对“李亮辉”进行成绩考评，满足考评条件，则考评结果为“达标”。

step 4　将光标移至 F3 单元格的右下角，当光标变为实心十字形时，按住鼠标左键向下拖至 F15 单元格，进行公式填充。公式填充后，如果有一门功课成绩小于 80，将返回运算结果“没有达标”。

	A	B	C	D	E	F	G
1	成绩统计						
2	姓名	是否获奖	数学	英语	物理	成绩考评	筛选
3	李亮辉	是	99	89	96	达标	
4	林雨馨	否	96	93	95	达标	
5	莫静静	否	93	88	96	达标	
6	刘乐乐	是	97	93	96	达标	
7	杨晓亮	否	91	87	70	没有达标	
8	张珺涵	否	70	85	96	没有达标	
9	姚妍妍	否	93	78	91	没有达标	
10	许朝霞	否	78	91	82	没有达标	
11	李　娜	否	98	89	88	达标	
12	杜芳芳	否	93	96	90	达标	
13	刘自建	否	88	87	72	没有达标	
14	王　巍	是	93	90	91	达标	
15	段程鹏	否	90	76	82	没有达标	
16							

step 5　选中 G3 单元格，在编辑栏中输入公式：

=NOT(B3="否")

按 Ctrl+Enter 组合键，返回结果 TRUE，筛选竞赛得奖者与未得奖者。

=NOT(B3="否")

B	C	D	E	F	G
成绩统计					
是否获奖	数学	英语	物理	成绩考评	筛选
是	99	89	96	达标	TRUE
否	96	93	95	达标	
否	93	88	96	达标	

step 6　使用相对引用方式复制公式到 G4:G15

单元格区域，如果“是”竞赛得奖者，则返回结果 TRUE；反之，则返回结果 FALSE。

成绩统计						
姓名	是否获奖	数学	英语	物理	成绩考评	筛选
李亮辉	是	99	89	96	达标	TRUE
林雨馨	否	96	93	95	达标	FALSE
莫静静	否	93	88	96	达标	FALSE
刘乐乐	是	97	93	96	达标	TRUE
杨晓亮	否	91	87	70	没有达标	FALSE
张珺涵	否	70	85	96	没有达标	FALSE
姚妍妍	否	93	78	91	没有达标	FALSE
许朝霞	否	78	91	82	没有达标	FALSE
李　娜	否	98	89	88	达标	FALSE
杜芳芳	否	93	96	90	达标	FALSE
刘自建	否	88	87	72	没有达标	FALSE
王　巍	是	93	90	91	达标	TRUE
段程鹏	否	90	76	82	没有达标	FALSE

【例 7-15】使用 SIN 函数、COS 函数和 TAN 函数计算正弦值、余弦值和正切值。

视频+素材 (素材文件\第 07 章\例 7-15)

step 1 新建一个名为“三角函数查询表”的工作簿，并在 Sheet1 中创建数据。

三角函数查询				
角度	弧度	正弦值	余弦值	正切值
10				
15				
20				
25				
30				
35				
40				
45				
50				
55				
60				
65				
70				
75				
80				
85				
90				

step 2 选中 C4 单元格，打开【公式】选项卡，在【函数库】命令组中单击【插入函数】按钮，打开【插入函数】对话框。在【或选择类别】下拉列表中选择【数学与三角函数】选项，在【选择函数】列表框中选择 RADIANS 选项，并单击【确定】按钮。

step 3 打开【函数参数】对话框后，在 Angle 文本框中输入 B4，并单击【确定】按钮。

step 4 此时，在 C4 单元格中将显示对应的弧度值。使用相对引用，将公式复制到 C5:C20 单元格区域中。

三角函数查询				
角度	弧度	正弦值	余弦值	正切值
10	0.174533			
15	0.261799			
20	0.349066			
25	0.436332			
30	0.523599			
35	0.610865			
40	0.698132			
45	0.785398			
50	0.872665			
55	0.959931			
60	1.047198			
65	1.134464			
70	1.22173			
75	1.308997			
80	1.396263			
85	1.48353			
90	1.570796			

step 5 选中 D4 单元格，使用 SIN 函数在编辑栏中输入公式：

```
=SIN(C4)
```

step 6 按 Ctrl+Enter 组合键，计算出对应的正弦值。

step 7 使用相对引用，将公式复制到 D5:D20 区域单元格中。

step 8 选中 E4 单元格，使用 COS 函数在编辑栏中输入公式：

```
=COS(C4)
```

按 Ctrl+Enter 组合键，计算出对应的余弦值。

step 9 使用相对引用，将公式复制到 E5:E20 单元格区域中。

step 10 选中 F4 单元格，使用 TAN 函数在编辑栏中输入公式：

```
=TAN(C4)
```

按 Ctrl+Enter 组合键，计算出对应的正切值。

step 11 使用相对引用，将公式复制到 F5:F20 单元格区域中，完成表格的制作。

【例 7-16】在“贷款借还信息统计”工作簿中使用日期函数统计借还款信息。

视频+素材 (素材文件\第 07 章\例 7-16)

step 1 新建“贷款借还信息统计”工作簿，在 Sheet1 工作表中输入数据。

step 2 选中下图所示的 C3 单元格，打开【公式】选项卡，在【函数库】命令组中单击【插入函数】按钮，打开【插入函数】对话框。在【或选择类别】下拉列表框中选择【日期和时间】选项，在【选择函数】列表框中选择 WEEKDAY 选项，单击【确定】按钮。

C3

	A	B	C	D	E	F
1-2	借款日期	还款日期	星期	天数	占有百分比	是否超过还款期限
3	2017/3/2	2017/3/12				
4	2017/3/3	2017/3/13				
5	2017/3/4	2017/3/14				
6	2017/3/5	2017/3/15				
7	2017/3/6	2017/3/16				
8	2017/3/7	2017/3/17				
9	2017/3/8	2017/3/18				
10	2017/3/9	2017/3/19				
11						

step 3　打开【函数参数】对话框，在 Serial_number 文本框中输入 B3，在 Return_type 文本框中输入 2，单击【确定】按钮，计算出还款日期所对应的星期数为 1，即星期一。

step 4　将光标移至 C3 单元格的右下角，当光标变成实心十字形时，按住鼠标左键向下拖动到 C10 单元格，然后释放鼠标左键，即可进行公式填充，并返回计算结果，计算出还款日期所对应的星期数。

C3　=WEEKDAY(B3, 2)

	A	B	C	D	E
1-2	借款日期	还款日期	星期	天数	占有百分
3	2017/3/2	2017/3/12	7		
4	2017/3/3	2017/3/13	1		
5	2017/3/4	2017/3/14	2		
6	2017/3/5	2017/3/15	3		
7	2017/3/6	2017/3/16	4		
8	2017/3/7	2017/3/17	5		
9	2017/3/8	2017/3/18	6		
10	2017/3/9	2017/3/19	7		
11					
12					

step 5　在 D3 单元格中输入公式：

```
=DATEVALUE("2017/3/12")-DATEVALUE("2017/3/2")
```

step 6　按 Ctrl+Enter 组合键，即可计算出借款日期和还款日期的间隔天数。

D3　=DATEVALUE("2017/3/12")-DATEVALUE("2017/3/2")

	A	B	C	D	E	F	G
1-2	借款日期	还款日期	星期	天数	占有百分比	是否超过还款期限	
3	2017/3/2	2017/3/12	7	10			
4	2017/3/3	2017/3/13	1				
5	2017/3/4	2017/3/14	2				
6	2017/3/5	2017/3/15	3				
7	2017/3/6	2017/3/16	4				
8	2017/3/7	2017/3/17	5				
9	2017/3/8	2017/3/18	6				
10	2017/3/9	2017/3/19	7				
11							

step 7　使用 DAYS360 也可计算出借款日期和还款日期的间隔天数，选中 D4 单元格，在编辑栏中输入以下公式：

```
=DAYS360(A4,B4,FALSE)
```

按 Ctrl+Enter 组合键即可。

D4　=DAYS360(A4, B4, FALSE)

	A	B	C	D	E
1-2	借款日期	还款日期	星期	天数	占有百分比
3	2017/3/2	2017/3/12	7	10	
4	2017/3/3	2017/3/13	1	10	
5	2017/3/4	2017/3/14	2		
6	2017/3/5	2017/3/15	3		
7	2017/3/6	2017/3/16	4		
8	2017/3/7	2017/3/17	5		
9	2017/3/8	2017/3/18	6		
10	2017/3/9	2017/3/19	7		
11					

step 8　使用相对引用方式，计算出所有的借款日期和还款日期的间隔天数。

step 9　在 E3 单元格中输入公式：

```
=YEARFRAC(A3,B3,3)
```

step 10　按 Ctrl+Enter 组合键，即可以“实际天数/365”为计数基准类型计算出借款日期和还款日期之间的天数占全年天数的百分比。

E3　=YEARFRAC(A3, B3, 3)

	A	B	C	D	E
1-2	借款日期	还款日期	星期	天数	占有百分比
3	2017/3/2	2017/3/12	7	10	2.74%
4	2017/3/3	2017/3/13	1	10	
5	2017/3/4	2017/3/14	2	10	
6	2017/3/5	2017/3/15	3	10	
7	2017/3/6	2017/3/16	4	10	
8	2017/3/7	2017/3/17	5	10	
9	2017/3/8	2017/3/18	6	10	
10	2017/3/9	2017/3/19	7	10	
11					
12					

step 11　使用相对引用方式，计算出所有借款日期和还款日期之间的天数占全年天数的百分比。

step 12　在 F3 单元格中输入公式：

```
=IF(DATEDIF(A3,B3,"D")>50,"超过还款日","没有超过还款日")
```

按 Ctrl+Enter 组合键，即可判断还款天数是否超过到期还款日。

step 13　将光标移至 F3 单元格的右下角，当光标变为实心十字形时，按住鼠标左键向下拖动到 F10 单元格，然后释放鼠标，即可进行公式填充，并返回计算结果，判断所有的还款天数是否超过到期还款日。

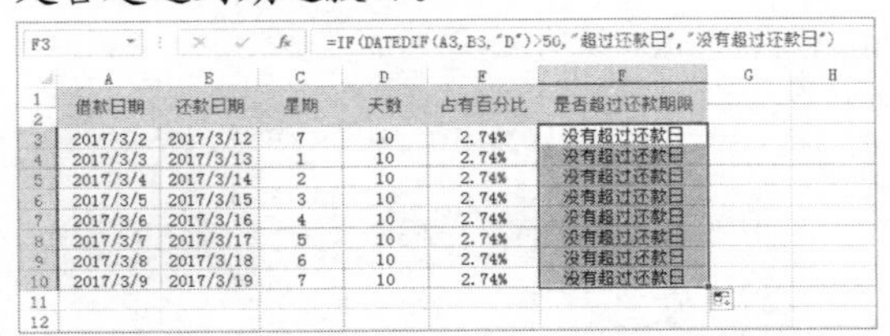

F3 =IF(DATEDIF(A3,B3,"D")>50,"超过还款日","没有超过还款日")

	A	B	C	D	E	F
1–2	借款日期	还款日期	星期	天数	占有百分比	是否超过还款期限
3	2017/3/2	2017/3/12	7	10	2.74%	没有超过还款日
4	2017/3/3	2017/3/13	1	10	2.74%	没有超过还款日
5	2017/3/4	2017/3/14	2	10	2.74%	没有超过还款日
6	2017/3/5	2017/3/15	3	10	2.74%	没有超过还款日
7	2017/3/6	2017/3/16	4	10	2.74%	没有超过还款日
8	2017/3/7	2017/3/17	5	10	2.74%	没有超过还款日
9	2017/3/8	2017/3/18	6	10	2.74%	没有超过还款日
10	2017/3/9	2017/3/19	7	10	2.74%	没有超过还款日

step 14 选中 C12 单元格，在编辑栏中输入如下所示的公式：

```
=TODAY()
```

WEEKDAY =TODAY()

	A	B	C	D	E	F
1–2	借款日期	还款日期	星期	天数	占有百分比	是否超过还款期限
3	2017/3/2	2017/3/12	7	10	2.74%	没有超过还款日
4	2017/3/3	2017/3/13	1	10	2.74%	没有超过还款日
5	2017/3/4	2017/3/14	2	10	2.74%	没有超过还款日
6	2017/3/5	2017/3/15	3	10	2.74%	没有超过还款日
7	2017/3/6	2017/3/16	4	10	2.74%	没有超过还款日
8	2017/3/7	2017/3/17	5	10	2.74%	没有超过还款日
9	2017/3/8	2017/3/18	6	10	2.74%	没有超过还款日
10	2017/3/9	2017/3/19	7	10	2.74%	没有超过还款日
11						
12			=TODAY()			

step 15 按 Ctrl+Enter 组合键，即可计算出当前系统日期。

【例 7-17】利用 RANK 函数求学生成绩总分排名。

视频+素材 (素材文件\第 07 章\例 7-17)

step 1 创建一个空白工作表，然后在该工作表中输入所需的数据。

G6

成绩表

学号	姓名	性别	语文	数学	总成绩	名次
1121	李亮辉	男	96	99	195	
1122	林雨馨	女	92	96	188	
1123	莫静静	女	91	93	184	
1124	刘乐乐	女	96	87	183	
1125	杨晓亮	男	82	91	173	
1126	张珺涵	男	96	90	186	
1127	姚妍妍	女	83	93	176	
1128	许朝霞	女	93	88	181	
1129	李　娜	女	87	98	185	
1130	杜芳芳	女	91	93	184	
1131	刘自建	男	82	88	170	
1132	王　巍	男	96	93	189	
1133	段程鹏	男	82	90	172	

step 2 单击编辑栏上的【插入函数】按钮，打开【插入函数】对话框，并在【选择函数】列表框中选择 RANK.AVG 函数。

step 3 在【插入函数】对话框中单击【确定】按钮，然后在打开的【函数参数】对话框中对函数参数进行设置。

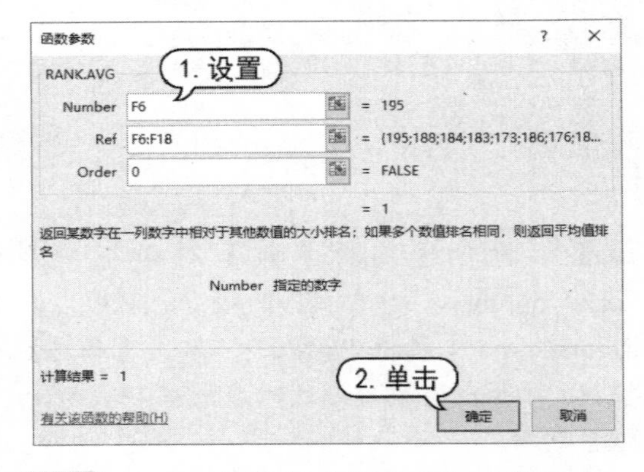

step 4 此时，编辑栏中的公式如下所示：

```
=RANK.AVG(F6,F6:F18,0)
```

=RANK.AVG(F6,F6:F18,0)

成绩表

语文	数学	总成绩	名次
96	99	195	1
92	96	188	

step 5 在【函数参数】对话框中单击【确定】按钮，即可在 G6 单元格中显示函数的运行结果。接下来，向下复制公式，在 G 列显示函数的运行结果。

M20

成绩表

学号	姓名	性别	语文	数学	总成绩	名次
1121	李亮辉	男	96	99	195	1
1122	林雨馨	女	92	96	188	3
1123	莫静静	女	91	93	184	6
1124	刘乐乐	女	96	87	183	7
1125	杨晓亮	男	82	91	173	11
1126	张珺涵	男	96	90	186	4
1127	姚妍妍	女	83	93	176	9
1128	许朝霞	女	93	88	181	8
1129	李　娜	女	87	98	185	5
1130	杜芳芳	女	91	83	174	10
1131	刘自建	男	82	87	169	13
1132	王　巍	男	96	93	189	2
1133	段程鹏	男	82	90	172	12

第 8 章

排序、筛选与汇总数据

在日常工作中，当用户面临海量的数据时，需要对数据按照一定的规律排序、筛选、分类汇总，以从中获取最有价值的信息。此时，熟练地掌握相应的 Excel 功能就显得十分重要。

本章对应视频

例 8-1 在表格中按多条件排序数据

例 8-2 在表格中按颜色排序数据

例 8-3 设置按多个颜色条件排序数据

例 8-4 自定义条件排序表格数据

例 8-5 针对表格区域执行排序操作

例 8-6 针对表格行执行排序操作

例 8-7 筛选数据表中的指定数据

例 8-8 分类汇总表格数据

例 8-9 设置两个表格按照姓名排序

例 8-10 批量筛选表格中的数据

例 8-11 使用快捷键快速汇总数据

8.1 数据表的规范化处理

在 Excel 中对数据进行排序、筛选和汇总之前，用户首先需要按照一定的规范将自己的数据整理在工作表内，形成规范的数据表。Excel 数据表通常由多行、多列的数据组成，其结构如下图所示。

第一行为文本字段的标题，并且没有重复的标题

	A	B	C	D	E	F	G	H	I	J	K
1	工号	姓名	性别	籍贯	出生日期	入职日期	学历	基本工资	绩效系数	奖金	
2	1121	李亮辉	男	北京	2001/6/2	2020/9/3	本科	5,000	0.50	4,750	
3	1122	林雨馨	女	北京	1998/9/2	2018/9/3	本科	5,000	0.50	4,981	
4	1123	莫静静	女	北京	1997/8/21	2018/9/3	专科	5,000	0.50	4,711	
5	1124	刘乐乐	女	北京	1999/5/4	2018/9/3	本科	5,000	0.50	4,982	
6	1125	杨晓亮	男	廊坊	1990/7/3	2018/9/3	本科	5,000	0.50	4,092	
7	1126	张珺涵	男	哈尔滨	1987/7/21	2019/9/3	专科	4,500	0.60	4,671	
8	1127	姚妍妍	女	哈尔滨	1982/7/5	2019/9/3	专科	4,500	0.60	6,073	
9	1128	许朝霞	女	徐州	1983/2/1	2019/9/3	本科	4,500	0.60	6,721	
10	1129	李　娜	女	武汉	1985/6/2	2017/9/3	本科	6,000	0.70	6,872	
11	1130	杜芳芳	女	西安	1978/5/23	2017/9/3	本科	6,000	0.70	6,921	
12	1131	刘自建	男	南京	1972/4/2	2010/9/3	博士	8,000	1.00	9,102	
13	1132	王　巍	男	扬州	1991/3/5	2010/9/3	博士	8,000	1.00	8,971	
14	1133	段程鹏	男	苏州	1992/8/5	2010/9/3	博士	8,000	1.00	9,301	
15											

空列

空行

每列的数据类型都相同

工作表中如果有多个数据表，应用空行或空列分隔

1. 创建规范的数据表

在制作类似上图所示的数据表时，用户应注意以下几点。

- 在表格的第一行(即“表头”)为其对应的一列数据输入描述性文字。
- 如果输入的内容过长，可以使用“自动换行”功能避免列宽增加。
- 表格的每一列输入相同类型的数据。
- 为数据表的每一列应用相同的单元格格式。

2. 使用【记录单】添加数据

在需要为数据表添加数据时，用户可以直接在表格的下方输入，但是当工作表中有多个数据表同时存在时，使用 Excel 的“记录单”功能更加方便。

要执行“记录单”命令，用户可以在选中数据表中的任意单元格后，依次按下 Alt+D+O 组合键，打开下图所示的对话框。

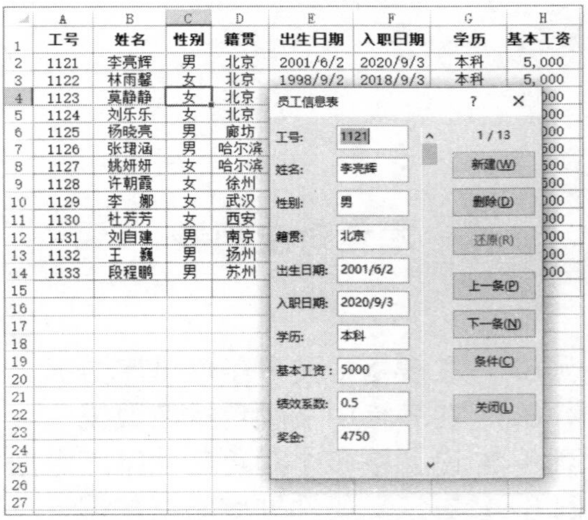

	A	B	C	D	E	F	G	H
1	工号	姓名	性别	籍贯	出生日期	入职日期	学历	基本工资
2	1121	李亮辉	男	北京	2001/6/2	2020/9/3	本科	5,000
3	1122	林雨馨	女	北京	1998/9/2	2018/9/3	本科	5,000
4	1123	莫静静	女	北京				
5	1124	刘乐乐	女	北京				
6	1125	杨晓亮	男	廊坊				
7	1126	张珺涵	男	哈尔滨				
8	1127	姚妍妍	女	哈尔滨				
9	1128	许朝霞	女	徐州				
10	1129	李　娜	女	武汉				
11	1130	杜芳芳	女	西安				
12	1131	刘自建	男	南京				
13	1132	王　巍	男	扬州				
14	1133	段程鹏	男	苏州				

员工信息表

工号: 1121
姓名: 李亮辉
性别: 男
籍贯: 北京
出生日期: 2001/6/2
入职日期: 2020/9/3
学历: 本科
基本工资: 5000
绩效系数: 0.5
奖金: 4750

1 / 13
新建(W)
删除(D)
还原(R)
上一条(P)
下一条(N)
条件(C)
关闭(L)

单击上图所示对话框中的【新建】按钮，将打开数据列表对话框，在该对话框中根据表格中的数据标题输入相关的数据(可按下 Tab 键在对话框中的各个字段之间快速切换)。

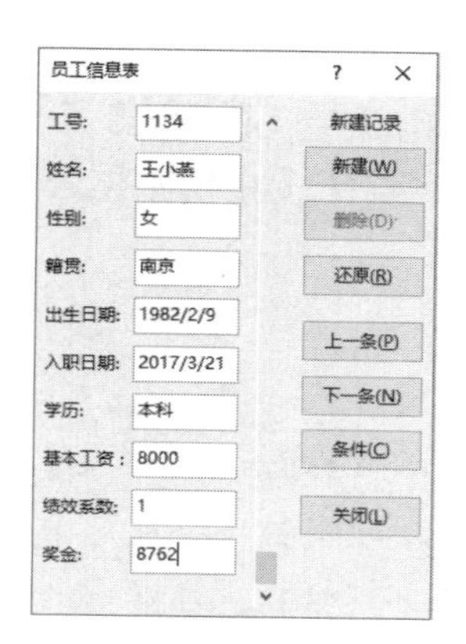

最后，单击【关闭】按钮，即可在数据表中添加新的数据，效果如下。

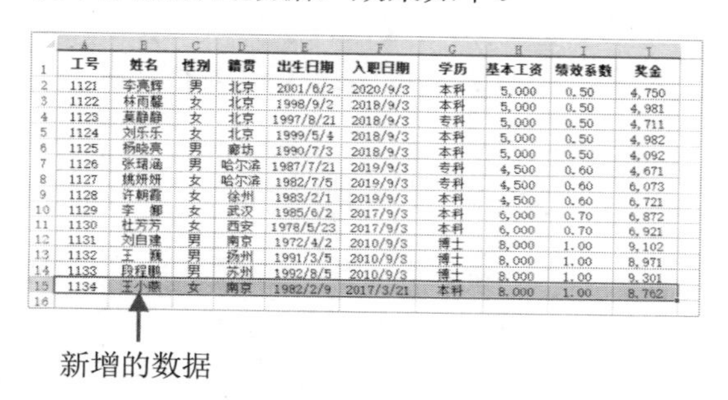

	A	B	C	D	E	F	G	H	I	J
1	工号	姓名	性别	籍贯	出生日期	入职日期	学历	基本工资	绩效系数	奖金
2	1121	李亮辉	男	北京	2001/6/2	2020/9/3	本科	5,000	0.50	4,750
3	1122	林雨馨	女	北京	1998/9/2	2018/9/3	本科	5,000	0.50	4,981
4	1123	莫静静	女	北京	1997/8/21	2018/9/3	专科	5,000	0.50	4,711
5	1124	刘乐乐	女	北京	1999/5/4	2018/9/3	本科	5,000	0.50	4,982
6	1125	杨晓亮	男	廊坊	1990/7/3	2018/9/3	本科	5,000	0.50	4,092
7	1126	张珺涵	男	哈尔滨	1987/7/21	2019/9/3	专科	4,500	0.60	4,671
8	1127	姚妍妍	女	哈尔滨	1982/7/5	2019/9/3	专科	4,500	0.60	6,073
9	1128	许朝霞	女	徐州	1983/2/1	2019/9/3	本科	4,500	0.60	6,721
10	1129	李　娜	女	武汉	1985/6/2	2017/9/3	本科	6,000	0.70	6,872
11	1130	杜芳芳	女	西安	1978/5/23	2017/9/3	本科	6,000	0.70	6,921
12	1131	刘自建	男	南京	1972/4/2	2010/9/3	博士	8,000	1.00	9,102
13	1132	王　巍	男	扬州	1991/3/5	2010/9/3	博士	8,000	1.00	8,971
14	1133	段程鹏	男	苏州	1992/8/5	2010/9/3	博士	8,000	1.00	9,301
15	1134	王小燕	女	南京	1982/2/9	2017/3/21	本科	8,000	1.00	8,762
16										

执行“记录单”命令后打开的对话框名称与当前的工作表名称一致，该对话框中各按钮的功能说明如下。

- 新建：单击【新建】按钮可以在数据表中添加一组新的数据。
- 删除：删除对话框中当前显示的一组数据。
- 还原：在没有单击【新建】按钮之前，恢复所编辑的数据。
- 上一条：显示数据表中的前一组记录。
- 下一条：显示数据表中的下一组记录。
- 条件：设置搜索记录的条件后，单击【上一条】和【下一条】按钮显示符合条件的记录。
- 关闭：关闭当前对话框。

8.2　排序数据

数据排序是指按一定规则对数据进行整理、排列，这样可以为数据的进一步处理做好准备(如下图所示)。Excel 2016 提供了多种方法对数据清单进行排序，可以按升序、降序的方式，也可以按用户自定义的方式排序。

G	H	I	J
学历	基本工资	绩效系数	奖金
本科	5,000	0.50	4,750
本科	5,000	0.50	4,981
专科	5,000	0.50	4,711
本科	5,000	0.50	4,982
本科	5,000	0.50	4,092
专科	4,500	0.60	4,671
专科	4,500	0.60	6,073
本科	4,500	0.60	6,721
本科	6,000	0.70	6,872
本科	6,000	0.70	6,921
博士	8,000	1.00	9,102
博士	8,000	1.00	8,971
博士	8,000	1.00	9,301

一组未排序的数据

式　数据　审阅　视图　开发工具　帮助　告诉我你想要做什么

显示查询　从表格　最近使用的源　全部刷新　连接　属性　编辑链接　排序　筛选　清除　重新应用　高级　分列

获取和转换　连接　排序和筛选

降序

9301

E	F	G	H	I	J
出生日期	入职日期	学历	基本工资	绩效系数	奖金
1992/8/5	2010/9/3	博士	8,000	1.00	9,301
1972/4/2	2010/9/3	博士	8,000	1.00	9,102
1991/3/5	2010/9/3	博士	4,500	1.00	8,971
1978/5/23	2017/9/3	本科	6,000	0.70	6,921
1985/6/2	2017/9/3	本科	6,000	0.70	6,872
1983/2/1	2019/9/3	本科	7,500	0.60	6,721
1982/7/5	2019/9/3	专科	5,500	0.60	6,073
1999/5/4	2018/9/3	本科	5,000	0.50	4,982
1998/9/2	2018/9/3	本科	7,000	0.50	4,981
2001/6/2	2020/9/3	本科	6,500	0.50	4,750
1997/8/21	2018/9/3	专科	4,500	0.50	4,711
1987/7/21	2019/9/3	专科	5,500	0.60	4,671
1990/7/3	2018/9/3	本科	7,000	0.50	4,092

按“降序”排列员工的奖金数据

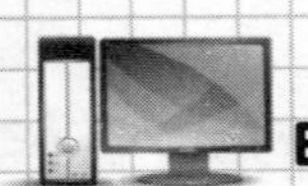

在上面的左图中，未经排序的【奖金】列数据顺序杂乱无章，不利于查找与分析数据。此时，选中【奖金】列中的任意单元格，在【数据】选项卡的【排序和筛选】命令组中单击【降序】按钮，即可快速以“降序”方式重新对数据表【奖金】列中的数据进行排序，效果如上面的右图所示。

同样，单击【排序和筛选】命令组中的【升序】按钮，可以对【奖金】列中的数据以“升序”方式进行排序。

8.2.1 指定多个条件排序数据

在 Excel 中，按指定的多个条件排序数据可以有效避免排序时出现多个数据相同的情况，从而使排序结果符合工作的需要。

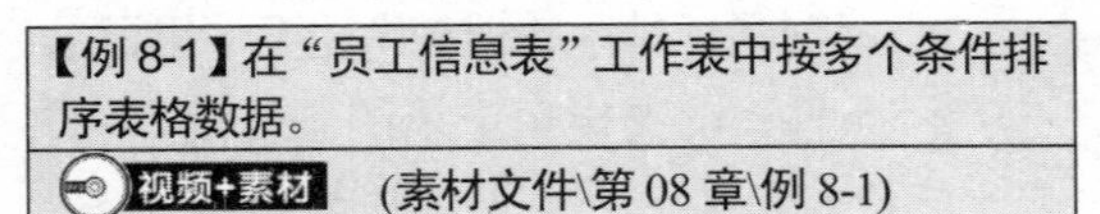
【例 8-1】在“员工信息表”工作表中按多个条件排序表格数据。

视频+素材 (素材文件\第 08 章\例 8-1)

step① 选择【数据】选项卡，然后单击【排序和筛选】命令组中的【排序】按钮。

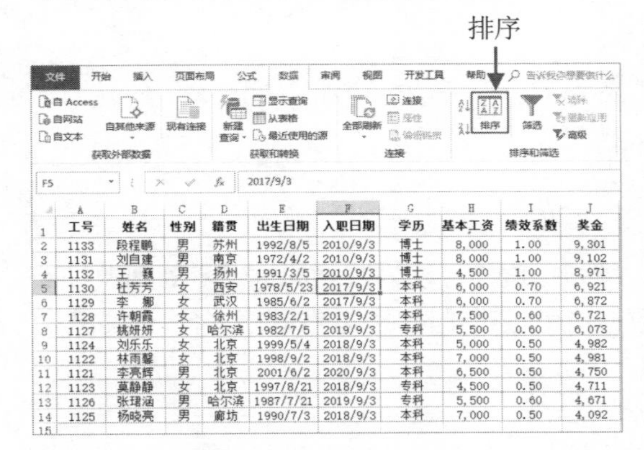

	A	B	C	D	E	F	G	H	I	J
1	工号	姓名	性别	籍贯	出生日期	入职日期	学历	基本工资	绩效系数	奖金
2	1133	段程鹏	男	苏州	1992/8/5	2010/9/3	博士	8,000	1.00	9,301
3	1131	刘自建	男	南京	1972/4/2	2010/9/3	博士	8,000	1.00	9,102
4	1132	王　巍	男	扬州	1991/3/5	2010/9/3	博士	4,500	1.00	8,971
5	1130	杜芳芳	女	西安	1978/5/23	2017/9/3	本科	6,000	0.70	6,921
6	1129	李　娜	女	武汉	1985/6/2	2017/9/3	本科	6,000	0.70	6,872
7	1128	许朝霞	女	徐州	1983/2/1	2019/9/3	本科	7,500	0.60	6,721
8	1127	姚妍妍	女	哈尔滨	1982/7/5	2019/9/3	专科	5,500	0.60	6,073
9	1124	刘乐乐	女	北京	1999/5/4	2018/9/3	本科	5,000	0.50	4,982
10	1122	林雨馨	女	北京	1998/9/2	2018/9/3	本科	7,000	0.50	4,981
11	1121	李亮辉	男	北京	2001/6/2	2020/9/3	本科	6,500	0.50	4,750
12	1123	莫静静	女	北京	1997/8/21	2018/9/3	专科	4,500	0.50	4,711
13	1126	张珺涵	男	哈尔滨	1987/7/21	2019/9/3	专科	5,500	0.60	4,671
14	1125	杨晓亮	男	廊坊	1990/7/3	2018/9/3	本科	7,000	0.50	4,092
15										

step② 在打开的【排序】对话框中单击【主要关键字】下拉列表按钮，在弹出的下拉列表中选择【奖金】选项；单击【排序依据】下拉列表按钮，在弹出的下拉列表中选中【单元格值】选项；单击【次序】下拉列表按钮，在弹出的下拉列表中选中【降序】选项。

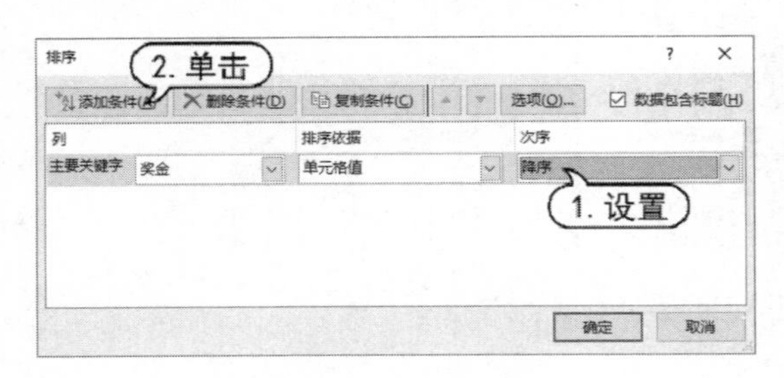

step③ 在【排序】对话框中单击【添加条件】按钮，添加次要关键字，然后单击【次要关键字】下拉列表按钮，在弹出的下拉列表中选择【绩效系数】选项；单击【排序依据】下拉列表按钮，在弹出的下拉列表中选择【单元格值】选项；单击【次序】下拉列表按钮，在弹出的下拉列表中选择【降序】选项。

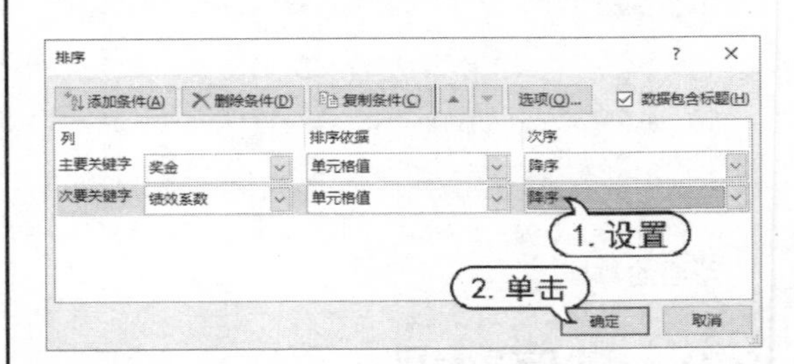

step④ 完成以上设置后，在【排序】对话框中单击【确定】按钮，即可按照“奖金”和“绩效系数”数据的“降序”条件对工作表中选定的数据进行排序。

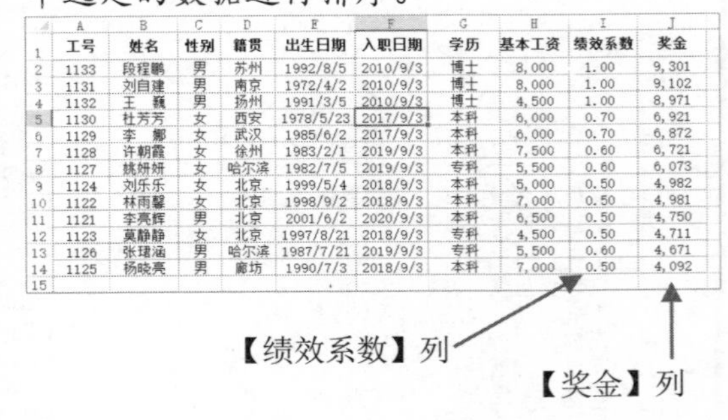

	A	B	C	D	E	F	G	H	I	J
1	工号	姓名	性别	籍贯	出生日期	入职日期	学历	基本工资	绩效系数	奖金
2	1133	段程鹏	男	苏州	1992/8/5	2010/9/3	博士	8,000	1.00	9,301
3	1131	刘自建	男	南京	1972/4/2	2010/9/3	博士	8,000	1.00	9,102
4	1132	王　巍	男	扬州	1991/3/5	2010/9/3	博士	4,500	1.00	8,971
5	1130	杜芳芳	女	西安	1978/5/23	2017/9/3	本科	6,000	0.70	6,921
6	1129	李　娜	女	武汉	1985/6/2	2017/9/3	本科	6,000	0.70	6,872
7	1128	许朝霞	女	徐州	1983/2/1	2019/9/3	本科	7,500	0.60	6,721
8	1127	姚妍妍	女	哈尔滨	1982/7/5	2019/9/3	专科	5,500	0.60	6,073
9	1124	刘乐乐	女	北京	1999/5/4	2018/9/3	本科	5,000	0.50	4,982
10	1122	林雨馨	女	北京	1998/9/2	2018/9/3	本科	7,000	0.50	4,981
11	1121	李亮辉	男	北京	2001/6/2	2020/9/3	本科	6,500	0.50	4,750
12	1123	莫静静	女	北京	1997/8/21	2018/9/3	专科	4,500	0.50	4,711
13	1126	张珺涵	男	哈尔滨	1987/7/21	2019/9/3	专科	5,500	0.60	4,671
14	1125	杨晓亮	男	廊坊	1990/7/3	2018/9/3	本科	7,000	0.50	4,092
15										

8.2.2 按笔画条件排序数据

在默认设置下，Excel 对汉字的排序方式按照其拼音的“字母”顺序进行。当用户需要按照中文的“笔画”顺序来排列汉字(例如，“姓名”列中的人名)，可以执行以下操作。

step 1　打开工作表后，在【数据】选项卡的【排序和筛选】命令组中单击【排序】按钮，打开【排序】对话框，设置【主要关键字】为【姓名】，【次序】为【升序】，单击【选项】按钮。

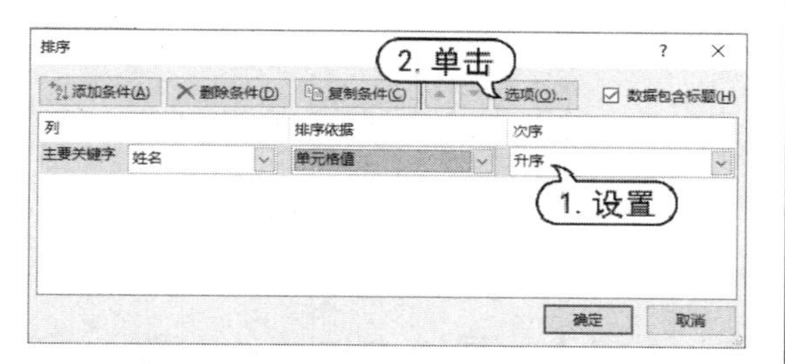

step 2　打开【排序选项】对话框，选中该对话框【方法】选项区域中的【笔画排序】单选按钮，然后单击【确定】按钮。

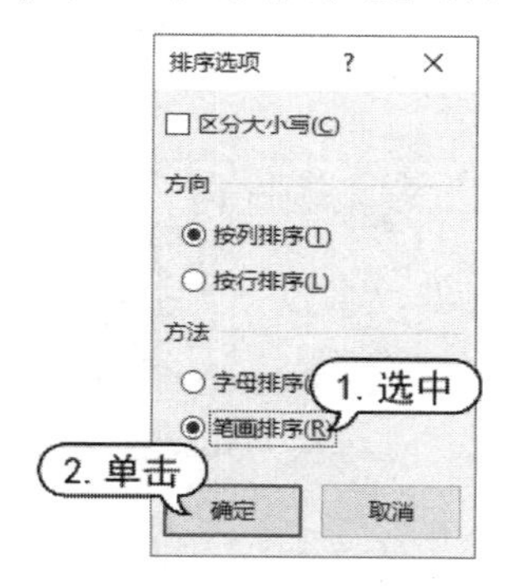

step 3　返回【排序】对话框，单击【确定】按，【姓名】列的排序效果如下图所示。

	A	B	C	D	E
1	工号	姓名	性别	籍贯	出生日期
2	1130	杜芳芳	女	西安	1978/5/23
3	1133	段程鹏	男	苏州	1992/8/5
4	1129	李　娜	女	武汉	1985/6/2
5	1121	李亮辉	男	北京	2001/6/2
6	1122	林雨馨	女	北京	1998/9/2
7	1124	刘乐乐	女	北京	1999/5/4
8	1131	刘自建	男	南京	1972/4/2
9	1123	莫静静	女	北京	1997/8/21
10	1132	王　巍	男	扬州	1991/3/5
11	1128	许朝霞	女	徐州	1983/2/1
12	1125	杨晓亮	男	廊坊	1990/7/3
13	1127	姚妍妍	女	哈尔滨	1982/7/5
14	1126	张珺涵	男	哈尔滨	1987/7/21
15					

Excel 按“笔画”排序汉字时，将按汉字的笔画数多少排列，同笔画数内的汉字按“起”笔顺排列(横、竖、撇、捺、折)，笔画数和笔形都相同的字，按字形结构排列，先左右、再上下，最后整体字。如果汉字相同，则依次判断其后的第二个、第三个字，规则同第一个汉字。

8.2.3　按颜色条件排序数据

在工作中，如果用户在数据表中为某些重要的数据设置了单元格背景颜色或为单元格中的数据设置了字体颜色，可以参考下面介绍的方法，按颜色条件排序数据。

【例 8-2】在“员工信息表”工作表中按设置的颜色条件排序表格数据。

视频+素材　(素材文件\第 08 章\例 8-2)

step 1　打开下图所示的工作表后，在任意一个设置了背景颜色的单元格中右击鼠标，从弹出的快捷菜单中选择【排序】|【将所选单元格颜色放在最前面】命令。

step 2　此时，工作表中所有设置了背景颜色的单元格将排列在最前面(默认降序排列)。

G	H	I	J
学历	基本工资	绩效系数	奖金
博士	8,000	1.00	9,301
本科	7,000	0.50	4,981
专科	4,500	0.50	4,711
本科	7,000	0.50	4,092
专科	5,500	0.60	6,073
本科	6,000	0.70	6,921
本科	6,000	0.70	6,872
本科	6,500	0.50	4,750
本科	5,000	0.50	4,982
博士	8,000	1.00	9,102
博士	4,500	1.00	8,971
本科	7,500	0.60	6,721
专科	5,500	0.60	4,671

此外，如果用户在数据表中为不同类型

的数据分别设置了单元格背景颜色或字体颜色，还可以按多种颜色排序数据。

【例 8-3】在“员工信息表”工作表中按多个颜色条件排序表格数据。
视频+素材 (素材文件\第 08 章\例 8-3)

step 1 打开下图所示的工作表，其中数据表中包含有黄色、红色和橙色这三种单元格背景颜色的数据。

	A	B	C	D	E	F	G	H	I	J
1	工号	姓名	性别	籍贯	出生日期	入职日期	学历	基本工资	绩效系数	奖金
2	1130	杜芳芳	女	西安	1978/5/23	2017/9/3	本科	6,000	0.70	6,921
3	1133	段程鹏	男	苏州	1992/8/5	2010/9/3	博士	8,000	1.00	9,301
4	1129	李　娜	女	武汉	1985/6/2	2017/9/3	本科	6,000	0.70	6,872
5	1121	李亮辉	男	北京	2001/6/2	2020/9/3	本科	6,500	0.50	4,750
6	1122	林雨馨	女	北京	1998/9/2	2018/9/3	本科	7,000	0.50	4,981
7	1124	刘乐乐	女	北京	1999/5/4	2018/9/3	本科	5,000	0.50	4,982
8	1131	刘自建	男	南京	1972/4/2	2010/9/3	博士	8,000	1.00	9,102
9	1123	莫静静	女	北京	1997/8/21	2018/9/3	专科	4,500	0.50	4,711
10	1132	王　巍	男	扬州	1991/3/5	2010/9/3	博士	4,500	1.00	8,971
11	1128	许朝霞	女	徐州	1983/2/1	2019/9/3	本科	7,500	0.60	6,721
12	1125	杨晓亮	男	廊坊	1990/7/3	2018/9/3	本科	7,000	0.50	4,092
13	1127	姚妍妍	女	哈尔滨	1982/7/5	2019/9/3	专科	5,500	0.60	6,073
14	1126	张珺涵	男	哈尔滨	1987/7/21	2019/9/3	专科	5,500	0.60	4,671
15										

step 2 选中数据表中的任意单元格，在【数据】选项卡的【排序和筛选】命令组中单击【排序】按钮，打开【排序】对话框，设置【主要关键字】为【基本工资】，【排序依据】为【单元格颜色】，【次序】为【红色】。

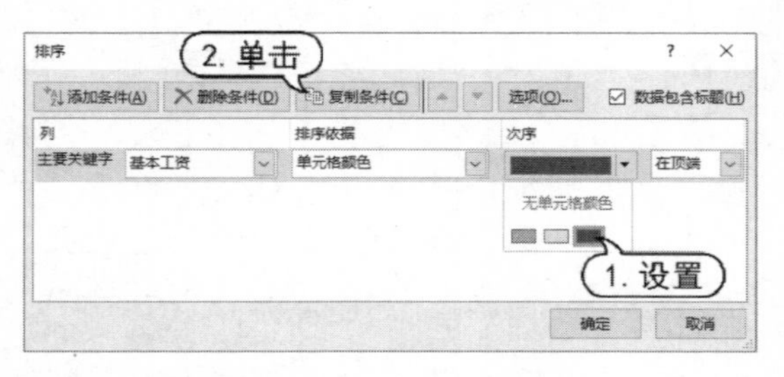

step 3 单击【复制条件】按钮两次，将主要关键字复制为两份(复制的关键字将自动被设置为【次要关键词】)，并将其【次序】分别设置为【橙色】和【黄色】。

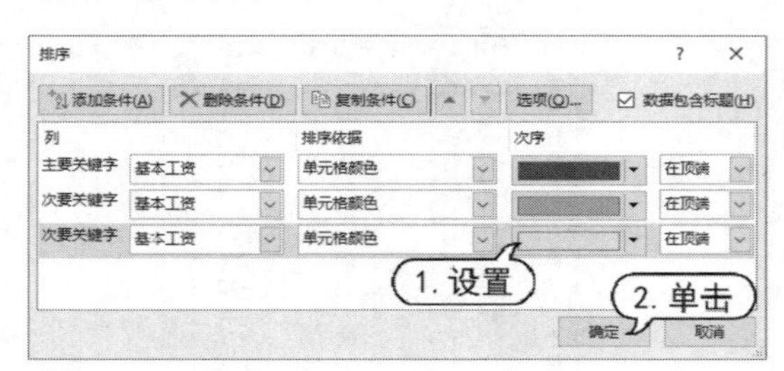

step 4 最后，单击【确定】按钮，即可将数据表中的数据按照【红色】【橙色】和【黄色】的顺序排序，效果如下图所示。

G	H	I	J
学历	基本工资	绩效系数	奖金
本科	6,000	0.70	6,921
本科	5,000	0.50	4,982
博士	4,500	1.00	8,971
专科	5,500	0.60	4,671
博士	8,000	1.00	9,301
本科	7,000	0.50	4,981
专科	4,500	0.50	4,711
本科	7,000	0.50	4,092
专科	5,500	0.60	6,073
本科	6,000	0.70	6,872
本科	6,500	0.50	4,750
博士	8,000	1.00	9,102
本科	7,500	0.60	6,721

8.2.4 按单元格图标排序数据

除了按单元格颜色排序数据外，Excel 还允许用户根据字体颜色和由条件格式生成的单元格图标对数据进行排序，其具体实现方法与例 8-3 类似。

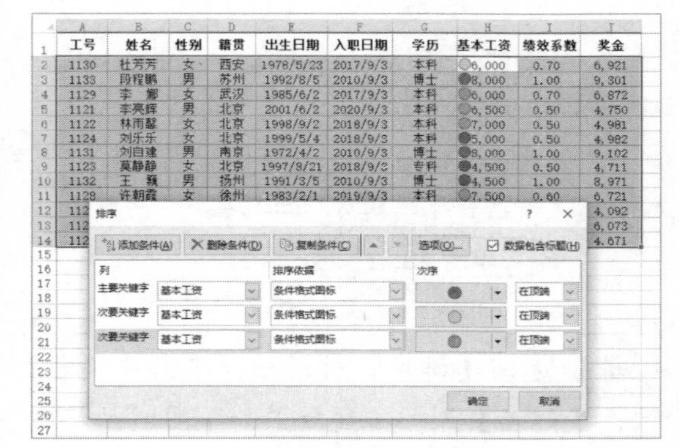

8.2.5 自定义条件排序数据

在 Excel 中，用户除了可以按上面介绍的各种条件排序数据外，还可以根据需要自行设置排序的条件，即自定义条件排序。

【例 8-4】在“员工信息表”工作表中自定义条件排序“性别”列数据。
视频+素材 (素材文件\第 08 章\例 8-4)

step 1 打开工作表后选中数据表中的任意单元格，在【数据】选项卡的【排序和筛选】命令组中单击【排序】按钮。

step 2 打开【排序】对话框，单击【主要关键字】下拉列表按钮，在弹出的下拉列表中选择【性别】选项；单击【次序】下拉列表按钮，在弹出的下拉列表中选择【自定义序列】选项。

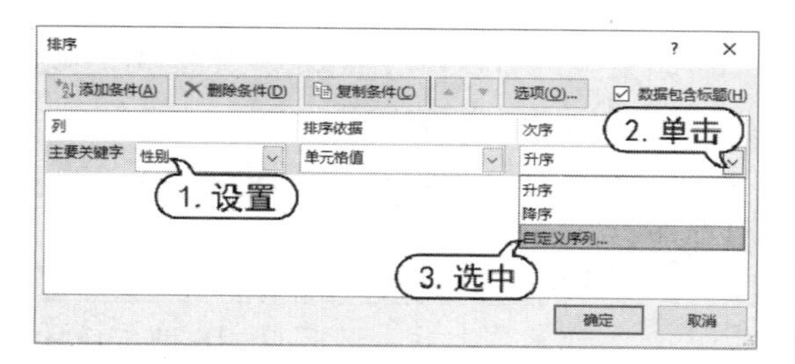

step 3 在打开的【自定义序列】对话框的【输入序列】文本框中输入自定义排序条件“男，女”后，单击【添加】按钮，然后单击【确定】按钮。

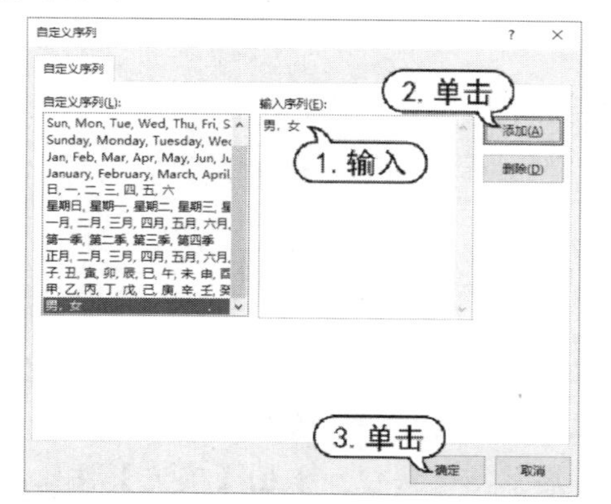

step 4 返回【排序】对话框后，在该对话框中单击【确定】按钮，即可完成自定义排序操作。

	A	B	C	D	E
1	工号	姓名	性别	籍贯	出生日期
2	1133	段程鹏	男	苏州	1992/8/5
3	1121	李亮辉	男	北京	2001/6/2
4	1131	刘自建	男	南京	1972/4/2
5	1132	王　巍	男	扬州	1991/3/5
6	1125	杨晓亮	男	廊坊	1990/7/3
7	1126	张珺涵	男	哈尔滨	1987/7/21
8	1130	杜芳芳	女	西安	1978/5/23
9	1129	李　娜	女	武汉	1985/6/2
10	1122	林雨馨	女	北京	1998/9/2
11	1124	刘乐乐	女	北京	1999/5/4
12	1123	莫静静	女	北京	1997/8/21
13	1128	许朝霞	女	徐州	1983/2/1
14	1127	姚妍妍	女	哈尔滨	1982/7/5
15					
16					

使用类似的方法，还可以对“员工信息表”中的“学历”列进行排序，例如，按照博士、本科、专科规则排序数据的方法如下。

step 1 打开【排序】对话框，将【主要关键字】设置为【学历】，然后单击【次序】下拉列表按钮，在弹出的下拉列表中选择【自定义序列】选项。

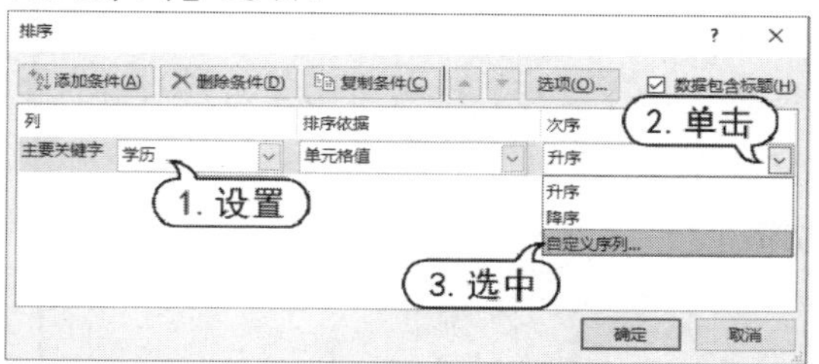

step 2 在打开的【自定义序列】对话框的【输入序列】文本框中输入自定义排序条件“博士，本科，专科”，然后单击【添加】按钮和【确定】按钮。

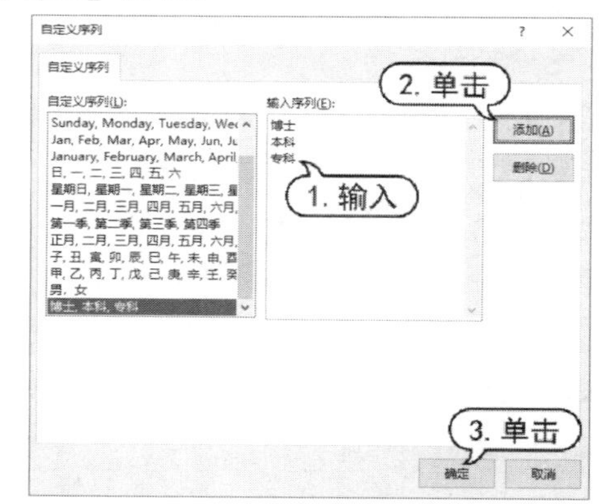

step 3 返回【排序】对话框，单击【确定】按钮后，“学历”列的排序效果如下图所示。

F	G	H	I
入职日期	学历	基本工资	绩效系数
2010/9/3	博士	8,000	1.00
2010/9/3	博士	8,000	1.00
2010/9/3	博士	4,500	1.00
2017/9/3	本科	6,000	0.70
2017/9/3	本科	6,000	0.70
2020/9/3	本科	6,500	0.50
2018/9/3	本科	7,000	0.50
2018/9/3	本科	5,000	0.50
2019/9/3	本科	7,500	0.60
2018/9/3	本科	7,000	0.50
2018/9/3	专科	4,500	0.50
2019/9/3	专科	5,500	0.60
2019/9/3	专科	5,500	0.60

8.2.6　针对区域排序数据

如果用户只需要在数据表中对某一个单

元格区域内的数据进行排序，可以在选中该区域后，执行【排序】命令。

【例 8-5】在“员工信息表”工作表中对 A5:I13 区域中的数据执行排序操作。

视频+素材 (素材文件\第 08 章\例 8-5)

step 1 打开工作表后，选中 A5:I13 单元格区域，在【数据】选项卡的【排序和筛选】命令组中单击【排序】按钮。

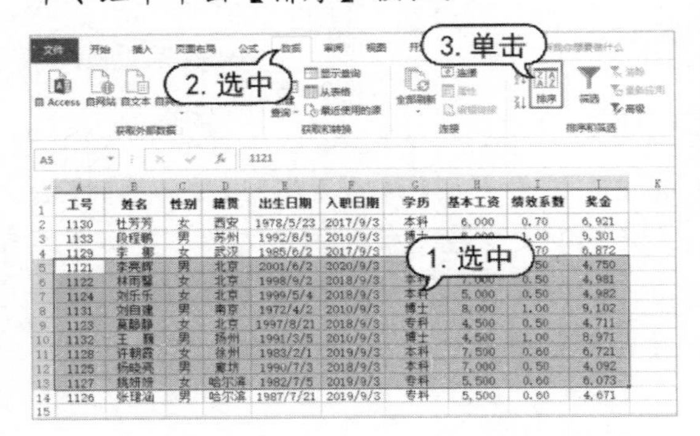

step 2 打开【排序】对话框，取消【数据包含标题】复选框的选中状态，然后将【主要关键字】设置为【列 I】，【次序】设置为【升序】，然后单击【确定】按钮。

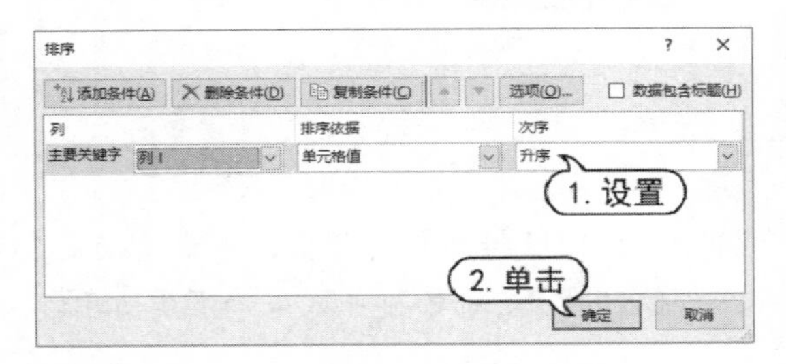

step 3 此时，数据表中的数据将按 I 列中的数据升序排列。

学历	基本工资	绩效系数	奖金
本科	6,000	0.70	6,921
博士	8,000	1.00	9,301
本科	6,000	0.70	6,872
本科	6,500	0.50	4,750
本科	7,000	0.50	4,981
本科	5,000	0.50	4,982
专科	4,500	0.50	4,711
本科	7,000	0.50	4,092
本科	7,500	0.60	6,721
专科	5,500	0.60	6,073
博士	8,000	1.00	9,102
博士	4,500	1.00	8,971
专科	5,500	0.60	4,671

当数据表套用了表格样式或自定义了表格样式时，【排序】对话框中的【数据包含标题】复选框将变为灰色(不可用)状态。此时，无法对数据表中的某一个区域进行排序。

8.2.7 针对行排序数据

如果用户需要针对数据表中的行排序数据，可以执行以下操作。

【例 8-6】在“员工信息表”工作表中对 2~8 行中的数据进行排序操作。

视频+素材 (素材文件\第 08 章\例 8-6)

step 1 打开工作表后，选中 H2:J8 单元格区域，单击【数据】选项卡中的【排序】按钮。

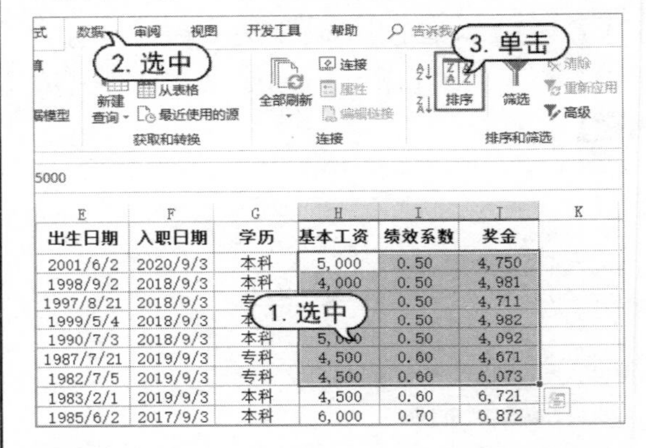

step 2 打开【排序】对话框，单击【选项】按钮，打开【排序选项】对话框，选中【按行排序】单选按钮，单击【确定】按钮。

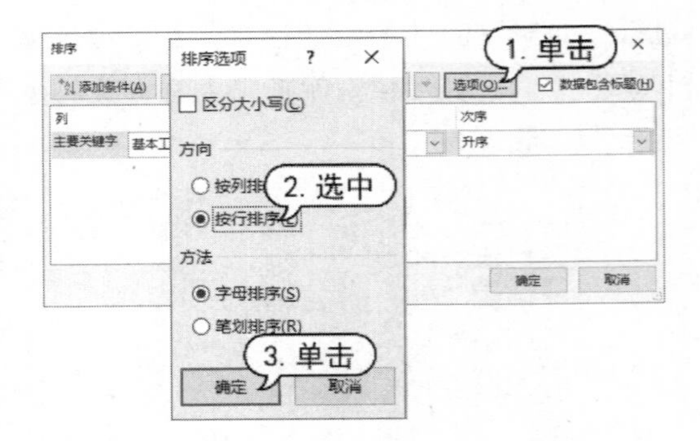

step 3 返回【排序】对话框，单击【主要关键字】下拉按钮，在弹出的列表中选择【行 2】选项，单击【次序】下拉按钮，在弹出的列表中选择【降序】选项，然后单击【确定】按钮。

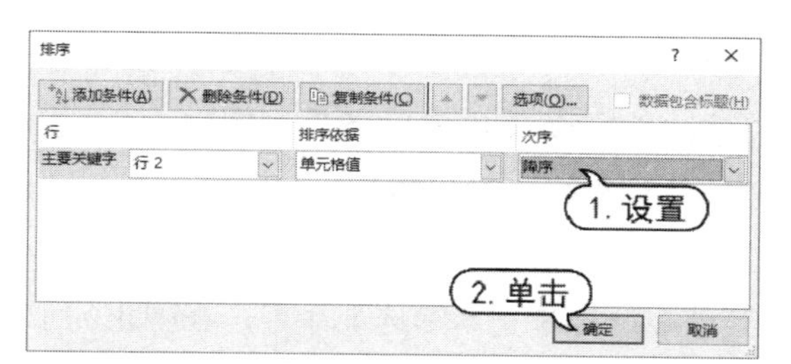

step 4 此时，表格中数据的排序效果如下所示。

E	F	G	H	I	J	K
出生日期	入职日期	学历	基本工资	绩效系数	奖金	
2001/6/2	2020/9/3	本科	5,000	4,750	0.50	
1998/9/2	2018/9/3	本科	4,000	4,981	0.50	
1997/8/21	2018/9/3	专科	7,000	4,711	0.50	
1999/5/4	2018/9/3	本科	5,000	4,982	0.50	
1990/7/3	2018/9/3	本科	5,000	4,092	0.50	
1987/7/21	2019/9/3	专科	4,500	4,671	0.60	
1982/7/5	2019/9/3	专科	4,500	6,073	0.60	
1983/2/1	2019/9/3	本科	4,500	0.60	6,721	
1985/6/2	2017/9/3	本科	6,000	0.70	6,872	

在执行按行排序时，不能像使用按列排序时一样选定整个目标区域。因为 Excel 的排序功能中没有“行标题”的概念。如果用户选定数据表中的所有数据区域再执行按行排序操作，包含标题的数据也不会参与排序。

8.2.8　排序操作的注意事项

当对数据表进行排序时，用户应注意含有公式的单元格。如果要对行进行排序，在排序之后的数据表中对同一行的其他单元格的引用可能是正确的，但对不同行的单元格的引用则可能是不正确的。

如果用户对列执行排序操作，在排序之后的数据表中对同一列的其他单元格的引用可能是正确的，但对不同列的单元格的引用则可能是错误的。

为了避免在对含有公式的数据表中排序数据时出现错误，用户应注意以下几点：

- 数据表单元格中的公式引用了数据表外的单元格数据时，应使用绝对引用。
- 在对行排序时，应避免使用引用其他行单元格的公式。
- 在对列排序时，应避免使用引用其他列单元格的公式。

8.3　筛选数据

筛选是一种用于查找数据清单中数据的快速方法。经过筛选后的数据清单只显示包含指定条件的数据行，以供用户浏览、分析之用。

执行筛选操作后，标题栏中显示的下拉按钮

	A	B	C	D	E	F	G	H	I	J
1	工号	姓名	性别	籍贯	出生日期	入职日期	学历	基本工资	绩效系数	奖金
2	1121	李亮辉	男	北京	2001/6/2	2020/9/3	本科			750
3	1122	林雨馨	女	北京	1998/9/2	2018/9/3	本科			981
4	1123	莫静静	女	北京	1997/8/21	2018/9/3	专科			711
5	1124	刘乐乐	女	北京	1999/5/4	2018/9/3	本科			982
6	1125	杨晓亮	男	廊坊	1990/7/3	2018/9/3	本科			092
7	1126	张珺涵	男	哈尔滨	1987/7/21	2019/9/3	专科			671
8	1127	姚妍妍	女	哈尔滨	1982/7/5	2019/9/3	专科			073
9	1128	许朝霞	女	徐州	1983/2/1	2019/9/3	本科			721
10	1129	李　娜	女	武汉	1985/6/2	2017/9/3	本科			872
11	1130	杜芳芳	女	西安	1978/5/23	2017/9/3	本科			921
12	1131	刘自建	男	南京	1972/4/2	2010/9/3	博士			102
13	1132	王　巍	男	扬州	1991/3/5	2010/9/3	博士			971
14	1133	段程鹏	男	苏州	1992/8/5	2010/9/3	博士			301
15										

升序(S)
降序(O)
按颜色排序(T)
文本筛选(F)
搜索
(全选)
本科
博士
专科
确定
取消

按学历筛选数据

Excel 主要提供了以下两种筛选方式。

- 普通筛选：用于简单的筛选条件。
- 高级筛选：用于复杂的筛选条件。

下面分别介绍这两种筛选方式的具体操作。

8.3.1 普通筛选

在数据表中，用户可以执行以下操作进入筛选状态。

step 1 选中数据表中的任意单元格后，单击【数据】选项卡中的【筛选】按钮。

step 2 此时，【筛选】按钮将呈现为高亮状态，数据列表中所有字段标题单元格中会显示下拉箭头。

数据表进行筛选状态后，单击其每个字段标题单元格右侧的下拉按钮，都将弹出下拉菜单(如下图所示)。不同数据类型的字段所能够使用的筛选选项也不同。

完成筛选后，筛选字段的下拉按钮形状会发生改变，同时数据列表中的行号颜色也会发生改变。

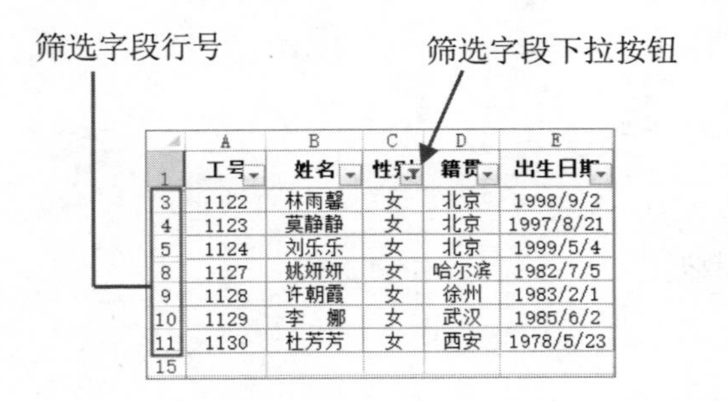

	A	B	C	D	E
1	工号	姓名	性别	籍贯	出生日期
3	1122	林雨馨	女	北京	1998/9/2
4	1123	莫静静	女	北京	1997/8/21
5	1124	刘乐乐	女	北京	1999/5/4
8	1127	姚妍妍	女	哈尔滨	1982/7/5
9	1128	许朝霞	女	徐州	1983/2/1
10	1129	李 娜	女	武汉	1985/6/2
11	1130	杜芳芳	女	西安	1978/5/23
15					

在执行普通筛选时，用户可以根据数据字段的特征设定筛选的条件，例如。

1. 按文本特征筛选

在筛选文本型数据字段时，在筛选下拉菜单中选择【文本筛选】命令，在弹出的子菜单中进行相应的选择。

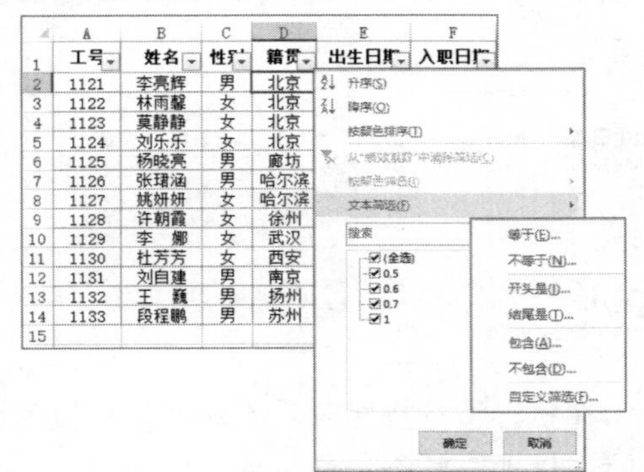

此时，无论选择哪一个选项都会打开如下图所示的【自定义自动筛选方式】对话框。

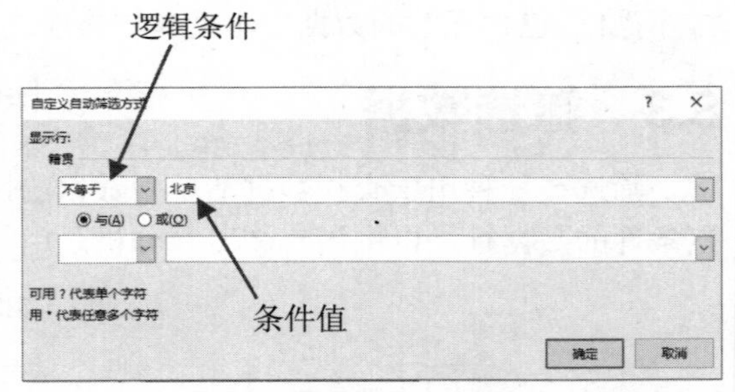

在【自定义自动筛选方式】对话框中，用户可以同时选择逻辑条件和输入具体的条件值，完成自定义的筛选。例如，上图所示为筛选出籍贯不等于“北京”的所有数据，单击【确定】按钮后，筛选结果如下所示。

	A	B	C	D	E	F	G	H	I	J
1	工号	姓名	性别	籍贯	出生日期	入职日期	学历	基本工资	绩效系数	奖金
6	1125	杨晓亮	男	廊坊	1990/7/3	2018/9/3	本科	5,000	0.5	4,092
7	1126	张珺涵	男	哈尔滨	1987/7/21	2019/9/3	专科	4,500	0.6	4,671
8	1127	姚妍妍	女	哈尔滨	1982/7/5	2019/9/3	专科	4,500	0.6	6,073
9	1128	许朝霞	女	徐州	1983/2/1	2019/9/3	本科	4,500	0.6	6,721
10	1129	李 娜	女	武汉	1985/6/2	2017/9/3	本科	6,000	0.7	6,872
11	1130	杜芳芳	女	西安	1978/5/23	2017/9/3	本科	6,000	0.7	6,921
12	1131	刘自建	男	南京	1972/4/2	2010/9/3	博士	8,000	1	9,102
13	1132	王 巍	男	扬州	1991/3/5	2010/9/3	博士	8,000	1	8,971
14	1133	段程鹏	男	苏州	1992/8/5	2010/9/3	博士	8,000	1	9,301
15										

2. 按数字特征筛选

在筛选数值型数据字段时，筛选下拉菜单

中会显示【数字筛选】命令，用户选择该命令后，在显示的子菜单中，选择具体的筛选逻辑条件，将打开【自定义自动筛选方式】对话框。

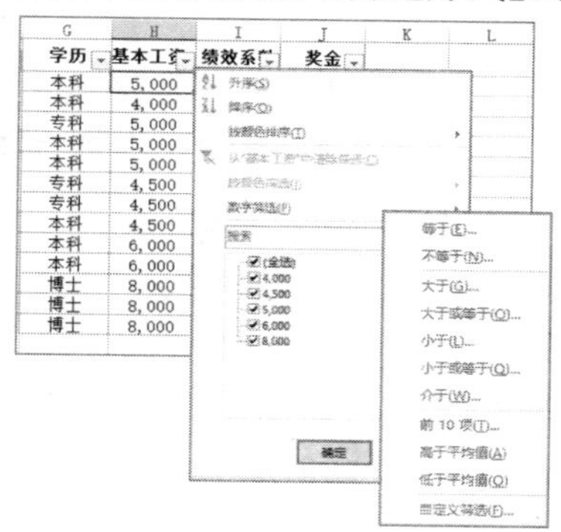

在【自定义自动筛选方式】对话框中，通过选择具体的逻辑条件，并输入具体条件值，才能完成筛选操作。

筛选基本工资等于 500.0 的字段

3. 按日期特征筛选

在筛选日期型数据时，筛选下拉菜单将显示【日期筛选】命令，选择该命令后，在显示的子菜单中选择具体的筛选逻辑条件，将直接执行相应的筛选操作。

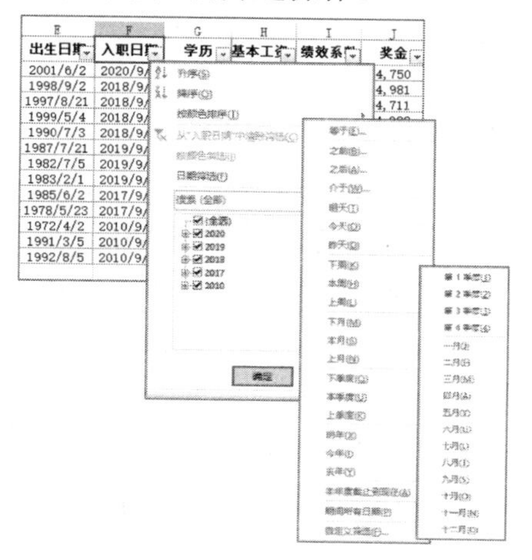

在上图所示的子菜单中选择【自定义筛选】命令，将打开下图所示的【自定义自动筛选方式】对话框，在该对话框中用户可以设置按具体的日期值进行筛选。

4. 按字体或单元格颜色筛选

当数据表中存在使用字体颜色或单元格颜色标识的数据时，用户可以使用 Excel 的筛选功能将这些标识作为条件来筛选数据。

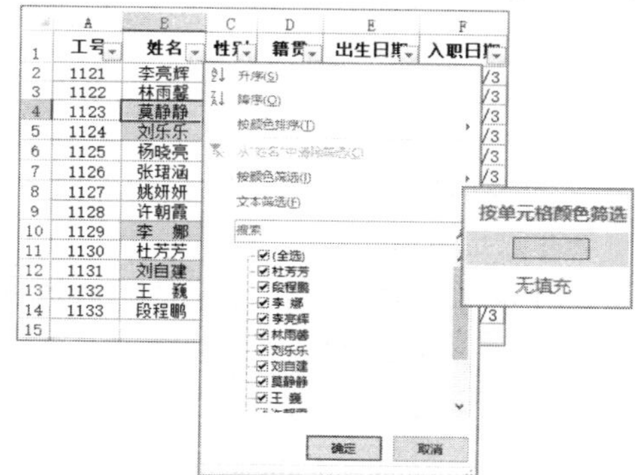

在上图所示的【按颜色筛选】子菜单中，选择颜色选项或【无填充】选项，即可筛选出应用或没有应用颜色的数据字段。在按颜色筛选数据时，无论是单元格颜色还是字体颜色，一次只能按一种颜色进行筛选。

8.3.2　高级筛选

Excel 的高级筛选功能不但包含了普通筛选的所有功能，还可以设置更多、更复杂的筛选条件，例如：

- 设置复杂的筛选条件，将筛选出的结果输出到指定的位置。
- 指定计算的筛选条件。
- 筛选出不重复的数据记录。

1. 设置筛选条件区域

高级筛选要求用户在一个工作表区域中指定筛选条件，并与数据表分开。

	A	B	C	D	E	F	G	H	I	J
1	工号	姓名	性别	籍贯	出生日期	入职日期	学历	基本工资	绩效系数	奖金
2	1121	李亮辉	男	北京	2001/6/2	2020/9/3	本科	5,000	0.50	4,750
3	1122	林雨馨	女	北京	1998/9/2	2018/9/3	本科	4,000	0.50	4,981
4	1123	莫静静	女	北京	1997/8/21	2018/9/3	专科	5,000	0.50	4,711
5	1124	刘乐乐	女	北京	1999/5/4	2018/9/3	本科	5,000	0.50	4,982
6	1125	杨晓亮	男	廊坊	1990/7/3	2018/9/3	本科	5,000	0.50	4,092
7	1126	张珺涵	男	哈尔滨	1987/7/21	2019/9/3	专科	4,500	0.60	4,671
8	1127	姚妍妍	女	哈尔滨	1982/7/5	2019/9/3	专科	4,500	0.60	6,073
9	1128	许朝霞	女	徐州	1983/2/1	2019/9/3	本科	4,500	0.60	6,721
10	1129	李　娜	女	武汉	1985/6/2	2017/9/3	本科	6,000	0.70	6,872
11	1130	杜芳芳	女	西安	1978/5/23	2017/9/3	本科	6,000	0.70	6,921
12	1131	刘自建	男	南京	1972/4/2	2010/9/3	博士	8,000	1.00	9,102
13	1132	王　巍	男	扬州	1991/3/5	2010/9/3	博士	8,000	1.00	8,971
14	1133	段程鹏	男	苏州	1992/8/5	2010/9/3	博士	8,000	1.00	9,301
15										
16	性别	基本工资								
17	女	5000								
18										

筛选条件

一个高级筛选条件区域至少要包括两行数据(如上图所示)，第 1 行是列标题，应和数据表中的标题匹配；第 2 行必须由筛选条件值构成。

2. 使用“关系与”条件

以上图所示的数据表为例，设置“关系与”条件筛选数据的方法如下。

【例 8-7】使用高级筛选功能，将数据表中性别为“女”，基本工资为“5000”的数据记录筛选出来。
视频+素材 (素材文件\第 08 章\例 8-7)

step 1 打开上图所示的工作表后，选中数据表中的任意单元格，单击【数据】选项卡中的【高级】按钮。

step 2 打开【高级筛选】对话框，单击【条件区域】文本框后的 按钮。

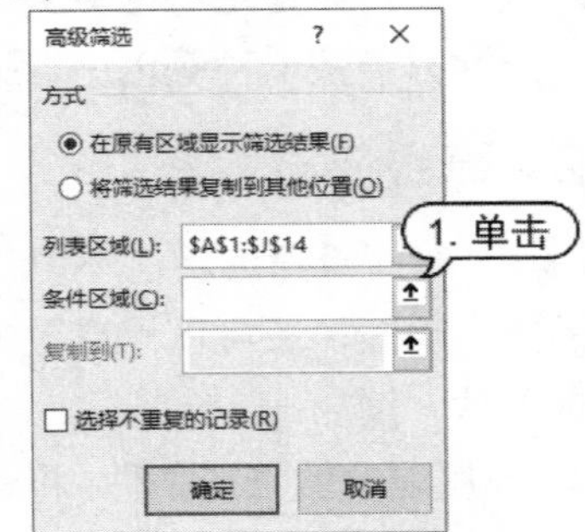

step 3 选中 A16:B17 单元格区域后，按下 Enter 键返回【高级筛选】对话框，单击【确定】按钮，即可完成筛选操作，结果如下图所示。

	A	B	C	D	E	F	G	H	I	J
1	工号	姓名	性别	籍贯	出生日期	入职日期	学历	基本工资	绩效系数	奖金
4	1123	莫静静	女	北京	1997/8/21	2018/9/3	专科	5,000	0.50	4,711
5	1124	刘乐乐	女	北京	1999/5/4	2018/9/3	本科	5,000	0.50	4,982
15										
16	性别	基本工资								
17	女	5,000								
18										
19										
20										
21										

如果用户不希望将筛选结果显示在数据表原来的位置，还可以在【高级筛选】对话框中选中【将筛选结果复制到其他位置】单选按钮，然后单击【复制到】文本框后的 按钮，指定筛选结果放置的位置后，返回【高级筛选】对话框，单击【确定】按钮即可。

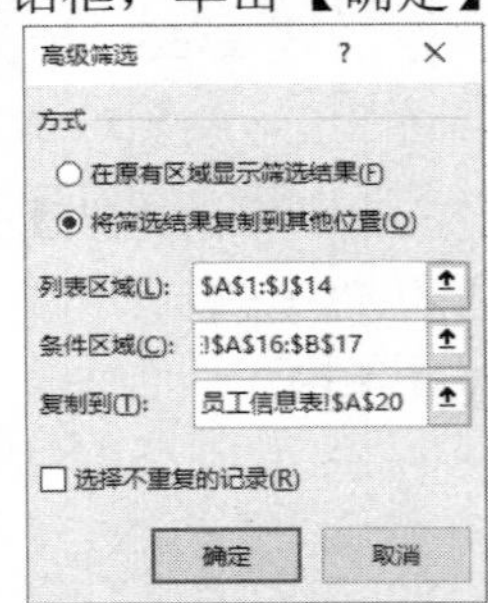

3. 使用“关系或”条件

以下图所示的条件为例，通过“高级筛选”功能将“性别”为“女”或“籍贯”为“北京”的数据筛选出来，只需要参照例 8-7 介绍的方法操作即可。

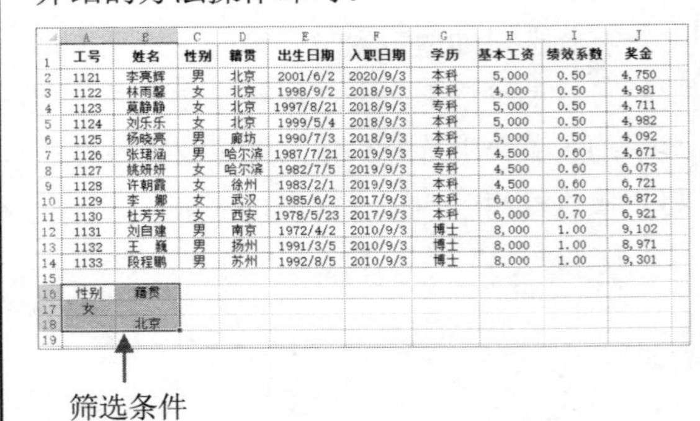

	A	B	C	D	E	F	G	H	I	J
1	工号	姓名	性别	籍贯	出生日期	入职日期	学历	基本工资	绩效系数	奖金
2	1121	李亮辉	男	北京	2001/6/2	2020/9/3	本科	5,000	0.50	4,750
3	1122	林雨馨	女	北京	1998/9/2	2018/9/3	本科	4,000	0.50	4,981
4	1123	莫静静	女	北京	1997/8/21	2018/9/3	专科	5,000	0.50	4,711
5	1124	刘乐乐	女	北京	1999/5/4	2018/9/3	本科	5,000	0.50	4,982
6	1125	杨晓亮	男	廊坊	1990/7/3	2018/9/3	本科	5,000	0.50	4,092
7	1126	张珺涵	男	哈尔滨	1987/7/21	2019/9/3	专科	4,500	0.60	4,671
8	1127	姚妍妍	女	哈尔滨	1982/7/5	2019/9/3	专科	4,500	0.60	6,073
9	1128	许朝霞	女	徐州	1983/2/1	2019/9/3	本科	4,500	0.60	6,721
10	1129	李　娜	女	武汉	1985/6/2	2017/9/3	本科	6,000	0.70	6,872
11	1130	杜芳芳	女	西安	1978/5/23	2017/9/3	本科	6,000	0.70	6,921
12	1131	刘自建	男	南京	1972/4/2	2010/9/3	博士	8,000	1.00	9,102
13	1132	王　巍	男	扬州	1991/3/5	2010/9/3	博士	8,000	1.00	8,971
14	1133	段程鹏	男	苏州	1992/8/5	2010/9/3	博士	8,000	1.00	9,301
15										
16	性别	籍贯								
17	女									
18		北京								
19										

筛选条件

4. 使用多个“关系或”条件

以下图所示的条件为例，通过“高级筛选”功能，可以将数据表中指定姓氏的姓名记录筛选出来。此时，应将“姓名”标题列入条件区域，并在标题下面的多行中分别输入需要筛选的姓氏(具体操作步骤与例 8-7 类似，这里不再详细介绍)。

工号	姓名	性别	籍贯	出生日期	入职日期	学历	基本工资	绩效系数	奖金
1121	李亮辉	男	北京	2001/6/2	2020/9/3	本科	5,000	0.50	4,750
1122	林雨馨	女	北京	1998/9/2	2018/9/3	本科	4,000	0.50	4,981
1123	莫静静	女	北京	1997/8/21	2018/9/3	专科	5,000	0.50	4,711
1124	刘乐乐	女	北京	1999/5/4	2018/9/3	本科	5,000	0.50	4,982
1125	杨晓亮	男	廊坊	1990/7/3	2018/9/3	本科	5,000	0.50	4,092
1126	张珺涵	男	哈尔滨	1987/7/21	2019/9/3	专科	4,500	0.60	4,671
1127	姚妍妍	女	哈尔滨	1982/7/5	2019/9/3	专科	4,500	0.60	6,073
1128	许朝霞	女	徐州	1983/2/1	2019/9/3	本科	4,500	0.60	6,721
1129	李　娜	女	武汉	1985/6/2	2017/9/3	本科	6,000	0.70	6,872
1130	杜芳芳	女	西安	1978/5/23	2017/9/3	本科	6,000	0.70	6,921
1131	刘自建	男	南京	1972/4/2	2010/9/3	博士	8,000	1.00	9,102
1132	王　巍	男	扬州	1991/3/5	2010/9/3	博士	8,000	1.00	8,971
1133	段程鹏	男	苏州	1992/8/5	2010/9/3	博士	8,000	1.00	9,301

姓名
李
杨
张
杜

筛选条件

5. 同时使用“关系与”和“关系或”条件

若用户需要同时使用“关系与”和“关系或”作为高级筛选的条件，例如筛选数据表中“籍贯”为“北京”，“学历”为“本科”，基本工资大于4000的记录；或者筛选“籍贯”为“哈尔滨”，学历为“大专”，基本工资小于6000的记录；或者筛选“籍贯”为“南京”的所有记录，可以设置下图所示的筛选条件(具体操作步骤与例8-7类似，这里不再详细介绍)。

工号	姓名	性别	籍贯	出生日期	入职日期	学历	基本工资	绩效系数	奖金
1121	李亮辉	男	北京	2001/6/2	2020/9/3	本科	7,000	0.50	4,750
1122	林雨馨	女	北京	1998/9/2	2018/9/3	本科	4,000	0.50	4,981
1123	莫静静	女	北京	1997/8/21	2018/9/3	专科	7,000	0.50	4,711
1124	刘乐乐	女	北京	1999/5/4	2018/9/3	本科	5,000	0.50	4,982
1125	杨晓亮	男	廊坊	1990/7/3	2018/9/3	本科	5,000	0.50	4,092
1126	张珺涵	男	哈尔滨	1987/7/21	2019/9/3	专科	4,500	0.60	4,671
1127	姚妍妍	女	哈尔滨	1982/7/5	2019/9/3	专科	7,500	0.60	6,073
1128	许朝霞	女	徐州	1983/2/1	2019/9/3	本科	4,500	0.60	6,721
1129	李　娜	女	武汉	1985/6/2	2017/9/3	本科	6,000	0.70	6,872
1130	杜芳芳	女	西安	1978/5/23	2017/9/3	本科	6,000	0.70	6,921
1131	刘自建	男	南京	1972/4/2	2010/9/3	博士	8,000	1.00	9,102
1132	王　巍	男	扬州	1991/3/5	2010/9/3	博士	8,000	1.00	8,971
1133	段程鹏	男	苏州	1992/8/5	2010/9/3	博士	8,000	1.00	9,301

籍贯	学历	基本工资
北京	本科	>4000
哈尔滨	专科	<6000
南京		

筛选条件

6. 筛选不重复的记录

如果需要将数据表中的不重复数据筛选出来，并复制到“筛选结果”工作表中，可以执行以下操作。

step 1 选择“筛选结果”工作表，单击【数据】选项卡中的【高级】按钮，打开【高级筛选】对话框。

step 2 单击【高级筛选】对话框中【列表区域】文本框后的按钮，然后选择“员工信息表”工作表，选取A1:J14区域。

工号	姓名	性别	籍贯	出生日期	入职日期	学历	基本工资	绩效系数	奖金
1121	李亮辉	男	北京	1992/6/2	2020/9/3	本科	7,000	0.50	4,750
1122	林雨馨	女	北京	1992/9/2	2018/9/3	本科	4,000	0.50	4,981
1123	莫静静	女	北京	1992/8/21	2018/9/3	专科	7,000	0.50	4,711
1124	刘乐乐	女	[illegible]	[illegible]	[illegible]	[illegible]	5,000	0.50	4,982
1125	杨晓亮	男	[illegible]	[illegible]	[illegible]	[illegible]	5,000	0.50	4,092
1126	张珺涵	男	[illegible]	[illegible]	[illegible]	[illegible]	4,500	0.60	4,671
1127	姚妍妍	女	哈尔滨	1982/7/5	2019/9/3	专科	7,500	0.60	6,073
1122	林雨馨	女	北京	1992/9/2	2018/9/3	本科	4,000	0.50	4,981
1123	莫静静	女	北京	1992/8/21	2018/9/3	专科	7,000	0.50	4,711
1124	刘乐乐	女	北京	1999/5/4	2018/9/3	本科	5,000	0.50	4,982
1125	杨晓亮	男	廊坊	1990/7/3	2018/9/3	本科	5,000	0.50	4,092
1132	王　巍	男	扬州	1991/3/5	2010/9/3	博士	8,000	1.00	8,971
1133	段程鹏	男	苏州	1992/8/5	2010/9/3	博士	8,000	1.00	9,301

高级筛选 - 列表区域　?　×

员工信息表!$A$1:$J$14

step 3 按下 Enter 键返回【高级筛选】对话框，选中【将筛选结果复制到其他位置】单选按钮。单击【复制到】文本框后的按钮，

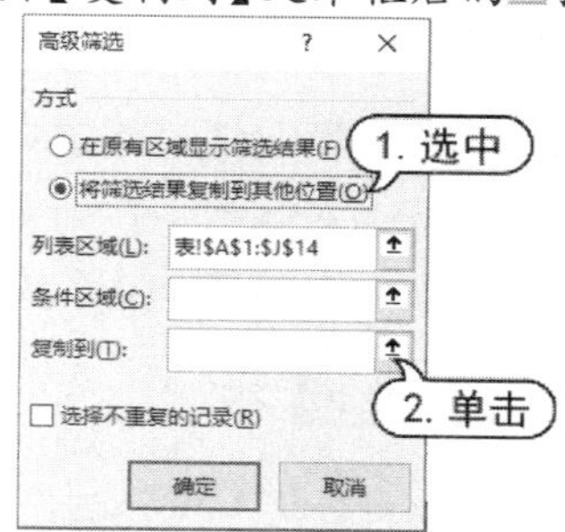

step 4 选取A1单元格，按下 Enter 键再次返回【高级筛选】对话框，选中【选择不重复的记录】复选框，单击【确定】按钮完成筛选，效果如下图所示。

工号	姓名	性别	籍贯	出生日期	入职日期	学历	基本工资	绩效系数	奖金
1121	李亮辉	男	北京	1992/6/2	2020/9/3	本科	7,000	0.50	4,750
1122	林雨馨	女	北京	1992/9/2	2018/9/3	本科	4,000	0.50	4,981
1123	莫静静	女	北京	1992/8/21	2018/9/3	专科	7,000	0.50	4,711
1124	刘乐乐	女	北京	1999/5/4	2018/9/3	本科	5,000	0.50	4,982
1125	杨晓亮	男	廊坊	1990/7/3	2018/9/3	本科	5,000	0.50	4,092
1126	张珺涵	男	哈尔滨	1987/7/21	2019/9/3	专科	4,500	0.60	4,671
1127	姚妍妍	女	哈尔滨	1982/7/5	2019/9/3	专科	7,500	0.60	6,073
1132	王　巍	男	扬州	1991/3/5	2010/9/3	博士	8,000	1.00	8,971
1133	段程鹏	男	苏州	1992/8/5	2010/9/3	博士	8,000	1.00	9,301

员工信息表　筛选结果

8.3.3　模糊筛选

用于在数据表中筛选的条件，如果不能明确指定某项内容，而是某一类内容(例如“姓名”列中的某一个字)，可以使用 Excel 提供的通配符来进行筛选，即模糊筛选。

模糊筛选中通配符的使用必须借助【自定义自动筛选方式】对话框来实现，并允许使用两种通配符条件，可以使用“？”代表一个(且仅有一个)字符，使用“*”代表0到任意多个连续字符。

Excel 中有关通配符的使用说明，如下表所示。

条　件		符合条件的数据
等于	S*r	Summer，Server
等于	王?燕	王小燕，王大燕
等于	K???1	Kitt1，Kua1
等于	P*n	Python，Psn
包含	~?	可筛选出含有?的数据
包含	~*	可筛选出含有*的数据

8.3.4　取消筛选

如果用户需要取消对指定列的筛选，可以单击该列标题右侧的下拉列表按钮，在弹出的筛选菜单中选择【全选】选项。

如果需要取消数据表中的所有筛选，可以单击【数据】选项卡【排序和筛选】命令组中的【清除】按钮。

如果需要关闭“筛选”模式，可以单击【数据】选项卡【排序和筛选】命令组中的【筛选】按钮，使其不再高亮显示。

8.3.5　复制和删除筛选的数据

当复制筛选结果中的数据时，只有可见的行被复制。同样，在删除筛选结果时，只有可见的行会被删除，隐藏的行不会受影响。

8.4　分级显示

使用 Excel 的“分级显示”功能可以将包含类似标题并且行列数据较多的数据表进行组合和汇总，分级后将自动产生工作表视图的符号(例如加号、减号和数字 1、2、3 等)，单击这些符号可以显示或隐藏明细数据，如下图所示。

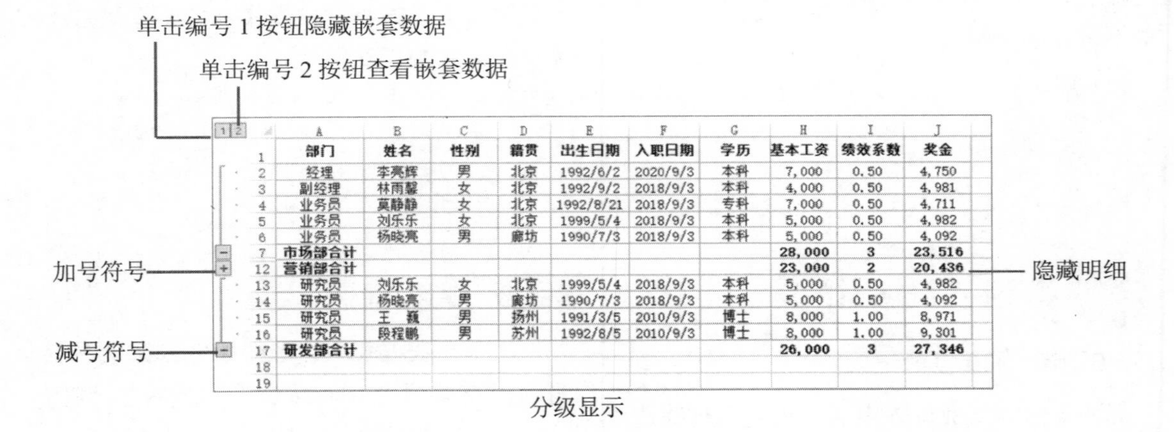

分级显示

使用分级显示可以快速显示摘要行或摘要列，或者显示每组的明细数据。分级显示既可以单独创建行或列的分级显示，也可以同时创建行和列的分级显示，但在某一个数据表中只能创建一个分级显示，一个分级显示最多允许有 8 层嵌套数据。

8.4.1　创建分级显示

以创建上图所示的分级显示为例，用户将用于创建分级显示的数据表整理好后，单击【数据】选项卡【分级显示】命令组中的【组合】|【自动建立分级显示】按钮即可。

成功建立分级显示后，单击行或列上的分级显示符号 1，可以将分级显示的二级汇总数据隐藏；单击分级显示符号 2，则可以查看分级显示工作表的二级汇总数据。

如果用户需要以自定义的方式创建分级

显示，可以在选中自定义的分组小节数据之后，单击【数据】选项卡中的【组合】|【组合】按钮，并在打开的【组合】对话框中单击【确定】按钮。

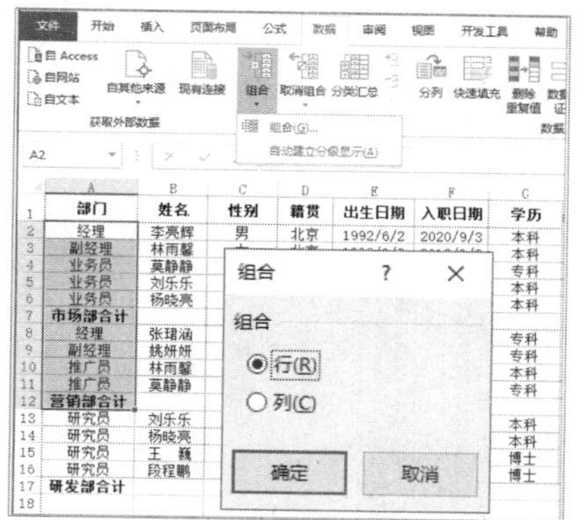

此时，将创建如下图所示的自定义分组。

	A	B	C	D	E	F	G
1	部门	姓名	性别	籍贯	出生日期	入职日期	学历
2	经理	李亮辉	男	北京	1992/6/2	2020/9/3	本科
3	副经理	林雨馨	女	北京	1992/9/2	2018/9/3	本科
4	业务员	莫静静	女	北京	1992/8/21	2018/9/3	专科
5	业务员	刘乐乐	女	北京	1999/5/4	2018/9/3	本科
6	业务员	杨晓亮	男	廊坊	1990/7/3	2018/9/3	本科
7	市场部合计						
8	经理	张珺涵	男	哈尔滨	1987/7/21	2019/9/3	专科
9	副经理	姚妍妍	女	哈尔滨	1982/7/5	2019/9/3	专科
10	推广员	林雨馨	女	北京	1992/9/2	2018/9/3	本科
11	推广员	莫静静	女	北京	1992/8/21	2018/9/3	专科
12	营销部合计						
13	研究员	刘乐乐	女	北京	1999/5/4	2018/9/3	本科
14	研究员	杨晓亮	男	廊坊	1990/7/3	2018/9/3	本科
15	研究员	王　巍	男	扬州	1991/3/5	2010/9/3	博士
16	研究员	段程鹏	男	苏州	1992/8/5	2010/9/3	博士
17	研发部合计						
18							

选中上图中的 A2:A7 单元格区域，再次单击【数据】选项卡中的【组合】|【组合】按钮，在打开的【组合】对话框中单击【确定】按钮，可以对第一次分组后得到的小节中的小节进一步分组，如下图所示。

	A	B	C	D	E	F	G
1	部门	姓名	性别	籍贯	出生日期	入职日期	学历
2	经理	李亮辉	男	北京	1992/6/2	2020/9/3	本科
3	副经理	林雨馨	女	北京	1992/9/2	2018/9/3	本科
4	业务员	莫静静	女	北京	1992/8/21	2018/9/3	专科
5	业务员	刘乐乐	女	北京	1999/5/4	2018/9/3	本科
6	业务员	杨晓亮	男	廊坊	1990/7/3	2018/9/3	本科
7	市场部合计						
8	经理	张珺涵	男	哈尔滨	1987/7/21	2019/9/3	专科
9	副经理	姚妍妍	女	哈尔滨	1982/7/5	2019/9/3	专科
10	推广员	林雨馨	女	北京	1992/9/2	2018/9/3	本科
11	推广员	莫静静	女	北京	1992/8/21	2018/9/3	专科
12	营销部合计						
13	研究员	刘乐乐	女	北京	1999/5/4	2018/9/3	本科
14	研究员	杨晓亮	男	廊坊	1990/7/3	2018/9/3	本科
15	研究员	王　巍	男	扬州	1991/3/5	2010/9/3	博士
16	研究员	段程鹏	男	苏州	1992/8/5	2010/9/3	博士
17	研发部合计						
18							

8.4.2　关闭分级显示

如果用户需要将数据表恢复到创建分级显示以前的状态，只需要单击【数据】选项卡中的【取消组合】按钮，在打开的【取消组合】对话框中选择需要关闭的分级行或列后，单击【确定】按钮即可。

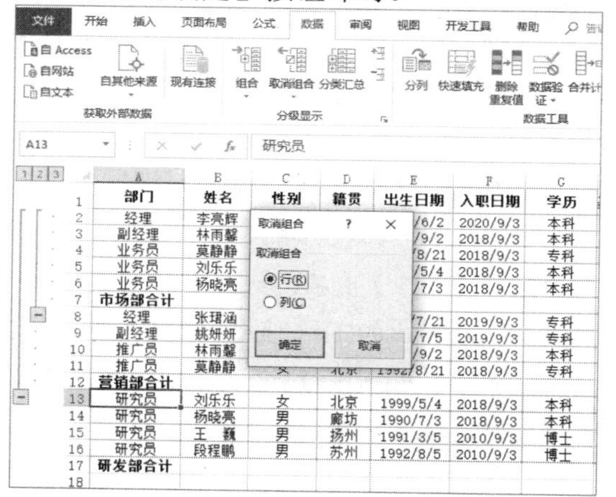

8.5　分类汇总

分类汇总数据，即在按某一条件对数据进行分类的同时，对同一类别中的数据进行统计运算。分类汇总被广泛应用于财务、统计等领域，用户要灵活掌握其使用方法，应掌握创建、隐藏、显示以及删除它的方法。

8.5.1　创建分类汇总

Excel 2016 可以在数据清单中自动计算分类汇总及总计值。用户只需指定需要进行分类汇总的数据项、待汇总的数值和用于计算的函数(例如，求和函数)即可。如果使用自动分类汇总，工作表必须组织成具有列标志的数据清单。在创建分类汇总之前，用户必须先根据需要对分类汇总的数据列进行数据清单排序。

【例 8-8】在“成绩”工作表中将“总分”按专业分类，并汇总各专业的总分平均成绩。

视频+素材　(素材文件\第 08 章\例 8-8)

step 1 打开“成绩表”工作表，然后选中【专业】列。

step 2 选择【数据】选项卡，在【排序和筛选】命令组中单击【升序】按钮，在打开的【排序提醒】对话框中单击【排序】按钮。

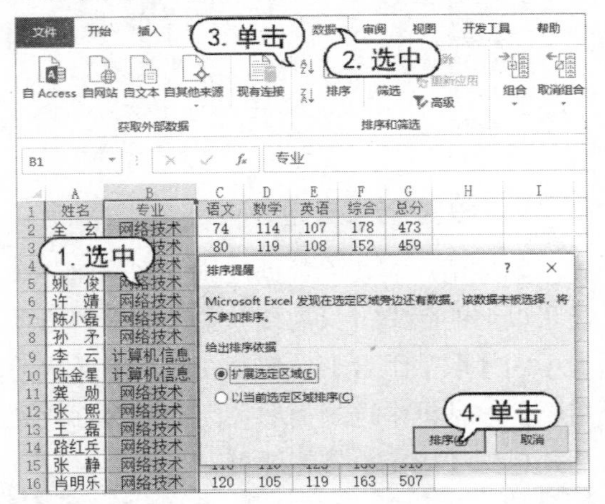

step 3 选中任意一个单元格，在【数据】选项卡的【分级显示】命令组中单击【分类汇总】按钮。

step 4 在打开的【分类汇总】对话框中单击【分类字段】下拉列表按钮，在弹出的下拉列表中选择【专业】选项；单击【汇总方式】下拉按钮，从弹出的下拉列表中选择【平均值】选项；分别选中【总分】【替换当前分类汇总】和【汇总结果显示在数据下方】复选框。

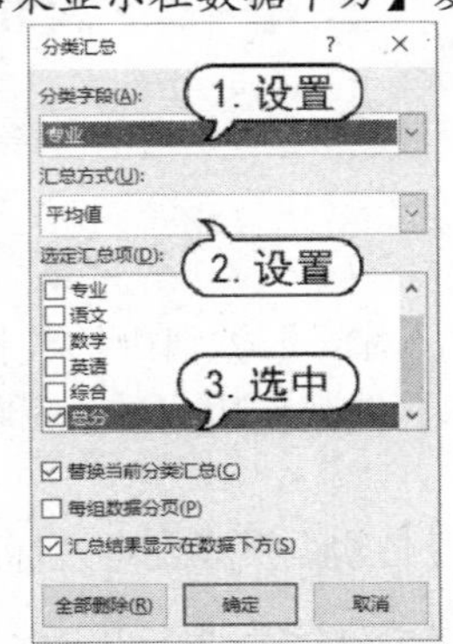

step 5 单击【确定】按钮，即可查看表格分类汇总后的效果。

	A	B	C	D	E	F	G
1	姓名	专业	语文	数学	英语	综合	总分
2	丁 一	计算机科学	104	72	116	157	449
3	胡琳琳	计算机科学	105	111	74	163	453
4	梅宇栋	计算机科学	104	99	111	166	480
5	黄木鑫	计算机科学	122	111	104	171	508
6	陈 妤	计算机科学	102	119	116	171	508
7	周 苹	计算机科学	102	116	117	187	522
8	计算机科学 平均值						486.7
9	陆金星	计算机信息	102	116	95	181	494
10	李 云	计算机信息	102	105	113	182	502
11	佟昱瑶	计算机信息	114	114	101	178	507
12	计算机信息 平均值						501
13	刘 锋	网络技术	107	102	78	91	378
14	季黎杰	网络技术	92	102	81	149	424
15	姚 俊	网络技术	95	92	80	168	435
16	许 靖	网络技术	98	108	114	118	438
17	宋皓宇	网络技术	117	96	116	123	452
18	缪晓善	网络技术	65	108	116	163	452
19	肖莉莉	网络技术	110	81	114	149	454
20	蒋海峰	网络技术	80	119	108	152	459
21	全 玄	网络技术	74	114	107	178	473
22	杜琴庆	网络技术	117	108	102	147	474
23	王雅清	网络技术	120	90	120	147	477
24	史玉敬	网络技术	122	74	101	181	478
25	唐盟盟	网络技术	116	98	108	163	485
26	丁海斌	网络技术	117	114	96	163	490
27	王 敏	网络技术	119	93	119	166	497
28	陈小磊	网络技术	98	125	117	163	503
29	路红兵	网络技术	116	98	114	176	504
30	肖明乐	网络技术	120	105	119	163	507
31	龚 勋	网络技术	102	116	117	173	508
32	陈子晖	网络技术	117	114	104	176	511
33	张 静	网络技术	116	110	123	166	515
34	冯文博	网络技术	98	120	116	182	516
35	赵 晶	网络技术	102	116	96	202	516
36	张 熙	网络技术	113	108	110	192	523
37	孙 矛	网络技术	99	116	117	202	534
38	钱文斌	网络技术	114	126	114	186	540
39	王 磊	网络技术	113	116	126	186	541
40	网络技术 平均值						484.6

此时应注意的是：建立分类汇总后，如果修改明细数据，汇总数据将会自动更新。

8.5.2 隐藏和删除分类汇总

用户在创建分类汇总后，为了方便查阅，可以将其中的数据进行隐藏，并根据需要在适当的时候显示出来。

1. 隐藏分类汇总

为了方便用户查看数据，可将分类汇总后暂时不需要使用的数据隐藏，从而减小界面的占用空间。当需要查看时，再将其显示。

step 1 在工作表中选中 A8 单元格，然后在【数据】选项卡的【分级显示】命令组中单击【隐藏明细数据】按钮，隐藏“计算机科学”专业的详细记录。

step 2 重复以上操作，分别选中 A12、A40 和 A55 单元格，隐藏“计算机信息”“网络技术”和“信息管理”专业的详细记录，完成后的效果如下图所示。

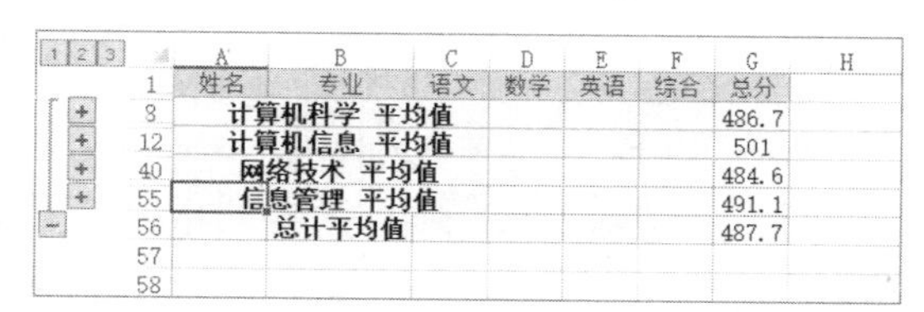

	姓名	专业	语文	数学	英语	综合	总分
3	计算机科学 平均值						486.7
12	计算机信息 平均值						501
40	网络技术 平均值						484.6
55	信息管理 平均值						491.1
56	总计平均值						487.7

step 3 选中A8单元格，然后单击【数据】选项卡【分级显示】命令组中的【显示明细数据】按钮，即可重新显示“计算机科学”专业的详细数据。

除了以上介绍的方法外，单击工作表左边列表树中的+、-符号按钮，同样可以显示与隐藏详细数据。

2. 删除分类汇总

查看完分类汇总后，若用户需要将其删除，恢复原先的工作状态，可以在Excel中删除分类汇总，具体方法如下。

step 1 在【数据】选项卡中单击【分类汇总】按钮，在打开的【分类汇总】对话框中，单击【全部删除】按钮即可删除表格中的分类汇总。

step 2 此时，表格内容将恢复到设置分类汇总前的状态。

8.6 使用“表”工具

在Excel中，使用“表”功能，不仅可以自动扩展数据区域，对数据执行排序、筛选、自动求和、求极值、求平均值等操作，还能够将工作表中的数据设置为多个“表”，并使其相对独立，从而灵活地根据需要将数据划分为易于管理的不同数据集。

8.6.1 创建“表”

使用“表”工具创建一个“表”的具体操作步骤如下。

step 1 选中数据表中的任意单元格，单击【插入】选项卡【表格】命令组中的【表格】按钮(或按下Ctrl+T组合键)，打开【创建表】对话框，并单击【确定】按钮。

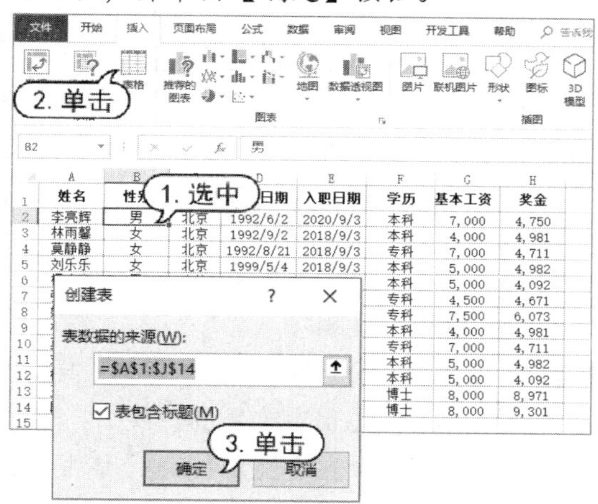

step 2 此时，将在当前工作表中显示如下图所示的“表”轮廓。

姓名	性别	籍贯	出生日期	入职日期	学历	基本工资	奖金
李亮辉	男	北京	1992/6/2	2020/9/3	本科	7,000	4,750
林雨馨	女	北京	1992/9/2	2018/9/3	本科	4,000	4,981
莫静静	女	北京	1992/8/21	2018/9/3	专科	7,000	4,711
刘乐乐	女	北京	1999/5/4	2018/9/3	本科	5,000	4,982
杨晓亮	男	廊坊	1990/7/3	2018/9/3	本科	5,000	4,092
张珺涵	男	哈尔滨	1987/7/21	2019/9/3	专科	4,500	4,671
姚妍妍	女	哈尔滨	1982/7/5	2019/9/3	专科	7,500	6,073
林雨馨	女	北京	1992/9/2	2018/9/3	本科	4,000	4,981
莫静静	女	北京	1992/8/21	2018/9/3	专科	7,000	4,711
刘乐乐	女	北京	1999/5/4	2018/9/3	本科	5,000	4,982
杨晓亮	男	廊坊	1990/7/3	2018/9/3	本科	5,000	4,092
王 巍	男	扬州	1991/3/5	2010/9/3	博士	8,000	8,971
段程鹏	男	苏州	1992/8/5	2010/9/3	博士	8,000	9,301

如果需要将“表”转换为原始的数据表，可以在选中表中任意单元格后，单击【设计】选项卡中的【转换为区域】按钮，在弹出的提示对话框中单击【确定】按钮。

8.6.2 控制“表”

在创建“表”后，用户可以对其执行以

下控制操作。

1. 添加汇总行

如果用户需要在“表”中添加一个汇总行，可以在选中“表”中的任意单元格后，选中【设计】选项卡中的【汇总行】复选框。

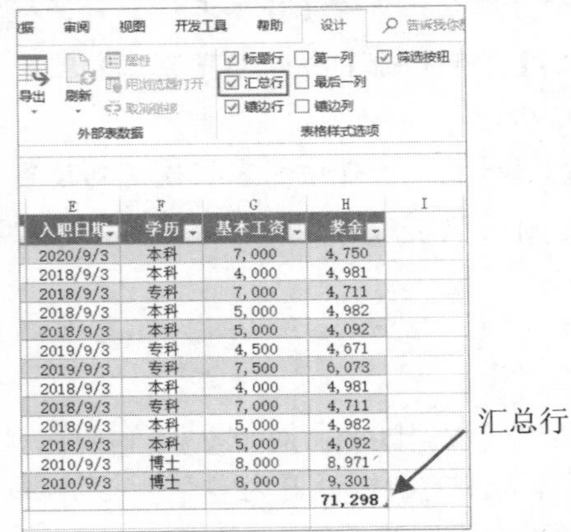

入职日期	学历	基本工资	奖金
2020/9/3	本科	7,000	4,750
2018/9/3	本科	4,000	4,981
2018/9/3	专科	7,000	4,711
2018/9/3	本科	5,000	4,982
2018/9/3	本科	5,000	4,092
2019/9/3	专科	4,500	4,671
2019/9/3	专科	7,500	6,073
2018/9/3	本科	4,000	4,981
2018/9/3	专科	7,000	4,711
2018/9/3	本科	5,000	4,982
2018/9/3	本科	5,000	4,092
2010/9/3	博士	8,000	8,971
2010/9/3	博士	8,000	9,301
			71,298

“表”汇总行默认的汇总函数是第一个参数为 109 的 SUBTOTAL 函数，用户选中汇总行数据后，单击显示的下拉按钮，从弹出的列表框中可以选择需要的汇总函数。

	姓名	性别	籍贯	出生日期	入职日期	学历	基本工资	奖金
2	李亮辉	男	北京	1992/6/2	2020/9/3	本科	7,000	4,750
3	林雨馨	女	北京	1992/9/2	2018/9/3	本科	4,000	4,981
4	莫静静	女	北京	1992/8/21	2018/9/3	专科	7,000	4,711
5	刘乐乐	女	北京	1999/5/4	2018/9/3	本科	5,000	
6	杨晓亮	男	廊坊	1990/7/3	2018/9/3	本科	5,000	
7	张珺涵	男	哈尔滨	1987/7/21	2019/9/3	专科	4,500	
8	姚妍妍	女	哈尔滨	1982/7/5	2019/9/3	专科	7,500	
9	林雨馨	女	北京	1992/9/2	2018/9/3	本科	4,000	
10	莫静静	女	北京	1992/8/21	2018/9/3	专科	7,000	
11	刘乐乐	女	北京	1999/5/4	2018/9/3	本科	5,000	
12	杨晓亮	男	廊坊	1990/7/3	2018/9/3	本科	5,000	
13	王　巍	男	扬州	1991/3/5	2010/9/3	博士	8,000	
14	段程鹏	男	苏州	1992/8/5	2010/9/3	博士	8,000	
15	汇总							71,298

无
平均值
计数
数值计数
最大值
最小值
求和
标准偏差
方差
其他函数...

2. 在“表”中添加数据

如果要在“表”中添加数据，可以单击“表”的最后一个数据单元格(不包含汇总行数据)，然后按下 Tab 键即可添加新行。

如果“表”中不包含汇总行，用户可以通过在“表”下方相邻的空白单元格中输入数据，向表中添加新的数据行。

如果用户需要向“表”中添加新的一列数据，可以将鼠标光标定位至“表”的最后一个标题右侧的空白单元格中，然后输入新列的标题即可。

此外，“表”的最后一个单元格的右下角有一个如下图所示的三角形标志。

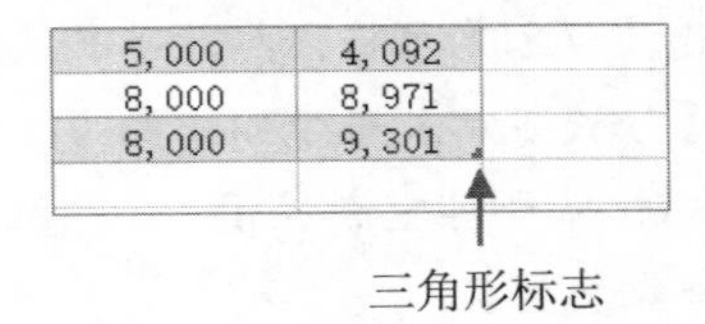

5,000	4,092
8,000	8,971
8,000	9,301

将鼠标移动至三角形标志上方，向下方拖动可以增加“表”的行，向右拖动则可以增加“表”的列。

3. 固定“表”的标题

当用户单击“表”中的任意一个单元格后，再向下滚动浏览“表”时就会发现“表”中的标题出现在 Excel 的列标之上，使“表”滚动时标题仍然可见。

表的标题

F7　专科

	姓名	性别	籍贯	出生日期	入职日期	学历	基本工资	奖金
7	张珺涵	男	哈尔滨	1987/7/21	2019/9/3	专科	4,500	4,671
8	姚妍妍	女	哈尔滨	1982/7/5	2019/9/3	专科	7,500	6,073
9	林雨馨	女	北京	1992/9/2	2018/9/3	本科	4,000	4,981
10	莫静静	女	北京	1992/8/21	2018/9/3	专科	7,000	4,711
11	刘乐乐	女	北京	1999/5/4	2018/9/3	本科	5,000	4,982
12	杨晓亮	男	廊坊	1990/7/3	2018/9/3	本科	5,000	4,092
13	王　巍	男	扬州	1991/3/5	2010/9/3	博士	8,000	8,971
14	段程鹏	男	苏州	1992/8/5	2010/9/3	博士	8,000	9,301

4. 排序与筛选“表”数据

Excel“表”整合了数据表的排序和筛选功能，如果“表”包含标题行，用户可以使用标题行右侧的下拉箭头对“表”进行排序和筛选操作。

5. 删除“表”中的重复值

如果“表”中存在重复数据，用户可以执行以下操作将其删除。

step 1 选中“表”中的任意单元格，单击【设计】选项卡中的【删除重复值】按钮。

step 2 打开【删除重复值】对话框，单击【全选】按钮，再单击【确定】按钮。

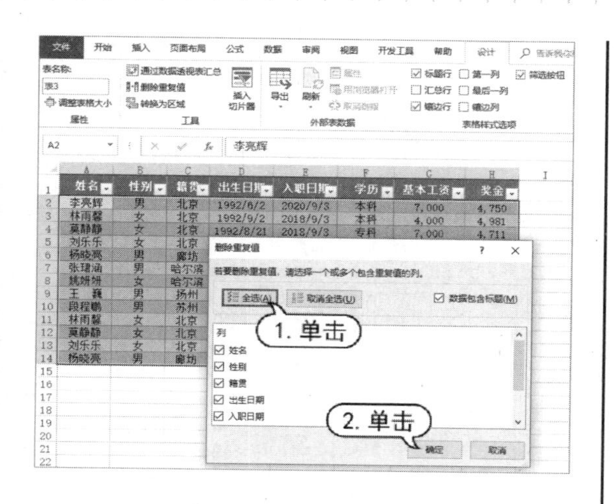

step 3 此时，“表”中的重复值将被删除，Excel 会打开提示对话框提示用户所删除的重复值数据的数量。

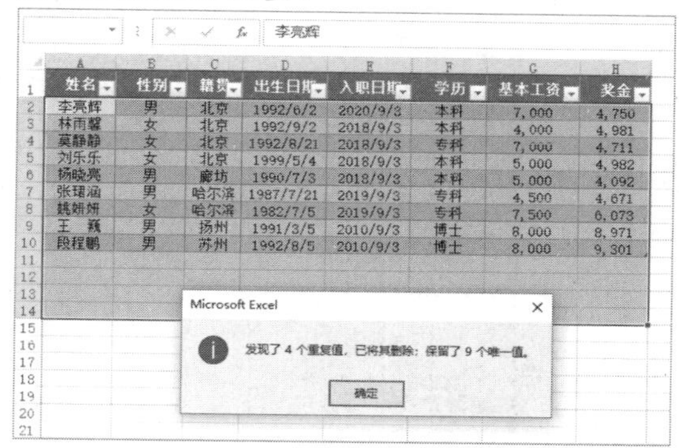

8.7 案例演练

本章的案例演练部分将通过实例介绍在 Excel 中排序、筛选与汇总表格数据的一些实用技巧，帮助用户进一步掌握所学的知识，提高工作效率。

【例 8-9】设置两个表格根据姓名排序完全一致。

视频+素材 (素材文件\第 08 章\例 8-9)

step 1 打开下图所示的工作表，选中其中第一个数据表的 A1:C14 单元格区域，单击【数据】选项卡中的【降序】按钮。

姓名	期中成绩	排名		姓名	期末成绩	排名
李亮辉	97	1		杜芳芳	98	1
刘乐乐	96	2		王　巍	97	2
张珺涵	95	3		段程鹏	93	3
王　巍	94	4		刘自建	92	4
许朝霞	93	5		张珺涵	91	5
林雨馨	92	6		林雨馨	90	6
莫静静	91	7		姚妍妍	90	7
杜芳芳	91	8		杨晓亮	89	8
李　娜	87	9		李　娜	88	9
姚妍妍	83	10		李亮辉	87	10
杨晓亮	82	11		刘乐乐	86	11
刘自建	82	12		许朝霞	83	12
段程鹏	82	13		莫静静	82	13

1. 选中　2. 选中　3. 单击

step 2 选中第二个数据表的 E1:G14 单元格区域，单击【数据】选项卡中的【降序】按钮，将上图所示的两个数据表按姓名排序。

step 3 选取包含两个数据表的单元格区域，然后按 Tab 键，将光标调整至 C2 单元格。

按 Tab 键调整光标

姓名	期中成绩	排名		姓名	期末成绩	排名
张珺涵	95	3		张珺涵	91	5
姚妍妍	83	10		姚妍妍	90	7
杨晓亮	82	11		杨晓亮	89	8
许朝霞	93	5		许朝霞	83	12
王　巍	94	4		王　巍	97	2
莫静静	91	7		莫静静	82	13
刘自建	82	12		刘自建	92	4
刘乐乐	96	2		刘乐乐	86	11
林雨馨	92	6		林雨馨	90	6
李亮辉	97	1		李亮辉	87	10
李　娜	87	9		李　娜	88	9
段程鹏	82	13		段程鹏	93	3
杜芳芳	91	8		杜芳芳	98	1

step 4 单击【数据】选项卡中的【升序】按钮，排序效果如下图所示，两个数据表清晰地反映了学生期中和期末考试的分数和排名。

姓名	期中成绩	排名		姓名	期末成绩	排名
李亮辉	97	1		李亮辉	87	10
刘乐乐	96	2		刘乐乐	86	11
张珺涵	95	3		张珺涵	91	5
王　巍	94	4		王　巍	97	2
许朝霞	93	5		许朝霞	83	12
林雨馨	92	6		林雨馨	90	6
莫静静	91	7		莫静静	82	13
杜芳芳	91	8		杜芳芳	98	1
李　娜	87	9		李　娜	88	9
姚妍妍	83	10		姚妍妍	90	7
杨晓亮	82	11		杨晓亮	89	8
刘自建	82	12		刘自建	92	4
段程鹏	82	13		段程鹏	93	3

【例 8-10】批量筛选表格中地址包含“越秀区”或“署前路”的记录。

视频+素材 (素材文件\第 08 章\例 8-10)

step① 打开工作表后，在 D2 单元格中输入“越秀区”，在 D3 单元格中输入“署前路”。

	A	B	C	D
1	客户	地址		
2	客户A	广东省广州市南沙区署前路32号		越秀区
3	客户B	广东省广州市南沙区东华北路75号		署前路
4	客户C	广东省广州市越秀区东华北路112号		
5	客户D	广东省广州市越秀区东华北路21号		
6	客户E	广东省广州市越秀区署前路49号		
7	客户F	广东省广州市越秀区署前路49号		
8	客户G	广东省广州市越秀区署前路49号		
9	客户H	广东省广州市南沙区东北路49号		
10	客户I	广东省广州市越秀区署前路49号		
11	客户J	广西省南宁市青秀区北京路49号		
12	客户K	广东省广州市越秀区上海路49号		
13	客户L	广东省广州市越秀区署前路49号		
14	客户M	广东省广州市越秀区署前路49号		
15	客户N	广东省广州市越秀区中山一路81号		
16	客户O	广东省广州市越秀区中山一路72号		
17	客户P	广东省广州市越秀区署前路5号		
18	客户Q	广东省广州市越秀区中山一路10号		
19	客户R	广东省广州市越秀区中山一路15号		
20	客户S	广东省广州市越秀区中山一路 8号		
21				

1. 输入
2. 输入

step② 复制 B1 单元格至 E1 单元格，在 E2 和 E3 单元格中输入公式，用“*”连接地址：

```
="*"&D2
```

="*"&D2

B	C	D	E
地址			地址
省广州市南沙区署前路32号		越秀区	*越秀区
省广州市南沙区东华北路75号		署前路	*署前路
省广州市越秀区东华北路112号			
省广州市越秀区东华北路21号			
省广州市越秀区署前路49号			

step③ 选中数据表中的任意单元格，单击【数据】选项卡中的【高级】按钮，打开【高级筛选】对话框，单击【条件区域】后的按钮。

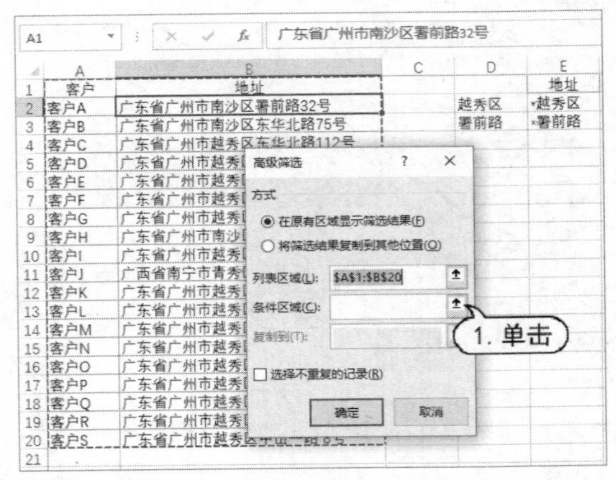

step④ 选取 E1:E3 单元格区域作为条件区域后，按下 Enter 键返回【高级筛选】对话框，单击【确定】按钮即可。

【例 8-11】使用快捷键快速汇总数据。

视频+素材 (素材文件\第 08 章\例 8-11)

step① 打开下图所示的工作表后，选中 B2:E6 单元格区域，按下 Alt+=组合键。

	A	B	C	D	E
1	姓名	一季度	二季度	三季度	四季度
2	李亮辉	96	99	89	96
3	林雨馨	92	96	93	95
4	莫静静	91	93	88	96
5	刘乐乐	96	87	93	96
6	合计				
7					

step② 此时，各季度的合计值将汇总在 B6:E6 单元格区域。

	A	B	C	D	E
1	姓名	一季度	二季度	三季度	四季度
2	李亮辉	96	99	89	96
3	林雨馨	92	96	93	95
4	莫静静	91	93	88	96
5	刘乐乐	96	87	93	96
6	合计	375	375	363	383
7					

第 9 章

应用数据透视表分析数据

数据透视表在 Excel 中有着极广泛的应用，它几乎涵盖了 Excel 中大部分的用途，例如图表、筛选、运算、函数等，同时还可以结合切片器功能制作数据仪表盘。本章将通过实例操作，详细介绍数据透视表的常用功能和经典应用。

本章对应视频

例 9-1 创建数据透视表
例 9-2 快速生成数据分析报表
例 9-3 移动数据透视表
例 9-4 创建数据透视图
例 9-5 更改数据透视表的数据源
例 9-6 转换数据透视表为普通表格
例 9-7 统计各部门人员的学历情况
例 9-8 合并数据透视表中的单元格
例 9-9 利用数据透视表转换行与列
例 9-10 利用数据透视表计算排名
例 9-11 利用数据透视表汇总数据
例 9-12 对同一字段应用多个筛选

9.1 数据透视表简介

数据透视表是一种从 Excel 数据表、关系数据库文件或 OLAP 多维数据集中的特殊字段中总结信息的分析工具，它能够对大量数据快速汇总并建立交叉列表的交互式动态表格，帮助用户分析和组织数据。例如，计算平均数或标准差、建立关联表、计算百分比、建立新的数据子集等。例如，对下面左图所示的数据表创建数据透视表。

	A	B	C	D	E	F
1	年份	地区	品名	数量	单价	销售金额
2	2028	华东	浪琴	89	5000	445000
3	2028	华东	天梭	77	7500	577500
4	2028	华东	天梭	65	7500	487500
5	2028	华中	天梭	83	7500	622500
6	2028	华北	浪琴	78	5100	397800
7	2028	华北	浪琴	85	5200	442000
8	2028	华北	浪琴	66	5000	330000
9	2029	华北	浪琴	92	5000	460000
10	2029	东北	浪琴	88	5100	448800
11	2029	东北	卡西欧	80	9700	776000
12	2029	华南	卡西欧	79	9950	786050
13	2029	华南	卡西欧	66	9950	656700
14	2029	华南	阿玛尼	82	8700	713400
15	2029	华南	阿玛尼	64	8700	556800
16	2029	华东	阿玛尼	76	8700	661200
17	2029	华东	浪琴	90	5000	450000
18	2029	华东	浪琴	76	5000	380000

用于创建数据透视表的数据表

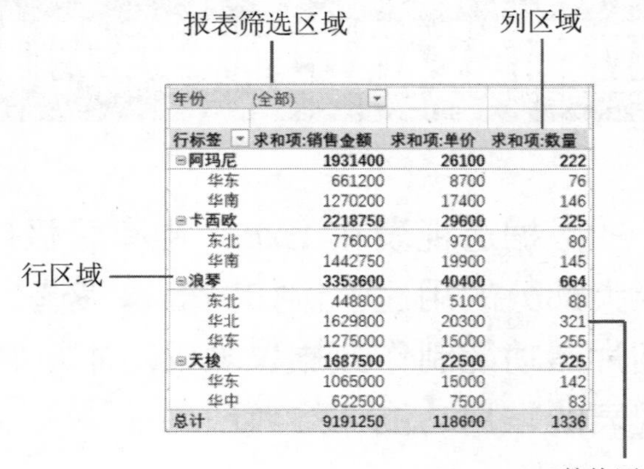

年份	(全部)		
行标签	求和项:销售金额	求和项:单价	求和项:数量
⊟阿玛尼	1931400	26100	222
华东	661200	8700	76
华南	1270200	17400	146
⊟卡西欧	2218750	29600	225
东北	776000	9700	80
华南	1442750	19900	145
⊟浪琴	3353600	40400	664
东北	448800	5100	88
华北	1629800	20300	321
华东	1275000	15000	255
⊟天梭	1687500	22500	225
华东	1065000	15000	142
华中	622500	7500	83
总计	9191250	118600	1336

根据数据表创建的数据透视表

可以对不同销售地区在不同时间的销售金额、销售产品、销售数量和单价进行汇总，并计算出总计和平均值，如上面的右图所示。

1. 数据透视表的结构

由上面的右图所示可以看出，数据透视表的结构分为以下几个部分：

- 行区域：该区域中按钮作为数据透视表的行字段。
- 列区域：该区域中按钮作为数据透视表的列字段。
- 数值区域：该区域中按钮作为数据透视表的显示汇总的数据。
- 报表筛选区域：该区域中按钮将作为数据透视表的分页符。

2. 数据透视表的专用术语

在上图所示的数据透视表中，包含以下几个专用术语。

- 数据源：用于创建数据透视表的数据列表或多维数据集。
- 轴：数据表中的一维，例如行、列、页等。
- 列字段：数据透视表中的信息种类，相当于数据表中的列。
- 行字段：数据透视表中具有行方向的字段。
- 页字段：数据透视表中进行分页的字段。
- 字段标题：描述字段内容的标志。可以通过拖动字段标题对数据透视表进行透视。
- 项目：组成字段的元素。
- 组：一组项目的集合。
- 透视：通过改变一个或多个字段的位置来重新安排数据透视表。
- 汇总函数：Excel 计算表格中数据值的函数。文本和数值的默认汇总函数为计数和求和。
- 分类汇总：数据透视表中对一行或一

列单元格的分类汇总。

- 刷新：重新计算数据透视表，反映目前数据源的状态。

3. 数据透视表的组织方式

在 Excel 中，用户能够通过以下几种类型的数据源创建数据透视表。

- 数据表：使用数据表创建数据透视表时，数据表的标题行不能存在空白单元格。
- 外部数据源：例如文本文件、SQL 数据库文件、Access 数据库文件等。
- 多个独立的 Excel 数据表：用户可以将多个独立表格中的数据汇总在一起，创建数据透视表。
- 其他数据透视表：在 Excel 中创建的数据透视表也可以作为数据源来创建另外的数据透视表。

9.2　创建数据透视表

在 Excel 2016 中，用户可以参考以下实例所介绍的方法，创建数据透视表。

【例 9-1】在“产品销售”工作表中创建数据透视表。
视频+素材　(素材文件\第 09 章\例 9-1)

step 1　打开“产品销售”工作表，选中数据表中的任意单元格，选择【插入】选项卡，单击【表格】命令组中的【数据透视表】按钮。

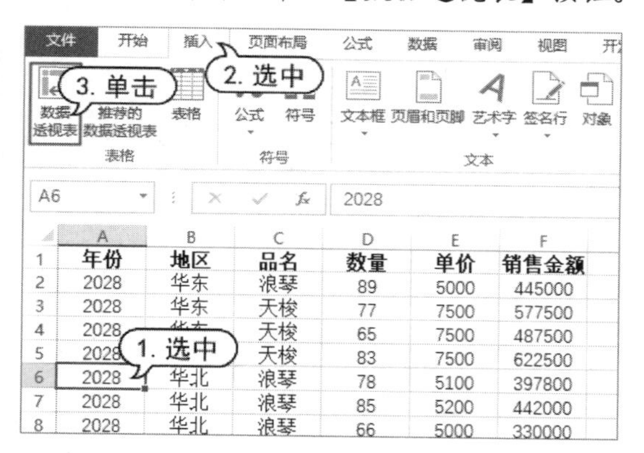

step 2　打开【创建数据透视表】对话框，选中【现有工作表】单选按钮，单击按钮。

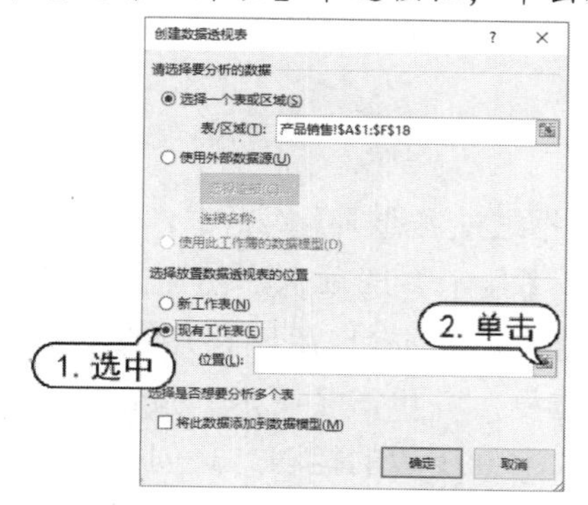

step 3　单击 H1 单元格，然后按下 Enter 键。

step 4　返回【创建数据透视表】对话框后，在该对话框中单击【确定】按钮。在显示的【数据透视表字段】窗格中，选中需要在数据透视表中显示的字段。

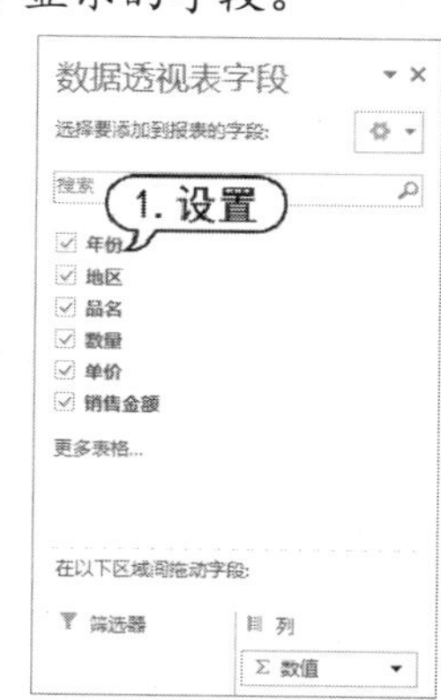

step 5　最后，单击工作表中的任意单元格，关闭【数据透视表字段】窗格，完成数据透视表的创建。

行标签	求和项:年份	求和项:数量	求和项:单价	求和项:销售金额
⊟东北	4058	168	14800	1224800
卡西欧	2029	80	9700	776000
浪琴	2029	88	5100	448800
⊟华北	8113	321	20300	1629800
浪琴	8113	321	20300	1629800
⊟华东	12171	473	38700	3001200
阿玛尼	2029	76	8700	661200
浪琴	6086	255	15000	1275000
天梭	4056	142	15000	1065000
⊟华南	8116	291	37300	2712950
阿玛尼	4058	146	17400	1270200
卡西欧	4058	145	19900	1442750
⊟华中	2028	83	7500	622500
天梭	2028	83	7500	622500
总计	34486	1336	118600	9191250

完成数据透视表的创建后，在【数据透视表字段】窗格中选中具体的字段，将其拖动到窗格底部的【筛选】【列】【行】和【值】等区域，可以调整字段在数据透视表中显示的位置。

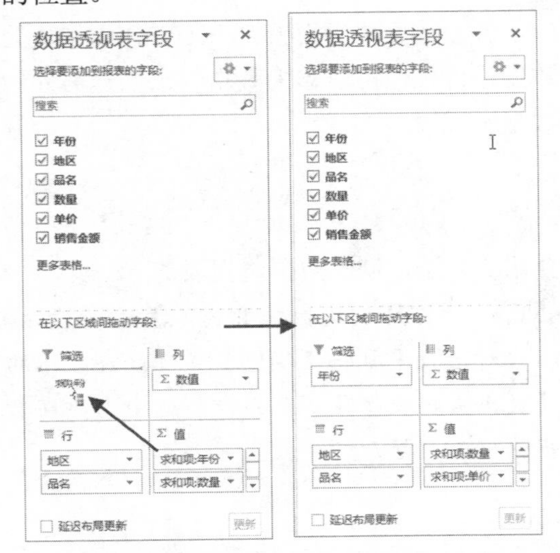

完成后的数据透视表的结构设置如下图所示。

H	I	J	K
年份	(全部)		
行标签	求和项:数量	求和项:单价	求和项:销售金额
⊟东北	168	14800	1224800
卡西欧	80	9700	776000
浪琴	88	5100	448800
⊟华北	321	20300	1629800
浪琴	321	20300	1629800
⊟华东	473	38700	3001200
阿玛尼	76	8700	661200
浪琴	255	15000	1275000
天梭	142	15000	1065000
⊟华南	291	37300	2712950
阿玛尼	146	17400	1270200
卡西欧	145	19900	1442750
⊟华中	83	7500	622500
天梭	83	7500	622500
总计	1336	118600	9191250

在【数据透视表字段】窗格中，清晰地反映了数据透视表的结构，在该窗格中用户可以向数据透视表中添加、删除、移动字段，并设置字段的格式。

如果用户使用超大表格作为数据源来创建数据透视表，数据透视表在创建后可能会有一些字段在【数据透视表字段】窗格的【选择要添加到报表的字段】列表中无法显示。此时，可以采用以下方法解决问题。

step 1 单击【数据透视表字段】窗格右上角的【工具】按钮，在弹出的菜单中选择【字段节和区域节并排】选项。

step 2 此时，将展开【选择要添加到报表的字段】列表框内的所有字段。

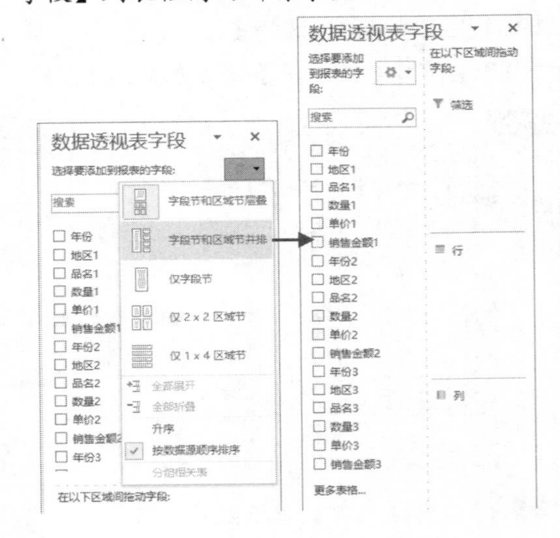

9.3 设置数据透视表布局

成功创建数据透视表后，用户可以通过设置数据透视表的布局，使数据透视表能够满足不同角度数据分析的需求。

9.3.1 使用经典数据透视表布局

右击数据透视表中的任意单元格，在弹出的快捷菜单中选择【数据透视表选项】命令，打开【数据透视表选项】对话框，在该对话框中选择【显示】选项卡，然后选中【经典数据透视表布局(启用网格中的字段拖放)】复选框，并单击【确定】按钮，可以启用 Excel 2003 版的拖动方式创建数据透视表。

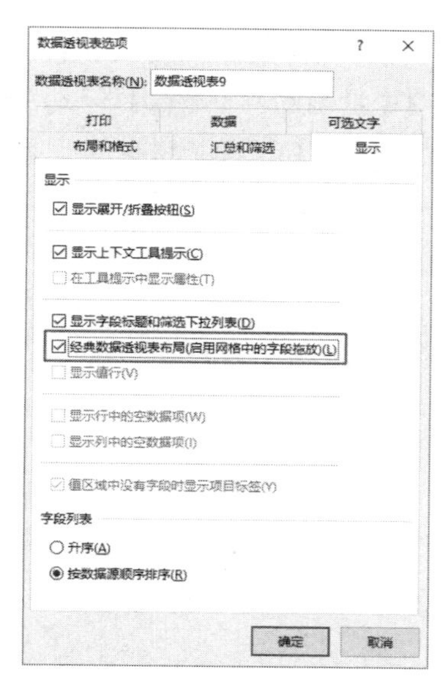

此时，数据透视表切换为 Excel 2003 版的经典界面，如下图所示。

年份	(全部)			
		值		
地区	品名	求和项:数量	求和项:单价	求和项:销售金额
⊟东北	卡西欧	80	9700	776000
	浪琴	88	5100	448800
东北 汇总		168	14800	1224800
⊟华北	浪琴	321	20300	1629800
华北 汇总		321	20300	1629800
⊟华东	阿玛尼	76	8700	661200
	浪琴	255	15000	1275000
	天梭	142	15000	1065000
华东 汇总		473	38700	3001200
⊟华南	阿玛尼	146	17400	1270200
	卡西欧	145	19900	1442750
华南 汇总		291	37300	2712950
⊟华中	天梭	83	7500	622500
华中 汇总		83	7500	622500
总计		1336	118600	9191250

9.3.2 设置数据透视表整体布局

用户在【数据透视表字段】窗格中拖动字段按钮，即可调整数据透视表的布局。以例 9-1 创建的数据透视表为例，如果需要调整“地区”和“品名”的结构次序，可以在【数据透视表字段】窗格的【行】区域中拖动这两个字段的位置。

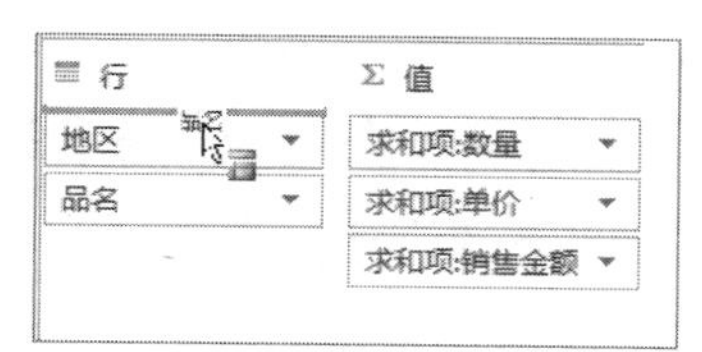

此时，数据透视表的结构将发生改变。

年份	(全部)		
行标签	求和项:数量	求和项:单价	求和项:销售金额
⊟阿玛尼	222	26100	1931400
华东	76	8700	661200
华南	146	17400	1270200
⊟卡西欧	225	29600	2218750
东北	80	9700	776000
华南	145	19900	1442750
⊟浪琴	664	40400	3353600
东北	88	5100	448800
华北	321	20300	1629800
华东	255	15000	1275000
⊟天梭	225	22500	1687500
华东	142	15000	1065000
华中	83	7500	622500
总计	1336	118600	9191250

9.3.3 设置数据透视表筛选区域

当字段显示在数据透视表的列区域或行区域时，将显示字段中的所有项。但如果字段位于筛选区域中，其所有项都将成为数据透视表的筛选条件。用户可以控制在数据透视表中只显示满足筛选条件的项。

1. 显示筛选字段的多个数据项

若用户需要对报表筛选字段中的多个项进行筛选，可以参考以下方法。

step 1 单击数据透视表筛选字段中【年份】后的下拉按钮，在弹出的下拉列表中选中【选择多项】复选框。

step 2 选中需要显示年份数据前的复选框，然后单击【确定】按钮。

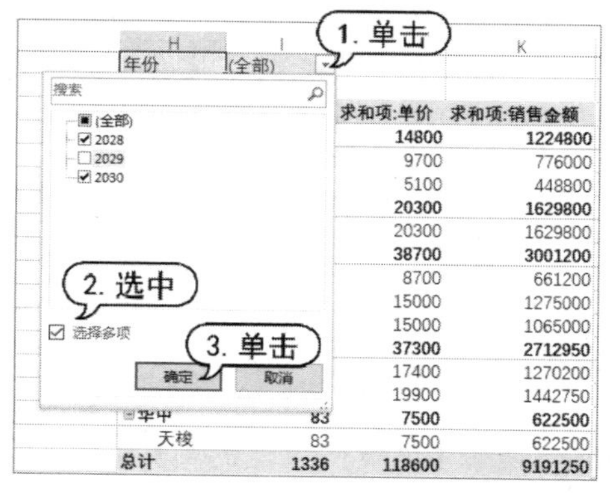

完成以上操作后，数据透视表的内容也将发生相应的变化。

2. 显示报表筛选页

通过选择报表筛选字段中的项目，用户可以对数据透视表的内容进行筛选，筛选结果仍然显示在同一个表格内。

【例 9-2】快速生成数据分析报表。
视频+素材 (素材文件\第 09 章\例 9-2)

step 1 打开如下图所示的工作表，选中 H1 单元格，单击【插入】选项卡中的【数据透视表】按钮。

step 2 打开【创建数据透视表】对话框，单击【表/区域】文本框后的按钮。

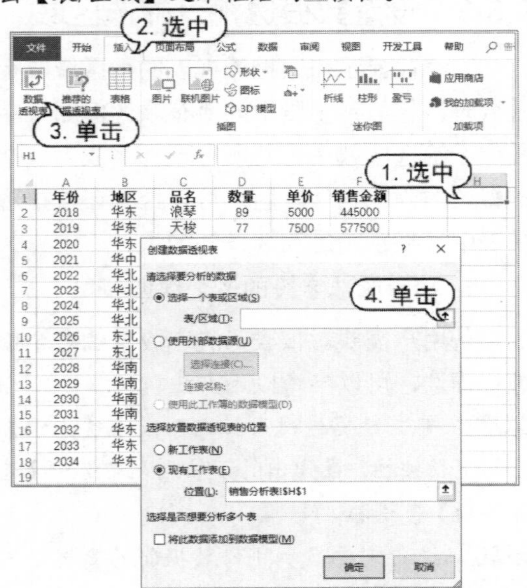

step 3 选中 A1:F18 单元格区域后按下 Enter 键。

	A	B	C	D	E	F
1	年份	地区	品名	数量	单价	[illegible]
2	2018	华东	浪琴	89	500[illegible]	[illegible]
3	2019	华东	天梭	77	7500	[illegible]
4	2020	华东	天梭	65	7500	487500
5	2021	华中	天梭	83	7500	622500
6	2022	华北	浪琴	78	5100	397800
7	2023	华北	浪琴	85	5200	442000
8	2024	华北	浪琴	[illegible]	[illegible]	[illegible]
9	2025	华北	浪琴	[illegible]	[illegible]	[illegible]
10	2026	东北	浪琴	[illegible]	[illegible]	[illegible]
11	2027	东北	卡西欧	[illegible]	[illegible]	[illegible]
12	2028	华南	卡西欧	79	9950	786050
13	2029	华南	卡西欧	66	9950	656700
14	2030	华南	阿玛尼	82	8700	713400
15	2031	华南	阿玛尼	64	8700	556800
16	2032	华东	阿玛尼	76	8700	661200
17	2033	华东	浪琴	90	5000	450000
18	2034	华东	浪琴	76	5000	380000

1. 选中

创建数据透视表

销售分析表!$A$1:$F$18

step 4 返回【创建数据透视表】对话框，单击【确定】按钮，打开【数据透视表字段】窗格，选中【选择要添加到报表的字段】列表中的所有选项，将【行】区域中的【地区】和【品名】字段拖动到【筛选】区域，将【值】区域中的【年份】字段拖动到【行】区域。

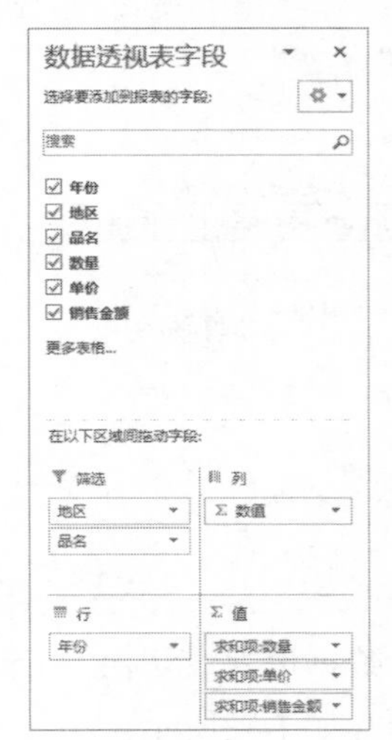

step 5 选中数据透视表中的任意单元格，单击【分析】选项卡中的【选项】下拉按钮，在弹出的列表中选择【显示报表筛选页】选项。

step 6 打开【显示报表筛选页】对话框，选中【品名】选项，单击【确定】按钮。

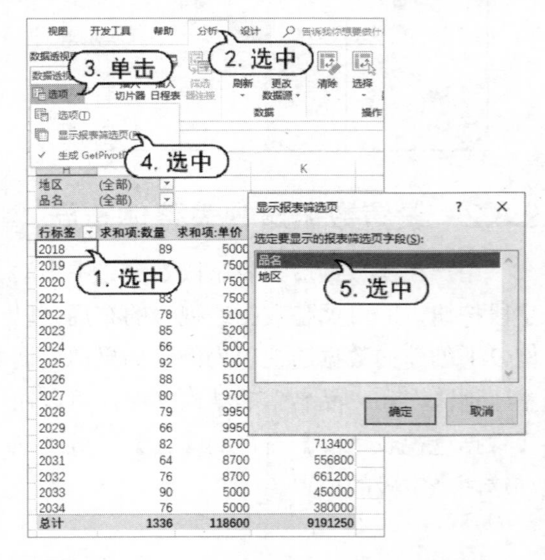

step 7 此时，Excel 将根据【品名】字段中的数据，创建对应的工作表。效果如下面的 4 个图所示。

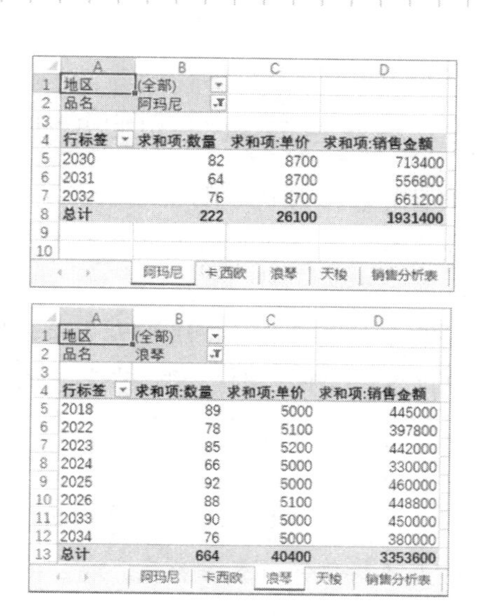

地区	(全部)		
品名	阿玛尼		
行标签	求和项:数量	求和项:单价	求和项:销售金额
2030	82	8700	713400
2031	64	8700	556800
2032	76	8700	661200
总计	222	26100	1931400

阿玛尼　卡西欧　浪琴　天梭　销售分析表

地区	(全部)		
品名	浪琴		
行标签	求和项:数量	求和项:单价	求和项:销售金额
2018	89	5000	445000
2022	78	5100	397800
2023	85	5200	442000
2024	66	5000	330000
2025	92	5000	460000
2026	88	5100	448800
2033	90	5000	450000
2034	76	5000	380000
总计	664	40400	3353600

阿玛尼　卡西欧　浪琴　天梭　销售分析表

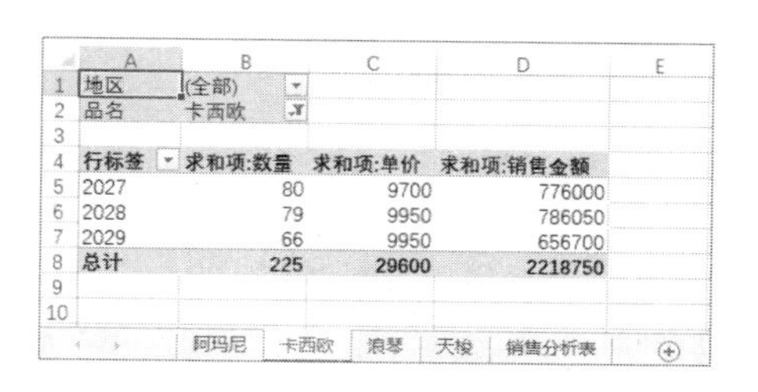

地区	(全部)		
品名	卡西欧		
行标签	求和项:数量	求和项:单价	求和项:销售金额
2027	80	9700	776000
2028	79	9950	786050
2029	66	9950	656700
总计	225	29600	2218750

阿玛尼　卡西欧　浪琴　天梭　销售分析表

地区	(全部)		
品名	天梭		
行标签	求和项:数量	求和项:单价	求和项:销售金额
2019	77	7500	577500
2020	65	7500	487500
2021	83	7500	622500
总计	225	22500	1687500

阿玛尼　卡西欧　浪琴　天梭　销售分析表

9.4　调整数据透视表字段

在创建数据透视表时，【数据透视表字段】窗格中反映了数据透视表的结构，通过该窗格用户可以在数据透视表中编辑各类字段，并设置字段的格式。

9.4.1　重命名字段

在创建数据透视表后，数据区域中添加的字段将被 Excel 自动重命名，例如“年份”变成了“求和项：年份”，“数量”变成了“求和项：数量”，这样会增加字段所在列的列宽，使整个表格的整体效果变差。

若用户需要重命名字段的名称，可以直接修改数据透视表中的字段名称，方法是：单击数据透视表中的列标题单元格“求和项：年份”，然后输入新的标题，并按下 Enter 键即可。下图所示为重命名例 9-1 创建数据透视表中行标签字段的结果。

行标签	年份统计	数量统计	单价统计	金额统计
⊟东北	4058	168	14800	1224800
卡西欧	2029	80	9700	776000
浪琴	2029	88	5100	448800
⊟华北	8113	321	20300	1629800
浪琴	8113	321	20300	1629800
⊟华东	12171	473	38700	3001200
阿玛尼	2029	76	8700	661200
浪琴	6086	255	15000	1275000
天梭	4056	142	15000	1065000
⊟华南	8116	291	37300	2712950
阿玛尼	4058	146	17400	1270200
卡西欧	4058	145	19900	1442750
⊟华中	2028	83	7500	622500
天梭	2028	83	7500	622500
总计	34486	1336	118600	9191250

这里需要注意的是：数据透视表中每个字段的名称必须是唯一的，如果出现两个字段具有相同的名称，Excel 将打开提示对话框，提示字段名已存在。

9.4.2　删除字段

用户在使用数据透视表分析数据时，对于无用的字段可以通过【数据透视表字段】窗格将其删除。以例 9-1 创建的数据透视表为例，具体操作步骤如下。

step 1　在【数据透视表字段】窗格中单击字段，在弹出的菜单中选择【删除字段】命令。

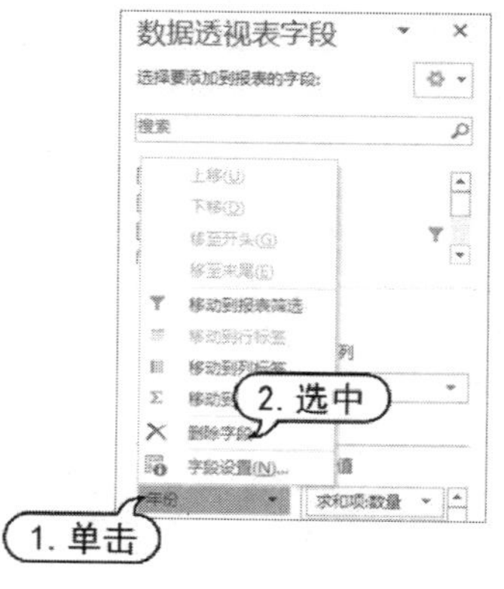

step 2　删除字段后，数据透视表的效果如下

所示。

行标签	数量统计	单价统计	金额统计
⊟东北	168	14800	1224800
卡西欧	80	9700	776000
浪琴	88	5100	448800
⊟华北	321	20300	1629800
浪琴	321	20300	1629800
⊟华东	473	38700	3001200
阿玛尼	76	8700	661200
浪琴	255	15000	1275000
天梭	142	15000	1065000
⊟华南	291	37300	2712950
阿玛尼	146	17400	1270200
卡西欧	145	19900	1442750
⊟华中	83	7500	622500
天梭	83	7500	622500
总计	1336	118600	9191250

此外，在数据透视表中需要删除的字段上右击鼠标，在弹出的快捷菜单中选择【删除“字段名”】(例如【删除“年份统计”】)命令，同样也可以实现删除字段的效果。

行标签	年份统计	金额统计
⊟东北	4058	1224800
卡西欧	2029	776000
浪琴	2029	448800
⊟华北	8113	1629800
浪琴	8113	1629800
⊟华东	12171	3001200
阿玛尼	2029	661200
浪琴	6086	1275000
天梭	4056	1065000
⊟华南	8116	2712950
阿玛尼	4058	1270200
卡西欧	4058	1442750
⊟华中	2028	622500
天梭	2028	622500
总计	34486	9191250

复制(C)
设置单元格格式(F)...
数字格式(T)...
刷新(R)
排序(S)
删除"年份统计"(V)
删除值(V)
值汇总依据(M)
值显示方式(A)
值字段设置(N)...
数据透视表选项(O)...
隐藏字段列表(D)

9.4.3　隐藏字段标题

若用户需要在数据透视表中显示行或列字段标题，可以参考以下方法实现。

step 1　选中数据透视表中的任意单元格，然后选择【分析】选项卡，并单击下图所示的【字段标题】切换按钮，即可隐藏字段标题。

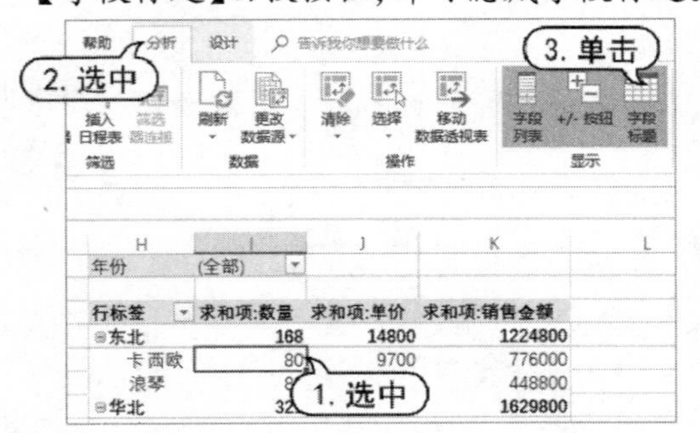

step 2　再次单击【字段标题】切换按钮，可以显示被隐藏的字段标题。

9.4.4　折叠与展开活动字段

在数据透视表中折叠与展开活动字段，可以方便用户在不同的情况下显示和隐藏明细数据。

以例 9-1 创建的数据透视表为例，如果要将“地区”字段暂时隐藏，在需要时快速展开显示，可以执行以下操作。

step 1　选中数据透视表中的某一个“地区”字段或该字段下的某一项，在【分析】选项卡中单击【折叠字段】按钮。

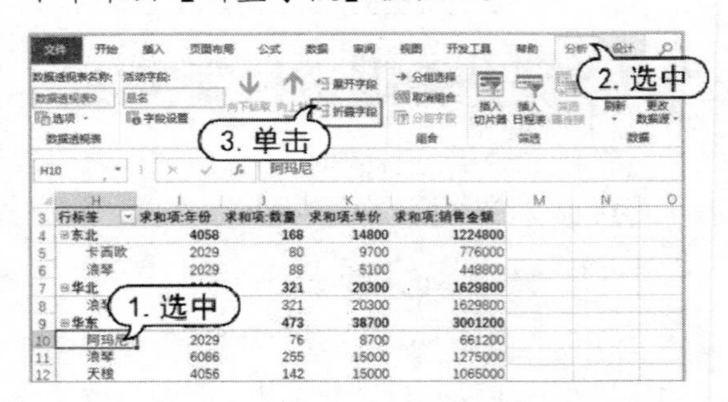

step 2　此时“地区”字段将折叠隐藏。

行标签	求和项:年份	求和项:数量	求和项:单价	求和项:销售金额
⊞东北	4058	168	14800	1224800
⊞华北	8113	321	20300	1629800
⊞华东	12171	473	38700	3001200
⊞华南	8116	291	37300	2712950
⊞华中	2028	83	7500	622500
总计	34486	1336	118600	9191250

step 3　分别单击数据透视表中的【东北】【华北】【华东】等项前面的【+】按钮，可以将具体的项分别展开，用于显示指定项的明细数据。

行标签	求和项:年份	求和项:数量	求和项:单价	求和项:销售金额
⊟东北	4058	168	14800	1224800
卡西欧	2029	80	9700	776000
浪琴	2029	88	5100	448800
⊟华北	8113	321	20300	1629800
浪琴	8113	321	20300	1629800
⊟华东	12171	473	38700	3001200
阿玛尼	2029	76	8700	661200
浪琴	6086	255	15000	1275000
天梭	4056	142	15000	1065000
⊞华南	8116	291	37300	2712950
⊞华中	2028	83	7500	622500
总计	34486	1336	118600	9191250

step 4　此外，在数据透视表中各项所在的单元格中双击鼠标也可以显示或隐藏该项的明细数据。

数据透视表中的字段被折叠后，在【分析】选项卡中单击【活动字段】命令组中的【展开字段】按钮，可以展开所有字段。

如果用户需要去掉数据透视表各字段前的【+】和【-】按钮，在选中数据透视表后，单击【分析】选项卡【显示】命令组中的【+/-切换】按钮即可。

行标签	求和项:年份	求和项:数量	求和项:单价	求和项:销售金额
东北	4058	168	14800	1224800
卡西欧	2029	80	9700	776000
浪琴	2029	88	5100	448800
华北	8113	321	20300	1629800
浪琴	8113	321	20300	1629800
华东	12171	473	38700	3001200
阿玛尼	2029	76	8700	661200
浪琴	6086	255	15000	1275000
天梭	4056	142	15000	1065000
华南	8116	291	37300	2712950
阿玛尼	4058	146	17400	1270200
卡西欧	4058	145	19900	1442750
华中	2028	83	7500	622500
天梭	2028	83	7500	622500
总计	34486	1336	118600	9191250

9.5　更改数据透视表的报表格式

选中数据透视表后，在【设计】选项卡的【布局】命令组中单击下面左图所示的【报表布局】下拉按钮，用户可以更改数据透视表的报表格式，包括以压缩形式显示、以大纲形式显示、以表格形式显示等几种格式。

年份	(全部)		
行标签	求和项:数量	求和项:单价	求和项:销售金额
东北			
卡西欧	80		
浪琴	88		
东北 汇总	168		
华北			
浪琴	321	20300	1629800
华北 汇总	321	20300	1629800
华东			
阿玛尼	76	8700	661200
浪琴	255	15000	1275000
天梭	142	15000	1065000
华东 汇总	473	38700	3001200
华南			
阿玛尼	146	17400	1270200
卡西欧	145	19900	1442750
华南 汇总	291	37300	2712950
华中			
天梭	83	7500	622500
华中 汇总	83	7500	622500
总计	1336	118600	9191250

年份	(全部)		
行标签	求和项:数量	求和项:单价	求和项:销售金额
东北			
卡西欧	80	9700	776000
浪琴	88	5100	448800
东北 汇总	168	14800	1224800
华北			
浪琴	321	20300	1629800
华北 汇总	321	20300	1629800
华东			
阿玛尼	76	8700	661200
浪琴	255	15000	1275000
天梭	142	15000	1065000
华东 汇总	473	38700	3001200
华南			
阿玛尼	146	17400	1270200
卡西欧	145	19900	1442750
华南 汇总	291	37300	2712950
华中			
天梭	83	7500	622500
华中 汇总	83	7500	622500
总计	1336	118600	9191250

Excel 默认以右图所示的“以压缩形式显示”格式显示数据透视表

使用不同的报表格式，可以满足不同数据分析的需求，以上图所示的数据透视表为例，如果在【报表布局】下拉列表中选择使用【以大纲形式显示】选项，数据透视表的效果将如右图所示。

年份	地区	品名	数量	单价	销售金额
2028	华东	浪琴	89	5000	445000
2028	华东	天梭	77	7500	577500
2028	华东	天梭	65	7500	487500
2028	华中	天梭	83	7500	622500
2028	华北	浪琴	78	5100	397800
2028	华北	浪琴	85	5200	442000
2028	华北	浪琴	66	5000	330000
2029	华北	浪琴	92	5000	460000
2029	东北	浪琴	88	5100	448800
2029	东北	卡西欧	80	9700	776000
2029	华南	卡西欧	79	9950	786050
2029	华南	卡西欧	66	9950	656700
2029	华南	阿玛尼	82	8700	713400
2029	华南	阿玛尼	64	8700	556800
2029	华东	阿玛尼	76	8700	661200
2029	华东	浪琴	90	5000	450000
2029	华东	浪琴	76	5000	380000

年份	(全部)			
地区	品名	求和项:数量	求和项:单价	求和项:销售金额
东北		168	14800	1224800
	卡西欧	80	9700	776000
	浪琴	88	5100	448800
华北		321	20300	1629800
	浪琴	321	20300	1629800
华东		473	38700	3001200
	阿玛尼	76	8700	661200
	浪琴	255	15000	1275000
	天梭	142	15000	1065000
华南		291	37300	2712950
	阿玛尼	146	17400	1270200
	卡西欧	145	19900	1442750
华中		83	7500	622500
	天梭	83	7500	622500
总计		1336	118600	9191250

如果在【报表布局】下拉列表中选择使用【以表格形式显示】选项，数据透视表将更加直观、便于阅读。

	A	B	C	D	E	F
1	年份	地区	品名	数量	单价	销售金额
2	2028	华东	浪琴	89	5000	445000
3	2028	华东	天梭	77	7500	577500
4	2028	华东	天梭	65	7500	487500
5	2028	华中	天梭	83	7500	622500
6	2028	华北	浪琴	78	5100	397800
7	2028	华北	浪琴	85	5200	442000
8	2028	华北	浪琴	66	5000	330000
9	2029	华北	浪琴	92	5000	460000
10	2029	东北	浪琴	88	5100	448800
11	2029	东北	卡西欧	80	9700	776000
12	2029	华南	卡西欧	79	9950	786050
13	2029	华南	卡西欧	66	9950	656700
14	2029	华南	阿玛尼	82	8700	713400
15	2029	华南	阿玛尼	64	8700	556800
16	2029	华东	阿玛尼	76	8700	661200
17	2029	华东	浪琴	90	5000	450000
18	2029	华东	浪琴	76	5000	380000

年份 (全部)

地区	品名	求和项:数量	求和项:单价	求和项:销售金额
⊟东北	卡西欧	80	9700	776000
	浪琴	88	5100	448800
东北 汇总		168	14800	1224800
⊟华北	浪琴	321	20300	1629800
华北 汇总		321	20300	1629800
⊟华东	阿玛尼	76	8700	661200
	浪琴	255	15000	1275000
	天梭	142	15000	1065000
华东 汇总		473	38700	3001200
⊟华南	阿玛尼	146	17400	1270200
	卡西欧	145	19900	1442750
华南 汇总		291	37300	2712950
⊟华中	天梭	83	7500	622500
华中 汇总		83	7500	622500
总计		1336	118600	9191250

如果用户需要将数据透视表中的空白字段填充相应的数据，使复制后的数据透视表数据完整，可以在【报表布局】下拉列表中选择【重复所有项目标签】选项(选择【不重复所有项目标签】选项，可以撤销数据透视表中重复项目的标签)。

视图 开发工具 帮助 分析 设计 告诉我你想要做什么

分类汇总 总计 报表布局 空行

以压缩形式显示(C)
以大纲形式显示(O)
以表格形式显示(T)
重复所有项目标签(R)
不重复项目标签(N)

年份 (全部)

地区	品名	求和项:数量	求和项:单价	求和项:销售金额
⊟东北	卡西欧	80	9700	
东北	浪琴	88	5100	
东北 汇总		168	14800	
⊟华北	浪琴	321	20300	
华北 汇总		321	20300	1629800
⊟华东	阿玛尼	76	8700	661200
华东	浪琴	255	15000	1275000
华东	天梭	142	15000	1065000
华东 汇总		473	38700	3001200
⊟华南	阿玛尼	146	17400	1270200
华南	卡西欧	145	19900	1442750
华南 汇总		291	37300	2712950
⊟华中	天梭	83	7500	622500
华中 汇总		83	7500	622500
总计		1336	118600	9191250

重复所有项目标签

9.6 显示数据透视表分类汇总

创建数据透视表后，Excel 默认在字段组的顶部显示分类汇总数据，用户可以通过多种方法设置分类汇总的显示方式或删除分类汇总。

1. 通过【设计】选项卡设置

选中数据透视表中的任意单元格后，在【设计】选项卡中单击【分类汇总】下拉按钮，可以从弹出的列表中设置【不显示分类汇总】【在组的底部显示所有分类汇总】或【在组的顶部显示所有分类汇总】。

视图 开发工具 帮助 分析 设计

分类汇总 总计 报表布局 空行

不显示分类汇总(D)
在组的底部显示所有分类汇总(B)
在组的顶部显示所有分类汇总(T)

年份 (全部)

行标签	求和项:数量	求和项:单价	求和项:销售金额
⊟东北			
卡西欧	80	9700	
浪琴	88	5100	448800
东北 汇总	168	14800	1224800
⊟华北			
浪琴	321	20300	1629800
华北 汇总	321	20300	1629800
⊟华东			
阿玛尼	76	8700	661200
浪琴	255	15000	1275000
天梭	142	15000	1065000
华东 汇总	473	38700	3001200
⊟华南			
阿玛尼	146	17400	1270200
卡西欧	145	19900	1442750
华南 汇总	291	37300	2712950
⊟华中			
天梭	83	7500	622500
华中 汇总	83	7500	622500
总计	1336	118600	9191250

2. 通过字段设置

通过字段设置可以设置分类汇总的显示形式。在数据透视表中选中【行标签】列中的任意单元格，然后单击【分析】选项卡中的【字段设置】按钮。

审阅 视图 开发工具 帮助 分析 设计

活动字段: 地区 字段设置 向下钻取 向上钻取 展开字段 折叠字段 活动字段 刷新 更改数据源 数据 清除

年份 (全部)

行标签	求和项:数量	求和项:单价	求和项:销售金额
⊟东北	168	14800	1224800
卡西欧	80	9700	776000
浪琴	88	5100	448800
⊟华北	321	20300	1629800
浪琴	321	20300	1629800
⊟华东	473	38700	3001200
阿玛尼	76	8700	661200
浪琴	255	15000	1275000
天梭	142	15000	1065000
⊟华南	291	37300	2712950
阿玛尼	146	17400	1270200
卡西欧	145	19900	1442750
⊟华中	83	7500	622500
天梭	83	7500	622500
总计	1336	118600	9191250

在打开的【字段设置】对话框中，用户可以通过选中【无】单选按钮，删除分类汇总的显示，或者选择【自定义】选项修改分类汇总显示的数据内容。

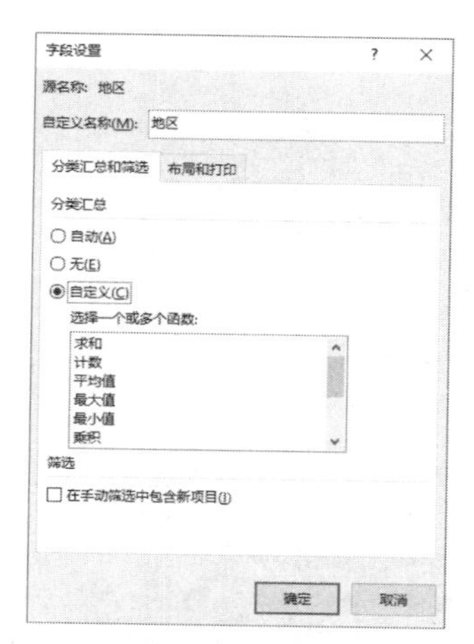

3. 通过右键菜单设置

右击数据透视表中字段名列中的单元格，在弹出的快捷菜单中选择【分类汇总“字段名”】(例如分类汇总“地区”)命令，可以实现分类汇总的显示或隐藏的切换。

9.7　移动数据透视表

对于已经创建好的数据透视表，不仅可以在当前工作表中移动位置，还可以将其移动到其他工作表中。移动后的数据透视表保留原位置数据透视表的所有属性与设置，不用担心由于移动数据透视表而造成数据出错的故障。

【例 9-3】将“销售分析”工作表中的数据透视表移动到“数据分析表”工作表中。
视频+素材 (素材文件\第 09 章\例 9-3)

step 1 打开“销售分析”工作表后，选中数据透视表中的任意单元格，单击【分析】选项卡中的【移动数据透视表】按钮。

step 2 打开【移动数据透视表】对话框，选中【现有工作表】单选按钮。

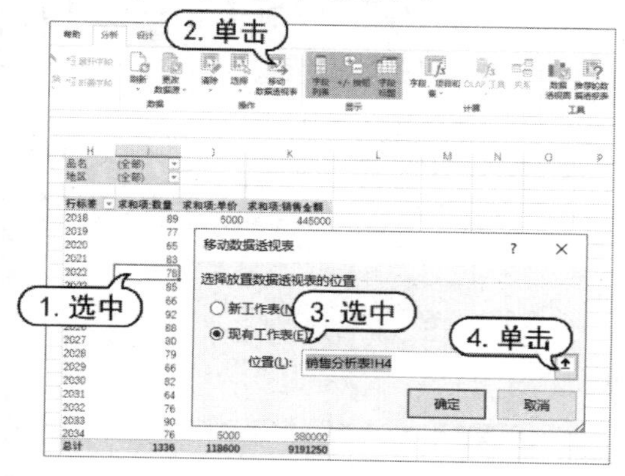

step 3 单击【位置】文本框后的按钮，选择“数据分析表”工作表的 A1 单元格，按下 Enter 键，返回【移动数据透视表】对话框，单击【确定】按钮即可。

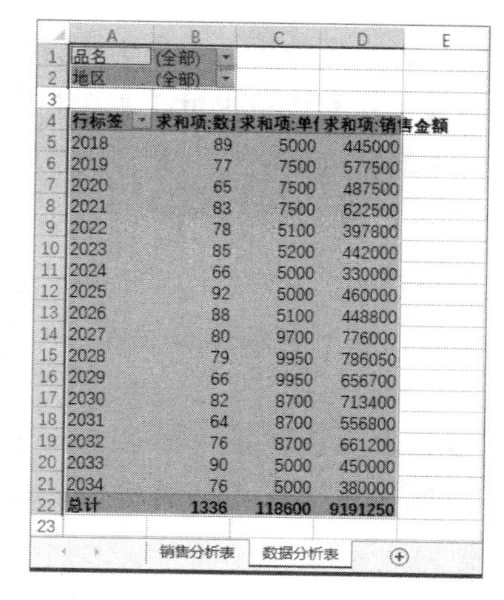

品名	(全部)		
地区	(全部)		
行标签	求和项:数量	求和项:单价	求和项:销售金额
2018	89	5000	445000
2019	77	7500	577500
2020	65	7500	487500
2021	83	7500	622500
2022	78	5100	397800
2023	85	5200	442000
2024	66	5000	330000
2025	92	5000	460000
2026	88	5100	448800
2027	80	9700	776000
2028	79	9950	786050
2029	66	9950	656700
2030	82	8700	713400
2031	64	8700	556800
2032	76	8700	661200
2033	90	5000	450000
2034	76	5000	380000
总计	1336	118600	9191250

销售分析表　数据分析表

此时，“销售分析”工作表中的数据透视表将被删除。

9.8 刷新数据透视表

当数据透视表的数据源发生改变时，用户就需要对数据透视表执行刷新操作，使其中的数据能够及时更新。

9.8.1 刷新当前数据透视表

在当前工作表中刷新数据透视表的方法有以下几种。

1. 手动刷新数据透视表

右击数据透视表中的任意单元格，在弹出的快捷菜单中选择【刷新】命令。

此外，单击【分析】选项卡【数据】命令组中的【刷新】按钮也可以实现对数据透视表的手动刷新。

2. 设置打开工作簿时刷新

用户可以设置在打开包含数据透视表的工作簿时自动刷新数据透视表，具体方法如下。

step 1 右击数据透视表中的任意单元格，在弹出的菜单中选择【数据透视表选项】命令。

step 2 打开【数据透视表选项】对话框，选择【数据】选项卡，选中【打开文件时刷新数据】复选框，然后单击【确定】按钮。

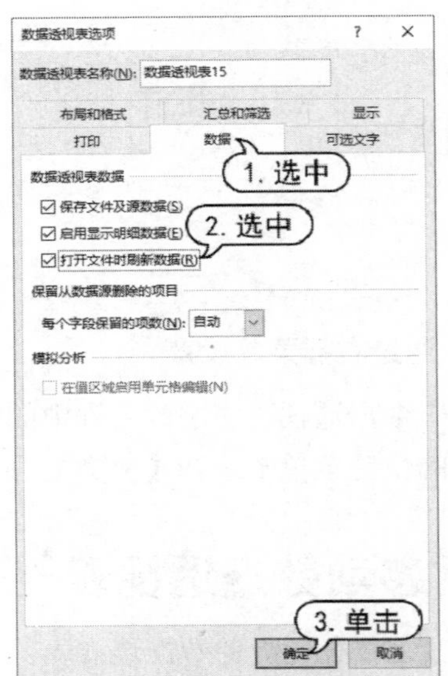

3. 刷新链接在一起的数据表

当数据透视表用作其他数据透视表的数据源时，对其中任何一个数据透视表进行刷新，都会对与其链接的其他数据透视表刷新。

9.8.2 全部刷新数据透视表

如果要刷新的工作簿中包含多个数据透视表，选中某一个数据透视表中的任意单元格，在【分析】选项卡中单击【刷新】下拉按钮，从弹出的列表中选择【全部刷新】选项，即可全部刷新数据透视表。

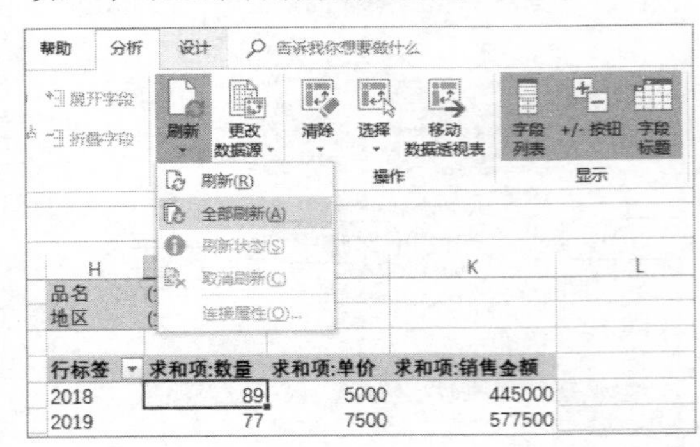

9.9　排序数据透视表

数据透视表与普通数据表有着相似的排序功能和完全相同的排序规则。在普通数据表中可以实现的排序操作，在数据透视表中也可以实现。

9.9.1　排列字段项

以下图所示的数据透视表为例，如果要将【年份】列表中的字段项按【降序】排列，可以单击【行标签】右侧的□按钮，在弹出的列表中选择【降序】选项即可。

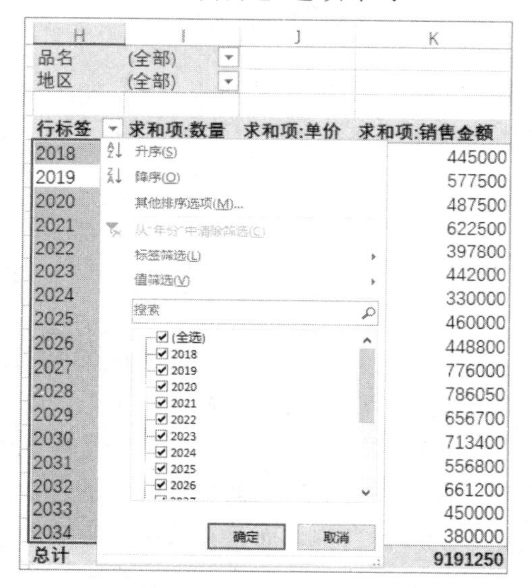

9.9.2　设置按值排序

以下图所示的数据透视表为例，要对数据透视表中的“卡西欧”项按从左到右升序排列，可以右击该项中的任意值，在弹出的快捷菜单中选择【排序】|【其他排序选项】命令。

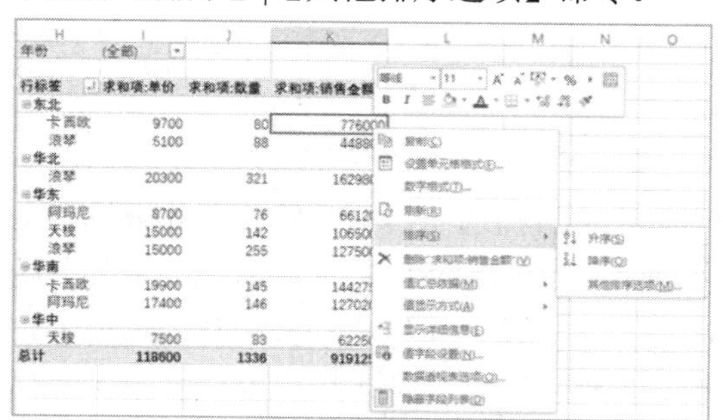

打开【按值排序】对话框，选中【升序】和【从左到右】单选按钮，然后单击【确定】按钮即可。

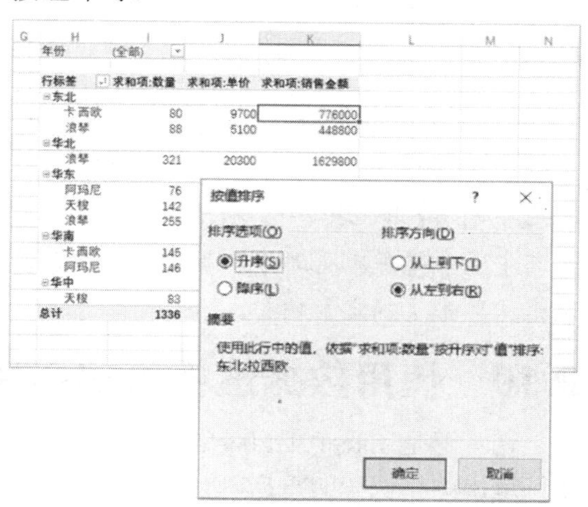

9.9.3　自动排序字段

设置数据透视表自动排序的方法如下。

step 1 右击数据透视表行字段，在弹出的快捷菜单中选择【排序】|【其他排序选项】命令。

step 2 打开【排序(地区)】对话框，单击【其他选项】按钮。

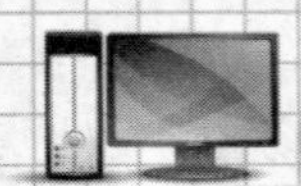

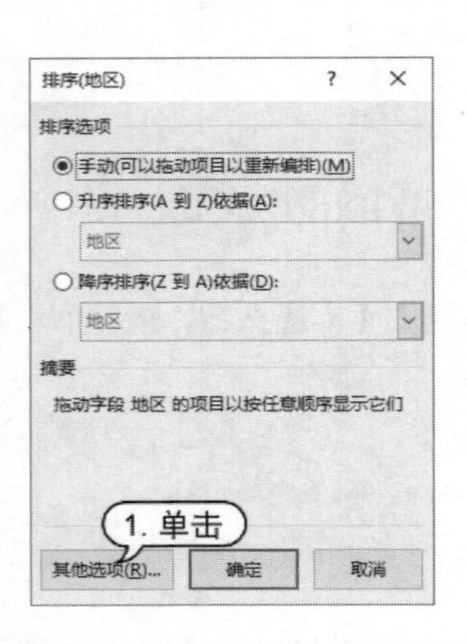

step 3 打开【其他排序选项(地区)】对话框，在其中选中【每次更新报表时自动排序】复选框，单击【确定】按钮。

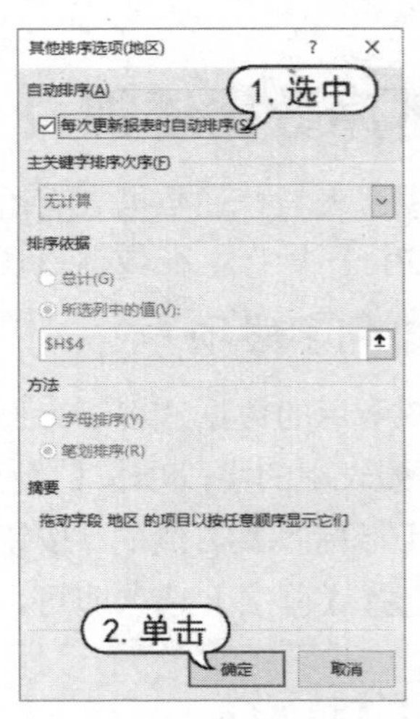

step 4 最后，返回【排序(地区)】对话框，单击【确定】按钮即可。

9.10 使用数据透视表的切片器

切片器是 Excel 中自带的一个简便的筛选组件，它包含一组按钮。使用切片器可以方便地筛选出数据表中的数据。

9.10.1 插入切片器

要在数据透视表中筛选数据，首先需要插入切片器，选中数据透视表中的任意单元格，打开【分析】选项卡，在【筛选】命令组中单击【插入切片器】按钮。在打开的【插入切片器】对话框中选中所需字段前面的复选框，然后单击【确定】按钮，即可显示插入的切片器。

插入的切片器像卡片一样显示在工作表内，在切片器中单击需要筛选的字段，如在下图所示的【地区】切片器中单击【华东】选项，在【品名】切片器里则会自动选中与之相关的项目名称，而且在数据透视表中也会显示相应的数据。

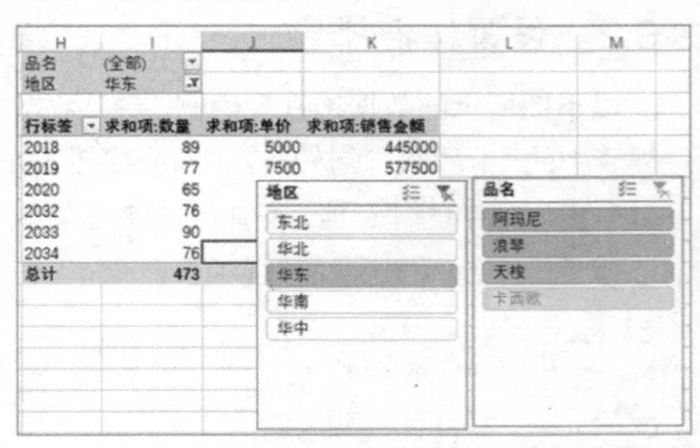

若单击筛选器右上角的【清除筛选器】按钮，即可清除对字段的筛选。另外，选中切片器后，将光标移动到切片器边框上，当光标变成形状时，按住鼠标左键进行拖动，可以调节切片器的位置。打开【切片器工具】的【选项】选项卡，在【大小】命令组中还可以设置切片器大小。

9.10.2 筛选多个字段项

在切片器筛选框中，按住 Ctrl 键的同时可以选中多个字段项进行筛选。

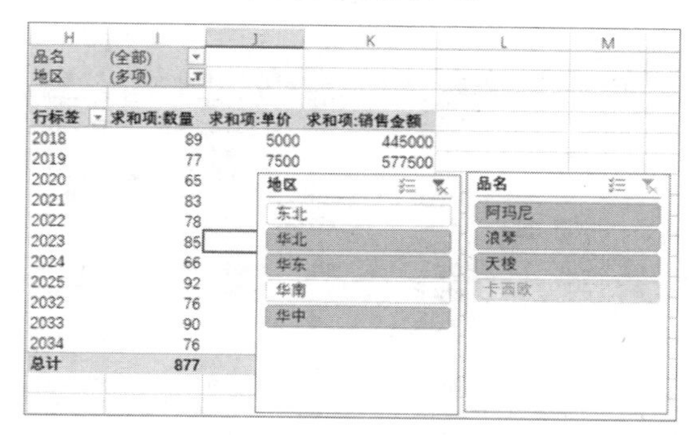

9.10.3 共享切片器

当用户使用同一个数据源创建了多个数据透视表后，通过在切片器内设置数据表连接，可以使切片器实现共享，从而使多个数据透视表进行联动，每当筛选切片器内的一个字段项时，多个数据表会同时更新。

step 1 在下图所示的工作表内的任意一个数据透视表中插入【品名】字段的切片器。

step 2 单击切片器的空白区域，选择【选项】选项卡，单击【报表连接】按钮。

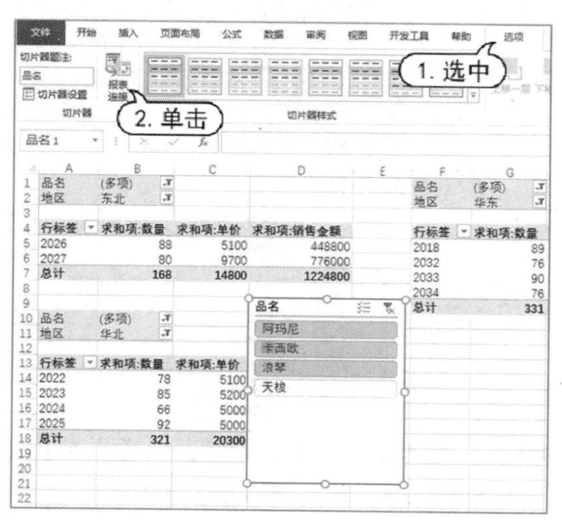

step 3 打开【数据透视表连接(品名)】对话框，选中其中的数据透视表 20、21 和 22 前的复选框，然后单击【确定】按钮。

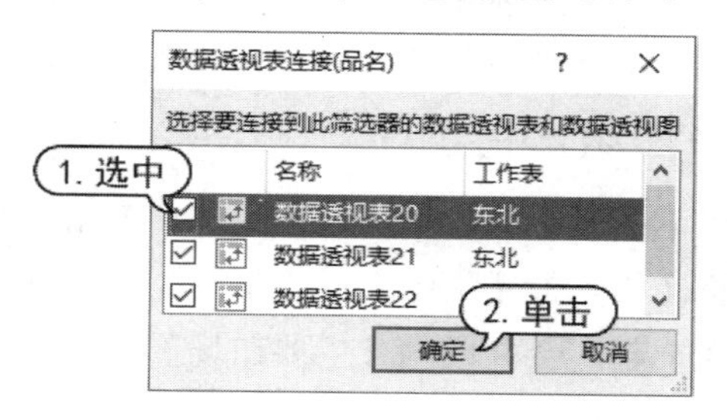

step 4 此时，在【品名】切片器中选择某一个字段项，工作表中的三个数据透视表将同时更新，显示与之相对应的数据。

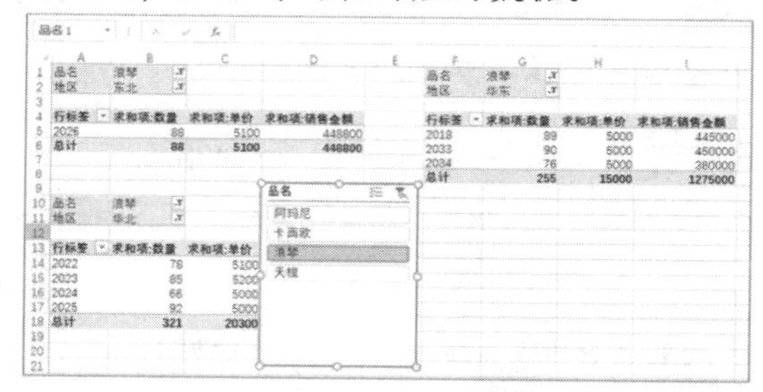

9.10.4 清除与删除切片器

要清除切片器的筛选器可以直接单击切片器右上方的【清除筛选器】按钮，或者右击切片器，从弹出的快捷菜单中选择【从“(切片器名称)”中清除筛选器】命令，即可清除筛选器。

要彻底删除切片器，只需在切片器内右击鼠标，在弹出的快捷菜单中选择【删除“(切片器名称)”】命令，即可删除该切片器。

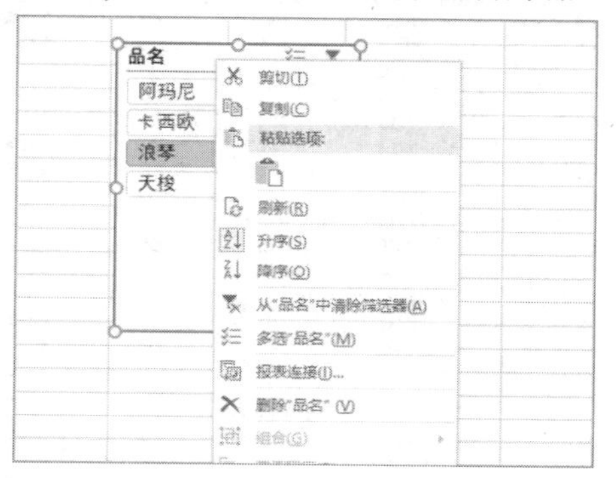

9.11 组合数据透视表中的项目

使用数据透视表的项目组合功能，用户可以对数据透视表中的数字、日期、文本等不同类型的数据项采用多种组合方式，从而增强数据透视表分类汇总的效果。

9.11.1 组合指定项

以下图所示的数据透视表为例，若用户需要将【华东】【华中】和【华南】的数据组合在一起，合并成为【主要市场】，可以执行以下操作。

step 1 在数据透视表中按住 Ctrl 键选中【华东】【华中】和【华南】字段项。

step 2 选择【分析】选项卡，单击【组合】命令组中的【分组选择】按钮。

3. 单击
2. 选中
1. 选中

行标签	求和项:年份	求和项:数量	求和项:单价	求和项:销售金额
⊟东北	4058	168	14800	1224800
卡西欧	2029	80	9700	776000
浪琴	2029	88	5100	448800
⊟华北	[illegible]	321	20300	1629800
浪琴	[illegible]	321	20300	1629800
⊟华东	12171	473	38700	3001200
阿玛尼	2029	76	8700	661200
浪琴	6086	255	15000	1275000
天梭	4056	142	15000	1065000
⊟华南	8116	291	37300	2712950
阿玛尼	4058	146	17400	1270200
卡西欧	4058	145	19900	1442750
⊟华中	2028	83	7500	622500
天梭	2028	83	7500	622500
总计	34486	1336	118600	9191250

step 3 此时，Excel 将创建新的字段标题，并自动命名为“数据组 1”。

行标签	求和项:年份	求和项:数量	求和项:单价	求和项:销售金额
⊟东北	4058	168	14800	1224800
⊟东北	4058	168	14800	1224800
卡西欧	2029	80	9700	776000
浪琴	2029	88	5100	448800
⊟华北	8113	321	20300	1629800
⊟华北	8113	321	20300	1629800
浪琴	8113	321	20300	1629800
⊟数据组1	22315	847	83500	6336650
⊟华东	12171	473	38700	3001200
阿玛尼	2029	76	8700	661200
浪琴	6086	255	15000	1275000
天梭	4056	142	15000	1065000
⊟华南	8116	291	37300	2712950
阿玛尼	4058	146	17400	1270200
卡西欧	4058	145	19900	1442750
⊟华中	2028	83	7500	622500
天梭	2028	83	7500	622500
总计	34486	1336	118600	9191250

step 4 单击【数据组 1】单元格，输入新的名称“主要市场”即可。

1. 输入

行标签	求和项:年份	求和项:数量	求和项:单价	求和项:销售金额
⊟东北	4058	168	14800	1224800
⊟东北	4058	168	14800	1224800
卡西欧	2029	80	9700	776000
浪琴	2029	88	5100	448800
⊟华北	8113	321	20300	1629800
⊟华北	8113	321	20300	1629800
[illegible]	8113	321	20300	1629800
主要市场	22315	847	83500	6336650
⊟华东	12171	473	38700	3001200
阿玛尼	2029	76	8700	661200
浪琴	6086	255	15000	1275000
天梭	4056	142	15000	1065000
⊟华南	8116	291	37300	2712950
阿玛尼	4058	146	17400	1270200
卡西欧	4058	145	19900	1442750
⊟华中	2028	83	7500	622500
天梭	2028	83	7500	622500
总计	34486	1336	118600	9191250

9.11.2 组合数字项

使用 Excel 提供的自动组合功能，可以方便地对数据透视表中的数值型字段执行组合操作，具体操作方法如下。

step 1 选中下图所示数据透视表中【年份】列字段中的任意字段项，单击【分析】选项卡中的【分组字段】按钮。

step 2 打开【组合】对话框，在【步长】文本框中输入 3，单击【确定】按钮。

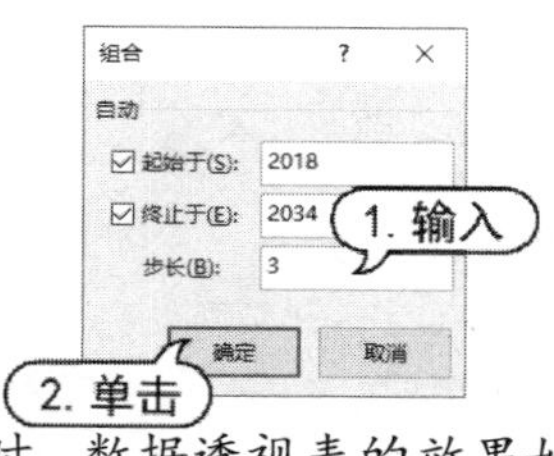

step 3　此时，数据透视表的效果如下图所示。

H	I	J	K
品名	(全部)		
地区	(全部)		
行标签	求和项:数量	求和项:单价	求和项:销售金额
2018-2020	231	20000	1510000
2021-2023	246	17800	1462300
2024-2026	246	15100	1238800
2027-2029	225	29600	2218750
2030-2032	222	26100	1931400
2033-2035	166	10000	830000
总计	1336	118600	9191250

9.11.3　组合日期项

对于数据透视表中的日期型数据，用户可以按秒、分、小时、日、月、季度、年等多种时间单位进行组合，具体方法如下。

step 1　选中数据透视表【日期】字段上的任意项，右击鼠标，在弹出的快捷菜单中选择【组合】命令。

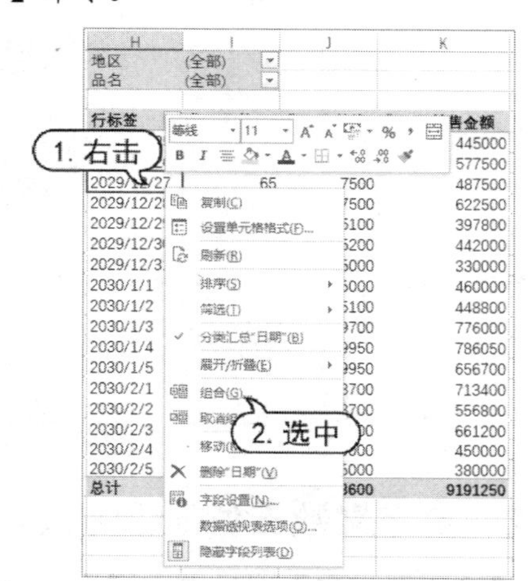

step 2　打开【组合】对话框，同时选中【年】【月】【日】选项，单击【确定】按钮完成设置，数据透视表的效果将如下图所示。

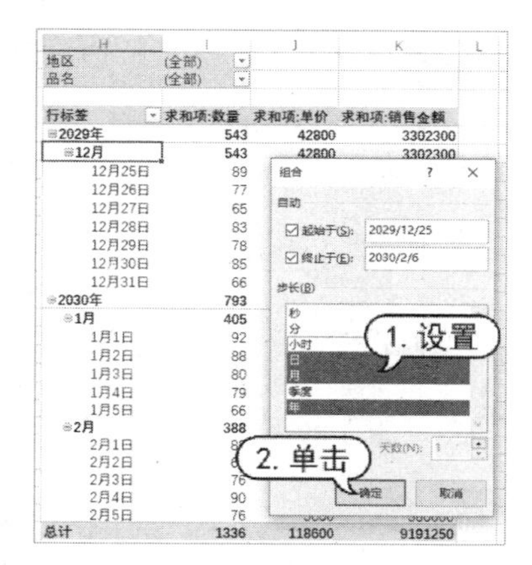

在数据透视表中对数据项进行组合时，应注意以下几个问题。

- 组合字段的数据类型应一致。
- 日期数据的格式应正确。
- 确保数据源引用有效。

9.11.4　取消项目组合

要取消数据透视表中组合的项目，可以右击该组合，在弹出的快捷菜单中选择【取消组合】命令即可。

9.12　在数据透视表中计算数据

Excel 数据透视表默认对数据区域中的数值字段使用求和方式汇总，对非数值字段使用计数方式汇总。如果用户需要使用其他汇总方式(例如平均值、最大值、最小值等)，可以在数据透视表数据区域中相应字段的单元格中右击鼠标，在弹出的快捷菜单中选择【值字段设

置】命令，打开【值字段设置】对话框进行设置，如下图所示。

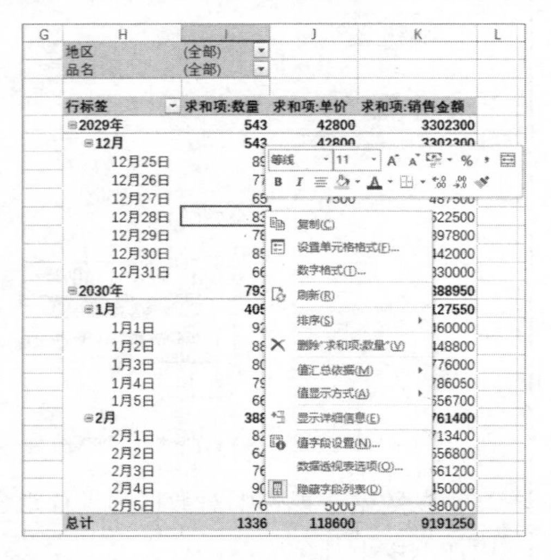

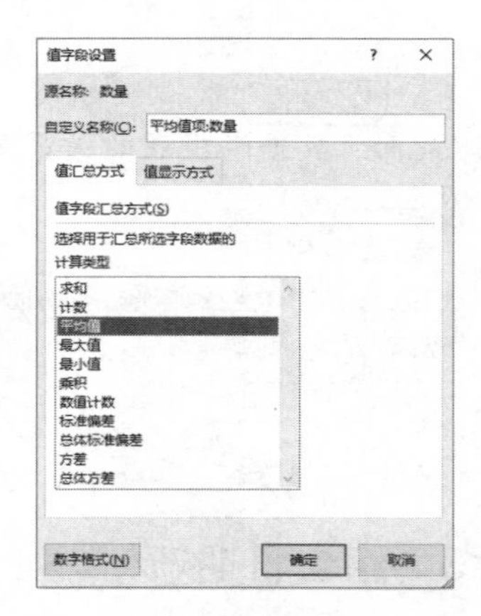

通过上面左图中【值汇总依据】命令中的子命令，可以快速对字段进行设置。

9.12.1　对字段使用多种汇总方式

若用户需要对数据透视表中的某个字段同时使用多种汇总方式，可以在【数据透视表字段】窗格中将该字段多次添加到数据透视表的数值区域中。

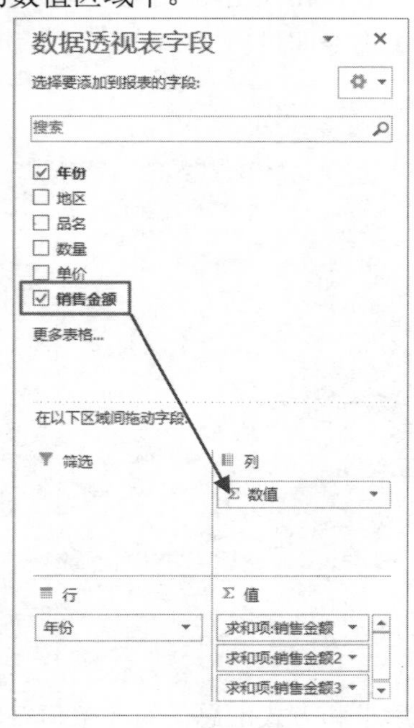

然后利用【值字段设置】对话框为数据透视表中的每列字段设置不同的汇总方式即可，如下图所示。

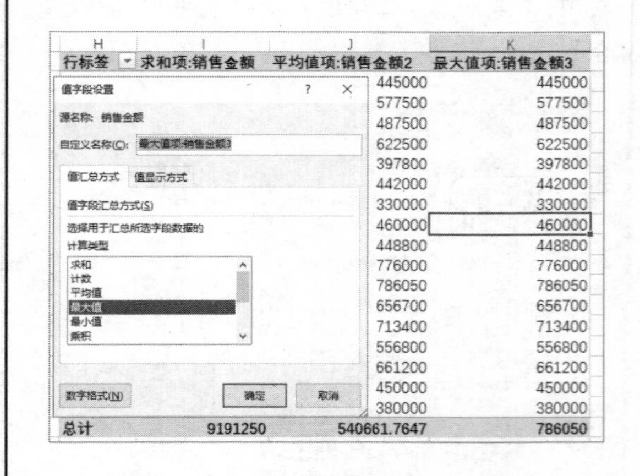

9.12.2　自定义数据值显示方式

若【值字段设置】对话框中 Excel 预设的汇总方式不能满足用户的需要，可以选择该对话框中的【值显示方式】选项卡，使用更多的计算方式汇总数据，例如总计的百分比、列汇总的百分比、行汇总的百分比、百分比、父行汇总的百分比等。

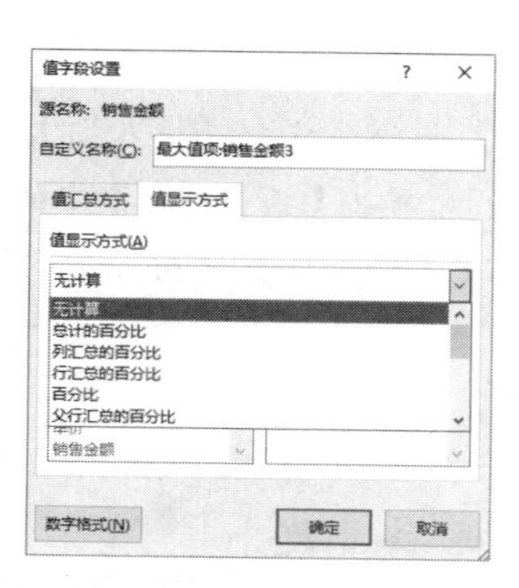

9.12.3　使用计算字段和计算项

在数据透视表中，Excel 不允许用户手动更改或者移动任何区域，也不能在数据透视表中插入单元格或添加公式进行计算。如果用户需要在数据透视表中执行自定义计算，就需要使用【插入计算字段】或【计算项】功能。

1. 使用计算字段

以下图所示的数据透视表为例，如果用户需要对其中的【销售金额】进行 3%的销售人员提成计算，可以执行以下操作。

step 1 选中【销售金额】列字段中的任意项，选择【开始】选项卡，单击【单元格】命令组中的【插入】下拉按钮，在弹出的下拉列表中选择【插入计算字段】选项。

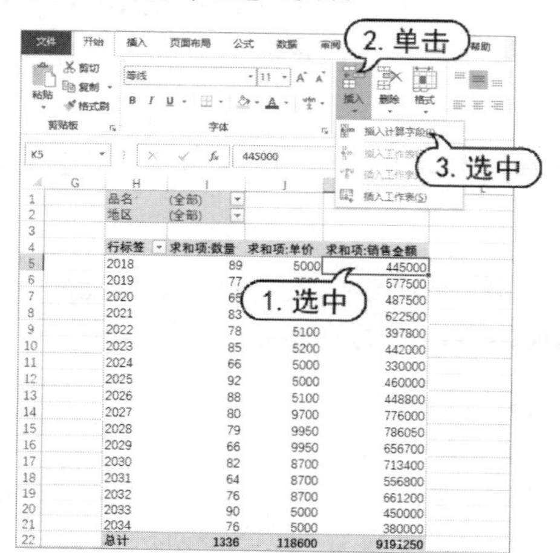

step 2 打开【插入计算字段】对话框，在【名称】文本框中输入“提成”，在【公式】文本框中输入：

```
=销售金额*0.03
```

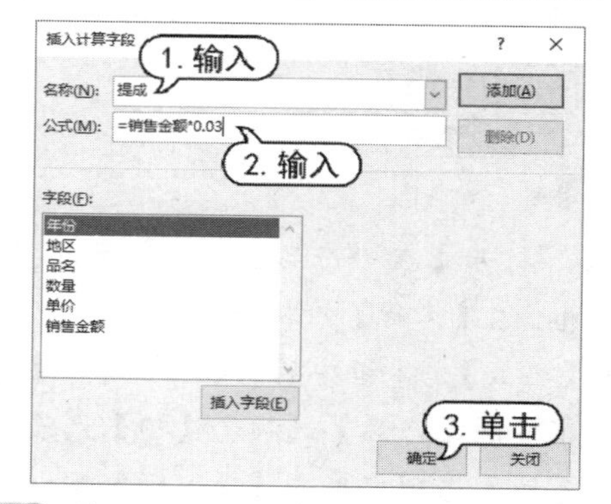

step 3 单击【确定】按钮，数据透视表中将新增一个名为“提成”的字段。

品名	(全部)			
地区	(全部)			
行标签	**求和项:数量**	**求和项:单价**	**求和项:销售金额**	**求和项:提成**
2018	89	5000	445000	13350
2019	77	7500	577500	17325
2020	65	7500	487500	14625
2021	83	7500	622500	18675
2022	78	5100	397800	11934
2023	85	5200	442000	13260
2024	66	5000	330000	9900
2025	92	5000	460000	13800
2026	88	5100	448800	13464
2027	80	9700	776000	23280
2028	79	9950	786050	23581.5
2029	66	9950	656700	19701
2030	82	8700	713400	21402
2031	64	8700	556800	16704
2032	76	8700	661200	19836
2033	90	5000	450000	13500
2034	76	5000	380000	11400
总计	**1336**	**118600**	**9191250**	**275737.5**

如果用户需要删除已有的计算字段，可以在【插入计算字段】对话框中的【字段】列表中单击【名称】下拉按钮，在弹出的列表中选中计算字段的名称后，单击【删除】按钮。

2. 使用计算项

以下图所示的数据透视表为例，如果需要得到所有饮料的总数量，可以执行以下操作。

step 1 选中数据透视表中的任意列字段项，单击【分析】选项卡中的【字段、项目和集】下拉按钮，在弹出的列表中选择【计算项】选项。

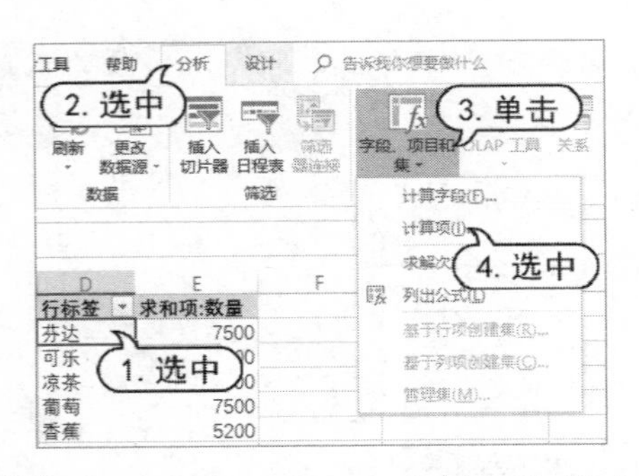

step 2 打开【在“产品”中插入计算字段】对话框，在【名称】文本框中输入“饮料”，删除【公式】文本框中的“=0”，选中【字段】列表框中的【产品】选项和【项】列表框中的【芬达】选项，单击【插入项】按钮。

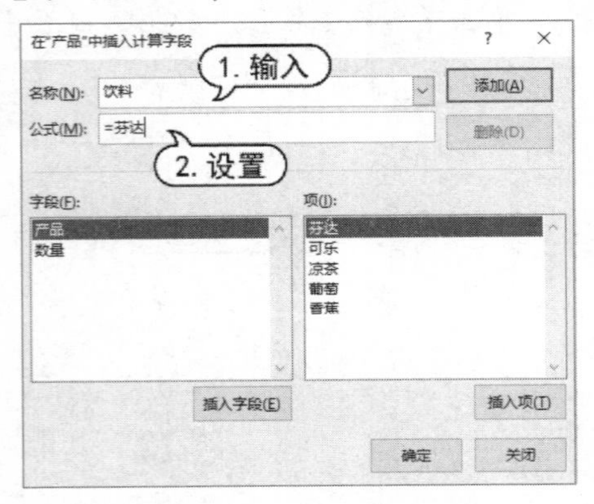

step 3 输入“+”号，单击【项】列表框中的【可乐】选项，单击【插入项】按钮，再输入“+”号，单击【项】列表框中的【凉茶】选项，单击【插入项】按钮。

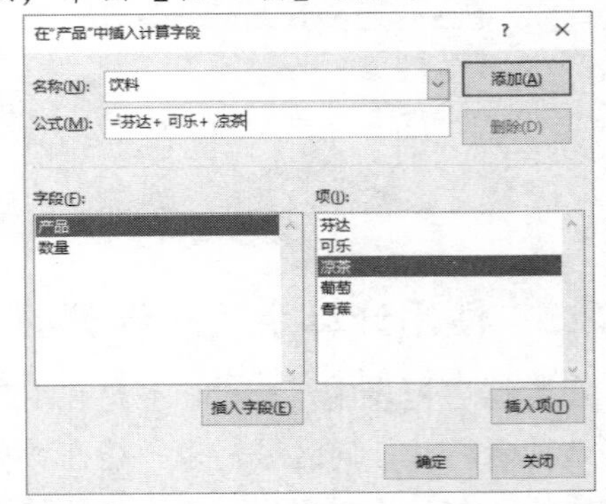

step 4 单击【确定】按钮，即可在数据透视表底部得到所有饮料的数量汇总值。

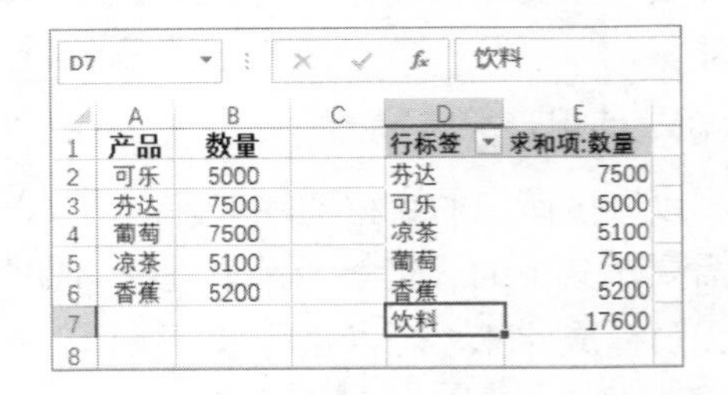

	A	B	C	D	E
1	产品	数量		行标签	求和项:数量
2	可乐	5000		芬达	7500
3	芬达	7500		可乐	5000
4	葡萄	7500		凉茶	5100
5	凉茶	5100		葡萄	7500
6	香蕉	5200		香蕉	5200
7				饮料	17600
8					

9.13 创建动态数据透视表

创建数据透视表后，如果在源数据区域以外的空白行或空白列增加了新的数据记录或者新的字段，即使刷新数据透视表，新增的数据也无法显示在数据透视表中。此时，可以通过创建动态数据透视表来解决这个问题。

1. 通过定义名称创建动态数据透视表

以下图所示的表格为例。

	A	B	C	D	E	F
1	年份	地区	品名	数量	单价	销售金额
2	2018	华东	浪琴	89	5000	445000
3	2019	华东	天梭	77	7500	577500
4	2020	华东	天梭	65	7500	487500
5	2021	华中	天梭	83	7500	622500
6	2022	华北	浪琴	78	5100	397800
7	2023	华北	浪琴	85	5200	442000
8	2024	华北	浪琴	66	5000	330000
9	2025	华北	浪琴	92	5000	460000
10						

数据源

单击【公式】选项卡中的【定义名称】按钮，打开【新建名称】对话框，在【名称】文本框中输入 Data，在【引用位置】文本框中输入公式：

```
=OFFSET(数据源!$A$1,0,0,COUNTA(数据源!$A:$A),COUNTA(数据源!$1:$1))
```

以上公式中的“数据源”是工作表名称，COUNTA(数据源!$A:$A)用来获取数据区域有多少行，COUNTA(数据源!$1:$1)用来获取数据区域有多少列，当增加、删除行或列的时候，这两个函数返回更改后的数据区域的行数和列数，这样就可以生成动态的区域了。

选中 H1 单元格后，单击【插入】选项卡中的【数据透视表】按钮，打开【创建数据透视表】对话框，在【表/区域】文本框中输入 Data，然后单击【确定】按钮，创建数据透视表。

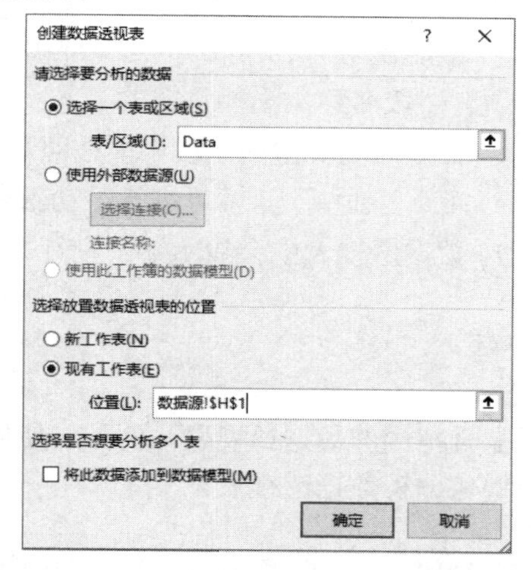

在打开的【数据透视表字段】窗格中完成数据透视表结构的设置后，生成如下图所示的数据透视表。

此时，在数据源表中增加了一条记录。

	A	B	C	D	E	F
1	年份	地区	品名	数量	单价	销售金额
2	2018	华东	浪琴	89	5000	445000
3	2019	华东	天梭	77	7500	577500
4	2020	华东	天梭	65	7500	487500
5	2021	华中	天梭	83	7500	622500
6	2022	华北	浪琴	78	5100	397800
7	2023	华北	浪琴	85	5200	442000
8	2024	华北	浪琴	66	5000	330000
9	2025	华北	浪琴	92	5000	460000
10	2025	华北	天梭	32	7600	243200
11						

右击数据透视表，在弹出的快捷菜单中选择【刷新】命令，即可见到新增的数据。

2. 使用“表格”功能创建动态数据透视表

以下图所示的数据源为例，在创建数据透视表之前，选中数据源中的任意单元格，单击【插入】选项卡中的【表格】按钮，打开【创建表】对话框，单击【确定】按钮，此时 Excel 将会自动识别最大的连续的数据区域。

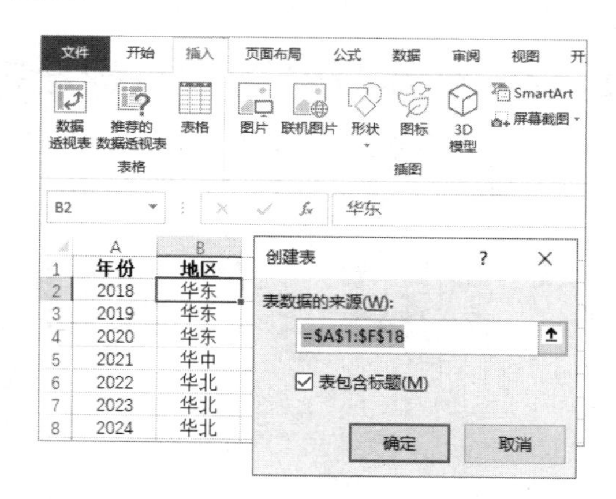

创建效果如下图所示的表格样式。

	A	B	C	D	E	F
1	年份	地区	品名	数量	单价	销售金额
2	2018	华东	浪琴	89	5000	445000
3	2019	华东	天梭	77	7500	577500
4	2020	华东	天梭	65	7500	487500
5	2021	华中	天梭	83	7500	622500
6	2022	华北	浪琴	78	5100	397800
7	2023	华北	浪琴	85	5200	442000
8	2024	华北	浪琴	66	5000	330000
9	2025	华北	浪琴	92	5000	460000
10	2026	东北	浪琴	88	5100	448800
11	2027	东北	卡西欧	80	9700	776000
12	2028	华南	卡西欧	79	9950	786050
13	2029	华南	卡西欧	66	9950	656700
14	2030	华南	阿玛尼	82	8700	713400
15	2031	华南	阿玛尼	64	8700	556800
16	2032	华东	阿玛尼	76	8700	661200
17	2033	华东	浪琴	90	5000	450000
18	2034	华东	浪琴	76	5000	380000

选中上图所示表格中的任意单元格，单击【插入】选项卡中的【数据透视表】按钮，打开【创建数据透视表】对话框，在【表/区域】文本框中将自动显示表格的名称(此处为“表 3”)，单击【确定】按钮即可创建一个动态数据透视表。

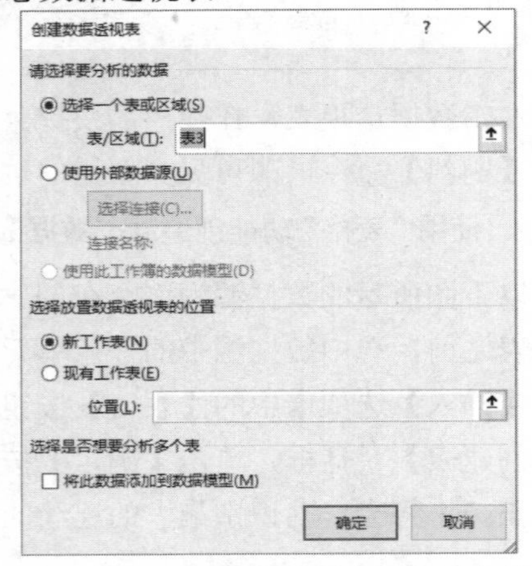

在打开的【数据透视表字段】窗格中完成数据透视表结构的设置后，如果用户要对数据源表格中的数据进行增删操作，在数据透视表中右击鼠标，从弹出的快捷菜单中选择【刷新】按钮即可看到数据的变化。

3. 通过选取整列创建动态数据透视表

在创建数据透视表时，用户可以直接选取整列数据作为数据源，这样当在数据源中增加行的时候，刷新数据透视表，也可以直接将数据包含进来，实现动态更新数据透视表的效果。

但是要注意以下几个问题。

- 不能自动扩展列，因为透视表要求每列必须有字段名称，不能是空的。
- 日期时间类型的字段不能按照年、季度、月、日、小时、分、秒等进行自动组合。
- 数据透视表中会显示一个空行。

9.14 创建复合范围数据透视表

用户可以使用不同工作表中结构相同的数据创建复合范围的数据透视表。例如，使用下图所示同一工作簿中 3 个不同工作表中的数据，创建销售分析数据透视表。

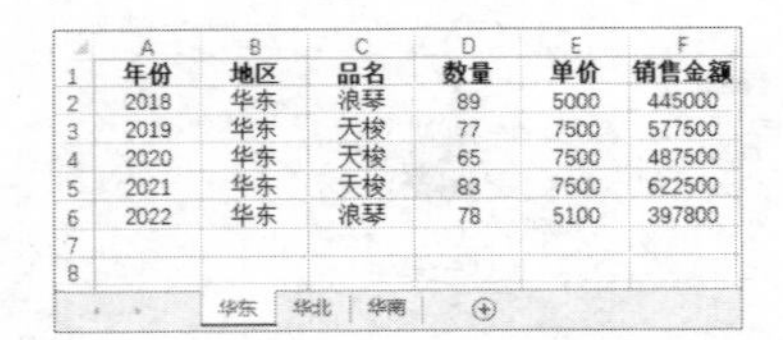

年份	地区	品名	数量	单价	销售金额
2018	华东	浪琴	89	5000	445000
2019	华东	天梭	77	7500	577500
2020	华东	天梭	65	7500	487500
2021	华东	天梭	83	7500	622500
2022	华东	浪琴	78	5100	397800

华东 华北 华南

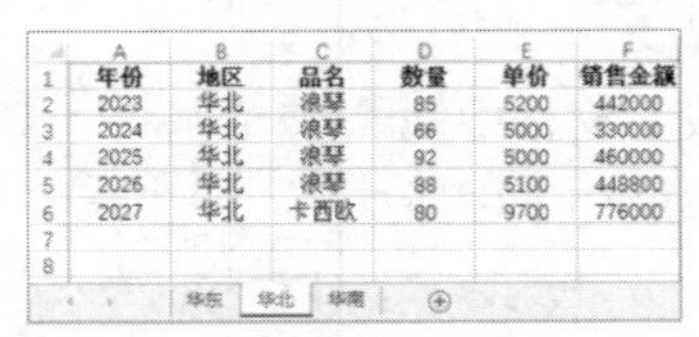

年份	地区	品名	数量	单价	销售金额
2023	华北	浪琴	85	5200	442000
2024	华北	浪琴	66	5000	330000
2025	华北	浪琴	92	5000	460000
2026	华北	浪琴	88	5100	448800
2027	华北	卡西欧	80	9700	776000

华东 华北 华南

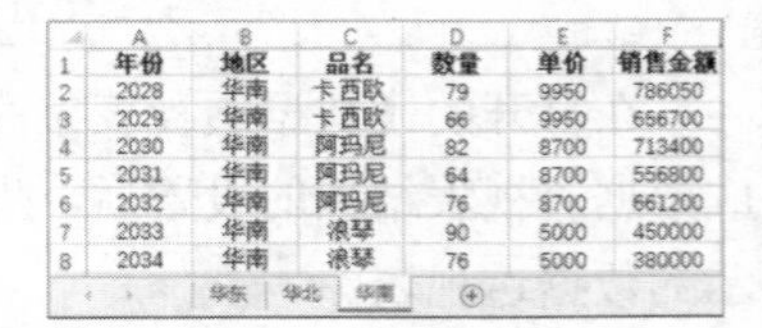

年份	地区	品名	数量	单价	销售金额
2028	华南	卡西欧	79	9950	786050
2029	华南	卡西欧	66	9950	656700
2030	华南	阿玛尼	82	8700	713400
2031	华南	阿玛尼	64	8700	556800
2032	华南	阿玛尼	76	8700	661200
2033	华南	浪琴	90	5000	450000
2034	华南	浪琴	76	5000	380000

华东 华北 华南

用于进行合并计算的同一工作簿中的多个结构相同的工作表

step 1 依次按下 Alt+D+P 组合键，打开【数据透视表和数据透视图向导—步骤 1(共 3 步)】对话框，选中【多重合并计算数据区域】单选按钮，单击【下一步】按钮。

step 2 在打开的【数据透视表和数据透视图向导--步骤 2a(共 3 步)】对话框中，选中【创建单页字段】单选按钮后，单击【下一步】按钮。

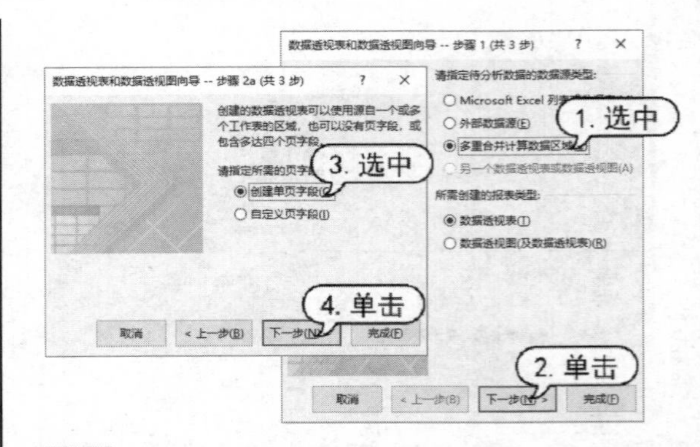

step 3 打开【数据透视表和数据透视图向导-第 2b 步，共 3 步】对话框，单击【选定区

域】文本框后的按钮。

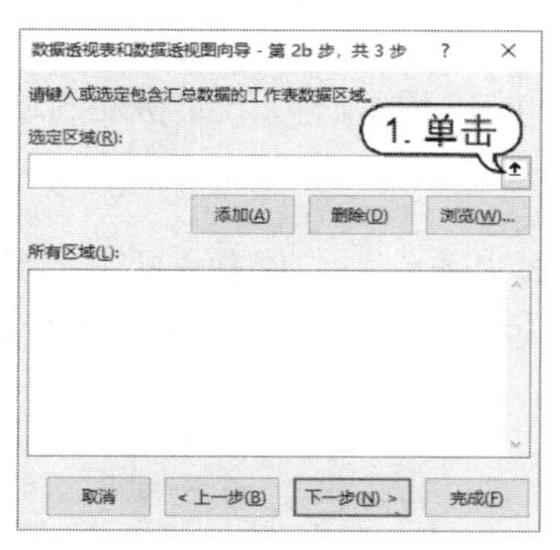

step 4 选中【华东】工作表的 A1:F6 单元格区域，按下 Enter 键。

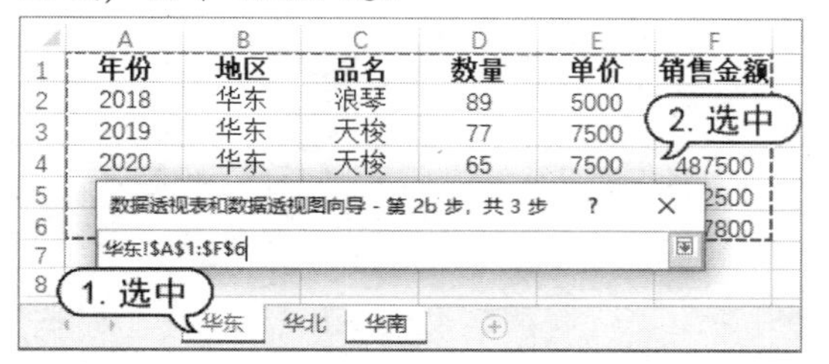

step 5 返回【数据透视表和数据透视图向导-第 2b 步，共 3 步】对话框，单击【添加】按钮，将捕捉的区域地址添加至【所有区域】列表框中，添加第一个待合并数据区域。

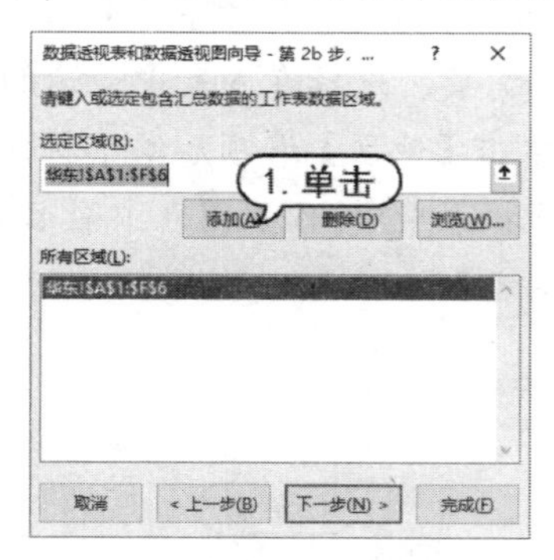

step 6 重复以上操作，将【华北】和【华南】工作表中的数据区域也添加至【数据透视表和数据透视图向导-第 2b 步，共 3 步】对话框的【所有区域】列表框中，然后单击【下一步】按钮。

step 7 打开【数据透视表和数据透视图向导--步骤 3(共 3 步)】对话框，选中【新工作表】单选按钮，单击【完成】按钮。

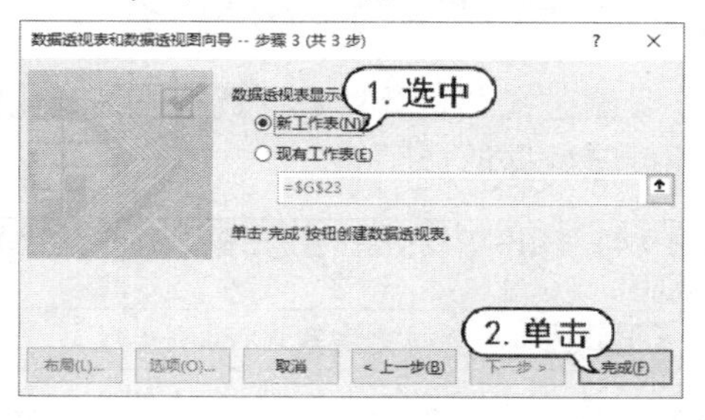

step 8 在创建的数据透视表中右击【计数项：值】字段，在弹出的快捷菜单中选择【值汇总依据】|【求和】命令。

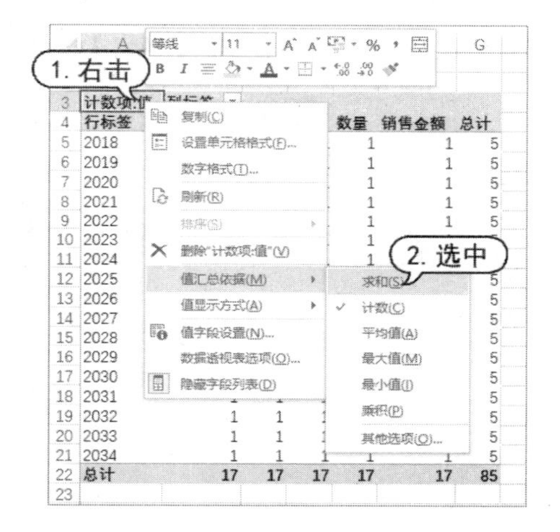

step 9 单击【列标签】B3 单元格右侧的按钮，在弹出的列表中取消【地区】和【品名】复选框的选中状态，单击【确定】按钮即可。

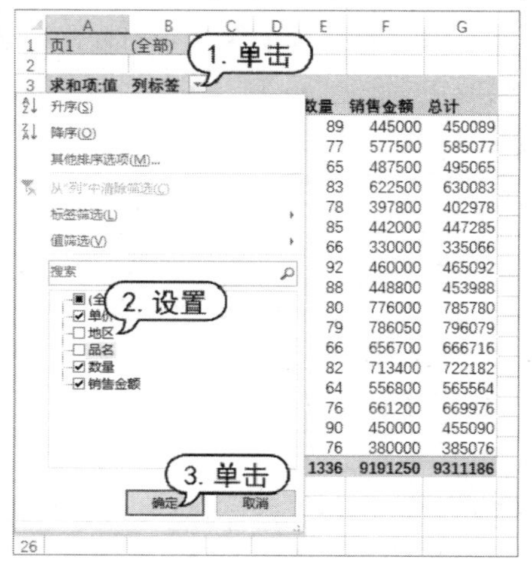

9.15 创建数据透视图

数据透视图是针对数据透视表统计出的数据进行展示的一种手段。下面将通过实例详细介绍创建数据透视图的方法。

【例 9-4】使用例 9-3 创建的数据透视表，创建数据透视图。

视频+素材 (素材文件\第 09 章\例 9-4)

step 1 选中下图所示工作表中的整个数据透视表，然后选择【分析】选项卡，单击【工具】命令组中的【数据透视图】按钮。

step 2 在打开的【插入图表】对话框中选中一种数据透视图样式后，单击【确定】按钮。

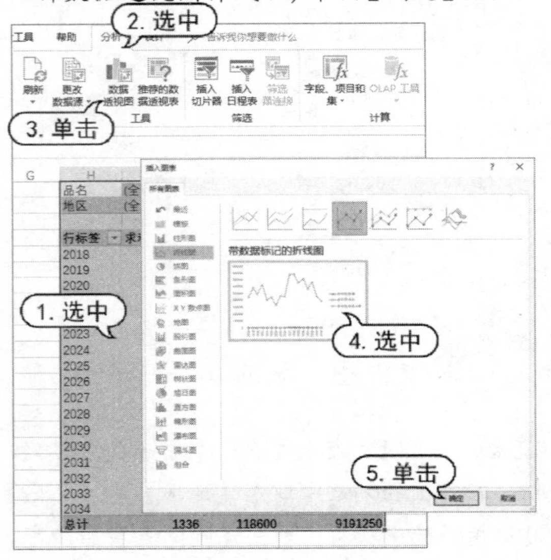

step 3 返回工作表后，即可看到创建的数据透视图效果。

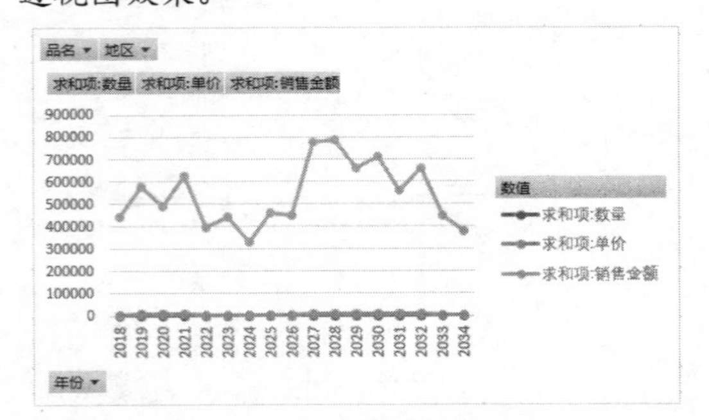

完成数据透视图的创建后，用户可以参考下面介绍的方法修改其显示的项目。

step 1 选中并右击工作表中插入的数据透视图，然后在弹出的快捷菜单中选择【显示字段列表】命令。

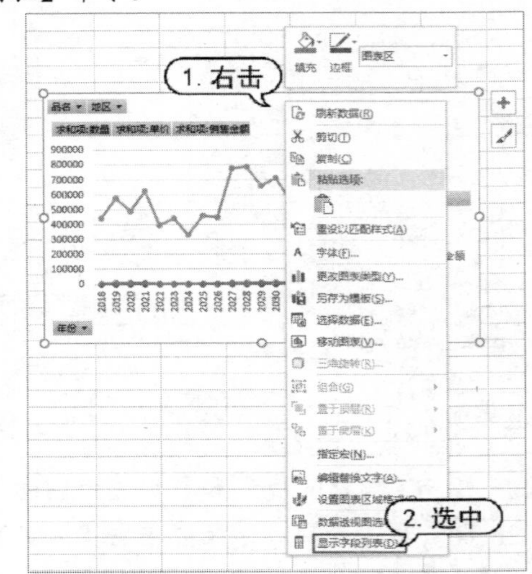

step 2 在显示的【数据透视图字段】窗格中的【选择要添加到报表的字段】列表框中，可以根据需要，选择在图表中显示的图例。

step 3 单击【地区】选项后的下拉按钮，在弹出的下拉菜单中，设置图表中显示的项目，单击【确定】按钮。

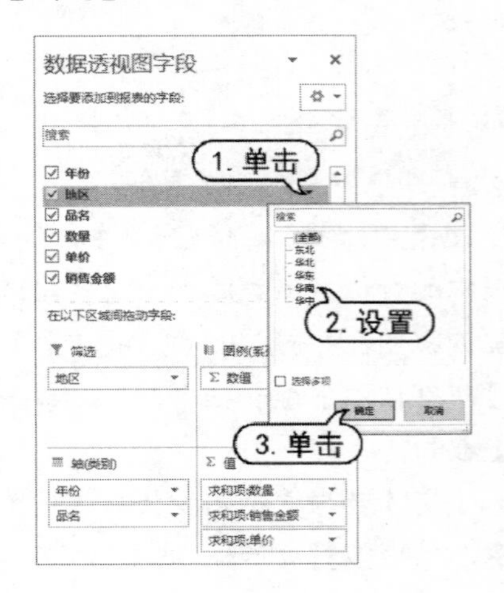

9.16　案例演练

本章的案例演练部分将介绍在 Excel 中操作数据透视表的常用技巧，用户可以通过实例操作巩固所学的知识。

【例 9-5】更改数据透视表的数据源。

视频+素材　(素材文件\第 09 章\例 9-5)

step 1　打开下图所示的工作表后，选中其中的数据透视表，单击【分析】选项卡中的【更改数据源】按钮。

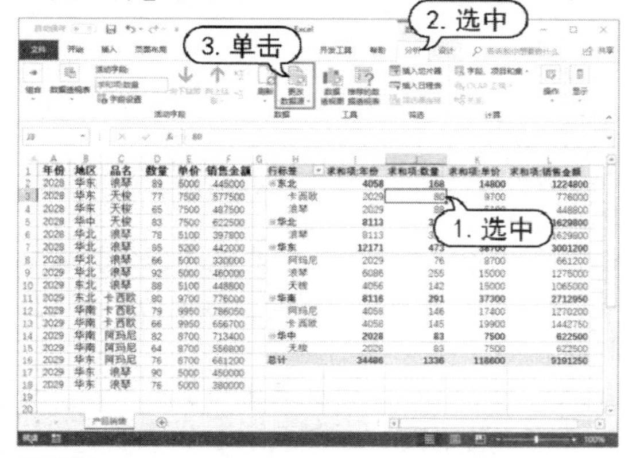

step 2　打开【更改数据透视表数据源】对话框，单击【表/区域】文本框后的按钮。

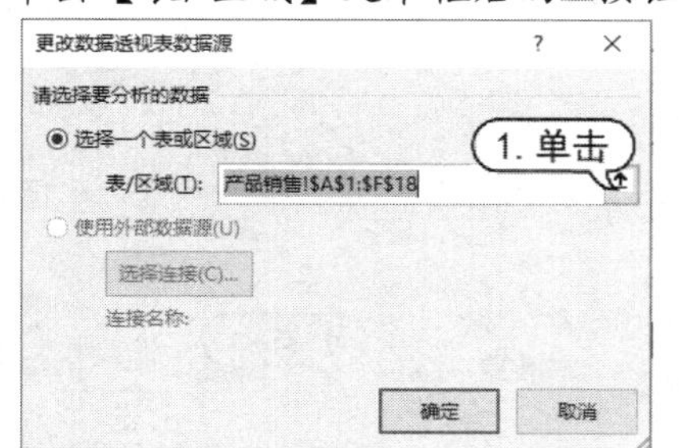

step 3　在数据表中拖动鼠标，选中新的数据源区域后，按下 Enter 键。

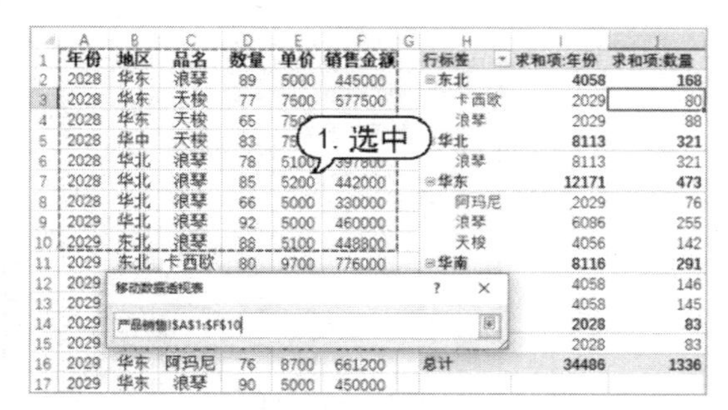

step 4　返回【更改数据透视表数据源】对话框，单击【确定】按钮即可。

【例 9-6】将数据透视表转换为普通表格。

视频+素材　(素材文件\第 09 章\例 9-6)

step 1　打开工作表后，选中其中数据透视表所在的单元格区域，按下 Ctrl+C 组合键执行【复制】命令。

step 2　选中任意单元格，右击鼠标，在弹出的快捷菜单中选择【粘贴】下的【值】命令即可。

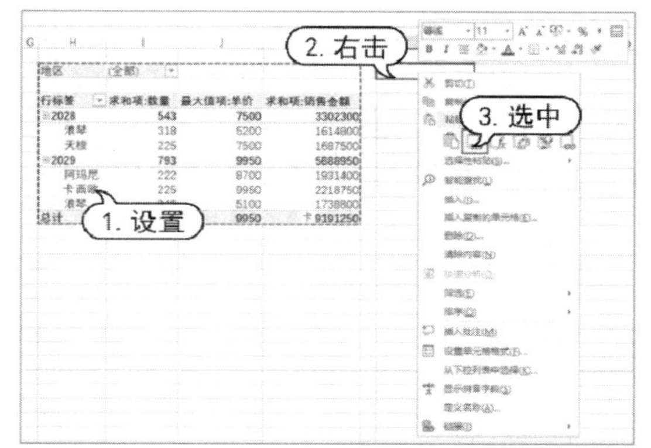

【例 9-7】用数据透视表统计各部门人员的学历情况。

视频+素材　(素材文件\第 09 章\例 9-7)

step 1　打开下图所示的工作表后，选中数据表中的任意单元格，单击【插入】选项卡中的【数据透视表】按钮。

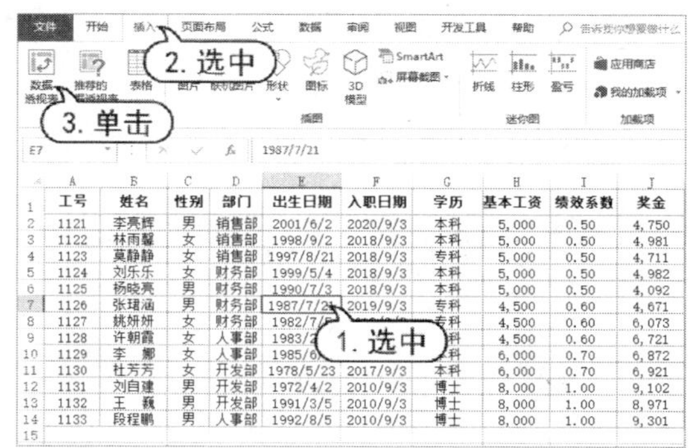

step 2　打开【创建数据透视表】对话框，选中【现有工作表】单选按钮，单击【位置】文本框右侧的按钮。

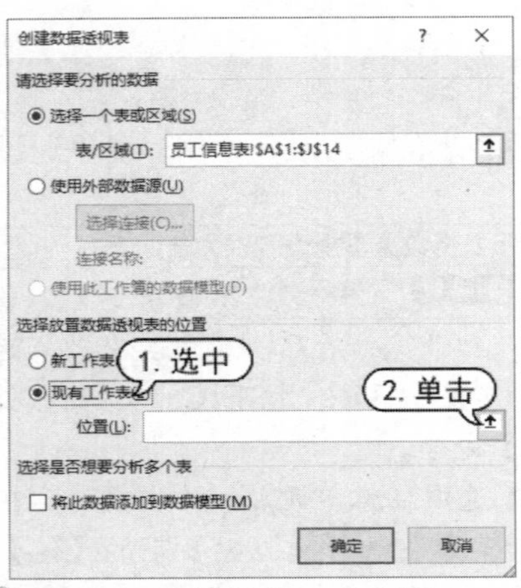

step③ 选中 A16 单元格，按下 Enter 键，返回【创建数据透视表】对话框，单击【确定】按钮。

step④ 打开【数据透视表字段】窗格，将【部门】字段拖动至【行】区域和【值】区域，将【学历】字段拖动至【列】区域。

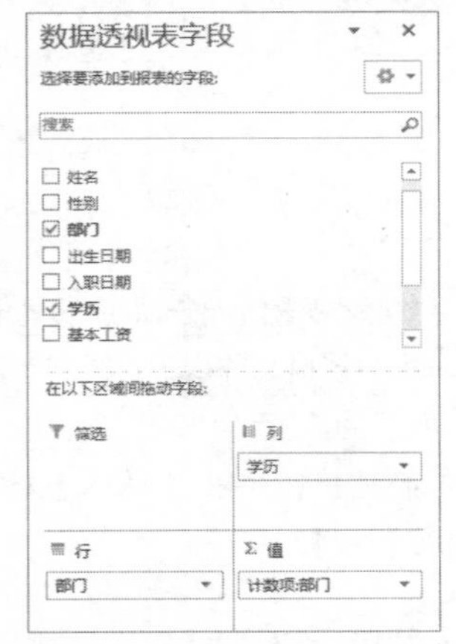

step⑤ 此时，将在工作表中创建下图所示的数据透视表，统计各部门人员的学历情况。

计数项:部门	列标签			
行标签	博士	本科	专科	总计
财务部		2	2	4
开发部	2	1		3
人事部	1	2		3
销售部		2	1	3
总计	3	7	3	13

【例 9-8】合并数据透视表中的单元格。

视频+素材 (素材文件\第 09 章\例 9-8)

step① 打开下图所示的数据透视表，选择【设计】选项卡，单击【布局】命令组中的【报表布局】下拉按钮，在弹出的列表中选择【以表格形式显示】选项。

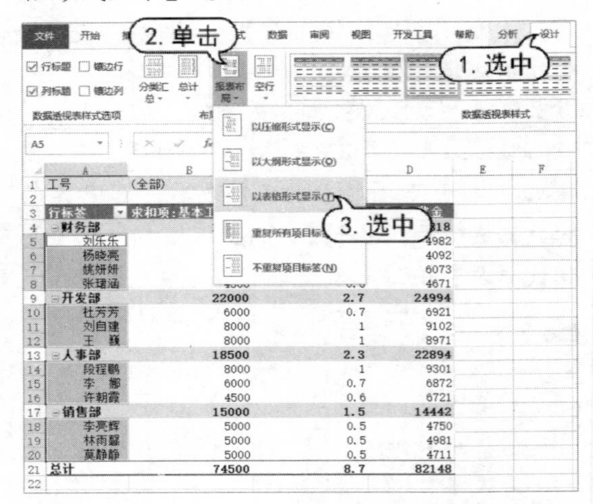

step② 选中 A5 单元格，选择【分析】选项卡，单击【数据透视表】命令组中的【选项】按钮。

step③ 打开【数据透视表选项】对话框，选择【布局与格式】选项卡，选中【合并且居中排列带标签的单元格】复选框，然后单击【确定】按钮。

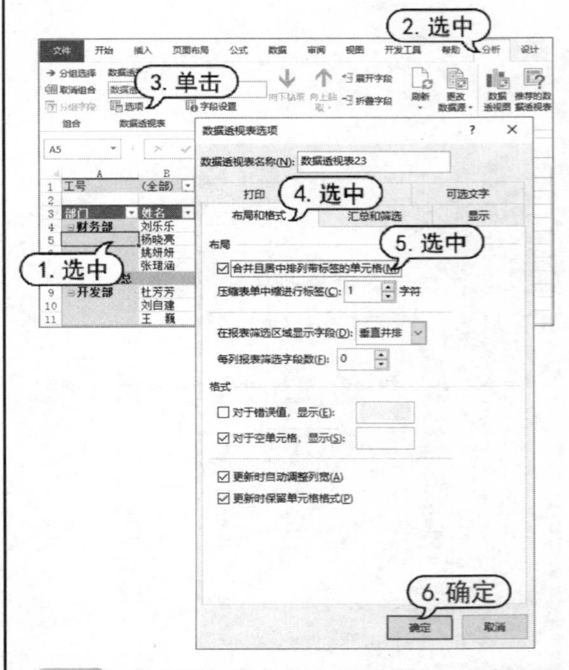

step④ 此时，A 列中带标签的单元格将被合并，效果如下图所示。

工号	(全部)			
部门	姓名	求和项:基本工资	求和项:绩效系数	求和项:奖金
财务部	刘乐乐	5000	0.5	4982
	杨晓亮	5000	0.5	4092
	姚妍妍	4500	0.6	6073
	张珺涵	4500	0.6	4671
财务部 汇总		19000	2.2	19818
开发部	杜芳芳	6000	0.7	6921
	刘自建	8000	1	9102
	王　巍	8000	1	8971
开发部 汇总		22000	2.7	24994
人事部	段程鹏	8000	1	9301
	李　娜	6000	0.7	6872
	许朝霞	4500	0.6	6721
人事部 汇总		18500	2.3	22894
销售部	李亮辉	5000	0.5	4750
	林雨馨	5000	0.5	4981
	莫静静	5000	0.5	4711
销售部 汇总		15000	1.5	14442
总计		74500	8.7	82148

【例 9-9】利用数据透视表转换表格行列。

视频+素材 (素材文件\第 09 章\例 9-9)

step 1 打开如下图所示的工作表，依次按下 Alt+D+P 组合键。

销售员	1月	2月	3月	4月	5月	6月	7月	8月	9月	10月	11月	12月
李亮辉	112	98	120	123	129	89	93	109	118	131	143	128
林雨馨	87	101	118	123	129	110	90	95	110	125	102	98
莫静静	97	99	112	140	152	120	158	167	131	114	145	109
刘乐乐	102	116	128	97	95	86	123	143	132	106	105	116
杨晓亮	120	95	119	95	125	135	115	128	96	106	115	120
张珺涵	130	118	96	80	105	117	99	106	123	115	130	108

step 2 打开【数据透视表和数据透视图向导--步骤 1(共 3 步)】对话框，选中【多重合并计算数据区域】单选按钮，单击【下一步】按钮。

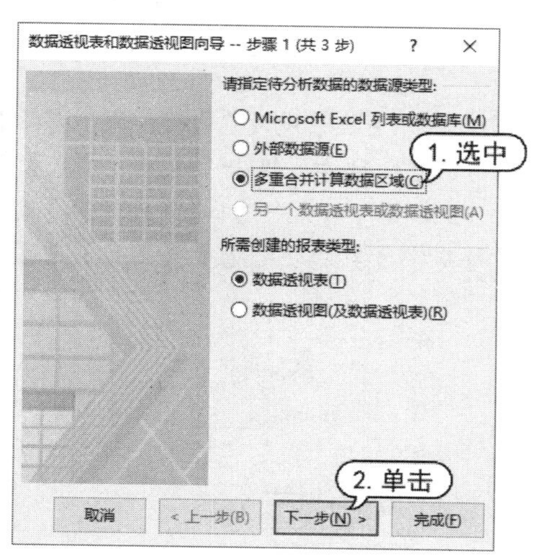

step 3 打开【数据透视表和数据透视图向导--步骤 2a(共 3 步)】对话框，选中【创建单页字段】单选按钮，然后单击【下一步】按钮。

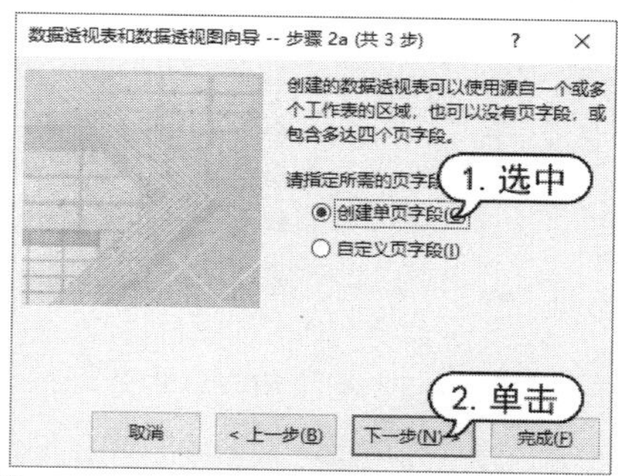

step 4 打开【数据透视表和数据透视图向导-第 2b 步，共 3 步】对话框，单击【选定区域】文本框后的按钮，选中工作表中的 A1:M7 区域，按下回车键，返回【数据透视表和数据透视图向导-第 2b 步，共 3 步】对话框并单击【添加】按钮。

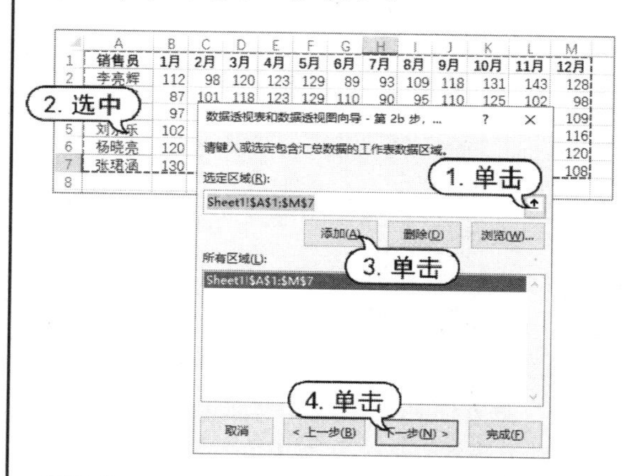

step 5 单击【下一步】按钮，打开【数据透视表和数据透视图向导--步骤 3(共 3 步)】对话框，选中【新工作表】单选按钮，然后单击【完成】按钮。

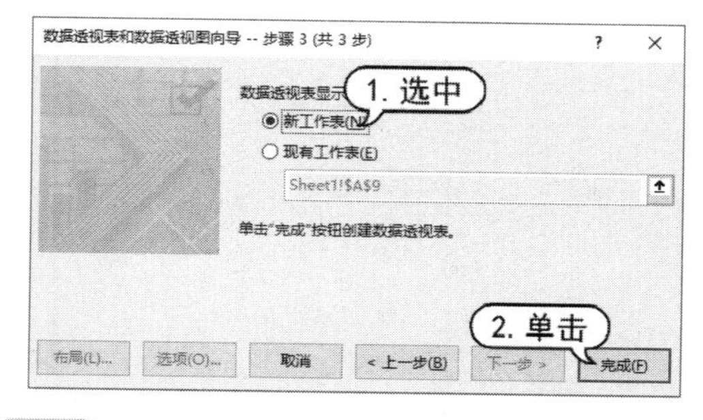

step 6 在新建的工作表中，双击 Excel 生成的数据透视表右下角的总计单元格。

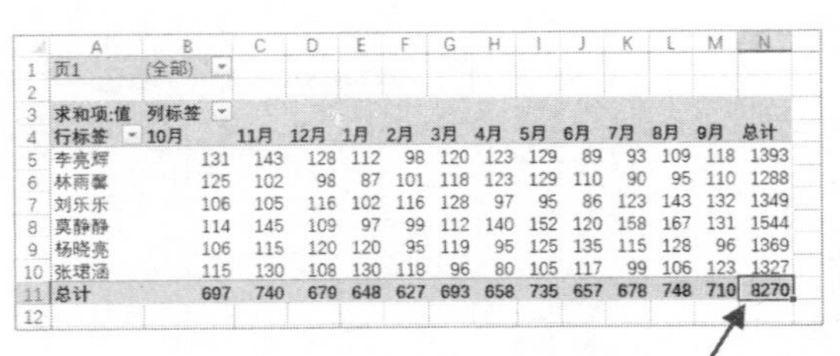

	A	B	C	D	E	F	G	H	I	J	K	L	M	N
1	页1	(全部)												
2														
3	求和项:值	列标签												
4	行标签	10月	11月	12月	1月	2月	3月	4月	5月	6月	7月	8月	9月	总计
5	李亮辉	131	143	128	112	98	120	123	129	89	93	109	118	1393
6	林雨馨	125	102	98	87	101	118	123	129	110	90	95	110	1288
7	刘乐乐	106	105	116	102	116	128	97	95	86	123	143	132	1349
8	莫静静	114	145	109	97	99	112	140	152	120	158	167	131	1544
9	杨晓亮	106	115	120	120	95	119	95	125	135	115	128	96	1369
10	张珺涵	115	130	108	130	118	96	80	105	117	99	106	123	1327
11	总计	697	740	679	648	627	693	658	735	657	678	748	710	8270
12														

step 7 此时，将在新建的工作表中生成竖表，删除该表格中的 D 列，完成本例操作。

	A	B	C	D
1	行	列	值	页1
2	李亮辉	10月	131	项1
3	李亮辉	11月	143	项1
4	李亮辉	12月	128	项1
5	李亮辉	1月	112	项1
6	李亮辉	2月	98	项1
7	李亮辉	3月	120	项1
8	李亮辉	4月	123	项1
9	李亮辉	5月	129	项1
10	李亮辉	6月	89	项1
11	李亮辉	7月	93	项1
12	李亮辉	8月	109	项1
13	李亮辉	9月	118	项1
14	林雨馨	10月	125	项1
15	林雨馨	11月	102	项1
16	林雨馨	12月	98	项1
17	林雨馨	1月	87	项1
18	林雨馨	2月	101	项1
19	林雨馨	3月	118	项1
20	林雨馨	4月	123	项1
21	林雨馨	5月	129	项1
22	林雨馨	6月	110	项1
23	林雨馨	7月	90	项1
24	林雨馨	8月	95	项1
25	林雨馨	9月	110	项1
26	刘乐乐	10月	106	项1

Sheet3 | Sheet2 | 销售统计

【例 9-10】利用数据透视表计算销量排名。

视频+素材 (素材文件\第 09 章\例 9-10)

step 1 打开下图所示的工作表后，选中数据表中的任意单元格，单击【插入】选项卡中的【数据透视表】按钮。

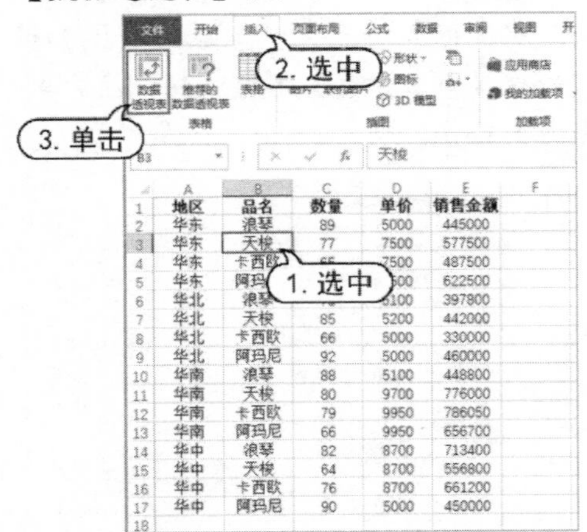

	A	B	C	D	E	F
1	地区	品名	数量	单价	销售金额	
2	华东	浪琴	89	5000	445000	
3	华东	天梭	77	7500	577500	
4	华东	卡西欧	[illegible]	7500	487500	
5	华东	阿玛尼	[illegible]	[illegible]	622500	
6	华北	浪琴	[illegible]	5100	397800	
7	华北	天梭	85	5200	442000	
8	华北	卡西欧	66	5000	330000	
9	华北	阿玛尼	92	5000	460000	
10	华南	浪琴	88	5100	448800	
11	华南	天梭	80	9700	776000	
12	华南	卡西欧	79	9950	786050	
13	华南	阿玛尼	66	9950	656700	
14	华中	浪琴	82	8700	713400	
15	华中	天梭	64	8700	556800	
16	华中	卡西欧	76	8700	661200	
17	华中	阿玛尼	90	5000	450000	
18						

step 2 打开【创建数据透视表】对话框，单击【确定】按钮，在新建工作表中生成数据透视表。

step 3 打开【数据透视表字段】窗格，将【地区】和【品名】字段拖至【行】区域，将两个【销售金额】字段拖至【值】区域。

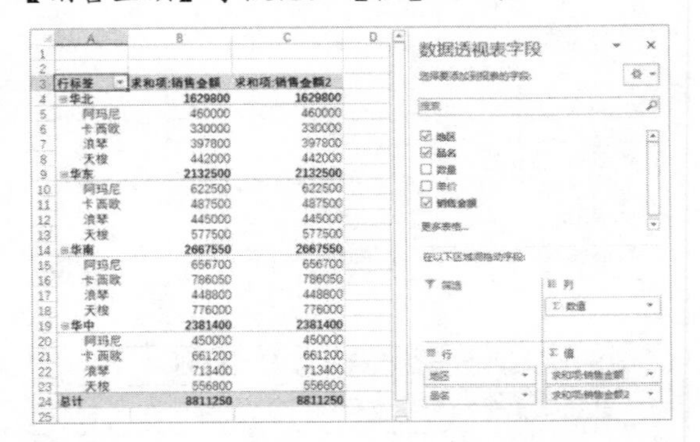

	A	B	C
1			
2			
3	行标签	求和项:销售金额	求和项:销售金额2
4	华北	1629800	1629800
5	阿玛尼	460000	460000
6	卡西欧	330000	330000
7	浪琴	397800	397800
8	天梭	442000	442000
9	华东	2132500	2132500
10	阿玛尼	622500	622500
11	卡西欧	487500	487500
12	浪琴	445000	445000
13	天梭	577500	577500
14	华南	2667550	2667550
15	阿玛尼	656700	656700
16	卡西欧	786050	786050
17	浪琴	448800	448800
18	天梭	776000	776000
19	华中	2381400	2381400
20	阿玛尼	450000	450000
21	卡西欧	661200	661200
22	浪琴	713400	713400
23	天梭	556800	556800
24	总计	8811250	8811250
25			

step 4 单击【值】区域中的【求和项：销售金额 2】选项，在弹出的菜单中选择【值字段设置】命令。

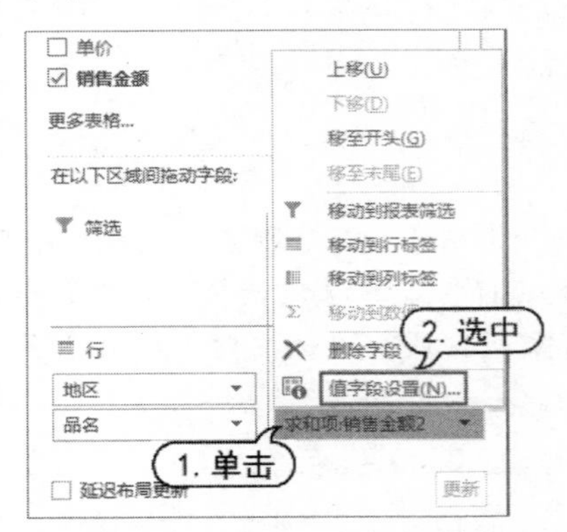

step 5 打开【值字段设置】对话框，选择【值显示方式】选项卡，单击【值显示方式】下拉按钮，在弹出的列表中选择【降序排列】选项，在【基本字段】列表中选中【品名】选项。

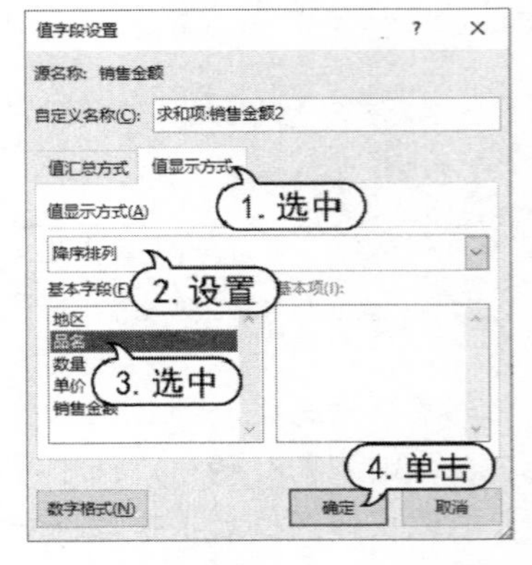

step 6 单击【确定】按钮，然后选中【求和

项：销售金额 2】列中的任意单元格，单击【开始】选项卡中的【排序和筛选】下拉按钮，在弹出的列表中选择【降序】选项。

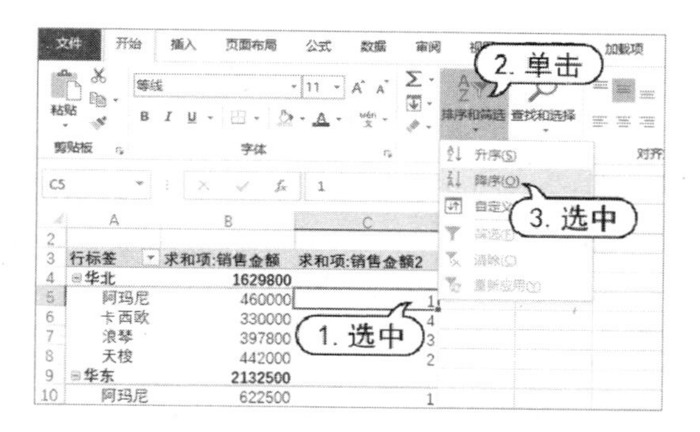

step 7 依次单击数据透视表第一行的各个单元格，修改标题文本。

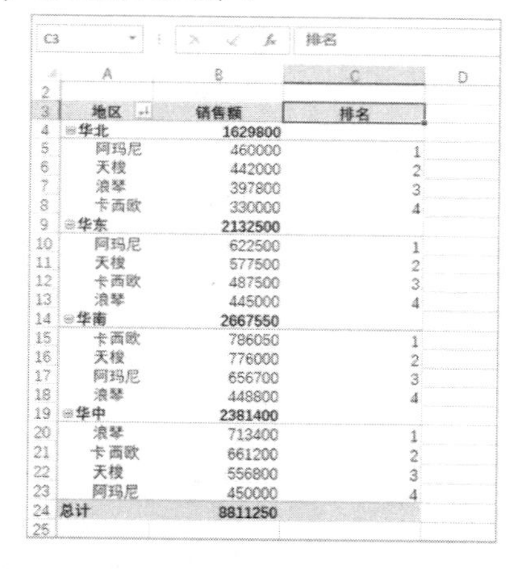

地区	销售额	排名
⊟华北	1629800	
阿玛尼	460000	1
天梭	442000	2
浪琴	397800	3
卡西欧	330000	4
⊟华东	2132500	
阿玛尼	622500	1
天梭	577500	2
卡西欧	487500	3
浪琴	445000	4
⊟华南	2667550	
卡西欧	786050	1
天梭	776000	2
阿玛尼	656700	3
浪琴	448800	4
⊟华中	2381400	
浪琴	713400	1
卡西欧	661200	2
天梭	556800	3
阿玛尼	450000	4
总计	8811250	

【例 9-11】利用数据透视表按月汇总销售数据。

视频+素材 (素材文件\第 09 章\例 9-11)

step 1 打开下图所示的工作表，选中数据表中的任意单元格，然后单击【插入】选项卡中的【数据透视表】按钮。

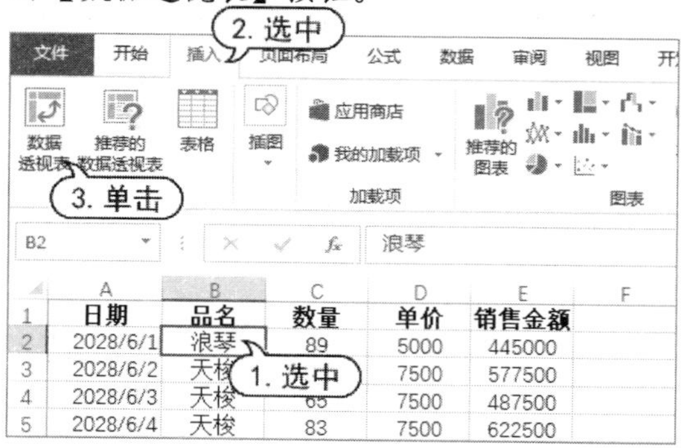

step 2 打开【创建数据透视表】对话框，单击【确定】按钮，在新建的工作表中生成数据透视表。

step 3 打开【数据透视表字段】窗格，将【日期】字段拖至【行】区域，将【品名】字段拖至【列】区域，将【销售金额】字段拖至【值】区域。

step 4 单击生成的数据透视表中行标签内的任意单元格，选择【分析】选项卡，单击【组合】命令组中的【分组选择】按钮。

step 5 打开【组合】对话框，在【步长】列表框中选中【月】，单击【确定】按钮。

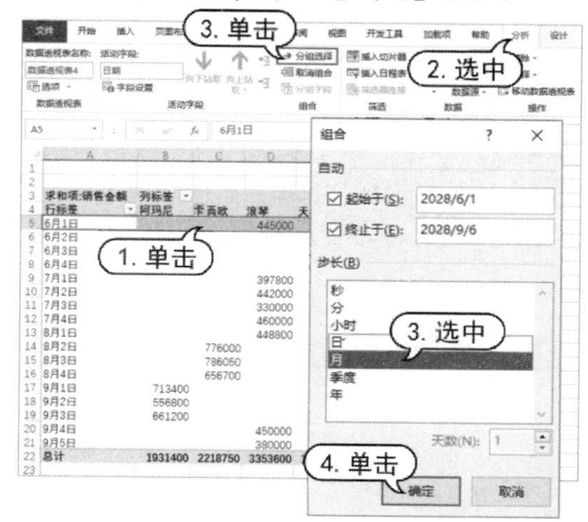

step 6 此时，将生成下图所示的数据透视表，按月汇总各品种商品的销售额。

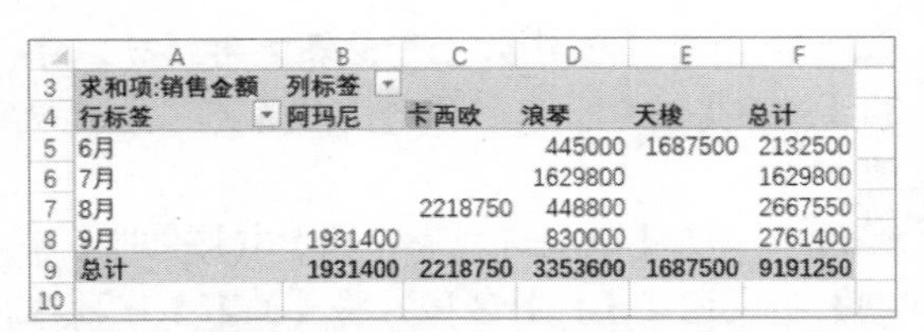

求和项:销售金额	列标签				
行标签	阿玛尼	卡西欧	浪琴	天梭	总计
6月			445000	1687500	2132500
7月			1629800		1629800
8月		2218750	448800		2667550
9月	1931400		830000		2761400
总计	1931400	2218750	3353600	1687500	9191250

【例 9-12】在数据透视表中对同一字段应用多个筛选。

视频+素材 (素材文件\第 09 章\例 9-12)

step 1 在默认情况下，用户单击数据透视表行标签右侧的☐按钮，可对同字段进行多次筛选，筛选结果不是累加的，即筛选结果不能在上一次的筛选基础上得到。

step 2 要让同一行字段能够进行多次筛选，可以右击数据透视表，在弹出的快捷菜单中选择【数据透视表选项】命令。

step 3 打开【数据透视表选项】对话框，选择【汇总和筛选】选项卡，选中【每个字段允许多个筛选】复选框，单击【确定】按钮即可。

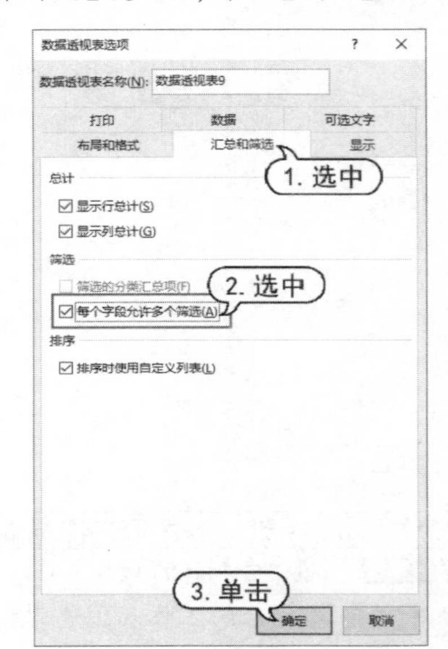

第 10 章

使用 Excel 高级功能

本章主要介绍条件格式、合并计算工具、链接和超链接、使用语音引擎等 Excel 高级功能。这些功能极大地增强了 Excel 处理电子表格数据的能力。

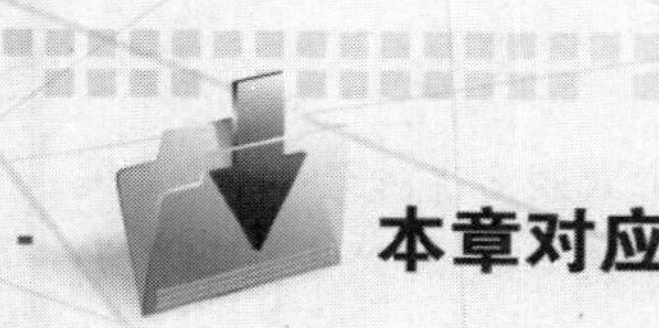

本章对应视频

例 10-1 以数据条形式显示列数据
例 10-2 以色阶展示平均气温数据
例 10-3 以图标集形式反映数据
例 10-4 用颜色突出显示单元格
例 10-5 自定义规则设置条件格式
例 10-6 对 90 分以下的数据设置格式
例 10-7 按类合并计算工资数据
例 10-8 按位置合并计算工资数据
例 10-9 添加外部图片链接
例 10-10 为文本添加数据导航超链接
例 10-11 创建链接新文档的超链接
例 10-12 插入电子邮件超链接
例 10-13 为超链接添加背景色
例 10-14 插入 AutoCAD 图形对象
例 10-15 插入 Flash 影片文件对象
本章其他视频请参见视频二维码列表

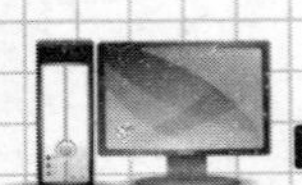

10.1 条件格式

Excel 2016 的条件格式功能可以根据指定的公式或数值来确定搜索条件，然后将格式应用到符合搜索条件的选定单元格中，并突出显示要检查的动态数据。例如，希望使单元格中的负数用红色显示，超过 1000 以上的数字字体增大等。

10.1.1 使用“数据条”

在 Excel 2016 中，条件格式功能提供了【数据条】【色阶】和【图标集】3 种内置的单元格图形效果样式。其中数据条效果可以直观地显示数值大小的对比程度，使得表格数据效果更为直观方便。

【例 10-1】在“销售明细”工作表中以数据条形式显示【实现利润】列的数据。

视频+素材 (素材文件\第 10 章\例 10-1)

step 1 打开“销售明细”工作表后，选定 F3:F14 单元格区域。

step 2 在【开始】选项卡的【样式】命令组中单击【条件格式】下拉按钮，在弹出的下拉列表中选择【数据条】命令，在弹出的下拉列表中选择【渐变填充】子列表里的【紫色数据条】选项。

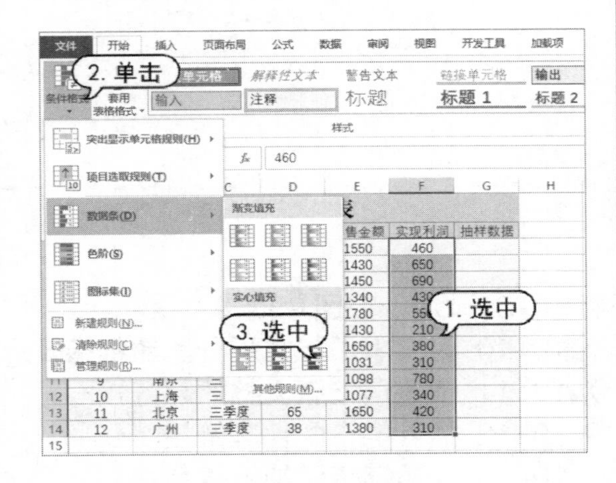

step 3 此时工作表内的【实现利润】一列中的数据单元格内添加了紫色渐变填充的数据条效果，可以直观地对比数据，效果如下图所示。

调查分析表						
编号	城市	季度	销售数量	销售金额	实现利润	抽样数据
1	南京	一季度	55	1550	460	
2	上海	一季度	43	1430	650	
3	北京	一季度	45	1450	690	
4	广州	一季度	34	1340	430	
5	南京	二季度	78	1780	550	
6	上海	二季度	43	1430	210	
7	北京	二季度	65	1650	380	
8	广州	二季度	31	1031	310	
9	南京	三季度	98	1098	780	
10	上海	三季度	77	1077	340	
11	北京	三季度	65	1650	420	
12	广州	三季度	38	1380	310	

step 4 用户还可以通过设置将单元格数据隐藏起来，只保留数据条效果显示。先选中单元格区域 F3:F14 中的任意单元格，再单击【条件格式】下拉按钮，在弹出的下拉列表中选择【管理规则】命令。

step 5 打开【条件格式规则管理器】对话框，选择【数据条】规则，单击【编辑规则】按钮。

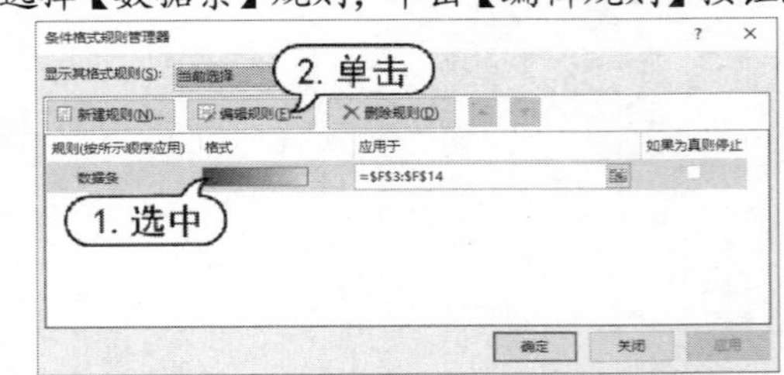

step 6 打开【编辑格式规则】对话框，在【编辑规则说明】区域里选中【仅显示数据条】复选框，然后单击【确定】按钮。

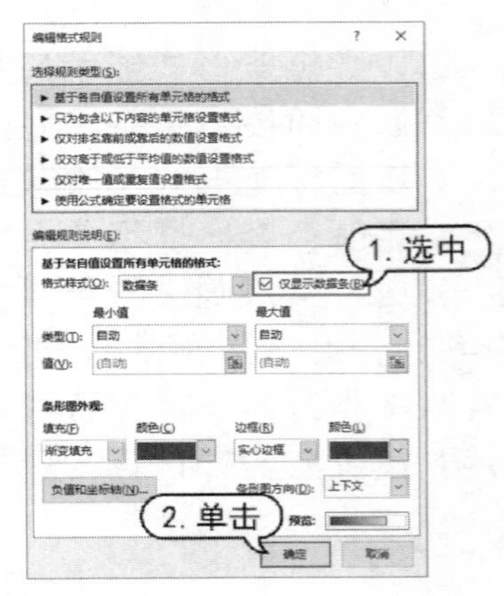

step 7 返回【条件格式规则管理器】对话框，单击【确定】按钮即可完成设置。此时单元格区域 F3:F14 中只有数据条的显示，没有具体数值。

调查分析表						
编号	城市	季度	销售数量	销售金额	实现利润	抽样数据
1	南京	一季度	55	1550		
2	上海	一季度	43	1430		
3	北京	一季度	45	1450		
4	广州	一季度	34	1340		
5	南京	二季度	78	1780		
6	上海	二季度	43	1430		
7	北京	二季度	65	1650		
8	广州	二季度	31	1031		
9	南京	三季度	98	1098		
10	上海	三季度	77	1077		
11	北京	三季度	65	1650		
12	广州	三季度	38	1380		

10.1.2　使用“色阶”

“色阶”可以用色彩直观地反映数据大小，形成“热图”。“色阶”预置了包括 6 种“三色刻度”和 3 种“双色刻度”在内的 9 种外观，用户可以根据数据的特点选择自己需要的种类。

【例 10-2】在工作表中用色阶展示城市一天内的平均气温数据。

视频+素材　(素材文件\第 10 章\例 10-2)

step 1 打开工作表后，选中需要设置条件格式的单元格区域 A3：I3，在【开始】选项卡的【样式】命令组中单击【条件格式】下拉按钮，在弹出的下拉列表中选择【色阶】|【红-黄-绿色阶】命令。

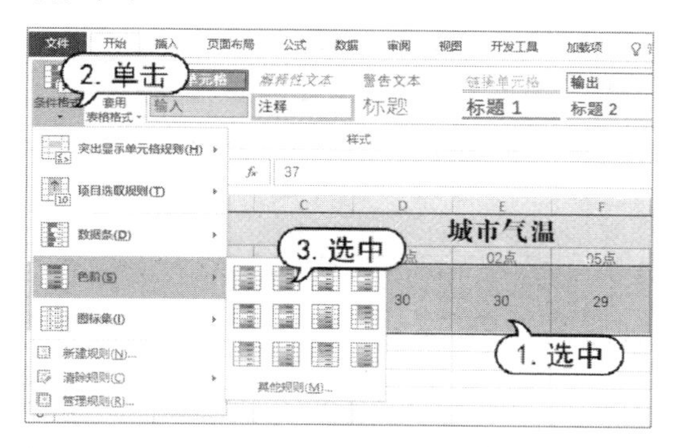

step 2 此时，在工作表中将以“红-黄-绿”三色刻度显示选中单元格区域中的数据。

城市气温								
14点	17点	20点	23点	02点	05点	08点	11点	14点
37	37	32	30	30	29	31	35	36

10.1.3　使用“图标集”

“图标集”允许用户在单元格中呈现不同的图标来区分数据的大小。Excel 提供了“方向”“形状”“标记”和“等级”4 大类，共计 20 种图标样式。

【例 10-3】在“学生成绩表”工作表中使用“图标集”对成绩数据进行直观反映。

视频+素材　(素材文件\第 10 章\例 10-3)

step 1 打开工作表后，选中需要设置条件格式的单元格区域。

step 2 在【开始】选项卡的【样式】命令组中，单击【条件格式】下拉按钮，在展开的下拉列表中选择【图标集】命令，在展开的选项菜单中，用户可以移动鼠标在各种样式中逐一滑过，B3:D11 单元格区域中被选中的单元格中将会同步显示出相应的效果。

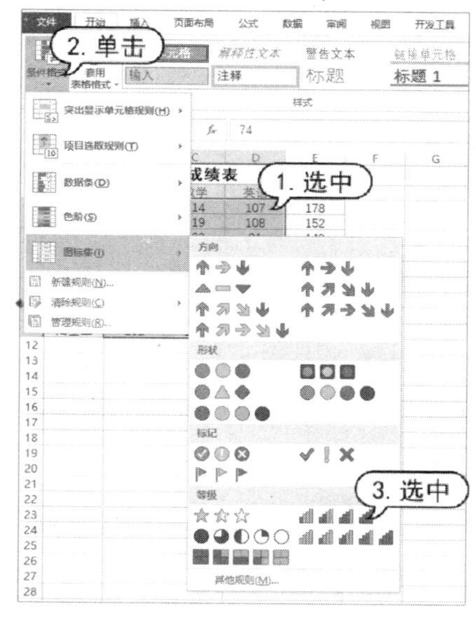

step 3 单击【四等级】样式，效果如下图所示。

学生成绩表				
姓名	语文	数学	英语	综合
全玄	74	114	107	178
蒋海峰	80	119	108	152
季黎杰	92	102	81	149
姚俊	95	92	80	168
许靖	98	108	114	118
陈小磊	98	125	117	163
孙矛	99	116	117	202
李云	102	105	113	182
陆金星	102	116	95	181

10.1.4　突出显示单元格规则

用户可以自定义电子表格的条件格式，来查找或编辑符合条件格式的单元格。

【例 10-4】在“销售明细”工作表中设置以浅红填充色、深红色文本突出显示【实现利润】列大于 500 的单元格。

视频+素材　(素材文件\第 10 章\例 10-4)

step 1 打开“销售明细”工作表后，选中 F3:F14 单元格区域，然后在【开始】选项卡中单击【条件格式】下拉按钮，在弹出的下拉列表中选择【突出显示单元格规则】|【大于】选项。

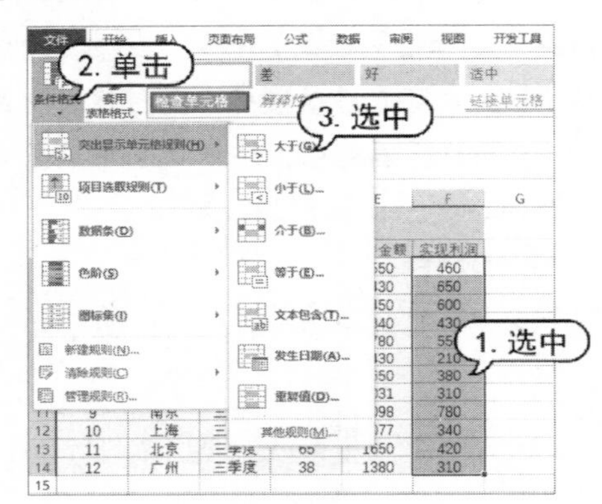

step 2 打开【大于】对话框，在【为大于以下值的单元格设置格式】文本框中输入 500，在【设置为】下拉列表框中选择【浅红填充色深红色文本】选项，单击【确定】按钮。

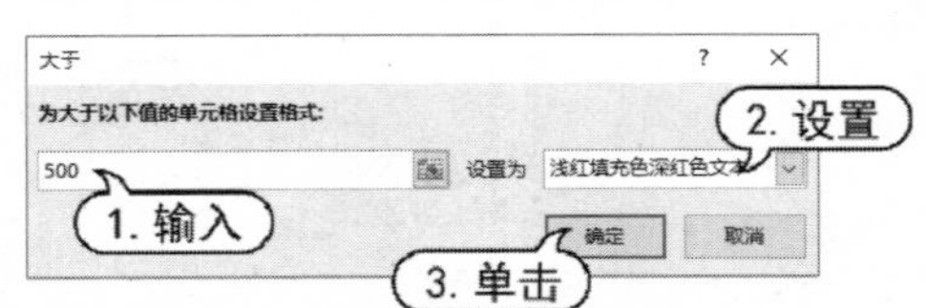

step 3 此时，若满足条件格式，则会自动套用带颜色文本的单元格格式。

调查分析表					
编号	城市	季度	销售数量	销售金额	实现利润
1	南京	一季度	55	1550	460
2	上海	一季度	43	1430	650
3	北京	一季度	45	1450	600
4	广州	一季度	34	1340	430
5	南京	二季度	78	1780	550
6	上海	二季度	43	1430	210
7	北京	二季度	65	1650	380
8	广州	二季度	31	1031	310
9	南京	三季度	98	1098	780
10	上海	三季度	77	1077	340
11	北京	三季度	65	1650	420
12	广州	三季度	38	1380	310

10.1.5　自定义条件格式

如果 Excel 内置的条件格式不能满足用户的需求，可以通过【新建规则】功能自定义条件格式。

【例 10-5】在“学生成绩表”工作表中通过自定义规则来设置条件格式，将 110 分以上的成绩用一个图标显示。

视频+素材　(素材文件\第 10 章\例 10-5)

step 1 打开工作表后，选择需要设置条件格式的 B3：E11 单元格区域。

step 2 在【开始】选项卡的【样式】命令组中单击【条件格式】下拉按钮，在展开的下拉列表中选择【新建规则】命令。

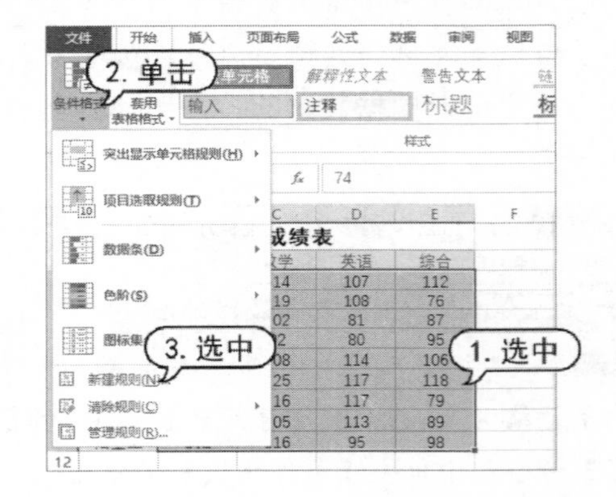

step 3 打开【新建格式规则】对话框，在【选择规则类型】列表框中，选择【基于各自值设置所有单元格的格式】选项。

step 4 单击【格式样式】下拉按钮，在弹出的下拉列表中选择【图标集】选项。

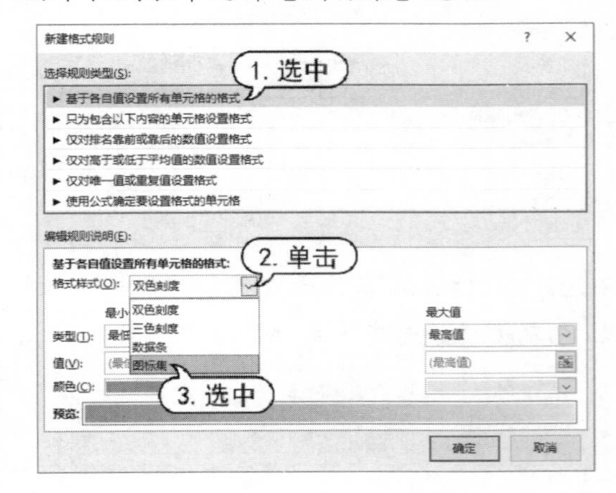

step 5 在【根据以下规则显示各个图标】组合框中，在【类型】下拉列表中选择【数字】，在【值】编辑框中输入 110，在【图标】下拉列表中选择一种图标。

step 6 在【当<110 且】和【当<33】两行的【图标】下拉列表中选择【无单元格图标】选项，然后单击【确定】按钮。

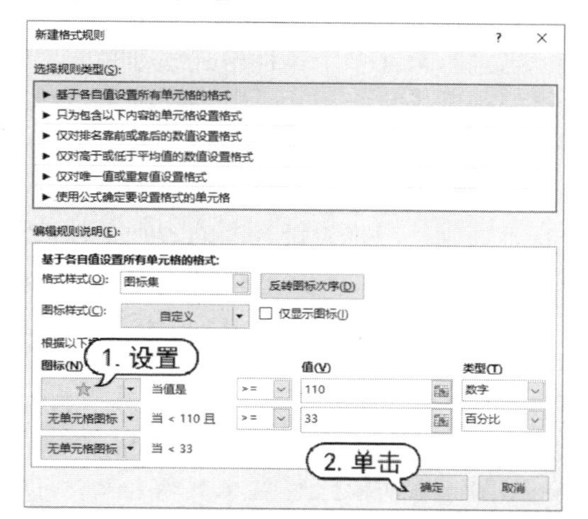

step 7 此时，表格中的自定义条件格式的效果如下图所示。

	A	B	C	D	E	F
1	学生成绩表					
2	姓名	语文	数学	英语	综合	
3	全玄	74	☆ 114	107	☆ 112	
4	蒋海峰	80	☆ 119	108	76	
5	季黎杰	92	102	81	87	
6	姚俊	95	92	80	95	
7	许靖	98	108	☆ 114	106	
8	陈小磊	98	☆ 125	☆ 117	☆ 118	
9	孙矛	99	☆ 116	☆ 117	79	
10	李云	102	105	☆ 113	89	
11	陆金星	102	☆ 116	95	98	
12						

10.1.6　条件格式转换成单元格格式

条件格式是根据一定的条件规则设置的格式，而单元格格式是对单元格设置的格式。如果条件格式所依据的数据被删除，会使原先的标记失效。如果还需要保持原先的格式，则可以将条件格式转换为单元格格式。

用户可以先选中并复制目标条件格式区域，然后在【开始】选项卡中的【剪贴板】命令组中单击【剪贴板】按钮，打开【剪贴板】窗格，单击其中的粘贴项目(如下图所示为复制 F3:F14 单元格区域)，在【剪贴板】窗格中单击该粘贴项目。

F3　460

剪贴板
全部粘贴　全部清空
单击要粘贴的项目:
460 650 690 430 550 210 380 310 780 340 420 310
用户可以先选中并复制目标条件格式区域，然...

	A	B	C	D	E	F
1	调查分析表					
2	编号	城市	季度	销售数量	销售金额	实现利润
3	1	南京	一季度	55	1550	460
4	2	上海	一季度	43	1430	650
5	3	北京	一季度	45	1450	690
6	4	广州	一季度	34	1340	430
7	5	南京	二季度	78	1780	550
8	6	上海	二季度	43	1430	210
9	7	北京	二季度	65	1650	380
10	8	广州	二季度	31	1031	310
11	9	南京	三季度	98	1098	780
12	10	上海	三季度	77	1077	340
13	11	北京	三季度	65	1650	420
14	12	广州	三季度	38	1380	310
15						
16						

此时，将剪贴板粘贴项目复制到 F3:F14 单元格区域，并把原来的条件格式转换成单元格格式。此时如果删除原来符合条件格式的 F5 单元格内容，其单元格的格式并不会改变，仍会保留绿色，如下图所示。

	A	B	C	D	E	F	G
1	调查分析表						
2	编号	城市	季度	销售数量	销售金额	实现利润	
3	1	南京	一季度	55	1550	460	
4	2	上海	一季度	43	1430	650	
5	3	北京	一季度	45	1450		
6	4	广州	一季度	34	1340	430	
7	5	南京	二季度	78	1780	550	
8	6	上海	二季度	43	1430	210	
9	7	北京	二季度	65	1650	380	
10	8	广州	二季度	31	1031	310	
11	9	南京	三季度	98	1098	780	
12	10	上海	三季度	77	1077	340	
13	11	北京	三季度	65	1650	420	
14	12	广州	三季度	38	1380	310	
15							

10.1.7　复制与清除条件格式

复制与清除条件格式的操作方法非常简单，这里一并介绍。

1. 复制条件格式

要复制条件格式，用户可以通过使用【格式刷】或【选择性粘贴】功能来实现，这两种方法不仅适用于当前工作表或同一工作簿的不同工作表之间的单元格条件格式的复制，也适用于不同工作簿中的工作表之间的单元格条件格式的复制。

2. 清除条件格式

当用户不再需要条件格式时可以选择清除条件格式，清除条件格式主要有以下两种方法。

▶ 在【开始】选项卡中单击【条件格式】下拉按钮，在弹出的下拉列表中选择【清除规则】选项，并在弹出的子下拉列表中选择合适的清除范围。

➤ 在【开始】选项卡中单击【条件格式】下拉按钮，在弹出的下拉列表中选择【管理规则】选项，打开【条件格式规则管理器】对话框，选中要删除的规则后单击【删除规则】按钮，然后单击【确定】按钮即可清除条件格式。

10.1.8 管理条件格式规则优先级

Excel 允许对同一个单元格区域设置多个条件格式。当两个或更多的条件格式规则应用于一个单元格区域时，将按优先级顺序执行这些规则。

1. 调整条件格式规则优先级顺序

用户可以通过编辑条件格式的方法打开【条件格式规则管理器】对话框。此时，在列表中，越是位于上方的规则，其优先级越高。默认情况下，新规则总是添加到列表的顶部，因此具有最高的优先级，用户也可以使用对话框中的【上移】和【下移】按钮更改优先级顺序。

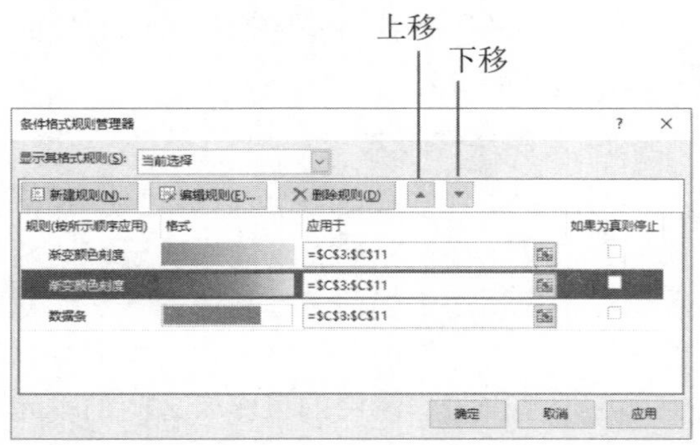

当同一个单元格存在多个条件格式规则时，如果规则之间不冲突，则全部规则都有效。例如，如果一个规则将单元格格式设置字体为“宋体”，而另一个规则将同一个单元格的格式底色设置为“橙色”，则该单元格格式设置字体为“宋体”，且单元格底色为“橙色”。因为这两种格式之间没有冲突，所以两个规则都可以得到应用。

如果规则之间存在冲突，则只执行优先级高的规则。例如，一个规则将单元格字体颜色设置为“橙色”，而另一个规则将单元格字体颜色设置为“黑色”。因为这两个规则冲突，所以只应用一个规则，执行优先级较高的规则。

2. 应用“如果为真则停止”规则

当同时存在多个条件格式规则时，优先级高的规则先执行，次一级的规则后执行，这样规则逐条执行，直至所有规则执行完毕。在这个过程中，用户可以应用“如果为真则停止”规则，当优先级较高的规则条件被满足后，则不再执行其优先级之下的规则。应用这种规则，可以实现对数据集中的数据进行有条件的筛选。

【例 10-6】在“学生成绩表”中对语文成绩 90 分以下的数据设置【数据条】格式进行分析。
视频+素材 (素材文件\第 10 章\例 10-6)

step 1 打开工作表后，选中 B1：B17 单元格区域，添加新规则条件格式。

step 2 打开【条件格式规则管理器】对话框，单击【新建规则】按钮，在打开的【新建格式规则】对话框中，添加相应的规则(用户可根据本例要求自行设置)，单击【确定】按钮，返回【条件格式规则管理器】对话框，并选中【如果为真则停止】复选框。

step 3 应用【如果为真则停止】规则设置条件格式后，数据条只显示小于 90 的数据，效果如下图所示。

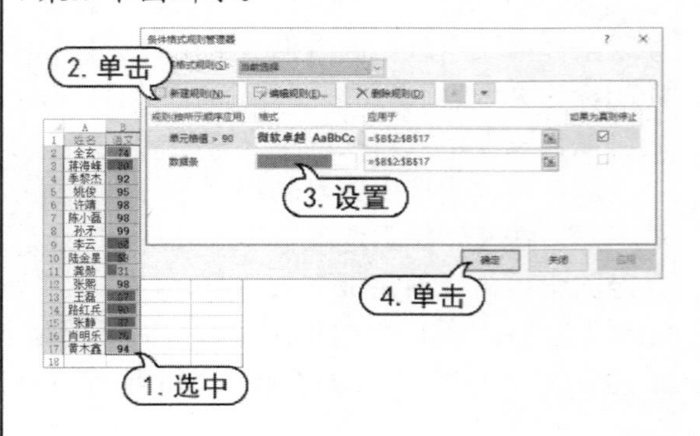

10.2　合并计算

在日常工作中，经常需要将相似结构或内容的多个表格进行合并汇总，使用 Excel 中的“合并计算”功能可以轻松完成此类操作。

10.2.1　按类合并计算

若表格中的数据内容相同，但表头字段、记录名称或排列顺序不同时，就不能使用按位置合并计算，此时可以使用按类合并的方式对数据进行合并计算。

【例 10-7】在“工资统计”工作簿中按类合并计算 1 月和 2 月的工资。

视频+素材　(素材文件\第 10 章\例 10-7)

step 1　打开“工资统计”工作簿后，选择“两个月工资合计”工作表。

step 2　选择【数据】选项卡，在【数据工具】命令组中单击【合并计算】按钮。

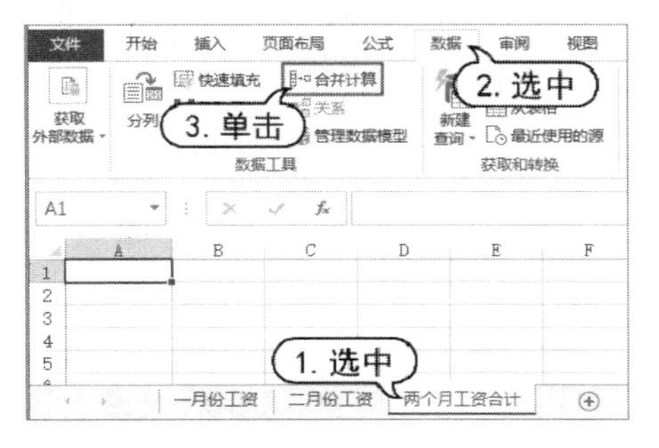

step 3　在打开的【合并计算】对话框中单击【函数】下拉按钮，在弹出的下拉列表中选择【求和】选项。

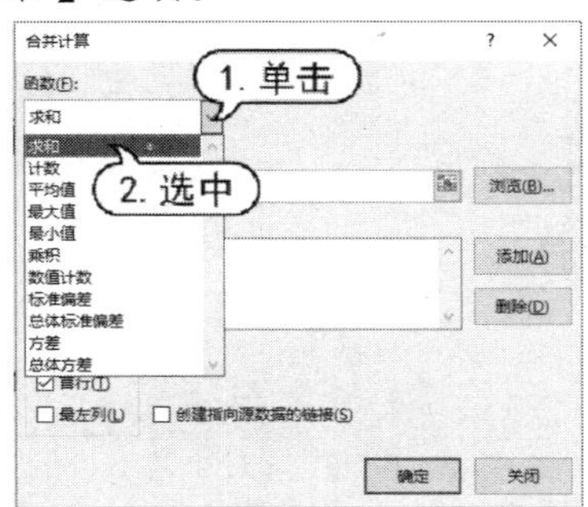

step 4　单击【引用位置】文本框后的按钮，选择“一月份工资”工作表标签，选择 A2:D9 单元格区域，并按下 Enter 键。

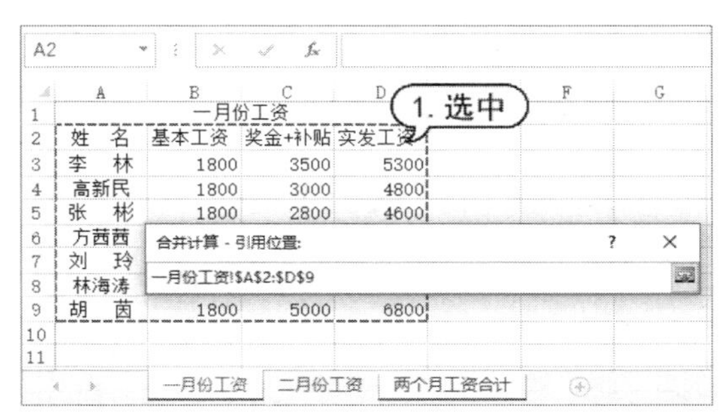

step 5　返回【合并计算】对话框后，单击【添加】按钮。

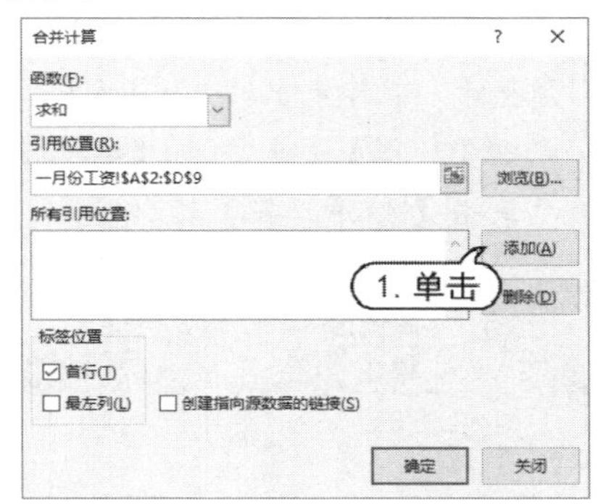

step 6　使用相同的方法，引用“二月份工资”工作表中的 A2:D9 单元格区域数据，然后在【合并计算】对话框中选中【首行】和【最左列】复选框，并单击【确定】按钮。

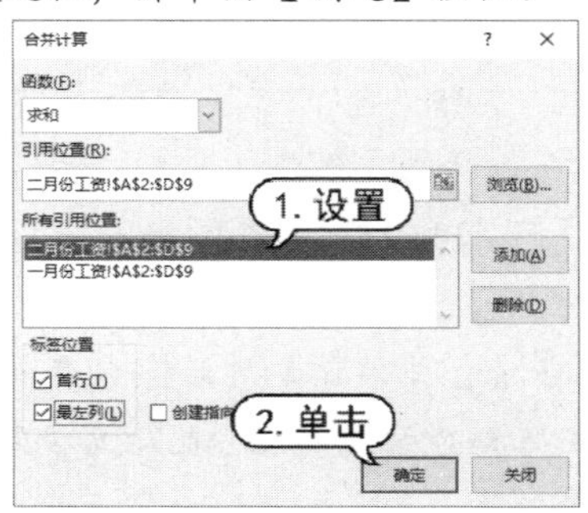

step 7　此时，Excel 软件将自动切换到“两个月工资合计”工作表，显示按类合并计算的结果，效果如下图所示。

10.2.2 按位置合并计算

采用按位置合并计算要求多个表格中数据的排列顺序与结构完全相同，这样才能得出正确的计算结果。

【例 10-8】在“工资统计”工作簿中按位置合并计算 1 月和 2 月的工资。

视频+素材 (素材文件\第 10 章\例 10-8)

step 1 打开“工资统计”工作簿后，选中“两个月工资合计”工作表中的 E3 单元格。

step 2 选择【数据】选项卡，在【数据工具】命令组中单击【合并计算】按钮。

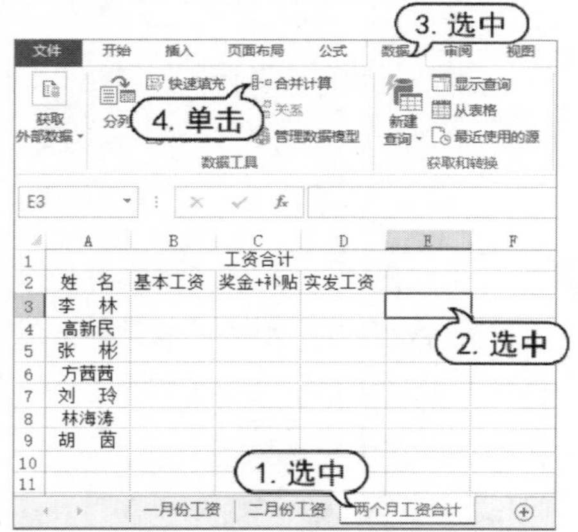

step 3 在打开的【合并计算】对话框中单击【函数】下拉按钮，并在弹出的下拉列表中选择【求和】选项。

step 4 在【合并计算】对话框中单击【引用位置】文本框后的按钮，然后切换到“一月份工资”工作表并选中 D3:D9 单元格区域，按下 Enter 键。

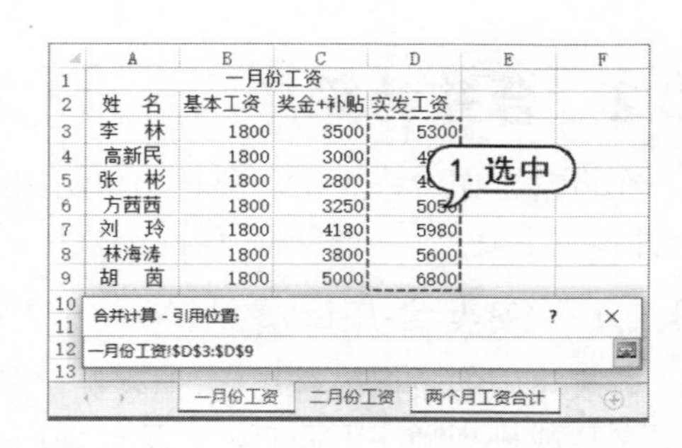

step 5 返回【合并计算】对话框后，单击【添加】按钮，将引用的位置添加到【所有引用位置】列表框中。

step 6 再次单击【引用位置】文本框后的按钮，选择“二月份工资”工作表，Excel 自动将该工作表中的相同单元格区域添加到【合并计算】对话框的【引用位置】文本框中。

step 7 在【合并计算】对话框中单击【添加】按钮，再单击【确定】按钮。

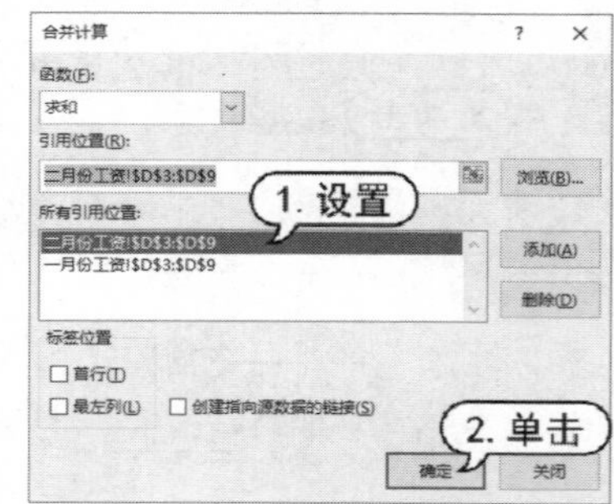

step 8 此时，在“两个月工资合计”工作表中可以查看合并计算的结果。

使用按位置合并计算，Excel 不会考虑数据表行列标题是否相同，而只是将数据表相同位置上的数据进行简单的合并计算。

10.3　设置超链接

在 Excel 中，超链接是指从一个页面或文件跳转到另外一个页面或文件。链接目标通常是另外一个网页，但也可以是一幅图片、一个电子邮件地址或一个程序。超链接通常以与正常文本不同的格式显示。通过单击该链接，用户可以跳转到本机系统中的文件、网络共享资源、互联网中的某个位置。

10.3.1　创建超链接

在 Excel 中，常用的超链接可以分为 5 种类型：到现有文件或网页的链接、到本文档中的其他位置的链接、到新建文档的链接、电子邮件地址的链接和用工作表函数创建的超链接。

1. 链接到现有文件或网页

在 Excel 中可以建立链接至本地文件或网页地址的超链接，当用户单击链接时即可直接打开对应的文件或网页。在【插入超链接】对话框的【现有文件或网页】选项卡中，可以设置链接到已有文件和网页的超链接。

【例 10-9】在“产品销售”工作表中添加外部图片链接。
视频+素材　(素材文件\第 10 章\例 10-9)

step 1　打开“产品销售”工作表，选择要添加超链接的单元格，选择【插入】选项卡，在【链接】命令组中单击【超链接】按钮。

	A	B	C	D	E
1	销售情况表				
2	地区	产品	销售日期	销售数量	销售金额
3	北京	IS61	03/25/96	10,000	6,000
4	北京	IS61		30,000	20,000
5	北京	IS62		50,000	30,000
6	江苏	IS61	03/25/96	20,000	20,000
7	江苏	IS61	06/25/96	30,000	10,000
8	江苏	IS62	09/25/97	40,000	12,000
9	山东	IS27	03/25/98	10,000	6,000

1. 选中　2. 单击

step 2　打开【插入超链接】对话框的【现有文件或网页】选项卡，在【当前文件夹】列表框中选择对应的外部图片文件，然后单击【确定】按钮。

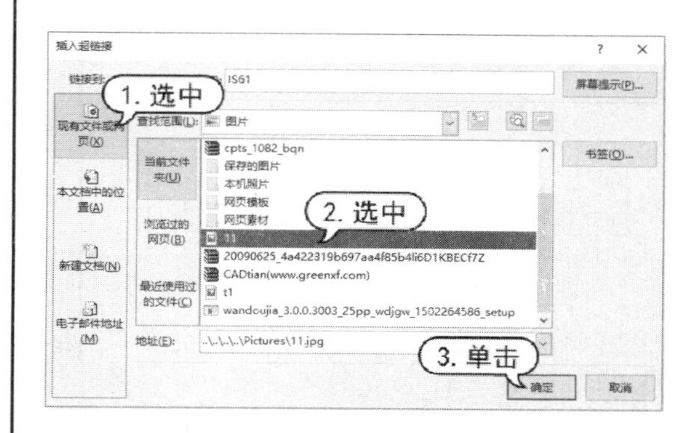

step 3　返回“产品销售”工作表，即可插入外部图片的超链接。在工作表中单击超链接后，即可打开图片文件。

在【插入超链接】对话框的【现有文件或网页】选项卡中，各选项的功能如下所示。

- 在【当前文件夹】列表框中，可以打开工作簿所在的文件夹，在其中选择要链接的文件。用户可以在【查找范围】下拉列表框中，选择要链接文件的保存路径。
- 在【浏览过的网页】列表框中，可以选择最近访问的网页地址作为链接网页。
- 在【最近使用过的文件】列表框中，会显示最近访问的文件列表，在其中可以选择要链接的文件。

2. 链接到本文档中的位置

链接到本文档中的其他位置的链接就是创建链接到当前工作簿的某个位置，这个位置可以用目标单元格定义名称或使用单元格引用。在【插入超链接】对话框的【本文档中的位置】选项卡中，可以设置链接到本文档中的其他位置的超链接。

【例 10-10】在“产品销售”工作表中为不同系列的文本添加数据导航超链接。

视频+素材 (素材文件\第 10 章\例 10-10)

step 1 打开工作表后选中 A3:E3 单元格区域，在编辑栏中将该区域命名为【顶部】。

顶部 | 北京

2. 输入 | 1. 选中

	A	B	C	D	E
1	销售情况表				
2	地区	产品	销售日期	销售数量	销售金额
3	北京	IS61	03/25/96	10, 000	6, 000
4	北京	IS61	06/25/96	30, 000	20, 000
5	北京	IS62	09/25/96	50, 000	30, 000
6	江苏	IS61	03/25/96	20, 000	20, 000
7	江苏	IS61	06/25/96	30, 000	10, 000
8	江苏	IS62	09/25/97	40, 000	12, 000
9	山东	IS27	03/25/98	10, 000	6, 000
10	山东	IS27	06/25/98	12, 000	8, 400

销售明细 | 产品销售

step 2 在“产品销售”工作表的 D23 单元格中添加导航文本。

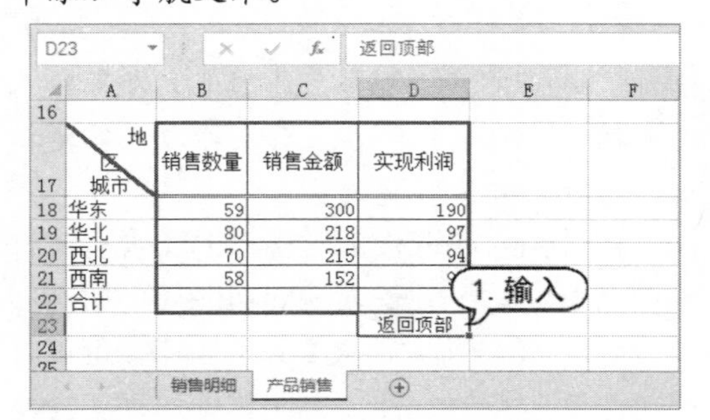

step 3 选定 D23 单元格，然后在【插入】选项卡的【链接】命令组中单击【超链接】按钮。

step 4 在打开的【插入超链接】对话框中选择【本文档中的位置】选项卡，选择【已定义名称】选项组下的【顶部】选项，然后单击【确定】按钮。

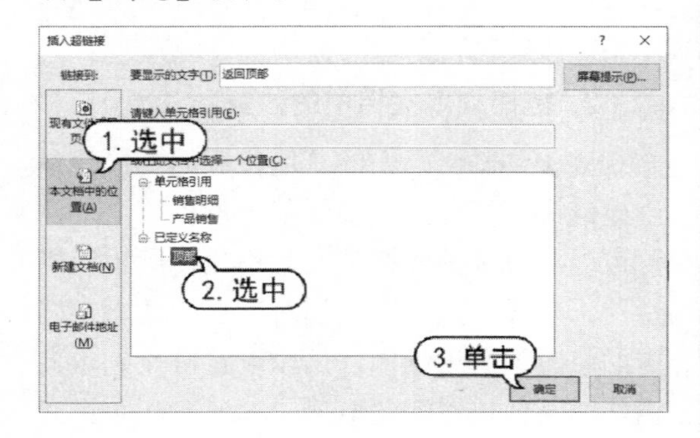

step 5 此时，单击 D23 单元格中设置的超链接，即可快速跳转到表格中的 A3:E3 单元格区域。

在【插入超链接】对话框的【本文档中的位置】选项卡中，各选项的功能如下所示。

- 在【要显示的文字】文本框中，显示当前选定单元格中的内容。
- 在【请键入单元格引用】文本框中，可以输入当前工作表中单元格的位置，使超链接指向该单元格。
- 在【或在此文档中选择一个位置】列表框中，选择工作簿的其他工作表，让超链接指向其他工作表中的单元格。

3. 链接到新建文档

创建到新建文档的链接指的是用户在创建链接时创建一个新的文档，这个新文档的位置可以在本机上，也可以在网络上。

【例 10-11】在“产品销售”工作表中创建一个能够链接到新建文档的超链接。

视频+素材 (素材文件\第 10 章\例 10-11)

step 1 打开“产品销售”工作表，在 G14 单元格中输入文本“创建表格”。

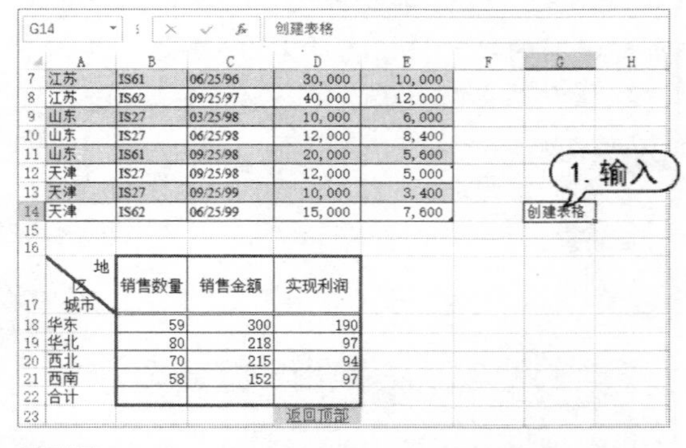

step 2 选中 G14 单元格，在【插入】选项卡的【链接】命令组中单击【超链接】按钮，然后在打开的【插入超链接】对话框中选择【新建文档】选项卡。

step 3 在【新建文档】选项卡中的【新建文档名称】文本框中输入【销售表附件】，然后单击【更改】按钮。

step 4 打开【新建文档】对话框，指定一个新建电子表格文档的保存位置后，单击【确定】按钮。

step 5 返回【插入超链接】对话框后，单击【确定】按钮。此时单击【产品销售】工作表中 G14 单元格中的超链接将创建空白电子表格文档。

在【插入超链接】对话框的【新建文档】选项卡中，各选项的功能如下所示。

- 在【新建文档名称】文本框中，输入新建工作簿的名称。
- 单击【更改】按钮，可以重新设置新建工作簿的保存位置。
- 在【何时编辑】选项区域中，若选中【以后再编辑新文档】单选按钮，则只创建工作簿而并不打开新建工作簿；若选中【开始编辑新文档】单选按钮，则单击超链接后，会创建并打开新工作簿。

4. 链接到电子邮件地址

创建到电子邮件地址的链接是指建立指向电子邮件地址的链接。如果事先已安装了电子邮件程序，如 Outlook、Outlook Express 等，单击所创建的指向电子邮件地址的超链接时，将自动启动电子邮件程序，创建一个电子邮件。在【插入超链接】对话框的【电子邮件地址】选项卡中，可以设置链接至电子邮件地址的超链接。

【例10-12】在“产品销售”工作表中插入电子邮件超链接。

视频+素材 (素材文件\第 10 章\例 10-12)

step 1 打开“产品销售”工作表后，在 E23 单元格中输入文本。

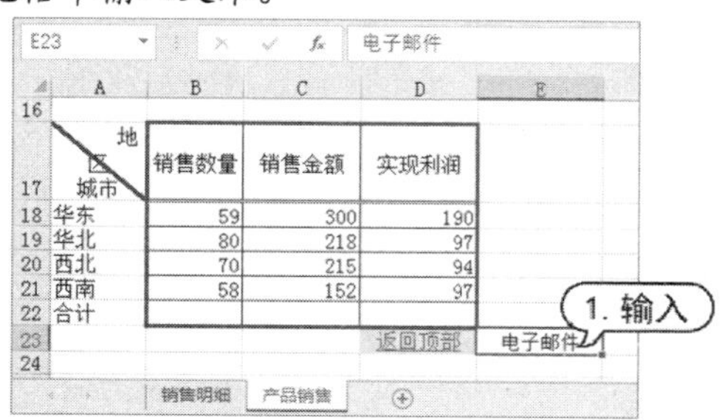

step 2 选中 E23 单元格，在【插入】选项卡的【链接】命令组中单击【超链接】按钮，然后在打开的【插入超链接】对话框中选择【电子邮件地址】选项卡。

step 3 在【电子邮件地址】文本框中输入电子邮件的地址，在【主题】文本框中输入“产品销售情况报告”，单击【确定】按钮。

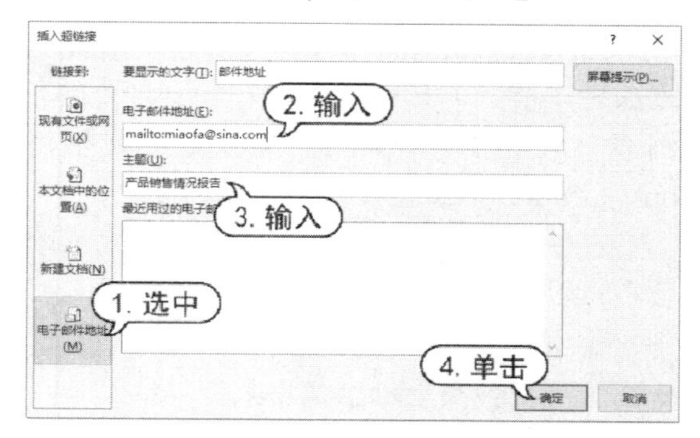

step 4 返回“产品销售”工作表，即可插入电子邮件超链接。在工作簿中单击 E23 单元格中的超链接即可为设定的电子邮件地址发送邮件。

在【插入超链接】对话框的【电子邮件地址】选项卡中，各选项的功能如下所示。

- 在【电子邮件地址】文本框中，可以输入链接的电子邮件地址。
- 在【主题】文本框中，可以预先输入邮件的主题。
- 在【最近用过的电子邮件地址】列表中，会显示最近使用的邮件地址，方便用户选择。

5. 用工作表函数创建自定义的超链接

用工作表函数创建自定义的超链接指的是利用函数 HYPERLINK 来创建一个快捷方式(跳转)，用以打开存储在网络服务器或 Internet 中的文件。当单击函数 HYPERLINK 所在的单元格时，Excel 将打开存储在 link_location 中的文件。

语法：HYPERLINK(link_location,friendly_name)

link_location 为文档的路径和文件名。link_location 还可以指向文档中某个更为具体的位置，如 Excel 工作表或工作簿中的单元格或命名区域，或是指向 Microsoft Word 文档中的书签。路径可以是存储硬盘驱动器的文件，或是服务器中的“通用型命名约定”(UNC)路径，或是在 Internet 上的“统一资源定位符”(URL)路径。

friendly_name 为单元格中显示的跳转文本或数字值。单元格的内容为蓝色并带有下画线。如果省略 friendly_name，单元格将 link_location 显示为跳转文本。

在使用 HYPERLINK 函数创建自定义的超链接时应注意以下几点：

- link_location 可以为括在引号中的文字串，或是包含文字串链接的单元格。
- friendly_name 可以为数值、文字串、名称或包含跳转文本或数值的单元格。
- 如果 friendly_name 返回错误值(例如#VALUE!)，单元格将显示错误值以代替跳转文本。
- 若在 link_location 中指定的跳转不存在或不能访问，则当单击单元格时会出现错误信息。
- 如果需要选定函数 HYPERLINK 所在的单元格，请单击该单元格旁边的某个单元格，再用方向键移动到该单元格。

10.3.2 添加屏幕显示

如果希望鼠标停放在超链接上时显示指定提示，则可以在【插入超链接】对话框中单击【屏幕提示】按钮，打开【设置超链接屏幕提示】对话框，在【屏幕提示文字】文本框中输入所需的文本，然后单击【确定】按钮即可。

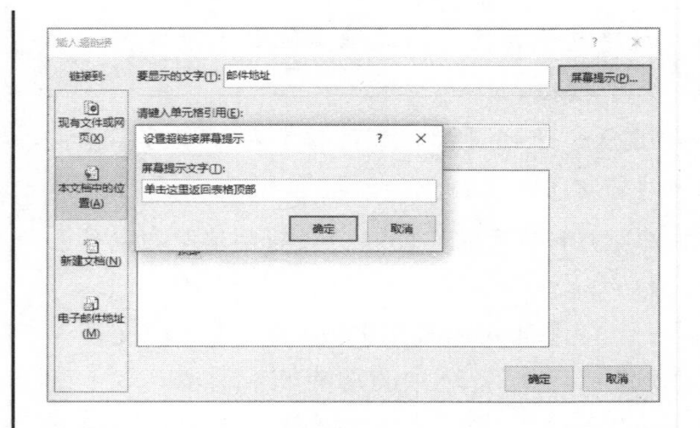

10.3.3 修改超链接

超链接建立好以后，在使用过程中可以根据实际需要进行修改，包括修改超链接的目标、修改超链接的文本或图形、修改超链接文本的显示方式，下面分别进行介绍。

1. 修改超链接的目标

选定需要修改的超链接的目标文本或图形，右击目标文本或图形，从弹出的快捷菜单中选择【编辑超链接】命令。

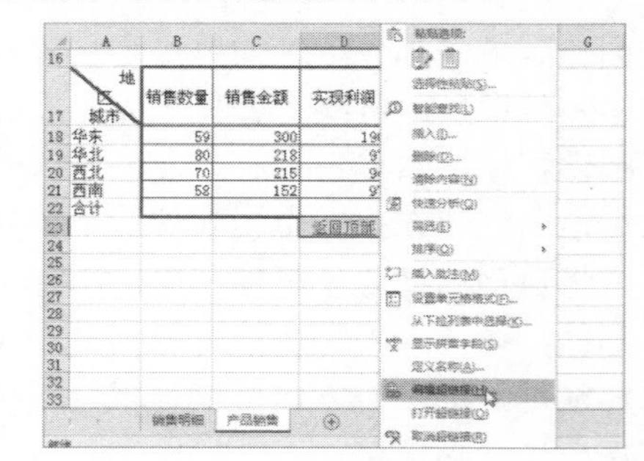

打开【编辑超链接】对话框。在该对话框修改超链接的链接位置，然后单击【确定】按钮即可。

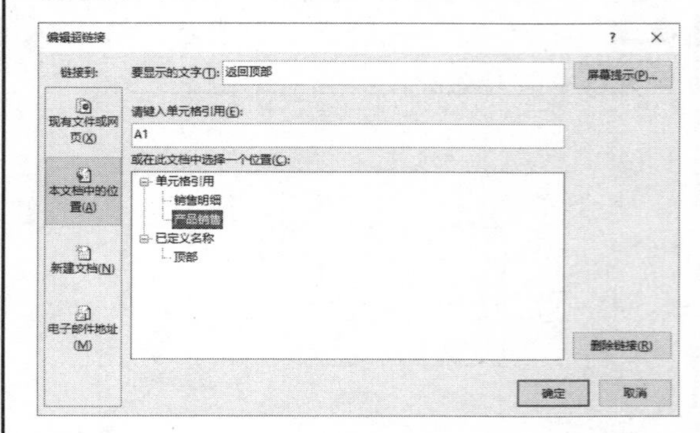

2. 修改超链接的文本或图形

对于已建立超链接的文本或图形，可以直接对它们进行修改。首先选定超链接的文本或图形。如果是要修改文本，可以在编辑栏中进行修改；如果要重新设置图形的格式，可以使用【绘图】或【图片】工具栏进行修改；如果要更改代表超链接的图形，则可以插入新的图形，使其成为指向相同目标的超链接，然后删除此图形即可。

另外，对于使用 HYPERLINK 工作表函数创建的超链接也可以修改其链接文本。首先使用方向键选定包含该函数的单元格，然后单击编辑栏，对函数中的 friendly_name 进行修改，最后按下 Enter 键。

3. 修改超链接文本的显示方式

对于超链接文本的显示方式进行修改，可以使其更为醒目、美观。对超链接进行的更改，将应用于当前工作簿中的所有超链接。

【例 10-13】在“产品销售”工作表中为超链接添加背景色。

视频+素材 (素材文件\第 10 章\例 10-13)

step 1 打开“产品销售”工作表后选中 D23 单元格，在【开始】选项卡的【样式】命令组中单击【单元格样式】下拉按钮，从弹出的下拉列表中选择【新建单元格样式】选项。

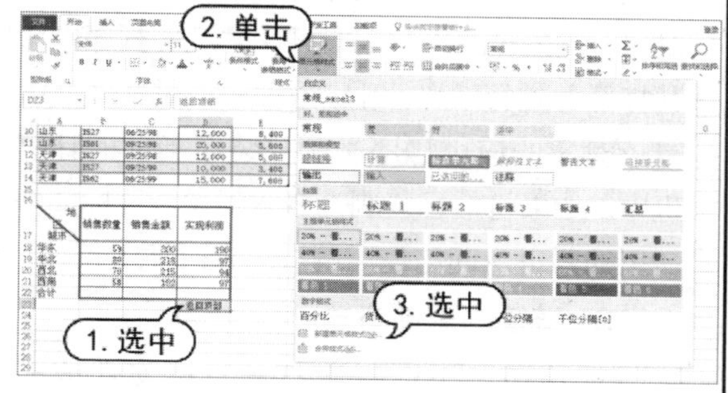

step 2 打开【样式】对话框，单击【格式】按钮。

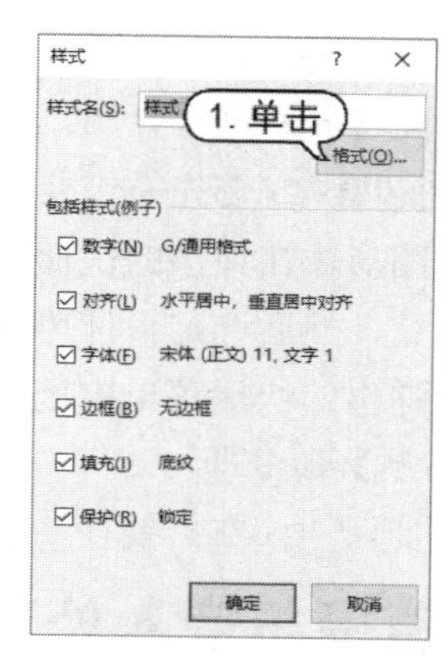

step 3 在打开的【设置单元格格式】对话框中选择【填充】选项卡，然后在该选项卡的【背景色】选项区域中选择一种合适的颜色，然后单击【确定】按钮。

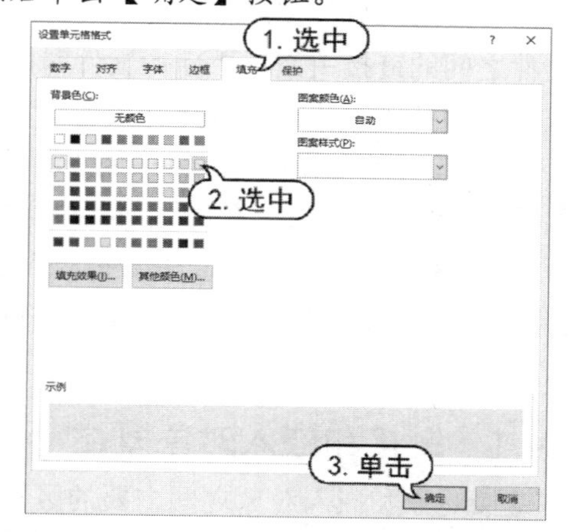

step 4 返回【样式】对话框后单击【确定】按钮，再次单击【单元格样式】下拉按钮，在弹出的下拉列表中选择定义的单元格样式，即可将其应用到超链接上。

	地区 / 城市	销售数量	销售金额	实现利润
16–17	地区 城市	销售数量	销售金额	实现利润
18	华东	59	300	190
19	华北	80	218	97
20	西北	70	215	94
21	西南	58	152	97
22	合计			
23				返回顶部

10.3.4 复制、移动和取消超链接

对于在 Excel 中建立好的超链接，用户

可以根据实际制表需要进行复制、移动和取消操作。下面将分别进行介绍。

- 复制超链接：首先右击要复制的超链接的文本或图形，在弹出的快捷菜单中选择【复制】命令，然后选定目标单元格，并右击鼠标，在弹出的快捷菜单中选择【选择性粘贴】|【粘贴】命令即可。
- 移动超链接：右击要移动的超链接的文本或图形，在弹出的快捷菜单中选择【剪切】命令，然后选定目标单元格，并右击鼠标，在弹出的快捷菜单中选择【粘贴】命令即可。
- 取消超链接：右击需要取消的超链接，在弹出的快捷菜单中选择【取消超链接】命令即可。

10.4 链接与嵌入外部对象

在 Excel 中，用户可以使用链接或嵌入对象的方式，将其他应用程序中的对象插入 Excel 表格中(例如，将通过 AutoCAD 程序绘制的图形链接或嵌入 Excel 电子表格中)。

- 链接对象是指该对象在源文件中创建，然后被插入目标文件中，并且维持这两个文件之间的链接关系。更新源文件时，目标文件中的链接对象也可以得到更新。
- 嵌入对象是将在源文件中创建的对象嵌入目标文件中，使该对象成为目标文件的一部分。通过这种方式，如果源文件发生了变化，不会对嵌入的对象产生影响，而且对嵌入对象所做的更改也只反映在目标文件中。

10.4.1 链接和嵌入对象概述

链接对象和嵌入对象之间主要的区别在于数据存放的位置，以及对象被放置到目标文件之后的更新方式。嵌入对象存放在插入的文档中，并且不进行更新。链接对象保持独立的文件，并可被更新。

1. 使用链接对象

如果希望源文件中的数据发生变化时，目标文件中的信息也能随之更新，那么可以使用链接对象。使用链接对象时，原始信息会保存在源文件中。目标文件中只显示链接信息的一个映像，它只保存原始数据的存放位置。为了保持对原始数据的链接，那些保存在计算机或网络上的源文件必须始终可用。

如果更改源文件中的原始数据，链接信息将会自动更新。例如，如果在 Microsoft Excel 工作簿中选中了一个单元格区域，然后在 Word 文档中将其粘贴为链接对象，那么修改工作簿中的信息后，Word 文档中的信息也会被更新。

2. 使用嵌入对象

当源文件的数据变化时，如果用户不希望更新复制的数据，那么可以使用嵌入对象。这样，源文件的副本就可以完全嵌入工作簿中。

当打开网络中其他位置的文件时，不必访问原始数据就可以查看嵌入对象。由于嵌入对象与源文件没有链接关系，因此更改原始数据时并不更新该对象。如果需要更改嵌入对象，那么双击该对象即可在源应用程序中将其打开并进行编辑。源应用程序或是其他能编辑该对象的应用程序必须安装在当前的计算机中。如果将信息复制为嵌入对象，目标文件占用的磁盘空间比使用链接对象时要大。

3. 链接的更新方式

默认情况下，每次打开目标文件或在目标文件已打开的情况下，源文件发生变化时，链接对象都会自动更新。打开工作簿时，将出现一个启动提示，询问是否要更新链接对象。

如果用户使用公式链接其他文档中的数据，那么只要该数据发生变化，Microsoft Excel 就会自动更新数据。

10.4.2 插入外部对象

在 Excel 2016 工作表中，可以直接插入一些外部对象。在插入对象时，Excel 将自动启动该对象的编辑程序，并且可以在 Excel 和该程序之间自由切换。下面将介绍在 Excel 工作表中插入对象的操作方法。

【例 10-14】新建一个 Excel 工作簿，并在其中插入 AutoCAD 图形对象。视频

step 1 创建一个工作簿，选定 A1 单元格。

step 2 选择【插入】选项卡，然后在【文本】命令组中单击【对象】按钮。

step 3 打开【对象】对话框，在【新建】选项卡的【对象类型】列表中选择要插入的对象的类型，这里选择【AutoCAD 图形】选项，然后单击【确定】按钮。

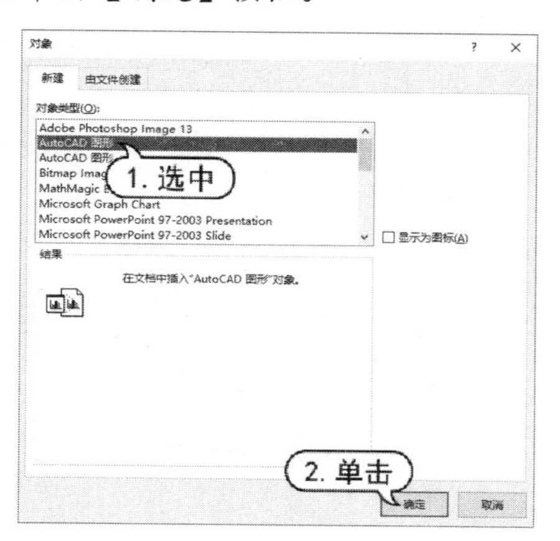

step 4 此时，即可在 Excel 2016 窗口中插入 AutoCAD 图形。

step 5 双击 Excel 2016 中的【AutoCAD 图形】图标，可以启动 AutoCAD 软件，并在该软件中绘制图形。

10.4.3 将已有文件插入工作表

在 Excel 中，除了可以插入某个对象外，还可以通过插入对象的方式将整个文件插入工作簿中并建立链接，也可以把存放在磁盘上的文件插入工作表中。

【例 10-15】新建一个工作簿，并在其中插入制作完成的 Flash 影片。视频

step 1 创建一个工作表并选择【插入】选项卡，在【文本】命令组中单击【对象】选项。

step 2 打开【对象】对话框，选择【由文件创建】选项卡并单击【浏览】按钮。

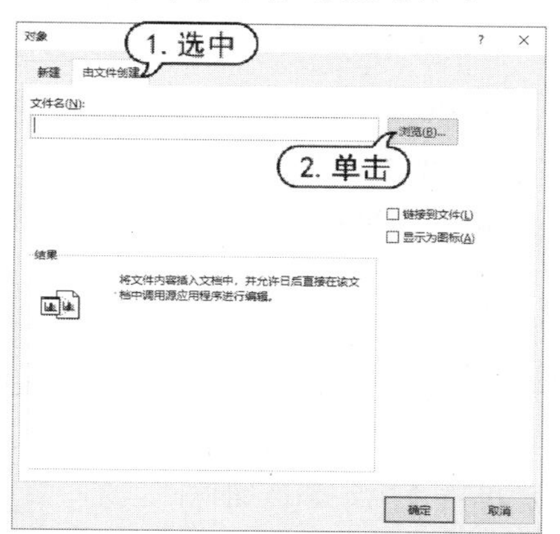

step 3 在打开的【浏览】对话框中选中要插入的 Flash 影片文件，单击【插入】按钮。

step 4 返回【对象】对话框，然后单击【确定】按钮即可在工作簿中插入 Flash 影片文件，双击可以浏览该文件。

10.4.4 编辑外部对象

在 Excel 工作表中，对于链接或嵌入的对象，可以随时将其打开，再进行相应的编辑操作。对于链接对象，可以自动进行更新，还可以随时手动进行更新，特别是当链接文件移动位置或重新命名之后。

1. 在源程序中编辑链接对象

对于在工作表中插入的链接对象，可以在【编辑链接】对话框中，对链接的对象执行更新值、更改源、断开链接、打开源文件等操作。

在 Excel 2016 中选择【数据】选项卡，在【连接】命令组中单击【编辑链接】按钮，可以打开【编辑链接】对话框。

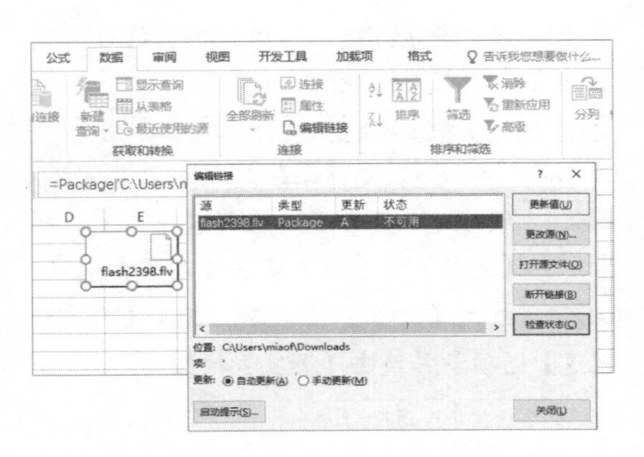

在【编辑链接】对话框中，用户可以在选择要编辑的链接对象后进行如下操作。

- 单击【更新值】按钮，可以更新在【链接】对话框中选定的所有链接。
- 单击【更改源】按钮，可以打开【更改链接】对话框，允许引用对其他对象的链接，在【将链接更改为】文本框中输入新的链接后单击【确定】按钮返回。
- 单击【打开源文件】按钮，可以打开与工作簿相链接的文件进行编辑。
- 单击【断开链接】按钮，可以打开一个消息框，提示用户是否确定要断开链接。单击【取消】按钮，取消此次操作，单击【断开链接】按钮，可以取消链接，并替换为最新的值。
- 单击【检查状态】按钮，可以验证所有的链接。
- 选中【自动更新】单选按钮，可以在打开文件后，每当源文件更改后都自动更新选定链接的数据。当链接被锁定时，【自动更新】选项无效。
- 选中【手动更新】单选按钮，每当单击【更新值】按钮时，对选定的链接进行数据更新。
- 单击【启动提示】按钮，可以打开【启动提示】对话框。在该对话框中可以设置当打开工作簿时，Excel 是否提示用户要更新其他工作簿的链接等选项。

2. 在源程序中编辑嵌入对象

如果要在源程序中编辑嵌入的对象，可以双击该对象并将其打开，然后根据需要进行更改。如果是在嵌入程序中对对象进行编辑，在对象外面的任意位置单击就可返回目标文件中。如果是在源应用程序中编辑嵌入对象，在完成编辑后，关闭源应用程序即可返回目标文件中。

10.5 发布与导入表格数据

用户在使用 Excel 2016 制作表格时，既可以将工作簿或其中一部分内容(例如工作表中的某项)保存为网页，并发布在互联网上，也可以将网上的表格内容导入 Excel 中。

10.5.1 发布 Excel 表格数据

在 Excel 中，整个工作簿、工作表、单元格区域或图表等均可发布。在【另存为】对话框中单击【保存类型】下拉按钮，在弹出的下拉列表中选择【网页】选项，然后在显示的选项区域中单击【发布】按钮。

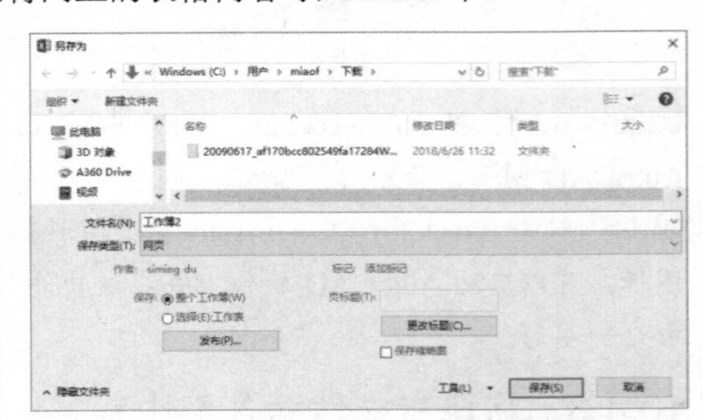

在打开的【发布为网页】对话框中设置要发布表格的内容与相关选项。

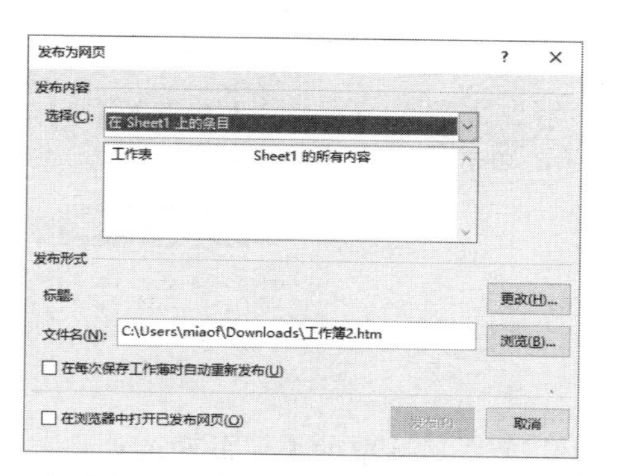

在【发布为网页】对话框中，各选项的功能如下所示。

▶ 在【选择】下拉列表框中，可以选择是发布整个工作簿还是工作簿表格中的某一部分，如工作表、图表等。

▶ 在【文件名】文本框中可以输入网页的标题，单击【更改】按钮可以更改网页的标题。

▶ 单击【浏览】按钮，可以打开已经发布的网页文件。

▶ 选中【在每次保存工作簿时自动重新发布】复选框，则当用户每次保存源工作簿时，不论是否修改其中的数据，Excel 都会自动重新发布。

▶ 选中【在浏览器中打开已发布网页】复选框，则在单击【发布】按钮后，会自动在浏览器中打开已经发布的网页。

▶ 单击【发布】按钮，即可将表格中的数据发布到网页中。

1. 将整个工作簿放置到 Web 页上

如果要将工作簿中的所有数据一次性发布到网页上，就可以在网页上发布整个工作簿，下面将以一个实例来详细介绍具体的操作步骤。

【例10-16】将“产品销售”工作簿发布为网页。
视频

step 1 打开“产品销售”工作簿后选择【文件】选项卡，然后选择【另存为】选项。

step 2 在【另存为】选项区域中单击【浏览】按钮，然后在打开的【另存为】对话框中单击【保存类型】下拉按钮，在弹出的下拉列表中选择【网页】选项。

step 3 单击【发布】按钮，打开【发布为网页】对话框，然后在该对话框中单击【选择】下拉按钮，在弹出的下拉列表中选择【整个工作簿】选项。

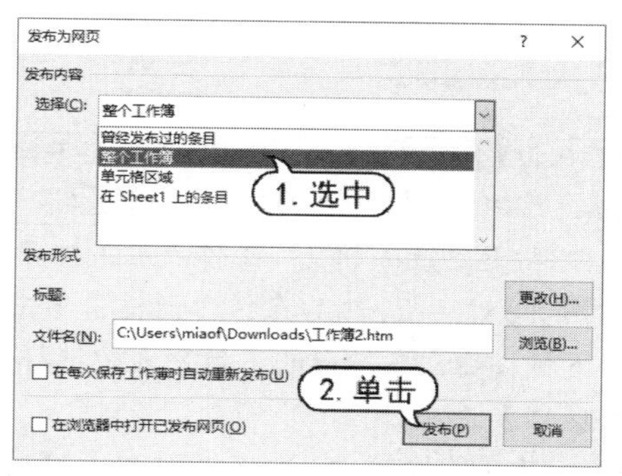

step 4 在【发布为网页】对话框中单击【发布】按钮，即可将“产品销售”工作簿发布为网页。

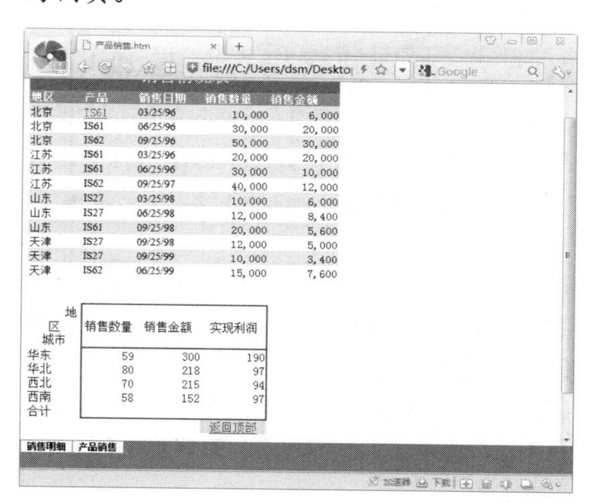

2. 将单元格区域发布到网页上

在 Excel 2016 中也可以将单元格区域发布到网页上。方法与前述大体相同，只需在如下图所示的【发布为网页】对话框中的【选择】下拉列表中选择【单元格区域】选项，并指定要发布的单元格区域，然后单击【发布】按钮即可。

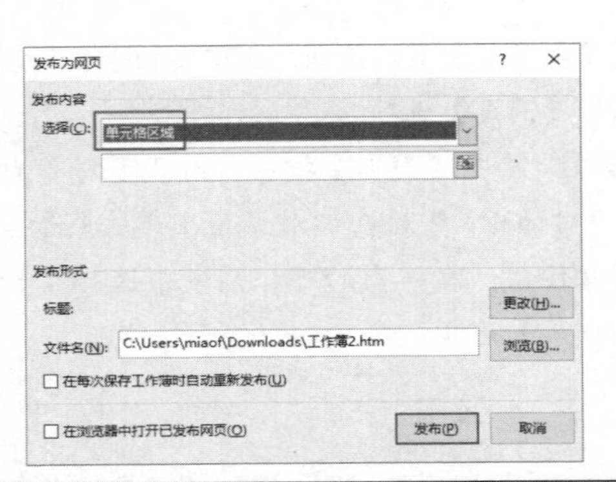

【例 10-17】在“产品销售”工作表中将 A2:E14 单元格区域中的内容发布至网页上。视频

step 1 打开“产品销售”工作表后，打开【发布为网页】对话框，然后在该对话框中单击【选择】下拉按钮，在弹出的下拉列表中选择【单元格区域】选项。

step 2 单击按钮，选中 A2:E14 单元格区域，然后按下 Enter 键。

step 3 返回【发布为网页】对话框后，单击【发布】按钮即可。

10.5.2 将网页数据导入 Excel

如果用户需要使用 Excel 收集网页中的数据，可以参考下面实例介绍的方法进行操作。

【例 10-18】将网页中的数据导入 Excel 2016 中。视频

step 1 选择【数据】选项卡，单击【获取外部数据】下拉按钮，在弹出的下拉列表中选择【自网站】选项。

step 2 打开【新建 Web 查询】对话框，在【地址】文本框中输入网站地址，然后单击【转到】按钮。

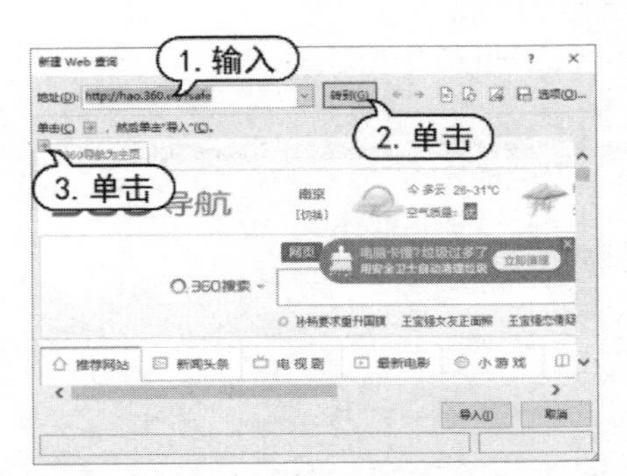

step 3 单击网页中的【单击可选定此表】按钮，当该按钮状态变为时，表示网页中的内容被选定。

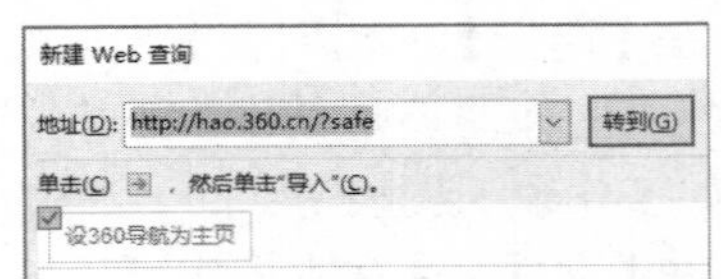

step 4 在【新建 Web 查询】对话框中单击【导入】按钮，打开【导入数据】对话框，然后选定一个单元格，并单击【确定】按钮。

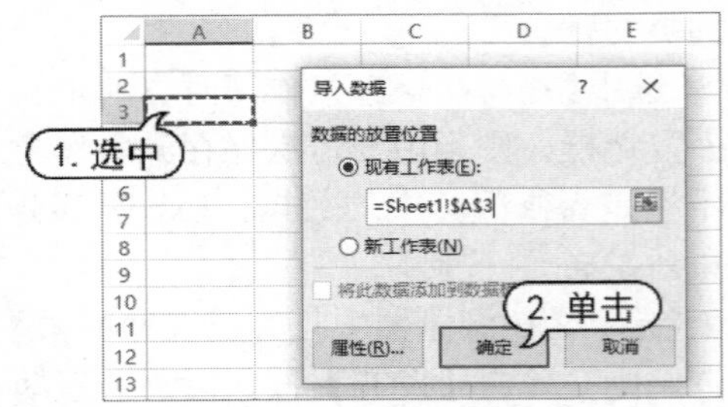

step 5 此时，即可在工作表中导入网页中的数据。

此外，在【导入数据】对话框中单击【属性】按钮，可以对导入数据进行设置，例如设置查询定义、刷新控件、数据格式及布局等。

10.6 案例演练

本章的案例演练部分将介绍几个在 Excel 中使用条件格式与合并计算的具体案例，用户可以通过实例操作巩固本章所学的知识。

【例 10-19】对限定范围内容的销售金额进行分析。视频+素材 (素材文件\第 10 章\例 10-19)

step 1 打开工作表后，选中 B2:B9 单元格区域，单击【开始】选项卡中的【条件格式】下拉按钮，在弹出的下拉列表中选择【新建规则】选项。

step 2 打开【新建格式规则】对话框，添加如下图所示的新规则条件格式，单击【负值和坐标轴】按钮。

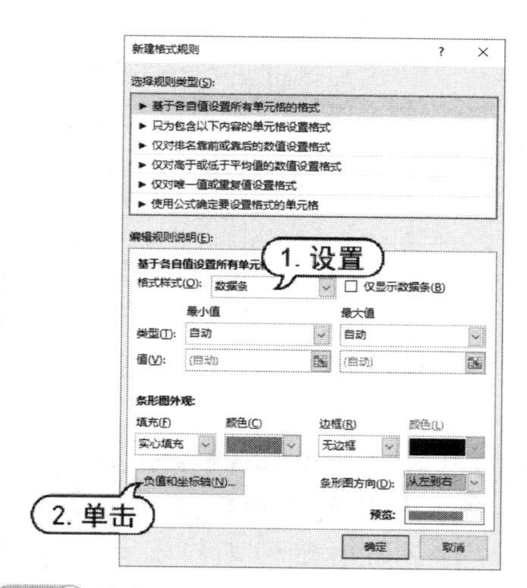

step 3 打开【负值和坐标轴设置】对话框，选中【单元格中点值】单选按钮，然后单击【确定】按钮。

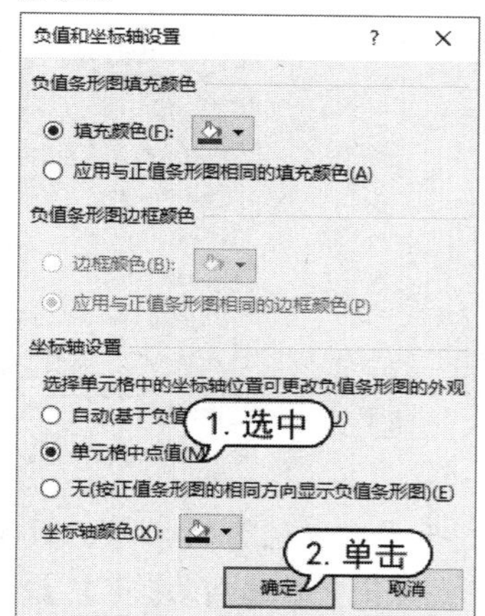

step 4 返回【新建格式规则】对话框，单击【确定】按钮。

step 5 再次单击【条件格式】下拉按钮，在弹出的下拉列表中选择【管理规则】选项，打开【条件格式规则管理器】对话框，单击【新建规则】按钮。

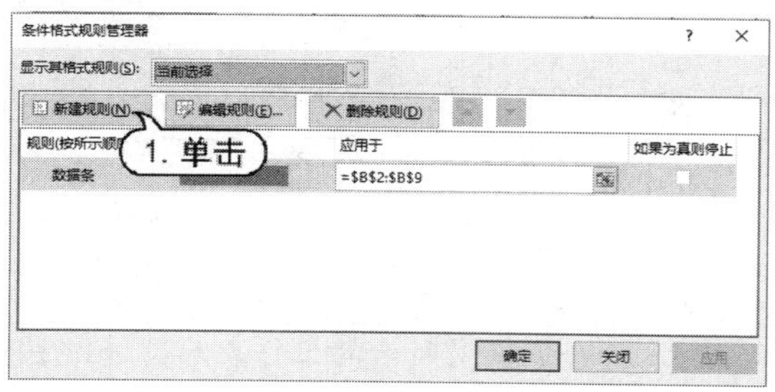

step 6 打开【新建格式规则】对话框，在【选择规则类型】列表中选中【只为包含以下内容的单元格设置格式】选项，添加新格式规则为单元格值大于 3000。

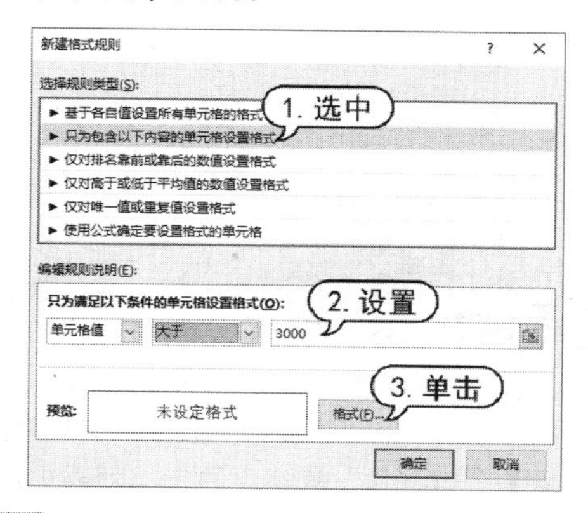

step 7 单击【格式】按钮，打开【设置单元格格式】对话框，选择【填充】选项卡，选择一种填充颜色，然后单击【确定】按钮。

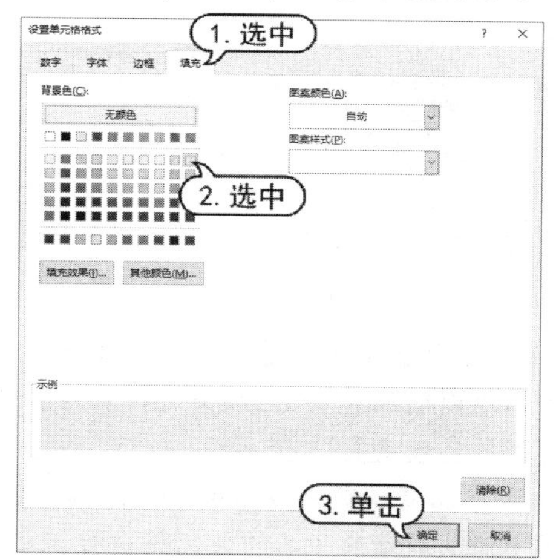

step 8 返回【新建格式规则】对话框，单击【确定】按钮。返回【条件格式规则管理器】对话框，选中【如果为真则停止】复选框。

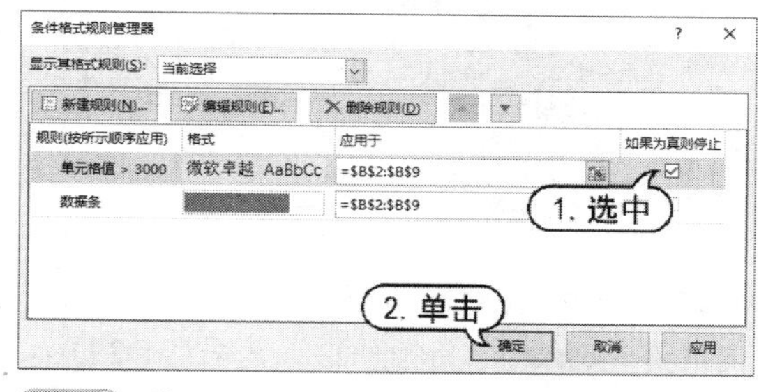

step 9 单击【确定】按钮，数据表中大于 3000 的数据将显示单元格背景，小于 3000 的数据

将显示数据条，如下图所示。

	A	B	C
1	日期	销售金额	
2	2030年6月1日	5213	
3	2030年6月2日	3210	
4	2030年6月3日	1293	
5	2030年6月4日	9872	
6	2030年6月5日	7621	
7	2030年6月6日	2831	
8	2030年6月7日	1890	
9	2030年6月8日	3912	
10			

【例 10-20】标识考试成绩的前三名。

视频+素材 (素材文件\第 10 章\例 10-20)

step 1 打开下图所示的工作表后，选中 C2:C14 单元格区域，单击【开始】选项卡中的【条件格式】下拉按钮，从弹出的下拉列表中选择【项目选取规则】|【前 10 项】选项。

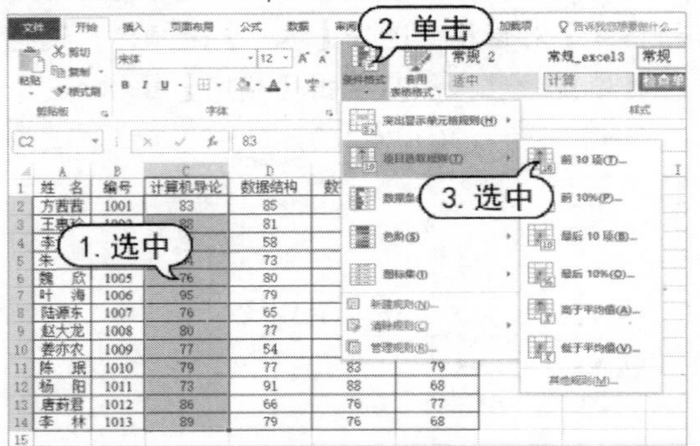

step 2 打开【前 10 项】对话框，在对话框中的文本框内输入 3，然后设置【设置为】选项为【浅红色填充】。

step 3 单击【确定】按钮后，C2:C14 单元格区域中考试成绩前 3 名的数据将被标识出来。

	A	B	C	D	E	F
1	姓 名	编号	计算机导论	数据结构	数字电路	操作系统
2	方茜茜	1001	83	85	75	83
3	王惠珍	1002	88	81	83	91
4	李大刚	1003	82	58	66	69
5	朱 玲	1004	64			
6	魏 欣	1005	76			
7	叶 海	1006	95			
8	陆源东	1007	76			
9	赵大龙	1008	80			
10	姜亦农	1009	77			
11	陈 珉	1010	79			
12	杨 阳	1011	73			
13	唐蔚君	1012	86			77
14	李 林	1013	89	79	76	68
15						

前 10 项

为值最大的那些单元格设置格式：

3　设置为　浅红色填充

确定　取消

1. 输入　2. 设置　3. 单击

step 4 保持 C2:C14 单元格区域的选中状态，使用格式刷工具，将条件格式复制到 D2:D14、E2:E14、F2:F14 单元格区域。

	A	B	C	D	E	F
1	姓 名	编号	计算机导论	数据结构	数字电路	操作系统
2	方茜茜	1001	83	85	75	83
3	王惠珍	1002	88	81	83	91
4	李大刚	1003	82	58	66	69
5	朱 玲	1004	64	73	78	56
6	魏 欣	1005	76	80	80	90
7	叶 海	1006	95	79	80	91
8	陆源东	1007	76	65	74	89
9	赵大龙	1008	80	77	63	77
10	姜亦农	1009	77	54	79	86
11	陈 珉	1010	79	77	83	79
12	杨 阳	1011	73	91	88	68
13	唐蔚君	1012	86	66	76	77
14	李 林	1013	89	79	76	68
15						

【例 10-21】标识出数据表中重复的数据。

视频+素材 (素材文件\第 10 章\例 10-21)

step 1 打开下图所示的工作表后，选择 B2:B10 单元格区域，单击【开始】选项卡中的【条件格式】下拉按钮，在弹出的下拉列表中选择【突出显示单元格规则】|【重复值】选项。

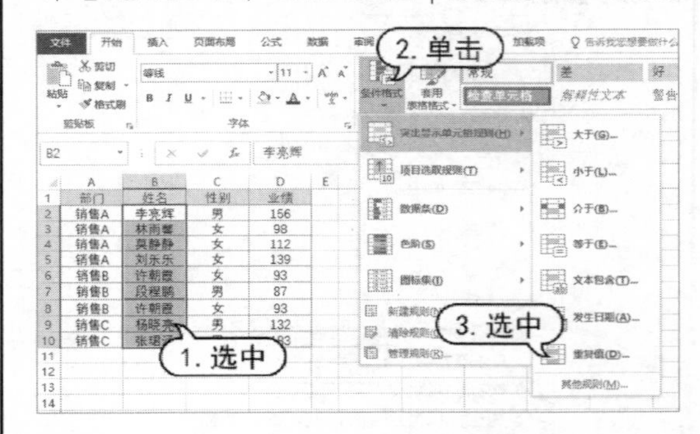

step 2 打开【重复值】对话框，设置对话框左侧的下拉列表中的选项为【重复】，设置【值，设置为】为【浅红色填充】。

step 3 单击【确定】按钮后，B2:B10 单元格区域中重复的数据将被标识，如下图所示。

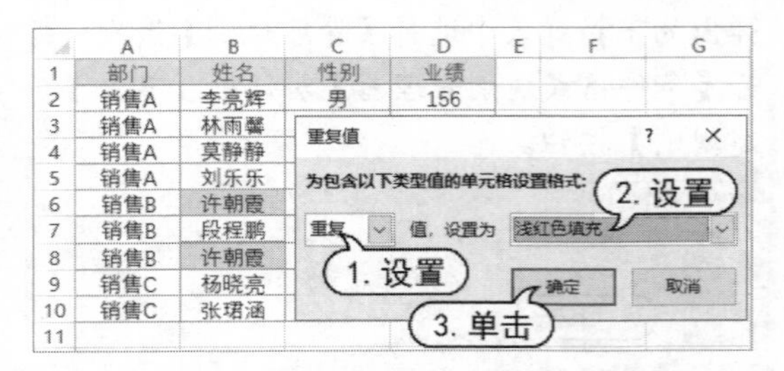

【例 10-22】制作盈亏图进行差异分析。

视频+素材 (素材文件\第 10 章\例 10-22)

step 1 打开如下图所示的工作表后，选中 E2 单元格，输入公式：

```
=D2
```

	A	B	C	D	E
1	月份	2028	2029	差异	示意图
2	1月	500	440	60	=D2
3	2月	450	510	-60	
4	3月	650	720	-70	
5	4月	400	340	60	
6	5月	150	190	-40	
7	6月	250	210	40	
8					

AVERAGE　=D2　1. 输入

step 2　按下 Ctrl+Enter 组合键，然后将公式向下填充至 E7 单元格。

	A	B	C	D	E
1	月份	2028	2029	差异	示意图
2	1月	500	440	60	60
3	2月	450	510	-60	-60
4	3月	650	720	-70	-70
5	4月	400	340	60	60
6	5月	150	190	-40	-40
7	6月	250	210	40	40
8					

E2　=D2

step 3　单击【开始】选项卡中的【条件格式】下拉按钮，在弹出的下拉列表中选择【数据条】|【其他规则】选项。

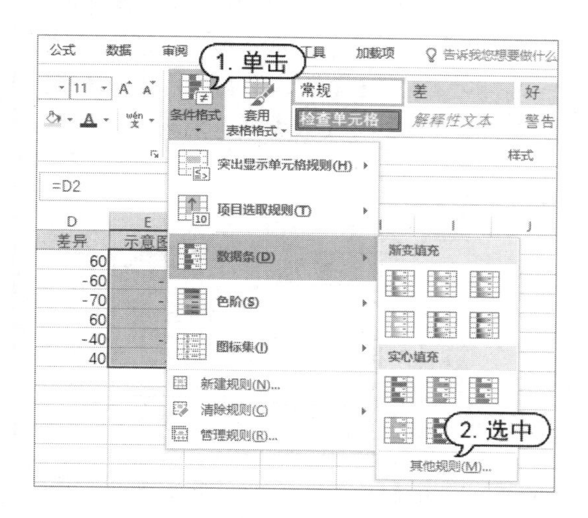

step 4　打开【新建格式规则】对话框，在【选择规则类型】列表框中选中【基于各自值设置所有单元格的格式】选项。

step 5　选中【仅显示数据条】复选框后，单击【确定】按钮。

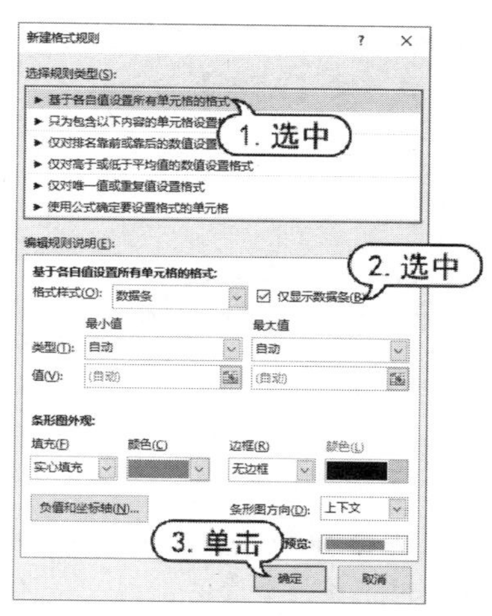

step 6　此时，数据表的效果如下图所示，其中两个年份上半年每个月份的数据差异一目了然。

	A	B	C	D	E
1	月份	2028	2029	差异	示意图
2	1月	500	440	60	
3	2月	450	510	-60	
4	3月	650	720	-70	
5	4月	400	340	60	
6	5月	150	190	-40	
7	6月	250	210	40	
8					

【例 10-23】实现多表分类汇总。

视频+素材　(素材文件\第 10 章\例 10-23)

step 1　打开下图所示的工作表后，选中 A10 单元格，单击【数据】选项卡中的【合并计算】按钮。

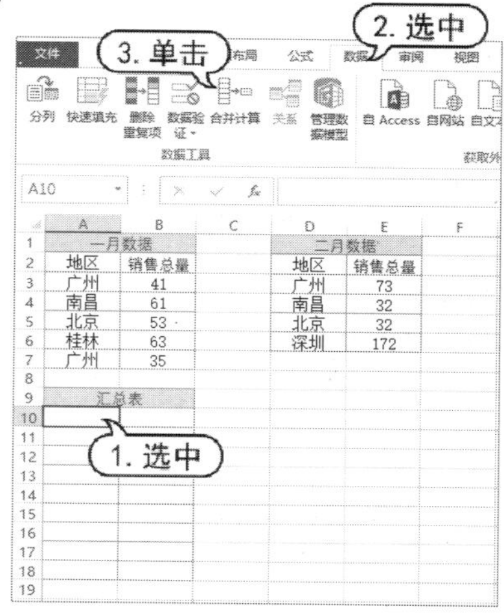

step 2　打开【合并计算】对话框，将“一月数据”和“二月数据”相关的数据区域添加到

【所有引用位置】列表中，然后选中【首行】复选框，并单击【确定】按钮。

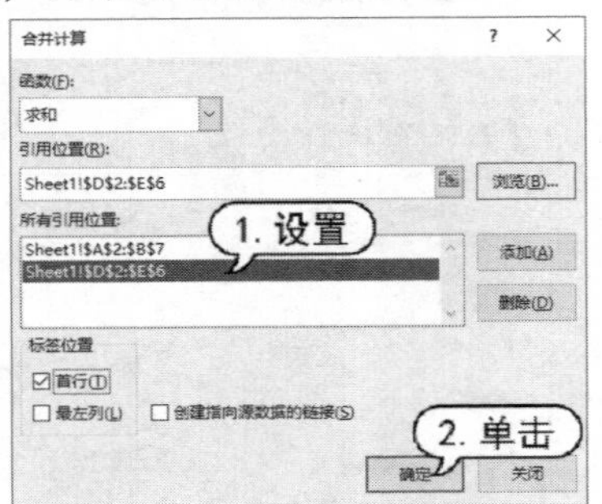

step 3 汇总表中的数据将按列进行合并计算，而在行内容上按位置合并，结果并不正确。

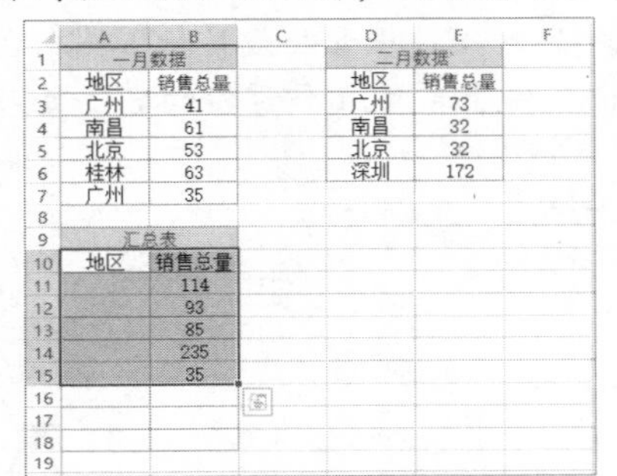

step 4 再次选中 A10 单元格，单击【数据】选项卡中的【合并计算】按钮，打开【合并计算】对话框。

step 5 在【合并计算】对话框中选中【最左列】复选框，然后单击【确定】按钮。

step 6 此时，生成的最终结果如下图所示，是正确的。

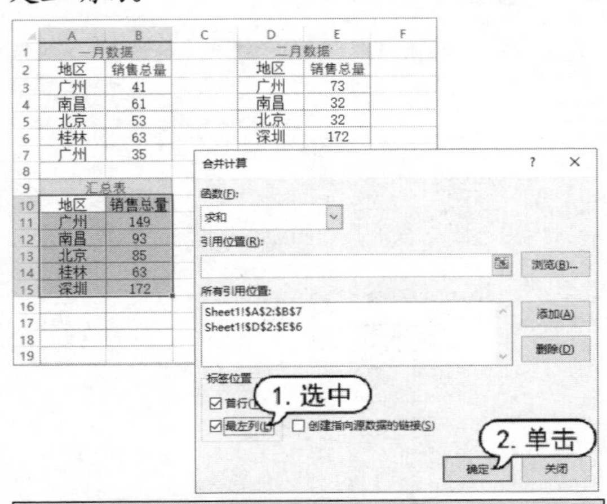

【例 10-24】创建分户销售汇总表。

视频+素材 (素材文件\第 10 章\例 10-24)

step 1 制作如下图所示的工作簿，其中包含“1 月”“2 月”“3 月”“4 月”和“汇总”5 个工作表。

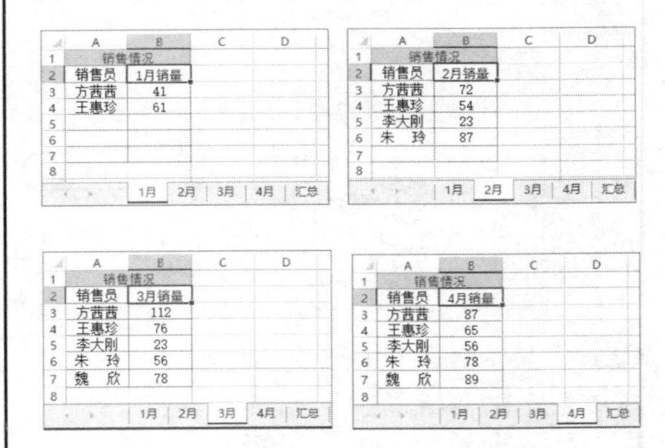

step 2 选择“汇总”工作表，选中 A2 单元格，单击【数据】选项卡中的【合并计算】按钮。

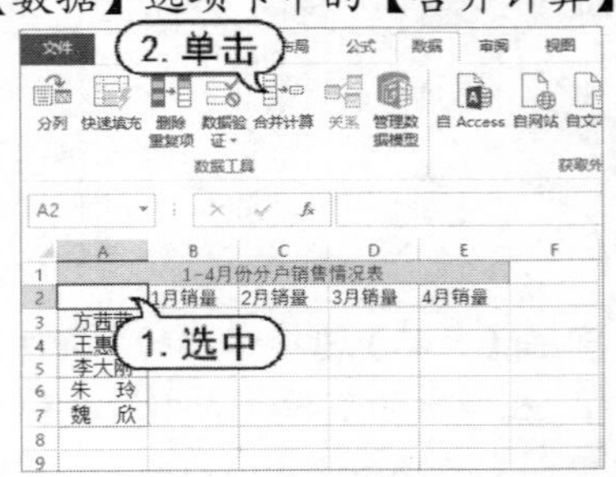

step 3 打开【合并计算】对话框，在【所有引用位置】列表框中分别添加“1 月”“2 月”“3 月”和“4 月”这 4 个工作表中的数据区域，并选中【首行】和【最左列】复选框。

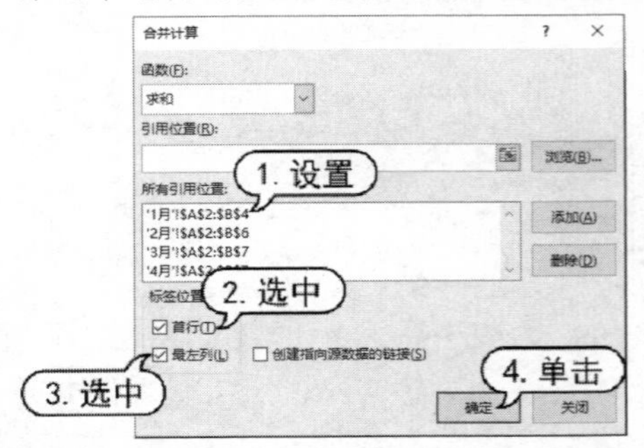

step 4 单击【确定】按钮，即可在“汇总”工作表中生成各个月份的销售额分户汇总。

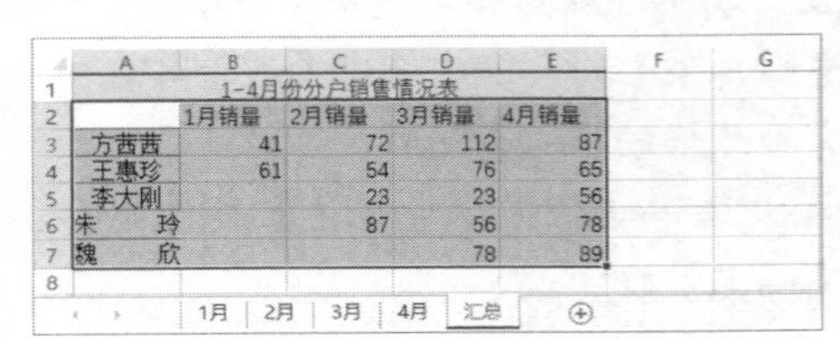

【例 10-25】实现多表筛选与重复编号。

视频+素材　(素材文件\第 10 章\例 10-25)

step 1　打开如下图所示的工作簿，其中包含“编号 1”和“编号 2”两个工作表，工作表的 A 列各包含一些编号。

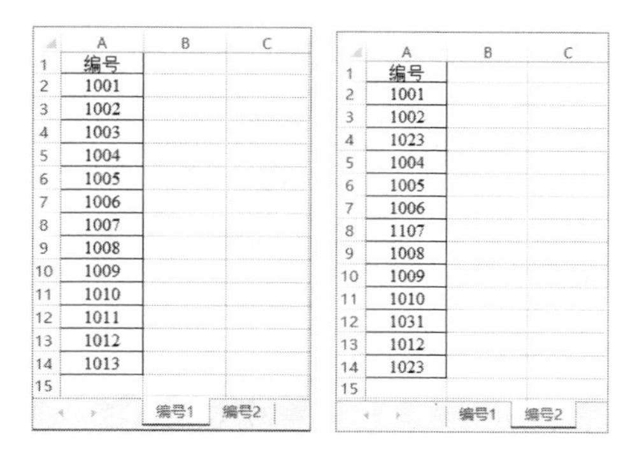

step 2　在“编号 1”工作表的 B2 单元格中输入任意数值。

step 3　创建“汇总”工作表，选中 A2 单元格作为结果表的起始单元格。

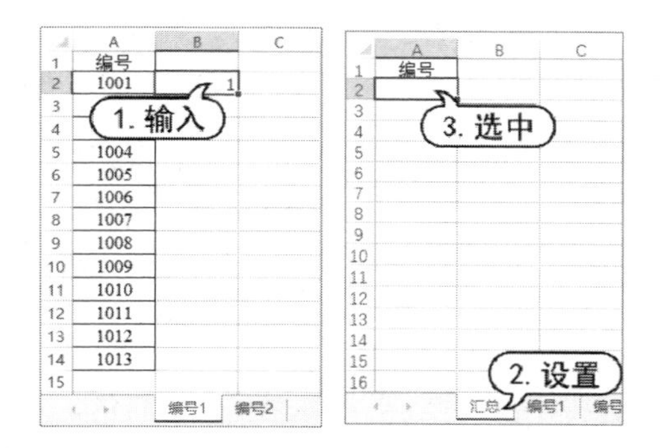

step 4　单击【数据】选项卡中的【合并计算】按钮，打开【合并计算】对话框，在【所有引用位置】列表框中添加“编号 1”和“编号 2”工作表中的数据区域地址，选中【最左列】复选框，单击【确定】按钮。

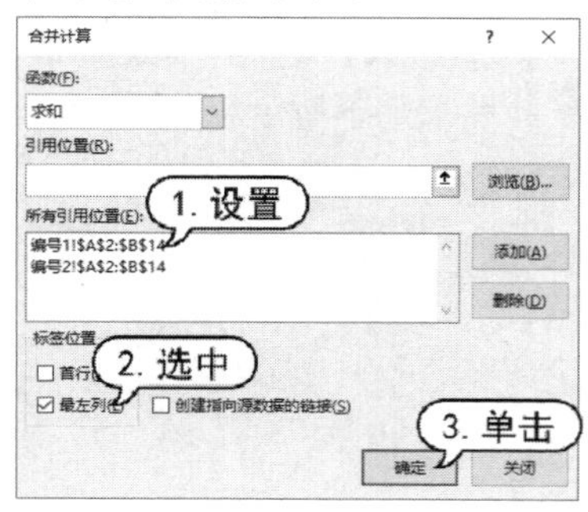

step 5　此时，即可在“汇总”工作表得到下图所示的合并计算结果，该表中列出了“编号 1”和“编号 2”工作表中不重复的编号。

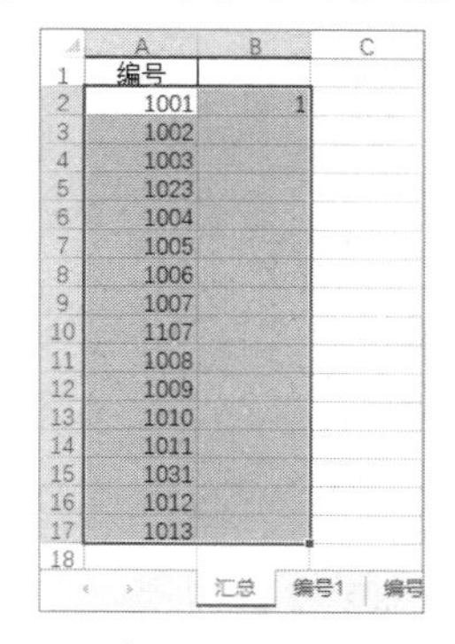

step 6　删除 B2 单元格中的数值。

【例 10-26】核对表格中的数值型数据。

视频+素材　(素材文件\第 10 章\例 10-26)

step 1　打开下图所示的工作表，其中包含“数据 1”和“数据 2”两个数据表。

	A	B	C	D	E
1	数据1			数据2	
2	姓名	绩效		姓名	绩效
3	李亮辉	5,000		李亮辉	5,000
4	林雨馨	5,000		林雨馨	5,000
5	莫静静	5,000		莫静静	5,000
6	刘乐乐	5,000		刘乐乐	5,000
7	杨晓亮	5,000		杨晓亮	5,000
8	张珺涵	4,500		张珺涵	4,500
9	姚妍妍	4,500		姚妍妍	4,500
10	许朝霞	4,500		许朝霞	4,500
11				李 娜	6,000
12				杜芳芳	6,000
13				刘自建	8,000
14				王 巍	8,000
15				段程鹏	8,000
16					

step 2　修改“数据 1”和“数据 2”两个数据表中【绩效】字段的标题文本，使两个数据表的第二个字段标题不相同。

	A	B	C	D	E
1	数据1			数据2	
2	姓名	绩效1		姓名	绩效2
3	李亮辉	5,000		李亮辉	5,000
4	林雨馨	5,000		林雨馨	5,000
5	莫静静	5,000		莫静静	5,000
6	刘乐乐	5,000		刘乐乐	5,000
7	杨晓亮	5,000		杨晓亮	5,000
8	张珺涵	4,500		张珺涵	4,500
9	姚妍妍	4,500		姚妍妍	4,500
10	许朝霞	4,500		许朝霞	4,500
11				李 娜	6,000
12				杜芳芳	6,000
13				刘自建	8,000
14				王 巍	8,000
15				段程鹏	8,000
16					

step 3　在 A17 单元格输入“数据核对”，然后选中 A18 单元格作为结果存放的起始位置。

	A	B	C	D	E
1	数据1			数据2	
2	姓名	绩效1		姓名	绩效2
3	李亮辉	5,000		李亮辉	5,000
4	林雨馨	5,000		林雨馨	5,000
5	莫静静	5,000		莫静静	5,000
6	刘乐乐	5,000		刘乐乐	5,000
7	杨晓亮	5,000		杨晓亮	5,000
8	张珺涵	4,500		张珺涵	4,500
9	姚妍妍	4,500		姚妍妍	4,500
10	许朝霞	4,500		许朝霞	4,500
11				李 娜	6,000
12				杜芳芳	6,000
13				刘自建	8,000
14				王 巍	8,000
15				段程鹏	8,000
16					
17	数据核对				
18					
19					
20					

1. 输入
2. 选中

step 4 单击【数据】选项卡中的【合并计算】按钮，打开【合并计算】对话框，在【所有引用位置】列表框中分别添加 A2:B10 单元格区域和 D2:E15 单元格区域，并选中【首行】和【最左列】复选框。

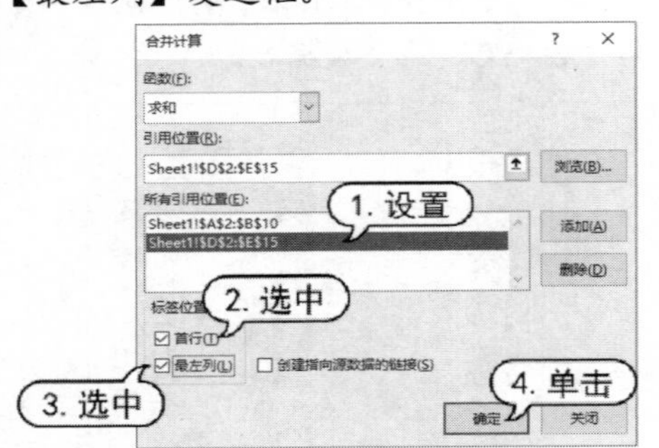

step 5 单击【确定】按钮，生成如下图所示的初步核对结果。

	A	B	C	D	E
7	杨晓亮	5,000		杨晓亮	5,000
8	张珺涵	4,500		张珺涵	4,500
9	姚妍妍	4,500		姚妍妍	4,500
10	许朝霞	4,500		许朝霞	4,500
11				李 娜	6,000
12				杜芳芳	6,000
13				刘自建	8,000
14				王 巍	8,000
15				段程鹏	8,000
16					
17	数据核对				
18		绩效1	绩效2		
19	李亮辉	5,000	5,000		
20	林雨馨	5,000	5,000		
21	莫静静	5,000	5,000		
22	刘乐乐	5,000	5,000		
23	杨晓亮	5,000	5,000		
24	张珺涵	4,500	4,500		
25	姚妍妍	4,500	4,500		
26	许朝霞	4,500	4,500		
27	李 娜		6,000		
28	杜芳芳		6,000		
29	刘自建		8,000		
30	王 巍		8,000		
31	段程鹏		8,000		
32					

step 6 在 D18 单元格中输入"核对结果"，在 D19 单元格中输入以下公式：

```
=N(B19<>C19)
```

并复制公式向下填充至 D31 单元格。

D19 =N(B19<>C19)

	A	B	C	D	E
17	数据核对				
18		绩效1	绩效2	核对结果	
19	李亮辉	5,000	5,000	0	
20	林雨馨	5,000	5,000	0	
21	莫静静	5,000	5,000	0	
22	刘乐乐	5,000	5,000	0	
23	杨晓亮	5,000	5,000	0	
24	张珺涵	4,500	4,500	0	
25	姚妍妍	4,500	4,500	0	
26	许朝霞	4,500	4,500	0	
27	李 娜		6,000	1	
28	杜芳芳		6,000	1	
29	刘自建		8,000	1	
30	王 巍		8,000	1	
31	段程鹏		8,000	1	
32					

step 7 选中 A18:D31 单元格区域，单击【数据】选项卡中的【筛选】按钮，设置自动筛选。

step 8 单击 D18 单元格右侧的按钮，在弹出的下拉列表中选中筛选值 1，然后单击【确定】按钮。

step 9 筛选出"数据1"和"数据2"两个数据表的差异结果如下所示。

	A	B	C	D
17	数据核对			
18		绩效1	绩效2	核对结果
19	李亮辉	5,0	5,0	
27	李 娜		6,000	1
28	杜芳芳		6,000	1
29	刘自建		8,000	1
30	王 巍		8,000	1
31	段程鹏		8,000	1
32